中国地质大学（武汉）研究生精品教材

高等岩体力学

贾洪彪　唐辉明　马淑芝　王亮清　章广成　吴琼　编著

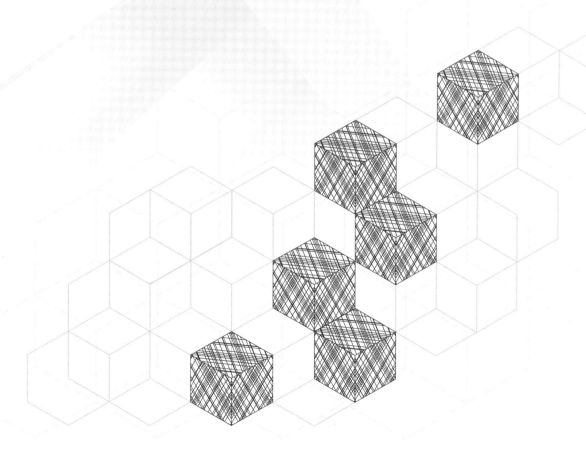

武汉大学出版社

图书在版编目(CIP)数据

高等岩体力学 / 贾洪彪等编著. -- 武汉：武汉大学出版社,2025.1.
中国地质大学(武汉)研究生精品教材. -- ISBN 978-7-307-24700-0
Ⅰ. TU45
中国国家版本馆 CIP 数据核字第 20245E54K5 号

审图号:GS(2024)4905 号

责任编辑:王　荣　　　责任校对:鄢春梅　　　版式设计:韩闻锦

出版发行:**武汉大学出版社**　　（430072　武昌　珞珈山）
（电子邮箱:cbs22@whu.edu.cn 网址:www.wdp.com.cn）
印刷:湖北恒泰印务有限公司
开本:787×1092　1/16　　印张:39　　字数:948 千字　　插页:1
版次:2025 年 1 月第 1 版　　2025 年 1 月第 1 次印刷
ISBN 978-7-307-24700-0　　定价:89.00 元

版权所有,不得翻印;凡购买我社的图书,如有质量问题,请与当地图书销售部门联系调换。

前　言

本书是为地质工程、土木工程、资源与环境、土木水利等学科专业研究生编写的教材。

岩体力学是近代发展起来的一门新兴的和边缘性的学科，重在研究岩体地质与力学性质，用于解决土木建筑、地下工程、水利水电、铁路公路、海洋工程、地质、采矿、地震等众多领域中所涉及的岩体工程问题，是与上述专业领域相关的研究生所应掌握的重要知识内容之一。

岩体与一般的固体材料相比有根本性的差异，因此研究方法、基本理论与实践应用有其独特性。在近几十年的发展过程中，岩体力学形成了多个学科分支，新理论、新技术方法不断涌现。即便如此，目前岩体力学的研究远未完善，还存在许多学术争议与不易克服的困难，有些学术观点、研究思路还严重对立，有些甚至是一时难以解决的固有问题。这在其他学科中是非常少见的。时至今日，一些经验方法、经验公式与经验数据仍然成为岩体工程实践中重要的组成部分。这些给教材的编写带来极大困难。另外，研究生招生与就业形势也发生了重大变化，跨专业研究生越来越多，一些研究生在前期没有或者甚少学习岩体力学的基础知识；研究生毕业后就业领域越来越广，不同领域对岩体力学的要求也有不同的侧重点。这些新变化也使研究生课程教学与教材编写面临新问题。

基于上述原因，本书的编写遵循以下原则：第一是系统性原则，尽量使读者能够对岩体力学基本理论知识与工程应用有系统、全面的理解与掌握；第二是理论性与实践性相结合的原则，立足服务于解决岩体工程问题的总出发点，注重理论分析与实践技能、工程应用的结合；第三是基础性与前沿性相结合的原则，兼顾储备岩体力学知识基础不同的研究生的学习需求，既保留本科阶段的一些基础知识，同时纳入新的研究进展，且是岩体力学界比较认同且相对成熟的内容。

本书共分3编。第1编侧重岩体力学基础知识的介绍；第2编侧重岩体力学研究的新进展；第3编侧重岩体力学研究方法与工程应用。这样的划分是相对的，如岩体水力学等内容已成为岩体力学的基础知识之一，但考虑到篇章划分的条理性，也将其归入了第2编。第3编专门编写了"岩体力学的研究方法"一章，但这些方法不是固定的，在实际工程中需要合理运用；且编入的多是公认的、相对成熟的方法，尚有一些探索中的技术方法、理论观点没有被编进来。同时，限于篇幅与编者水平，对于一些新的理论、方法阐述得还不够深入、系统，有需求的读者可以进一步地拓展学习。

本书作为研究生教材，在教育部"研究生教育"网站有配套在线开放课程（网址：

https://www.gradsmartedu.cn/course/cug08141A81032/3879? channel＝i.area.manual_search)，读者可自行查阅、参考。

岩体力学所服务的领域，在国家经济建设中都居于十分重要的地位，国家需要一批岩体力学学科的科研工作者、工程技术人员。因此希望本书的出版能够帮助研究生更好地学习、掌握岩体力学的基本理论、基本技能，以后多为国家建设、学科发展作贡献。

本书主要由贾洪彪、唐辉明撰写，马淑芝、王亮清、章广成、吴琼等参与编著。由贾洪彪、唐辉明、马淑芝统稿。本书融合了教学团队几十年的教学感悟与科研心得，在写作过程中参考了众多专家学者的论著与成果，在此谨向他们表示衷心的感谢！

在本书写作过程中，得到中国地质大学（武汉）工程学院的大力支持，得到岩体力学教学团队历代教师的帮助。在日新月异的时代，面对一个体系恢弘的专业课程、发展迅速的学科领域，编著这样一本研究生教材也非我们所能够很好胜任，教材中难免存在一些缺陷、谬误，恳请各位读者不吝赐教！

贾洪彪
2024年10月17日

目 录

第1章 绪论 ··· 1
　1.1 岩体工程与岩体力学 ·· 1
　1.2 工程岩体的特殊性 ·· 2
　1.3 岩体力学的形成与发展 ··· 7

第1编 岩体地质特征与基本力学性质

第2章 岩体的地质与结构特征 ·· 15
　2.1 概述 ·· 15
　2.2 岩石的矿物组成与结构构造 ··· 15
　2.3 常见的各类岩石 ··· 22
　2.4 结构面与结构体 ··· 32
　2.5 岩体结构特征与岩体结构控制论 ·· 51
　2.6 岩体的风化 ··· 61

第3章 岩石的基本物理力学性质 ·· 64
　3.1 概述 ·· 64
　3.2 岩石的物理性质 ··· 65
　3.3 岩石的变形性质 ··· 74
　3.4 岩石的破坏与强度特征 ··· 85
　3.5 影响岩石力学性质的主要因素 ·· 92

第4章 结构面的定量描述与基本力学性质 ·· 100
　4.1 概述 ·· 100
　4.2 结构面的定量描述 ·· 101
　4.3 结构面的变形性质 ·· 110

4.4 结构面的强度性质 …………………………………………………………………… 120

第5章 岩体基本力学性质与质量评价 …………………………………………………… 132
5.1 概述 ……………………………………………………………………………………… 132
5.2 岩体的变形性质 ………………………………………………………………………… 132
5.3 岩体的强度性质 ………………………………………………………………………… 141
5.4 工程岩体质量评价与分级分类 ………………………………………………………… 147
5.5 岩体力学参数的确定 …………………………………………………………………… 167

第6章 地应力与岩爆 ……………………………………………………………………… 175
6.1 概述 ……………………………………………………………………………………… 175
6.2 地应力的成因与分布规律 ……………………………………………………………… 176
6.3 地应力的确定方法 ……………………………………………………………………… 181
6.4 高地应力与岩爆 ………………………………………………………………………… 199

第7章 岩石与岩体的本构关系与破坏判据 ……………………………………………… 210
7.1 概述 ……………………………………………………………………………………… 210
7.2 岩石的本构关系 ………………………………………………………………………… 211
7.3 岩体的本构关系 ………………………………………………………………………… 217
7.4 岩石的破坏判据 ………………………………………………………………………… 222
7.5 岩体的破坏判据 ………………………………………………………………………… 231

第2编 岩体力学的学科分支与研究进展

第8章 岩体水力学 ………………………………………………………………………… 237
8.1 概述 ……………………………………………………………………………………… 237
8.2 岩体的空隙性与地下水 ………………………………………………………………… 237
8.3 地下水在孔隙介质类岩体中的渗透 …………………………………………………… 242
8.4 地下水在岩体裂隙中的渗流 …………………………………………………………… 243
8.5 水和岩体的相互作用 …………………………………………………………………… 247
8.6 岩体渗透系数的测试 …………………………………………………………………… 253

第9章 岩体流变力学 ········ 255
9.1 概述 ········ 255
9.2 岩体流变的特征 ········ 256
9.3 岩体流变试验 ········ 260
9.4 岩体流变本构方程 ········ 264
9.5 岩体的长期强度 ········ 270

第10章 岩体动力学 ········ 274
10.1 概述 ········ 274
10.2 动荷载下岩体中的应力波 ········ 275
10.3 应力波在岩体中传播的波动方程 ········ 278
10.4 动荷载下岩体的力学特性 ········ 282
10.5 岩体动态力学性质测试 ········ 285
10.6 岩体的动态本构关系 ········ 290

第11章 岩体断裂力学与损伤力学 ········ 293
11.1 概述 ········ 293
11.2 岩体中的缺陷与破坏分析 ········ 294
11.3 断裂力学基础 ········ 297
11.4 岩体断裂判据与断裂试验 ········ 306
11.5 损伤力学基础 ········ 310
11.6 岩体损伤力学 ········ 316
11.7 岩体损伤的测量 ········ 322

第12章 统计岩体力学与结构面网络模拟 ········ 325
12.1 概述 ········ 325
12.2 结构面野外统计方法 ········ 326
12.3 赤平投影方法 ········ 329
12.4 结构面几何形态要素的随机性 ········ 335
12.5 岩体结构面网络模拟方法 ········ 347
12.6 工程应用与展望 ········ 353

第13章　岩体力学分析的块体理论 ……………………………………………………………… 354
13.1　概述 ……………………………………………………………………………………… 354
13.2　块体理论的研究思路与特点 …………………………………………………………… 355
13.3　块体理论的基本原理 …………………………………………………………………… 356
13.4　块体理论在岩质边坡稳定性分析中的应用 …………………………………………… 372

第14章　分形岩体力学 ……………………………………………………………………………… 376
14.1　概述 ……………………………………………………………………………………… 376
14.2　分形几何简介 …………………………………………………………………………… 377
14.3　岩体微观断裂的分形研究 ……………………………………………………………… 382
14.4　岩体统计强度 …………………………………………………………………………… 389
14.5　损伤力学的分形研究 …………………………………………………………………… 391
14.6　岩体结构面分形研究 …………………………………………………………………… 392

第15章　智能岩体力学 ……………………………………………………………………………… 397
15.1　概述 ……………………………………………………………………………………… 397
15.2　智能岩体力学的特征及与传统岩体力学的对比 ……………………………………… 398
15.3　智能岩体力学的研究内容与方法 ……………………………………………………… 401

第3编　岩体力学的研究方法与工程应用

第16章　岩体力学的研究方法 …………………………………………………………………… 419
16.1　概述 ……………………………………………………………………………………… 419
16.2　工程地质研究方法 ……………………………………………………………………… 420
16.3　科学实验方法 …………………………………………………………………………… 427
16.4　数学力学分析方法 ……………………………………………………………………… 440
16.5　工程综合分析方法 ……………………………………………………………………… 456

第17章　边坡岩体工程 ……………………………………………………………………………… 468
17.1　概述 ……………………………………………………………………………………… 468
17.2　边坡岩体中的应力分布特征 …………………………………………………………… 468
17.3　边坡岩体的变形与破坏 ………………………………………………………………… 471
17.4　边坡稳定性分析方法 …………………………………………………………………… 481

17.5 长大顺层边坡的破坏分析 ··· 501
17.6 边坡变形破坏的防治 ··· 505

第18章 地下岩体工程 ·· 515
18.1 概述 ··· 515
18.2 地下工程围岩重分布应力计算 ·· 516
18.3 地下工程围岩的变形与破坏 ··· 526
18.4 地下工程围岩压力计算 ·· 536
18.5 有压硐室的围岩抗力与极限承载力 ··· 544
18.6 地下工程围岩的支护与加固 ··· 548
18.7 地质超前预报 ··· 554
18.8 地下岩体工程的监测与新奥法 ·· 559

第19章 地基岩体工程 ·· 562
19.1 概述 ··· 562
19.2 岩基基础结构形式 ··· 562
19.3 岩基中的应力分布特征 ·· 564
19.4 岩基承载力的确定 ··· 572
19.5 岩体坝基抗滑稳定性分析与坝基岩体处理措施 ································ 578
19.6 坝肩岩体抗滑稳定性分析与坝肩岩体处理措施 ································ 593

第20章 石质文物保护工程 ·· 599
20.1 概述 ··· 599
20.2 石质文物的地质病害与岩体力学问题 ··· 600
20.3 石质文物保护措施 ··· 604

参考文献 ··· 613

第1章 绪 论

岩体力学是近代发展起来的一门新兴的边缘学科,是一门理论性和实践性都很强的应用基础学科。它的应用范围涉及土木建筑、地下工程、水利水电、铁道、公路、地质、采矿、地震、石油、海洋工程等众多与岩体工程相关的领域。一方面,岩体力学是上述工程领域的理论基础;另一方面,也正是上述工程领域的实践促使岩体力学诞生、发展。岩体力学作为应用力学的一个分支,又与地质学科、工程学科密切相关,因此也是一门交叉学科。岩体力学研究的主要目的是认识岩体的力学性能和力学行为,并在此基础上为岩体工程结构设计和施工提供科学依据。

1.1 岩体工程与岩体力学

岩体力学(Rockmass Mechanics)是研究岩体在各种不同受力状态下产生变形和破坏规律的学科,用以解决岩体工程中的力学问题。岩体工程(Rockmass Engineering)是以岩体作为介质和环境的工程,主要有岩体边坡工程、岩体地下工程和岩体地基工程等。简单地说,任何对岩体利用、开挖与加固的工程,都可以归入岩体工程的范畴。

岩体工程的本质,是由于人类要进行岩体利用、开挖与加固,改变了岩体原有的应力状态与边界条件,岩体为达到新的平衡状态需要进行调整,人们为适应这个调整应进行相应的工作。因此,岩体工程工作,不仅要回答岩体现在状况怎样的问题,更要回答岩体工程实施过程中和完成后岩体又将怎样变化的问题。为此主要研究在岩体工程过程中,岩体的力学行为与变形规律,对工程的适应性与可能的破坏情况,合理获取能反映岩体力学性质与岩体工程设计所需的参数,预测岩体利用、开挖与加固后的稳定性问题。这些内容的研究都需要岩体力学学科来完成,其核心是对岩体力学性能的研究。

岩体力学作为力学的一个学科分支,早期称为岩石力学(Rock Mechanics)。随着岩石力学研究的发展以及工程岩体概念的提出,目前岩石与岩体的含义已逐渐有了严格的区分,将"岩石力学"改称为"岩体力学"也已经成为一种趋势,其内涵也更贴切学科的发展。但是,由于"岩石力学"沿用已久,且使用普遍,因此"岩石力学"的称谓仍在广泛使用,但其研究内容、方法与理论已经不局限于早期的范畴,其实际含义已经是"岩体力学"。

除岩体工程外,在地震地质学、地球物理学、构造地质学、岩石破碎学等领域和学科研究中,也包含许多与岩石力学相关的内容,但其研究方法与重点都与面向岩体工程的岩体力学有重大差异。因此,岩体力学也可称为"工程岩体力学"。

岩体工程必须符合安全、经济和正常运营的原则。以露天采矿边坡坡度确定为例,坡度过陡,会使边坡不稳定,无法正常开展采矿作业;坡度过缓,又会加大其剥采量,增加采矿成本。然而,要使岩体工程既安全稳定又经济合理,必须通过准确地预测工程岩体的变形与稳定性、正确的工程设计和良好的施工质量等来保证。其中，准确地预测岩体在各种应力场作用下的变形与稳定性，进而从岩体力学观点出发，选择相对优良的工程场址，防止重大事故的发生，为合理的工程设计提供岩体力学依据，是岩体力学研究的根本目的和任务。

在人类工程活动的历史中，由于岩体变形和失稳酿成事故的例子是很多的。例如，1928年美国圣·弗朗西斯(St. Francis)重力坝失事，是由于坝基岩体发生崩解，遭受冲刷和滑动引起的；1959年法国马尔帕塞(Malpasset)拱坝溃决，是由于过高的水压力使坝基岩体沿软弱结构面滑动所致；1963年意大利瓦依昂(Vajont)水库左岸$2.5 \times 10^8 m^3$的山体以28m/s的速度下滑，发生巨大滑坡，更是举世震惊，滑坡激起了250m高的巨大涌浪，溢过坝顶冲向下游，造成2600多人丧生。

类似的例子在国内也不少。例如，1961年湖南柘溪水电站近坝库岸的塘岩光滑坡是由于坡肩开挖所导致的；1980年湖北远安盐池河磷矿的山崩，是由于开采磷矿引起山体变形，上部岩体中顺坡向节理被拉开，约百万立方米的岩体急速崩落，摧毁了坡下矿务局和坑口全部建筑物，死亡283人；1961年江西于都盘古山钨矿一次大规模的地压活动引起的塌方就埋掉价值约200万元的生产设备，并造成停产三年。再例如，2003年在三峡水库试蓄水过程中，湖北秭归千将坪发生大型山体滑坡，滑坡体积$2.4 \times 10^7 m^3$，幸亏预警及时，1200多人得到转移，将人员伤亡减到最小程度；2007年宜万铁路湖北巴东高阳寨隧道施工过程中因爆破导致洞口2000多立方米岩体崩落，掩埋了一辆途经该处的客车，死亡35人；2023年内蒙古阿拉善盟新井煤业一露天煤矿在矿山建设过程中引发矿坑边坡大面积垮塌，57人被埋，造成重大安全生产事故。

以上事件的发生，多是由于对工程影响区的岩体力学特性研究不够，对岩体的变形量和稳定性恶化程度估计不足引起的。与此相反，若对工程岩体变形和稳定问题估计得过分严重，或者由于研究人员从"安全"角度出发，在工程设计中采用过大的安全系数，又会使工程投资大大增加，工期延长，造成浪费。这样的例子虽然不容易举出，但相信是存在的，甚至还可能较多，以安全的名义浪费了很多资源。因此，一方面，岩体力学的研究一定要从安全与经济的两个方面出发，作出科学的结论；另一方面，岩体力学学科的研究不仅具有理论意义，而且具有重要的应用价值与社会意义，是国计民生与社会发展中不可或缺的，有着重要的使命担当，还面临重要的挑战与不断发展完善的迫切要求。

1.2 工程岩体的特殊性

1.2.1 岩石与岩体的概念

岩石(rock)，通常认为属于地质学的概念，主要是指在各种地质作用下形成的、由一种或多种矿物组合而成的集合体。不同岩石之间的区别主要依靠成因以及矿物组成、结构、构造等方面的差异，更多的是强调岩性差异。在岩体力学中，通常将在一定工程范围内的自然非松散的地质体称为岩体(rock mass)，也称为工程岩体。这就是说，岩体的概念是与工程联系起来的，不仅强调岩体的地质性质，同时也强调岩体的工程属性，特别是对工程属性有重要控制作用的各类结构面及其所构成的岩体结构性。

结构面(structural plane, structure face)，是指地质历史发展过程中，在岩体内形成的具有一定的延伸方向和长度,厚度相对较小的地质界面或带。它包括物质分异面和不连续面,如层面、不整合面、节理面、断层、片理面等。结构面常称为不连续面(discontinuities),在外国文献中也习惯笼统称其为节理(joint)。被结构面切割围限出的不同范围的岩石块体的集合体,则称为结构体(structure body)。最小一级的结构体称为岩块(rock block),它是指不含显著结构面的岩石块体,是构成岩体的最小的块体单元(物质单元)。近年来,在一些规范与著作中,已经逐渐用"岩石"这个名词指称岩块。

岩体力学研究中之所以注重对结构面的研究,是因为结构面是岩体中的软弱面,由于它的存在,增加了岩体中应力分布及受力变形乃至破坏的复杂性。同时还降低了岩体的力学强度和稳定性能。许多工程实践表明,在某些岩石强度很高的地下工程、岩基或岩坡工程中,之所以会塌方、崩落、滑坡,究其原因,往往不是因为岩石的强度不够,而是因为这些结构面所导致的岩体整体强度不够。可见,"岩石"与"岩体"是既有联系又有区别的两个概念,要注重加以区分,不能混为一谈。

因此,可以这样说,岩体是由众多大小不同、形态各异的岩石块体按不同的排列组合而成的"集合体"。同一种岩石,例如灰岩,完全可以形成不同的岩体:可以是厚层状整体性很好的灰岩岩体,强度高,稳定性好;也可以是薄层状结构的灰岩岩体,尽管强度也较高,但容易沿岩层产生顺层滑动;还可以是很破碎的灰岩岩体,松散破碎,容易压缩,强度低,容易发生大规模的弧形滑动。

因此,岩体质量的好坏,不仅与岩石的岩性有关,还与结构面的分布和力学性质有密切关系。特别是结构面的产状、切割密度、粗糙度、起伏度、延展性和内聚力以及充填物的性质等都是评定岩体强度和稳定性能的重要依据。

岩体力学中,将结构面与结构体的排列组合方式称为岩体结构。不同的排列组合形成不同结构的岩体。现在的岩体力学研究已经将充分考虑岩体结构属性作为切入点,在此基础上由我国老一辈学者创立的"岩体结构控制论"已经成为岩体力学研究的经典理论与支柱。

1.2.2 工程岩体的特性

岩体力学之所以发展为一门独立的学科,是因为工程岩体具有不同于一般固体材料的特性,导致其力学性状与研究方法与一般固体材料都有显著不同。如果不了解、不掌握、不能深度认知工程岩体的这些特性,就不能有针对性地开展岩体力学研究,无法解决好岩体力学问题。这些特性可以归纳为特殊的力学介质、特殊的地质材料、特殊的赋存环境以及特殊的工程条件四个方面。

1. 特殊的力学介质

与一般的固体材料不同,在力学性质上,岩体具有以下特性:

(1)非连续性。结构面的存在使岩体具有非连续性,因而岩体多数属于不连续介质。这类岩体称为不连续岩体,或节理岩体、裂隙岩体。与之不同的是,岩石本身由于不含显著结构面,则可作为连续介质。岩体不连续的特性使得基于连续介质的一些固体力学的理论不再适用。

(2)各向异性。由于岩体内结构面的分布存在优势方位,导致岩体强度和变形与结构面分布的方向性紧密相关。因而,岩体各向异性的特征比较突出,不同于一般的固体材料,在力学性能与力学机制分析中要充分考虑这一因素。

（3）非均匀性。由于岩体内结构面的方向、分布、密度及被结构面切割成的岩块大小、形状和镶嵌情况等都很不一致，风化程度、地下水环境等条件也有差异，因而造成岩体非均匀性的特征，需要分区、分层、分单元考虑。

（4）多相性。岩体中除固体的岩石外，还存在各不相同的空隙系统，内含一定的液体与气体，使得岩体成为一种由固、液、气三相构成的地质体。三相之间存在相互影响与耦合作用，三相之间相对比例的变化对岩体力学性质影响较大。很多岩体工程破坏的出现就是三相组成变化的结果，前述的瓦依昂滑坡、马尔帕塞坝溃决、千将坪滑坡的发生都就有这方面的原因。

（5）尺寸效应。工程岩体是有"尺度"的。在宏观尺度上，如果以断层、不整合面、层理等不连续面作为"裂面"，则"块体"就是这些"裂面"切割包圈的山体（工程岩体）部分；如果以节理、卸荷裂隙等不连续面作为"裂面"，则"块体"就是这些"裂面"切割包围的完整岩块部分。通常，工程上研究的岩体以前者作为边界，后者作为计算的结构。在细观尺度上，"裂隙"主要是矿物颗粒的边缘、微构造、微裂隙，"块体"主要是矿物颗粒。细观尺度的研究，是岩石力学理论研究的主要尺度。因此，不同尺度上结果是不一致的，不能等效替代，具有明显的"尺寸效应"。一个最明显的例子就是随着试件尺寸的增大，岩石的强度是降低的，因此不能将实验室内得到的小试件的强度直接用于工程岩体的分析。而一般的固体材料，甚至土都不具有这样的特性。

非连续性、各向异性、非均匀性、多相性以及所具有的尺寸效应，是岩体力学性质区别于其他固体材料的最主要的因素，是岩体作为力学介质的最基本特征。因此，也是当前经典固体力学理论在岩体力学中应用和发展需要克服的障碍之一。

2. 特殊的地质材料

工程岩体是地质历史中形成并演化、处于复杂地质环境下、由结构面和结构体所构成的天然地质体。因此，研究工程岩体的力学性质应基于其地质属性来考虑。岩体的地质属性要重点考虑以下三个方面：

（1）岩体的矿物组成。岩体的矿物组成决定了"材料"的力学性质。不同的岩体矿物组成与含量不同，其力学性质差异较大。由于物质组成的差异，岩体往往呈现出非均匀性和各向异性的力学特征。

（2）岩体的地质演化。岩体是地质历史发展的产物，是地球内力地质作用和外力地质作用对地表岩石圈共同孕育和改造的结果。从地质历史的角度看，岩体具有形成（孕育）—发展（成长）—稳定（成熟）—新构造建造（消亡）的生长发育规律，它是有"生命"的（谢强等，2011）。不同演化时期的岩体力学研究工作是不尽相同的。

形成（孕育）期是岩体所赋存的区域地质构造格局环境形成的时期，它决定了岩体最基本的物质组成和地质构造格局。工程上所面对的形成期内的岩体主要是古近系、新近系及前后的沉积层，处于岩石与土的过渡状态，也常称为"半成岩"。由于几乎没有经受强烈构造作用，因此其性质主要取决于岩石物质组成以及固结成岩的程度；同时又受到新构造运动、地表外动力地质作用（例如地表侵蚀、卸荷等）的影响，并且由于成岩不彻底，抵抗外动力作用（也称为"外营力作用"）的能力较弱，所受的这种影响较一般岩体为甚。总体上来讲，分析与解决其中所涉及的岩体力学问题都较简单，并且其分布范围有限，厚度一般也不大。

发展(成长)期是新构造运动的作用和现代外动力作用对岩体"雕刻"和"改造"强烈的时期,该时期的岩体总体来说处在变动演化阶段,一般是欠稳定或不稳定的。发展期岩体最基本的特征是变化。比如,深切河谷谷底的下切、陡岸峭壁上新近崩塌、卸荷裂隙松动岩体的发育、岩溶侵蚀基准面的变化、坑道开挖中的岩爆、软岩围岩收敛变形、区域滑坡、泥石流发育等。可以归纳为四种状态:活动性断裂影响(包括高烈度区)、地壳上升形成深切峡谷、不良地质(地质灾害)发育、岩浆地热活动异常带。这些现象有时单独出现,有时多种状态同时存在。

由于发展期的岩体正处于动态变化过程中,必须高度重视其岩体工程稳定性分析。在考虑工程活动影响之前,首先要对场地现状稳定性进行评价,尽量避开现状稳定性差的岩体,尽量选择在现状稳定性好的岩体中进行工程建设。例如,我国西部一些山区,目前正处于地壳抬升期,河谷侵蚀快,两岸山体坡度陡,浅表层地质作用强烈,卸荷、崩塌、滑坡多发,地貌上沿坡脚有很多倒石堆、滑坡体或泥石流沟。在这些区域即使没有工程建设,也经常发生一些地质灾害,因此要高度重视岩体工程稳定性分析。首先考虑现状的稳定性,如果非要在此开展工程建设,要考虑如何选址、如何布置工程、采用什么样的工程结构才最合理,分析岩体工程对现状稳定性的影响,会不会恶化或引发新的地质灾害。通过岩体力学分析,并结合工程地质学等学科的综合分析,最终制定岩体工程的开挖与支护方案。

因此,发展期岩体稳定性分析最困难,并常常被人们所忽略。大部分没有多少地质学知识储备的岩土工程师很难有"区域稳定"的概念,在这种情况下,他们作出的计算分析先天不足;而没有多少工程知识的地质人员,较少能简明、清晰地描述地质过程对具体工程的影响,容易给人"隔靴搔痒"的感觉,有时也难以将正确的意见融入工程岩体稳定性分析,并充分体现在具体的工程设计之中。

如果形成期岩体基本地质环境可以由普通的工程地质勘察查清,那么,发展期的岩体地质特征则需要经过深入细致的专门工作才能有较好的把握。不仅要用到岩体力学的知识,还要用到地质学、工程地质学的知识;不仅是对现状的评价,而且要对未来发展作出预测和评断。总而言之,要充分考虑发展期岩体的特殊性。

稳定(成熟)期是新构造运动和外动力地质作用都相对平静的时期,岩体应力重分布与卸荷作用已经发展得很充分,甚至已经完成,岩体整体上处于相对稳定的状态。该时期的地质特征没有挽近期以来形成的构造形迹,地震烈度一般低于Ⅵ度;岩体相对完整,较少区域性不良地质发育。因此对稳定期岩体的分析,可以不考虑区域构造的影响,但工程岩体边界的划定应根据构造布局确定。在岩体工程分析中,重点考虑工程建设引发的岩体内应力重分布对岩体稳定性的影响,这种稳定性主要由岩体基本力学性质和工程荷载所决定,分析起来要比发展期的岩体简单,基本上通过力学分析就能较好地解决。

消亡期是新一轮区域构造体系的重建时期,岩体卷入大规模、区域性破坏变化之中,也是新岩体孕育的开始,因此这一时期的地质构造运动强烈,强震频发;多位于地壳板块或大的地块边缘地带,原则上是不适合进行工程建设的。

(3) 岩体的地质结构。岩体的结构性,可以分为相互区别而又互有联系的两种:一是岩体的宏观结构性,即由结构体与结构面这两个基本单元所组成的岩体结构。从力学观点来说,最重要的是其中定向裂隙系统、相界面(层面)及结构面中的组成物质及其状况,它们是影响岩体结构力学性能的关键性因素。二是岩体的微观结构性,这是指组成岩石的物质颗粒的组织和排列情况，并且以内部结晶的不完全性（岩浆岩，变质岩）和颗粒间的胶结不均匀性（沉积岩）为特点。这种颗粒尺寸的结构，是一种细观的结构性。甚至最完整、新鲜的岩石内部，也存在微孔隙、微裂纹和其他缺陷，它们是形成岩石损伤以及岩体宏观破裂的内因。从这个意义上说，岩体的宏观结构性是其微观结构性的延续和发展。

岩体的结构性与岩体成因类型、形成条件及它存在的整个历史环境和条件密切相关。从工程的观点来看，宏观结构性对于工程岩体的稳定性与破坏的影响最大，这是人们着重研究它的重要原因。微观结构性对于岩石力学性状与断裂破坏的影响较大，进而作用于岩体的宏观稳定性。因此，这两个方面的结构性研究都十分重要。

3. 特殊的赋存环境

从地球的或岩石圈的视域来看，人类工程活动所涉及的工程岩体都是浅地表的，深度往往是数十米、数百米，少量达到上千米或更深。即使如此，这个深度的岩体所赋存的环境也是很复杂的。赋存环境包括外部环境与内部环境。外部环境包括各种外界自然条件，例如地形地貌、水文气象等，它们影响着岩体的风化、剥蚀、堆积、冻融等。内部环境则包括地应力、地温、地下水、构造活动性等，影响着岩体的初始应力场、岩体的力学性状、三相组成、地壳活动性等。

岩体处于复杂的地应力场中。岩体自重产生的压力随深度增大，同时还承载着地壳运动产生的构造应力。岩体空隙的存在，为水、气的储存和运移提供了空间和通道，也使得岩体内部承受着空隙压力。由于地核热源的存在，岩石圈中存在地热增温现象，而地表下局部岩浆的活动，某些放射性元素的蜕变生热，都能造成岩体中温度的变化及热应力的形成。一些具有特殊性质的岩体，在外界因素变化时，还会产生相应的变化。比如，含有蒙脱石的黏土矿物和含有硬石膏的岩体，在水的作用下会产生膨胀，引起膨胀应力。再如，某些黑色岩层、含易溶盐岩层的化学腐蚀作用，都引起岩体力学性质的改变。地下水除了对岩体有应力作用外，还与岩体产生复杂的物理化学作用，影响岩体的物理力学性质。这些因素都影响岩体的初始应力场条件。

工程岩体所处环境的复杂性，又导致了多种因素的交互作用。这些因素对岩体工程性质产生极大影响，同时也极大地影响工程岩体稳定性。应特别指出的是，无论工程岩体所处环境是外部环境还是内部环境，都是在不断变化的，这种变化的影响必须在岩体工程问题分析中重点考虑。

4. 特殊的工程条件

人们在岩体中进行的工程建设（开挖与加载、加固），使岩体不仅作为工程环境，同时也作为工程结构的一部分。比如地下硐室的围岩，不仅是地下硐室的环境，其成拱性质也直接承担了上覆岩体的荷载。因此工程岩体作为工程环境与工程结构的双重身份，使岩体这种天然"材料"的属性比任何一种人工材料的属性复杂得多。

首先，作为工程的环境和结构组成部分，岩体和支护是协同工作的，不能分离。其次，开挖对原有的岩体是一种卸载过程，其力学行为有别于人工建筑结构的加载过程。再次，大部分岩体工程的开挖分步完成，受岩体非线性力学性质的影响，岩体应力状态的变化也是复杂的，并且一般具有滞后性与时效性。因此，岩体的力学表现与工程结构形式和施工方法密切相关。

岩体工程往往规模巨大，例如修建高达两三百米的大坝，开挖五六百米深的边坡，修建跨度三四十米、净空近百米的地下硐室。它们对岩体初始应力的改变都是巨大的，引发的岩体力学反应也会很复杂、剧烈。解决其中的岩体工程问题对岩体力学的挑战很大，岩体稳定性的分析、工程岩体的加固、工程结构的设计，都需要以岩体力学作为理论基础。

通过上述分析可以看出：从工程的视角，岩体是一种非均匀、非连续、具有各向异性与尺寸效应、由多相组成的"材料"，它经历复杂的地质演化与多期次地质作用，目前仍赋存于复杂的地质环境条件中，在岩体工程中不仅成为工程活动的对象，而且也成为工程结构的一部分。正是因为岩体具有如此复杂的特性，其比固体力学所研究的一般固体材料复杂得多，在固体力学的理论与方法之外还需要发展新的理论与方法用于岩体力学研究。

1.3 岩体力学的形成与发展

前已述及，岩体力学在形成前期称为岩石力学，目前仍有很多文献沿用"岩石力学"这一名词。岩体力学是随着采矿、土木、水利、交通等岩体工程的建设和数学力学等学科的进步而逐步发展而成的一门新兴学科。一般认为，岩体力学形成于20世纪50年代末60年代初，其主要标志是：1957年法国学者塔罗勒(J. Talobre)所著《岩石力学》的出版，以及1962年国际岩石力学学会(ISRM)的成立。

若按这一时间点，岩体力学作为一门独立的学科至今已经有60多年的历史。但其形成的历史更漫长，早期的研究往往是零星的、自发性的，远没有达到一个独立学科的系统性，这与当时的生产力水平低、工程建设数量少且规模小有关。在岩体力学的形成历史上，有一些重要时间节点或事件对于了解岩体力学的发展动态比较有帮助，现介绍如下：

1951年，在奥地利的萨尔茨堡(Salzburg)创建了第一个岩体力学学术组织——地质力学研究组(Study Group for Geomechanics)，并形成了独具一格的奥地利学派。其基本观点是岩体的力学作用主要取决于岩体内不连续面及其对岩体的切割特征。同年，国际大坝会议设立了岩石力学分会。1956年，在美国召开了第一次岩石力学讨论会。1957年，塔罗勒所著第一本《岩石力学》专著出版。1959年，法国马尔帕塞坝溃决引起了许多岩石力学工作者的关注和研究，极大地推动了岩石力学的发展。1962年，在国际地质力学研究组的基础上成立了国际岩石力学学会(ISRM)，由奥地利岩石力学家缪勒(L. Müller)担任主席。1963年，意大利瓦依昂水库左岸岩体大滑坡，更进一步吸引了许多岩石力学工作者的关注。1966年，第一届国际岩石力学大会在葡萄牙的里斯本召开，由葡萄牙岩石力学家罗哈(M. Rocha)担任主席。以后每4年召开一次大会。

受国际岩体力学发展影响，并在我国工程建设需要的推动下，我国的岩体力学研究也得到了长足的发展。陆续建立了中国科学院武汉岩土力学研究所、地质研究所工程地质研究室、长江科学院岩基室等科研机构。并在许多高等院校建立了岩石力学实验室，开设了岩石力学课程。围绕一些重点工程建设开展了一系列岩体力学科研、生产工作，获得了一系列重大成果。其中，陈宗基院士把流变学引入岩体力学，提出了岩体流变、扩容与长期强度等概念，进一步发展了岩石流变扩容理论。谷德振院士等根据岩体受结构面切割而具有的多裂隙性，提出了岩体工程地质力学理论，将岩体划分为整体块状、块状、碎裂状、层状及散体状几种结构类型，在此基础上进一步形成了"岩体结构控制论"。

改革开放之后，岩体力学在中国的发展十分迅速。葛修润院士将细观结构的研究提升到一个新的水平;潘别桐教授将结构面网络模拟技术引入国内,该技术得到很好的运用;孙钧院士进一步发展了岩体流变理论;谢和平院士等将分形理论、损伤力学引入岩体力学研究,形成岩体损伤力学、分形岩体力学;蔡美峰院士在地应力监测领域、钱七虎院士在岩体动力学领域、杜时贵院士针对结构面力学特性都取得了卓有成效的成果;冯夏庭院士开创了智能岩体力学;伍法权教授开创了统计岩体力学;等等。我国一些举世瞩目的重大岩体工程建设的成功,也极大推进了岩体力学研究的快速发展,从而使得我国岩体力学研究水平后来居上,位于世界前列。

通观岩体力学的发展历程,可划分为以下4个阶段(蔡美峰等,2002):

1. 初始阶段(19世纪末—20世纪初)

这是岩体力学的萌芽时期,产生了初步理论以解决岩体开挖的力学计算问题。例如,1912年海姆(A. Heim)提出了静水压力的理论。他认为地下岩体处于一种静水压力状态,作用在地下岩体工程上的铅直压力和水平压力相等,均等于单位面积上覆岩层的重量。朗金(W. J. M. Rankine)和金尼克(A. Н. Динник)也提出了相似的理论。但他们认为只有铅直压力等于上覆岩层的重量,水平压力应乘一个侧压系数。由于当时地下岩体工程埋藏深度不大,因而曾一度认为这些理论是正确的。但随着开挖深度的增加,越来越多的人认识到上述理论是不准确的。

2. 经验理论阶段(20世纪初—20世纪30年代)

该阶段出现了根据生产经验提出的地压理论,并开始用材料力学和结构力学的方法分析地下工程的支护问题。最具代表性的理论就是普罗托吉雅柯诺夫(М. М. Лротодьяконов)提出的自然平衡拱学说,即普氏理论。该理论认为,围岩开挖后其顶部自然塌落形成抛物线形状的冒落拱,作用在支护结构上的压力等于冒落拱内岩体的重量,它仅是上覆岩体重量的一部分。于是,确定支护结构上的荷载大小和分布方式成了地下岩体工程支护设计的前提条件。太沙基(K. Terzahi)也提出相似的理论,只是他认为冒落拱的形状是矩形,而不是抛物线形。普氏理论是相应于当时的支护型式和施工水平发展起来的。由于当时的掘进和支护所需的时间较长,支护和围岩不能及时紧密相贴,致使围岩最终往往有一部分破坏、塌落。但事实上,围岩的塌落并不是形成围岩压力的唯一来源,也不是所有的地下空间都存在冒落拱。进一步地说,围岩和支护之间并不完全是荷载和结构的关系问题,在很多情况下围岩和支护形成一个共同承载系统,而且维持岩体工程的稳定最根本的还是要发挥围岩的作用。因此,靠假定的松散地层压力来进行支护设计是不合实际的。尽管如此,上述理论在一定历史时期和一定条件下还是发挥了重要作用的。

3. 经典理论阶段(20世纪30—60年代)

这是岩体力学学科形成的重要阶段,弹性力学和塑性力学被引入岩体力学,确立了一些经典计算公式,形成围岩和支护共同作用的理论。结构面对岩体力学性质的影响受到重视,岩体力学研究文章和专著的出版,实验方法的完善,岩体工程技术问题的解决,这些都说明岩体力学发展到该阶段已经形成了一门独立的学科。

在这一发展阶段,形成了"连续介质理论"和"地质力学理论"两大学派。连续介质理论是以固体力学作为基础,从材料的基本力学性质出发来认识和分析岩体工程的稳定性问题,是将固体力学引入岩体稳定性问题分析的起始。早在20世纪30年代,萨文(Т. Н. Савин)就用无限大平板孔附近应力集中的弹性解析解来计算分析岩体工程的围岩应力分布问题。

20世纪50年代,鲁滨湟特(К. В. Руллененит)运用连续介质理论写出了求解岩体力学领域问题的系统著作。同期,开始有人用弹塑性理论研究围岩的稳定问题,推导出著名的芬纳(R. Fenner)-塔罗勃公式和卡斯特纳(H. Kastner)公式。

后期的实践发现,连续介质理论的计算方法只适用于圆形硐室等个别情况,而对普通的开挖空间却无能为力,因为没有现成的弹性或弹塑性理论解析解可供应用。20世纪60年代,运用早期的有限差分和有限元等数值模拟方法,出现了考虑实际开挖空间和岩体节理裂隙的围岩与支护共同作用的弹性或弹塑性计算解,使运用围岩和支护共同作用原理进行实际岩体工程的计算分析和设计变得普遍。同时也认识到,运用共同作用理论解决实际问题,必须以原岩应力(即地应力)作为前提条件进行理论分析,才能把围岩和支护的共同变形与支护的作用力、支护设置时间、支护刚度等关系正确地联系起来。否则,使用假设的外荷载条件计算,就失去了它的真实性和实际应用价值。

但是,早期的连续介质理论忽视了对地应力作用的正确认识,忽视了开挖的概念和施工因素的影响。地应力是一种内应力,由于开挖形成的"释放荷载"才是引起围岩变形和破坏的根本作用力。而传统连续介质理论采用固体力学或结构力学的外边界加载方式,往往得出远离开挖体处的位移大,而开挖体内边缘位移小的计算结果,这显然与事实不符。多数的岩体工程不是一次开挖完成的,而是多次开挖完成的。由于岩体材料的非线性,其受力后的应力状态具有加载途径性,因此前面的每次开挖都对后面的开挖产生影响。施工顺序不同,开挖步骤不同,都有各自不同的最终力学效应,也即不同的岩体工程稳定性状态。因此,忽视施工过程的计算结果将很难用于指导工程实践。此外,传统连续介质理论过分注重对岩石"材料"的研究,追求准而又准的"本构关系"。但是,由于岩体组成和结构的复杂性和多变性,要想把岩体的材料性质和本构关系完全弄准确是不可能的。事实上,在岩体工程的计算中客观上是存在大量不确定性因素的,如岩体的结构、性质、节理裂隙分布、工程地质条件等均存在大量不确定性,所以传统连续介质理论作为一种确定性研究方法是不适用于解决一般性的岩体工程问题的。

地质力学理论注重研究地层结构和力学性质与岩体工程稳定性的关系,它是20世纪20年代由德国人克罗斯(H. Cloos)创立起来的。该理论反对把岩体当作连续介质,简单地利用固体力学的原理进行岩体力学特性的分析,强调要重视对岩体节理裂隙的研究,重视岩体结构面对岩体工程稳定性的影响和控制作用。1951年6月在奥地利成立了以斯梯尼(J. Stini)和缪勒为首的"地质力学研究组",在萨尔茨堡举行了第一届地质力学讨论会,形成了名噪一时的"奥地利学派"。从此该理论迅速发展,并广泛应用于岩体工程问题分析中,在全世界产生了广泛的影响。该理论对岩体工程的最重要贡献是提出了"研究工程围岩的稳定性必须了解原岩应力和开挖后岩体的力学强度变化"以及"节理裂隙对岩体工程稳定性的影响"等观点。该理论同时重视岩体工程施工过程中应力、位移和稳定性状态的监测,这是现代信息化岩体力学的雏形。该学派重视支护与围岩的共同作用,特别重视利用围岩自身的强度维持岩体工程的稳定性,在岩体工程施工方面提出了著名的"新奥法",该方法特别符合现代岩体力学理论,至今仍被广泛应用。

但是,该理论也有其缺陷性,主要是过分强调节理裂隙的作用,过分依赖经验,而忽视力学理论的指导作用。该理论完全反对把岩体作为连续介质看待,也是过于片面。这种认识无形中阻碍了现代数学力学理论在岩体工程中的应用。譬如早期的有限元应用就受到这种理论的干扰。虽然岩体中存在节理裂隙,但从大范围、大尺度看仍可将岩体作为连续介质对待。对节理裂隙的作用,对连续性和非连续性的划分,均需由具体研究的工程和处理问题的方法确定,没有绝对的统一的模式和标准。

4. 现代发展阶段(20世纪60年代至今)

此阶段是岩体力学理论和实践的新进展阶段,其主要特点是,用更复杂的、多种多样的力学模型来分析岩体力学问题,将力学、物理学、系统工程、现代数理科学、现代信息技术等的最新成果引入了岩体力学。而电子计算机的广泛应用为流变学、断裂力学、非连续介质力学、数值方法、灰色理论、人工智能、非线性理论等在岩体力学与工程中的应用提供了可能。

从总体上来讲,现代岩体力学理论认为,由于岩体和岩体结构及其赋存状态、赋存条件的复杂性和多变性,岩体力学既不能完全套用传统的连续介质理论,也不能完全依靠以节理裂隙和结构面分析为特征的传统地质力学理论,而必须把岩体工程看成一个"人-地"系统,用系统论的方法进行岩体力学与工程的研究。用系统概念来表征"岩体",可使岩体的"复杂性"得到全面的科学的表述。从系统来讲,岩体的组成、结构、性能、赋存状态及边界条件构成其力学行为和工程功能的基础,岩体力学研究的目的是认识和控制岩体系统的力学行为和工程功能。

20世纪60—70年代,原位岩体与岩块的巨大工程差异被揭示出来,岩体的地质结构和赋存状况受到重视,"非连续性"成为岩体力学研究的重点。从"材料"概念到"不连续介质"概念是岩体力学理论上的飞跃。

随着计算机科学的进步,20世纪60—70年代开始出现用于岩体工程稳定性计算的数值计算方法,主要是有限元法。20世纪80年代,数值计算方法发展很快,有限元、边界元及其混合模型得到广泛的应用,成为岩体力学分析计算的主要手段。20世纪90年代,数值分析终于在岩体力学和工程学科中扎根,岩体力学专家和数学家合作创造出一系列新的计算原理和方法。例如,损伤力学和离散元法的进步,DDA法和流形方法的发展,岩体力学专家建立起自己独到的分析原理和计算方法。

现代计算机科学技术的进步也带动了现代信息技术的发展。20世纪80—90年代,岩体工程三维信息系统、人工智能、神经网络、专家系统、工程决策支持系统等迅速发展起来,并得到普遍的重视和应用。

20世纪90年代现代数理科学的重要渗透是非线性科学在岩体力学中的应用。从本质上讲,非线性和线性是互为依存的。耗散结构论、协同论、分叉和混沌理论被试图用于认识和解释岩体力学的各种复杂过程。岩体力学和相邻的工程地质学都因受到研究对象的"复杂性"挑战,而对非线性理论倍加青睐。

岩体结构及其赋存状态、赋存条件的复杂性和多变性,致使岩体力学和工程所研究的目标与对象存在大量不确定性,因而20世纪80年代末有学者提出不确定性研究理论,目前已被越来越多的人认识和接受。现代科学技术手段,如模糊数学、人工智能、灰色理论和非线性理论等为不确定性分析研究方法和理论体系的建立提供了必要的技术支持。

系统科学虽然早已受到岩体力学界的注意,但直到20世纪80—90年代才成为共识,并进入岩体力学理论和工程应用。时至今日,岩体工程力学问题已被当作一种系统工程来解决。系统论强调复杂事物的层次性、多因素性及相互关联和相互作用特征,并认为人类认识是多源的,是多源知识的综合集成,这些为岩体力学理论和岩体工程实践的结合提供了依据。

可以说，从"材料"概念到"不连续介质"概念是现代岩体力学的第一步突破；进入计算力学阶段是第二步突破；而非线性理论、不确定性理论和系统科学理论进入实用阶段，则是岩体力学理论研究及工程应用的第三步，是意义更重大的突破。

总之，到目前，岩体力学工作者从各个方面对岩体力学与工程进行了全面的研究，并取得了可喜的进展，为国民经济建设与学科发展作出了杰出的贡献。但是，岩体力学还不成熟，有许多重大问题仍在探索之中，不能完全满足工程实际的需要。因此，大力加强岩体力学理论和实际应用的研究，既是岩体力学发展的需要，更是工程实践的客观要求。

当前，随着科学技术的飞速发展，各门学科都将以更快的速度向前发展，岩体力学也不例外。而各门学科协同合作，相互渗透，不断引入相关学科的新思想、新理论和新方法是加速岩体力学发展的必要途径。特别是当科技发展已经进入智能科学的时代，岩体力学的发展也应该作出更大的突破，甚至是研究思路与方法的重大调整，为新质生产力的创造作出应有的贡献。

第 1 编　岩体地质特征与基本力学性质

第 2 章 岩体的地质与结构特征

2.1 概　　述

　　岩体是构成地壳表层岩石圈的主体，人类主要在岩石圈上生息繁衍。20 世纪土木建筑业以地面建筑和高层建筑为主，被誉为高层建筑的世纪。而 21 世纪人类将要向地下索取更多的空间，因此专家将 21 世纪称为地下工程的世纪。在向地下寻求生存空间的过程中，人类将前所未有地、更广泛地接触和改造岩体。21 世纪前 20 多年的实践已经充分印证了这一预言的可靠性。因此，岩体力学作为一门学科，在 21 世纪国民经济发展中所起的作用将越来越重要。

　　在岩体力学研究中，最受关注的就是岩体在受力情况下的变形、屈服、破坏及破坏后的力学效应等现象，而这些现象的发生与发展并不像某些金属（均质）材料那样，有较明确的规律可循。岩体是赋存于自然界中的十分复杂的介质，在自然界中多彩多姿、纷繁复杂。它是天然地质作用的产物，不同的岩体在其形成的过程中经历了各自不同的建造过程，在形成之后的漫长地质历史中又遭受了不同期次各类地质作用的改造，包括地壳漂移、造山运动、断裂错动、地表水与地下水的侵蚀、各种风化作用以及现代人类各种工程建造。上述作用的综合，不仅使各场地工程岩体在岩性特征上差异明显，而且在岩体结构上也可能大不相同，从而具备不同的、与其建造和改造过程密切相关的地质与结构特征。研究表明，岩体的地质与结构特征是决定其力学性质的基础，是导致岩体在力学性能上呈现非线性、非连续性、非均匀性和各向异性复杂特征的根源。

　　本章将重点介绍岩石、结构面以及两者所组成的工程岩体的地质与结构两方面的特征，这是开展岩体力学研究和进行岩体工程设计的重要基础。

2.2 岩石的矿物组成与结构构造

　　岩石是自然界中各种矿物的集合体，是天然地质作用的产物。一般而言，大部分新鲜岩石质地均较坚硬、致密，孔隙小且少，岩石的力学性能主要取决于组成岩石的矿物组成及结构构造。

2.2.1 岩石的矿物组成

　　矿物是地质作用形成的天然单质或化合物，它具有一定的化学成分和物理性质。由一种元素组成的矿物称为单质矿物，如自然金（Au）、自然铜（Cu）、金刚石（C）等；大多数矿物是由两种或两种以上的元素组成的化合物，如岩盐（NaCl）、方解石（$CaCO_3$）、石膏（$CaSO_4$ ·

$2H_2O$)等。矿物绝大多数是无机固态,也有少数呈液体状态(如水、自然汞)和气态(如水蒸气、氦)以及有机物。固体矿物按其内部构造分为结晶质矿物和非结晶质矿物。结晶质矿物是指矿物不仅具有一定的化学成分,而且组成矿物的质点(原子或离子)按一定方式呈规则排列,并可反映出固定的几何外形。具有一定的结晶构造和一定几何形状的固体称为晶体。如岩盐是由钠离子和氯离子按立方体格子式排列(见图 2-2-1)。非结晶质矿物是指组成矿物的质点呈不规则排列,因而没有固定的形状,如蛋白石($SiO_2 \cdot nH_2O$)。自然界中的绝大多数矿物是结晶质。非结晶质矿物随时间增长可逐渐转变为结晶质。

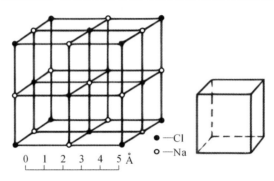

图 2-2-1 岩盐的内部结构和晶体

1. 矿物的种类

自然界中的造岩矿物可以划分为含氧盐、氧化物及氢氧化物、卤化物、硫化物和自然元素五大类。其中以含氧盐中的硅酸盐、碳酸盐及氧化物类矿物最常见,构成了几乎99.9%的地壳岩石。而其他矿物由于含量太少,尽管在地质学上意义较大,但其工程地质意义不大。

常见的硅酸盐类矿物主要有长石、辉石、角闪石、橄榄石、云母和黏土矿物等。这类矿物除云母和黏土矿物外,硬度大,多呈粒、柱状晶形。因此,含这类矿物多的岩石,如花岗岩、闪长岩、玄武岩等,强度高,抗变形性能好。但该类矿物多生成于高温环境,与地表自然环境相差较大,当抬升到地表时,在各种风化营力的作用下,易风化成高岭石、伊利石等。尤以橄榄石、基性斜长石等抗风化能力最差,长石、角闪石次之。这类岩石,风化会导致其力学性质劣化严重。

黏土矿物属层状硅酸盐类矿物,具薄片状或鳞片状构造,颗粒极细,一般小于0.01mm。黏土矿物主要来源于母岩的风化产物,还有一部分来源于沉积或成岩过程中的自生黏土矿物,主要有高岭石、伊利石及蒙脱石三种。

高岭石,化学式 $Al_4[Si_4O_{10}][OH]_8$,或 $Al_2O_3 \cdot 2SiO_2 \cdot 2H_2O$,因最早发现于我国江西景德镇的高岭村而得名。一般呈隐晶质、粉末状、土状,主要是富铝硅酸盐矿物,特别是长石的风化产物。白或浅灰、浅绿、浅红等色,条痕白色,土状光泽。硬度1~2.5,相对密度2.6~2.63,有吸水性,和水后有可塑性。

伊利石,又称水云母,化学式 $K_{1-x}(H_2O)_x\{Al_2[AlSi_3O_{10}](OH)_{2-x}(H_2O)_x\}$,是一种富钾的层状含水硅酸盐类黏土矿物,因最早发现于美国伊利岛而得名,是火成岩、云母片岩、片麻岩等岩石中云母的风化产物。伊利石中水的含量变化很大,具一定的膨胀性和可塑性。

蒙脱石,化学式 $(Al \cdot Mg)_2[Si_4O_{10}](OH)_2 \cdot nH_2O$,是一种硅铝酸盐,因其最初发现于法国的蒙脱城而得名。白色,有时为浅灰、粉红、浅绿色。鳞片状者解理完全,硬度2~2.5,

相对密度 2～2.7,柔软有滑感,遇水易膨胀,体积能增加几倍并变成糊状物。具有很强的吸附力及阳离子交换性能。蒙脱石主要由基性火成岩在碱性环境中风化而成,也有的是海底沉积的火山灰分解后的产物。

由于黏土矿物普遍硬度小,因此含这类矿物多的岩石,如黏土岩、黏土质岩,物理力学性质差,并具有不同程度的胀缩性,受水的影响大,力学性质差。特别是含蒙脱石多的膨胀岩,其力学性质更差,工程上应格外注意。

碳酸盐类矿物是灰岩和白云岩类的主要造岩矿物。岩石的物理力学性质取决于岩石中 $CaCO_3$、$MgCO_3$ 及酸不溶物的相对含量。$CaCO_3$、$MgCO_3$ 含量越高,如纯的灰岩、白云岩等,强度高,抗变形和抗风化性能都比较好。泥质含量高的,如泥质灰岩、泥灰岩等,力学性质则较差。但如果这类岩石中硅质含量增高,力学性质将会变得更好。另外,碳酸盐类岩体中,常发育各种岩溶,使岩体性质趋于复杂化。

氧化物类矿物以石英最常见,是地壳岩石的主要造岩矿物。石英呈等轴晶系、硬度大,化学性质稳定。因此,一般随石英含量增加,岩石的强度和抗变形性能都明显增强。

岩石的矿物组成与岩石的成因及类型密切相关。岩浆岩多以硬度大的粒柱状硅酸盐、石英等矿物为主,所以其物理力学性质一般较好。沉积岩中的粗碎屑岩如砂砾岩等,其碎屑多为硬度大的粒柱状矿物,岩石的力学性质除与碎屑成分有关外,在很大程度上取决于胶结物成分及其类型。细碎屑岩如页岩、泥岩等,矿物成分多以片状的黏土矿物为主,其岩石力学性质很差。变质岩的矿物组成与母岩类型及变质程度有关。浅变质中的副变质岩如千枚岩、板岩等,多含片状矿物(如绢云母、绿泥石及黏土矿物等),岩石力学性质较差。深变质岩如片麻岩、混合岩、石英岩等,多以粒柱状矿物(如长石、石英、角闪石等)为主,因而岩石力学性质好。

2. 矿物的物理性质

由于矿物具有一定的化学成分和结晶构造,就决定了它们具有一定的形态特征和物理化学性质,包括形态、颜色、硬度、解理、断口、条痕、透明度和重度等方面。矿物的形态特征与物理性质特征是鉴别矿物的重要依据。

1) 矿物的形态

矿物呈单体出现时,由于晶体的习性使它常具有一定的外形,有的形态十分规则。例如,岩盐是立方体,磁铁矿是八面体,石榴子石是菱形十二面体(见图 2-2-2),云母呈六方板状或柱状,水晶呈六方锥柱状。

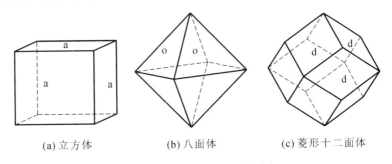

(a) 立方体　　(b) 八面体　　(c) 菱形十二面体

图 2-2-2　矿物的三种基本形态

矿物单体的形态虽然多种多样,但归纳起来可分为 3 种类型:

(1) 一向延伸：晶体沿一个方向特别发育，呈柱状、针状或纤维状晶形，如石英、辉锑矿、纤维石膏等。

(2) 二向延伸：晶体沿两个方向特别发育，呈片状、板状，如云母、石膏等。

(3) 三向延伸：晶体沿三个方向发育大致相同，呈粒状，如黄铁矿、磁铁矿等。

矿物集合体是指同种矿物多个单晶聚集生长的整体外观，其形态不固定，常见的有：粒状集合体，如磁铁矿；鳞状集合体，如云母；鲕状或肾状集合体，如赤铁矿；放射状集合体，如红柱石（形如菊花又称"菊花石"）；簇状集合体，如石英晶簇。

矿物的形态与生长环境有关。自然界产出的矿物晶体多半发育不好，完整的矿物晶体是比较少见的。矿物晶粒常常挤在一起生长，使晶体不能发育成良好的晶形。只有当矿物在地质作用过程中有足够的空间和时间让其自由生长，才能形成良好的晶体。有些矿物化学成分相同，如石墨和金刚石都由元素碳（C）组成，由于它们形成时所处的地质环境不同，出现了不同的晶体结构，形成了物理性质截然不同的两种矿物。因此，矿物形态是识别矿物的重要依据之一。有些矿物的化学成分不同，如岩盐和黄铁矿，但都可呈立方体产出，可见矿物的形态又不是识别矿物的唯一依据。

2）矿物的颜色和条痕

矿物的颜色是矿物对入射可见光中不同波长光线选择吸收后，透射和反射的各种波长光线的混合色。许多矿物就是以其颜色而得名，如黄铁矿（铜黄色）、赤铁矿（红色）、孔雀石（翠绿色）、褐铁矿（褐色）等。不透明的金属矿物颜色比较固定，而某些透明矿物常因含杂质或因风化而出现其他颜色。如不含杂质的水晶是无色透明的，因含杂质呈现红色、紫色、黄色、烟色等。新鲜黄铁矿呈铜黄色，经风化后呈暗褐色。

矿物粉末的颜色称为矿物的条痕，一般是看矿物在白色无釉的瓷板上划出的线条的颜色。矿物的条痕色比矿物表面颜色更固定，如赤铁矿块体表面可呈现红、钢灰色，但条痕总是樱桃红色，因而更具有鉴定意义。

3）矿物的解理与断口

矿物受力后沿一定方向规则裂开的性质称为解理，裂开的面称为解理面。如菱面体的方解石被打碎后仍然呈菱面体，云母可揭成一页一页的薄片。矿物中具有同一方向的解理面为一组。如，方解石有三组解理，长石有两组解理，云母只有一组解理。毫无疑问，解理面作为矿物中的弱面，对矿物的硬度与岩石的力学性质都有明显的影响。

各种矿物解理发育程度不一样，解理面的完整程度也不相同。按解理面的完整程度，解理可分为：

(1) 极完全解理：极易劈开成薄片，解理面大而完整、平滑光亮，如云母。

(2) 完全解理：常沿解理方向开裂成小块，解理面平整光滑，如方解石。

(3) 中等解理：既有解理面又有断口，如正长石。

(4) 不完全解理：常出现断口，解理面很难出现，如磷灰石。

矿物受力破裂后，不具方向性的不规则破裂面称为断口。常见的有贝壳状断口（如石英）、参差状断口（如黄铁矿）、锯齿状断口（如自然铜、石膏等）等。这些断口对矿物的硬度与岩石的力学性质也有明显影响。

4）矿物的硬度

矿物抵抗外力刻划、压入、研磨的能力，称为硬度。通常是指矿物相对软硬程度，如用两种矿物相互刻划,受伤者硬度小。德国矿物学家德里克·摩斯(Friedrich Mohs)选择 10 种软硬不同的矿物作为标准,组成 1~10 度的相对硬度系列(表 2-2-1),称为"摩氏硬度计"。

表 2-2-1 摩氏硬度计

硬度	矿物	硬度	矿物
1 度	滑石	6 度	长石
2 度	石膏	7 度	石英
3 度	方解石	8 度	黄玉
4 度	萤石	8 度	刚玉
5 度	磷灰石	10 度	金刚石

矿物的硬度和岩石的强度是两个既有联系而又不同的概念。例如,即使组成岩石的矿物都是坚硬的,岩石的强度也不一定高。因为矿物颗粒之间的联结可能是弱的。但对大部分岩石来说,两者之间还是有相应关系的。例如,在许多岩浆岩中,其强度常随暗色矿物(辉石,特别是橄榄石)含量的增加而增大。在沉积岩中,砂岩的强度常随石英含量的增加而增大,灰岩的强度常随其硅质混合物含量的增加而增大,随黏土质含量的增加而降低。在变质岩中,任何片状的硅酸岩盐矿物,如云母、绿泥石、滑石、蛇纹石等将使岩石强度降低,特别是当这些矿物呈平行排列时。

2.2.2 岩石的结构与构造

岩石的结构是指岩石内矿物颗粒的大小、形状、排列方式和颗粒间联结方式以及微结构面发育情况等反映在岩石构成上的特征。岩石的构造是指矿物集合体之间及其与其他组分之间的排列组合方式。如岩浆岩中的流线、流面构造,沉积岩中的微层状构造,变质岩中的片状构造及其他定向构造等,将在 2.3 节中进一步介绍。岩石的结构特征,尤其是矿物颗粒间的联结及微结构面的发育情况,对岩石力学性质影响很大。岩石所具有的不同构造,也会让岩石物理力学性质更复杂化。

矿物的力学性质并不直接等同于由该种矿物所组成的岩石的力学性质。即使是由单一矿物组成的岩石,也是如此。例如,石英和由石英组成的石英岩,以及方解石和由方解石组成的大理岩,矿物与其组成的岩石两者的性质就大不相同。这表明,由矿物组成的集合体的结构与构造,在力学上起着非常重要的作用,因此,研究岩石的组成和结构的力学效应是十分必要的。

岩石的结构构造,对其力学性质及其各向异性和非连续性程度有着明显的影响,对岩石的变形和破坏,在一定的条件下甚至起着决定性的作用。因此,在研究岩石的力学性质时要注意研究岩石的结构构造及其导致的各向异性和非连续性的影响。

1. 联结方式

矿物颗粒间具有牢固的联结是岩石区别于土,并赋予岩石以优良工程地质性质的主要原因。岩石颗粒间联结分结晶联结与胶结联结两类。

1) 结晶联结

岩石中矿物颗粒通过结晶相互嵌合在一起,如岩浆岩、大部分变质岩及部分沉积岩的结构联结。这种联结使晶体颗粒之间紧密接触,故岩石强度一般较大,但随结构的不同而有一定的差异,如在岩浆岩和变质岩中,等粒结晶结构一般比非等粒结晶结构的强度大,抗风化能力强。在等粒结构中,细粒结晶结构比粗粒的强度高。在斑状结构中,细粒基质比玻璃基质的强度高。总之,晶粒越细,越均匀,玻璃质越少,则强度越高。粗粒斑晶的酸性深成岩强度最低,细粒微晶而无玻璃质的基性喷出岩强度最高。例如,粗粒花岗岩抗压强度一般只有120MPa,而同一成分的细粒花岗岩则可高达260MPa。

具有结晶联结的一些变质岩,如石英岩、大理岩等情况与岩浆岩类似。

沉积岩中的化学沉积岩是以可溶的结晶联结为主,联结强度较大,一般以等粒细晶的岩石强度最高,如成分均一的致密细粒灰岩,其抗压强度可达270MPa。但这种联结也有缺点,即抗水性差,能不同程度地溶于水,即发生岩溶,从而影响这类岩石的力学性质。

固结黏土岩的联结有一部分是再结晶的结晶联结,其强度要比其他坚硬岩石差得多。

2) 胶结联结

胶结联结是矿物颗粒通过胶结物联结在一起。例如,沉积碎屑岩、部分黏土岩具这种联结方式。胶结联结的岩石强度取决于胶结物成分及胶结类型。一般来说,硅质胶结的岩石强度最高;铁质、钙质胶结的次之;泥质胶结的岩石强度最低,且抗水性差。如某地具有不同胶结物的砂岩抗压强度为:硅质胶结的 $\sigma_c=207.5$MPa;铁质胶结的 $\sigma_c=105.9$MPa;钙质胶结的 $\sigma_c=184.2$MPa;泥质胶结的 $\sigma_c=55.6$MPa。

从胶结类型来看,根据颗粒之间及颗粒与胶结物间的关系,碎屑岩具有三种基本类型:① 基质胶结类型。颗粒彼此不直接接触,完全受胶结物包围,岩石强度基本取决于胶结物的性质,如图 2-2-3(a)所示。② 接触胶结类型。只有颗粒接触处才有胶结物胶结,胶结一般不牢固,故岩石强度低,透水性较强,如图 2-2-3(b)所示。③ 孔隙胶结类型。胶结物完全或部分地填充于颗粒间的孔隙中,胶结一般较牢固,岩石强度和透水性主要视胶结物性质和其充填程度而定,如图 2-2-3(c)所示。

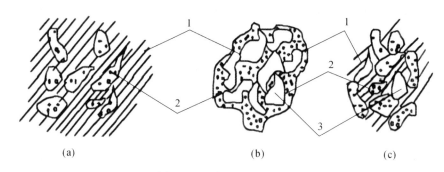

图 2-2-3 碎屑岩胶结类型
1.胶结物质;2.颗粒;3.未充填之孔隙

总体上说,常以基底式胶结的岩石强度最高,孔隙式胶结的次之,接触式胶结的最低。

2. 微结构面

岩石中的微结构面(或称缺陷)是指存在于矿物颗粒内部或矿物颗粒与矿物集合体之间微小的弱面及空隙,包括矿物的解理面、晶格缺陷、晶粒边界、粒间空隙、微裂隙,以及岩石内结合较好的纹层、层面及片理面、片麻理面等。

矿物的解理面往往平行于晶体中最紧密质点排列的面网,即平行于面网间距较大的面网。某些主要的造岩矿物,如黑云母、方解石、角闪石等具有极完全或完全解理,正长石、斜长石等具有中等解理,它们都是岩石中细微的弱面。

矿物晶体内部各粒子都是由各种离子键、原子键、分子键等相联结。由于矿物晶粒表面电价不平衡而使矿物表面具有一定的结合力,但这种结合力一般比起矿物内部的键联结力小,因此晶粒边界就相对软弱。

微裂隙是发育于矿物颗粒内部及颗粒之间的多呈闭合状态的破裂迹线,这些微裂隙十分细小,肉眼难以观察,一般要在显微镜下观察。它们的成因,主要与构造应力的作用有关,因此常具有一定方向,有时也由温度变化、风化等作用而引起。微裂隙的存在对岩体工程地质性质影响很大。

粒间空隙多在成岩过程中形成,如结晶岩中晶粒之间的小空隙,碎屑岩中由于胶结物未完全填充而留下的空隙。粒间空隙对岩石的透水性和压缩性有较大影响。

晶格缺陷既包括由于晶体外原子入侵结果产生的化学上的缺陷,也包括由于化学比例或原子重新排列的毛病而产生的物理上的缺陷,它与岩石的塑性变形有关。

由上述可见,岩石中的微结构面一般很小,通常需在显微镜下观察才能见到,但是,它们对岩石性质的影响却很大。

首先,微结构面的存在将大大降低岩石(特别是脆性岩石)的强度。许多学者,如霍克(Hoek)、布雷斯(Brace)、沃尔什(Walsh)等,根据格里菲斯(Griffith)强度理论,用试验论证了这一点。其主要论点是:由于岩石中这些缺陷的存在,当其受力时,在微孔或微裂隙(缺陷)末端,易造成应力集中,使裂隙可能沿末端继续扩展,导致岩石在比完全无缺陷时所能承受的拉应力或压应力低得多的情况下就会发生破坏。故有人认为缺陷是影响岩石力学性质的决定性因素。

其次,由于微结构面在岩石中常具有方向性,因此,它们的存在常导致岩石的各向异性。

此外,缺陷能增大岩石的变形,在循环加荷时引起滞后现象,还能改变弹性波在岩石中传播的速度,改变岩石的电阻率和热传导率等;会影响岩石的破坏方式,以及成为岩石受力破坏的起始点。关于它们对岩石力学性质的影响,将在后续章节中进一步叙述。

研究还发现,缺陷对岩石的影响,在低围压时明显;在高围压时相对减弱。这是因为在高温围压下岩石微裂隙等缺陷被压密、闭合。

应当指出的是,尽管岩石具有一定的各向异性和非连续性,但与岩体相比较,岩体的各向异性和非连续性则更显著。因此,在岩体力学研究中,通常又把岩石在宏观上近似地视为均质、各向同性的连续介质。

另外,强调岩石的结构构造,并不构成忽视对岩石矿物组成的研究的理由。因为,岩性因素是岩石作为力学研究对象的重要物质条件。一般来说,岩石的许多力学性状,就是通过岩性这个内因而显示出来的。在工程上,最早认识和利用岩石作为基础和材料的就是岩性因素,并且用其抗压强度作为衡量坚硬与软弱岩石的指标。虽然现在岩石强度作为单因素的岩体工程分类已经不再适用,但它仍旧是衡量岩石质地优良与否及综合评价必须考虑的重要因素之一。

2.3 常见的各类岩石

根据成因,地质学上把岩石分为岩浆岩、沉积岩和变质岩三大类。它们的矿物组成不同,结构构造不同,也有着不同的力学特性。

2.3.1 岩浆岩

岩浆岩是由地幔或地壳的岩石熔融或部分熔融形成的岩浆经冷却固结的产物,又称火成岩。岩浆可以是全部为液相的熔融物质,称为熔体;也可以含有挥发分及部分固体物质,如晶体及岩石碎块。岩浆从高温炽热的状态降温并伴有结晶作用的过程称为岩浆固结作用。岩浆喷出地表后冷凝形成的岩石称为喷出岩;岩浆侵入地表下地壳中冷凝形成的岩石称为侵入岩。在地壳较深处形成的侵入岩叫作深成岩(地表3km以下),在较浅处形成的侵入岩叫作浅成岩(地表3km以上)。

1. 岩浆岩的成分

岩浆岩的化学成分通常用氧化物重量百分比来表示,以 SiO_2、Al_2O_3、Fe_2O_3、FeO、MgO、CaO、K_2O、Na_2O、H_2O 和 TiO_2 等为主,它们占岩浆岩平均化学成分的99%,并且在各类岩石中都能出现。其中,SiO_2 是岩浆岩中最主要的成分,SiO_2 和各种金属元素形成多种硅酸盐矿物,各种硅酸盐矿物又组成各种岩浆岩。所以,岩浆岩实际上是硅酸盐岩石。

组成岩浆岩的矿物主要有长石、石英、黑云母、角闪石、辉石、橄榄石等,约占岩浆岩矿物总含量的99%,所以称之为岩浆岩的重要造岩矿物。其中颜色较浅的,称浅色矿物,因以二氧化硅和钾、钠的铝硅酸盐类为主,又称硅铝矿物,如石英、长石等;颜色较深的,称暗色矿物,因以含铁、镁的硅酸盐类为主,又称铁镁矿物,如黑云母、角闪石、辉石、橄榄石等。

2. 岩浆岩的结构与构造

1) 岩浆岩的结构

岩浆岩的结构是指组成岩石的矿物的结晶程度、晶粒大小、形态及其相互关系的特征。岩浆岩的结构特征,是岩浆成分和岩浆冷凝环境的综合反映。

按结晶程度,岩浆岩的结构可分为:

(1) 全晶质结构:岩石全部由矿物晶体组成。它是在温、压降低缓慢,结晶充分条件下形成的。这种结构是侵入岩,尤其是深成侵入岩的结构。

(2) 非晶质结构:又称为玻璃质结构。它是在岩浆温、压快速下降时冷凝形成的。这种结构多见于酸性喷出岩,也可见于浅成侵入体边缘,岩石全部由火山玻璃组成。

(3) 半晶质结构:岩石由矿物晶体和部分未结晶的玻璃质组成。多见于喷出岩和浅成岩边缘。

按组成岩石矿物颗粒大小,岩浆岩的结构可分为:

(1) 显晶质结构:用肉眼或放大镜即可看出晶体颗粒,又分为粗粒结构(晶粒直径大于

5mm)、中粒结构(晶粒直径 1~5mm)与细粒结构(晶粒直径 0.1~1mm)。

(2) 隐晶质结构:晶粒小于 0.1mm,岩石呈致密状,矿物颗粒用显微镜才能辨别。

按岩石中矿物颗粒相对大小,岩浆岩的结构可分为:

(1) 等粒结构:岩石中同种主要矿物的粒径大致相等的结构。常见于深成岩中,又称粒状结构。

(2) 斑状结构:岩石中矿物颗粒相差悬殊,较大的颗粒称为斑晶,斑晶与斑晶之间的物质称为基质,基质为隐晶质或玻璃质。斑状结构常为喷出岩或一些浅成岩所具有。

(3) 似斑状结构:类似斑状结构,但斑晶更粗大,基质则多为中、粗粒显晶质结构。似斑状结构常为某些深成岩所具有,如似斑状花岗岩。

2) 岩浆岩的构造

岩浆岩的构造指岩石中不同矿物与其他组成部分的排列填充方式所表现出来的外貌特征。岩浆岩最常见的构造有:

(1) 块状构造:组成岩石的矿物颗粒无一定排列方向,而是均匀地分布在岩石中,不显层次,呈致密块状。这是侵入岩常见的构造。

(2) 流纹状构造:岩石中不同颜色的条纹和拉长的气孔等沿一定方向排列所形成的外貌特征。这种构造是喷出地表的熔浆在流动过程中冷却形成的。

(3) 气孔状构造:岩浆凝固时,挥发性的气体未能及时逸出,以致在岩石中留下许多圆形、椭圆形或长管形的孔洞。在玄武岩等喷出岩中常见到气孔构造。

(4) 杏仁状构造:岩石中的气孔,为后期矿物(如方解石、石英等)填充所形成的一种形似杏仁的构造。如某些玄武岩和安山岩的构造。

结构和构造特征反映了岩浆岩的生成环境,同时对岩石的力学性质有重要的影响。

3. 岩浆岩的种类及构造特征

根据分类指标不同,岩浆岩有不同的分类方法。根据岩浆岩中 SiO_2 的含量,将岩浆岩分为下面四类:

(1) 酸性岩类 SiO_2 含量 $>65\%$,矿物成分以石英、正长石为主,并含有少量的黑云母和角闪石。代表性的酸性岩有花岗岩、花岗斑岩、流纹岩。

(2) 中性岩类 SiO_2 含量 $52\%\sim65\%$,矿物成分以正长石、斜长石、角闪石为主,并含有少量的黑云母及辉石。代表性的中性岩有闪长岩、闪长玢岩、安山岩。

(3) 基性岩类 SiO_2 含量 $45\%\sim52\%$,矿物成分以斜长石、辉石为主,含少量的角闪石及橄榄石。代表性的基性岩有辉长岩、辉绿岩、玄武岩。

(4) 超基性岩类 $SiO_2<45\%$,矿物成分以橄榄石、辉石为主,其次有角闪石、黑云母和斜长石,一般不含硅铝矿物。代表性的超基性岩有橄榄岩、苦橄玢岩、金伯利岩。

依冷凝成岩的地质环境不同,可将岩浆岩分为侵入岩与喷出岩(火山岩)两大类,而侵入岩又根据深度的不同分为深成岩、浅成岩和喷出岩。每一类中又可根据成分的不同分出更详细、具体的各类别,见表 2-3-1。它们在结构上有较大的差异,这种差异往往反映在岩石力学性质上。

表 2-3-1　岩浆岩分类表

化学成分		含 Si、Al 为主			含 Fe、Mg 为主		产状
酸基性		酸性	中性		基性	超基性	
颜色		浅色的(浅灰、浅红、黄色)			深色的(深灰、绿色、黑色)		
矿物成分		含正长石		含斜长石		不含长石	
成因及结构		石英、云母、角闪石	黑云母、角闪石、辉石	角闪石、辉石、黑云母	辉石、角闪石、橄榄石	橄榄石、辉石	
深成岩	等粒状,有时为斑状所有矿物皆能用肉眼鉴别	花岗岩	正长岩	闪长岩	辉长岩	橄榄岩、辉岩	岩基、岩株
浅成岩	斑状(斑晶较大且可分辨出矿物名称)	花岗斑岩	正长斑岩	玢岩	辉绿岩	未遇到	岩脉、岩床、岩盘
喷出岩	玻璃状,有时为细粒斑状,矿物难用肉眼鉴别	流纹岩	粗面岩	安山岩	玄武岩	未遇到	熔岩流
	玻璃状或碎屑状	黑曜岩、浮岩、火山凝灰岩、火山碎屑岩、火山玻璃					火山喷出的堆积物

1) 深成岩

常形成较大的侵入体,有巨型岩体,大的如岩基、岩盘,它们的形成环境都处在高温高压状态之下,在形成过程中由于岩浆有充分的分异作用,常常形成基性岩、超基性岩、中性岩及酸性、碱性岩等。彼此往往逐渐过渡,有时也突然变化、互相穿插。在逐渐过渡的大型岩基中,有时则具有环形的岩性岩相带,一般外环偏酸性,内环偏基性,有时在外围还出现基性边缘。根据这种分带性,不论是基性或者中、酸性岩体,岩石种类也是很多的,组织结构也有所变化。在侵入岩体的边缘,常有围岩落入岩浆岩体之中而形成外捕房体,也有冷却的基性边缘岩石堕入岩浆岩中形成内捕房体。它们的分布常与岩浆岩的流动构造如流线、流层相一致。围岩在高温高压的作用下,常常形成热力接触变质的混合岩带。接触岩带的规模视侵入体的规模与埋置深度而不同。

深成岩岩性较均一,变化较小,岩体结构呈典型的块状结构,结构体多为六面体和八面体,但在岩体的边缘部分也常有流线、流面和各种原生节理,结构相对比较复杂。

深层岩颗粒均匀,多为粗-中粒状结构,致密坚硬,孔隙很少,力学强度高,透水性较弱,抗水性较强,所以深成岩体的工程地质性质一般较好。花岗岩、闪长岩、花岗闪长岩、石英闪长岩等均属常见的深成岩体,常被选作大型建筑场地,如举世瞩目的长江三峡大坝的坝基就是坐落在花岗闪长岩体之上。但深成岩体也有不足之处,首先,深成岩体较易风化,风化壳的厚度一般较厚;其次,当深成岩受同期或后期构造运动影响,断裂破碎剧烈,构造面很发育时,其性质将极复杂化,岩体完整性和均一性被破坏,强度降低。此外,深成岩体常被同期或后期小侵入体、岩脉穿插,有的对岩体或先期断裂起胶结作用,有的起进一步的分割作用,必须分别对待。但总的来说,岩体更加复杂化,破坏了它的均一性,岩体质量降低。深成岩与周围岩体接触,常形成很厚的接触变质带,这些变质带往往成分复杂,有时易风化,形成软弱岩带或软弱结构面,应予以注意。

2)浅成岩

浅成岩的成分一般与相应的深成岩相似,但其产状和结构都不相同,多为岩床、岩墙、岩脉等小侵入体,岩体均一性差,岩体结构常呈镶嵌式结构,而岩石多呈斑状结构和均粒-中细粒结构,细粒岩石强度比深成岩高,抗风化能力强,斑状结构岩石则差一些。与其他一些类型的岩体相比,浅成岩的工程地质性质一般还是较好的,在岩体工程中应尽量加以利用。

花岗斑岩、闪长玢岩和伟晶岩等中酸性浅成岩的性质与花岗岩类似;细晶岩强度较高,但由于产出范围较小,岩性变化比较大,岩体均一性较差。

辉绿岩为常见的基性浅成岩体,岩性致密坚硬,强度较高,抗风化能力较强,但岩体均一性较差;煌斑岩常以岩脉产出,含暗色矿物多,是最容易风化且风化程度较深的一种岩体。

3)喷出岩

喷出岩型有喷发及溢流之别,喷发式火山岩有陆地喷发、海底喷发,有裂隙性喷发,也有火山口式喷发,它们往往间歇性喷发及溢流,即轮回交替出现。每次喷发的压力、温度不同,所含物质成分不等。无论是喷发式或溢流式,都导致这类岩石的组织结构及成分有很大的差异,岩性岩相变化十分复杂。总的来说,喷出岩是火山喷出的熔岩流冷凝而成的,由于火山喷发的多期性,火山熔岩和火山碎屑往往相间,使喷出岩具类似层状的构造。

喷出岩由于岩浆喷出后才凝固,所以岩石中含有较多的玻璃及气孔构造、杏仁构造,岩石颗粒很细,多呈致密结构,酸性熔岩在流动过程中形成流纹构造。另外,由于喷出岩是在急骤冷却条件下凝固形成的,所以原生节理比较发育。例如,玄武岩的柱状节理、流纹岩的板状节理等。

上述这些特征都使喷出岩的结构比较复杂,岩性不均一,各向异性显著,岩体的连续性较差,透水性较强,软弱夹层的弱结构面比较发育,成为控制岩体稳定性的主要因素;厚层的熔岩岩体结构常呈块状结构,一般呈镶嵌结构,薄的呈层状结构。

特别要注意喷出岩中的松散岩层及松软岩层,如凝灰质碎屑岩及黏土岩等,有些岩层常含有大量的蒙脱石、拜来石及伊利石等黏土矿物,这些矿物往往具有不同程度的膨胀性。

喷出岩以玄武岩为最常见,其次是安山岩和流纹岩。

4. 常见的岩浆岩

(1)花岗岩:为酸性深成侵入的代表性岩石。多呈肉红色、灰色或灰白色。矿物成分主要为石英(含量大于20%)、正长石和斜长石,其次有黑云母、角闪石等次要矿物。全晶质等粒结构(也有不等粒或似斑状结构),块状构造。根据所含暗色矿物的不同,可进一步分为黑云母花岗岩、角闪石花岗岩等。花岗岩分布广泛,性质均匀坚固,是良好的建筑石料;作为地基,承载力高。

(2)花岗斑岩:为酸性浅成侵入的代表性岩石。斑状结构,斑晶为钾长石、富钠斜长石、石英等,基质多由细小的长石、石英及其他矿物组成。颜色和构造同花岗岩。

(3)流纹岩:为酸性喷出岩的代表性岩石。常呈灰白、浅灰或灰红色。具典型的流纹构造,斑状结构,细小的斑晶常由石英或透长石组成。

(4) 闪长岩:为中性深成侵入的代表性岩石。灰白、深灰至灰绿色。主要矿物为斜长石和角闪石,其次有黑云母和辉石。全晶质中粗粒等粒结构,块状构造。闪长岩结构致密,强度高,且具有较高的韧性和抗风化能力,是良好的建筑石料。

(5) 闪长玢岩:为中性浅成侵入的代表性岩石。灰色或灰绿色,矿物成分与闪长岩相同,斑状结构,斑晶为斜长石或角闪石。基质为中细粒或微粒结构。

(6) 安山岩:为中性喷出岩的代表性岩石。灰色、紫红色或绿色。主要矿物成分为斜长石、角闪石,无石英或极少石英。斑状结构,斑晶常为斜长石。有时具有气孔状或杏仁状构造。

(7) 辉长岩:为基性深成侵入岩的代表性岩石。灰黑、暗绿色。全晶质中等等粒结构,块状构造。组成矿物以斜长石和辉石为主,有少量橄榄石、角闪石和黑云母。辉长岩强度高,抗风化能力强。

(8) 辉绿岩:为基性浅成侵入岩的代表性岩石。灰绿或黑绿色。矿物成分与辉长岩相似,结晶质细粒结构,有时含较大的斜长石斑晶,块状构造。多呈岩床、岩墙产出,强度也高。

(9) 玄武岩:为基性喷出岩的代表性岩石。灰黑至黑色。矿物成分与辉长岩相似。具隐晶、细晶或斑状结构,常具气孔或杏仁状构造。玄武岩致密坚硬,性脆,强度很高。

(10) 橄榄岩:为超基性深成侵入岩的代表性岩石。暗绿色或黑色。组成矿物以橄榄石、辉石为主,其次为角闪石等,很少或无长石。中粒等粒结构、块状构造。

2.3.2 沉积岩

出露地表的各种岩石,经过长期风化,逐渐形成岩石碎屑、细粒黏土矿物或者其他可溶解物质。这些风化产物,大部分被流水等运动介质搬运到河、湖、海洋等低洼的地方沉积下来,成为松散的堆积物。这些松散堆积物经过长期压密、胶结、重结晶等复杂的地质过程,就形成了沉积岩。它是地壳表面分布最广的一种层状岩石。

1. 沉积岩的成分

沉积岩的材料主要来源于各种先成岩石的碎屑、溶解物质及再生矿物,归根结底来源于原生的火成岩,因此沉积岩的化学成分与岩浆岩基本相似,即以 SiO_2、Al_2O_3 等为主。但也有其不同之处,如沉积岩中 Fe_2O_3 含量高于 FeO,而岩浆岩却与此相反,这是因为沉积岩主要是在氧化条件下形成的;又如沉积岩中富含 H_2O 和 CO_2 等,而岩浆岩中则很少,这是因为沉积岩是在地表条件下形成的;此外,沉积岩中常含有较多的有机质成分,而在岩浆岩中则缺少这样的成分。

组成沉积岩的矿物成分有 160 多种,但最常见的仅 10~20 种。① 碎屑矿物:石英、长石、白云母等,它们是母岩风化后继承下来的较稳定的矿物,属于继承矿物。② 黏土矿物:高岭石、铝土等,它们是母岩化学风化作用形成的矿物,属新生矿物。③ 化学和生物成因矿物:方解石、白云石、铁锰氧化物或氢氧化物、石膏、有机质等,它们是从溶液或胶体溶液中沉淀出来的或经生物作用形成的矿物。有机质来自包括动物和植物的有机组分。有些岩石本身就是有机体或由有机体的碎屑组成,如煤、珊瑚礁、碎屑灰岩等。

2. 沉积岩的结构与构造

1) 沉积岩的结构

沉积岩的结构是指沉积岩组成物质的形状、大小和结晶程度的特征,一般分为碎屑结构、泥质结构、结晶结构及生物结构4种。

(1) 碎屑结构：碎屑物质被胶结物胶结起来的一种结构，是沉积岩所特有的结构。

按碎屑颗粒粒径的大小，可分为砾状结构（粒径>2mm）、砂状结构（粒径0.05~2mm）、粉砂状结构（粒径0.005~0.05mm）。

(2) 泥质结构：是黏土矿物组成的结构，矿物颗粒粒径小于0.005mm，是泥岩、页岩等黏土岩的主要结构。

(3) 结晶结构：是化学沉淀的结晶矿物组成的结构。又可分为结晶粒状结构和隐晶质致密结构。结晶结构是灰岩、白云岩等化学岩的主要结构。

(4) 生物结构：由生物遗体或碎片所组成的结构，是生物化学岩所具有的结构。

2) 沉积岩的构造

沉积岩的构造是指沉积岩各种物质组成部分的空间分布及其相互间的排列关系所反映出的外貌特征。沉积岩最主要的构造是层理构造和层面构造。它不仅反映了沉积岩的形成环境，而且是沉积岩区别于岩浆岩和某些变质岩的构造特征。

(1) 层理构造：是先后沉积的物质在颗粒大小、形状、颜色和成分上的不同所显示出来的成层现象。层理是沉积岩成层的性质。层与层之间的界面，称为层面。上下两个层面间成分基本均匀一致的岩石，称为岩层。它是层理最大的组成单位。一个岩层上下层面之间的垂直距离称为岩层的厚度。根据岩层层厚可以进一步分为：块状构造（层厚>100cm）、厚层构造（层厚50~100cm）、中层构造（层厚10~50cm）、薄层构造（层厚1~10cm）和微层构造（层厚0.1~1cm）。

根据形态，层理可以分为水平层理、波状层理和斜层理。水平层理是指在一个层内的纹层（不能再分的微细层）比较平直，并与层面平行的层理。波状层理是纹层呈波状起伏，但总的方向平行层面的层理。如果层内的纹层呈直线或曲线形状，并与层面斜交，则称斜层理。

沉积岩在构造上的最大特点是具有层理构造，层理构造的出现导致了沉积岩岩性和力学性质具高度的各向异性。

(2) 层面构造：在层面上有时还保留沉积岩形成时的某些特征，如波痕、雨痕及泥裂等，称为层面构造。

3. 沉积岩的种类

按沉积岩形成条件及结构特点，可分为碎屑岩类、黏土岩类以及化学及生物化学岩类，见表2-3-2。

1) 碎屑岩类

主要由碎屑物质组成的岩石。其中由先成岩石风化破坏产生的碎屑物质形成的，称为沉积碎屑岩，如砾岩、砂岩及粉砂岩等；由火山喷出的碎屑物质形成的，称为火山碎屑岩，如火山角砾岩、凝灰岩等。

胶结碎屑岩的性质主要取决于胶结物的成分、胶结形式、碎屑物成分和特点。例如，硅质胶结碎屑岩的岩石强度最高，抗水性强，而钙胶结、石膏质和泥质胶结的岩石，强度较低，抗水性弱，在水作用下，可被溶解或软化，使岩石性质变坏。此外，基质胶结类型的岩石较坚硬，透水性较弱，而接触胶结类型的岩石强度较低，透水性较强。

表 2-3-2 沉积岩分类简表

岩类	结构		岩石分类名称	主要亚类及其组成物质
碎屑岩类	火山碎屑岩	碎屑结构	粒径>100mm 火山集块岩	主要由大于100mm的熔岩碎块、火山灰尘等经压密胶结而成
			粒径2~100mm 火山角砾岩	主要由2~100mm的熔岩碎屑、晶屑、玻屑及其他碎屑混入物组成
			粒径<2mm 凝灰岩	由50%以上粒径<2mm的火山灰组成,其中有岩屑、晶屑、玻屑等细粒碎屑物质
	沉积碎屑岩		砾状结构,粒径>2mm 砾岩	角砾岩,由带棱角的角砾经胶结而成 砾岩,由浑圆的砾石经胶结而成
			砂质结构,粒径0.05~2.00mm 砂岩	石英砂岩:石英含量>90%,长石和岩屑含量<10% 长石砂岩:长石英含量<75%,长石含量>25%,岩屑含量<10% 岩屑砂岩:石英含量<75%,长石含量<10%,岩屑含量>25%
			粉砂结构,粒径0.005~0.05mm 粉砂岩	主要由石英、长石的粉粒、黏粒及黏土矿物组成
黏土岩	泥质结构,粒径<0.005mm		泥岩	主要由高岭石、微晶高岭石及水云母等黏土矿物组成
			页岩	黏土质页岩:由黏土矿物组成 碳质页岩:由黏土矿物及有机质组成
化学岩和生物化学岩	结晶结构及生物结构		灰岩	灰岩:方解石含量>90%,黏土矿物含量<10% 泥灰岩:方解石含量50%~75%,黏土矿物含量25%~50%
			白云岩	白云岩:白云石含量90%~100%,方解石含量<10% 灰质白云岩:白云石含量50%~75%,方解石含量50%~25%

在胶结碎屑岩中,一般粉砂岩的强度比砂砾岩差些,其中硅质胶结石英砂岩的强度比一般砂岩的强度高;我国南方各省分布广泛的中生界红色砂砾岩,多为钙质泥质胶结,胶结程度较古生界砂岩差。

火山碎屑岩具有岩浆岩和普通沉积岩的双重特性和过渡关系,包括火山集块岩、火山角砾岩、凝灰岩等。各类火山碎屑岩的性质差别很大,与火山碎屑物、沉积物、熔岩的相对含量、层理和胶结压实程度相关。

大多数凝灰岩和凝灰质岩石结构疏松,极易风化,强度很低,往往具有遇水膨胀的特性,必须加以特殊注意。

2) 黏土岩类

黏土岩是沉积岩中分布最广的一类岩石。主要由高岭石、蒙脱石、伊利石等黏土矿物组成,黏土矿物的含量占比通常大于50%,粒径小于0.005mm,如泥岩、页岩等。总的来说,黏土岩致密均一,不透水,性质软弱,强度低,易产生压缩变形,抗风化能力较低,易软化和泥化,建筑物易沿这些软化和泥化后的结构面滑动,不适合作为大型水工建筑物的地基,尤其是含蒙脱石等矿物的黏土岩,遇水后具有膨胀、崩解等特性。

3) 化学及生物化学岩类

岩石风化产物和剥蚀产物中的溶解物质和胶体物质通过化学作用方式沉积而成的岩石,和通过生物化学作用或生物生理活动使某种物质聚集而成的岩石,前者属于化学岩,如灰岩、白云岩、硅质岩等;后者属于生物化学岩,包括煤、泥炭等。

化学岩类最常见的是碳酸盐类岩石,以灰岩分布最广,多数为灰岩和白云岩,结构致密,坚硬,强度较高。它们在地下水的作用下能被溶蚀,形成溶蚀裂隙、溶洞、暗河等,成为渗漏或涌水的通道,给工程带来极大的危害。泥灰岩是黏土和灰岩之间过渡类型,强度低、遇水易软化,当灰岩中夹有薄层泥灰岩或黏土岩时,可能产生滑动问题,对工程不利,但灰岩及黏土岩夹层可能起阻水或隔水作用,对于防止渗漏与涌水问题又是有利的,应结合具体工程进行分析。

4. 常见的沉积岩

(1) 砾岩:由粒径大于2mm的粗大碎屑和胶结物组成。岩石中粒径大于2mm的碎屑含量在50%以上,碎屑呈浑圆状,成分一般为坚硬而化学性质稳定的岩石或矿物,如石英岩等。胶结物的成分主要有硅质、铁质及钙质等。

(2) 角砾岩:和砾岩一样,粒径大于2mm的碎屑含量在50%以上,但碎屑有明显棱角。角砾岩的岩性成分多种多样。胶结物的成分有泥质、钙质、铁质及硅质等。

(3) 砂岩:由粒径介于0.075~2mm的砂粒胶结而成,且这种粒径的碎屑含量超过50%。按砂粒的矿物组成,可分为石英砂岩(石英颗粒含量占90%以上)、长石砂岩(长石颗粒含量占25%以上)和岩屑砂岩(岩屑含量占25%以上)等。按砂粒粒径的大小,可分为粗粒砂岩(粒径0.5~2mm)、中粒砂岩(粒径0.25~0.5mm)和细粒砂岩(粒径0.075~0.25mm)。

(4) 粉砂岩:由粒径介于0.005~0.05mm的碎屑胶结而成,且这种粒径的碎屑含量超过50%。矿物成分与砂岩近似,但黏土矿物的含量一般较高。胶结物的成分有钙质、泥质、铁质及硅质等。

(5) 页岩:是由黏土脱水胶结而成,以黏土矿物为主,大部分有明显的薄层理,呈页片状。依据胶结物可分为硅质页岩、黏土质页岩、砂质页岩、钙质页岩及碳质页岩。除硅质页岩强度稍高外,其余岩性软弱,易风化成碎片,强度低,与水作用易于软化而降低其强度。

(6) 泥岩:成分与页岩相似,常呈厚层状。以高岭石为主要成分的泥岩,常呈灰白色或黄白色,吸水性强,遇水后易软化。以微晶高岭石为主要成分的泥岩,常呈白色、玫瑰色或浅绿色,表面有滑感,可塑性小,吸水性高,吸水后体积急剧膨胀。若泥岩夹于坚硬岩层之间,则形成软弱夹层,浸水后易于软化,致使上覆岩层发生顺层滑动。

(7) 灰岩:矿物成分以方解石为主,其次含有少量的白云石和黏土矿物。常呈深灰、浅灰色,纯质灰岩呈白色。由纯化学作用生成的灰岩具有结晶结构,但晶粒极细。经重结晶作用可形成晶粒比较明显的结晶灰岩。由生物化学作用生成的灰岩,常含有丰富的有机物残骸。

(8) 白云岩:矿物成分主要为白云石,也含方解石和黏土矿物。一般为白色或灰色,主要是结晶粒状结构。性质与灰岩相似,但强度比灰岩高。

2.3.3 变质岩

变质岩是岩浆岩、沉积岩或先期变质岩在地壳中受到高温、高压及化学成分加入的影响,在固体状态下发生矿物成分及结构构造变化而形成的新的岩石。如大理岩是灰岩变质而成的。各种岩石都可以形成变质岩。由岩浆岩形成的变质岩称为正变质岩,由沉积岩形成的变质岩称为副变质岩。变质岩不仅在矿物成分、结构、构造上具有变质过程中所产生的特征,而且还常保留原来岩石的某些特征。

变质岩的性质与变质作用的特点及原岩的性质有关。其岩石力学性质差别很大,不能一概而论。但大多数常见的变质岩是经过重结晶作用,具有一定的结晶联结,使其结构一般较紧密,抗水性较强,孔隙较小,透水性弱,强度较高。如黏土质岩石经变质后,其性质有所改变(如页岩变质为板岩、角岩)。但也有相反的情况,如变质岩中的片理及片麻理,往往使岩石的联结减弱,力学性呈各向异性,强度降低。另外,某些矿物成分的影响,也可使变质岩容易风化。此外,变质岩一般年代较老,经受地质构造变动较多,断裂及风化作用破坏了某些变质岩体的完整性,使岩体呈现不均一性。

1. 变质岩的成分

变质岩的物质成分十分复杂,其中一部分矿物是在其他岩石中也可以存在,如石英、长石、云母、角闪石、辉石、磁铁矿以及方解石、白云石等。这些矿物可能是从变质前的岩石中保留下来的稳定矿物,也可以在变质过程中新产生。还有一部分矿物是在变质过程中产生的新矿物,如石榴子石、蓝闪石、绢云母、绿泥石、红柱石、阳起石、透闪石、滑石、硅灰石、蛇纹石、石墨等。这些矿物是在特定环境下形成的稳定矿物,可以作为鉴别变质岩的标志矿物。

2. 变质岩的结构与构造

1) 变质岩的结构

变质岩的结构一般分为变晶结构和变余结构两大类。

(1) 变晶结构:在变质过程中矿物重新结晶形成的结晶质结构。常分为粒状变晶结构、斑状变晶结构、鳞片状变晶结构等。

(2) 变余结构:变质岩中残留的原岩结构,说明原岩变质较轻。如变余粒状结构、变余花岗结构等。

2) 变质岩的构造

变质岩中的矿物常常是在一定压力条件下重结晶形成的,所以矿物排列往往具有定向性和矿物形态具有延长性,甚至像石英和长石这类矿物,也经常形成长条的形状,因此常能沿矿物排列方向劈开。变质岩的构造是识别变质岩的重要标志。据此可以将变质岩的构造分为以下几种(见表 2-3-3)。

表 2-3-3　变质岩分类简表

岩类	构造	岩石名称	主要亚类及其矿物成分	原岩
片理状岩类	片麻状构造	片麻岩	花岗片麻岩:长石、石英、云母为主,其次为角闪石,有时含石榴子石 角闪石片麻岩:长石、石英、角闪石为主,其次为云母,有时含石榴子石	中酸性岩浆岩、黏土岩、粉砂岩、砂岩
	片状构造	片岩	云母片岩:云母、石英为主,其次有角闪石等滑石 片岩:滑石、绢云母为主,其次有绿泥石、方解石等 绿泥石片岩:绿泥石、石英为主,其次有滑石、方解石等	黏土岩、砂岩、中酸性火山岩超基性岩,白云质泥灰岩 中基性火山岩、白云质泥灰岩
	千枚状构造	千枚岩	以绢云母为主,其次有石英、绿泥石等	黏土岩、黏土质粉砂岩、凝灰岩
	板状构造	板岩	黏土矿物、绢云母、石英、绿泥石、黑云母、白云母等	
块状岩类	块状构造	大理岩	方解石为主,其次有白云石等	灰岩、白云岩
		石英岩	方解石为主,有时含绢云母、白云母等	砂岩、硅质岩
		蛇纹岩	蛇纹石、滑石为主,其次有绿泥石、方解石等	超基性岩

(1) 板状构造:具这种构造的岩石中矿物颗粒很细小,肉眼不能分辨,但它们具有一组组平行的板状劈理,沿劈理面易于裂开。劈理面上可见由绢云母、绿泥石等微晶形成的微弱丝绢光泽。具有这种构造的变质岩称为板岩。

(2) 千枚状构造:具这种构造的岩石中矿物颗粒很细小,肉眼难以分辨。岩石中的鳞片状矿物呈定向排列,定向方向易于劈开成薄片,具丝绢光泽。断面参差不齐。具有这种构造的变质岩称为千枚岩。

(3) 片状构造:重结晶作用明显,片状、板状或柱状矿物定向排列,沿平行面(片理面)很容易剥开呈不规则的薄片,光泽很强。具有这种构造的变质岩称为片岩。

(4) 片麻状构造:岩石主要由较粗的粒状矿物(如长石、石英)组成,但又有一定数量的柱状、片状矿物(如角闪石、黑云母、白云母)在粒状矿物中定向排列且不均匀分布,形成断续条带状构造。如果暗色柱状、片状矿物分布于浅色粒状矿物中,则黑白相间的片麻构造更加明显。各种片麻岩具有此构造。具有这种构造的变质岩称为片麻岩。

(5) 块状构造:岩石中结晶的矿物无定向排列,也不能定向劈开,如大理岩、石英岩、蛇纹岩等。

3. 常见的变质岩

(1) 板岩:是由黏土岩、粉砂岩或中酸性凝灰岩经轻微变质而成的浅变质岩。具明显板状构造,矿物成分基本没有重结晶或只有部分重结晶,外表呈致密隐晶质,肉眼难以鉴别。在板理面上略显丝绢光泽。常见的板岩有黑色碳质板岩、灰绿色钙质板岩等。

（2）千枚岩：具典型千枚构造的浅变质岩石，由黏土岩、粉砂岩或中酸性凝灰岩经低级区域变质而成。变质程度比板岩稍高，原岩成分基本上已全部重结晶，主要由细小绢云母、绿泥石、石英、钠长石等新生矿物组成。具细粒鳞片变晶结构，片理面上有明显的丝绢光泽。

（3）片岩：具明显鳞片状变晶结构和片状构造的岩石。主要由片状或柱状矿物如云母、绿泥石、滑石等组成，并呈定向排列；此外，间有石英、长石等粒状矿物。片岩一般属于中级变质岩石，变质程度比千枚岩高。常见的片岩有云母片岩、角闪片岩、石英片岩等。

（4）片麻岩：具明显片麻状构造的岩石。主要矿物成分为长石、石英等，片状和柱状矿物有云母、角闪石、辉石等。主要属于变质程度较深的区域变质岩。原岩为黏土岩、粉砂岩、砂岩和中酸性火成岩等。常见的片麻岩有角闪斜长片麻岩、黑云斜长片麻岩、黑云角闪斜长片麻岩。

（5）大理岩：由灰岩或白云岩经重结晶变质而成，等粒变晶结构、块状构造。主要矿物成分为方解石，遇稀盐酸强烈起泡。大理岩常呈白色、浅红色、淡绿色、深灰色以及其他各种颜色，常因含有其他带色杂质而呈现出美丽的花纹。

（6）石英岩：结构和构造与大理岩相似。一般由较纯的石英砂岩或硅质岩变质而成，常呈白色，因含杂质可出现灰白色、灰色、黄褐色或浅紫红色。石英岩强度很高，抵抗风化的能力很强。

2.4 结构面与结构体

结构面(structural plane)是指地质历史发展过程中，在岩体内形成的具有一定的延伸方向和长度，厚度相对较小的地质界面或带。它包括物质分异面和不连续面，如层面、不整合面、节理面、断层、片理面等。一些文献中又称为不连续面(discontinuities)或节理(joint)。结构体(structural block)是指被结构面切割围限的岩石块体。结构面与结构体共同组成岩体。

岩体与一般的工程材料的重大差别就在于它是包含大量结构面的、具有一定结构的多裂隙体或碎裂体。结构面对岩体的完整性、渗透性、物理力学性质及应力传递等都有显著的影响，是造成岩体非均匀、非连续、各向异性和非线弹性的本质原因之一。由于结构面的存在，特别是软弱夹层的存在，极大地削弱了岩体的力学性质及其稳定性。很多工程岩体的失稳破坏就是一部分结构体沿结构面发生的。因此，全面、深入、细致地研究结构面与结构体的特征是岩体力学研究中的一个重要课题。

2.4.1 结构面的类型与特征

2.4.1.1 地质成因

根据地质成因的不同，可将结构面分为原生结构面、构造结构面和次生结构面三大类，各大类之下可以进一步分为多个类别，见表2-4-1。

1. 原生结构面

这类结构面是岩体在成岩过程中形成的结构面，其特征与岩体成因与建造环境密切相关，据此又可分为沉积结构面、岩浆结构面和变质结构面三类。

原生结构面中,除部分经风化卸荷作用裂开外,多具有不同程度的联结力和较高的强度。

表 2-4-1 岩体结构面的类型及其特征(张咸恭等,2000)

成因类型		地质类型	主要特征			工程地质评价
			产状	分布	性质	
原生结构面	沉积结构面	1.层理层面 2.软弱夹层 3.不整合面、假整合面 4.沉积间断面	一般与岩层产状一致,为层间结构面	海相岩层中此类结构面分布稳定,陆相岩层中呈交错状,易尖灭	层面、软弱夹层等结构面较平整;不整合面及沉积间断面多由碎屑泥质物构成,且不平整	很多国内外较大的坝基滑动及滑坡是由此类结构面造成的,如奥斯汀、圣·弗朗西斯、马尔帕塞坝的破坏,瓦依昂水库附近的巨大滑坡
	岩浆结构面	1.侵入体与围岩接触面 2.岩浆岩墙接触面 3.原生冷凝节理	岩脉受构造结构面控制,而原生节理受岩体接触面控制	接触面延伸较远,比较稳定,而原生节理往往短小密集	与围岩接触面可具熔合及破碎两种不同的特征,原生节理一般为张裂面,较粗糙不平	一般不造成大规模的岩体破坏,但有时与构造断裂配合,也可以造成岩体的滑移,如有的坝肩局部滑移
	变质结构面	1.片理 2.片岩软弱夹层 3.片麻理 4.板理及千枚理	产状与岩层或构造方向一致	片理短小,分布极密,片岩软弱夹层延展较远,具固定层次	结构面光滑平直。片理在岩层深部往往闭合成隐蔽结构面;片岩软弱夹层具片状矿物,呈鳞片状	在变质较浅的沉积岩,如千枚岩等路堑边坡常见塌方。片岩夹层有时对工程及地下洞体稳定也有影响
构造结构面		1.节理(X型节理、张节理) 2.断层(正断层、逆断层等) 3.层间错动 4.羽状裂隙、劈理	产状与构造线呈一定关系,层间错动与岩层一致	张性断裂较短小,剪切断裂延展较远,压性断裂规模巨大,但有时为横断层切割成不连续状	张性断裂不平整,常具次生充填,呈锯齿状;剪切断裂较平直,具羽状裂隙。压性断裂具多种构造岩,成带状分布,往往含断层泥、糜棱岩	对岩体稳定影响很大,在上述许多岩体破坏过程中,大多有构造结构面的配合作用。此外,常造成边坡及地下工程的塌方、冒顶等

续表

成因类型	地质类型	主要特征			工程地质评价
		产状	分布	性质	
次生结构面	1.卸荷裂隙 2.风化裂隙 3.风化夹层 4.泥化夹层 5.次生夹泥层	受地形及原始结构面和临空面产状控制	分布上往往呈不连续状,透镜状,延展性差,且主要在地表风化带内发育	一般为泥质物充填,水理性质很差	在天然斜坡及人工边坡上造成危害,有时对坝基、坝肩及浅埋隧洞等工程亦有影响,但一般在施工中予以清基处理

1) 沉积结构面

沉积结构面是沉积岩在沉积和成岩过程中形成的,包括层理面、软弱夹层、沉积间断面和不整合面等。沉积结构面的特征与沉积岩的成层性有关,一般延伸性较强,常贯穿整个岩体,产状随岩层产状而变化。如在海相沉积岩中分布稳定而清晰,在陆相岩层中常呈透镜状。

(1) 层面主要反映沉积环境的变化,所以往往呈区域性分布,延伸范围大。如果沉积条件不同,层面的形态则往往差异很大,而且层间充填物的成分亦明显不同,见图2-4-1。

(2) 软弱夹层。软弱夹层特指岩体中具有一定厚度但其厚度又相对较小的软弱带(层),它与两侧的岩体相比,强度更低、更软弱。因此,软弱夹层在工程岩体稳定性中具有很重要的意义,往往控制着岩体的变形破坏机理及稳定性。

(3) 不整合面。沉积岩中的不整合面包括平行不整合面和角度不整合面两类,是由于沉积间断而形成,往往还保留古风化壳、底砾岩等成分。

总体上讲,沉积结构面的特征与沉积岩的成层性有关,一般延伸较好,常贯穿整个岩体,产状随岩层产状而变化,海相沉积岩中分布稳定而清晰,陆相沉积岩中有时呈透镜状。

2) 岩浆结构面

岩浆结构面是岩浆侵入及冷凝过程中形成的结构面,主要有流面、原生节理面和与围岩或早期岩浆岩之间的接触面等类型。

(1) 流面。流面是指岩浆岩中的片状、板状、柱状等矿物(如云母、角闪石等)以及扁平捕虏体、析离体等在岩浆流动过程中顺流动方向呈平行排列,见图2-4-2。它是由于岩浆流动时不同部位速度存在差异而形成的。

岩浆岩中的流面类似于沉积岩中的层理,是岩浆岩中的主要结构面。在侵入岩中,流面常发育在边缘或顶部,多平行于接触面;在喷出岩中,流面通常在具流纹构造的熔岩中出现,其产状大致反映熔岩流动面的产状。但是流面往往并不代表物质成分的差异或形成时代的差异,一般沿流面也没有明显的开裂现象,因此也被称为"假层理"。

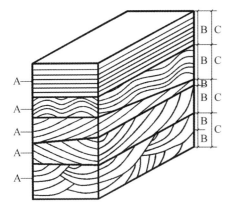

图 2-4-1　沉积岩中的层面
A.细层；B.层系；C.层系组

图 2-4-2　岩浆岩中流面
A.平行流面构造的面，含有柱状、针状、片状矿物及包裹体的团块；
B.水平面；C.平行流面走向的纵切面；D.垂直流面走向的纵切面

（2）原生节理。原生节理是岩浆晚期冷凝阶段所形成的破裂面。依据原生节理与流面的相互关系，可划分为层节理、横节理、纵节理、斜节理等类型（见图 2-4-3）。

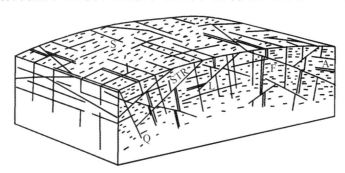

图 2-4-3　岩浆岩中的原生节理
Q.横节理；S.纵节理；L.层节理；STR.斜节理；A.细晶岩脉；F.流线

层节理（L 节理）：节理面平行于流面，一般发育于岩浆岩的顶部，多数产状平缓，多被伟晶岩、细晶岩等脉岩充填。

横节理（Q 节理）：节理面垂直于流线，常直而长，倾斜陡峻，裂面粗糙。横节理为较早期发生的节理，多被残余岩浆或后期热液物质填充。横节理的产状随流线的产状变化而变化。

纵节理（S 节理）：节理面平行于流线，垂直于流面，倾斜陡峻，裂面粗糙。常发育在侵入体顶部流线平缓的部位。

斜节理（STR 节理）：节理面与流线、流面都斜交，往往以共轭剪节理形式出现。这类节理面较光滑，常有擦痕。许多斜节理被热液矿脉、岩脉充填；常切割早期的横节理、纵节理，形成时期最晚。常发育在侵入体顶部。

在玄武岩中常见一种原生节理——柱状节理。它的节理面总是垂直于熔岩的流动层面，在产状平缓的玄武岩中，若干走向不同的这种节理常将岩石切割成无数个竖立的多边柱状体，见图 2-4-4。

图 2-4-4　玄武岩中的柱状节理

另外,在侵入岩边缘部位,由于岩浆上侵与围岩间形成的剪切作用,常导生出雁列张节理,此类节理后来常发展成边缘逆冲断层。这类节理也是在岩浆岩形成过程中产生的,可看作岩浆岩中的原生节理。

原生节理一般仅发育于同一岩流层内,在后期改造作用下才可能扩张发展并穿越不同的岩流层。

3）变质结构面

变质结构面是变质岩成岩过程中形成的结构面,可分为残留结构面和重结晶结构面两类。

（1）残留结构面：是沉积岩经变质后,在层面上绢云母、绿泥石等鳞片状矿物富集并呈定向排列所形成的结构面,如千枚岩的千枚理面和板岩的板理面等。

（2）重结晶结构面：主要有片理面和片麻理面等,它是岩石在发生深度变质和重结晶作用下,片状矿物和柱状矿物富集并呈定向排列形成的结构面。它改变了原岩的面貌,对岩体的物理力学性质常起控制性作用。

2. 构造结构面

这类结构面是岩体形成后在各期次构造应力作用下形成的各种破裂面,包括断层、节理、劈理和层间错动面等。构造结构面除被胶结者外,绝大部分是脱开的。不同类型的构造结构面,其特征差异很大,即使是同一类型的构造结构面,其特征有时也存在巨大差异。例如,规模大者如断层、层间错动等,常有厚度不等、性质各异的充填物,并发育由构造岩组成的构造破碎带,具多期活动特征。在地下水的作用下,有的构造结构面已泥化或者变成软弱夹层。因此这部分构造结构面(带)的工程地质性质差,其强度接近于岩体的残余强度,常导致工程岩体的滑动破坏。规模小者如节理、劈理等,短小而密集,一般无充填或只具薄层充填,主要影响岩体的完整性和力学性质。

1）断层

断层是地壳岩体中顺破裂面发生明显位移的一种破裂构造。断层是一种面状构造,但大的断层一般不是一个简单的面,而是由一系列破裂面或次级断层组成的带,带内经常夹杂和伴生挫碎的岩块、岩片及各种断层岩。断层规模越大,断裂带也就越宽,结构越复杂。

根据断层走向与褶皱轴向或区域构造线之间的几何关系,分为纵断层、横断层和斜断层。断层面与褶皱层面的交线同褶皱轴向一致,或断层走向与区域构造线基本一致的断层为纵断层;断层面与褶皱层面的交线同褶皱轴向直交,或断层走向与区域构造线基本直交的断层为横断层;断层面与褶皱层面的交线同褶皱轴向斜交,或断层走向与区域构造线斜交的断层为斜断层。

根据断层走向与所切岩层走向的方位关系,分为走向断层、倾向断层、斜向断层和顺层断层。走向断层的走向与岩层走向基本一致;倾向断层的走向与岩层走向基本直交;斜向断层的走向与岩层走向斜交;顺层断层的断层面与岩层层面等原生地质界面基本一致。

根据断层两盘的相对运动,分为正断层、逆断层和平移断层(见图 2-4-5)。正断层是断层上盘相对下盘向下滑动的断层;逆断层是断层上盘相对下盘向上滑动的断层;平移断层是断层两盘顺断层面走向相对移动的断层。

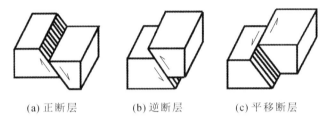

(a) 正断层　　　　(b) 逆断层　　　　(c) 平移断层

图 2-4-5　断层的类型

断层两盘紧邻断层的岩层,由于两盘相对错动对岩层的拖曳,常常发生明显的弧形弯曲,弧形弯曲的突出方向常指示本盘的运动方向,见图 2-4-6。

图 2-4-6　断层带中的牵引褶皱

在断层两侧,尤其是剪性断层两侧,常常伴生大量的次级断层和节理,这些派生节理在主断层两侧呈羽状排列,称为羽状节理,见图 2-4-7。

断层面上经常出现擦痕和阶步,它们是断层两盘相对错动在断层面上因摩擦等作用而留下的痕迹。擦痕表现为一组比较均匀的平行细纹(见图 2-4-8),是两盘岩石被磨碎的岩屑和岩粉在断层面上刻划的结果。有时表现为一端粗而深,一端细而浅。由粗而深端向细而浅端一般指示对盘运动方向。在硬而脆的岩石中,擦面常被磨光,有时附以铁质、硅质或碳酸盐质薄膜,以致光滑如镜称为摩擦镜面。

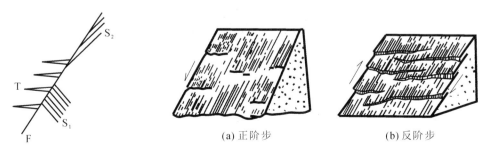

图 2-4-7　断层及其羽状节理　　　　图 2-4-8　断层面上的阶步与擦痕

F. 主断层;S_1、S_2. 剪节理;T. 张节理

(a) 正阶步　　　(b) 反阶步

阶步是在断层滑动面上与擦痕直交的微细陡坎。阶步的陡坎面向对盘的运动方向,称为正阶步,见图 2-4-8(a);有时也出现反阶步,其陡坎面向本盘运动方向,多是次级羽裂横断而形成的,见图 2-4-8(b)。

以上所论述的基本是把断层视为脆性破坏的产物。这种脆性破坏现象主要发生于地壳浅部或表层的脆性变形带内。趋向地下深处,随着温压状态的改变,岩石韧性也相应增高,乃进入深构造层次的准塑性变形带和塑性变形带。当处于塑性形态的岩石破坏时,则形成韧性断层。所以根据岩石破坏的力学性状和物理状态,可将断层分为脆性断层和韧性断层两种基本类型,以及介于两者之间的脆韧性断层。脆性断层和韧性断层在岩石破坏性质、断层形态和产状、断层作用速度和断层构造岩上均有明显差异。

断层伸向深构造层次时,随着岩石性状的变化,断层特性也相应相化,表现为断层面逐渐分散以致形成无数密集的剪切面,这些剪切面共同构成一条剪切带,即韧性断层或韧性剪切带。因此,脆性断层普遍发育于地壳表层,而韧性断层则多产生于地壳一定深度范围内,需要较高的温度和压力。

浅构造层次的脆性断层和深构造层次的韧性断层的错动速率有明显差异。脆性断层常表现为快速的地震式滑动,韧性断层则呈缓慢的非地震式蠕动。

在岩石破坏和构造岩的形成上,脆性断层主要通过破碎作用和研磨作用,而韧性断层主要通过晶格位错和重结晶作用等塑性变形作用。因此,与脆性断层伴生的断层岩一般属碎裂岩系列,与韧性断层伴生的断层岩一般属糜棱岩系列。

2) 节理

节理是岩石中的裂隙,节理与断层最大的不同是节理没有明显的位移。

根据节理产状与所在岩层的产状关系可将节理分为走向节理、倾向节理、斜向节理和顺层节理(见图 2-4-9)。走向与岩层走向大致平行的节理为走向节理;大致直交的节理为倾向节理;斜交的节理为斜向节理;节理面与岩层层面大致平行的节理为顺层节理。

根据节理面与褶皱面的交线同褶皱轴方位之间的关系,可将节理分为纵节理、横节理和斜节理(见图 2-4-9)。节理面和褶皱面的交线与褶皱轴向平行的节理为纵节理;直交的节理为横节理;斜交的节理为斜节理。

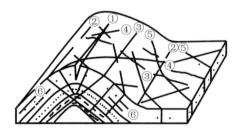

图 2-4-9 节理的几何分类
①、② 走向节理、纵节理;③ 倾向节理、横节理;④、⑤ 斜向节理、斜节理;⑥ 顺层节理

岩性和层厚对节理的发育有明显影响。一般来讲,韧性岩层中剪节理较张节理发育;在同一应力状态下,韧性岩层中主要发育剪节理,脆性岩层主要发育张节理;韧性岩层中共轭节理的夹角常比脆性岩层中的夹角大。

岩层的厚度往往影响节理发育的间距,岩层越厚,节理间距越大。另外,层面的存在会降低岩石的强度,因此岩性相同而层厚不等的岩石,在同样外力作用下,薄层中的节理间距小,更密集。

岩体经受不同的构造作用,往往会形成不同形态的节理组和节理系。节理组是在一次构造作用的统一应力场中形成的、产状基本一致的、力学性质相同的一组节理;而节理系是指在一次构造作用的统一应力场中形成的两个或两个以上的节理组,如岩体剪切过程中经常出现的 X 型共轭剪节理,见图 2-4-10。

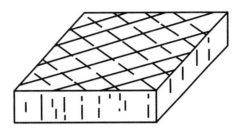

图 2-4-10　X 型共轭剪节理系

将一个地区在一定构造期的统一应力场中形成的各组节理组合成一个系列,称为节理的配套(system division of joints),主要是在各个方向的剪节理组中确定同期形成的、具有共轭关系的成对剪节理。例如,一对呈 X 状相交的剪节理(见图 2-4-11(a)),可以利用节理面上的擦痕或对明显标志的切错来判断,其中一组显示反扭,另一组显示顺扭,则它们具有共轭关系,属于一套节理。若一对呈 X 状相交的剪节理,其中一组呈左列式斜列,另一组呈右列式排列(见图 2-4-11(b)),则表明它们具有共轭关系,则属一套节理。两组呈雁列式排列的张节理(见图 2-4-11(c)),或是同方位的张节理组成两组雁列式排列的节理(见图 2-4-11(d)),它们都是沿共轭剪切带形成的一套节理。剪节理的尾端往往具有折尾、菱形结环等特点,它代表一对具有共轭关系的剪节理。如图 2-4-11(e)和(f)所示,一对呈 X 状相交节理互相切割,一组显示反扭切错,另一组显示顺扭切错,它们具有共轭关系。

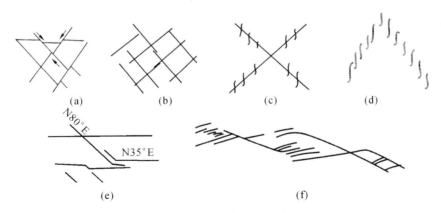

图 2-4-11　结构面的配套

地质上常将一个地区内不同时期形成的节理加以区分,按先后顺序,组合成一定的序列,以便从时间、空间和受力形态上研究该地区节理的发育史和分布产出规律,这一过程称为节理的分期(stage division of joints,joint substage)。分期可依据以下标志进行:

(1) 据节理的错开关系将节理的形成早晚时代区分开。如图 2-4-12(a)所示,早期节理

1、2组被后期节理3组错开,错开后的1、2组节理仍应分别划归为1组和2组节理。

(2) 据节理组间的限制关系确定早晚。如图2-4-12(b)所示,3、4组节理被1、2组节理所限制,没有延伸过去,那么3、4节理形成较晚。

(3) 如两组节理互相切错,说明它们是同时形成的,称为共轭关系和共轭节理(见图2-4-12(c))。

(4) 据跟踪、利用、改造的关系确定早晚。如图2-4-12(d)所示,3组节理追踪1、2组节理,且改造1、2组节理,使其由剪节理变为张节理,3组节理为晚期,1、2组节理为早期。

(5) 据与构造层的关系确定早晚。如图2-4-12(e)所示,1、2组节理只分布在较老的构造层中,3、4组节理既分布在较老的构造层中,又分布在较新的构造层中,说明1、2组节理早,3、4组节理晚。

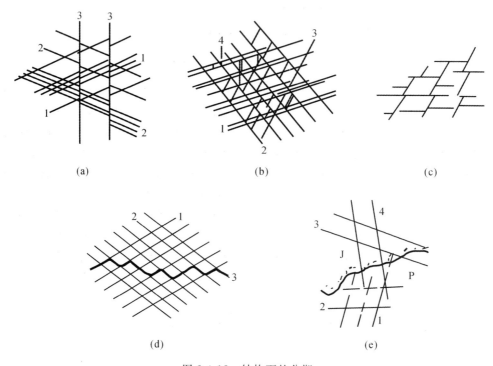

图 2-4-12 结构面的分期

对岩体中节理进行分期配套,划分节理组、节理系,有助于反演岩体所经历的构造作用历史与构造作用方式。

3) 劈理

劈理是一种将岩石按一定方向分割成平行密集的薄片或薄板的面状构造。它多发育于强烈变形、轻度变质的岩石中,是一种在露头面上和手标本上(即小型尺度上)都能够看到的透入性面状构造。

具有劈理的岩石都有一组密集的潜在破裂面——劈理面,其间所夹岩片称为微劈石。在微观尺度上,劈理面并不是一个简单的裂面,而是一条由矿物晶带和裂缝组成的三维空间实体,称为劈理域,它们的矿物多按一定方式重新排布,与两侧定向很差或不定向的微劈石在结构上明显不同。

通常将劈理分为流劈理、破劈理及滑劈理。流劈理是变质岩中最常见的一种次生透入性的面状构造，它是由片状、板状或扁圆状矿物或其集合体的平行排列构成的，具有使岩石分裂成无数薄片的性能（见图2-4-13(a)）。破劈理是指岩石中一组密集的平行破裂面，一般与岩石中矿物排列方向无关，劈理有时呈微细裂隙，有时还被细脉填充（见图2-4-13(b)）。破劈理的微劈石厚度一般不到1cm，并以其密集性和平行定向性与节理相区别，当其间隔超过数厘米时，就称作节理。滑劈理亦称折滑劈理，常见于板岩、千枚岩及片岩之中，是切过早期流劈理（或片理）的一组平行剪切面（见图2-4-13(c)），沿着滑劈理面的滑动使早期面理形成一系列不同形态的褶纹。滑劈理面上矿物具有明显的定向排列，它可以是原有片状矿物被剪切拖曳到平行折劈理位置的结果，也可是沿劈理面的重结晶作用生成的新生矿物定向排列的结果。

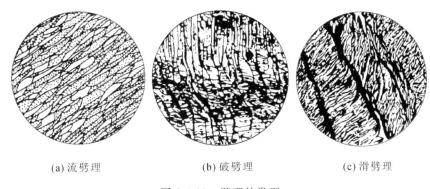

(a) 流劈理　　　　　(b) 破劈理　　　　　(c) 滑劈理

图2-4-13　劈理的类型

4）层间错动面

层间错动往往是在岩层褶皱过程中因岩层间的相对滑动而产生的，见图2-4-14。岩层经受褶皱越强烈，层间错动越发育。层间错动不切穿岩层，而是沿层面或软弱夹层发育，且多发育在软硬相间岩体中的软弱夹层内，有的连续延展，有的断续发育。

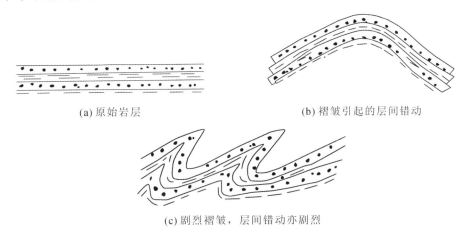

(a) 原始岩层　　　　　(b) 褶皱引起的层间错动

(c) 剧烈褶皱，层间错动亦剧烈

图2-4-14　层间错动的形成机理

孙广忠(1988)用图2-4-15解释了层间错动面的形成。假如原始岩体为坚硬岩层中夹有一层软弱夹层（见图2-4-15(a)），在剪切作用下首先形成破劈理（见图2-4-15(b)）。破劈理倾斜方向与剪力作用方向一致,夹角大小与岩层的塑性度有关。塑性度越大,夹角越小。构造运动多为震荡式的,在反向的剪力作用下又可形成图2-4-15(c)所示的反向破劈理。早先形成的一组被错断,而构成不连续、不贯通的叠覆现象,进而在多次往复剪切作用下劈理带内部分岩石糜棱化,残留部分透镜体,形成主滑动带或主滑动面。主滑动面一旦形成,以后的错动作用便受其控制,在其附近不可能再出现新的层间错动面,只能在褶曲所需要的层厚条件控制下,等距离发育层间错动带。

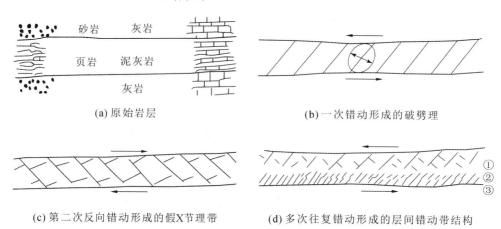

图 2-4-15　层间错动形成过程示意图(孙广忠,1988)
①破劈理带;②糜棱化-泥化带;③主滑动面

层间错动在构造地质研究中是不被重视的,而在岩体力学与工程地质学研究中是极其重要的,因为它是一种极为普遍存在的软弱结构面。这种软弱结构面内夹层厚度常为数毫米、数厘米至数十厘米,多为泥化带、鳞片状的糜棱化破劈理带,力学性质差。例如,葛洲坝坝基岩体中就发育多层层间错动面,它们的工程性质很差,对坝基的稳定十分不利,见图2-4-16,需要进行专门的处理。

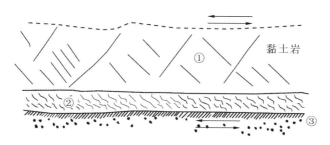

图 2-4-16　葛洲坝 227 号夹层地质结构
① 节理带;② 鳞片状劈理带;③ 磨光面泥化带

3. 次生结构面

这类结构面是岩体形成后在外动力地质作用下产生的结构面,包括卸荷裂隙、风化裂隙、次生夹泥层和泥化夹层等。卸荷裂隙面是因表部被剥蚀卸荷造成应力释放和调整而产生的,产状与临空面近于平行,并具张性特征。如河谷岸坡内的顺坡向裂隙及谷底的近水平裂隙等,其发育深度一般达基岩面以下5~10m,局部可达数十米,甚至更大。谷底的卸荷裂隙对水工建筑物危害很大，应特别注意。

风化裂隙一般仅限于地表风化带内，常沿原生结构面和构造结构面叠加发育，使其性质进一步恶化。新生成的风化裂隙，延伸短，方向紊乱，连续性差。

泥化夹层是原生软弱夹层在构造及地下水共同作用下形成的；次生夹泥层则是地下水携带的细颗粒物质及溶解物沉淀在裂隙中形成的。它们的性质一般很差，属于软弱结构面。

2.4.1.2 力学成因

从大量的野外观察、试验资料及强度理论分析可知，在较低围限应力下（相对岩体强度而言），岩体的破坏方式有拉张破坏和剪切破坏两种基本类型。因此，相应地将结构面的力学成因类型分为张性结构面和剪性结构面两类。

1. 张性结构面

张性结构面是由拉应力形成的，如羽毛状张裂面、纵张及横张破裂面，岩浆岩中的冷凝节理等。羽毛状张裂面是剪性断裂在形成过程中派生力偶所形成的，它的张开度在邻近主干断裂一端较大，且沿延伸方向迅速变窄，乃至尖灭。纵张破裂面常发生于背斜轴部，走向与背斜轴近于平行，呈上宽下窄。横张破裂面走向与褶皱轴近于垂直，它的形成机理与单向压缩条件下沿轴向发展的劈裂相似。张性结构面一般具有如下特征：

（1）产状不甚稳定，多数短而弯曲，延伸不远，连续性差，常侧列产出（见图 2-4-17）。

（2）结构面两侧壁面往往粗糙不平，无擦痕。

（3）在胶结不好的砾岩或砂岩中，张节理常绕砾石或粗砂粒而过。即使切穿砾石，破裂面也凹凸不平（见图 2-4-18）。

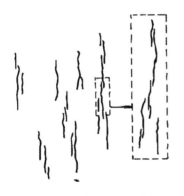

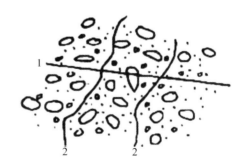

图 2-4-17　张性节理的侧列现象（马宗晋等，1965）

图 2-4-18　砾岩中的节理
1. 剪节理；2. 张节理

（4）多张开，易被充填，两壁结合较差。充填物一般颗粒较细、含水，形成软弱结构面。有些已硬化成构造岩，多为角砾岩，呈楔形、扁豆状以及其他不规则形状，脉宽变化较大。

（5）张节理有时呈不规则的树枝状、各种网络状，有时也呈一定几何形态，如追踪 X 型节理的锯齿状张节理，单列或共轭雁列式张节理（见图 2-4-19、图 2-4-20），有时也呈放射状或同心圆状组合形式。

图 2-4-19　火炬状张节理(朱志澄等,1984)

图 2-4-20　锯齿状张节理(左侧)和共轭剪节理(右侧)(宋鸿林等,1984)

(6) 张节理尾端变化或连接形式有:树枝状、多级分叉、杏仁状结环以及各种不规则形状等(见图 2-4-21)。

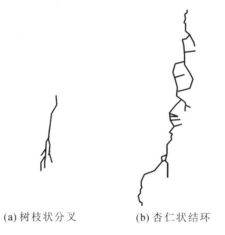

(a) 树枝状分叉　　(b) 杏仁状结环

图 2-4-21　张节理尾端变化形式(马宗晋等,1965)

(7) 张性结构面常含水丰富,导水性强。

2. 剪性结构面

剪性结构面是在压剪应力作用下形成的,它是岩体结构中数量最多的一类破裂面,逆断层、平移断层及绝大多数构造节理都属这类结构面。剪性结构面一般具有如下特征:

(1) 由于这类结构面一般经受了一定距离的剪切位移,并一定程度上剪断、磨平凸起体,因此其面延伸一般较平直、光滑,产状较稳定,沿走向和倾向也往往延伸较远。

(2) 常常保留着由羽状裂纹发展而来的"阶步",使结构面呈现出不对称的起伏特征。这种不对称的阶步使结构面在不同方向上具有不同的抗剪性质。

(3) 结构面往往是平直的闭合缝,两壁结合较紧密,壁面较平直,常保留因剪切滑动而留下的擦痕,可以据此判断当时的错动方向。少量剪性结构面也会被充填,但脉宽一般较均匀。

(4) 若发育于砾岩、砂岩等岩石中,结构面往往会切穿砾石、胶结物(见图 2-4-18)。

(5) 典型的剪节理常常组成共轭 X 型节理系。X 型节理发育良好时,则将岩石切成菱形或棋盘格式。若一组发育另一组不发育,则成一组平行延伸的节理,往往呈等距排列。

(6) 主剪裂面往往由羽状微裂面组成,如图 2-4-22,羽状微裂面(见图 2-4-23A)与主剪裂面(见图 2-4-23M、N)交角一般为 10°~15°,基本上相当于岩石内摩擦角的 1/2。

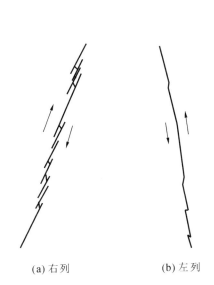

(a) 右列　　　(b) 左列

图 2-4-22　剪节理的羽列现象　　图 2-4-23　剪切实验形成的两组共轭剪节理 A 和 B

2.4.2　结构面的规模分级

结构面规模差异巨大,不仅影响岩体的力学性质,而且对工程岩体力学作用的方式、影响控制范围及岩体稳定性所起的作用也不同。按结构面延伸长度、切割深度、破碎带宽度及其力学效应,可以将结构面分为如下 5 级,见表 2-4-2。

表 2-4-2　结构面分级及其特性

级序	分级依据	地质类型	力学属性	对岩体稳定性的作用
Ⅰ级	延伸数十千米,深度可切穿一个构造层,破碎带宽度在数米,数十米以上	主要指区域性深大断裂或大断裂	属于软弱结构面,构成独立的力学介质单元	影响区域稳定性、山体稳定性,可直接通过工程区。是岩体变形或破坏的控制条件,形成岩体力学作用边界
Ⅱ级	延伸数百米至数千米,破碎带宽度比较窄,数厘米至数米	主要包括不整合面、假整合面、原生软弱夹层、层间错动带、断层侵入接触带、风化夹层等	属于软弱结构面,形成块裂边界	控制山体稳定性,与Ⅰ级结构面可形成大规模的块体破坏,即控制岩体变形和破坏方式

续表

级序	分级依据	地质类型	力学属性	对岩体稳定性的作用
Ⅲ级	延展十米或数十米,无破碎带,面内不含泥,有的具泥膜。仅在一个地质时代的地层中分布,有时仅仅在某一种岩性中分布	各种类型的断层、原生软弱夹层、层间错动带等	多数属于坚硬结构面,少数属软弱结构面	控制岩体的稳定性,与Ⅰ、Ⅱ级结构面组合可形成不同规模的块体破坏。划分岩体结构的重要依据
Ⅳ级	延展数米,未错动,不夹泥,有的呈弱结合状态,统计结构面	节理、劈理、片理、层理、卸荷裂隙、风化裂隙等	坚硬结构面	划分岩体结构的基本依据,是岩体力学性质、结构效应的基础,破坏岩体的完整性,与其他结构面结合形成不同类型的边坡破坏方式
Ⅴ级	连续性极差,刚性接触的细小或隐微裂面,统计结构面	微小节理,隐微裂隙和线理等	硬性结构面	分布随机,降低岩块强度,是岩块力学性质效应基础。若十分密集,又因风化,可形成松散介质

注:结构面内夹有软弱物质者属于软弱结构面,无充填物者则属于坚硬结构面。

Ⅰ级指大断层或区域性断层,一般延伸约数千米至数十千米以上,破碎带宽约数米至数十米乃至数百米以上。Ⅰ级结构面沿纵深方向至少可以切穿一个构造层,它的存在直接关系到工程区域的稳定性。有些区域性大断层往往具有现代活动性,给工程建设带来很大的危害,直接关系着建设地区的地壳稳定性,进而影响山体稳定性及岩体稳定性。所以,一般的工程应尽量避开Ⅰ级结构面,如不能避开时,也应认真进行研究,采取适当的处理措施。

Ⅱ级指延伸长而宽度不大的区域性地质界面,如较大的断层、层间错动、不整合面及原生软弱夹层等。其规模贯穿整个工程岩体,长度一般数百米至数千米,破碎带宽数十厘米至数米。Ⅱ级结构面主要是在一个构造层中分布,可能切穿几个地质时代的地层。它与其他结构面组合,会形成较大规模的块体破坏,影响工程布局,工程建筑物应避开或采取必要的处理措施。

Ⅲ级指长度数十米至数百米的断层、区域性节理、延伸较好的层面及层间错动等。宽度一般为数厘米至1m左右。除此以外,还包括宽度在数厘米的,走向和纵深延伸断续的原生软弱夹层、层间错动等。这种断层,由于延展有限,往往仅在一个地质时代的地层内分布,有时仅在某一种岩性中分布。它往往与Ⅱ级结构面相组合,会形成较大的块体滑动;如果它自身组合,仅能形成局部的或小规模的破坏。因此,它主要影响或控制工程岩体破坏的边界条件以及破坏类型,如地下硐室围岩及边坡岩体的稳定性等。

Ⅳ级指延伸较差的节理、层面、次生裂隙、小断层及较发育的片理、劈理面等,是岩体中数量最多的一类结构面。长度一般为数十厘米至20~30m,小者仅数厘米至十几厘米,宽度为零至数厘米不等。这类结构面往往受上述各级结构面控制,还严格地受岩性控制。它们仅在某一种岩性内呈有规律的、等密度的分布;有时岩性相同,但由于岩层厚度不同,其密度会有显著的变化。在沉积岩中,一般岩层越薄,节理面越密集。

Ⅳ级结构面使岩体切割成岩块,是构成岩石的边界面,破坏岩体的完整性,影响岩体的物理力学性质及应力分布状态。并且与其他结构面组合可形成不同类型的岩体破坏方式,大大降低岩体工程的稳定性。该级结构面数量多,分布具随机性,是进行岩体分类及岩体结构研究的基础。它们不能直接反映在地质图上,只能进行统计来了解其分布规律。

Ⅴ级又称微结构面。指隐节理、微层面、微裂隙及不发育的片理、劈理等,其规模小,连续性差,常包含在岩石内,主要影响岩石的物理力学性质。

不同级别的结构面,对岩体力学性质的影响及在工程岩体稳定性中所起的作用不同。如Ⅰ级结构面控制工程建设地区的地壳稳定性,直接影响工程岩体稳定性;Ⅱ、Ⅲ级结构面控制着工程岩体力学作用的边界条件和破坏方式,它们的组合往往构成可能滑移岩体(如滑坡、崩塌等)的边界面,直接威胁工程的安全稳定性;Ⅳ级结构面主要控制岩体的结构、完整性和物理力学性质,是岩体结构研究的重点,也是难点,因为相对于工程岩体来说,Ⅲ级以上结构面分布数量少,甚至没有,且规律性强,容易搞清楚,而Ⅳ级结构面数量多且具随机性,其分布规律不太容易搞清楚,需用统计方法进行研究;Ⅴ级结构面控制岩石的力学性质;等等。但各级结构面是互相制约、互相影响,并非孤立的。

《水力发电工程地质勘察规范》(GB 50287—2016)则建议按表2-4-3的定量标准对结构面进行分级。

表 2-4-3 岩体结构面分级

级别	规 模	
	破碎带宽度/m	破碎带延伸长度/m
Ⅰ	>10.0	区域性断裂
Ⅱ	1.0~10.0	>1000
Ⅲ	0.1~1.0	100~1000
Ⅳ	<0.1	<100
Ⅴ	节理裂隙	

综合上述所划分的五个等级的结构面,从工程地质测绘与岩体力学研究的观点来看,可分为实测结构面和统计结构面两大类。

实测结构面是经过野外地质测绘工作,按结构面的产状及具体位置,可以直接表示在不同比例尺的工程地质平面图与剖面图中,可以在建模中具体反映出来。因此,也可以称其为确定性结构面。而统计结构面,只能有很少的一部分在岩石的露头面或平硐中观察到,不能全部了解清楚,不能直接反映在工程地质图上。它们的分布具有随机性,但以测量这部分能观测到的结构面作为样本值,进行概率分析,认识其统计规律,概化为结构面的组合模型并反映在岩体结构分析图中,也可以此重构结构面网络,具体方法见第12章。

2.4.3 软弱结构面

软弱结构面(weak structural plane),是一大类特殊的结构面。它们是指力学强度明显低于两侧围岩,一般填充一定厚度的软弱物质的结构面或者是由一定厚度的软弱物质构成的夹层,又称为软弱夹层。

在结构面分级中,Ⅰ、Ⅱ级结构面基本上属于软弱结构面,Ⅲ级结构面多数也为软弱结构面，Ⅳ、Ⅴ级结构面多数为硬性结构面。由于Ⅳ、Ⅴ级结构面数量最多，因此，总体上看，软弱结构面仍然是结构面中的少数。

软弱结构面在工程岩体稳定性分析中具有很重要的意义。虽然软弱结构面在数量上只占岩体中很小的百分比，却是岩体中最薄弱的部位，常是工程中的隐患之处，往往控制岩体的变形破坏型式、失稳岩体的边界条件及稳定性，工程上需要予以格外的重视。例如，我国葛洲坝电站坝基及小浪底水库坝肩岩体中都存在软弱夹层，极大地影响水库大坝的安全，都进行了特殊处理。

2.4.3.1 软弱结构面的类型与特点

软弱结构面，实际上是岩体中具有一定厚度的软弱带（层），与两盘岩体相比具有高压缩和低强度等特征。它们是地质历史活动中在各种不同的条件下生成的，与成岩条件、构造作用和风化作用有密切的关系，就其物质组成及微观结构而言，主要包括原生软弱夹层、构造及挤压破碎带、泥化夹层及其他夹泥层等类型。

原生软弱夹层在三大类岩石中都较普遍，例如沉积岩中的薄层页岩、泥岩和黏土岩常夹在各种砂岩之间形成软弱夹层，灰岩中也可能有钙质页岩、泥灰岩等软弱夹层。这些沉积过程形成的软弱夹层与沉积过程有密切联系，常常具有岩相变化显著、呈尖灭或互层、在岩性上也互相递变和混杂等特点。而在火成岩中，由于侵入体与围岩接触带常形成蚀变，改变了原岩性质，也容易形成软弱夹层，其产状、厚度及性质变化很大，规律性较难掌握。在变质岩中，常有绢云母等的富集带，也能形成软弱夹层，相应的发育规律也较复杂，夹层的性质、产状及连续性等常不容易确定。

岩体在构造作用下若发生层间错动，也容易顺层面形成软弱夹层或被挤压破碎而形成构造夹层（见图 2-4-24），例如断层泥、糜棱岩、压碎岩、片理带、泥化错动带、劈理带、节理密集带，它们具有不同性质和产状条件。

图 2-4-24 构造夹层

风化作用所形成的软弱夹层则受母岩矿物稳定性控制。例如长石、方解石、绿泥石、云母等铁镁硅酸盐矿物，经过物理、化学风化作用会生成含水铝硅酸盐新矿物——高岭石、伊利石（水云母）和蒙脱石，进而形成泥化夹层或夹泥层，这些次生填充的夹泥层的分布则取决于裂隙的产状和分布规律。

岩体中的软弱夹层是多种多样的。有的极为破碎,有的层理极薄;有的岩性变化大;有的风化迅速,暴露在空气中很短时间内便破坏了;有的软弱夹层中有一些平行于层面的天然连续光滑面,其上分布一层泥化薄膜,含水量很高,只要轻轻一推即沿此光滑面滑动;有的软弱夹层同时具有上述几种特征。凡此种种特点,都给软弱夹层的研究带来困难。因此,采用何种研究方法才能获得软弱夹层的特性,是一个很重要的问题。对软弱夹层的研究,目前国内外多采用的方法是野外调查、室内及现场实验研究。虽然一般是有成效的,但还不完全能够反映软弱夹层的情况。

除了考虑软弱结构面的形成条件与类型,还应重点考虑如下几个方面的因素:

一是软弱夹层的起伏差。起伏差一般可以根据平硐及天然露头等资料进行统计。由于软弱夹层的起伏差的存在,在剪切过程中会因爬坡角而提高强度,要发挥这个作用,其剪切变形将是很大的,对于许多工程建筑物未必是允许的;但对岩质边坡稳定性,在有些场合下,较大的变形和位移可能是允许的。所以起伏差的影响将根据具体情况而有所不同。

二是沉积型的软弱夹层的倾角。它们一般比较小,属于缓倾角(小于30°),特别是对于水工建筑物的稳定是极其不利的,专门称其为缓倾角结构面。因为这些缓倾角结构面的倾向常常不是单一的,例如既倾向下游又偏向一岸,这就使得水工建筑物的受力过程复杂化,甚至产生扭动现象。这种现象在岩体现场试验及室内模型试验中均已观测到,所以准确地测定软弱夹层的倾向与倾角十分重要。

三是要把软弱夹层的空间分布情况具体地与工程建筑物的位置、岩体边坡的临空条件联系起来,确定其空间组合关系,以进一步分析其对工程岩体与建筑物的影响。

2.4.3.2 泥化夹层

软弱结构面中,泥化夹层较常见,力学性质最差。它们大多是黏土岩类软弱夹层在一定的条件下泥化形成的。所谓泥化,是指黏土岩类岩层天然物理状态处在塑性状态(即含水量在塑限与流限之间),其性状结构发生了显著变异。一般认为,产生泥化有三个必要条件:黏土矿物、水及水流通道。软弱夹层中一定的黏土矿物的存在是其泥化的内部根本,而水流通道和水流的作用则是其泥化的外部条件。水流通道大多是由于构造破坏、挤压、褶曲及错动所造成的。而水流的作用,使破碎岩石中的颗粒分散,含水量增大,进而使岩石处于塑性状态,强度大为降低。水还会使夹层中的可溶盐类溶解,引起离子交换,改变泥化夹层的物理化学性质。因此,水是影响软弱夹层变异性的主导因素,不少坝基已多次出现这类问题,必须予以重视。

由于黏土矿物具有相对的隔水作用,地下水流多沿其层面和夹层中的构造破坏带活动,形成集中渗流带,在这些部位便容易发育为泥化带,危害性最大。泥化夹层的性状也很不均匀,往往具有明显的分带性。这种特点是在地质历史过程中,由于构造作用、水的物理化学作用以及风化作用等多种因素差异性叠加造成的。因此,对泥化夹层的研究,应着重研究其成因类型、存在形态、分布、所夹物质的成分和物理力学性质以及这些性质在条件改变时的演化趋势等。

总体来讲,泥化夹层具有以下一些共有的特性:① 由原岩的超固结胶结式结构变成了泥质散状结构或泥质定向结构;② 黏粒含量很高;③ 含水量接近或超过塑限,密度比原岩小;④ 常具有一定的胀缩性;⑤ 力学性质比原岩差,强度低,压缩性高;⑥ 由于其结构疏松,抗冲刷能力差,因而在渗透水流的作用下,易产生渗透变形。以上这些特性对工程建设,特别是对水工建筑物的危害很大。

2.4.3.3 软弱结构面对岩体稳定性的影响

软弱结构面的抗滑稳定性是工程上最关心的,由于软弱结构面(包括泥化夹层)多遭受构造作用的不同程度的破坏,因此沿剪切方向的矿物颗粒呈定向排列而形成残余强度。研究表明:蒙脱石类矿物为主的泥化带的强度最低,高岭石类的强度相对较高(但也远低于一般的岩石和结构面的强度),伊利石类则介于这两者之间。同时,软弱结构面还具有明显的流变特性,长期强度将是评价其稳定性的重要指标。某些试验研究表明,对于具有高度定向排列结构的泥化夹层,虽然其长期强度和残余强度的基本概念和试验方法不同,但得到颇为一致的结果,这可能是其结构性在力学强度上的反映。

软弱结构面在长期压力渗流作用下是否会进一步恶化,也是一个需要研究的课题。这个问题有两方面:一是渗透稳定性。软弱结构面的渗水通道主要是构造裂隙,渗压水流通过时既有冲刷作用,也有淤塞现象,应视裂隙通道的具体情况而定。在一定的条件下,若冲刷作用占优势时,便会发生渗透失稳,把裂隙两壁的物质带走,也可能发生溶蚀现象。二是使泥化带扩大的可能性。研究表明,与泥化错动带相邻的劈裂带,由于结构受到较严重的构造破坏,裂隙及微裂隙极为发育,易于吸水膨胀,特别是水的化学类型变化时,更易于使其结构进一步破坏,强度也随之显著降低,有促使泥化带向劈裂带逐步扩展的趋势,但其过程很长。

2.4.4 结构体

岩体中结构体的存在需要依托于结构面的切割围限,不同级别的结构面所切割围限的结构体的规模是不同的。Ⅰ级结构面所切割的Ⅰ级结构体,其规模可达平方千米级别,甚至更大,称为地块或断块;Ⅱ、Ⅲ级结构面切割的Ⅱ、Ⅲ级结构体规模相应减小;Ⅳ级结构面切割的Ⅳ级结构体规模最小,为一个个完整的岩石块体(即岩石或岩块)。Ⅳ级结构体内部还包含微裂隙等Ⅴ级结构面,但不存在更小规模的结构体。较大级别的结构体是由许许多多较小级别的结构体所组成,并存在于更大级别的结构体之中。

Ⅳ级结构体的特征常用其规模、形态及产状等进行描述。

Ⅳ级结构体的规模取决于结构面的密度。密度越小,结构体的规模越大。常用单位体积内的Ⅳ级结构体数(块度模数)来表示,也可用结构体的体积表示。结构体的规模不同,在工程岩体稳定性中所起的作用也不同。

结构体形态极为复杂,常见的形状有:柱状、板状、楔形及菱形等(见图2-4-25)。在强烈破碎的部位,还有片状、鳞片状、碎块状及碎屑状等形状。结构体的形状不同,其稳定性也不同。一般来说,板状结构体比柱状、菱形状的更容易滑动,而楔形结构体比锥形结构体稳定性差。但是,结构体的稳定性往往还需结合其产状及其与工程作用力方向和临空面间的关系作具体分析。

结构体的产状一般用结构体的长轴方向表示。它对工程岩体稳定性的影响需结合临空面及工程作用力方向来分析。比如,一般来说,平卧的板状结构体与竖直的板状结构体的稳定性不同,前者容易产生滑动,后者容易产生折断或倾倒破坏;又如,在地下硐室中,楔形结构体尖端指向临空方向时,稳定性好于其他指向;其他形状的结构体也可作类似的分析。

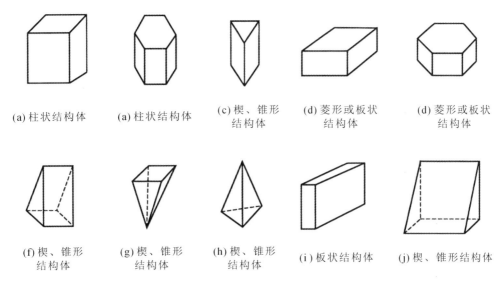

图 2-4-25　结构体形状典型类型示意图(孙广忠,1983)

2.5　岩体结构特征与岩体结构控制论

2.5.1　岩体结构类型的划分

岩体结构(structure of rockmass)是指岩体内结构面与结构体的排列组合特征。大量的工程失稳实例表明,工程岩体的失稳破坏,主要不是岩石材料本身的破坏,而是岩体结构失稳引起的。而不同的结构类型,岩体的物理力学性质、力学效应及其稳定性不同。因此,在岩体力学研究中,尤其是岩体工程问题分析中,对岩体结构的研究是重要的基础。岩体结构类型不同,岩体的力学机制和工程的稳定性分析方法是不一样的。

"岩体结构"的概念是20世纪60年代由谷德振、孙玉科等学者最早提出的,此后其内容逐步得到充实,谷德振(1973)在所著的《岩体工程地质力学基础》一书对此作了全面的论述。目前,这一术语在岩体力学和工程地质实践中都得到广泛的应用。从某种意义上讲,岩体结构概念的提出,对认识工程岩体介质属性、推动力学性质与岩体稳定性问题的研究,起到巨大的作用。

由于组成岩体的岩性、遭受的构造变动及次生变化的不均一性,导致了岩体结构的复杂性。不同的工程岩体可能具备完全不同的岩体结构;即使同一时代的同一套岩层,在不同部位、不同深度,岩体结构也可以大不相同。为了区分岩体结构的差异,进行岩体结构类型划分是十分必要的。

划分的依据、考虑的侧重点不同,岩体结构类型可以有不同的划分方案。表2-5-1所示的是常见的分类方法。它将岩体结构划分为五类——整体状结构、块状结构、层状结构、碎裂状结构与散体状结构。《岩土工程勘察规范(2009年版)》(GB 50021—2001)等多个规范均按该方案分类。也有些文献将整体状结构与块状结构合并为一类,这样就分为四类。

表 2-5-1　岩体结构类型划分表

岩体结构类型	岩体地质类型	主要结构体形状	结构面发育情况	岩土工程特征	可能发生的岩土工程问题
整体状结构	均质、巨块状岩浆岩、变质岩、巨厚层沉积岩、正变质岩	巨块状	以原生构造节理为主,多呈闭合型,裂隙结构面间距大于1.5m,一般不超过1~2组,无危险结构面组成的落石掉块	整体性强度高,岩体稳定,可视为均质弹性各向同性体	不稳定结构体的局部滑动或坍塌,深埋洞室的岩爆
块状结构	厚层状沉积岩、正变质岩、块状岩浆岩、变质岩	块状柱状	只具有少量贯穿性较好的节理裂隙,裂隙结构面间距0.7~1.5m。一般为2~3组,有少量分离体	整体强度较高,结构面互相牵制,岩体基本稳定,接近弹性各向同性体	
层状结构	多韵律的薄层及中厚层状沉积岩、副变质岩	层状板状透镜体	有层理、片理、节理,常有层间错动面	接近均一的各向异性体,其变形及强度特征受层面及岩层组合控制,可视为弹塑性体,稳定性较差	不稳定结构体可能产生滑塌,特别是岩层的弯张破坏及软弱岩层的塑性变形
碎裂状结构	构造影响严重的破碎岩层	碎块状	断层,断层破碎带、片理、层理及层间结构面较发育,裂隙结构面间距0.25~0.5m,一般在3组以上,由许多分离体形成	完整性破坏较大,整体强度很低,并受断裂等软弱结构面控制,多呈弹塑性介质,稳定性很差	易引起规模较大的岩体失稳,地下水加剧岩体失稳
散体状结构	构造影响剧烈的断层破碎带,强风化带,全风化带	碎屑状颗粒状	断层破碎带交叉,构造及风化裂隙密集,结构面及组合错综复杂,并多填充黏性土,形成许多大小不一的分离岩石	完整性遭到极大破坏,稳定性极差,岩体属性接近松散体介质	易引起规模较大的岩体失稳,地下水加剧岩体失稳

由以上分类方案可知:不同结构类型的岩体,其岩石类型、结构体和结构面的特征不同,岩体的工程地质性质与变形破坏机理都不同。但其根本的区别在于结构面的性质及发育程度,如层状结构岩体中发育的结构面主要是层面、层间错动;整体状结构岩体中的结构面呈断续分布,规模小且稀疏;碎裂结构岩体中的结构面常为贯通的且发育密集,组数多;而散体状结构岩体中发育大量的随机分布的裂隙,结构体呈碎块状或碎屑状等。因此,在进行岩体力学研究之前,首先要弄清岩体内结构面的情况与岩体结构类型及其力学属性,建立符合实际的地质力学模型,使岩体稳定性分析建立在可靠的基础上。

表 2-5-2 的分类方案则进一步将层状结构、碎裂状结构的岩体进行了细分,以地质背景、定量指标相结合,方便分类的实行。同时也丰富了岩体性质的评价,有助于更好地全面把握不同结构类型的岩体工程及力学性质的差异。

表 2-5-2 岩体结构基本类型划分表

类代号	类名称	亚类代号	亚类名称	力学介质类型	岩体变形、破坏特征	工程地质评价要点	地质背景	完整状态：结构面间距/cm	完整状态：完整性系数	结构面特征	结构体特征：形态	结构体特征：抗压强度/MPa	水文地质特征
Ⅰ	整体块状结构	$Ⅰ_1$	整体结构	连续介质	硬脆岩中的深埋地下工程可能出现岩爆，即脆性破裂，一般沿裂隙端部产生，在半坚硬岩中可能有微弱的塑性变形	埋深大或当地的工程处于地震危险区，它的围岩初始应力大，并可能产生岩爆	岩性单一，构造变形轻微的巨（极）厚层沉积岩、变质岩和火成岩	>100	>0.75	Ⅳ、Ⅴ级结构面存在，偶见Ⅲ级结构面，组数不超过3组，延展性极差，多闭合、粗糙，无充填，少夹碎屑。一般$\tan\phi_j$（结构面摩擦系数）≥0.60	岩体呈整体状态，可由巨型块体组成	>60	地下水作用不明显
		$Ⅰ_2$	块状结构	连续介质或不连续介质	压缩变形微量。剪切、滑移面多迁就已有结构面	结构面分布与特征，块体的规模，形态和方位，深埋或地震危险区地下开挖时，岩体中隐微裂隙的存在，可能导致岩爆的产生	岩性单一，构造变形轻—中等的厚层沉积岩、变质岩和火成岩	100～50	0.75～0.35	以Ⅳ、Ⅴ级结构面为主，层间有一定的结合力，以两组高角度剪切节理为主，结构面多闭合，粗糙，或夹碎屑或附薄膜，一般$\tan\phi_j$=0.40，0.60	长方体、立方体、菱形块体以及占多数的多边形块体	>30（一般在60以上）	裂隙水甚为微弱，岩面可出现渗水、滴水现象，主要表现为对半坚硬岩石的软化

续表

岩体结构类型			力学介质类型	岩体变形、破坏特征	工程地质评价要点	地质背景	完整状态		结构面特征	结构体特征		水文地质特征
类	亚类	代号名称					结构面间距/cm	完整性系数		形态	抗压强度/MPa	
代号名称												
Ⅱ 层状结构	层状结构	Ⅱ₁ 中层状结构	不连续介质	受变形岩石组合、结构面所控制，压缩性取决于岩性及结构面发育情况，缓倾岩层在拱顶和围墙可能出现引张拗折现象，剪切滑移是受软弱夹层、结构面所制约	岩石组合、结构面的组合，水文地质结构和水动力条件	主要指构造变形轻-中等的中厚层（单层厚度大于30cm）的层状岩层	50~30	0.60~0.30	以Ⅲ、Ⅳ级结构面为主，亦存在Ⅱ级结构面，一般有2~3组，层面尤为明显，一般结合力差，tanφ=0.3~0.5	长方体、厚板体、柱状体和块体	>30	由于岩层组合的不同，就有不同的水文地质结构，不仅存在层间渗透压力所引起的问题，而且地下水对岩层作用由的软化、泥化作用亦是明显的
		Ⅱ₂ 薄层状结构	不连续介质	岩体的变形破坏特性受整体控制，碎弱岩层出现压缩挤压、底鼓现象；洞顶、边墙易产生拗滑剪切滑移现象受结构面控制	层间结合状态、地下水对软弱破碎岩层的软化、泥化作用	同Ⅱ₁，但层厚小于30cm，在构造变动作用下表现为相对强烈的褶皱和层间错动	<30	<0.40	层理、片理发育，原生软弱夹层、层间小断层不时出现，结构面多为泥膜、碎屑或泥质物所充填，一般结合力差，tanφ≈0.3	组合板状体或薄板状体	一般 20~30	

续表

岩体结构类型			力学介质类型	岩体变形、破坏特征	工程地质评价要点	地质背景	完整状态		结构面特征	结构体特征		水文地质特征
类	亚类						结构面间距/cm	完整性系数		形态	抗压强度/MPa	
代号	名称	代号名称										
Ⅲ	碎裂结构	Ⅲ₁ 镶嵌碎裂结构	似连续介质	压缩变形量的大小与结构体的形态、强度有关。结构面的抗剪特性、结构面彼此镶嵌性。在岩体变形、破坏过程中起决定作用	结构面发育特性及其彼此交切组合情况、地下水的渗透特性。工程岩体所处的振动、风化条件	一般发育于脆性岩层中的压碎岩带，节理、劈理组数多，密度大	<50，一般为数厘米	<0.35	以Ⅲ、Ⅳ级结构面为主；组数多（多于3组），其延展性差，密度大，结构面粗糙，闭合或夹少量的碎屑，$\tan\varphi_j=0.4\sim0.6$	形态不一、大小不同，棱角显著彼此咬合	>60	本身即为统一含水层（体），虽不显著，导水性能并有一定的渗透能力
		Ⅲ₂ 层状碎裂结构	不连续介质	岩体受力后变形、破坏受软弱碎裂带控制。岩体既具有崩塌、滑移的条件，也存在压缩变形的可能性	控制性软弱破碎带的方位、规模、组成物质特性，及其对完整骨架岩体的完整性的赋存条件及其对岩体稳定性的影响	软硬相间组合，叠瓦式构造带，通常为软弱破碎带与完整性较好的岩体相间存在	<100	<0.40	Ⅱ、Ⅲ、Ⅳ级结构面均发育，其中Ⅱ、Ⅲ级软弱结构面起控制作用，其摩擦系数一般为0.20~0.40，与相对坚硬完整的骨架破碎带相间存在的Ⅲ、Ⅳ结构面为主，$\tan\varphi_j\approx0.4$	软弱破碎带以碎屑、岩粉、岩屑、泥为主；骨架岩体由大小不同、形态各异的岩块组成	骨架岩体中岩块强度在30以上或更大些	亦具有层状结构特点，地下水呈带状渗流；同时，地下水对软弱结构面两侧岩面的泥化作用甚为明显

续表

岩体结构类型			力学介质类型	岩体变形、破坏特征	工程地质评价要点	地质背景	完整状态		结构面特征	结构体特征		水文地质特征
类代号名称	亚类代号名称						结构面间距/cm	完整性系数		形态	抗压强度/MPa	
Ⅲ 碎裂结构	Ⅲ₃	碎裂结构	不连续介质或似连续介质	整体强度低,坍塌、滑移、压缩变形可产生,塑性时间效应明显。岩体变形、破坏受结构面所决定	软弱结构面的方位、规模、数量,水理性及其组合特征,地下水赋存条件和作用,时间效应,Ⅱ、Ⅲ级结构面组合对变形初始阶段的控制作用	岩性复杂,构造变动剧烈,断裂发育,亦包括弱风化带	<50	<0.30	Ⅱ、Ⅲ、Ⅳ、Ⅴ各级结构面均发育,多被碎屑、泥膜所充填。结构面光滑程度不一,形态各异,有的破碎带中黏土矿物组成基本,一般tanϕ_j=0.2~0.4	由泥屑和大小不等形态不同的块所组成	岩块中隐微裂隙发育,不堪一击,一般为20~30	地下水各方面作用均显著,不仅有软化、泥化作用,而且由于渗流还可能引起机械管涌现象
Ⅳ 散体结构			似连续介质	近似松散质,变形时间效应明显,基础的压缩沉降,边坡的塑性挤出、坍塌、滑移及硐室的发生,变形、膨胀、破坏受破碎带的物质组成及其强度所控制	构造破碎岩组的物质组成,物理力学性质、水理性质,注意断层破碎带以及新构造活动应力场	构造变动剧烈,一般为断层破碎带、岩浆岩侵入接触破碎带及剧烈风化带		<0.20	断层破碎带,接触破碎带中节理、劈理密集而无序,个别破碎带(包括剧风化带)呈块状夹泥状的松散状态,包括tanϕ_j≈0.2	岩泥、粉、屑、块、碎片等	岩块的强度在此实际无意义	破碎带中泥质多厚度较大时起隔水作用,而其两侧富集地下水,同时也促使破碎带泥质软化、泥化、崩解、膨胀,还可能产生化学、机械管涌现象

2.5 岩体结构特征与岩体结构控制论

王思敬院士等学者将岩体结构划为三种类型:块状结构(节理状结构)、层状结构及碎裂结构,每一种类又细分为多个亚类,见表 2-5-3。

表 2-5-3 岩体结构类型划分表

岩体结构类型	亚类	地质描述	岩体结构 结构面	岩体结构 结构体	分类指标 完整系数 K_v	分类指标 基本块度/m³
节理状结构(J)	块状	块状岩体,节理稀少	节理	巨块状	>0.75	>1.0
节理状结构(J)	节理块状	节理一般发育	节理、层理	方块体	0.75~0.5	1.0~0.5
节理状结构(J)	裂隙块状	广泛发育节理,断层稀少	节理、断层	板状体,锥体,楔形体	0.5~0.3	0.7~0.3
层状结构(L)	互层	软硬相间	软弱夹层、节理	层状体	0.5~0.3	0.7~0.5
层状结构(L)	间(夹)层	硬层间夹软层	软弱夹层、节理	板状体	0.6~0.3	0.7~0.3
层状结构(L)	薄层	片岩、板岩及千枚岩	片理、节理	板状体	0.4~0.3	0.2
层状结构(L)	软层	均一软弱沉积岩体(页岩、黏土岩及泥岩)	节理	方块体	0.3~0.2	0.2
碎裂结构(C)	镶嵌	广泛发育断裂及断块、碎块	节理、剪切带	碎块	0.35~0.2	0.1
碎裂结构(C)	碎裂	破裂、破碎及断裂	断层、裂缝	碎片、散粒	0.25~0.1	0.1
碎裂结构(C)	松散	广泛破碎,夹杂空穴	泥质充填断层	散粒、各种粒度的岩粉	<0.2	<0.1

这种分类方法的优点是结合岩体建造特点及后期地质改造作用。块状结构(节理状结构)强调其非成层性,层状结构强调岩体的成层性,两者皆为原生结构;而碎裂结构则强调对岩体原生结构的破坏和扰动。

块状结构岩体的典型地质代表为侵入岩体、火山喷出和熔岩岩体、深变质岩体,以及厚层或巨厚层均一的沉积岩体,如砾岩、砂岩、灰岩等。这种结构岩体中发育的结构面主要是原生结构面和低级序而遍布的构造结构面,如节理等,断层稀少且规模小。结构面次生演化不显著。结构体岩石新鲜。根据结构面的发育程度和组合特征,块状结构又可分为三个亚类:整体状结构、块状结构和裂块状结构。它们的岩体质量、介质的力学属性、变形破坏方式、稳定性等等性质都差异很大,见表 2-5-4。

层状结构岩体的地质类型为成层性强的沉积岩层,层面间距 0.1~0.5m,往往软硬相间。如果岩层厚度较大,则可以划分到块状结构。根据软层和硬层的组合关系,层状岩体可分为薄层、夹层和互层(包括间层)结构等。各亚类的性质见表 2-5-4。

碎裂结构岩体是岩体受到强烈的构造变形或次生演化作用而形成的。具有正常结构的块状结构或层状结构岩体经过裂隙化达到碎块化,以致碎块之间相对位移、挤压和错动,形成岩屑和岩粉。碎裂结构根据裂隙化、碎块化程度不同,可以划分为镶嵌结构、碎裂结构、层状碎裂结构和松散结构等亚类。各亚类的性质见表 2-5-4。

表 2-5-4 不同种类岩体结构的工程岩体性质特征

岩体结构类型	亚类	基本特性	变形特性	强度特性	时间效应	渗透特性	破坏机制	变形过程	分析方法	稳定性
节理块状结构(J)	块状	均一连续体	弹性	脆性断裂	无	不透水	岩爆、爆裂	突发，<0.1d	弹性理论、断裂力学	优良
	节理块状	均一裂隙体	弹性，闭合硬化	节理扩展	不明显	低透水性	爆裂、开裂	突发，0.1~1d	弹性理论、断裂力学	好
	裂隙块状	断续离散块体	弹性，闭合硬化	节理滑动并张开	短期应力调整	裂隙透水	块体滑移	快速，1~2d	块体结构力学	好，局部存在问题
层状结构(L)	互层	各向异性，薄板状体	弹性，软化	层面滑移	顺层蠕变	层面透水	滑移、弯曲	慢速，0.2~3月	层状体结构力学	好
	间(夹)层	各向异性，薄板状体	弹性，软化	层面滑移	沿夹层剪切蠕变	层面透水	滑移	慢速，0.1~1月	层状单元、层状体结构力学	好，局部存在问题
	薄层	强烈各向异性，薄板状体	势能塑性	层面滑移弯曲	滑移和弯曲蠕变	低透水性	弯曲、屈服	慢速，0.1~1月	薄板介质力学	一般
	软层	均一连续体	势能塑性	塑性屈服	黏弹性	不透水	屈服	非常慢，1~10月	弹塑性力学	一般
碎裂结构(C)	镶嵌	均一碎块体	塑性，软化	破裂解体	黏弹塑性	裂隙透水	开裂、滑移	快速，1~10d	离散单元、塑性力学	一般，局部较差
	碎裂	各向异性，碎块体	塑性，软化	解体屈服	黏弹塑性	裂隙透水	滑移、解体	非常慢，1~6月	离散单元、塑性流变力学	差
	松散	均一散粒体	非线性、软化	塑性屈服	黏塑性	孔隙透水	屈服	非常慢，0.3~1年	塑性流变力学	很差

应当说明的是,岩体结构分类的最终目的是为岩体工程服务。对于工程岩体而言,由于工程规模和尺寸的变化,岩体结构的划分也发生相对变化。如图 2-5-1 所示为一地下岩体工程,发育两组近于正交的节理。对于该工程岩体,其岩体结构类型随工程尺寸的变化而不同。图中 1,2,3,4,5 为待建的不同规模的硐室。由图可以明显地看出,相对于 1 号硐室,未切割任何结构面,岩体可以视为整体状结构;而相对于 2 号硐室,仅切割 1 组结构面,可视为层状结构;而相对于 3,4,5 号硐室,岩体结构应分别视为层状结构、块状结构和碎裂状结构。因此,岩体结构是相对的,只有在确定的地质条件和工程尺寸条件下,工程岩体结构才是唯一确定的。

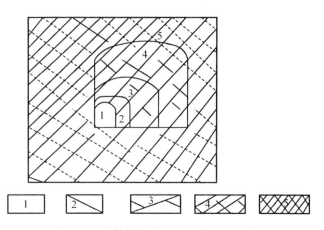

图 2-5-1 岩体结构与工程尺寸之间的关系
1.完整结构;2.层状结构;3.层状结构;4.块状结构;5.碎裂状结构

2.5.2 岩体结构控制论

工程实践与理论研究表明,岩体内应力的传播、岩体的变形破坏及力学介质属性无不受控于岩体结构,岩体结构对工程岩体所起控制作用主要表现在:岩体的应力传播特征、岩体的变形与破坏特征及工程岩体的稳定性。

岩体结构不同,应力传播的形式、方向、速度都不受到影响。具有一定结构的岩体,往往具有与之相对应的力学属性,其应力-应变关系不同。岩体中的应力传播,当应力与应变呈线性关系时,介质中传播的是弹性波;呈非线性关系时,介质中传播为塑性波和冲击波。遇到结构面,还会出现应力传播的折射、反射、透射等现象,岩体结构不同,都会影响到应力的传播方向,同时还会影响应力传播的速度,即波速。一般来讲,散体状结构的岩体波速最低,整体状结构岩体波速最高,层状结构岩体则表现出明显的各向异性。

岩体的变形与连续介质变形明显不同,它由结构体变形与结构面变形两部分构成,并且结构面变形起到控制作用。因此,岩体的变形主要取决于结构面发育状况,它不仅控制岩体变形量的大小,而且控制岩体变形性质及变形过程。块状结构岩体变形主要沿贯通性结构面滑移形成;碎裂状结构岩体变形则由Ⅲ、Ⅳ级结构面滑移及部分岩块变形构成;只有完整岩体的变形才主要受控于组成岩体的岩石变形特征,见表 2-5-5。

表 2-5-5 岩体变形机制

岩体结构		整体状结构	块状结构	碎裂状结构
变形成分	主要的	结构体压缩变形	结构体滑移及压缩变形	结构面滑移变形
	次要的	微结构面错动	结构体压缩及形状改变	结构体及结构面压缩及结构体性状改变
侧胀系数		小于0.5	极微小	常大于0.5
变形系数		结构体压缩及形状改变	沿结构面滑移	压密
控制岩体变形的主要因素		岩石、岩相特征及Ⅴ级结构面特征	贯通的Ⅰ、Ⅱ级结构面，主要为软弱结构面	开裂的不连续的Ⅲ、Ⅳ级结构面

岩体的破坏机制也受控于岩体结构。结构控制的主要方面有岩体破坏难易程度、岩体破坏的规模、岩体破坏的过程及岩体破坏的方式等。岩体破坏的力学过程称为岩体破坏机制，可归纳为表 2-5-6 所示的主要类型。

表 2-5-6 岩体破坏机制类型

整块体结构岩体	块状结构岩体	碎裂状结构岩体	散体状结构岩体
① 张破裂，② 剪破坏	结构体沿结构面滑动	① 结构体张破裂，② 结构体剪破裂，③ 结构体流动变形，④ 结构体沿结构面滑动，⑤ 结构体转动，⑥ 结构体组合体倾倒，⑦ 结构体组合体溃曲	① 剪破坏，② 流动变形

块状结构岩体主要为结构体沿结构面滑动破坏。而碎裂状结构岩体破坏机制较复杂，当它赋存于高地应力环境时，则呈现为连续介质；如赋存于低地应力环境时，则属于碎裂介质，其破坏机制中张、剪、滑、滚、倾倒、弯曲、溃曲等机制均可见。而在工程岩体破坏中，常有几种破坏机制联合出现。

岩体结构对工程岩体稳定性的控制作用也十分显著。图 2-5-2 列出了不同结构岩体常见的破坏方式。由图可以看出：整体状结构的岩体，坚硬完整，受力后强度起控制作用，一般呈稳定状态，对于深埋或高应力区的地下开挖可能出现岩爆。块状结构岩体较完整、坚硬，结构面抗剪强度高，一般工程条件下亦稳定。但应注意Ⅱ、Ⅲ级结构面与临空面共同组合，可能造成块体失稳，此时软弱面的抗剪强度起控制作用。层状结构岩体的变形由层岩组合和结构面力学特性所决定，尤其是层面和软弱夹层；在一般工程条件下较稳定。由于层间结合力差，软弱岩层或夹层多而使岩体的整体强度低，易于产生塑性变形、弯折破坏，顺层滑动受软弱面特性所决定。碎裂状结构岩体有一定强度，不易剪坏，但不抗拉，在风化和振动条件下易于松动，但一旦岩体失稳，往往呈连锁反应。这类岩体的变形方式视所处的工程部位而异，但其中骨架岩层对岩体稳定有利。松散及破碎结构岩体强度低，易于变形破坏，时间效应显著，在工程荷载作用下表现极不稳定。

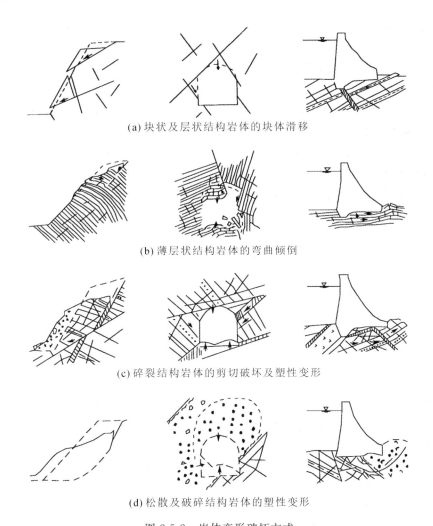

图 2-5-2 岩体变形破坏方式

2.6 岩体的风化

风化作用是指地表或接近地表的坚硬岩石、矿物与大气、水及生物接触过程中产生物理、化学变化而在原地形成松散堆积物的全过程。根据风化作用的因素和性质可将其分为三种类型：物理风化作用、化学风化作用和生物风化作用。

风化作用可以改变岩石的矿物组成和结构构造，进而改变岩石与岩体的物理力学性质。一般来说，随风化程度的加深，岩石的空隙率和变形随之增大，强度降低，渗透性加大。因此，在岩体工程中应重视对岩体风化的研究。

岩石中矿物成分的相对稳定性对岩石的抗风化能力有显著影响，各矿物的相对稳定性主要与其化学成分、结晶特征及形成条件有关。从化学元素活动性来看，Cl^- 和 SO_4^{2-} 最易迁移，其次是 K^+、Na^+、Ca^{2+}、Mg^{2+}，再次是 SiO_2，最后是 Fe_2O_3 和 Al_2O_3，至于低价铁则易氧化。

基性和超基性岩石主要由易于风化的橄榄石、辉石及基性斜长石组成,所以非常容易风化。酸性岩石主要由较难风化的石英、钾长石、酸性斜长石及少量暗色矿物(多为黑云母)组成,故其抗风化能力要比同样结构的基性岩高,中性岩则居两者之间。变质岩的风化性状与岩浆岩类似。沉积岩主要由风化产物组成,大多数为原来岩石中较难风化的碎屑物或是在风化和沉积过程中新生成的化学沉积物,但其胶结物类型对岩石抗风化性能的影响大。因此,它们在风化作用中的稳定性一般较高。但是矿物成分并不是决定岩石风化性状的唯一因素,因为岩石的性状还取决于岩石的结构和构造特征,所以不能将矿物抗风化的稳定性与岩石的抗风化性等同起来。

通常可以将造岩矿物分为非常稳定的、稳定的、较稳定的和不稳定的四类。并按其稳定性顺序列于表 2-6-1 中。

表 2-6-1 主要造岩矿物抗风化相对稳定性

抗风化稳定性	矿物名称	抗风化稳定性	矿物名称	抗风化稳定性	矿物名称
非常稳定	石英	较稳定	酸性斜长石	不稳定	基性斜长石
	锆长石		角闪石		霞石
	白云母		辉石		橄榄石
稳定	正长石		黑云母		黄铁矿
	钠长石				

不同的岩石对风化作用的反应是不同的。如花岗岩类岩石,常先发生破裂,而后被渗入的雨水形成的碳酸所分解。碳酸与长石、云母、角闪石等矿物作用,析出 Fe、Mg、K、Na 等可溶盐及游离 SiO_2,并被地下水带走,而岩屑、黏土物质和石英颗粒等残留在原地。基性岩浆岩的风化过程,与中酸性岩浆岩类似,只是其风化残留物多为黏土;灰岩的风化残留物为富含杂质的黏土;砂砾岩的风化,常仅发生解体破碎;等等。因此,研究岩体风化时应考虑岩石的风化程度及风化产物的类型。

岩石的风化程度可通过定性指标和某些定量指标来表述。定性指标主要有颜色、矿物蚀变程度、破碎程度及开挖锤击技术特征等。定量指标主要有风化空隙率指标和波速指标等。

风化空隙率指标(I_w)是 Hamral(1961)提出的。I_w 是快速浸水后风化岩块吸入水的质量与干燥岩块质量之比。借此可近似地反映风化岩块空隙率的大小。

《岩土工程勘察规范(2009 年版)》(GB 50021—2001)提出用风化岩石的波速比(k_v)和风化系数(k_f)等指标来评价岩块的风化程度,见表 2-6-2。其中,k_v、k_f 的定义为:

$$k_v = \frac{v_{cp}}{v_{rp}} \tag{2-6-1}$$

$$k_f = \frac{\sigma'_{cw}}{\sigma_{cw}} \tag{2-6-2}$$

式中,v_{cp},v_{rp} 分别为风化岩块和新鲜岩块的纵波速度;σ'_{cw},σ_{cw} 分别为风化岩块和新鲜岩块的饱和单轴抗压强度。

表 2-6-2　硬质岩石按波速指标的风化分级表

风化程度	野外特征	风化程度参数指标	
		波速比 k_v	风化系数 k_f
残积土	组织结构全部破坏,已风化成土状,用锹镐易挖掘,干钻易钻进,具可塑性	<0.2	—
全风化	结构基本破坏,但尚可辨认,有残余结构强度,可用镐挖,干钻可钻进	0.2～0.4	—
强风化	结构大部分破坏,矿物成分显著变化,风化裂隙很发育,岩体破碎,用镐可挖,干钻不易钻进	0.4～0.6	<0.4
中等风化	结构部分破坏,沿节理面有次生矿物,风化裂隙发育,岩体被切割成岩块。用镐难挖,用岩芯钻方可钻进	0.6～0.8	0.4～0.8
微风化	结构基本未变,仅节理面有渲染或略有变色,有少量风化裂隙	0.8～0.9	0.8～0.9
未风化	岩质新鲜,偶见风化痕迹	0.9～1.0	0.9～1.0

《水利水电工程地质勘察规范(2022年版)》(GB 50487—2008)对岩体风化带的划分标准见表2-6-3。

表 2-6-3　岩体风化带划分

风化带	主要地质特征	风化岩与新鲜岩纵波速之比
全风化	全部变色,光泽消失,岩石的组织结构完全破坏,已崩解和分解成松散土状或砂状,有很大的体积变化,但未移动,仍残留原始结构痕迹。除石英颗粒外,其余矿物大部分风化蚀变为次生矿物;捶击有松软感,出现凹坑,矿物手可捏碎,用锹可以挖动	<0.4
强风化	大部分变色,只有局部岩块保持原有颜色;岩石的组织结构大部分已破坏;小部分岩石已分解或崩解成土,大部分岩石呈不连续的骨架或心石,风化裂隙发育,有时含大量次生夹泥;除石英外,长石、云母和铁镁矿物已风化蚀变;捶击哑声,岩石大部分变酥,易碎,用镐可以挖动,坚硬部分需用爆破	0.4～0.6
弱风化（中等风化）上带	岩石表面或裂隙面大部分变色,断口色泽较新鲜;岩石原始组织结构清楚、完整,但大多数裂隙已风化,裂隙壁风化剧烈,宽一般5～10cm,大者可达数十厘米;沿裂隙铁镁矿物氧化锈蚀,长石变得浑浊、模糊不清,锤击哑声,用镐难挖,需用爆破	0.6～0.8
弱风化（中等风化）下带	岩石表面或裂隙面大部分变色,断口色泽新鲜,岩石原始组织结构清楚、完整,沿部分裂隙风化,裂隙壁风化较剧烈,宽一般1～3cm;沿裂隙铁镁矿物氧化锈蚀,长石变得浑浊、模糊不清;锤击发音较清脆,开挖需用爆破	0.6～0.8
微风化	岩石表面或裂隙面有轻微褪色;岩石组织结构无变化,保持原始完整结构;大部分裂隙闭合或为钙质薄膜充填,仅沿大裂隙有风化蚀变现象,或有锈膜浸染;锤击发音清脆,开挖需用爆破	0.8～0.9
新鲜	保持新鲜色泽,仅大的裂隙面偶见褪色;裂隙面紧密、完整或焊接状充填,仅个别裂隙面有锈膜浸染或轻微蚀变;锤击发音清脆,开挖需用爆破	0.9～1.0

第3章 岩石的基本物理力学性质

3.1 概　　述

作为岩体的重要组成单元,岩石的物理力学性质无疑对岩体有着重要影响。对于岩石物理力学性质的认识,总体上是基于岩样试验结果得到的,本质上可以看成固体力学的成果,与包含结构面在内的岩体是有很大差别的。但在特定条件下,基本上也可以直接运用基于固体力学知识的岩石力学理论和方法分析岩体工程问题。例如,当应力水平较低,岩体基本上未沿结构面做明显运动,外力由岩石的变形和结构面的静摩擦来承担时;当结构面分布比较均匀,特别是以非贯通节理为主,可将岩体视为统计均质连续介质时;当岩体存在一个优势方向的各向异性,但不产生沿此方向的宏观位移,且可以用横观各向同性描述时(如具片理构造的岩体和未产生顺层滑移的层状岩体);当宏观运动由单一岩石材料的定向运动引起,且该岩石材料力学行为清楚时(如顺层滑动受泥化夹层控制等)。

另外,即使在不能直接用岩石力学理论来解决岩体工程问题的状况下,岩石的物理性状与力学性质对于岩体工程问题的分析也是十分重要的。因此,了解与掌握岩石的物理力学性质及研究方法是进行岩体力学研究的重要基础。

岩石在外荷载作用下,会产生变形。与普通固体材料一样,岩石变形也有弹性变形(见图 3-1-1(a))和塑性变形(见图 3-1-1(b))之分。但由于岩石的矿物组成和结构构造的复杂性,致使其变形性质要比一般固体材料复杂得多。

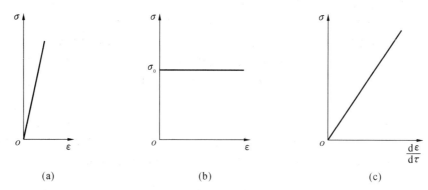

图 3-1-1　材料的变形性状示意图

岩石在变形过程中还常表现出黏性和延性。黏性(viscosity)是指物体受力后变形不能在瞬时完成,且应变速率随应力增加而增加的性质。理想的黏性材料(如牛顿流体),其应力-应变速率关系为过坐标原点的直线(见图 3-1-1(c))。延性(ductility)则是指物体能承受较大塑性变形而不丧失其承载力的性质。

从破坏的角度来看,物体受力后,变形很小时就破坏的性质,称为脆性;经过较大变形才会破坏的性质,称为塑性。材料的脆性与塑性是根据破坏前的总应变值及应力-应变曲线上负坡的坡降大小来划分的。破坏前总应变小、负坡较陡者为脆性;反之,为塑性。在工程上,一般以5%为标准进行划分,破坏前总应变大于5%者为塑性材料;反之,为脆性材料。赫德(Heard,1963)提出以3%和5%为界限将岩石划分三类:破坏前总应变小于3%者为脆性岩石;破坏前总应变在3%～5%者为半脆性或脆-塑性岩石;破坏前总应变大于5%者为塑性岩石。按以上标准,大部分位于地表附近的岩石是脆性或半脆性的,而深部岩石的塑性特征明显。当然,岩石的脆性与塑性也是相对的,在一定的条件下可以互相转化。

3.2 岩石的物理性质

3.2.1 岩石的密度

岩石密度是指单位体积内岩石的质量,它是岩石的最基本物理参数,分为颗粒密度和块体密度。颗粒密度(ρ_s)是指岩石中固体相部分的质量与其体积的比值,其大小主要取决于组成岩石的矿物密度及含量。如基性、超基性岩浆岩,密度大的矿物含量较多,则颗粒密度大,一般为2.7～3.2g/cm³;酸性岩浆岩,密度小的矿物含量较多,则颗粒密度小,多为2.5～2.85g/cm³;而中性岩浆岩则介于两者之间。又如,硅质胶结的石英砂岩,其颗粒密度接近于石英密度,而灰岩和大理岩的颗粒密度多接近于方解石的密度。

岩石的颗粒密度属实测指标,用比重瓶法进行测定,常见岩石的颗粒密度见表3-2-1。

表3-2-1 常见岩石的物理性质指标值

岩石类型	颗粒密度 ρ_s/(g/cm³)	块体密度 ρ/(g/cm³)	空隙率 n/%	岩石类型	颗粒密度 ρ_s/(g/cm³)	块体密度 ρ/(g/cm³)	空隙率 n/%
花岗岩	2.50～2.84	2.30～2.80	0.4～0.5	泥灰岩	2.70～2.80	2.10～2.70	1.0～10.0
闪长岩	2.60～3.10	2.52～2.96	0.2～0.5	白云岩	2.60～2.90	2.10～2.70	0.3～25.0
辉绿岩	2.60～3.10	2.53～2.97	0.3～0.5	片麻岩	2.63～3.01	2.30～3.00	0.7～2.2
辉长岩	2.70～3.20	2.55～2.98	0.3～4.0	石英片岩	2.60～2.80	2.10～2.70	0.7～3.0
安山岩	2.40～2.80	2.30～2.70	1.1～4.5	绿泥石片岩	2.80～2.90	2.10～2.85	0.8～2.1
玢岩	2.60～2.84	2.40～2.80	2.1～5.0	千枚岩	2.81～2.96	2.71～2.86	0.4～3.6
玄武岩	2.60～3.30	2.50～3.10	0.5～7.2	泥质板岩	2.70～2.85	2.30～2.80	0.1～0.5
凝灰岩	2.56～2.78	2.29～2.50	1.5～7.5	大理岩	2.80～2.85	2.60～2.70	0.1～6.0
砾岩	2.67～2.71	2.40～2.66	0.8～10.0	石英岩	2.53～2.84	2.40～2.80	0.1～8.7
砂岩	2.60～2.75	2.20～2.71	1.6～28.0	灰岩	2.48～2.85	2.30～2.77	0.5～27.0
页岩	2.57～2.77	2.30～2.62	0.4～10.0				

块体密度是指单位体积岩石的质量。岩石的块体密度除与矿物组成有关外,还与岩石的空隙性及含水状态密切相关。致密的岩石,由于空隙少,块体密度与颗粒密度很接近;随着空隙的增加,块体密度会相应减小。按岩石的含水状态,块体密度分为干密度(ρ_d)、饱和密度(ρ_{sat})和天然密度(ρ)。在未指明岩块的含水状态时,一般是指岩石的天然密度。

测定岩石块体密度的方法主要有三种:量积法、水中称量法与蜡封法。对于规则试样,采用量积法;对于不规则试样,则可采用水中称量法,若遇水崩解则可采用蜡封法。常见岩石的块体密度见表3-2-1。

3.2.2 岩石的空隙性

岩石内部或多或少都有一些空隙,既包括晶格间的孔隙、原生裂隙,也包括后期遭受各种地质作用而发育的不同成因的裂隙,如构造裂隙、风化裂隙等。其中,与外界不相通的空隙,称为闭空隙;与外界相通的空隙,称为开空隙。开型空隙按开启程度又有大、小开型空隙之分。大开空隙是在正常状态下与外界相通的开空隙;小开空隙是在特殊状态下(例如高压下或真空状态)与外界才能相通的开空隙。与此相对应,岩石的空隙率分为总空隙率(n)、总开空隙率(n_o)、大开空隙率(n_b)、小开空隙率(n_a)和闭空隙率(n_c)等类型,各自计算公式如下:

$$n = \frac{V_v}{V} \times 100\% = \left(1 - \frac{\rho_d}{\rho_s}\right) \times 100\% \quad (3\text{-}2\text{-}1)$$

$$n_o = \frac{V_{vo}}{V} \times 100\% \quad (3\text{-}2\text{-}2)$$

$$n_b = \frac{V_{vb}}{V} \times 100\% \quad (3\text{-}2\text{-}3)$$

$$n_a = \frac{V_{va}}{V} \times 100\% = n_o - n_b \quad (3\text{-}2\text{-}4)$$

$$n_c = \frac{V_{vc}}{V} \times 100\% = n - n_o \quad (3\text{-}2\text{-}5)$$

式中,V_v、V_{vo}、V_{vb}、V_{va}、V_{vc}分别为岩石中空隙的总体积、总开空隙体积、大开空隙体积、小开空隙体积及闭空隙体积;V为岩块试样的体积。

一般提到的岩石空隙率系指总空隙率,其大小受岩石的成因、年代、后期改造及埋深等因素的控制,变化范围大,但普遍较低,见表3-2-1。新鲜结晶岩类的空隙率一般小于1%;沉积岩的空隙率多为1%~5%,而个别胶结不良的砂砾岩的空隙率可达10%,甚至更大。岩石的空隙率远远小于土体的空隙率,但又远大于一般的固体材料的空隙率。这也是岩石与土的根本性差异之处。

岩石的空隙率不能实测,通常是根据其他实测物理指标进行换算。

3.2.3 岩石的吸水性

岩石的吸水性是指岩石在一定条件下吸收水分的能力,常用吸水率、饱和吸水率与饱水系数等指标表示。

1. 吸水率

岩石的吸水率(W_a)是指岩石试样在大气压力和室温条件下自由吸入水的质量(m_{w1})与

岩样干质量(m_s)之比,用百分数表示,即

$$W_a = \frac{m_{w1}}{m_s} \times 100\% \tag{3-2-6}$$

测定时先将岩样烘干并称重,然后浸水饱和。由于试验是在常温常压下进行的,岩石浸水时,水只能进入大开空隙,而不能进入小开空隙和闭空隙。因此,可用吸水率来计算岩石的大开空隙率(n_b),公式为

$$n_b = \frac{V_{vb}}{V} \times 100\% = \frac{\rho_d W_a}{\rho_w} \tag{3-2-7}$$

式中,ρ_w 为水的密度。

岩石的吸水率大小主要取决于岩石中孔隙和裂隙的数量、大小及开启程度,同时还受岩石成因、年代及岩性的影响。大部分岩浆岩和变质岩的吸水率为 0.1%~2.0%,沉积岩的吸水性较强,吸水率多为 0.2%~7.0%。常见岩石的吸水率见表 3-2-2 及表 3-2-3。

表 3-2-2　几种岩石的吸水性指标值

岩石名称	吸水率/%	饱和吸水率/%	饱水系数
花岗岩	0.46	0.84	0.55
石英闪长岩	0.32	0.54	0.59
玄武岩	0.27	0.39	0.69
基性斑岩	0.35	0.42	0.83
云母片岩	0.13	1.31	0.10
砂岩	7.01	11.99	0.60
灰岩	0.09	0.25	0.36
白云质灰岩	0.74	0.92	0.80

表 3-2-3　常见岩石的吸水率和软化系数

岩石类型	吸水率/%	软化系数 K_R	岩石类型	吸水率/%	软化系数 K_R
花岗岩	0.1~4.0	0.72~0.97	灰岩	0.1~4.5	0.70~0.94
闪长岩	0.3~5.0	0.60~0.80	泥灰岩	0.5~3.0	0.44~0.54
辉绿岩	0.8~5.0	0.33~0.90	白云岩	0.1~3.0	
辉长岩	0.5~4.0		片麻岩	0.1~0.7	0.75~0.97
安山岩	0.3~4.5	0.81~0.91	石英片岩	0.1~0.3	0.44~0.84
玢岩	0.4~1.7	0.78~0.81	绿泥石片岩	0.1~0.6	0.53~0.69
玄武岩	0.3~2.8	0.30~0.95	千枚岩	0.5~1.8	0.67~0.96
凝灰岩	0.5~7.5	0.52~0.86	泥质板岩	0.1~0.3	0.39~0.52
砾岩	0.3~2.4	0.50~0.96	大理岩	0.1~1.0	

续表

岩石类型	吸水率/%	软化系数 K_R	岩石类型	吸水率/%	软化系数 K_R
砂岩	0.2~9.0	0.65~0.97	石英岩	0.1~1.5	0.94~0.96
页岩	0.5~3.2	0.24~0.74			

2. 饱和吸水率

岩石的饱和吸水率(W_p)是指岩石试样在高压(一般压力为15MPa)或真空条件下吸入水的质量(m_{w2})与岩样干质量(m_s)之比,用百分数表示,即

$$W_p = \frac{m_{w2}}{m_s} \times 100\% \qquad (3\text{-}2\text{-}8)$$

在高压(或真空)条件下,一般认为水能进入所有开空隙中,因此岩石的总开空隙率可表示为

$$n_o = \frac{V_{vo}}{V} \times 100\% = \frac{\rho_d W_p}{\rho_s} \times 100\% \qquad (3\text{-}2\text{-}9)$$

岩石的饱和吸水率是表示岩石物理性质的一个重要指标,它反映岩石总开空隙的发育程度,可间接地用来判定岩石的抗风化能力和抗冻性。常见岩石的饱和吸水率见表3-2-2。

3. 饱水系数

岩石的吸水率(W_a)与饱和吸水率(W_p)之比,称为饱水系数。它反映了岩石中大、小开空隙的相对比例关系。饱水系数越大,岩石中的大开空隙相对越多,而小开空隙相对越少。另外,饱水系数大,说明常压下吸水后余留的空隙就少,岩石容易被冻胀破坏,因而其抗冻性差。常见岩石的饱水系数见表3-2-2。

3.2.4 岩石的软化性

岩石的软化性是指岩石浸水饱和后强度降低的性质,用软化系数(K_R)表示。K_R定义为岩石试样的饱和抗压强度(σ_{cw})与干抗压强度(σ_c)的比值,即

$$K_R = \frac{\sigma_{cw}}{\sigma_c} \qquad (3\text{-}2\text{-}10)$$

软化系数是评价岩石力学性质的重要指标。显然,K_R越小,则岩石软化性越强。研究表明,岩石的软化性取决于岩石的矿物组成与空隙性。当岩石中含有较多的亲水性和可溶性矿物,且含大开空隙较多时,岩石的软化性较强,软化系数较小。如黏土岩、泥质胶结的砂岩、砾岩和泥灰岩等岩石,软化性较强,软化系数一般为0.4~0.6,甚至更低。常见岩石的软化系数见表3-2-3,都小于1.0,说明岩石均具有不同程度的软化性。一般认为,软化系数$K_R > 0.75$时,岩石的软化性弱,同时也说明岩石的抗冻性和抗风化能力强。而软化系数$K_R < 0.75$的岩石则是软化性较强和工程地质性质较差的。

特别是在水工建设中,岩石的软化性在评价坝基岩体稳定性时具有重要意义。

3.2.5 岩石的膨胀性

某些含黏土矿物(如蒙脱石、水云母及高岭石等)成分的岩石,经水化作用后在黏土矿物的晶格内部或细分散颗粒的周围生成结合水溶剂腔(水化膜),并且在邻近的颗粒间产生楔劈效

应,当楔劈作用力大于结构联结力,岩石显示膨胀性。岩石的膨胀性就是指岩石浸水后体积增大的性质,通常以岩石的自由膨胀率、侧向约束膨胀率、膨胀压力等来表述。

1. 自由膨胀率

岩石的自由膨胀率是指岩石试样在无任何约束的条件下浸水后所产生的膨胀变形与试样原尺寸的比值。这一参数适用于不易崩解的岩石,常用的有轴向自由膨胀率(V_H)和径向自由膨胀率(V_D),计算公式为

$$V_H = \frac{\Delta H}{H} \tag{3-2-11}$$

$$V_D = \frac{\Delta D}{D} \tag{3-2-12}$$

式中,ΔH 和 ΔD 分别为浸水后岩石试样轴向、径向膨胀变形量;H 和 D 分别为试验前岩石试样的高度、直径。

自由膨胀率的测试通常是将岩石试样浸入水中,按一定的时间间隔测量其变形量,最终按公式计算而得。

2. 侧向约束膨胀率

岩石侧向约束膨胀率 V_{HP} 是将具有侧向约束的试样浸入水中,使岩石试样仅产生轴向膨胀而求得的膨胀率,其计算式为

$$V_{HP} = \frac{\Delta H_1}{H} \times 100\% \tag{3-2-13}$$

式中,ΔH_1 为有侧向约束条件下所得的轴向膨胀变形量。

3. 膨胀压力

膨胀压力是指岩石试样浸水后,使试样保持原有体积不变所施加的最小压力。其试验方法类似于膨胀率试验,只是要求限制试样不出现变形而测量其相应的最小压力。

3.2.6 岩石的崩解性

岩石的崩解性是指岩石与水相互作用时失去黏结性,并变成完全丧失强度的松散物质的性能。这种现象是由于水化过程中削弱了岩石内部的结构联结引起的,常见于由可溶盐和黏土质胶结的沉积岩中。

岩石崩解性一般用耐崩解性指数表示。该指数是试样受干湿循环后不被崩离的重量与原来重量之比的百分率。崩解实验将经过烘干的试块(约重 500g,且分成 10 块左右),放入一个带有筛孔的圆筒内,使该圆筒在水槽中以 20r/min 的速度连续旋转 10min,然后将留在圆筒内的岩石取出再次烘干称重(见图 3-2-1)。如此反复进行两次后,按下式计算耐崩解性指数:

$$I_{d2} = \frac{m_r}{m_s} \tag{3-2-14}$$

式中,I_{d2} 为表示经两次循环试验的耐崩解性指数(%);m_s 为试验前试块的烘干质量;m_r 为残留在圆筒内试块的烘干质量。

甘布尔(Gamble)认为:耐崩解性指数与岩石成岩的地质年代无明显的关系。而与岩石的密度成正比,与岩石的含水量成反比,表 3-2-4 为甘布尔提出的岩石耐崩解性分类标准。

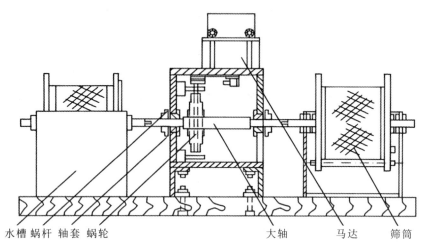

图 3-2-1 耐崩解性试验仪

表 3-2-4 甘布尔的崩解耐久性分类

组名	一次 10min 旋转后留下的百分数（按干重计）/%	两次 10min 旋转后留下的百分数（按干重计）/%
极高的耐久性	>99	>98
高耐久性	98～99	95～98
中等高的耐久性	95～98	85～95
中等的耐久性	85～95	60～85
低耐久性	60～85	30～60
极低的耐久性	<60	<30

3.2.7 岩石的抗冻性

岩石的抗冻性是指岩石抵抗冻融破坏的能力，常用抗冻系数和质量损失率来表示。抗冻系数(R_d)为岩石试样经反复冻融后的干抗压强度(σ_{c2})与冻融前干抗压强度(σ_{c1})之比，用百分数表示，即

$$R_d = \frac{\sigma_{c2}}{\sigma_{c1}} \times 100\% \tag{3-2-15}$$

质量损失率(K_m)为冻融试验前后干质量之差($m_{s2}-m_{s1}$)与试验前干质量(m_{s1})之比，以百分数表示，即

$$K_m = \frac{m_{s2}-m_{s1}}{m_{s1}} \times 100\% \tag{3-2-16}$$

试验时，先将岩石试样浸水饱和，然后在－20～20℃温度下反复冻融 25 次以上。冻融次数和温度可根据工程地区的气候条件选定。

岩石在冻融作用下强度降低和破坏的原因：一是岩石中各组成矿物的体积膨胀系数不同，以及在岩石变冷时不同层中温度的强烈不均匀性，因而产生内部应力；二是由于岩石空隙中冻结水的冻胀作用所致。水冻结成冰时，体积增大达 9% 并产生膨胀压力，会使岩石的结构和联结遭受一定程度的破坏。冻结时，岩石中产生的破坏应力取决于冰的形成速度及其与局部压力消散的难易程度间的关系，自由生长的冰晶体向四周的伸展压力是其下限（约 0.05MPa），而完全封闭体系中的冻结压力，在 $-22℃$ 温度下可达 200MPa，使岩石遭受破坏。

岩石的抗冻性取决于造岩矿物的热物理性质和强度、粒间联结、开空隙的发育情况及含水率等因素。由坚硬矿物组成，且具强的结晶联结的致密状岩石，其抗冻性较高；反之，则抗冻性低。一般认为，$R_d > 75\%$、$K_m < 2\%$ 时，为抗冻性高的岩石；另外，$K_R > 75\%$、$W_a < 5\%$ 和饱水系数 <0.8 的岩石，其抗冻性也相当高。

3.2.8 岩石的热学性质

人类在开发地下资源及工程建设的过程中，都要遇到高温或低温（0℃以下）条件下的岩体力学问题。这时有必要研究岩石的热学性质及温度对岩石特性的影响。常用的热学指标有比热容、导热系数、热扩散率和热膨胀系数等。

1. 比热容

岩石吸收热能的能力，称为热容性。根据热力学第一定律，外界传导给岩石的热量 ΔQ，消耗在内部热能改变 ΔE（温度上升）和引起岩石膨胀所做的功 A 上。在传导过程中，热量的传入与消耗总是平衡的，即 $\Delta Q = \Delta E + A$。对岩石来说，消耗在岩石膨胀上的热能与消耗在内能改变上的热能相比是很微小的，这时传导给岩石的热量主要用于岩石升温。因此，如果设岩石由温度 T_1 升高至 T_2 所需要的热量为 ΔQ，则

$$\Delta Q = Cm(T_2 - T_1) \tag{3-2-17}$$

式中，m 为岩石的质量；C 为岩石的比热容，其含义为使单位质量岩石的温度升高 1K（开尔文）时所需要的热量。

岩石的比热容是表征岩石热容性的重要指标，其大小取决于岩石的矿物组成、有机质含量及含水状态。例如，常见矿物的比热容多为 $(0.7\sim1.2)\times10^3 J/(kg\cdot K)$，与此相应，干燥且不含有机质的岩石，其比热容也在该范围内变化，并随岩石密度增加而减小。又如，有机质的比热容较大，为 $(0.8\sim2.1)\times10^3 J/(kg\cdot K)$，因此，富含有机质的岩石（如泥炭等），其比热容也较大。

多孔且含水的岩石常具有较大的比热容，因为水的比热容较岩石大得多 [为 $4.19\times10^3 J/(kg\cdot K)$]。因此，设干重为 $x_1 g$ 的岩石中含有 $x_2 g$ 的水，则比热容 $C_湿$ 为：

$$C_湿 = \frac{C_d x_1 + C_w x_2}{x_1 + x_2} \tag{3-2-18}$$

式中，C_d、C_w 分别为干燥岩石和水的比热容。

岩石的比热容常在实验室采用差示扫描量热法（DSC法）测定，常见岩石的比热容见表 3-2-5。

表 3-2-5　0～50℃下常见岩石的热学性质指标

岩石	密度 /(g/cm³)	比热容		导热系数		热扩散率	
		温度/℃	J/(kg·K)	温度/℃	W/(m·K)	温度/℃	10⁻³cm²/s
玄武岩	2.84~2.89	50	883.4~887.6	50	1.61~1.73	50	6.38~6.83
辉绿岩	3.01	50	787.1	25	2.32	20	9.46
闪长岩	2.92			25	2.04	20	9.47
花岗岩	2.50~2.72	50	787.1~975.5	50	2.17~3.08	50	10.29~14.31
花岗闪长岩	2.62~2.76	20	837.4~1256.0	20	1.64~2.33	20	5.03~9.06
正长岩	2.80			50	2.2		
蛇纹岩				20	1.42~2.18		
片麻岩	2.70~2.73	50	766.2~870.9	50	2.58~2.94	50	11.34~14.07
片麻岩（平行片理）	2.64			50	2.93		
片麻岩（垂直片理）	2.64			50	2.09		
大理岩	2.69			25	2.89		
石英岩	2.68	50	787.1	50	6.18	50	29.52
硬石膏	2.65~2.91			50	4.10~6.07	50	17.00~25.7
黏土泥灰岩	2.43~2.64	50	778.7~979.7	50	1.73~2.57	50	8.01~11.66
白云岩	2.53~2.72		921.1~1000.6	50	2.52~3.79	50	10.75~14.97
灰岩	2.41~2.67	50	824.8~950.4	50	1.7~2.68	50	8.24~12.15
钙质泥灰岩	2.43~2.62	50	837.4~950.4	50	1.84~2.40	50	9.04~9.64
致密灰岩	2.58~2.66	50	824.8~921.1	50	2.34~3.51	50	10.78~15.21
泥灰岩	2.59~2.67	50	908.5~925.3	50	2.32~3.23	50	9.89~13.82
泥质板岩	2.62~2.83	50	858.3	50	1.44~3.68	50	6.42~15.15
盐岩	2.08~2.28			50	4.48~5.74	50	25.20~33.80
砂岩	2.35~2.97	50	762~1071.8	50	2.18~5.1	50	10.9~423.6
板岩	2.70			25	2.60		
板岩（垂直层理）	2.76			25	1.89		

2. 导热系数

岩石传导热量的能力，称为热传导性，常用导热系数表示。根据热力学第二定律，物体内的热量通过热传导作用不断地从高温点向低温点流动，使物体内温度逐步均一化。设面

积为 A 的平面上,温度仅沿 x 轴方向变化,这时通过 A 的热流量(Q)与温度梯度 $\dfrac{dT}{dx}$ 及时间 dt 成正比,即

$$Q = -kA\frac{dT}{dx}dt \tag{3-2-19}$$

式中,k 为导热系数,含义为当 $\dfrac{dT}{dx}$ 等于 1 时单位时间内通过单位面积岩石的热量。

导热系数大小取决于岩石的矿物组成、结构及含水状态,常温下岩石的 $k=1.61\sim6.07$ W/(m·K)。另外,多数沉积岩和变质岩的热传导性具有各向异性,即沿层理方向的导热系数比垂直层理方向的导热系数平均高 10%~30%。

岩石的导热系数常在实验室用非稳定法测定。

据研究表明,岩石的比热容(C)与导热系数(k)间存在如下关系:

$$k = \lambda\rho C \tag{3-2-20}$$

式中,ρ 为岩石密度;λ 为岩石的热扩散率。

热扩散率反映岩石对温度变化的敏感程度,λ 越大,岩石对温度变化的反应越快,且受温度的影响也越大。

常见岩石的导热系数、热扩散率见表 3-2-5 与表 3-2-6。

表 3-2-6 几种岩石的热学特性参数

岩石	比热容 C/[J/(kg·K)]	导热系数 k/[W/(m·K)]	线膨胀系数 α/(10^{-3}/K)
辉长岩	720.1	2.01	0.5~1
辉绿岩	699.2	3.35	1~2
花岗岩	782.9	2.68	0.6~6
片麻岩	879.2	2.55	0.8~3
石英岩	799.7	5.53	1~2
页岩	774.6	1.72	0.9~1.5
灰岩	908.5	2.09	0.3~3
白云岩	749.4	3.55	1~2

3. 热膨胀系数

岩石温度升高时体积膨胀、温度降低时体积收缩的性质,称为岩石的热膨胀性,用线膨胀(收缩)系数或体膨胀(收缩)系数表示。

当岩石试样的温度从 T_1 升高至 T_2 时,由于膨胀,试样伸长 Δl,伸长量 Δl 用下式表示:

$$\Delta l = \alpha l(T_2 - T_1) \tag{3-2-21}$$

式中,α 为线膨胀系数;l 为岩石试样的初始长度。

由式(3-2-21)可得:

$$\alpha = \frac{\Delta l}{l(T_2 - T_1)} \tag{3-2-22}$$

某些岩石的线膨胀系数见表 3-2-6。岩石的体膨胀系数大致为线膨胀系数的 3 倍。岩石的线膨胀系数和体膨胀系数都随压力的增大而降低。

3.3 岩石的变形性质

岩石的变形是岩石在外力作用下表现出的最基本力学行为。对岩石变形特征的研究，不仅是研究岩石力学性质的一个重要方面，更是深入研究岩石强度与破坏机理的基础。可以通过岩石变形试验所得到的应力-应变关系、应变-时间关系及变形模量、泊松比等参数进行岩石的变形特征研究。

3.3.1 岩石变形实验

要获得岩石试样的应力-应变关系曲线，需要开展岩石变形实验。由于岩石具有的完整性特征及取样的便利，岩石变形实验可以采用较小尺寸的试样在室内压力机上进行。

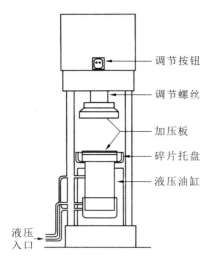

图 3-3-1 普通压力机示意图

压力机有普通压力机与刚性压力机两种。岩石在普通试验机（见图 3-3-1）上进行试验时，绝大多数岩石的变形属脆性，"破坏"无明显前兆，不出现明显的塑性变形，岩石试样突然崩溃，无法记录下崩溃后的应力-应变曲线，因此难以获得破坏后（称岩石的软化阶段）的变形特征。

那么，岩石在试验过程中发生崩溃的现象是否为岩石所固有的特性？岩石达到"破坏"后的性态是怎样的？经过大量的试验研究发现，达到"破坏"的瞬间，试验机给予岩石试样的超大的附加能量是加剧岩石试样崩溃的主要原因。

1970 年，沙拉蒙（Salamon）首先全面论述了由于试验机的刚度不同对岩石变形特性的影响，提出了用刚度较大的试验机来减少作用于岩石的附加应力，进而可以测试到峰值应力后的应力-应变曲线。这一观点被人们广泛接受。刚性试验机和应力-应变全过程曲线这两个全新的概念进入了岩石力学研究领域。

岩石试验机主要是由加载系统和金属框架组成。当进行岩石压缩试验时，试验机的金属框架则承受了与加载系统大小相同的压力。此时，框架中储存着一定数量的弹性应变能。当岩石达到峰值应力时，由于已超出岩石所能承受的极限应力，将产生一个较大量级的应变。这一应变的产生会促使试验机框架向岩石试样释放出储存在机内的弹性应变能。显然，岩石的突然崩溃不是岩石的固有方式，而是由于这附加的能量所致。这种试验机由于刚度不够大，也称为柔性试验机。

如图 3-3-2(a)所示，定义试验机(m)-岩石试样(s)系统的刚度 K 为

$$K = \frac{P}{\delta_z} \tag{3-3-1}$$

式中，P 为试验机荷载；δ_z 为 P 作用下沿 P 作用方向发生的位移。

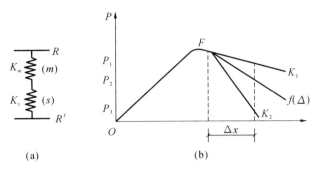

图 3-3-2　压力机系统刚度示意图

此时储存于系统中的弹性应变能 S 为

$$S = \frac{P^2}{2K}$$

对压力机系统，在压力作用下储存的弹性能为

$$S = \frac{P^2}{2}\left(\frac{1}{K_s} + \frac{1}{K_m}\right) = \frac{P^2}{2K_s} + \frac{P^2}{2K_m} = S_s + S_m \tag{3-3-2}$$

式中，K_s、K_m 分别为岩石和压力机的刚度；S_s、S_m 分别为储存于岩石和压力机的弹性能。

取 $K_s = 3 \times 10^4 \text{MPa/cm}$，$K_m = 0.7 \times 10^4 \text{MPa/cm}$，可以看出压力机储存的能量相当于试样的 4 倍。这样，当试样破坏时，压力机和试样都要将式(3-3-2)的能量释放出来，而压力机释放的能量就会影响试样的破坏，以致影响了试样的变形，软化部分表现不出来。在图 3-3-2(b)中可以看到，柔性压力机的刚度用平线 K_1 表示，而刚性压力机的刚度用陡线 K_2 表示，试验的真正应力-应变曲线介于两者之间。当试样发生 Δx 的压缩量时，这一压缩量使岩石试样抵抗荷载的能力减少了。

$$\Delta P_r = \frac{\mathrm{d}P}{\mathrm{d}x} \cdot \Delta x \tag{3-3-3}$$

此时压力机作用的荷载 $\Delta P_m = K_m \Delta x$，如果 $\left|\frac{\mathrm{d}P}{\mathrm{d}x}\right| > |K_m|$，$|K_m| = |K_1|$，此时试样抵抗荷载的能力小于压力机在此段作用于它的荷载。这种情况将使试样发生迅速的破坏。对于柔性压力机来说，一般属于上述情况。

如果 $\left|\frac{\mathrm{d}P}{\mathrm{d}x}\right| < |K_m|$，$|K_m| = |K_2|$ 的情形，此时就不发生突然失稳的情况。在任一荷载下，储存试验机中的能量用 K_2 线下的面积表示，它总是小于进一步压缩所需要的能量，见图 3-3-2(b)。符合压力机刚度大于试样刚度的压力机称为刚性压力机。

目前除压力机增加刚性以解决上述问题外，还采用伺服控制系统以控制压力机加压板的位移、位移速度及加载速度，也可以得到岩石的应力-应变全过程曲线。

将加工好的岩样在压力机上沿轴向加压时，试样轴向压缩、侧向膨胀，见图 3-3-3(a)。则，轴向压应力 $\sigma = \frac{P}{A}$，轴向应变 $\varepsilon_L = \frac{\Delta L}{L}$，侧向应变 $\varepsilon_d = \frac{\Delta r}{r}$。忽略掉高阶微分，其体积应变 ($\varepsilon_V$) 为

$$\varepsilon_V = \varepsilon_L - 2\varepsilon_d \tag{3-3-4}$$

根据上述数据，可以绘制出反映岩石应力-应变曲线。普通压力机只能得到岩样破坏

前的应力-应变曲线(称前过程曲线、峰值前曲线、前区曲线),见图 3-3-3(b),而刚性压力机则可以得到岩样破坏前后完整的应力-应变曲线(称全过程曲线),见图 3-3-3(c)。

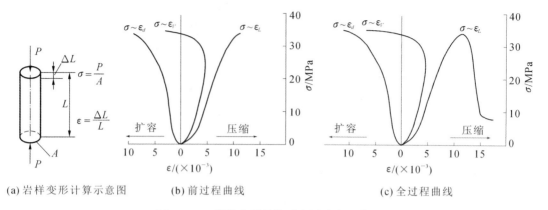

(a) 岩样变形计算示意图　　(b) 前过程曲线　　(c) 全过程曲线

图 3-3-3　岩样变形计算示意图及变形曲线

工程岩体一般处于三向应力状态之中。显然,研究岩石在三轴荷载条件下的变形与强度性质更具有实际意义,这就需要进行岩石的三轴实验。根据三个方向施加应力的不同,岩石三轴实验可分为常规三轴压力实验和真三轴压力实验。

常规三轴压力实验的加载情况为 $\sigma_2=\sigma_3$(当 $\sigma_2=\sigma_3$ 时,通常称 σ_3 为围压),此装置除使用压力机外,还有施加围压的设备,即三轴压力室(见图 3-3-4)。由于常规三轴实验的侧压力只能是相等的,实验受到一些限制,因此也称为假三轴实验。

真三轴压力实验加载情况为 $\sigma_1>\sigma_2>\sigma_3$ 的应力状态。可以通过调整不同的 σ_2、σ_3 组合,得到不同应力状态下的实验结果,为岩石力学性质研究提供更接近实际、更丰富的实验方案,因此也称为普遍性三轴实验。

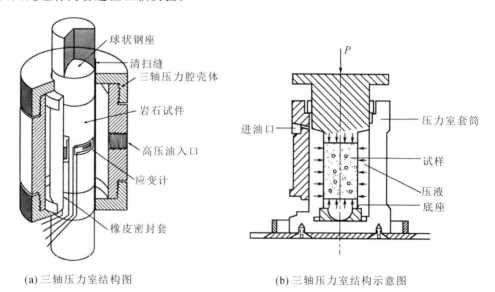

(a) 三轴压力室结构图　　(b) 三轴压力室结构示意图

图 3-3-4　常规三轴压力室

3.3.2 单轴压缩条件下岩石的变形特征

3.3.2.1 变形的阶段性特征

用含微裂隙且不太坚硬的岩石制成试样,在刚性压力机上进行实验时,可以得到岩石的应力-应变全过程关系曲线,如图 3-3-5 所示。可以看出不同的应力阶段,岩石的变形特征是不同的,据此可将岩石变形过程划分成不同的阶段:

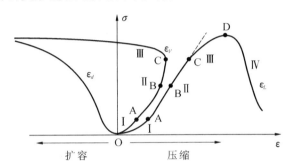

图 3-3-5 岩石应力-应变全过程曲线

(Ⅰ)孔隙裂隙压密阶段(见图 3-3-5,OA 段)。

在该阶段,随着荷载的增加,试样中原有张开性结构面或微裂隙逐渐闭合,岩石被压密,形成早期的非线性变形。应力-应变曲线呈上凹型,曲线斜率随应力增加而逐渐增大,表明微裂隙的闭合开始较快,随后逐渐减慢。裂隙化岩石在本阶段的变形较明显,而坚硬、少裂隙的岩石在本阶段的变形则不明显,甚至不显现。

(Ⅱ)弹性变形至微破裂稳定发展阶段(见图 3-3-5,AC 段)。

该阶段的 σ-ε_L 曲线呈近似直线关系,而 σ-ε_V 曲线开始(AB 段)为直线关系,随 σ 增加逐渐变为曲线关系。据其变形机理又可细分弹性变形阶段(AB 段)和微破裂稳定发展阶段(BC 段)。在弹性变形阶段,不仅变形随应力成比例增加,而且在很大程度上表现为可恢复的弹性变形,B 点的应力可称为弹性极限。微破裂稳定发展阶段的变形主要表现为塑性变形,试样内开始出现新的微破裂,并随应力增加而逐渐发展,当荷载保持不变时,微破裂也停止发展。由于微破裂的出现,试样体积压缩速率减缓,σ-ε_V 曲线偏离直线向纵轴方向弯曲。这一阶段的上界应力(C 点应力)称为屈服极限。

(Ⅲ)非稳定破裂发展阶段(或称累进性破裂阶段)(见图 3-3-5,CD 段)。

进入本阶段后,微破裂的发展发生了质的变化。由于破裂过程中所造成的应力集中效应显著,即使外荷载保持不变,破裂仍会不断发展,并在某些薄弱部位首先破坏,应力重新分布,其结果又引起次薄弱部位的破坏。依次进行下去直至试样完全破坏。试样由体积压缩转为扩容。所谓扩容,是指岩石受外力作用后,发生非线性的体积膨胀,且这一体积膨胀是不可逆的。产生扩容现象的主要原因是岩石试样在不断加载过程中,在岩石中存在微裂纹张开扩展、贯通等现象,使岩石内孔隙增大,促使其体积也随之增大。这一体积变化的规律在三轴压缩和单向压缩试验中都会出现。但是,由于围压的增大会出现扩容量随之减弱的现象。

在本阶段,随着轴向应变和体积应变速率迅速增大,试样承载能力达到最大,本阶段的上界应力称为峰值强度或单轴抗压强度。

（Ⅳ）破坏后阶段（见图 3-3-5，D 点以后段）。

岩石承载力达到峰值后，其内部结构完全破坏，但试样仍基本保持整体状。到本阶段，裂隙快速发展、交叉且相互联合形成宏观断裂面。此后，岩石变形主要表现为沿宏观断裂面的块体滑移，试样承载力随变形增大而迅速下降，但并不降到零，说明破裂的岩石仍有一定的承载能力。

由上述阶段性划分可以看出，岩石试样在外荷载作用下由变形发展到破坏的全过程，是一个渐进性逐步发展的过程，具有明显的阶段性。上述阶段划分还可以进一步归纳为两个阶段：一是峰值前阶段（或称前区），以反映岩石破坏前的变形特征；二是峰值后阶段（或称后区）。

上述分析是岩石典型的应力-变形全过程曲线，它反映了岩石变形的一般规律。但自然界中的岩石，因其矿物组成及结构构造各不相同，初始空隙发育程度不同，导致其应力-应变关系的复杂化。有的岩石的应力-应变关系与上述典型曲线相同或类似，有的则不同。例如，当岩石微裂隙不发育或轻微发育时，则压密阶段可能表现不明显或不存在；岩石较软弱，则其弹性变形阶段不明显；等等。因此，可以根据岩石变形曲线的差异，划分不同的岩石类型，以反映其力学性质的差异，进一步分析其不同的力学行为和变形破坏机理。

3.3.2.2　峰值前岩石变形特征与类型划分

米勒（Miller，1965）根据对 28 种岩石的试验成果，将峰值前岩石应力-应变曲线划分为 6 类（见图 3-3-6），反映了不同岩石的变形特征也不同。

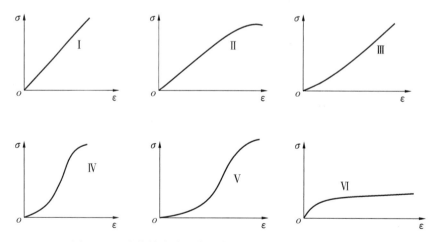

图 3-3-6　峰值前岩块的典型应力-应变曲线（Miller，1965）

类型Ⅰ：变形特征近似为直线，直到发生突发性破坏，以弹性变形为主。如玄武岩、石英岩、辉绿岩等坚硬、极坚硬岩石表现出该类变形特征。

类型Ⅱ：开始为直线，至末端则出现非线性屈服段。如灰岩、砂砾岩和凝灰岩等较坚硬且少裂隙的岩石常表现出该变形特征。

类型Ⅲ：开始为上凹形曲线，随后变为直线，直到破坏，没有明显的屈服段。如花岗岩、砂岩及平行片理加荷的片岩等坚硬而有裂隙发育的岩石常具这种变形特征。

类型Ⅳ：中部很陡的"S"形曲线，如大理岩和片麻岩等某些坚硬变质岩常表现出该变形特征。

类型Ⅴ：中部较缓的"S"形曲线，是某些压缩性较高的岩石如垂直片理加荷的片岩常见的曲线类型。

类型Ⅵ：开始为一很小的直线段，随后就出现不断增长的塑性变形和蠕变变形，如盐岩等蒸发岩和极软岩表现出该变形特征。

以上曲线中类型Ⅲ、Ⅳ、Ⅴ具有某些共性，如开始部分由于空隙压密均为一上凹形曲线；当岩石微裂隙、片理、微层理等压密闭合后，即出现一条直线段；当试样临近破坏时，则逐渐呈现出不同程度的屈服段。

法默（Farmer，1968）根据岩石峰值前的应力-应变曲线，把岩石划分为准弹性、半弹性与非弹性的三类（见图3-3-7）。准弹性岩石多为细粒致密块状岩石，如无气孔构造的喷出岩、浅成岩浆岩和变质岩等，这些岩石的应力-应变曲线近似呈线性关系，具有弹脆性性质。半弹性岩石多为空隙率低且具有较大内聚力（又称黏聚力）的粗粒岩浆岩和细粒致密的沉积岩，这些岩石的变形曲线斜率随应力增大而减小。非弹性

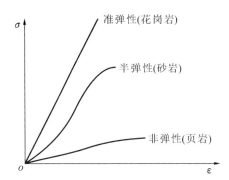

图 3-3-7　峰值前岩块应力-应变曲线（Farmer，1968）

岩石多为内聚力低、空隙率大的软弱岩石，如泥岩、页岩、千枚岩等，其应力-应变曲线为缓"S"形。此外，还有学者将岩石应力-应变曲线划分为"S"形、直线形和下凹形三类。

以上不同类型应力-应变曲线所反映的岩石变形机制，可由岩石内空隙结构的变化来理解，如曲线的向下弯曲阶段发生在高应力情况下，这时岩石内的裂隙发生扩展，岩石内发生能量的耗散，刚度不断降低。相反，在曲线向上弯曲时，说明岩石内原存在的裂隙发生闭合，岩石的刚度增加，裂隙的扩展或闭合引起岩石出现不可逆变形。

3.3.2.3　峰值后岩石变形特征及类型划分

对岩石在峰值后阶段（后区）的变形特征的研究，是随着刚性压力机和伺服机的研制成功才逐渐开展起来的。在此之前，常用前区变形特征来表征岩石的变形性质，以峰值应力代表岩石的强度，超过峰值就认为岩石已经破坏，无承载能力。现在看来这是不符合实际的。因为岩体在漫长的地质年代中受各种力的作用，遭受过多次破坏，已不是完整的岩体，其内部存在有各种结构面。这样一种经受过破坏的裂隙岩体，其所处的变形阶段与岩石后区变形非常相似。试验研究和工程实践都表明，岩石即使在发生破裂且变形很大的情况下，也还具有一定的承载能力，即应力-应变曲线不与水平轴相交（见图3-3-5），在有侧向压力的情况下更是如此。人们对各种岩石的荷载-变形全过程进行了大量研究，取得了许多有实用价值的成果，这里给出部分具有典型意义的试验结果，如图3-3-8所示。

据此，葛修润等学者（1994）提出了如图3-3-9所示的全应力-应变曲线模型，即在保持轴向应变率不变（即轴向应变控制）的情况下，大部分岩石的后区曲线位于过峰值点P的垂直线右侧。只不过随岩石脆性程度不同，曲线的陡度不同而已。脆性越强的岩石（如新鲜花岗

岩、玄武岩、辉绿岩、石英岩等),其后区曲线越陡,即越靠近 P 点垂直线且曲线上有明显的台阶状。塑性越强的岩石(如页岩、泥岩、泥灰岩、红砂岩等),后区曲线越缓。

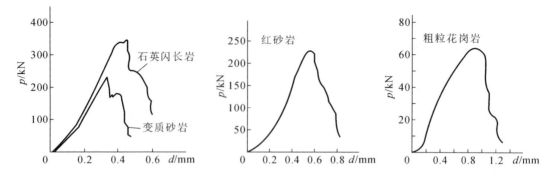

图 3-3-8　几种岩石的荷载-变形全过程曲线(轴向应变率 $\dot{\varepsilon}=5\times10^{-5}\,\mathrm{s}^{-1}$)(葛修润等,1994)

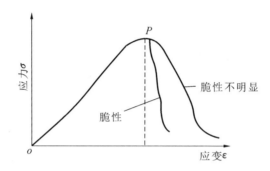

图 3-3-9　岩块应力-应变过程曲线的新模型(葛修润等,1994)

3.3.3　三轴压缩条件下岩石的变形特征

1. 当 $\sigma_2=\sigma_3$ 时岩石的变形特性

在 $\sigma_2=\sigma_3$ 的条件下,即假三轴实验条件下,岩石的变形特性受到围压(σ_3)的影响明显。图 3-3-10 所示是一组大理岩的试验曲线,可以看出具有以下规律:

(1) 随着围压 $\sigma_2=\sigma_3$ 的增加,岩石的屈服应力将随之提高;

(2) 总体来说,岩石的弹性模量有随围压增大而增大的趋势,但变化不明显;

(3) 随着围压的增加,峰值压力所对应的应变值有所增大,岩石变形特性表现出由低围压下的脆性向高围压下的塑性转换的规律。

2. 当 σ_3 为常数时岩石的变形特性

当 σ_3 为常数时,在不同的 σ_2 作用下,岩石的变形曲线如图 3-3-10(b)所示。由此可知:

(1) 随着 σ_2 的增大,岩石的屈服应力有所提高;

(2) 岩石的弹性模量基本不变,不受 σ_2 变化的影响;

(3) 当 σ_2 不断增大时,岩石的变形特性由塑性逐渐向脆性转变。

3. 当 σ_2 为常数时岩石的变形特性

当 σ_2 为常数时,在不同的 σ_3 作用下,岩石的变形特性如图 3-3-10(c)所示,主要特征如下:

(1) 岩石的屈服应力几乎不变；
(2) 岩石的弹性模量也基本不变；
(3) 岩石始终保持塑性破坏的特性，且随着 σ_3 增大，其塑性变形量也增大。

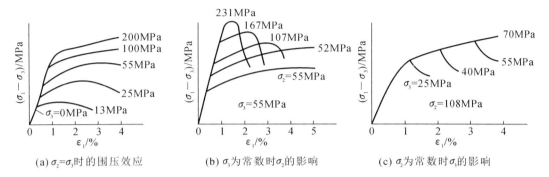

图 3-3-10 岩石在三轴压缩状态下的变形特性

由上述分析可以看出，尽管 σ_2 和 σ_3 对于岩石的变形都有影响，但 σ_2 的影响没有 σ_3 的影响显著。

4. 岩石的体积应变特性

岩石体积应变的变化规律也可以从另一个角度来反映岩石的变形特性。根据弹性力学中的基本假设条件，体积应变 ε_V 可按下式求得

$$\varepsilon_V = \frac{\Delta V}{V} = \varepsilon_1 + \varepsilon_2 + \varepsilon_3 \tag{3-3-5}$$

式中，ΔV 为体积增量；V 为试样的原体积；ε_1，ε_2，ε_3 分别为最大主应变、中间主应变和最小主应变。

图 3-3-11 是花岗岩的三轴试验应力-应变曲线，反映了岩样体积与轴向应力差之间的变化规律。在假三轴实验条件下，体积应变在很大程度上受主应变 $\varepsilon_2 = \varepsilon_3$ 的影响。从图中可知当作用的外荷载较小时，体积应变表现出线性变化，且岩石的体积随荷载的增大而减小。当外荷载达到一定的值之后，体积应变经过了保持不变的一个阶段之后，开始发生体积膨胀的现象，即扩容。

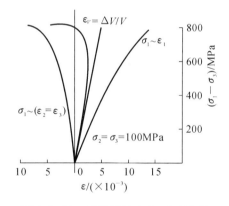

图 3-3-11 花岗岩的应力-应变曲线

3.3.4 循环荷载条件下岩石的变形

岩石在循环荷载作用下的应力-应变关系，随加荷、卸荷方法及卸荷应力大小的不同而异。当在同一荷载下对岩石加荷、卸荷时，如果卸荷点（P）的应力低于岩石的弹性极限（A），则卸荷曲线将基本上沿加荷曲线回到原点，表现为弹性恢复（见图 3-3-12）。但应当注意，多数岩石的大部分弹性变形在卸荷后能很快恢复，而小部分（10%～20%）需经一段时间才能恢复，这种现象称为弹性后效。如果卸荷点（P）的应力高于弹性极限（A），则卸荷曲线偏

离原加荷曲线,也不再回到原点,变形除弹性变形(ε_e)外,还出现了塑性变形(ε_p)(见图 3-3-13)。

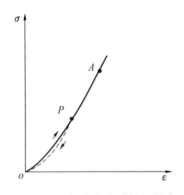

图 3-3-12　卸载点在弹性极限点
以下的应力-应变曲线

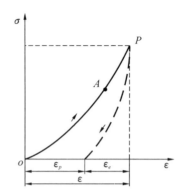

图 3-3-13　卸载点在弹性极限点
以上的应力-应变曲线

在反复加荷、卸荷条件下,可得到如图 3-3-14 所示的应力-应变曲线。由图可以得到以下认识:

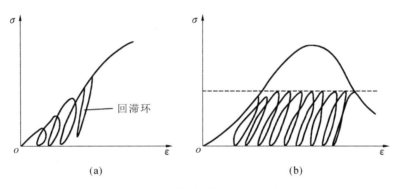

图 3-3-14　反复加荷、卸荷时的应力-应变曲线

(1) 逐级一次循环加载条件下,其应力-应变曲线的外包线与连续加载条件下的曲线基本一致(见图 3-3-14(a)),说明加卸荷过程并未改变岩石变形的基本习性,这种现象也称为岩石记忆。

(2) 每次加荷、卸荷曲线都不重合,且围成一环形,称为回滞环。

(3) 当应力在弹性极限以上某一较高值下反复加卸荷时,由图 3-3-14(b)可见,卸荷后的再加荷曲线随反复加卸荷次数的增加而逐渐变陡,回滞环的面积变小,残余变形逐次增加。而岩石的总变形等于各次循环产生的残余变形之和,即累积变形。

(4) 由图 3-3-14(b)可知,岩石的破坏产生在反复加卸荷曲线与应力-应变全过程曲线交点处。这时的循环加卸荷试验所给定的应力,称为疲劳强度。可以看出,疲劳强度不是一个定值,它与加卸荷的应力水平有关,但应低于岩石单轴抗压强度,且疲劳强度的大小与循环持续时间等因素有关。

3.3.5 岩石的变形参数

根据岩石应力-应变曲线，可以确定岩石的变形模量和泊松比等变形参数。

3.3.5.1 变形模量

变形模量（modulus of deformation）是指在单轴压缩条件下，轴向应力与轴向应变之比。

当岩石应力-应变为直线关系时，岩石的变形模量 E 为

$$E = \frac{\sigma_i}{\varepsilon_i} \tag{3-3-6}$$

式中，σ_i 和 ε_i 分别为应力-应变曲线上任一点的轴向应力和轴向应变。

在这种情况下，岩石的变形模量为一常量，数值上等于直线的斜率（见图 3-3-15(a)），由于其变形多为弹性变形，所以又称为弹性模量（modulus of elasticity）。

当应力-应变为非直线关系时，岩石的变形模量为一变量，即不同应力段上的模量不同，常用的有如下 3 种（见图 3-3-15(b)）。

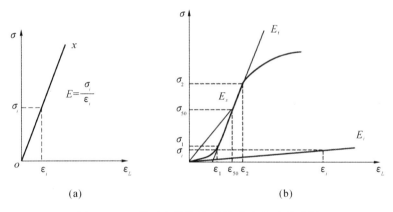

图 3-3-15 岩石变形模量 E 的确定方法示意图

初始模量（E_i）：指曲线原点处的切线斜率，即

$$E_i = \frac{\sigma_i}{\varepsilon_i} \tag{3-3-7}$$

切线模量（E_t）：是指曲线上任一点处切线的斜率，在此特指中部直线段的斜率，即

$$E_t = \frac{\sigma_2 - \sigma_1}{\varepsilon_2 - \varepsilon_1} \tag{3-3-8}$$

割线模量（E_s）：指曲线上某特定点与原点连线的斜率，通常取 $\sigma_c/2$ 处的点与原点连线的斜率，即

$$E_s = \frac{\sigma_{50}}{\varepsilon_{50}} \tag{3-3-9}$$

式(3-3-7)至式(3-3-9)中的符号的意义同图 3-3-15(b)。

3.3.5.2 泊松比

泊松比（μ）（poisson's ratio）是指在单轴压缩条件下，横向应变（ε_d）与轴向应变（ε_L）之

比,即

$$\mu = \frac{\varepsilon_d}{-\varepsilon_L} \qquad (3\text{-}3\text{-}10)$$

在实际工作中,常采用 $\sigma_c/2$ 处的 ε_d 与 ε_L 来计算岩石的泊松比。

3.3.5.3 其他变形参数

除变形模量和泊松比两个最基本的参数外,还有一些从不同角度反映岩石变形性质的参数。如剪切模量(G)、弹性抗力系数(K)、拉梅常量(λ)及体积模量(K_V)等。根据弹性力学,这些参数与变形模量(E)及泊松比(μ)之间有如下关系:

$$G = \frac{E}{2(1+\mu)} \qquad (3\text{-}3\text{-}11)$$

$$\lambda = \frac{E\mu}{(1+\mu)(1-2\mu)} \qquad (3\text{-}3\text{-}12)$$

$$K_V = \frac{E}{3(1-2\mu)} \qquad (3\text{-}3\text{-}13)$$

$$K = \frac{E}{(1+\mu)R_0} \qquad (3\text{-}3\text{-}14)$$

式中,R_0 为地下硐室半径。

3.3.5.4 岩石变形参数的影响因素

岩石的变形模量和泊松比等变形参数受岩石矿物组成、结构构造、风化程度、空隙性、含水率、微结构面及其与荷载方向的关系等多种因素的影响,变化较大。表 3-3-1 列出了常见岩石的变形模量和泊松比的经验值。

表 3-3-1 常见岩石的变形模量和泊松比值

岩石名称	变形模量($\times 10^4$ MPa)		泊松比 μ	岩石名称	变形模量($\times 10^4$ MPa)		泊松比 μ
	初始	弹性			初始	弹性	
花岗岩	2~6	0.2~0.3	0.2~0.3	片麻岩	1~8	1~10	0.22~0.35
流纹岩	2~8	0.1~0.25	0.1~0.25	千枚岩,片岩	0.2~5	1~8	0.2~0.4
闪长岩	7~10	0.1~0.3	0.1~0.3	板岩	2~5	2~8	0.2~0.3
安山岩	5~10	0.2~0.3	0.2~0.3	页岩	1~3.5	2~8	0.2~0.4
辉长岩	7~11	7~15	0.12~0.2	砂岩	0.5~8	1~10	0.2~0.3
辉绿岩	8~11	8~15	0.1~0.3	灰岩	1~8	5~10	0.2~0.35
玄武岩	6~10	6~12	0.1~0.35	白云岩	4~8	4~8	0.2~0.35
石英岩	6~20	6~20	0.1~0.25	大理岩	1~9	1~9	0.2~0.35

试验研究表明,岩石的变形模量与泊松比常具有各向异性。当垂直于层理、片理等微结构面方向加荷时,变形模量最小;而平行微结构面加荷时,变形模量最大。两者的比值,沉积岩一般为 1.08~2.05;变质岩为 2.0 左右。

3.4 岩石的破坏与强度特征

3.4.1 岩石的破坏方式

在外荷载作用下,岩石产生变形,当荷载达到或超过某一极限时,则岩石发生破坏。可以认为从岩石由变形到破坏的过程,正是岩石由量变到质变的过程。研究表明,岩石有两种基本破坏类型:脆性破坏和塑性破坏,见图 3-4-1。

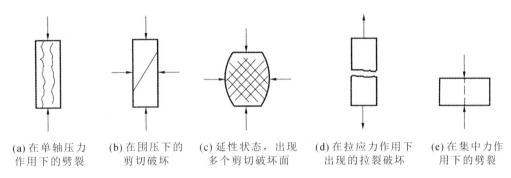

(a) 在单轴压力作用下的劈裂　(b) 在围压下的剪切破坏　(c) 延性状态,出现多个剪切破坏面　(d) 在拉应力作用下出现的拉裂破坏　(e) 在集中力作用下的劈裂

图 3-4-1 岩石的破坏方式

脆性破坏的特点是岩石在破坏前无明显变形或其他预兆,破坏后承载力迅速消失。根据破坏时的受力条件,脆性破坏又分为拉破坏和剪切破坏(见图 3-4-1(b))两种。拉破坏又可以进一步分为单轴压力作用下的劈裂破坏(见图 3-4-1(a))、拉压力作用下的拉裂破坏(见图 3-4-1(d))及集中力作用下的劈裂破坏(见图 3-4-1(e))等多种形式。

脆性破坏主要发生在脆性岩石处于低围压状态下,发生破坏是岩石内部出现宏观破裂面的结果,使得岩石解体为两个或多个部分。在这个过程中,岩石的非均匀性和非连续性(裂隙性)对岩石的脆性破坏影响较大。由于组成岩石的各种矿物变形特性不同,有的矿物质地坚硬,弹性模量大,因而刚度及抵抗变形的能力也大,在承受荷载时,这种矿物便组成受力骨架,而组成岩石的较软矿物因受力时容易变形,承受的荷载则较小,使得岩石内部应力分布产生差异。加之,岩石中的孔隙与微裂纹的存在,导致岩石内应力传递与应力分布的复杂性,不仅影响破坏面的出现部位,而且影响到岩石的强度大小。

有的坚硬矿物,具有相当强的刚性,会使一定的应力转化为弹性能而储存起来,有的是软弱面,处在主要传递应力途径上,因而会迅速达到屈服而变形。随着外力和变形不断增加,岩体内部会产生两个相互关联的作用。其一,由于应力集中,尤其是在受力骨架中矿物颗粒的某些弱界面(特别是主要微裂纹所处的界面),或者矿物的解理面处于易于扩展的有利方向时,引起原有裂纹进一步扩展或者产生新的微破裂(裂纹),其后果是使受力骨架被局部削弱了,有效弹性模量也相应地减小。这些都会造成对岩石的弱化作用。其二,在裂纹扩展或者新裂纹产生的过程中,不但使得应力重新分布,而且应力的传递途径和受力骨架的组成都会发生变化,在一定的应力水平下,这种应力转移现象只有在部分比较坚硬矿物重新组成新的受力结构时才能达到新的平衡。这时裂纹扩展或新的微破裂(微裂纹)产生的作用过程才会停止下来。这种应力的调整及转移与岩石中新的受力结构的逐步形成几乎是同时发生的。这在一定的意义上可以称为对岩石的强化作用。在前述的岩石破坏前区的第一阶段(压密阶段)中,岩石的强化作用占主导地位,因而岩石的弹性模量会逐渐增大;第二阶段(近似直线阶段)显然是一个过渡阶段,是岩石由强化作用为主导过渡到弱化作用为主导的阶段。但由于微破裂在岩石内处于随机均匀分布,微裂纹扩展的长度不大,且处于相互孤立发生的状态,所以弱化作用基本上还能因强化作用的补偿而平衡。只是到这个阶段以后,由于微破裂而产生的扩容现象逐渐显著,才过渡到破坏阶段,微破裂由随机分布而逐渐形成集中带,发展成为宏观破坏裂纹,从而达到破坏阶段。

塑性破坏的特点是岩石产生明显的变形或其他预兆,达到峰值强度后,岩石仍具有一定的承载能力,也称为延性破坏、流动破坏(见图 3-4-1(c))。这主要是由于岩石中的结晶颗粒内部晶格间或颗粒之间的滑移破坏。这种破坏主要是在剪应力作用下产生的,虽然也可以产生微破裂和剪胀现象,但其变形的重要特点是能够在一定的应力水平下发生随时间的连续而不断的变形——塑性流动。在这个过程中,即使出现微破裂,也不会形成宏观的贯通性破裂面,因而岩样仍然保留为一个整体而不被分解开,宏观上的变化更多的是形状与体积的变化。一些塑性岩石或者脆性岩石在高围压、高温度条件下出现塑性破坏。

另外,对于塑性破坏的岩石,岩性的影响最明显,岩石内部孔隙、微裂纹等缺陷的影响远远没有对脆性破坏的影响明显。

3.4.2 岩石的强度类型

岩石抵抗外力破坏的能力称为岩石的强度(strength of rock),在数值上等于岩石破坏时能承受的最大应力。由于受力状态与破坏方式的不同,岩石强度可分为单轴抗压强度、三轴压缩强度、单轴抗拉强度、剪切强度等类型。

3.4.2.1 单轴抗压强度

在单向压缩条件下,岩石能承受的最大压应力,称为单轴抗压强度(uniaxial compressive strength),简称抗压强度。它是反映岩石基本力学性质的重要参数,在工程岩体分级、建立破坏判据中是必不可少的。

岩石的抗压强度通常是采用标准试样在压力机上加轴向荷载,直至试样破坏。如设试样破坏时的荷载为 p_c,横断面面积为 A,则岩石的单轴抗压强度 σ_c 为

$$\sigma_c = \frac{p_c}{A} \tag{3-4-1}$$

3.4.2.2 三轴压缩强度

岩石试样在三向压应力作用下能抵抗的最大轴向应力,称为岩石三轴压缩强度(triaxial compressive strength)。在一定围压下,对试样进行三轴实验,可以得到岩石三轴压缩强度 σ_{1m} 为

$$\sigma_{1m} = \frac{p_m}{A} \tag{3-4-2}$$

式中,p_m 为试样破坏时的轴向荷载;A 为试样的初始横断面面积。

3.4.2.3 单轴抗拉强度

岩石试样在单向拉伸时能承受的最大拉应力,称为单轴抗拉强度(uniaxial tensile strength),简称抗拉强度。虽然在工程实践中,岩石内一般不允许拉应力出现,但拉破坏仍是工程岩体及自然界岩体的主要破坏型式之一,而且岩石抵抗拉应力的能力最低。测定岩石抗拉强度的方法包括直接拉伸法和间接法两种。在间接法中,又有劈裂法、抗弯法等,其中以劈裂法最常用。

直接拉伸法(见图 3-4-2)是将圆柱状试样两端固定在材料试验机的拉伸夹具内,然后对试样施加轴向拉荷载直至破坏,则试样抗拉强度 σ_t 为

$$\sigma_t = \frac{p_t}{A} \tag{3-4-3}$$

式中,p_t 为试样破坏时的轴向拉荷载;A 为试样横断面面积。

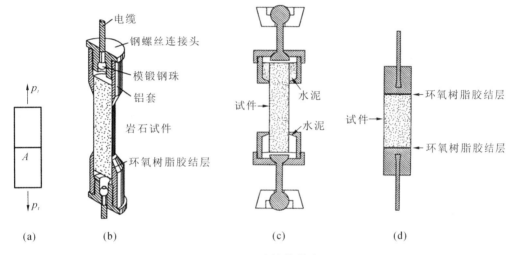

图 3-4-2 直接拉伸法

劈裂试验是用圆柱体或立方体试样,横置于压力机的承压板上,且在试样上、下承压面上各放一根垫条,然后以一定的加荷速率加压,直至试样破坏(见图 3-4-3(a)、(b))。加垫条的目的是把所加的面布荷载转变为线布荷载,以使试样内产生垂直于轴线方向的拉应力。

根据弹性力学,在线布荷载(p)作用下,沿试样竖直向直径平面内产生的近于均布的水平拉应力 σ_x 为

$$\sigma_x = \frac{2p}{\pi DL} \tag{3-4-4}$$

而在水平向直径平面内产生的压应力 σ_y 为

$$\sigma_y = \frac{6p}{\pi DL} \tag{3-4-5}$$

式中,p 为荷载;D 和 L 分别为圆柱体试样的直径和长度。

由式(3-4-4)和式(3-4-5)可知,试样在轴向线布荷载作用下,内部的压应力只有拉应力的 1/3(即 $\sigma_y = 3\sigma_x$,图 3-4-3(c))。但岩石的抗压强度往往是抗拉强度的 10 倍以上。说明这时试样是受拉破坏而不是受压破坏的。因此可用劈裂法来求岩石的抗拉强度。这时,

只需要将式(3-4-4)中的 p 换成破坏荷载 p_t,即可求得岩石的抗拉强度为

$$\sigma_t = \frac{2p_t}{\pi DL} \tag{3-4-6}$$

对于边长为 a 的立方体试样,则 σ_t 为

$$\sigma_t = \frac{2p_t}{\pi a^2} \tag{3-4-7}$$

劈裂试验中,试样破坏面的位置严格受线布荷载的方位控制,很少受试样中结构面的影响,这一点与其他拉伸试验不同。

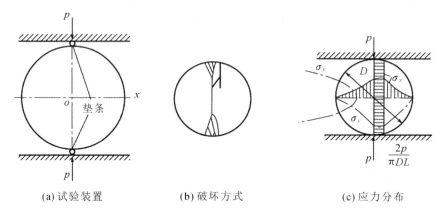

(a) 试验装置　　　　(b) 破坏方式　　　　(c) 应力分布

图 3-4-3　劈裂试验方法及试样中的应力分布示意图

3.4.2.4　点荷载强度

点荷载强度是一种特殊的强度类型,需要利用专门的点荷载试验测试。该试验是将试样放在点荷载仪(见图 3-4-4)中的球面压头间,然后加压至试样破坏,利用破坏荷载(p_t)可求得未经修正的岩石点荷载强度 I_s(point load strength),计算公式为

$$I_s = \frac{p_t}{D_e^2} \tag{3-4-8}$$

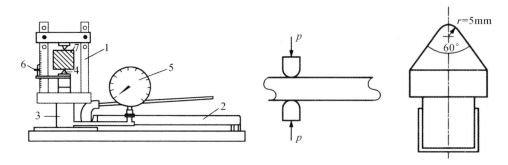

图 3-4-4　携带式点荷载仪示意图

1.框架;2.手摇卧式油泵;3.千斤顶;4.球面压头(简称加荷锥);5.油压表;6.游标标尺;7.试样

式中,D_e 为岩样破坏面等效直径,为面积与破坏面面积相等的圆的直径,按下式计算:

$$A_f = D \cdot W_f \tag{3-4-9}$$

$$D_e^2 = \frac{4 \cdot A_f}{\pi} \tag{3-4-10}$$

式中,A_f 为试样破坏面面积;D 为试样破坏面上两加荷点之间的距离;W_f 为试样破坏面上垂直于加荷点连线的平均宽度。D 和 W_f 的测量见图 3-4-5。

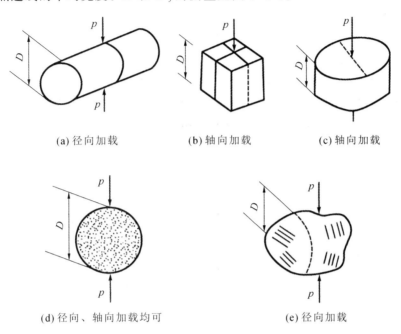

图 3-4-5 点荷载及其试验方法示意图

为消除尺寸效应的影响,根据现有规范,当等价岩芯直径不等于 50mm 时,应对 I_s 进行修正。当试验数据较多,且同一组试样中的等价岩芯直径具有多种尺寸,应根据试验结果绘制 D_e^2 与破坏荷载 p_t 的关系曲线,并应在曲线上查找 D_e^2 为 2500mm² 对应的 p_{50} 值,按下式计算岩石点荷载强度指数 $I_{s(50)}$:

$$I_{s(50)} = \frac{p_{50}}{2500} \tag{3-4-11}$$

当实验数据较少时,可以按下式进行修正:

$$I_{s(50)} = \left(\frac{D_e}{50}\right)^m \cdot I_s \tag{3-4-12}$$

式中,m 为修正系数,可取 0.40~0.45,或者根据同类岩石的经验值确定。

点荷载试验可以使用不同形状的试样,如图 3-4-5 所示。加之仪器轻便,因此可以用于野外测试。

3.4.2.5 剪切强度

岩石抵抗剪切破坏时所能承受的最大剪应力,称为剪切强度(shear strength)。岩石的剪切强度与土一样,也是由内聚力 C 和内摩擦阻力 $\sigma\tan\phi$ 两部分组成的,只是它们都远比土的大,这与岩石具有牢固的粒间联结有关。按剪切试验方法不同,所测定的剪切强度含义也不同,通常可分为抗剪断强度、抗切强度和摩擦强度三类型。

1. 抗剪断强度

抗剪断强度是指试样在一定的法向应力作用下,沿预定剪切面剪断时的最大剪应力。它反映了岩石的内聚力和内摩擦阻力。岩石的抗剪断强度是通过抗剪断实验测定的,方法有直剪实验和三轴实验等。通过实验获得岩石的剪切强度曲线(τ-σ 曲线),即可确定剪切强度参数 C、ϕ 值。C、ϕ 是反映岩石力学性质的重要参数,是岩体力学参数估算及建立强度判据不可缺少的指标。

直剪实验是在直剪仪(见图 3-4-6)上进行的。实验时,先在试样上施加法向压力 N,然后在水平方向逐级施加水平剪力 T,直至试样破坏。用同一组岩样(4~6 块),在不同法向应力 σ 下进行直剪试验,可得到不同 σ 下的抗剪断强度 τ_f,且在 τ-σ 坐标中绘制出岩石强度包络线。实验研究表明,该曲线不是严格的直线,但在法向应力不太大的情况下,可近似地视为直线(见图 3-4-7)。这时可按库仑定律求岩石的剪切强度参数 C、ϕ 值。

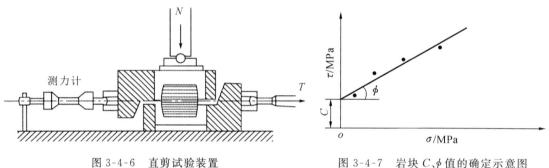

图 3-4-6 直剪试验装置　　　图 3-4-7 岩块 C、ϕ 值的确定示意图

三轴实验是通过测试一组岩石试样(一般 4~6 块)在不同围压 σ_3 下的三轴压缩强度 σ_{1m},在 σ-τ 坐标系中可绘制出一组破坏应力圆,并得到其公切线,即得岩石的强度包络线(图 3-4-8)。包络线与 σ 轴的交点,称为包络线的顶点,除顶点外,包络线上所有点的切线与 σ 轴的夹角及其在 τ 轴上的截距分别代表相应破坏面的内摩擦角(ϕ)和内聚力(C)(图 3-4-9)。

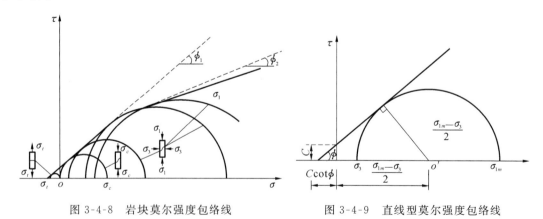

图 3-4-8 岩块莫尔强度包络线　　　图 3-4-9 直线型莫尔强度包络线

2. 抗切强度

抗切强度是指试样上的法向应力为零时,沿预定剪切面剪断时的最大剪应力。由于剪切面上的法向应力为零,所以其抗切强度仅取决于内聚力。岩石的抗切强度可通过抗切试

验求得,方法有单(双)面剪切及冲孔试验等。

3. 摩擦强度

摩擦强度是指试样在一定的法向应力作用下,沿已有破裂面(层面、节理等)再次剪切破坏时的最大剪应力。与之对应的试验叫作摩擦试验,其目的是通过试验求取岩体中各种结构面、人工破裂面及岩石与其他物体(如混凝土块等)的接触面等的摩擦阻力。这实际上是结构面的剪切强度问题,将在第4章讨论。

3.4.3 岩石不同强度类型之间的关联性

常见岩石几种强度实验结果见表3-4-1。可以看出,对比不同岩石的同一种强度,显示差别很大,说明岩性对岩石的强度影响很大。即使是同一种岩石,离散性也较强,这主要是由于岩石本身的非均匀性和各向异性造成的。

表 3-4-1 常见岩石的强度指标值

岩石名称	抗压强度 σ_c/MPa	抗拉强度 σ_t/MPa	摩擦角 ϕ/(°)	内聚力 C/MPa	岩石名称	抗压强度 σ_c/MPa	抗拉强度 σ_t/MPa	摩擦角 ϕ/(°)	内聚力 C/MPa
花岗岩	100~250	7~25	45~60	14~50	片麻岩	50~200	5~20	30~50	3~5
流纹岩	180~300	15~30	45~60	10~50	千枚岩、片岩	10~100	1~10	26~65	1~20
闪长岩	100~250	10~25	53~55	10~50	板岩	60~200	7~15	45~60	2~20
安山岩	100~250	10~20	45~50	10~40	页岩	10~100	2~10	15~30	3~20
					砂岩	20~200	4~25	35~50	8~40
辉长岩	180~300	15~36	50~55	10~50	砾岩	10~150	2~15	35~50	8~50
辉绿岩	200~350	15~35	55~60	25~60	灰岩	50~200	5~20	35~50	10~50
玄武岩	150~300	15~30	48~55	20~60	白云岩	80~250	15~25	35~50	20~50
石英岩	150~350	10~30	50~60	20~60	大理岩	100~250	7~20	35~50	15~30

另外,还有一个突出的特征:岩石的抗拉强度远低于它的抗压强度。通常把两者的比值称为脆性度(n_b),用以表征岩石的脆性程度。n_b值多为10~20,最大可达50,比一般的固体材料大很多。根据固体原子结构理论计算,理想脆性固体的抗拉强度约为其弹性模量(E)的$1/10$,即 $\sigma_t = E/10$。而大量的试验研究证明,岩石抗拉强度实际上仅为其弹性模量的$1/500$~$1/1000$(如灰岩的$E \approx (5\sim10)\times10^4$MPa,按理论计算$\sigma_t$应为5000~10000MPa,而实验值仅为5~20MPa)。如果岩石含有宏观裂隙,则其抗拉强度还要小。造成此结果的原因是岩石中包含大量的微裂隙和孔隙,直接严重削弱了岩石的抗拉强度。相对而言,空隙对岩石抗压强度的影响就小得多,因此,岩石的抗拉强度一般远小于其抗压强度。岩石这一特点,在研究许多岩体力学问题,特别是在研究岩石破坏机理时,具有特殊意义。

实际上,试验研究表明,在围压变化很大的情况下,岩石的强度包络线常为一曲线,而非直线。这时岩石的C、ϕ值均随可能破坏面上所承受的正应力的变化而变化,并非常量。一般来说,正应力低时,ϕ值大,C值小;正应力高时则相反。

当围压不大时(一般小于10MPa),岩石的强度包络线可近似地视为一直线。据此,可

得到岩石强度参数 σ_{1m}、C、ϕ 与围压 σ_3 间的关系为

$$\sin\phi = \frac{\dfrac{\sigma_{1m}-\sigma_3}{2}}{\dfrac{\sigma_{1m}+\sigma_3}{2}+C\cot\phi} \tag{3-4-13}$$

简化后可得：

$$\begin{cases} \sigma_{1m} = \dfrac{1+\sin\phi}{1-\sin\phi}\sigma_3 + 2C\sqrt{\dfrac{1+\sin\phi}{1-\sin\phi}} \\ \sigma_{1m} = \sigma_3\tan^2\left(45°+\dfrac{\phi}{2}\right) + 2C\tan\left(45°+\dfrac{\phi}{2}\right) \end{cases} \tag{3-4-14}$$

利用式(3-4-14)，可进一步推得如下公式：

$$\sigma_c = 2C\sqrt{\frac{1+\sin\phi}{1-\sin\phi}} = 2C\tan\left(45°+\frac{\phi}{2}\right) \tag{3-4-15}$$

$$\sigma_t = \sigma_c \tan^2\left(45°-\frac{\phi}{2}\right) \tag{3-4-16}$$

$$C = \frac{\sqrt{\sigma_c\sigma_t}}{2} \tag{3-4-17}$$

$$\phi = \arctan\left(\frac{\sigma_c-\sigma_t}{2\sqrt{\sigma_c\sigma_t}}\right) \tag{3-4-18}$$

根据式(3-4-14)～式(3-4-18)，如果已知任意两个强度参数，就可计算得到岩石强度的另一些参数。

3.5 影响岩石力学性质的主要因素

除岩性、结构等岩石自身的因素对岩石力学性质与参数指标的大小有影响之外，一些外部因素，如水、温度、风化程度、围压、各向异性等对岩石的力学性质也有一定的影响。另外，一些实验方面的因素，如试样规格、加荷速率等也会影响实验结果。

3.5.1 水对岩石力学性质的影响

岩石中的水，会以结合水、重力水等多种形式赋存于岩石中，对岩石产生多方面的影响。前面已经介绍，水会让岩石软化、强度降低，影响岩石的风化速度与方式，还会让一部分岩石崩解、冻胀破坏等。水对岩石力学性质的影响是多方面的，将会在第 8 章详述。

3.5.2 温度对岩石力学性质的影响

温度对岩石力学性质的影响主要包括两方面：一是温度直接影响岩石的力学性状；二是由于温度变化引起的热应力。由于液化天然气的储存、复杂地质条件下的冻结施工及核废料处理等工程的需要，温度的影响问题已逐渐被人们重视。但从一般的工程建筑角度来看，除了一些特殊项目，一般不需要研究温度对岩石力学性质的影响。因为按照一般地热增温，每增加 100m 深度，温度升高 3℃。这样，在目前工程活动的最大深度 3000m 内，岩石的温度约为 90℃，这一温度对岩石尚不会产生显著的影响。

图 3-5-1 为三种不同岩石在围压 500MPa 下，温度由 25℃ 升高到 800℃ 时的应力-应变曲线。可以看出，随着温度的增高，岩石的延性明显加大，屈服点降低，强度也显著降低。表 3-5-1 为大理岩在围压 16MPa 下，不同温度时的一些力学指标。也可以看出，随温度增加，大理岩的抗压强度 σ_c 和变形模量 E 均逐渐降低，趋势明显。

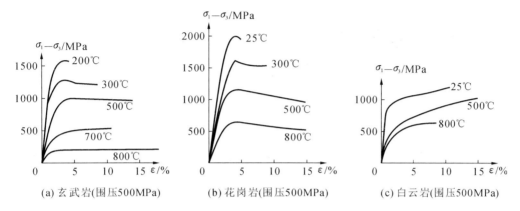

图 3-5-1　温度对高压下岩石变形的影响

表 3-5-1　围压 16MPa 下，不同温度对大理岩特性的影响

试样编号	温度 T/℃	围压 /MPa	屈服强度 σ_c/MPa	峰值强度 σ_{1m}/MPa	$\sigma_c(T)/\sigma_c(20℃)$	$\sigma_{1m}(T)/\sigma_c(20℃)$	E/GPa
1	20	16	34.5	71.5	1.00	1.00	43.2
2	100	16	29.5	66.5	0.86	0.93	32.5
3	150	16	25.0	51.0	0.72	0.71	22.2

总的来说，岩石在低温条件下，力学性质会有不同程度的改善，抗压强度与变形模量随温度降低而逐渐提高，如图 3-5-2、图 3-5-3 所示。但改善的程度则取决于冻结温度、岩石的空隙性及其力学性质。

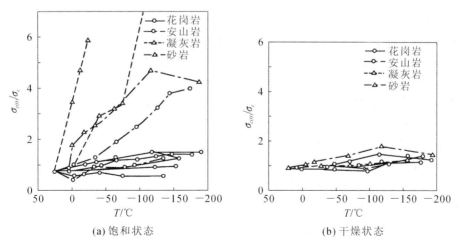

图 3-5-2　单轴抗压强度增长率 $\sigma_{c(0)}/\sigma_c$ 与温度 T 的关系（$\sigma_{c(0)}$ 为低温下的强度）

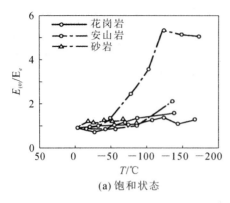
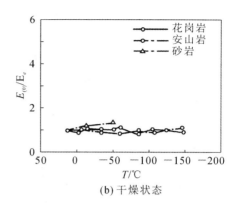

(a) 饱和状态　　　　　　　　　　　(b) 干燥状态

图 3-5-3　弹性模量增长率 $E_{(0)}/E_e$ 与温度 T 的关系（$E_{(0)}$ 为低温度下的模量）

另外，温度的变化在岩石内部会产生热应力效应，使岩石遭受破坏。某些研究资料表明，在较高的温度作用下，温度每改变 1℃，可在岩石内产生 0.4～0.5MPa 的热应力变化，见表 3-5-2。

表 3-5-2　几种岩石的热应力系数

岩石	热应力系数 σ_e/(MPa/K)	岩石	热应力系数 σ_e/(MPa/K)
辉长岩	0.4～0.5	石英岩	0.4
辉绿岩	0.4～0.5	页岩	0.4～0.6
花岗岩	0.4～0.6	灰岩	0.2～1.0
片麻岩	0.4～0.9	白云岩	0.4

3.5.3　围压对岩石力学性质的影响

三轴实验结果研究表明，围压对岩石的力学性质影响显著。图 3-5-4 和图 3-5-5 为大理岩和花岗岩在不同围压下的 $(\sigma_1-\sigma_3)$-ε 曲线。由此可获得以下认识：

首先，随围压增大，岩石破坏前的应变不断增加。这表明，随围压增大，岩石的塑性不断增强，且会由脆性逐渐转化为延性。如图 3-5-4 所示的大理岩，在围压为零或较低的情况下，岩石呈脆性状态；当围压增大至 50MPa 时，岩石显示出由脆性向延性转化的过渡状态；围压增加到 68.5MPa 时，呈现出延性流动状态；围压增至 165MPa 以上时，试样承载力 $(\sigma_1-\sigma_3)$ 则随围压稳定增长，出现应变硬化现象。

因此，岩石的脆性和塑性并非岩石固有的性质，这与岩石的受力状态有关，随着受力状态的改变，其脆性和塑性是可以相互转化的。通常把岩石由脆性转化为延性的临界围压称为转化压力。图 3-5-5 所示的花岗岩也有类似特征，所不同的是其转化压力比大理岩大得多，且破坏前的应变随围压增加更明显。一些岩石的转化压力如表 3-5-3 所示，由表可知：岩石越坚硬，转化压力越大；反之，亦然。

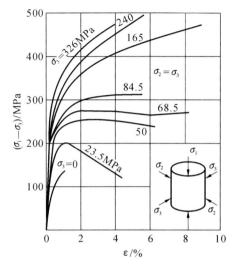

图 3-5-4　不同围压下大理岩的应力-应变曲线

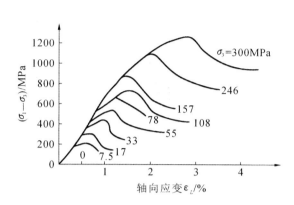

图 3-5-5　不同围压下花岗岩的应力-应变曲线

表 3-5-3　几种岩石的转化压力（室温）

岩石类型	转化压力/MPa	岩石类型	转化压力/MPa
盐岩	0	灰岩	20～100
白垩	<10	砂岩	>100
密实页岩	0～20	花岗岩	>>100

其次，围压对岩石变形模量也有一定的影响。但其影响常因岩性不同而异，通常对坚硬、少裂隙的岩石影响较小，而对软弱、多裂隙的岩石影响较大。试验研究表明：有围压时，某些砂岩的变形模量在屈服前可提高 20%，接近破坏时则下降 20%～40%。但总的来说，随围压增大，岩石的变形模量和泊松比都有不同程度的提高。这时的变形模量 E 可用下式确定：

$$E = \frac{1}{\varepsilon_L}(\sigma_1 - 2\mu\sigma_3) \tag{3-5-1}$$

式中，ε_L、σ_1 分别为轴向应变与应力；μ 为泊松比；σ_3 为围压。

另外，围压还影响岩石的三轴压缩强度。各种岩石的三轴压缩强度（σ_{1m}）均随围压（σ_3）的增加而增大。但 σ_{1m} 的增加率小于 σ_3 的增加率，即 σ_{1m} 与 σ_3 呈非线性关系（见图 3-5-6）。在三向不等压条件下，若保持 σ_3 不变，则随 σ_2 增加，σ_{1m} 也略有增加（见图 3-5-7），说明中间主应力 σ_2 对岩石强度也有一定的影响。

此外，围压还影响岩石的残余强度。如图 3-5-4 与图 3-5-5 所示，当围压为零或很低时，应力达到峰值后曲线迅速下降至接近零，说明岩石残余强度很低。而随围压增大，其残余强度也逐渐增大，直到产生应变硬化。说明围压对岩石的强度有强化效应。当然，围压对强度的影响还受到岩性的制约，通常岩性越脆，围压对强度的强化效应越明显。

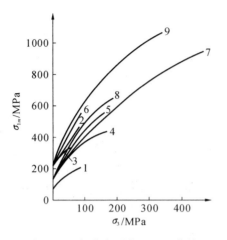

图 3-5-6　各种岩石的 σ_{1m}-σ_3 曲线

1.硬煤；2.硬石膏；3.砂页岩；4.砂岩；5.大理岩；
6.白云质灰岩；7.蛇纹岩；8.灰绿色块状铝土矿；9.花岗岩

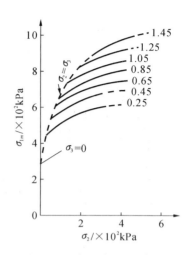

图 3-5-7　白云岩的 σ_{1m} 与 σ_2，σ_3 的关系（茂木，1970）

最后，围压还影响到岩石的破坏方式。岩石在三轴压缩条件下的破坏型式大致可分为脆性劈裂、剪切及塑性流动三类，如表 3-5-4 所示。但具体岩石的破坏方式，除了受岩石本身性质影响外，在很大程度上还受围压的控制。随着围压的增大，岩石普遍地是从脆性劈裂破坏逐渐向塑性流动过渡。

表 3-5-4　岩石在三向压缩条件的破坏型式示意图

达到破坏时的应变/%	<1	1～5	2～8	5～10	>10
破坏型式	脆性破坏	脆性破坏	过渡性破坏	延性破坏	延性破坏
试样破坏的情况	（图）	（图）	（图）	（图）	（图）
应力-应变曲线的基本类型	（图）	（图）	（图）	（图）	（图）
破坏机制	张破裂	以张为主的破裂	剪破裂	剪切流动破裂	塑性流动

3.5.4　风化对岩石力学性质的影响

新鲜岩石的力学性质和风化岩石的力学性质存在较大的区别，特别是当岩石风化程度很深时，岩石的力学性质显著降低，而在实际工程中又常常将风化岩石作为工程的地基，因此，研究和认识风化岩石的力学特性是有必要的。风化程度的不同对岩石强度的影响程度是不同的，但并非所有的风化岩石都不能满足设计的要求，只是那些风化比较强烈、物理力学性质较差的部分,在不能满足设计要求的情况下需要挖除;而那些风化比较轻微、物理力学性质还不太差且能够保证建筑物稳定的部分,就可以充分利用。

3.5.5 实验条件对岩石实验结果的影响

3.5.5.1 试样规格的影响

试样的形状、尺寸大小、高径比及加固精度都会影响室内实验的结果。试样尺寸越大,岩石强度越低,见图 3-5-8 与图 3-5-9,这称为尺寸效应(size effect of rock)。岩石材料具有尺度效应是区别于金属材料的一大特征。其实,尺寸效应的核心是结构效应。因为大尺寸试样包含的细微结构面比小尺寸试样多,结构也复杂些,因此,试样的破坏概率也大。

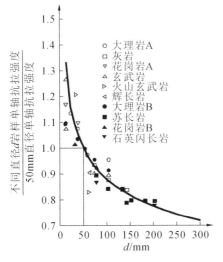

图 3-5-8 岩样单轴抗压强度的尺寸效应
(Hoek,Brown,1980)

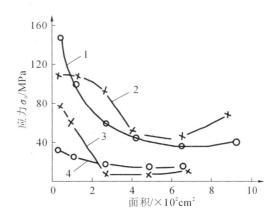

图 3-5-9 抗压强度与试件尺寸的关系
1、2.灰岩;3、4.绢云母片岩

岩石尺寸效应有一个共同特征,即当尺度增加到一定程度时,岩石强度不再继续降低,而是趋于稳定。便于分析讨论,通常认为强度趋于稳定以后的岩石才称为岩体,这个尺寸界限也称为岩石尺寸效应的上限。

试样的高径比,即试样高度(h)与直径或边长(D)的比值,对岩石强度也有明显的影响。一般来说,随 h/D 增大,岩石强度降低。其原因是随 h/D 增大,导致试样内应力分布及其弹性稳定状态不同。当 h/D 很小时,试样内部的应力分布趋于三向应力状态,因而抗压强度增高;相反,当 h/D 很大时,试样由于弹性不稳定而易于破坏,会降低岩石的强度。而 $h/D=2\sim3$ 时,试样内应力分布较均匀,且容易处于弹性稳定状态。因此,为了减少试样尺寸及高径比对实验结果的影响及统一试验方法,国内有关试验规程规定:抗压试验应采用直径或边长为 5cm,高径比为 2.0 的标准规则试样。

在试样尺寸不标准时,有学者提出许多经验公式来修正,如美国材料与实验学会提出用下式修正:

$$\sigma_{c1} = \frac{\sigma_c}{0.778 + \dfrac{0.222}{\dfrac{h}{D}}} \tag{3-5-2}$$

式中，σ_{c1} 和 σ_c 分别为 $h/D=1$ 和任意值的试样抗压强度。

我国《工程岩体试验方法标准》(GB/T 50266—2013)推荐采用下式，利用非标准试样的抗压强度计算标准试样的抗压强度：

$$R = \frac{8R'}{7 + \dfrac{2D}{H}} \tag{3-5-3}$$

式中，R 为标准高径比试样的抗压强度；R' 为任意高径比试样的抗压强度；D 为试样直径；H 为试样高度。

在当试样尺寸和高径比相同的情况下，断面为圆形的试样强度大于多边形试样的强度。在多边形试样中，边数增多，试样强度增大。其原因是多边形试样的棱角处易产生应力集中，棱角越尖应力集中越强烈，试样越易破坏，岩石抗压强度也就越低。

另外，要求试样加工达到一定精度，两端面应平整、平行。端面粗糙和不平行的试样，容易产生局部应力集中，会降低岩样的强度。因此试验对试样加工精度也有一定要求。

3.5.5.2 加荷速率的影响

岩石的强度常随加荷速率增大而增高，见图 3-5-10，当加荷速率降低到一定的水平时，测得的结果会趋于稳定。这主要是因为随加荷速率增大，若超过岩石的变形速率，会导致岩石变形还没有稳定就继续增载，则在试样内将出现变形滞后于应力的现象，塑性变形来不及发生和发展，造成岩石强度增高的假象。因此，在实验时应控制好加荷速率。ISRM 建议，加载速率为 0.5～1MPa/s，一般从开始试验直至试样破坏的时间为 5～10min。我国现行规范规定的加荷速率为 0.5～0.8MPa/s。

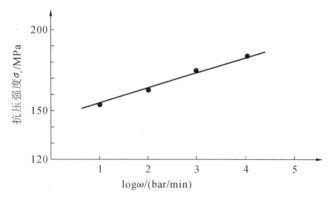

图 3-5-10 抗压强度 σ_c 随着加荷速率 ω 的变化
(1kPa=0.01bar)

3.5.5.3 端面条件的影响

端面条件对岩石强度测试结果的影响，称为端面效应。其产生原因一般认为是试样端面与压力机压板间的摩擦作用,改变了试样内部的应力分布和破坏方式,进而影响岩石的强度。

试样受压时,轴向趋于缩短,横向趋于扩张,而试样和压板间的摩擦约束作用则阻止其扩张。其结果使试样内的应力分布趋于复杂化,图 3-5-11 为存在端面效应下试样内的应力分布(Bordia,1971)。由图可见,在试样两端各有一个锥形的三向应力状态分布区,其余部分除轴向仍为压应力外,径向和环向均处于受拉状态。由于三向压应力引起强度硬化,拉应力产生强度软化,试样产生对顶锥破坏(见图 3-5-12(c))。这种破坏实质上是端面效应的反应,并不是岩石在单轴压缩条件下所固有的破坏型式。如果改变其接触条件,消除端面间的摩擦作用,则岩石的破坏将变为受拉应力控制的劈裂破坏和剪切破坏型式(见图 3-5-12(a)、(b))。消除或减少端面摩擦的常用方法,是在试样与压板间插入刚度与试样相匹配、断面尺寸与试样相同的垫块。

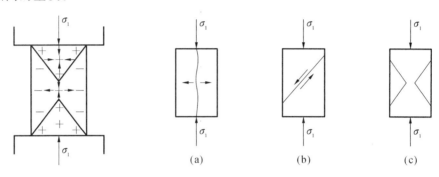

图 3-5-11　单向压缩时试样中的应力　　图 3-5-12　岩块在单向压缩条件下的破坏型式

在三轴压缩时,随着围压的增大,端面效应会逐渐变小直至消失。为了消除低围压下端面摩擦力的影响,通常采用高径比为 2~2.5 的试样进行试验。

第4章　结构面的定量描述与基本力学性质

4.1　概　　述

第3章介绍了岩石的基本物理力学性质,可以看出,岩石力学性质十分复杂,比一般的固体材料还要复杂,即使与另一种地质体——土,相比较也复杂得多。岩体由岩石与结构面网络共同组成。与岩石相比较,岩体中的结构面的复杂程度毫不逊色,尤其对于整个工程岩体的力学性质与稳定性来说,结构面所起的作用更大。如果说岩石代表了工程岩体力学性能的上限,结构面则代表了工程岩体力学性能的下限。

因此,结构面的变形与强度性质往往对工程岩体的变形和稳定性起着控制作用。特别是软弱结构面的存在,极大地削弱了岩体的力学性质及其稳定性。在国内外已建和在建的岩体工程中普遍存在软弱夹层问题,如黄河小浪底水库工程左坝肩砂岩中由薄层黏土岩泥化形成的泥化夹层,葛洲坝水利工程坝基的泥化夹层,还有长江三峡库区两岸岸坡中的各种软弱夹层等,都不同程度地影响和控制着所在工程岩体的稳定性。因此,岩体结构面力学性质的研究是岩体力学重要的课题,在工程实践中具有十分重要的实际意义,这主要是由以下几个方面的原因所决定的:

(1) 大量的工程实践表明,在工程荷载(一般小于10MPa)范围内,工程岩体的失稳破坏有相当一部分是沿软弱结构面破坏的。如法国的 Malpasset 拱坝坝基岩体失稳、意大利瓦依昂水库库岸滑坡、中国柘溪水库塘岩光滑坡等,都是沿岩体中的贯通性结构面或某些软弱夹层滑移失稳而造成的。这时,结构面的强度大小是决定岩体稳定性的关键因素。

(2) 在工程荷载作用下,结构面及其填充物的变形是岩体变形的主要组分,控制着工程岩体的变形特性。

(3) 结构面是岩体中渗透水流的主要通道,在工程荷载作用下,结构面的变形又将极大地改变岩体的渗透性、应力分布及其强度。因此,预测工程荷载作用下岩体渗透性的变化,必须研究结构面的变形性质及其本构关系。

(4) 在工程荷载作用下,岩体中的应力分布也受结构面及其力学性质的影响。

由于岩体中的结构面是在各种不同地质作用中形成和发展的。因此,结构面的变形和强度性质与其成因及发育特征密切相关。在第2章中已详细介绍结构面的成因类型及其地质特征,本章将主要讨论结构面的定量描述方法和力学性质。

因为岩体中的结构面属于材料介质中的不连续面,因此,结构面力学性质的研究属于不连续介质力学研究的范畴。

4.2 结构面的定量描述

国际岩石力学学会实验室和野外试验标准化委员会在对岩体内结构面定量描述所推荐的方法中,把对结构面特征的研究归纳为10个方面的要素,即结构面的方位、间距、延续性、形态、壁岩强度、张开度、充填情况、渗流、组数和块体大小,见图4-2-1。这些要素都是考察与研究结构面的重要方面,对岩体工程性质有着重要影响,需要在野外调查中重点关注。其中,结构面组数越多,构成结构体块体的可能性越高,但岩体的各向异性也越不明显,越趋于各向同性。其他方面的因素分别介绍如下。

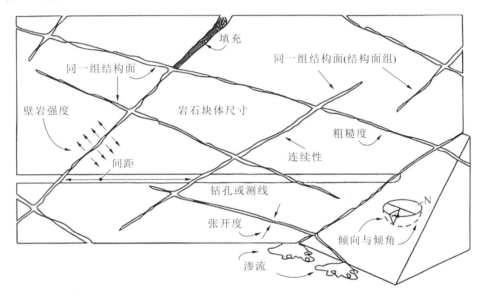

图 4-2-1 岩体结构面的主要几何特性示意图(引自 Hudson,1989)

4.2.1 结构面的方位

结构面方位可以用产状来描述,包括走向、倾向和倾角等要素,可以用罗盘直接测量。结构面产状控制着其与岩体应力方向、岩体临空面的关系,进而影响结构面在岩体破坏中所发挥的作用及岩体强度。用包含贯通结构面的试块做破坏试验,试验表明,结构面在岩块破坏中常起控制作用。但是否沿结构面破坏,与结构面的产状有着密切的关系。如图4-2-2所示,当结构面与σ_1作用面的夹角β为锐角时,岩体将沿结构面滑移破坏(见图4-2-2(a));当β接近于0°时,表现为横切结构面产生剪断岩体破坏(见图4-2-2(b));当β接近于90°时,则表现为平行结构面的劈裂拉张破坏(见图4-2-2(c))。随破坏方式不同,测得的强度也不同。

据单结构面理论,若岩体中存在一组结构面,在三向应力作用下,岩体的极限强度σ_{1m}与结构面倾角β间的关系为

$$\sigma_{1m} = \sigma_3 + \frac{2(C_j + \sigma_3 \tan\phi_j)}{(1 - \tan\phi_j \cot\beta)\sin 2\beta} \tag{4-2-1}$$

式中,C_j,ϕ_j分别为结构面的内聚力和内摩擦角。

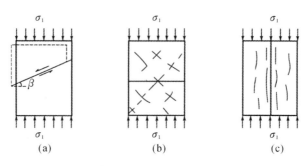

图 4-2-2 结构面产状对破坏机理的影响示意图

由式(4-2-1)可知:当围压 σ_3 不变时,岩体三轴强度 σ_{1m} 随结构面倾角 β 变化而变化。

4.2.2 结构面的连续性

结构面的贯通程度称为结构面的连续性,常用线连续性系数、迹长和面连续性系数等表示。线连续性系数(K_1)是指沿结构面延伸方向上,结构面各段长度之和($\sum a$)与测线长度的比值(见图 4-2-3),即

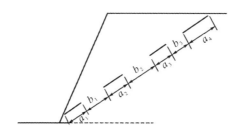

图 4-2-3 结构面的线连续性系数计算图

$$K_1 = \frac{\sum a}{\sum a + \sum b} \tag{4-2-2}$$

式中,$\sum a$,$\sum b$ 分别为结构面长度之和及完整岩石长度之和。

K_1 在 0~1 之间变化,K_1 值越大,说明结构面的连续性越好;当 $K_1 = 1$ 时,结构面完全贯通。

在工程岩体范围内,结构面按贯通情况可分为非贯通性的、半贯通性的和贯通性的三种类型,见图 4-2-4。

(1) 非贯通性结构面。即结构面较短,不能贯通岩体,但它的存在使岩体强度降低,变形增大,如图 4-2-4(a)所示。

(2) 半贯通性结构面。结构面有一定长度,但尚不能贯通整个工程岩体,如图 4-2-4(b)所示。

(3) 贯通性结构面。结构面连续长度贯通整个岩体,是构成岩块的边界,它对岩体有较大的影响,岩体破坏常受这种结构面控制,如图 4-2-4(c)所示。

另外,国际岩石力学学会(1978)主张用结构面的迹长来描述和评价结构面的连续性,并

(a) 非贯通　　　　　　(b) 半贯通　　　　　　(c) 贯通

图 4-2-4　岩体内结构面贯通类型

制订了相应的分级标准(表 4-2-1)。结构面迹长是指结构面与露头面交线的长度,由于它易于测量,所以应用较广。

表 4-2-1　结构面连续性分级

描述	迹长/m
很低连续性	<1
低连续性	1～3
中等连续性	3～10
高连续性	10～20
很高连续性	>20

结构面的连续性对岩体的变形、破坏机理、强度及渗透性都有很大的影响。

4.2.3　结构面的密度与结构体的块度

结构面的密度反映结构面发育的密集程度,常用线密度、间距等指标表示。

线密度(K_d)是指结构面法线方向单位测线长度上交切结构面的条数(条/m);间距(d)则是指同一组结构面法线方向上两相邻结构面的平均距离;两者互为倒数关系,即

$$K_d = \frac{1}{d} \tag{4-2-3}$$

按以上定义,则要求测线沿结构面法线方向布置,但在实际结构面量测中,由于露头条件的限制,往往达不到这一要求。如果测线是水平布置的,且与结构面法线的夹角为 α,结构面的倾角为 β 时,则 K_d 可用下式计算:

$$K_d = \frac{n}{L \sin\beta \cos\alpha} = \frac{K_d'}{\sin\beta \cos\alpha} \tag{4-2-4}$$

式中,L 为测线长度,一般应为 20～50m;K_d' 为测线方向某组结构面的线密度;n 为结构面条数。

当岩体中包含多组结构面时,可以用叠加方法求得某一测线方向上的结构面的测线密度。结构面测线密度是指测线与结构面交点的密度,用 K_L 表示,单位为条/m。取测线长为 L,若岩体中有 m 组结构面,第 i 组结构面与测线 L 的交点数为 $N_i(1,2,\cdots,m)$,则测线 L 上结构面交点总数为 $N = \sum_{i=1}^{m} N_i$,测线 L 上结构面交点的测线密度为 K_L:

$$K_L = \frac{N}{L} = \sum_{i=1}^{m} \frac{N_i}{L} = \sum_{i=1}^{m} K_{Li} = \sum_{i=1}^{m} K_{di} |\cos\delta_i| \tag{4-2-5}$$

式中,K_{Li}为第i组结构面与测线L的交点密度;K_{di}为第i组结构面的线密度;δ_i为测线L与第i组面法线的交角。

测线方向不同,可以计算得到不同的测线密度。通过公式推导可以得到K_L的极大值为

$$K_{Lm} = \sqrt{a^2 + b^2 + c^2} \tag{4-2-6}$$

式中,$a = K_{di}l_i$,$b = K_{di}m_i$,$c = K_{di}n_i$。其中,K_{di}为第i组结构面的线密度;(l_i, m_i, n_i)为第i组结构面的法线矢量。

测线密度K_L取极大值的测线产状$(\alpha_{sn}, \beta_{sn})$为

$$\alpha_{sn} = \pi - \arctan\frac{b}{a}, \quad \beta_{sn} = \arctan\frac{c}{\sqrt{a^2 + b^2}} \tag{4-2-7}$$

结构面的密度控制着岩体的完整性和岩石的块度。一般来说,结构面发育越密集,岩体的完整性越差,岩石的块度越小,进而导致岩体的力学性质变差,渗透性增强。普里斯特等(Priest,1976)提出用测线密度(K_L)来估算岩体质量指标RQD(Rock Quality Designation)为

$$\mathrm{RQD} = 100\mathrm{e}^{-0.1K_L}(0.1K_L + 1) \tag{4-2-8}$$

RQD是用于描述岩石块度和结构完整性的岩体质量指标,其原始定义为钻孔中长度大于10cm的岩芯柱累积长度与钻孔长度的百分比。

为了统一描述结构面密度的术语,ISRM规定了分级标准,见表4-2-2。

表4-2-2 结构面间距分级表

描述	间距/mm
极密集的间距	<20
很密的间距	20~60
密集的间距	60~200
中等的间距	200~600
宽的间距	600~2000
很宽的间距	2000~6000
极宽的间距	>6000

4.2.4 结构面的形态

结构面的形态对岩体的力学性质及水力学性质影响显著,常用相对于其平均平面的凹凸不平度来表示,可分为两级:

第一级凹凸不平度称为起伏形态,常用相对于平均平面的起伏高度h和起伏角i表示(见图4-2-5),起伏角(i)可按下式计算:

$$i = \arctan\frac{2h}{L} \tag{4-2-9}$$

式中,h为平均起伏差;L为平均基线长度。

结构面的起伏形态可分为平直的、波状的、锯齿状的、台阶状的和不规则状的5种(见图4-2-6)。对于结构面分级系统中Ⅳ级及以上,一般在数米至30m长的尺度上来考察结构面

的表面起伏。它反映了结构面总体的起伏特征,这种凸起部分一般不会轻易被剪断,但可以改变结构面两侧岩体运动方向。

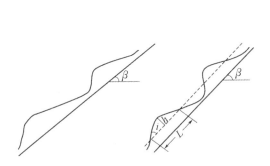

图 4-2-5 结构面的起伏角计算图

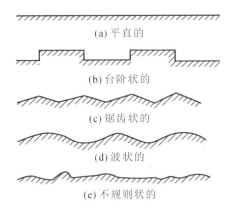

图 4-2-6 结构面的起伏形态示意图

第二级凹凸不平度称为粗糙度,它反映了结构面次级微小起伏状况。粗糙度一般在数厘米至数米的尺度上考察。粗糙度可以增大结构面摩擦系数,从而提高其抗剪强度。因此起伏程度与粗糙度是两种不同尺度的描述,起伏程度是整体上的,粗糙度是更小一级尺度上的,见图 4-2-7。

结构面的粗糙度可用粗糙度系数 JRC(Joint Roughness Coefficient)表示。Barton (1977)将结构面粗糙度系数划分为如图 4-2-8 所示的 10 级。在实际工作中,可用剖面线法(见图 4-2-9)绘出结构面的表面形态剖面,然后与图 4-2-8 所示的标准剖面进行对比,即可确定结构面的粗糙度系数 JRC。

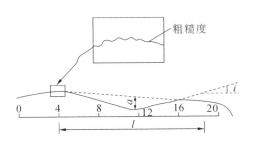

图 4-2-7 结构面的起伏程度与粗糙度的相对关系

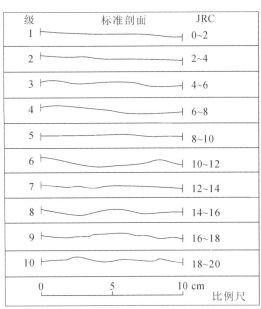

图 4-2-8 标准粗糙程度剖面及其 JRC 值
(据 Barton,1977)

但是在实际工程中遇到的结构面尺度通常大于或者远大于10cm。Barton 等(1985)又在考虑结构面尺寸效应的基础上提出了任意长剖面 JRC 的估计公式：

$$\mathrm{JRC} = \mathrm{JRC}_0 \left(\frac{L}{L_0}\right)^{-0.02\mathrm{JRC}_0} \tag{4-2-10}$$

式中，JRC_0 为标准剖面尺寸下的 JRC 值；L_0 和 L 分别为标准尺寸(10cm)及结构面的实际尺寸。

杜时贵等(1993,1994,1996)研制了用于结构面粗糙度测量的仪器,见图 4-2-10,提出了用下式计算考虑尺度效应的结构面 JRC：

$$\mathrm{JRC} = 49.211 \mathrm{e}^{\frac{29L_0}{450L}} \arctan\left(\frac{8R_y}{L}\right) \tag{4-2-11}$$

式中，$L_0=10\mathrm{cm}$ 为标准尺寸；L 为取样实际长度；R_y 为取样长度 L 上的起伏幅度。

另外，随着分形几何学的发展及其在地学中的运用，有的学者建议用分数维 D 来求结构面的粗糙度系数 JRC。如谢和平院士提出了如下的方程：

$$\mathrm{JRC} = 85.2671(D-1)^{0.5679} \tag{4-2-12}$$

$$D = \frac{\lg 4}{\lg\left\{2\left[1+\cos\left(\arctan\frac{2h}{L}\right)\right]\right\}} \tag{4-2-13}$$

式中，D 为结构面形态维数，从理论上分析，D 介于 $1\sim2$ 之间；h、L 分别为结构面的平均起伏差和平均基线长度。

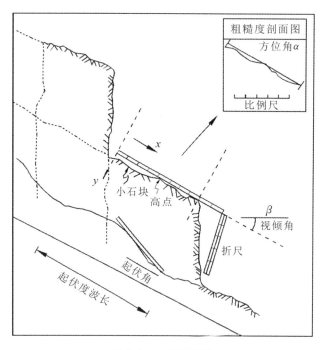

图 4-2-9　剖面线法

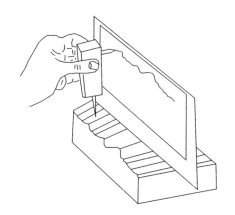

图 4-2-10　结构面纵剖面仪

4.2.5　结构面的张开度与渗流特征

结构面的张开度(又称隙宽)是指结构面两壁面间的垂直距离，分级标准见表 4-2-3。

表 4-2-3　结构面张开度分级表

描述	结构面张开度/mm	备注
很紧密	1	
紧密	0.1~0.25	闭合结构面
部分张开	0.25~0.5	
张开	0.5~2.5	
中等宽的	2.5~10	裂开结构面
宽的	>10	
很宽的	10~100	
极宽的	100~1000	张开结构面
似洞穴的	>1000	

结构面的隙宽主要是岩体受拉张应力作用或沿结构面剪切扩容造成的,此外还有一些非力学成因的缝隙和空洞等。

4.2.5.1 由拉张引起的隙宽

拉张缝隙有新生缝隙和既有缝隙张开两种情形。前者的裂纹面一般垂直于拉张应力,且当应力达到一定阈值时才能形成突发性破裂与分离位移;而后者可能是裂纹面与张应力斜交,通过张剪性位移形成的两壁面间不连续相对位移。

对于纯Ⅰ型圆裂纹(见第12章),即拉应力 σ 与结构面垂直的圆裂纹,两壁面相对张开位移 e 受下列断裂力学规律支配(见图 4-2-11):

$$e = 2t = \frac{8(1-\mu^2)}{\pi E}\sigma \sqrt{a^2 - r^2} \quad (0 \leqslant r \leqslant a) \quad (4\text{-}2\text{-}14)$$

式中,t 为单壁位移;a 为结构面半径;r 为径向变量。

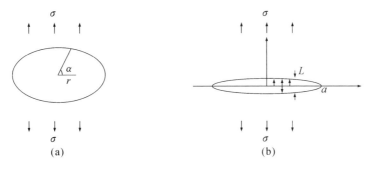

图 4-2-11　Ⅰ型圆裂纹的张开度

显然结构面最大张开度在中心点,并有

$$e_m = \frac{8(1-\mu^2)}{\pi E}\sigma a \quad (4\text{-}2\text{-}15)$$

则结构面平均张开度为

$$\bar{e} = \frac{1}{\pi a^2} \int_0^a \int_0^{2\pi} er\,\mathrm{d}r\,\mathrm{d}\theta = \frac{16(1-\mu^2)}{3\pi E}\sigma a \tag{4-2-16}$$

4.2.5.2 由剪切位移引起的隙宽

由于岩体多处于受压状态,大多数隙宽是由于沿结构面的剪切位移造成的。剪切位移引起的隙宽又分为两种情形:剪裂纹扩展的分支新裂纹和"爬坡效应"引起的局部张开(见图 4-2-12)。

图 4-2-12 剪位移引起的隙宽

(1) 沿已有缝隙发生剪切位移导致裂纹尖端扩展的情形,见图 4-2-12(a),这在地表浅层岩体变形中是常见的。新扩展的分支裂纹与已有结构面的夹角 θ 可由"断裂力学应变能密度因子准则"求得,为

$$\theta = \arccos\left(\frac{1-2v}{3}\right) \tag{4-2-17}$$

若结构面两壁相对剪切位移为 s,则新裂纹最大隙宽为

$$e_m = s \cdot \cos\left(\frac{\pi}{2} - \theta\right) = s \cdot \sin\theta \tag{4-2-18}$$

这种裂纹扩展往往导致结构面之间的连通。当结构面连通时,新裂纹上各点张开位移相同,并有 $e = e_m$。

(2)"爬坡效应"导致已有结构面张开,如图 4-2-12(b)所示,当结构面一侧沿起伏角发生爬坡作用时,必然导致反坡一侧的面张开,其张开量为

$$e = s \cdot \sin\theta_2 + u \cdot \cos\theta_2 \tag{4-2-19}$$

式中,u 为岩体沿结构面法向的剪胀位移量;θ_2 见图 4-2-12(b)。

4.2.5.3 由非力学原因造成的隙宽变化

常见的非力学原因导致结构面隙宽增大的情形主要有裂隙水的潜蚀及可溶岩结构面表面溶蚀等。前者以裂隙水流带走结构面内充填的砂泥为限,不会导致隙宽无限制地扩大,而且还可能发生逆过程,即沉积物充填缝隙以减少有效隙宽。

在可溶岩中,结构面溶蚀造成的溶隙往往与结构面系统的展布特征及结构面法向应力大小有关。法向应力引起裂隙开启或压密闭合,为岩溶裂隙水运移提供条件或造成阻碍。

结构面两壁面一般不是紧密接触的,而是呈点接触或局部接触,接触点大部分位于起伏或锯齿状的凸起点。在这种情况下,由于结构面实际接触面积减少,必然导致其内聚力降低,当结构面张开且被外来物质充填时,则其强度将主要由充填物决定。另外,结构面的张开度对岩体的渗透性有很大的影响。如在层流条件下,平直而两壁平行的单个结构面的渗

透系数(K_f)可表达为

$$K_f = \frac{ge^2}{12\nu} \tag{4-2-20}$$

式中,e 为结构面张开度;ν 为水的运动黏滞系数;g 为重力加速度。

根据达西定律,单个结构面中的水流速度为

$$v = K_f J = \frac{ge^2}{12\nu} J \tag{4-2-21}$$

式中,J 为地下水水力梯度。

由式(4-2-21)可知,地下水流速与隙宽的平方成正比,可见地下水将优先沿隙宽较大的裂隙运移,这叫作裂隙水的选择性渗流。选择性渗流的结果会使这些裂隙更进一步加宽,充填减少;相反,流速较慢的裂隙则更容易堵塞,从而形成两极分化。田开铭(1986)提出的交叉裂隙中水流偏流理论也证明了这一结论。

另一方面,结构面表面溶蚀速度与水流速度成正比。可见岩溶裂隙水的选择性渗流将引起差异溶蚀现象,其结果是导致地下水流逐步集中于某些较大的通道,而不成为网状渗流。

由上可知,可溶岩中裂隙隙宽分布具有不均匀性,其引起的力学性质与水力学性质变化都与非可溶岩极大不同。

4.2.6 结构面的壁岩强度

结构面壁岩强度(JCS)可用回弹仪在现场测试。方法是用回弹仪测得回弹值 R 与岩石重度 γ,用式(4-2-22)可以计算求得 JCS:

$$\lg(\text{JCS}) = 0.00088\gamma R + 1.01 \tag{4-2-22}$$

也可以查图 4-2-13,得到 JCS。

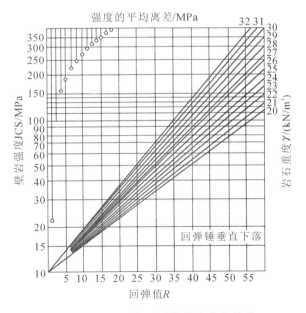

图 4-2-13 JCS 与回弹值及密度的关系

4.2.7 结构面的结合方式与充填胶结情况

结构面可分胶结的和开裂的两种,它们所呈现的力学效应大不相同。结构面经过胶结,可使裂隙介质转化为整体介质,力学性能变好。在这种情况下,结构面力学性能主要取决于胶结物的成分。硅质胶结的强度高,力学性能稳定,往往与岩石强度差别不大,甚至超过岩石强度,对这类结构面可以不予专门研究;而泥质胶结的强度很低,抗水性差,很不稳定,应作为研究的重点。

未胶结具一定张开度的结构面往往被外来物质所充填,其力学性质取决于充填物成分、厚度、含水性、壁岩强度及两壁的结合情况等。就充填物成分来说,以砂质、砾质等粗粒充填的结构面性质最好,黏土质(如高岭石、绿泥石、水云母、蒙脱石等)和易溶盐类充填的结构面性质最差。

按充填物的厚度和连续性,结构面充填可分为薄膜充填、断续充填、连续充填及厚层充填四类。薄膜充填是结构面两壁附着一层极薄的矿物膜,厚度多小于1mm,多为应力矿物和蚀变矿物等。这种充填厚度虽薄,但多是性质不良的矿物,因而明显地降低了结构面的强度。断续充填的充填物不连续且厚度小于结构面的起伏差,结构面的力学性质与充填物性质、壁岩性质及结构面的形态有关。连续充填的充填物分布连续,结构面的力学性质主要取决于充填物性质。厚层充填的充填物厚度远大于结构面的起伏差,大者可达数十厘米以上,结构面的力学性质很差,岩体往往易于沿这种结构面滑移而失稳。

对结构面的结合情况可分为结合好、结合一般、结合差与结合很差四种,表 4-2-4 是国标《工程岩体分级标准》(GB/T 50218—2014)给出的划分标准。

表 4-2-4　结构面结合程度的划分

结合程度	结构面特征
结合好	张开度小于 1mm,为硅质、铁质或钙质胶结,或结构面粗糙,无充填物; 张开度 1~3mm,为硅质或铁质胶结; 张开度大于 3mm,结构面粗糙,为硅质胶结
结合一般	张开度小于 1mm,结构面平直,钙泥质胶结或无充填物; 张开度 1~3mm,为钙质胶结; 张开度大于 3mm,结构面粗糙,为铁质或钙质胶结
结合差	张开度 1~3mm,结构面平直,为泥质胶结或钙泥质胶结; 张开度大于 3mm,多为泥质或岩屑充填
结合很差	泥质充填或泥夹岩屑充填,充填物厚度大于起伏差

4.3　结构面的变形性质

4.3.1　结构面的法向变形

在同一种岩体中分别取一件不含结构面的完整岩石试样和一件含结构面的岩石试样,

制成同样的尺寸,然后分别对这两种试样施加连续的法向压应力,可得到如图 4-3-1(a)所示的应力-变形关系曲线。设不含结构面岩石变形为 ΔV_r,含结构面岩石变形为 ΔV_t,则结构面法向闭合变形 ΔV_j 为

$$\Delta V_j = \Delta V_t - V_r \tag{4-3-1}$$

利用式(4-3-1),可得到结构面的 σ_n-ΔV_j 曲线,如图 4-3-1(b)所示。

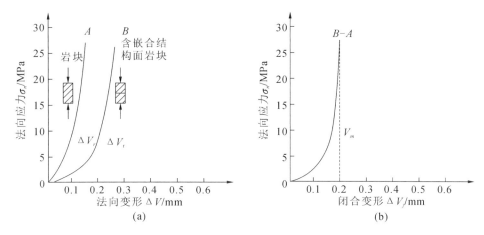

图 4-3-1 典型岩块和结构面法向变形曲线(Goodman,1976)

4.3.1.1 法向变形特征

根据大量的实验研究可知,结构面法向变形具有以下特征:

(1) 开始时随着法向应力的增加,结构面闭合变形迅速增长,σ_n-ΔV 及 σ_n-ΔV_j 曲线均呈上凹型。当 σ_n 增到一定值时,σ_n-ΔV_t 曲线变陡,并与 σ_n-ΔV_r 曲线大致平行(见图 4-3-1(a))。说明这时结构面已基本闭合,其变形主要是岩石变形贡献的。而 ΔV_j 则趋于结构面最大闭合量 V_m(见图 4-3-1(b))。

(2) 从变形上看,在初始压缩阶段,含结构面岩石的变形 ΔV_t 主要是由结构面的闭合造成的。有试验表明,当 $\sigma_n = 1\text{MPa}$ 时,$\Delta V_t/\Delta V_r$ 可达 5~30,说明 ΔV_j 占了很大一部分。当然,具体 $\Delta V_j/\Delta V$ 的大小还取决于结构面的类型及其风化变质程度等因素。

(3) 试验研究表明,当法向应力大约在 $\sigma_c/3$ 处开始,含结构面岩石的变形由以结构面的闭合为主转为以岩石的弹性变形为主。

(4) 结构面的 σ_n-ΔV_j 曲线大致为以 $\Delta V_j = V_m$ 为渐近线的非线性曲线(双曲线或指数曲线)。其曲线形状可由初始法向刚度 K_{ni} 与最大闭合量 V_m 来确定。结构面的初始法向刚度的定义为 σ_n-ΔV_j 曲线原点处的切线斜率,即

$$K_{ni} = \left(\frac{\partial \sigma_n}{\partial \Delta V_j}\right)_{\Delta V_j \to 0} \tag{4-3-2}$$

(5) 结构面的最大闭合量始终小于结构面的张开度(e)。因为结构面是凹凸不平的,两壁面间无论多高的压力(两壁岩石不产生破坏的条件下),也不可能达到 100%的接触。试验表明,结构面两壁面一般只能达到 40%~70%的接触。

如果对试样连续施加一定的法向荷载后逐渐卸荷,则可得到如图 4-3-2 所示的法向应力-变形曲线。图 4-3-3 为几种风化和未风化的不同类型结构面,在三次循环荷载下的 σ_n-

ΔV_j 曲线。由这些曲线可知,结构面在循环荷载下的法向变形有如下特征:

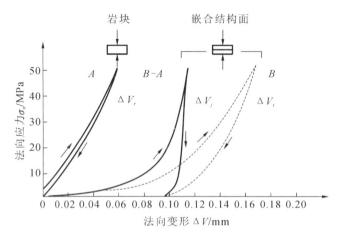

图 4-3-2 灰岩中嵌合和非嵌合的结构面加载、卸载曲线(Bandis et al.,1983)

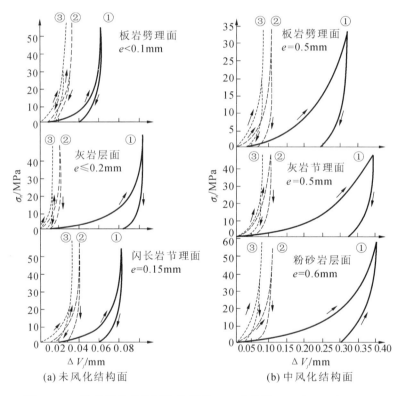

图 4-3-3 循环荷载条件下结构面的 σ_n-ΔV_j 曲线(Bandis et al.,1983)

(1) 结构面的卸荷变形曲线(σ_n-ΔV_j)仍为以 $\Delta V_j = V_m$ 为渐近线的非线性曲线。卸荷后留下很大的残余变形(见图 4-3-2)不能恢复,不能恢复部分称为松胀变形。据研究,这种残余变形的大小主要取决于结构面的张开度(e)、粗糙度(JRC)、壁岩强度(JCS)及加、卸载循环次数等因素。

(2) 对比岩石和结构面的卸荷曲线可知,结构面的卸荷刚度比岩石的卸荷刚度大,更大于岩石的加载刚度,见图 4-3-2。

(3) 随着循环次数的增加,σ_n-ΔV_j 曲线逐渐变陡,且整体向左移,每次循环荷载所得的曲线形状十分相似,均显示出滞后和非弹性变形,见图 4-3-3。

4.3.1.2 法向变形本构方程

为了反映结构面的变形性质与变形过程,需要研究其法向应力与变形的关系,即结构面变形的本构方程。Goodman、Bandis 及孙广忠等提出过不同的方程。

Goodman(1974)提出用双曲函数拟合结构面法向应力 σ_n 与闭合变形 ΔV_j 间的本构关系,见下式:

$$\sigma_n = \left(\frac{\Delta V_j}{V_m - \Delta V_j} + 1\right)\sigma_1 \tag{4-3-3}$$

或

$$\Delta V_j = V_m - V_m \sigma_1 \frac{1}{\sigma_n} \tag{4-3-4}$$

式中,σ_1 为结构面所受的初始应力。

式(4-3-3)和式(4-3-4)所描述的曲线如图 4-3-4 所示,为一条以 $\Delta V_j = V_m$ 为渐近线的双曲线。这一曲线与试验曲线相比较,其区别在于 Goodman 方程所给曲线的起点不在原点,而是在 σ_n 轴左边无穷远处,出现了所谓的初始应力 σ_1。虽然与试验曲线有一定的差异,但对于那些具有一定滑错位移的非嵌合性结构面,大致可以用式(4-3-3)或式(4-3-4)来描述其法向变形本构关系。

Bandis 等(1983)在研究了大量试验曲线的基础上,提出了如下的本构方程:

$$\sigma_n = \frac{\Delta V_j}{a - b\Delta V_j} \tag{4-3-5}$$

式中,a,b 为系数。

为求 a,b,改写式(4-3-5)为

$$\sigma_n = \frac{1}{\frac{a}{\Delta V_j} - b} \tag{4-3-6}$$

或

$$\frac{1}{\sigma_n} = \frac{a}{\Delta V_j} - b \tag{4-3-7}$$

由式(4-3-7),当 $\sigma_n \to \infty$ 时,则 $\Delta V_j \to V_m = \frac{a}{b}$,所以有

$$b = \frac{a}{V_m} \tag{4-3-8}$$

由初始法向刚度的定义式(4-3-2)可知:

$$K_{ni} = \left(\frac{\partial \sigma_n}{\partial \Delta V_j}\right)_{\Delta V_j \to 0} = \left[\frac{1}{a\left(1 - \frac{b}{a}\Delta V_j\right)^2}\right]_{\Delta V_j \to 0} = \frac{1}{a}$$

即有

$$a = \frac{1}{K_{ni}} \tag{4-3-9}$$

用式(4-3-8)和式(4-3-9)代入式(4-3-5),得结构面的法向变形本构方程为

$$\sigma_n = \frac{K_{ni} V_m \Delta V_j}{V_m - \Delta V_j} \quad (4\text{-}3\text{-}10)$$

这一方程所描述的曲线如图 4-3-5 所示,也为以 $\Delta V_j = V_m$ 为渐近线的双曲线。显然,这一曲线与试验较接近。Bandis 方程较适用于未经滑错位移的嵌合结构面(如层面)的法向变形特征。

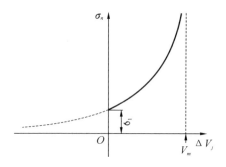
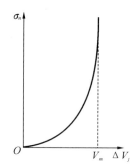

图 4-3-4　结构面法向变形曲线(Goodman 方程)　　图 4-3-5　结构面 σ_n-ΔV_j 曲线(Bandis 方程)

此外,孙广忠(1988)提出了如下的指数的本构方程:

$$\Delta V_j = V_m (1 - e^{-\sigma_n / K_n}) \quad (4\text{-}3\text{-}11)$$

式中,K_n 为结构面的法向刚度。

式(4-3-11)所描述的 σ_n-ΔV_j 曲线与实验曲线大致相似。

4.3.1.3　法向刚度及其确定方法

法向刚度 K_n(normal stiffness)是反映结构面法向变形性质的重要参数。其定义为在法向应力作用下,结构面产生单位法向变形所需要的应力,数值上等于 σ_n-ΔV_j 曲线上一点的切线斜率,即

$$K_n = \frac{\partial \sigma_n}{\partial \Delta V_j} \quad (4\text{-}3\text{-}12)$$

K_n 的常用单位为 MPa/cm,它是岩体力学性质参数估算及岩体稳定性计算中必不可少的指标之一。

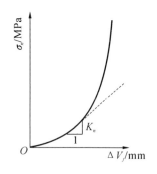

图 4-3-6　法向刚度 K_n 确定

结构面法向刚度可直接测试,先通过实验求得结构面的 σ_n-ΔV_j 曲线,在曲线上直接求得(见图 4-3-6)。具体试验方法有室内压缩试验和现场压缩试验两种。

室内压缩试验在压力机上进行,也可在剪力仪(见图 4-3-7)上配合结构面剪切试验一起进行。试验时先将含结构面岩样装上,然后分级施加法向应力 σ_n 并测记相应的法向位移 ΔV_t,绘制 σ_n-ΔV_t 曲线。同时还必须对相应的不含结构面的岩样进行压缩变形试验,求得岩石 σ_n-ΔV_t 曲线,通过这两种试验即可求得结构面的

σ_n-ΔV_j 曲线,按图 4-3-6 的方法求结构面在某一法向应力下的法向刚度。

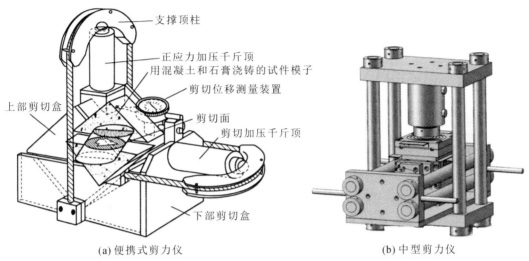

(a) 便携式剪力仪　　　　　　　(b) 中型剪力仪

图 4-3-7　结构面剪力仪

现场压缩变形试验是用中心孔承压板法,试样与变形量测装置如图 4-3-8 所示。试验时先在制备好的试样上打一垂向中心孔,在孔内安装多点位移计,其中 A_1、A_2 锚固点(变形量测点)紧靠在结构面上下壁面。然后采用逐级一次循环法施加法向应力并测记相应的法向变形 ΔV,绘制出各点的 σ_n-ΔV 曲线,如图 4-3-9 所示。利用某级循环荷载下的应力差和相应的变形差,用下式即可求得结构面的法向刚度 K_n:

$$K_n = \frac{\sigma_{ni+1} - \sigma_{ni}}{\Delta V_{i+1} - \Delta V_i} = \frac{\Delta \sigma_n}{\Delta V} \tag{4-3-13}$$

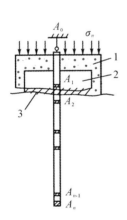
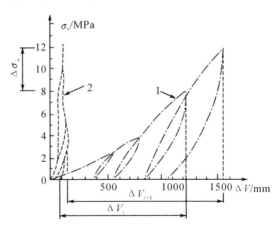

图 4-3-8　现场测定 K_n 的装置图

1.混凝土;2.岩体;3.结构面;A_0 为附加参考点;
A_n 为参考点;A_1,A_2,…,A_{n-1} 为锚固点

图 4-3-9　现场测定 σ_n-ΔV 曲线及 K_n 确定示意图

1,2 为 A_1,A_2 的变形;ΔV_i,ΔV_{i+1} 为当法向应力从 0.8MPa
到 1.2MPa 时结构面的闭合变形(即 A_1、A_2 变形差)

几种结构面的法向刚度经验值列于表 4-3-1 和表 4-3-2。

表 4-3-1 几种结构面的抗剪参数表

结构面特征	法向刚度 K_n /(MPa/cm)	剪切刚度 K_s /(MPa/cm)	抗剪强度参数 内摩擦角/(°)	内聚力 C/MPa
充填黏土的断层,岩壁风化	15	5	33	0
充填黏土的断层,岩壁轻微风化	18	8	37	0
新鲜花岗片麻岩不连续结构面	20	10	40	0
玄武岩与角砾岩接触面	20	8	45	0
致密玄武岩水平不连续结构面	20	7	38	0
玄武岩张开节理面	20	8	45	0
玄武岩不连续面	12.7	4.5		0

表 4-3-2 岩体结构面直剪试验结果表(郭志,1996)

岩组	结构类型	未浸水抗剪强度 摩擦角 ϕ/(°)	未浸水抗剪强度 内聚力 C/MPa	浸水抗剪强度 摩擦角 ϕ/(°)	浸水抗剪强度 内聚力 C/MPa	$\sigma_n=2.4$MPa 法向刚度 K_n/(MPa/cm)	$\sigma_n=2.4$MPa 剪切刚度 K_s/(MPa/cm)
绢英岩	平直,粗糙,有陡坎	40~41	0.15~0.20	36~38	0.14,0.16	43~52	62~90
	起伏,不平,粗糙,有陡坎	42~44	0.20~0.27	38~39	0.17,0.23	34~82	41~99
	波状起伏,粗糙	39~40	0.12~0.15	36~37	0.11,0.13	22~54	46~67
	平直,粗糙	38~39	0.07~0.11	35~36	0.08,0.09	22~46	22~46
绢英化花岗岩	平直,粗糙,有陡坎	40~42	0.25~0.35	38~39	0.26,0.30	42~136	48~108
	起伏大,粗糙,有陡坎	43~48	0.35~0.50	40~41	0.30,0.44	35~78	67~113
	波状起伏,粗糙	39~40	0.15~0.23	37~38	0.13,0.27	38~58	38~63
	平直,粗糙	38~40	0.09~0.15	36~37	0.08,0.13	21~143	45~58
花岗岩	平直,粗糙,有陡坎	40~45	0.30~0.44	38~41	0.30,0.34	11~147	72~112
	起伏大,粗糙,有陡坎	44~48	0.35~0.55	40~44	0.36,0.44	61~169	59~120
	波状起伏,粗糙	40~41	0.25~0.35	38~41	0.21,0.30	70~84	48~84
	平直,粗糙	39~41	0.15~0.20	37~40	0.15,0.17	51~90	46~65

另外,由法向刚度的定义及式(4-3-10)可得:

$$K_n = \frac{\partial \sigma_n}{\partial \Delta V_j} = \frac{K_{ni}}{\left(1-\frac{\Delta V_j}{V_m}\right)^2} \qquad (4-3-14)$$

由式(4-3-10)可得

$$\Delta V_j = \frac{\sigma_n V_m}{K_{ni} V_m + \sigma_n} \qquad (4-3-15)$$

将式(4-3-15)代入式(4-3-14),则 K_n 可表示为

$$K_n = \frac{K_{ni}}{\left(1 - \dfrac{\sigma_n}{K_{ni}V_m + \sigma_n}\right)^2} \tag{4-3-16}$$

利用式(4-3-16)可求得某级法向应力下结构面的法向刚度。其中的 K_{ni},V_m 可通过室内含结构面岩石压缩试验求得。在没有试验资料时,可用 Bandis 等(1983)提出的经验方程求 K_{ni},V_m,即

$$K_{ni} = -7.15 + 1.75\text{JRC} + 0.02\left(\frac{\text{JCS}}{e}\right) \tag{4-3-17}$$

$$V_m = A + B(\text{JRC}) + C\left(\frac{\text{JCS}}{e}\right)^D \tag{4-3-18}$$

式中,e 为结构面的张开度;A、B、C、D 为经验系数,用统计方法得出列于表 4-3-3;JRC 为结构面的粗糙度系数;JCS 为结构面的壁岩强度。

表 4-3-3 各次循环荷载条件下 **A**、**B**、**C**、**D** 值(Bandis et al.,1983)

常数	数值		
	第一次循环荷载	第二次循环荷载	第三次循环荷载
A	-0.2960 ± 0.1258	-0.1005 ± 0.0530	-0.1032 ± 0.0680
B	-0.0056 ± 0.0022	-0.0073 ± 0.0031	-0.0074 ± 0.0039
C	-2.2410 ± 0.3504	-1.0082 ± 0.2351	$+1.1350 \pm 0.3261$
D	-0.2450 ± 0.1086	-0.2301 ± 0.1171	-0.2510 ± 0.1029
r^2	0.675	0.546	0.589

注:r^2 为复相关系数。

4.3.2 结构面的剪切变形

4.3.2.1 剪切变形特征

在岩体中取一含结构面的岩石试样,在剪力仪上进行剪切试验,可得到如图 4-3-10 所示的剪应力 τ 与结构面剪切位移 Δu 之间的关系曲线。图 4-3-11 为灰岩节理面的 τ-Δu 曲线。从这些资料与试验研究表明,结构面的剪切变形有如下特征:

(1) 结构面的剪切变形曲线均为非线性曲线。同时,按其剪切变形机理可分为脆性变形型(见图 4-3-10a)和塑性变形型(见图 4-3-10b)两类。试验研究表明,有一定宽度的构造破碎带、挤压带、软弱夹层及含有较厚充填物的裂隙、节理、泥化夹层和夹泥层等软弱结构面的 τ-Δu 曲线,多属于塑性变形型。其特点是无明显的峰值强度和应力降,且峰值强度与残余强度相差很小,曲线的斜率是连续变化的,且具流变性(见图 4-3-10b)。而那些无充填

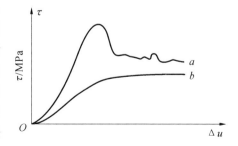

图 4-3-10 结构面剪切变形的基本类型

且较粗糙的硬性结构面,其 τ-Δu 曲线则属于脆性变形型。其特点是开始时剪切变形随应力增加缓慢,曲线较陡;峰值后剪切变形增加较快,有明显的峰值强度和应力降。当应力降至一定值后趋于稳定,残余强度明显低于峰值强度(见图 4-3-10a)。

(2)结构面的峰值位移 Δu 受其风化程度的影响。风化结构面的峰值位移比新鲜的结构面大,这是由于结构面遭受风化后,原有的两壁互锁程度变差,结构面变得相对平滑的缘故。

(3)对同类结构面而言,遭受风化的结构面,剪切刚度比未风化的小 1/2～1/4(见图 4-3-11)。

(4)结构面的剪切刚度具有明显的尺寸效应。在同一法向应力作用下,其剪切刚度随被剪切结构面的规模增大而降低(见图 4-3-12)。

(5)结构面的剪切刚度随法向应力增大而增大(见图 4-3-11、图 4-3-12)。

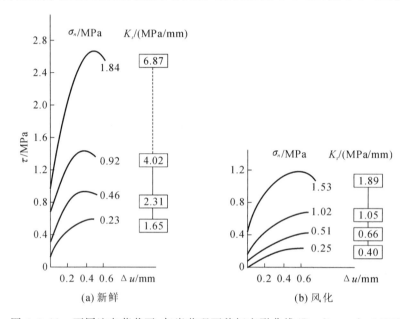

图 4-3-11　不同法向荷载下,灰岩节理面剪切变形曲线(Bandis et al.,1983)

4.3.2.2　剪切变形本构方程

Kalhaway(1975)通过大量的试验,发现结构面峰值前的 τ-Δu 关系曲线也可用双曲函数来拟合,提出了如下的方程式:

$$\tau = \frac{\Delta u}{m + n\Delta u} \tag{4-3-19}$$

式中,m、n 为双曲线的形状系数,$m = \frac{1}{K_{si}}$,$n = \frac{1}{\tau_{ult}}$,K_{si} 为初始剪切刚度(定义为曲线原点处的切线斜率);τ_{ult} 为水平渐近线在 τ 轴上的截距。

根据式(4-3-19),结构面的 τ-Δu 曲线为以 $\tau = \tau_{ult}$ 为渐近线的双曲线。

4.3.2.3 剪切刚度及其确定方法

剪切刚度 K_s (shear stiffess)是反映结构面剪切变形性质的重要参数,其数值等于峰值前 τ-Δu 曲线上任一点的切线斜率(见图 4-3-13),即

$$K_s = \frac{\partial \tau}{\partial \Delta u} \tag{4-3-20}$$

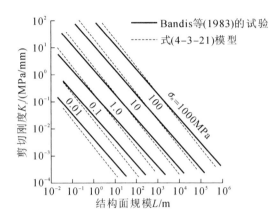

图 4-3-12 剪切刚度与正应力和结构面规模的关系

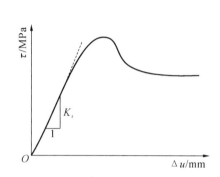

图 4-3-13 剪切刚度 K_s 确定的示意图

结构面的剪切刚度在岩体力学参数估算及岩体稳定性计算中都是必不可少的指标,可通过室内和现场剪切试验确定。

结构面的室内剪切试验是在剪力仪上进行的。试样面积 $100\sim400\text{cm}^2$。试验时将含结构面的岩石试样装入剪力仪中,先加预定的法向应力,待其变形稳定后,再分级施加剪应力,并测记结构面相应的剪位移,绘出 τ-Δu 曲线。然后在 τ-Δu 曲线上求结构面的剪切刚度。

现场剪切试验的装置如图 4-3-14 所示,试验时先施加预定的法向应力,待变形稳定后分级施加剪应力。各级剪应力下的剪切位移由变形传感器 T_d 或自动记录装置 R_c 测记。利用各级剪应力 τ 下的剪切位移 Δu,绘制出 τ-Δu 曲线,进而获得结构面的剪切刚度(K_s)。

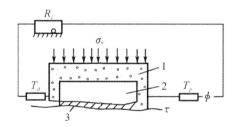

图 4-3-14 现场测定 K_s 的装置图

1.混凝土;2.岩体;3.结构面;T_d 变形传感器;T_p 压力传感器;R_c 自动记录仪

几种结构面的剪切刚度及剪切强度参数见表 4-3-1 和表 4-3-2。

另外,Barton(1977)和 Choubey(1977)根据大量的试验资料总结分析,并考虑到尺寸效应,提出了剪切刚度 K_s 的经验估算公式如下:

$$K_s = \frac{100}{L}\sigma_n \tan\left(\text{JRC} \cdot \lg\frac{\text{JCS}}{\sigma_n} + \phi_r\right) \tag{4-3-21}$$

式中，L 为被剪切结构面的长度；ϕ_r 为结构面的残余摩擦角。

式(4-3-21)显示结构面的剪切刚度不仅与结构面本身形态及性质等特征有关，还与其规模大小及法向应力有关(见图 4-3-12)。

4.4 结构面的强度性质

与岩石一样，结构面强度也有抗拉强度和抗剪强度之分。但由于结构面的抗拉强度非常小，常可忽略不计，所以一般认为结构面是不能抗拉的。另外，在工程荷载作用下，岩体破坏常以沿某些软弱结构面的滑动破坏为主，如重力坝坝基及坝肩岩体的滑动破坏、岩体滑坡等。因此，在岩体力学中一般重点研究结构面的抗剪强度。

4.4.1 结构面抗剪强度的测试

结构面抗剪强度可以在室内和现场进行实测。室内测试设备见图 4-4-1，总体来讲，是将带有结构面的岩石样品(如果不规则，先在外侧浇筑混凝土，制成与剪切盒大小与形状一致的试样)放入上下剪切盒中，要求结构面位置与上下剪切盒中的缝隙一致，这时先按预定的应力大小预加法向应力，待法向变形稳定后，逐步施加与结构面方向平行的剪应力，测试剪切变形，绘制剪应力与剪切变形的曲线，当出现剪应力降低或剪应力稳定后就可以得到结构面的抗剪强度(剪应力与剪切变形的曲线上对应的剪应力最大值)。

得到 5~6 个不同法向应力(σ_n)下结构面抗剪强度(τ_f)，在 τ-σ 坐标系中绘制出 τ_f-σ_n 拟合曲线，即可得到结构面抗剪强度参数 C_j，ϕ_j 值，见图 4-4-2。

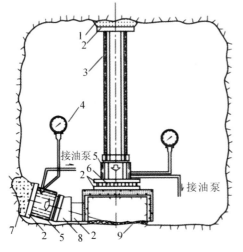

图 4-4-1 结构面抗剪强度现场测试试验装置示意图
1.砂浆顶板；2.钢板；3.传力柱；4.压力表；5.液压千斤顶；
6.滚轴排；7.混凝土后座；8.斜垫板；9.结构面

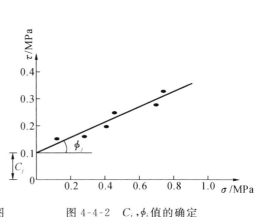

图 4-4-2 C_j，ϕ_j 值的确定

岩体结构面直剪试验可采用平推法或斜推法。试验地段开挖时，应减少对岩体与结构面的扰动和破坏，同一组试验各试件的结构面性质应相同。应在探明岩体中结构面部位和产状后，在预定的试验部位加工试件。试件应符合下列要求：

(1) 试件中结构面面积不宜小于 $2500cm^2$，试件最小边长不宜小于 50cm，结构面以上的试件高度不应小于试件推力方向长度的 1/2。

(2) 各试件间距不宜小于试件推力方向的边长。

(3) 作用于试件的法向荷载方向应垂直剪切面，试件的推力方向宜与预定的剪切方向一致。

(4) 在试件的推力部位，应留有安装千斤顶的足够空间。平推法直剪试验应开挖千斤顶槽。

(5) 应清除干净试件周围的结构面充填物及浮土，对结构面上部不需浇筑保护套的完整岩石试件，试件的各个面应大致修凿平整，顶面宜平行预定剪切面。

(6) 在加压过程中，可能出现破裂或松动的试件，应浇筑钢筋混凝土保护套（或采取其他措施）。保护套应具有足够的强度和刚度，保护套顶面应平行预定剪切面，底部应在预定剪切面上缘。当采用斜推法时，试件推力面也可按预定推力夹角加工或浇筑成斜面，推力夹角宜为 $12°\sim20°$，对于剪切面倾斜的试件，在加工试件前应采取保护措施。

(7) 试件的反力部位，应能承受足够的反力。反力部位岩体表面应凿平。

(8) 每组试验试件的数量不宜少于 5 个。

同样地，每个试件施加不同的法向应力，分别得到相对应的结构面抗剪强度，按照图 4-4-2，就可以得到结构面抗剪强度参数。

4.4.2 结构面抗剪强度特征

试验研究表明：影响结构面抗剪强度的因素是非常复杂而多变的，从而致使结构面的抗剪强度特性也很复杂，抗剪强度指标较分散（表 4-4-1）。影响结构面抗剪强度的因素主要包括结构面的形态、连续性、胶结充填特征及壁岩性质、次生变化和受力历史（反复剪切次数）等。根据结构面的形态、充填情况及连续性等特征，将其划分为：平直无充填的结构面、粗糙起伏无充填的结构面、非贯通断续结构面及有充填的软弱结构面 4 类，各自的强度特征分述如下。

表 4-4-1 各种结构面抗剪强度指标的变化范围

结构面类型	摩擦角/(°)	内聚力/MPa	结构面类型	摩擦角/(°)	内聚力/MPa
泥化结构面	10~20	0~0.05	云母片岩片理面	10~20	0~0.05
黏土岩层面	20~30	0.05~0.10	页岩节理面（平直）	18~29	0.10~0.19
泥灰岩层面	20~30	0.05~0.10	砂岩节理面（平直）	32~38	0.05~1.0
凝灰岩层面	20~30	0.05~0.10	灰岩节理面（平直）	35	0.2
页岩层面	20~30	0.05~0.10	石英正长闪长岩节理面（平直）	32~35	0.02~0.08
砂岩层面	30~40	0.05~0.10	粗糙结构面	40~48	0.08~0.30
砾岩层面	30~40	0.05~0.10	辉长岩、花岗岩节理面	30~38	0.20~0.40
灰岩层面	30~40	0.05~0.10	花岗岩节理面（粗糙）	42	0.4
千板岩千枚理面	28	0.12	灰岩卸荷节理面（粗糙）	37	0.04
滑石片岩、片理面	10~20	0~0.05	（砂岩、花岗岩）岩石/混凝土接触面	55~60	0~0.48

4.4.2.1 平直无充填的结构面

平直无充填的结构面包括剪应力作用下形成的剪性破裂面,如剪节理、剪裂隙等,发育较好的层理面与片理面。其特点是面平直、光滑,只具微弱的风化蚀变。坚硬岩体中的剪破裂面还发育镜面、擦痕及应力矿物薄膜等。这类结构面的抗剪强度大致与人工磨制面的摩擦强度接近,即

$$\tau = \sigma\tan\phi_j + C_j \tag{4-4-1}$$

式中,τ 为结构面的抗剪强度;σ 为法向应力;ϕ_j,C_j 分别为结构面的内摩擦角与内聚力。

研究表明,结构面的抗剪强度主要来源于结构面的微咬合作用和胶粘作用,且与结构面的壁岩性质及其平直光滑程度密切相关。若壁岩中含有大量片状或鳞片状矿物如云母、绿泥石、黏土矿物、滑石及蛇纹石等矿物时,其摩擦强度较低。内摩擦角一般为 $20°\sim30°$,小者仅 $10°\sim20°$,内聚力在 $0\sim0.1\mathrm{MPa}$ 之间。而壁岩为硬质岩石如石英岩、花岗岩及砂砾岩和灰岩等时,其内摩擦角可达 $30°\sim40°$,内聚力一般在 $0.05\sim0.1\mathrm{MPa}$ 之间。结构面越平直,擦痕越细腻,其抗剪强度越接近于下限,内聚力可降低至 $0.05\mathrm{MPa}$ 以下,甚至趋于零。反之,其抗剪强度就接近于上限值(参见表 4-4-1)。

4.4.2.2 粗糙起伏无充填的结构面

这类结构面的基本特点是具有明显的粗糙起伏度,这是影响结构面抗剪强度的一个重要因素。在无充填的情况下,由于起伏度的存在,结构面的剪切破坏机理因法向应力大小不同而异,其抗剪强度也相差较大。当法向应力较小时,在剪切过程中,上盘岩体主要是沿结构面产生滑动破坏,这是由于剪胀效应(或称爬坡效应),增加了结构面的摩擦强度。随着法向应力增大,剪胀越来越困难。当法向应力达到一定值后,其破坏将由沿结构面滑动转化为剪断凸起而破坏,引起啃断效应,从而也增大了结构面的抗剪强度。据试验资料统计(表 4-3-2、表 4-4-1),粗糙起伏无充填结构面在干燥状态下的内摩擦角一般为 $40°\sim48°$,内聚力在 $0.1\sim0.55\mathrm{MPa}$ 之间。

为了便于讨论,下面分规则锯齿形和不规则起伏形两种情况来讨论结构面的抗剪强度。

1. 规则锯齿形结构面

这类结构面可概化为图 4-4-3(a)所示的模型。在法向应力 σ 较低的情况下,上盘岩体在剪应力作用下沿齿面向右上方滑动。当滑移一旦出现,其背坡面即被拉开,出现空化现象,因而不起抗滑作用,法向应力也全部由滑移面承担。

如图 4-4-3(b)所示,设结构面的起伏角为 i,起伏差为 h,齿面摩擦角为 ϕ_b,且内聚力 $C_b=0$。在法向应力(σ)和剪应力(τ)作用下,滑移面上受到的法向应力(σ_n)和剪应力(τ_n)为

$$\begin{cases} \sigma_n = \tau\sin i + \sigma\cos i \\ \tau_n = \tau\cos i - \sigma\sin i \end{cases} \tag{4-4-2}$$

设结构面强度服从库仑-纳维尔判据:$\tau_n = \sigma_n\tan\phi_b$,用式(4-4-2)的相应项代入,整理简化后得:

$$\tau = \sigma\tan(\phi_b + i) \tag{4-4-3}$$

式(4-4-3)是法向应力较低时锯齿形起伏结构面的抗剪强度表达式,它所描述的强度包络线如图 4-4-3(c)中①所示。由此可见,起伏度的存在可增大结构面的摩擦角,即由 ϕ_b

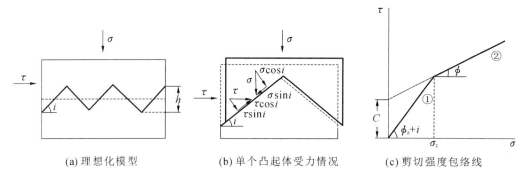

图 4-4-3 粗糙起伏无填充结构面的抗剪强度分析图

增大至 ϕ_b+i。这种效应与剪切过程中上滑运动引起的垂向位移有关,称为剪胀效应。式(4-4-3)是 Patton(1966)提出的,称为佩顿公式。他观察到灰岩层面粗糙起伏角 i 不同时,露天矿边坡的自然稳定坡角也不同,即 i 越大,边坡角越大,从而证明了考虑 i 的重要意义。

当法向应力达到一定值 σ_1 后,由于上滑运动所需的功达到并超过剪断凸起所需要的功,则凸起体将被剪断,这时结构面的抗剪强度 τ 为

$$\tau = \sigma\tan\phi + C \tag{4-4-4}$$

式中,ϕ,C 分别为结构面壁岩的内摩擦角和内聚力。

式(4-4-4)为法向应力 $\sigma \geqslant \sigma_1$ 时,结构面的抗剪强度,其包络线如图 4-4-3(c)中②所示。从式(4-4-3)和式(4-4-4),可求得剪断凸起的条件为

$$\sigma_1 = \frac{C}{\tan(\phi_b+i)-\tan\phi} \tag{4-4-5}$$

应当指出,式(4-4-3)和式(4-4-4)给出的结构面抗剪强度包络线,是在两种极端的情况下得出的。因为即使在极低的法向应力下,结构面的凸起也不可能完全不遭受破坏;而在较高的法向应力下,凸起也不可能全都被剪断。因此,如图 4-4-3(c)所示的折线强度包络线,在实际中极其少见,而绝大多数是一条连续光滑的曲线(参见图 4-4-6 和图 4-4-7)。

2. 不规则起伏结构面

上面的讨论是将结构面简化成规则锯齿形这种理想模型下进行的。但自然界岩体中绝大多数结构面的粗糙起伏形态是不规则的,起伏角也不是常数。因此,其强度包络线不是图 4-4-3(c)所示的折线,而是曲线形式。对于这种情况,许多学者进行过研究和论述,下面主要介绍 Barton 和 Ladanyi 等的研究成果。

Barton(1973)对 8 种不同粗糙起伏的结构面进行了试验研究,提出了剪胀角的概念并用以代替起伏角,剪胀角 α_d(angle of dilatancy)的定义为剪切时剪切位移的轨迹线与水平线的夹角(见图 4-4-4),即

$$\alpha_d = \arctan\left(\frac{\Delta V}{\Delta u}\right) \tag{4-4-6}$$

式中,ΔV 为垂直位移分量(剪胀量);Δu 为水平位移分量。

通过对试验资料的统计,发现其峰值剪胀角和结构面的抗剪强度 τ 不仅与凸起高度(起伏差)有关,而且与作用于结构面上的法向应力 σ、壁岩强度 JCS 之间也存在良好的统计关

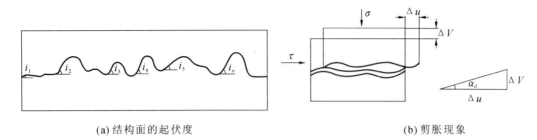

(a) 结构面的起伏度　　　　　　　(b) 剪胀现象

图 4-4-4　剪胀现象与剪胀角 α_d 示意图

系。这些关系可表达如下：

$$\alpha_d = \frac{\text{JRC}}{2}\lg\frac{\text{JCS}}{\sigma} \tag{4-4-7}$$

$$\tau = \sigma\tan(1.78\alpha_d + 32.88°) \tag{4-4-8}$$

大量的试验资料表明，一般结构面的基本内摩擦角 $\phi_u=25°\sim35°$。因此，式(4-4-8)右边的第二项应当就是结构面的基本内摩擦角，而第一项的系数取整数 2。经这样处理后，式(4-4-8)变为

$$\tau = \sigma\tan(2\alpha_d + \phi_u) \tag{4-4-9}$$

将式(4-4-7)代入式(4-4-9)得：

$$\tau = \sigma\tan\left(\text{JRClg}\frac{\text{JCS}}{\sigma} + \phi_u\right) \tag{4-4-10}$$

式中结构面的基本内摩擦角 ϕ_u，一般认为等于结构面壁岩平直表面的内摩擦角，可用倾斜试验求得。方法是取结构面壁岩试块，将试块锯成两半，去除岩粉并风干后合在一起，使试块缓缓地加大其倾角直到上盘岩石开始下滑为止，此时的试块倾角即为 ϕ_u。对每种岩石，进行试验的试块数需 10 块以上。在没有试验资料时，常取 $\phi_u=30°$，或用结构面的残余摩擦角代替。式(4-4-10)中其他符号的意义及确定方法同前。

式(4-4-10)是 Barton 不规则粗糙起伏结构面的抗剪强度公式。利用该式确定结构面抗剪强度时，只需知道 JRC，JCS 及 ϕ_u 三个参数即可，无须进行大型现场抗剪强度试验。

Ladanyi 和 Archambault(1970)从理论和试验方法对结构面由剪胀到啃断过程进行了全面研究，提出了如下的经验方程：

$$\tau = \frac{\sigma(1-\alpha_s)(\dot{V}+\tan\phi_u)+\alpha_s\tau_r}{1-(1-\alpha_s)\dot{V}\tan\phi_u} \tag{4-4-11}$$

式中，α_s 为剪断率指被剪断的凸起部分的面积 $\sum\Delta A_s$ 与整个剪切面积 A 之比，即 $\alpha_s=\dfrac{\sum\Delta A_s}{A}$（见图 4-4-5）；$\dot{V}$ 为剪胀率，指剪切时的垂直位移分量 ΔV 与水平位移分量 Δu 之比，即 $\dot{V}=\dfrac{\Delta V}{\Delta u}$；$\tau_r$ 为凸起体岩石的抗剪强度，$\tau_r=\sigma\tan\phi+C$；ϕ_u 为结构面的基本摩擦角。

在实际工作中，α_s 和 $\dot{V}$ 较难确定。为了解决这一问题，Ladanyi 等进行了大量的人工粗糙岩面的剪切试验。根据试验成果提出了如下的经验公式：

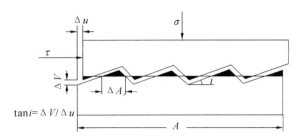

图 4-4-5　结构面剪切破坏分析图

$$\begin{cases} \alpha_s = 1 - \left(1 - \dfrac{\sigma}{\sigma_j}\right)^L \\ \dot{V} = \left(1 - \dfrac{\sigma}{\sigma_j}\right)^K \tan i \end{cases} \quad (4\text{-}4\text{-}12)$$

式中,K,L 为常数,对于粗糙岩面,$K=4$,$L=1.5$;σ_j 为壁岩的单轴抗压强度,可用 JCS 代替,确定方法同前;i 为剪胀角,$i=\arctan\left(\dfrac{\Delta V}{\Delta u}\right)$。

从式(4-4-11)可知:

(1) 当法向应力很低时,凸起体基本不被剪断,即 $\alpha_s \to 0$,且 $\dot{V} = \dfrac{\Delta V}{\Delta u} = \tan i$,由式(4-4-11)得结构面的抗剪强度为

$$\tau = \sigma \tan(\phi_u + i) \quad (4\text{-}4\text{-}13)$$

该式与佩顿公式[式(4-4-3)]一致。

(2) 当法向应力很高时,结构面的凸起体全部被剪断,则 $\alpha_s \to 1$,无剪胀现象发生,即 $\dot{V}=0$,由式(4-4-11)得结构面的抗剪强度为

$$\tau = \tau_r = \sigma \tan\phi + C \quad (4\text{-}4\text{-}14)$$

该式与式(4-4-4)一致。

由以上两点讨论可知,式(4-4-11)描述的强度包络线是以式(4-4-13)和式(4-4-14)所给定的折线为渐近线的曲线(见图 4-4-6)。

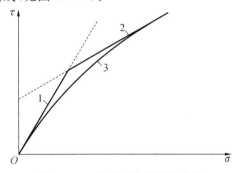

图 4-4-6　结构面抗剪强度曲线

1.式(4-4-13)所表示的直线;2.式(4-4-14)所表示的直线;3.式(4-4-11)所表示的曲线

另外,Fairhurst 建议用如下的抛物线方程来表示式(4-4-11)中的 τ_r:

$$\tau_r = \sigma_j \dfrac{\sqrt{1+n}-1}{n}\left(1+n\dfrac{\sigma}{\sigma_j}\right)^{1/2} \quad (4\text{-}4\text{-}15)$$

式中，n 为结构面壁岩抗压强度 σ_j 与抗拉强度 σ_c 之比，对于硬质岩石可近似取 $n=10$。如将式(4-4-12)和式(4-4-15)代入式(4-4-11)，取 $K=4,L=1.5,n=10$。并除以 σ_j，则得到如下的方程：

$$\frac{\tau}{\sigma_j} = \frac{\dfrac{\sigma}{\sigma_j}\left(1-\dfrac{\sigma}{\sigma_j}\right)^{1.5}\left[\left(1-\dfrac{\sigma}{\sigma_j}\right)^4 \tan i + \tan\phi_u\right] + 0.232\left[1-\left(1-\dfrac{\sigma}{\sigma_j}\right)^{1.5}\right]\left(1+10\dfrac{\sigma}{\sigma_j}\right)^{0.5}}{1-\left[\left(1-\dfrac{\sigma}{\sigma_j}\right)^{5.5}\tan i \tan\phi_u\right]}$$

(4-4-16)

这一方程看起来复杂，但它却表明了两个无因次量 $\dfrac{\tau}{\sigma_j}$ 和 $\dfrac{\sigma}{\sigma_j}$ 之间的关系，且式中仅有剪胀角 i 和结构面基本摩擦角 ϕ_u 两个未知数。

对 Barton 方程式(4-4-10)和 Ladanyi-Archambault 方程式(4-4-16)的差别，有学者作过比较，如图 4-4-7 所示。由图可知，当法向应力较低，JRC=20 时的 Barton 方程与 Ladanyi-Archambault 方程基本一致。随着法向应力增高，两方程差别显著。这是因为当 $\dfrac{\sigma}{\sigma_j} \to 1$ 时，Barton 方程变为 $\tau = \sigma \tan\phi_u$，而 Ladanyi-Archambault 方程则变为 $\tau = \tau_r$ 之故。所以，在较高应力条件下，前者较后者保守。

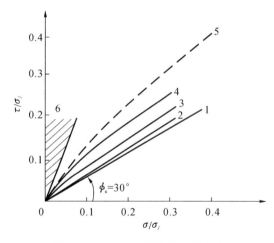

图 4-4-7 结构面的抗剪强度曲线
1. 平直结构面的强度曲线；2~4. JRC 分别为 5,10,20,$\phi_u=30°$ 时的 Barton 方程；
5. $i=20°$,$\phi_u=30°$ 时的 Ladanyi-Archambault 方程；6. Barton 方程不适应的范围

4.4.2.3 非贯通断续的结构面

这类结构面由裂隙面和非贯通的岩桥组成。在剪切过程中，一般认为剪切面所通过的裂隙面和岩桥都起抗剪作用。假设沿整个剪切面上的应力分布是均匀的，结构面的线连续性系数为 K_1，则整个结构面的抗剪强度为

$$\tau = K_1 C_j + (1-K_1)C + \sigma[K_1\tan\phi_j + (1-K_1)\tan\phi] \quad (4-4-17)$$

式中，C_j,ϕ_j 为裂隙面的内聚力与内摩擦角；C,ϕ 为岩石的内聚力与内摩擦角。

将式(4-4-17)与库仑-纳维尔方程对比，可得非贯通结构面的内聚力 C_b 和内摩擦系数

$\tan\phi_b$ 为：

$$\begin{cases} C_b = K_1 C_j + (1-K_1)C \\ \tan\phi_b = K_1 \tan\phi_j + (1-K_1)\tan\phi \end{cases} \quad (4\text{-}4\text{-}18)$$

由式(4-4-17)可知，非贯通断续的结构面的抗剪强度要比贯通结构面的抗剪强度高，这和人们的一般认识是一致的，也是符合实际的。然而，这类结构面的抗剪强度是否如式(4-4-17)所示那样呈简单的叠加关系呢？有学者认为并非如此简单。因为沿非贯通结构面剪切时，剪切面上的应力分布实际上是不均匀的，其剪切变形破坏也是一个复杂的过程。剪切面上应力分布不均匀表现在岩桥部分受到的法向应力一般比裂隙面部分大得多；这样试样受剪时，岩桥的架空作用及相对位移的阻挡，使裂隙面的抗剪强度难以充分发挥出来。另一方面，在裂隙尖端将产生应力集中，使裂隙扩展，导致裂隙端部岩石抗剪强度降低。因此，非贯通结构面的变形破坏，往往要经历线性变形——裂隙端部新裂隙产生—新旧裂纹扩展、联合的过程，在裂纹扩展、联合过程中还将出现剪胀、爬坡及啃断凸起等现象，直至裂隙全部贯通及试样破坏。

因此，可以认为非贯通结构面的抗剪强度是裂隙面与岩桥岩石强度共同作用形成的，其强度性质由于受多种因素影响也是很复杂的。目前有学者试图用断裂力学理论，建立裂纹扩展的压剪复合断裂判据来研究非贯通结构面的抗剪强度和变形破坏机理。

4.4.2.4 具有充填物的软弱结构面

具有充填物的软弱结构面包括泥化夹层和各种类型的夹泥层，其形成多与水的作用和各类滑错作用有关。这类结构面的力学性质常与充填物的物质成分结构及充填程度和厚度等因素密切相关。

按充填物的颗粒成分，可将有充填的结构面分为泥化夹层、夹泥层、碎屑夹泥层及碎屑夹层等几种类型。充填物的颗粒成分不同，结构面的抗剪强度及变形破坏机理也不同。图4-4-8为不同颗粒成分夹层的剪切变形曲线，表4-4-2为不同充填夹层的抗剪强度指标值。由图4-4-8可知，黏粒含量较高的泥化夹层，其剪切变形（曲线Ⅰ）为典型的塑性变形型；特点是强度低且随位移变化小，屈服后无明显的峰值和应力降。随着夹层中粗碎屑成分增多，夹层的剪切变形逐渐向脆性变形型过渡（曲线Ⅰ～Ⅴ），峰值强度也逐渐增高。至曲线Ⅴ的夹层，碎屑含量最高，峰值强度也相应最大，峰值后有明显的应力降。这些说明充填物的颗粒成分对结构面的剪切变形机理及抗剪强度都有明显的影响。表4-4-2所示也说明了结构面的抗剪强度随黏粒含量增加而降低，随粗碎屑含量增多而增大的规律。

表 4-4-2 不同夹层物质成分的结构面抗剪强度（孙广忠，1988）

夹层成分	抗剪强度系数	
	摩擦系数 f	内聚力 C/kPa
泥化夹层和夹泥层	0.15～0.25	5～20
碎屑夹泥层	0.3～0.4	20～40
碎屑夹层	0.5～0.6	0～100
含铁锰质角砾碎屑夹层	0.6～0.85	30～150

充填物厚度对结构面抗剪强度的影响较大。图 4-4-9 为平直结构面内充填物厚度与其摩擦系数 f 和内聚力 C 的关系曲线。由图显示,充填物较薄时,随着厚度的增加,摩擦系数迅速降低,而内聚力开始时迅速升高,升到一定值后又逐渐降低;当充填物厚度达到一定值后,摩擦系数和内聚力都趋于某一稳定值。这时,结构面的强度主要取决于充填夹层的强度,而不再随充填物厚度增大而降低。据试验研究表明,这一稳定值接近于充填物的内摩擦系数和内聚力,因此,可用充填物的抗剪强度来代替结构面的抗剪强度。对于平直的黏土质夹泥层来说,充填物的临界厚度为 0.5～2mm。

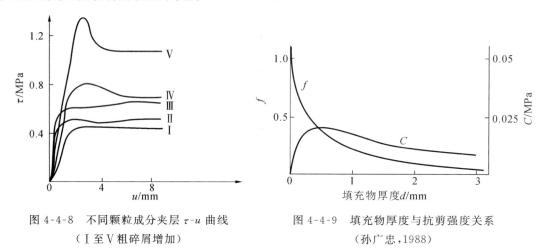

图 4-4-8　不同颗粒成分夹层 τ-u 曲线　　　图 4-4-9　填充物厚度与抗剪强度关系
（Ⅰ 至 Ⅴ 粗碎屑增加）　　　　　　　　　　（孙广忠,1988）

结构面的充填程度可用充填物厚度 d 与结构面的平均起伏差 h 之比来表示,d/h 被称为充填度。在一般情况下,充填度越小,结构面的抗剪强度越高;反之,随充填度增加,其抗剪强度降低。图 4-4-10 为充填度与摩擦系数的关系曲线。图中显示,当充填度小于 100% 时,充填度对结构面强度的影响很大,摩擦系数 f 随充填度 d/h 增大而迅速降低。当 d/h 大于 200% 时,结构面的抗剪强度才趋于稳定,这时,结构面的强度达到最低点且其强度主要取决于充填物性质。

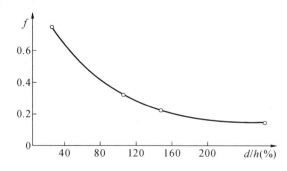

图 4-4-10　夹泥充填度对摩擦系数的影响示意图(孙广忠,1988)

由上述可知,当充填物厚度及充填度达到某一临界值后,结构面的抗剪强度最低且取决于充填物强度。在这种情况下,可将充填物的抗剪强度视为结构面的抗剪强度,而不必要再考虑结构面粗糙起伏度的影响。

除此之外,充填物的结构特征及含水率对结构面的强度也有明显的影响。一般来说,充填物结构疏松且具定向排列时,结构面的抗剪强度较低;反之,抗剪强度较高。含水率的影响也是如此,即结构面的抗剪强度随充填物含水率的增高而降低。

我国一些工程中的泥化夹层的抗剪强度指标列于表 4-4-3。

表 4-4-3 某些工程中泥化夹层的抗剪强度参数值

工程	岩性	内摩擦角/(°)		内聚力/MPa	
		室内	现场	室内	现场
青山	F4 夹层泥化带	10.8	9.6	0.010	0.060
葛洲坝	202 夹层泥化带	13.5	13	0.021	0.063
铜子街	C5 夹层泥化带	17.7	16.7	0.010	0.018
升中	泥岩泥化	13.5	11.8	0.009	0.100
朱庄	页岩泥化	16.2	13	0.003	0.033
盐锅峡	页岩泥化	17.2	17.2	0.025	0
上犹江	板岩泥化	15.6	15.1	0.042	0.051
五强溪	板岩泥化	17.7	15.1	0.021	0.018
海州露天矿	页岩泥化		18		0.05~0.07
	碳质页岩泥化		15		0.016
平庄西露天矿	页岩泥化		22		0.106
抚顺西露天矿	凝灰岩泥化		27		0.029
	页岩泥化		22		0.035

4.4.2.5 软弱夹层的抗剪强度

软弱夹层的抗剪强度变化范围很大,与软弱夹层的类型、泥质含量的多少及含水量的高低等因素都有关系。根据软弱夹层的泥质和破碎情况大致可以划分为三类:第一类是主要由泥化物质构成的泥化夹层;第二类是碎块与泥化物质构成的破碎夹层;第三类是基本无泥质的夹层。三类软弱夹层的实测内摩擦角平均值为:

泥化夹层,$f=0.21$,$\phi=12°$;

破碎夹泥层,$f=0.36$,$\phi=20°$;

基本无泥的破碎夹层,$f=0.45$,$\phi=24°$。

这是大体的趋势,这种区分还缺乏统一的标准,因而同一类夹层中的内摩擦角,有的相差较大。

(1) 泥化夹层的摩擦特性,与泥质成分、黏粒含量和含水量有关。试验资料表明:泥化夹层的含水量越高(这一般也说明其成分和黏粒的多少),内摩擦角越小。特别是在高含水量的三轴快剪时,其孔隙压力很大,甚至产生 $\phi=0°$ 的情况,这可能是某些边坡工程突然失稳的根源,值得认真注意。

(2) 破碎夹泥层的摩擦特性与破碎岩块大小、坚固程度、风化及含水情况等都很有关系,如果允许它具有足够大的位移,将具有中等程度的摩擦系数。当允许位移不大时,相应的强度将不高。所以对这类软弱夹层的研究,应根据工程的情况,给出不同位移情况下的摩擦系数,但目前还较少这样做。

(3) 基本上无泥质的一般破碎夹层,除了与破碎夹泥层具有相似的情况外,还与夹层本身的粗糙度有关。因此,这种夹层可分为两个亚类:其一是基本上无泥质的破碎带和构造岩,这种夹层的内摩擦角将略高于破碎夹泥层,在摩擦特性上是极其相似的;其二是岩石层面或接触面之间的摩擦,这种岩石的基本内摩擦角与节理岩石的内摩擦角没有本质的差别,不同之点在于是两种岩石之间的摩擦而已。

从我国近百座坝基中的软弱夹层的工程地质勘探查明,虽然软弱夹层按成因分类可以分为:构造型、原生型和风化(蚀变)型。但有80%～90%的软弱夹层存在这样或那样的构造破坏,这种情况显然将影响软弱夹层的摩擦特性。

4.4.3 结构面强度的规范取值

参照《工程岩体分级标准》(GB/T 50218—2014)所列关于结构面的分级标准与力学参数取值(见表4-4-4、表4-4-5)。

表4-4-4 结构面结合程度的划分

结合程度	结构面特征
结合好	张开度小于1mm,为硅质、铁质或钙质胶结,或结构面粗糙,无充填物; 张开度1～3mm,为硅质或铁质胶结; 张开度大于3mm,结构面粗糙,为硅质胶结
结合一般	张开度小于1mm,结构面平直,钙泥质胶结或无充填物; 张开度1～3mm,为钙质胶结; 张开度大于3mm,结构面粗糙,为铁质或钙质胶结
结合差	张开度1～3mm,结构面平直,为泥质胶结或钙泥质胶结; 张开度大于3mm,多为泥质或岩屑充填
结合很差	泥质充填或泥夹岩屑充填,充填物厚度大于起伏差

表4-4-5 岩体结构面抗剪断峰值强度

类别	两侧岩石的坚硬程度及结构面的结合程度	内摩擦角 $\phi/(°)$	内聚力 C/MPa
1	坚硬岩,结合好	>37	>0.22
2	坚硬—较坚硬岩,结合一般;较软岩,结合好	37～29	0.22～0.12
3	坚硬—较坚硬岩,结合差;较软岩—软岩,结合一般	29～19	0.12～0.08
4	较坚硬—较软岩,结合差—结合很差; 软岩,结合差;软质岩的泥化面	19～13	0.08～0.05
5	较坚硬岩及全部软质岩,结合很差;软质岩泥化层本身	<13	<0.05

根据《建筑边坡工程技术规范》(GB 50330—2013)规定,当无条件进行试验时,结构面的抗剪强度指标标准值在初步设计时可按表4-4-6并结合类似工程经验确定。

表4-4-6 结构面抗剪强度指标标准值

结构面类型		结构面结合程度	内摩擦角 $\phi/(°)$	内聚力 C/MPa
硬性结构面	1	结合好	>35	>0.13
	2	结合一般	35～27	0.13～0.09
	3	结合差	27～18	0.09～0.05
软弱结构面	4	结合很差	18～12	0.05～0.02
	5	结合极差(泥化层)	<12	<0.02

注:① 除第1项和第5项外,结构面两壁岩性为极软岩、软岩时取较低值;② 取值时应考虑结构面的贯通程度;③ 结构面浸水时取较低值;④ 临时性边坡可取高值;⑤ 已考虑结构面的时间效应;⑥ 未考虑结构面参数在施工期和运行期受其他因素影响发生的变化,当判定为不利因素时,可进行适当折减。

第5章 岩体基本力学性质与质量评价

5.1 概　　述

岩体的力学性质,一方面取决于它的受力条件;另一方面还受岩体地质特征及其赋存环境条件的影响。影响因素主要包括:组成岩体的岩石材料性质;结构面的发育特征及其性质;岩体的地质环境条件,尤其是地应力及地下水条件。其中结构面的影响是岩体力学性质不同于岩石力学性质的本质原因,使得岩体力学性质与岩石力学性质有显著的差别。

在一般情况下,岩体比岩石更易于变形,其强度也显著低于岩石的强度。不仅如此,岩体在外力作用下的力学属性往往表现出非均匀、非连续、各向异性和非弹性。所以,无论在什么情况下,都不能把岩体和岩石两个概念等同起来。因此,对于岩体力学性质的研究,岩石力学研究只能是基础,而不能完全替代。

人类的工程活动都是在岩体表面或内部进行的。从这一点来说,研究岩体的力学性质比研究岩石力学性质更重要、更具有实际意义。

另外,不同工程岩体的力学性质与结构特性存在差异,导致其质量差别明显。因此,研究岩体质量评价并分级,既是一个科学课题,又具有重要的工程意义,对于服务工程建设有重要价值。

本章将主要讲述岩体的变形、强度性质及工程质量评价方法。

5.2 岩体的变形性质

岩体变形是评价工程岩体稳定性的重要指标,也是岩体工程设计的基本准则之一。例如在修建拱坝和有压隧洞时,除研究岩体的强度外,还必须研究岩体的变形性能。当工程中各部分岩体的变形性能差别较大时,将在建筑物结构中引起附加应力;或者虽然各部分岩体的变形性质差别不大,但如果岩体软弱或特别破碎,抗变形性能差,将使建筑物产生过量的变形等。这些都会导致工程建筑物破坏或无法使用。

由于岩体中存在大量的结构面,结构面中还往往有各种充填物,或者本身就是软弱结构面。因此,在受力条件改变时岩体的变形是岩石材料变形和结构变形的总和,其中结构变形通常包括结构面闭合、充填物压密及结构体转动和滑动等变形。在一般情况下,岩体的结构变形远大于岩石的变形,起着控制作用。目前,主要通过岩体原位变形试验研究岩体的变形性质。

5.2.1 岩体原位变形试验及变形参数确定

岩体原位变形试验,也称岩体现场变形试验,按其原理和方法不同可分为静力法和动力法两种。静力法的基本原理是:在选定的岩体表面、槽壁或钻孔壁面上施加法向荷载,并测定其岩体的变形值;然后绘制压力-变形关系曲线,计算出岩体的变形参数。根据试验方法不同,静力法又可分为承压板法、狭缝法、钻孔变形法、水压硐室法及单(双)轴压缩试验法等。动力法是用人工方法对岩体发射(或激发)弹性波(声波或地震波),并测定其在岩体中的传播速度,然后根据波动理论求岩体的变形参数。根据弹性波激发方式的不同,又分为声波法和地震波法两种。本节主要介绍静力法及其参数确定方法,动力法将在第10章介绍。

5.2.1.1 承压板法

由于承压板法需要较大的反力,因此该试验一般要在地下平巷进行。按承压板的刚度不同可分为刚性承压板法和柔性承压板法两种。各类岩体均可采用刚性承压板法试验,完整和较完整的岩体也可采用柔性承压板法试验。刚性承压板法装置如图5-2-1所示,柔性承压板法装置如图5-2-2所示。

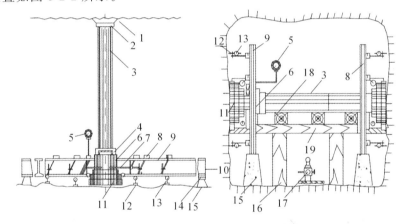

图 5-2-1 刚性承压板法试验安装

1.砂浆顶板;2.垫板;3.传力柱;4.圆垫板;5.标准压力表;6.液压千斤顶;7.高压管(接油泵);
8.磁性表架;9.工字钢梁;10.钢板;11.刚性承压板;12.标点;13.千分表;14.滚轴;
15.混凝土支墩;16.木柱;17.油泵(接千斤顶);18.木垫;19.木梁

试验时,先清除选择好的具代表性的岩面上的浮石,平整岩面。然后依次装上承压板、千斤顶、传力柱和变形量表等。将洞顶或洞侧壁作为反力装置,通过油压千斤顶对岩面施加荷载,并用百分表测记岩体变形值。柔性承压板法还应预先在试点中心垂直试点表面方向上钻孔并取心,在中心孔内布置轴向位移计进行深部岩体的变形量测。

应选择具有代表性的试点,并避开大的断层及破碎带。加工的试点面积应大于承压板,承压板直径或边长不宜小于0.30m。试点中心至试验洞侧壁或底板的距离应大于承压板直径或边长的2.0倍,试点中心至洞口或掌子面的距离应大于承压板直径或边长的2.5倍,试点中心至临空面的距离应大于承压板直径或边长的6.0倍。两试点中心之间的距离应大于承压板直径或边长的4.0倍,试点表面以下3.0倍承压板直径或边长深度范围内岩体的岩性宜相同。

试验时,将预定的最大荷载分为若干级,采用逐级一次循环法加压。在加压过程中,同时测记各级压力(p)下的岩体变形值(W),绘制 p-W 曲线(见图 5-2-3)。通过某级压力下的变形值,可用布西涅斯克公式计算岩体的变形模量 E_m 和弹性模量 E_{me},公式如下:

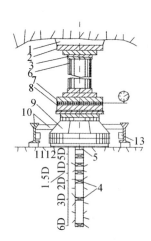

图 5-2-2 柔性承压板中心孔法安装
1.混凝土顶板;2.钢板;3.斜垫板;4.多点位移计;
5.锚头;6.传力柱;7.测力枕;8.加压枕;9.环形传力箱;
10.测架;11.环形传力枕;12.环形钢板;13.小螺旋顶

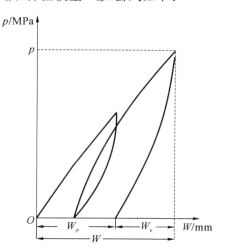

图 5-2-3 岩体的压力 p-变形 W 曲线

$$E_m = \frac{pD(1-\mu_m^2)\omega}{W} \quad (5\text{-}2\text{-}1)$$

$$E_{me} = \frac{pD(1-\mu_m^2)\omega}{W_e} \quad (5\text{-}2\text{-}2)$$

式中,p 为承压板单位面积上的压力;D 为承压板的直径或边长;W、W_e 分别为相应于 p 下的岩体总变形和弹性变形;ω 为与承压板形状与刚度有关的系数,对于圆形板 $\omega=0.785$,对于方形板,$\omega=0.886$;μ_m 为岩体的泊松比。

当采用柔性承压板法量测岩体表面变形时,应按下列公式计算岩体的变形模量 E_m 和弹性模量 E_{me}:

$$E_m = \frac{p(1-\mu_m^2)}{W^*} \cdot 2(r_1-r_2) \quad (5\text{-}2\text{-}3)$$

$$E_{me} = \frac{p(1-\mu_m^2)}{W_e^*} \cdot 2(r_1-r_2) \quad (5\text{-}2\text{-}4)$$

式中,r_1、r_2 分别为环形柔性承压板的外半径和内半径;W^*、W_e^* 分别为相应于 p 下的柔性承压板中心岩体表面的总变形、弹性变形。

当采用柔性承压板法量测中心孔深部变形时,应按下列公式计算岩体的变形模量 E_m 和弹性模量 E_{me}:

$$E_m = \frac{p}{W_z^*} \cdot K_z \quad (5\text{-}2\text{-}5)$$

$$E_{me} = \frac{p}{W_{ez}^*} \cdot K_z \quad (5\text{-}2\text{-}6)$$

式中,W_z^*、W_{ez}^* 分别为深度为 z 处的岩体总变形、弹性变形;K_z 为与承压板尺寸、测点深度和泊松比有关的系数。

5.2.1.2 钻孔变形法

钻孔变形法是利用钻孔膨胀计等设备,通过水泵对一定长度的钻孔壁施加均匀的径向荷载(见图 5-2-4),同时测记各级压力下的径向变形 U。利用厚壁筒理论可推导出岩体的变形模量 E_m 与 U 的关系为:

$$E_m = \frac{dp(1+\mu_m)}{U} \quad (5-2-7)$$

式中,d 为钻孔孔径;p 为计算压力。

与承压板法相比较,钻孔变形试验有如下优点:① 对岩体扰动小;② 可以在地下水位以下和相当深的部位进行;③ 试验方向基本上不受限制,而且试验压力可以达到很大;④ 在一次试验中可以同时测量几个方向的变形,便于研究岩体的各向异性。其主要缺点在于试验涉及的岩体体积小,代表性有一定局限。

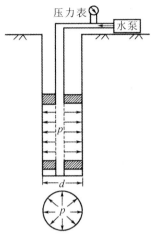

图 5-2-4 钻孔变形试验装置示意图

5.2.1.3 狭缝法

狭缝法又称为狭缝扁千斤顶法,是在选定的岩体表面刻槽,然后在槽内安装扁千斤顶(压力枕)进行试验(见图 5-2-5)。试验时,利用油泵和扁千斤顶对槽壁岩体分级施加法向压力,同时利用百分表测记相应压力下的变形值 W_R。岩体的变形模量 E_m 按下式计算:

$$E_m = \frac{pl}{2W_R}[(1-\mu_m)(\tan\theta_1 - \tan\theta_2) + (1+\mu_m)(\sin2\theta_1 - \sin2\theta_2)] \quad (5-2-8)$$

式中,p 为作用于槽壁上的压力;$W_R = \Delta y_1 - \Delta y_2$,其中 Δy_1、Δy_2 分别为测点 A_1 的 A_2 的位移值;其余参数如图 5-2-6 所示。

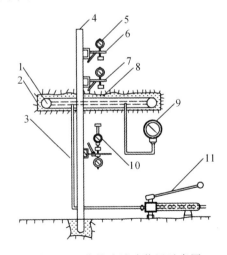

图 5-2-5 狭缝法试验装置示意图
1.扁千斤顶;2.槽壁;3.油管;4.测杆;
5.百分表(绝对测量);6.磁性表架;7.测量标点;8.砂浆;
9.标准压力表;10.千分表(相对测量);11.油泵

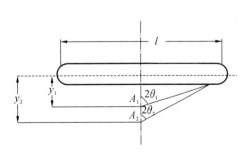

图 5-2-6 相对变形计算示意图

常见岩体的弹性模量和变形模量如表 5-2-1 所示。从表可知,各类岩体的变形模量都比相应岩石的变形模量(见表 3-3-1)小很多,而且受结构面发育程度及风化程度等因素影响十分明显。因此,不同地质条件下的同一岩体,其变形模量也可以相差较大。所以,在实际工作中,应密切结合岩体的地质条件,选择合理的模量值。此外,试验方法不同,岩体的变形模量也有一定的差异(表 5-2-2)。

表 5-2-1　常见岩体的弹性模量和变形模量表(据李先炜,1990)

岩体名称	承压板面积/cm²	应力/MPa	试验方法	弹性模量 E_{me} /10³MPa	变形模量 E_m /10³MPa	地质简述	备注
煤	2025	4.03~18	单轴压缩	4.07			南非
页岩		3.5	承压板	2.8	1.93	泥质页岩与砂岩互层,较软	隔河岩,垂直岩层
		3.5	承压板	5.24	4.23	较完整,垂直于岩层,裂隙较发育	隔河岩,垂直岩层
		3.5	承压板	7.5	4.18	岩层受水浸,页岩,泥化变松软	隔河岩,平行岩层
		0.7	水压法	19	14.6	薄层的黑色页岩	摩洛哥,平行岩层
		0.7	水压法	7.3	6.6	薄层的黑色页岩	摩洛哥,垂直岩层
砂质页岩			承压板	17.26	8.09	二叠纪—三叠纪砂质页岩	
			承压板	8.64	5.48	二叠纪—三叠纪砂质页岩	
砂岩	2000		承压板	19.2	16.4	新鲜,完整,致密	万安
	2000		承压板	3~6.3	1.4~3.4	弱风化,较破碎	万安
	2000		承压板	0.95	0.36	断层影响带	万安
灰岩			承压板	35.4	23.4	新鲜,完整,局部有微风化	隔河岩
			狭缝法	22.1	15.6	薄层,泥质条带,部分风化	隔河岩
			狭缝法	24.7	20.4	较新鲜、完整	隔河岩
			承压板	9.15	5.63	薄层,微裂隙发育	隔河岩
	2500		承压板	57.0	46	新鲜、完整	乌江渡
	2500		承压板	23	15	断层影响带,黏土填充	乌江渡
	2500		承压板		104	微晶条带,坚硬,完整	乌江渡
					1.44	节理发育	以礼河四级
白云岩			承压板	11.5~32	7~12		鲁布格,德国
片麻岩		4.0	狭缝法	30~40		密实	意大利
		2.5~3.0	承压板	13~13.4	6.9~8.5	风化	德国

续表

岩体名称	承压板面积/cm²	应力/MPa	试验方法	弹性模量 E_{me} /10³ MPa	变形模量 E_m /10³ MPa	地质简述	备 注
花岗岩		2.5~3.0	承压板	40~50			丹江口
		2.0	承压板		12.5	裂隙发育	
			承压板	3.7~4.7	1.1~3.4	新鲜微裂隙至风化强裂隙	日本
玄武岩		5.95	承压板	38.2	11.2	坚硬,致密,完整	以礼河三级
		5.95	承压板	9.8~15.7	3.35~3.86	破碎,节理多,且坚硬	以礼河三级
		5.11	承压板	3.75	1.21	断层影响带,且坚硬	以礼河三级
辉绿岩				83	36	变质,完整,致密,裂隙为岩脉填充	丹江口
					9.2	有裂隙	德国
闪长岩		5.6	承压板	62		新鲜,完整	太平溪
		5.6	承压板		16	弱风化,局部较破碎	太平溪
石英岩			承压板	40~45		密实	摩洛哥

表 5-2-2　几种岩体用不同方法测定的弹性模量

岩体类型	无侧限压缩（实验室,平均）	承压板法（现场）	狭缝法（现场）	钻孔千斤顶法（现场）	备 注
裂隙和成层的闪长片麻岩	80	3.72~5.84	—	4.29~7.25	Tehachapi 隧道
大到中等节理的花岗片麻岩	53	3.5~35	—	10.8~19	Dworshak 坝
大块的大理岩	48.5	12.2~19.1	12.6~21	9.5~12	Crestmore 矿

5.2.2　岩体变形曲线类型及其特征

5.2.2.1　法向变形

岩体在受压时的力学行为是十分复杂的,包括岩石压密、结构面闭合、岩石沿结构面滑移或转动等;同时,受压边界条件又随压力增大而改变。因此,为了方便研究,岩体的 p-W 曲线往往呈现出复杂的曲线类型,应注意结合实际的岩体地质条件加以分析。按岩体法向变形曲线（p-W 曲线）的形状和变形特征,可将其分为如图 5-2-7 所示的 4 类。

1. 直线型

如图 5-2-7(a)所示,此类为一通过原点的直线,方程为 $p=f(W)=KW,\mathrm{d}p/\mathrm{d}W=K$

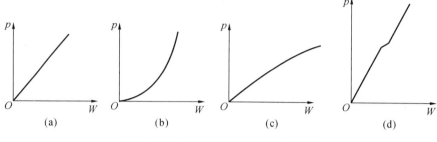

图 5-2-7　岩体变形曲线类型示意图

(K 即为岩体的刚度,为常数),且 $d^2p/dW^2=0$。反映岩体在加压过程中 W 随 p 成正比增加。岩性均匀且结构面不发育或结构面分布均匀的岩体多呈这类曲线。根据 p-W 曲线的斜率大小及卸压曲线特征,这类曲线又可分为如下两类:

(1) 陡直线型(见图 5-2-8),特点是 p-W 曲线的斜率较陡,呈陡直线。说明岩体刚度大,不易变形。卸压后变形几乎可恢复到原点,且以弹性变形为主,反映出岩体接近于均质弹性体。较坚硬、完整、致密、均匀、少裂隙的岩体,多具这类曲线特征。

(2) 曲线斜率较缓,呈缓直线型。反映出岩体刚度低、易变形。卸压后岩体变形只能部分恢复,有明显的塑性变形和回滞环(见图 5-2-9)。这类曲线虽是直线,但不是弹性。出现这类曲线的岩体主要有:由多组结构面切割且分布较均匀的岩体,以及岩性较软弱但较均质的岩体。另外,平行层面加压的层状岩体,也多为缓直线型。

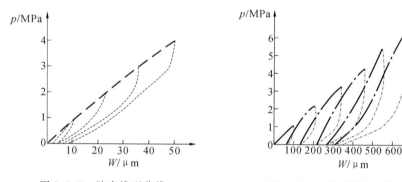

图 5-2-8　陡直线型曲线　　　　图 5-2-9　缓直线型曲线

2. 上凹型

如图 5-2-7(b)所示,这类曲线方程为 $p=f(W)$,dp/dW 随 p 增大而递增,$d^2p/dW^2>0$,呈上凹型曲线。层状及节理岩体多呈这类曲线。据其加卸压曲线又可分为两种:

(1) 每次加压曲线的斜率随、卸压循环次数的增加而增大,即岩体刚度随循环次数增加而增大。每次卸压曲线相对较缓,且相互近于平行。弹性变形 W_e 和总变形 W 之比随 p 增大而增大,说明岩体弹性变形成分较大(见图 5-2-10)。这种曲线多出现于垂直层面加压的较坚硬层状岩体中。

(2) 加压曲线的变化情况与(1)相同,但卸压曲线较陡,说明卸压后变形大部分不能恢复,主要为塑性变形(见图 5-2-11)。存在软弱夹层的层状岩体及裂隙岩体常呈这类曲线。另外,垂直层面加压的较软弱层状岩体也可出现这类曲线。

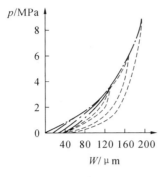
图 5-2-10 上凹型曲线(1)

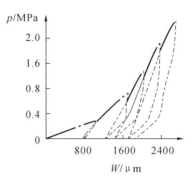
图 5-2-11 上凹型曲线(2)

3. 上凸型

如图 5-2-7(c)所示,这类曲线的方程为 $p=f(W)$,$\mathrm{d}p/\mathrm{d}W$ 随 p 增加而递减,$\mathrm{d}^2p/\mathrm{d}W^2<0$,呈上凸型曲线。结构面发育且有泥质充填的岩体、较深处埋藏有软弱夹层或岩性软弱的岩体(黏土岩、风化岩)等常呈这类曲线。

4. 复合型

如图 5-2-7(d)所示,p-W 曲线呈阶梯或"S"形。结构面发育不均匀或岩性不均匀的岩体常呈此类曲线。

5.2.2.2 剪切变形

岩体原位剪切试验研究表明,岩体的剪切变形曲线也是十分复杂的:沿结构面剪切和剪断岩体的剪切曲线明显不同;沿平直光滑结构面和粗糙结构面剪切的剪切曲线也有明显的差异。根据 τ-u 曲线的形状及残余强度(τ_r)与峰值强度(τ_p)的差异,可将岩体剪切变形曲线分为如图 5-2-12 所示的 3 类。

(1) 如图 5-2-12(a)所示,峰值前变形曲线的平均斜率小,破坏位移大,一般可达 2~10mm;峰值后随位移增大,强度损失很小或不变,$\tau_r/\tau_p \approx 1.0 \sim 0.6$ 或更低。沿软弱结构面剪切时,常呈此类型。

(2) 如图 5-2-12(b)所示,峰值前变形曲线平均斜率较大,峰值强度较高。峰值后随剪位移增大,强度损失较大,有较明显的应力降,$\tau_r/\tau_p \approx 0.8 \sim 0.6$。沿粗糙结构面、软弱岩体或强风化岩体剪切时,多属此类型。

(3) 如图 5-2-12(c)所示,峰值前变形曲线斜率大,曲线具有较清楚的线性段和非线性段。比例极限和屈服极限较易确定。峰值强度高,破坏位移小,一般约 1mm。峰值后随位移增大,强度迅速降低,残余强度较低,$\tau_r/\tau_p \approx 0.6 \sim 0.3$ 或更低。剪断坚硬岩体时的变形曲线多属此类型。

5.2.3 影响岩体变形性质的因素

影响岩体变形性质的因素较多,主要包括岩体的岩性、结构面发育特征、荷载条件、试样尺寸、试验方法和温度等。其他因素的影响在表 5-2-1 和表 5-2-2 中已有所反映,下面主要就结构面特征的影响进行讨论。

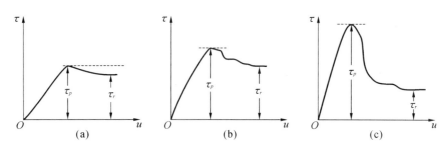

图 5-2-12 岩体剪切变形曲线类型示意图

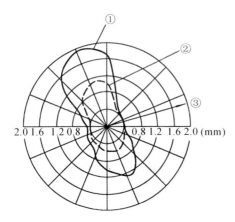

图 5-2-13 硐室岩体径向变形与结构
面产状关系（肖树芳等，1986）
① 总变形；② 弹性变形；③ 结构面走向

结构面的影响包括结构面方位、密度、充填特征及其组合关系等方面的影响，称为结构效应。

(1) 结构面方位。主要表现在岩体变形随结构面及应力作用方向间夹角的不同而不同，即导致岩体变形的各向异性。这种影响在岩体内结构面组数较少时表现特别明显，而随结构面组数增多，反而越来越不明显。图 5-2-13 为某泥岩岩体变形与结构面产状间的关系，由图可见，无论是总变形或弹性变形，其最大值均发生在垂直结构面方向上，平行结构面方向的变形最小。另外，岩体的变形模量 E_m 也具有明显的各向异性。一般来说，平行结构面方向的变形模量 $E_\parallel$ 大于垂直方向的变形模量 $E_\perp$。表 5-2-3 为我国某些工程岩体变形模量实测值，可知岩体的 $E_\parallel/E_\perp$ 一般为 1.5～3.5。

表 5-2-3 某些岩体的 $E_\parallel/E_\perp$ 值表

岩 体 名 称	$E_\parallel$/GPa	$E_\perp$/GPa	$E_\parallel/E_\perp$	平均比值 $E_\parallel/E_\perp$	工程
页岩、灰岩夹泥灰岩			3～5		
花岗岩			1～2		
薄层灰岩夹碳质页岩	56.3	31.4	1.79	1.79	乌江渡
砂岩	26.3	14.4	1.83	1.83	葛洲坝
变余砾状绿泥石片岩	35.6	22.4	1.59	1.59	丹江口
绿泥石云母片岩	45.6	21.4	2.13	2.13	
石英片岩夹绿泥石片岩	38.7	22.8	1.70	1.70	
板岩	9.7	6.1	1.59	1.32	五强溪
	28.1	23.8	1.18		
	52.5	44.1	1.19		
砂岩	38.5	30.3	1.27	1.52	
	71.6	35.0	2.05		
	82.7	66.6	1.24		

（2）结构面密度。主要表现在随结构面密度增大，岩体完整性变差，变形增大，变形模量减小。图 5-2-14 为岩体 E_m 与 RQD 值的关系，图中 E 为岩石的变形模量。由此可见，当岩体 RQD 值由 100% 降至 65% 时，E_m/E 迅速降低；当 RQD<65% 时，E_m/E 变化不大，即当结构面密度大到一定程度时，对岩体变形的影响就不明显了。

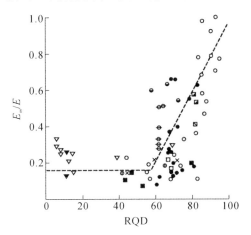

图 5-2-14　岩体 E_m/E 与 RQD 关系

（3）结构面的张开度及充填特征。它们对岩体的变形也有明显的影响。一般来说，张开度较大且无充填或充填薄时，岩体变形较大，变形模量较小；反之，则岩体变形较小，变形模量较大。

5.3　岩体的强度性质

岩体强度是指岩体抵抗外力破坏的能力。和岩石一样，岩体强度也有抗压强度、抗拉强度和剪切强度之分。但对于裂隙岩体来说，其抗拉强度很小，工程设计上一般不允许岩体中出现拉应力。加上岩体抗拉强度测试技术难度大，所以，目前对岩体抗拉强度的研究很少。本节主要讨论岩体的剪切强度和抗压强度。

在一般情况下，岩体的强度既不同于岩石的强度，也不同于结构面的强度。如果岩体内结构面不发育，呈整体或完整结构时，则岩体的强度大致与岩石强度接近；如果岩体沿某一特定结构面滑动破坏，则其强度将取决于该结构面的强度。这是两种极端的情况，比较好处理。难办的是节理裂隙切割的裂隙化岩体强度的确定问题，其强度介于岩石与结构面强度之间。

5.3.1　岩体的剪切强度

岩体内任一方向剪切面，在法向应力作用下所能抵抗的最大剪应力，称为岩体的剪切强度。通常又可细分为抗剪断强度、抗剪强度和抗切强度三种。抗剪断强度是指在任一法向应力下，横切结构面剪切破坏时岩体能抵抗的最大剪应力；在任一法向应力下，岩体沿已有结构面剪切破坏时的最大应力，称为抗剪强度，实际上就是这条结构面的抗剪强度；剪切面上的法向应力为零时的抗剪断强度，称为抗切强度。

岩体原位剪切试验是确定剪切强度最有效的方法,普遍采用的方法是双千斤顶法直剪试验。该方法是在平巷中制备试样,并以两个千斤顶分别在垂直和水平方向施加外力而进行的直剪试验,其装置如图 5-3-1 所示。试样尺寸视裂隙发育情况而定,但其断面积不宜小于 50cm×50cm,试样高一般为断面边长的 0.5 倍,如果岩体软弱破碎则需浇注钢筋混凝土保护罩。每组试验需 5 个以上试样,每个试样作用不同的法向应力。各试样的岩性及结构面等情况应大致相同,应避开大的断层和破碎带,试验时,先施加不同的垂直荷载,待其变形稳定后,再逐级施加水平剪力直至试样破坏。

通过试验可获取如下资料:① 岩体剪应力(τ)-剪位移(u)曲线及法向应力(σ)-法向变形(W)曲线;② 剪切强度曲线及岩体剪切强度参数 C_m,ϕ_m 值(见图 5-3-2)。

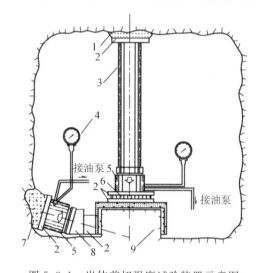

图 5-3-1 岩体剪切强度试验装置示意图
1.砂浆顶板;2.钢板;3.传力柱;4.压力表;5.液压千斤顶;
6.滚轴排;7.混凝土后座;8.斜垫板;9.钢筋混凝土保护罩

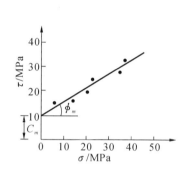

图 5-3-2 C_m,ϕ_m 值确定示意图

岩体的剪切强度主要受结构面、应力状态、岩石性质、风化程度及其含水状态等因素的影响。在高应力条件下,岩体的剪切强度较接近于岩石的强度,而在低应力条件下,岩体的剪切强度更多地受结构面发育特征及其组合关系的控制。由于作用在岩体上的工程荷载一般多在 10MPa 以下,所以与工程活动有关的岩体破坏,基本上受结构面特征控制,致使岩体一般具有各向异性。即沿结构面产生剪切破坏时,岩体剪切强度最小,近似等于结构面的抗剪强度;而横切结构面剪切时,岩体剪切强度最高,接近于岩石的强度;沿复合剪切面剪切(复合破坏)时,其强度则介于以上两者之间。

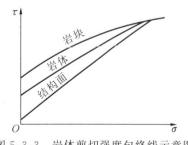

图 5-3-3 岩体剪切强度包络线示意图

因此,在一般情况下,岩体的剪切强度不是一个单一值,而是具有一定上限和下限的值域,其强度包络线也不是一条简单的曲线,而是有一定上限和下限的曲线簇(见图 5-3-3):其上限是岩体的剪断强度,一般可通过原位岩体剪切试验或经验估算方法求得,在没有资料的情况下,可用岩石剪断强度来代替;下限是结构面的抗剪强度。

另外,由图 5-3-3 可知,当应力 σ 较低时,岩体强度变化范围较大,随着应力增大,范围逐渐变小。当应力 σ 高到一定程度时,包络线变为一条曲线。这表明,岩体强度基本上不再受结构面影响而趋于各向同性体。

强风化岩体和软弱岩体,剪断岩体时的内摩擦角多在 30°~40°之间变化,内聚力多为 0.01~0.5MPa,岩体强度总体上较低,其强度包络线上、下限比较接近,变化范围小。坚硬岩体,剪断岩体时的内摩擦角多在 45°以上,内聚力多为 0.1~4MPa,岩体强度总体上比较高,强度包络线的上、下限差值较大,变化范围也大。

各类岩体的剪切强度参数 C_m、ϕ_m 值列于表 5-3-1。由表 5-3-1 与表 3-4-1 相比较可知,岩体的内摩擦角与岩石比较接近,而岩体的内聚力则大大低于岩石。说明结构面的存在主要是降低了岩体的联结能力,进而降低其内聚力。

表 5-3-1　各类岩体的剪切强度参数表

岩体名称		内聚力 C_m/MPa	内摩擦角 ϕ_m/(°)
褐煤		0.014~0.03	15~18
黏土岩	范围	0.002~0.18	10~45
	一般	0.04~0.09	15~30
页岩	范围	0.03~1.36	33~70
	一般	0.1~0.4	38~50
灰岩	范围	0.02~3.9	13~65
	一般	0.1~1	38~52
砂岩	范围	0.04~2.88	28~70
	一般	1~2	48~60
泥灰岩		0.07~0.44	20~41
石英岩		0.01~0.53	22~40
闪长岩		0.2~0.75	30~59
片麻岩		0.35~1.4	29~68
辉长岩		0.76~1.38	38~41
粉砂岩		0.07~1.7	29~59
砂质页岩		0.07~0.18	42~63
泥岩		0.01	23
花岗岩	范围	0.1~4.16	30~70
	一般	0.2~0.5	45~52
大理岩	范围	1.54~4.9	24~60
	一般	3~4	49~55
石英闪长岩		1.0~2.2	51~61

续表

岩体名称	内聚力 C_m/MPa	内摩擦角 ϕ_m/(°)
安山岩	0.89~2.45	53~74
正长岩	1~3	62~66
玄武岩	0.06~1.4	36~61

5.3.2 岩体的抗压强度

岩体的抗压强度分为单轴抗压强度和三轴压缩强度。目前,在生产实际中,通常采用原位单轴压缩和三轴压缩试验来确定抗压强度。这两种试验也是在平巷中制备试样,并采用千斤顶等加压设备施加压力,直至试样破坏,可以得到破坏时的荷载即为岩体的抗压强度。单轴压缩试验较简单,见图 5-3-4。而三轴压缩试验则可以根据试验场地的具体情况灵活布置围压的施加,图 5-3-5 与图 5-3-6 分别是反力台式和反力框架式的三轴试验示意图。

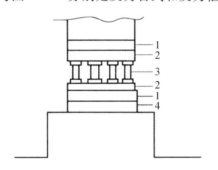

图 5-3-4　岩体单轴抗压强度测试示意图
1.方木;2.工字钢;3.千斤顶;4.水泥砂浆

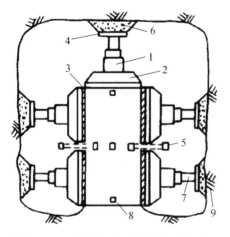

图 5-3-5　反力台式(千斤顶施加压力)
三轴试验示意图
1.千斤顶;2.传力架;3.柔性垫层;4.垫板;5.测量标点;
6.水泥砂浆;7.传力柱;8.试件;9.反力座

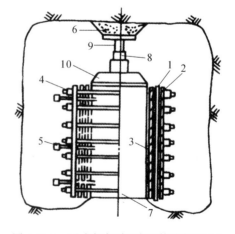

图 5-3-6　反力框架式(液压枕施加压力)
三轴试验示意图
1.液压枕;2.垫板;3.柔性垫层;4.反力框架;5.测量标点;
6.水泥砂浆;7.试件;8.千斤顶;9.传力柱;10.传力架

由于岩体中包含各种结构面,给试样制备及加载带来很大的困难。加上原位岩体压缩试验工期长,费用昂贵,在一般情况下难以普遍采用;并且还应考虑测试试样的代表性及岩体的地质条件差异性。所以,长期以来,人们还在探索用一些简单的更具普遍意义的方法来求取岩体的压缩强度。

Jaeger(1960)的单结构面理论为研究裂隙岩体的压缩强度提供了有益的起点。如图5-3-7(a)所示,若岩体中发育有一组结构面 AB,假定 AB 与最大主平面的夹角为 β。则作用于 AB 面上的法向应力 σ 和剪应力 τ 为

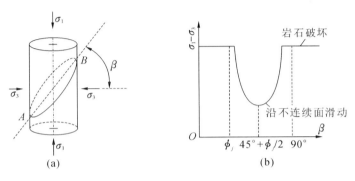

图 5-3-7 单结构面理论示意图

$$\begin{cases} \sigma = \dfrac{\sigma_1 + \sigma_3}{2} + \dfrac{\sigma_1 - \sigma_3}{2}\cos2\beta \\ \tau = \dfrac{\sigma_1 - \sigma_3}{2}\sin2\beta \end{cases} \quad (5\text{-}3\text{-}1)$$

假定结构面的抗剪强度 τ_f 服从库仑-纳维尔判据:

$$\tau_f = \sigma\tan\phi_j + C_j \quad (5\text{-}3\text{-}2)$$

将式(5-3-1)代入式(5-3-2)整理,可得到沿结构面 AB 产生剪切破坏的条件为(因为此时岩体已经破坏,则 $\sigma_{1m} = \sigma_1$):

$$\sigma_{1m} - \sigma_3 = \dfrac{2(C_j + \sigma_3\tan\phi_j)}{(1 - \tan\phi_j\cot\beta)\sin2\beta} \quad (5\text{-}3\text{-}3)$$

式中,C_j,ϕ_j 分别为结构面的内聚力和内摩擦角。

由式(5-3-3)可知:岩体的强度 $(\sigma_{1m} - \sigma_3)$ 随结构面倾角 β 变化而变化。

为了分析岩体是否破坏,沿什么方向破坏,可利用莫尔强度理论与莫尔应力圆的关系进行判别。由式(5-3-3)可知:当 $\beta \to \phi_j$ 或 $\beta \to 90°$ 时,$(\sigma_{1m} - \sigma_3)$ 都趋于无穷大,岩体不可能沿结构面破坏,而只能产生剪断岩体破坏,破坏面方向为 $\beta = 45° + \phi/2$ (ϕ 为岩石的内摩擦角)。另外,如图5-3-8所示,图中斜直线1为岩石强度包络线 $\tau = \sigma\tan\phi_0 + C_0$,斜直线2为结构面强度包络线 $\tau_f = \sigma\tan\phi_j + C_j$。由受力状态 (σ_1, σ_3) 绘出的莫尔应力圆上某一点代表岩体某一方向截面上的受力状态。根据莫尔强度理论,若应力圆上的点落在强度包络线之下时,则岩体不会沿该截面破坏。由图5-3-8可知,只有当结构面倾角 β 满足 $\beta_1 \leqslant \beta \leqslant \beta_2$ 时,岩体才能沿结构面破坏。图5-3-7(b)给出了这两种破坏的强度包络线。利用图5-3-8可方便地求得 β_1 和 β_2。

$$\beta_1 = \dfrac{\phi_j}{2} + \dfrac{1}{2}\arcsin\left[\dfrac{(\sigma_{1m} + \sigma_3 + 2C_j\cot\phi_j)\sin\phi_j}{\sigma_1 - \sigma_3}\right] \quad (5\text{-}3\text{-}4)$$

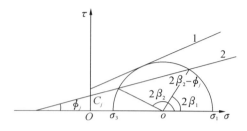

图 5-3-8 沿结构面破坏 β 的变化范围示意图

$$\beta_2 = 90 + \frac{\phi_j}{2} - \frac{1}{2}\arcsin\left[\frac{(\sigma_{1m} + \sigma_3 + 2C_j\cot\phi_j)\sin\phi_j}{\sigma_{1m} - \sigma_3}\right] \quad (5\text{-}3\text{-}5)$$

改写式(5-3-3),可得到岩体三轴压缩强度 σ_{1m} 为

$$\sigma_{1m} = \sigma_3 + \frac{2(C_j + \sigma_3\cot\phi_j)}{(1 - \tan\phi_j\cot\beta)\sin 2\beta} \quad (5\text{-}3\text{-}6)$$

令 $\sigma_3 = 0$,则得到岩体的单轴压缩强度 σ_{mc} 为

$$\sigma_{mc} = \frac{2C_j}{(1 - \tan\phi_j\cot\beta)\sin 2\beta} \quad (5\text{-}3\text{-}7)$$

当 $\beta = 45° + \phi_j/2$ 时,岩体强度取得最低值为

$$(\sigma_{1m} - \sigma_3)_{\min} = \frac{2(C_j + \sigma_3\tan\phi_j)}{\sqrt{1 + \tan^2\phi_j} - \tan\phi_j} \quad (5\text{-}3\text{-}8)$$

根据以上单结构面理论,岩体强度呈现明显的各向异性特征,受结构面倾角 β 控制。如单一岩性的层状岩体,最大主应力 σ_1 与结构面垂直($\beta = 90°$)时,岩体强度与结构面无关,此时,岩体强度与岩石强度接近;当 $\beta = 45° + \phi_j/2$ 时,岩体将沿结构面破坏,此时,岩体强度与结构面强度相等;当最大主应力 σ_1 与结构面平行($\beta = 0°$)时,岩体将产生拉张破坏,此时,岩体强度近似等于结构面抗拉强度。

如果岩体中含有二组以上结构面,且假定各组结构面具有相同的性质时,岩体强度的确定方法是分步运用单结构面理论式(5-3-3),分别绘出每一组结构面单独存在时的强度包络线,这些包络线的最小包络线即为含多组结构面岩体的强度包络线,并可以此来确定岩体的强度。图 5-3-9 分别为含两、三组结构面的岩体,在不同围压 σ_3 下的强度包络线。

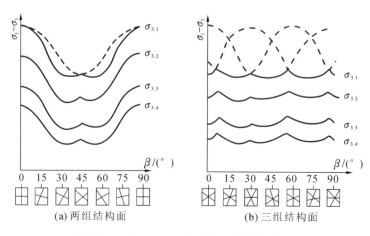

(a) 两组结构面　　(b) 三组结构面

图 5-3-9 含不同组数结构面岩体强度曲线

由图 5-3-9 可知,随岩体内结构面组数的增加,岩体的强度越来越趋于各向同性;而岩体的整体强度却大大地削弱了,且多沿复合结构面破坏。说明结构面组数少时,岩体趋于各向异性体,随结构面组数增加,各向异性越来越不明显。Hoek 和 Brown(1980)认为,含 4 组以上结构面的岩体,其强度按各向同性处理是合理的。另外,岩体强度的各向异性程度还受围压 σ_3 的影响,随着 σ_3 增高,岩体由各向异性体向各向同性体转化。一般认为当 σ_3 接近于岩体单轴抗压强度 σ_c 时,可视为各向同性体。

5.4 工程岩体质量评价与分级分类

5.4.1 岩体基本质量

岩体工程影响范围内的岩体称为工程岩体。岩体基本质量是指岩体所固有的、影响工程岩体稳定性的最基本属性。影响岩体稳定性的因素很多,主要有岩体的物理力学性质、岩体结构特征、承受的荷载(工程荷载和初始应力)、应力应变状况、几何边界条件、水的赋存条件等。这些因素中只有岩体的物理力学性质和岩体结构特征,可以看成基本独立于各种工程类型的,能反映岩体基本特性的因素,特别是岩石的坚硬程度、岩体的完整性,体现了岩体作为地质体的基本属性,对各种类型的工程岩体稳定性都是最重要的,是控制性的。因此,岩体基本质量主要是由岩石的坚硬程度和岩体的完整程度所决定的。

5.4.1.1 岩石的坚硬程度

岩石的坚硬程度,是岩石在工程意义上的最基本的性质之一。它和岩石的矿物成分、结构、致密程度、风化程度及受水软化程度有关;表现为岩石在外荷载作用下,抵抗变形直至破坏的能力。表示这一性质的定量指标,有岩石单轴抗压强度、弹性(变形)模量、回弹值等。在这些力学指标中,单轴抗压强度容易测得,代表性强,使用最广,与其他强度指标相关密切,同时又能反映出遇水软化的性质。所以,一般用岩石饱和单轴抗压强度作为岩石的坚硬程度的定量指标。现场勘察时,也可根据岩石的锤击难易程度、回弹程度、手触感觉和吸水反应来直观地鉴别岩石的坚硬程度。岩石的坚硬程度的划分见表 5-4-1。

表 5-4-1 岩石坚硬程度划分

名称		定量鉴定 σ_{cw}/MPa	定 性 鉴 定	代表性岩石
硬质岩	坚硬岩	>60	锤击声清脆,有回弹,震手,难击碎;浸水后,大多无吸水反应	未风化—微风化的:花岗岩、正长岩、闪长岩、辉绿岩、玄武岩、安山岩、片麻岩、石英片岩、硅质板岩、石英岩、硅质胶结的砾岩、石英砂岩、硅质灰岩等
	较坚硬岩	30~60	锤击声较清脆,有轻微回弹,稍震手,较难击碎;浸水后,有轻微吸水反应	1. 弱风化的坚硬岩; 2. 未风化—微风化的:熔结凝灰岩、大理岩、板岩、白云岩、灰岩、钙质胶结的砂岩等

续表

名称		定量鉴定 σ_{cw}/MPa	定性鉴定	代表性岩石
软质岩	较软岩	15～30	锤击声不清脆,无回弹,较易击碎;浸水后,指甲可刻出印痕	1.强风化的坚硬岩; 2.弱风化的较坚硬岩; 3.未风化—微风化的:凝灰岩、千枚岩、砂质泥岩、泥灰岩、泥质砂岩、粉砂岩、页岩等
	软岩	5～15	锤击声哑,无回弹,有凹痕,易击碎;浸水后,手可掰开	1.强风化的坚硬岩; 2.弱风化—强风化的较坚硬岩; 3.弱风化的较软岩; 4.未风化的泥岩等
	极软岩	<5	锤击声哑,无回弹,有较深凹痕,手可捏碎;浸水后,可捏成团	1.全风化的各种岩石; 2.各种半成岩

5.4.1.2 岩体的完整程度

岩体完整程度是决定岩体基本质量的另一个重要因素。影响岩体完整性的因素有很多:从结构面的几何特征来看,有结构面的密度、组数、产状和延伸程度,以及各组结构面相互切割关系;从结构面性状特征来看,有结构面的张开度、粗糙度、起伏度、充填情况、充填物含水状态等。但是,如果将这些因素逐项考虑,用来对岩体完整程度进行划分,显然是困难的。从工程岩体的稳定性着眼,应抓住影响岩体稳定的主要方面,使评判划分易于进行。经分析综合,将几何特征诸项综合为"结构面发育程度";将结构面性状特征诸项综合为"主要结构面的结合程度"。这样,就可以用结构面发育程度、主要结构面的结合程度和主要结构面类型作为依据。在作定性划分时,应注意对这三者作综合分析评价,进而对岩体完整程度进行定性划分并定名,具体划分依据见表5-4-2。

表5-4-2 岩体完整程度的定性划分

名称	结构面发育程度		主要结构面的结合程度	主要结构面类型	相应结构类型
	组数	平均间距/m			
完整	1～2	>1.0	结合好或结合一般	节理裂隙、层面	整体状或巨厚层状结构
较完整	1～2	>1.0	结合差	节理裂隙、层面	块状或厚层状结构
	2～3	1.0～0.4	结合好或结合一般		块状结构
较破碎	2～3	1.0～0.4	结合差	节理裂隙、层面、小断层	裂隙块状或中厚层状结构
	≥3	0.4～0.2	结合好		镶嵌碎裂结构
			结合一般		中、薄层状结构
破碎	≥3	0.4～0.2	结合差	各种类型结构面	裂隙块状结构
		≤0.2	结合一般或结合差		碎裂状结构
极破碎	无序		结合很差		散体状结构

表5-4-2中所谓"主要结构面",是指相对发育的结构面,即张开度较大、充填物较差、成组性好的结构面。结构面发育程度包括结构面组数和平均间距,它们是影响岩体完整性的重要方面。在进行地质勘察时,应认真地测绘、统计结构面组数和平均间距。

岩体内普遍存在的各种结构面及充填的各种物质,使得声波在它们内部的传播速度有不同程度的降低。岩体弹性纵波速度(v_p)反映了由于岩体不完整性而降低了的物理力学性质的情况。岩石则认为基本上不包含明显的结构面,测得的岩石弹性纵波速度(v_{rp})反映的是完整岩石的物理力学性质。

定义,岩体完整性系数 K_v 为

$$K_v = \left(\frac{v_p}{v_{rp}}\right)^2 \tag{5-4-1}$$

K_v 值既反映了岩体结构面的发育程度,又反映了结构面的性状,是一项能较全面地从量上反映岩体完整程度的指标。所以,K_v 值可以作为划分岩体完整程度的定量指标,划分标准见表5-4-3。

表5-4-3 K_v 与岩体完整程度的对应关系

岩体完整性系数 K_v	>0.75	0.75~0.55	0.55~0.35	0.35~0.15	≤0.15
完整程度	完整	较完整	完整性差	较破碎	破碎

另外,也可以根据岩体内结构面发育密度换算岩体完整性系数,并进行岩体完整性类别划分,见表5-4-4。

表5-4-4 J_v 与 K_v 的对应关系

岩体完整性系数 K_v	1.0~0.9	0.9~0.8	0.8~0.7	0.7~0.65	<0.65
结构面体密度 J_v/(条/m³)	1.0~0.75	0.75~0.45	0.45~0.25	0.25~0.2	0.2~0.1

5.4.2 工程岩体质量的评价

5.4.2.1 工程岩体质量

工程岩体质量是指在具体工程条件下,考虑工程特点、岩体赋存条件的岩体质量。一旦岩体置于工程条件下,其质量和稳定性除了它的基本质量外,还受其他一些与工程有关的因素的影响。主要有地下水、地下水状态、初始应力状态及主要结构面产状与工程特征尺寸方位间的关系等,这些因素都是影响岩体稳定性的重要因素。

对不同类型的岩体工程,这些因素的影响程度往往是不一样的。例如,某一陡倾角结构面走向与工程轴线方向近于平行,对地下工程来讲,对岩体稳定是很不利的,但对坝基抗滑稳定的影响就没那么大,若结构面倾向上游,则甚至可以基本不考虑它的影响。同样地,应力的大小和方向对地下工程岩体稳定的影响比较大,但对边坡稳定的影响就比较小。水对各类岩体工程的影响经常是明显的,主要表现在:① 由于水的溶解和侵蚀作用,岩体(包括结构面)强度的降低;② 由于水的储存,对岩体产生浮托力和在裂隙间、岩体与支护结构间产生静水压力;③ 由于水的流动,在岩体内部、岩体与支护结构间产生的渗透压力。这些方面都对工程岩体稳定的影响较大。

还有一些对岩体稳定有影响的因素,如硐室跨度与节理密度的关系、边坡高度对边坡稳定的影响、地温引起的应力变化等。有的目前还缺乏足够的经验或足够的试验依据;有的应在设计、施工中具体考虑或研究解决;有的需各行业针对不同类型的工程的特点引入不同的修正因素,用来确定工程岩体质量。

5.4.2.2 工程岩体质量评价方法

目前,评价工程岩体质量的方法主要有岩体力学试验、位移反分析法、计算机模拟试验法、岩体分级方法等。

岩体力学试验是工程岩体质量评价最直接的方法。通过试验可以取得岩体力学参数,进而评价工程岩体质量。但岩体力学试验成本高、难度大,特别是现场试验,而且往往会对岩体的应力环境产生扰动,影响试验结果。另外,现场岩体力学试验一般是在试验点上进行的,其代表性如何以及如何将试验成果由点推广到面,进而提出设计参数,都是现场岩体力学试验的难题。而室内试验,由于岩体固有的缺陷,仅仅靠这些试验结果直接用于评价岩体质量更不现实。

位移反分析法是利用现场岩体内部或表面实测得到的岩体位移,借助于一定的反分析计算模型,得到工程岩体的宏观力学参数,进而评价岩体质量好坏。

计算机模拟试验法是在地质调查和简易的岩体力学试验的基础上,根据岩体自身结构条件的模拟、岩体变形和破坏的相似性,通过所建立的岩体结构和力学性状的模拟技术进行数值模拟试验,以确定岩体的宏观力学参数。

以上三种方法,都是通过确定岩体力学参数来评价工程岩体质量。

工程岩体分级方法是以控制岩体物理力学特性的主要地质因素和岩体力学强度为基本要素,以基础地质调查、简易岩石力学测试为基本手段,并借鉴已建工程设计、施工和处理等方面成功与失败的经验教训,将工程岩体分为若干级别,来评价工程岩体的稳定性和确定力学参数的一种方法。其目的是通过赋予岩石与岩体结构一定的数值,并借助一定的数学方法建立某种岩体质量评判标准,并据此对其进行分类,反映工程岩体的质量好坏,预测可能的岩体力学问题,确定岩体力学参数,评价工程岩体的稳定性,为工程设计与施工方法的选择提供参数与依据,达到安全与经济的目的。

工程岩体分级的基础是地质调查、简易岩石力学测试,而不需要详尽的岩体力学测试资料,特别是大型的现场岩体试验。工程岩体分级方法,在工程勘察、可行性研究中,是选点、拟定开挖方案,以及工程预算、工期预估的基本依据;在工程设计中,可以根据分级确定的级别进行合理的设计,同时还可以获得进一步分析计算所必须的岩体物理力学参数。由于方法简便、快捷,在施工阶段,可以根据开挖揭露出的地质问题,重新评价岩体的稳定性,进一步优化设计。

合理的工程岩体分级,将有助于客观地反映岩体的固有属性,为工程稳定分析提供客观统一的岩体质量评价标准和方法;有助于深入认识岩体力学特性及岩体力学参数的合理选择;有助于工程岩体的设计与施工;有助于加强各专业、学科的有机联系;同时也有助于指导地质、勘探、试验工作的布置。

一个完整的工程岩体分级方法,应包括三个组成部分,即分级因素(输入部分)、分级标准、工作指标(输出部分),见图 5-4-1。

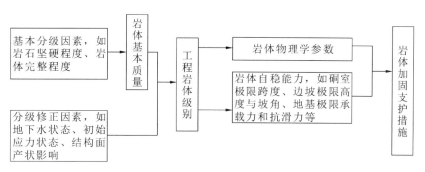

图 5-4-1 工程岩体分级方法的基本结构

分级因素为分级方法的输入部分,即为确定岩体级别所必须事先知道的定性或定量指标,它通常区分为基本分级因素和修正因素。分级标准为确定岩体级别的具体方法,它可以归结为经验分级法、数学理论分级法和经验与数学理论相结合的方法(见图 5-4-2)。工作指标为岩体分级的输出部分,包括岩体物理力学参数、岩体自稳能力(即岩体在不支护条件下保持其形状和尺寸不变的能力)及所能承受的极限荷载、岩体加固支护措施(即在按设计要求的工程尺寸和极限荷载的情况下,所必须的加固支护措施)等各项指标。

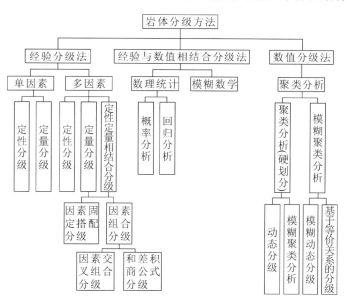

图 5-4-2 工程岩体分级方法系列

岩体分级方法,不可能包含所有相关因素,选择时应重点考虑下列原则:① 它必须是涉及岩体质量和稳定性的最重要、最基本的因素。过多的分级因素,使分级方法既缺乏科学性,又缺乏实用性,给使用带来困难。② 分级因素的独立性。同一分级方法中,应避免分级因素的重复和部分重叠。反映某一岩体力学特性的因素,可能有几个,比如岩石坚硬程度可以用单轴抗压强度、点荷载强度、回弹指数来表示,作为分级因素只能采用其中的一个。

③ 分级因素的各项指标必须容易获取，测试方法必须简单易行。有些力学指标，比如岩体变形模量能够很好地反映岩体质量的一个方面，但需要专门的技术来做试验，难以获取、费时耗资，因此不能选择为分级因素。

工程岩体分类是工程岩体稳定性评价及岩体工程设计、施工的主要依据，其优点包括：① 岩体质量能够简单、迅速、持续地得到评估；② 各分类因素的评分值能够由训练有素的现场工作人员确定，而不需要经验丰富的工程地质专家；③ 采用记录表格对岩体进行持续的评价可便于现场技术负责人或咨询工程师了解有关岩体质量的显著变化；④ 参数选择、工程设计与施工方法的确定在工程岩体分类的基础上进行。但是这些分类方法也存在不同的缺点，比较共性的缺点包括：① 目前使用的分类系统都有其形成背景，各自有其特定要求，且可能与岩体工程的新发展不完全匹配；② 有些系统的逻辑演算与等级值缺乏科学严谨的考虑；③ 这些分类系统使用的时候还要视具体情况具体分析，不能适用于所有的岩体工程项目。

从 20 世纪 70 年代开始至今，工程岩体分类成为国内外岩石力学工作者与工程地质工作者研究的热点课题。目前，国内外对工程岩体提出的分类方法多达几十种，每种方法均从不同的角度对岩体进行分类。

纵观国内外工程岩体分类，从考虑的因素、采用的指标和评价方法来看，具有以下特点：① 工程岩体分类从单因素定性分类（20 世纪 70 年代以前）向多因素定量分类过渡（20 世纪 90 年代）；② 20 世纪 80 年代以来各国已基本上形成自己的规程与规范，但国际上一些通用的分类方法依然有重要意义；③ 新技术、新方法逐渐应用到工程岩体分类中，如模糊数学、灰色系统、神经网络、专家系统、层次分析与概率统计等方法已经应用于工程岩体分类中；④ 工程岩体分类不是简单的分类，而是与力学参数估算和治理设计有关的，不同的工程岩体所对应的岩体力学参数不同，所采用的支护方式也不同。

上述分级分类方法大多已经形成了业界普遍遵守的标准，既有国际标准，也有国内标准，还有不同的行业的分类标准。下面重点介绍几个有代表性的工程岩体分级分类的方法和标准。

5.4.3 代表性的分级分类方法与标准

5.4.3.1 工程岩体质量分级

《工程岩体分级标准》（GB/T 50218—2014）是我国目前应用较广泛的岩体分类方法。该方法首先根据岩体基本质量的定性特征与基本质量指标 BQ 进行初步分级；然后针对不同的岩体工程类型及其特点，考虑地应力、地下水和结构面方位等的影响，对 BQ 进行修正，再按修正后的质量指标[BQ]进行详细分级。

1. 初步分级

初步分级是结合岩体定性特征与基本质量指标 BQ 按表 5-4-5 进行。岩体基本质量指标 BQ 根据下式计算：

$$BQ = 100 + 3\sigma_{cw} + 250K_v \tag{5-4-2}$$

式中，σ_{cw} 为岩石饱和单轴抗压强度；K_v 为岩体完整性系数。

表 5-4-5 岩体质量分级

基本质量级别	岩体质量的定性特征	岩体基本质量指标(BQ)
Ⅰ	坚硬岩,岩体完整	>550
Ⅱ	坚硬岩,岩体较完整;较坚硬岩,岩体完整	550~451
Ⅲ	坚硬岩,岩体较破碎;较坚硬岩,岩体较完整;较软岩,岩体完整	450~351
Ⅳ	坚硬岩,岩体破碎;较坚硬岩,岩体较破碎—破碎;较软岩,岩体较完整—较破碎;软岩,岩体完整—较完整	350~251
Ⅴ	较软岩,岩体破碎;软岩,岩体较破碎—破碎;全部极软岩及全部极破碎岩	≤250

考虑到部分岩体的极端情况,规范规定使用式(5-4-2)时,若 $\sigma_{cw}>90K_v+30$,则以 $\sigma_{cw}=90K_v+30$ 和 K_v 代入式(5-4-2)计算 BQ 值;当 $K_v>0.04\sigma_{cw}+0.4$ 时,则以 $K_v=0.04\sigma_{cw}+0.4$ 和 σ_{cw} 代入式(5-4-2)计算 BQ 值。

表 5-4-5 中,岩石坚硬程度按表 5-4-1 划分;岩体破碎程度按表 5-4-3 划分,若无声波测试数据,也可依据表 5-4-2、表 5-4-4 进行确定,还可以根据表 5-4-4 差值确定 K_v 值。

对各类工程岩体,作为分级工作的第一步或初步定级,在基本质量确定后,可用基本质量的级别来评价工程岩体质量。初步定级一般是在可行性和初步设计阶段,勘察资料不全,工作还不够深入,工作要求的精度不高,这时可用基本质量的级别来评价工程岩体质量;对于小型或不太重要的工程,甚至可直接采用基本质量的级别来评价工程岩体质量。

2. 详细分级

该规范规定:对于地基工程岩体,不需要再进行进一步的详细分级,初步分级结果即为最终结果,即[BQ]=BQ;而对于地下工程和边坡工程则需进一步按下述方法修正,确定出[BQ],据[BQ]最终确定岩体的级别。各级别的岩体物理力学指标取值及岩体自稳能力评价见表 5-4-6。

表 5-4-6 各级岩体物理力学参数及岩体自稳能力表

级别	密度 ρ/(g/cm³)	抗剪强度 ϕ_m/(°)	抗剪强度 C_m/MPa	变形模量 E_m/GPa	泊松比 μ_m	地下工程围岩自稳能力	边坡工程岩体自稳能力(坡角>70°)
Ⅰ	>2.65	>60	>2.1	>33	0.2	跨度≤20m,可长期稳定,偶有掉块,无塌方	高度≤60m,可长期稳定,偶有掉块
Ⅱ	>2.65	60~50	2.1~1.5	33~16	0.2~0.25	跨度<10m,可长期稳定,偶有掉块;跨度 10~20m,可基本稳定,局部可发生掉块或小塌方	高度<30m,可长期稳定,偶有掉块;高度 30~60m,可基本稳定,局部可发生楔形体破坏

续表

级别	密度 ρ /(g/cm³)	抗剪强度 ϕ_m/(°)	抗剪强度 C_m/MPa	变形模量 E_m/GPa	泊松比 μ_m	地下工程围岩自稳能力	边坡工程岩体自稳能力(坡角>70°)
Ⅲ	2.65～2.45	50～39	1.5～0.7	16～6	0.25～0.3	跨度<5m,可基本稳定;跨度5～10m,可稳定数月,可发生局部块体位移及小、中塌方;跨度10～20m,可稳定数日至1月,可发生小、中塌方	高度<15m,可基本稳定,局部可发生楔形体破坏;高度15～30m,可稳定数月,可发生由结构面及局部岩体组成的平面或楔形体破坏,或由反倾结构面引起的倾倒破坏
Ⅳ	2.45～2.25	39～27	0.7～0.2	6～1.3	0.3～0.35	跨度≤5m,可稳定数日至1月;跨度>5m,一般无自稳能力,数日至数月内可发生松动变形、小塌方,进而发展为中、大塌方。埋深小时,以拱部松动破坏为主,埋深大时,有明显塑性流动和挤压破坏	高度<8m,可稳定数月,局部可发生楔形体破坏;高度8～15m,可稳定数日至一个月,可发生由结构面及岩体组成的平面或楔形体破坏,或由反倾结构面引起的倾倒破坏
Ⅴ	<2.25	<27	<0.2	<1.3	>0.35	无自稳能力	不稳定

注:小塌方:塌方高度<3m,或塌方体积<30m³。中塌方:塌方高度3～6m,或塌方体积30～100m³。大塌方:塌方高度>6m,或塌方体积>100m³。

1) 地下工程的修正

当地下工程围岩处于高地应力区或围岩中有不利于岩体稳定的软弱结构面和地下水时,应对BQ值进行修正,岩体质量指标[BQ]按下式计算:

$$[BQ] = BQ - 100(K_1 + K_2 + K_3) \tag{5-4-3}$$

式中,K_1为地下水影响修正系数,按表5-4-7确定;K_2为主要结构面产状影响修正系数,按表5-4-8确定;K_3为初始应力状态影响修正系数,按表5-4-9确定。

表 5-4-7 地下工程地下水影响修正系数 K_1

地下水出水状态	BQ				
	>550	550~451	450~351	350~251	≤250
潮湿或点滴状出水,围岩裂隙水压 $p \leqslant 0.1$ MPa,或每10m洞长出水量 $Q \leqslant 25$L/min	0	0	0~0.1	0.2~0.3	0.4~0.6
淋雨状或线流状出水, 0.1MPa$< p \leqslant 0.5$ MPa,或 25L/min$< Q \leqslant 125$L/min	0~0.1	0.1~0.2	0.2~0.3	0.4~0.6	0.7~0.9
涌流状出水, $p > 0.5$MPa,或 $Q > 125$L/min	0.1~0.2	0.2~0.3	0.4~0.6	0.7~0.9	1.0

表 5-4-8 地下工程主要结构面产状影响修正系数 K_2

结构面产状及其与洞轴线的组合关系	结构面走向与洞轴线夹角<30°;倾角 30°~75°	结构面走向与洞轴线夹角>60°;倾角 β>75°	其他组合
K_2	0.4~0.6	0~0.2	0.2~0.4

表 5-4-9 初始应力状态影响修正系数 K_3

σ_{cw}/σ_{max}	BQ				
	>550	550~451	450~351	350~251	≤250
<4	1.0	1.0	1.0~1.5	1.0~1.5	1.0
4~7	0.5	0.5	0.5	0.5~1.0	0.5~1.0

注:σ_{max}为垂直洞轴线方向平面内的最大地应力。

2)边坡工程的修正

边坡工程岩体质量指标[BQ]按下式计算:

$$[BQ] = BQ - 100(K_4 + \lambda K_5) \quad (5\text{-}4\text{-}4)$$
$$K_5 = F_1 \cdot F_2 \cdot F_3 \quad (5\text{-}4\text{-}5)$$

式中,K_4 为边坡工程地下水影响修正系数,按表 5-4-10 确定;λ 为边坡工程主要结构面类型与延伸性修正系数,根据表 5-4-11 取值;K_5 为边坡工程主要结构面产状影响修正系数,按表 5-4-12 确定;F_1 为反映主要结构面倾向与边坡倾向间关系影响的系数;F_2 为反映主要结构面倾角影响的系数;F_3 为反映边坡倾角与主要结构面倾角间关系影响的系数。

表 5-4-10 边坡工程地下水影响修正系数 K_4

边坡地下水发育程度	BQ				
	>550	550~451	450~351	350~251	≤250
潮湿或点滴状出水,$p_w≤0.2H$	0	0	0~0.1	0.2~0.3	0.4~0.6
线流状出水,$0.2H<p_w≤0.5H$	0~0.1	0.1~0.2	0.2~0.3	0.4~0.6	0.7~0.9
涌流状出水,$p_w>0.5H$	0.1~0.2	0.2~0.3	0.4~0.6	0.7~0.9	1.0

注：p_w 为边坡坡内潜水或承压水头(m)；H 为边坡高度(m)。

表 5-4-11 边坡工程主要结构面类型与延伸性修正系数(λ)

结构面类型与延伸性	修正系数 λ
断层、夹泥层	1.0
层面、贯通性较好的节理和裂隙	0.9~0.8
断续节理和裂隙	0.7~0.6

表 5-4-12 边坡工程主要结构面产状影响修正系数

序号	条件与修正系数	影响程度划分				
		轻微	较小	中等	显著	很显著
1	结构面倾向与边坡坡面倾向间的夹角/(°)	>30	20~30	10~20	5~10	≤5
	F_1	0.15	0.40	0.70	0.85	1.0
2	结构面倾角/(°)	<20	20~30	30~35	35~45	≥45
	F_2	0.15	0.40	0.70	0.85	1.0
3	结构面倾角与边坡坡面倾角之差/(°)	>10	0~10	0	-10~0	≤-10
	F_3	0	0.2	0.8	2.0	2.5

注：表中负值表示结构面倾角小于边坡坡面倾角，在坡面出露。

5.4.3.2 地下工程围岩分类

《岩土锚杆与喷射混凝土支护工程技术规范》(GB 50086—2015)提出的围岩分类方案主要适用于矿山井巷、交通隧道、水工隧洞和各类硐室等地下工程锚喷支护与施工。该分类系统考虑了岩体结构、结构面发育情况、岩石强度、岩体声波速度指标及岩体强度应力比等几类指标。其中,岩体强度应力比 S_m 按下式计算:

$$S_m = \frac{K_v \sigma_{cw}}{\sigma_1} \tag{5-4-6}$$

式中,σ_1 为垂直洞轴线平面的最大主应力,无地应力实测数据时,$\sigma_1 = \rho g H$(ρ 为岩体密度;g 为重力加速度;H 为覆盖层厚度)。

该分类将岩体划分为 5 类,并给出了毛洞自稳性的工程地质评价,见表 5-4-13。除此之外,在该规范中还给出了各类围岩的喷锚支护设计参数及围岩物理力学性质的计算指标。将围岩分类与围岩力学性质及支护设计结合起来,解决了工程实际问题。

表 5-4-13 《岩土锚杆与喷射混凝土支护工程技术规范》(GB 50086—2015)围岩分类

围岩类别	岩体结构	构造影响程度,结构面发育情况和组合状态	岩石强度指标		岩体声波指标		岩体强度应力比	毛洞稳定情况
			单轴饱和抗压强度/MPa	点荷载强度/MPa	岩体纵波速度/(km/s)	岩体完整性系数		
Ⅰ	整体状及层间结合良好的厚层状结构	构造影响轻微,偶有小断层。结构面不发育,仅有两到三组,平均间距大于0.8m,以原生和构造节理为主,多数闭合,无泥质充填,不贯通,层间结合良好,一般不出现不稳定块体	>60	>2.5	>5	>0.75		毛洞跨度 5~10m 时,长期稳定,一般无碎块掉落
Ⅱ	同Ⅰ类围岩结构	同Ⅰ类围岩特征	30~60	1.25~2.5	3.7~5.2	>0.75		毛洞跨度 5~10m 时,围岩能较长时间(数月或数年)维持稳定,仅出现局部小块掉落
	块状结构和层间结合较好的中厚层或厚层状结构	构造影响较重,有少量断层,结构面较发育,一般为三组,平均间距 0.4~0.8m,以原生和构造节理为主,多数闭合,偶有泥质充填,贯通性较差,有少量软弱结构面,层间结合较好,偶有层间错动和层面张开现象	>60	>2.5	3.7~5.2	>0.5		

续表

围岩类别	岩体结构	构造影响程度,结构面发育情况和组合状态	岩石强度指标		岩体声波指标		岩体强度应力比	毛洞稳定情况
			单轴饱和抗压强度/MPa	点荷载强度/MPa	岩体纵波速度/(km/s)	岩体完整性系数		
Ⅲ	同Ⅰ类围岩结构	同Ⅰ类围岩特征	20~30	0.85~1.25	3.0~4.5	≥0.75	>2	毛洞跨度5~10m时,围岩能维持1个月以上的稳定,主要出现局部掉块、塌落
	同Ⅱ类围岩石状结构和层间结合较好的中厚层或厚层状结构	同Ⅱ类围岩石状结构和层间结合较好的中厚层或厚层状结构特征	30~60	1.25~2.5	3.0~4.5	0.5~0.75	>2	
	层间结合良好的薄层和软硬岩互层结构	构造影响较重。结构面发育,一般为三组,平均间距0.2~0.4m,以构造节理为主,节理面多数闭合,少有泥质充填。岩层为薄层或以硬岩为主的软硬岩互层,层间结合良好,少见软弱夹层、层间错动和层面张开现象	>60(软岩>20)	>2.5	3.0~4.5	0.3~0.5	>2	
	碎裂镶嵌结构	构造影响较重。结构面发育,一般为三组以上,平均间距0.2~0.4m,以构造节理为主,节理面多数闭合,少数有泥质充填,块体间牢固咬合	>60	>2.5	3.0~4.5	0.3~0.5	>2	
Ⅳ	同Ⅱ类围岩石状结构和层间结合较好的中厚层或厚层状结构	同Ⅱ类围岩石状结构和层间结合较好的中厚层或厚层状结构特征	10~30	0.42~1.25	2.0~3.5	0.5~0.75	>1	

续表

围岩类别	岩体结构	构造影响程度,结构面发育情况和组合状态	岩石强度指标		岩体声波指标		岩体强度应力比	毛洞稳定情况
			单轴饱和抗压强度/MPa	点荷载强度/MPa	岩体纵波速度/(km/s)	岩体完整性系数		
IV	散块状结构	构造影响严重,一般为风化卸荷带。结构面发育,一般为三组,平均间距0.4～0.8m,以构造节理、卸荷、风化裂隙为主,贯通性好,多数张开,夹泥,夹泥厚度一般大于结构面的起伏高度,咬合力弱,构成较多的不稳定块体	>30	>1.25	>2.0	>0.15	>1	毛洞跨度5m时,围岩能维持数日到1个月的稳定,主要失稳形式为冒落或片帮
	层间结构不良的薄层、中厚层和软硬岩互层结构	构造影响严重。结构面发育,一般为三组以上,平均间距0.2～0.4m,以构造、风化节理为主、大部分微张(0.5～1.0mm),部分张开(>1.0mm),有泥质充填,层间结合不良,多数夹泥,层间错动明显	>30（软岩>10）	>1.25	2.0～3.5	0.2～0.4	>1	
	碎裂状结构	构造影响严重,多数为断层影响带或强风化带。结构面发育,一般为三组以上,平均间距0.2～0.4m,大部分微张(0.5～1.0mm),部分张开(>1.0mm),有泥质充填,形成许多碎块体	>30	>1.25	2.0～3.5	0.2～0.4	>1	
V	散体状结构	构造影响严重,多数为破碎带、强风化带、破碎带交会部位,构造及风化节理密集,节理面及其组合杂乱,形成大量碎块体。块体间多数为泥质充填,甚至呈石夹土状或土夹石状			<2.0			毛洞跨度5m时,围岩稳定时间很短,约数小时至数日

5.4.3.3 岩体地质力学分类(RMR 分类)与 SMR、CSMR 分类

1. RMR 分类

该分类方案由比尼卫斯基(Bieniawski)于 1973 年提出,后经多次修改,于 1989 年发表在《工程岩体分类》一书中。这一分类系统由岩石强度、RQD 值、节理间距、节理条件及地下水 5 类参数组成。分类时,根据各类参数的实测资料,按表 5-4-14 所列的标准分别给予评分。然后将各类参数的评分值相加得岩体质量总分 RMR 值,并按表 5-4-15 依节理方位对岩体稳定是否有利作适当的修正,表中的修正条款可参照表 5-4-16 划分。最后,用修正后的岩体质量总分 RMR 值对照表 5-4-17 查得岩体类别及相应的不支护情况下地下开挖的自稳时间和岩体强度指标(C_m、ϕ_m)。

表 5-4-14 RMR 分类参数及其评分值

	分类参数		数值范围					
1	完整岩石强度/MPa	点荷载强度指标	>10	4~10	2~4	1~2	对强度较低的岩石宜用单轴抗压强度	
		单轴抗压强度	>250	100~250	50~100	25~50	5~25	1~5	<1
	评分值		15	12	7	4	2	1	0
2	岩芯质量指标 RQD		90%~100%	75%~90%	50%~75%	25%~50%	<25%		
	评分值		20	17	13	8	3		
3	节理间距		>200cm	60~200cm	20~60cm	6~20cm	<6cm		
	评分值		20	15	10	8	5		
4	节理条件		节理面很粗糙,节理不连续,节理宽度为零,节理面岩石坚硬	节理面稍粗糙,宽度<1mm,节理面岩石坚硬	节理面稍粗糙,宽度<1mm,节理面岩石软弱	节理面光滑或含厚度<5mm 的软弱夹层,张开度 1~5mm,节理连续	含厚度>5mm 的软弱夹层,张开度>5mm,节理连续		
	评分值		30	25	20	10	0		
5	地下水条件	每 10m 的隧道涌水量(L/min)	无	<10	10~25	25~125	>125		
		节理水压力/最大主应力比值	或 0	或 <0.1	或 0.1~0.2	或 0.2~0.5	或 >0.5		
		总条件	或完全干燥	或潮湿	或只有湿气(有裂隙水)	或中等水压	或水的问题严重		
	评分值		15	10	7	4	0		

5.4 工程岩体质量评价与分级分类

表 5-4-15　RMR 值按节理方向修正评分值

节理走向或倾向		非常有利	有利	一般	不利	非常不利
评分值	隧道	0	−2	−5	−10	−12
	地基	0	−2	−5	−15	−25
	边坡	0	−5	−25	−50	−60

表 5-4-16　节理走向和倾角对隧道开挖的影响

走向与隧道轴垂直				走向与隧道轴平行		与走向无关
沿倾向掘进		反倾向掘进		倾角 20°～45°	倾角 45°～90°	倾角 0°～20°
倾角 40°～90°	倾角 20°～45°	倾角 45°～90°	倾角 20°～45°			
非常有利	有利	一般	不利	一般	非常不利	不利

表 5-4-17　按 RMR 总评分值确定的岩体级别及岩体质量评价

评分值	100～81	80～61	60～41	40～21	<20
分级	Ⅰ	Ⅱ	Ⅲ	Ⅳ	Ⅴ
质量描述	非常好的岩体	好岩体	一般岩体	差岩体	非常差岩体
平均稳定时间	15m,跨度 20 年	10m,跨度 1 年	5m,跨度 1 周	2.5m,跨度 10 小时	1m,跨度 30 分钟
岩体内聚力/kPa	>400	300～400	200～300	100～200	<100
岩体内摩擦角/(°)	>45	35～45	25～35	15～25	<15

RMR 分类不适用于强烈挤压破碎岩体、膨胀岩体和极软弱岩体。

2. SMR 法与 CSMR 法分类

RMR 分类体系主要适用于地下开挖工程,由于岩质边坡的稳定性不仅取决于岩体本身的条件,还取决于边坡几何特征、控制性结构面与开挖面的空间相对关系等,因此在评价边坡稳定性时,还需要对 RMR 值根据上述因素予以修正。1993 年,Romana 对 RMR 分类进行了扩充,提出了适用于边坡岩体分类的 SMR 分类方法。根据该方法,综合评分值 SMR 由下式计算：

$$\text{SMR} = \text{RMR} - F_1 \cdot F_2 \cdot F_3 + F_4 \tag{5-4-7}$$

式中,RMR 即为 Bieniawski 体系中的岩体质量评分；F_1,F_3 为反映边坡面与控制结构面倾向和倾角之间的关系调整值,F_2 为反映结构面的倾角大小调整值,它们的取值见表 5-4-18；F_4 为通过工程实践经验获得的边坡开挖方法调整参数,取值见表 5-4-19。

表 5-4-18　结构面产状调整值

条 件		很有利	有利	一般	不利	很不利
P	$\|\alpha_j-\alpha_s\|$	>30°	30°～20°	20°～10°	10°～5°	<5°
T	$\|\alpha_j-\alpha_s-180°\|$					
P/T	F_1	0.15	0.40	0.70	0.85	1.00
P	$\|\beta_j\|$	<20°	20°～30°	30°～35°	35°～45°	>45°
P	F_2	0.15	0.40	0.70	0.85	1.00
T	F_2	1	1	1	1	1
P	$\beta_j+\beta_s$	>10°	10°～0°	0°	0°～(-10°)	<-10°
T	$\beta_j-\beta_s$	<110°	110°～120°	>120°		
P/T	F_3	0	6	25	50	60

注：P 为平面滑动；T 为倾倒滑动；α_j 为结构面；α_s 为坡面倾向；β_j 为结构面倾角；β_s 为坡面倾角。

表 5-4-19　边坡开挖方法调整值

开挖方法	自然边坡	预裂爆破	光面爆破	一般方式或机械开挖	欠缺爆破
F_4	+15	+10	+8	0	-8

RMR-SMR 体系既具有一定的实际应用背景，又是在国际上获得较广泛应用的方法。为此，中国水利水电工程边坡登记小组在执行国家"八五"科技攻关研究项目时，确定以 SMR 体系为基础开展边坡岩体分类工作的研究；但同时也发现，该体系存在一个重要的缺陷，即没有考虑坡高和控制性结构面性状对边坡稳定性的影响；通过对大量实际工程的对比分析，提出了引入高度修正和结构面条件修正的 CSMR 体系。

CSMR 分类体系对式（5-4-5）引入高度修正系数 a 和结构面条件系数 λ，具体表达式如下：

$$\text{CSMR} = a \cdot \text{RMR} - \lambda F_1 \cdot F_2 \cdot F_3 + F_4 \tag{5-4-8}$$

式中，CSMR 为边坡总体稳定性评价值；a 为高度修正系数；λ 为结构面条件修正系数，见表 5-4-20。

表 5-4-20　结构面条件修正系数 λ

断层，夹泥层	层面	节理面
1.0	0.8～0.9	0.7

高度修正系数按下式确定：

$$a = 0.57 + 0.43 \times \frac{H_r}{H} \tag{5-4-9}$$

式中，H_r 为边坡的标准高度，建议取 $H_r=80\text{m}$；H 为边坡高度。

当 $H\leqslant 80\text{m}$ 或者边坡发生破坏时，建议 a 的修正值如表 5-4-21 取值。

表 5-4-21　修正值 a 的取值

边坡高度	0～20m	20～60m	60～80m
a 的修正值	1.1	1.05	1.00

5.4.3.4　Q 分类

Barton(1974)等在分析众多隧道实例的基础上提出用岩体质量指标 Q 值对岩体进行分类，Q 值的定义如下：

$$Q = \frac{\text{RQD}}{J_n} \cdot \frac{J_r}{J_a} \cdot \frac{J_w}{\text{SRF}} \quad (5\text{-}4\text{-}10)$$

式中，RQD 为岩体质量指标；J_n 为节理组数；J_r 为节理粗糙度系数；J_a 为节理蚀变系数；J_w 为节理水折减系数；SRF 为应力折减系数。

式(5-4-10)中的 6 个参数的组合，反映了岩体质量的 3 个方面：$\frac{\text{RQD}}{J_n}$ 为岩体的完整性；$\frac{J_r}{J_a}$ 表示结构面(节理)的形态、充填物特征及其次生变化程度；$\frac{J_w}{\text{SRF}}$ 表示水与其他应力存在时对岩体质量的影响。分类时，根据这 6 个参数的实测资料，查表 5-4-22 确定各自的取值后，代入式(5-4-10)求得岩体质量指标 Q 值。

表 5-4-22　Q 分类中各种参数的描述及权值

参数及其详细分类	权　值	备　注
1. 岩石质量指标	RQD/%	1. 在实测或报告中，若 RQD≤10(包括 0)时，则 RQD 名义上取 10 2. RQD 隔 5 选取就足够精确，例如 100、95、90……
A. 很差	0～25	
B. 差	25～50	
C. 一般	50～75	
D. 好	75～90	
E. 很好	90～100	
2. 节理组数	J_n	1. 对于硐室交岔口，取 $(3.0 \times J_n)$ 2. 对于硐室入口处，取 $(2.0 \times J_n)$
A. 整体性岩体，含少量节理或不含节理	0.5～1.0	
B. 一组节理	2	
C. 一组节理再加些紊乱的节理	3	
D. 两组节理	4	
E. 两组节理再加些紊乱的节理	6	
F. 三组节理	9	
G. 三组节理再加些紊乱的节理	12	
H. 四组或四组以上的节理，随机分布特别发育的节理，岩体被分成"方糖"块，等等	15	
J. 粉碎状岩石，泥状物	20	

续表

参数及其详细分类	权 值		备 注
3.节理粗糙度系数 a.节理壁完全接触 b.节理面在剪切错动10cm以前是接触的	J_r		
A.不连续的节理	4		1.若有关的节理组平均间距大于3m,J_r按左列数值再加1.0 2.对于具有线理且带擦痕的平面状节理,若线理倾向最小强度方向,则可取$J_r=0.5$
B.粗糙或不规则的波状节理	3		
C.光滑的波状节理	2		
D.带擦痕面的波状节理	1.5		
E.粗糙或不规则的平面状节理	1.5		
F.光滑的平面状节理	1.0		
G.带擦痕面的平面状节理	0.5		
c.剪切错动时岩壁不接触			
H.节理中含有足够厚的黏土矿物,足以阻止节理壁接触	1.0		
J.节理含砂、砾石或岩粉夹层,其厚度足以阻止节理壁接触	1.0		
4.节理蚀变系数 a.节理完全闭合	J_a	ϕ_r(近似值)	
A.节理壁紧密接触,坚硬、无软化、充填物,不透水	0.75	—	
B.节理壁无蚀变、表面只有污染物	1.0	(25°～35°)	
C.节理壁轻度蚀变、不含软矿物覆盖层、砂粒和无黏土的解体岩石等	2.0	(25°～35°)	
D.含有粉砂质或砂质黏土覆盖层和少量黏土细粒(非软化的)	3.0	(20°～25°)	
E.含有软化或摩擦力低的黏土矿物覆盖层,如高岭土和云母。它可以是绿泥、滑石和石墨等,以及少量的膨胀性黏土(不连续的覆盖层,厚度≤1～2mm)	4.0	(8°～16°)	
b.节理壁在剪切错动10cm前是接触的			
F.含砂粒和无黏土的解体岩石等	4.0	(25°～30°)	1.如果存在蚀变产物,则残余摩擦角ϕ_r可作为蚀变产物的矿物学性质的一种近似标准
G.含有高度超固结的,非软化的黏土质矿物充填物(连续的厚度小于5mm)	6.0	(16°～24°)	
H.含有中等(或轻度)固结的软化的黏土矿物充填物(连续的厚度小于5mm)	8.0	(12°～16°)	
J.含膨胀性黏土充填物,如蒙脱石(连续的,厚度小于5mm),J_a值取决于膨胀性黏土颗粒所占的百分数以及含水量	8.0～12.0	(6°～12°)	
c.剪切错动时节理壁不接触			
K.含有解体岩石或岩粉以及黏土的夹层(见关于黏土条件的第G、H和J款)	6.0	—	
L.同上	8.0		
M.同上	8.0～12.0	(6°～24°)	
N.由粉砂质或砂质黏土和少量黏土微粒(非软化的)构成的夹层	5.0		
Q.含有厚而连续的黏土夹层(见关于黏土条件的第G、H和J款)	10.0～13.0		
P.同上 R.同上	13.0～20.0	(6°～24°)	

续表

参数及其详细分类	权	值	备 注
5.节理水折减系数 　　A.隧道干燥或只有极少量的渗水,即局部地区渗流量小于5L/min 　　B.中等流量或中等压力,偶尔发生节理充填物被冲刷的现象 　　C.节理无充填物,岩石坚固,流量大或水压高 　　D.流量大或水压大,大量充填物均被冲出 　　E.爆破时,流量特大或压力特大,但随时间增长而减弱 　　F.持续不衰减的特大流量,或特高水压	J_w 1.0 0.66 0.5 0.33 0.2~0.1 0.1~0.05	水压力的近似值(kg/cm²) <1.0 1.0~2.5 2.5~10.0 2.5~10.0 >10 >10	1.C~F款的数值均为粗略估计值,如采取疏干措施,J_w可取大一些 2.本表没有考虑由结冰引起的特殊问题
6.应力折减因素 a.软弱区切穿开挖体,当隧道掘进时开挖体可能引起岩体松动 　　A.含黏土或化学分解的岩石的软弱区多处出现,围岩十分松散(深浅不限) 　　B.含黏土或化学分解的岩石的单一软弱区(开挖深<50m) 　　C.含黏土或化学分解的岩石的单一软弱区(隧道深度>50m) 　　D.岩石坚固不含黏土但多处出现剪切带,围岩松散(深度不限) 　　E.不含黏土的坚固岩石中的单一剪切带(开挖深度>50m) 　　F.不含黏土的坚固岩石中单一剪切带(开挖深度>50m) 　　G.含松软的张开节理,节理很发育或像"方糖"块(深度不限)	SRF 10.0 5.0 2.5 7.5 5.0 2.5 5.0		1.如果有关的剪切带仅影响到开挖体,而不与之交叉,则SRF值减少25%~50% 2.对于各向应力差别甚大的原岩应力场(若已测出):当$5\leq\sigma_c/\sigma_1\leq10$,$\sigma_c$减为$0.82\sigma_c$;当$\sigma_1/\sigma_3>10$时,$\sigma_c$减为$0.6\sigma_c$,$\sigma_t$减为$0.6\sigma_t$。这里$\sigma_c$表示单轴抗压强度;而$\sigma_t$表示抗拉强度(点载试验);$\sigma_1$和$\sigma_3$分别为最大和最小主应力 3.可以找到几个地下深度小于跨度的实例记录。对于这种情况,建议将SRF从2.5增至5(见H款)
b.坚固岩石,岩石应力问题 　　H.低应力,接近地表 　　J.中等应力 　　K.高应力,岩体结构非常紧密(一般有利于稳定性,但对侧帮稳定性可能不利) 　　L.轻微岩爆(整体岩石) 　　M.严重岩爆(整体岩石)	σ_c/σ_1 >200 200~10 10~5 5~2.5 <2.5	σ_t/σ_1 SRF >13 2.5 13~0.66 1.0 0.66~0.33 0.5~2 0.33~0.16 5~10 <0.16 10~20	
c.挤压性岩石,在很高的应力影响下不坚固岩石的塑性流动 　　N.挤压性微弱的岩石压力 　　O.挤压性很大的岩石压力	SRF 5~10 10~20		
d.膨胀性岩石,化学膨胀活性取决于是否存在水 　　P.膨胀性微弱的岩石压力 　　R.膨胀性很大的岩石压力	5~10 10~20		

在查表 5-4-22 时，除遵照表内备注栏的说明以外，还须遵守下列规则：

(1) 如果无法得到钻孔岩芯，则 RQD 值可由单位体积的节理数来估算。在单位体积中，对每组节理按每米长度计算其节理数，然后相加。对于不含黏土的岩体，可用简单的关系式将节理数换算成 RQD 值，公式为 $RQD=115-3.3J_v$（近似值）。式中，J_v 表示每立方米的节理总数，当 $J_v<4.5$ 时，取 $RQD=100$。

(2) 代表节理组数的参数 J_n 常受劈理、片理、板岩劈理或层理等的影响。如果这类平行的"节理"很发育，可视之为一个节理组。但如果明显可见的"节理"很稀疏，或者岩芯中由于这些"节理"偶尔出现个别断裂，则在计算 J_v 值时，视它们为"紊乱的节理"（或"随机节理"）。

(3) 代表抗剪强度的参数 J_r 和 J_a 应与给定区域中软弱的主要节理组或黏土充填的不连续面联系起来。但是，如果 J_r/J_a 值最小的节理组或不连续面的方位对稳定性是有利的，这时，方位比较不利的第二组节理或不连续面有时可能更重要，在这种情况下，计算 Q 值时要用后者的较大的 (J_r/J_a) 值。事实上，(J_r/J_a) 值应当与最可能首先破坏的岩面有关。

(4) 当岩体含黏土时，必须计算出适用于松散荷载的因数 SRF。在这种情况下，完整岩石的强度并不重要。但是，如果节理很少，又完全不含黏土，则完整岩石的强度可能变成最弱的环节，这时稳定性完全取决于（岩体应力/岩体强度）之比。各向应力差别极大的应力场对于稳定性是不利的因素，这种应力场已在表 5-4-22 中第 2 点关于应力折减因数的备注栏中作了粗略考虑。

(5) 如果当前的或将来的现场条件均使岩体处于饱水状态，则完整岩石的抗压和抗拉强度（σ_c 和 σ_t）应在饱水状态下进行测定。若岩体受潮或在饱水后即行变坏，则估计这类岩体的强度时应当更加保守一些。

以 Q 值为依据将岩体分为 9 类，各类岩体与地下开挖当量尺寸（D_e）间的关系如图 5-4-3 所示。Q 分类方法考虑的地质因素较全面，而且把定性分析和定量评价结合起来了，因此，是目前比较好的分类方法，且软、硬岩体均适用。

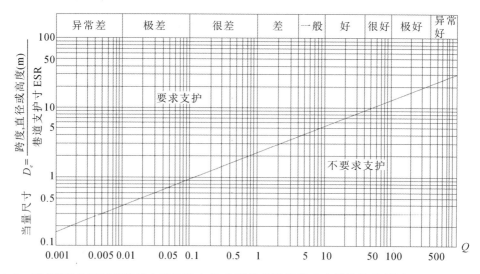

图 5-4-3　不支护的地下开挖体最大当量尺寸 D_e 与岩体质量指标 Q 之间的关系（引自 Barton et al.，1974）

另外，Bieniawski 在大量实测统计的基础上，发现 Q 值与 RMR 值具有如下统计关系：
$$RMR = 9\ln Q + 44 \tag{5-4-11}$$

5.5 岩体力学参数的确定

5.5.1 岩体力学参数的确定方法分类

岩体力学参数的取值是进行工程岩体评价的基础。通过上述分析可以看出，影响岩体力学参数取值的因素多，取值范围变化大，取值复杂困难。目前常用的方法有实验折减法、工程类比法、位移反分析法、工程分类法与估算法。

实验折减法是将实验得出的参数按不同的影响因素进行不同的折减。如果是室内实验，得到的是试样尺度岩石的力学参数，而数值计算需要用到岩体力学参数。文献与实践经验表明，对密度和泊松比无须做折减处理，弹性模量可取岩石的 1/2 左右，强度参数（内聚力、岩体抗拉强度）可取岩石的 1/4，内摩擦角则减小 $4°\sim6°$。实际运用中可基于以上原则并结合岩体的具体情况对参数折减程度进行调整，例如硬岩可适当多折减，软岩则少折减。如果是现场实验结果，一般要进行合理优化后方可使用。这种折减的前提是各因素的影响彼此独立而不相互影响。但事实有时并非完全如此，例如水的作用，不仅有软化作用，还可能有膨胀作用和楔缝作用（承压水使岩体原有裂纹扩展），水还可以加强流变效应等。所以采用这一方法应持谨慎态度。

工程类比法是一种经验判断方法，虽然常用，却因人而异，差别极大，并没有可遵循的科学方法论证和判断它的准确性。这种方法还有一个重要的缺陷：这种类比常常只是宏观的，容易掩盖工程的特点，因而有可能隐藏着某些危险性。例如，法国的 Malpasset 拱坝的建设是在法国已拥有大量拱坝建设的经验基础上进行的，然而还是失事了。这表明，对任何一个工程，一定要具体研究其本身的特点。如果没有这方面详尽的分析，其类比的可信程度就值得推敲了。

位移反分析法则是根据监测到的工程岩体变形值，按照一定的力学模型反算部分岩体力学指标，具体内容见第 16 章。

工程分类法则是首先对工程岩体进行分级分类，根据分级分类结果获得不同级别岩体的物理力学参数建议值，一般可以内插确定。

估算法则是根据工程实践与理论研究，建立经验关系式或理论模型、理论判据，以估算获得岩体的力学参数的方法。

下面将重点介绍岩体变形参数与强度的估算方法。

5.5.2 岩体变形参数的估算

目前，岩体变形参数估算方法有两种：一是在现场地质调查的基础上，建立适当的岩体地质力学模型，利用室内小试样试验资料来估算；二是在岩体质量评价和大量试验资料的基础上，建立岩体分类指标与变形参数之间的经验关系，并用于变形参数估算，现简要介绍如下。

5.5.2.1 层状岩体变形参数估算

层状岩体可简化为如图 5-5-1(a) 所示的地质力学模型。假设各岩层厚度相等为 S，且性质相同；层面的张开度可忽略不计；根据室内试验成果，设岩块的变形参数为 E,μ 和 G，层面的变形参数为 K_n,K_s。取 n-t 坐标系，n 为垂直层面，t 为平行层面。在以上假定下取一由岩块和层面组成的单元体（图 5-5-1(b)）来考察岩体的变形，分两种情况讨论如下。

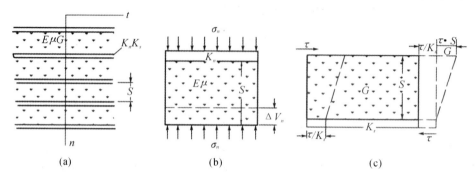

图 5-5-1 层状岩体地质力学模型及变形参数估算示意图

1. 法向应力 σ_n 作用下的岩体变形参数

根据荷载作用方向又可分为沿 n 方向和 t 方向加 σ_n 两种情况。

（1）沿 n 方向加载时，如图 5-5-1(b) 所示，在 σ_n 作用下，岩块和层面产生的法向变形分别为

$$\begin{cases} \Delta V_r = \dfrac{\sigma_n}{E}S \\ \Delta V_j = \dfrac{\sigma_n}{K_n} \end{cases} \tag{5-5-1}$$

则岩体的总变形 ΔV_n 为

$$\Delta V_n = \Delta V_r + \Delta V_j = \dfrac{\sigma_n}{E}S + \dfrac{\sigma_n}{K_n} = \dfrac{\sigma_n}{E_{mn}}S$$

简化后得层状岩体垂直层面方向的变形模量 E_{mn} 为

$$\dfrac{1}{E_{mn}} = \dfrac{1}{E} + \dfrac{1}{K_n S} \tag{5-5-2}$$

假设岩块本身是各向同性的，沿 n 方向加载时，由 t 方向的应变可求出岩体的泊松比 μ_{nt} 为

$$\mu_{nt} = \dfrac{E_{mn}}{E}\mu \tag{5-5-3}$$

（2）沿 t 方向加荷时，岩体变形主要是岩块引起的，因此岩体的变形模量 E_{mt} 和泊松比 μ_{tn} 为

$$\begin{cases} E_{mt} = E \\ \mu_{tn} = \mu \end{cases} \tag{5-5-4}$$

2. 剪应力作用下的岩体变形参数

如图 5-5-1(c) 所示，对岩体施加剪应力 τ 时，则岩体剪切变形由沿层面滑动变形 Δu 和

岩块的剪切变形 Δu_r 组成，Δu_r 和 Δu 为

$$\begin{cases} \Delta u_r = \dfrac{\tau}{G}S \\ \Delta u = \dfrac{\tau}{K_s} \end{cases} \quad (5\text{-}5\text{-}5)$$

岩体的剪切变形 Δu_j 为

$$\Delta u_j = \Delta u + \Delta u_r = \frac{\tau}{K_s} + \frac{\tau}{G}S = \frac{\tau}{G_{mt}}S$$

简化后得岩体的剪切模量 G_{mt} 为

$$\frac{1}{G_{mt}} = \frac{1}{K_s S} + \frac{1}{G} \quad (5\text{-}5\text{-}6)$$

由式(5-5-2)～式(5-5-4)和式(5-5-6)，可求出表征层状岩体变形性质的 5 个参数。

应当指出，以上估算方法是在岩石和结构面的变形参数及各岩层厚度都为常数的情况下得出的。当各层岩块和结构面变形参数 E、μ、G、K_s、K_n 及厚度 S 都不相同时，岩体变形参数的估算比较复杂。例如，对式(5-5-2)，各层 K_n、E、S 都不相同，可采用当量变形模量的办法来处理。方法是先求出每一层岩体的变形模量 E_{mni}，然后再按下式求层状岩体当量变形模量 E'_{mn}：

$$\frac{1}{E'_{mn}} = \sum_{i=1}^{n} \frac{S_i}{E_{mni}S} \quad (5\text{-}5\text{-}7)$$

式中，S_i 为岩层的单层厚度；S 为岩体总厚度。其他参数也可以用类似的方法进行处理，具体可参考有关文献，在此不详细讨论。

5.5.2.2 裂隙岩体变形参数的估算

Bieniawski(1978)研究了大量岩体变形模量实测资料，建立了分类指标 RMR 值和变形模量 E_m(GPa)间的统计关系：

$$E_m = 2\text{RMR} - 100 \quad (5\text{-}5\text{-}8)$$

如图 5-5-2 所示，式(5-5-8)只适用于 RMR>55 的岩体。为弥补这一不足，Serafim 和 Pereira(1983)根据收集到的资料及 Bieniawski 的数据，拟合出如下方程，以用于 RMR≤55 的岩体：

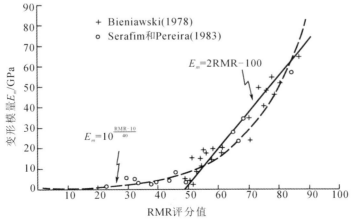

图 5-5-2　岩体变形模量与 RMR 值的关系

$$E_m = 10^{\frac{RMR-10}{40}} \tag{5-5-9}$$

挪威的 Bhasin 和 Barton 等(1993)研究了岩体分类指标 Q 值、纵波速度 v_p(m/s)和岩体平均变形模量 E_{mean}(GPa)间的关系，提出了如下的经验关系：

$$\begin{cases} E_{\text{mean}} = \dfrac{v_p - 3500}{40} \\ v_p = 1000\lg Q + 3500 \end{cases} \tag{5-5-10}$$

上式只适用于 $Q>1$ 的岩体。

5.5.3 裂隙岩体强度的估算

裂隙岩体一般是指发育的结构面组数多，且发育相对较密集的岩体，结构面多为硬性结构面（如节理裂隙等）。岩体在这些结构面切割下较破碎，可概化为各向同性的准连续介质。如果能建立岩体强度与地质条件某些因素之间的经验关系式，就能在地质勘探和地质资料收集的基础上用经验关系式对岩体强度参数进行估算。这方面国内外有不少学者做出了许多有益的探索与研究，提出了许多经验方程与估算方法。下面主要介绍 Hoek-Brown 经验方程。

Hoek 和 Brown(1980)根据岩体性质的理论与实践经验，依据试验资料导出了岩体的强度方程为

$$\sigma_1 = \sigma_3 + \sqrt{m\sigma_c\sigma_3 + s\sigma_c^2} \tag{5-5-11}$$

式中，σ_1，σ_3 分别为破坏时的极限主应力；σ_c 为岩块的单轴抗压强度；m，s 分别为与岩性及结构面情况有关的常数，查表 5-5-1 可得。

表 5-5-1　岩体质量和经验常数 m、s 之间关系表（Hoek，1988）

$\sigma_1 = \sigma_3 + \sqrt{m\sigma_c\sigma_3 + s\sigma_c^2}$	碳酸盐岩类，具有发育结晶解理，如白云岩、灰岩、大理岩	泥质岩类，如泥岩、粉砂岩、页岩、泥灰岩等	砂质岩石，微裂隙少，如砂岩、石英岩等	细粒火成岩，结晶好，如安山岩、辉绿岩、玄武岩、流纹岩等	粗粒火成岩及变质岩，如角闪岩、辉长岩、片麻岩、花岗岩、石英闪长岩等
完整岩体，无裂隙 RMR=100；Q=500	$m=7.00$ $s=1.00$	$m=10.00$ $s=1.00$	$m=15.00$ $s=1.00$	$m=17.00$ $s=1.00$	$m=25.00$ $s=1.00$
质量非常好的岩体，岩块镶嵌紧密，仅存在粗糙未风化节理，节理间距 1～3m RMR=85；Q=100	$m=2.40$ $s=0.082$	$m=3.43$ $s=0.082$	$m=5.14$ $s=0.082$	$m=5.82$ $s=0.082$	$m=8.56$ $s=0.082$
质量好的岩体，新鲜至微风化，节理轻微扰动，节理间距 1～3m RMR=65；Q=10	$m=0.575$ $s=0.00293$	$m=0.821$ $s=0.00293$	$m=1.231$ $s=0.00293$	$m=1.359$ $s=0.00293$	$m=2.052$ $s=0.00293$
质量中等的岩体，具有几组中等风化的节理，间距为 0.3～1m RMR=44；Q=1.0	$m=0.128$ $s=0.00009$	$m=0.183$ $s=0.00009$	$m=0.275$ $s=0.00009$	$m=0.311$ $s=0.00009$	$m=0.458$ $s=0.00009$

续表

$\sigma_1=\sigma_3+\sqrt{m\sigma_c\sigma_3+s\sigma_c^2}$	碳酸盐岩类,具有发育结晶解理,如白云岩、灰岩、大理岩	泥质岩类,如泥岩、粉砂岩、页岩、泥灰岩等	砂质岩石,微裂隙少,如砂岩、石英岩等	细粒火成岩,结晶好,如安山岩、辉绿岩、玄武岩、流纹岩等	粗粒火成岩及变质岩,如角闪岩、辉长岩、片麻岩、花岗岩、石英闪长岩等
质量差的岩体,具有大量夹泥的风化节理,间距0.3～0.5m RMR=23;Q=0.1	$m=0.029$ $s=0.000003$	$m=0.041$ $s=0.000003$	$m=0.061$ $s=0.000003$	$m=0.069$ $s=0.000003$	$m=0.102$ $s=0.000003$
质量非常差的岩体,具大量严重风化节理,夹泥,间距小于0.5m RMR=3;Q=0.01	$m=0.007$ $s=0.0000001$	$m=0.010$ $s=0.0000001$	$m=0.015$ $s=0.0000001$	$m=0.017$ $s=0.0000001$	$m=0.025$ $s=0.0000001$

式(5-5-11)适用于完整岩体或破碎的节理岩体及横切结构面产生的岩体破坏等,并把工程岩体在外荷载作用下表现出的复杂破坏,归结为拉张破坏和剪切破坏两种机制。将影响岩体强度特性的复杂因素集中包含在m、s两个经验参数中,概念明确,便于工程应用。

Hoek-Brown经验方程提出后,得到了普遍关注和广泛应用。但在实际应用中也发现了一些不足,主要表现在:高应力条件下用式(5-5-11)确定的岩体强度比实际偏低,且m、s等参数的取值范围大,难以准确确定等。针对以上不足,Hoek等先后于1983年、1988年及1992年对式(5-5-11)和相关参数进行了修改,提出了广义的Hoek-Brown方程,即

$$\sigma_1 = \sigma_3 + \sigma_c \left(m_b \frac{\sigma_3}{\sigma_c} + s \right)^\alpha \quad (5\text{-}5\text{-}12)$$

式中,m_b、s、α分别为与结构面情况、岩体结构和质量有关的经验常数。

由式(5-5-12),令$\sigma_3=0$,可得岩体的单轴抗压强度σ_{mc}:

$$\sigma_{mc} = \sigma_c s^\alpha \quad (5\text{-}5\text{-}13)$$

对完整岩体来说,$s=1$,则$\sigma_{mc}=\sigma_c$,即为岩石的抗压强度;而对于裂隙岩体来说,必有$s<1$。对完全破碎的岩体来说,$s=0$,这时则有

$$\sigma_1 = \sigma_3 + \sigma_c \left(m_b \frac{\sigma_3}{\sigma_c} \right)^\alpha \quad (5\text{-}5\text{-}14)$$

令$\sigma_1=0$,由式(5-5-12)可得到岩体单轴抗拉强度σ_{mt}:

$$\sigma_{mt} = \sigma_c \frac{m_b - (m_b^2 + 4s)^\alpha}{2} \quad (5\text{-}5\text{-}15)$$

通过工程地质调查,得出工程所在部位的岩体质量类型、岩石类型及单轴抗压强度σ_c,利用式(5-5-12)~式(5-5-15)和表5-5-2即可对裂隙化岩体的强度σ_{1m}、单轴抗压强度σ_{mc}及单轴抗拉强度σ_{mt}进行估算。表5-5-2中m_i为均质岩块的经验常数m的值,按照表5-5-3取值。

表 5-5-2 广义 Hoek-Brown 方程岩体经验常数 $\frac{m_b}{m_i}$、s、α 取值表（Hoek,1992）

	岩体质量及结构面性状描述				
$\sigma_1=\sigma_3+\sigma_c\left(\frac{m_b\sigma_3}{\sigma_c}+s\right)^\alpha$ σ_1,σ_3 为破坏主应力	岩体质量好，结构面粗糙，未风化	岩体质量较好，结构面粗糙，轻微风化，常呈铁锈色	岩体质量一般，结构面光滑，中等风化或发生蚀变	岩体质量较差，结构面强风化，上有擦痕，被致密的矿物薄膜覆盖或角砾状岩屑填充	岩体质量差，结构面强风化，上有擦痕，被黏土矿物薄膜覆盖或填充
块状岩体，有三组正交结构面切割成嵌固紧密、未受扰动的立方体状岩块	$\frac{m_b}{m_i}=0.6$ $s=0.19$ $\alpha=0.5$	$\frac{m_b}{m_i}=0.4$ $s=0.062$ $\alpha=0.5$	$\frac{m_b}{m_i}=0.4$ $s=0.062$ $\alpha=0.5$	$\frac{m_b}{m_i}=0.4$ $s=0.062$ $\alpha=0.5$	$\frac{m_b}{m_i}=0.4$ $s=0.062$ $\alpha=0.5$
碎块状岩体，四组或四组以上结构面切割成嵌固紧密、部分扰动的角砾状岩块	$\frac{m_b}{m_i}=0.4$ $s=0.062$ $\alpha=0.5$	$\frac{m_b}{m_i}=0.29$ $s=0.021$ $\alpha=0.5$	$\frac{m_b}{m_i}=0.16$ $s=0.003$ $\alpha=0.5$	$\frac{m_b}{m_i}=0.11$ $s=0.001$ $\alpha=0.5$	$\frac{m_b}{m_i}=0.07$ $s=0.00$ $\alpha=0.53$
块状、层岩体，褶皱或断裂的岩体，受多组结构面切割而形成角砾状岩块	$\frac{m_b}{m_i}=0.24$ $s=0.012$ $\alpha=0.5$	$\frac{m_b}{m_i}=0.17$ $s=0.004$ $\alpha=0.5$	$\frac{m_b}{m_i}=0.12$ $s=0.001$ $\alpha=0.5$	$\frac{m_b}{m_i}=0.08$ $s=0.00$ $\alpha=0.5$	$\frac{m_b}{m_i}=0.4$ $s=0.00$ $\alpha=0.55$
破碎岩体，由角砾岩和磨圆度较好的岩块组成的极度破碎岩体，岩块间嵌固松散	$\frac{m_b}{m_i}=0.17$ $s=0.004$ $\alpha=0.5$	$\frac{m_b}{m_i}=0.12$ $s=0.001$ $\alpha=0.5$	$\frac{m_b}{m_i}=0.08$ $s=0.00$ $\alpha=0.5$	$\frac{m_b}{m_i}=0.06$ $s=0.00$ $\alpha=0.55$	$\frac{m_b}{m_i}=0.04$ $s=0.00$ $\alpha=0.6$

表 5-5-3 由岩石类型所决定的广义 Hoek-Brown 方程常量 m_i 的取值

岩石类型	岩石性状	岩石化学特征	结构			
			粗糙的	中等的	精细的	非常精细
沉积岩	碎屑状		砾岩 22	砂岩 19	粉砂岩 9	泥岩 4
	非碎屑状	有机的		煤 8~21		
		碳化的	角砾岩 22	灰岩 8~10		
		化学的		石膏 16	硬石膏 13	
变质岩	非层状		大理岩 9	角页岩 19	石英岩 23	
	轻微层状		麻粒岩 30	闪石 25~31	糜棱岩 6	
	层状		片麻岩 33	片岩 4~8	千枚岩 10	板岩 9
火成岩	亮色的		花岗岩 33		流纹岩 25	
			花岗闪长岩 30	闪长岩 25	英安岩 25	
	暗色的		辉长岩 27	苏长岩 25	玄武岩 17	黑曜岩 19
	火成碎屑		砾岩 20	角砾岩 18	凝灰岩 15	

式(5-5-12)中经验常数 m_b、s、α 也可以按下式计算：

$$\begin{cases} m_b = m_1 \cdot \exp\left(\dfrac{\text{GSI}-100}{28-14D}\right) \\ s = \exp\left(\dfrac{\text{GSI}-100}{9-3D}\right) \\ \alpha = \dfrac{1}{2} + \dfrac{1}{6}\left[\exp\left(\dfrac{-\text{GSI}}{15}\right) - \exp\left(\dfrac{-20}{3}\right)\right] \end{cases} \quad (5\text{-}5\text{-}16)$$

式中，GSI 为按 GSI 分类系统确定的岩体地质强度指标 GSI 值，按图 5-5-3 确定；D 为岩体扰动因子，根据岩体被扰动的状况分区确定，可参照表 5-5-4 取值。

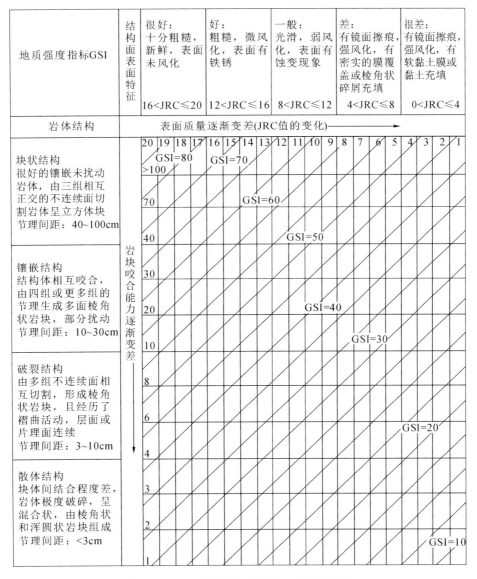

图 5-5-3 岩体地质强度指标 GSI 定量描述

扰动因子的引入，成为广义 Hoek-Brown 方程的一大特色。这样就可以在施工之前的设计阶段分析不同施工方式对于岩体质量的影响,提前取得施工扰动后岩体的力学指标,方便分析施工后岩体稳定性的变化,据此制订岩体工程设计与施工方案。

表 5-5-4　岩体扰动因子 D 的建议值(Hoek et al., 2002)

岩 体 描 述	D 的建议值
小规模爆破导致岩体引起中等程度破坏	$D=0.7$(爆破良好)
应力释放引起某种岩体扰动	$D=1.0$(爆破效果差)
由于大型生产爆破或者移去上覆岩体而导致大型矿山边坡扰动严重	$D=1.0$(生产爆破)

Priest 和 Brown 等则将岩体分类值 RMR 值与 m、s 联系起来,提出了计算 m、s 的公式。对于未扰动岩体:

$$\frac{m}{m_i} = e^{(RMR-100/14)} \tag{5-5-17}$$

$$s = e^{(RMR-100/6)} \tag{5-5-18}$$

对于扰动岩体:

$$\frac{m}{m_i} = e^{(RMR-100/28)} \tag{5-5-19}$$

$$s = e^{(RMR-100/9)} \tag{5-5-20}$$

关于 m、s 的物理意义,Hoek 等(1983)曾指出:m 与库仑-莫尔判据中的内摩擦角 ϕ 非常类似,而 s 则相当于内聚力 C 值。若如此,据 Hoek-Brown 提供的常数(见表 5-5-1),m 最大为 25,显然这时用式(5-5-11)估算的岩体强度偏低,特别是在低围压下及较坚硬完整的岩体条件下,估算出的强度明显偏低。但对于受构造变动扰动改造及结构面较发育的裂隙化岩体,Hoek(1987)认为用这一方法估算是合理的。

第 6 章 地应力与岩爆

6.1 概 述

岩体中的应力是岩体稳定性评价与工程运营必须考虑的重要因素。人类工程活动之前存在于岩体中的应力,称为地应力(crustal stress)或天然应力(natural stress)。人类在岩体表面或岩体中进行工程活动,必将引起一定范围内地应力的改变。岩体中这种由于工程活动改变后的应力,称为重分布应力,也称二次应力、诱发应力(induced stress)。这个过程称为应力重分布(redistribution of stress)。相对于重分布应力而言,工程活动前的原始地应力亦可称为初始应力(virgin stress)或原岩应力(initial stress)。

1912 年瑞士地质学家海姆(A. Heim)在大型越岭隧道的施工过程中,通过观察和分析,首次提出了地应力的概念,并假定地应力是一种静水应力状态,且等于单位面积上覆岩层的重量。1926 年,苏联学者金尼克(A. H. Динник)修正了海姆的静水压力假设,认为地壳中各点的铅直应力等于上覆岩层的重量,而侧向应力(水平应力)是泊松效应的结果,其值应为铅直应力乘以一个修正系数。他根据弹性力学理论,认为这个系数等于 $\mu_m/(1-\mu_m)$(其中,μ_m 为上覆岩层的泊松比)。

同期的其他一些学者主要关心的也是如何用数学公式来定量地计算地应力的大小,并且也都认为地应力只与重力有关,即以铅直应力为主,不同点在于侧压系数确定的不同。然而,许多地质现象,如断裂、褶皱等均表明地壳中水平应力的存在。早在 20 世纪 20 年代,我国地质学家李四光就指出:"在构造应力的作用仅影响地壳上层一定厚度的情况下,水平应力分量的重要性远远超过铅直应力分量。"

1932 年,在美国胡佛水坝下的隧道中,首次成功地测定了岩体中的应力。近一个世纪以来,在世界各地进行了数以十万计的岩体应力量测工作,从而使人们对地应力状态有了新的认识。尤其是瑞典 N. Hast 于 1958 年在斯堪的纳维亚半岛进行了系统的应力量测,首次证实了岩体中构造应力的存在,并提出地应力以压应力为主,从根本性上动摇了地应力是静水压力的理论和以铅直应力为主的观点。其后,Leeman(1964)以"岩体应力测量"为题,发表了一系列研究论文,系统地阐明了岩体应力测量原理、设备和量测成果。1973 年,苏联出版了《地壳应力状态》一书,汇集了苏联矿山坑道岩体的应力实测成果。各国的研究都证明了 Hast 的观点。

我国的地应力测量工作开始于 20 世纪 50 年代后期,至 60 年代才广泛应用于生产实践。至今,我国岩体应力测量已得到数以万计的数据,为研究工程岩体稳定性和岩石圈动力学问题提供了重要依据。

产生地应力的原因十分复杂,地应力也不是一成不变的,许多自然的因素及人类工程活动等,均可以使岩体应力状态发生变化。对区域地壳稳定性、地震预报、油田油井的稳定性、核废料储存、岩爆、煤和瓦斯突出等问题及地球动力学的研究,以及各类岩体工程问题的解决均具有重要的实际意义。

任何地区现代构造运动的性质和强度,均取决于该地区岩体的地应力状态和岩体的力学性质。从工程地质观点来看,地震是各类现代构造运动引起的重要的地质灾害。从岩体力学观点出发,地震是岩体中应力超过岩体强度而引起的断裂破坏的一种表现。

地应力状态与岩体稳定性关系也极大,它不仅是决定岩体稳定性的重要因素,而且直接影响各类岩体工程的设计和施工。越来越多的资料表明,在岩体高应力区,地表和地下工程施工期间所进行的岩体开挖,常常能在岩体中引起一系列与开挖卸荷回弹和应力释放相联系的变形和破坏现象,使工程岩体失稳,严重状况下会发生强烈的岩爆。对地表工程而言,如开挖基坑或边坡,由于开挖卸荷作用,将引起基坑底部发生回弹隆起,并同时引起坑壁或边坡岩体向坑内发生位移。这类实例很多,其中以加拿大安大略省的一个露天采坑、美国南达科他州俄亥坝静水池基坑、美国大古力坝坝基及我国葛洲坝电站厂房基坑开挖过程中所发生情况最典型。

加拿大安大略省某露天采坑开挖在水平灰岩岩层中,当开挖深度达 15m 时,坑底突然裂开,裂缝迅速延伸,裂缝两侧 15m 范围内的岩层向上隆起,最大高度达 2.4m。研究表明,隆起轴垂直于区域最大主应力作用方向。

美国南达科他州的俄亥坝静水池基坑开挖在白垩纪页岩夹薄层斑脱岩地层中。1954 年 2 月开始开挖,1955 年 3 月完成,最大开挖深度为 6.1m。现场观察表明,到 1954 年 12 月,基坑底总回弹量达 20cm,其中 90% 是在开挖期间发生的,当时基坑底部已有断层面未发现位移。但 1955 年 1 月,发现基坑底面沿原断层面错开,上盘上升,错距达 34cm。

美国大古力坝基坑开挖在花岗岩中,在开挖基坑过程中,发现花岗岩呈水平层状开裂,且这种现象延至较大深部。

我国葛洲坝电站厂房基坑开挖在白垩纪粉砂岩和黏土岩互层岩体中,开挖中基坑上游坑壁沿坑底附近视倾角为 1°~3° 的 212 夹层泥化面发生逆向滑错,最大错距 8cm。基坑坡面倾向为 199°,而坑壁岩体位错方向却为 223°,二者之间相差 24°。事后地应力量测结果表明,该处最大水平主应力 σ_{hmax} 的作用方向为 NE45°(即 225°)左右,坑底高程处应力值为:$\sigma_{hmax}=3.1\text{MPa}$,$\sigma_{hmin}=2.3\text{MPa}$。电站厂房基坑坑壁岩体滑错方向是与最大水平地应力作用方向相一致的。

总之,岩体的地应力状态,对工程建设有着重要意义。为了合理地利用地应力的有利方面,根据地应力状态,在可能的范围内合理地调整地下硐室轴线、坝轴线及人工边坡走向,较准确地预测岩体中重分布应力和岩体变形,正确地选择加固岩体的工程措施。因此,对重要的岩体工程,均应把地应力量测与研究当作一项必须进行的基础性工作来安排。

6.2 地应力的成因与分布规律

6.2.1 地应力的成因

产生地应力的原因是十分复杂的,也是至今尚不十分清楚的问题。多年来的实测和理论分析表明,地应力的形成主要与地球的各种动力作用过程有关,其中包括:地壳板块运动及其相互挤压、地幔热对流、地球自转速度改变、地球重力、岩浆侵入、放射性元素产生的化学能和地壳非均匀扩容等。另外,温度不均、水压梯度、地表剥蚀或其他物理化学作用等也可引起相应的应力场或地应力的改变。其中,构造应力场和重力应力场是现今地应力场的主要组成部分。

(1) 地壳板块运动及其相互挤压。海底扩张和大陆漂移是地壳大陆板块运动的原动力,可用于解释大陆地应力的起因。例如,中国大陆板块东西两侧受到印度洋板块和太平洋板块的推挤,推挤速度为每年数厘米,而南北同时受到西伯利亚板块和菲律宾板块的约束。在这样的边界条件下,板块岩体发生变形,并产生水平挤压应力场,其最大主应力迹线如图6-2-1所示。印度洋板块和太平洋板块的移动促成了我国山脉的形成,控制了我国地震的分布。

图 6-2-1 中国大陆板块主应力迹线图

(2) 地幔热对流。由硅镁质组成的地幔因温度很高,具有可塑性,并可以上下对流和蠕动。当地幔深处的上升流到达地幔顶部时,就分成两股相反的平流,回到地球深处,形成一个封闭的循环体系。例如,地幔热对流引起地壳下面的水平环向应力,在亚洲形成由孟加拉湾一直延伸到贝加尔湖的最低重力槽,它是一个有拉伸的带状区。我国从西昌、攀枝花到昆明的裂谷正位于这一地区,该裂谷区有一个以西藏中部为中心的上升流的大对流环。在华北-山西地堑有一个下降流,由于地幔物质的下降,引起很大的水平挤压应力。

(3) 地球重力。由地心引力引起的应力场称为重力场,重力场是各种应力场中唯一能够准确计算的应力场,是地壳岩体中所有各点铅直应力的主要组成部分,但不是唯一的部分。因此,铅直应力一般并不完全等于自重应力。因为板块运动,岩浆对流和侵入,岩体非均匀扩容,温度不均和水压梯度等都会引起垂直方向应力变化。

(4) 岩浆侵入。岩浆侵入挤压、冷凝收缩和成岩均会在围岩中产生相应的应力场,其过程也是相当复杂的。熔融状态的岩浆处于静水压力状态,对其围岩施加的是各个方向相等的均匀压力。但是炽热的岩浆侵入后即逐渐冷凝收缩,并从接触界面处逐渐向内部发展,不同的热膨胀系数及热力学过程会使侵入岩浆自身及其周围岩体应力产生复杂的变化过程。与前述三种成因不同,由岩浆侵入引起的应力场是一种局部应力场。

(5) 地温梯度。地壳岩体的温度随着深度增加而升高,经在多地测试,一般温度梯度 $\alpha=3℃/100m$。由于温度梯度引起地层中不同深度处有不相同的膨胀,从而引起地层中的压应力,其值可达相同深度自重应力的几分之一。另外,岩体局部寒热不均,产生收缩和膨胀,也会导致岩体内部产生局部应力场。

(6) 地表剥蚀。地壳上升部分岩体因为风化、侵蚀和雨水冲刷搬运而产生剥蚀作用。剥蚀后,由于岩体颗粒结构的变化和应力松弛赶不上剥蚀对应力的影响,导致岩体内仍然存在比由现有地层厚度所引起的自重应力高得多的水平应力值。因此,在某些地区,高的水平应力除与构造应力有关外,还与地表剥蚀有关。

6.2.2 地应力的分布规律

自 20 世纪 50 年代初期起,许多国家先后开展了地应力的实测研究,至今已经积累了大量的实测资料。根据实测结果,地应力有如下特征。

(1) 地应力一般处于三维应力状态。根据三个主应力轴与水平面的相对位置关系,把地应力场分为水平应力场与非水平应力场两类。水平应力场的特点是两个主应力轴呈水平或与水平面夹角小于 30°,另一个主应力轴垂直水平面或与水平面夹角大于或等于 70°。非水平应力场特点是:一个主应力轴与水平面夹角在 45°左右,另两个主应力轴与水平面夹角在 0°~45°间变化。大量应力量测结果表明,水平应力场在地壳表层分布比较广泛,而非水平应力场仅分布在板块接触带或两地块之间的边界地带。

对于水平应力场,与单纯的自重应力场不同的是:铅直应力(σ_v)大多是最小主应力,少数为最大或中间主应力。例如,在斯堪的纳维亚半岛的前寒武纪岩体、北美地台的加拿大地盾、乌克兰的希宾地块及其他地区的结晶基底岩体中,σ_v 基本上是最小主应力。而在斯堪的纳维亚岩体中测得的 σ_v 值,却大多是最大主应力。此外,由于侧向侵蚀卸荷作用,在河谷谷坡附近及单薄的山体部分,常可测得 σ_v 为最大主应力的应力状态。

(2) 地应力场是受区域与场地双重因素控制的,是一个具有相对稳定性的非稳定应力场,是时间和空间的函数。三个主应力的大小和方向是随着空间和时间而变化的,从小范围来看,其变化是很明显的,从某一点到相距数十米外的另一点,地应力的大小和方向也可能是不同的。但就区域而言,地应力的变化又是不大的,又是较稳定的。例如,我国的华北地区,地应力场的主导方向为北西到近于东西的主压应力(见图 6-2-1),最大主应力的方向和区域控制性构造变形场一致。但在某些地震活动活跃的地区,地应力的大小和方向随时间的变化也是很明显的,在地震前,处于应力积累阶段,应力值不断升高,而地震时使集中的应力得到释放,应力值突然大幅度下降。主应力方向在地震发生过程中会发生明显改变,但在震后一段时候又会恢复到震前的状态。

(3) 铅直地应力以压应力为主,且随深度增加而呈线性增长。大量的国内外地应力实测结果表明,绝大部分地区的铅直地应力 σ_v 大致等于按平均密度 $\rho=2.7g/cm^3$ 计算出上覆岩体的自重（见图 6-2-2）。但是，在某些现代上升地区，例如位于法国和意大利之间的勃朗峰、乌克兰的顿涅茨盆地，均测到 σ_v 显著大于上覆岩体自重的结果（$\sigma_v/\rho gZ \approx 1.2 \sim 7.0$，$Z$ 为测点距地面的深度）。而在俄罗斯阿尔泰区兹良诺夫矿区测得的垂直方向上的应力，则比自重小得多，甚至有时为张应力。这种情况的出现，大多与目前正在进行的构造运动有关。

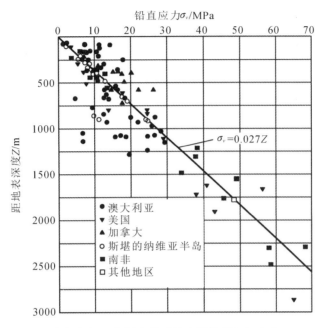

图 6-2-2　铅直应力与埋藏深度关系的实测结果（Hoek，Brown，1981）

（4）水平地应力分布复杂，根据已有实测结果分析，岩体中水平地应力主要受地区现代构造应力场的控制，同时，还受到岩体自重、剥蚀所导致的天然卸荷作用、现代构造断裂运动、应力调整和释放及岩体力学性质等因素的影响。根据各地地应力量测成果，水平地应力分布有如下特点：

① 岩体中水平地应力以压应力为主，出现拉应力者甚少，且多具局部性质。即使是在通常被视为现代地壳张力带的大西洋中脊轴线附近的冰岛，Hast 已于距地表 4~65m 深处，测得水平地应力也为压应力。

② 大部分岩体中的水平应力大于铅直应力，特别是在前寒武纪结晶岩体中，以及山麓附近和河谷谷底的岩体中，这一特点更突出。如 $\sigma_{h\max}$ 和 $\sigma_{h\min}$ 分别代表岩体内最大和最小水平主应力，而在古老结晶岩体中，普遍存在 $\sigma_{h\max} > \sigma_{h\min} > \sigma_v = \rho gZ$ 的规律。例如：芬兰斯堪的纳维亚的前寒武纪岩体、乌克兰的希宾地块和加拿大地盾等处岩体均有上述规律。在另外一些情况下，则有 $\sigma_{h\max} > \sigma_v$，而 $\sigma_{h\min}$ 却不一定大于 σ_v，也就是说，还存在 $\sigma_v > \sigma_{h\min}$ 的情况。甚至在单薄的山体、谷坡附近及未受构造变动的岩体中，天然水平应力均小于铅直应力。在很单薄的山体中，甚至可出现水平应力为零的极端情况。

③ 水平应力具有明显的各向异性，一般来说 $\sigma_{h\min}/\sigma_{h\max}$ 比值随地区不同而变化于 0.2~0.8 之间。例如，在芬兰斯堪的纳维亚大陆的前寒武纪岩体中，$\sigma_{h\min}/\sigma_{h\max}$ 比值为 0.3~0.75。又如，在我国华北地区不同时代岩体中应力量测结果（表 6-2-1）表明，最小水平应力与最大水平应力比值的变化范围为 0.15~0.78。

表 6-2-1 华北地区地应力绝对值测量结果（李铁汉，潘别桐，1980）

测量地点	测量时间	岩性及时代	最大水平主应力/MPa	最小水平主应力/MPa	最大主应力方向	$\sigma_{hmin}/\sigma_{hmax}$
隆尧茅山	1966年10月	寒武系鲕状灰岩	7.7	4.2	ZW54°	0.55
顺义吴雄寺	1971年6月	奥陶系灰岩	3.1	1.8	ZW75°	0.58
顺义庞山	1973年11月	奥陶系灰岩	0.4	0.2	ZW58°	0.5
顺义吴雄寺	1973年11月	奥陶系灰岩	2.6	0.4	ZW73°	0.15
北京温泉	1974年8月	奥陶系灰岩	3.6	2.2	ZW65°	0.67
北京昌平	1974年10月	奥陶系灰岩	1.2	0.8	ZW75°	0.67
北京大灰厂	1974年11月	奥陶系灰岩	2.1	0.9	ZW35°	0.43
辽宁海城	1975年7月	前震旦系菱镁矿	0.3	5.9	ZW87°	0.63
辽宁营口	1975年10月	前震旦系白云岩	16.6	10.4	ZW84°	0.61
隆尧尧山	1976年6月	寒武系灰岩	3.2	2.1	ZW87°	0.66
滦县一孔	1976年8月	奥陶系灰岩	5.8	3	ZW84°	0.52
滦县三孔	1976年9月	奥陶系灰岩	6.6	3.2	ZW89°	0.48
顺义吴雄寺	1976年9月	奥陶系灰岩	3.6	1.7	ZW83°	0.47
唐山凤凰山	1976年10月	奥陶系灰岩	2.5	1.7	ZW47°	0.68
三河孤山	1976年10月	奥陶系灰岩	2.1	0.5	ZW69°	0.24
怀柔坟头村	1976年11月	奥陶系灰岩	4.1	1.1	ZW83°	0.27
河北赤城	1977年7月	前寒武系超基性岩	3.3	2.1	ZW82°	0.64
顺义吴雄寺	1977年7月	奥陶系灰岩	2.7	2.1	ZW75°	0.78

注：测点深度小于30m。

(5) 岩体中的天然水平应力与铅直应力的比值定义为地应力比值系数，用 λ 表示。世界各地的地应力量测成果表明，绝大多数情况下平均天然水平应力与天然铅直应力的比值为 1.5～10.6 范围内。并且 λ 随深度增加而减小。图 6-2-3 是 Hoek-Brown 根据世界各地地应力测量结果得出的平均天然水平应力（σ_{hav}）与天然铅直应力（σ_v）比值随深度（Z）的变化曲线。曲线表明 σ_{hav}/σ_v 比值有如下规律：

$$\left(0.3+\frac{100}{Z}\right)<\frac{\sigma_{hav}}{\sigma_v}<\left(0.5+\frac{1500}{Z}\right) \tag{6-2-1}$$

(6) 地表改造对地应力的分布影响明显。例如，河谷构造应力的主要部分随剥蚀卸荷很快释放掉。接近河谷岸坡表面存在的地应力分布差异很大。已经发现在接近河谷岸坡表面部分为岩石风化和地应力偏低带，往下则逐渐过渡到地应力平稳区。图 6-2-4 是二滩水电站坝址测得的地应力资料。由图可以看出，在地表下 30m、水平距 80m 范围内为地应力

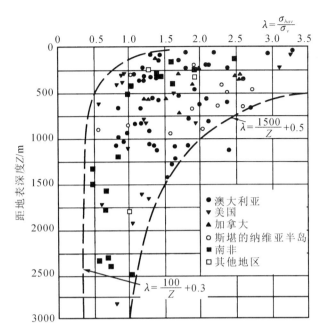

图 6-2-3 平均天然水平应力与铅直应力之比 λ 与埋藏深度 Z 关系的实测结果(据 Hoek 和 Brown,1981)

释放区,再往下深入约 150m 为应力集中区,过此区则是应力平稳区。

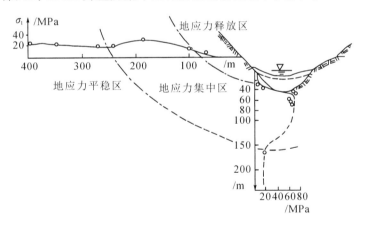

图 6-2-4 二滩坝址地应力特征

6.3 地应力的确定方法

目前,地应力的确定在岩体工程中仍属于较困难的工作,进行地应力的实测是较有效的方法,也发展出很多测试方法,各种方法有其优势。这种测试虽然开展较多,但仍显得很有限。在地质条件较为简单的地区,还可以通过理论计算粗略估算地应力,但在大多数地区,这样计算的结果偏差比较明显。目前还可以通过回归分析等方法,利用有限的测点的实测数据来获得整个场地区域的地应力场分布。但这有一个重要前提,就是模拟区域的地质结构条件与边界条件要清楚,岩体的力学属性与物理力学参数要确定,这些都对模拟结果影响很大,也不是容易确定的。基于上述原因,更多的方法还是应在重点部位开展地应力实测,并结合地应力分布规律进行综合分析。

6.3.1 地应力的测量

半个多世纪以来,随着地应力测量工作的不断开展,各种测量方法和测量仪器不断发展,就世界范围而言,目前各种主要测量方法有数十种之多,而测量仪器则有数百种之多。

对地应力测量方法的分类并没有统一的标准。有学者根据测量手段的不同分为五大类:即构造法、变形法、电磁法、地震法和放射性法。也有学者根据测量原理的不同分为:应力恢复法、应力解除法、应变恢复法、应变解除法、水压致裂法、声发射法、X射线法、重力法等八类。

但根据国内外多数人的观点,依据测量基本原理的不同,可将测量方法分为直接测量法和间接测量法两大类。

直接测量法,是由测量仪器直接测量和记录各种应力量,如补偿应力、恢复应力、平衡应力,并根据这些应力量和原岩应力的相互关系,通过计算获得原岩应力值。这样,在计算过程中并不涉及不同物理量的换算,不需要知道岩体的物理力学性质和应力-应变关系。扁千斤顶法、水压致裂法、刚性包体应力计法和声发射法均属直接测量法。其中,目前水压致裂法应用最广泛,声发射法次之。

间接测量法,不是直接测量应力量,而是借助某些传感元件或某些介质,测量和记录岩体中某些与应力有关的物理量的变化,如岩体的变形或应变、电阻、电容、波速等的变化,然后根据这些物理量与地应力之间的关系,计算地应力。因此,在间接测量法中,为了计算应力值,首先必须确定岩体的某些物理力学性质及所测物理量和应力的相互关系,涉及量纲之间的转化,因此称为间接方法。套孔应力解除法和其他的应力或应变解除方法是间接法中较常用的,其中套孔应力解除法是目前国内外最普遍采用的、发展较成熟的一种地应力测量方法。

6.3.1.1 扁千斤顶法

扁千斤顶又称"压力枕",由两块薄钢板沿周边焊接在一起而成,在周边处有一个油压入口和一个出气阀,参见图 6-3-1。

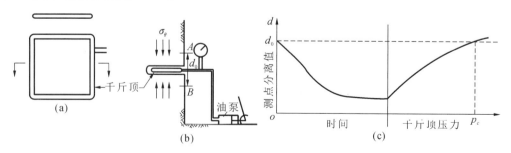

图 6-3-1 扁千斤顶试验装置

测量的具体步骤是:

(1) 在准备测量应力的岩石表面,如地下巷道、硐室的表面布置一对或若干对测点,一一般每对测点间的距离为 15cm 左右(见图 6-3-1)。

(2) 在两测点之间的中线处,开挖一个与测点连线垂直的扁槽(狭缝)。由于洞壁岩体受到环向压应力 σ_θ 的作用,所以,在狭缝槽切割后,两测点间的距离就会从初始值 d_0 减小到 d,即两点间距产生相对缩短位移。

(3) 把扁千斤顶塞入狭缝槽内(见图 6-3-1(b)),并用混凝土充填狭缝槽,使扁千斤顶与洞壁岩体紧密胶结在一起。

(4) 对扁千斤顶泵入高压油,通过扁千斤顶对狭缝两壁岩体加压,使岩壁上两测点的间距缓缓地由 d 恢复到 d_0(见图 6-3-1(c))。这时,扁千斤顶对岩壁施加的压力 p_c 称为"平衡应力"或"补偿应力",等于扁槽开挖前岩体中垂直于扁千斤顶方向的应力。

从原理上来讲,扁千斤顶法只是一种一维应力测量方法,一个扁槽只能测量一个方向的应力分量。为了确定该点地应力的六个应力分量,就必须在该点沿不同方向切割六个扁槽。这是不可能实现的,因为扁槽的相互重叠将造成不同方向测量结果的相互干扰,使之变得毫无意义。

另外,由于扁千斤顶测量只能在巷道、硐室或其他开挖体表面附近的岩体中进行,因而其测量的是一种受开挖扰动的次生应力场,而非原岩应力场。同时,扁千斤顶的测量原理是基于岩体为完全线弹性的假设,对于非线性岩体,其加载和卸载路径的应力-应变关系是不同的,由扁千斤顶测得的平衡应力并不等于扁槽开挖前岩体中的应力。此外,由于开挖的影响,各种开挖体表面的岩体将会受到不同程度的损坏,这些都会造成测量结果有误差。这些都限制了该方法的应用。但该方法使用设备与操作较简单,原理清晰,在一些情况下,如想确定每一个或两个方向的地应力分量或地应力分布较简单,也可以使用该方法。

6.3.1.2 刚性包体应力计法

刚性包体应力计法是 20 世纪 50 年代继扁千斤顶法之后应用较广泛的一种岩体应力测量方法。该方法主要组成部分是一个硬质金属材料制成的空心圆柱,在其中心部位有一个压力传感元件。测量时首先在测点打一钻孔,然后将该圆柱挤压进钻孔中,以使圆柱和钻孔壁保持紧密接触,就像焊接在孔壁上一样。理论分析表明,位于一个无限体中的刚性包体,当周围岩体中的应力发生变化时,刚性包体中会产生一个均匀分布的应力场,该应力场的大小和岩体中的应力变化之间存在一定的比例关系。设在岩体中的 x 轴方向有一个应力变化 σ_x,那么在刚性包体中的 x 轴方向会产生应力 σ_x',并且

$$\frac{\sigma_x'}{\sigma_x} = (1-\mu^2)\left[\frac{1}{1+\mu+\frac{E}{E'}(\mu'+1)(1-2\mu')} + \frac{2}{\frac{E}{E'}(\mu'+1)+(\mu+1)(3-4\mu)}\right]$$

(6-3-1)

式中,E、E' 分别为岩体和刚性包体的弹性模量;μ、μ' 分别为岩体和刚性包体的泊松比。

由式(6-3-1)可以看出,当 E'/E 大于 5 时,σ_x'/σ_x 的比值将趋向于一个常数 1.5。这就是说,当刚性包体的弹性模量超过岩体的弹性模量 5 倍之后,在岩体中任何方位的应力变化会在包体中相同方位引起 1.5 倍的应力。因此只要测量出刚性包体中的应力变化就可知道岩体中的应力变化。这一分析为刚性包体应力计奠定了理论基础。

上述分析也说明,为了保证刚性包体应力计能有效工作,包体材料的弹性模量要尽可能

地大,要超过岩体弹性模量的5倍以上。根据刚性包体中压力测试原理的不同,刚性包体应力计可分为液压式应力计、电阻应变片式应力计、压磁式应力计、光弹应力计、钢弦应力计等。图6-3-2是一种液压式应力计的结构示意图。在该应力计的中心槽中装油水混合液体,端部有一个薄膜。钻孔周围岩体中的压力发生变化时,引起刚性包体中的液压发生变化,该变化被传递到薄膜上,并由粘贴在该薄膜上的电阻应变片将这种压力变化测量出来。

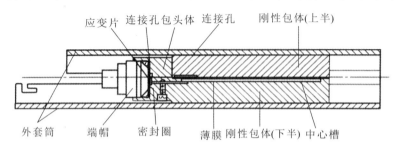

图 6-3-2 梅(May)应力计

为了使应力计和钻孔保持紧密接触并给其施加预压力,将包体设计成具有一定的锥度,并加了一个与之匹配的具有相同内锥度的套筒,该套筒的外径和钻孔直径相同。安装时首先将套筒置入钻孔中,然后将刚性包体加压推入套筒中,由于锥度的存在,随着刚性包体的不断推入,应力计和钻孔的接触将越来越紧,其中的预压力也越来越大。

刚性包体应力计具有很高的稳定性,因而可用于对现代地应力场进行长期监测。

6.3.1.3 水压致裂法

水压致裂法是在钻孔中利用橡胶栓塞封堵一段作为试验段,通过水泵将高压水压入其中,使孔壁岩体产生拉破裂,见图6-3-3。

1. 测量原理

水压致裂法在20世纪50年代被广泛应用于油田生产,通过在钻井中制造人工裂隙来提高石油的产量。M. K. Hubbert 和 D. G. Willis 在实践中发现了这些人工裂隙和原岩应力之间有一定的关系。这一发现被 C. Fairhurst 和 B. C. Haimson 用于地应力测量。

从弹性力学理论可知,当一个位于无限体中的钻孔受到无穷远处二维应力场(σ_1,σ_3)的作用时,离开钻孔端部一定距离的部位处于平面应变状态,钻孔周边的应力为

$$\sigma_\theta = \sigma_1 + \sigma_3 - 2(\sigma_1 - \sigma_3)\cos 2\theta \tag{6-3-2}$$

$$\sigma_r = 0 \tag{6-3-3}$$

式中,σ_θ 和 σ_r 分别为钻孔周边的环向应力和径向应力;θ 为考察点所在半径方向与 σ_1 轴的夹角。

由式(6-3-2)可知,当 $\theta=0°$ 时,σ_θ 取得极小值,此时

$$\sigma_\theta = 3\sigma_3 - \sigma_1 \tag{6-3-4}$$

如果采用图6-3-4所示的水压致裂系统将钻孔某段封隔起来,并向该段钻孔注入高压水,当水压超过 $3\sigma_3 - \sigma_1$ 和岩石抗拉强度 σ_t 之和后,在 $\theta=0°$ 处,也即 σ_1 所在方位将发生孔壁开裂。设钻孔壁发生初始开裂时的水压为 p_{c1},则有

$$p_{c1} = 3\sigma_3 - \sigma_1 + \sigma_t \tag{6-3-5}$$

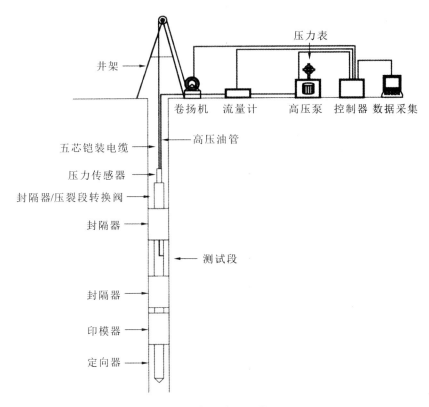

图 6-3-3 水压致裂法装置图

如果继续向封隔段注入高压水,使裂隙进一步扩展,当裂隙深度达到 3 倍钻孔直径时,此处已接近原岩应力状态,停止加压,保持压力恒定,将该恒定压力记为 p_s(见图 6-3-5),则由图 6-3-4 可见,p_s 应和原岩应力 σ_3 相平衡,即

$$p_s = \sigma_3 \tag{6-3-6}$$

由式(6-3-5)和式(6-3-6),只要测出岩石抗拉强度 σ_t,即可由 p_{c1} 和 p_s 求出 σ_1 和 σ_3。这样 σ_1 和 σ_3 的大小和方向均确定了。

在钻孔中存在裂隙水的情况下,如封隔段处的裂隙水压力为 p_0,则式(6-3-5)变为

$$p_{c1} = 3\sigma_3 - \sigma_1 + \sigma_t - p_0 \tag{6-3-7}$$

根据式(6-3-6)和式(6-3-7)求 σ_1 和 σ_3,需要知道封隔段岩石的抗拉强度,这往往是很困难的。为了克服这一困难,在水压致裂试验中增加一个环节,即在初始裂隙产生后,将水压卸除,使裂隙闭合,然后再重新向封隔段加压,使裂隙重新打开,记裂隙重开时的压力为 p_{c2}(见图 6-3-5),则有

$$p_{c2} = 3\sigma_3 - \sigma_1 - p_0 \tag{6-3-8}$$

这样,由式(6-3-6)和式(6-3-8)求 σ_1 和 σ_3,就无须知道岩石的抗拉强度 σ_t。因此,由水压致裂法测量原岩应力将不涉及岩体物理力学性质,而完全由测量和记录的压力值来决定。

2. 测量步骤

(1) 选择代表性测点用岩芯钻头钻进至预定测量深度,钻孔深度可视工程需要及岩体条件而定。要求钻孔铅直,孔壁平直。

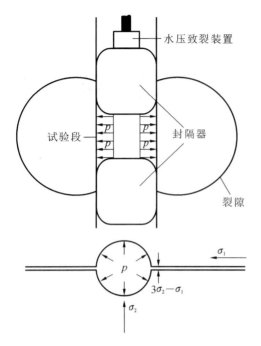

图 6-3-4 水压致裂应力测量原理

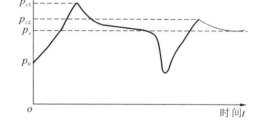

图 6-3-5 孔内压力随时间的变化曲线

(2) 用井下电视及摄影技术进行井下观察与详细描述记录并提交相应的图件,观察记录内容主要包括:岩性及其变化情况,结构面发育位置、类型、延伸方位、张开度与充填等情况,特别是在预定试验段内应详细观察记录。

(3) 试验设备安装,用橡胶栓塞套上花杆将预定试验段封堵隔离,并用钻杆与水泵、压力表连接。

(4) 加压,通过水泵向试验段加水压,在加压过程中,测记水泵压力随时间的变化值,在压力突变时段应加密记录,以求取得完整的 p-t 关系曲线,见图 6-3-5。当压力第一次出现峰值 p_{c1} 和压力降时,说明孔壁岩体已产生破裂,这时可关闭水泵,测得封井压力 p_s;然后,人为地降低压力后再次加压,测量裂隙开启压力 p_{c2} 和稳定压力 p_s,一定时间后即可停止试验。

(5) 拆除设备,取出橡胶塞,观察栓塞印痕情况,并用井下电视观察裂隙延伸情况,测定其延伸方位。测量水压致裂裂隙和钻孔试验段天然节理裂隙的位置、方向和大小,测量可以采用井下摄像、钻孔扫描、井下光学望远镜或印模器等。在一般情况下,水压致裂裂隙为一组径向相对的纵向裂隙,很容易辨认出来。

水压致裂测量结果只能确定垂直于钻孔平面内的最大主应力和最小主应力的大小和方向,所以从原理上讲,它是一种二维应力测量方法。若要确定该点的三维应力状态,必须三个钻孔互不平行且交会于一点,这是较困难的。在一般情况下,假定钻孔方向为一个主应力方向,如将钻孔打在垂直方向,并认为铅直应力是一个主应力,其大小等于单位面积上覆岩层的重量,则由单孔水压致裂结果也就可以确定三维应力场。但在某些情况下,垂直方向并不是一个主应力的方向,其大小也不等于上覆岩层的重量。如果钻孔方向和实际主应力的方向偏差 15°以上,那么上述假设就会对测量结果造成较显著的误差。

水压致裂法认为初始开裂发生在钻孔壁环向应力最小的部位,即平行于最大主应力的方向,这是基于岩体为连续、均质和各向同性的假设。如果孔壁本来就存在天然节理裂隙,那么初始裂痕很可能发生在这些部位,而并非环向应力最小的部位。因此,水压致裂法较适用于测量完整的脆性岩石的地应力。

水压致裂法的突出优点是可以测量深部的地应力,已见报道的最大测深超过5000m,这是其他方法所不能及的,因此可用来测量深部地壳的构造应力场。同时,对于某些岩体工程,如露天边坡工程,由于没有现成的地下井巷、隧道、硐室等可用来接近应力测量点,或者在地下工程的前期阶段,需要估计该工程区域的地应力场,也只有使用水压致裂法才是最经济实用的。否则,如果使用其他更精确的方法如应力解除法,则需要首先打数百米深的导洞才能接近测点,所需费用将是十分昂贵的。因此对于一些重要的地下工程,在工程前期阶段使用水压致裂法估计应力场,在工程施工过程中或工程完成后,再使用应力解除法比较精确地测量某些测点的应力大小和方向,就能为工程设计、施工和维护提供比较准确、可靠的地应力场数据。另外,水压致裂法不需要精密的电子元件,受测点温压条件的影响较小,并且可以在水下测试,这些都是其优势所在。

6.3.1.4 声发射法

1. 测试原理

材料在受到外荷载作用时,其内部储存的应变能快速释放会产生弹性波,发生声响,称为声发射。1950年,德国凯泽(J. Kaiser)发现多晶金属的应力从其历史最高水平释放后,再重新加载,当应力未达到先前最大应力值之前,很少有声发射产生,而当应力达到和超过历史最高水平后,则大量产生声发射,这一现象称为凯泽效应。从很少产生声发射到大量产生声发射的转折点称为凯泽点。凯泽点对应的应力即为材料先前受到的最大应力。试验证明,许多脆性岩石,如花岗岩、大理岩、石英岩、砂岩、安山岩、辉长岩、闪长岩、片麻岩、辉绿岩、灰岩、砾岩等都具有显著的凯泽效应。因此,凯泽效应为测量地应力提供了一个有效的途径,即如果从原岩中取回定向的岩石试样,通过对岩石试样不同方向进行加载声发射试验,测定出凯泽点,即可找出试样相应方向上以前所受的最大应力,并由此求出取样点的原始(历史)三维应力状态。

2. 测试步骤

(1) 试样制备。从现场钻孔试点深度提取岩石试样,试样在原环境状态下的方向必须确定,因此要定向取芯。将试样加工成圆柱体试样,径高比为1:2~1:3。为了确定测点三维应力状态,必须在岩样中沿6个不同方向制备试样,为了获得测试数据的统计规律,每个方向的试样需要15~25块。

为了消除由于试样端部与压力试验机上、下压头之间摩擦所产生的噪声和试样端部应力集中,试样两端浇铸由环氧树脂或其他复合材料制成的端帽(见图6-3-6)。

(2) 声发射测试。将试样放在单压缩试验机上加压,并同时监测加压过程中从试样中产生的声发射现象。图6-3-6是一组典型的监测系统框图。在该系统中,两个压电换能器(声发射接收探头)固定在试样上、下部,用以将岩石试样在受压过程中产生的弹性波转换成电信号。该信号经放大、鉴别之后送入定区检测单元,定区检测是检测两个探头之间的特定区域里的声发射信号,区域外的信号被认为是噪声而不被接收。定区检测单元检出的信号

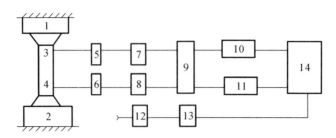

图 6-3-6 声发射监测系统框图

1,2.上、下压头;3,4.换能器 A,B;5,6.前置放大器 A,B;7,8.输入鉴别单元 A,B;
9.定区检测单元;10.计数控制单元 A;11.计数控制单元 B;12.压机油路压力传感器;13.压力电信号转换仪器;14.函数记录仪

送入计数控制单元,计数控制单元将规定的采样时间间隔内的声发射模拟量和数字量(事件数和振铃数)分别送到记录仪或显示器绘图,显示或打印。

凯泽效应一般发生在加载的初期,故加载系统应选用小吨位的应力控制系统,并保持加载速率恒定。

(3) 计算地应力。由声发射监测所获得的应力-声发射事件数(速率)曲线(见图 6-3-7),即可确定每次试验的凯泽点,并进而确定该试样轴线方向先前受到的最大应力值。15~25 个试样获得一个方向的统计结果。由 6 个方向的应力值即可计算出取样点的历史最大三维应力大小和方向。

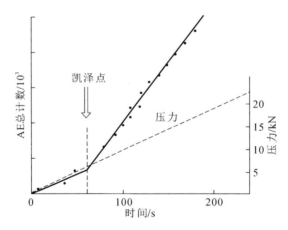

图 6-3-7 应力-声发射事件试验曲线图

如果取样点地质历史复杂,存在现今地应力不是历史上最大的应力值的情况。根据凯泽效应的定义,用声发射法测得的是取样点的先存最大应力,而非现今地应力。针对这种情况,有学者提出了"视凯泽效应"的概念,认为声发射试验可获得两个凯泽点:一个对应于引起岩体饱和残余应变的应力,它与现今应力场一致,比历史最高应力值低,因此称为"视凯泽点";在视凯泽点之后,还可获得另一个真正的凯泽点,它对应于历史最高应力。

由于声发射与弹性波传播有关,所以高强度的脆性岩石有较明显的声发射凯泽效应出现,而多孔隙、低强度及塑性岩体的凯泽效应则不明显,所以不能用声发射法测定比较软弱、松散的岩体地应力。

6.3.1.5 钻孔套心应力解除法

1. 应力解除法原理

钻孔套心应力解除法,简称应力解除法、套心法、套孔应力解除法,其基本原理是:当需测定岩体中某点的地应力时,可将该点一定范围内的岩体与围岩分离(见图 6-3-8),使该点岩体上所受地应力解除。由于应力解除,会进一步产生变形(或应变),通过一定的量测元件和仪器量测出应力解除后的变形值或应变值,即可由岩体应力-应变关系求得相应的应力值。因此,该方法属于间接测量方法。

应力解除法的理论基础是弹性理论,把岩体视为一无限大的均质、连续、各向同性的线弹性体。在这种岩体中钻一个钻孔,设钻孔轴与地应力的某一主应力相平行,按平面应力问题考虑(见图 6-3-9),则有

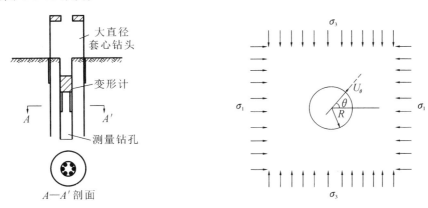

图 6-3-8　钻孔套心法示意图　　图 6-3-9　垂直于钻孔轴平面内的应力状态

$$U_\theta = \frac{R}{E_m}[(\sigma_1 + \sigma_3) + 2(\sigma_1 - \sigma_3)\cos2\theta] \tag{6-3-9}$$

式中,U_θ 为与 σ_1 作用方向成 θ 角的孔壁一点的径向位移;R 为钻孔半径;E_m 为岩体弹性模量;σ_1,σ_3 分别为垂直钻孔轴平面内岩体中最大、最小天然主应力;θ 为 σ_1 作用方向至位移 U_θ 方向的夹角,以逆时针方向为正。

式(6-3-9)中有三个未知数,试验时是同时测量三个不同方向的位移值或应变值,就可以得到垂直于钻孔的平面内作用的地应力大小与方向。若布置三个不同方向的测试钻孔,则可以测出三维地应力场。

2. 应力解除法的步骤

目前,应力解除法已形成一套标准的测量程序,具体步骤如下(见图 6-3-10):

第一步:从岩体表面,一般是从地下巷道、隧道、硐室或其他开挖体的表面向岩体内部钻大孔,直至需要测量岩体应力的部位,见图 6-3-10(a)。大孔直径一般为 130~150mm,深度为巷道、隧道或已开挖硐室跨度的 2.5 倍以上,目的是保证测点位于未受岩体开挖扰动的原岩应力区。大孔钻完后将孔底磨平,并打出锥形孔,以利于下一步钻同心套钻。之后,清洗钻孔和使探头顺利进入小孔。

第二步:从大孔底钻同心小孔,供安装探头用,见图 6-3-10(b)。小孔直径由所选用的探头直径决定,一般为 36~38mm,深度一般为孔径的 10 倍左右,目的是保证小孔中央部位处

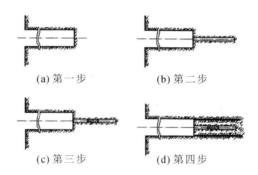

图 6-3-10 应力解除法测量步骤示意图

于平面应变状态。小孔钻完后需放水冲洗,保证孔内没有钻屑和其他杂物。为此,钻孔需上倾 1°～3°。

第三步:用一套专用装置将测量探头(如孔径变形计、孔壁应变计等)安装(固定或胶结)到小孔中央部位,见图 6-3-10(c),或将孔底应变计安装于孔底。

第四步:用第一步钻大孔的薄壁钻头继续延深大孔,从而使小孔周围岩芯实现应力解除,见图 6-3-10(d)。由于应力解除引起的小孔变形或应变由包括测试探头在内的量测系统测定并通过记录仪器记录下来。根据测得的小孔变形或应变通过有关公式即可求出小孔周围的原岩应力状态。

从理论上讲,不管套孔的形状和尺寸如何,套孔岩芯中的应力都将完全被解除。但是,若测量探头对应力解除过程中的小孔变形有限制或约束,它们就会对套孔岩芯中的应力释放产生影响,此时就必须考虑套孔的形状和大小。一般来说,探头的刚度越大,对小孔变形的约束越大,套孔的直径也就需要越大。对绝对刚性的探头,理论上套孔的尺寸必须无穷大,才能实现完全的应力解除。这就是刚性探头不能用于应力解除测量的缘故。对于孔径变形计、孔壁应变计和空心包体应变计等,由于它们对钻孔变形几乎没有约束,因此对套孔尺寸和形状的要求就不太严格,一般套孔直径超过小孔直径的 3 倍即可。而对于实心包体应变计,套孔的直径要适当大一些。

应力解除法是发展时间最长、技术比较成熟的一种地应力测量方法,在测定地应力的适用性和可靠性方面,目前还没有哪种方法可以与应力解除法相比,能比较准确地测定岩体中的三维原始应力状态。该方法的缺点是测量深度受套心技术的限制,最大的测量深度只能达 30m,一般以测深 7～12m 为佳。此外,该方法计算结果受岩体弹性参数精度的影响,而精确测定岩体弹性参数一般较困难。

3. 应力解除法的类型

据测量方法不同,应力解除法可分为表面应力解除法、孔底应力解除法和孔壁应力解除法三种;根据传感器和测量物理量不同,可分为钻孔位移法、钻孔应力法和钻孔应变法三种。钻孔位移法又称钻孔变形法,是通过量测套心应力解除前后钻孔孔径变化值来计算地应力值,所使用的传感器称为钻孔变形计;钻孔应力法是使用刚性的钻孔应力计,通过量测套心应力解除前后压力的变化,进而确定钻孔位移,最后推算地应力值;钻孔应变法是通过量测应力解除后孔底或孔壁所产生应变的大小来计算地应力,所使用的传感器称为钻孔应变计。目前常用的钻孔应变计有门塞式应变计、光弹性圆盘应变计和利曼三维应变计等。

将上述两种分类相结合,套孔应力解除法可分为孔径变形法、孔底应变法、孔壁应变法、空心包体应变法和实心包体应变法。

1) 孔径变形法

孔径变形法是通过测量应力解除过程中钻孔直径的变化而计算垂直于钻孔轴线的平面内的应力状态,可通过三个互不平行钻孔的测量确定一点的三维应力状态。

有许多仪器可用于测量孔径变形,目前常用的变形测量元件有门塞式应变计、光弹性应变计、钢环式钻孔变形计、压磁式钻孔应力计和空心包体式应力计等。其中最著名的是USBM(美国矿山局)孔径变形计。

USBM孔径变形计是L. Obert和R. H. Merrill等于20世纪60年代研制出来的,结构如图6-3-11所示。其探测头设置了6个圆头活塞,两个径向相对的活塞测量一个直径方向的变形,被测的3个直径方向相互间隔60°。每个活塞由一个悬臂梁式的弹簧施加压力,以使其和孔壁保持接触,在悬臂弹簧的正反面各贴一支电阻应变片。应力解除前将变形计挤压进钻孔中,以便两个活塞头之间有0.5mm(500μm)左右的预压变形,并使变形计能够固定在测点部位。应力解除时,钻孔直径膨胀,预压变形得到释放,悬臂弹簧的弯曲变形发生变化,这一变化由电阻应变片探测并通过仪器记录下来。弹簧正反两面变形相反,一面是拉伸,一面是压缩,两支应变片的读数相加,使测量精度提高一倍。径向相对的两个悬臂弹簧上的四支应变片组成一个惠斯顿电桥的全桥电路,自身解决了温度补偿的问题,也大大有利于提高测量结果的准确性。通过标定实验可以确定两个活塞头之间的径向变形和悬臂弹簧上应变片所测读数之间的关系。USBM孔径变形计的适用孔径为36~40mm,增加或减少活塞中的垫片,可改变其适用孔径的大小。

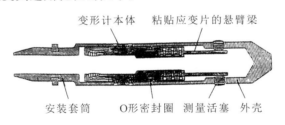

图6-3-11 USBM孔径变形计

假定钻孔轴与岩体中某一应力分量平行,由6个活塞可以测量出三个不同方向应力解除后的径向位移,由式(6-3-9)组成3个方程,联立求解,即可得到σ_1、σ_3和θ值。

为了求解方程组的方便,需要仔细设计径向位移的三个方向。目前在生产上,测量元件有两种布置方法:一种是三个测量元件互成45°;另一种为互成60°。若三个测量元件之间互成45°,且按平面应力问题考虑时,σ_1、σ_3和θ的计算公式为

$$\begin{cases} \sigma_1 = \dfrac{E}{4R}\left[U_a + U_c + \dfrac{1}{\sqrt{2}}\sqrt{(U_a + U_b)^2 + (U_b - U_c)^2}\right] \\ \sigma_3 = \dfrac{E}{4R}\left[U_a + U_c - \dfrac{1}{\sqrt{2}}\sqrt{(U_a - U_b)^2 + (U_b - U_c)^2}\right] \\ \tan 2\theta = \dfrac{2U_b - U_a - U_c}{U_a - U_c} \end{cases} \quad (6\text{-}3\text{-}10)$$

式中,U_a、U_b和U_c分别为与最大主应力作用方向夹角分别为θ,$\theta+45°$,$\theta+90°$的三个方向上

测到的孔壁径向位移值;θ是最大主应力至第一个测量元件之间的夹角(见图 6-3-9)。

USBM 孔径变形计是三个孔径变形方向互成 60°,这时,垂直钻孔平面内地应力的大小和方向,可按下列公式计算:

$$\begin{cases} \sigma_1 = \dfrac{E}{6R}\left[U_a + U_b + U_c + \dfrac{1}{\sqrt{2}}\sqrt{(U_a - U_b)^2 + (U_b - U_c)^2 + (U_c - U_a)^2}\right] \\ \sigma_3 = \dfrac{E}{6R}\left[U_a + U_b + U_c + \dfrac{1}{\sqrt{2}}\sqrt{(U_a - U_b)^2 + (U_b - U_c)^2 + (U_c - U_a)^2}\right] \\ \tan 2\theta = \dfrac{-\sqrt{3}(U_b - U_c)}{2U_a - (U_b + U_c)} \end{cases}$$

(6-3-11)

式中,U_a、U_b 和 U_c 是与最大主应力夹角分别为 θ,$\theta+60°$,$\theta+120°$ 三个方向上测到的孔壁径向位移值;其他符号意义同前。

测试完成后将套孔岩芯与测量元件一起取出,在室内对套孔岩芯加围压,通过孔径变形计测量围压-孔变形曲线,由此计算出岩体的弹性模量值,这可以保证测量精度。计算公式如下:

$$E = \dfrac{4P_0 r R^2}{U(R^2 - r^2)}$$ (6-3-12)

式中,P_0 为围压值;U 为所测的由围压引起的平均径向变形值;R,r 分别为套孔岩芯的外、内径。

假如钻孔轴线和一个主应力方向重合,且该方向主应力值也已知,譬如假定自重应力是一个主应力,且钻孔为垂直方向,那么一个钻孔的孔径变形测量也就能确定该点的三维应力状态。如果无法确定钻孔轴线上的应力大小,则可以再增加两个与主测试孔交会于一点的辅助测试孔。两个辅助测试孔与主测试孔夹角宜为 45°,且都在同一平面上。

2)孔壁应变法

孔壁应变法是通过测量应力解除过程中孔壁应变值来计算垂直于钻孔轴线的平面内的应力状态,并可通过三个互不平行钻孔的测量确定一点的三维应力状态。常用的测量元件有浅孔孔壁应变计、空心包体式孔壁应变计、实心包体式孔壁应变计等,具体计算公式见相关的规范或文献。

图 6-3-12 是南非 CSIR 三轴孔壁应变计,主体是三个直径约为 1.5cm 的测量活塞,活塞头由橡胶类物质制造,端部为圆弧状,其弧度和钻孔弧度相一致,以便和钻孔保持紧密接触。在端部表面粘贴 4 支电阻应变片,组成一个相互间隔 45° 的圆周应变花。三个活塞也即三组应变花位于同一圆周上。最初的设计是不等间距分布,夹角分别为 90°、135°、135°,后来改为成 120° 等间距分布。其外壳由前后两部分组成。在前外壳端部有一圆槽,上贴一支应变片,后外壳端部有连接 14 根电阻应变片导线的插头。使用时首先将一个直径约 1.2cm、厚 0.8cm 的岩石圆片胶结在前壳端部的应变片上,供温度补偿用;然后将三个活塞头涂上胶结剂,用专门工具将应变计送入钻孔中测点部位;再启动风动压力,将活塞推出,使其端部和钻孔壁保持紧密接触,直到胶结固化为止;最后进行套孔应力解除。在应力解除前后各测一次应变读数,根据 12 支应变片的读数变化值来计算应力值。一个单孔应力测量即可确定测点的三维应力大小和方向。CSIR 孔壁应变计的适用孔径为 36~38mm。

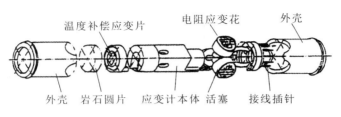

图 6-3-12　CSIR 三轴孔壁应变计

由于在 CSIR 孔壁应变计中,三组应变花直接粘贴在孔壁上,接触面很小。若孔壁有裂隙缺陷,则很难保证胶结质量。如果胶结质量不好,应变计将不可能可靠工作,同时防水问题也很难解决。为了克服这些缺点,澳大利亚联邦科学和工业研究组织(CSIRO)的 G. Worotnicki 和 R. Walton 于 20 世纪 70 年代初期研制出一种空心包体应变计。

CSIRO 空心包体应变计的主体是一个用环氧树脂制成的壁厚 3mm 的空心圆筒,其外径为 37mm,内径为 31mm。在其内外径中间部位,即直径 35mm 处沿同一圆周等间距(120°)嵌埋着三组电阻应变花。每组应变花由三支应变片组成,相互间隔 45°(见图 6-3-13)。在使用时,首先将其内腔注满胶结剂,并将一个带有锥形头的柱塞用铝销钉固定在其口部,防止胶结剂流出。使用专门工具将应变计推入安装小孔中,当锥形头碰到小孔底后,用力推应变计会剪断固定销,柱塞便慢慢进入内腔。胶结剂沿柱塞中心孔和靠近端部的 6 个径向小孔流入应变计和孔壁之间的环状槽内。两端的橡胶密封圈阻止胶结剂从该环状槽中流出。当柱塞完全被推入内腔后,胶结剂全部流入环形槽,并将环形槽充满。待胶结计固化后,应变计即和孔壁牢固胶结在一起。

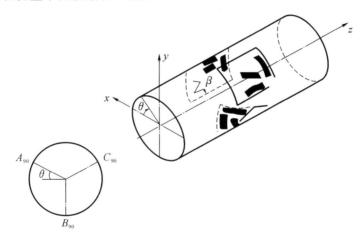

图 6-3-13　CSIRO 空心包体应变计

在后来的使用过程中,又根据实际情况对 CSIRO 空心包体应变计原设计做了一些改进,出现了两个改进型品种(见图 6-3-14)。一种是将应变片由 9 支增加到 12 支,在 A 应变花附近增加了一个 45°方向应变片,在 B、C 应变花附近各增加了一个轴向应变片。该改进型能获得较多数据,可用于各向异性岩体中的应力测量。另一改进型是将空心环氧树器圆筒的厚度由 3mm 减为 1mm,增加了应变计的灵敏度,也可用于软岩地应力测量。

空心包体应变计的突出优点是应变计和孔壁在相当大的面积上胶结在一起,因此胶结质量较好,而且胶结剂还可注入应变计周围岩体中的裂隙、缺陷中,使岩体整体化,因而较易

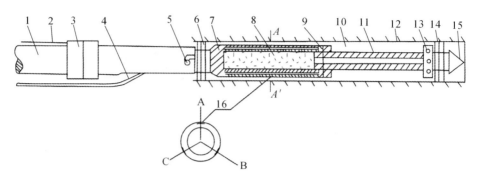

图 6-3-14 空心包体示意图

1.安装杆；2.定向器导线；3.定向器；4.读数电缆；5.定向销；6.密封圈；7.环氧树脂筒；8.空腔：内装粘胶剂；9.固定销；10.应力计与孔壁之间的空隙；11.柱塞；12.岩石钻孔；13.出胶孔；14.密封圈；15.导向头；16.应变花

得到完整的套孔岩芯。所以，这种应变计可用于中等破碎和松软的岩体中，且有较好的防水性能。因此，目前空心包体应变计已成为世界上应用最广泛的一种地应力解除测量仪器。

M. Rocha 和 A. Silverio 于 1969 年首次研制出实心包体应变计。该应变计的主体部分是一个长 440mm，直径 35mm 的实心环氧树脂圆筒，在其中间一段沿 9 个不同方位埋贴了 10 支 20mm 长的电阻应变片。该应变计只适用于直径为 38mm 的垂直钻孔中。使用时将胶结剂装入一个附着于应变计端部的非常薄的容器中，当应变计到达孔底后，容器被挤破，胶结剂流入孔底。由于应变计在孔底和岩石胶结在一起，应变计周围的应力集中状态将是非常复杂的，应变片部位的平面应变状态很难得到保证。同时，由于包体材料的弹性模量过高，在应力解除过程中经常出现胶结层的张性破裂，不能可靠工作，所以这种应变计不久就被淘汰了。

澳大利亚新南威尔士大学(UNSW)的 R. L. Blackwood 于 1973 年研制出另一种实心包体应变计。他大幅度降低了包体材料的弹性模量值，使该应变计能成功地应用于软岩(包括煤)的应力测量。该应变计的结构见图 6-3-15(a)。在实心包体的中间 40mm 长的一段中，沿 Oxy，Oyz 和 Ozx 三个平面嵌埋着 10 支 10mm 长的电阻应变片，如图 6-3-15(b)所示。在安装设备和胶结剂注入方法上，该应变计也比罗恰等的应变计作了许多重大改进，克服了前面所提到的一些问题。

实心包体应变计和 6.3.1.2 小节所述的刚性包体应力计有根本区别。在刚性包体应力计中，包体材料是由钢或其他硬金属材料制成的，其弹性模量值要比岩体高几倍，它不允许钻孔有显著变形，以便围岩中的应力能有效传递到其内部的传感器上。而在实心包体应变计中，包体是由环氧树脂等软弹性材料制成的，其弹性模量值是岩体的数分之一。它不允许对钻孔变形有显著影响，以便套孔岩芯中的应力能得到充分解除。

3）孔底应变法

孔底应变法是在孔底安装应变计，通过测量应力解除后孔底岩体的应变值来计算原岩应力，具体计算公式见相关的规范或文献。

图 6-3-16 是 CSIR 门塞式孔底应变计示意图。其主体是一个橡胶质的圆柱体，端部粘贴着三支电阻应变片，相互间隔 $45°$，组成一个直角应变花。橡胶圆柱外面有一个硬塑料制的外壳，应变片的导线通过插头连接到应变测量仪器上。该应变计适用于直径大于 36mm 的钻孔。

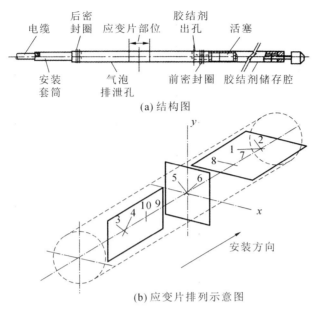

(a) 结构图

(b) 应变片排列示意图

图 6-3-15 UNSW 实心包体应变计

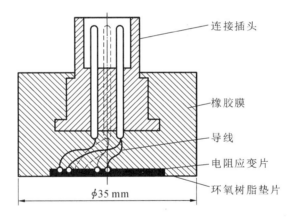

图 6-3-16 CSIR 门塞式应变计示意图

K. Sugawara 等研制出一种半球状孔底应变计,该应变计的端部不是扁平的,而是半球状的,在半球面上沿平行于半球底面的一个圆周线等间隔地粘贴 8 个应变花,每个应变花由两个应变片组成,呈十字形布置(见图 6-3-17)。这样,从理论上讲,通过一个单孔测量即可确定一点的三维应力状态。然而,由于半球状孔底应力集中和原岩应力状态之间的关系也没有理论解,所以这种方法在实际测量中的应用也同样受到限制。

6.3.2 地应力的估算

由于地应力测量工作的费用较高,一般中小型工程或在可行性研究阶段,不可能进行地应力的测量。因此,在无实测资料的情况下,如何根据岩体地质构造条件和演化历史来估算地应力,就成为岩体力学和工程地质工作者的一个重要任务。

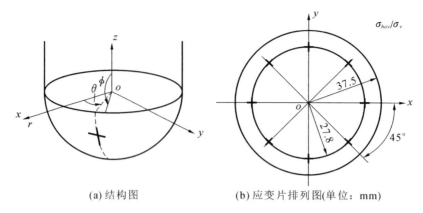

(a) 结构图　　　　(b) 应变片排列图(单位：mm)

图 6-3-17　半球状孔底应变计应变片布置图

6.3.2.1　铅直地应力估算

在地形比较平坦，未经过强烈构造变动的岩体中，地应力场的主应力方向可视为近垂直和水平。这一结论的证据是：①在岩体中发育倾角为 60°左右的正断层，而正断层形成时的应力状态是垂直方向为最大主应力，水平方向作用有最小主应力（见图 6-3-18）；②岩体中发育倾角为 30°左右的逆断层，表明逆断层在形成时的应力状态是垂直方向为最小主应力，水平方向作用有最大主应力（见图 6-3-19）。

在这种条件下，铅直地应力 σ_v 基本上等于上覆岩体的自重。但这种铅直应力的估算方法不适用于下列情况：

（1）不适用沟谷附近的岩体。因为沟谷附近的斜坡上，最大主应力 σ_1 平行于斜坡坡面，而最小主应力 σ_3 垂直于坡面，且在斜坡表面上，其 σ_3 值为零。

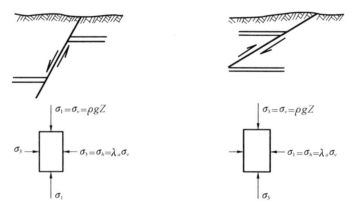

图 6-3-18　正断层形成时应力状态　　　图 6-3-19　逆断层形成时应力状态

（2）不适用于经强烈构造变动的岩体。如在褶皱强烈的岩体中，由于组成背斜岩体中的应力传递转嫁给向斜岩体。所以，背斜岩体中铅直应力 σ_v 常比岩体自重小，甚至出现 σ_v 等于零的情况。而在向斜岩体中，尤其在向斜核部，其铅直应力常比按自重计算的值大 60% 左右，这已被实测资料证实。

6.3.2.2 水平地应力估算

由地应力比值系数 λ 的定义可知,如果已知铅直地应力和 λ 值,则水平地应力 $\sigma_h = \lambda \sigma_v$。所以水平地应力的估算,实际上就是确定 λ 值的问题。

地应力比值系数 λ 与岩体的地质构造条件有关。在未经过强烈构造变动的新近沉积岩体中,地应力比值系数 λ 为

$$\lambda = \frac{\mu}{1-\mu} \quad (6\text{-}3\text{-}13)$$

式中,μ 为岩体的泊松比。

在经历多次构造运动的岩体中,由于岩体经历了多次卸载、加载作用,因此式(6-3-13)不适用。下面讨论几种简单的情况。

1. 隆起、剥蚀卸载作用对 λ 值的影响

如图 6-3-20 所示,假设在经受隆起剥蚀岩体中,遭剥蚀前距地面深度为 Z_0 的一点 A,地应力比值系数 λ_0 为

$$\lambda_0 = \frac{\sigma_{h0}}{\sigma_{v0}} = \frac{\sigma_{h0}}{\rho g Z_0} \quad (6\text{-}3\text{-}14)$$

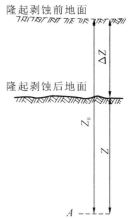

图 6-3-20 隆起、剥蚀卸载作用对 λ 值的影响

经地质历史分析,由于该岩体隆起,遭受剥蚀去掉的厚度为 ΔZ,则剥蚀造成的卸载值为 $\rho g \Delta Z$,即隆起剥蚀使岩体中 A 点的铅直地应力减少了 $\rho g \Delta Z$。因此,相应地,A 点的水平地应力也减少了 $\frac{\mu}{1-\mu} \rho g \Delta Z$,则岩体剥去 ΔZ 以后,A 点的水平地应力为

$$\sigma_h = \sigma_{h_0} - \frac{\mu}{1-\mu} \rho g \Delta Z = \rho g \left[\lambda_0 Z_0 - \Delta Z \frac{\mu}{1-\mu} \right] \quad (6\text{-}3\text{-}15)$$

剥蚀后的铅直地应力为

$$\sigma_v = \sigma_{v_0} - \rho g \Delta Z = \rho g [Z_0 - \Delta Z] \quad (6\text{-}3\text{-}16)$$

则剥蚀后 A 点的地应力比值系数 λ 为

$$\lambda = \frac{\sigma_h}{\sigma_v} = \frac{\lambda_0 Z_0 - \Delta Z \frac{\mu}{1-\mu}}{Z_0 - \Delta Z} \quad (6\text{-}3\text{-}17)$$

令 $Z = Z_0 - \Delta Z$ 为剥蚀后 A 点所处的实际深度,则

$$\lambda = \lambda_0 + \left[\lambda_0 - \frac{\mu}{1-\mu} \right] \frac{\Delta Z}{Z} \quad (6\text{-}3\text{-}18)$$

由式(6-3-18)可知:

(1) 岩体隆起剥蚀作用的结果,使地应力比值系数增大了。

(2) 如果在地质历史时期中,岩体遭受长期剥蚀且其剥蚀厚度达到某一临界值以后,则将会出现 λ>1 的情况。大量的实测资料也表明,在地表附近的岩体中,常出现 λ>1 的情况,说明了这一结论的可靠性。

2. 断层作用对 λ 值的影响

在地壳表层岩体中,常发育正断层和逆断层。正断层形成时的应力状态是:σ_1 为垂直,σ_3 为水平(见图 6-3-18)。因此,

$$\sigma_1 = \sigma_v = \rho g Z$$
$$\sigma_3 = \sigma_h = \lambda_a \rho g Z$$

由库仑强度判据知:正断层形成时的破坏主应力与岩体强度参数间关系为

$$\sigma_1 = \sigma_c + \sigma_3 \tan^2\left(45° + \frac{\phi}{2}\right)$$

即

$$\rho g Z = \sigma_c + \lambda_a \rho g Z \tan^2\left(45° + \frac{\phi}{2}\right)$$

因此,正断层形成的地应力比值系数 λ_a 为

$$\lambda_a = \cot^2\left(45° + \frac{\phi}{2}\right) - \left[\frac{\sigma_c}{\rho g}\cot^2\left(45° + \frac{\phi}{2}\right)\right]\frac{1}{Z} \qquad (6\text{-}3\text{-}19)$$

逆断层形成时的应力状态为:最小主应力 σ_3 为垂直,最大主应力 σ_1 为水平(见图 6-3-19),即

$$\sigma_3 = \sigma_v = \rho g Z$$
$$\sigma_1 = \sigma_h = \lambda_p \rho g Z$$

同理可得逆断层形成时的地应力比值系数 λ_p 为

$$\lambda_p = \tan^2\left(45° + \frac{\phi}{2}\right) + \left(\frac{\sigma_c}{\rho g}\right)\frac{1}{Z} \qquad (6\text{-}3\text{-}20)$$

由上述分析可知,λ_a 和 λ_p 是地应力比值系数的两种极端情况。一般认为地应力比值系数 λ 介于两者之间,即

$$\lambda_a \leqslant \lambda \leqslant \lambda_p \qquad (6\text{-}3\text{-}21)$$

如把这一理论估算得出的结论,与 Hoek-Brown 根据全球实测结果得出的平均地应力比值系数随深度变化的经验关系相比,两者的形式极为一致,即地应力比值系数与深度 Z 成反比。

6.3.2.3 地应力场的回归分析

地应力的测量仅能获得有限地点的地应力数值,如何由这些点上的地应力测量值推演得到一个工程区域内地应力场,是地应力场分析的一个十分重要的方面。一般情况下可以通过反演得出岩体初始应力场。

1. 计算模型的建立

模型建立包括确定计算区域、边界条件及离散化。主要依据是工程范围内的地质勘测和实测资料。图 6-3-21 所示为有限元法回归分析所采用的几种荷载及位移边界。

荷载主要考虑自重及构造应力。自重通常由岩体容重给出,构造应力以水平作用的边界力(或位移)来考虑,见图 6-3-21 中(b)~(d)。p(或 u)可先给初值,其最终计算值取决于相应回归系数的乘积。给定岩体的参数即可按图 6-3-21 的模型求得应力场的初始计算值。

2. 地应力场的回归分析

地应力场可以认为是下列变量的函数:

$$\sigma = f(x, y, E, \mu, \gamma, \Delta, U, V, W, T) \qquad (6\text{-}3\text{-}22)$$

式中,x, y 为坐标;E, μ, γ 为岩性参数;U, V 为构造作用因素;W 为岩体自重;T 为温度。

上述参数是由图 6-3-21 给定的相应边界条件构成的,岩性参数可通过实验确立。在各待定因素作用下,计算域内的应力(数字观测值)$\sigma_\Delta, \sigma_U, \sigma_V, \cdots$ 称为基本初始应力,将其与相

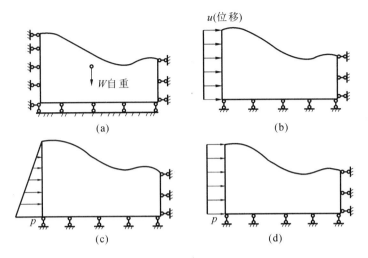

图 6-3-21 二维问题边界条件

应回归系数相乘并按叠加原理叠加即得到初始应力场,即

$$\sigma = b_1'\sigma_\Delta + b_2'\sigma_U + b_3'\sigma_V + \cdots + \varepsilon_k \tag{6-3-23}$$

式中,$b_1', b_2', \cdots$ 为回归系数;ε_k 为观测误差,当有 n 个观测值时,则有:

(1) 误差 ε_k 的数学期望值全为零,即 $E(\varepsilon_k) = 0, k = 1, 2, 3, \cdots, n$

(2) 各次观测值互相独立并有相同精度,即 ε_k 间的协方差为:

$$\mathrm{cov}(\varepsilon_k, \varepsilon_h) = \begin{cases} 0, & k \neq h \\ \varepsilon^2, & k = h \end{cases} \tag{6-3-24}$$

回归分析初始应力场以式(6-3-23)为回归方程。各测点的现场测量值 σ_k 为 n 个独立的观测值,σ 为 n 个观测值的总体,由各基本因素 $\Delta, U, V, \cdots$ 所得的基本初始应力 $\sigma_{k\Delta}, \sigma_{kU}, \sigma_{kV}, \cdots$ 即为方程的自变量。根据各实测点提供的 n 组实测值,以及由数学模型计算的"数学观测值"给出的各回归系数估计值 $b_1, b_2, b_3, \cdots$ 则可得到对误差的估计 e_k,根据最小二乘法,使残差平方和最小,可得到相应的法方程组。解出回归系数 b_i,以回归系数乘相应的基本初始应力,即得到初始地应力场。

残差平方和为

$$Q = \sum_{k=1}^{m} e_k^2 = \sum_{k=1}^{m} [\sigma_k - (b_1\sigma_{k\Delta} + b_2\sigma_{kU} + b_3\sigma_{kV} + \cdots)]^2 \tag{6-3-25}$$

极小条件:

$$\frac{\partial Q}{\partial b_i} = 0 \quad (i = 1, 2, \cdots) \tag{6-3-26}$$

由此即可建立法方程求得相应的回归系数 b_i。为使方程有唯一解,地应力测量点数目至少应大于纳入回归方程中的基本应力因素的个数。回归分析结果的好坏可通过相关分析、方差估计、F 检验、显著性检验等予以验证。

6.4 高地应力与岩爆

随着经济建设与国防建设的不断发展,地下空间开发不断走向深部,如逾千米乃至数千米的矿山(如金川镍矿和南非金矿等)、水电工程埋深逾千米的引水隧道、核废料的深层地下处置、深地下防护工程(如 700m 防护岩层下的北美防空司令部)等。这些工程多处在高地应力区,常引发一系列独特的问题,甚至严重的灾害,如硐室变形剧烈、采场矿压剧烈、采场失稳加剧、岩爆与冲击地压骤增、深部岩层高温等。其中,岩爆破坏尤其强烈,应格外予以重视。表 6-4-1 为高初始地应力区岩体在开挖过程中常出现的特殊变形与破坏现象。

表 6-4-1　高初始地应力岩体在开挖中出现的主要现象

应力情况	主要现象	σ_{cw}/σ_{max}
极高应力	硬质岩:开挖过程中时有岩爆发生,有岩块弹出,硐室岩体发生剥离,新生裂缝多,成硐性差,基坑有剥离现象,成形性差。 软质岩:岩芯常有饼化现象。开挖工程中洞壁岩体有剥离,位移极为显著,甚至发生大位移,持续时间长。不易成硐,基坑发生显著隆起或剥离,不易成形	<4
高应力	硬质岩:开挖过程中可能出现岩爆,洞壁岩体有剥离和掉块现象,新生裂缝较多,成硐性较差,基坑时有剥离现象,成形性一般尚好。 软质岩:岩芯时有饼化现象。开挖工程中洞壁岩体位移显著,持续时间长,成硐性差。基坑有隆起现象,成形性较差	$4\sim7$

注:表中 σ_{cw} 为岩石饱和单轴抗压强度;σ_{max} 为垂直洞轴线方向的最大初始地应力。

6.4.1　高地应力的判别

6.4.1.1　高地应力判别准则

高地应力是一个相对的概念。由于不同岩体具有不同的弹性模量,岩体的储能性能也不同。一般来说,地区初始地应力大小与该地区岩体的变形特性有关。岩质坚硬,则储存弹性能多,地应力也大。因此高地应力是相对于围岩强度而言的。也就是说,当围岩内部的最大地应力与围岩强度的比值达到某一水平时,才能称为高地应力或极高地应力。

目前,在地下工程的设计施工中,都把围岩强度比作判断围岩稳定性的重要指标,有的还作为围岩分级的重要指标。从这个角度讲,应该认识到埋深大不一定就存在高地应力问题。若埋深小但围岩强度很低的场合,也可能出现高地应力的问题,如出现大变形。因此,在研究是否出现高或极高地应力问题时必须与围岩强度联系起来进行判定。表 6-4-2 是国外按岩体强度应力比[见式(5-4-6)]为指标的地应力分级,可供参考。我国《工程岩体分级标准》(GB/T 50218—2014)则以 σ_{cw}/σ_{max} 为划分标准:当 $\sigma_{cw}/\sigma_{max}<4$ 时,为极高应力;当 $4\leqslant\sigma_{cw}/\sigma_{max}<7$ 时,为高应力,见表 6-4-1。

表 6-4-2　地应力分级基准

分级标准	应力情况		
	极高地应力	高地应力	一般地应力
法国隧道协会	<2	$2\sim4$	>4
日本新奥法指南(1996)	<2	$4\sim6$	>6
日本仲野分级	<2	$2\sim4$	>4

6.4.1.2 高地应力标志

岩体工程在勘探和施工过程中,及时捕捉高地应力的标注,尽早判断出高地应力区十分重要。据大量的勘察资料与工程实践,高地应力常与如下现象相关联。

1. 岩芯饼化现象

岩芯饼化即钻探时取得的岩芯呈压缩饼干状,一片片地破坏,见图6-4-1。许多学者对此进行了力学分析,认为这是高地应力的产物。一般来说,岩芯饼化主要与地应力差有关,垂直于钻进方向的应力差越大,饼化就越严重。

2. 地下硐室施工过程中出现岩爆、剥离

由于高地应力的存在,在地下硐室开挖过程中,会出现岩体的脆性破裂。积聚在岩体中的应变能由于突然释放而产生岩爆或剥离,特别是垂直最大水平主应力开挖的硐室,更容易产生岩爆现象。

3. 隧洞、巷道、钻孔的缩径现象

和前面所述的岩爆、剥离现象一样,也是洞(孔)壁应力超过岩体强度所致,但这种现象多出现在软岩中,是软岩产生流变或柔性剪切破坏的结果。

4. 边坡、基坑错动台阶或回弹

在坚硬岩体表面开挖基坑或边坡,在开挖过程中会产生坑底突然隆起、断裂、剥离;或者在软硬相间岩石中产生错动台阶或回弹。例如,葛洲坝厂房基坑开挖时,软弱层上面的岩层出现回弹3~6cm(见图6-4-2),这是由于地应力卸荷后,发生沿软弱面的岩层错动,如果地应力卸荷出现的回弹变形是连续的,如图6-4-3所示,则人们不易觉察与观测到。在边坡内存在软弱夹层时,软弱夹层的强度低、变形大,因而当开挖到软弱夹层界面时,下部岩石变形小,而上部岩层变形大,从而出现了间距Δl的台阶(见图6-4-2)。

图6-4-1 岩芯饼化现象

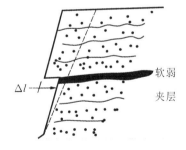

图6-4-2 基坑边坡回弹错动

5. 原位变形监测曲线的变化

图6-4-4所示的a曲线为低地应力情况下裂隙比较发育的岩体压缩变形曲线;b曲线为低地应力下的完整岩石压缩变形曲线;c曲线为在高地应力情况下岩体压缩变形曲线,开始变形很小,表现为σ轴上有截距。即岩石试样处于预压缩状态,具有较高的预压缩应力。

除以上现象外,在高地应力地区,还有一些现象,如水下开挖无漏水现象、泥化夹层中的泥被挤压等。这些都可用于初步判断岩体是否存在高地应力。

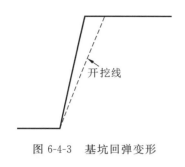
图 6-4-3 基坑回弹变形

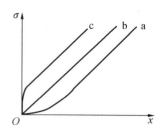
图 6-4-4 变形曲线形态与地应力关系

6.4.2 岩爆

在具有高地应力的弹脆性岩体中,进行各种有目的的地下开挖时,由开挖卸荷及特殊的地质构造作用引起开挖面周边岩体中应力高度集中,岩体中积聚起很高的弹性应变能。当开挖体围岩中应力超过岩体的容许极限状态时,将造成瞬间大量弹性应变能释放;使围岩发生急剧变形破坏和碎石抛掷,并发生剧烈声响、震动和气浪冲击,造成顶板冒落、侧墙倒塌、支护折断、设备毁坏,甚至地面震动、房屋倒塌等现象,直接威胁着地下施工人员的生命安全。这种作用或现象称为岩爆(rockburst),在采矿中称为冲击地压或矿震。因此,它是地下工程中一种危害最大的地质灾害。

广义地说,岩爆是一种地下开挖活动诱发的地震现象。根据目前测得的采矿诱发矿震的能量范围为 $10^{-5} \sim 10^9$ J。但只有突然猛烈释放的能量大于 10^4 J 的矿震才形成岩爆。自 1738 年英国的南斯塔福煤矿发生第一次岩爆以来,相继在南非、波兰、美国、中国、日本等几十个国家发生了岩爆灾害。我国自 1933 年抚顺煤矿首次发生岩爆以来,也相继在水电工程、采矿及铁路隧洞工程中发生了许多次岩爆,造成了人员伤亡和财产损失。然而,虽然人类认识岩爆灾害已近 300 年的历史,但近几十年来才真正引起各国关注。目前这方面的研究还不够深入,有许多问题还处在探索阶段。

6.4.2.1 岩爆的产生条件

1. 围岩应力条件

判断岩爆发生的应力条件有两种方法:一是用洞壁的最大环向应力 σ_θ 与围岩单轴抗压强度 σ_c 之比值作为岩爆产生的应力条件;另一种是用地应力中的最大主应力 σ_1 与岩石单轴抗压强度 σ_c 之比进行判断。

多尔恰尼诺夫等(1978)根据苏联库尔斯克半岛西平矿的岩爆研究,提出了如表 6-4-3 的环向应力 σ_θ 判据。

表 6-4-3 岩爆的环向应力判据

环向应力 σ_θ 判据	岩爆特征
$\sigma_\theta \leqslant 0.3\sigma_c$	洞壁不出现岩爆
$0.3\sigma_c < \sigma_\theta \leqslant (0.5 \sim 0.8)\sigma_c$	洞壁围岩出现岩射和剥落
$\sigma_\theta > 0.8\sigma_c$	洞壁出现岩爆和猛烈岩射

另外,根据我国已产生岩爆的地下硐室资料统计,得出当岩体中最大天然主应力 σ_1 与

σ_c 达到如下关系时,将产生岩爆:

$$\sigma_1 \geqslant (0.15 \sim 0.2)\sigma_c \tag{6-4-1}$$

表 6-4-4 给出了一些地下工程围岩发生岩爆时的 σ_1/σ_c 值,可知 σ_1/σ_c 值大于 $0.165\sim 0.35$ 的脆性岩体最易发生岩爆。

表 6-4-4 发生岩爆时的 σ_1/σ_c 值

地下工程名称	岩性	单轴抗压强度 σ_c/MPa	最大地应力 σ_1/MPa	σ_1/σ_c
希宾地块拉斯伍姆乔尔矿	霓霞—磷霞岩	180.0	57.0	0.320
希宾地块,基洛夫矿	霓霞—磷霞岩	180.0	37.0	0.210
美国,爱达荷州,CAD矿 A 矿	石英岩	190.0	66.0	0.347
美国,爱达荷州,CAD矿 B 矿	石英岩	190.0	52.0	0.274
美国,爱达荷州,加利纳矿	石英岩	189.0	31.6	0.167
瑞典,维塔斯输水洞	石英岩	180.0	40.0	0.222
中国,二滩电站,2# 支洞,3# 支洞	石英岩	210.0	26.0	0.124

2. 岩性条件

脆性岩体中,弹性变形一般占破坏前总变形值的 $50\%\sim 80\%$。所以,这类岩体具有积累高应变能的能力。因此,可以用弹性变形能系数 ω 来判断岩爆的岩性条件。ω 是指加载到 $0.7\sigma_c$ 后再卸载至 $0.05\sigma_c$ 时,卸载释放的弹性变形能与加载吸收的变形能之比的百分数,即

$$\omega = \frac{F_{CAB}}{F_{OAB}}\% \tag{6-4-2}$$

式中,F_{CAB} 为图 6-4-5 中曲线 ABC 所包围的面积;F_{OAB} 为图中曲线 OAB 所包围的面积。

根据工程实践经验,当 $\omega>70\%$ 时会产生岩爆,ω 越大,发生岩爆的可能性越大。此外,还可用岩石单向压缩时达到强度极限前积累于岩石内的应变能与强度极限后消耗于岩石破坏的应变能之比来判断(见图 6-4-6),即

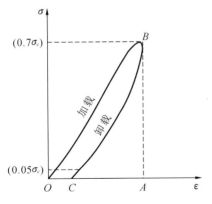

图 6-4-5 岩石应变能系数 ω 概念示意图

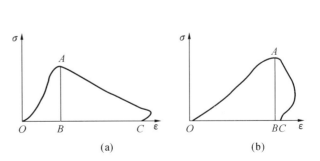

图 6-4-6 岩石全应力-应变曲线

$$n = \frac{F_{OAB}}{F_{BAC}} \tag{6-4-3}$$

式中，F_{OAB} 为图 6-4-6 中曲线 OAB 包围的面积；F_{BAC} 为图中曲线 BAC 包围的面积。

一般来说，$n<1$（见图 6-4-6(a)）时，不会发生岩爆；而 $n>1$（见图 6-4-6(b)所示的情况）时，在高应力条件下可能发生岩爆。

6.4.2.2 岩爆的动力学机理

各类岩爆的最终表现形式都十分相似，但由于应力环境、采动影响、岩体力学性质及扰动特征的复杂性，造成岩爆产生的成因及机理尚不十分明确。目前的研究多集中在岩爆发生的准则方面，相继形成了强度理论、能量理论、失稳理论、冲击倾向理论等，岩爆发生以后岩块的动力行为，完全按照运动学的方程来分析。

1. 强度理论

强度理论认为在开凿或采动过程中，在硐室、采场和巷道周围形成应力集中，当应力达到岩体强度时，脆性岩石就突然破坏形成岩爆。近代的强度理论引入系统的观点，以岩体-围岩系统作为研究对象，认为岩体的承载能力应该是岩体和围岩系统的综合强度，当岩体承受的应力大于或等于岩体-围岩系统强度时，就发生岩爆。所以岩爆发生的强度准则为

$$\sigma > \sigma^* \tag{6-4-4}$$

式中，σ 为岩体承受的应力；σ^* 为岩体-围岩系统综合强度。

强度理论在判别岩爆时，具有简单、直观、容易应用的特点，但它对岩爆的动力学特征描述不够，而且不能反映岩爆的时间特征。现场资料表明：许多地下工程岩体承受的应力超过它强度时，虽然已进入了软化阶段，但多数并未发生岩爆现象。这从侧面说明了强度理论的局限性。

2. 能量理论

能量理论从能量转化的角度来分析岩爆的成因，该理论认为岩体-围岩系统在力学平衡状态下破坏所释放的能量大于所消耗的能量时，即形成岩爆。考虑了岩爆能量动态过程，岩爆的能量准则可表示为

$$\alpha \frac{dW_R}{dt} + \beta \frac{dW_E}{dt} > \frac{dW_D}{dt} \tag{6-4-5}$$

式中，W_R 为围岩所储存的能量；W_E 为岩体所储存的能量；W_D 为消耗在岩体与围岩交界处和岩体破坏阻力的能量；α,β 为两个常数。

一般地下开挖引起围岩的应力和应变能重新分布，那么重新分布多余的剩余能是围岩动力失稳的力学根源。如果考虑岩爆发生的空间位置，则岩爆的能量准则为

$$\alpha \frac{\partial^2 W_R}{\partial t \partial x_j} + \beta \frac{\partial^2 W_E}{\partial t \partial x_j} > \frac{\partial^2 W_D}{\partial t \partial x_j} \tag{6-4-6}$$

式中，x_j 为空间坐标，$j=1,2,3$。

能量理论只说明了岩体-围岩系统在力学平衡状态时，释放的能量大于消耗的能量，岩爆就发生，但没有阐明平衡状态的力学性质和破坏条件，特别是围岩释放能量的条件，因此岩爆的能量理论缺乏必要条件。

3. 冲击倾向理论

一般容易发生岩爆的岩体具有同样的物理力学特征，这种产生冲击破坏的能力称为冲击倾向，它是岩爆产生的必要条件。当岩体介质的冲击倾向度大于规定的极限值时，就可能

发生岩爆。这些冲击倾向的指标包括弹性变形指数、有效冲击能指数、极限刚度比、破坏速度指数等。

$$K \geqslant K^* \quad (6\text{-}4\text{-}7)$$

式中，K 为冲击倾向性指标；K^* 为冲击倾向性极限值。

用一组冲击倾向指标来评价岩体发生岩爆的危险性具有实际意义，但岩爆的发生与周围环境密切相关，实验室测定的冲击倾向指标难以全面代表各种地质因素条件下岩爆的特征。

4. 变形失稳理论

强度理论和能量理论一般可作为岩爆的充分条件，而冲击倾向理论则作为岩爆的必要条件。它们成为岩爆判据的两个侧面。失稳理论是近年来才被应用于岩爆研究。它从数学上的稳定性理论出发，研究系统稳定准则。该理论认为岩爆发生前是一个准静态过程，而岩爆是一个平衡状态失稳转化为另一个平衡状态的动力失稳过程。当岩体处于非稳定的平衡状态时，遇到外界有微小的扰动，岩体就可能发生失稳，从而在瞬间释放大量能量，这些能量促使岩体从静态变为动态，于是发生急剧、猛烈的破坏。岩爆发生的判据表达式为

$$\begin{cases} \delta \Pi = 0 \\ \delta^2 \Pi \leqslant 0 \end{cases} \quad (6\text{-}4\text{-}8)$$

$$U_d = W + U_v - U_p > 0 \quad (6\text{-}4\text{-}9)$$

式中，$\delta \Pi$，$\delta^2 \Pi$ 分别为应变场内势能 Π 的变分和二阶变分；W 为失稳过程中外力所做的功；U_d 为抛射岩体的动能；U_v 为变形系统所储存的能量；U_p 为岩体发生动态破裂、滑移等所消耗的能量。具体变形系统的总势能为

$$\Pi = \int_{vs} \Pi_1(\Delta\varepsilon, E) \mathrm{d}v_s + \int_{vt} \Pi_2(\Delta\varepsilon, E_{ep}) \mathrm{d}v_t \quad (6\text{-}4\text{-}10)$$

式中，v_s，v_t 分别为非应变软化介质（围岩区）和应变软化介质的体积（微裂隙区）；E 为围岩区的弹性常数；E_{ep} 为微裂隙区的弹性系数；$\Delta\varepsilon$ 为应变增量。

如果变形系统总势能二阶变分小于零，那么等式右边第二项为负值，并且绝对值足够大。

总之，岩体变形进入峰值强度后出现应力软化现象，由应变软化区介质和非软化区介质组成的变形系统相互作用，由平衡状态进入非稳定状态是岩爆发生的过程。表 6-4-5 给出了岩爆烈度分级的基本标准。

表 6-4-5 岩爆烈度分级表

岩爆级别	岩爆释放的能量/J	岩爆的烈度（级）	造成的损害程度
微爆	<10	<1	岩体的表面或深部局部破坏
弱岩爆	$10\sim 10^2$	1~2	抛出少量的岩块，有声响和地震效应，设备不受破坏
中等岩爆	$10^2\sim 10^4$	2~3.5	抛出大量的带粉尘岩块，形成气浪造成硐室支护破坏
强烈岩爆	$10^2\sim 10^7$	3.5~5	造成数十米硐室破坏
灾害性岩爆	$>10^7$	>5	整个采区或整个水平范围内受破坏

6.4.2.3 岩爆破坏区分带特征

根据岩爆破坏的几何形态、爆裂面力学性质、岩爆弹射动力学特征和围岩破坏的分带特点,可知岩爆的孕育、发生和发展是一个渐进性变形破坏过程,如图6-4-7所示,可分为三个阶段。

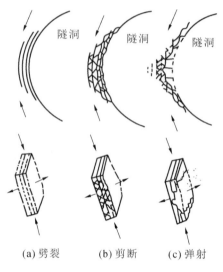

图6-4-7 岩爆渐进破坏过程示意图

(1) 劈裂成板阶段(见图6-4-7(a)),在储存较高应变能的脆性岩体中,由于开挖使地应力分异、围岩应力集中,在洞壁平行于最大地应力 σ_1 部位,环向应力梯度增大,洞壁受压。致使垂直洞壁方向受张应力作用而产生平行于最大环向应力的板状劈裂。板裂面平直无明显擦痕。在地应力量级相对较小且围岩中应变能不大的情况下,因板裂消耗了部分应变能,劈裂发展至一定程度后将不再继续扩展。这时仅在洞壁表部,在张、剪应力复合作用下,部分板裂岩体脱离母岩而剥落,而无岩石弹射出现。这种破坏原则上不属于岩爆,而属静态脆性破坏。若围岩应力很高,储存的弹性应变能很大,则劈裂会进一步演化。本阶段属于岩爆孕育阶段。

(2) 剪切成块阶段(见图6-4-7(b))。在平行板裂面方向上,环向应力继续作用,在产生环向压缩变形的同时,径向变形增大,劈裂岩板向洞内弯曲,岩板内剪应力增大,发生张剪复合破坏。这时岩板破裂成棱块状、透镜状或薄片状岩石,裂面上见有明显的擦痕。岩板上的微裂增多并呈"V"字形或"W"字形。此时洞壁岩体处于爆裂弹射的临界状态。所以本阶段是岩爆的酝酿阶段。

(3) 块、片弹射阶段(见图6-4-7(c))。在劈裂、剪断岩板的同时,产生响声和震动。在消耗大量弹性能之后,围岩中的剩余弹性能转化为动能,使块、片获得动能而发生弹射,岩爆形成。

上述岩爆三个阶段构成的渐进性破坏过程都是很短促的。各阶段在演化的时序和发展的空间部位,都是由洞壁向围岩深部依次重复更迭发生的。因此,岩爆引起的围岩破坏区可以分为弹射带、劈裂-剪切带和劈裂带。

6.4.2.4 影响岩爆的因素

1. 地质构造

实践表明,岩爆大多发生在褶皱构造中。如我国南盘江天生桥电站引水洞,岩爆发生在尼拉背斜地段,唐山煤矿 2151 工作面岩爆发生在向斜轴部。另外,岩爆与断层、节理构造也有密切的关系。调查表明,当掌子面与断裂或节理走向平行时,将触发岩爆。我国龙凤煤矿发生的 50 次岩爆中,发生在断层前的占 72%,发生在断层带中的占 14%,发生在断层后的占 10%。如天池煤矿,在采深 200~700m 处,90% 的岩爆发生在断层和地质构造复杂部位。岩体中节理密度和张开度对岩爆也有明显影响。据南非金矿观测表明,节理间距小于 40cm,且张开的岩体中,一般不发生岩爆。掌子面岩体中有大量岩脉穿插时,也将发生岩爆。

2. 硐室埋深

大量资料表明,随着硐室埋深增加,岩爆次数增多,强度也增大。发生岩爆的临界深度 H 可按下式估算:

$$H > 1.73 \frac{\sigma_c B}{\rho g C} \tag{6-4-11}$$

式中,$B = \left[1 + \frac{\sigma_3}{\sigma_1}\left(\frac{\sigma_3}{\sigma_1} - 2\mu\right)\right]$;$C = \frac{(1-2\mu)(1+\mu)^2}{(1-\mu)^2}$;$\sigma_1$,$\sigma_3$ 分别为天然最大主应力、最小主应力。

据相关统计,我国煤矿中岩爆多发生在埋深大于 200m 的巷道中。

此外,地下开挖尺寸、开挖方法、爆破震动及天然地震等对岩爆也有明显影响。

6.4.2.5 岩爆的预测方法

由于一些客观因素的存在,岩爆在某些区域不可避免地发生,为减少人员和财产的损失,进行岩爆的科学预测和预报是十分必要的。为此国内外研究人员进行了大量的研究工作,并取得了显著成果。下面介绍一些常规的岩爆预测和预报方法。

1. 声发射(地音)和微震检测

岩体在压力作用下发生变形和断裂破坏,内部微裂纹的扩展和摩擦都能引起弹性能的突然释放并以应力波向外传播,这种现象称为声发射。它在地下采矿和地震工程中也称为地音。显然声发射的强弱和时空分布反映了岩体的破裂进程。在预测评估技术方面,不断成熟的模式识别技术和改进的声测方法使得低应力和高应力岩体之间声发射的差异能被精确地测量出来,并用来进行岩体应力集中区和岩爆先兆的评估,进而预测预报岩爆的发生。

美国爱达荷州北部的 Coeur d'Alene 地区是生产铅、锌、银等有色金属的重要矿区。由于开采深度的加大,加之该地区地质构造复杂、裂隙发育。该矿区经常发生岩爆事故,有的岩爆烈度甚至达到 2.4 级地震程度。为此,从 20 世纪 60 年代开始对该矿区进行了声发射的检测。多次成功地记录到岩爆发生前后的声发射信号。该矿区在正常情况下声发射率一般在 30 次/日以下,但在岩爆发生前两小时左右,声发射活动突然激增,其峰值强度可达正常值的数十倍,随后迅速下降,再经过 1~2 小时就发生岩爆。图 6-4-8 显示三个月内在同一个矿内所发生的四次岩爆的声发射记录,由于成功地预测了岩爆发生时间和地点,因而这四次岩爆均未造成任何人员伤亡。

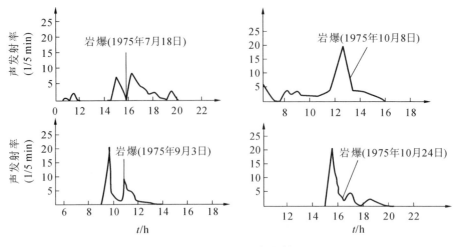

图 6-4-8 四次岩爆的声发射记录

2. 钻屑法

钻屑法是在岩体内钻孔,同时测量岩粉量、声响、钻孔冲击、钻孔阻力和岩粉粒度,来判断岩体内应力集中程度,鉴别发生岩爆的倾向和位置。一般在钻孔时产生类似岩爆的冲击效应,这也是钻屑得以鉴定岩爆危险程度的物理基础,这种效应也可称为钻孔冲击。钻屑法一般应用于煤矿开采。

在实践中,一般以钻屑量和正常排粉量之比作为衡量冲击倾向指标,称为钻粉率指数。它的表达式为

$$\xi = \frac{V_b}{V_z} \tag{6-4-12}$$

式中,ξ 为钻粉率指数;V_b 为钻出的岩粉量,V_z 为正常排粉量,这两个参数既可以用体积,也可以用重量表示。由于地质条件和生产状况的差异,各国制定了不同的标准。我国制定了钻粉率指数分级,见表 6-4-6。

表 6-4-6 钻粉率指数分级

钻孔深度/采高	1.5	1.5~3	3
钻粉率指数	>1.5	2~3	>4

3. 地球物理检测法

某些浅源地震机制和岩爆相似,因此可以利用检测地震的一些地球物理方法,如地质层析 X 射线成像法及电磁辐射法,来检测岩爆。地质层析 X 射线成像法在岩爆和采矿诱发岩爆研究中有三方面的应用:①矿区岩体的主动成像能提供人区域岩体的特性;②通过连续成像可提供对岩体性质的监控;③以往岩体层析成像提供如微震传感器布置区内岩石物理力学性质的信息。通过对岩体变形的连续成像可以确定事件区域和速度结构,从而预测预报岩爆的发生。

电磁辐射是岩石破裂时的一种伴生现象,它和声发射检测岩爆具有许多相似之处,用于

探测高应力区和动力过程。

6.4.2.6 岩爆的防治措施

在采掘过程中采取一定的措施以防治岩爆的发生是完全可能的。目前防治岩爆有两种方法：一是间接防治，二是直接防治。

1. 间接防治

岩爆大多数发生在硐室的开挖过程中，而回采时一般很少发生。选择合理的硐室开掘方式和布置形式，避免形成高应力集中和能量的大量集聚，对防治岩爆的发生极其重要。大量实践证明：许多岩爆的发生是在不合理的开挖技术条件下形成的，一经形成就难以改变，往往会形成长时期的被动局面，此时为了防治岩爆，只能采取某些临时性的局部措施。就防治岩爆措施而言，开挖技术措施是根本性和先导性的，主要包括：①尽量避免硐室进入高应力区的破碎带；②避免形成不规则的硐室形状和孤立矿柱；③开挖速度也是影响岩爆的重要因素。

2. 直接防治

1）卸压爆破

卸压爆破是对具有岩爆危险的地带，用爆破的方式减缓应力集中程度，从而消除岩爆的产生。它是减缓岩爆发生的主要措施之一，在许多国家和地区有应用。

2）钻孔卸压

通过向高应力区钻一些大直径的钻孔来诱导岩体变形，减缓岩体中储存的高应变能，从而消除岩爆的产生。它是消除高应力区岩爆的主要措施。

3）诱发爆破

利用爆破的方法诱发产生岩爆，使岩爆发生在规定的时间和位置范围内，从而避免更大的损害。

4）注水软化

通过岩体内的原生裂隙对具有岩爆危险的地段进行注水，湿润岩体，起到降低高脆性岩石强度、增加塑性性能的作用。

第7章 岩石与岩体的本构关系与破坏判据

7.1 概 述

本构关系(constitutive relation)即材料的应力-应变关系。它是利用弹塑性理论研究固体材料固有的特性,建立应力、应变之间关系的数学表达式(即本构关系)。在材料力学中使用弹塑性理论是将固体介质看作一种连续介质(当然它们可以含有有限多个间断面),因为应力、应变等概念都是建立在连续介质模型基础之上的。实际的介质,不论是金属还是岩体,在微观和细观尺度上都是有结构的。金属材料是由许多结晶颗粒组成,并有微裂隙;如果从原子分子组成角度来看,它更是不连续的。

岩体是一种地质体,它由各种不同矿物组成,存在节理裂隙等不连续面和空隙,从细观上看,也是不连续的。如果其中存在规模大到能够贯穿工程岩体的范围的结构面,甚至从宏观上也不能将岩体视为连续介质,而是典型的不连续介质。但是,这并不能说明基于连续介质理论所建立的岩石和岩体本构关系就没有意义了。因为,可以将这些贯通性结构面分割的各部分岩体视为连续介质,与不连续介质力学共同分析来研究岩体的力学性质,这里依然需要岩体本构关系的支撑。

然而连续介质力学对于金属结构和岩体结构分析来说都取得了很大成功,这是因为从宏观角度来看连续介质的概念抓住了问题的主要方面,是在宏观的小尺度范围内(与金属材料相比,岩石介质的尺度更大一些)来考虑各种力学量的统计平均值。

由于岩石及其组合成的岩体力学介质属性上的差异,其本构关系存在不同。按岩石与岩体介质的均匀性划分,可以分为各向同性与各向异性模型;按岩石与岩体的变形特性来划分,可以分为线性与非线性模型;另外,岩石的变形还与时间有关联,则称为时效模型。

岩石与岩体的强度是指岩石与岩体抵抗破坏的能力。在简单的应力条件下,可以通过试验来确定材料的强度。例如,通过单轴压缩试验可以确定材料的单轴压缩强度;通过单轴拉伸试验可以确定材料的单轴抗拉强度;等等。同时可建立相应的强度准则。但是,在复杂应力状态下,如果仿照单轴压缩(拉伸)试验建立强度准则,则必须对材料在各种各样的应力状态下一一进行试验,以确定相应的极限应力,建立强度准则。这显然是难以实现的。所以要采用判断推理的方法,提出一些假说,推测材料在复杂应力状态下破坏的原因,从而建立强度准则。这样的一些假说称为强度理论,在此基础上建立的判断材料在某种应力条件下是否发生破坏的公式则称为破坏判据,用于表征材料在破坏条件(极限状态)下应力状态和岩石强度参数之间的关系。

总之,岩石和岩体的力学性质可分为变形性质和强度性质两类,变形性质主要通过本构关系来反映,强度性质主要通过强度准则来反映。本章将介绍岩石与岩体的本构关系与破坏判据。

7.2 岩石的本构关系

岩石受力会产生变形，一般来说，岩石在变形的初始阶段呈现弹性，后期呈现塑性，因此岩石的变形一般为弹塑性。岩石在弹性阶段的本构关系称为岩石弹性本构关系，岩石在塑性阶段的本构关系称为岩石塑性本构关系，通称为弹塑性本构关系。

7.2.1 岩石弹性本构关系

产生弹性变形的岩石主要是致密坚硬的岩石，与其他弹性材料一样，总体上服从胡克定律。在完全弹性的各向同性体内，根据胡克定律，有

$$\begin{cases} \varepsilon_x = \dfrac{1}{E}[\sigma_x - \mu(\sigma_y + \sigma_z)] \\ \varepsilon_y = \dfrac{1}{E}[\sigma_y - \mu(\sigma_z + \sigma_x)] \\ \varepsilon_z = \dfrac{1}{E}[\sigma_z - \mu(\sigma_x + \sigma_y)] \\ \gamma_{yx} = \dfrac{1}{G}\tau_{yz}, \gamma_{zx} = \dfrac{1}{G}\tau_{zx}, \gamma_{xy} = \dfrac{1}{G}\tau_{xy} \end{cases} \quad (7\text{-}2\text{-}1)$$

式中，E 为岩石的弹性模量；μ 为泊松比；G 为剪切弹性模量，$G = \dfrac{E}{2(1+\mu)}$。

有些力学问题可以简化为平面问题，这样可简化计算。平面问题又分为平面应力与平面应变问题。如果所研究的物体为等厚度薄板，如图 7-2-1 所示，所受荷载（包括体积力）都与 z 轴垂直，z 轴方向不受力，并且由于板很薄，外力沿 z 轴方向无变化。在这种情况下，可以认为在整个薄板内任何一点都有：

$$\sigma_z = 0, \tau_{zx} = 0, \tau_{zy} = 0 \quad (7\text{-}2\text{-}2)$$

根据剪应力互等原理可知：$\tau_{xz} = 0, \tau_{yz} = 0$。这样，只剩下平行于 xy 面的三个应力分量，即 $\sigma_x, \sigma_y, \tau_{xy} = \tau_{yx}$，它们只是 x 和 y 的函数，不随 z 变化。这类问题称为平面应力问题。

在几何上与平面应力问题相反，设有很长的柱形体，如图 7-2-2 所示的边坡，以任一横截面为 xy 面，边坡走向为 z 轴，所受荷载都垂直于 z 轴而且沿 z 轴方向没有变化，则所有一切应力、应变和位移分量都不沿 z 轴方向变化，而只是 x 和 y 的函数。如果边坡长度很大，则可近似地认为边坡在 z 轴方向无位移，则任何一个横截面在 z 轴方向都没有位移，也就是 $w = 0$，所有变形都发生在 xy 面平面内。这种情况就称为平面应变问题。由对称（任一横截面都可以看作对称面）可知，$\tau_{zx} = 0, \tau_{zy} = 0$；又根据剪应力互等原理可知，$\tau_{xz} = 0, \tau_{yz} = 0$。但是，由于 z 轴方向的伸缩被阻止，所以 σ_z 一般并不等于零。

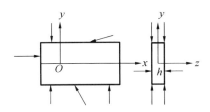

图 7-2-1 平面应力分析模型

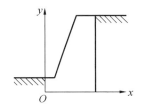

图 7-2-2 平面应变分析模型

在平面应变问题中,因 $\tau_{zy}=\tau_{zx}=0$,故 $\gamma_{yz}=\gamma_{zx}=0$。又因 $\varepsilon_z=0$,则有 $\sigma_z=\mu(\sigma_x+\sigma_y)$。代入式(7-2-1),可得平面应变问题的弹性本构方程:

$$\begin{cases} \varepsilon_x = \dfrac{1-\mu^2}{E}\left(\sigma_x - \dfrac{\mu}{1-\mu}\sigma_y\right) \\ \varepsilon_y = \dfrac{1-\mu^2}{E}\left(\sigma_y - \dfrac{\mu}{1-\mu}\sigma_x\right) \\ \gamma_{xy} = \dfrac{2(1+\mu)}{E}\tau_{xy} \end{cases} \quad (7\text{-}2\text{-}3)$$

在平面应力问题中,因为 $\sigma_z=\tau_{zx}=\tau_{zy}=0$,代入式(7-2-1)可得平面应力问题的弹性本构方程:

$$\begin{cases} \varepsilon_x = \dfrac{1}{E}(\sigma_x - \mu\sigma_y) \\ \varepsilon_y = \dfrac{1}{E}(\sigma_y - \mu\sigma_x) \\ \gamma_{xy} = \dfrac{2(1+\mu)}{E}\tau_{xy} \end{cases} \quad (7\text{-}2\text{-}4)$$

对比平面应力问题与平面应变的本构方程,可以看出,只要将平面应力问题的本构关系式(7-2-4)中的 E 换成 $\dfrac{E}{1-\mu^2}$,μ 换成 $\dfrac{\mu}{1-\mu}$,就可得到平面应变问题本构关系式(7-2-3)。

7.2.2 岩石塑性本构关系

由于材料进入塑性的特征是当荷载卸载以后存在不可恢复的永久变形(见图7-2-3),所以与弹性本构关系相比,塑性本构关系中对应于同一应力往往有多个应变值与它相对应。因而它不能像弹性本构关系那样建立应力和应变的一一对应关系,通常只能建立应力增量和应变增量间的关系。要描述材料的塑性状态,除了要用应力和应变这些基本状态变量外,还需要用能够刻画塑性变形历史的内状态变量(塑性应变、塑性功等)。

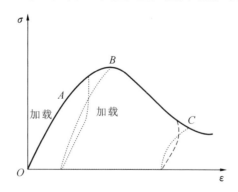

图 7-2-3 加-卸载应力-应变曲线

同时,描述塑性阶段的本构关系不能像弹性力学那样只用一组物理方程,而是通常包括三组方程,分别为:

(1) 屈服条件:塑性状态的应力条件。

(2) 加-卸载准则:材料进入塑性状态后继续塑性变形或回到弹性状态的准则,通式可写成：
$$\phi(\sigma_{ij}, H_a) = 0 \tag{7-2-5}$$

式中，σ_{ij} 垂直于 i 轴的平面上平行于 j 轴的应力（$i=x,y,z; j=x,y,z$）；ϕ 为某一函数关系；H_a 为与加载历史有关的参数，$a=1,2,\cdots$。

(3) 本构方程：材料在塑性阶段的应力-应变关系或应力增量与应变增量间的关系，通式写成：
$$\varepsilon_{ij} = R(\sigma_{ij}) \text{ 或 } d\varepsilon_{ij} = R(d\sigma_{ij}) \tag{7-2-6}$$

式中，R 为某一函数关系。

以下分别叙述岩石塑性本构关系的这三个方面。

7.2.2.1 岩石屈服条件和屈服面

从弹性状态开始第一次屈服的屈服条件叫作初始屈服条件，它可表示为
$$f(\sigma_{ij}) = 0 \tag{7-2-7}$$

式中，f 为某一函数。

当产生了塑性变形，屈服条件的形式发生了变化，这时的屈服条件叫作后继屈服条件，它的形式变为
$$f(\sigma_{ij}, \sigma_{ij}^p, \chi) = 0 \tag{7-2-8}$$

式中，σ_{ij} 为总应力；σ_{ij}^p 为塑性应力；χ 为标量的内变量，它可以代表塑性功、塑性体积应变或等效塑性应变。

屈服条件在几何上可以看成应力空间中的超曲面，因而它们也被称为初始屈服面和后继屈服面，通称为屈服面。

随着塑性应变的出现和发展，按塑性材料的屈服面大小和形状是否发生变化，可分为理想塑性材料和硬化材料两种：随着塑性应变的出现和发展，屈服面的大小和形状不发生变化的材料，叫作理想塑性材料；反之，叫作硬化材料。如图 7-2-4 所示。

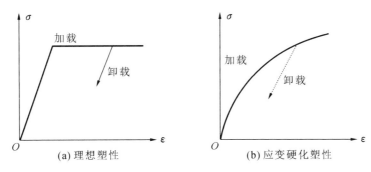

图 7-2-4 塑性材料分类

硬化材料的屈服面模型可以归纳为三种，见图 7-2-5。

(1) 等向硬化（软化）模型：塑性变形发展时，屈服面作均匀扩大（硬化）或均匀收缩（软化），见图 7-2-5(a)。如果 $f^* = 0$ 是初始屈服面，那么等向硬化（软化）的后继屈服面可表示为
$$f = f^*(\sigma_{ij}) - H(\chi) = 0 \tag{7-2-9}$$

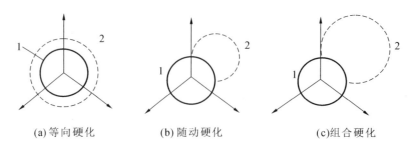

(a) 等向硬化　　　　(b) 随动硬化　　　　(c)组合硬化

图 7-2-5 复杂应力条件下的硬化模型
1. 初始屈服曲线；2. 加载后继屈服曲线

式中，材料参数 H 是标量的内变量 χ 的函数。

(2) 随动硬化模型：塑性变形发展时，屈服面的大小和形状保持不变，仅是整体地在应力空间中做平动，见图 7-2-5(b)，其后继屈服面可表示为

$$f = f^*(\sigma_{ij} - \alpha\sigma_{ij}^p) = 0 \tag{7-2-10}$$

式中，α 是材料参数。

(3) 混合硬化模型：兼具等向硬化（软化）和随动硬化的模型，见图 7-2-5(c)，其后继屈服面可表示为

$$f = f^*(\sigma_{ij} - \alpha\sigma_{ij}^p) - H(\chi) = 0 \tag{7-2-11}$$

塑性岩石力学最常用的屈服条件包括德鲁克-普拉格（Drucker-Prager）屈服条件、库仑（Coulomb）屈服条件，见 7.4 节。

7.2.2.2 塑性状态的加-卸载准则

在塑性状态下，材料对所施加的应力增量的反应是复杂的，一般有三种情况：第一种情况是塑性加载，即对材料施加应力增量后，材料从一种塑性状态变化到另一种塑性状态，且有新的塑性变形出现；第二种情况是中性变载，即对材料施加应力增量后，材料从一种塑性状态变化到另一种塑性状态，但没有新的塑性变形出现；第三种情况是塑性卸载，即对材料施加应力增量后，材料从塑性状态退回到弹性状态。三种情况如图 7-2-6 所示。

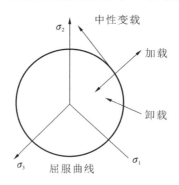

图 7-2-6 加-卸载条件

加载是从一个塑性状态变化到另一个塑性状态上，应力点始终保持在屈服面上，因而有

$$df = 0 \tag{7-2-12}$$

这个条件称为一致性条件。卸载是从塑性状态退回到弹性状态，因而卸载应有 $df < 0$，

故理想塑性材料的加-卸载准则为：

$$\mathrm{d}f = \frac{\partial f}{\partial \sigma_{ij}}\mathrm{d}\sigma_{ij} \begin{cases} < 0, & \text{卸载} \\ = 0, & \text{加载} \end{cases} \tag{7-2-13}$$

对于硬化塑性材料，情况比较复杂，同理可推出加-卸载准则为

$$\mathrm{d}f = \frac{\partial f}{\partial \sigma_{ij}}\mathrm{d}\sigma_{ij} \begin{cases} < 0, & \text{卸载} \\ = 0, & \text{中性加载} \\ > 0, & \text{加载} \end{cases} \tag{7-2-14}$$

7.2.2.3 塑性状态下的本构方程

塑性状态时应力-应变关系是多值的，不仅取决于材料性质，还取决于加-卸载历史。因此，除了在简单加载或塑性变形很小的情况下，可以像弹性状态那样建立应力-应变的全量关系外，一般只能建立应力和应变增量间的关系。描述塑性变形中全量关系的理论称为全量理论，又称形变理论或小变形理论。描述应力和应变增量间关系的理论称为增量理论，又称流动理论。

1. 全量理论

全量理论是由汉基(Hencky,1924)提出，依留申(Илющин,1943)加以完善的。在全量理论中，依据类似弹性理论的广义胡克定律，提出如下公式：

$$\begin{cases} \sigma_{xx} - \sigma_m = 2G'(\varepsilon_{xx} - \varepsilon_m), \tau_{xy} = G'\gamma_{xy} \\ \sigma_{yy} - \sigma_m = 2G'(\varepsilon_{yy} - \varepsilon_m), \tau_{yz} = G'\gamma_{yz} \\ \sigma_{zz} - \sigma_m = 2G'(\varepsilon_{zz} - \varepsilon_m), \tau_{zx} = G'\gamma_{zx} \end{cases} \tag{7-2-15}$$

式中，G' 是一个与应力(或塑性应变)有关的参数，是一个变量，$G' = \sigma_i/3\varepsilon_i$，$\sigma_i$ 为等效应力，ε_i 为等效应变；ε_m 为体积应变；σ_m 为平均应力。

$$\begin{cases} \sigma_i = \frac{\sqrt{2}}{2}\sqrt{(\sigma_1 - \sigma_2)^2 + (\sigma_2 - \sigma_3)^2 + (\sigma_3 - \sigma_1)^2} \\ \varepsilon_i = \frac{\sqrt{2}}{3}\sqrt{(\varepsilon_1 - \varepsilon_2)^2 + (\varepsilon_2 - \varepsilon_3)^2 + (\varepsilon_3 - \varepsilon_1)^2} \end{cases}$$

式中，$\sigma_1, \sigma_2, \sigma_3$ 和 $\varepsilon_1, \varepsilon_2, \varepsilon_3$ 分别为主应力和主应变。

若忽略体积变形(或材料的体积不变)，亦即 $\varepsilon_m = 0$，则全量理论为

$$\begin{cases} \sigma_{xx} - \sigma_m = 2G'\varepsilon_{xx}, \tau_{xy} = G'\gamma_{xy} \\ \sigma_{yy} - \sigma_m = 2G'\varepsilon_{yy}, \tau_{yz} = G'\gamma_{yz} \\ \sigma_{zz} - \sigma_m = 2G'\varepsilon_{zz}, \tau_{zx} = G'\gamma_{zx} \end{cases} \tag{7-2-16}$$

写成张量的形式为

$$s_{ij} = 2G'\varepsilon_{ij} \tag{7-2-17}$$

式中，$s_{ij} = \sigma_{ij} - \sigma_{kk}\delta_{ij}/3$，为偏应力张量；$\delta_{ij}$ 为符号指标，其两个下标相同时值为 1，不相同时值为 0。

若设 $G' = G/\psi$，ψ 称为塑性指标，在弹性变形时，$\psi = 1$。

对于空间轴对称问题，采用圆柱坐标系时的全量理论方程为

$$\begin{cases} \varepsilon_r = \dfrac{\psi}{2G}(\sigma_r - \sigma_m) \\ \varepsilon_\theta = \dfrac{\psi}{2G}(\sigma_\theta - \sigma_m) \\ \varepsilon_z = \dfrac{\psi}{2G}(\sigma_z - \sigma_m) \\ \gamma_{rz} = \dfrac{\psi}{G}\tau_{rz} \end{cases} \tag{7-2-18}$$

在平面应变情形且在极轴对称时,$\varepsilon_z = \gamma_{rz} = 0$,其塑性本构方程为

$$\begin{cases} \varepsilon_r = \dfrac{\psi}{2G}(\sigma_r - \sigma_m) \\ \varepsilon_\theta = \dfrac{\psi}{2G}(\sigma_\theta - \sigma_m) \end{cases} \tag{7-2-19}$$

式中,参数 ψ 可根据边界条件等确定。

2. 增量理论

在一般情况下,塑性状态的应力应变不能像胡克定律那样建立全量关系,只能建立应力应变增量间的关系。当应力产生一微小增量时,假设应变的变化可分成弹性的及塑性的两部分:

$$d\varepsilon_{ij} = d\varepsilon_{ij}^e + d\varepsilon_{ij}^p \tag{7-2-20}$$

弹性应力增量与弹性应变增量之间仍遵循胡克定律用张量形式表示时有

$$d\varepsilon_{ij}^e = C_{ijkl} d\sigma_{kl} \tag{7-2-21}$$

式中,C_{ijkl} 为弹性张量,在线性弹性情况下,C_{ijkl} 的分量都是常数。

塑性应变增量由塑性势理论给出,对弹塑性介质存在塑性势函数 Q,它是应力状态和塑性应变的函数,使得:

$$d\varepsilon_{ij}^p = d\lambda \dfrac{\partial Q}{\partial \sigma_{ij}} \tag{7-2-22}$$

式中,$d\lambda$ 是一正的待定有限量,它的具体数值和材料硬化法则有关。式(7-2-22)称为塑性流动法则,对于稳定的应变硬化材料,Q 通常取与后继屈服函数 f 相同的形式,当 $Q=f$ 时,这种特殊情况称为关联塑性,对于关联塑性,塑性流动法则可表示为

$$d\varepsilon_{ij}^p = d\lambda \dfrac{\partial f}{\partial \sigma_{ij}} \tag{7-2-23}$$

对于关联塑性,总应变增量表示为

$$d\varepsilon_{ij} = C_{ijkl} d\sigma_{kl} + d\lambda \dfrac{\partial f}{\partial \sigma_{ij}} \tag{7-2-24}$$

由一致性条件可推出待定有限量为

$$d\lambda = \dfrac{1}{A}\dfrac{\partial f}{\partial \sigma_{ij}} d\sigma_{ij} \tag{7-2-25}$$

对于理想塑性材料,$A=0$;对于硬化材料,有

$$A = -\dfrac{\partial f}{\partial \sigma_{ij}^p} C_{ijkl}^{-1}\dfrac{\partial Q}{\partial \sigma_{kl}} - \dfrac{\partial f}{\partial u}\sigma_{ij}\dfrac{\partial Q}{\partial \sigma_{ij}} \tag{7-2-26}$$

式中,σ_{ij}^p 为内状态变量(塑性应力张量),$\sigma_{ij}^p = C_{ijkl}^{-1}\varepsilon_{kl}$;$u$ 为塑性功。

于是得到加载时的本构方程为

$$d\varepsilon_{ij} = \left(C_{ijkl} + \frac{1}{A}\frac{\partial Q}{\partial \sigma_{ij}}\frac{\partial f}{\partial \sigma_{kl}}\right)d\sigma_{kl} \tag{7-2-27}$$

这样,对任何一个状态$(\sigma_{kl},\sigma_{kl}^p,u)$,只要给出了应力增量 $d\sigma_{ij}$,就可以唯一地确定应变增量 $d\varepsilon_{ij}$。

应用增量理论求解塑性问题,能够反映应变历史对塑性变形的影响,因而比较准确地描述了材料的塑性变形规律。但是,求解问题比较复杂。

7.3 岩体的本构关系

7.3.1 岩体变形机制

岩体变形是岩体在受力条件改变时,产生体积变化、形状改变及结构体间位置移动的总和。体积变化是指在应力变化条件下岩体体积胀缩变化,由结构体胀缩和结构面闭合、张开变形贡献。形状改变则分四种形式:①材料剪切变形;②坚硬结构面错动;③在剪切力作用下结构体转动;④板状结构体弯曲变形。位置变形有的是软弱结构面滑动,有的是坚硬结构面错动贡献的。总的来说,这些变形机制所形成的变形,可分为两大类变形类型,即材料变形(u_m)与结构变形(u_s),见图7-3-1。体积变化是材料变形;形状改变有时属于材料变形,有时属于结构变形;位置变化是结构变形。

$$岩体变形(u)\begin{cases}体积变化\\形状变化\\位置变化\end{cases}\begin{matrix}材料变形(u_m)\\ \\结构变形(u_s)\end{matrix}$$

图 7-3-1 岩体变形的构成

因此,岩体的变形是十分复杂的,它不是简单的材料变形,还包括复杂的结构变形。一般来讲,材料变形属于小变形,而且在变形过程中应力分布和方向不变或变化很小。结构变形实际上则是大变形,而且在变形过程中应力分布和方向也在不断改变。

岩体变形除受温度、压力影响外,更重要的是受岩体结构控制,不同结构岩体的变形机制不同,变形规律也不同。岩体变形的基本规律称为本构规律或本构关系,可以用下列关系表达:

岩体变形=F(岩石、岩体结构、压力、温度、时间)

这种关系的数学表达式称为本构方程。这个方程式的前两项为岩体的实体,压力和温度为岩体赋存环境,最后一项表征变形过程。在岩体本构关系分析时,必须认真地分析岩体变形机制,抽象出变形机制单元,按各变形机制单元的本构规律及地质工程作用特点分析地质工程不同部位变形。如图7-3-2所示,高边墙地下硐室变形由材料变形 u_m 及板裂化结构体单元的结构变形 u_s 组成。其中材料变形由结构体材料变形及结构面回弹变形组成,而板裂结构变形则由板裂结构体在材料回弹变形压力作用下的轴向缩短强迫产生的横向弯曲变形组成。要对此地下工程变形作出实际分析,必须先给出各变形机制单元的本构规律,这是岩体力学分析中变形分析的首要工作。

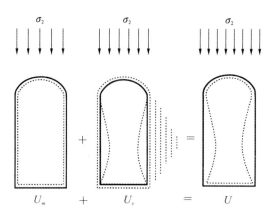

图 7-3-2　高边墙地下室变形机制

岩体变形机制单元与岩体结构关系可以用图 7-3-3 表达。图中,岩体变形抽象为 17 种变形机制单元。考虑到不同变形机制对岩体变形的实际贡献,有的以弹性变形为主,有的以黏性变形为主。在实际应用中可以简化为 8 种,见图 7-3-4。

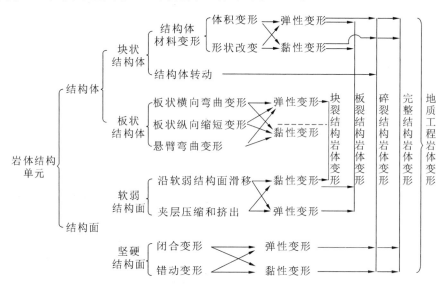

图 7-3-3　岩体变形机制单元与岩体结构关系

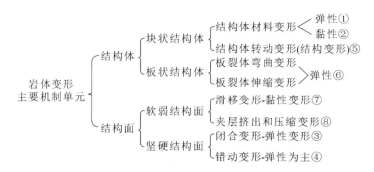

图 7-3-4　岩体变形主要机制单元

图 7-3-4 中 8 种变形机制单元可分为材料变形型和结构变形型两种类型。①结构体弹性变形机制单元、②结构体黏性变形机制单元、③结构面闭合变形机制单元与④结构面错动变形机制单元四种为材料变形型,属于连续介质力学研究的范畴,可以用应力-应变关系来描述,其中又包括结构体与结构面变形两部分,其本构关系见表 7-3-1;⑤结构体滚动变形机制单元、⑥板裂体结构变形机制单元、⑦结构面滑动变形机制单元与⑧软弱夹层压缩和挤出变形单元属于结构变形型,这部分在更大程度上属于非连续介质力学研究范畴,目前尚未有很适宜的本构关系来描述。

表 7-3-1 岩石材料变形本构规律及机制元件

变形类型	结构体变形		结构面变形	
	弹性变形	黏性变形	闭合变形	滑移变形
结构元件	⌇	▬	( )	—
变形基本规律试验结果	σ,τ vs ε,γ	$\dot{\varepsilon},\dot{\gamma}$ vs τ,σ	$\dfrac{d\varepsilon}{d\sigma}$ vs $\varepsilon_{j0}-\varepsilon_j$	$\dfrac{d\sigma_3}{d\gamma}$ vs $\sigma_{j0}-\sigma_0$
本构方程	$\gamma=\dfrac{\tau}{G_b}$ $\varepsilon=\dfrac{\sigma}{E_b}$	$\dot{\gamma}=\dfrac{\tau-\tau_0}{\eta\gamma}$ $\dot{\varepsilon}=\dfrac{\sigma-\sigma_0}{\eta}$	$\dfrac{d\varepsilon_j}{d\sigma}=E_j^{-1}(\varepsilon_{j0}-\varepsilon_j)$	$\dfrac{d\sigma_3}{d\gamma}=G_3(\sigma_{j0}-\sigma_0)$

7.3.2 岩体变形的本构关系

依据前述总结的岩体变形机制单元的本构规律及岩体的结构类型,总结出如下常见的典型岩体变形的本构规律。

7.3.2.1 弹性均质完整结构岩体变形本构规律

此类岩体比较少见,但还是存在的。如后期胶结愈合的碳酸岩、石英岩等,高地应力区压力愈合的各类岩浆岩、厚层砂岩、厚层碳酸岩等岩体,在低地应力水平条件下,可以抽象为这种力学模型。图 7-3-5(a)为这种岩体的地质模型,图 7-3-5(b)为其物理模型,图 7-3-5(c)为在轴向压力作用下的力学模型。这种力学模型的本构方程可以用胡克法则描述(见图 7-3-5(d)),即

$$\varepsilon=\frac{\sigma}{E} \tag{7-3-1}$$

此类岩体的变形与加载历史无关,故其弹性模量 E 为常量。

7.3.2.2 弹性均质断续结构和碎裂结构岩体变形本构规律

此类岩体在岩体工程领域内,特别是浅表层岩体工程中是极常见的。如各类岩浆岩、厚层砂岩、石英岩及低地应力水平条件下的碳酸岩、板岩都属于此类。假定岩体内的裂隙正交

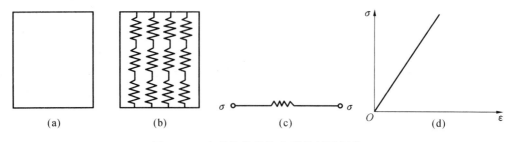

图 7-3-5　完整结构岩体变形机制及规律

发育,图 7-3-6(a)、(b)为这类岩体的地质模型,图 7-3-6(c)、(d)为这种岩体的物理模型,而图 7-3-6(e)为这类岩体在轴向压力作用下的力学模型。

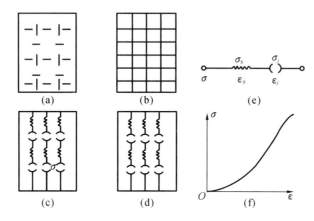

图 7-3-6　弹性均质断续结构或碎裂结构岩体变形机制及规律

根据这一力学模型可以得到：

$$\varepsilon = \varepsilon_b + \varepsilon_j \tag{7-3-2}$$

$$\sigma = \sigma_b = \sigma_j \tag{7-3-3}$$

已知,$\varepsilon_b = \dfrac{\sigma_0}{E_b} = \dfrac{\sigma}{E_b}$,$\varepsilon_j = \varepsilon_{j0}\left[1-\exp\left(-\dfrac{\sigma_j}{E_j\varepsilon_{j0}}\right)\right] = \varepsilon_{j0}\left[1-\exp\left(-\dfrac{\sigma}{E_j\varepsilon_{j0}}\right)\right]$,代入式(7-3-2)中得：

$$\varepsilon = \dfrac{\sigma}{E_b} + \varepsilon_{j0}\left[1-\exp\left(-\dfrac{\sigma_o}{E_j\varepsilon_{j0}}\right)\right] \tag{7-3-4}$$

式(7-3-4)即为弹性均质岩石材料构成的断续结构和脆裂结构岩体变形的本构方程,其变形曲线示于图 7-3-6(f),它比较理想地描述了这类岩体单轴压缩作用下取得的应力-应变曲线。式(7-3-4)表明,这类岩体变形不能用一个变形参数表征,它由两种变形机制元件组成,应该用由两个变形参数决定的本构方程来表征。目前岩体力学试验结果一般用一个弹性模量或变形模量表征所有岩体的变形特征,显然这是不合适的。式(7-3-4)实际上是由两种变形成分构成的,即

(1) 结构体弹性变形:

$$\varepsilon_b = \dfrac{\sigma}{E_b} \tag{7-3-5}$$

式中,E_b 为结构体变形参数(弹性模量);σ 为正应力。

(2) 结构面闭合变形：

$$\varepsilon_j = \varepsilon_{j0}\left[1 - \exp\left(-\frac{\sigma}{E_j \varepsilon_{j0}}\right)\right] \tag{7-3-6}$$

式中，E_j 为结构面闭合变形参数（结构面闭合模量）。

已取得的实验资料表明，E_b 远远大于 E_j，因此，E_j 只是在低地应力条件下岩体变形中起作用。而在高地应力水平条件下 ε_j 的贡献逐渐趋近于常数，即 $\varepsilon_j \to \varepsilon_{j0}$。在高地应力水平条件下应力-应变曲线增量是由结构体弹性变形贡献的，即

$$\frac{d\varepsilon}{d\sigma} = \frac{1}{E_b} \tag{7-3-7}$$

也就是说，在高地应力水平条件下岩体应力-应变曲线斜率为结构体弹性模量 E_b。这一结果提供了利用高地应力水平阶段的应力-应变曲线分析结构体弹性模量的依据。

7.3.2.3 黏弹性材料块状或平卧层状完整结构岩体变形本构规律

这类岩体比较常见，如高地应力水平条件下的岩浆岩、碳酸盐岩及砂页岩互层、灰岩与泥灰岩互层的垂直岩层受荷载的层状岩体属于此类，其地质模型示于图 7-3-7(a)、(b)。这两个地质模型可以抽象为相同的物理模型（见图 7-3-7(c)、(d)），而在单轴压缩作用下的力学模型可以看作一个（见图 7-3-7(e)），此即为 Maxwell 模型，其本构方程为

$$\frac{d\varepsilon}{dt} = \frac{1}{E}\frac{d\sigma}{dt} + \frac{\sigma}{\eta} \tag{7-3-8}$$

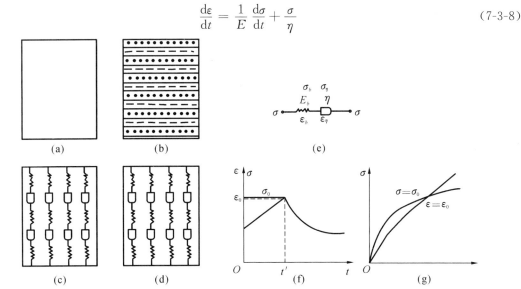

图 7-3-7 黏弹性材料组成的块状或平卧层状完整结构岩体变形机制及规律

也就是说，典型的黏弹性材料构成的块状或平卧层状结构岩体单轴压缩的本构关系可以用 Maxwell 方程来表达。若模拟对岩体按一定的应力速度 $\frac{d\sigma}{dt}$ 进行加载，在加载过程中令 $\frac{d\sigma}{dt} = \frac{d\sigma_a}{dt} = $ 常数。式(7-3-8)可改写为

$$d\varepsilon = \frac{1}{E_b}d\sigma + \frac{\sigma}{\eta}dt = \frac{1}{E_b}d\sigma + \frac{\sigma}{\eta}dt\frac{d\sigma}{d\sigma} = \frac{1}{E_b}d\sigma + \frac{\sigma}{\eta}\frac{d\sigma}{\frac{d\sigma}{dt}} = \frac{1}{E_b}d\sigma + \frac{\sigma}{\eta\frac{d\sigma_a}{dt}}d\sigma \tag{7-3-9}$$

对式(7-3-9)积分得：

$$\varepsilon = \frac{\sigma}{E_b} + \frac{\sigma^2}{2\eta \frac{d\sigma_a}{dt}} + C \tag{7-3-10}$$

已知 $t=0, \sigma=0, \varepsilon=0$，则 $C=0$，有

$$\varepsilon = \frac{\sigma}{E_b} + \frac{\sigma^2}{2\eta \frac{d\sigma_a}{dt}} \tag{7-3-11}$$

式(7-3-11)便是应力速率控制加载条件下黏弹性材料块状完整结构岩体或平卧层状黏弹性岩体变形的本构方程，其曲线结构示于图 7-3-7(f)。

若模拟对岩体按一定的变形速率 $\frac{d\varepsilon}{dt}$ 进行加载，在加载过程中令 $\frac{d\varepsilon}{dt} = \frac{d\varepsilon_a}{dt} = $ 常数，式 (7-3-8)可改写为

$$d\varepsilon = \frac{1}{E_b}d\sigma + \frac{\sigma}{\eta}dt = \frac{1}{E_b}d\sigma + \frac{\sigma}{\eta}dt\frac{d\varepsilon}{d\varepsilon} = \frac{1}{E_b}d\sigma + \frac{\sigma}{\eta}\frac{d\varepsilon}{\frac{d\varepsilon}{dt}} = \frac{1}{E_b}d\sigma + \frac{\sigma}{\eta\frac{d\varepsilon_a}{dt}}d\varepsilon \tag{7-3-12}$$

上式可改写为

$$d\varepsilon = \frac{d\sigma}{E_b\left(1 - \frac{\sigma}{\eta\frac{d\varepsilon_a}{dt}}\right)} \tag{7-3-13}$$

对式(7-3-13)积分得：

$$\varepsilon = -\frac{\eta\frac{d\varepsilon_a}{dt}}{E_b}\ln\left(1 - \frac{\sigma}{\eta\frac{d\varepsilon_a}{dt}}\right) + A \tag{7-3-14}$$

已知，当 $\sigma=0$ 时，$\varepsilon=0$，$\ln 1=0$，则 $A=0$，有

$$\varepsilon = -\frac{\eta\frac{d\varepsilon_a}{dt}}{E_b}\ln\left(1 - \frac{\sigma}{\eta\frac{d\varepsilon_a}{dt}}\right) \tag{7-3-15}$$

或

$$\sigma = \eta\frac{d\varepsilon_a}{dt}\left[1 - \exp\left(\frac{E_b\varepsilon}{\eta\frac{d\varepsilon_a}{dt}}\right)\right] \tag{7-3-16}$$

式(7-3-15)、式(7-3-16)便是黏弹性材料块状完整结构岩体及法向加载的层状黏弹性岩体的本构方程，其曲线结构示于图 7-3-7(g)。

此外，由于岩体结构的复杂性及岩性的差异，还可以构建出更多、更复杂的变形分析模型用以表征和分析岩体变形机制，开展研究。

7.4 岩石的破坏判据

岩石强度理论是在一定的假说条件下，研究岩石在各种应力状态下的强度准则的理论。强度准则又称破坏判据，它表征岩石在极限应力状态下（破坏条件）的应力状态和岩石强度

7.4 岩石的破坏判据

参数之间的关系,一般可以表示为极限应力状态下的主应力间的关系方程,即

$$\sigma_1 = f(\sigma_2, \sigma_3) \tag{7-4-1}$$

或者表示为处于极限平衡状态截面上的剪应力 τ 和正应力 σ 间的关系方程:

$$\tau = f(\sigma) \tag{7-4-2}$$

从 15 世纪开始,科学家就关注到固体材料强度理论的研究,经过几百年的探索,提出了众多的强度理论。这些强度理论可以分别归属于最大拉应力理论(第一强度理论)、最大应变理论(第二强度理论)、最大剪应力理论(第三强度理论)及形状改变比能理论(第四强度理论)等四类。理论与实践表明,针对岩土工程材料,属于第三强度理论的库仑强度理论、莫尔强度理论,属于第一强度理论的格里菲斯强度理论以及第三、第四强度理论相结合的德鲁克—普拉格准则适用性较好。

另外,1985 年俞茂宏建立了适用于岩石类材料的双剪强度理论,并于 1991 年形成了统一强度理论。统一强度理论具有统一的力学模型、数学建模方程和数学表达式,可适用于各种不同的材料,是我国学者完成的创新性基础理论。

上述强度理论是在连续介质力学框架内结合弹塑性理论建立的,也称为经典强度理论。但它们不可避免地忽略了岩石内部存在大量微缺陷的本质特征。即使是格里菲斯强度理论,原则上也仅是考虑单一的裂纹,而不能针对岩石内各种类型的缺陷。因此,经典强度理论计算结果往往与岩石的实际破坏型式不相符,且不能揭示岩石发生破坏的物理原因。

与经典强度理论不同,Hoek-Brown 经验方程,是对几百组岩石三轴试验结果和大量现场岩体试验成果进行统计分析所得到的,其数学表达式可以视为一种经验强度准则。该准则不仅适用于岩石,也适用于岩体。可以反映岩石和岩体固有的非线性破坏特点,以及结构面、应力状态对强度的影响,解释了低应力区、拉应力区和最小主应力对强度的影响,对于估算岩体的强度,判断岩体破坏状态具有很好的适用性。另外,损伤力学出现后,基于损伤演化可以建立新的强度判据,也能较好地考虑岩石内部的各类缺陷(损伤),具体内容见第 11 章。

7.4.1 库仑强度准则

最简单和最重要的准则乃是由库仑(C. A. Coulomb)于 1773 年提出的"摩擦"准则。库仑认为,岩石的破坏主要是剪切破坏,岩石的强度,即抗摩擦强度等于岩石本身抗剪切摩擦的内聚力和剪切面上法向力产生的摩擦力。平面中的剪切强度准则(见图 7-4-1)为:

$$|\tau| = C + \sigma \tan\phi \tag{7-4-3}$$

或

$$|\tau| - \sigma \tan\phi = C$$

式中,τ 为剪切面上的剪应力(剪切强度);σ 为剪切面上的正应力;C 为内聚力;ϕ 为内摩擦角。

库仑准则可以用莫尔极限应力圆直观地图解表示。如图 7-4-1 所示,式(7-4-3)确定的准则由直线 AL(通常称之为强度曲线)表示,其斜率为 $f = \tan\phi$,且在 τ 轴上的截距为 c。在图 7-4-1 所示的应力状态下,某平面上的应力 σ 和 τ 由主应力 σ_1 和 σ_3 确定的应力圆所决定。如果应力圆上的点落在强度曲线 AL 之下,则说明该点表示的应力还没有达到材料的强度值,故材料不发生破坏;如果应力圆上的点超出了上述区域,则说明该点表示的应力已超过了材料的强度并发生破坏;如果应力圆上的点正好与强度曲线 AL 相切(见图中 D

点),则说明材料处于极限平衡状态,岩石所产生的剪切破坏将可能在该点所对应的平面(剪切面)上发生。若规定最大主应力方向与剪切面(指其法线方向)间的夹角为 θ(称为岩石破断角),则由图 7-4-1 可得:

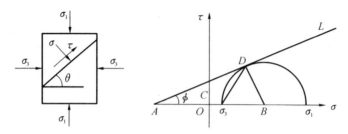

图 7-4-1 σ-τ 坐标下库仑准则

$$2\theta = \frac{\pi}{2} + \phi \tag{7-4-4}$$

故

$$\frac{1}{2}(\sigma_1 - \sigma_3) = \left[C \cdot \cot\phi + \frac{1}{2}(\sigma_1 + \sigma_3)\right]\sin\phi$$

若用平均主应力 σ_m 和最大剪应力 τ_m 表示,上式变成:

$$\tau_m = \sigma_m \sin\phi + C \cdot \cos\phi \tag{7-4-5}$$

其中,$\tau_m = \frac{1}{2}(\sigma_1 - \sigma_3)$,$\sigma_m = \frac{1}{2}(\sigma + \sigma_3)$。

式(7-4-5)是 σ-τ 坐标系中由平均主应力和最大剪应力给出的库仑准则。另外,由图 7-4-1 可得,$\sin\phi = \dfrac{\sigma_1 - \sigma_3}{2C \cdot \cot\phi + \sigma_1 + \sigma_3}$,并可改写为

$$\sigma_1 = \frac{1 + \sin\phi}{1 - \sin\phi}\sigma_3 + \frac{2C \cdot \cot\phi}{1 - \sin\phi} \tag{7-4-6}$$

若 $\sigma_3 = 0$,则极限应力 σ_1 为岩石单轴抗压强度 σ_c,即有

$$\sigma_c = \frac{2C \cdot \cot\phi}{1 - \sin\phi} \tag{7-4-7}$$

利用三角恒等式,有 $\dfrac{1 + \sin\phi}{1 - \sin\phi} = \cot^2\left(\dfrac{\pi}{4} - \dfrac{\phi}{2}\right) = \tan^2\left(\dfrac{\pi}{4} + \dfrac{\phi}{2}\right)$ 和剪切破断角关系式 $\theta = \dfrac{\pi}{4} + \dfrac{\phi}{2}$,可得

$$\frac{1 + \sin\phi}{1 - \sin\phi} = \tan^2\theta \tag{7-4-8}$$

将式(7-4-7)和式(7-4-8)代入式(7-4-6)得:

$$\sigma_1 = \sigma_3 \tan^2\theta + \sigma_c \tag{7-4-9}$$

式(7-4-9)是由主应力、岩石破裂角和岩石单轴抗压强度给出的在 σ_3-σ_1 坐标系中的库仑准则表达式(见图 7-4-2)。这里还要指出的是,在式(7-4-6)中不能用令 $\sigma_1 = 0$ 的方式去直接确定岩石抗拉强度与内聚力和内摩擦角之间的关系。在以下的讨论中可以看到这一点。

下面接着讨论 σ_3-σ_1 坐标系统中库仑准则的完整强度曲线。如图 7-4-1 所示,极限应力条件下剪切面上正应力 σ 和剪力 τ 用主应力 σ_1,σ_3 表示为

$$\begin{cases} \sigma = \frac{1}{2}(\sigma_1+\sigma_3)+\frac{1}{2}(\sigma_1-\sigma_3)\cos2\theta \\ \tau = \frac{1}{2}(\sigma_1-\sigma_3)\sin2\theta \end{cases} \tag{7-4-10}$$

由式(7-4-3)并取 $f=\tan\phi$，得：

$$|\tau|-f(\sigma)=\frac{1}{2}(\sigma_1-\sigma_3)(\sin2\theta-f\cos2\theta)-\frac{1}{2}f(\sigma+\sigma_3) \tag{7-4-11}$$

式(7-4-11)对 θ 求导可得极值 $\tan2\theta=-1/f$，分析可知，2θ 值在 $\pi/2-\pi$ 之间，并有 $\sin2\theta=1/\sqrt{f^2+1}$，$\cos2\theta=-f/\sqrt{f^2+1}$，由此给出 $|\tau|-f(\sigma)$ 的最大值，即

$$\{|\tau|-f\sigma\}_{\max}=\frac{1}{2}(\sigma_1-\sigma_3)\sqrt{f^2+1}-\frac{1}{2}f(\sigma_1+\sigma_2) \tag{7-4-12}$$

根据式(7-4-3)，如果式(7-4-12)小于 C，破坏不会发生；如果它等于(或大于)C，则发生破坏。此时令

$$\{|\tau|-f\sigma\}=C$$

则式(7-4-12)变为

$$2C=\sigma(\sqrt{f^2+1}-f)-\sigma_3(\sqrt{f^2+1}+f) \tag{7-4-13}$$

上式表示 σ_1-σ_3 坐标内的一条直线(见图 7-4-3)，这条直线交 σ_1 于 σ_c，且

$$\sigma_c=2C(\sqrt{f^2+1}+f)$$

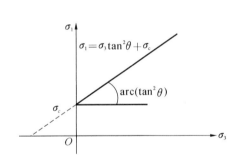

图 7-4-2 σ_3-σ_1 坐标系的库仑准则

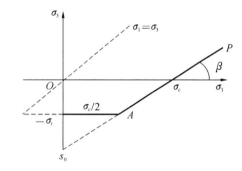

图 7-4-3 σ_1-σ_3 坐标系中的库仑准则的完整强度曲线

交 σ_3 轴于 s_0(注意：s_0 并不是单轴抗拉强度)，且 $s_0=-2C(\sqrt{f^2+1}-f)$。

现在确定岩石发生破裂(或处于极限平衡)时 σ_1 取值的下限。考虑到剪切面(见图 7-4-1)上的正应力 $\sigma>0$ 的条件，这样在 θ 值条件下，由式(7-4-10)得：

$$2\sigma=\sigma_1(1+\cos2\theta)+\sigma_3(1-\cos2\theta)$$

由

$$\cos2\theta=-\frac{f}{\sqrt{f^2+1}}$$

有

$$2\sigma=\sigma_1\left(\frac{1-f}{\sqrt{f^2+1}}\right)+\sigma_3\left(\frac{1+f}{\sqrt{f^2+1}}\right)$$

或

$$2\sigma=\sigma_1\frac{\sqrt{f^2+1}-f}{\sqrt{f^2+1}}+\sigma_3\frac{\sqrt{f^2+1}+f}{\sqrt{f^2+1}}$$

由于 $\sqrt{f^2+1}>0$,故若 $\sigma>0$,则有

$$\sigma_1(\sqrt{f^2+1}-f)+\sigma_3(\sqrt{f^2+1}+f)>0 \tag{7-4-14}$$

式(7-4-13)与式(7-4-14)联立求解可得：

$$2\sigma_1(\sqrt{f^2+1}-f)>2C$$

或

$$\sigma_1>\frac{C}{\sqrt{f^2+1}-f}=C(\sqrt{f^2+1}+f)$$

由此得：

$$\sigma_1>\frac{1}{2}\sigma_c$$

由此可见图7-4-3中仅直线的 AP 部分代表 σ_1 的有效取值范围。

对于 σ_3 为负值(拉应力)，由实验可知，可能会在垂直于 σ_3 平面内发生张性破裂。特别在单轴拉伸($\sigma_1=0,\sigma_3<0$)中，当拉应力值达到岩石抗拉强度 σ_t 时，岩石发生张性断裂。但是，这种破裂行为完全不同于剪切破裂，而这在库仑准则中没有描述。

基于库仑准则和试验结果分析，由图7-4-3给出的简单而有用的准则可以用方程表示：

$$\begin{cases} \sigma_1(\sqrt{f^2+1}-f)-\sigma_3(\sqrt{f^2+1}+f)=2C & \left(\sigma_1>\frac{1}{2}\sigma_c\right) \\ \sigma_3=-\sigma_t & \left(\sigma_1\leqslant\frac{1}{2}\sigma_c\right) \end{cases} \tag{7-4-15}$$

式(7-4-15)仍称为库仑准则。

从图7-4-3中的强度曲线可以看出，在由式(7-4-15)给出的库仑准则条件下，岩石可能发生以下四种方式的破坏。

(1) 当 $0<\sigma_1\leqslant\frac{1}{2}\sigma_c(\sigma_3=-\sigma_t)$ 时，岩石属单轴拉伸破裂；

(2) 当 $\frac{1}{2}\sigma_c<\sigma_1<\sigma_c(-\sigma_t<\sigma_3<0)$ 时，岩石属双轴拉伸破裂；

(3) 当 $\sigma_1=\sigma_c(\sigma_3=0)$ 时，岩石属单轴压缩破裂；

(4) 当 $\sigma_1>\sigma_c(\sigma_3>0)$ 时，岩石属双轴压缩破裂。

另外，由图7-4-3中强度曲线上 A 点坐标($\sigma_c/2,-\sigma_t$)可得，直线 AP 的倾角 β 为：

$$\beta=\arctan\frac{2\sigma_t}{\sigma_c}$$

由此可见，在主应力 σ_1,σ_3 坐标平面内的库仑准则可以利用单轴抗压强度和抗拉强度来确定。

7.4.2 莫尔强度理论

莫尔(Mohr,1900)把库仑准则推广到考虑三向应力状态。最主要的贡献是认识到材料性质本身是应力的函数。他总结指出"到极限状态时，滑动平面上的剪应力达到一个取决于正应力与材料性质的最大值"，并可用下列函数关系表示：

$$\tau=f(\sigma) \tag{7-4-16}$$

式(7-4-16)在 τ-σ 坐标系中为一条对称于 σ 轴的曲线，它可通过试验方法求得，即由对应于各种应力状态(单轴拉伸、单轴压缩及三轴压缩)下的破坏莫尔应力圆包络线，即它们的外公切线(见图7-4-4)，称为莫尔强度包络线给定。利用这条曲线判断岩石中一点是否会发

生剪切破坏时,可在事先给出的莫尔包络线(见图 7-4-4)上叠加反映实际试样应力状态的莫尔应力圆。如果应力圆与包络线相切或相割,则研究点将产生破坏;如果应力圆位于包络线下方,则不会产生破坏。莫尔包络线的具体表达式,可根据试验结果用拟合法求得。目前,已提出的包络线形式有斜直线型、二次抛物线型、双曲线型等。其中斜直线型与库仑准则基本一致,其包络线方程如式(7-4-3)所示。因此可以说,库仑准则是莫尔准则的一个特例。下面主要介绍二次抛物线型和双曲线型的判据表达式。

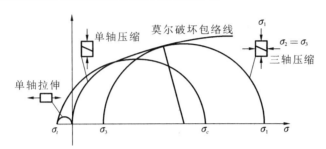

图 7-4-4 完整岩石的莫尔强度曲线

7.4.2.1 二次抛物线型

岩性较坚硬至较弱的岩石,如泥灰岩、砂岩、泥页岩等岩石的强度包络线近似于二次抛物线,如图 7-4-5 所示,其表达式为

$$\tau^2 = n(\sigma + \sigma_t) \quad (7\text{-}4\text{-}17)$$

式中,σ_t 为岩石的单轴抗拉强度;n 为待定系数。

利用图 7-4-5 中的关系,有:

$$\begin{cases} \dfrac{1}{2}(\sigma_1 + \sigma_3) = \sigma + \tau\cot 2\alpha \\ \dfrac{1}{2}(\sigma_1 - \sigma_3) = \dfrac{\tau}{\sin 2\alpha} \end{cases} \quad (7\text{-}4\text{-}18)$$

其中,τ,$\cot 2\alpha$ 和 $\sin 2\alpha$ 可从式(7-4-17)及图 7-4-5 求得:

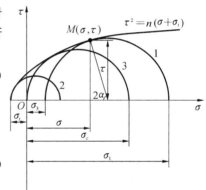

图 7-4-5 二次抛物型强度包络线

1. 双向压缩应力圆;2. 双向拉压应力圆;
3. 双向拉伸应力圆

$$\begin{cases} \tau = \sqrt{n(\sigma + \sigma_t)} \\ \dfrac{\mathrm{d}\tau}{\mathrm{d}\sigma} = \cot 2\alpha = \dfrac{n}{2\sqrt{n(\sigma + \sigma_t)}} \\ \dfrac{1}{\sin 2\alpha} = \csc 2\alpha = \sqrt{1 + \dfrac{n}{4(\sigma + \sigma_t)}} \end{cases} \quad (7\text{-}4\text{-}19)$$

将式(7-4-19)的有关项代入式(7-4-18),并消去式中的 σ,得二次抛物线型包络线的主应力表达式为

$$(\sigma_1 - \sigma_3)^2 = 2n(\sigma_1 + \sigma_3) + 4n\sigma_t - n^2 \quad (7\text{-}4\text{-}20)$$

在单轴压缩条件下,有 $\sigma_3 = 0$,$\sigma_1 = \sigma_c$,则式(7-4-20)变为

$$n^2 - 2(\sigma_c + 2\sigma_t)n + \sigma_c^2 = 0 \quad (7\text{-}4\text{-}21)$$

由式(7-4-21),可解得

$$n = \sigma_c + 2\sigma_t \pm 2\sqrt{\sigma_t(\sigma_c + \sigma_t)} \quad (7\text{-}4\text{-}22)$$

利用式(7-4-17)、式(7-4-20)和式(7-4-22)可判断岩石试样是否破坏。

7.4.2.2 双曲线型

据相关研究,砂岩、灰岩、花岗岩等坚硬、较坚硬岩石的强度包络线近似于双曲线(见图 7-4-6),其表达式为

$$\tau^2 = (\sigma + \sigma_t)^2 \tan^2\phi_1 + (\sigma + \sigma_t)\sigma_t \tag{7-4-23}$$

式中,ϕ_1 为包络线渐近线的倾角,$\tan\phi_1 = \dfrac{1}{2}\sqrt{\left(\dfrac{\sigma_c}{\sigma_t} - 3\right)}$。

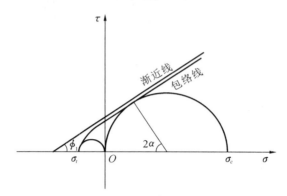

图 7-4-6 双曲线型强度包络线

利用式(7-4-23)可判断岩石中一点是否破坏。

莫尔强度理论实质上是一种剪应力强度理论。一般认为,该理论比较全面地反映了岩石的强度特征,它既适用于塑性岩石,也适用于脆性岩石的剪切破坏,同时也反映了岩石抗拉强度远小于抗压强度这一特性,并能解释岩石在三向等拉时会破坏,而在三向等压时不会破坏(曲线在受压区不闭合)的特点。这一点已被试验证实。因此,目前莫尔理论被广泛应用于岩体工程实践。莫尔判据的缺点是忽略了中间主应力的影响,与试验结果有一定的差异。另外,该判据只适用于剪破坏,受拉区的适用性还值得进一步探讨,并且不适用于膨胀或蠕变破坏。

7.4.3 Griffith 强度理论

格里菲斯(Griffith)在研究脆性材料的破坏时,发现材料内部存在许多微裂纹或缺陷。由于微裂纹的存在,在裂隙尖端形成应力集中,从而引起裂纹的扩展、连接和贯通,最终导致材料的破坏。

7.4.3.1 Griffith 强度理论的基本思想

(1) 在脆性材料的内部存在许多扁平的微裂纹,这些微裂纹在数学上可以用扁平椭圆来描述,而这些裂纹随机地分布在材料中。当在外力作用下,微裂纹尖端附近的最大应力很大时,将使裂纹开始扩展。裂纹的扩展导致岩石的开裂破坏。

(2) 根据理论分析,裂纹将沿着与最大拉应力成直角的方向扩展。当在单轴压缩的情况下,裂纹尖端附近处(见图 7-4-7 中的 AB 与裂纹交点)为最大拉应力。此时,裂纹将沿与

AB 垂直的方向扩展,最后逐渐向最大主应力方向过渡。这一分析结果,形象地解释了在单轴压缩应力作用下劈裂破坏是岩石破坏本质的现象。

(3) Griffith 认为,当作用在裂纹尖端处的有效应力达到形成新裂纹所需的能量时,裂纹开始扩展,其表达式为

$$\sigma_t = \left(\frac{2\rho E}{\pi a}\right)^{\frac{1}{2}} \tag{7-4-24}$$

式中,σ_t 为裂纹尖端附近所形成的最大拉应力;ρ 为裂纹的比表面能;E 为材料弹性模量;a 为裂纹长半轴。

Griffith 强度理论的三点基本思想阐明了脆性材料破裂的原因、破裂所需的能量及破裂扩展的方向。为了进一步分析具有裂纹的介质中应力等分布规律,有学者利用弹性力学中椭圆孔的应力解,推演得到了 Griffith 的强度理论判据,以便使该强度理论能够在工程实际中加以应用。

7.4.3.2 Griffith 强度理论判据

图 7-4-8 为椭圆孔受力状态示意图,根据椭圆孔应力状态的解析解,得出了如下的 Griffith 强度理论判据:

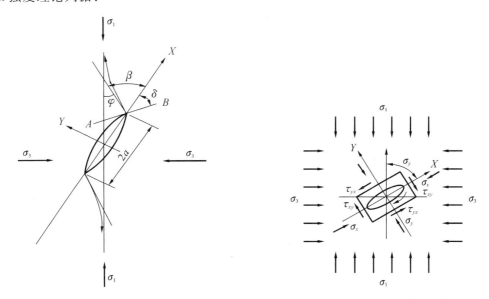

图 7-4-7 在压应力条件下裂隙开始破裂及扩展方向　　图 7-4-8 椭圆孔受力状态

$$\begin{cases} \text{当 } \sigma_1 + 3\sigma_3 \leqslant 0 \text{ 时}, & \sigma_3 = -\sigma_t \\ \text{当 } \sigma_1 + 3\sigma_3 \geqslant 0 \text{ 时}, & \dfrac{(\sigma_1 - \sigma_3)^2}{\sigma_1 + \sigma_3} = 8\sigma_t \end{cases} \tag{7-4-25}$$

当微裂纹随机分布于岩石中时,其最有利于破裂的裂纹方向角 φ 可由下式确定:

$$\cos 2\varphi = \frac{\sigma_1 - \sigma_3}{2(\sigma_1 + \sigma_3)} \tag{7-4-26}$$

由式(7-4-25)可知,Griffith 强度理论的判据公式是一个用分段函数表达式。在不同的应力段,表现出不同的特性。为了加深对 Griffith 强度理论的理解,下面讨论强度理论判据

的表达形式及其特征,以便更好地应用于岩体工程。

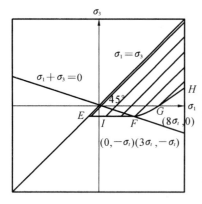

图 7-4-9　Griffith 强度准则图解

由于 Griffith 强度理论的判据公式是一个分段函数。先分析当 $\sigma_1+3\sigma_3\leqslant 0$ 时其表达式的特征。由强度理论判据公式可知,此时的判据为 $\sigma_3=-\sigma_t$(见图 7-4-9 中直线 EF)。这一判据的含义为:当作用于岩石的应力满足条件 $\sigma_1+3\sigma_3\leqslant 0$ 时,不管 σ_1 值的大小,只要 $\sigma_3=-\sigma_t$,岩石的裂纹开始扩展。下面再分析当 $\sigma_1+3\sigma_3\geqslant 0$ 时判据表达式的特征。在 σ_1-σ_3 坐标下,其判据为二次曲线,且该二次曲线(见图 7-4-9 曲线 FGH)在 F 点 $(3\sigma_t,-\sigma_t)$ 与上面应力段的强度判据线相衔接。在这一应力段内,令 $\sigma_3=0$,由式(7-4-25)可得

$$\frac{(\sigma_1-\sigma_3)^2}{\sigma_1+\sigma_3}=\sigma_1=\sigma_c=8\sigma_t \tag{7-4-27}$$

可以看出,根据 Griffith 强度理论,岩石的单轴抗压强度是抗拉强度的 8 倍。

7.4.3.3　修正的 Griffith 准则和 Murrell 的推广

对于远场应力为压应力的情况,上述椭圆孔裂隙将发生压密闭合,裂隙面上作用有法向力和剪切力,当剪切力大于剪切强度时,裂隙将继续破裂,根据这一概念,可得出岩石的强度准则如下:

$$\sigma_1[(1+f^2)^{\frac{1}{2}}-f]-\sigma_3[f+(1+f^2)^{\frac{1}{2}}]=4\sigma_t[1+\frac{\sigma_0}{\sigma_t}]^{\frac{1}{2}}-2f\sigma_0 \tag{7-4-28}$$

式(7-4-28)也可用直线型莫尔包络线表示

$$\tau=2\sigma_t+f\sigma \tag{7-4-29}$$

式中,σ 为使椭圆孔闭合所需的平均压力;f 为裂隙面的摩擦系数。

式(7-4-29)即为修正的 Griffith 准则,它与 Griffith 准则在 σ_1-σ_3 平面上的表示如图 7-4-10 所示,它们表明 σ_1、σ_3 为线性关系。

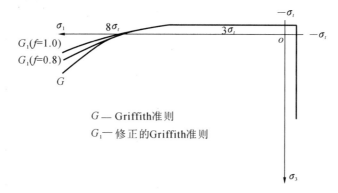

图 7-4-10　Griffith 准则和修正的 Griffith 准则

Murrell 于 1963 年将式(7-4-25)推广到三维空间,表达式为

$$(\sigma_1-\sigma_2)^2+(\sigma_2-\sigma_3)^2+(\sigma_3-\sigma_1)^2=24\sigma_t(\sigma_1+\sigma_2+\sigma_3) \tag{7-4-30}$$

由式(7-4-30)求得的抗压抗拉强度之比为12,此式反映了σ_2的作用。

修正的Griffith准则仍然存在某些不足之处,计算的抗压强度与抗拉强度之比为6~10,与实际仍不尽相同。

Griffith强度准则是针对玻璃和钢等脆性材料提出来的,因而只适用于研究脆性岩石的破坏。而对一般的岩石材料,Mohr-Coulomb强度准则的适用性要远远大于Griffith强度准则。

7.4.4 Drucker-Prager 准则

Mohr-Coulomb(C-M)准则体现了岩土材料压剪破坏的实质,所以获得广泛的应用。但这类准则没有反映中间主应力的影响,不能解释岩土材料在静水压力下也能屈服或破坏的现象。

Drucker-Prager准则,即D-P准则,是在C-M准则和塑性力学中著名的Mises准则基础上的扩展和推广而得的,表达式为

$$f = \alpha I_1 + \sqrt{J_2} - K = 0 \tag{7-4-31}$$

式中,$I_1 = \sigma_{ii} = \sigma_1 + \sigma_2 + \sigma_3 = \sigma_x + \sigma_y + \sigma_z$ 为应力第一不变量;

$$\begin{aligned} J_2 &= \frac{1}{2} s_i s_i = \frac{1}{6}[(\sigma_1 - \sigma_2)^2 + (\sigma_2 - \sigma_3)^2 + (\sigma_3 - \sigma_1)^2] \\ &= \frac{1}{6}[(\sigma_x - \sigma_y)^2 + (\sigma_y - \sigma_z)^2 + (\sigma_z - \sigma_x)^2 + 6(\tau_{xy}^2 + \tau_{yz}^2 + \tau_{xz}^2)] \end{aligned}$$

为应力偏量第二不变量;α,K为仅与岩石内摩擦角ϕ和内聚力C有关的实验常数:

$$\alpha = \frac{2\sin\phi}{\sqrt{3}(3-\sin\phi)}, K = \frac{6C\cos\phi}{\sqrt{3}(3-\sin\phi)}$$

Drucker-Prager准则计入了中间主应力的影响,又考虑了静水压力的作用,克服了Mohr-Coulomb准则的主要弱点,已在国内外岩土力学与工程的数值计算分析中获得广泛的应用。

7.5 岩体的破坏判据

大量工程实践和野外观察可知,岩体破坏机理与岩体结构密切相关。不同结构类型的岩体,其破坏机理不同:完整结构岩体破坏的主要机制为张破裂和剪破裂;碎裂结构的破坏机制最复杂,各种结构岩体出现的破坏现象在碎裂结构岩体中都可出现,如结构体张破裂及剪破裂、结构体滚动、结构体沿结构面滑动等;在最大主应力作用下产生板裂化的岩体还可以出现倾倒、溃曲及弯折破坏等。块裂结构岩体的主要破坏机制为结构体沿软弱结构面滑动。

总体上,岩体破坏机制主要为七种:①张破裂;②剪破裂;③结构体沿软弱结构面滑动;④结构体转动;⑤倾倒;⑥溃曲破坏;⑦弯折破坏。这七种破坏机制,可以分为两大类:冒号一类是张破裂、剪破裂,是属于连续介质的破坏方式,主要是材料本身所主控的,而不是岩体中的结构面所主控的。它的判据可以沿用同是连续介质的岩石的判据,只是用到的力学参数要由岩石的改成岩体的;另一类破坏是由岩体中的结构面主控的,其破坏判据要根据不连续力学理论来建立,下面就重点介绍它们的破坏判据建立方法。

7.5.1 沿结构面滑动的破坏判据

岩体沿某一结构面滑动破坏的力学模型如图 7-5-1 所示。大量实验结果证明,这种破坏方式常可用库仑-莫尔直线型破坏判据进行判别,即:

$$\tau = \sigma_n \tan\phi_i + C_j L \tag{7-5-1}$$

式中,ϕ_i,C_j 分别为结构面的内摩擦角和内聚力;L 为结构面长度;σ_n 为作用在结构面上的正压力。

这个判据对坚硬结构面和软弱结构面都适用,但应当注意,ϕ_i,C_j 包括结构面起伏效应的修正部分,即爬坡角修正部分。

7.5.2 结构体转动破坏判据

结构体转动破坏的力学模型如图 7-5-2 所示,结构体产生转动破坏的力学条件为

$$\sum M_A \geqslant 0 \tag{7-5-2}$$

$$S \geqslant T \tag{7-5-3}$$

根据图 7-5-2 所示力学模型及第一个条件(式(7-5-2)),结构体转动条件为

$$Pl\sin\alpha \cdot \cos(\delta-\gamma) - Pl\cos\alpha\sin(\delta-\gamma) \geqslant 0 \tag{7-5-4}$$

即

$$\sin(\alpha-\delta+\gamma) \geqslant 0 \tag{7-5-5}$$

$$\alpha-\delta+\gamma \geqslant 0 \tag{7-5-6}$$

由此得结构体转动条件为

$$\alpha \geqslant \delta - \gamma \tag{7-5-7}$$

这个条件说明,作用力 P 方向与结构体对角线方向一致时,结构体会产生转动。

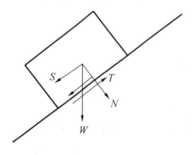

图 7-5-1 块体滑动力学模型

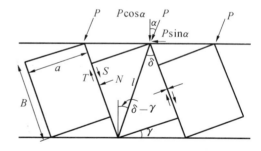

图 7-5-2 结构体转动破坏机理模型

根据图 7-5-2 所示力学模型及第二个条件(式(7-5-3)),结构体滑动的条件为

$$P\cos\delta \geqslant P\sin\delta\tan\phi_j + C_j \tag{7-5-8}$$

当 $C_j=0$ 时,上式变为

$$P\cos\delta \geqslant P\sin\delta\tan\phi_j \tag{7-5-9}$$

整理得: $\cot\delta \geqslant \tan\phi_j$

即: $90°-\delta \geqslant \phi_j$ 或者 $\delta \leqslant 90°-\phi_j \tag{7-5-10}$

由此得到结构体转动的失稳条件为:$\alpha \geqslant \delta-\gamma$ 和 $\delta \leqslant 90°-\phi_j$。

7.5.3 倾倒破坏判据

处于斜坡浅表层的反倾向板裂结构或板裂化岩体常会出现倾倒变形而导致破坏现象。

倾倒变形破坏实际上是由两个过程组成的：①在自重作用下板裂体产生弯折；②折断点连贯成面，上覆岩体在重力作用下产生滑动或溃曲，最后导致斜坡破坏(见图7-5-3)。如果板裂体弯折形成的破裂面倾角较缓、较深时，倾倒弯折产生斜坡大范围变形，而不产生斜坡的整体失稳破坏(如金川露天矿边坡)。显然，倾倒破坏必须满足以下两个条件：

(1) 板裂体弯折折断，其破坏判据为：在自重和传递力作用下产生的倾覆力矩 M_T 大于内部摩擦力产生的抵抗力矩 M_r，即

$$M_T \geqslant M_r \tag{7-5-11}$$

其力学模型如图7-5-4所示，根据式(7-5-11)条件，取图7-5-4中的 A 点力矩可以写出

$$\frac{l}{2}\int_0^l (\sigma_h - \sigma_{h'})\cos\alpha \,dx - \frac{b}{2}\int_0^l (\sigma_h - \sigma_{h'})\sin\alpha \,dx + W\left(\frac{l}{2}\cos\alpha - \frac{b}{2}\sin\alpha\right) - b\int_0^l \tau \,dx \geqslant 0 \tag{7-5-12}$$

如果岩体内 σ_h 分布已知时，便可利用式(7-5-12)求得折断深度 l。

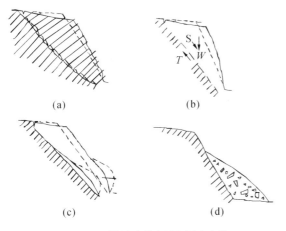

图7-5-3 斜坡岩体倾倒破坏过程

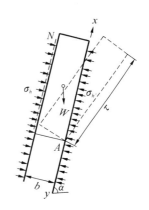

图7-5-4 倾倒变形力学模型

(2) 倾倒体失稳破坏条件，其破坏有两种可能，即滑动和溃曲破坏，此处仅就滑动破坏简要讨论如下，溃曲破坏见7.5.4小节。

板裂岩体折断后，板裂体折断面以上岩体沿折断面滑动(见图7-5-3(b))的条件为下滑力 S 大于抗滑力 T，即

$$S \geqslant T \tag{7-5-13}$$

如果 $S < T$ 时，则不发生滑动破坏。但应注意，还可能产生溃曲破坏(见图7-5-3(c))。

7.5.4 溃曲破坏判据

这是板裂介质岩体工程和自然斜坡中经常出现的一种破坏机制。如图7-5-5所示，其破坏条件与板裂体变形的弹性曲线形态密切相关。最常见的一种弹性曲线为

$$y = a\left(1 - \cos\frac{2\pi x}{l}\right) \tag{7-5-14}$$

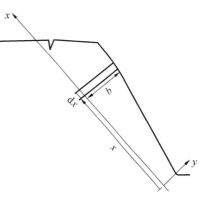

图7-5-5 倾倒溃曲失稳力学模型

其破坏判据为

$$P_{cr} = \beta \frac{8\pi^2 EI - ql^3 \sin\alpha}{2l^2} \quad (7\text{-}5\text{-}15)$$

式中，E 为板裂体弹性模量；I 为板裂体截面矩；q 为单位长度板裂体的重量；l 为分析段板裂体长度；α 为板裂体倾角，β 为板裂体破碎特征系数，它与板裂体内节理发育程度有关。如板裂体为完整的，则 $\beta=1$。

式(7-5-15)对地基工程、地下硐室工程、边坡工程岩体都有效。如当 $\alpha=0°$ 时，相当于水平岩层板裂介质岩体抗力体抵抗水平荷载的情况，此时：

$$P_{cr} = \beta \frac{4\pi^2 EI}{l^2} \quad (7\text{-}5\text{-}16)$$

当 $\alpha=90°$ 时，相当于直立边坡和地下硐室边墙，此时其极限抗力为

$$P_{cr} = \beta \frac{8\pi^2 EI - ql^3}{2l^2} \quad (7\text{-}5\text{-}17)$$

7.5.5 弯折破坏判据

弯折破坏与梁的破坏机制相同，其力学模型如图 7-5-6 所示，其破坏判据为

$$\sigma_T = [\sigma_T] \quad (7\text{-}5\text{-}18)$$

式中，$[\sigma_T]$ 为材料抗拉强度；σ_T 为梁板内拉应力，即

$$\sigma_T = \frac{My}{I} \quad (7\text{-}5\text{-}19)$$

式中，M 为梁板截面内弯矩；y 为中性轴距梁表面距离；I 为梁板截面对中性轴的惯性矩，对于矩形截面，$I=\frac{1}{12}bh^3$，其中 b 为板裂体宽度，h 为板裂体厚度。

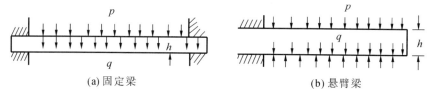

图 7-5-6 弯折破坏力学模型

第 2 编　岩体力学的学科分支与研究进展

第8章 岩体水力学

8.1 概 述

岩体水力学是研究水在岩体中运动规律的科学,现已逐渐发展成为岩体力学的一个重要学科分支。1941年,苏联学者Володъко针对地下水在裂隙岩石中的运动进行了缝隙水力学试验研究。1951年,Ломизе发表了《裂隙岩石中的渗流》一书,是岩体水力学领域最早的专著。Ромм在1966年出版了《裂隙岩石渗透特性》一书,系统总结了岩体水力学的研究成果,奠定了岩体水力学的理论基础。同期,西方国家也开始了岩体水力学的研究。1966年,Snow以裂隙透水介质的平行板模型为内容,完成了在美国加州大学伯克利分校的博士论文,此后又连续发表了多篇相关文章(Snow,1968,1969)。Louis于1967年在德国卡尔斯鲁大学完成了有关裂隙介质水流的博士论文,此后发表了一系列文章(Louis,1970,1974),其中包括著名的裂隙岩石三段压水试验专利。1974年,Louis以"岩石水力学(Rock Hydraulics)"为题发表了长篇论文,首次提出了"Rock Hydraulics"这个名词,并将这门学科与工程紧密联系起来。这一时期,对岩石水力学研究有贡献的还有Sharp(1970),Maini(1971)等。1979年,Чернышев在对裂隙网络水流进行全面研究的基础上出版了《水在裂隙网络中的运动》一书,首次将岩体水力学研究推进到裂隙网络水力学。20世纪80年代以后,对岩体水力学的研究主要由理论转向实际工程应用,尤其在水电站建设、水资源及环境领域。

我国在土力学领域关于水性质的研究开展较早,而岩体水力学的研究相对较晚,最早见到的有关岩体水力学的论文有:《裂隙岩石渗透性的初步研究》《水在交叉裂隙中的运动》(田开铭,1980,1983),《隧洞水荷载静力计算》《裂隙岩体渗流特性、数学模型及系数量测》(张有天,张武功,1980,1982)。1995年,仵彦卿和张倬元出版了《岩体水力学导论》,首次提出"岩体水力学"这个名词,以取代岩体渗流学。我国岩体水力学的研究主要集中于理论和工程问题,在拱坝、大型地下硐室及岩体边坡工程中,岩体水力学的研究都取得了许多重大成果,有些领域跃居世界领先水平。

8.2 岩体的空隙性与地下水

8.2.1 岩体的多空隙介质特征

岩体由于经历了复杂的地质过程,存在多种类型的空隙,是一种多空隙介质(multi-void structure media)。按空隙形成机理,可把岩体的空隙结构划分为原生空隙结构和次生空隙结构;按空隙渗透形式,可把岩体的空隙结构划分为准孔隙结构、裂隙网络结构、孔隙-裂隙双重结构、孔洞-裂隙双重结构、溶隙-管道(或暗河)双重结构等;按空隙连续性,可将岩体划分为连续介质、等效连续介质及非连续介质(包括双重介质和裂隙网络介质)。

若从岩土体介质的空隙结构和渗透性能看,岩体介质可分为多孔介质、等效多孔介质、复合空隙介质、双重空隙介质、双重渗透介质、狭义离散裂隙介质、广义离散裂隙介质、岩溶管道网络介质等类型,如图 8-2-1 所示。

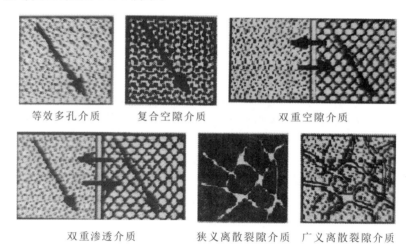

图 8-2-1 岩土体多空隙介质类型

(1) 多孔介质(porous medium):空隙空间结构是由单一孔隙组成,形成一个在渗透特性上的连续介质体系。包含在多孔介质的表征性体积单元(或称样本单位单元体积、表征体元,Representative Elementary Volume,REV)内的所有流体质点与固体颗粒的总和称为多孔介质质点(physical point in porous medium);由连续分布的多孔介质质点组成的介质称为多孔连续介质(porous continuum)。若表征体元 REV 内有充分多的孔隙(或裂隙)和流体质点,这个表征体元 REV 相对所研究的工程区域而言则充分小,此时就可以按连续介质方法研究;否则,应采用非连续介质方法研究。

(2) 等效多孔介质(equivalent porous medium):由孔隙或密集裂隙组成的多孔介质,形成一个在渗透特性上的等效的连续介质体系。

(3) 复合空隙介质(composite porosity media):由等效孔隙岩石和裂隙组成的、可等效成单一渗流的连续介质体系,它是一种等效连续介质。

(4) 双重空隙介质(dual porosity media):由岩石连续介质和离散裂隙介质组成,在渗透特性上,岩石连续介质系统表现为储水,离散裂隙介质系统表现为导水,两个系统之间存在水量和物质交换,渗流总体上表现为一种离散裂隙介质连续渗流。这种介质根据空隙性的不同可分为两种情况:

① 狭义双重空隙介质(double porosity media)。由裂隙(如节理、断层等)和其间的孔隙岩石构成的空隙结构,裂隙导水(渗流具有定向性)、孔隙岩石储水(渗流具有均质各向同性)。

② 广义双重空隙介质(generalized double porosity media)。由稀疏大裂隙(如断层)和其间的密集裂隙岩石构成的空隙结构,裂隙导水(渗流具有定向性,控制区域渗流),密集裂

隙岩石储水及导水（渗流具有非均匀性、各向异性特征，控制局部渗流）。

(5) 双重渗透介质(dual permeability media)：由岩石连续介质和离散裂隙介质组成，在渗透特性上，岩石连续介质系统和离散裂隙介质系统具有各自独立的渗透，两个系统之间存在水量和物质交换，渗流总体上表现为两种连续渗流，即岩石连续渗流和离散裂隙介质连续渗流。这种介质根据空隙性的不同可分为两种情况：

① 狭义双重渗透介质(double permeability media)。由裂隙（如节理、断层等）及其间的孔隙岩石构成的空隙结构。在渗透特性上，岩石连续介质系统和离散裂隙介质系统具有各自独立的渗透。

② 广义双重渗透介质(generalized double permeability media)。由稀疏大裂隙（如断层）和其间的密集裂隙岩石构成的空隙结构。在渗透特性上，岩石连续介质系统和离散裂隙介质系统具有各自独立的渗透。

(6) 狭义离散裂隙介质(discrete fractures media without matrix)：由离散的裂隙系统组成的离散介质体系，岩石不透水，水流仅发生在裂隙网络中，表现为离散介质渗流。由裂隙（如节理、断层等）个体在空间上相互交叉形成的网络状空隙结构，这种含水介质称为裂隙网络介质。由相互贯通且裂隙中的水流为连续分布的裂隙构成的网络，称为连通裂隙网络；由互不连通或存在阻水裂隙且裂隙中的水流为断续分布的裂隙构成的网络，称为非连通裂隙网络。

(7) 广义离散裂隙介质(discrete fractures media with matrix)：由离散的裂隙系统组成的离散介质体系，岩石透水，但渗流总体上表现为离散介质渗流。

(8) 岩溶空隙介质(conduit network media in karst)：由岩溶裂隙和管道组成的岩溶空隙介质体系，依据岩溶裂隙与管道渗流特征可分为两种：

① 岩溶管道网络介质。由岩溶溶蚀管道个体在空间上相互交叉形成的网络状空隙结构，这个含水介质称为岩溶管道网络介质。在此介质中的水流基本上符合层流条件。

② 溶隙-管道介质(fracture and conduit media in karst)。由稀疏大岩溶管道（或暗河）和溶蚀网络构成的空隙结构，岩溶管道（或暗河）中水流为紊流（具有定向性，控制区域流），溶隙网络中水流符合层流条件（渗流具有非均匀性、各向异性，控制局部渗流），这种含水介质称为溶隙-管道介质。

8.2.2 岩体中的地下水

地下水赋存于岩体的空隙中，按其赋存状态可分为吸附水和自由水。吸附水可以改变岩体的物理力学性质，自由水可以改变岩体中的应力状态。吸附水既可以来自渗透水的补给，又可以来自凝结水的转移。对于渗透水补给比较好理解，如大气降水渗入地下，经过水分转移而转变为吸附水，这种水运动主要靠分子吸引力作用。凝结水一般不受重视，它是空气中的水分由于温度差异凝结在矿物颗粒表面，逐渐由岩体露头面向岩体内转移，使岩体的含水量增大。如果地质体原始湿度较低，由于凝结水吸附结果，则地质体表面含水量高，越往里面越低。这种现象夏天在地下硐室的围岩中表现得十分明显。例如，在黏土岩中新开挖的地下硐室，开挖时岩体中含水量仅为 2%~3%，而过一段时间，由于凝结水作用，洞壁表面含水量可高达 12%~14%，在深到 5~6m 处仍高达 5%~6%；而深到 10m 左右时，则接近原始含水量(2%~3%)。相反，如果岩体的原始含水量高，在蒸发作用下岩体表面含水量可以散失，围岩表层含水量就低于内部的含水量，表面部分可以低至 2%～3%，往里逐渐增高；深至 5～6m，就与原始含水量一致了。上述数据表明，岩体中的吸附水含量是可以变化的。为了正确评价岩体的力学特性，必须认真地研究岩体的含水性问题，不仅要研究它在空间上的变化，而且还要研究它在时间上的变化。

自由水，主要是重力水。重力水实际上就是狭义的地下水。故常把重力水泛称为地下水。地下水在岩体中按流动方式来分，主要有 3 种类型：①孔隙水；②裂隙水；③管道水。在一个地区岩体常被隔水体分割成为几个含水体。含水体和隔水体称为水文地质单元；含水体和隔水体的组合称为水文地质结构。根据地下水赋存、埋藏条件及运动规律，以岩体结构为基础，可将岩体划分为若干水文地质结构类型。谷德振院士提出划分为表 8-2-1 所示的 6 种结构。

表 8-2-1 水文地质结构类型

岩 体 结 构	岩 性	水文地质结构
完整结构 （包括愈合的碎裂结构岩体）	黏土层、断层泥、结晶岩体	不透水体、隔水层
	疏松的高孔隙度岩体	①孔隙统一含水体
	夹于致密岩层内的疏松岩体	②层状孔隙含水体
碎裂结构	大体积连续分布	③裂隙统一含水体
	夹于相对含水层之间	④层状裂隙含水体
块状结构	夹于结构体之间的破碎带及其影响带内	⑤脉状裂隙含水体
架空结构	喀斯特化岩体内	⑥管道含水体

表 8-2-1 所列的 6 种水文地质结构又可以归并为以下四种：

(1) 统一含水体。主要见于没有隔水体的河间地块岩体中。它可以是孔隙统一含水体，但更多的是裂隙统一含水体。其补给来源主要靠大气降水，运动方式遵循达西定律，其运动速度受潜水面的水力梯度和岩体的渗透性控制，主要为潜水，不承压。

(2) 层状含水体。其特点是夹于隔水层之间，地下水补给、运行、排泄严格地受隔水层控制，多半是远源补给，顺层运移，远源排泄。它可以由大气降水补给，也可以由河湖补给；可以排泄于河湖和统一含水体，也可以泉的方式溢出地表。这种含水体内的地下水有的为无压水，多数为承压水。在有多层层状含水体时，在地下水勘察中要特别注意鉴别各个含水层的水是无压，还是有压？地下水水位测量十分重要，应该采用分层止水技术对各层地下水水位进行测量。

(3) 脉状含水体。主要赋存于切割含水体的断层破碎带或节理密集带内，含水体状况主要受断层发育情况控制，也可以把它视为陡倾角产状的层状含水体。而这种层状含水体可以有很多分支，成为脉状含水体系，往往与统一含水体、层状含水体相通，因而使它们成为脉状地下水的补给、排泄场所。

(4) 管道含水体。主要发育于岩溶（喀斯特）化岩体内，是一种岩溶水，它是由大气降水补给,沿岩溶管道流动,以岩溶泉的方式排泄。这种地下水比较复杂,在厚层碳酸盐岩发育地区应该重视这种地下水活动。

要特别强调的是:含水体必然是透水体,但是反过来,透水体不一定是含水体,在很多情况下透水体是不含水的,但是地下水可以在它里面流动,这就是非饱和岩体。

8.2.3 岩体水力学数学模型

任何科学都必须把复杂的研究对象首先进行抽象,以建立数学模型,岩体水力学研究也不例外。岩体水力学的数学模型概括起来可以分为三类:等效连续介质模型、非连续介质模型与裂隙孔隙介质模型。

8.2.3.1 等效连续介质渗流模型

把裂隙的透水性按流量等效原则均化到岩体中可得出等效连续介质模型,这样就可以按研究非常透彻的孔隙介质渗流学来解决问题。这一模型应用方便,相当多的工程问题都可用这一模型进行近似研究。但必须注意这一模型用于岩石水力学问题有很大的局限性,在一些特定情况下采用此模型会导致错误的分析结果。

连续介质是数学上的抽象,即使是孔隙介质,它也不是连续介质。只有当所取样本单元体积 REV 足够大时,才可以抽象为连续介质。设 p 是孔隙介质的任一点,位于土体 V 的形心。对这一土体做渗透试验求得其渗透系数 K。改变 V 求得相应的 K,将其绘成图 8-2-2 后可以发现,当 V 大于某一特征值 V_0 时,K 基本为常量。当 $V<V_0$ 时,K 出现剧烈的波动而无确定值。V_0 称为样本单元体积。对于如土这样的孔隙介质,V_0 值很小,试样的体积一般均远大于 V_0 值,因而试验所求的导水系数是可靠的。

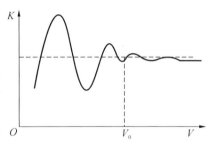

图 8-2-2 样本单元体积示意图

岩体中裂隙透水性远远大于岩石的透水性。能否将裂隙的透水性按流量等效抽象为等效连续介质,是岩石水力学的一个重大问题,国内外学者在这方面发表过大量研究成果。众多研究成果表明,裂隙越发育,REV 就越小。若裂隙不发育,REV 就很大,甚至根本就不存在 REV,因而就不能采用等效连续介质模型。这是该模型在应用上的另一个重大限制。

属于多孔介质、等效多孔介质与复合空隙介质的岩体,都可以采用该模型。

8.2.3.2 非连续介质模型

此模型也称裂隙网络水力学模型,它是忽略岩石的透水性,认为水只在裂隙网络中流动,因此也称裂隙网络水力学。理论上说,这一模型比连续介质模型接近实际,是岩石水力学数学模型的核心。虽然这一模型还存在许多问题,至今仍不如连续介质模型应用普遍,但它在应用上受到的限制较连续介质模型少,并且从机理上讲更适用于岩体。

各类属于离散介质、双重空隙介质、管道介质的岩体,若其中的岩石块体坚硬致密,渗透性差,岩体导水主要以裂隙为主,则可以采用该模型。

8.2.3.3 裂隙孔隙介质模型

裂隙孔隙介质(fractured porous media)模型,又称为双重孔隙介质(dual porosity media)模型。这一模型考虑到岩体裂隙与岩石孔隙之间的水交换。显然,这应是更切合实际的理想模型,但实施的难度比较大。

最早提出裂隙孔隙介质模型的是 Баренблатт(1960)。他假定孔隙和裂隙遍布整个区域,形成两个重叠的连续体。渗流场中每一点都存在两个水头值,由于水头差在两种介质中形成水交换。如果在岩石中常有规模较大的裂隙或断层,是渗流网络中的干流,其他规模较小的裂隙则为与干流相通的各级支流。将小裂隙用等效连续介质来概化,也可以建立干流裂隙与孔隙介质构成的裂隙孔隙介质模型。

原则上讲,各类岩体均可采用该模型,但考虑到模型的复杂性与求解的困难度,适宜于前两种模型的岩体则尽量采用前两种模型。对于岩石孔隙发育,岩石内部的渗流不能被忽略的离散介质、双重介质则需要采用该模型。但是,如果不能将裂隙孔隙介质模型概化,按该模型分析是很困难的。不仅大量裂隙使计算规模巨大,更重要的是,对完整的孔隙介质岩石,其承受的水力梯度可能小于初始水力梯度。孔隙和裂隙间水交换应是微弱的。

从以上分析可以看出,岩体水力学的研究从根本上可以分为两种基本形式——孔隙介质中的渗流与裂隙介质中的渗流。各种模型即为这两种形式按照岩体具体特征的不同组合。

8.3 地下水在孔隙介质类岩体中的渗透

如果岩体中的空隙主要以孔隙、微裂纹等为主,裂隙、空洞等少,则可以视为孔隙介质,具有典型的各向同性特征,可以用连续介质渗流理论来分析,其渗透符合达西定律。

8.3.1 达西定律

法国工程师达西(H. Darcy,1856)对均匀砂进行了大量的渗透试验,得出了层流条件下(渗流十分缓慢,相邻两个水分子运动的轨迹相互平行而不混掺),水渗透速度与能量(水头)损失之间的渗透规律,即达西定律。该定律认为,渗出水量 Q 与过水断面积 A 和水力梯度 I 成正比,且与透水性有关,其表达式为

$$Q = K \cdot A \cdot I = v \cdot A \tag{8-3-1}$$

式中,v 为渗透流速;K 为渗透系数。

则渗透流速 v 为

$$v = KI \tag{8-3-2}$$

水力梯度 I,又称水力比降、水力坡降。在各向同性介质中,定义 I 为沿水流方向单位长度渗透途径上的水头损失。水在空隙中运动时,必须克服水与隙壁及流动快慢不同的水质点之间的摩擦阻力(这种摩擦阻力随地下水流速增加而增大),消耗机械能,造成水头损失。I 可以理解为水流通过单位长度渗透途径为克服摩擦阻力所耗失的机械能。因此,计算 I 时,水头差必须与渗透途径相对应。

8.3.2 渗透系数

渗透系数 K,也称为水力传导率(hydraulic conductivity),是重要的水文地质参数。在式(8-3-2)中,令 $I=1$,则 $v=K$。即 $I=1$ 时,渗透系数在数值上等于渗透流速。当 I 为定值时,渗透系数越大,渗透流速越大;当渗透流速为定值时,渗透系数越大,水力梯度越小。由此可见,渗透系数可定量说明岩土体的渗透性能。渗透系数越大,岩土体的渗透能力越强,由此可对岩体渗透性进行分级,见表 8-3-1。

表 8-3-1 岩体渗透性分级

渗透性等级	标 准		岩 体 特 征
	渗透系数 K/(cm/s)	透水率 q/Lu	
极微透水	$0 \sim 10^{-6}$	$0 \sim 0.1$	含张开度 <0.025 mm 裂隙
微透水	$10^{-6} \sim 10^{-5}$	$0.1 \sim 1$	含张开度 $0.025 \sim 0.05$ mm 裂隙
弱透水	$10^{-5} \sim 10^{-4}$	$1 \sim 10$	含张开度 $0.05 \sim 0.1$ mm 裂隙
中等透水	$10^{-4} \sim 10^{-2}$	$10 \sim 100$	含张开度 $0.1 \sim 0.5$ mm 裂隙
强透水	$10^{-2} \sim 1$	$\geqslant 100$	含张开度 $0.5 \sim 2.5$ mm 裂隙
极强透水	$\geqslant 1$		含张开度 >2.5 mm 裂隙或连通孔洞

注:透水率是通过钻孔压水试验测得的岩体渗透性指标,单位为吕荣(Lu)。

应当说明的是:孔隙很小时,会出现颗粒的吸附水几乎封闭渗透通道的情况。水力梯度达不到一定值时,就不会产生渗流。已有文献认为,黏土的初始水力梯度 $I_0>30$。对许多致密的岩石,其孔隙更小,初始水力梯度可能更大。地下水位以下的隧洞,在开挖的壁面仍然能见到非常干燥的岩石,原因之一就是实际水力梯度小于初始水力梯度。将岩石试样在水中浸泡 $24\sim48$h,对大多数岩石均不能使其达到饱和状态,也说明了这一现象的存在。

岩体初始水力梯度是尚待进行深入研究的有理论和实际价值的重要问题。

8.4 地下水在岩体裂隙中的渗流

如果岩体中裂隙发育,地下水渗流主要以裂隙渗流为主,岩石孔隙和微裂隙则主要起储水作用。同时,岩体渗流具有明显的各向异性和非均匀性。一般认为,岩体中的渗流仍可用达西定律近似表示;但对岩溶管道流来说,一般属紊流,不符合达西定律。

8.4.1 单一裂隙水力特征

单一裂隙水力特性是裂隙网络水力学模型的基础,也是岩体水力学的基础。如图 8-4-1 所示,设裂隙为一平直光滑无限延伸的面,隙宽 e 各处相等。取如图 8-4-1 的 xoy 坐标系,水流沿结构面延伸方向流动,当忽略岩石渗透性时,稳定流情况下各水层间的剪应力 τ 和静水压力 p 之间的关系根据水力平衡条件为

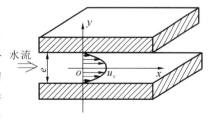

图 8-4-1 平直光滑裂隙水力学模型

$$\frac{\partial \tau}{\partial y} = \frac{\partial p}{\partial x} \tag{8-4-1}$$

根据牛顿黏滞定律:

$$\tau = \eta \frac{\partial u_x}{\partial y} \tag{8-4-2}$$

由式(8-4-1)和式(8-4-2)可得:

$$\frac{\partial^2 u_x}{\partial y^2} = \frac{1}{\eta} \frac{\partial p}{\partial x} \tag{8-4-3}$$

式中,u_x 为沿 x 轴方向的水流速度;η 为水的动力黏滞系数。

式(8-4-3)的边界条件为

$$\begin{cases} u_x = 0, & y = \pm \frac{e}{2} \\ \frac{\partial u_x}{\partial y} = 0, & y = 0 \end{cases} \tag{8-4-4}$$

若 e 很小,则可忽略 p 在 y 轴方向上的变化,用分离变量法求解方程式(8-4-3),可得:

$$u_x = -\frac{e^2}{8\eta} \frac{\partial p}{\partial x} \left(1 - \frac{4y^2}{e^2}\right) \tag{8-4-5}$$

从式(8-4-5)可知:水流速度在断面上呈二次抛物线分布,并在 $y=0$ 处取得最大值。其截面的平均流速 $\overline{u}_x$ 为

$$\overline{u}_x = -\frac{e^2}{12\eta y} \frac{\partial p}{\partial x} \tag{8-4-6}$$

静水压力 p 和水力梯度 I 可以写为

$$p = \rho_w g h \qquad I = \frac{\Delta h}{\Delta x}$$

代入式(8-4-6)得

$$\overline{u}_x = -\frac{e^2 g \rho_w}{12\eta} I = -K_f I \tag{8-4-7}$$

则

$$K_f = \frac{g e^2}{12\nu} \tag{8-4-8}$$

式中,K_f 为裂隙的渗透系数;ν 为水的运动黏滞系数,$\nu = \frac{\eta}{\rho_w}$,其值大小见表 8-4-1。

表 8-4-1 各温度下的 ν 值

$T/(℃)$	0	5	10	15	20
$\nu/(\text{cm}^2/\text{s})$	0.0178	0.0152	0.0131	0.0114	0.0101

则得到裂隙流量 q 与流速 v 为:

$$q = K_f e I = \frac{g e^3}{12\nu} I \tag{8-4-9}$$

$$v = K_f I = \frac{g e^2}{12\nu} I \tag{8-4-10}$$

可见,裂隙流量与隙宽 e 的立方成正比,故式(8-4-9)又称为立方定理。式(8-4-10)称为 Bernoulli 窄缝水流公式。裂隙隙宽很小时也存在初始水力梯度的问题。Nolte 在正应力高达 80MPa 时进行裂隙水力学试验,得出流量与隙宽的 8 次方成比例,表明存在初始水力梯

度的命题。

以上是按平直光滑无填充贯通结构面导出的,但实际上岩体中的结构面往往是粗糙起伏的和非贯通的,并常有填充物阻塞。为此,Louis(1974)提出了如下的修正式:

$$\bar{u}_x = -\frac{K_2 g e^2}{12\nu c} I = -K_f I \tag{8-4-11}$$

$$K_f = \frac{K_2 g e^2}{12\nu c} \tag{8-4-12}$$

式中,K_2 为结构面的面连续性系数,指结构面连通面积与总面积之比;c 为结构面的相对粗糙修正系数:

$$c = 1 + 8.8 \times \left(\frac{h}{2e}\right)^{1.5} \tag{8-4-13}$$

式中,h 为结构面起伏差。

8.4.2 含一组结构面岩体的渗透性能

若岩体中含有一组结构面,如图 8-4-2 所示,设结构面的张开度为 e,间距为 S,渗透系数为 K_f,岩石的渗透系数为 K_r。将结构面内的水流平摊到岩体中,可得到顺结构面延伸方向的等效渗透系数 K 为

$$K = \frac{e}{S} K_f + K_r \tag{8-4-14}$$

实际上岩石的渗透性要比结构面弱得多,因此常可将 K_r 忽略,这时岩体的渗透系数 K 为

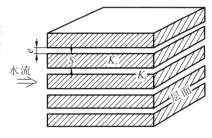

图 8-4-2 层状岩体的水力学模型

$$K = \frac{e}{S} K_f = \frac{K_2 g e^3}{12\nu S c} \tag{8-4-15}$$

由式(8-4-9)及式(8-4-15)可知,当水力梯度 $I=1$ 时实际流速与达西流速之比为 S/e。设裂隙间距 $S=0.5$m,隙宽 $e=0.1$mm,则实际流速为达西流速的 5000 倍。许多岩体中裂隙隙宽都小于 0.1mm,两者的比值将更大。

8.4.3 含多组结构面岩体的渗透性能

若岩体中含多组结构面,有的结构面含水,有的不含水,还有一些含水但不透水或者透水但不含水。因此从透水性和含水性角度出发,可将结构面分为连通的和不连通的结构面。连通的结构面是指与地表或其他含水体连通的结构面,或者不同组结构面交切组合而成的通道,一旦与地表或浅部含水体相连通,必然能构成地下水的渗流通道,且自身也会含水。不连通的结构面是指与地表或其他含水体不相通,终止于岩体内部的结构面,这类结构面是不含水的,也构不成渗流通道,或者即使含水,也不参与渗流循环交替。因此,在进行含多组结构面的岩体渗流分析时,有必要区分这两类不同水文地质意义的网络系统,即连通网络系统和不连通网络系统。

由于岩体具有非均匀性、各向异性的特点,反映岩体各向异性的渗透性能则无法用一个标量来表示,而要用张量来描述岩体各个方向上的不同渗透性能,这个张量就称为渗透张量(permeability tensor)。

岩体内部的结构面网络可以采用计算机随机模拟的方法获得,具体方法见第 12 章。图 8-4-3(a)是一个模拟的结构面网络结果,图 8-4-3(b)是其中的连通网络系统。据此可以找出主渗方向及起主要渗流作用的结构面分组。Romm(1966)通过研究认为,岩体中水的渗流速度矢量 v 是各结构面组平均渗流速度矢量 u_i 之和,即

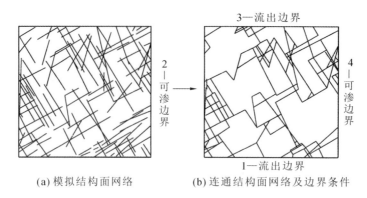

(a) 模拟结构面网络　　(b) 连通结构面网络及边界条件

图 8-4-3　结构面连通网络实例

$$v = \sum_{i=1}^{n} \frac{e_i}{S_i} u_i \tag{8-4-16}$$

式中,e_i 和 S_i 分别为第 i 组结构面的张开度和间距。

按单个结构面的水力特征式(8-4-11),第 i 组结构面内的断面平均流速矢量为

$$\overline{u}_i = \frac{K_{2i} e_i^2 g}{12 v c_i}(\boldsymbol{I} \cdot \boldsymbol{m}_i) \boldsymbol{m}_i \tag{8-4-17}$$

式中,$\boldsymbol{m}_i$ 为水力梯度矢量 $\boldsymbol{I}$ 在第 i 组结构面上的单位矢量。

将式(8-4-17)代入式(8-4-16)得:

$$v = -\sum_{i=1}^{n} \frac{K_{2i} e_i^3 g}{12 v S_i c_i}(\boldsymbol{I} \cdot \boldsymbol{m}_i) \boldsymbol{m}_i = -\sum_{i=1}^{n} K_{fi}(\boldsymbol{I} \cdot \boldsymbol{m}_i) \boldsymbol{m}_i \tag{8-4-18}$$

设第 i 组裂隙面法线方向的单位矢量为 $\boldsymbol{n}_i$,则有

$$\boldsymbol{I} = (\boldsymbol{I} \cdot \boldsymbol{m}_i) \boldsymbol{m}_i + (\boldsymbol{I} \cdot \boldsymbol{n}_i) \boldsymbol{n}_i \tag{8-4-19}$$

令 $\boldsymbol{n}_i$ 的方向余弦为 a_{1i}, a_{2i}, a_{3i},并将式(8-4-19)代入式(8-4-18),经整理可得岩体渗透张量 $|K|$ 为

$$|K| = \begin{vmatrix} \sum_{i=1}^{n} K_{fi}(1-a_{1i}^2) & -\sum_{i=1}^{n} K_{fi} a_{1i} a_{2i} & -\sum_{i=1}^{n} K_{fi} a_{1i} a_{3i} \\ -\sum_{i=1}^{n} K_{fi} a_{2i} a_{1i} & \sum_{i=1}^{n} K_{fi}(1-a_{2i}^2) & -\sum_{i=1}^{n} K_{fi} a_{2i} a_{3i} \\ -\sum_{i=1}^{n} K_{fi} a_{3i} a_{1i} & -\sum_{i=1}^{n} K_{fi} a_{3i} a_{2i} & \sum_{i=1}^{n} K_{fi}(1-a_{3i}^2) \end{vmatrix} \tag{8-4-20}$$

对于二维问题,分别以主渗透系数 k_1 及 k_2 的方向为 x 轴与 y 轴建立坐标系,则与 x 轴反时针转 α 角方向的导水系数可用坐标转换求得:

$$k_a = k_1 \cos^2 \alpha + k_2 \sin^2 \alpha \tag{8-4-21}$$

以 $\dfrac{1}{\sqrt{k_a}}$ 为自坐标原点到 x、y 点的长度,则其投影为

$$x = \frac{\cos\alpha}{\sqrt{k_a}} \quad y = \frac{\sin\alpha}{\sqrt{k_a}} \tag{8-4-22}$$

由式(8-4-21)及式(8-4-22)可得：

$$\frac{x^2}{\left(\frac{1}{\sqrt{k_1}}\right)^2} + \frac{y^2}{\left(\frac{1}{\sqrt{k_2}}\right)^2} = 1 \tag{8-4-23}$$

式(8-4-23)为一椭圆,长半径为 $\frac{1}{\sqrt{k_1}}$,短半径为 $\frac{1}{\sqrt{k_2}}$,见图 8-4-4。将各个方向的导水系数按 $\frac{1}{\sqrt{k_a}}$ 点成轨迹恰为一椭圆,这是渗透张量的一个特点,它反映了二维平面上岩体渗透系数的各向异性程度。相应地,对于三维问题,渗透椭圆就成为渗透椭球。

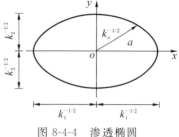

图 8-4-4 渗透椭圆

8.5 水和岩体的相互作用

水在岩体中赋存与流动,会与岩体产生复杂的相互影响与作用,概括起来包括两个方面：一是水对岩体所产生的物理化学作用;二是水与岩体耦合所产生的力学效应。

8.5.1 水对岩体所产生的物理化学作用

地下水是一种十分活跃的地质营力,它对岩体的物理化学作用主要表现为软化作用、泥化作用和润滑作用、溶蚀作用及水化、水解作用等,极大地影响岩体的物理力学性质。

软化和泥化作用,一方面表现在地下水对结构面及其充填物物理性状的改变上,结构面充填物随含水量的变化,会发生由固态向塑态,甚至液态的弱化效应,使断层带及夹层物质产生泥化,从而极大地降低结构面强度和变形性质;另一方面,水对岩石也存在软化作用,几乎所有岩石的软化系数都小于1,有的岩石如泥岩、页岩等的软化系数可低于0.5以下。因此,地下水对岩体的软化和泥化作用能普遍使岩体的力学性质变差,强度降低。

润滑作用主要表现为对结构面的润滑,使其摩阻力降低,同时增加滑动面上的滑动力。这个过程在斜坡受降水入渗使得地下水位上升到滑动面以上时尤其明显。地下水对岩体的润滑作用反映在力学上即为使岩体的内摩擦角减小。

溶蚀作用是地下水作为一种良好的溶剂能使岩体中的可溶盐溶解,使可溶岩类岩体产生溶蚀裂隙、空隙和溶洞等岩溶现象,破坏岩体的完整性,进而降低岩体的力学强度、变形性质及其稳定性。

水化、水解作用是水渗透到岩体矿物结晶格架中或水分子附着到可溶岩石的离子上,使岩石的结构发生微观或细观甚至宏观的改变,减少岩体的内聚力。另外,膨胀岩土与水作用发生水化作用,使其产生较大的体应变。

8.5.2 岩体流-固两相耦合的力学效应

当地下水在岩体渗流时会产生渗透压力而改变岩体的原始应力状态,岩体应力状态的变化又要影响岩体的渗透性能,渗透性能的变化又直接影响到水的渗流状态。这样反复影响,最后会达到平衡。这个过程就是岩体流-固两相介质应力耦合的过程。

岩体中流-固两相介质应力耦合,包括空隙水压力与渗流动水压力对岩体应力的力学作用效应,以及岩体应力对空隙水压力、渗透水压力的力学效应。这两方面的力学效应不是割裂的,而是相互影响、相互响应以致联合起来称为一个整体的过程,即耦合。

岩体流-固两相耦合的结果往往会减少岩体内的有效应力,大大降低岩体的剪切强度,对工程稳定性具有重要的影响。法国的 Malpasset 拱坝溃决就是一例。

Malpasset 双曲拱坝位于法国南部 Rayran 河上,坝高 66m,水库总库容 $5.1 \times 10^7 m^3$。坝基为片麻岩,片理倾角为 30°~50°,倾向下游偏右岸。坝址范围内有两条主要断层:一条为近东西向的 F_1 断层,倾角 45°,倾向上游,断层带内充填含黏土的角砾岩,宽度 80cm;另一条为近南北向的 F_2,倾向左岸,倾角 70°~80°(见图 8-5-1)。

Malpasset 拱坝于 1954 年末建成并蓄水,历经 5 年至 1959 年 11 月中旬,库水位才达到 95.2m。因下了一场大雨,12 月 2 日早晨库水位猛增到 100m,晚上 9 点 20 分库水位达到 100.12m,大坝突然溃决,下游 12km 处的 Frejus 城镇部分被毁,死亡 421 人,财产损失达 300 亿法郎。

Malpasset 拱坝溃坝震惊了工程界,Londe、Wittke 及 Serafim 等学者试图用岩体水力学解释失事的原因,较一致的认识是:水库荷载使坝基岩体渗透系数降低为 1/100 以下,从而使坝基扬压力,特别是结构面上的水压力急剧增大(见图 8-5-2),岩体抗剪强度大幅降低,最后导致坝基岩体破坏,大坝溃决。这一惨痛的教训大大促进了岩体力学,特别是岩体水力学的发展,尤其反映出水-岩力学耦合分析的重要性。

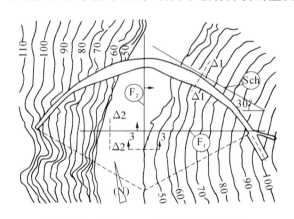

图 8-5-1 Malpasset 拱坝主要地质构造

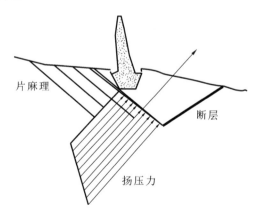

图 8-5-2 Malpasset 拱坝溃决原因分析图

8.5.2.1 水流所产生的渗透应力

地下水的存在首先是减少了作用在岩体固相上的有效应力,从而降低了岩体的抗剪强度,即

$$\tau = (\sigma - u)\tan\phi_m + C_m \tag{8-5-1}$$

式中,τ 为岩体的抗剪强度;σ 为法向应力;u 为空隙水压力;ϕ_m 为岩体的内摩擦角;C_m 为岩体的内聚力。

由式(8-5-1)可知:随着空隙水压力 u 的增大,岩体的抗剪强度不断降低,如果 u 很大,将会出现 $(\sigma-u)\tan\phi_m=0$ 的情况,这对于沿某个软弱结构面滑动的岩体来说,将是非常危险的。

此外,地下水还会对岩体产生的渗透应力,也称渗透压力,包括渗流静水压力(p)和渗流动水压力(F_r)两部分,动水压力为体积力,其大小为

$$F_r = \rho_w g I \tag{8-5-2}$$

8.5.2.2 应力对岩体渗透性能的影响

岩体中的渗透水流通过结构面流动,而结构面对变形是极为敏感的,因此岩体的渗透性与应力场之间的相互作用及其影响的研究是极为重要的。对此,Malpasset 拱坝的溃决事件给人们留下了深刻的教训,该坝建于片麻岩上,高的岩体强度使人们一开始就未想到水与应力之间的相互作用会带来什么麻烦,而问题就恰恰出在这里。事后有学者曾对该片麻岩进行了渗透系数与应力关系的试验(见图 8-5-3),表明当应力变化范围为 5MPa 时,岩体渗透系数相差 100 倍。

野外和室内试验研究表明:孔隙水压力的变化明显地改变了结构面的张开度及渗透流速和流体压力在结构面中的分布。如图 8-5-4 所示,结构面中的水流通量 $Q/\Delta h$ 随其所受到的正应力增加而降低很快;进一步研究发现,应力-渗流关系具有回滞现象,随着加、卸载次数的增加,岩体的渗透能力降低,但经历三四个循环后,渗流基本稳定,这是由于结构面受力闭合的结果。

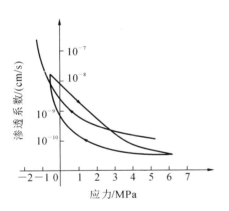
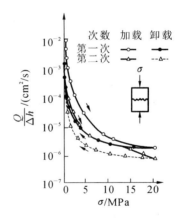

图 8-5-3 片麻岩渗透系数与应力关系(Bernaix,1978) 图 8-5-4 循环加载对结构面渗透性影响示意图

为了研究应力对岩体渗透性的影响,有不少学者提出了不同的经验关系式。Snow(1966)提出:

$$K = K_0 + \left(\frac{K_n e^2}{S}\right)(p_0 - p) \tag{8-5-3}$$

式中,K_0 为初始应力 p_0 下的渗透系数;K_n 为结构面的法向刚度;e,S 分别为结构面的张开度和间距;p 为法向应力。

Louis(1974)在试验的基础上得出:

$$K = K_0 \exp(-\alpha \sigma_0) \tag{8-5-4}$$

式中,α 为系数;σ_0 为有效应力。

孙广忠等(1983)也提出了与式(8-5-4)类似的公式：

$$K = K_0 \exp\left(-\frac{2\sigma}{K_n}\right) \tag{8-5-5}$$

式中，K_0 为附加应力 $\sigma=0$ 时的渗透系数；K_n 为结构面的法向刚度。

从以上公式可知，岩体的渗透系数是随应力增加而降低的，由于随着岩体埋藏深度增加，结构面发育的密度和张开度都相应减小，所以岩体的渗透性也是随深度增加而减小的。另外，人类工程活动对岩体渗透性也有很大影响，如地下硐室和边坡的开挖改变了岩体中的应力状态，原来岩体内结构面的张开度因应力释放而增大，岩体的渗透性能也增强；又如水库的修建改变了结构面中的应力水平，也就影响到岩体的渗透性能。

8.5.2.3 流-固两相耦合作用的求解

根据上述分析可以看出，岩体流-固两相的耦合过程有以下特点：

(1) 流-固两相介质之间的相互作用是流固耦合最重要特征。一方面变形岩体在流体荷载作用下产生变形；另一方面变形反过来又影响渗流场，从而改变流体荷载的分布和大小。正是这种相互作用将产生复杂的流-固耦合现象。

(2) 流体和固体分别占有各自的区域，它们之间的相互作用必须通过流-固两相之间交界面上的边界效应反映出来。

(3) 由于岩体中孔隙和裂隙的存在，饱和多孔固体的本构方程与不含裂隙和孔隙的真实固体材料的本构方程有很大的区别。

在土力学中研究渗流和应力耦合作用最早，Biot 于 1941 年应用唯象学方法建立了三维固结理论。该理论将液体的膨胀变形作为一个基本的状态变量，液体的压缩不仅与自身的压力有关，还与介质的应力有关。

Biot 固结理论基于液体饱和状态。Koieki 和 Akai 等(1977)建立了三维饱和-非饱和介质中的流固耦合分析模型，得到孔隙介质位移 u_i 和压力水头 Ψ 的联合方程组

$$\begin{cases} \left[\frac{1}{2}C_{ijkl}(u_{k,l}+u_{l,k})+x\delta_{i,j}\gamma_w\Psi\right]_{,j}+\rho_s b_i=0 \\ [K(\theta)(\Psi+z)_{,i}]_{,i}-\frac{\partial u_{i,i}}{\partial t}S_w-C(\Psi)\frac{\partial \Psi}{\partial t}=0 \end{cases} \tag{8-5-6}$$

式中，C_{ijkl} 为刚度矩阵；u 代表位移向量；θ 为体积的含水率；x 和 $K(\theta)$ 为饱和系数 θ 的函数，当全饱和时，$x=0$，$K(\theta)=K_s$；z 为位势高度；δ 为 Kroneker delta 函数；ρ_s 为介质密度；b_i 表示体积力；Ψ 为压力水头；γ_w 为液体密度；S_w 为饱和度；$C(\Psi)$ 为单位湿容重。

但是，实际岩体绝大多数并不是孔隙介质，而是裂隙介质，其渗透性具有各向异性特征。裂隙的分布决定着岩体的渗流。许多学者从不同角度研究了裂隙介质流固耦合问题。德国的 Erichsen(1987)从岩体裂隙的压缩或剪切变形分析出发，建立了应力与渗流之间的耦合关系。Noorishad(1984)以固结理论为基础，把多孔弹性介质的本构方程推广到裂隙介质的非线性本构关系，研究渗流与应力的关系。最著名的裂隙介质流-固耦合分析要数 Oda 于1986 年用裂隙几何张量来统一表达岩体渗流与变形之间关系的研究工作。

Oda(1986)假定裂隙岩体的应变张量由岩块的弹性应变张量 $\varepsilon_{ij}^{(m)}$ 和裂隙的应变张量 $\varepsilon_{ij}^{(c)}$ 组成，因此裂隙岩体的应变张量为

$$\varepsilon_{ij} = \varepsilon_{ij}^{(m)} + \varepsilon_{ij}^{(c)} \tag{8-5-7}$$

如图 8-5-5 所示,在岩体中取一长为 $x^{(j)}$ 测线,测线与 j 轴重合,圆柱的顶、底面由裂隙 (n,r,b) 组成,面积为 $\frac{\pi}{4}r^2 n_j$,那么沿测线 (n,r,b) 裂隙的累加位移量为

$$\sum_{j=1}^{\Delta N(j)} \delta_j = \frac{\pi}{4} x^{(j)} \rho \left[\left(\frac{1}{\bar{h}} - \frac{1}{\bar{g}}\right) n_i n_j n_k n_l + \frac{1}{\bar{g}} n_j n_l n_{ik} \right] r^3 2 E(n,r,b) \mathrm{d}r \mathrm{d}b \mathrm{d}\Omega \sigma'_{kl} \qquad (8\text{-}5\text{-}8)$$

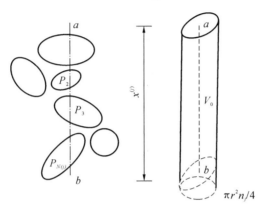

图 8-5-5 测线与圆柱体

式中,δ_j 为 j 方向上的位移;n_i,n_j,n_k,n_l 分别为裂隙面法向单位矢量的分量;Ω 为空间角度域;$\bar{h}=h+C\sigma_{ij}N_{ij}$;$\bar{g}=g_1\sigma_{ij}N_{ij}$;$g_1$ 和 h 为两个与裂隙尺寸有关的 $x^{(j)}$ 常数;C 为裂隙直径 r 与初始裂隙宽 b_0 之比;N_{ij} 为对称张量,具体形式如下

$$N_{ij} = \int_\Omega n_i n_j E(n) \mathrm{d}\Omega \qquad (8\text{-}5\text{-}9)$$

式中,$E(n)$ 为概率密度函数。

式(8-5-9)对空间区域 Ω 进行积分,可以得到所有裂隙累加的总位移

$$\sum_{j=1}^{\Delta N(j)} \delta_j = \left[\left(\frac{1}{\bar{h}} - \frac{1}{\bar{g}}\right) F_{ijkl} + \frac{1}{\bar{g}} \delta_{ik} F_{jl} \right] \sigma'_{kl} x^{(j)} \qquad (8\text{-}5\text{-}10)$$

式中,

$$F_{jl} = \frac{\pi \rho}{4} \int_0^{b_m} \int_0^{r_m} \int_\Omega r^3 n_j n_l E(n,r,b) \mathrm{d}\Omega \mathrm{d}b \mathrm{d}r \qquad (8\text{-}5\text{-}11)$$

$$F_{ijkl} = \frac{\pi \rho}{4} \int_0^{b_m} \int_0^{r_m} \int_\Omega r^3 n_i n_j n_k n_l E(n,r,b) \mathrm{d}\Omega \mathrm{d}b \mathrm{d}r \qquad (8\text{-}5\text{-}12)$$

在连续介质力学中,应变张量可写成如下形式

$$\varepsilon_{ij} = \frac{u_{i,j} + u_{j,i}}{2} \qquad (8\text{-}5\text{-}13)$$

在裂隙岩体的等效连续介质中,类似上式,裂隙的应变张量也有以下形式

$$\varepsilon_{ij}^{(c)} = \frac{\sum_{j=1}^{N(j)} \frac{\delta_i}{x^{(j)}} + \sum_{j=1}^{N(j)} \frac{\delta_j}{x^{(j)}}}{2} \qquad (8\text{-}5\text{-}14)$$

结合式(8-5-10)和式(8-5-14)可得

$$\varepsilon_{ij}^{(c)} = \left[\left(\frac{1}{\bar{h}} - \frac{1}{\bar{g}}\right) F_{ijkl} + \frac{1}{4\bar{g}} (\delta_{ik} F_{jl} + \delta_{jk} F_{il} + \delta_{il} F_{jk} + \delta_{jl} F_{ik}) \right] \sigma'_{kl} = C_{ijkl} \sigma'_{kl}$$

$$(8\text{-}5\text{-}15)$$

式中,C_{ijkl} 被称为 4 阶对称弹性柔度张量。

而岩石的应变张量可表示为

$$\varepsilon_{ij}^{(m)} = \frac{1}{E}[(1+\mu)\delta_{ik}\delta_{jl} - \mu\delta_{ij}\delta_{kl}]\sigma'_{kl} = M_{ijkl}\sigma'_{kl} \tag{8-5-16}$$

式中,E 为岩石的弹性模量;μ 为泊松比。

裂隙岩体总的应变张量为

$$\varepsilon_{ij} = (C_{ijkl} + M_{ijkl})\sigma_{kl} - C_{ij}P = T_{ijkl}\sigma_{kl} - C_{ij}P \tag{8-5-17}$$

式中,P 为液体的渗透压力;$C_{ij} = C_{ijkl}\delta_{kl} = \frac{1}{h}F_{ij}$。

由于 T_{ijkl} 为四阶对称张量,上式可变换为

$$\sigma_{ij} = T_{ijkl}^{-1}\varepsilon_{kl} + T_{ijkl}^{-1}C_{kl}P \tag{8-5-18}$$

由于岩体中裂隙空间分布具有各向异性特征,因此其渗透性也具有各向异性,Oda(1986)为此建立了裂隙岩体渗透系数的张量表达式。如图 8-5-6 所示,假定 J_f 为沿裂隙 (n,r,b) 的水力梯度矢量,$J^{(n)}$ 为沿裂隙 (n,r,b) 法向水力梯度矢量,地下水只沿裂隙流动,忽略岩石的渗流。如果水力梯度在渗流域中均匀分布,则

$$J_{fi} = (\delta_{ij} - n_i n_j)J_j \tag{8-5-19}$$

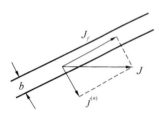

图 8-5-6 沿裂隙的水力梯度

把裂隙简化为裂隙宽为 b 的平行板,那么沿裂隙的实际流速矢量的分量为

$$u_i^{(c)} = \frac{g\lambda b^2}{\nu}J_{fi} = \frac{g\lambda b^2}{\nu}(\delta_{ij} - n_i n_j)J_j \tag{8-5-20}$$

式中,g 为重力加速度;ν 为水流的运动黏滞系数;λ 为无量纲参数。而地下水渗流速度矢量可以对渗流场区域内裂隙水流流速积分得到

$$V_i = \int_V^{(c)} u_i^{(c)} dv^{(c)} \tag{8-5-21}$$

式中,$v^{(c)}$ 为裂隙所占的体积,它的微分可以表示为如下形式

$$dv^{(c)} = (\frac{\pi}{4}r^2 b)2mE(n,r,b)drdbd\Omega \tag{8-5-22}$$

式中,m 为微体积中的裂隙总数;$\frac{\pi}{4}r^2 b$ 为每条裂隙 (n,r,b) 的孔隙体积。把式(8-5-20)和式(8-5-22)代入式(8-5-21),可得岩体中渗流速度矢量

$$V_i = \frac{\lambda g}{\nu}\left[\frac{\pi\rho}{4}\int_0^{b_m}\int_0^{r_m}\int_\Omega r^2 b^3(\delta_{ij} - n_i n_j)E(n,r,b)d\Omega drdb\right]J_j \tag{8-5-23}$$

从上式可得到岩体的渗流系数张量为

$$K_{ij} = \frac{\lambda g}{\nu}\left[\frac{\pi\rho}{4}\int_0^{b_m}\int_0^{r_m}\int_\Omega r^2 b^3(\delta_{ij} - n_i n_j)E(n,r,b)d\Omega drdb\right] \tag{8-5-24}$$

令 $A_{ij} = \frac{\pi\rho}{4}\int_0^{b_m}\int_0^{r_m}\int_\Omega r^2 b^3 n_i n_j E(n,r,b)d\Omega drdb$,$A_{ij}$ 称为裂隙几何张量。因此,渗透系数张量可简化为以下形式:

$$K_{ij} = \frac{\lambda g}{\nu}(A_{kk}\delta_{ij} - A_{ij}) \tag{8-5-25}$$

由质量守恒原理可知,

$$\frac{\partial}{\partial t}(n\rho) = -\frac{\partial(V_i\rho)}{\partial x_j} \tag{8-5-26}$$

假定地下水在渗流时密度不变,由达西定律得到水流速度

$$V_i = -K_{ij}\frac{\partial H}{\partial x_j} = -K_{ij}\frac{\partial}{\partial x_j}\left(\frac{P}{\rho g}+z\right) \tag{8-5-27}$$

结合以上两式可以得到

$$\rho\gamma\frac{\partial n}{\partial t} = \frac{\partial}{\partial x_i}\left[K_{ij}\frac{\partial}{\partial x_j}(P+\rho gz)\right] \tag{8-5-28}$$

式中,n 为岩体孔隙率,它的表达形式为:

$$n = \frac{F_0}{C} - \frac{F_{ij}\sigma'_{ij}}{h} \tag{8-5-29}$$

式中,F_0 为零张量。

岩体的有效应力张量可表示为

$$\sigma'_{ij} = \sigma_{ij} - P\delta_{ij} \tag{8-5-30}$$

把式(8-5-29)和式(8-5-30)代入式(8-5-28),可得岩体裂隙的渗流方程

$$-\rho\gamma\frac{\partial}{\partial t}\left[(\sigma_{ij}-P\delta_{ij})\frac{F_{ij}}{h}\right] = \frac{\partial}{\partial x_i}\left[K_{ij}\frac{\partial}{\partial x_j}(P+\rho gz)\right] \tag{8-5-31}$$

联合弹性应变张量和渗透系数张量公式,则组成岩体渗流与应力场耦合的等效连续介质的数学模型

$$\begin{cases} \sigma_{ij} = T^{-1}_{ijkl}\varepsilon_{kl} + T^{-1}_{ijkl}C_{kl}P \\ K_{ij} = \frac{\lambda g}{\nu}(A_{kk}\delta_{ij}-A_{ij}) \\ -\rho\gamma\frac{\partial}{\partial t}\left[(\sigma_{ij}-p\delta_{ij})\frac{F_{ij}}{h}\right] = \frac{\partial}{\partial x_i}\left[K_{ij}\frac{\partial}{\partial x_j}(P+\rho gz)\right] \end{cases} \tag{8-5-32}$$

Oda(1986)的等效连续介质模型未考虑岩石的渗透性,把裂隙渗流看作等价的连续介质,渗透的非均匀性、各向异性反映在渗透系数的张量之中。另一方面,裂隙岩体应力分布用应力张量表示,充分表达了裂隙岩体变形的各向异性特点。岩体的变形由岩石变形和结构面变形之和表示,结构面的应力用等效应力表示。

8.6　岩体渗透系数的测试

岩体渗透系数是反映岩体水力学特性的核心参数,一方面可用上述岩体结构面网络连通特性分析及渗透系数公式进行计算,另一方面可用现场水文地质试验测定,最常用的是岩体单孔压水试验与三段压水试验。

8.6.1　单孔压水试验

单孔压水试验可以测定裂隙岩体的单位吸水量与透水率,进而计算岩体渗透系数,用以说明裂隙岩体的透水性和裂隙性及其随深度的变化情况。

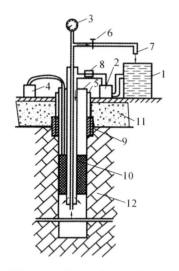

图 8-6-1 单孔压水试验装置图
1.水箱；2.水泵；3.压力表；4.气泵；5.套管；6.调压计；7.回水管；8.流量计；9.黏土；10.止水栓塞；11.砂砾层；12.裂隙岩体

压水试验如图 8-6-1 所示，试验时在钻孔中安置止水栓塞，将试验段与钻孔其余部分隔开。隔开试验段的方法有单塞法和双塞法两种，通常采用单塞法，这时止水塞与孔底之间为试验段。然后再用水泵向试验段压水，迫使水流进入岩体内。当压入流量（Q）和水头总压力（P）趋入稳定后，即可计算出在试验段长度（l）范围岩体的单位吸水量或单位吸水率（ω）。

$$\omega = \frac{Q}{Pl} \tag{8-6-1}$$

式中，ω 为试验段岩体的单位吸水量；Q 为稳定的压入流量；P 为压水时试段所受水柱总压力；l 为试验段长度。

单位吸水量是表征岩体渗透性大小的指标，它是指单位压力下，单位长度试段的在单位时间内的岩体的吸水量，单位一般为 L/(min·m·m)。根据单位吸水量，采用下式可近似确定试验段岩体的渗透系数：

$$K = 0.525\omega \lg \frac{0.66l}{r} \tag{8-6-2}$$

$$K = 0.525\omega \lg \frac{1.32l}{r} \tag{8-6-3}$$

式中，K 为试验段岩体的渗透系数；r 为钻孔的半径。

当试验段底与下部隔水层的距离大于试验段长度时，采用式（8-6-2）；反之，采用式（8-6-3）。也可根据下式近似确定试验段岩体的渗透系数：

$$K = (0.5 \sim 1.0)\omega \tag{8-6-4}$$

当岩体中裂隙小，易遭岩粉堵塞时，公式中系数可取大值，否则取小值。

透水率（q）也是表达试段岩体透水性的指标，单位为吕荣（Lu）。1Lu 表示在 1MPa 压力下，每米试段每分钟压入的水量。渗透系数与透水率之间的经验关系为 $K = q \times 1.5 \times 10^{-5}$。

压水试验是测定岩体透水性的一种常用方法。对于地下水面以上包气带裂隙岩体，更是测定透水性的最主要手段。该方法的主要缺点是：确定钻孔方向时未考虑结构面方位，也就无法考虑渗透性的各向异性。

8.6.2 三段压水试验

为了克服单孔压水试验法只能测得岩体各方向平均渗透性的缺点，Louis 于 1972 年提出了一套量测裂隙岩体渗透性的新技术。该方法认为裂隙岩体通常存在两组相互正交或近似正交的裂隙组，为了测得各裂隙组的渗透性，应该分别测试各组裂隙的渗透性。因此钻孔方向必须垂直于需要测试岩体的裂隙方向。

三段压水试验装置主要在试验段两端各增加了一个次压水段，三段之间用止水塞隔开。这样可以保证中间试验段成为单一的径向流态，避免了单孔压水试验常出现的混合流态。试验测得稳定的水流量以后，就可以计算各裂隙组的渗透性。

第9章 岩体流变力学

9.1 概　　述

岩体流变力学是研究岩体矿物组构(骨架)和岩体结构随时间不断调整,导致其应力、应变状态亦随时间持续变化,进而探讨其力学性状和行为的科学。它的基本任务是研究岩体的应力-应变随时间的变化规律,即研究岩体的时效性特征,并根据所建立的时效本构法则去解决工程实际中遇到的与流变有关的问题。

岩体流变力学的创立是由材料流变学发展而来的,是材料流变学的一个重要分支。一般认为,1922年Bingham出版的《流动和塑性》和1929年美国创建流变协会标志着流变学成为一门独立的学科。在岩土流变学研究方面,我国岩土流变学科奠基人陈宗基院士提出的一系列创造性研究成果,得到了国际流变学界的广泛承认。

陈宗基早在20世纪50年代就将流变学应用于土力学研究中,提出了微观流变学基本原理、"黏土结构力学"学说和土的三向固结流变理论。"陈氏黏土卡片结构"学说被挪威学者用电子显微镜的观察所证实,并被写入教科书,还创造性提出"陈氏屈服值"。他在土流变学方面的研究方法和许多研究成果也可推广应用于软弱岩体及坚硬岩体中的软弱结构面。1959年,陈宗基开始把流变理论引入岩体力学的研究中,几十年一直致力于岩土流变学研究以及相关仪器研发,并以岩土流变学的观点,解决了一系列国民经济建设中的重要问题。

岩体流变力学研究对于岩体工程实际问题的解决非常重要,一方面是由于岩石和岩体本身的结构和组成反映出明显的流变特征;另一方面也由于岩体的受力条件使流变特性更突出。随着各类岩体工程建设规模的扩大及对岩石介质与其工程特征认识的深入,在描述和处理岩石材料的时间效应及其流变属性方面沿用弹性或弹塑性理论,存在明显的缺陷和困难,难以解决岩体时效性特征对于工程岩体的变形及强度的影响。尤其是20世纪70年代以来,软岩成为矿山、交通和水利工程中的突出问题,例如,大型水利水电高边坡工程、软岩井巷(隧洞)支护与变形控制、节理裂隙发育的大断面地下厂房硐室工程及石油深井工程,其中的流变问题是不容忽视的,若解决不好,流变问题将会带来十分严重的后果。在自重应力、构造应力及矿山采掘工作产生的集中应力影响下,强度低的岩层、膨胀性泥岩、软弱夹层、泥化夹层、断层破碎带、充填黏土质的裂隙体岩层等,都会随着时间的增长而产生显著的蠕变现象。

陈宗基曾指出,一个工程的破坏往往是有时间过程的,换句话说,是由岩体的流变性控制的。甚至有的研究者提出,不考虑岩体的流变性,某些岩体力学的基本课题就不可能得到解决。大量的工程实践也表明:在许多现场,岩体工程的失稳和破坏不是在开挖完成或工程完工后立即发生的。例如,在矿山井巷开挖以后,成硐之初呈现稳定的岩体,随时间推移,变形不断发展,经过一些时日之后,硐体可能失稳或坍塌破坏。即,硐周变形与时间因素密切相关。

因此,岩体流变力学的研究具有重要的意义。

9.2 岩体流变的特征

9.2.1 流变的概念

"流变"(rheology)的概念源于古希腊哲学家 Heraclitus 的名言"万物皆流"。流变,指物体受力变形中存在与时间有关的变形性质,原则上所有的实际物体都具有流变性。岩石与岩体也都具有流变特性,包括蠕变、松弛与弹性后效。

(1) 蠕变:在应力 σ 不变的情况下,总应变随时间发展而增长的现象。

(2) 松弛:在保持应变恒量的情况下,应力随时间发展而逐渐衰减的现象。

(3) 弹性后效:弹性应变随着时间变化的现象,即加载(卸载)后弹性变形逐渐增加(或减少)到某一极限值。

我国幅员辽阔,不同地区的岩体,其基本力学特性有很大的不同。岩体的流变具有普遍性。大量的现场量测和室内试验都表明,对于软弱岩体及含有泥质充填物和夹层破碎带的岩体,其流变属性非常显著。即使是较坚硬的岩体,由于多组节理或受到发育裂隙的切割,其剪切蠕变也会达到较大的量值。甚至是坚硬完整的岩体,在高应力、高温度的条件下也会表现出一定程度的流变特征,在研究深部岩体核废料处置、压缩空气储能电站、深埋隧道建设等岩体工程领域,也应重点考虑。

由于岩体及构成岩体的岩石块体都具有流变特征,后文为了表述的方便,将岩体流变与岩石流变统称为岩体流变。

9.2.2 岩体蠕变的类型

岩体流变中以蠕变最具有工程意义,是一种十分普遍的现象,在天然斜坡、人工边坡及地下硐室中都可以直接观测到。由于蠕变的影响,在岩体内及建筑物内产生应力集中而影响其稳定性。另外,岩石因加荷速率不同所表现的不同变形性状、岩体的累进性破坏机制和剪切黏滑机制等都与岩石流变有关。地质构造中的褶皱、地壳隆起等长期地质作用过程,也都与岩体蠕变性质有关。

通过流变试验,可以得到岩体的蠕变曲线,见图 9-2-1。从蠕变曲线可以看出,在加载的瞬间($t=0$),岩体会产生一个瞬时应变 ε_0,其应变值为 $\varepsilon_0=\sigma_0/E$,与应力大小与岩石的变形模量有关;瞬时应变后便产生连续不断的蠕变变形。

蠕变曲线的差异反映了岩体的自身属性、应力状态以及环境条件等的不同。一般来讲,岩体蠕变曲线可分为三种类型:稳定蠕变、亚稳定蠕变和不稳定蠕变。

如图 9-2-1 所示,图中三条蠕变曲线是在不同应力下得到的,其中 $\sigma_A>\sigma_B>\sigma_C$。蠕变试验表明,当岩体在某一较小的恒定荷载($\sigma_C$)持续作用下,其变形量虽然随时间增长而有所增加,但蠕变变形的速率则随时间增长而减少,最后变形趋于一个稳定的极限值,这种蠕变称为稳定蠕变。当荷载较大(σ_B)时,如图 9-2-1abcd 曲线所示,蠕变不能稳定于某一极限值,变形随时间增长而不断增加直到破坏,但是需要经历一个较长的时间,这种蠕变称为亚稳定蠕变,是典型的蠕变曲线。另外一种情况是在很大的恒定荷载(σ_A)作用下,其变形量增长迅速,很快就出现破坏,这种蠕变称为不稳定蠕变。

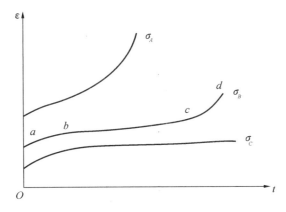

图 9-2-1　岩体蠕变曲线示意图

9.2.3　岩体蠕变的阶段性

试验表明,在长时间恒荷载的作用下,可得到如图 9-2-2 所示的岩体蠕变曲线。根据蠕变曲线的特征,可将岩体蠕变划分为以下三个阶段:

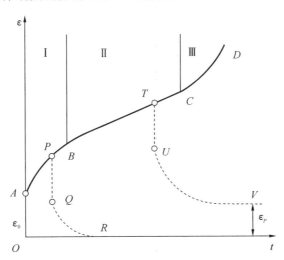

图 9-2-2　岩体典型的蠕变曲线

(1) 初始蠕变阶段Ⅰ(或称减速蠕变阶段)。如图 9-2-2 中的 AB 段,曲线呈下凹型,应变最初随时间增大较快,但其应变率随时间迅速递减,到 B 点达到最小值。若在本阶段中某一点 P 卸载,则应变沿 PQR 下降至零。其中,PQ 段为瞬时应变的恢复曲线,而 QR 段表示应变随时间逐渐恢复至零。由于卸载后应力立即消失,而应变则随时间逐渐恢复,二者恢复不同步。应变恢复总是落后于应力,这种现象称为弹性后效。

(2) 等速蠕变阶段Ⅱ(或称稳定蠕变阶段)。如图 9-2-2 中的 BC 段,曲线近似呈直线,应变随时间近似等速增加,直到 C 点。若在本阶段内某点 T 卸载,则应变将沿 TUV 线恢复,最后保留一永久应变 ε_p。

(3) 加速蠕变阶段Ⅲ。如图 9-2-2 中的 CD 段,曲线呈上凹型,应变率随时间迅速增加,应变随时间增长越来越大,其蠕变加速发展直至岩块破坏(D 点)。

以上岩体典型蠕变曲线的形状及某个蠕变阶段所持续的时间,受岩石类型、荷载大小及温度等因素的影响而不同。如同一种岩石,荷载越大,Ⅱ阶段蠕变的持续时间越短,试样越容易蠕变破坏。而荷载较小时,则可能仅出现Ⅰ阶段或Ⅰ、Ⅱ阶段蠕变等。

9.2.4 影响岩体蠕变性质的因素

9.2.4.1 岩性

岩性是影响岩石蠕变性质的内在因素。图 9-2-3 为花岗岩、页岩与砂岩等三种性质不同的岩石在室温和 10MPa 压应力下的蠕变曲线。由图可知:花岗岩等坚硬岩石,其蠕变变形相对很小,加荷后在很短的时间内变形就趋于稳定,这种蠕变常可忽略不计;而页岩等软弱岩石,其蠕变很明显,变形以等速率持续增长直至破坏,这类岩石的蠕变,在工程实践中必须引起重视,以便更切合实际地评价岩体变形及其稳定性。此外,岩体的结构构造、孔隙率及含水性等对岩体蠕变性质也有明显的影响。

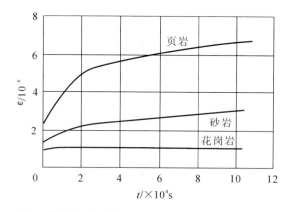

图 9-2-3　10MPa 的常应力及室温下,页岩、砂岩和花岗岩的典型蠕变曲线

9.2.4.2 应力

对同一种岩石来说,应力大小不同,蠕变曲线的形状及各阶段的持续时间也不同。图 9-2-4 为雪花石膏在不同应力下的蠕变曲线。由图可知:在低应力(小于 12.5MPa)下,曲线不出现加速蠕变阶段;在高应力(大于 25MPa)下,则几乎不出现等速蠕变阶段,由瞬时变形很快过渡到加速蠕变阶段,直至破坏;而在中等应力条件下,曲线呈反"S"形,蠕变可明显分为三个阶段,但其等速阶段所持续的时间随应力增大而缩短。

Chugh(1974)对三种岩石进行单轴压缩和拉伸蠕变试验后,提出用如下的经验方程来模拟岩石的瞬时应变 A、初始蠕变($B\lg t$)及等速蠕变(Ct):

$$\varepsilon(t) = A + B\lg t + Ct \tag{9-2-1}$$

式中,不同应力下的系数 A,B,C 值由表 9-2-1 给出。

可见随应力增大,初始及等速蠕变的速率也随之增大。

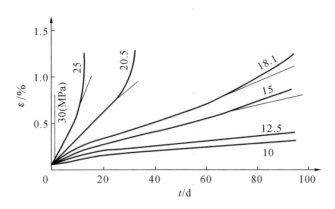

图 9-2-4 雪花石膏在不同压力下的蠕变曲线

表 9-2-1　几种岩石的 A,B,C 值（Chugh,1974）

岩石种类	单轴拉伸				单轴压缩			
	应力/MPa	$A/10^{-6}$	$B/10^{-6}$	$C/10^{-6}$	应力/MPa	$A/10^{-6}$	$B/10^{-6}$	$C/10^{-6}$
砂岩	1.42 2.15 2.88	0.670 1.080 1.330	8.91 14.02 22.44	— — —	64.7 87.7 122.1 131.1 142.5	0.212 0.182 0.161 0.189 0.161	20.37 17.45 19.37 32.04 30.09	— — — 3.6 5.3
花岗岩	6.07 6.84 7.61 8.37	0.163 0.161 0.157 0.142	1.33 1.40 1.68 2.39	— — 0.9 3.3	79.7 92.4 149.3 183.9 194.4	0.103 0.095 0.090 0.082 0.076	1.81 3.39 3.41 4.42 4.42	— — — 0.6 1.3
灰岩	1.4 2.12 2.84 3.56 4.28 5.00 5.72	0.228 0.225 0.227 0.215 0.215 0.230 0.204	— 0.73 — 1.05 0.66 1.54 —	— — — — — — —	44.1 49.5 54.8 60.2	0.185 0.192 0.188 0.182	4.31 6.51 8.15 14.15	— — — —

9.2.4.3　温度与湿度

温度和湿度对岩石蠕变也有较大的影响。图 9-2-5 为人造盐岩在围压 $\sigma_s=102$MPa 和不同温度下的蠕变曲线。由图可见，随着温度的提高，岩石的总应变与等速阶段的应变速率都明显增加了。另外，试验研究表明岩性不同，岩石的总应变及蠕变速率随温度增加的幅度也不相同。

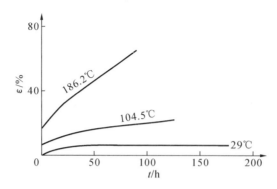

图 9-2-5 人造盐岩在围压 $\sigma_s=102\mathrm{MPa}$ 及不同温度下的蠕变曲线

湿度对岩石蠕变也有类似的影响,如 Griggs(1940)将雪花石膏浸到不同溶液中进行单轴蠕变试验,发现其总应变及蠕变速率比干燥时大,且随溶液性质不同而不同。

9.2.4.4 结构面

裂隙岩体的流变也和裂隙岩体的瞬时变形一样,主要受结构面性状(空间位置、隙宽、贯通程度、有无充填物及充填物属性等)的影响、制约和控制,呈现比较明显的各向异性性态。结构面闭合的裂隙岩体受法向压应力作用时,其压缩蠕变变形较小,长期强度较高。裂隙岩体在受较高剪切应力作用时,沿结构面的剪切蠕变相对于时间和应力的非线性特征更加明显,蠕变变形较大,呈现强烈的流动特征,长期强度较低。从这个意义上讲,岩体的流变与岩石的流变是不一样的。

9.3 岩体流变试验

流变试验是测试和研究岩石流变性能的重要手段。最早的岩石流变试验研究可以追溯到 20 世纪 30 年代末,格里格斯(1939)最先对灰岩、页岩、粉砂岩等岩石进行了蠕变试验;Ito 也曾对花岗岩试样进行了历时 30 年的弯曲蠕变试验;Haupt 曾研究了盐岩的应力松弛特性;E. Maranini 等曾对灰岩进行了单轴压缩和三轴压剪蠕变试验。在我国,陈宗基领导的研究组开创了岩石流变力学研究。20 世纪 50 年代以来,先后在水电工程、矿山边坡、巷道工程等重大工程研究中进行了较大规模的剪切流变和三轴流变现场试验,取得了重要的理论成果和实验成果。

9.3.1 流变试验仪

岩体流变试验分为两种,一种是在室内用小尺寸岩石试样进行的,主要是测试与研究岩石块体的流变特性,可以称为岩石流变试验。当岩样尺寸较大时,也可以包含一些微裂隙。由于室内岩石流变试验的试样小,应变小,测试时间长,试样、试验设备和地点必须满足下列条件:①试样加工精度高;②试样环境(温度和湿度)可以准确控制;③荷载稳定性好;④测试应力和变形稳定性强,精度高。所加荷载(应力或应变)的长期稳定性是流变仪设计的关键。

另一种是在工程现场对大尺寸岩样进行的,主要是测试与研究岩体的流变特性,也可称为岩体流变试验,有承压板压力试验、现场三轴实验和现场抗剪流变试验等。由于流变(蠕变)试验时间长,关键仍然是长时间保持所加荷载的稳定。

岩体流变试验，需要专门的试验装置，即流变仪。为了消除尺寸效应的影响，流变试验所用试样尺寸一般较大。另外，地质构造应力作用又使得变形滞后与应力松弛非常复杂。这些都要求岩石流变试验设备能维持长期、稳定的高荷载，要配备特殊的加载装置和长期稳定的测量仪表。

岩体流变试验装置分两种类型：蠕变仪和松弛仪。

9.3.1.1 蠕变仪

岩石流变试验有单轴抗压蠕变试验、扭转蠕变试验、剪切蠕变试验、常规三轴蠕变试验和真三轴蠕变试验。单轴抗压蠕变试验是最常用的。我国最早设计的岩石流变试验装置结构如图 9-3-1 所示。它利用杠杆系统对圆柱形试样施加恒定扭矩，以保持蠕变试验的长期稳定性。试样变形以试样的相对扭转角测定，即由卡在试样上的两个环形表架上的千分表测定。设计试样为直径 80～120mm 的钻孔岩芯。该设备可对软岩和高强度岩石进行试验。

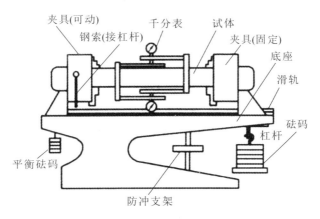

图 9-3-1 岩石扭转流变仪

在岩石剪切流变研究中，岩石剪切流变仪 JQ-200 在我国有一定的代表性。它是在 20 世纪 70 年代末研制成功的，其主机部分如图 9-3-2 所示。试验系统由主机（中型剪切仪）、加荷系统（电动油泵或手动油泵）、油-气蓄能稳压器所组成。试样为立方体，最大试样可达 20cm×20cm×20cm。铅直压力为 400kN，侧向压力为 1000kN。为防止试样受剪时后部出现拉应力，侧向千斤顶作用力与水平方向成 15°角，并使合力通过试件受剪面的中心。

中国科学院地球物理研究所于 1982 年研制成了一种可对试样加温和进行加载过程中试样孔隙水压力变化观测的三轴流变仪，它可以用于研究围压、孔隙水压力、荷载作用时间和温度等因素的变化对岩石力学性能的影响，各种流体对岩石的软化效应以及岩石在复杂应力状态下的渗透性。

9.3.1.2 松弛仪

图 9-3-3 是一种岩石单轴松弛仪，试验装置由 4 根具有高刚度的荷载柱框架组成，试样加载用螺旋千斤顶来实现，千斤顶由带有减速齿轮的电动机驱动。千斤顶内装有荷载传感器。试样保持恒定变形的调节由微机控制的电子驱动螺旋千斤顶以闭环系统控制，用数字应变仪获得试样的实际长度，其精度为 $1\mu m$。

由于岩体内的泥化夹层往往很薄，一般在毫米量级，若使用单剪流变试验测定其力学性

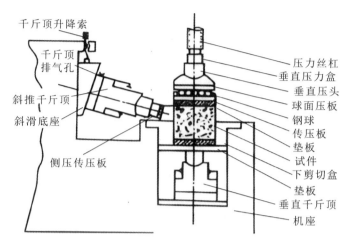

图 9-3-2　岩石剪切流变仪

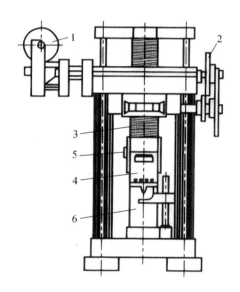

图 9-3-3　松弛装置

1.电机；2.减速齿轮；3.螺旋千斤顶；4.数字应变仪；5.荷载传感器；6.试样

能，加载后其剪切强度会急剧减弱，故一般宜用松弛法进行研究。图 9-3-4 为用于这一目的的软弱夹层应力松弛仪。该应力松弛仪的剪切盒下盒以连杆与涡轮杆的推进轴相连接，使下盒的水平位移完全由涡轮蜗杆系统带动，位移的大小和方向通过手轮的转数和转向控制，以千分表量测。在上、下剪切盒接触面上开有两道对应于剪切方向的"V"形滚珠槽。上、下盒之间的缝的宽度用不同直径的滚珠控制(在 3～4mm 范围)，使缝宽相当于泥化夹层的厚度。施加常应变后夹层内的应力变化，通过测力钢环测定，钢环可以千分表或电阻应变仪读数。

9.3.2　流变实验类型

9.3.2.1　单轴拉伸蠕变试验

通常将岩石或混凝土试样固定在拉伸夹具中(见图 9-3-5)，进行直接拉伸试验。首先制

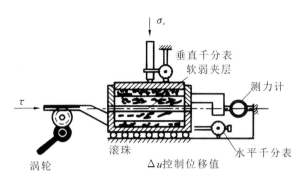

图 9-3-4 软弱夹层松弛仪

成标准的圆柱体岩样,其尺寸一般为 $\phi25mm\times125mm$ 或 $\phi50mm\times125mm$。在试验时应做到拉力 T 的作用线和试样轴线重合。在试样两端约 25mm 长度的外表面涂上黏结剂(一般用环氧树脂胶)后装入夹具内。转动零件 1,使零件 2 上升,零件 3 的内圆面自动向中心收缩,与试样的外表面密贴,使试样 4 与夹具粘结在一起。零件 5 是带球形铰的拉杆,它与无扭钢绳相连,保证试样中部产生的是纯单向拉应力状态。可以通过杠杆仪、重物或试验机给试样施加恒定的拉力 T。量测试样的变形时应在中部粘贴电阻应变片或安装位移计。

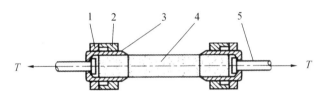

图 9-3-5 试样在拉伸夹持器中的安装简图

9.3.2.2 单轴压缩蠕变试验

单轴压缩蠕变试验方法和材料的抗压试验相同。但在试验中,沿试样轴向施加的荷载应保持恒定。一般仍采用圆柱体试样,其高径比仍为 2~2.5。试验中,应做到在试样中部产生单一均匀单向压应力状态。可用杠杆仪、弹簧压缩仪或具有稳压性能的试验机给试样加载。在试样中部贴应变片或安装位移计,量测试样的轴向应变和侧向应变随时间变化的曲线。

9.3.2.3 扭转蠕变试验

这种试验的目的是确定材料在恒定剪应力作用下的剪应变随时间变化的规律。仪器经杠杆系统对岩样施加恒定扭矩,在岩样中部选取两横截面,用千分表测定两截面间的相对扭转角。试样可用直径 80mm、85mm、90mm,长度 280mm 的圆柱体。

9.3.2.4 弯曲蠕变试验

采用三点弯曲或四点弯曲进行蠕变试验。试样可用矩形或圆形断面的梁。用岩石试样进行抗弯试验表明,试样尺寸对试验结果有一定的影响,因而试样尺寸的选取应慎重。对于圆形断面的梁,按经验可取其直径为 25~50mm,长度为 125~200mm。在弯曲蠕变中,一般用位移计测定梁中点处的挠度随时间的变化,由此可得出蠕变柔度。

9.3.2.5 剪切蠕变试验

为了测定软岩的流变参数,需要进行剪切蠕变试验。一般在单剪流变仪上进行剪切蠕变试验。试验时先在岩样上面施加铅直压力,待其稳定后再逐步施加水平剪应力。根据试验方法的不同,分为单点法和多点法。剪切蠕变试验中除了确定剪应变随时间变化的规律外,还确定剪应变速率随应力和时间变化的规律,这些试验成果在滑坡预测及治理工程中应用较广泛。

9.3.2.6 双轴压缩蠕变试验

双轴压缩的应力状态在工程上较常见,在求解平面问题时,要采用双轴压缩试验资料。但目前试验研究较少,也无成套定型的试验设备。试样上两个方向的应力 σ_1 和 σ_3 可由稳压千斤顶施加,也可用弹簧力施加。试验是在平面应力条件下进行的,此时 $\sigma_2=0$。在安装好试样后,用千斤顶按一定的速率压缩弹簧,然后利用锁紧螺栓将弹簧锁紧,使之将预定的应力加到试样上,应变由位移计量测。采用的试样多为边长为 4cm 或 7cm 的正方体。

9.3.2.7 三轴压缩蠕变试验

三轴压缩蠕变试验按加载方式的不同可分为常规三轴压缩和真三轴压缩蠕变试验。在常规三轴压缩试验中,一般采用 $\phi50mm \times 100mm$ 的圆柱体试样,在试样轴向施加轴向压力 σ_1,在侧向一般借助液压油施加围压 p。在真三轴实验中一般采用长方体或正方体试样,在三对互相正交的面上施加互不相等的压应力 σ_1、σ_2、σ_3。常规三轴实验,相当于 $\sigma_2=\sigma_3$ 的情况。

在三轴压缩流变试验中,仍然是三个方向的压力加到预定值后就保持恒定,然后量测各方向的应变随时间变化的曲线。应注意,三个方向的压力施加方式、加载速率等都对试验结果影响较大。因此试验中对加载要严格控制。试验中还可能同时出现蠕变和松弛现象,因此三个方向上的应力、应变都必须同时进行量测,以便能随时观察应力、应变随时间变化的规律。在三轴压缩蠕变试验中,荷载的施加及变形的量测都比简单应力状态下的蠕变试验复杂得多,各因素又相互影响。这方面的试验研究在以往做得不多,但随着先进的三轴压缩蠕变试验设备的研制成功,近年来这方面的试验研究又不断开展起来。真三轴蠕变试验资料对于理论研究是很重要的。

9.4 岩体流变本构方程

研究岩体时效现象是为了探索其流变的本构规律,并用以指导工程岩体力学问题的解决。研究岩石蠕变本构方程的方法通常有两种,即经验法和蠕变模型法。

经验法是指对岩石蠕变试验结果进行分析整理,利用曲线拟合法求得蠕变的经验本构方程,如式(9-4-1)就是一个经验方程。根据岩石蠕变试验结果(见图 9-4-1),可以由数理统计学的回归拟合方法建立经验方程。

岩石蠕变经验方程的通常形式为

$$\varepsilon(t) = \varepsilon_0 + \varepsilon_1(t) + \varepsilon_2(t) + \varepsilon_3(t) \tag{9-4-1}$$

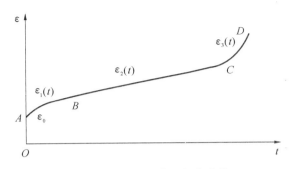

图 9-4-1 岩石的典型蠕变曲线

式中，$\varepsilon(t)$ 为 t 时间的应变；ε_0 为瞬时应变；$\varepsilon_1(t)$ 为初始段应变；$\varepsilon_2(t)$ 为等速段应变；$\varepsilon_3(t)$ 为加速段应变。

典型的岩石蠕变方程有幂函数方程、指数方程、幂指数对数混合方程等。

理论模型模拟法是在研究岩石流变性质时，将介质理想化，归纳成各种模型，根据岩石的弹性、塑性和黏性可用理想化的具有基本性能的简单元件（如弹簧、阻尼器等）按照一定的方式组合而成。通过这些元件不同形式的串联和并联，得到一些典型的流变模型体，相应地推导出它们的有关微分方程，即建立模型的本构方程和有关的特性曲线。

该方法所创建的各种流变介质模型，概念直观，简单形象，物理意义明确，又能较全面地反映岩石的各种流变特性，如蠕变、应力松弛、弹性后效等，因而被广泛采用。当然，自然界中的岩体是十分复杂的，这些模型不可能反映所有岩体的性状，也不可能与试验结果完全吻合，但它可以反映大部分岩体及其性状的若干主要方面，下面作重点介绍。

9.4.1 理想物体的基本模型

最常用的流变介质模型基本元件有：弹性元件，又称为胡克（Hooke）体，简称 H 体；黏性元件，又称为牛顿（Newton）体，简称 N 体；塑性元件，又称为圣维南（St. Venant）体，简称 St. V 体，也可用符号 V 表示。

9.4.1.1 弹性元件

弹性元件由一个弹簧组成，如图 9-4-2 所示。其用来模拟理想的弹性体，其本构规律服从胡克定律，即

$$\varepsilon = \frac{\sigma}{E} \tag{9-4-2}$$

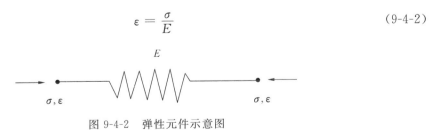

图 9-4-2 弹性元件示意图

式中，E 为弹性模量；σ 为应力；ε 为应变。

从式（9-4-2）可知：弹性元件的应变是瞬时完成的，与时间无关。因此，理想的弹性物体无蠕变性。

9.4.1.2 黏性元件

黏性元件由一个带孔活塞和充满黏性液体的圆筒组成,又称为阻尼器,如图 9-4-3(a)所示。其用来模拟理想的黏性体(牛顿体),其本构规律服从牛顿定律,即

$$\frac{d\varepsilon}{dt} = \frac{\sigma}{\eta} \tag{9-4-3}$$

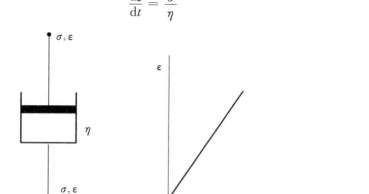

图 9-4-3 黏性元件及蠕变曲线

分离变量后积分得:

$$\varepsilon = \frac{\sigma_0}{\eta} t \tag{9-4-4}$$

式中,η 为动力黏滞系数,0.1Pa·s;t 为时间,s;σ_0 为初始应力,MPa。

由式(9-4-4)可知:黏性体受力后变形随时间不断增长,如图 9-4-3(b)所示。因此,黏性物体具有蠕变性。

9.4.1.3 塑性元件

塑性元件由摩擦片组成,如图 9-4-4(a)所示。其用来模拟完全塑性体(圣维南体),其本构规律服从库仑摩擦定律。塑性体受力后,当应力小于其屈服极限 σ_s 时,物体不产生变形;当应力一旦达到或超过屈服极限时,便开始持续不断地流动变形,如图 9-4-4(b)所示。

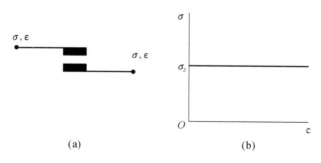

图 9-4-4 塑性元件及应力-应变曲线

9.4.2 组合模型

9.4.2.1 组合原理

弹性元件、黏性元件和塑性元件三种基本模型只能用来模拟某种理想物体（线弹性体、牛顿体和圣维南体）的变形性质。而岩石的变形性质非常复杂的，要准确地描述岩石的变形性状，须利用以上三种基本模型的组合模型。

将基本元件串联或并联，形成各种二元件、三元件和多元件模型。串联时用符号"一"表示，每个单元体担负着同一的总荷载，而它们的总应变和总应变速率则为各单元体的总和。并联时用符号"|"表示，每个单元体所担负的荷载之和等于总荷载，而它们的应变是相等的。

假设两个模型 M1，M2 的本构方程分别为：

$$\sigma_1 = f_1(D)\varepsilon_1, \quad \sigma_2 = f_2(D)\varepsilon_2 \tag{9-4-5}$$

式中，D 为某种微分算子；f_1，f_2 为微分算子 D 的函数。

则模型 M1－M2 的本构方程为

$$\varepsilon = \left[\frac{1}{f_1(D)} + \frac{1}{f_2(D)}\right]\sigma \quad \text{或} \quad \sigma = \frac{f_1(D)f_2(D)}{f_1(D)+f_2(D)}\varepsilon \tag{9-4-6}$$

模型 M1|M2 的本构方程为

$$\sigma = [f_1(D) + f_2(D)]\varepsilon \tag{9-4-7}$$

当模型含有 V 体，只要先按没有 V 体的模型进行运算，然后用 $\sigma-\sigma_s$ 代替 σ 就得到模型的本构方程。

在 $\sigma=\text{const}$（蠕变）或 $\sigma\to 0$（卸载）条件下，或在 $\varepsilon=\text{const}$（松弛）条件下，可以采用一般数学方法或采用 Laplace 变换及其反演，求解模型的本构方程，得到模型的蠕变方程、卸载方程和松弛方程，并可绘出相应的特性曲线。

下面介绍几种常见的组合模型。

9.4.2.2 Maxwell 模型

Maxwell 模型由弹性元件和黏性元件串联而成，如图 9-4-5 所示。其常用来模拟软硬相间的岩体在垂直层面加载条件下的本构规律。模型的总应力 σ 和总应变 ε 分别为

$$\sigma = \sigma_1 = \sigma_2 \tag{9-4-8}$$

$$\varepsilon = \varepsilon_1 + \varepsilon_2 \tag{9-4-9}$$

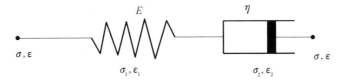

图 9-4-5 Maxwell 模型示意图

对于弹性元件，有 $\varepsilon_1 = \dfrac{\sigma}{E}$。微分后，得：

$$\frac{d\varepsilon_1}{dt} = \frac{1}{E}\frac{d\sigma}{dt} \tag{9-4-10}$$

对于黏性元件,由式(9-4-3)得:

$$\frac{d\varepsilon_2}{dt} = \frac{\sigma}{\eta} \tag{9-4-11}$$

将式(9-4-10)和式(9-4-11)代入式(9-4-9)得

$$\frac{d\varepsilon}{dt} = \frac{1}{E}\frac{d\sigma}{dt} + \frac{\sigma}{\eta} \tag{9-4-12}$$

研究 Maxwall 模型的蠕变特性。若应力 σ 为常量,即 $\sigma=\sigma_0$ 时,有 $d\sigma_0/dt=0$,此时式(9-4-12)可变为

$$\frac{d\varepsilon}{dt} = \frac{\sigma_0}{\eta} \tag{9-4-13}$$

积分,得:

$$\varepsilon = \frac{\sigma_0}{\eta}t + C \tag{9-4-14}$$

由初始条件:$t=0$ 时,瞬时应变 $\varepsilon=\varepsilon_0=\sigma_0/E$,得 $C=\sigma_0/E$。将其代入式(9-4-14),得到 Maxwall 模型的蠕变本构方程式:

$$\varepsilon = \frac{\sigma_0}{\eta}t + \frac{\sigma_0}{E} \tag{9-4-15}$$

Maxwall 模型的蠕变曲线如图 9-4-6 所示。

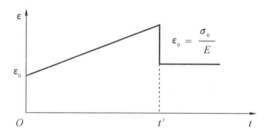

图 9-4-6 Maxwall 体的蠕变曲图

从式(9-4-15)及图 9-4-6 可知:应力保持一定时,Maxwall 体的变形由瞬时变形 σ_0/E 和蠕变变形组成。如果在某一时刻 t' 卸去荷载,变形 σ_0/E 将立即恢复,且残留蠕变变形。

9.4.2.3 Kelvin 模型

Kelvin 模型由弹性元件和黏性元件并联而成,如图 9-4-7 所示。其常用来模拟软硬相间的层状岩体平行层面加荷时的本构规律。模型的总应力 σ 和总应变 ε 分别为

$$\varepsilon = \varepsilon_1 = \varepsilon_2 \tag{9-4-16}$$
$$\sigma = \sigma_1 + \sigma_2 \tag{9-4-17}$$

而 σ_1 和 σ_2 分别为

$$\sigma_1 = E\varepsilon_1 = E\varepsilon \tag{9-4-18}$$
$$\sigma_2 = \eta\frac{d\varepsilon_2}{dt} = \eta\frac{d\varepsilon}{dt} \tag{9-4-19}$$

将式(9-4-18)和式(9-4-19)代入式(9-4-17),得:

$$\sigma = E\varepsilon + \eta\frac{d\varepsilon}{dt} \tag{9-4-20}$$

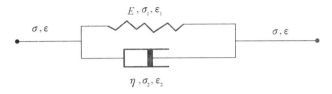

图 9-4-7 Kelvin模型示意图

研究Kelvin模型的蠕变特性。若应力σ为常量,即$\sigma=\sigma_0$时,由式(9-4-20)得:

$$E\varepsilon + \eta \frac{d\varepsilon}{dt} = \sigma_0 \qquad (9\text{-}4\text{-}21)$$

解微分式(9-4-21),得到Kelvin模型的蠕变本构方程为

$$\varepsilon = \frac{\sigma_0}{E}(1 - e^{-\frac{E}{\eta}t}) \qquad (9\text{-}4\text{-}22)$$

Kelvin模型的蠕变曲线如图9-4-8所示,可知Kelvin模型不具瞬时变形。

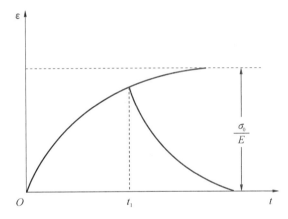

图 9-4-8 Kelvin体的蠕变曲线

9.4.2.4 其他模型

除以上两种组合模型外,许多学者还提出了其他模型,常用的模型及其蠕变本构方程和蠕变曲线如表9-4-1所示。

表 9-4-1 岩石的常用模型及其蠕变本构方程和蠕变曲线

模型名称	模 型	应用条件	蠕变本构方程	蠕变曲线	蠕变类型
Burgers模型	E_1, η_1, E_2, η_2	软黏土板岩、页岩、黏土岩、煤系岩石	$\varepsilon = \dfrac{\sigma_0}{E_1} + \dfrac{\sigma_0}{\eta_1}t + \dfrac{\sigma_0}{E_2}(1-e^{-\frac{E_2}{\eta_2}t})$		黏-弹

续表

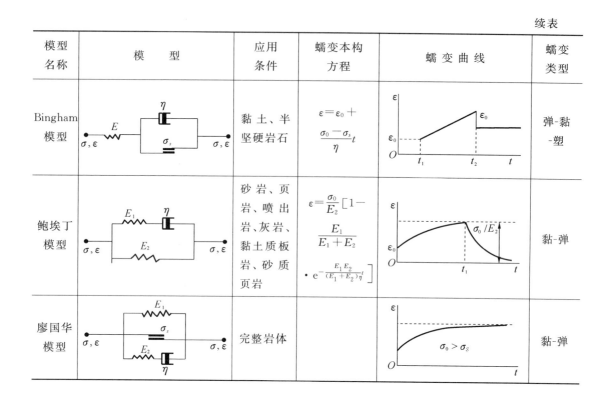

9.5 岩体的长期强度

9.5.1 长期强度的概念

随着恒定荷载的加大,岩体由稳定蠕变转为亚稳定蠕变,也就是说,由不破坏转变为经蠕变而破坏。因此,一定存在一个临界应力值,当岩体所受的长期应力小于这一临界应力值时,蠕变趋于稳定,岩体不会破坏。而大于这一临界应力值时,岩体经蠕变后会发展至破坏。这一临界应力值称极限长期强度(亦称第三屈服值、长期强度)。从物理意义上来说,岩体承受的应力越大,达到破坏所需的时间越短;而应力越小,达到破坏需要的时间越长。当应力小于长期强度时,无论应力作用时间多长,岩体也不会破坏。因此,岩体的极限长期强度,也就是使岩体在无限长时间内因蠕变达到破坏时的应力值,以 τ_∞ 或 σ_∞ 表示,统一表示为 s_∞。

长期强度是一种极有意义的时间效应指标。当衡量永久性及使用期长的岩体工程的稳定性时,不应以瞬时强度而应以长期强度作为岩体强度的计算指标。

理论上,岩体的长期强度应低于相应的瞬时强度,但低多少,不同岩石的值则不一致。某煤矿软岩巷道支护测试得到:砂质页岩的长期强度为 12.5MPa,为瞬时强度的 62%;粉砂岩长期强度为 32.9MPa,为瞬时强度的 71.4%。图 9-5-1 是对四种不同强度的岩石材料(粉砂岩、红砂岩、泥岩和大理岩),采用伺服控制刚性试验机进行单轴压缩蠕变的结果。该系列曲线所对应施加的荷载为岩石瞬时单轴抗压强度的 75%,除大理岩之外,其他三种岩石都发生了破坏,说明它们的长期强度仅为瞬时强度的 75%或更低。而大理岩的流变效应不明显,其长期强度与瞬时强度较接近。

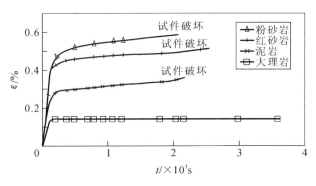

图 9-5-1　四种岩石材料的变形与时间关系曲线

对于大多数岩石,长期强度/瞬时强度(s_∞/s_0)一般为 0.4~0.8,软的和中等坚固岩石为 0.4~0.6,坚固岩石为 0.7~0.8。表 9-5-1 中列出了某些岩石长期强度与瞬时强度的比值。

表 9-5-1　几种岩石长期强度与瞬时强度比值

岩石名称	黏土	石灰石	盐岩	砂岩	白垩	黏质页岩
s_∞/s_0	0.74	0.73	0.70	0.65	0.62	0.50

9.5.2　长期强度的确定

长期强度 σ_∞ 的确定方法有两种。第一种方法是通过各种应力水平长期恒载试验得出。设在荷载 $\sigma_1 > \sigma_2 > \sigma_3 > \cdots$ 试验的基础上,绘得非衰减蠕变的曲线簇,并确定每条曲线加速蠕变达到破坏前的应变值 ε 及荷载作用所经历时间,如图 9-5-2(a)所示。以纵坐标表示应力 $\sigma_1, \sigma_2, \sigma_3, \cdots$,横坐标表示破坏前经历时间 $t_1, t_2, t_3, \cdots$,作破坏应力和破坏前经历时间的关系曲线,称为长期强度曲线,如图 9-5-2(b)所示。所得曲线的水平渐近线在纵轴上的截距,即为所求极限长期强度 s_∞。

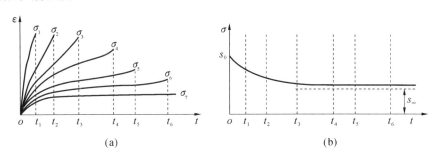

图 9-5-2　岩石蠕变曲线和长期强度曲线

第二种方法是通过不同应力水平恒载蠕变试验,得一簇蠕变曲线(σ 为恒量下 ε-t 曲线)图,在图上作 $t_0(t=0), t_1, t_2, \cdots, t_\infty$ 时与纵轴平行的直线,且与各蠕变曲线相交,各交点包含 σ, ε, t 三个参数,如图 9-5-3(a)所示。应用此三个参数,作等时的 σ-ε 曲线簇,得到相对应的

等时 σ-ε 曲线，对应于 t_∞ 的等时 σ-ε 曲线的水平渐近线在纵轴上的截距，即为所求长期强度 s_∞，如图 9-5-3(b)所示。

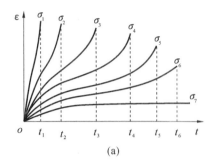
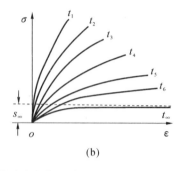

图 9-5-3　应用蠕变试验曲线确定长期强度

如果要获得能表征 s_∞ 的长期内摩擦角 ϕ_∞ 及内聚力 C_∞，则至少要用 4 组试样（每组包括 6 个以上试样）。使其各组试样之间受不同的法向应力 σ_n，而组内各试样所受法向应力 σ_n 相同，剪应力不同。这样就可以求得 4 个在不同法向应力下的极限剪切长期强度。据此绘制 s_∞-σ_n 关系曲线，则可求得 ϕ_∞ 及 C_∞ 值，见图 9-5-4。

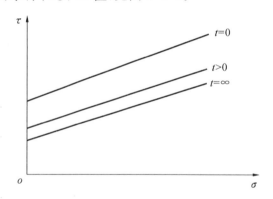

图 9-5-4　岩石强度包络线随时间变化

这样，为求长期剪切强度指标 ϕ_∞ 及 C_∞，至少要 24 个试样。如同时进行试验，至少需要 24 台相同的流变仪。显然这在时间和设备上都是有困难的。因此，陈宗基根据广义波尔兹曼叠加原理提出了一种改进方法，对一个试样分 n 级加长期荷载来代替对 n 个试样加一级荷载。如图 9-5-5 所示，在 4 个试样上分别施加不同的法向应力 σ_{n1}、σ_{n2}、σ_{n3}、σ_{n4}，然后对每一试样分 5 级施加剪应力，每一级延续的时间相同，这样即可得到如图 9-5-5(a)所示的 τ-t 曲线。通过叠加原理，将图 9-5-5(a)曲线整理成图 9-5-5(b)的曲线，即为不同法向应力作用下的 4 组 τ-γ 曲线。这样，仅需 4 台设备即可。

如果没有条件开展这么多流变试验，也可以在岩石蠕变试验中将稳定蠕变速度为零时的最大荷载值定为岩石的长期强度；或者在蠕变曲线簇中选取各曲线上骤然上升的拐点作为流动极限，相应地找到经历各时间后的流动极限值，从而得到流动极限的衰减曲线，当流动极限不再随时间的增长而降低时，即为岩石的长期强度。

按照莫尔-库仑强度理论，认为材料的强度与时间因素无关。因此，其强度包络线是固定不变的。但对于岩体来说，它是一个流变体，其强度随时间的增加而降低。因此，不同的

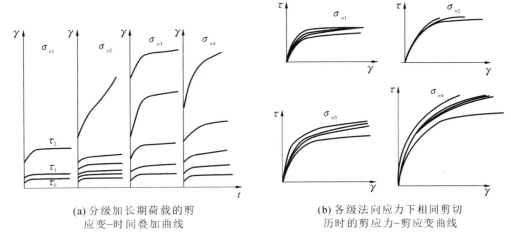

(a) 分级加长期荷载的剪
应变-时间叠加曲线

(b) 各级法向应力下相同剪切
历时的剪应力-剪应变曲线

图 9-5-5　剪应力-剪应变曲线

时间有不同的包络线。极限长期强度的包络线是最低的一条包络线($t=\infty$ 包络线)。岩体从 $t=0$ 的包络线下降到近于 $t=\infty$ 的包络线,这一过程可长达几十年或更长。因此,在进行工程岩体稳定性分析时,有时应根据时间 $t=\infty$ 的包络线来校核(见图9-5-4)。

第10章 岩体动力学

10.1 概　　述

在大多数岩体力学问题分析中,通常都假定作用在岩体上的外力是静态的,所以,考虑问题的角度一般是静力学的。然而,在许多情况下,荷载常具有动力特性,沿用静力学的原理和方法来求解这类课题,显然是不合适的。例如,在地震作用下,岩体边坡和岩基的稳定、隧洞围岩和衬砌结构的安全;工程爆破作业时,附近建筑物、隧洞、边坡及岩体自身的稳定性;列车通过山岭铁路隧道时的振动荷载是否会危及隧道的安全;等等。所有这些课题无不涉及岩体的动力特性与岩体动力学问题。

岩体动力学是研究岩体在动荷载作用下所表现出来的性质与变形破坏规律的科学。概括地说,其研究范围可以分为两个方面:一是岩体本身动力特性的研究;二是研究岩体在各种动力因素作用下所表现出的种种效应。试验和分析表明,这两个方面不是互相独立的,而是相互依存、相互影响的。岩体动力学既是具有相当理论水平的自然科学,又是与工程实际紧密相连的应用科学。在大多数情况下,岩体动力学的发展除了理论研究外,还依赖于工程建设的需要和实验技术的进步。

我国岩体动力学研究最早可以追溯到20世纪60年代初湖北大冶铁矿边坡稳定性研究中的爆破动力效应试验。与岩体动力学相关的研究内容主要有:传播应力、应变变化的应力波和应力场;岩体动力学的试验方法;岩体动力学的数值解析法;岩体的动态物理性质;岩体的动态变形特性、强度特性和破碎特性;岩体的动态破裂准则;岩体在高速冲击荷载作用下的本构方程;岩体动力学在工程上的应用等。

衡量岩体静态和动态断裂的依据是岩体应变率大小。从地壳变形的低应变率到爆炸冲击时的高应变率,岩体受到不同荷载作用时,其应变率变化范围很大。根据应变率大小把岩体的变形分为5个等级,如表10-1-1所示。

表10-1-1　应变率等级分类

荷载状态	应变率$\dot{\varepsilon}/s^{-1}$	试验方式	动静态区别
蠕变	$<10^{-5}$	蠕变试验机	惯性力可忽略
静态	$10^{-5} \sim 10^{-1}$	普通试验机和刚性伺服试验机	
准动态	$10^{-1} \sim 10^{1}$	气动快速加载机	
动态	$10^{1} \sim 10^{4}$	霍普金森压杆及其变形装置	惯性力不可忽略
超动态	$>10^{4}$	轻气炮、平面波发生器	

可以看出,惯性力不可忽略的岩体变形性质都属于岩体动力学研究范畴,低应变率下岩

体力学性质为岩体静力学所研究，而极低应变率作用形式则是岩体流变力学研究的内容。因此区别岩体静力学和动力学只在于岩体应变率的大小，静力学的研究对象并非处于静止状态，只是处于低应变率状态，确切地讲是处于准静态。

10.2 动荷载下岩体中的应力波

10.2.1 应力波类型

波是指某种扰动或某种运动参数或状态参数（例如应力、变形、振动、温度、电磁场强度等）的变化在介质中的传播。应力波就是应力在固体介质中的传播。由于固体介质变形性质的不同，在固体中传播的应力波有弹性波、黏弹性波、塑性波和冲击波等类型。

当岩体受到地震动、冲击或爆破作用时，就会激发各种不同动力特性的应力波在岩体中传播。当应力值（相对于岩体强度而言）较高时，岩体中可能出现塑性波和冲击波；而当应力值较低时，则只产生弹性波。弹塑性波在岩体传播过程中，弹性波总是以更快的速度传播，成为先驱波；随后则是速度较慢的塑性波。这些波在岩体内传播时，弹性波的传播速度比塑性波大，且传播的距离远；而塑性波和冲击波传播慢，且只在震源附近才能观察到。

弹性波的传播也称为声波传播。按传播方式，弹性波分为体波和面波。在岩体内部传播的是体波，而沿着岩体表面或内部结构面传播的是面波。体波又可分为纵波（P波）和横波（S波）。按其作用效果的不同，纵波又可称为压缩波，质点振动与波前进的方向一致，一疏一密地向前推进，其振幅小、周期短、速度快，见图10-2-1上图。横波则称为剪切波，质点振动与波前进的方向垂直，传播时介质体积不变但形状改变，其振幅大、周期长、速度慢。纵波能够在有压缩抗力的材料的任何方向上传播，横波的传播却依赖材料抵抗形状改变的能力，因而只能在固体中传播，见图10-2-1下图。

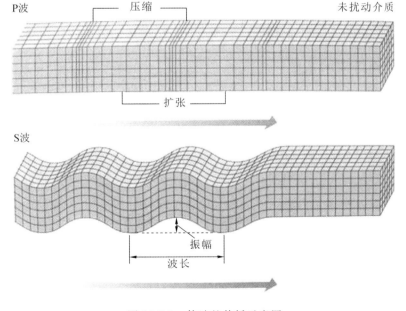

图 10-2-1 体波的传播示意图

面波也有多种类型,其中瑞利(Rayleigh)波(R 波)和勒夫(Love)波(Q 波)比较容易发现。勒夫波传播时在地面上做蛇形运动,质点在地面上垂直于波前进方向(y 轴)做水平振动(见图 10-2-2 上图)。瑞利波传播时在地面上滚动,质点在波方向上和地表面法向组成的平面(xz 面)内做椭圆运动,长轴垂直地面,而在 y 轴方向上没有振动(见图 10-2-2 下图)。面波的振幅最大,波长和周期最长,统称为 L 波(long ware)。

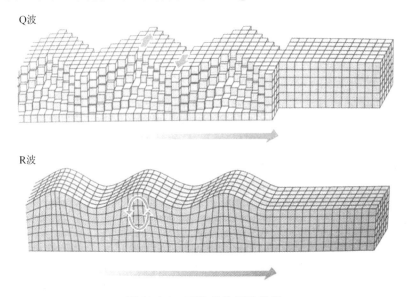

图 10-2-2 面波的传播示意图

应力波到达岩体中某个质点之时,将引起质点运动,即该处岩体的位移变形。与静力条件下变形不同的是,当应力波通过后,该点位移全部或部分恢复。因此,在动力学条件下,岩体的变形是时间的函数。岩体中某点的位移与时间的关系曲线,也称为时程曲线。

由于岩体的不连续和非均匀性,应力波在岩体中传播时,遇到结构面产生的反射、折射、衍射会形成叠加,影响岩体中质点的运动变化。因此,岩体动力学特征是非常复杂的。

10.2.2 弹性波的波速

根据波动理论,传播于连续、均匀、各向同性弹性介质中的纵波速度 v_P 和横波速度 v_S 可表示为

$$v_P = \sqrt{\frac{E_d(1-\mu_d)}{\rho(1+\mu_d)(1-2\mu_d)}} \tag{10-2-1}$$

$$v_S = \sqrt{\frac{E_d}{2\rho(1+\mu_d)}} \tag{10-2-2}$$

式中,E_d 为动弹性模量;μ_d 为动泊松比;ρ 为介质密度。

由式(10-2-1)和式(10-2-2)可知:弹性波在介质中的传播速度与介质密度 ρ 及其动力变形参数 E_d、μ_d 有关。这样就可以通过测定岩体中的弹性波速来确定岩体的动力变形参数。

比较式(10-2-1)和式(10-2-2)也可以看出,$v_P > v_S$,纵波波速确实大于横波波速。一般情况下,当 $\mu=0.22$ 时,$v_P=1.67 v_S$。所以,在仪器记录的波谱上,总是纵波先于横波到达。

故纵波也叫初波,横波也叫次波。而面波的传播速度较体波要慢,一般情况下,瑞利波波速 $v_R = 0.914v_S$。

除了介质密度 ρ 及动力变形参数影响弹性波波速外,岩体岩性、建造组合和结构面发育特征也会影响弹性波在岩体中的传播速度。不同岩性岩体中弹性波速度不同,一般来说,岩体越致密坚硬,波速越大;反之,则越小。岩性相同的岩体,弹性波速度与结构面特征密切相关。一般来说,弹性波穿过结构面时,一方面引起波动能量消耗,特别是穿过泥质等填充的软弱结构面时,由于其塑性变形能容易被吸收,波衰减较快;另一方面,产生能量弥散现象。所以,结构面对弹性波的传播起隔波或导波作用,致使沿结构面传播速度大于垂直结构面传播的速度,造成波速及波动特性的各向异性。

此外,应力状态、地下水及地温等地质环境因素对弹性波的传播也有明显的影响。一般来说,在压应力作用下,波速随应力增加而增大,波幅衰减少;反之,在拉应力作用下,随应力增大则波速降低,波幅衰减增大。同时也发现,岩体受到轴向压力时,在与压力方向正交的方向上,波速随压应力增加而减少;在与加压方向一致的方向上,随着压应力的增加,波速则会相应地增大。由于在水中的弹性波速是在空气中的 5 倍,因此,随岩体中含水量的增加也将导致弹性波速增加;温度的影响则比较复杂,一般来说,当岩体处于正温时,波速随温度增高而降低,处于负温时则相反。

10.2.3 弹性波的衰减

岩体除了具有弹性性质以外,通常还具有黏性性质。岩样在发生自由振动后,即使将其置于真空环境内,并尽可能减小支承的摩擦,自由振动仍然会逐渐衰减。考虑岩体内部黏性因素消耗的能量,运动方程可以表示为

$$P = M_1 \frac{d^2 u}{dt^2} + \eta_1 \frac{du}{dt} + E_1 u \tag{10-2-3}$$

式中,P 为外部施加的力;u 为位移。

式(10-2-3)右侧第一项是惯性项,M_1 由试样的质量和形状决定;第二项是黏性项,η_1 是黏性系数;第三项中的 E_1 是由岩体的弹性模量和形状决定的参数。

在自由振动时,$P = 0$,式(10-2-3)变为

$$M_1 \frac{d^2 u}{dt^2} + \eta_1 \frac{du}{dt} + E_1 u = 0 \tag{10-2-4}$$

它的解为

$$u = A \cdot \exp\left(-\frac{\eta_1}{2M_1} t\right) \cdot \cos(\omega_1 t + \varphi) \tag{10-2-5}$$

这是衰减振动的一般解。其中 A 和 φ 是常数,且有

$$\omega_1^2 = \frac{E_1}{M_1} - \frac{\eta_1^2}{4M_1^2} \tag{10-2-6}$$

由此可以看出,由于黏性阻尼的影响,振幅以 $\frac{E_1}{2M_1}$ 为指数随时间衰减。因此,岩体一般都具有衰减常数。

岩体中声波的速度通常与频率无关,但衰减常数与频率有关。频率越高的声波,在岩体中的衰减越显著,因而向外传播也越困难。根据试验,弹性波在大理岩内传播时,能量衰减到一半的距离,对于 10kHz 的弹性波为 23m,30kHz 的弹性波为 7.7m;300kHz 的弹性波则

仅为 3.7cm。由此可见,高频的弹性波衰减得很快。

上述试验结果是对棒状试样测定的。在地壳内传播的弹性波呈球面状扩散,因而会产生扩散衰减,弹性波的衰减将更大。一些岩体的声波传播速度和衰减常数见表 10-2-1。

表 10-2-1　岩体声波传播速度和衰减函数

岩体名称	颗粒直径/mm	比重	孔隙率/%	抗压强度/MPa	传播速度/(m/s)	衰减常数 10kHz 时/(dB/m)	动杨氏模量/100MPa
大理石	<3	2.68	0.55	53.5	5000	0.13	683
花岗岩Ⅰ	<1	2.57	3.04	90.0	2000	0.40	105
花岗岩Ⅱ	2～4	2.61	0.42	190.0	3750	0.80	374
安山岩	斑晶的大小 1～2	2.67	0.96	173.5	4450	0.67	540
石英闪长岩	1～2	2.70	0.62	245.0	4600	0.40	583
砂岩Ⅰ	0.5～1.0	2.45	6.05	94.0	3100	2.20	240
砂岩Ⅱ	0.3～1.5	2.47	5.53	128.0	3180	1.90	254
砂岩Ⅲ	0.3～1.0	1.82	33.77	8.0	950	9.50	168
混凝土Ⅰ	混凝土:砂=1:2	1.85	9.69*	28.0	3150	1.06	187
混凝土Ⅱ	混凝土:砂=1:3	1.93	12.50*	9.5	2650	1.30	138
混凝土Ⅲ	混凝土:砂:砾石=1:2:3	2.13	8.57*	17.5	3150	1.32	216

注：*根据吸水率逆算。

10.3　应力波在岩体中传播的波动方程

应力波在岩体介质中的传播是岩体动力学的重要课题。应力波在岩体介质中传播的性质,不仅取决于岩体介质的内在特征,而且还与应力波峰值、波形和波长有密切的关系。

10.3.1　弹性介质中的平面应力波

弹性波或地震波,能量较小,并以声速向前传播,能持久地引起岩体质点的振动。其应力幅值比岩体抗压强度要小,但波及的范围较大。

若将岩体视为弹性介质,可以直接引用弹性理论的结果来研究弹性波的传播。它的应力-应变关系符合广义胡克定律。因此,弹性波传播时岩体质点运动方程为

$$\begin{cases} (\lambda+G)\dfrac{\partial \theta}{\partial x}+G\nabla^2 u = \rho\dfrac{\partial^2 u}{\partial t^2} \\ (\lambda+G)\dfrac{\partial \theta}{\partial y}+G\nabla^2 v = \rho\dfrac{\partial^2 v}{\partial t^2} \\ (\lambda+G)\dfrac{\partial \theta}{\partial z}+G\nabla^2 w = \rho\dfrac{\partial^2 w}{\partial t^2} \end{cases} \quad (10\text{-}3\text{-}1)$$

式中，u、v、w 分别为 x、y、z 方向的位移分量；λ 为拉梅常量；θ 为体积应变；G 为动剪切模量；ρ 为介质密度；t 为时间。

所谓平面波，是一种理想的近似状态。它是指波在传播过程中质点只能在平行传播方向运动，其波阵面是平面。平面波的产生条件为介质的横向尺寸很大，以致质点不能发生横向运动。设 x 坐标轴平行于波的传播方向，则有

$$\begin{cases} u = u(x,t), \quad v = w = 0 \\ \varepsilon_x \neq 0, \quad \varepsilon_y = \varepsilon_z = 0, \quad \theta = \varepsilon_x \\ \sigma_x \neq 0, \quad \sigma_y = \sigma_z \neq 0 \end{cases} \tag{10-3-2}$$

则式(10-3-1)可变化为

$$\frac{\partial^2 u}{\partial t^2} = v_P^2 \frac{\partial^2 u}{\partial x^2} \tag{10-3-3}$$

该方程的解的一般形式为

$$u = G(x - ct) + H(x + ct) \tag{10-3-4}$$

式中，$c = v_P$。

根据胡克定律和平面波假设，有

$$v_P^2 \frac{\partial^2 \sigma_x}{\partial x^2} = \frac{\partial^2 \sigma_x}{\partial t^2} \tag{10-3-5}$$

推导知，式(10-3-5)的解与式(10-3-2)的解有相同的形式：

$$\sigma_x = G(x - ct) + H(x + ct) \tag{10-3-6}$$

在给出边界及初始条件后，不难求出这个解。如在半无限空间的自由表面施加应力 σ_0，有边界及初始条件：

$$\begin{cases} \sigma_x = 0, \quad \text{当 } x \to \infty, \text{对所有的 } t \\ \sigma_x = \sigma_0, \quad \text{当 } x = 0, \text{对 } t > 0 \\ \sigma_x = 0, \quad \text{对所有的 } x, \text{当 } t = 0 \\ \dfrac{\partial u}{\partial t} = u = 0, \quad \text{对 } t = 0 \end{cases} \tag{10-3-7}$$

上述边界及初始条件转为位移形式，有

$$\begin{cases} \dfrac{\partial u}{\partial x} = 0, \text{对 } x \to \infty \\ \dfrac{\partial u}{\partial x} = \dfrac{\sigma_0}{2G + \lambda}, \text{对 } x = 0 \text{ 和 } t > 0 \\ \dfrac{\partial u}{\partial x} = 0, \text{对 } x \to \infty \text{ 和 } t = 0 \\ \dfrac{\partial u}{\partial t} = u = 0, \text{对 } t = 0 \end{cases} \tag{10-3-8}$$

通过拉氏变换，可以得到上述方程的解：

$$u(x,t) = -\frac{\sigma_0 v}{2G + \lambda} \cdot \begin{cases} 0, & 0 \leqslant t \leqslant \dfrac{x}{v} \\ \left(t - \dfrac{x}{v}\right), & \dfrac{x}{v} < t \leqslant \infty \end{cases} \tag{10-3-9}$$

$$\sigma_x = \sigma_0 \cdot \begin{cases} 0, & 0 \leqslant t \leqslant \dfrac{x}{v} \\ 1, & \dfrac{x}{v} < t \leqslant \infty \end{cases} \tag{10-3-10}$$

10.3.2 弹塑性介质中的平面应力波

当荷载足够大时,使应力超过岩体介质的屈服应力,或冲击速度超过岩体介质的临界速度时,波的传播速度将不再等于常数,而是随应变改变而变化。这时的岩体部分处于弹性状态,部分处于塑性状态,还有一部分可能仍处于未受力的状态。平面弹塑性波的运动方程和连续方程与弹性情况相一致,只有本构方程有所不同。假设岩体各向同性,且体积的变化是弹性的,屈服应力为 σ_H,则有:

$$\frac{d\sigma_x}{d\varepsilon_x} = \begin{cases} K + \dfrac{4}{3}G, & \sigma_x \leqslant \sigma_H \\ K + \dfrac{4}{3}G_p, & \sigma_x > \sigma_H \end{cases} \tag{10-3-11}$$

式中,K 为体积模量;G 为弹性剪切模量;G_p 为塑性剪切模量。

10.3.3 黏弹性介质中的平面应力波

考虑到实际岩体或多或少具有阻尼特性,使得从弹性或弹塑性观点出发得到的结果与实际情况有所差异,而引入黏性概念则是必要的。以黏弹性介质中平面应力波的传播为例,其应力-应变关系为

$$\sigma = k\left(1 + \eta \frac{d}{dt}\right)\varepsilon \tag{10-3-12}$$

x 轴方向的应力分量可表示为:

$$\sigma_x = k_d\left(1 + \eta_d \frac{\partial}{\partial t}\right)\frac{\partial u}{\partial x} + \frac{1}{3}\left[(k_0 - k_d) + (k_0 \eta_0 - k_d \eta_d)\frac{\partial}{\partial t}\right]\theta \tag{10-3-13}$$

式中,$\theta = \varepsilon_x + \varepsilon_y + \varepsilon_z$。

设半无限介质的自由平面为 $x=0$,由平面波的概念,式(10-3-11)转化为

$$\sigma_x = E_1\left(1 + \eta \frac{\partial}{\partial t}\right)\frac{\partial u}{\partial x} \tag{10-3-14}$$

用应力表示的运动方程为

$$\frac{\partial \sigma_x}{\partial x} = \rho \frac{\partial^2 u}{\partial t^2} \tag{10-3-15}$$

于是

$$E_1\left(1 + \eta \frac{\partial}{\partial t}\right)\frac{\partial^2 u}{\partial x^2} = \rho \frac{\partial^2 u}{\partial t^2} \tag{10-3-16}$$

设作用在自由表面上的荷载为

$$p = p_0 f(t) \tag{10-3-17}$$

为了便于讨论,对上述各量无量纲化:

$$\begin{cases} \text{无量纲距离 } \xi = \dfrac{x}{\eta}\sqrt{\dfrac{\rho}{E_1}} \\ \text{无量纲时间 } \tau = \dfrac{t}{\eta} \\ \text{无量纲位移 } \varphi = \dfrac{u}{\eta p_0}\sqrt{E_1\rho} \\ \text{无量纲应力 } s = \dfrac{\sigma_r}{p_0} \end{cases} \quad (10\text{-}3\text{-}18)$$

根据初始条件和边界条件,应力解为

$$s(\xi,\tau) = \frac{1}{\pi}\int_0^\infty \frac{e^{H(y)}}{(x-1)^2 + y^2}[(x-1)\cos B + y\sin B]dy \quad (10\text{-}3\text{-}19)$$

式中,$H = (x-1)\tau - \xi\left(1 - \dfrac{1}{\gamma}\right)\sqrt{\dfrac{\gamma+x}{2}}$,$B = y\tau - \xi\left(1 + \dfrac{1}{\gamma}\right)\sqrt{\dfrac{\gamma-x}{2}}$,$\gamma = \sqrt{x^2 + y^2}$。

10.3.4 地震动荷载在弹性介质中引起的应变和应力

设地震波为平面弹性波,则纵向(正)应变(ε_p)和横向(剪)应变(γ_p)可分别表示为

$$\varepsilon_p = -\frac{\partial u}{\partial x} \quad (10\text{-}3\text{-}20)$$

$$\gamma_p = \frac{\partial w}{\partial x} \quad (10\text{-}3\text{-}21)$$

而质点运动速度为

$$v_P = \frac{\partial u}{\partial t} \quad (10\text{-}3\text{-}22)$$

$$v_S = \frac{\partial w}{\partial t} \quad (10\text{-}3\text{-}23)$$

根据式(10-3-2)的解及 E 和 G 与 v_P 和 v_S 的近似关系,可以得到应力表达式:

$$\sigma = \pm \rho c_P v_P \quad (10\text{-}3\text{-}24)$$

$$\tau = \pm \rho c_S v_S \quad (10\text{-}3\text{-}25)$$

式中,c_P,c_S 分别为地震波纵波与横波的传播速度。

可以看出,地震引起的应力与岩体密度 ρ、地震波波速 c_P 和 c_S、质点运动速度 v_P 和 v_S 有关。地震波形式很复杂,为近似求出地震应力,可设弹性波为简谐运动的形式,从而质点运动速度可表示为

$$v_P = \frac{\partial u}{\partial t} = 2\pi f_P A_P \quad (10\text{-}3\text{-}26)$$

$$v_S = \frac{\partial w}{\partial t} = 2\pi f_S A_S \quad (10\text{-}3\text{-}27)$$

式中,f、A、v 分别表示振动频率、振幅和质点运动速度,下标 P 和 S 分别表示纵波和横波。

在近似估计地震应力时,亦可用下式估算质点运动速度:

$$v_P = \frac{a_{\max}}{\omega} \quad (10\text{-}3\text{-}28)$$

式中,$a_{\max}$ 为地震峰值加速度;ω 为振动角频率。

应当指出,波的频率和质点位移速度都不是常数,而是岩体力学性质和地质条件及距波

源距离的复杂函数。由于地质条件的复杂性,频率和质点位移速度随距离衰减的函数很难用某个理论公式精确表达。

10.4 动荷载下岩体的力学特性

10.4.1 动荷载下岩体的变形特性

在动荷载情况下,岩体的变形特性有不同程度的变化。图 10-4-1 是粉质砂岩在应变率 $\dot{\varepsilon}=2.1\times10^{-2}\,\mathrm{s}^{-1}$ 时的应力-应变曲线,从图中可以看出,应力-应变曲线没有出现初始压密段,而是加载一开始就表现出线性上升的趋势,并且存在明显的屈服点。屈服段的长度要比静态加载的长些。在有围压的条件下,高应变率加载的试验结果表明,岩体仍具有与静力加载相类似的变形特性,岩体同样表现出剪胀及围压效应。

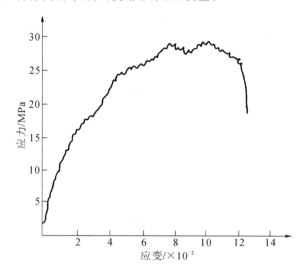

图 10-4-1　粉质砂岩的应力-应变曲线($\dot{\varepsilon}=2.1\times10^{-2}\,\mathrm{s}^{-1}$)

应当指出,动、静荷载下岩体的应力-应变关系仅仅大致相似,而非完全相同。相似的原因是,即使"静力加载",实际上也是"准静态"的,只是应变率较小的加载方式;而"动力加载"则是相对的高应变率的加载方式。对于相同的岩体和相同的试验条件,两者当有相似之处。而表现出的差异,正是体现了量变导致质变的结果。

在高应变率情况下,岩体内部应力状态和受力结构还来不及调整,微裂隙发育较差,破坏性质变脆。初始压密段的消失及屈服段变长,就是明显的例证。因此,在不考虑岩体破坏后性态及应变率低于 $10^3\,\mathrm{s}^{-1}$ 的条件下,动、静态的本构方程可取相同的形式。

10.4.2 岩体动力变形参数

反映岩体动力变形性质的参数通常有:动弹性模量和动泊松比及动剪切模量。这些参数均可通过声波测试资料求得,即由式(10-2-1)和式(10-2-2)得:

$$E_d = v_{mP}^2 \rho \frac{(1+\mu_d)(1-2\mu_d)}{1-\mu_d} \tag{10-4-1}$$

或
$$E_d = 2v_{mS}^2 \rho (1+\mu_d) \tag{10-4-2}$$

$$\mu_d = \frac{v_{mP}^2 - 2v_{mS}^2}{2(v_{mP}^2 - v_{mS}^2)} \tag{10-4-3}$$

$$G_d = \frac{E_d}{2(1+\mu_d)} = v_{mS}^2 \rho \tag{10-4-4}$$

式中,E_d,G_d 分别为岩体的动弹性模量和动剪切模量;μ_d 为动泊松比;ρ 为岩体密度;v_{mP},v_{mS} 分别为岩体纵波速度与横波速度。

利用声波法测定岩体动力学参数的优点是:不扰动被测岩体的天然结构和应力状态,测定方法简便,省时省力,能在岩体中各个部位广泛进行。

表 10-4-1 列出了各类岩体的动弹性模量和动泊松比试验值;各类岩体完整岩块的动弹性模量和动泊松比参见表 10-4-2。

表 10-4-1 常见岩体动弹性模量 E_d 和动泊松比 μ_d 参考值

岩体名称	特征	$E_d/10^3$ MPa	μ_d	岩体名称	特征	$E_d/10^3$ MPa	μ_d
花岗岩	新鲜 半风化 全风化	33.0～65.0 7.0～21.8 1.0～11.0	0.20～0.33 0.18～0.33 0.35～0.40	石英闪长岩	新鲜 微风化 半风化	55.0～88.0 38.0～64.0 4.5～11.0	0.28～0.33 0.24～0.28 0.23～0.33
安山岩	新鲜 半风化	12.0～19.0 3.6～9.7	0.28～0.33 0.26～0.44	角闪片岩	新鲜致密坚硬 裂隙发育	45.0～65.0 9.8～11.6	0.18～0.26 0.29～0.31
玢岩	新鲜 半风化 全风化	34.7～39.7 3.5～20.0 2.4	0.28～0.29 0.24～0.4 0.39	玄武岩	新鲜 半风化 全风化	34.0～38.0 6.1～7.6 2.6	0.25～0.30 0.27～0.33 0.27
砂岩	新鲜 半风化至全风化 裂隙发育	20.6～44.0 1.1～4.5 12.5～19.5	0.18～0.28 0.27～0.36 0.26～0.4	页岩	砂质、裂隙发育 岩体破碎 碳质	0.81～7.14 0.51～2.50 3.2～15.0	0.17～0.36 0.24～0.45 0.38～0.43
灰岩	新鲜,微风化 半风化 全风化	25.8～54.8 9.0～28.0 1.48～7.30	0.20～0.39 0.21～0.41 0.27～0.35	泥质灰岩	新鲜,微风化 半风化 全风化	8.6～52.5 13.1～24.8 7.2	0.18～0.39 0.27～0.37 0.29
片麻岩	新鲜,微风化 片麻理发育 全风化	22.0～35.4 11.5～15.0 0.3～0.85	0.24～0.35 0.33 0.46	板岩	硅质	12.6～23.2 3.7～9.7 5.0～5.5	0.27～0.33 0.25～0.36 0.25～0.29
大理岩	新鲜坚硬 半风化,裂隙发育	47.2～66.9 14.4～35.0	0.28～0.35 0.28～0.35	石英岩	裂隙发育	18.9～23.4	0.21～0.26

表 10-4-2　常见岩体动、静弹性模量比较表

岩体名称	静弹性模量 E_{me}/GPa	动弹性模量 E_d/GPa	E_d/E_{me}	岩体名称	静弹性模量 E_{me}/GPa	动弹性模量 E_d/GPa	E_d/E_{me}
花岗岩	25.0~40.0	33.0~65.0	1.32~1.63	大理岩	26.6	47.2~66.9	1.77~2.59
玄武岩	3.7~38.0	6.1~38	1.0~1.65	灰岩	3.93~39.6	31.6~54.8	13.8~8.04
安山岩	4.8~10.0	6.11~45.8	1.27~4.58	砂岩	0.95~19.2	20.6~44.0	2.29~21.68
辉绿岩	14.8	49.0~74.0	3.31~5.00	中粒砂岩	1.0~2.8	2.3~14.0	2.3~5.0
闪长岩	1.5~60.0	8.0~76.0	1.27~5.33	细粒砂岩	1.3~3.6	20.9~36.5	10.0~6.07
石英片岩	24.0~47.0	66.0~89.0	1.89~2.75	页岩	0.66~5.00	6.75~7.14	1.43~10.2
片麻岩	13.0~40.0	22.0~35.4	0.89~1.69	千枚岩	9.80~14.5	28.0~47.0	2.86~3.2

从大量的试验资料可知:不论是岩体还是岩块,其动弹性模量都普遍大于静弹性模量,且动弹性模量随应变率提高而增加,但对于各种岩体增加的幅度各不相同。而泊松比的变化则是随应变率提高而减小,即动泊松比小于静泊松比。

弹性模量与静弹性模量两者的比值 E_d/E_{me},对于坚硬完整岩体为 1.2~2.0;而对风化、裂隙发育的岩体和软弱岩体, E_d/E_{me} 较大,一般为 1.5~10.0,大者可超过 20.0。表 10-4-2 给出了几种岩体的 E_d/E_{me}。造成这种现象的原因可能有以下几方面:①静力法采用的最大应力大部分为 1.0~10.0MPa,少数则更大,变形量常以毫米计,而动力法的作用应力则约为 10^{-4}MPa 量级,引起的变形量微小,因此静力法必然会测得较大的不可逆变形,而动力法则测不到这种变形;②静力法持续的时间较长;③静力法扰动了岩体的天然结构和应力状态。然而,由于静力法试验时,岩体的受力情况接近于工程岩体的实际受力状态,故在实践应用中,除某些特殊情况外,多数工程仍以静力变形参数为主要设计依据。

由于原位变形试验费时、费钱,这时可通过动、静弹性模量间关系的研究,来确定岩体的静弹性模量。如,有学者提出用如下经验公式来求 E_{me}:

$$E_{me} = jE_d \tag{10-4-5}$$

式中,j 为折减系数,可据岩体完整性系数 K_v,查表 10-4-3 求取;E_{me} 为岩体静弹性模量。

表 10-4-3　K_v 与 j 的关系

K_v	1.0~0.9	0.9~0.8	0.8~0.7	0.7~0.65	<0.65
j	1.0~0.75	0.75~0.45	0.45~0.25	0.25~0.2	0.2~0.1

此外,还可以通过建立 E_{me} 与 v_P 之间的经验关系来确定岩体的 E_{me}。

10.4.3　岩体动力强度

在进行岩体力学试验时,施加在岩体上的荷载并非完全静止的。从这个意义上来说,准静态加载与动态加载没有根本的区别,而仅仅是加载速率的范围不同。当加载速率(应变率)在 10^{-6}~10^{-4} s^{-1} 的范围内时,均认为属于准静态加载。大于这个范围,则认为是动态加载。因此,在准静态加载试验中得到的岩体强度与应变率有关的结论,在动力加载试验中

仍然是成立的。表 10-4-4 是一些岩体的试验结果。

表 10-4-4　几种岩体在不同荷载速率下的抗压强度

试样	荷载速率/(MPa/s)	抗压强度/MPa	强度比
水泥砂浆	9.8×10^{-2}	37.0	1.0
	3.4	44.0	1.2
	3.0×10^{5}	53.0	1.5
砂岩	9.8×10^{-2}	37.0	1.0
	1.9	40.0	1.1
	3.8×10^{5}	57.0	1.6
大理岩	9.8×10^{-2}	80.0	1.0
	3.2	86.0	1.1
	10.6×10^{5}	140.0	1.8

从表 10-4-4 可以看出，动态加载下岩体的强度比静态加载时的强度高。这实际上是一个时间效应问题，在加载速率缓慢时，岩体中的塑性变形得以充分发展，反映出强度较低；反之，在动态加载下，塑性变形来不及发展，则反映出较高的强度。特别是在爆破等冲击荷载作用下，岩体强度提高尤为明显。有资料表明，在冲击荷载下岩体的动抗压强度约为静抗压强度的 1.2～2.0 倍。

对于岩体来说，目前由于动强度试验方法不是很成熟，试验资料也很少。因而有些研究者试图用声波速度或动变形参数等资料来确定岩体的强度。如王思敬等（1978）提出用如下的经验公式来计算岩体的准抗压强度 R_m：

$$R_m = \left(\frac{v_P}{v_{rP}}\right)^3 \sigma_c \tag{10-4-6}$$

式中，v_P，v_{rP} 分别为岩体和岩块的纵波速度；σ_c 为岩块的单轴抗压强度。

10.5　岩体动态力学性质测试

目前测试岩体动力性质共有 4 种方法：共振法、脉冲法、冲击法与地震法。一般确定岩体动弹性模量采用共振法和冲击法，而测定岩体的动态变形特性和强度特征多采用 SHPB 冲击法。

10.5.1　共振法

共振法是用岩石试样在横向基频、纵向基频及扭转基频作用下产生共振，以此共振频率来确定岩石的动弹性模量。在纵向振动中，岩石质点运动平行于轴向方向，若试样的纵波速度大于横截面的尺寸时，试样的横向位移等于零。美国材料实验学会对动弹模建议采用如下的计算公式

$$E = DWf_1^2 \tag{10-5-1}$$

式中，W 为试样重量；f_1 为纵向基频；D 为常数，对于圆柱形试样 $D=0.005189L/d^2$，对于棱柱形试样 $D=0.00475L/bt^2$，其中 L 为试样的长度，d 为圆柱试样的直径，b，t 为棱柱形试样

的尺寸。

试样的横向振动是在给定梁弯曲平面上的特殊振动形式,假定所用试样的质点运动都垂直于轴向,同时荷载均匀分布于整个试样的长度上,那么岩石的动弹模的计算公式为

$$E = CWf_2^2 \tag{10-5-2}$$

式中,f_2 为横向基频;C 为常数,对于圆柱形试样 $C=0.001639L^3T/d^4$,其中 T 为校正系数。

与纵向、横向振动一样,扭转也能引起圆柱形试样的共振,假定圆柱形试样的横截面尺寸在振动时不发生变化,那么岩石的动剪切模量为

$$G = BWf_3^2 \tag{10-5-3}$$

式中,f_3 为扭转振动基频;B 为常数,$B=0.061RL^2/(gA)$,其中 R 是试样极惯性矩与截面之比,A 为截面面积,g 为重力加速度。

10.5.2 脉冲法

脉冲法主要是采用声波进行测试,也称声波法。国外早在 20 世纪 60 年代末期,已将声波测试技术用于岩体探测,可以在室内和现场测量声波在岩体内传播的波速、振幅、频率、相位等特征,来研究岩体的物理力学性质、构造特征及应力状态的方法。声波法具有分辨率高、简便、快速、经济,便于重复测试,并且对岩体是无损检测等突出的优点,已成为岩体工程领域的一种重要测试手段。

实验室内进行声波法测试,主要是针对完整的岩石试样,由于试样长度短,为提高其测量精度,应使用高频换能器(频率一般为 50kHz～1.5MHz)。测定时,把声源和接收器分别放在岩体试样的两端。接收器主要确定波从起始点到接收点传播的时间,即 t_P 与 t_S,由于 v_P 是 v_S 的 1.6～1.7 倍,在波形图上,首次接收到的振动总是 P 波,然后才是 S 波,由此可确定 t_P 与 t_S 的大小,则岩石的纵波和横波速度为可按下式计算:

$$\begin{cases} v_P = \dfrac{D}{t_P} \\ v_S = \dfrac{D}{t_S} \end{cases} \tag{10-5-4}$$

式中,D 为岩体试样两端面之间的距离;t_P 为纵波在岩体试样两端面间的传播时间;t_S 为横波在岩体试样两端面间的传播时间。

现场测试时,首先在平硐、钻孔或地表露头上选择代表性测线和测点。测线应按直线布置,各向异性岩体应按平行与垂直主要结构面布置测线。两测点分别安放发射换能器和接收换能器,并与声波仪连通(见图 10-5-1)。测试时,通过声波发射仪的触发电路发生正弦脉冲,经发射换能器向岩体内发射声波,声波在岩体中传播并被接收换能器所接收,经放大器放大后由计时系统所记录,测得纵、横波在岩体中传播的时间 t_P、t_S,由此计算得到岩体的纵、横波速度(v_{mP}、v_{mS}),计算公式为

$$v_P = \frac{L}{t_P - t_{0P}} \tag{10-5-5}$$

$$v_S = \frac{L}{t_S - t_{0S}} \tag{10-5-6}$$

式中,L 为换能器间的距离;t_P、t_S 分别为纵、横波走时读数;t_{0P}、t_{0S} 分别为纵、横波零延时初始读数。

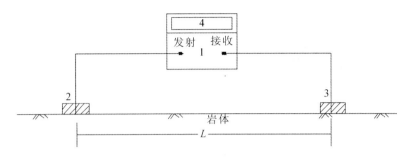

图 10-5-1 岩体表面声波测试装置示意图
1.声波仪;2.发射换能器;3.接收换能器;4.显示器及计时装置

声波波速测试也可以采用跨孔法,见图 10-5-2。选择代表性测线,布置测点和安装声波仪,测点可布置在钻孔内。1 个孔(点)安装声波发射仪,发射声波,另两个孔(点)作接收孔(点),利用两接收孔(点)水平距离及接收到地震波时间的间隔计算波速,测试精度较高。

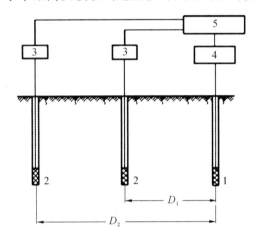

图 10-5-2 声波速度测试原理图
1.发射换能器;2.接收换能器;3.放大器;4.声波发射仪;5.计时器

测试时,通过声波发射仪的触发电路发生正弦脉冲,经发射换能器向岩体内发射声波,声波在岩体中传播并被接收换能器所接收,经放大器放大后由计时系统所记录,测得纵、横波在岩体中传播的时间差 Δt_P、Δt_S。由下式计算岩体的纵波速度 v_P 和横波速度 v_S:

$$v_P = \frac{D_2 - D_1}{\Delta t_P} \quad (10\text{-}5\text{-}7)$$

$$v_S = \frac{D_2 - D_1}{\Delta t_S} \quad (10\text{-}5\text{-}8)$$

式中,D_1、D_2 分别为声波发射点与两个接收点之间的距离。

10.5.3 冲击法(SHPB 法)

一般机械冲击和爆破工程中岩体的应变率为 $10^1 \sim 10^3 \text{s}^{-1}$,目前对这一区域的岩体力学性能动态测试主要采用 SHPB 法(Split Hopkinson Pressure Bar),如图 10-5-3 所示。它不仅可以测量岩石试样的应力、应变与应变率之间的关系,而且可以研究不同加载条件下岩石的破碎效果。

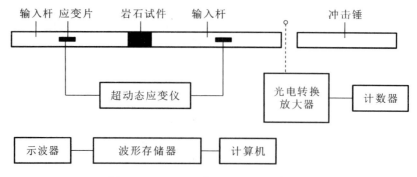

图 10-5-3　SHPB 装置及测试系统框图

在爆轰作用下冲击锤以一定的速度与输入杆撞击产生一个应力脉冲,应力波在输入杆中传播遇到岩石试样时将发生透射和反射,如图 10-5-4 所示,透射部分进入试样继续向前传播。通过波形存储器把试样中的波形记录下来,就可获得试样中应力、应变及应变率之间的关系和试样的能耗值。

$$\begin{cases} \sigma(t) = \dfrac{A_c}{2A_s}[\sigma_I(t) - \sigma_R(t) + \sigma_T(t)] \\ \varepsilon(t) = \dfrac{1}{\rho_e C_e L_s}\int_0^t [\sigma_I(t) + \sigma_R(t) - \sigma_T(t)]\mathrm{d}t \\ \dot{\varepsilon}(t) = \dfrac{1}{\rho_e C_e L_s}[\sigma_I(t) + \sigma_R(t) - \sigma_T(t)] \end{cases} \quad (10\text{-}5\text{-}9)$$

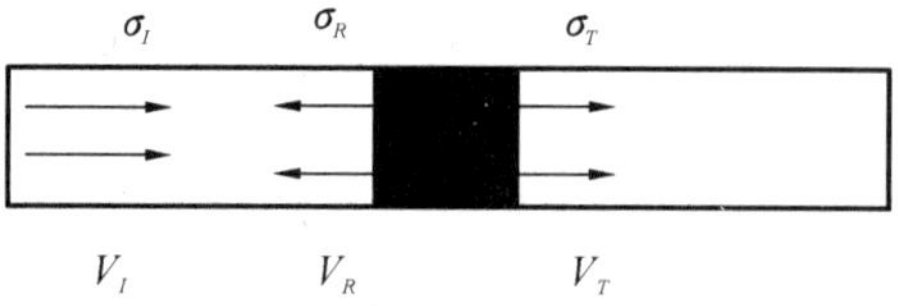

图 10-5-4　应力波在交界面上透射和反射

试样的能耗值为

$$W_s = W_I - W_R - W_T \quad (10\text{-}5\text{-}10)$$

其中,入射能、反射能和透射能分别为

$$\begin{cases} W_I = \dfrac{A_s}{\rho_e C_e}\int_0^\tau \sigma_I^2(t)\mathrm{d}t \\ W_R = \dfrac{A_s}{\rho_e C_e}\int_0^\tau \sigma_R^2(t)\mathrm{d}t \\ W_T = \dfrac{A_s}{\rho_e C_e}\int_0^\tau \sigma_T^2(t)\mathrm{d}t \end{cases} \quad (10\text{-}5\text{-}11)$$

式(10-5-9)～式(10-5-11)中,$\sigma_I(t),\sigma_R(t),\sigma_T(t)$ 分别为 t 时刻的入射、反射及透射应力,入射和透射应力取压应力为正,反射应力取拉应力为正;$\rho_e C_e$,$\rho_s C_s$ 分别为实验金属杆和试样的波阻抗;A_e,A_s 分别为金属杆和试样的截面积;L_s 为试样长度;τ 为应力延续时间。

10.5.4 岩体波速测试结果

表 10-5-1 为常见岩体、岩块的纵、横波速度和动力变形参数；表 10-5-2 为常见岩体不同结构面发育条件下的纵、横波速度。从这些资料可知：岩块的纵、横波速度大于岩体的纵、横波速度；且岩体内结构面发育情况及风化程度不同时，其纵波速度也不同，一般来说，波速随结构面密度增大、风化加剧而降低。因此，工程上常用岩体的纵波速度 v_P 和岩块的纵波速度 v_{rP} 之比的平方来表示岩体的完整性。

表 10-5-1　主要岩体、岩块的弹性波速度和动力变形参数

岩体名称	密度/(g/cm³)	纵波速度/(m/s)	横波速度/(m/s)	动弹性模量/GPa	动泊松比 μ_d
玄武岩	2.60~3.30	4570~7500	3050~4500	53.1~162.8	0.1~0.22
安山岩	2.70~3.10	4200~5600	2500~3300	41.4~83.3	0.22~0.23
闪长岩	2.52~2.70	5700~6450	2793~3800	52.8~96.2	0.23~0.34
花岗岩	2.52~2.96	4500~6500	2370~3800	37.0~106.0	0.24~0.31
辉长岩	2.55~2.98	5300~6560	3200~4000	63.4~114.8	0.20~0.21
纯橄榄岩	3.28	6500~7980	4080~4800	128.3~183.8	0.17~0.22
石英粗面岩	2.30~2.77	3000~5300	1800~3100	18.2~66.0	0.22~0.24
辉绿岩	2.53~2.97	5200~5800	3100~3500	59.5~88.3	0.21~0.22
流纹岩	1.97~2.61	4800~6900	2900~4100	40.2~107.7	0.21~0.23
石英岩	2.56~2.96	3030~5610	1800~3200	20.4~76.3	0.23~0.26
片岩	2.65~2.96	5800~6420	3500~3800	78.8~106.6	0.21~0.23
片麻岩	2.65~3.00	6000~6700	3500~4000	76.0~129.1	0.22~0.24
板岩	2.55~2.60	3650~4450	2160~2860	29.3~48.8	0.15~0.23
大理岩	2.68~2.72	5800~7300	3500~4700	79.7~137.7	0.15~0.21
千枚岩	2.71~2.86	2800~5200	1800~3200	20.2~70.0	0.15~0.20
砂岩	2.61~2.70	1500~4000	915~2400	5.3~37.9	0.20~0.22
页岩	2.30~2.65	1330~1970	780~2300	3.4~35.0	0.23~0.25
灰岩	2.30~2.90	2500~6000	1450~3500	12.1~88.3	0.24~0.25
硅质灰岩	2.81~2.90	4400~4800	2600~3000	46.8~61.7	0.18~0.23
泥质灰岩	2.25~2.35	2000~3500	1200~2200	7.9~26.6	0.17~0.22
白云岩	2.80~3.00	2500~6000	1500~3600	15.4~94.8	0.22
砾岩	1.70~2.90	1500~2500	900~1500	3.4~16.0	0.19~0.22
混凝土	2.40~2.70	2000~4560	1250~2760	8.8~49.8	0.18~0.21

表 10-5-2　常见岩体的纵波速度（m/s）

成因及地质年代	岩石名称	裂隙少，未风化的新鲜岩体	裂隙多，破碎，胶结差，微风化	破碎带，节理密集软弱，胶结差，风化显著
古生代及中生代的岩浆岩、变质岩和坚硬的沉积岩	玄武岩、花岗岩、辉绿岩、流纹岩、蛇纹岩、结晶片岩、千枚岩、片麻岩、板岩、砂岩、砾岩、灰岩	5500～4500	4500～4000	4000～2400
古生代及中生代地层	片理显著的变质岩，片理发育的古生代及中生代地层		4600～4000	4000～3100
中生代火山喷出岩地层，古近纪地层	页岩、砂岩、角砾凝灰岩、流纹岩、安山岩、硅化页岩、硅化砂岩、火山质凝灰岩	5000～4000	4000～3100	3100～1500
第三纪地层	泥岩、页岩、砂岩、砾岩、凝灰岩、角砾凝灰岩、凝灰熔岩	4000～1300	3100～2200	2200～1500
新近纪地层及第四纪火山喷出岩	泥岩、砂岩、粉砂岩、砂砾岩、凝灰岩		2400～2000	2000～1500

通过波速可以计算岩土体的动弹性参数剪切模量、弹性模量、泊松比和动刚度等参数。还可以划分场地土类别，判别砂土或粉土的地震液化，评价岩体风化程度及完整性。

10.6　岩体的动态本构关系

图 10-6-1 和图 10-6-2 为典型的准静态和动态加载条件下岩体试样破坏的全过程应力-应变曲线。

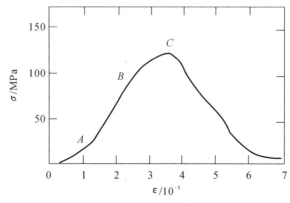

图 10-6-1　岩体静态破坏全过程曲线

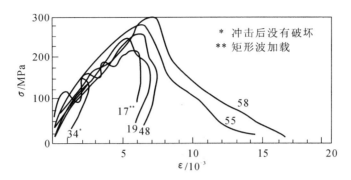

图 10-6-2　岩体动态破裂的全过程曲线

实验和研究表明,增加加载的应变率,并不改变岩体破裂的基本模式,也就是岩体在动载和静载下的应力-应变曲线形状基本相似,而且初始断裂的起始点基本一致。在弹性阶段两者的本构关系几乎完全相同。因此在不考虑岩体破坏后性态及应变率低于 $10^3\mathrm{s}^{-1}$ 时,岩体的动、静态本构关系可以取相同的形式,这可以相应地降低试验成本。一般高应变率作用下岩体脆性增加,主要是由于岩体内部的应力状态和受力结构还来不及调整,微裂隙发育较差所致。

岩体的动态力学特性与静态力学特性主要差异在于岩体的动态强度随应变率变化而变化,实验表明:应变率小于某一临界值时,岩体强度随应变率增大而增长较小;当应变率大于该值时,强度迅速增长。

根据临界值的大小可把岩体强度与应变率的关系表示为

$$\frac{\sigma}{\sigma_s} \propto \left(\frac{\dot{\varepsilon}}{\dot{\varepsilon}_s}\right)^n \tag{10-6-1}$$

式中,下标 s 表示静态。

Green 和 Perkins 对灰岩进行实验测试得到 $\dot{\varepsilon}<10^3\mathrm{s}^{-1}$,$n=0.007$,当 $\dot{\varepsilon}>10^3\mathrm{s}^{-1}$,$n=0.31$。应变率变化对岩体强度的影响比较有限,岩体动态断裂强度并不随应变率增大而无限增加,而是趋于一个恒定值。应变率的增加对强度的影响类似于降低温度所产生的效应,即脆性增加及强度提高,因此可以用热激活理论来解释岩体的动态断裂机制。从该理论 Arrhenius 方程得到岩体应变率

$$\dot{\varepsilon} = \dot{\varepsilon}_0 \exp\left[-\frac{U(\sigma)}{RT}\right] \tag{10-6-2}$$

式中,$\dot{\varepsilon}$ 为应变率;$\dot{\varepsilon}_0$ 为初始应变率;$U(\sigma)$ 为活化能,是等效应力的函数;T 为绝对温度;R 为气体常数。

令 $U(\sigma)=u_0-V(\sigma-\sigma_0)$ 代入上式并进行级数展开可得

$$\sigma = \frac{u_0}{V} + \sigma_0 - \frac{RT}{V}\ln\frac{\dot{\varepsilon}_0}{\dot{\varepsilon}} \tag{10-6-3}$$

式(10-6-3)表明,岩体强度随着应变率增加和温度降低而增加,要维持某一个等应力的水平,应变率的增加等效于温度的降低。

目前对岩体动态本构关系研究得不多,因为实验难度较大,要保持高应变率不变的情况下测试岩体应力-应变曲线很不容易。一般岩体动态本构关系符合宾厄模型,如图 10-6-3 所

示,该模型认为:①岩体破坏峰值点以前的变形和静载条件下变形相同,呈线性变化;②岩体破坏峰值点以后的应变率分为两部分,与应变率成比例的弹性变形和呈塑性流动的蠕变应变率。岩体动态本构方程为:

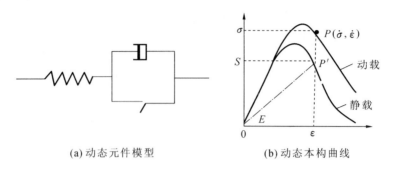

(a) 动态元件模型　　　　(b) 动态本构曲线

图 10-6-3　岩体动态本构方程的力学模型

$$\dot{\varepsilon} = \frac{\dot{\sigma}}{E} + \frac{1}{r}\left(\frac{\sigma - S}{S}\right)^n \qquad (10\text{-}6\text{-}4)$$

式中,$\dot{\varepsilon}$ 为动载下应变率;E 为静载压缩破坏强度后的弹性模量;S 为静载压缩破坏强度后的应力;n 和 r 是岩体固有常数,见表 10-6-1。

表 10-6-1　岩体动态本构方程的 n 和 r 实验值

岩体种类	n	r/s	相关系数
细粒灰岩	1.53	7.75×10^{-3}	0.976
粗粒灰岩	1.54	5.05×10^{-3}	0.968
凝灰岩	2.91	1.03×10^{-3}	0.973
砂岩	1.41	5.08×10^{-3}	0.985

第 11 章　岩体断裂力学与损伤力学

11.1　概　　述

力学按所研究对象可分为固体力学、流体力学和一般力学三大体系。固体力学根据研究对象具体的形态、研究方法与研究目的的不同,又可以分为理论力学、材料力学、结构力学、弹性力学、板壳力学、塑性力学等分支。古典的固体力学将研究对象视为连续介质,从宏观力学角度来分析固体材料在应力作用下的变形、破坏规律及稳定性,基本上不涉及材料内部细观、微观特征的研究。

传统材料力学所描述的材料强度分析分三个步骤:一是分析在外载作用下材料或结构的应力状态;二是测量表征材料强度的性能指标(屈服极限或强度极限);三是应用复杂应力状态下的材料强度理论来判断材料或构件是否满足强度的要求。这种由伽利略开始萌芽的、基于材料均匀连续假设的强度理论是一种起点→终点式的强度观(见图 11-1-1),不直接考虑裂纹等缺陷,将实际材料中可能有的缺陷和其他在计算中考虑不到的因素一起放到安全系数中加以考虑。但是,后来发现,许多高强度低韧度材料,常常会发生"低应力脆断"的事故。研究表明,这种破坏是由于材料内部宏观裂纹的失稳扩展或者材料逐步劣化而引起的,对这方面的研究就形成了断裂力学与损伤力学。

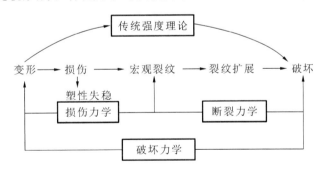

图 11-1-1　断裂力学、损伤力学与传统固体力学的关系

断裂力学与损伤力学的出现,从固体材料裂纹扩展、损伤演变的视角来分析它们在应力作用下力学行为,从细观甚至微观的层面研究固体材料的破坏机理与破坏过程(见图 11-1-1),弥补了古典固体力学的上述缺陷,通常合称为破坏力学。同时,它们也属于细观力学的范畴;与此相对应,以材料力学为代表的古典固体力学称为宏观固体力学。

因此,断裂力学、损伤力学与传统固体力学相结合,可以更全面系统地分析固体材料受力状况下变形与破坏的机理。第一编对岩石与岩体宏观变形破坏特征作了介绍,本章将介绍岩石与岩体的断裂力学与损伤力学。

11.2 岩体中的缺陷与破坏分析

11.2.1 奇异缺陷与分布缺陷

断裂力学研究的是材料内的裂纹与其扩展规律问题。物体中的裂纹被理想化为一光滑的零厚度间断面。在裂纹的前缘存在应力-应变的奇异场,而裂纹尖端附近的材料假定同尖端远处的材料性质并无区别。像裂纹这样的缺陷称为奇异缺陷。

损伤力学则进一步丰富和发展了固体材料的破坏力学理论,即使材料内部不具备断裂力学所研究的奇异缺陷,也可能存在更小尺寸级别的分布缺陷,例如材料内部晶体位错、微裂纹与微孔洞等,从宏观来看,它们遍布于整个物体内,在损伤力学中称为损伤。这些损伤的发生与发展表现为宏观上的材料变形与破坏。损伤力学就是研究在各种加载条件下,物体内损伤随变形而发展并导致破坏的过程和规律。

事实上,固体物体中往往同时存在奇异缺陷和分布缺陷。奇异缺陷存在于物体的局部位置,呈现各向异性的特征;分布缺陷则多连续均匀地分布于物体内,呈现各向同性的特征。奇异缺陷是断裂力学研究的主要对象,分布缺陷是损伤力学研究的主要对象。但是,在裂纹(奇异缺陷)附近区域中的材料往往具有更严重的分布缺陷,它的力学性质不同于距离裂纹尖端远处的材料。因此,为了更切合实际,有必要将损伤力学和断裂力学结合起来,用于研究物体更真实的破坏过程。

岩石和岩体中也同样天然地存在各种缺陷(见图11-2-1),包括奇异缺陷和分布缺陷。正因为如此,才可以用断裂力学与损伤力学来研究,由此发展出岩体(岩石)断裂力学和损伤力学。两个学科分支的形成,对于深入理解岩石和岩体破坏行为,开展岩石和岩体细观特征研究具有重要意义。

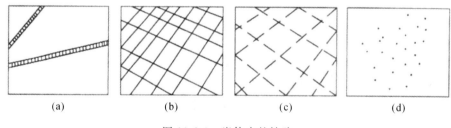

图 11-2-1　岩体中的缺陷

奇异缺陷与分布缺陷的划分具有相对性。岩体中的奇异缺陷,主要指岩体内小规模的结构面,包括各类断层、节理、延伸不长的原生结构面等(见图11-2-1(a)、(b))。它们数量相对有限,多呈平面延伸形态,导致在岩体中呈现明显的各向异性。这类缺陷主要是断裂力学所研究的"裂纹"。岩体中的分布缺陷,主要指随机分布于岩体内的小规模结构面、岩石内微结构面、孔隙等(见图11-2-1(c)、(d)),由于其数量多、分布随机,可以看成均匀分布于岩体内,具有各向同性的性质,这是岩体损伤力学所研究的"损伤"。

如果是针对完整的岩石这样小尺度的研究对象,奇异缺陷主要是指岩石内部的微结构面和相对较大的孔隙、晶洞等（见图 11-2-1(c)），相应的分布缺陷则主要指岩石内部的孔隙、颗粒界面、矿物晶格残损等（见图 11-2-1(d)）。

传统断裂力学一般用于研究材料中尺度为数毫米至数厘米的裂纹，相对应的普通工件的尺度通常在数十毫米至数千毫米之间，因此，裂纹的相对长度比率一般为工件的 1%～10%。对一般性的结构面而言，如果将它们视为断裂力学中的裂纹，假设结构面尺度大致为 60～120cm，则其所对应的工程岩体尺度应大致为 20～100m。换句话说，只有这样尺度下方可将这些结构面视为断裂力学研究的微裂纹，从而可以引用断裂力学的研究成果。而这样尺度的岩体基本上正是一般工程岩体的范畴。

当然，岩体内更大规模的结构面也是奇异缺陷的一部分。这些结构面是否也属于断裂力学的研究范畴？这要根据具体问题具体分析。如果这些结构面已经贯通所研究的工程岩体范围，或者将一部分岩体分割成脱离其他岩体的"分离体"，则应将这样的结构面视为该分离体的边界面（包括底滑面），不需要运用断裂力学理论进行分析，而应采用不连续力学理论进行分析，例如，采用块体理论（见第 13 章）、离散元数值模拟方法（见第 16 章）等方法；亦可按已有破坏面，采用极限平衡理论直接评价分离岩体的稳定性。

如果这些结构面没有完全贯通，而是断续分布在岩体内，中间还有一些岩桥存在，则可以采用断裂力学理论进行裂纹扩展分析，确定进一步的破裂路径，及与其他结构面组合的可能，共同确定岩体破坏路径及破坏范围，进而获得破坏路径上的"综合抗剪强度"。

同样地，损伤力学所考虑的损伤也有相对性。岩体内部的损伤与岩石内部的损伤并不完全相同。但总体上来讲，岩石内的损伤可以视为岩体损伤的一部分，称为细观损伤。相应地，仅存在于岩体内的损伤则称为宏观损伤。

因此，严格意义上讲，岩体断裂力学与岩石断裂力学，以及岩体损伤力学与岩石损伤力学的研究对象并不完全一致，但其基本理论与研究方法则相近，后文为表述简洁方便，统一将其称为岩体断裂力学与岩体损伤力学，若没有专门说明则包含岩体和岩石两个层次。

当岩体断裂力学视这些奇异缺陷为裂纹，视缺陷之外的其他部分的岩体为连续的、各向同性的，因此岩体断裂力学还是属于连续介质力学理论的范畴。但考虑到裂纹的存在，则将岩体视为各向异性介质，分析的也是各向异性的破坏。而损伤力学考虑的主要岩体内均匀存在的分布缺陷，因此是将岩体视为各向同性的连续介质，亦属于连续介质力学的范畴。

11.2.2 岩体断裂力学与损伤力学的关系

人们通常认为，损伤力学着重研究宏观裂纹形成前细观-微观缺陷的演化发展及其力学效应；断裂力学则研究宏观裂纹的扩展过程。一个连续发展的过程，见图 11-2-2。也有观点认为损伤力学与断裂力学有覆盖关系，但是断裂力学研究奇异缺陷的理论、思路与方法都与损伤力学不同，对奇异缺陷的研究更有针对性。

虽然两者都属于破坏力学的范畴，但是对于岩体，特别是节理裂隙岩体，其损伤与断裂的范畴有很大的差异。岩体中的损伤包括分布节理和裂隙，这些缺陷本身是宏观的，只有相对更大的工程尺度而言，才可以认为这种分布缺陷是"细观"的；断裂力学用于节理岩体，通常是从节理尺度（宏观断裂力学）或更小尺度（细观断裂力学）进行的。所以，岩体的损伤与断裂概念不仅与缺陷尺度有关，而且还取决于问题研究的尺度，因而是相对的。工程实践和试验研究表明，岩体的破坏过程是损伤的累积和断裂扩展的过程，有必要将损伤与断裂统一

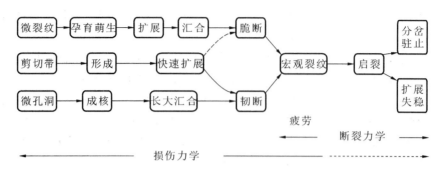

图 11-2-2 岩体损伤力学与断裂力学的关系

起来,建立岩体损伤-断裂相统一的理论及模型,应用于岩体的渐进破坏分析。

11.2.3 岩体的劣化与破坏

损伤力学中所谓的损伤,除分布缺陷(称"分布损伤")外,事实上还应包含岩体的奇异缺陷(称"奇异损伤")。但是与奇异缺陷相比较,分布缺陷更多的是控制岩体的性质,即影响岩体的物理力学参数的大小。这类缺陷的进一步增加,更明显的是导致岩体由脆性向塑性发展,力学性质变差,强度降低。工程上常称之为"劣化"。但劣化过程中,亦可能导致部分分布缺陷向奇异缺陷的转化,形成断裂力学所研究的裂纹,其失稳扩展的研究则转入断裂力学的范畴。裂纹的扩展如果达到贯通工程岩体或将其一部分分离出来成为分离体,则进一步转入不连续介质力学理论研究的范畴。

岩体作为一种地质体,在建造过程中既存在部分分布缺陷(例如孔隙、晶格间隙等),也存在部分奇异缺陷(例如原生结构面等)。在后期的改造过程中,则会导致缺陷的不断演化、发展,总体上呈数量的扩大趋势。这个劣化过程可以称为"地质劣化"。

而在后期的工程活动中,由于开挖、加载等因素,岩体又会进一步劣化,缺陷的形态、数量与分布进一步改变,这一过程可以称为"工程劣化"。实际上,岩体力学所研究的工程岩体正是长期经历地质劣化的一个复杂地质体,并正处于地质劣化的过程中,又即将面临工程劣化这一进程。

劣化将导致岩体不同部位的出现不同程度的性质恶化,甚至出现部分奇异缺陷,这一过程可以用损伤力学来研究。同时奇异缺陷也在不断失稳扩展,与宏观结构面共同组合导致岩体破坏。这种破坏可能为贯通的结构面所控制的不连续介质破坏,也可能表现为岩体裂纹扩展导致的断裂破坏(脆断),也可能表现为岩体劣化导致裂纹新生而引发脆性破坏,也可能是由于劣化的加深,岩体从脆性变形转化为塑性变形而导致塑性(延性)破坏。针对不同破坏类型,将采用不同的强度理论和判据来判断其破坏与否及稳定性状态,因此应认真区分。

根据上述分析,岩体的破坏过程总是伴随损伤(分布缺陷)和裂纹(集中缺陷)的演化发展,表象上表现为岩体的各种形式的失稳破坏,实质上是经历了岩体内从材料损伤的发生、发展和演化直到出现宏观的裂纹型缺陷,以及伴随裂纹的稳定扩展或失稳扩展,是作为一个发展过程而展开的。

因此,岩体破坏类型,取决于其地质背景与力学效应。其中断裂力学与损伤力学提供了很好的研究思路与分析方法。

11.3 断裂力学基础

11.3.1 断裂力学的形成与分类

11.3.1.1 断裂力学的形成

断裂力学是研究含裂纹物体的强度和裂纹扩展规律的科学,是固体力学的一个分支,又称裂纹力学。它萌芽于 20 世纪 20 年代 A. A. Griffith 对玻璃低应力脆断的研究。其后,国际上发生了一系列重大的低应力脆断灾难性事故,极大地促进了这方面的研究,并于 20 世纪 50 年代开始形成断裂力学。

断裂力学的重大突破应归功于 Irwin 的相关研究。1948 年,Irwin 对 Griffith 理论做了修正,引进了裂纹能量释放率,从而提出了裂纹临界平衡状态的判据。1957 年,Irwin 求解出带穿透性裂纹的空间大平板两向拉伸的应力问题,并引入应力强度因子 K 的概念,在此基础上形成了断裂韧性的概念,并建立起测量材料断裂韧性的实验技术,从而奠定了断裂力学的基础。

因为断裂强度因子与能量释放率的概念都是建立在线弹性力学基础上的,故称之为线弹性断裂力学。1963 年,Wells 提出了裂纹张开位移(COD)作为控制裂纹控制的参量。1968 年,Rice 和 Hutchinson 等基于全量塑性理论提出 J 积分作为裂纹顶端应力应变状态的一个综合度量。这些研究使得断裂力学扩展到弹塑性领域。

经过几十年的发展,断裂力学已经逐渐成熟,目前被广泛应用于航空、航天、交通运输、化工、机械、材料、能源等工程领域。其中在岩体工程领域的应用也受到了重视,已独立发展成为岩体断裂力学,成为固体力学中一个极为活跃的部分,是现代岩体力学的重要组成部分。

11.3.1.2 断裂力学的分类

由于研究的出发点不同,断裂力学可分为微观断裂力学和宏观断裂力学。

微观断裂力学研究原子位错等晶体尺度内的断裂过程,位错可以看作晶体原子的一种错排,是一种特殊的晶体缺陷,根据对这些过程的了解,建立起支配裂纹扩展和断裂的判据。目前这方面的研究还难以定量地解释宏观裂纹中的各种现象。宏观断裂力学是在不涉及材料内部断裂机理的条件下,通过连续介质力学分析和实验研究做出对断裂强度的估算与控制。宏观断裂力学目前已有了很大的发展,可以广泛地应用成熟的弹塑性理论,成功地解释由裂纹造成的宏观断裂现象,所得结果可直接用实验验证,并与工程实际紧密结合。

宏观断裂力学按其在外荷载作用下裂纹尖端塑性区的大小,又可以分为线弹性断裂力学和弹塑性断裂力学。

线弹性断裂力学研究的对象是线弹性含裂纹固体,认为材料的物理关系是线性的,只需利用弹性力学的理论和方法研究。线弹性断裂力学发展得比较成熟、严谨,已广泛用于工程实际。弹塑性断裂力学是应用弹性力学、塑性力学的理论和方法,研究物体裂纹扩展规律和断裂准则,适用于裂纹尖端附近有较大范围塑性区的情况。虽然弹塑性断裂力学在工程应用中具有更大的意义,但由于用弹塑性分析方法处理具体问题时存在较大的数学上的困难,所以目前这一领域的研究虽最活跃,但不如线弹性断裂力学那样充分,仍处于蓬勃发展阶段。

11.3.2 裂纹应力强度因子与裂纹扩展条件

11.3.2.1 裂纹的基本形式

1. 按裂纹的几何特征分类

根据裂纹在构件中所处的位置,可将裂纹分为穿透裂纹、表面裂纹和深埋裂纹,见图 11-3-1。

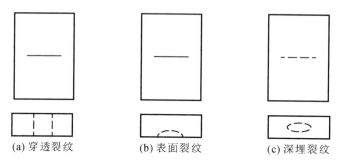

图 11-3-1 裂纹的几何特征分类图

(1) 穿透裂纹。贯穿构件厚度的裂纹称为穿透裂纹。通常把裂纹延伸到构件厚度一半以上的裂纹称为穿透裂纹,并常作理想尖裂纹处理,即裂纹尖端的曲率半径趋近于零。这种简化是偏安全的。穿透裂纹可以是直线的、曲线的或其他形状的。

(2) 表面裂纹。裂纹位于构件表面,或裂纹深度相对构件厚度比较小就作为表面裂纹处理。对于表面裂纹常简化为半椭圆形裂纹,肉眼可观察到。

(3) 深埋裂纹。裂纹位于构件内部,常简化为椭圆片状裂纹或圆片裂纹。

2. 按裂纹的力学特性分类

根据裂纹的力学特性,可将裂纹分为张开型、滑开型和撕开型,如图 11-3-2 所示。

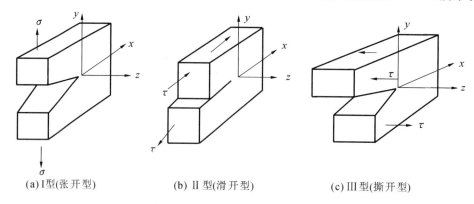

图 11-3-2 裂纹扩展的三种类型

(1) 张开型。受到垂直于裂纹面的拉应力作用,裂纹面产生张开位移而形成的一种裂纹。张开位移与裂纹面正交,即沿拉应力方向。这类裂纹也称为Ⅰ型裂纹。

(2) 滑开型。受到平行于裂纹面,并且垂直于裂纹前缘的剪应力作用,裂纹面产生沿垂直于裂纹前缘方向(沿作用的剪应力方向)的相对滑动而形成的一种裂纹。这种类型的裂纹又称错开型。这类裂纹也称为Ⅱ型裂纹。

(3) 撕开型。受到平行于裂纹面,并且平行于裂纹前缘的剪应力作用,裂纹面产生沿平行于裂纹前缘方向(沿作用的剪应力方向)的相对滑动而形成的一种裂纹。这类裂纹也称为Ⅲ型裂纹。

实际裂纹体中的裂纹可能不是上述单一形式,而是两种或两种以上基本类型的组合,这种裂纹称为复合型裂纹。在三类裂纹基本形式中,以张开型(Ⅰ型)裂纹最常见、最危险,在技术上最重要,是研究的重点。

在最普遍的情况下,裂纹面可以是空间曲面,裂纹前缘可以是空间曲线,但在实际工程问题中,常遇见的基本上是平面裂纹,所以一般都可以按平面裂纹处理。

11.3.2.2 裂纹尖端的应力集中

断裂力学认为,材料内的微裂纹在尖端会形成应力集中,是该区材料中最危险的破坏区。这种裂纹尖端应力集中可以由理论计算所证明。

Inglis(1913)对均匀受力平板上的一个椭圆孔进行了应力分析,如图 11-3-3 所示,一个受 Oy 方向均匀拉伸的平板,其中包含一个半轴为 a、b 的穿透型椭圆孔。假设板厚及半轴 a、b 与板的尺度相比很小,设椭圆方程为

$$\frac{x^2}{a^2}+\frac{y^2}{b^2}=1 \tag{11-3-1}$$

容易证明在 C 点的曲率半径为

$$\rho=\frac{b^2}{a} \tag{11-3-2}$$

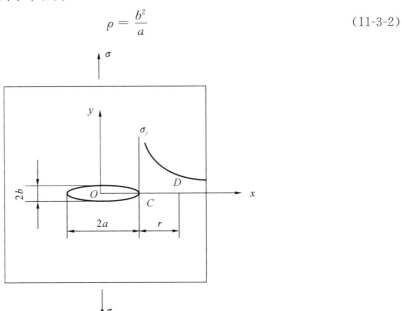

图 11-3-3 椭圆孔的应力分析

而最大应力集中发生在 C 点上

$$\sigma_{yy}(a,0) = \sigma\left(1 + \frac{2a}{b}\right) = \sigma\left(1 + 2\sqrt{\frac{a}{\rho}}\right) \tag{11-3-3}$$

对于 $b \to 0$ 的狭长椭圆孔,这个方程可变为

$$\frac{\sigma_{yy}(a,0)}{\sigma} \approx \frac{2a}{b} = 2\sqrt{\frac{a}{\rho}} \tag{11-3-4}$$

式(11-3-4)中的比值通常叫作弹性应力集中系数。显然该系数比 1 大得多,同时也注意到该系数只取决于孔的形状,而与孔的大小无关,最大应力梯度发生在接近于 C 点的局部。

Inglis 方程第一次为断裂力学提供了实际思路——一条裂纹在力学上可以用一个短轴极短而似乎趋近于零的椭圆来处理。

为了理解裂纹怎样引起应力集中,又由应力集中怎样导致降低材料强度的原理,可以引入人工裂纹在模拟应力线中的存在情况加以说明。

假设有一块一端固定的弹性体平板,其上沿轴向作用着拉伸荷载 P,并在平板上沿 P 方向画出 n 根等间距的力线,当然每根力线的荷载为 P/n,某一点应力线密集,则该点的应力就大,对于无裂纹试样,每一点应力都相同,应力线分布是均匀的,如图 11-3-4(a)所示。如试样中有长为 $2a$ 的宏观裂纹,如图 11-3-4(b)所示。受同样的外力 P,这时试样中各点的应力就不再是均匀的,长为 $2a$ 裂纹上的应力线全部挤在裂纹尖端,裂纹尖端应力线密度增大,即裂纹尖端部分的应力要比平均应力大,远离裂纹尖端,应力线就逐渐趋于均匀,应力也逐渐等于平均应力。也就是说,在裂纹尖端附近,其应力远比外加平均应力大,即存在应力集中。

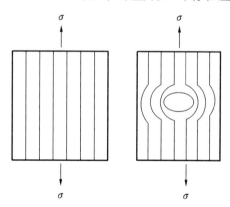

图 11-3-4 拉应力作用下应力分布

裂纹附近的局部应力集中为

$$\sigma_{in} = \frac{\frac{P}{n}}{A_1} \tag{11-3-5}$$

式中,A_1 为裂纹附近应力集中区每根力线的平均横断面面积。

而离裂纹较远的应力为

$$\sigma = \frac{\frac{P}{n}}{A} \tag{11-3-6}$$

式中，A 为裂纹远处的力线横断面面积。

显然 σ_{in} 要比 σ 大得多，而且椭圆尖端曲率半径 ρ 越小，这种效应越显著。因此，如弹性体内存在裂纹时，即使外力很小，而局部集中应力 σ 也会很高。如果用弹性力学来计算 σ_{in}，可简单地用式(11-3-7)表示

$$\sigma_{in} = q_i(a,\rho,x)\sigma \tag{11-3-7}$$

式中，a 为长轴的一半；x 为从椭圆尖端沿长轴方向的距离。

则有

$$\sigma_{in}/\sigma = q_i(a,\rho,x) = K \tag{11-3-8}$$

K 称为应力集中系数。

最大应力集中出现在 $x=0$ 处，这时 K 达到最大。经计算有 $K=2\sqrt{\dfrac{a}{\rho}}$，所以

$$\sigma_{in} = 2\sigma\sqrt{\dfrac{a}{\rho}} \tag{11-3-9}$$

由式(11-3-9)可见，当 σ 为常数时，σ_{in} 与 a 的平方根成正比，与 ρ 的平方根成反比，当 a 越大、ρ 越小时，σ_{in} 则越大。这样，当外加应力 $\sigma=\sigma_c$ 还比较小，甚至还低于材料屈服应力时，含裂纹试样裂纹尖端区的应力集中就能使尖端附近某一范围内的应力都达到材料的断裂强度，从而使裂纹前端材料分离，裂纹快速扩展，试样脆断。也就是说，一般含裂纹试样的实际断裂应力就明显比无裂纹试样低，甚至可以远低于材料的屈服强度。

再进一步设想，脆性材料各质点间的结合力对固定材料来说是个定值。在裂纹存在的情况下，由式(11-3-9)看出，只要给材料施加一个很小的应力 σ，当 ρ 很小，而 a 有一定值时，很快就接近材料的结合力，则 $\sigma_{in}=\sigma_{th}$，可以求出理论强度 $\sigma_{th}=\sqrt{\dfrac{E\gamma}{b}}$，代入式(11-3-9)得

$$\sqrt{\dfrac{E\gamma}{b}} = 2\sigma\sqrt{\dfrac{a}{\rho}} \tag{11-3-10}$$

式中，E 为弹性模量；b 为原子间距；γ 为形成新表面所需的单位能。

如果设 ρ 趋于 b，则

$$\sigma = \dfrac{1}{2}\sqrt{\dfrac{E\gamma}{a}} \tag{11-3-11}$$

裂纹就在尖端向外扩展而断裂。因此，外力 σ 与结合力的比值，就可以认为是实测强度与理论强度的比值，它等于 $\dfrac{\sqrt{\rho}}{2\sqrt{a}}$。岩石的实测强度是由宏观实测中得到的，微观的理论强度是由分子的结构中计算出来的，两者之间的差别极大，这一问题早被人们发现，但始终未能给予确切的解释。1920 年，Griffith 解释了存在这种差别的原因是材料中预先存在许多随机分布的微观裂纹，后来人们就把这种引起应力集中的裂纹称为 Griffith 裂纹。

11.3.2.3 应力强度因子

存在于构件中的裂纹，常常是导致构件断裂的"发源地"。在一定外荷载作用下，裂纹是否扩展，以怎样的方式扩展，显然与裂纹尖端附近的应力场直接相关。假设裂纹体为线弹材料，由弹性力学方法，在裂纹尖端某点 $P(r,\theta)$ 处的应力场可按 Westergard 解(见图 11-3-5)：

对于 I 型裂纹：

$$\begin{cases} \sigma_x = \dfrac{K_\mathrm{I}}{\sqrt{2\pi r}}\cos\dfrac{\theta}{2}\left(1-\sin\dfrac{\theta}{2}\sin\dfrac{3\theta}{2}\right) \\ \sigma_y = \dfrac{K_\mathrm{I}}{\sqrt{2\pi r}}\cos\dfrac{\theta}{2}\left(1+\sin\dfrac{\theta}{2}\sin\dfrac{3\theta}{2}\right) \\ \tau_{xy} = \dfrac{K_\mathrm{I}}{\sqrt{2\pi r}}\cos\dfrac{\theta}{2}\sin\dfrac{\theta}{2}\cos\dfrac{3\theta}{2} \end{cases} \quad (11\text{-}3\text{-}12)$$

对于 II 型裂纹：

$$\begin{cases} \sigma_x = -\dfrac{K_\mathrm{II}}{\sqrt{2\pi r}}\sin\dfrac{\theta}{2}\left(2+\cos\dfrac{\theta}{2}\cos\dfrac{3\theta}{2}\right) \\ \sigma_y = \dfrac{K_\mathrm{II}}{\sqrt{2\pi r}}\cos\dfrac{\theta}{2}\sin\dfrac{\theta}{2}\cos\dfrac{3\theta}{2} \\ \tau_{xy} = \dfrac{K_\mathrm{II}}{\sqrt{2\pi r}}\cos\dfrac{\theta}{2}\left(1-\sin\dfrac{\theta}{2}\sin\dfrac{3\theta}{2}\right) \end{cases} \quad (11\text{-}3\text{-}13)$$

对于 III 型裂纹：

$$\begin{cases} \tau_{xz} = \dfrac{K_\mathrm{III}}{\sqrt{2\pi r}}\sin\dfrac{\theta}{2} \\ \tau_{yz} = \dfrac{K_\mathrm{III}}{\sqrt{2\pi r}}\cos\dfrac{\theta}{2} \end{cases} \quad (11\text{-}3\text{-}14)$$

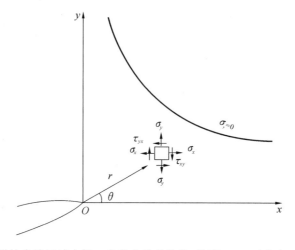

图 11-3-5　裂纹尖端区域内任一点应力状态及 I、II 型 $y=0$ 时应力 σ_y 分布曲线图

把 I、II、III 型的应力状态相迭加，可以得到平面裂纹尖端附近应力状态的一般表达式：

$$\sigma_{ij} = \dfrac{K}{\sqrt{2\pi r}} F_{ij}(\theta) \quad (11\text{-}3\text{-}15)$$

式中，i,j 均可取 1、2、3；σ_{ij} 可代表空间 9 个应力分量；$F_{ij}(\theta)$ 仅为极角 θ 的函数，称为角分布函数；$\dfrac{1}{\sqrt{2\pi r}}$ 为坐标函数；K 是在一定外力作用下，对于给定的裂纹，与坐标位置无关的常数。

由式(11-3-15)可知，当 $r\to 0$ 时，$\sigma_{ij}\to\infty$，即在裂纹尖端，各应力分量都无限增大。显然，用应力本身来表示裂纹尖端的应力场强度是不适宜的，或者说，以应力的大小来衡量裂纹尖端材料是否安全,已经毫无意义。这时应力场在裂纹尖端处具有奇异性,称为奇异性应力场。

那么在裂纹尖端处,用应力分量判断其安全与否,有没有它自己的准则呢? Irwin(1957)通过对裂纹尖端附近应力场的研究,提出了一个新的参量——应力强度因子 K。应力强度因子 K 不依赖于坐标 r、θ,与坐标的选择无关,即不涉及应力和位移在裂纹尖端近旁的分布情况;应力强度因子 K 与裂纹和构件的几何形状及外力的大小和作用方式有关,因而 K 的大小可以衡量整个裂纹尖端附近应力场中各点应力的大小,是表征裂纹尖端附近奇异性应力场强弱程度的一个有效参量,可以说明裂纹尖端附近整个区域的安全程度。

因此,应力强度因子 K 是线弹性断裂力学中的一个重要的基本概念,其国际制单位为 $\mathrm{MPa \cdot m^{1/2}}$。对于Ⅰ、Ⅱ、Ⅲ型裂纹,应力强度因子分别记为 K_I、K_II、K_III。它们和裂纹大小、形状及外加应力都有关,利用弹性力学的方法,可以求出裂纹前端内应力场的具体表达式。例如图 11-3-6 所示的单条裂纹,在单向压缩条件下,其强度因子的表达式为

$$\begin{cases} K_\mathrm{I} = \sigma \sqrt{\pi a} \sin^2\theta \\ K_\mathrm{II} = \sigma \sqrt{\pi a} \sin\theta\cos\theta \end{cases} \tag{11-3-16}$$

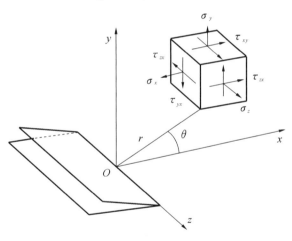

图 11-3-6 裂纹尖端应力场

如图 11-3-7 所示,无限板中心裂纹引起远场应力 σ、τ、τ_1 的作用下,经推算得:

$$\begin{Bmatrix} K_\mathrm{I} \\ K_\mathrm{II} \\ K_\mathrm{III} \end{Bmatrix} = \begin{Bmatrix} \sigma\sin\gamma - \tau\cos\gamma \\ \sigma\cos\gamma - \tau\sin\gamma \\ \tau_1 \end{Bmatrix} \sin\gamma \cdot \sqrt{\pi a} \tag{11-3-17}$$

对不同的荷载作用及不同的裂纹的几何状态,K 的计算公式是不同的,可查阅有关手册。由于应力强度因子计算是以线弹性理论为基础的,因此,复杂荷载下的应力强度因子可以作为几个比较简单问题的代数和。更复杂的实际裂纹,也可以采用反算的方法得到,即先用其他方法(如边界配置法、光弹试验测量或数值计算)求得应力场和位移场,再反算出 K 值。

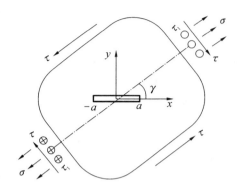

图 11-3-7 含有中心裂纹的无限板在远场应力作用的情况

11.3.2.4 裂纹扩展条件

作为研究裂纹体的断裂力学,首先需要研究清楚在一定的外力作用下裂纹会不会开裂,即裂纹的起裂条件;其次要研究起裂以后,裂纹如何扩展,即其扩展方式是怎么样的?裂纹的扩展方式分为两种:失稳扩展与稳定扩展。如果在不增加外力的情况下,裂纹以极高的速度持续扩展,称为失稳扩展,简称失稳。在这种情况下,构件已完全失去承载能力。如果起裂以后,还需要增加外力裂纹才会继续扩展,则称为裂纹稳定扩展,或称为亚临界扩展。经过一定的稳定扩展,裂纹最后失稳,同样会造成构件断裂。此外,还必须探讨裂纹的扩展方向。所有这些,统称为裂纹扩展规律。

研究裂纹的扩展有两种不同的观点(或者说方法):一种是应力强度观点,认为裂纹扩展的临界状态,是由裂纹前缘的应力场的大小达到临界值来表征的,即"K"判据。另一种是从能量分析出发,认为物体在裂纹扩展中所能够释放出来的弹性能,必须与产生新的断裂面所消耗的能量相等,这种观点是 20 世纪 20 年代初由 Griffith 提出来的。这两种观点有着密切的联系,但并不总是等效的。

按照第一种观点,如果应力强度因子达到某一临界值,裂纹就会扩展。设在某平面应变的标准试样中,裂纹在临界荷载作用下出现不稳定扩展,这时所对应的应力强度因子称为材料的断裂韧度(K_C)。对于三种类型的裂纹,其断裂韧度分别为 K_{IC}、K_{IIC}、K_{IIIC}。当使用同一材料的构件,裂纹尖端应力强度因子 K 与其相等时,可认为构件裂纹尖端应力场就像试样裂纹那样,同样将进入临界状态。因此,含裂纹构件的断裂条件为

$$K = K_C \qquad (11\text{-}3\text{-}18)$$

上式称为线弹性条件下的断裂准则,又称为应力场强度准则。由于它是在分析裂纹尖端附近应力场强弱程度的基础上提出的,通常也称为应力强度因子准则("K"判据)。

按第二种观点,由 Griffith 能量准则出发,同样可以得到相同的结果。该观点认为:初始裂纹在荷载作用下的扩展,需要增加自由表面(裂纹面是自由表面),当进入临界状态,裂纹扩展释放的应变能能够支付形成新表面所消耗的能量时,裂纹出现失稳扩展,引起材料脆断,应变能大量释放。可以证明,当材料沿裂纹延伸方向扩展时,单位面积的应变能释放率 G 为

$$G = \frac{1}{E'}(K_I^2 + K_{II}^2) + \frac{1}{2\mu}K_{III}^2 \qquad (11\text{-}3\text{-}19)$$

式中，$E'=E$（平面应力）；$E'=E/(1-\mu^2)$（平面应变）。

G 与 K_{1C} 的关系所对应的应变能释放判据为

$$G = G_e \frac{K_{1C}^2}{E'} \tag{11-3-20}$$

式中，K_{1C} 为 Ⅰ 型裂纹的断裂韧度；G_e 为临界应变能释放率。

这两种观点都是针对材料在线弹性条件下的断裂而言。一般来说，当裂纹尖端附近的塑性区尺寸小于裂纹尺寸的 1/10 时，可以认为是线弹性条件的断裂问题。考虑实际有裂纹的材料，当外荷载不太大时，可以足够精确地看作线弹性材料。但当外力逐渐增大，直到断裂，裂纹尖端附近必然出现塑性区，塑性区的大小显然与外加荷载和材料性质有关。

为了便于说明问题，用图 11-3-8 所示的围绕裂纹尖端半径为 R_p 的圆所占的区域 ω_p 来表示塑性区。当 ω_p 很小时，总可以找到一个围绕 ω_p 的半径为 R_k 的弹性区域 ω_k，在这个区域里，应力场强度仍然可以近似地由应力强度因子 K 唯一确定。也就是说，尽管存在塑性区 ω_p，且在塑性区 ω_p 内，应力、应变关系是非线性的，但应力、应变、位移的详细分布情况还是无从得知。但由于 ω_p 很小，对 ω_k 区域中的应力、应变、位移的影响也很小，因而由线性断裂力学确定的 K 仍有效。同时，ω_k 和 ω_p 有一个交界边界，由于塑性区 ω_p 的周围都被弹性区包围，而该弹性区的力学状态由 K 唯一确定，因此 K 也唯一确定了 ω_p 的边界情况，即 K 在边界上仍可作为主导参量。根据塑性力学理论，在简单加载的条件下，ω_p 内的塑性状态与 K 有一一对应关系。因而，在小范围屈服条件下，K 仍可以在 ω_p 内作为裂纹尖端附近应力、应变场的唯一度量，起到了主导作用，叫作 K 主导，ω_k 区域叫作 K 主导区。

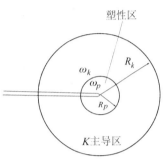

图 11-3-8　K 主导区示意图

K 的主导作用表现在：①K 是 ω_p 和 ω_k 交界边界的唯一参量；②简单加载条件下，K 在 ω_p 内仍起主导作用；③K 在弹性区内起主导作用。即 K 仍是裂纹尖端附近应力、应变、位移场的唯一度量，将 ω_k 区域称 K 主导区。

K 主导区成立的条件：①单调加载；②小范围屈服，即 $R_p \ll a$。

于是，当 K 主导区存在时，线性断裂力学的方法和结果可以近似地应用于小范围屈服的情况。

如果裂纹尖端附近的塑性区尺寸大于裂纹尺寸的 1/10 时，必须要考虑塑性区的影响，这时应选择其他物理量作为其判据参量，如裂纹尖端张开位移（COD）和 J 积分等，可参考相关文献。

11.3.3　断裂韧度

对含有宏观裂纹的构件来说，用什么指标作为材料抵抗裂纹失稳扩展（从而导致脆断）能力的度量呢？对大量含裂纹构件脆断的事故分析和含裂纹试样的试验都表明：构件中的裂纹越长、a 越大，则裂纹前端应力集中越大，使裂纹失稳扩展的外加应力（即断裂应力）越小。另外，试验表明断裂应力也和裂纹形状、加载方式有关。对每一种特定工艺状态下的材料，存在这样一个物理量，它和裂纹大小、几何形状及加载方式无关，只和材料本身的成分、热处理和加工工艺有关,这个物理量在断裂力学中称为断裂韧度(断裂韧性)。

断裂韧度是材料阻止宏观裂纹失稳扩展能力的度量,是材料固有的性能,它和裂纹本身的大小、形状无关,也和外加应力大小无关。材质的断裂韧度越高,使裂纹失稳扩展所需的外加应力就越大,即材料抵抗裂纹失稳扩展的阻力就越大。

根据断裂破坏的类型不同,断裂韧度可以有应力强度因子 K_C、COD 和 J 积分等形式,其中 K_C 是线弹性问题最常用的断裂韧度。

如用含裂纹试样做试验,测出裂纹失稳扩展所对应的应力,代入相应公式就可以测出此材料的 K_C 值。由于 K_C 是材料性能,故用试样测出的值就是实际含裂纹构件抵抗裂纹失稳扩展的 K_C 值。如果材料的断裂韧度大,则使裂纹快速扩展、构件脆断所需的应力也高,即构件越不容易发生低应力脆断。反之,如构件在工作应力下脆断,这时构件内的裂纹长度必须大于或等于按断裂韧度所确定的临界值。

显然,当材料的断裂韧度越高,在相同的工作应力作用下,导致构件脆断的应力就越大,即可容许构件中存在更长裂纹。

11.4 岩体断裂判据与断裂试验

11.4.1 岩体断裂判据

目前常用的岩体断裂破坏的判据有最大拉应力准则和应变能准则。但是在工程实践中,裂纹的受力是复杂的,裂纹的扩展可能同时有拉张作用与剪切作用。在这种情况下,得到一个理论上的复合判据十分困难。尤其是针对岩体工程中常见的压剪应力状态,至今还难以给出比较符合实际的断裂判据。

11.4.1.1 最大拉应力准则

最大拉应力准则,亦称最大周向拉伸应力理论,是 Erdogan 和薛昌明(1963)提出的。该判据假定:①裂纹沿周向应力取最大值的方向开始扩展;②裂纹的扩展是由于最大周向应力达到临界值产生的。针对图 11-4-1 所示的裂缝,根据平面应力分析,可得到裂纹尖端的应力分布的极坐标表达式为

$$\begin{cases} \sigma_r = \dfrac{1}{2(2\pi r)^{\frac{1}{2}}} \left\{ K_{\mathrm{I}}(3-\cos\theta)\cos\dfrac{\theta}{2} + K_{\mathrm{II}}(3\cos\theta-1)\sin\dfrac{\theta}{2} \right\} \\ \sigma_\theta = \dfrac{1}{2(2\pi r)^{\frac{1}{2}}} \cos\dfrac{\theta}{2} \{ K_{\mathrm{I}}(1+\cos\theta) - 3K_{\mathrm{II}}\sin\theta \} \\ \tau_{r\theta} = \dfrac{1}{2(2\pi r)^{\frac{1}{2}}} \cos\dfrac{\theta}{2} \{ K_{\mathrm{I}}\sin\theta + K_{\mathrm{II}}(3\cos\theta-1) \} \end{cases} \quad (11\text{-}4\text{-}1)$$

最大拉应力准则假定,裂纹扩展时,扩展方向的应力强度因子达到临界值。此时

$$\sigma_\theta (2\pi r)^{\frac{1}{2}} = K_{\mathrm{I}C} \quad (11\text{-}4\text{-}2)$$

式中,σ_θ 为断裂扩展角 θ 处的扩展拉应力。

将式(11-4-1)代入式(11-4-2),得

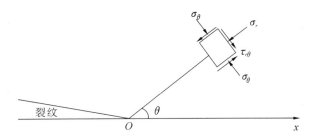

图 11-4-1　裂纹尖端外侧一点的应力

$$\frac{1}{2}\cos\theta[K_{\mathrm{I}}(1+\cos\theta)-3K_{\mathrm{II}}\sin\theta]=K_{\mathrm{IC}} \tag{11-4-3}$$

最大拉应力作用下的扩展角 θ_0 可由下式决定：

$$\frac{\partial\sigma_\theta}{\partial\theta}=0,\quad\frac{\partial^2\sigma_\theta}{\partial\theta^2}<0$$

代入式(11-4-1)，得 $\cos\dfrac{\theta}{2}[K_{\mathrm{I}}\sin\theta+K_{\mathrm{II}}(3\cos\theta-1)]=0$，$\theta=\pm\pi$ 除外，θ 应满足式(11-4-3)。

对于 I 型裂纹，$K_{\mathrm{II}}=0$，$K_{\mathrm{I}}\neq0$，由上式算得 $\theta_0=0,\pi$。当 $\theta_0=0$，$K_{\mathrm{I}}=K_{\mathrm{IC}}$。

对于 II 型裂纹，$K_{\mathrm{I}}=0$，$K_{\mathrm{II}}=\tau\sqrt{\pi a}$，则 $K_{\mathrm{II}}=(3\cos\theta_0-1)=0$，$\theta_0=\pm 70.5°$。

11.4.1.2　应变能密度准则

薛昌明(1978)认为，复合型裂纹扩展的临界条件取决于裂纹尖端的能量状态和材料性能。设裂纹尖端附近的弹性应变能密度为 W，则

$$W=\frac{1}{r}[a_{11}K_{\mathrm{I}}^2+2a_{12}K_{\mathrm{I}}K_{\mathrm{II}}+a_{22}K_{\mathrm{II}}^2+a_{33}K_{\mathrm{III}}^2]=\frac{S}{r} \tag{11-4-4}$$

式中，$a_{11}=\dfrac{1}{16\pi\mu}[(1+\cos\theta)(K-\cos\theta)]$；$a_{12}=\dfrac{1}{16\pi\mu}\sin\theta[2\cos\theta-K+1]$；$a_{22}=\dfrac{1}{16\pi\mu}[(K+1)(1-\cos\theta)+(1+\cos\theta)(3\cos\theta-1)]$；$a_{33}=\dfrac{1}{4\pi\mu}$；$K=\begin{cases}3-4\gamma & \text{(平面应变)}\\(3-\gamma)/(1+\gamma) & \text{(平面应力)}\end{cases}$；$S$ 为应变能密度因子，可区分为以下两种情况：

(1) 裂纹开始沿着应变能密度因子最小的方向扩展，即在

$$\frac{\partial S}{\partial\theta}=0,\quad\frac{\partial^2 S}{\partial\theta^2}>0,\quad\theta=\theta_0\text{ 处}$$

(2) S 达到临界值时，裂纹开始扩展，此时

$$S_{\theta=\theta_0}=S_{cr}$$

应变能密度因子准则可被用于压缩条件下的复合断裂。薛昌明(1978)认为，临界值 S 作为断裂的材料参数，它与裂纹几何形状及荷载无关。E. Z. Lajtal(1978)则认为，薛的理论能够应用于前述的受拉荷载及受压荷载的拉型断裂初期。

鉴于受压条件下的剪切断裂对岩体力学而言十分重要，如重力坝基沿基岩胶结面的断裂和地壳表面常见的压扭断裂等。这种剪切断裂又决定了岩体破坏的较晚阶段，因此有必要进一步加以讨论。

根据法向压应力（$K_I<0$）对剪切断裂的遏制作用，考虑到库仑公式的适用性，以及裂纹体的应力强度因子 K_I、K_{II}、K_{III} 分别与对裂纹平面相应的名义法向应力、剪应力和扭剪力均成正比，周群力（1989）建议对受压条件下的剪切断裂（$-K_I$、K_{II} 复合型断裂与 $-K_I$、K_{III} 复合型断裂两类）采用如下工程适用的简单关系：

压剪判据 $\quad\quad\quad \lambda_{12}\sum K_I + |\sum K_{II}| = \overline{K}_{IIC}$ （11-4-5）

压扭判据 $\quad\quad\quad \lambda_{13}\sum K_I + |\sum K_{III}| = \overline{K}_{IIIC}$ （11-4-6）

式中，λ_{12}、λ_{13} 分别为压剪系数和压扭系数；$\overline{K}_{IIC}$、$\overline{K}_{IIIC}$ 分别为压缩状态下的剪切断裂韧度和扭剪断裂韧度。λ_{12}、λ_{13}、$\overline{K}_{IIC}$、$\overline{K}_{IIIC}$ 均由满足平面应变条件的标准试验测定。

11.4.2 岩体断裂试验

岩体断裂力学的主要问题之一是合理地确定岩体或岩石的断裂韧度，但至今国际上还没有一个岩石或岩体断裂韧度测试的统一规范。目前，岩体断裂韧度测试基本上是参照金属材料线弹性平面应变断裂韧性的标准试验方法（ASTM-E399）进行的。由于金属和陶瓷的晶粒为微米数量级，岩石的晶粒为毫米数量级，所以晶粒尺寸与试样尺寸必须保持一定关系，以满足均质性要求。因此，要求平均晶粒尺寸必须远远小于试样尺寸、裂纹尺寸；也要求岩样要有足够大的尺寸，不能采用类似金属试样那么小的尺寸。这都为岩石断裂韧度的测试带来困难。

此外，岩体的均质性比金属差，天然岩体不仅有定向的构造裂隙，还有随机分布的节理和裂纹，性状与地压因素关系密切，处于一定的地应力场中，在天然埋藏条件下还受到地下水、地温、热力成岩作用等的影响。因此，必须结合岩体破裂机理来研究岩体的断裂韧度。

11.4.2.1 室内试验

对岩体进行断裂韧度的室内测试是断裂力学引入岩体力学的基础，但是岩体断裂试验区别于金属，即其 K_{IC} 值具有相当大的分散性，同时其破裂开展常出现成组的微裂纹及裂纹分支，因而很难得到集中的 K_{IC} 值，常常引起很大的误差。影响 K_{IC} 的因素很多，如试样高度、高跨比和缝端深度等。通常用于测定岩体断裂韧度的方法有圆柱体拉伸试验、扭转试验、弯曲试验、圆环试验等。

W. S. Broun 等用圆柱体试样测定了 Westely 花岗岩、Nuggef 砂岩、Tennesse 大理岩的 K_{IC}。试样直径 2.5cm，高 7.5cm，在试样中部由人工预制一个环形边裂纹，首先用砂轮磨成 V 形缺口，然后用嵌有 0.0075cm 直径金刚石粒的钢丝修成裂纹尖端。在拉伸作用下，测得 K_{IC} 为

$$K_{IC} = \sigma_{\text{net}} f\left(\frac{d}{D}\right)\sqrt{\pi D} \quad\quad (11\text{-}4\text{-}7)$$

式中，σ_{net} 为净截面轴向应力；d 为净截面直径；$f\left(\dfrac{d}{D}\right)$ 为裂纹系数；D 为试样直径。

花岗岩等几种岩石的测试结果见表 11-4-1。

表 11-4-1　岩体断裂韧度的室内测试结果

岩石名称	试样编码	$K_{IC}/(\mathrm{kg/cm^{3/2}})$
花岗岩	4	61
砂岩	110	27
大理岩	82	68

扭转试验是采用带纵向槽口即轴向开槽的圆柱试样，进行无侧限的扭转试验，名义剪应力 τ 可按下式测出，并可观察到螺旋形断裂面，从而计算断裂韧度。

$$\tau = \frac{TC}{I} \tag{11-4-8}$$

式中，τ 为扭转力；T 为扭转力矩；I 为横截面惯性矩；C 为中性轴至外表面的距离。

弯曲试验一般采用三点弯曲梁试验（见图 11-4-2），方法简单，试样便于加工，应用较为广泛。

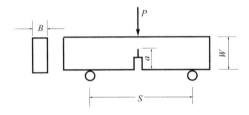

图 11-4-2　三点弯曲试验

对于软岩和复杂岩体，由于裂纹尖端出现一个过渡区，即塑性开裂区，因而使测试 K_{IC} 产生困难。K_{IC} 的值和试样的尺寸有关，可采用修正圆环试验较简便地测试 K_{IC}。其原理如图 11-4-3 所示。

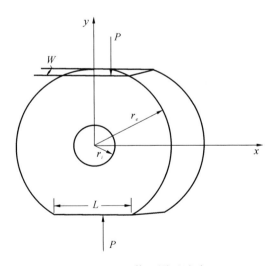

图 11-4-3　修正圆环试验

试验中，K_I 是裂缝长度的函数。试验按线弹性断裂力学作平面应变分析，典型的荷载位移曲线表明，当裂缝扩展很小时，K_I/P 与裂缝长度成正比；当裂缝扩展较长时，K_I/P 与裂缝长度成反比。此时，K_I/P 的峰值转折点对应 P 的极小值，此 K_I 即为 K_{IC}，并不需要

知道裂缝的开展长度。此时有

$$K_I = \sigma\sqrt{(r_i+a)\pi} \tag{11-4-9}$$

式中,$\sigma = P/\pi r_e W$。

此种试验的优点是试样易于制作,并易于按平面应变分析。试样开裂裂纹的过渡段比较短,并在缝端受压应力场的影响。

11.4.2.2 现场试验

目前,国内外对岩体断裂韧度的测定也多是沿用室内测定金属断裂韧度的方法。但是在岩体力学领域中各种力学参数往往由现场测定。若是用现场试验测定岩体断裂韧度,则意义会更大,但难度也更大。通常,狭缝法应用较多。

用狭缝法对天然岩体进行断裂韧度测定。与室内试验相比,它可以考虑地应力的影响。因此,岩石断裂韧度 K_{IC} 可由下述断裂判据中求得:

$$K_{IC} = K_I + K_I' \tag{11-4-10}$$

式中,K_I 为狭缝内作用力 P 时的应力强度因子(见图 11-4-4(a)),$K_I = \dfrac{2}{\pi}P\arcsin\left(\dfrac{b}{a}\right)\pi a$;$K_I'$ 为地应力 σ 作用时的 I 型应力强度因子(见图 11-4-4(b)),$K_I' = \sigma\sin^2\theta\pi a$。

当地应力 σ 与狭缝平面成 θ 角作用时,还有 K_{II}' 的影响。

$$K_{IIC} = K_{II}' \tag{11-4-11}$$

当狭缝内仅作用 P 力时(见图 11-4-4(a)),$K_{II} = 0$。

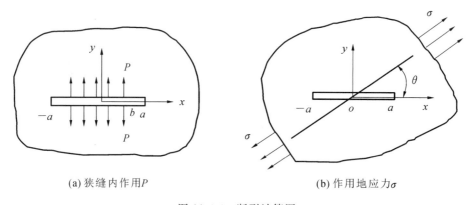

(a) 狭缝内作用 P (b) 作用地应力 σ

图 11-4-4 断裂计算图

11.5 损伤力学基础

11.5.1 损伤力学的形成

损伤力学是研究各种加载条件下,物体的损伤随着变形而发展并最终导致破坏的过程和规律。它是固体力学又一个重要的学科分支,是应工程技术的发展对基础学科的需求而产生的。它同样经历了一个从萌芽到壮大的过程,在金属材料、复合材料和岩土工程等领域得到应用和发展,并为研究这些固体材料的力学性质、损伤破坏机理提供了新的研究思路和有效的研究方法,研究成果斐然。

古典的材料力学所描述的材料强度理论,是在假设材料为均匀连续的基础上进行研究的。但实际的材料与结构是存在缺陷的。20世纪50年代开始发展的断裂力学,尽管考虑了裂纹型的缺陷,但在基体介质中,仍然认为是均匀连续的。然而,即使材料没有裂纹型残缺等存在,但也是存在初始损伤的,从开始变形直至破坏,是一个逐渐劣化的过程。随着外载的增加或环境的作用,其损伤存在一个量变直至破坏的质变过程。在这个演化过程中,损伤的存在和发展演化,使实际的材料与结构既非均质,也不连续。损伤力学的基本特点就是摒弃了古典的材料是均匀连续的假设,同时在研究损伤演化的过程中又采用一些新的平均化方法,使之便于力学的处理。因此,损伤力学的内容与方法,既联系和发源于古典的材料力学和断裂力学,又是它们的必然发展和重要补充。

损伤的概念最早由塑性力学学家 Kachanov(卡恰诺夫)于1958年在研究蠕变断裂时提出。他在论文中采用了损伤状态的力学变量"连续性因子"和"有效应力"来描述金属在蠕变断裂过程中其性质的劣化问题。1963年,他的学生 Rabotnov(拉博特诺夫)又引入了"损伤因子"的概念,从而奠定了损伤力学的基础。1977年法国学者 Lemaitre(勒梅特)等利用连续介质力学方法,根据不可逆过程热力学原理,建立起"损伤力学"这门新学科。此后,各国很多研究人员对损伤进行了大量的研究工作并扩展到多维损伤分析。目前,损伤理论已在能源、交通、军工等众多领域中得到广泛的应用。

Dougill 于1976年最早开展岩石类材料损伤力学的研究。Dragon 和 Morz 在1979年针对应用损伤概念,提出了能反映应变软化的岩石与混凝土的弹塑性本构关系,建立了连续介质损伤力学模型。随后,Krajcinovic,Kavchanaov,Costin 等众多学者分别从不同的角度将损伤力学应用于岩石材料研究,从岩体本身的组构特征出发,探讨其损伤机理,建立相应的模型和理论,尤其是将损伤力学理论引入节理岩体的研究与岩石软化的分析。近些年,损伤力学已由脆性岩体损伤的研究进入延性塑性损伤的研究,且岩体动态损伤力学的研究已引起人们的关注。分形理论、人工神经网络、人工智能及各种数值模拟分析已广泛应用于损伤力学分析,取得了很大成就,岩体损伤力学作为一个新的学科分支也已形成良好的势头。

11.5.2 损伤因子与损伤类型

11.5.2.1 损伤因子

卡恰诺夫(1958)和拉博特诺夫(1969)在研究材料蠕变断裂时引用的"连续性因子"和"损伤因子"的概念。如图11-5-1所示的简单拉伸试样,其原始横截面积为 A_0,由于某种原因产生损伤后的瞬时表观面积为 A,此时横截面积上出现孔隙的总面积为 A_ω,试样实际承载面积为 A_{ef},则 $A = A_\omega + A_{ef}$。

卡恰诺夫用 $\phi = A_{ef}/A$ 定义连续性因子,拉博特诺夫用 $\omega = A_\omega/A_0$ 定义损伤因子,而 $\omega + \phi = 1$。他们认为:原始状态下没有损伤,所以损伤演化的初始条件是 $A_\omega = 0, A = A_0$,即 $\phi_0 = 1, \omega_0 = A_\omega/A_0 = 0$。而当试样内部损伤发展到极限状态时(断裂破坏),则认为有 $A_{ef} = 0$, $A = A_\omega$,即 $\phi_f = 0, \omega_f = A_\omega/A = 1$。但由于存在初始孔隙,实际上破坏时 $\omega_f \leqslant 1$,因为试样在有效面积消失以前已不能继续维持结构的平衡。

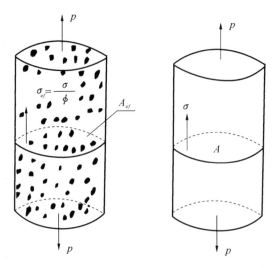

图 11-5-1　有效面积概念

在连续介质力学中,假设材料均匀连续,不存在微缺陷。应力计算可以不考虑损伤的影响,即

$$\sigma = \frac{p}{A} \tag{11-5-1}$$

式中,σ 称为表观应力。当考虑损伤时,承受荷载的面积应该是 A_{ef} 而不应该为 A,也就是说当考虑损伤时的应力为 $\sigma_{ef} = p/A_{ef}$,称为有效应力。根据有效应力的概念,可以得到

$$\sigma_{ef} = \frac{p}{A_{ef}} = \frac{p}{A} \cdot \frac{A}{A_{ef}} = \frac{\sigma}{\phi} \tag{11-5-2}$$

或

$$\sigma_{ef} = \frac{\sigma}{1-\omega} \tag{11-5-3}$$

同时,也可推导得到

$$\phi = \frac{\sigma}{\sigma_{ef}} \tag{11-5-4}$$

$$\omega = \frac{\sigma_{ef} - \sigma}{\sigma_{ef}} \tag{11-5-5}$$

由此可见,连续性因子 ϕ 表示表观应力 σ 与有效应力 σ_{ef} 的比值,损伤因子(也称损伤张量)为应力增量($\sigma_{ef} - \sigma$)与有效应力的比值。

由式(11-5-3)看出,令 $\Delta = 1/(1-\omega)$ 可以作为一种"损伤算子",把它作用在表观应力 σ 上而得到 σ_{ef},这样可以通过下式把有效应力的概念推广到三维问题:

$$\sigma_{ef_{ij}} = \Delta_{ijkl} \sigma_{kl} \tag{11-5-6}$$

式(11-5-6)中,σ_{ef} 为有效的应力张量;Δ 为由二阶对称张量表示的"损伤算子"。在三维情况下的损伤变量可定义为:一个代表性体积元素斜截面内损伤的等效面积与该截面总面积的比值。当此比值同截面的方位无关时,就是各向同性损伤,此时各个应力分量 σ_{ij} 受到同等程度的损伤影响,Δ 可以化为一个标量,其值 $\Delta = (1-\omega)^{-1}$。

这里需要指出,卡恰诺夫定义连续性因子 ϕ 时,并没有明确地把 ϕ 解释为面积比 A_{ef}/A,只把它说成代表某种"损伤"。但是为了对损伤变量进行物理测量,必须找出 ϕ 同某些可测物

理量之间的联系,因此后来有人认为卡恰诺夫没有对 ϕ 作出几何解释是一个不足。

但是,到目前为止,如何定义损伤?什么样的变量可以作为损伤的变量,以及如何进行损伤的测定?一直是损伤力学学科中最有争议的问题之一。在通常情况下,损伤变量从微观与宏观两个方面可归纳为:

(1) 微观量度:①孔洞的数目、长度、面积及体积;②孔洞的几何形状、排列与定向;③由孔洞的几何形状、排列与定向确定的有效面积。

(2) 宏观量度:①弹性常数、蠕变率、应力与应变大小;②屈服应力、拉伸强度;③长期强度、蠕变破坏时间;④伸长度;⑤质量密度;⑥电阻、超声波速与声发射。

对于第一类基准量,不能直接与宏观的力学量建立物性关系,所以用它来定义损伤变量时,要对它作出一定宏观尺度下的统计处理(如平均、求和等)。对于第二类基准量,一般总是采用那些对要研究的损伤过程比较敏感,在实验室里容易测定的物理量,以作为定义损伤变量的依据。在连续损伤力学中,损伤变量在某种意义上说起着一种"劣化算子"的作用。

上述损伤变量大致可分为四种类型,即标量型、矢量型、二阶张量型和四阶张量型。下面介绍几种常用的损伤变量定义方式。

1. 用材料损伤的面积定义损伤

如图 11-5-2 所示,有一均匀受拉的直杆,其原始面积为 A,认为材料劣化的主要机制是由于微缺陷导致的有效承载面积减小,损伤的总面积为 $A_D = \sum a_i$,则试样的实际承载面积为 $A^* = A - A_D$。则定义损伤变量(损伤因子) D 为

$$D = \frac{A_D}{A} = \frac{A - A^*}{A} = 1 - \frac{A^*}{A} \quad (11\text{-}5\text{-}7)$$

定义 $\psi = A^*/A$ 为连续因子,于是有

$$D + \psi = 1 \quad (11\text{-}5\text{-}8)$$

若 $D=0$,则为理想无损伤材料;若 $D=1$,则为完全损伤材料。而实际材料的损伤因子 D 介于两者之间,$D=0\sim 1$。

在考虑损伤的基础上,便有了有效应力的概念。试样不考虑损伤时,其表观应力为 $\sigma = p/A$,当考虑损伤时,有效应力 $\sigma_{ef} = p/A^*$,于是

$$\frac{\sigma}{\sigma_{ef}} = \frac{A^*}{A} = \psi = 1 - D \quad (11\text{-}5\text{-}9)$$

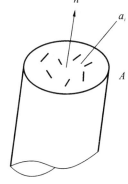

图 11-5-2 截面 A 上的损伤 a_i

或

$$\sigma_{ef} = \frac{\sigma}{1-D}, \quad D = \frac{\sigma_{ef} - \sigma}{\sigma_{ef}} \quad (11\text{-}5\text{-}10)$$

由此可以通过应力的测量来确定损伤因子。

2. 用弹性模量定义损伤

$$D = 1 - \frac{E^*}{E} \quad (11\text{-}5\text{-}11)$$

式中,E^* 为损伤材料的有效杨氏弹性模量。

3. 用应变定义损伤

$$D = \frac{\varepsilon^*}{\varepsilon} - 1 \quad (11\text{-}5\text{-}12)$$

式中,ε^* 为损伤情况下的应变值。

4. 用质量密度定义损伤

$$D = 1 - \frac{\rho^*}{\rho_0} \tag{11-5-13}$$

式中，ρ^* 为损伤材料的质量密度；ρ_0 为未损伤状况下的初始密度。

由于岩石在不同荷载和环境条件下，损伤的表现形式很多，损伤机理也很复杂。因此，在确定损伤变量时，通常采用宏观变量来代表岩石内部因损伤或其他因素而发生的变化，即选择内变量。在内变量的选择时，应注意其确实能代表岩石的内部变化，具有明确的力学意义，表达形式尽量简单，便于分析计算、测量与试验。

11.5.2.2 损伤类型

材料的损伤有很多种类型，在不同的荷载状况下，会产生不同类型、不同表现形式的损伤。如果以产生损伤的加载过程来区分，可分为以下几类：

（1）延性、塑性损伤。材料中微孔洞和微裂纹的形成和扩展使材料或构件产生大的塑性应变，最后导致塑性断裂。因此，与这类损伤相伴发生的是不可恢复的塑性变形。这类损伤的表现形式主要为微孔洞及微裂纹的萌生、成长和聚合，主要发生于金属等塑性材料。

（2）蠕变损伤。在长期荷载作用或高温环境下，伴随蠕变变形，会发生蠕变损伤，其宏观表现形式为微裂纹、微孔洞的扩展，使得材料的耐久性下降。蠕变损伤不仅使蠕变变形增加，而且可能最后导致材料的蠕变断裂。

（3）疲劳损伤。在循环荷载作用下，材料性能逐渐劣化。在每一步荷载循环中的延脆性损伤累积起来，使材料的寿命减少，导致疲劳破坏。

（4）动态损伤。在动态荷载，如冲击荷载作用下，材料内部会有大量的微裂纹形成、扩展。这些微裂纹的数目非常多，但一般得不到很大的扩展。但当某一截面上布满微裂纹时，就会发生断裂。

11.5.2.3 损伤力学的研究方法和内容

损伤力学根据所研究损伤特征尺寸分为细观损伤、宏观损伤和微观损伤，从而也就决定了相应的研究方法：细观方法（材料学中的金属物理方法）、宏观方法（唯象学方法）和微观方法（应用统计学为工具的方法）。

金属物理学方法着眼于讨论损伤过程的物理机制，并提出改进材料抗损伤性能的措施。这种金相学实验观测，强调弄清不同条件下的物理本质。

已有的研究表明，金属蠕变损伤是内部晶间孔隙的演化发展过程。而疲劳损伤往往首先由滑移推挤形成凸凹不平的表面损伤（疲劳源点），进而由表及里地扩展为内部穿晶解理断裂。大应变塑性变形（如颈缩）是穿晶的韧性断裂，是一种能量吸收率较高的变形机制。塑性变形的两个主要机制是滑移和孪生，应变速率升高时提高了缺陷的相对密度，使位错运动受阻而韧性降低，是硬化的机制。有人认为损伤的发展使晶界的微观位错松弛，部分位错被切割成孔隙或消失，造成材料软化和同静水压力有关的膨胀应变。

材料学着重研究微观和细观结构的机制，很少直接考虑损伤的宏观变形特征——如变形与应力分布等。因此，难以直接应用材料学的结论来指导结构分析和设计。但是材料学研究为宏观理论提供较高层次的实验基础，有助于提高对损伤机制的认识。

宏观唯象方法是通过引进内部变量把细观结构变化现象渗透到宏观力学现象中来加以分析。其最终目的是在工程结构分析中引进损伤的影响,以便改进蠕变条件下各种疲劳条件下和大应变塑性变形下的结构分析现状。

结构损伤的成因和方式是多方面的。由于各类损伤机制不同,可能选择不同的损伤变量和不同的损伤演化方程。即使是描述同一物理过程,采用不同的损伤变量时也会有不同的损伤演化方程。损伤演化是一种不可逆的劣化过程,损伤扩展使材料内不断产生新的内裂面,构成一种能量的释放过程。宏观损伤力学用不可逆热力学内变量来描述这种材料内部结构变化,而不会更细致地考察其变化机制。可以用 n 个内变量 $a_i(i=1,2,\cdots,n)$ 代表多种内部变化的因素;材料对于运动历史、荷载与温度的变化史及其他热力学独立变量(应力 σ、应变 ε、温度 T……)的依赖关系,可以隐含在几个由实验决定的内变量演变方程之中,如对于损伤变量 ω 的演变方程可以写成

$$\omega = f(\sigma_{ij}, \varepsilon_{ij}, T, t, K, \omega, \dot{\varepsilon}_{ij}, \cdots) \tag{11-5-14}$$

在只研究承受应力、温度、循环荷载情况下,可以把损伤的增量写成

$$d\omega = F_p d\sigma^p + F_c dt + F_F dN \tag{11-5-15}$$

式中,F_p, F_c, F_F 分别表示塑性变形、高温蠕变和疲劳条件下的损伤演化方程,它们有各种具体的演化形式。卡恰诺夫提出单向应力作用下蠕变损伤的演化方程为

$$\dot{\omega} = G(\sigma, \omega) = B\left(\frac{\sigma}{1-\omega}\right)^p \tag{11-5-16}$$

Wnuk 应用该模型研究了层状复合材料的损伤累积。在式(11-5-15)中 σ^p 为等价应力,它是八面体剪应力和平均应力的一个线性组合

$$\sigma^p = <3C\sigma_m + (1-C)c_E> \tag{11-5-17}$$

式中,$<*>$ 定义为

$$<x> = \begin{cases} x & (x>0) \\ 0 & (x \leqslant 0) \end{cases} \tag{11-5-18}$$

$$\begin{cases} \sigma_m = \dfrac{1}{3}(\sigma_1 + \sigma_2 + \sigma_3) \\ c_E = \dfrac{3}{\sqrt{2}} \tau_8 \end{cases} \tag{11-5-19}$$

式(11-5-17)中,$0 \leqslant C \leqslant 1$ 是多向应力状态下材料的损伤敏感系数,它代表了 σ_m 和 c_E 对损伤发展的影响。

如果需要进一步考虑损伤对应力分布的影响,就要引入具有损伤影响的物性方程。最简单的方法是用由损伤变量所控制的有效应力或等价应力 σ^p 取代无损材料物性方程中的 Cauchy 应力,而得到由损伤参数控制的物性方程。Krajcinovic 在考虑脆性材料损伤时,假定线性损伤演化规律为

$$\omega = \frac{\sigma_{ef}}{E'} \tag{11-5-20}$$

式中,E' 是损伤模量,它是损伤变量的另一种表达方式。将上式代入损伤材料的物性方程

$$\omega = \frac{\sigma_{ef}}{E'} = \frac{\sigma}{E(1-\omega)} \tag{11-5-21}$$

结合上两式可以得到

$$\sigma = E\omega\left(1 - \frac{E\omega}{E'}\right) \tag{11-5-22}$$

式(11-5-22)表明,考虑了材料的损伤因素后,线弹性的胡克定律就变为非线性的应力-应变关系。Krajcinovic 利用这种非线性关系分析了拉杆、纯弯曲梁的应力分布和平面应力作用下弹脆性损伤。

另外,在损伤分析中损伤起始判据和严重损伤的破坏判据是两个重要的概念。损伤的起始判据是材料刚进入损伤的阈值,而损伤的破坏判据就是材料宏观断裂时的阈值。例如材料单向拉伸时,卡恰诺夫认为 $\omega_0 = 0$(起始判据),$\omega_F = 1$(破坏判据)。这在理论意义上比较容易理解,但在实际测试和定义中不一定适用。于是有学者把岩体材料在应力达到峰值前近似认为是线弹性的,而把达到峰值应力 σ_c 点作为损伤起始点,当外加荷载没有达到峰值强度前认为没有损伤,而当荷载超过峰值强度时,应力-应变关系发生变化,损伤产生并使应力-应变曲线下倾(软化),此时 $\sigma = E(\omega)\varepsilon$,$E(\omega)$ 的具体形式由实验确定。

尽管一些材料工作者和力学工作者,对损伤理论方面有不同的看法,但比较一致的看法是应该把微观、细观和宏观结合起来研究岩体材料的损伤和破坏。大量的研究表明:从微裂纹演化的位错机理出发,用非平衡统计的概念和方法有可能对脆性断裂过程的本质进行微观和宏观相结合的理论概括,并能统一获得微裂纹的扩展速率、微裂纹的分布函数、断裂概率、延伸率、断裂强度、裂纹扩展力、断裂韧性等宏观力学量和它们的统计分布。

11.6 岩体损伤力学

目前,岩体损伤力学已广泛地用于岩体强度计算和设计及岩体工程的稳定性分析和设计。

11.6.1 岩体损伤力学假设

岩体损伤力学的研究基于以下 4 种原理与假设。

1. 应变等效性假说

损伤既然对物质细观结构造成不良后果,那么在损伤过程中材料的刚度、强度和韧性也会趋于降低,其他可测的物理量也会发生相应的变化。从这种思想出发,发展了许多间接的损伤测量方法。

损伤发展的宏观力学效果可以由材料弹性模量 E 的变化体现出来。如图 11-6-1 所示的两个相同界面简单拉伸试样,试样 Ⅰ 无损伤,试样 Ⅱ 存在损伤(微孔隙和微裂纹)。试样 Ⅰ 的应变由材料力学的胡克定律计算

$$\varepsilon_1 = \frac{\sigma}{E} \tag{11-6-1}$$

试样 Ⅱ 由于存在损伤,考虑损伤发展的宏观力学效果,试样中的应力应该是有效应力,即

$$\varepsilon_2 = \frac{\sigma_{ef}}{E} = \frac{\sigma}{E(1-\omega)} = \frac{\sigma}{E_\omega} \tag{11-6-2}$$

式中,

$$E_\omega = E(1-\omega) \tag{11-6-3}$$

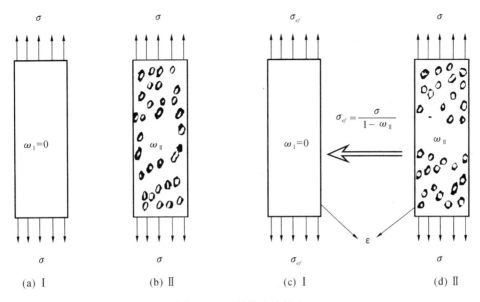

图 11-6-1 等效应变概念

也就是说

$$\omega = 1 - \frac{E_\omega}{E} \tag{11-6-4}$$

根据式(11-6-4),可由试样在无损伤状态下的弹性模量与损伤状态下的弹性模量来定义损伤变量 ω,现在采用由式(11-6-4)定义的损伤变量 ω 来分析图 11-6-1(b)中处于损伤变量为 ω 的试样 Ⅱ 的应变。由图 11-6-1(b)中看出,只要把应力 σ 换成有效应力 $\sigma_{ef} = \sigma/(1-\omega)$,试样 Ⅱ 的应变即可按照用于无损伤试样 Ⅰ 的连续介质力学公式求出。根据这种概念,Lemaitre(1971)提出了"应变等效性质说"(也称为损伤力学的基本假说),认为"损伤只通过有效应力影响(修正)应变的行为"。

Lemaitre 与 Chaboche 把上述单向应力状态下的概念推广到三维应力状态,定义损伤张量为

$$\omega_1 = I - \Lambda : \Lambda^{-1} \tag{11-6-5}$$

式中,I 为单位张量;Λ 为无损状态下材料的弹性模量张量;Λ^{-1} 为损伤状态下材料弹性模量的张量。这样定义一个包含 36 个分量的四阶非对称张量,与相应的有效应力张量为

$$\sigma_{ef} = (I - \omega)^{-1} : \sigma \tag{11-6-6}$$

根据应变等效性假说,应变的物性方程可由无损伤状态下的物性方程把其中的 Cauchy 应力张量 σ 换成有效应力张量 σ_{ef} 而得出。

根据应变等效性假说,受损岩体的本构关系可以通过无损岩体的本构关系得到,只要将应力换为有效应力即可。

2. 脆性损伤的基本假设

在大多数的工程条件下,岩体的强度和变形往往呈现出脆性材料的特性。基于这一实际情况,对岩体进行损伤分析时常作如下假设:①岩体是由基体(无裂纹部分)和损伤体(微裂纹部分)两部分组成的;②岩体的基体为各向同性的弹性介质;③岩体的损伤体为无屈服强度的刚塑性体;④弹性变形不会引起岩体的损伤;⑤静水压力不会引起岩体的损伤;⑥岩

体中的基体及损伤部分的变形是协调的(即它们的应变是相等的)。

3. Betti 能量互易定理

多裂纹各向异性的固体等效弹性应变能等于相应无裂纹各向同性固体的应变能与固体中多裂纹产生的附加应变能之和。

4. 损伤具有不可逆性

损伤是不可逆力学过程,损伤状态方程满足不可逆过程的约束条件和基本定律。

11.6.2 岩体损伤力学模型

岩体材料损伤过程的实质是其变形过程中微裂纹的成核长大和传播过程,因而宏观损伤力学和统计学损伤分析可以用来进行岩体材料的强度和变形的研究。岩体材料具有非弹性变形、应变软化及剪胀效应等特征,因此岩体损伤力学模型应具有上述一些特征。

11.6.2.1 Mazars 损伤模型

岩体材料的应力-应变本构关系一般有线弹性、应变硬化和应变软化等阶段,但岩体之间力学性能差别很大。Mazars(1986)根据脆性材料的拉伸应力-应变关系把岩体损伤力学模型分两个阶段描述,令 ε_c 为开始损伤时的应变,也是峰值应力 σ_c 对应的应变。当 $\varepsilon \leqslant \varepsilon_c$ 时,假设岩体材料完整无损,即 $\omega = 0$;当 $\varepsilon > \varepsilon_c$ 时,岩体材料有损伤,因而 $\omega > 0$。Mazars(1986)用下面公式拟合了岩体材料实验测得的应力-应变曲线:

$$\sigma = \begin{cases} E_0 \varepsilon & (0 \leqslant \varepsilon \leqslant \varepsilon_c) \\ E_0 \left\{ \varepsilon_c (1 - A_t) + \dfrac{A_t \varepsilon}{\exp[B_t(\varepsilon - \varepsilon_c)]} \right\} & (\varepsilon \geqslant \varepsilon_c) \end{cases} \quad (11\text{-}6\text{-}7)$$

式中,E_0 为线弹性阶段的弹性模量;A_t 和 B_t 为岩体材料常数,下标 t 表示受拉。由连续介质损伤力学的基本定义

$$\sigma = E_0 (1 - \omega) \varepsilon \quad (11\text{-}6\text{-}8)$$

可得到

$$\omega = \begin{cases} 0 & (0 \leqslant \varepsilon \leqslant \varepsilon_c) \\ 1 - \dfrac{\varepsilon_c (1 - A_t)}{\varepsilon} - \dfrac{A_t}{\exp[B_t(\varepsilon - \varepsilon_c)]} & (\varepsilon \geqslant \varepsilon_c) \end{cases} \quad (11\text{-}6\text{-}9)$$

损伤变量 ω 随应变演化的变化曲线如图 11-6-2 所示。经实验验证,对于一般岩体材料常数的范围为 $0.7 < A_t < 1, 10^4 < B_t < 10^5$。损伤应变阈值 ε_0 的范围一般为 $0.5 \times 10^{-4} \leqslant \varepsilon_0 \leqslant 1.5 \times 10^{-4}$。

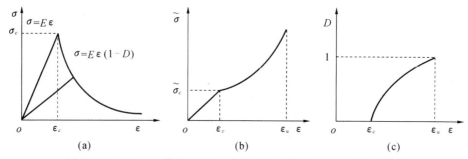

图 11-6-2 Mazars 模型的应力、有效应力和损伤与应变的关系曲线

对于岩体材料单向压缩的损伤演化关系,Mazars(1986)也建立了类似的关系。假设单向压缩时的等效应变 ε_e 为

$$\varepsilon_e = \sqrt{<\varepsilon_1>^2+<\varepsilon_2>^2+<\varepsilon_3>^2} = \sqrt{2}\mu\varepsilon_1 \quad (11\text{-}6\text{-}10)$$

式中,ε_1,ε_2 和 ε_3 为主应变,当 $\varepsilon_1 = \varepsilon$ 时,$\varepsilon_1 = \varepsilon_2 = -\mu\varepsilon$,角括号定义为 $<x> = (x+|x|)/2$。Mazars(1986)认为当 $\varepsilon_e \leqslant \varepsilon_c$ 时岩体材料无损伤,当 $\varepsilon_e > \varepsilon_c$ 时岩体材料有损伤,岩体单向压缩时的应力-应变关系用下式表达:

$$\sigma = \begin{cases} E_0 \varepsilon & (\varepsilon_e \leqslant \varepsilon_c) \\ E_0 \left\{ \dfrac{\varepsilon_c(1-A_c)}{-\sqrt{2}\gamma} + \dfrac{A_c \varepsilon}{\exp[B_c(-\sqrt{2}\mu\varepsilon-\varepsilon_c)]} \right\} & (\varepsilon_e \geqslant \varepsilon_c) \end{cases} \quad (11\text{-}6\text{-}11)$$

式中,A_c 和 B_c 为压缩时的材料常数,其变化范围为 $1 \leqslant A_c \leqslant 1.5$,$10^3 \leqslant B_c \leqslant 2 \times 10^3$。因此单轴压缩时材料的损伤演化方程为

$$\omega = \begin{cases} 0 & (\varepsilon_e \leqslant \varepsilon_c) \\ 1 - \dfrac{\varepsilon_c(1-A_c)}{\varepsilon_e} - \dfrac{A_c}{\exp[B_c(\varepsilon_e-\varepsilon_c)]} & (\varepsilon_e \geqslant \varepsilon_c) \end{cases} \quad (11\text{-}6\text{-}12)$$

11.6.2.2 Loland 模型

对于实际岩体材料而言,当应力接近于峰值应力时,应力-应变曲线已偏离了原来的直线,表明此时岩体材料已经产生连续损伤。于是 Loland(1980)把岩体材料损伤分成两个阶段,第一阶段是在峰值应力之前,在整个岩体材料中分布着微裂纹损伤,但维持在一个较低范围。第二阶段是大于峰值应力之后,裂纹基本在破坏区域内不稳定扩展。岩体的应力-应变曲线可以写成

$$\begin{cases} \sigma_{ef} = \dfrac{E\varepsilon}{1-\omega_i} & (\varepsilon \leqslant \varepsilon_c) \\ \sigma_{ef} = \dfrac{E\varepsilon_c}{1-\omega_i} & (\varepsilon > \varepsilon_c) \end{cases} \quad (11\text{-}6\text{-}13)$$

式中,ω_i 为初始损伤值。

从上述关系得到相应的损伤演化方程

$$\omega = \begin{cases} \omega_i + C_1 \varepsilon^\beta & (0 \leqslant \varepsilon \leqslant \varepsilon_c) \\ \omega_i + C_1 \varepsilon_c^\beta + C_2(\varepsilon-\varepsilon_c) & (\varepsilon_c \leqslant \varepsilon \leqslant \varepsilon_u) \end{cases} \quad (11\text{-}6\text{-}14)$$

式中,C_1,C_2 和 β 为材料的常数;ε_u 为材料的断裂应变。

由边界条件 $\varepsilon = \varepsilon_c$ 时,$\sigma = \sigma_c$ 及 $\dfrac{d\sigma}{d\varepsilon} = 0$,并考虑到 $\varepsilon = \varepsilon_u$ 时,$\omega = 1$,得到材料常数的表达式

$$\begin{cases} \beta = \dfrac{\lambda}{1-\omega_i-\lambda} \\ C_1 = \dfrac{(1-\omega_i)\varepsilon_c^{-\beta}}{1+\beta} \\ C_2 = \dfrac{1-\omega_i-C_1\varepsilon_c^{-\beta}}{\varepsilon_u-\varepsilon_c} \end{cases} \quad (11\text{-}6\text{-}15)$$

图 11-6-3 为由 Loland 模型得到的应力、有效应力和损伤 ω 随应变的变化曲线。值得注意的是 Loland 模型具有以下一些特征。

(1) Loland 模型考虑给定一个初始损伤值，它取决于岩体材料所处的环境条件，如压缩荷载历史等，ω_i 值在整个实验过程中被假定为与时间无关。

(2) 假定有效应力 $\sigma_{ef}(\tilde{\sigma})$ 与应变 ε 呈线性关系，这仅是对实际复杂状态的一种近似。

(3) 假定损伤-应变关系呈线性是一种近似，与曲线下降部分的线性性质相对应。

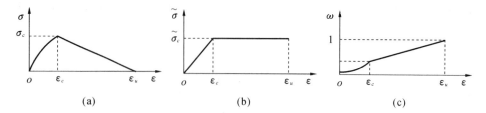

图 11-6-3　Loland 模型的应力、有效应力和损伤与应变的关系曲线

11.6.2.3　统计损伤模型

岩体受载过程中裂纹的产生、扩展和汇合具有随机和统计的特征。邢修三(2010)应用非平衡统计特性讨论了脆性材料的微裂纹演化规律。Krajcinovic(1996)在研究复合材料屈服特性的并联分布元素模型时，建立了一种简单形象的统计损伤模型，用于模拟简单拉伸时的损伤规律。平行杆之间的强度有很大差异，往往用 Weibull 统计分布来表达。随着拉应力逐渐增大，平行杆也逐渐破坏。它认为固体材料的强度主要决定于局部缺陷，而不是整体的平均行为(刚度)。这个模型虽然比较简单，但定性理解材料的力学行为和破坏机理很有意义。

假定把岩体分成若干个含有不同缺陷的微元体，微元体被划分得比较小，以致对微元作如下的假定：

(1) 微元体符合广义胡克定律。

(2) 微元体破坏符合 Misses 屈服准则。

由于微元体所含的缺陷不等，微元强度也就不一样。为了刻画每个微元体的强度特性，可以利用统计的方法。根据实验结果假定微元体的一维强度符合 Weibull 统计分布规律：

$$\varphi(\varepsilon) = \frac{m}{\varepsilon_0} \left(\frac{\varepsilon}{\varepsilon_0}\right)^{m-1} \cdot \exp\left[-\left(\frac{\varepsilon}{\varepsilon_0}\right)^m\right] \quad (11\text{-}6\text{-}16)$$

式中，m 和 ε_0 分别是 Weibull 分布标度和形态参数；ε 为岩体微元体的应变；$\varphi(\varepsilon)$ 是岩体应变为 ε 时微元体的破坏概率。

在图 11-6-4 力学模型中取出一个微元体，受围压应力 $\sigma_2 = \sigma_3$ 的作用。为了计算方便，采取泊松比 $\mu = 0.25$，根据广义胡克定律有

$$\varepsilon_1 = \frac{\sigma_1}{E} - \frac{\sigma_3}{2E} \quad (11\text{-}6\text{-}17)$$

由于微元体破坏符合 Misses 屈服准则

$$(\sigma_1 - \sigma_2)^2 + (\sigma_2 - \sigma_3)^2 + (\sigma_3 - \sigma_1)^2 = 2\sigma_0^2 \quad (11\text{-}6\text{-}18)$$

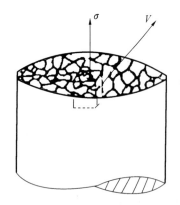

图 11-6-4　岩体中的微元体模型

式中，σ_0 为岩体微元体单轴压缩强度。当 $\sigma_2 = \sigma_3$ 时，上式可

变为

$$|\sigma_1 - \sigma_3| = \sigma_0 \tag{11-6-19}$$

把式(11-6-17)代入式(11-6-19),可以得到最大主应变和围压应力之间的关系

$$\varepsilon_1 = \frac{\sigma_0}{E} - \frac{\sigma_3}{2E} \tag{11-6-20}$$

式中,σ_0/E 为微元体在单轴应力作用下破裂时的应变,它符合式(11-6-16)的统计分布规律。

在连续介质损伤力学中三维线弹性各向同性损伤本构方程可表示为

$$\varepsilon_{ij} = \frac{1+\mu}{E}\frac{\gamma_{ij}}{1-\omega} - \frac{\mu}{E}\frac{\sigma_{kk}}{1-\omega}\delta_{ij} \quad (i,j=1,2,3) \tag{11-6-21}$$

式中,ω 为损伤变量。

当泊松比 $\mu=0.25$,$i=j=1$,$\sigma_1=\sigma_3$ 时可以得到在三维应力条件下轴应力和轴应变之间的关系

$$\sigma_1 = \frac{1}{2}\sigma_3 + E(1-\omega)\varepsilon_1 \tag{11-6-22}$$

根据连续介质损伤力学,损伤变量 ω 可定义为损伤面积和无损时材料全面积之比

$$\omega = \frac{S}{S_m} = \int_0^\varepsilon \varphi(x)\mathrm{d}x \tag{11-6-23}$$

式中,S、S_m 分别为岩体损伤面积和无损时材料的全面积。

从以上几式可以得到三维应力状态下轴应力和轴应变之间本构关系:

$$\sigma_1 = \frac{1}{2}\sigma_3 + E\varepsilon_1 \cdot \exp\left[-\left(\frac{\varepsilon_1 - \frac{\sigma_3}{2E}}{\varepsilon_0}\right)^m\right] \tag{11-6-24}$$

图 11-6-5 是不同围压下岩体应力-应变本构关系的理论曲线,曲线 1、曲线 2、曲线 3 分别代表低围压、中等围压及高围压下应力应变的理论曲线。可以看出,随围压升高,岩体峰值强度也随之增大,且应变硬化阶段初期在不同围压下本构关系基本重合。这些特点与图中的实验结果相吻合。图 11-6-5(b)中围压分别为 10.4MPa,20.7MPa,27.6MPa,34.5MPa,实验结果显示围压对强度的影响规律及应力应变形态与理论结果相吻合。

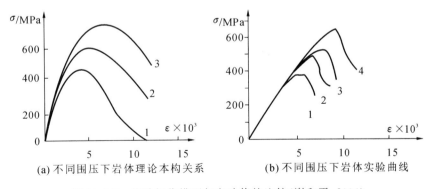

图 11-6-5 统计损伤模型与实验值的比较(谢和平,2004)

11.6.3 岩体损伤演化

用连续损伤力学的方法研究岩体的损伤演化时,可引进一些能反映材料内部结构变化

的内变量构成损伤演变方程。因此广义的损伤演变方程可表示为

$$\omega = F(\sigma_{ij}, \varepsilon_{ij}, T, t, K, \dot{\varepsilon}_{ij}, \cdots) \tag{11-6-25}$$

式中,$\sigma_{ij}, \varepsilon_{ij}, \dot{\varepsilon}_{ij}$ 分别为应力、应变与应变率;T 为温度;t 为时间;K 为反映材料的历史变化量。

根据岩体所承受的应力、温度及环境变化等情况,其损伤演变方程具有特有的形式。关于不同条件下岩体的损伤演变方程,请参阅有关专著及文献。

近年来,损伤演变过程的研究已逐步深入。根据岩体的特性,通过建立损伤断裂的动力学方程式(Monte Carlo 法,断键概率,分子运动学等),采用某些特定的算法,可用计算机模拟岩体的损伤演变过程,从而对岩体损伤断裂机理进行研究。

11.7 岩体损伤的测量

岩体损伤的测量是一个较困难的问题,测量的途径大致可分为以下几个方面:

11.7.1 通过物理参量与等效应力概念的测量方法

通过物理参量与等效应力概念的测量方法包括:①密度变化的测量,可以解释为韧性破坏时的损伤变量;②电阻率变化,通过恰当的模型,导致与力学参量测量类似的损伤测量;③疲劳极限的变化;④材料力学行为的变化,可用等效应力概念来说明,这一测量方法包括在韧性断裂情况下,测量弹性模量的变化,在脆性蠕变损伤情况下,可通过恰当的模型及应变率的测量而确定出损伤;⑤通过剩余寿命测量损伤,损伤变量常通过疲劳时寿命的比值 N/N_r 来定义(其中,N, N_r 分别表示给定的荷载条件下已加载的循环次数和破坏时总循环次数)。

11.7.2 超声衰减技术

超声波的灵敏度高,穿透力强,使用方便,能够有效地探测材料内部的缺陷及夹杂物。大部分的超声探伤工作均根据其声速的变化来测量各种材料缺陷。试验表明,采用超声衰减技术可以探测材料塑性损伤的程度,从而预报裂纹的扩展与演化。

声波试验法是一种综合反映岩体损伤特性的方法。岩体中的节理对超声波的反应非常敏感。根据弹性波速传播理论,弹性模量 E 和纵波波速 v_P,横波波速 v_S,及介质密度 ρ 之间有如下关系:

$$E = \frac{v_S^2 \rho (3v_P^2 - 4v_S^2)}{v_P^2 - v_S^2} \tag{11-7-1}$$

若将室内试验的岩石试样作为岩体的无损材料,现场的工程岩体作为有损材料,则损伤变量可以通过岩石试样和岩体的声波测试来确定。

ω_P 也是依据材料的宏观量度来定义的损伤变量,其基本思想是视岩体为一黑箱体,不具体量测岩体的节理裂隙分布,根据地震波理论,岩体的 P 波波速不仅反映了岩体节理发育特征,而且还反映了岩体的力学特性,P 波波速计算公式为

$$v_{P0} = \frac{E_0(1-\mu_0)}{\rho_0(1+\mu_0)(1-2\mu_0)} \tag{11-7-2}$$

而 v_P 则用 E,μ,ρ 取代相应的 E_0,μ_0,ρ_0。

$$\omega_P = \frac{\rho_0 v_{P0}^2 - \rho v_P^2}{\rho_0 v_{P0}^2} \tag{11-7-3}$$

式中,v_{P0},ρ_0,E_0,μ_0 分别为完整岩体的波速、质量密度、弹性模量、泊松比;v_P,ρ,E,μ 分别为损伤岩体的波速、质量密度、弹性模量、泊松比。

11.7.3 声发射技术

目前声发射技术已广泛应用于地质材料的断裂测量。由于大多数地质材料属于多晶构造,在微观上声发射来源于此类材料的位错变化,而在细观上则可能来源于颗粒边界的移动、矿物颗粒之间的开裂,以及微结构单元的断裂与破坏。当上述过程发生时,弹性应变能突然释放导致应力波的传播,从而产生声发射现象。声发射的频率特性与发射源及接收距离有关。

声发射技术的一个主要优点是能监测地质介质内部的一些不稳定区域或微孔洞的形成与扩展。根据传感器的点排列及信号到达时间的先后就可能确定发射源或微孔穴的位置。

11.7.4 光学技术测量

光学技术是损伤与断裂测量常用的一种方法。其中全息干涉法、散斑谱频法及焦散线法均有效地应用于材料的应力集中、损伤与裂纹尖端扩展的测量。

在研究材料的损伤与断裂时常需要测量孔边或裂纹尖端的面内位移与应变分布,云纹法和散斑法是有效的测量全场位移分布的手段。云纹法虽能测量出全场位移,但其灵敏度受云纹栅片的截距限制。采用散斑法测量全场位移,其灵敏度可随选择的偏置孔位置而加以调节,不同偏置孔的位置可以得出不同密度的位移分布条纹。

11.7.5 显微光学方法

材料(包括岩土)试样在加载过程中,用电子显微镜(扫描电镜)或光学显微镜观察其微结构变化的情况也是研究微观损伤的一个有力工具。通过电子显微镜下的连续图像可以明显地看出微观损伤的过程,如能进一步采用计算机图像处理技术,就可能从定性向定量发展。

11.7.6 CT 技术

近年来,利用计算机层析成像(Computerized Topography,CT)技术研究岩石材料内部结构及在各种荷载作用下结构的变化过程取得了长足的进展。CT 技术能多方位地对岩石损伤特性进行识别,CT 扫描的优点是一方面能对岩石进行无扰动的损伤检测;另一方面可以对岩石的损伤进行定量分析。杨更社等(1996)研究得到

$$\omega_\rho = \frac{1}{m_0^2}\left[1 - \frac{E(\rho)}{\rho_0}\right] = -\frac{1}{m_0^2}\frac{\nabla\rho}{\rho_0} \tag{11-7-4}$$

式中,m_0 为 CT 设备的分辨率;$E(\rho)$ 为岩石扫描截面内 CT 数的均值。

ω_ρ 是通过测量损伤前后材料密度变化得到的。它所反映的是微孔洞与张开型微裂纹的效应,不能反映闭合微裂纹的效应,这是因为闭合微裂纹的体积趋于零。随着 CT 设备分辨率的提高,对材料内更细小的损伤缺陷有望得以识别。

11.7.7 与分形几何相结合

现在分形几何方法已应用于岩体结构面的研究。对于具有分形特征的岩体结构面,可采用分维来描述结构分布的复杂程度,并得到岩体纵波速 v'_P 与分维值 D_f 之间的线性关系:

$$v'_P = a - bD_f \tag{11-7-5}$$

式中,a,b 为回归系数,对各种岩体可通过数据回归等方法建立其相应关系方程。

由前面介绍弹性模量 E 与波速 v_P 的关系,可建立岩体损伤变量 ω 与分形维数 D_f 的关系式

$$\omega = \frac{\rho v_P^2 - \rho (a - bD_f)^2}{\rho_0 v_P^2} \tag{11-7-6}$$

因此,只要知道岩块的波速值(v_P)、室内岩块弹性模量、岩体和岩块密度及岩体结构的分维数,便可确定 ω 值,从而为岩体的稳定性评价及数值模拟提供较可靠的参数。

第 12 章　统计岩体力学与结构面网络模拟

12.1　概　　述

无论哪一类岩体,都无一例外地经历了建造和改造两个地质过程。建造过程造就了岩体的物质基础与宏观和微观结构上的非均匀性;而改造过程不仅加剧了这种非均匀性,更导致了岩体的非连续性,在岩体中留下了大量方向不同、尺度各异的破裂面。因此,岩体物质成分的分布、岩体结构的形成与组合特征既受控于岩体的建造过程,又受改造过程的影响。既在宏观规律上服从一定的地质规律,又在形成与改造过程中具有一定的随机性。为此,对于岩体工程问题的分析,一方面应从宏观分析入手,把握岩体物质分布和区域地质构造的规律,进行分区分级,并以此为指导,对岩体工程特性进行量化研究。另一方面可以从统计学的角度开展研究,更好地适用于岩体物质组成、结构及力学性质上的随机性。由此产生了一个新的学科分支——统计岩体力学及建立在此基础上的结构面网络模拟技术。

将概率论与统计学运用于岩体力学领域的研究起始于 20 世纪 40 年代。1941 年,美国麻省理工学院的 Arnold 在其博士论文"球面上可能的分布"中提出了结构面产状球状分布的特点;1964 年,Bingham 在博士论文"球面及投影平面上的分布"中提出了著名的 Bingham 分布,认为结构面产状数据是关于其平均矢量的椭圆对称分布。除产状之外,学者还注意到结构面的迹长、间距及张开度等也服从于某种随机分布规律,而非定值。以 Hudson 和 Priest 为首的英国帝国理工学院岩体结构研究组先后发表了一系列论文,对岩体节理面的概率分布规律进行了详细的分析探讨,提出了一套研究岩体结构特征的统计学新方法,由此揭开了利用概率统计理论来研究结构面发育特征的新篇章。

而统计岩体力学作为一个学科分支,是由伍法权在 20 世纪 90 年代提出的,1993 年与 2023 年先后出版了《统计岩体力学原理》《统计岩体力学理论与应用》,系统地介绍了统计岩体力学的理论体系与应用。

岩体内结构面的组合可以看成一个大的网络系统,而结构体则是被网络围限的块体。因此,从根本上说,岩体的结构特征主要取决于结构面网络的状况。岩体内结构面网络如何分布,一直是野外调查的难点。Ⅰ、Ⅱ级结构面规模大,但数量有限,在野外工作中可以逐一调查清楚,并能在地质图上标示出来。而Ⅲ、Ⅳ级结构面规模要小很多,但数量很庞大,在野外调查中只能观测到露头面上的一部分,根本不可能对岩体内每一条结构面都能观测到,更不可能在地质图上标注出来。至于Ⅴ级结构面,被观测到的机会就更少。因此,期望将岩体内所有结构面都能调查清楚、逐条测量、一一标示是不现实的。能观测到的只能是露头面或开挖断面上的少量结构面"样本"。这一事实是不以意志为转移的。

那么,能不能根据观测到的样本来推算岩体内全部的结构面分布?这一问题的回答是肯定的。这一方法就是岩体结构面网络模拟。

岩体结构面网络模拟是建立在对结构面系统量测基础上的，其模拟结果可以展示岩体内部结构面网络分布状况，有助于直观了解岩体内部结构面的分布情况，推算岩体内部的结构特征。它实质上是将露头面上有限的结构面观测结果在二维平面或三维空间内的一种概率学扩展性预测。

岩体结构面网络模拟技术于1982年由英国帝国理工学院研究生Samaniego提出，国内结构面网络模拟的研究始于1986年，中国地质大学潘别桐教授将该方法介绍到国内，开发了计算机程序，并应用于工程实践，先后发表了一系列论文，引起了众多学者的关注，由此开始了国内研究的热潮。1993年，徐光黎、潘别桐等出版了《岩体结构模型与应用》，系统总结了这一阶段的研究进展。1995年，陈剑平等出版了《随机不连续面三维网络计算机模拟原理》，探讨了三维网络模拟方法。陈祖煜、汪小刚等长期致力于岩体结构面网络模拟在水电行业的应用研究，特别是在节理岩体连通率、破裂路径的确定等方面进行了大量的研究，2010年出版了《岩体结构网络模拟原理及其工程应用》。此外，周维垣、邬爱清、王渭明、柴军瑞等众多学者都在该领域开展了深入研究，发表了一系列相关的研究成果。在20世纪与21世纪之交的20多年间，该技术的研究呈现了百花齐放的态势。从不同角度、不同应用领域，针对不同工程需求，对岩体结构面网络模拟技术进行了全方位探索性研究，取得了十分可喜的成绩。

2008年，贾洪彪、唐辉明等出版了《岩体结构面三维网络模拟原理与应用》一书，在诸多方面进一步优化了结构面概率模型构建与三维网络模拟方法，提出了结构面分组的动态聚类、聚拢度分组方法，确定性结构面与随机性结构面耦合模拟方法，结构面间距的随机模拟方法，结构面规模与密度的动态校核方法，使得其结果更加符合岩体结构面实际。

但是，结构面网络模拟毕竟是建立在概率分析的基础上的，只能是统计意义上的推求结果。这是该技术不可回避的事实，也是应用该方法的一个前提、认知，企望其能全面、真实地得到实际结构面的网络分布是不现实的，也是与该技术方法所依据的理论相悖的。

12.2 结构面野外统计方法

无论是进行岩体结构的统计分析，还是进行结构面网络模拟，都首先要按照一定的规则，选择露头面或开挖面对结构面进行系统测量，取得足够数量的结构面样本值，即进行结构面采样。结构面采样的方法较多，从大的类别来看，可以分为三类：①基于岩体露头面量测的测线法和统计窗法；②针对钻孔进行的岩芯统计法(Rosengren,1968;Eoek et al.,1968)；③运用摄影、激光扫描等非接触技术进行的统计方法。它们各有优缺点，这里重点介绍测线法和统计窗法。

12.2.1 测线法

测线法(scaning line surveys)由Robertson和Piteau(1970)提出，S. D. Priest和J. A. Hudson对之作了进一步发展，使用至今。它是在岩石露头表面布置一条测线(图12-2-1)，

依次识别、测量与该测线交切的每一条结构面在测线上的交点位置、结构面的各类信息(包括结构面的类型、倾向与倾角、迹线长度、隙宽等),完成结构面采样。

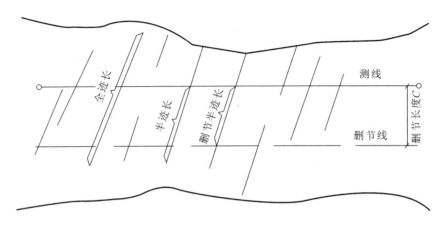

图 12-2-1 测线与迹长的关系

结构面在露头面上出露的线条,称为结构面迹线,即结构面与露头面的交线,其长度称为结构面迹长。测线与迹线的交点距离迹线一端端点的长度,称为半迹长。若结构面的一端或两端延伸出露头面之外,则无法测量到结构面的迹长或半迹长,只能测量到露头面上所显示的那部分迹线的长度,称为截尾迹长或截尾半迹长。

由于露头面可能不规则,在结构面采样时,通常布置一条与测线平行的辅助线,称为"删节线",其与测线间的距离称为"删节长度",记为 C。这样就可以对各条删节结构面按统一的删节长度进行删节,方便用统计方法进行研究。

根据统计学原理,半迹长的概率分布与迹长是一致的。因此,统计时可以只测量测线一侧的半迹长。这样既可以减轻野外工作量,又可以将测线布置在露头面的一侧,而不是中部,这样能尽可能增大删节长度,得到的结果进行统计分析,可靠性更高。

应注意的是,半迹长并非真正是结构面迹长的一半,只是统计意义上的半迹长。为了与"半迹长"相对应,一般称结构面迹长为"全迹长"。

为了保证采样的系统、客观、科学,运用测线法进行结构面采样时应注意以下几点:

(1) 为了满足统计学的要求,存在一个样本数量的问题。只有统计的结构面样本数目达到一定量,才能保证其统计分析的精度。但是,如果要求样本数量很大,则无疑加大了采样的难度和工作量。因此,样本数目应有合理的下限。Robertson(1970)认为,每组结构面若有 100 个样本,据此所确定的分布密度置信度为 95% 时,误差约 20%。Call 等(1976)认为,每组结构面有 100 个观测值最理想,同时指出当样本数目超过 30 个,随样本数目的增加,置信度的提高空间已较小。由于结构面概率模型需要分组构建,所以为保证概率模型的可靠性,每组结构面最好能超过 30 条。ISRM(1978)建议统计样本数目应介于 80~300 之间,一般情况下可取 150。

(2) 若不同部位岩石露头面上结构面发育不同,无法在一起进行统计分析,因此应在相同的岩体结构区内进行结构面采样与模拟分析。也就是说同一结构区内的多条测线统计到的结构面可以在一起进行统计分析,不同结构区的样本则不能一起分析。是否是同一结构区,可以根据露头面岩体的宏观结构特征及地质成因、地质演化综合判断。如果野外不易判断,也可根据样本观测值的统计相似性进行划分(Miller,1983;Mahtah,1984;陈剑平,1995)。

(3) 应尽量在三个正交的露头面上采样,这样采样数据才能更全面。如果选择单一露头面,则会导致统计到与露头面走向近于平行的结构面的概率小,导致该方向的结构面样本数量不足。即使没有条件在三个正交露头面上采样,也应尽量选择几个大角度相交的露头面。

(4) 应尽量选择露头条件好、受人为干扰(例如爆破、开挖等)影响轻微的露头面进行测量。不仅统计方便,更能保证采样精度。

(5) 特别重要的一点是,应多选择大的露头面,这样可以增大删节长度,获得的半迹长样本值统计分析结果会更可靠。

(6) 统计测量过程中应定出小迹长标准,超过该标准的结构面只要与测线相交就进行测量,不能遗漏。

12.2.2 统计窗法

统计窗法(sampling window svreyrs)由 Kulatilake 和 Wu(1984)提出,它是在岩石露头面上划出一定宽度和高度的矩形作为结构面统计窗(见图 12-2-2)。这种方法常用于地下巷道或平硐中。

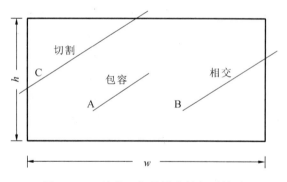

图 12-2-2 结构面与统计窗的相对关系

根据结构面与统计窗的相对位置把结构面划分为三类:① 包容关系,即迹线两端点均在统计窗内(见图 12-2-2 中 A);② 相交关系,迹线只有一个端点在统计窗内(见图 12-2-2 中 B);③ 切割关系,迹线两个端点均未在统计窗内(见图 12-2-2 中 C)。

与测线法不同的是进入统计窗的结构面都被统计,并且不需要统计结构面的迹长,只要统计出每组结构面中 A 类、B 类、C 类结构面的数量,由结构面的数量和统计窗的大小就可以估算结构面的平均迹长。但它不能得到迹长的概率分布形式。因此,统计窗法往往不单独使用,一般作为测线法的补充。

数据处理应按现场记录的结构面分组进行,对其中任何一组结构面,若采用统计窗法统计共有 n 条,其中,A 类结构面有 n_A 条,B 结构面有 n_B 条,C 类结构面有 n_C 条,则有

$$\begin{cases} R_A = \dfrac{n_A}{n} \\ R_B = \dfrac{n_B}{n} \\ R_C = \dfrac{n_C}{n} \end{cases}$$

式中，R_A，R_B，R_C 分别为三类结构面数量所占的比例。

根据 Kulatilake 和 Wu(1984)的研究，该组结构面平均迹长($\bar{l}$)为

$$\bar{l} = \frac{wh(1 + R_A - R_C)}{(1 - R_A + R_C)(w\sin\theta + h\cos\theta)} \tag{12-2-1}$$

式中，w，h 分别为统计窗的宽度和高度(见图 12-2-3)；θ 为该组结构面迹线在统计窗露头面上的视倾角。

后期又发展出圆形统计窗法，Einstein 等(1998)提出了计算结构面平均迹长($\bar{l}$)的公式为

$$\bar{l} = \frac{\pi r}{2} \cdot \frac{(N + n_B - n_C)}{(N - n_B + n_C)} \tag{12-2-2}$$

式中，N 为结构面样本总数，$N = n_A + n_B + n_C$；r 为圆形统计窗的半径。

12.3 赤平投影方法

赤平投影是极射赤平投影(stereographic projection)的简称，主要用来表示线、面的方位，及其相互之间的角距关系和运动轨迹，把物体三维空间的几何要素(面、线)投影到平面上来进行研究，是一种简便、直观、形象的综合图解方法。在岩体结构分析与岩体力学研究中，极射赤平投影有着广泛的应用，发挥了特殊的作用。

12.3.1 极射赤平投影的基本原理

赤平投影是以圆球体作为投影工具，假设从球的两极作为发射点，将球内各几何要素(线、面)都投射到赤平面上，这样就把物体三维空间要素投影到平面上进行研究处理，用平面二维信息表达空间三维图形，克服了空间表达与空间研究的困难，在天文、航海、测量、地理及地质科学中得到广泛应用。

12.3.1.1 投影要素

进行投影的各个组成部分称为投影要素(见图 12-3-1)，主要包括：

(1) 投影球(投射球)：以任意长为半径所作的球。投影球表面称为球面。

(2) 赤平面：过投影球球心的水平面，即赤平投影面。

(3) 基圆：赤平面与投影球面相交的大圆(NESW)，或称赤平大圆。内设东西纬线和南北经线。凡是过球心的平面与球面相交所成的圆，统称大圆(ASBN，PSFN)。

(4) 极射点：球上两极的发射点。由上极射点(P)把下半球的几何要素投影到赤平面上的投影，称为下半球投影；反之，以下极射点(F)把上半球的几何要素投影到赤平面上的投影，称为上半球投影。本书采用下半球投影。

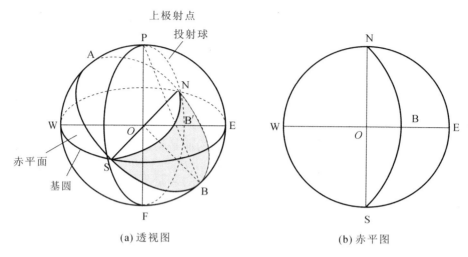

图 12-3-1 投影要素

12.3.1.2 平面的投影

空间的一平面,通过平移可以使其通过投影球的球心,由于平面无限伸展,必与球面相交成一个直径与投影球直径相等的大圆。直立平面为一直立大圆(见图 12-3-1(a)中 SPNF),水平平面为水平大圆(见图 12-3-1(a)中 WNES,即基圆),倾斜平面为一倾斜大圆(见图 12-3-1(a)中 SANB)。上述球面大圆上的各点与极射点(P)的连线必穿过赤平面,在赤平面上这些穿透点的连线即为相应大圆的极射赤平投影,简称大圆弧。直立大圆的赤平投影为基圆的一条直径(见图 12-3-1(a)中 PSFN 投影成 NS 直径);水平大圆的赤平投影就是基圆(见图 12-3-1(a)中的 WNES);倾斜大圆的赤平投影是以基圆直径为弦的大圆弧(见图 12-3-1(a)中 SBN 投影成 SB'N,SAN 半圆的投影是在基圆之外的赤平面上,此处未画)。

极射赤平投影的一个重要性质是,球面大圆投影在赤平面上仍为一个圆。如图 12-3-2 所示,球面大圆 ASBN 赤平投影后的 A'SB'N 仍为一个圆。

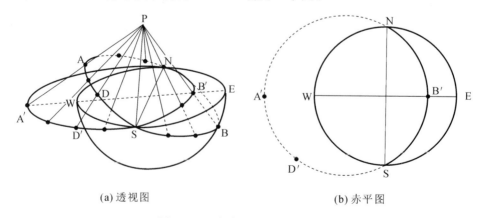

图 12-3-2 倾斜平面的赤平投影

12.3.1.3 直线的投影

设想一直线通过投影球球心,无限伸长必相交于球面两点,称极点。铅直线交于球面上下两点,水平直线交于基圆上两点,倾斜直线则交于通过球心相对的球面两点。这些交点与极射点(P)的连线穿过赤平面的穿透点称直线的赤平投影点。铅直线投影点位于基圆中心,水平直线的投影点就是基圆上两个极点,两点距离等于基圆直径,倾斜直线的赤平投影点有一点在基圆内,另一点在基圆外,两点呈对跖点,在赤平投影图上角距相差180°(见图12-3-3)。

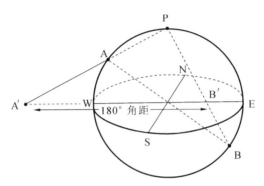

图 12-3-3　过球心的倾斜直线(AB)的赤平投影为两个对跖点(A′和B′)

12.3.1.4　投影网

为方便使用赤平投影方法,前人编制了专用投影网。目前广泛使用有吴尔福创造的等角距投影网(简称吴氏网,见图12-3-4)和施密特创造的等面积投影网(简称施氏网,见图12-3-5)。这两种投影网各有特点,但用法基本相同。下面以吴氏网为代表,说明其结构及成图原理。

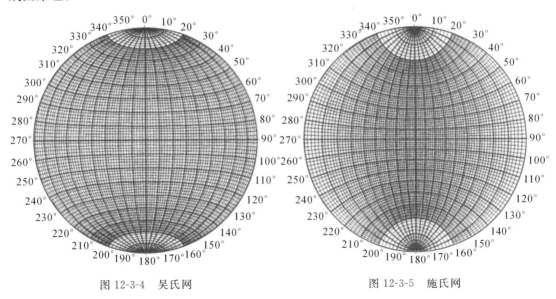

图 12-3-4　吴氏网　　　　　　图 12-3-5　施氏网

吴氏网(见图 12-3-4)由基圆(赤平大圆)、经向大圆弧、纬向小圆弧等经纬线组成。标准吴氏网的基圆直径为 20cm,经、纬度间距为 2°,使用标准网投影误差可以不超过 0.5°。

(1) 基圆,由指北方向(N)为 0°,顺时针方向刻出 360°,这些刻度起着量度方位角的作用。

(2) 经向大圆弧,由一系列通过球心,走向南北,分别向西和向东倾斜,倾角由 0°到 90°(每 2°一个间隔)的许多平面投影大圆弧所组成。这些大圆弧与东西直径线的各交点到直径端点(E 点和 W 点)的距离分别代表各平面的倾角值。

(3) 纬向小圆弧,由一系列走向东西而不通过球心的直立球面小圆的投影小圆弧组成。这些小圆弧离基圆圆心 O 越远的,所代表的球面小圆的半径角距就越小,反之离圆心 O 越近,则半径角距就越大。纬向小圆弧也是 2°一个间隔,它分割南北直径线的距离,与经向大圆弧分割东西直径线的距离是相等的。

由于吴氏网是等角距投影网,多用于求解面、线间的角距关系方面,吴氏网上反映各种角距比较精确,且作图方便,尤其在旋转操作方面更显示其优越性。但是在研究面、线群统计分析(作极点图和等密图)进行探讨组构问题时,则多用施氏网,因为施氏网是等面积网,从基圆圆心至圆周,具有等面积特征,能真实反映球面上极点分布的疏密;缺点是球面小圆的赤平投影不再是圆,作图麻烦。

为了便于投影大量极点(直线或平面法线),上述两种网又可改造成为同心圆(水平小圆)和放射线(直立大圆)相组合的极方位投影网,包括极等角度网(见图 12-3-6(a))和极等面积网(也称赖特网,见图 12-3-6(b))。利用这种网,可以把一个产状数据——倾向和倾角,一次投成(放射线量方位角,同心圆量倾角),但这种网只宜作投点统计用,不能分析几何要素间的角距关系。

由于施氏网是等面积网,可用基圆直径的 1/10——相当于大圆面积的 1/100 的圆孔顺次进行统计;而吴氏网不是等面积网,要配合普洛宁网进行统计,以避免角距和密度的误差太悬殊。

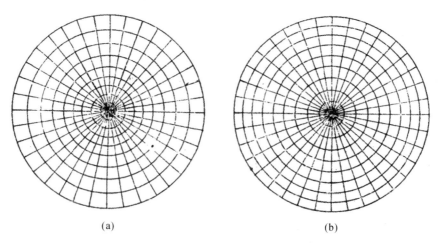

图 12-3-6　极等角度网(a)和极等面积网(赖特网)(b)

12.3.2 赤平投影网的使用方法

传统方法一般是用透明纸绘制,现在有了计算机也可以通过计算机程序实现这一过程,甚至可以开发出通用程序。下文利用透明纸作图法来介绍其使用过程,以更好理解该方法的原理。

一般步骤是把透明纸胶片蒙在投影网(吴氏网)上,画出基圆及"十"字中心,并用针固定于网心上,使透明纸能够旋转。然后在透明纸上标出 E、S、W、N,以正北(N)为 0°,顺时针数至 360°。用东西直径确定倾角,一般是圆周为 0°,圆心为 90°。若为等角度网,则倾角沿半径等分;若为等面积网,则不等分。

12.3.2.1 平面的赤平投影

若一平面,产状120°∠30°。首先透明纸上指北标记与网上 N 重合,以 N 为 0°,顺时针数至120°得一点为倾向,AB 为平面的走向(见图 12-3-7(a))。接着转动透明纸使120°倾向的该点移至东西直径上,由圆周向圆心数 30°,得 C 点,通过 C 点描绘经向大圆弧(见图 12-3-7(b)中$\overset{\frown}{ACB}$)。把透明纸的指北标记转回到原来的指北方向,此时的大圆弧$\overset{\frown}{ACB}$即为产状120°∠30°的平面的赤平投影,此时弧凸所指方向(120°)及凸度大小(30°)即为平面120°∠30°的产状(见图 12-3-7(c))。

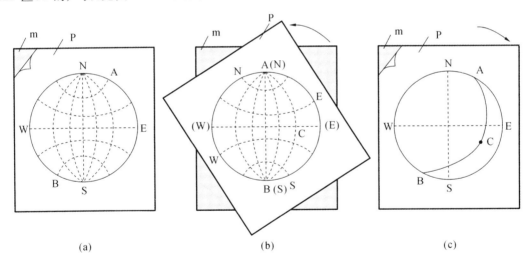

图 12-3-7 平面的赤平投影步骤
P.透明纸,m.吴氏网

12.3.2.2 直线的赤平投影

如果一直线,产状330°∠40°。绘制时,首先透明纸上指北标记与网上 N 重合,以 N 为 0°顺时针数至330°(北西象限),为该直线倾伏向(如图 12-3-8(a)中 A 点)。接着把该点转动至东西直径上(实际上,转至南北直径上也可以),由圆周向圆心数 40°,并投点(见图 12-3-8(b)、(c)中 A′点)。再把透明纸的指北标记转回到原来指北方向,该点即为该直线的赤平投影(见图 12-3-8(c))。

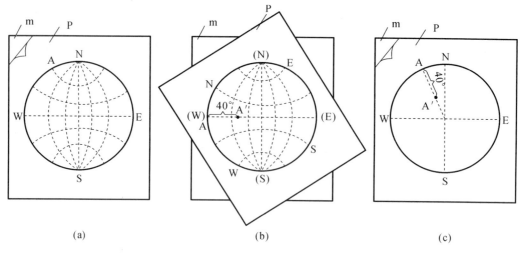

图 12-3-8 直线的赤平投影步骤

12.3.2.3 平面法线的赤平投影

平面及其法线的投影常常互为使用,由于平面投影是圆弧,法线投影是极点,所以往往用法线投影代表与其相对应的平面投影,这样较简单。

例如,求一平面产状 90°∠40°的法线投影。首先透明纸上指北标记与网上 N 重合,以 N 为 0°顺时针数至 90°,正好在东西直径的 E 点,过该点由圆周向圆内数 40°,得 D′点,为平面倾斜线产状的投影。若继续数 90°,显然已越过圆心进入相反倾向,得 P′点,该点即为该平面法线产状(见图 12-3-9)。也可沿 90°的反方向即以圆心向反倾向数至 40°即得该法线产状。因为从圆周数起和从圆心反向数起正好差 90°。

上述是单一的面、线的投影方法,是研究线与线、线与面、面与面相互关系的基础。

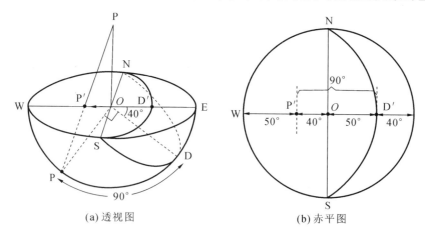

图 12-3-9 法线的赤平投影

12.3.2.4 求两平面的交线产状及两平面夹角

例如,两平面产状 70°∠40°和 290°∠30°,求其交线产状(见图 12-3-10)。首先在透明纸上分别画出两平面的产状为两大圆弧$\overparen{AHB}$和$\overparen{CID}$。两大圆弧相交于一点β,即为两平面交线的产状(即倾伏向和倾伏角为$4°\angle 13°$)。把β点转动至EW直径上,沿β点朝着圆心方向数$90°$得辅助点,过辅助点作径向大圆弧FG,相当于与两平面交线成垂直的辅助平面。该辅助平面为两平面的公垂面,因而在FG大圆弧上两交线间的夹角为真二面角,其中一对为锐角,另一对为钝角,图12-3-10中IH间夹角为$114°$,那么在同一大圆上$FI+HG=180°-114°=66°$,两者互为补角。

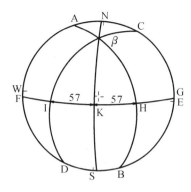

图12-3-10 相交两平面的赤平投影

12.4 结构面几何形态要素的随机性

岩体结构面的空间几何特征可以用以下五个基本要素来描述:结构面形状、产状、规模尺寸、间距(或密度)和张开度(或隙宽),称为几何形态要素。

根据大量的野外实测统计表明,Ⅳ级、Ⅴ级及部分Ⅲ级的每一条结构面的几何形态要素,分别服从于某几种随机分布规律,而非定值,都具有一定的统计性质。表12-4-1列出了前人的研究成果。

表12-4-1 结构面几何要素经验概率分布形式表

要素	常见分布形式	提 出 人	几种常见分布的表达式
倾向	正态,均匀	Call、Fisher 等	均匀:$f(x)=\dfrac{1}{b-a}$
倾角	正态,对数正态	Herget、潘别桐等	正态:$f(x)=\dfrac{1}{s\sqrt{2\pi}}e^{-\frac{1}{2}(\frac{x-\mu}{s})^2}$
迹长	负指数,正态,对数正态	Robertson、潘别桐等	对数正态:$f(x)=\dfrac{1}{sx\sqrt{2\pi}}e^{-\frac{1}{2}(\frac{\ln x-\mu}{s})^2}$
间距	负指数,对数正态	Barton、潘别桐等	负指数:$f(x)=\lambda e^{-\lambda x}$
张开度	负指数,对数正态	Snow、潘别桐等	注:μ为均值,$\lambda=\dfrac{1}{\mu}$;s^2为方差

12.4.1 结构面的形状

结构面形状是指在忽略厚度的情况下,结构面在延伸平面上的几何形状。研究发现,由于结构面类型多样、形成机理复杂、受控因素多变,导致结构面形状呈现出复杂性、多样性。并且,由于岩体露头面范围的局限,也难以在实践中全面揭示各种类型结构面的三维形态全貌,致使该问题至今没有得到很好的解决。

总体上来讲,对于原生结构面,其形状与岩体建造环境有关,对于沉积结构面和变质结构面,其规模往往较大,经常超出一般的工程岩体分析边界,因此,可以视其为在分析岩体中全局延展。而对于岩浆岩中的冷凝结构面,常视其为圆形或椭圆形,这也被试验所证实。而对于构造结构面及大多数次生结构面,其形成有一定的力学机制。Bankwitz(1966)、Rulander(1979)、Barton(1983)观察到它们多呈椭圆形,Cleary(1984)在实验室也通过水压致裂法产生了圆形结构面。但也不完全如此,因为这些结构面的形成还受到边界条件的影响与控制,例如在层状岩体中,这类结构面有时仅限于某些层间发育,没有突破岩层层面的限制而向两侧发育,常称其为层间结构面。这时就很难用圆形模型来描述。

实际上,不同的形成条件下,结构面的形状完全可以是不同的,很难用一个统一的形状来概括,它可以是圆形、椭圆形、矩形、多边形或不规则形状。因而不同的学者提出了不同的概念模型,包括正交模型、圆盘形模型、多边形模型等。其中,圆盘模型应用最广泛。

圆盘模型(见图 12-4-1)由 Baecher、Lanney 和 Einstein 等(1978)提出,认为结构面呈圆盘形,可以由圆盘直径来刻画结构面的形状和规模。由于圆盘模型有易于数学建模和计算机运算、存储等方面的优点,并且实践中圆盘型也常是力学机制形成的结构面的常见形状,因此使该模型得到了广泛应用。

力学成因的结构面为圆盘形的特征,可以用断裂力学来分析。假设结构面在初始形成过程中为非圆形,不妨以椭圆形为代表。则以椭圆裂纹长轴 a 为 x 方向,短轴 b 为 y 方向(见图 12-4-2)。对于受远场法向拉应力 σ 作用的情形,按平面应变状态,裂纹周边应力强度因子为

$$K_{\mathrm{I}} = \frac{\sigma\sqrt{\pi}}{E(k)} \left(\frac{b}{a}\right)^{\frac{1}{2}} (a^2\sin^2\theta + b^2\cos^2\theta)^{\frac{1}{4}} \tag{12-4-1}$$

式中,a,b 分别为椭圆长半轴与短半轴;θ 为极角。

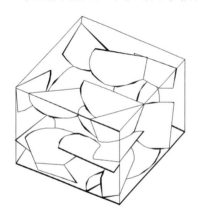

图 12-4-1 圆盘结构面模型

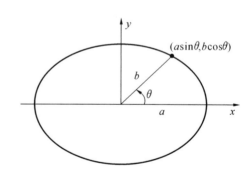

图 12-4-2 椭圆裂纹示意图

由式(12-4-1)可知,因为 $a>b$,故 K_{I} 在 $\theta=\pi/2$、$3\pi/2$ 点即短轴 b 端点取极大值,而在 $\theta=0$、π 处即长轴 a 端点取极小值。而岩石的断裂韧度 K_{IC} 是一定的。因此,当应力集中到裂纹扩展极限时,裂纹将首先从 $\theta=\pi/2$、$3\pi/2$ 的部位,即裂纹短轴端点处开始扩展。按照式(12-4-1)可以推断,裂纹将一直扩展到短轴与长轴相等时,周边应力强度因子的差异才会消失,这种差异扩展的过程也才会结束。

这一现象称为非圆裂纹扩展的"趋圆效应"。因此,在均质介质中,把裂纹看作圆形是具有一定合理性的(伍法权,1993)。

12.4.2 结构面的产状

结构面产状是统计学应用于岩体力学研究中最早关注的方面。如图 12-4-3 所示,建立

空间坐标系,即以正南方(S)为 x 轴的正方向,以正北方(N)为 x 轴的负方向,以正东方(E)为 y 轴的正方向,以正西方(W)为 y 轴的负方向,以正上方为 z 轴的正方向。若结构面的倾向为 α,倾角为 β,则其法线矢量 (l,m,n) 为

$$\begin{cases} l = \cos(180°-\alpha)\sin\beta = -\cos\alpha\sin\beta \\ m = \sin(180°-\alpha)\sin\beta = \sin\alpha\sin\beta \\ n = \cos\beta \end{cases}$$
(12-4-2)

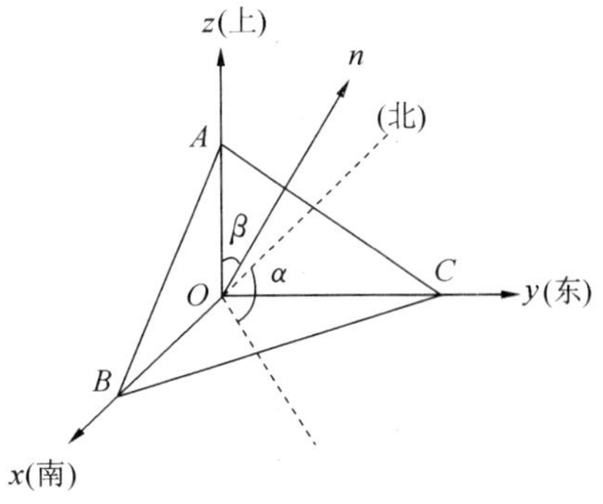

图 12-4-3 结构面法向矢量的坐标表示

若该结构面中心点坐标为 (x_0,y_0,z_0),半径为 r,则结构面方程可表示为

$$\begin{cases} l(x-x_0) + m(y-y_0) + n(z-z_0) = 0 \\ (x-x_0)^2 + (y-y_0)^2 + (z-z_0)^2 \leqslant r^2 \end{cases}$$
(12-4-3)

研究表明,结构面产状往往服从均匀分布(Fisher,1951;Mardin,1972)、Fisher 分布(Fisher,1951)、正态分布(Call et al.,1976)、双正态分布和双 Fisher 分布(Dershowitsz,1979;Einstein et al.,1980;Kohlbeck,1985;Grossman,1985)等。其中,倾向一般多服从正态分布和对数正态分布,倾角一般多服从正态分布。图 12-4-4 为某高速公路岩质边坡中结构面倾向和倾角分布直方图,它们总体上服从正态分布和对数正态分布。

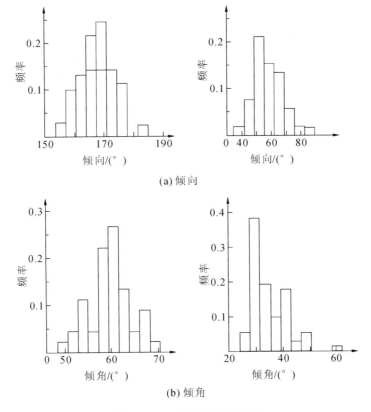

(a) 倾向

(b) 倾角

图 12-4-4 产状分布直方图

12.4.3 结构面密度的统计分析

12.4.3.1 结构面间距与线密度

根据测线法,若把相邻两条同组结构面的垂直距离作为间距观测值 d,则可以得到结构面间距的直方图与分布形式(见图 12-4-5),进而计算得到该结构面的平均间距与线密度。

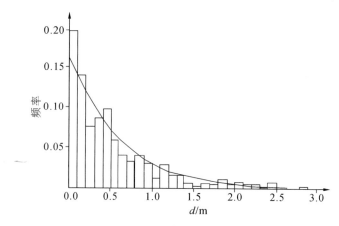

图 12-4-5　间距分布形式(Kokichi,1987)

大量实测资料和理论分析都证实,结构面间距多服从负指数分布(见图 12-4-5),其分布密度函数为

$$f(d) = \mu e^{-\mu d} \tag{12-4-4}$$

式中,$\mu = \dfrac{1}{\bar{d}} = \bar{\lambda}_d$,其中 $\bar{d}$ 和 $\bar{\lambda}_d$ 分别为结构面平均间距和平均线密度。

在结构面测量时,由于部分小裂隙无法测量到,从而导致估算的间距偏大,线密度偏小。另外,如果测线长度 L 较小,必然有一部分间距 $d > L$ 的结构面无法测到,从而又导致估算的间距偏小,线密度偏大。为此,需要对式(12-4-4)的计算结果进行修正。

1. 小裂隙校正

该方法主要针对前一种原因。假设测线 L 沿结构面法线方向布置,与之交切的实际结构面数量为 n,则结构面线密度 λ_d 为

$$\lambda_d = \frac{n}{L} \tag{12-4-5}$$

若结构面迹长服从负指数分布 $f(l) = \mu e^{-\mu l}$ ($\mu = \dfrac{1}{\bar{l}}$,$\bar{l}$ 为结构面迹长均值),则在迹长区间 $[l, l+\mathrm{d}l]$ 内结构面数量应为 $\mathrm{d}n = n f(l)\mathrm{d}l$。对 $\mathrm{d}n$ 在 $(0, +\infty)$ 区间进行积分应得到结构面数量 n。但实际上,在结构面采样过程中,迹长 $l < l_0$ 的小裂隙被舍去,则实际的积分区间为 $(l_0, +\infty)$,对应的结构面数量 n_0 为

$$n_0 = \int_{l_0}^{+\infty} \mathrm{d}n = \int_{l_0}^{+\infty} n\mu e^{-\mu l} \mathrm{d}l = n e^{-\mu l_0} \tag{12-4-6}$$

即舍掉小裂隙之后,实际被测到的结构面数量为 n_0,则对应的结构面样本密度 λ_0 为

$$\lambda_0 = \frac{n_0}{L} = \frac{n\mathrm{e}^{-\mu l_0}}{L} = \lambda_d \mathrm{e}^{-\mu l_0} \tag{12-4-7}$$

因此,考虑到小裂隙的影响,结构面的真实线密度 λ_d 为

$$\lambda_d = \lambda_0 \mathrm{e}^{\mu l_0} \tag{12-4-8}$$

显然有 $\lambda_d \geqslant \lambda_0$。当 $l_0 \to 0$ 时, $\lambda_d = \lambda_0$。

2. 截尾校正

截尾校正是针对于后一种原因。根据 Sen(1984)给出的推论,小于测线长度 L 的间距 d 的拟合形式为

$$i(d) = \frac{\lambda_d \mathrm{e}^{-\lambda_d d}}{1 - \mathrm{e}^{-\lambda_d L}} \qquad (0 < d < L) \tag{12-4-9}$$

其均值 $\bar{d}$ 为

$$\bar{d} = \frac{1}{\lambda_d}\left[1 - \frac{\lambda_d L}{\mathrm{e}^{\lambda_d L} - 1}\right] \tag{12-4-10}$$

显然,当 $L \to \infty$ 时, $\bar{d} \to \frac{1}{\lambda_d} = d$ (d 为结构面总体的间距)。但实际采样中,测线不可能无限长。这时,如果将测线长度 L 和对应的实测结构面样本间距均值 $\bar{d}$ 代入式(12-4-10),可计算出结构面线密度 λ_d 和间距 d。

12.4.3.2 结构面的测线密度

取测线长为 L,若岩体中有 m 组结构面,第 i 组结构面与 L 的交点数为 N_i ($1,2,\cdots,m$),则 L 上结构面交点总数为 $N = \sum_{i=1}^{m} N_i$, L 上结构面交点的测线密度为

$$\lambda = \frac{N}{L} = \sum_{i=1}^{m} \frac{N_i}{L} = \sum_{i=1}^{m} \lambda_{si} = \sum_{i=1}^{m} \lambda_i |\cos\delta_{si}| \tag{12-4-11}$$

式中, λ_{si} 为第 i 组结构面与 L 的交点密度; λ_i 为第 i 组结构面的线密度; δ_{si} 为测线与第 i 组面法线的夹角。

若第 i 组结构面优势产状为 $\alpha_i \angle \beta_i$,由式(12-4-2)知结构面法线矢量方向余弦 $\{l, m, n\}$ 为

$$\begin{cases} l_i = -\cos\alpha_i \sin\beta_i \\ m_i = \sin\alpha_i \sin\beta_i \\ n_i = \cos\beta_i \end{cases} \tag{12-4-12}$$

若测线 L 的产状为 $\alpha_s \angle \beta_s$ (α_s 为倾伏向、 β_s 为倾俯角),则 L 的方向余弦 $\{l', m', n'\}$ 为

$$\begin{cases} l' = \cos(180°+\alpha_s)\sin(90°-\beta_s) = \cos\alpha_s\cos\beta_s \\ m' = \sin(180°+\alpha_s)\sin(90°-\beta_s) = -\sin\alpha_s\cos\beta_s \\ n' = \cos(90°-\beta_s) = \sin\beta_s \end{cases} \tag{12-4-13}$$

由此可得测线 L 与第 i 组结构面法线夹角余弦为

$$\cos\delta_{si} = l_i l' + m_i m' + n_i n' \tag{12-4-14}$$

将式(12-4-11)中的 λ 对隐含的测线产状 α_s 和 β_s 分别求偏微分,并令 $\frac{\partial \lambda}{\partial \alpha_s} = 0, \frac{\partial \lambda}{\partial \beta_s} = 0$,可得到使测线密度 λ 取极大值的测线产状为

$$\alpha_{sm} = \pi - \arctan\frac{b}{a}, \quad \beta_{sm} = \arctan\frac{c}{\sqrt{a^2+b^2}} \qquad (12\text{-}4\text{-}15)$$

式中，$a = \sum_{i=1}^{m}\lambda_i l_i, b = \sum_{i=1}^{m}\lambda_i m_i, c = \sum_{i=1}^{m}\lambda_i n_i$。

将式(12-4-14)通过式(12-4-12)和式(12-4-13)代入式(12-4-11)，得到测线密度 λ 的极大值 λ_m 为

$$\lambda_m = \sqrt{a^2 + b^2 + c^2} \qquad (12\text{-}4\text{-}16)$$

另外，测线密度极大值 λ_m 也可用赤平投影方法求取，方法是：以测线产状 α_s、β_s 为变量在赤平投影网上作 λ 等值线，求出 α_{sm} 和 β_{sm}，代入式(12-4-11)即可求得 λ_m 值。

12.4.3.3 结构面面密度

如图 12-4-6 所示的坐标系，测线 L 与 x 轴重合并与结构面正交，设结构面迹长为 l，半迹长为 l'。假定结构面迹线中点在平面内均匀分布，中点面密度为 λ_s，则在距测线 L 垂直距离为 y 的微分条中（面积 $ds = Ldy$），包含结构面迹线中点数 dN 为

$$dN = \lambda_s ds = \lambda_s L dy \qquad (12\text{-}4\text{-}17)$$

显然，只有当 $l' \geqslant |y|$ 时，结构面迹线才与测线相交。令半迹长 l' 的密度函数为 $h(l')$，则中心点在微分条 ds 中的所有结构面与测线相交的条数 dn 为

$$dn = dN\int_{y}^{\infty}h(l')dl' = \lambda_s L\int_{y}^{\infty}h(l')dl'dy \qquad (12\text{-}4\text{-}18)$$

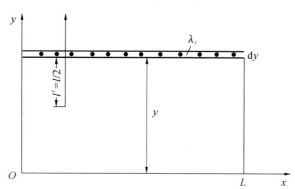

图 12-4-6 λ_s 求取示意图

对 y 在 $(-\infty, +\infty)$ 上积分，得到全平面中结构面迹线与测线 L 相交的数目 n 为

$$n = 2\int_{0}^{\infty}dn = 2\lambda_s L\int_{0}^{\infty}\int_{y}^{\infty}h(l')dl'dy \qquad (12\text{-}4\text{-}19)$$

于是，结构面在测线 L 方向的线密度 λ_d 为

$$\lambda_d = \frac{n}{L} = 2\lambda_s\int_{0}^{\infty}\int_{y}^{\infty}h(l')dl'dy \qquad (12\text{-}4\text{-}20)$$

若结构面迹长服从负指数分布 $f(l) = \mu e^{-\mu l}$，结构面半迹长则服从负指数分布 $h(l') = 2\mu e^{-2\mu l'}$，代入式(12-4-20)可得结构面面密度 λ_s 为

$$\lambda_s = \mu\lambda_d = \frac{\lambda_d}{\bar{l}} \qquad (12\text{-}4\text{-}21)$$

12.4.3.4 结构面体密度

根据结构面呈薄圆盘状的假设条件,对于图 12-4-7 所示的模型,假设测线 L 与结构面法线平行,即 L 垂直于结构面。取圆心在 L 上,半径为 R,厚为 dR 的空心圆筒,其体积为 $dV = 2\pi RLdR$,若结构面体密度为 λ_V,则中心点位于体积 dV 内的结构面数 dN 为

$$dN = \lambda_V dV = 2\pi RL\lambda_V dR \tag{12-4-22}$$

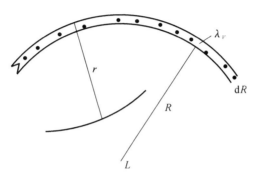

图 12-4-7 λ_V 求取示意图

但是,对于中心点位于 dV 内的结构面,只有其半径 $r \geqslant R$ 时才能与测线相交。若结构面半径 r 的密度为 $f(r)$,则中心点在 dV 内且与测线 L 相交的结构面数目 dn 为

$$dn = dN\int_R^\infty f(r)dr = 2\pi L\lambda_V \int_0^\infty R\int_R^\infty f(r)drdR \tag{12-4-23}$$

对 R 从 $0 \to \infty$ 积分,可得全空间内结构面在测线 L 上的交点数 n 为

$$n = \int_0^\infty dn = 2\pi L\lambda_V \int_0^\infty R\int_R^\infty f(r)drdR \tag{12-4-24}$$

所以,结构面线密度 λ_d 为

$$\lambda_d = 2\pi\lambda_V \int_0^\infty R\int_R^\infty f(r)drdR \tag{12-4-25}$$

若结构面迹长服从负指数分布,则结构面半径服从函数 $f(r) = \frac{\pi}{2}\mu e^{-\frac{\pi}{2}\mu r}$,代入式(12-4-25)可得结构面体密度 λ_V 为

$$\lambda_V = \frac{\lambda_d}{2\pi\overline{r}^2} \tag{12-4-26}$$

式中,$\overline{r}$ 为结构面半径均值。

如果岩体中存在 m 组结构面,则结构面总体密度 $\lambda_{V总}$ 为

$$\lambda_{V总} = \frac{1}{2\pi}\sum_{i=1}^m \frac{\lambda_{di}}{\overline{r_i}^2} \tag{12-4-27}$$

式中,λ_{di} 和 $\overline{r_i}$ 分别为第 i 组结构面的线密度和半径均值。

12.4.4 结构面规模的统计分析

由于结构面的规模大小无法直接测量到,能够测量的只是结构面的迹长、半迹长,甚至有部分只能测量到删节半迹长。但是,根据统计学原理,可以通过结构面迹长的测量结果推

算出结构面的规模大小。

12.4.4.1 测线法确定结构面迹长的分布形式

Priest 和 Hudson(1981)针对测线法对结构面迹长、半迹长和删节半迹长的概率分布形式进行了研究,提出了确定结构面迹长分布形式的方法。

设结构面全迹长概率密度分布函数为 $f(l)$,考虑到迹线较长的结构面将优先交切测线,测到的概率最大,那么,实际测到的迹长落在区间 $(l,l+\mathrm{d}l)$ 内的概率 $p(l)$ 与全迹长成正比,可表达为

$$p(l) = klf(l)\mathrm{d}l \tag{12-4-28}$$

式中,l 为结构面迹长;k 为待定常数。

与测线交切的样本迹长概率密度函数 $g(l)$ 为

$$g(l) = \frac{p(l)}{\mathrm{d}l} = klf(l) \tag{12-4-29}$$

由密度函数的性质可知:

$$\int_0^\infty g(l)\mathrm{d}l = 1 \tag{12-4-30}$$

因此

$$\int_0^\infty klf(l)\mathrm{d}l = k\int_0^\infty lf(l)\mathrm{d}l = kE(l) = 1 \tag{12-4-31}$$

则

$$k = \frac{1}{E(l)} = \frac{1}{\bar{l}} = \mu \tag{12-4-32}$$

式中,$\bar{l}$ 为结构面总体的平均迹长;μ 为结构面迹线中心点密度,$\mu=\dfrac{1}{\bar{l}}$。

将式(12-4-32)代入式(12-4-29),则有

$$g(l) = \mu lf(l) \tag{12-4-33}$$

那么,样本迹长均值 (l_g) 为

$$l_g = \frac{1}{\mu_g} = \int_0^\infty lg(l)\mathrm{d}l = \mu\int_0^\infty l^2 f(l)\mathrm{d}l = \frac{1}{\mu} + \mu\sigma^2 \tag{12-4-34}$$

式中,σ 为结构面迹长总体分布的方差。

进一步设半迹长交切测线的概率密度函数为 $h(l)$。有一组全迹长为 m 的结构面,交切测线的概率密度为 $g(m)$,则在区间 $(m,m+\mathrm{d}m)$ 内的迹线交切测线的概率为 $g(m)\mathrm{d}m$。由于测线与迹线交点是随机沿迹长分布的,因此测得的半迹长是均匀地分布在 $(0,m)$ 范围内,其概率密度为 $1/m$。因此,全迹长位于区间 $(m,m+\mathrm{d}m)$ 内,同时半迹长位于区间 $(l,l+\mathrm{d}l)$ 内的联合概率 $(p(m,l))$ 为

$$p(m,l) = g(m)\mathrm{d}m\left(\frac{1}{m}\right)\mathrm{d}l \tag{12-4-35}$$

因为结构面半迹长小于全迹长,即 $l<m$,则半迹长位于区间 $(l,l+\mathrm{d}l)$ 内的概率为

$$p(l) = \mathrm{d}l\int_l^\infty \frac{g(m)}{m}\mathrm{d}m \tag{12-4-36}$$

所以,半迹长交切测线的概率密度函数 $h(l)$ 为

$$h(l) = \frac{p(l)}{\mathrm{d}l} = \int_l^\infty \frac{g(m)}{m}\mathrm{d}m = \mu[1 - \int_0^l f(l)\mathrm{d}l] = \mu[1 - F(l)] \quad (12\text{-}4\text{-}37)$$

则样本半迹长均值(l_h)为

$$l_h = \frac{1}{\mu_h} = \int_0^\infty \mu l[1 - F(l)]\mathrm{d}l = \frac{1}{2}\mu \int_0^\infty l^2 f(l)\mathrm{d}l = \frac{l_g}{2}$$

上式表明,测线法得到的半迹长均值恰好等于结构面全迹长均值的一半,这为根据样本半迹长来估算全迹长提供了理论依据。

结构面迹长总体分布函数 $f(l)$ 的具体表达式不同,与测线交切的迹长分布函数 $g(l)$ 和与测线交切的半迹长分布函数 $h(l)$ 的表达式也不同。表 12-4-2 给出了 $f(l)$ 为负指数分布、正态分布和均匀分布时,$g(l)$ 和 $h(l)$ 的表达式及对应的均值。

表 12-4-2　各类迹长理论分布函数及其平均值

分布形式	全迹长分布函数 概率密度 $f(l)$	均值 $1/\mu$	交切迹长分布函数 概率密度 $g(l)$	均值 $1/\mu_g$	交切半迹长分布函数 概率密度 $h(l)$	均值 $1/\mu_h$
均匀分布	$\mu/2 < l \leqslant 2/\mu$	$1/\mu$	$\mu^2 l/2$	$4/3\mu$	$\mu(1-\mu l/2)$	$2/3\mu$
负指数分布	$\mu e^{-\mu l}$	$1/\mu$	$\mu^2 l e^{-\mu l}$	$2/\mu$	$\mu e^{-\mu l}$	$1/\mu$
正态分布	$\frac{1}{\sqrt{2\pi}\sigma}e^{\frac{(l-1/\mu)^2}{2\sigma^2}}$	$1/\mu$	$\frac{\mu l}{\sqrt{2\pi}\sigma}e^{\frac{(l-1/\mu)^2}{2\sigma^2}}$	$1/\mu + \sigma^2\mu$	$\mu[1+F(l)]$	$(1/\mu + \sigma^2\mu)/2$

12.4.4.2　结构面迹长的分布形式

从深大断裂到显微裂纹,结构面的规模差别巨大。对于Ⅰ、Ⅱ级结构面与部分规模较大的Ⅲ级结构面,由于其数量少、规模大,往往采用确定性方法来研究。但对于部分规模较小的Ⅲ级结构面及Ⅳ、Ⅴ级结构面,才采用统计学方法研究。它们的规模一般限于数十米以下,数十厘米以上的尺度范围。可以通过测线法、统计窗法测量岩体露头面上结构面的迹长(半迹长)来进行统计分析。

根据统计学的理论,结构面半迹长与全迹长的分布形式应是一致的。据前人研究,结构面迹长(半迹长)的分布形式主要有负指数(Robertson,1970;Call et al.,1976)、对数正态(Macmaban,1971;Bridge,1976;Barton,1978;Einstein et al.,1980)等类型,见图 12-4-8。无论哪种形式,总体上结构面是随规模越大,其数量越小。这一规律不是一个偶然现象,它反映了岩体内结构面尺度分布的一般规律。事实上,从宏观角度看,在单位面积区域内,大断裂出现的概率显然要比小断层小得多,这已是常识。

重要的是迹长在 $l \to 0$ 尺度段的结构面数量。从细观和微观尺度看,一个岩石手标本,乃至一个岩石薄片上,仍然可以见到大量微小结构面的存在。而形成不同尺度结构面的应力环境及成因上应有一致性。若将这些小裂纹看作岩体结构面向细观和微观尺度的连续变化,无疑小裂纹的分布密度应该是较大的,其数量应该随 $l \to 0$ 而增多才合理,而不是对数正态分布所显示的随 $l \to 0$,其数量逐渐减少。

其次,由结构面形成的断裂力学机制也可以得到同样的推论。以Ⅰ型裂纹为例,形成一个半径为 a 的Ⅰ型裂纹所需能量为

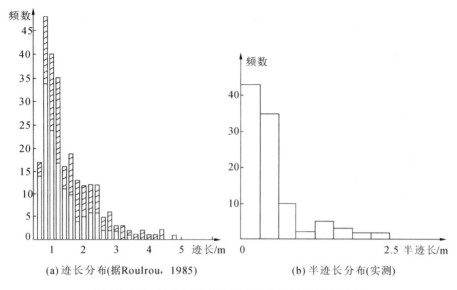

(a) 迹长分布(据Roulrou,1985)　　　　(b) 半迹长分布(实测)

图 12-4-8　结构面迹长和半迹长实测数据分布形式

$$U = \frac{8(1-\mu^2)}{3E}\sigma^2 a^3 \tag{12-4-38}$$

其能量量值与其所成结构面半径的三次方成正比。显然,形成一个较小的裂纹要比大裂纹容易得多。

再次,大量岩石力学实验、模型模拟实验及声发射测试结果也表明,材料的破坏总是首先出现大量微破裂,逐步通过选择性扩展连通而形成大的或贯通性破裂。显然,微小裂纹的数目要比大裂纹多得多。

由此可见,结构面尺度的理论分布形式更可能为负指数分布形式,而不应该是对数正态分布,造成这一结果的原因可能是测量过程中舍弃或无法获取小裂纹数据。

12.4.4.3　结构面迹长统计的校正

对于负指数分布,只有唯一的待定参数 μ,运用统计或拟合方法都容易获得。由于结构面采样中的"掐头截尾",因此需要进行"小裂纹校正"及大裂纹"截尾校正"。

1. 小裂纹校正

由概率论可知,"若随机变量 l 服从负指数分布,则 $s=l-l_0(l>l_0)$ 仍服从同一分布"(见图 12-4-9),不仅 l 与 s 的分布函数具有同样的形式,更重要的是参数 μ 也是相等的。这就是负指数分布的无记忆性定理。这一定理为进行 $l \to 0$ 段的小裂纹恢复校正提供了理论依据。

小裂纹校正的步骤如下:

(1) 对实测数据的直方图进行分析,找出小裂纹区间的峰值迹长 l_0;
(2) 将全部数据进行 $s=l-l_0$ 变换,即将坐标原点沿横轴向 l 正轴方向平移 l_0;
(3) 对以 s 为自变量的直方图进行负指数函数 $f(s)$ 拟合,求取参数 μ;
(4) 基于参数 μ 写出负指数分布密度函数 $f(l)$。

2. 截尾校正

在用测线法进行结构面采样时,部分结构面将被删节。假设删节值为 C,结构面样本共

有 n 条,其中 r 条结构面被删节,未删节的结构面则有 $n-r$ 条。

对于半迹长和删节半迹长,除了 $l>C$ 删节半迹长概率 $i(l)=0$(见图 12-4-10)以外,所涉及的是同类迹长,因此 $i(l)$ 的分布必然与 $h(l)$ 成正比。同时,为保证 $\int_0^\infty i(l)\mathrm{d}l=1$,应有

$$i(l)=\frac{h(l)}{\int_0^C h(l)\mathrm{d}l}=\frac{h(l)}{H(l)} \tag{12-4-39}$$

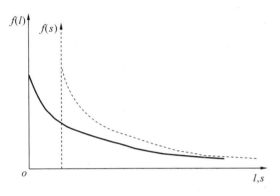

图 12-4-9　负指数分布的无记忆性　　　　图 12-4-10　截尾负指数分布

则删节半迹长的均值 (l_i) 为

$$l_i=\frac{1}{\mu_i}=\frac{\int_0^C lh(l)\mathrm{d}l}{H(C)} \tag{12-4-40}$$

当结构面全迹长服从负指数分布时,有

$$i(l)=\frac{\mu \mathrm{e}^{-\mu l}}{1-\mathrm{e}^{-\mu l}} \qquad (0\leqslant l \leqslant C) \tag{12-4-41}$$

这时,删节半迹长的均值 (l_i) 为

$$l_i=\frac{1}{\mu_i}=\frac{1}{\mu}-\frac{C\mathrm{e}^{-\mu C}}{1-\mathrm{e}^{-\mu C}} \tag{12-4-42}$$

上式表明,用 $\frac{1}{\mu_i}$ 的显式来表达 $\frac{1}{\mu}$ 是很困难的。当结构面全迹长服从其他形式的分布时,也会遇到同样的问题。当然,可以对上式用迭代法来计算 μ,再进一步得到结构面的平均迹长 $(\bar{l})$。

如果结构面样本数目较多,根据概率论的基本原理,近似有

$$\frac{r}{n}\approx\int_0^C h(l)\mathrm{d}l \tag{12-4-43}$$

若结构面全迹长服从负指数分布时,有

$$\mu=-\frac{1}{C}\ln\left(\frac{n-r}{n}\right) \tag{12-4-44}$$

若结构面全迹长服从均匀分布时,有

$$\mu=\frac{2-2\sqrt{\frac{n-r}{n}}}{C} \tag{12-4-45}$$

若结构面全迹长服从正态或对数正态分布时,$f(l)$ 不可积,可用数值积分的方法近似求解。

12.4.4.4 结构面直径的确定方法

假设结构面为圆盘形,迹长分布形式为负指数形式,则露头面与结构面交切的迹线即为结构面圆盘的弦(见图 12-4-11),平均迹长($\bar{l}$)则为

$$\bar{l} = \frac{2}{r}\int_0^r \sqrt{r^2 - x^2}\,\mathrm{d}x = \frac{\pi}{2}r = \frac{\pi}{4}a \qquad (12\text{-}4\text{-}46)$$

式中,r 和 a 分别为结构面的半径和直径。

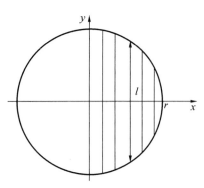

图 12-4-11 迹长与结构面规模的关系

假设结构面半径 r 服从分布 $f_r(r)$,直径 a 服从分布 $f_a(a)$,迹长 l 服从分布 $f(l)$,由式(12-4-46),有

$$\begin{cases} f_r(r) = \dfrac{\pi}{2} f\left(\dfrac{\pi}{2}r\right) \\ f_a(a) = \dfrac{\pi}{4} f\left(\dfrac{\pi}{4}a\right) \end{cases} \qquad (12\text{-}4\text{-}47)$$

如果结构面迹长 l 服从负指数分布,即 $f(l) = \mu \mathrm{e}^{-\mu l}$ (其中,$\mu = 1/\bar{l}$),将其代入式(12-4-47),则有

$$\begin{cases} f_r(r) = \dfrac{\pi}{2}\mu \mathrm{e}^{-\frac{\pi}{2}\mu r} \\ f_a(a) = \dfrac{\pi}{4}\mu \mathrm{e}^{-\frac{\pi}{4}\mu a} \end{cases} \qquad (12\text{-}4\text{-}48)$$

因此,结构面半径和直径的均值 $\bar{r}$ 和 $\bar{a}$ 为

$$\begin{cases} \bar{r} = \int_0^\infty r f_r(r)\,\mathrm{d}r = \dfrac{2}{\pi}\bar{l} \\ \bar{a} = \int_0^\infty a f_a(a)\,\mathrm{d}t = \dfrac{4}{\pi}\bar{l} \end{cases} \qquad (12\text{-}4\text{-}49)$$

12.4.5 结构面隙宽的统计分析

结构面隙宽可以在野外用塞尺(见图 12-4-12)直接测量,大量实测资料显示,隙宽常具有负指数分布或对数正态分布形式(Call et al.,1976;Barton,1978,1986),有时也服从对数正态分布(Snow,1965,1968;Grossman,1985)。图 12-4-13 为结构面隙宽(e)的统计直方图,基本上服从负指数分布。

图 12-4-12 测量结构面隙宽用的塞尺

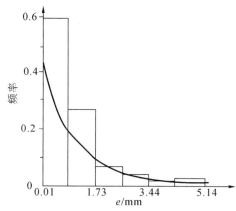

图 12-4-13 结构面隙宽分布直方图

但应注意的是,除少数受拉应力作用的部位外,岩体结构面通常是处于受压闭合状态,因此隙宽一般是十分小的,平均隙宽多为 0.1～1 mm。如果把测量数据按 $\Delta e = 1$ mm 分组作成直方图,则必呈现出负指数分布图式,若取 $\Delta e = 0.1$ mm,则可能呈对数正态分布。可见,在进行隙宽数据统计处理时,分组的步长对分布形式是有影响的。这个影响可称作比例尺效应(见图 12-4-14)。这种效应对结构面迹长、间距等其他数据分析也同样存在。

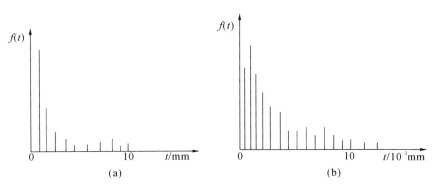

图 12-4-14 隙宽分布及其比例尺效应

12.5 岩体结构面网络模拟方法

12.5.1 模拟的前提与步骤

1. 模拟前提

由于结构面自身发育的差异、采样条件的局限和计算机运算所受到的限制,在进行结构面网络模拟时有些方面的因素要简化处理,为此假设:

(1) 假设结构面形状为薄圆盘状。根据这一假设,结构面的大小和位置,可以用结构面中心点坐标和结构面半径来反映;

(2) 假设结构面为平直薄板,也就是说每条结构面只有一个统一的产状;

(3) 假设在整个模拟区域内结构面出现的概率是相同的。

2. 模拟步骤

岩体结构面网络模拟总体上应遵循如下步骤:

(1) 选择适宜的岩体露头面,对结构面进行系统采样,获得足够数量的结构面样本值;

(2) 对所有结构面进行分组;

(3) 对每组结构面分别构建概率模型;

(4) 在计算机上采用随机模拟方法按概率模型生成模拟区相应的结构面数据,形成结构面网络;

(5) 对得到的结果进行检验,用于后续工程岩体性质与问题分析。

结构面采样方法已经在上节进行介绍,下节将从结构面分组开始介绍。

12.5.2 结构面分组

结构面分组是结构面研究与结构面网络模拟的前提。因为岩体内结构面的发育具有一定的规律性和方向性,即成组定向,每组结构面可能有不同的成因,形成时期也可能不相同,对应的统计规律也不同,因此应先分组,后分别构建每组结构面各自对应的概率模型。

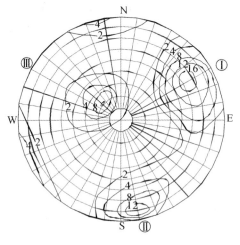

图 12-5-1　结构面方位等面积投影图

结构面分组应在野外工程地质调查的基础上进行,应充分考虑各组结构面的地质成因差异及时间的先后顺序,地质学上称为"分期配套"。原则上,不同期次、不同成因的结构面不应分到一个组内。另外,分组时应保证结构面样本不被遗漏,也不能重复分派到多个组内,否则会影响结构面密度的确定。

传统上,常用结构面法线等面积赤平投影作图法(见图 12-5-1)进行分组。这种方法直观、简洁,容易与工程地质宏观判断相结合,是"方位图解+工程判断"的方法。具体方法是:把统计到的结构面产状逐一点在赤平投影图中,作等密度图。根据投影点分布的密集程度把结构面划分成不同组别。如图 12-5-1 所示,就可以把结构面划分为 3 组,各组优势产状及变化范围见表 12-5-1。居于某一组产状范围内的结构面即被划分到该组中。

表 12-5-1　结构面分组情况

分组编号	优势产状	倾向变化区间	倾角变化区间
Ⅰ	60°∠63°	40°～100°	35°～90°
		230°～262°	83°～90°
Ⅱ	170°∠80°	145°～192°	55°～90°
Ⅲ	310°∠20°	270°～345°	10°～38°

这种方法容易导致少量结构面在分组中被"遗失",没有分到任何一组,从而影响结构面概率模型的精度。为了克服上述缺点,我们提出用动态聚类法进行结构面分组。

动态聚类的工作过程是这样的:若要把图 12-5-2(a)中的点分成为两类,可随机选择两个点 $x_1^{(1)}$、$x_2^{(1)}$ 作为"聚核"(见图 12-5-2(b)),然后计算其他点到这两个聚核的距离。对于任何点 x_k,若 $d(x_k, x_1^{(1)}) < d(x_k, x_2^{(1)})$,则将其划为第一类,否则,划分为第二类。因此,得到图 12-5-2(c)中的两个类。

分别计算两类的重心 $x_1^{(2)}$ 和 $x_2^{(2)}$,用它们作为新的聚核,重新进行分类(见图 12-5-2(d)),就得到两个新的类(见图 12-5-2(e))。如此反复进行下去,就可以得到稳定的分类结果。

为了判定动态聚类的稳定,可以用 u_n 来衡量,u_n 用下式计算:

$$u_n = \sum_{i=1}^{2} \sum_{x \in P_i^n} d^2(x, x_i^{(n)}) \tag{12-5-1}$$

式中,P_i^n 为在第 n 次分类后得到的第 i 类集合;$d(\cdot,\cdot)$ 为距离,按下式计算:

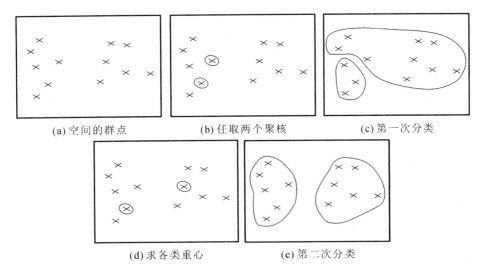

图 12-5-2 动态聚类法的工作过程示意图

$$d_q(x,y) = \left[\sum_{k=1}^{p} |x_k - y_k|^q\right]^{1/q}, \quad q = 1,2,\cdots,\infty \tag{12-5-2}$$

当动态分类不断进行，u_n 会不断减小，当 $u_{n-1} = u_n$ 时，分类进行完毕并达到稳定。类似地，若把 Ω 中的点分成 k 类，第一步随机选取 k 个点作为 k 个聚核，记为

$$L^0 = \{A_1^0, A_2^0, \cdots, A_k^0\} \tag{12-5-3}$$

根据 L^0，可以把 Ω 中的点分为 k 类，记为

$$P^0 = \{P_1^0, P_2^0, \cdots, P_k^0\} \tag{12-5-4}$$

式中，$P_i^0 = \{x \in \Omega \mid d(x, A_i^0) \leqslant d(x, A_j^0), {}^{i=1,2,\cdots,k}_{j \neq i}\}$

第二步，计算新的聚核 L^1：

$$L^1 = \{A_1^1, A_2^1, \cdots, A_k^1\} \tag{12-5-5}$$

式中，$A_i^1 = \dfrac{1}{n_i} \sum\limits_{x_i \in P_i^0} x_i$。

由 L^1 出发，做新的分类 $P^1 = \{P_1^1, P_2^1, \cdots, P_k^1\}$。$P_i^1$ 按下式计算：

$$P_i^1 = \{x \in \Omega \mid d(x, A_i^1) \leqslant d(x, A_j^1), {}^{i=1,2,\cdots,k}_{j \neq i}\} \tag{12-5-6}$$

重复以上过程，当进行到第 n 步，A_i^n 就会成为 P_i^n 的重心，若有 $A_i^{n+1} = A_i^n$，于是 $P_i^{n+1} = P_i^n$，分类结束。

利用动态聚类方法对结构面分组，可以采用结构面夹角 θ 作为动态聚类的距离评判依据，这时式 (12-5-2) 则改写为

$$d(x,y) = \cos\theta = l_x \cdot l_y + m_x \cdot m_y + n_x \cdot n_y \tag{12-5-7}$$

式中，$d(x,y)$ 为结构面样本 x 与 y 之间的"聚类距离"；θ 为 x 与 y 间的夹角；(l_x, m_x, n_x) 为 x 的法线矢量；(l_y, m_y, n_y) 为 y 的法线矢量。

显然，采用动态聚类法可以非常方便地对每一条结构面样本分组，既不会重复，也不会遗漏。并且减少了图像判读的环节，易于计算机编程操作。

12.5.3 结构面概率模型的构建

结构面分组完成后，就可以构建每组结构面的概率模型。所谓结构面概率模型，就是控

制结构面空间分布的各几何要素所遵循的概率分布形式的集合。这些要素包括结构面产状（倾向、倾角）、规模（半径、迹长）、间距、张开度等。由于它们都具有一定的随机性，所以均可以视为随机变量，按概率统计方法进行概率模型的构建，分别确定其所遵循的概率分布形式及所对应的数字特征。

通常可根据先验知识及对产生该随机变量的认识，决定应采用哪种分布，或拒绝哪种分布，这主要是从定性的角度来判断，也可以绘制样本数据的频率直方图来帮助判断或用点估计法、概率图法进行辅助判断。数字特征则需要根据样本值计算得到，常用方法是最大似然估计法。相关内容参见数理统计方面的书籍。

每组结构面每一个几何要素的概率分布形式及数字特征均确定后，结构面概率模型即构建完成。

12.5.4 结构面网络的生成

结构面网络的生成是在计算机上完成的。对于预定区域内按概率模型生成结构面的数据，形成结构面网络的数字格式。根据模拟区域大小，按照结构面体密度就可以计算得到需要生成的结构面数量，按概率模型需要逐条随机生成这些数量的结构面数据。生成的数据既是相互独立的随机数，放在一起又必须服从给定的可能的任何概率分布形式。模拟范围大，体密度大，结构面条数多，这么多个随机数据服从这一分布形式；反之，若模拟范围小，或体密度小，即使数据较少，理论上也应满足这一分布形式。能够达到这一要求的技术方法就是工程上被广泛应用的 Monte Carlo 随机模拟方法。

Monte Carlo 随机模拟法是利用一定的随机数生成方法，生成服从任意概率分布形式的随机数序列。一般是通过计算机编程先产生$[0,1]$区间上的标准均匀分布随机数，再根据相应的抽样公式进一步获得服从任意分布形式的随机数，目前已经是十分成熟的工程技术方法。

通过 Monte Carlo 随机模拟法，就可以逐条生成结构面的中心点坐标、倾向与倾角、直径、隙宽、JRC 等描述结构面几何形态的参量。若该组结构面是 n 条，则需这样重复进行 n 次，就可以得到该组结构面的数据。

同样地，重复上述过程，就可以得到所有组结构面的数据，将其集合在一起，则得到结构面网络的数字格式。

在这些参量中，结构面体密度与规模大小都是间接获得的，贾洪彪等（1997）提出通过动态校核方式的优化模拟方法来解决这一难题。其方式是在得到结构面网络数字模型后，从中切得实测时露头大小的切面，统计其上迹线的密度与长度，与实测露头面进行对比，如有明显差异则对概率模型进行调整，直到校核通过。

在结构面概率模型与网络模拟中，进行了一些假定和概化，故而应对结构面网络模型进行验证和确认。可以通过直观考察模型的有效性，采用敏感性分析检验随机模拟结果对所选择的分布或者概率分布中的参数是否敏感，与实际数据的比较等方式进行确认。上述对动态校核实际上也是检验的一部分。

如果模拟结果通过以上识别和确认，则所建立的模型是可靠的，所得模拟结果与实际较为相符，因此可用于后续应用。

上述模拟流程见图 12-5-3。

12.5 岩体结构面网络模拟方法

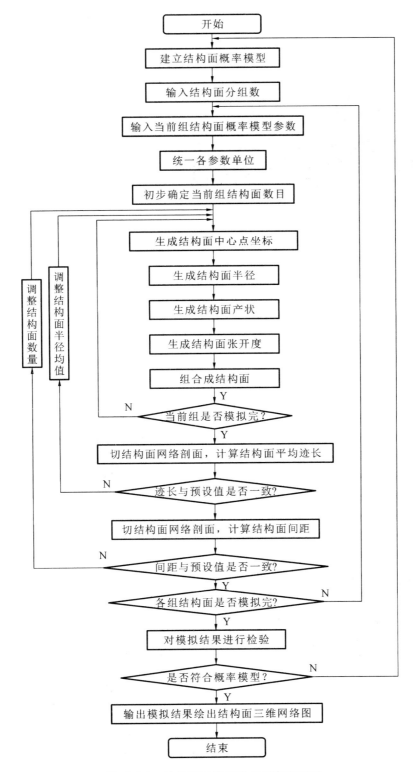

图 12-5-3 结构面网络模拟主程序流程图

通过上述模拟得到的结构面网络的数字化格式,可以通过计算机图形程序得到相对应的结构面网络图像格式(见图 12-5-4),也可以按需要得到任意切面的切面图(见图 12-5-5)

和工程实体图(见图12-5-6)。

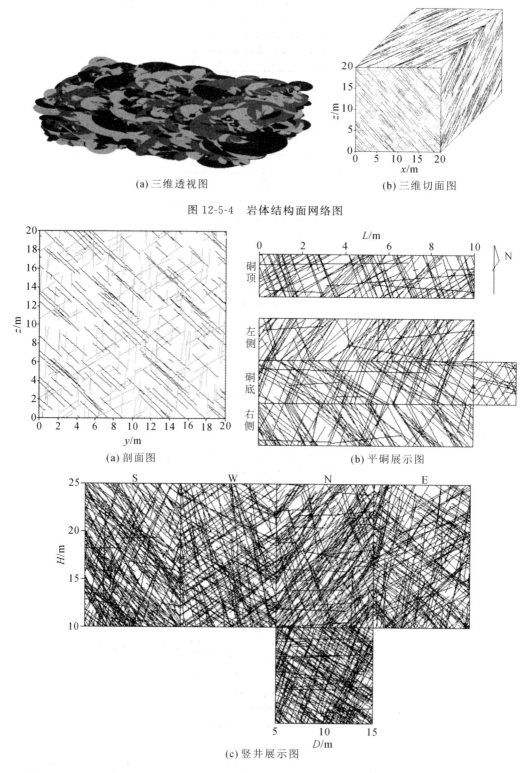

(a) 三维透视图

(b) 三维切面图

图 12-5-4 岩体结构面网络图

(a) 剖面图

(b) 平硐展示图

(c) 竖井展示图

图 12-5-5 结构面网络切面图

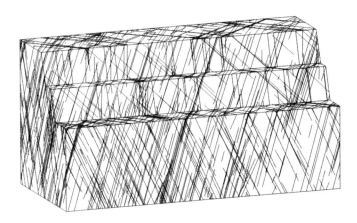

图 12-5-6　工程实体图

12.6　工程应用与展望

目前,运用统计岩体力学与结构面网络模拟最成功的方面就是岩体结构分析领域,可以分析岩体内结构面的分布规律、结构体状况、不同方向的结构面连通性、分布密度与 RQD 值,大大拓展了 RQD 的概念与分析应用。在此基础上提出了体裂隙率概念,并用来分析岩体的结构类型,取得在确定性研究下难以达到的分析水平。既有实测资料的支撑,又有统计理论的依据。有学者将结构面的裂隙间距分形值 D 与 RQD 结合起来,建立了具有统计意义的 D 与 RQD 的经验公式。

在岩体强度方面,应用最成功的是确定工程岩体的剪切路径与综合剪切强度。通过结构面网络模拟与岩桥破坏机理紧密地联系起来,陈祖煜院士等提出了"连通率应该是一个与岩体破坏机制相联并与剪切方向有关的数值"的概念,突破了传统岩体力学对连通率的定义,充分反映了岩体的破坏特性和强度各向异性特征。该方法将连通率的求解归结为在结构面网络图中寻找具有最小抗剪能力的岩桥、节理组合破坏路径的问题,是目前求解结构面连通率最合理、可行的方法,在实际工程中得到广泛应用。

在岩体稳定性研究方面,可以进行边坡岩体、洞室围岩分离体的分析,从可能出现的部位、块体大小、块体特征等方面得到统计学与出现概率的分析,结合块体理论可以进一步得到稳定性评价结果,为确定表层岩体的破坏方式与加固措施提供理论依据。对于边坡整体稳定性分析则可以结合连通率与综合抗剪强度,进行各种可能破坏模式与途径的验算。

在岩体渗流分析中,统计学方法与结构面网络模拟也提供了独有的分析思路,可以建立岩体裂隙渗流模型,采用离散裂隙模型或者双重介质模型分析岩体渗透性,确定不同渗流途径的渗透性,充分考虑到渗流的各向异性,为地下水渗流分析提供依据。

经历几十年的实践,上述应用已经证明该理论、方法具有十分有效的作用,或者是不可替代的作用,是统计学与地质学、力学的结合,从确定性分析到统计学分析,进而到可靠性分析,也代表着科学的进步。未来随着岩体力学研究的进一步成熟与计算机的发展,特别是智能技术的引入,相信该领域的研究将会得到更进一步的发展。结构面网络模拟与大数据技术、智能技术相结合,可能有脱胎换骨的变革,以突破其现有的缺陷,得到更进一步的发展,为数智时代的岩体力学发展提供助力。

第13章 岩体力学分析的块体理论

13.1 概　　述

在坚硬和半坚硬工程岩体中存在较多的被结构切割而成的空间镶嵌块体,它们在自然状态下一般处于静力平衡状态,但当进行边坡、地基及地下硐室的开挖,或对岩体施加新的荷载后,暴露在临空面上少量块体可能会失去原始的静力平衡状态而失稳,甚至产生连锁反应,造成整个岩体工程的破坏。在工程上,称这种首先失稳的块体为"关键块体"。这种破坏方式尤其易于发生在块状结构的工程岩体内,是该类岩体主要的失稳破坏方式之一。如何确定关键块体成为此类岩体力学问题研究的关键。

1985年,美籍华人学者石根华与 R. E. Goooman 教授合著的《块体理论及其在岩石工程中的应用》(*Block Theory and It's Application to Rock Engineering*)一书出版,提出了一种新的分析方法——块体理论,作为确定关键块体的方法,为研究该类岩体的破坏机制和工程处理措施奠定了基础。

块体理论一经问世,就以它鲜明的特点和实用性在岩体力学研究领域独树一帜,被广泛应用于诸多岩体工程领域。例如,边坡工程中,当已知结构面产状和力学指标,以及工程作用力和边坡方向之后,可以求出开挖面不稳定岩体的全部塌滑形式,确定需施加的工程锚固力,可以选择最优的边坡走向和倾角,以使边坡工程稳定性最好和工程处理工作量最小;地下工程中,当已知岩体的结构面产状和力学指标,以及工程作用力和洞轴线方向之后,可以求出硐室四周及顶部不稳定岩体的全部塌滑型式和塌滑力,以作为工程处理措施的依据,并可进而优选洞轴线方向和断面形状,以获得围岩稳定性最佳的工程布置型式;坝基、坝肩等水电工程中,当已知结构面和临空面产状,以及结构面力学指标和工程作用力之后,可以分析坝基、坝肩的稳定性,并给出工程所需加固措施的锚固力;对于一些采掘工程,当已知矿体结构面产状以后,可以选择最优的开挖方向,以求得以最小的开挖爆破量而达到最大的开挖效果。

本章将对块体理论的基本原理与方法作重点介绍,并以边坡工程为例,阐述块体理论的工程应用。

13.2 块体理论的研究思路与特点

13.2.1 块体理论的基本假定

(1) 假定工程岩体中的结构面为平面,对于每个具体岩体工程,各组结构面都具有确定的产状,并可由现场地质测量获得;

(2) 假定结构面贯穿所研究的工程岩体,即不考虑岩石块体自身的强度破坏,只考虑块体沿结构面及其组合破坏;

(3) 假定块体为刚体,即不计它们的自身变形和结构面的压缩变形;

(4) 假定工程岩体的失稳是岩体在各种荷载作用下沿着结构面所产生的剪切滑移。

13.2.2 块体理论的研究思路

根据上述基本假定,块体理论首先将结构面和开挖临空面看成空间平面,将结构体看成凸体,将各种作用荷载看成空间向量;进而应用几何方法(拓扑学和集合论)详尽研究在确定的空间平面的条件下,岩体内将构成多少种块体类型,判断其可动性,并通过简单的静力计算,求出各类失稳块体的滑动力,以确定关键块体及作为工程加固措施的设计依据。

具体分析手段有两种:一是矢量运算法,将空间平面和力系以矢量表示,通过矢量运算给出全部块体理论分析结果。该方法可以编制程序在微机上运算,可以自动给出全部判断和计算结果,应用简便。二是作图法,应用全空间赤平投影方法直接作图求解。该方法简便、直观,仅需圆规、直尺作图,或用微机绘图,无须进行复杂的计算。

上述两种分析方法是各自独立的,所得的结果是一样的,且都有其严格的数学基础。这两种方法的进一步结合,就是应用矢量运算给出全部分析结果,并根据赤平投影分析结果绘出开挖结构和塌滑形式之间相互关系的空间图形,如图 13-2-1 所示的例子,使分析结果更加直观。

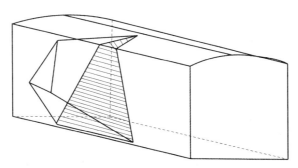

图 13-2-1 块体理论分析的一个典型输出成果:与一隧洞相交的某关键块体

13.2.3 块体理论的特点

(1) 块体理论分析完全是三维分析,这正是岩体工程的主要特性,也是该方法优于其他分析方法的主要特点。

(2) 块体理论分析的核心可以归结为寻找开挖临空面上的关键块体,对于要求保持开挖稳定的岩体工程,则需在开挖过程中,当关键块体完全暴露之前,加以工程处理措施,使之保持稳定;对于要求以最小的开挖面而达到最大开挖效果的某些采掘工程,则需让关键块体暴露,使之造成连锁破坏,以期用最少的爆破量达到最大的爆破效果。

(3) 由基本假定可知,块体理论的研究对象是具有明显滑动面的空间岩体运动,只考虑结构面间的抗剪强度,不考虑岩石本身的强度破坏和变形,且讨论只限于岩体的平行移动,对于重心落在支撑面以外的倾覆失稳,本理论仅能求出切割孤立体,而倾覆力矩的计算要根据岩体的几何数据和荷载作用条件而定。由于讨论对象的力学模型实质只是刚体的平行移动,故应用空间向量合成来求各种荷载的合力才是正确的。

(4) 关于块体理论的分析方法,不论是矢量运算法,还是赤平投影作图法,理论上是完备的,数学证明是严谨的,研究问题是充分的,而最后的应用方法则十分简便,使一般工程技术人员都易于掌握。故本理论不仅有重要的工程实用价值,而且在应用数学的发展方面也有重要的理论价值。

(5) 与其他分析方法一样,块体理论分析成果的可靠性取决于分析参数取值的准确程度。首先取决于结构面力学指标 C、ϕ 值的准确性;其次取决于结构面产状取值的准确性。严格地说,任何结构面都不是一个理想的平面,且在同一地质背景条件下,结构面产状常具有一定的分散性。因此,在野外实际量测时,必须选取具有代表性的结构面产状。

(6) 块体理论是与其他分析方法一样,也有其一定的适用范围和局限性。因此,其使用是有条件的,主要适用于块状结构的工程岩体及部分层状结构的工程岩体,对于松散破碎或者完整性好的工程岩体并不适用。岩体结构特征与假定条件越符合,其使用效果应当越好。但是其应用的领域很广泛,几乎涵盖各类岩体工程。

13.3 块体理论的基本原理

13.3.1 块体与棱锥

13.3.1.1 块体的类型

岩体被各类结构面和临空面(如边坡面,硐室的顶、边、底面等)切割后,会形成形状各异的各类镶嵌块体。其中有些对于岩体工程不存在失稳问题,因而无须对其做过多的研究;而有些则是导致岩体工程事故的根源,这些正是块体理论研究的对象。块体理论的核心就是找出临空面上的关键块体,以便对它们采取工程处理措施,以保持岩体的稳定。

块体可以分为无限块体与有限块体(见图 13-3-1)。未被结构面和临空面完全切割成孤立体的块体称为无限块体(见图 13-3-1(a)),亦即这类块体虽受结构面和临空面切割,但仍有一部分与母岩相连,很明显,这类块体如果本身不产生强度破坏,则不存在失稳问题。与之相对应,被结构面和临空面完全切割成孤立体的块体称为有限块体,或称分离体(见图 13-3-1(b)、(c)、(d)、(e))。

有限块体又包含不可动块体和可动块体两类。不可动块体或称倒楔块体(见图 13-3-1(b)),沿空间任何方向移动皆受相邻块体所阻。如果其相邻块体不发生运动,则这类块将

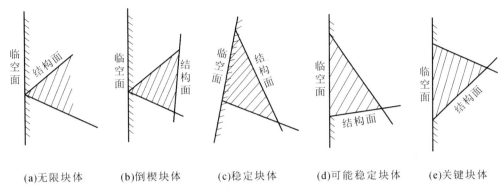

(a)无限块体　(b)倒楔块体　(c)稳定块体　(d)可能稳定块体　(e)关键块体

图 13-3-1　块体类型的二维示意图

不可能发生运动；与之相反，可动块体即可沿空间某一个或若干个方向移动而不被相邻块体所阻（见图 13-3-1(c)、(d)、(e)）。

可动块体又包含稳定块体、可能失稳块体和关键块体三类。稳定块体即在工程作用力和自重作用下，即使滑移面的抗剪强度等于零仍能保持稳定的块体（见图 13-3-1(c)）；可能失稳块体即在工程作用力和自重作用下，由于滑动面有足够的抗剪强度才保持稳定的块体。若滑动面上的抗剪强度降低，这类块体可能失稳（见图 13-3-1(d)）；关键块体即在工程作用力和自重作用下，由于滑动面上的抗剪强度不足以抵御滑动力，若不施加工程锚固措施，必将失稳的块体（见图 13-3-1(e)）。

块体理论的基本方法就是首先通过几何分析，排除所有的无限块体和不可动块体，再通过运动学分析，找出在工程作用力和自重作用下的所有可能失稳的块体。然后，根据滑动面的物理力学特性，确定工程开挖面上所有的关键块体，并计算出所需锚固力，从而制定出相应的锚固措施。因此，区分块体的类型十分重要。

13.3.1.2　棱锥的类型

块体理论的一个创新是提出了"棱锥"的概念。如果将空间各组结构面和临空面平移，使之通过坐标原点，则各空间平面将构成以坐标原点为顶点的一系列棱锥。为了便于运动学分析，将棱锥划分为四类：①裂隙锥（简称 JP），仅以结构面为界的岩体半空间所构成的棱锥，亦即块体完全由结构面切割而成；②开挖锥（EP），仅以临空面为界的岩体半空间所构成的棱锥，亦即块体完全由临空面切割而成；③空间锥（SP），仅以临空面为界的没有岩体一侧的半空间所构成的棱锥，亦即开挖锥以外的空间；④块体锥（BP），由一个以上临空面和若干组结构面为界的岩体半空间所组成的棱锥，亦即块体至少有一面临空。

根据上述定义，可以看出棱锥之间有以下关系：

(1) 空间锥为开挖锥的补集，即

$$\mathrm{SP} = \sim \mathrm{EP} \tag{13-3-1}$$

(2) 块体锥为裂隙锥与开挖锥的交集，即

$$\mathrm{BP} = \mathrm{JP} \cap \mathrm{EP} \tag{13-3-2}$$

由空间解析几何可知，空间平面的方程可表达如下：

$$Ax + By + Cz = D \tag{13-3-3}$$

一个平面将全空间划分为两个半空间,则半空间的数学表达式为
$$Ax + By + Cz \geqslant D \tag{13-3-4}$$
若一块体由 n 个半空间构成,则其数学表达式为
$$\begin{cases} A_1 x + B_1 y + C_1 z \geqslant D_1 \\ A_2 x + B_2 y + C_2 z \geqslant D_2 \\ \cdots \\ A_n x + B_n y + C_n z \geqslant D_n \end{cases} \tag{13-3-5}$$

因此,n 面块体可以用 n 个不等式来表述,它是 n 个半空间的交集。

在上述诸式中,都包含常数项 D,其几何意义是表示平面、半空间和块体在空间的具体位置。若平移各平面使其通过坐标原点,按棱锥的定义,该块体的各界面将构成棱锥,并可用下列不等式组表达:
$$\begin{cases} A_1 x + B_1 y + C_1 z \geqslant 0 \\ A_2 x + B_2 y + C_2 z \geqslant 0 \\ \cdots \\ A_n x + B_n y + C_n z \geqslant 0 \end{cases} \tag{13-3-6}$$

因此,棱锥是界面通过坐标原点的各半空间的交集。

将块体转换成棱锥进行分析和运算,构成了块体理论的重要数学基础。

13.3.1.3 块体和棱锥的标注方法

为了便于运算、分析与描述,可以采用以下方法标注块体或棱锥。

1. 直观标注法

以 U_i 表示平面 P_i 的上半空间,以 L_i 表示平面 P_i 的下半空间。设岩体中存在 P_1、P_2、P_3、P_4 和 P_5 各组结构面和临空面。若块体 B_1 由 P_1、P_2 和 P_3 的下半空间及 P_4 的上半空间构成,则 B_1 可标注为 $L_1 L_2 L_3 U_4$;若块体 B_2 由 P_1 的上半空间及 P_3 和 P_5 的下半空间构成,则 B_2 可标注为 $U_1 L_3 L_5$。这种标注法比较直观、清晰,但不适用于分析和运算。

2. 数字编号法

以 0、1、2 和 3 四个数字表示岩体中各结构面、临空面与块体的相互关系。其中"0"表示块体在该平面的上半空间;"1"表示块体在该平面的下半空间;"2"表示该平面不是块体的界面;"3"表示该平面构成块体的相互平行的一对界面。例如,直观标注法中的 B_1 块体可表示为 11102;B_2 可表示为 02121。若某块体 B_3 由 P_2 的上半空间、P_4 的下半空间及相互平行的一对 P_5 构成,则可表示为 20213。采用数字编号法标注,可以无一遗漏地将岩体各结构面、临空面的所有可能组合全部标注出来,便于分析。

3. 符号编号法

为便于计算机逻辑运算,以"+1"表示上半空间;以"−1"表示下半空间;以"0"表示该平面不是块体的界面;以"±1"表示该平面组成块体的一对平行界面。这样,上例中的 B_1 可表示为 $(-1,-1,-1,+1,0)$;B_2 可表示为 $(+1,0,-1,0,-1)$;B_3 可表示为 $(0,+1,0,-1,\pm 1)$。

13.3.2 有限性定理与可动性定理

13.3.2.1 有限性定理

设某凸块体(当块体内任意两点连线完全包含在块体内时,则该块体称为凸块体)由 n 个半空间的交集构成,平移各半空间界面使之通过坐标原点而形成棱锥。若棱锥为空集,则相应的凸块体为有限;反之,若棱锥为非空集,则相应的凸块体为无限。

棱锥为空集的含义是,组成棱锥的各半空间仅交于一点,即坐标原点,不存在公共域。这样的棱锥称为空棱锥。根据有限性定理,空棱锥相应于有限块体。

棱锥为非空集的含义是,组成棱锥的各半空间存在公共域。这类棱锥称为非空棱锥。根据有限性定理,非空棱锥相应于无限块体。

由于块体锥是裂隙锥与开挖锥的交集,因此,块体为有限的充分必要条件可表述为:裂隙锥与开挖锥的交集为空集,即

$$JP \cap EP = \varnothing \tag{13-3-7}$$

同理,因为 $SP = \sim EP$,故该定理亦可表述为:块体为有限的充分条件是其裂隙锥完全属于空间锥,即

$$JP \subset SP \tag{13-3-8}$$

现在用一个二维的例子来说明这一定理的直观性。

一个结构面将岩体分为上半空间(上盘)和下半空间(下盘),在以下的叙述中,以 U 表示给定平面的上半空间,以 L 表示下半空间,以 U^0 和 L^0 表示给定平面通过坐标原点。

在图 13-3-2(a)中,给出二组结构面 P_1 和 P_2,以及一组临空面 P_3。块体由 U_1、L_2 和 L_3 的半空间交集所确定。由图可见该块体显然是无限的。为了阐明上述定理,平移这些半空间,使其界面通过一公共点,如图 13-3-2(b)所示,在此转换图上,裂隙锥相于 U_1^0 和 L_2^0 的公共域,开挖锥相应于 L_3^0 域,而空间锥相应于 U_3^0 半空间。由于裂隙锥 $U_1^0 L_2^0$ 与开挖锥 L_3^0 有公共域,即 $JP \cap EP \neq \varnothing$,该块体锥非空集,故块体 $U_1 L_2 L_3$ 为无限。另外还可以看出,裂隙锥 $U_1^0 L_2^0$ 并没有包括在空间锥 U_3^0 内,即 $JP \not\subset SP$,故块体 $U_1 L_2 L_3$ 无限。

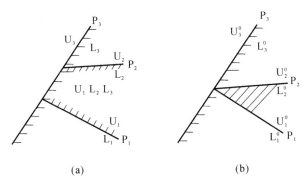

图 13-3-2 块体无限性的二维图

相反的情况见图 13-3-3(a),图中的 $L_1 U_2 L_3$ 块体为有限。同样,平移这些半空间使其通过一公共点,由图 13-3-3(b)可见,除在原点之外,L_1^0 和 U_2^0 的公共域所构成的裂隙锥与 L_3^0 域构成的开挖锥不相重叠。亦即:$JP \cap EP = \varnothing$,两者的交集为空集。根据定理可知块体 L_1

U_2L_3 为有限。另外还可以看出,裂隙锥 $L_1^0U_2^0$ 完全包括在空间锥 U_3^0 内,即 JP⊂SP,故块体 $L_1U_2L_3$ 为有限。

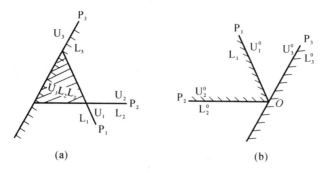

图 13-3-3 块体有限性的二维图

二维块体的有限性易于直观判断,对于实际的三维问题就不能仅依靠直观,可以求解式 (13-3-6)的不等式组,若其唯一解为(0,0,0),则说明组成块体锥的各半空间仅交于坐标原点,即块体锥为空集,相应的块体为有限。反之,若上述不等式组有非 0 解,则块体锥为非空集,相应的块体为无限。

此外,还可以采用全空间赤平投影进行判别。在全空间赤平投影中,一个平面的全空间赤平投影为一大圆,其圆内域对应于全部上半空间,圆外域对应于全部下半空间,圆的内、外域共同构成全空间。这样,就可以用全空间赤平投影把一个以原点为顶点的空间棱锥转换为平面图形。若棱锥为非空集,则其赤平投影为以各界面的投影大圆圆弧为界的一个域。反之,若棱锥为空集,则它在赤平投影图上无域。

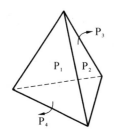

图 13-3-4 表 13-3-1 所示的四面体

设有表 13-3-1 所列的 4 组平面,其四面体见图 13-3-4。作平面 $P_1 \sim P_4$ 的赤平投影得大圆 1~4,见图 13-3-5(a)。因为 P_4 为水平面,故其投影与参照圆(或称基本圆)相重合。块体锥为 $L_1L_2L_3U_4$,其中 $L_1L_2L_3$ 表示平面 P_1、P_2 和 P_3 的下半空间的交集,在赤平投影图上即为大圆 1、2 和 3 的圆外域的公共区域。U_4 为水平圆的上半空间,其投影为参照圆的内域,由图可见,$L_1L_2L_3U_4$ 无公共域,亦即块体锥为空集,故相应的块体为有限。

表 13-3-1 四面体的界面产状

平面	倾角 α	倾向 β
P_1	55°	225°
P_2	65°	110°
P_3	70°	340°
P_4	0°	0°

设平面 P_1、P_2 和 P_3 为结构面,P_4 为开挖面(如地下硐室顶面),则 $L_1L_2L_3$ 构成裂隙锥 (JP),而 U_4 为开挖锥(EP)。根据 SP=~EP,则 L_4 为空间锥(SP)。在赤平投影图上,大圆

1、2 和 3 的圆外域的公共域即为 JP，大圆 4 的内域即为 EP，其外域为 SP。根据有限性定理，因为 JP 和 EP 没有公共域，即 JP∩EP=∅，所以块体 $L_1L_2L_3U_4$ 为有限。因为 JP 完全包含在 SP 内，根据式(13-3-8)，块体 $L_1L_2L_3U_4$ 为有限。

相反的例子为块体锥 $L_1L_2L_3L_4$，其 4 个界面的参数与表 13-3-1 相同。L_4 的投影为参照圆外域。仍设 JP 为 $L_1L_2L_3$，P_4 为开挖面，故 SP 为参照圆内域，EP 为其外域（图 13-3-5（b））。可以看出，JP 不包括在 SP 内，或 JP 与 EP 有公共域，故该块体锥为非空集，相应的块体为无限。

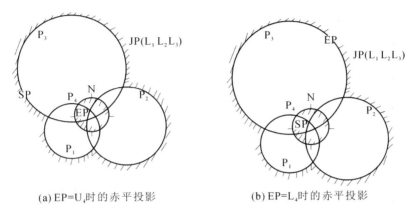

(a) EP=U_4 时的赤平投影　　　　(b) EP=L_4 时的赤平投影

图 13-3-5　四面体的赤平投影图

13.3.2.2　可动性定理

若由结构面和临空面共同构成的块体为有限，而仅由结构面构成的裂隙块体为无限，则该块体为可动；若由结构面和临空面共同构成的块体为有限，而仅由结构面构成的裂隙块体亦为有限，则该块体为不可动，即为倒楔块体。

也可以这样来表述可动性定理，即块体可动的充分必要条件是：

$$\begin{cases} JP \neq \varnothing \\ EP \cap JP = \varnothing \end{cases} \tag{13-3-9}$$

考察图 13-3-5(a)，块体 $L_1L_2L_3U_4$ 由结构面 P_1、P_2 和 P_3 的下半空间及开挖面 P_4 的上半空间构成。由图可以判断，裂隙锥(JP)$L_1L_2L_3$ 有公共域，即 JP≠∅，故 JP$L_1L_2L_3$ 相应的裂隙块体无限。同时，该 JP 与开挖锥 EPU_4 没有公共域，即 JP∩EP=∅，说明由该 JP 和 EP 构成的块体锥为空集，即块体有限且可动。

13.3.3　块体有限性与可动性的判别方法

判断块体的有限性和可动性，是关键块体存在的先决条件。根据可动性定理，相应的裂隙块体为无限是块体可动的前提。因此，运用赤平投影或矢量分析来判断块体是否可动，第一步是首先找出已知结构面条件下可能构成的所有无限裂隙块体；第二步再从这些无限裂隙块体与开挖面的组合关系中确定所有的可动块体。

岩体受结构面切割以后，形成的裂隙块体大部分为无限块体，只有少部分为有限块体。n 组结构面，其半空间组合总数为 2^n，可以证明，其中无限裂隙块体的总数为 n^2-n+2，有限

裂隙块体的总数为 $2^n-(n^2-n+2)$。如果结构面中含有互相平行的界面,则其无限裂隙块体总数将减少。表 13-3-2 中给出若干种情况下裂隙块体的总数、无限裂隙块体数及有限裂隙块体数的计算公式。

表 13-3-2 块体数量计算公式

平行结构面的组数	裂隙块体总数	无限裂隙块体数	有限裂隙块体数	条件
各组结构面互不平行	2^n	n^2-n+2	$2^n-(n^2-n+2)$	$n\geqslant 1$
一组确定的平行结构面	2^{n-1}	$2(n-1)$	$2^{n-1}-2(n-1)$	$n\geqslant 2$
任意一组平行结构面	$n\cdot 2^{n-1}$	$2n(n-1)$	$n[2^{n-1}-2(n-1)]$	$n\geqslant 2$
二组确定的平行结构面	2^{n-2}	2	$2^{n-2}-2$	$n\geqslant 3$
任意二组平行结构面	$n(n-1)\cdot 2^{n-3}$	$n(n-1)$	$n(n-1)(2^{n-3}-1)$	$n\geqslant 3$
m 组确定的平行结构面	2^{n-m}	0	2^{n-m}	$n\geqslant m\geqslant 3$
任意 m 组平行结构面	$C_n^m\cdot 2^{n-m}$	0	$C_n^m\cdot 2^{n-m}$	$n\geqslant m\geqslant 3$

注:表中 $C_n^m=[n!/(n-m)!m!]$。

例如,若岩体受 4 组互不平行的结构面切割,则其裂隙块体的总数为 $2^4=16$;无限裂隙块体数为 $2^4-4+2=14$;有限裂隙锥数为 $16-14=2$。这些裂隙块体的组成和分布情况是无法靠直观判断的,故必须借助赤平投影和矢量分析方法。

13.3.3.1 裂隙块体有限性的判别

1. 赤平投影判别方法

利用全空间赤平投影的性质:一个结构面的全空间赤平投影为大圆,其圆内域相应于结构面的上盘岩体;圆外域相应于下盘岩体。这样,由各结构面组合而成的各裂隙块体就可以在赤平投影图上得到直观反映。各大圆相交将全空间赤平投影图划分成若干区域,每个区域各相应于一个非空裂隙锥。再利用块体的数字编号法,就可以将全空间赤平投影图上所有的区域既方便而又无遗漏地标注出来。

设有 4 组结构面,其产状如表 13-3-3 所示。作 4 组结构面的赤平投影(见图 13-3-6),用块体数字编号法将所有被大圆分割的区域标注出来,并按数字编号顺序记录如下:0000,0001,0010,0011,0100,0110,0111,1000,1001,1011,1100,1101,1110,1111,共 14 个,这些即为非空裂隙锥。在赤平投影图上没有出现的两个编号 0101 和 1010,即为空裂隙锥。由表 13-3-2 中的公式可知:由 4 组结构面构成的裂隙块体总数为 16 个;无限裂隙块体为 14 个,有限裂隙块体数为 2 个;两者的结果是一致的。

表 13-3-3 结构面产状

结构面	倾角 α	倾向 β
P_1	62°	25°
P_2	71°	293°
P_3	19°	175°
P_4	45°	118°

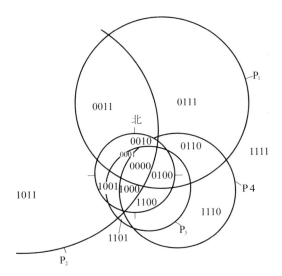

图 13-3-6 表 13-3-3 中 4 组结构面皆为互不平行界面时的各 JP 赤平投影

2. 矢量运算判别方法

由式(13-3-6),棱锥可以用一组右项为 0 的不等式表达。但在实际运算时,无须去解这组不等式,而是采用简捷的矢量运算方法。其分析方法的基本逻辑是:构成棱锥的结构面两两相交,其交线即为棱锥的棱,若某二界面构成的棱位于棱锥其他各界面形成的半空间以内,则该棱为此棱锥的真实棱,若此棱锥所有的棱都是真实棱,则该棱锥为非空集,即相应为无限裂隙块体;反之,只要有一个棱为非真实棱,则该棱锥为空集,即相应为有限块体。

采用矢量分析法来判别裂隙块体的基本步骤如下:

(1) 设有 n 组结构面,由各组结构面 P_i 的产状(倾角 α_i、倾向 β_i),求出 P_i 的向上单位法线矢量 $\hat{n}_i$。

$$\hat{n}_i = (A_i, B_i, C_i) = (\sin \alpha_i \cdot \sin \beta_i, \sin \alpha_i \cdot \cos \beta_i, \cos \alpha_i) \tag{13-3-10}$$

(2) 求出各结构面的交线,即棱矢量 I_{ij}。

$$I_{ij} = \hat{n}_i \times \hat{n}_j = \begin{vmatrix} x & y & z \\ A_i & B_i & C_i \\ A_j & B_j & C_j \end{vmatrix} = [(B_i C_j - B_j C_i), (A_j C_i - A_i C_j), (A_i B_j - A_j B_i)] \tag{13-3-11}$$

式中,$\hat{n}_i = (A_i, B_i, C_i)$,$\hat{n}_j = (A_j, B_j, C_j)$。

棱矢量的总数为 C_n^2,即 $n!/[(n-2)!\ 2!]$。

(3) 对结构面的各种可能的相交组合,计算其各棱 e_{ij} 是否为该棱锥的真实棱。当某个矢量与某平面的向上法线矢量的点积大于 0 时,说明该矢量在该平面的上半空间;反之,若点积小于 0,则该矢量在下半空间。

为便于分析运算,引入"方向参量" I_k^{ij} 的概念:

$$I_k^{ij} = \text{sign}[(\hat{n}_i \times \hat{n}_j) \cdot \hat{n}_k] \quad (i \neq j) \tag{13-3-12}$$

式中,当函数 $F \begin{cases} >0 \\ =0 \\ <0 \end{cases}$ 时,$\text{sign}(F) = \begin{cases} +1 \\ 0 \\ -1 \end{cases}$。

因此,方向参量:

$$I_k^{ij} = \begin{cases} +1, & \text{说明棱矢量 } \boldsymbol{I}_{ij} \text{ 在界面 } P_k \text{ 上半空间} \\ 0, & \text{说明棱矢量 } \boldsymbol{I}_{ij} \text{ 恰在界面 } P_k \text{ 上} \\ -1, & \text{说明棱矢量 } \boldsymbol{I}_{ij} \text{ 在界面 } P_k \text{ 下半空间} \end{cases} \quad (13\text{-}3\text{-}13)$$

各方向参量组成一个"方向参量矩阵"$[I_k^{ij}]_{c_n^2 \times n}$。再将某块体的符号编号 $D_s = [I(a_1), I(a_2), \cdots, I(a_n)]$ 编成如下的"块体符号编号矩阵"$[D]$:

$$[D]_{n \times n} = \begin{bmatrix} I(a_1) & & & 0 \\ & I(a_2) & & \\ & & \ddots & \\ 0 & & & I(a_n) \end{bmatrix} \quad (13\text{-}3\text{-}14)$$

这样,就可以建立该块体的"判别矩阵"$[T]$:

$$[T]_{c_n^2 \times n}^2 = [I]_{c_n^2 \times n} \cdot [D]_{n \times n} \quad (13\text{-}3\text{-}15)$$

对某 BP 的判别矩阵$[T]$:

当$[T]$相应 I_{ij} 的某行元素:皆为"0"或同时含"+1"和"-1"时,I_{ij} 不是该 BP 的棱;皆为"0"和"+1"时,I_{ij} 为其真实棱;皆为"0"和"-1"时,$-I_{ij}$ 为其真实棱。

通过对$[T]$矩阵的判别,只要有一条棱是该块体锥 BP 的真实棱,则说明 BP 为非空集,即其相应的块体无限。若各棱皆非 BP 的真实棱,则该 BP 为空集,即相应的块体有限。

13.3.3.2 块体可动性的判别

1. 赤平投影判别方法

如前所述,块体可动的充分必要条件是其 JP≠∅,且 JP∩EP=∅,或 JP⊂SP。应用赤平投影方法既可以比较直观地判别裂隙块体的有限性,也可以比较直观地判别块体的可动性。

如图 13-3-7 的非空裂隙锥的赤平投影,设临空面为水平面,其赤平投影即为参照圆。若 EP 在临空面的上半空间,则 EP 为参照圆的内域,而其 SP 为参照圆的外域。由图上可以看出,此时裂隙锥 111、331、113、133、311、313、131 完全包括在 SP 内,即其相应的各块体可动。若 EP 在临空面的下半空间,则其 SP 为参照圆的内域。由图上可以看出,此时裂隙锥 000、330、003、033、300、303、030 完全包括在 SP 内,即相应这些裂隙锥的各块体可动。

2. 矢量运算判别方法

用矢量运算方法判别出所有可能的非空裂隙锥,将这些非空裂隙锥与临空面组合,就形成块体锥(即 BP=JP∩EP)。再用相同的步骤判别出所有的空块体锥,则这些空块体锥各相应于一个可动块体。也就是说,这些块体既满足 JP≠∅,又满足 JP∩EP=∅的条件。

13.3.4 关键块体的判别

判别出岩体中的可动块体后,还应结合结构面的物理力学特性,通过可动块体的力学分析来判断其是否为关键块体。

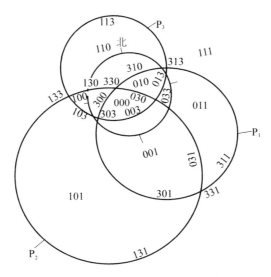

图 13-3-7 非空裂隙锥赤平投影

13.3.4.1 力的平衡方程

如图 13-3-8 所示,作用于可动块体上的力有:

(1) 主动力合力 r,即由块体自重、外水压力、惯性力及锚杆、锚索等加固力构成的主动力合力。

(2) 滑动面上的法向反作用力 N 为

$$N = \sum_l N_l \hat{v}_l \tag{13-3-16}$$

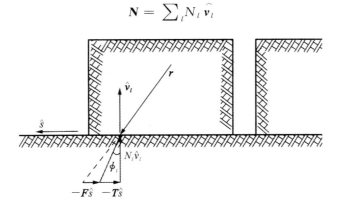

图 13-3-8 作用于可动块体上的力

式中,N_l 为作用于滑动面 l 上的法向反作用力;因假定结构面不具有抗拉强度,故 $N_l \geqslant 0$;$\hat{v}_l$ 为结构面 l 的指向块体内部的单位法线矢量。

(3) 滑动面上的切向摩阻力合力 T(假定不计结构面的咬合力):

$$T = \sum_l N_l \tan\phi_l \hat{s} \tag{13-3-17}$$

式中,ϕ_l 为结构面 l 的内摩擦角;$\hat{s}$ 为块体的运动方向。

(4) 为了便于分析运算,在滑动面上虚设切向力 F,表示"净滑动力"。

这样,就可以建立起作用于可动块体上的力的平衡方程:

$$r + \sum_l N_l \hat{v}_l - (T+F)\hat{s} = 0 \tag{13-3-18}$$

或

$$F\hat{s} = r + \sum_l N_l \hat{v}_l - T\hat{s} \tag{13-3-19}$$

若 $F>0$，即净滑动力为正值，则该可动块体为关键块体。反之，若 $F<0$，说明滑动面上切向下滑力小于摩阻力，块体处于平衡状态。

13.3.4.2 运动学分析

块体运动形式有三种，即脱离岩体（掉落或上托）运动、沿单面滑动及沿双面滑动。

1. 脱离岩体运动

定理：若可动块体的运动方向 $\hat{s}$ 与各结构面皆不平行，则该块体满足平衡方程式(13-3-18)的充分必要条件是 $\hat{s}=\hat{r}$。

由图 13-3-9 可以看出，当块体脱离岩体运动时，其各结构面上的法向反作用力 $N_l=0$。由式(13-3-17)和式(13-3-18)可以推导出，这时

$$r = F\hat{s} \tag{13-3-20}$$

也就是说，运动方向和主动力合力方向一致，即

$$\hat{s} = \hat{r} \tag{13-3-21}$$

图 13-3-10 为块体脱离岩体运动的二维示意图。图上 $\hat{v}_l$ 表示结构面 l 指向块体内部的法线矢量。可以看出，块体的运动方向 $\hat{s}$ 与 $\hat{v}_l$ 必须满足以下条件才能使块体各结构面脱离岩体：

$$\hat{s} \cdot \hat{v}_l > 0 \quad (l \text{ 为块体的各结构面}) \tag{13-3-22}$$

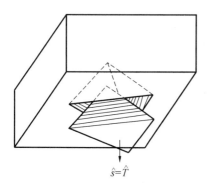
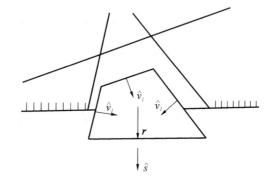

图 13-3-9　块体脱离岩体运动　　　　图 13-3-10　块体脱离岩体运动的二维示意图

2. 沿单面滑动

若可动块体的运动方向 $\hat{s}$ 仅与某一结构面 i 平行，则该块体满足平衡方程(式(13-3-18))的充分必要条件为 $\hat{s}=\hat{s}_i$，且 $\hat{v}_i \cdot r \leqslant 0$（其中 $\hat{s}_i$ 为 r 在平面 i 上的投影）。

由图 13-3-11 可以看出，当块体沿结构面 i 运动时，其运动方向 $\hat{s}$ 与主动力合力 r 在该平面上的投影方向 $\hat{s}_i$ 一致，即

$$\hat{s} = \hat{s}_i = \frac{(\hat{n}_i \times r) \times \hat{n}_i}{|\hat{n}_i \times r|} \tag{13-3-23}$$

$\hat{n_i}$ 为结构面 i 的向上单位法线矢量。

图 13-3-12 为块体沿平面 i 滑动的二维示意图。可以看出,这时块体的运动必须满足以下两个条件,一是 r 的方向使块体不脱离滑动面 i,即

$$r \cdot \hat{v_i} \leqslant 0 \qquad (13\text{-}3\text{-}24)$$

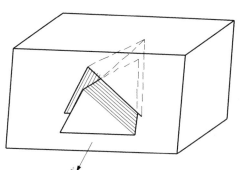
图 13-3-11 块体沿单面下滑

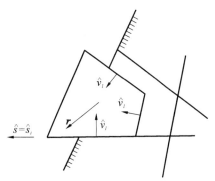
图 13-3-12 块体沿单面下滑的二维示意图

二是块体的运动方向 $\hat{s}$ 使 i 以外各结构面与岩体脱开,即

$$\hat{s} \cdot \hat{v_l} > 0 \qquad (13\text{-}3\text{-}25)$$

3. 沿双面滑动

若可动块体同时沿平面 i 和 j 运动,则该块体满足平衡方程(式(13-3-18))的充分必要条件为:$\hat{v_i} \cdot \hat{s_j} \leqslant 0$,$\hat{v_j} \cdot \hat{s_i} \leqslant 0$,且 $\hat{s} = \dfrac{\hat{n_i} \times \hat{n_j}}{|\hat{n_i} \times \hat{n_j}|} \mathrm{sign}[(\hat{n_i} \times \hat{n_j}) \cdot r]$(其中,$\hat{s_i}$ 和 $\hat{s_j}$ 分别为 r 在平面 i 和 j 上的投影)。

由图 13-3-13 可以看出,块体同时沿平面 i 和 j 滑动即是沿双平面的交线运动,而且其运动方向 $\hat{s}$ 与主动力合力 r 呈锐角相交,即

$$\hat{s} = \hat{s}_{ij} = \dfrac{\hat{n_i} \times \hat{n_j}}{|\hat{n_i} \times \hat{n_j}|} \mathrm{sign}[(\hat{n_i} \times \hat{n_j}) \cdot r] \qquad (13\text{-}3\text{-}26)$$

这时,r 必须使块体与滑动面 i 和 j 接触,即

$$\hat{s_i} \cdot \hat{v_j} \leqslant 0 \qquad (13\text{-}3\text{-}27)$$
$$\hat{s_j} \cdot \hat{v_i} \leqslant 0 \qquad (13\text{-}3\text{-}28)$$

且运动方向 $\hat{s}$ 使块体除 i 和 j 以外,各结构面都与岩体脱开,即

$$\hat{s} \cdot \hat{v_l} > 0 \quad (l\text{ 为块体各结构面,且 } l \neq i \neq j) \qquad (13\text{-}3\text{-}29)$$

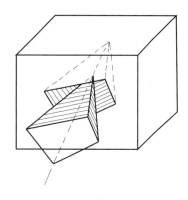
图 13-3-13 块体沿双面下滑

13.3.4.3 块体运动形式的判别

1. 运用矢量分析方法判别块体的运动形式

裂隙锥可以用符号编号 $\mathrm{JP}[I(a_1), I(a_2), \cdots, I(a_n)]$ 表示,而 $I(a_l) = \mathrm{sign}(v_l)$,因此只要求出相应某种运动形式的各结构面向内单位法线矢量 $\hat{v_l}$,就可以确定相应该运动形式的 JP

编号。

块体脱离岩体运动时,块体各结构面的$\hat{v}_l$应满足式(13-3-22),即$\hat{s}\cdot\hat{v}_l>0$。已知$\hat{n}_l$为结构面l的向上法线矢量,所以当$\hat{s}\cdot\hat{n}_l>0$时,$\hat{v}_l=\hat{n}_l$,而当$\hat{s}\cdot\hat{n}_l<0$时,$\hat{v}_l=-\hat{n}_l$。也就是说,要求

$$\hat{v}_l = \text{sign}(\hat{s}\cdot\hat{n}_l)\hat{n}_l \quad (l\text{为块体各结构面}) \tag{13-3-30}$$

式中,$\hat{s}=\hat{r}$。

块体沿单面i滑动时,必须满足运动学条件(式(13-3-24)和式(13-3-25)),用上述方法可得出:

$$\hat{v}_i = -\text{sign}(\boldsymbol{r}\cdot\hat{n}_i)\hat{n}_i \tag{13-3-31}$$

$$\hat{v}_l = \text{sign}(\hat{s}\cdot\hat{n}_l)\hat{n}_l \quad (l\text{为块体各结构面},l\neq i) \tag{13-3-32}$$

块体沿双面i和j滑动时,必须满足运动学条件,即式(13-3-27)、式(13-3-28)和式(13-3-29),则

$$\hat{v}_i = -\text{sign}(\hat{s}_j\cdot\hat{n}_i)\hat{n}_i$$

$$\hat{v}_j = -\text{sign}(\hat{s}_i\cdot\hat{n}_j)\hat{n}_j$$

$$\hat{v}_l = \text{sign}(\hat{s}_{ij}\cdot\hat{n}_l)\hat{n}_l \quad (l\text{为块体各结构面},l\neq i\neq j) \tag{13-3-33}$$

其中,$\hat{s}_i$、$\hat{s}_j$由式(13-3-23)求出;$\hat{s}_{ij}$由式(13-3-26)确定。

举例说明上述分析步骤。设有一组结构面,其产状见表13-3-4。由式(13-3-10)可以求出各结构面的向上单位法线矢量$\hat{n}_l$,结果如表13-3-5所示。

表13-3-4 例题

裂隙面	倾角 $\alpha/(°)$	倾向 $\beta/(°)$
1	75	170
2	28	230
3	32	313
4	70	240

表13-3-5 各结构面的向上单位法线矢量$\hat{n}_l$坐标

矢量	X	Y	Z
$\hat{n}_1$	0.1677	−0.9513	0.2588
$\hat{n}_2$	−0.3596	−0.3018	0.8829
$\hat{n}_3$	−0.3876	0.3614	0.8480
$\hat{n}_4$	−0.8138	−0.4698	0.3420

设主动力合力$\boldsymbol{r}=W\hat{r}$,$\hat{r}=(0,0,-1)$(即仅考虑自重)。由式(13-3-23)和式(13-3-26)可以求各运动方向的坐标,若主动力合力$\boldsymbol{r}=W\hat{r}$,$\hat{r}=(0,0.866,0.5)$,则可以得到各运动方向的坐标,再根据式(13-3-30)~式(13-3-33)就可以算出相应各运动形式的JP编号,其运算结果列于表13-3-6。

表 13-3-6 相应各运动形式的 JP 编号

运动方向	$\hat{r}=(0,0,-1)$	$\hat{r}=(0,0.866,0.5)$
$\hat{r}$	1111	1001
$\hat{s}_1$	0111	0000
$\hat{s}_2$	0010	1101
$\hat{s}_3$	1100	1111
$\hat{s}_4$	1110	1000
$\hat{s}_{12}$	1010	0101
$\hat{s}_{13}$	0000	0111
$\hat{s}_{14}$	0110	0001
$\hat{s}_{23}$	1000	0011
$\hat{s}_{24}$	0011	1100
$\hat{s}_{34}$	1101	1110

2. 运用全空间赤平投影方法判别块体的运动形式

块体可动的含义就是该块体在向临空面运动时,不受其相邻块体的阻挡(摩阻力除外)。因此,块体的运动方向 $\hat{s}$ 必须满足以下条件,即

$$\hat{s} \in JP \tag{13-3-34}$$

(1) 当块体脱离岩体运动时,$\hat{s}$ 包括在 JP 内但不包括在 JP 的边界上,即

$$\hat{s} \in JP \tag{13-3-35}$$

且

$$\hat{s} \notin P_l \quad (l \text{ 为块体各结构面})$$

因此,若主动力合力 r 在全空间赤平投影图上的投影点落在某个 JP 内,则该 JP 的运动形式为脱离岩体运动。若 r 的投影点正好落在 JP 的边界上,则在 r 作用下不可能出现脱离岩体的运动。

(2) 当块体沿单面滑动时,则除结构面 P_i 外,JP 的其他结构面皆与岩体脱开,即

$$\hat{s}_i \in (JP \cap P_i) \tag{13-3-36}$$

同时要求 $\hat{v}_i \cdot r \leqslant 0$,即式(13-3-24)。

因此,在全空间赤平投影中,相应于沿结构面 i 滑动的 JP 必在包括 $\hat{s}_i$ 的圆弧一侧,而且是在平面 i 的不包括 r 的半空间内。这两个条件确定了唯一的 JP。

(3) 当块体沿双平面 i 和 j 滑动时,其滑动必沿着 P_i 和 P_j 的交线,即

$$\hat{s} \in (JP \cap P_i \cap P_j) \tag{13-3-37}$$

同时要求 $\hat{s}_i \cdot \hat{v}_j \leqslant 0$,且 $\hat{s}_j \cdot \hat{v}_i \leqslant 0$,即同时满足式(13-3-27)和式(13-3-28)。

因此,在全空间赤平投影图上,相应于沿双平面 i 和 j 滑动的 JP 必以双平面的交线 $\hat{s}_{ij}$ 的投影点为一个角点,同时,该 JP 必在平面 j 不包括 $\hat{s}_i$ 的半空间,且在平面 i 不包括 $\hat{s}_j$ 的半空间内。

13.3.4.4 关键块体的判别方法

通过上述运动学分析,就可以确定在某个主动力合力作用下的所有关键块体和可能失稳的块体,而把稳定块体排除在外,还需要进一步通过力学分析把关键块体和可能失稳块体区别开来。方法是根据式(13-3-19)计算出块体 JP 的净滑动力 F 值,若 $F>0$,则块体为关键块体,必须预施锚固才能稳定;反之,则块体为可能失稳的块体。

1. 脱离岩体运动

此时,各结构面上 $N_i=0$,由式(13-3-17)和式(13-3-19)求出:

$$F\hat{s} = \boldsymbol{r} \tag{13-3-38}$$

故

$$F = |\boldsymbol{r}| \tag{13-3-39}$$

若主动力合力仅由自重组成,则 F 等于块体自重。

2. 沿单面 i 滑动

这时,仅平面 i 保持接触,式(13-3-17)可写成

$$T = N_i \tan\phi_i, \quad N_i \geqslant 0 \tag{13-3-40}$$

$$T + F = |\hat{v}_i \times \boldsymbol{r}| \tag{13-3-41}$$

$$N_i = -\boldsymbol{r} \cdot \hat{v}_i \tag{13-3-42}$$

所以

$$F = |\hat{v}_i \times \boldsymbol{r}| + \hat{v}_i \cdot \boldsymbol{r}\tan\phi_i$$

因为块体沿单面滑动时, $\hat{v}_i \cdot \boldsymbol{r} \leqslant 0$,所以

$$F = |\hat{n}_i \times \boldsymbol{r}| - \hat{n}_i \cdot \boldsymbol{r}\tan\phi_i \tag{13-3-43}$$

此即计算块体沿单面 i 滑动时的净滑动力 F 的公式。

3. 沿双面滑动

这时,除滑动面 i 和 j 外,其余各结构面 l 皆与岩体脱离,式(13-3-17)可写成

$$T = N_i\tan\phi_i + N_j\tan\phi_j, \quad N_i \geqslant 0, N_j \geqslant 0 \tag{13-3-44}$$

$$N_i(\hat{v}_i \times \hat{v}_j) \cdot (\hat{v}_i \times \hat{v}_j) = -(\boldsymbol{r} \times \hat{v}_j) \cdot (\hat{v}_i \times \hat{v}_j)$$

$$N_i = \frac{-(\boldsymbol{r} \times \hat{v}_j) \cdot (\hat{v}_i \times \hat{v}_j)}{(\hat{v}_i \times \hat{v}_j) \cdot (\hat{v}_i \times \hat{v}_j)}$$

因为 $N_i \geqslant 0$,上式可写为

$$N_i = \frac{|(\boldsymbol{r} \times \hat{n}_j) \cdot (\hat{n}_i \times \hat{n}_j)|}{|\hat{n}_i \times \hat{n}_j|^2} \tag{13-3-45}$$

同理

$$N_j = \frac{|(\boldsymbol{r} \times \hat{n}_i) \cdot (\hat{n}_i \times \hat{n}_j)|}{|\hat{n}_i \times \hat{n}_j|^2} \tag{13-3-46}$$

$$T + F = \boldsymbol{r} \cdot \hat{s} = \boldsymbol{r} \cdot \hat{s}_{ij} > 0$$

将式(13-3-26)代入可得:

$$T + F = \frac{|\boldsymbol{r} \cdot (\hat{n}_i \times \hat{n}_j)|}{|\hat{n}_i \times \hat{n}_j|} \tag{13-3-47}$$

由式(13-3-44)～式(13-3-47)可以求出：

$$F = \frac{1}{|\hat{n_i} \times \hat{n_j}|^2}[|\boldsymbol{r} \cdot (\hat{n_i} \times \hat{n_j})| |\hat{n_i} \times \hat{n_j}| - |(\boldsymbol{r} \times \hat{n_j}) \cdot (\hat{n_i} \times \hat{n_j})|$$
$$\tan\phi_i - |(\boldsymbol{r} \times \hat{n_i}) \cdot (\hat{n_i} \times \hat{n_j})|\tan\phi_j] \tag{13-3-48}$$

此即块体沿双面滑动时计算净滑动力的公式。

下面仍举表 13-3-4 所列结构面组合为例。设各结构面的内摩擦角值如表 13-3-7 所列。运用式(13-3-39)、式(13-3-43)和式(13-3-48)计算各种运动形式下的净滑动力值,结果列于表 13-3-8。

表 13-3-7　例题中各结构面的内摩擦角

裂隙面	倾角 $\alpha/(°)$	倾向 $\beta/(°)$	内摩擦角 $\phi/(°)$
1	75	170	20
2	28	230	25
3	32	313	35
4	70	240	30

表 13-3-8　净滑动力 F 值

运动方向	净滑动力(F)	
	$\boldsymbol{r}=(0,0,-W)$	$\boldsymbol{r}=(0,0.866W,0.5W)$
$\boldsymbol{r}$	W	W
$\hat{s_1}$	$0.87W$	$0.47W$
$\hat{s_2}$	$0.06W$	$0.90W$
$\hat{s_3}$	$-0.06W$	$0.16W$
$\hat{s_4}$	$0.74W$	$0.84W$
$\hat{s_{12}}$	$-0.07W$	$-0.19W$
$\hat{s_{13}}$	$-0.50W$	$-0.28W$
$\hat{s_{14}}$	$0.71W$	$0.43W$
$\hat{s_{23}}$	$-0.16W$	$-1.28W$
$\hat{s_{24}}$	$-0.92W$	$-0.01W$
$\hat{s_{34}}$	$-0.09W$	$-0.85W$

注：W 为重量(力)。

将此结果与表 13-3-6 对照,就可以找出真正的关键块体。当 $\boldsymbol{r}=(0,0,W)$ 时,相应关键块体的 JP 为 1111、0111、0010、1110 和 0110。当 $\boldsymbol{r}=(0,0.866W,0.5W)$ 时,相应关键块体的 JP 为 1001、0000、1101、1111、1000 和 0001。

13.4 块体理论在岩质边坡稳定性分析中的应用

13.4.1 岩质边坡的可动块体

如图 13-4-1 所示,边坡内有以下几类块体:①仅由结构面切割成的裂隙块体,若其各界面形成封闭域,则裂隙块体有限;反之,为无限。②可动块体,由无限裂隙块体与临空面相切割构成。③倒楔块体,即不可动块体,它是由有限裂隙块体与临空面相切割构成的。

根据可动性定理,块体可动的准则为:

$$JP \neq \varnothing \text{ 且 } EP \cap JP = \varnothing \text{ 或 } JP \subset SP \quad (13-4-1)$$

若 JP=$\varnothing$,且 EP∩JP≠$\varnothing$ 或 JP⊂SP,则相应的块体为倒楔块体。

图 13-4-2 中,JP 有域,表示 JP≠$\varnothing$,而 JP 和 EP 没有公共域,即 JP∩EP=$\varnothing$,因此相应的块体可动。换句话说,JP≠$\varnothing$,而 JP 完全包括在 SP 内,即 JP⊂SP,故相应的块体可动。图 13-4-3 示出,JP≠$\varnothing$,JP∩EP≠$\varnothing$ 或 JP⊂SP,故 JP 相应于无限块体。

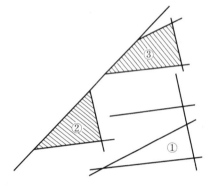

图 13-4-1 边坡内的块体类型

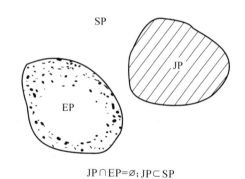

JP∩EP=$\varnothing$;JP⊂SP

图 13-4-2 相应可动缺体的 JP 示意图

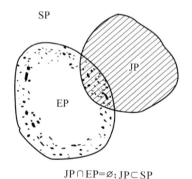

JP∩EP=$\varnothing$;JP⊂SP

图 13-4-3 相应无限块体的 JP 示意图

边坡的临空面可能是单个平面,也可能是若干平面构成的凸形或凹形临空面。下面分析这几种情况下的开挖锥 EP 和空间锥 SP。

若边坡为单个平面 P_0 构成的正坡(即倾角 $\alpha \leqslant 90°$),则开挖锥 EP 在下盘,EP=L_0。因为空间锥 SP=~EP,所以 SP=U_0。在赤平投影图上,EP 为 P_0 投影圆的外域,SP 为其内域(见图 13-4-4(a))。

若边坡为双平面 P_1 和 P_2 构成的凹形边坡,则 EP=$EP_1 \cup EP_3$,SP=~EP=$SP_1 \cap SP_2$,若边坡为正坡,则 EP=$EP_1 \cup EP_2$=$L_1 \cup L_2$,SP=$U_1 \cap U_2$。如图 13-4-4(b)所示,SP 的赤平投影为 P_1 和 P_2 投影圆内域的公共域。

若边坡为双平面 P_1 和 P_2 构成的凸形边坡,则 EP=$EP_1 \cap EP_2$,SP=$SP_1 \cup SP_2$。若边坡为正坡,则 EP=$L_1 \cap L_2$,SP=$U_1 \cup U_2$。如图 13-4-4(c)所示,EP 的赤平投影为 P_1 和 P_2 圆

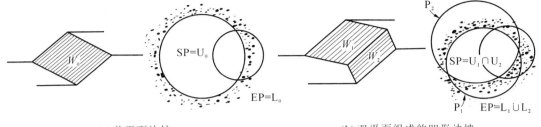

(a) 单平面边坡　　　　(b) 双平面组成的凹形边坡

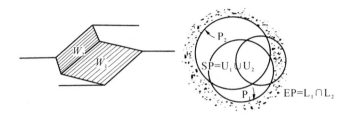

(c) 双平面组成的凸形边坡

图 13-4-4　边坡的开挖锥 EP 和空间锥 SP 的投影

外域的公共域。

根据可动性定理,凡完全包括在以上各 SP 域内的 JP 都相应于可动块体。由图 13-4-4 可以看出,由于凸形边坡的 SP 域比凹形边坡的 SP 域大,因而凸形边坡内的可动块体往往比凹形边坡多。

13.4.2 运用赤平投影方法确定边坡内的可动块体

运用赤平投影方法很容易直观地判别出边坡内的所有可动块体。其作图和判别方法如下:

(1) 选择参照圆半径 R 并绘出参照圆。

(2) 根据各结构面的倾角 α 和倾向 β 绘出相应的投影大圆,其绘制方法有两种。

①直角坐标法(见图 13-4-5):赤平投影图直角坐标系以参照圆圆心为原点,正东为 x 轴正向,正北为 y 轴正向。设平面 P 的投影圆半径为 r,圆心坐标为 C_x 和 C_y,则有

$$r = \frac{R}{\cos\alpha} \tag{13-4-2}$$

$$C_x = R\tan\alpha\sin\beta \tag{13-4-3a}$$

$$C_y = R\tan\alpha\cos\beta \tag{13-4-3b}$$

②极坐标法(见图 13-4-6):根据平面 P 的倾向 β 绘一射线,使它与 y 轴的夹角为 α,设圆心为 C 点,半径为 r,则有:

$$OC = R\tan\alpha \tag{13-4-4}$$

$$r = \frac{R}{\cos\alpha}$$

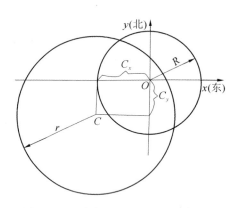 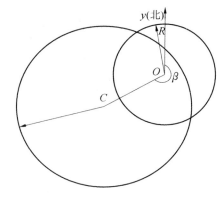

图 13-4-5　投影大圆的绘制方法之一　　　图 13-4-6　投影大圆的绘制方法之二

(3) 进行 JP 编号，各投影大圆将赤平投影平面划分成许多小区域，各区域相应于一个非空 JP。将 P_1 圆内各域第 1 个数字标上"0"，圆外各域第 1 个数字标上"1"。再将 P_i 圆内各域第 i 个数字标上"0"，圆外各域第 i 个数字标上"1"。如此下去，至各域标完为止。上述各域表示各界面互不平行的非空 JP。若 JP 内有一组界面相互平行，则其投影域为大圆的一个弧段。将 P_i 圆上各弧段的第 i 个数字标上"3"，其他数字的标法同此，则可以编出所有包括一对平行界面的非空 JP。若 JP 内有两对界面相互平行，则其投影域为两大圆 P_i 和 P_j 的交点。将 P_i 和 P_j 大圆的交点的第 i 和第 j 个数标上"3"，其他数字的标法同上，就可以编出所有包括两对平行界面的非空 JP。若某组结构面 P_i 不构成 JP 的界面，则不必绘出 P_i 的投影大圆，将 JP 各域的第 i 个数字标上"2"，其他数字的标法同上，就可以编出所有不包括 P_i 界面的非空 JP 号。

(4) 按步骤(2)绘出各临空面的投影大圆，再按照图 13-4-4 的原则找出其相应的 SP 投影域。凡完全包括在 SP 域内的各 JP 即相应于可动块体。

13.4.3　运用矢量运算方法确定边坡内的可动块体

矢量运算方法的最大优点是易于编制程序，使用计算机进行分析。由于块体可动的充分必要条件是 JP≠∅ 且 BP=JP∩EP=∅，所以分析的思路是，先对结构面进行分析，找出所有的非空 JP，然后对结构面和临空面的组合进行分析，找出所有 JP 为非空集而 BP 为空集的块体，此即可动块体。其运算步骤如下：

(1) 按下式计算各平面 P_i 的向上单位法线矢量 $\hat{n}_i$。设 P_i 的倾角为 α_i、倾向为 β_i，则

$$\hat{n}_i = (A_i, B_i, C_i) = (\sin\alpha_i \sin\beta_i, \sin\alpha_i \cos\beta_i, \cos\alpha_i) \tag{13-4-5}$$

(2) 计算棱锥的各棱矢量 $\boldsymbol{I}_{ij}$：

$$\boldsymbol{I}_{ij} = \hat{n}_i \times \hat{n}_j = (A_{ij}, B_{ij}, C_{ij})$$
$$= [(B_i C_j - B_j C_i), (A_j C_i - A_i C_j), (A_i B_j - A_j B_i)] \quad (i \neq j) \tag{13-4-6}$$

(3) 计算结构面的方向参量矩阵。设有 n 个结构面，则该矩阵为 $[I_k^{ij}]_{C_n^2 \times n}$，式中

$$I_k^{ij} = \mathrm{sign}[(\hat{n}_i \times \hat{n}_j) \cdot \hat{n}_k] = \mathrm{sign}(A_{ij} A_k + B_{ij} B_k + C_{ij} C_k) \quad (i \neq j) \tag{13-4-7}$$

(4) 判别 JP 是否为空集。设 JP 的符号编号为 $D_s = [I(a_1), I(a_2), \cdots, I(a_n)]$，其符号编号对角矩阵为

$$[D]_{n \times n} = \begin{pmatrix} I(a_1) & & & 0 \\ & I(a_2) & & \\ & & \ddots & \\ 0 & & & I(a_n) \end{pmatrix} \quad (13\text{-}4\text{-}8)$$

其判别矩阵为

$$[T]_{c_n^2 \times n} = [I]_{c_n^2 \times n} \cdot [D]_{n \times n} \quad (13\text{-}4\text{-}9)$$

若$[T]$的每一行各项都是 0 或同时含 +1 和 -1，说明该 JP 无真实棱，即 JP$=\varnothing$。反之，只要$[T]$中至少有一行的各项为 0 和 +1，或各项为 0 和 -1，则说明 JP 有真实棱，即 JP$\neq\varnothing$。

用上述方法可以找出所有的非空 JP。

(5) 计算结构面和临空面共同构成的方向参量矩阵。设有 m 个结构面和临空面，则该矩阵为$[I_k^{ij}]_{c_n^2 \times n}$，式中$I_k^{ij}$同式(13-4-7)。

(6) 判别由结构面和临空面共同构成的块体锥 BP=JP$\cap$EP 是否为空集。若 BP$=\varnothing$，则相应的块体可动。

第 14 章　分形岩体力学

14.1　概　　述

无论从微观来看还是宏观来看,工程岩体都呈现出强烈的非连续、非均匀特性,力学上表现出非线性、各向异性、随机性和流变性等复杂行为。绝大多数工程岩体既不是完整的连续介质,也不是极为破碎的松散体,往往是介于两者之间。用现有的连续介质力学体系和松散介质力学理论都不能有效地描述这类非连续介质,难以刻画岩体结构和岩体力学行为的复杂性。众所周知,现有力学理论和定律都是建立在欧氏空间即整数维空间的假设基础上。对岩体这类"分形物体"的力学行为,现有力学理论只能给出近似描述,有时甚至无能为力。因此必须用新的理论方法才能去描述它的本质力学行为(谢和平,2004)。

20 世纪 70 年代,法国数学家芒德勃罗(B. B. Mandelbort)创立了"分形几何"这一崭新的数学分支,它以自然界乃至社会活动中广泛存在的复杂无序而又有某种内在规律的系统为研究对象,并提供了定量化的描述方法,为人们从局部认识整体、从有限认识无限提供了新方法。面对岩体微观结构的不规则性及岩体力学行为的复杂性和不可预测性,分形几何弥补了传统数学方法和力学理论用以解决岩体力学性质研究的局限,为研究岩体这种复杂介质的力学行为提供了全新的方法,即在分形空间中考虑岩体力学问题。或具体地说,在岩体力学问题的分析求解过程中考虑到分形特征和效应(统称为岩体力学的分形研究)。它在处理诸如岩体断裂形貌、岩体破碎、岩体结构、岩石颗粒特性、地下水渗流、节理粗糙度及岩层的不规则分布等这些以往认为难以描述、着手解决的复杂问题时,得到了一系列准确的解释和定量结果,使岩体力学研究更加深入、更接近物理实质,并在岩体微观结构性质与宏观力学行为之间架起了联系的桥梁,能够揭示一些经典力学理论无法得出或难以解释的现象,为当今岩体力学研究提供了新的研究手段。尤其是随着现代微观测试技术和计算机技术的飞速发展,使分形体和分形维数的测定变得简单易行,在更大的程度上推动了分形几何在各个领域的广泛应用。经过众多学者的研究与实践,逐步形成了岩体力学体系中一门新的分支——分形岩体力学。

在这一新的学科分支形成过程中,谢和平院士作出了突出贡献。1987 年,谢和平最早应用分形几何方法研究岩体微观裂纹的分形特征,成为岩体力学分形研究中的一项经典工作。进而探讨了地质材料中的分形几何现象、脆性材料中的分形损伤、岩体介质的分形孔隙与分形粒子及岩石类材料损伤演化的分形特性,奠定了我国在相关领域作分形研究的国际领先地位。1993 年,受国际岩石力学学会邀请,谢和平撰写了 *Fractals in Rock Mechanics* 英文专著,作为"国际岩石力学研究丛书"第一卷正式出版。后期,谢和平将研究重点上升到分形产生的物理机制及分形方法和研究成果的工程应用上,迈向了分形岩体力学的第三层次研究,丰富和完善了岩体力学分形研究的理论体系,开拓出分形岩体力学研究的新领域。

14.2 分形几何简介

14.2.1 分形的定义和概念

分形的英文词 fractal 来源于拉丁文 fractus,由 Mandelbrot 在 1975 年引入。国内对 fractal 的译法有很多,如"碎片""碎形""分形维"和"分维"等。现在大家比较一致使用"分形"这一译法。

Mandelbrot 给出分形的第一个定义如下:

定义 1:设集合 $F \subset \mathbf{R}^n$ 的 Hausdorff 维数是 D。如果 F 的 Hausdorff 维数 D 严格大于它的拓扑维数 D_T,即 $D > D_T$,则称集合 F 为分形集,简称为分形。

定义 1 的数学表达式可记为

$$\{F = D: D > D_T\} \tag{14-2-1}$$

按照这个定义判断集合是不是分形,只要去计算集合的 Hausdorff 维数和拓扑维数,然后由上式作出判断即可,不需要任何别的条件。而实际应用中,一个集合的 Hausdorff 测度和 Hausdorff 维数的计算是比较复杂和困难的。这给该定义的广泛使用带来很大影响。

1986 年,Mandelbrot 又给出自相似分形的定义。

定义 2:局部与整体以某种方式相似的形叫分形。

这一定义反映了自然界中一个广泛存在的基本属性:局部与局部、局部与整体在形态、功能、信息、时间与空间等方面具有统计意义上的自相似性。同时可以看到定义 2 只强调了自相似性特征,因此它也称为自相似性分形。但是定义 1 比定义 2 的内涵要广泛得多,因为定义 1 包含一类不具有自相似性却满足 $D > D_T$ 的结构。

Falconer 对分形提出了一个新的认识,即把分形看成具有某些性质的集合,而不去寻找精确的定义,他把分形定义如下:

定义 3:F 是分形,具有如下典型性质:

(1) F 具有精细结构,即有任意小比例的细节。
(2) F 具有不规则性,它的局部和整体都不能用传统的几何语言来描述。
(3) F 通常有某种自相似形式,可以是近似的或统计的。
(4) 一般 F 的分形维数大于它的拓扑维数。
(5) 在大多数情况下,F 可以用非常简单的方法定义,也可以由迭代产生。

类似地,Edgar 于 1990 年也给出了一个分形的粗略定义。

定义 4:分形就是比在经典几何考虑的集合更不规则的集合,这个集合无论被放大多少倍,越来越小的细节仍能看到。

虽然定义 3 和定义 4 并不十分严密,但从一个侧面使人们理解分形变得更容易。粗略地说,分形几何就是不规则形状的几何,但这种不规则性具有多层次性,即在不同层次下均能观察到。为了理解分形概念,下面给出一个经典数学分形的例子——传统的 Koch 岛。

取一个正三角形作为初始元(initiator),取一条折线作为生成元(generator),如图 14-2-1 所示。构造规则是从边长为 $3S$ 的等边三角形开始,在每条边居中的 $1/3$ 段上作边

长为 S 的小等边三角形,并把生成的等边三角形的底边抹掉。然后在新的图形中长为 S 的每一边外侧线段居中的 1/3 段上,类似地作一边长为 $S/3$ 的等边三角形,同时把底边抹掉,以此在新生图形中让每一条线段类似于生成元地变形,得到下一步的生成图形。这样无穷地进行下去,最终得到 Koch 岛。可以看到 Koch 岛的周边曲线处处连续,但处处不可微(处处有尖点)。曲线的长度趋于无穷,但它围住的面积是有限的,从图 14-2-1 可见,图形的周长依次为 $9S,12S,16S$ 直至无穷。而 Koch 岛的面积 A 为一有限值:

$$A = \frac{9}{4}S^2\sqrt{3} + \frac{3}{4}S^2\sqrt{3} + \frac{\sqrt{3}}{3}S^2 + \frac{4}{27}S^2\sqrt{3} + \cdots = \frac{8}{5}S^2\sqrt{3} = \frac{8}{5}A_0 \quad (14\text{-}2\text{-}1)$$

式中,$A_0 = \frac{9\sqrt{3}}{4}S^2$ 为初始三角形面积。

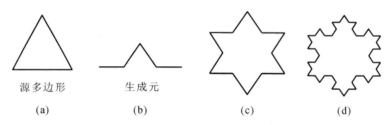

图 14-2-1 Koch 岛的构造过程图

从 Koch 岛的构造规则可以得到,曲线总边长 L 的计算公式为

$$L\left(\frac{\varepsilon}{3}\right) = \frac{4}{3}L(\varepsilon) \quad (14\text{-}2\text{-}2)$$

式中,ε 为每一构造步中图形的边长,或称为码尺。为计算其维数,可将试探解

$$L(\varepsilon) = \varepsilon^{1-D} \quad (14\text{-}2\text{-}3)$$

代入递推关系式(14-2-2),

$$\left(\frac{\varepsilon}{3}\right)^{1-D} = \frac{4}{3}\varepsilon^{1-D} \quad (14\text{-}2\text{-}4)$$

得到 $D = \lg 4/\lg 3 = 1.2618 > D_T = 1$。由此可见 Koch 岛是一条分形曲线。图 14-2-2 给出了 Koch 岛中一条边的变形过程,并称为 Koch 曲线。

从 Koch 岛和 Koch 曲线构造过程可以看出分形曲线的一般特征:①曲线处处连续,但处处不可导;②它的长度趋于无穷;③图形中任意局部完全相似于整体,具有严格的自相似性。

14.2.2 分维及其量测方法

在对欧氏空间中任意光滑(规则)曲线用码尺 ε 去量测其长度时,总能得到如下的关系:

$$L = N\varepsilon = 常数 \quad (14\text{-}2\text{-}5)$$

式中,N 为量测 L 长度所需码尺 ε 量测的次数。然而许多自然界中的物体和图形是不规则和粗糙的,并不存在以上简单的量测关系。

如图 14-2-3 所示,挪威海岸线长度到底是多少,这是分形理论的经典例子。当选大码尺 ε_1 去度量该海岸线时,很多港湾和峡谷被忽略掉,当选小码尺 ε_2 去量测时,小的港湾和峡谷被忽略。总之无论码尺多小,总有一些细节量不到,因此它的量测长度随着码尺的减小而

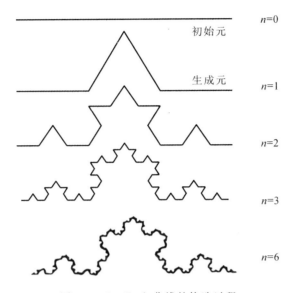

图 14-2-2 Koch 曲线的构造过程

不断增加。图 14-2-4 给出了 Feder 量测的海岸线长度 L 和码尺 ε 的双对数图。事实上量测的长度可以近似地表示为

$$L(\varepsilon) = L_0 \varepsilon^{1-D} \tag{14-2-6}$$

图 14-2-3 挪威海岸线

式中,L_0 为常数;对于挪威海岸线 $D=1.5$。人们已经考察了许多自然曲线,如断层迹长、英国的海岸线等均存在上式的关系,并且 $1<D<2$。

几何上,分形维数 D 刻画了曲线的粗糙程度,D 越大,曲线越弯曲,且越不规则;D 越小,曲线越光滑。因此分形维数能定量地表征曲线的不规则程度。

式(14-2-6)可以推广到多维情况,令 n 是欧氏维数,那么可以推广为

$$G(\varepsilon) = G_0 \varepsilon^{n-D} \tag{14-2-7}$$

上式可以适用于分形曲线、分形面积和分形体积的量测。当 $n=1$,G 和 ε 对应于线;当 $n=2$,G 和 ε 对应于面积;当 $n=3$,则 G 和 ε 对应于体积。

用码尺去量测分形曲线的方法称为码尺法,该方法虽然在分形量测中最早使用,但现在它不是用得最普遍的方法。现在普遍使用的是盒维数法(box-dimension method),也叫覆盖法(covering method)。如图 14-2-3 所示,用不同大小的正方形格子($\delta \times \delta$)去覆盖海岸

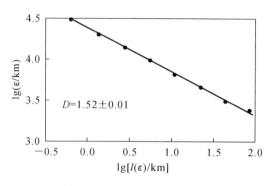

图 14-2-4 海岸线量测结果

线,那么得到覆盖住海岸线所需总盒子数目 N,两者存在如下的关系

$$N = a\delta^{-D} \tag{14-2-8}$$

现在很多研究成果已验证了上式的正确性,即所用码尺为 δ 的盒子覆盖一个分形集合所需的盒子数目 N 与码尺 δ 成负幂律关系。一般上式可变换为

$$\lg N = \lg a - D\lg\delta \tag{14-2-9}$$

那么在利用覆盖法量测分形维数的覆盖过程中得到一组 (δ_i, N_i) 数据,画成双对数图,其斜率 S 就是该集合的分形维数。这里特别值得注意的是,在不同码尺 δ_i 的区间段中得到相应的盒子数目 N_i,由一组 (δ_i, N_i) 数据得到分形维数,而不是由一个 δ_i 和 N_i 数据得到其分形维数。

为了表征分形,对维数有多种定义,可以粗略地分为两大类:第一类是从纯几何方法导出的,第二类是相对于信息论的。下面介绍几种常见的维数定义。

(1) 容量维。若 $N(\varepsilon)$ 是能够覆盖住一个点集的直径为 ε 小球的最小数目,则点集的容量维定义为

$$D_0 = -\lim_{\varepsilon \to 0} \frac{\lg N(\varepsilon)}{\lg \varepsilon} \tag{14-2-10}$$

由于容量维基本就是 Hausdroff 引入的广义维数定义,所以在许多实际问题中把容量维和 Hausdorff 维数都称为分数维。

(2) 信息维。在容量维定义中只考虑了所需要 ε 球的个数,而对每个球所覆盖的点数多少没有区别,于是提出了信息维的定义:

$$D_1 = -\lim_{\varepsilon \to 0} \left[\sum_{i=1}^{N} P_i \ln\left(\frac{1}{P_i}\right) \right] \ln\varepsilon \tag{14-2-11}$$

式中,P_i 是一个点落在第 i 个球中的概率,当 $P_i = 1/N$ 时,$D_1 = D_0$。

(3) 关联维。P. Grassberger 和 J. Procaccia 于 1983 年应用关联函数给出了关联维数的定义:

$$D_2 = -\lim_{\varepsilon \to 0} \frac{\lg C(\varepsilon)}{\lg \varepsilon} \tag{14-2-12}$$

式中,$C(\varepsilon)$ 为系统的一个解序列,如给定一个实测数据序列 $x_1, x_2, \cdots, x_i, \cdots, x_N$,那么 $C(\varepsilon)$ 可定义为

$$C(\varepsilon) = -\lim_{\varepsilon \to 0} \frac{1}{N^2} \left[\sum_{i,j=1}^{N} \theta(\varepsilon - |x_i - x_j|) \right] \tag{14-2-13}$$

这里 $\theta(x)$ 为 Heaviside 函数,即 $x>0$ 的数目。

(4) 广义维数。假定具有尺度 ε,一些球的像空间的一个分割,并定义 $P_i(\varepsilon)$ 为一个点落在第 i 个球上的概率,Renyi 引入广义熵 $K_q(\varepsilon)(q=1,2,\cdots,n)$ 为

$$K_q(\varepsilon)=\frac{\lg\left[\sum_{i=1}^{N}(P_i)^q\right]}{1-q} \tag{14-2-14}$$

从而广义维定义为 $D_q=-\lim K_q(\varepsilon)/\lg\varepsilon$。

显然当 $q=0,1,2$ 时 D_q 分别等于分数维 D_0(容量维),信息维 D_1,关联维 D_2。

由 Mandelbrot 定义的分形维完全可以由上面给出的维数定义来估计,对于简单的分形,所有的 D_q 都相等。而对于复杂的分形特别是自然分形,应当采用多种维数来描述,以便找出对系统物理性质起主导作用的那个 D_q。

(5) 自相似维数。对于欧氏维数为一维的直线段而言,如果直线平均分成 N 个等份,那么小线段是原线段的比例为 $r=1/N$,也可称为相似比。对于二维具有长度为 X、宽度为 Y 的面积,类似把它分成 N 个小方块,那么此相似比为 $r=1/N^{1/2}$。对于三维的六面体,类似地可获得相似比为 $r=1/N^{1/3}$。从而可以类推之,对于 D 维物体,其相似比为 $r=1/N^{1/D}$。这样可以从相似比推出分形维数 $D_s=\lg N/\lg(1/r)$。D_s 称为自相似维数。研究表明,对于分形物体,只要物体形状具有自相似性,就可以通过相似比直接计算自相似分形维数。

14.2.3　分形几何

分形几何是相对于经典欧氏几何而言的。分形几何研究数学领域和自然界中经典欧氏几何无法表述的极其复杂和不规则的几何形体与现象,并用分形维数定量刻画其复杂程度。分形维数可以是分数,也可以是整数,突破了欧氏几何维数为整数的限定。将具有分数维度的图形称为分形图形,这样的几何学称为分形几何学。因此,分形几何研究的内容比经典几何理论更丰富、更符合实际。

分形几何学现已被广泛用于研究自然界中常见的、不稳定的、不规则的现象,即研究自然界中没有特征长度,而具有自相似性的形状和现象,如海岸线、山的起伏、河网水系、地震、湍流、凝集体、相变、动物血管系统、肺膜结构、气候的变化,以及股市的变动、人口的分布、足球运动员的跑动路线、弯弯曲曲的海岸线、起伏不平的山脉、粗糙不堪的断面、变幻无常的浮云、九曲回肠的河流、令人眼花缭乱的满天繁星等。毫不夸张地说,分形几何遍布整个自然界,大到宇宙星云分布,小到准晶态的晶体结构。

14.2.4　分形理论的应用

分形理论是现代非线性科学研究中一个十分活跃的数学分支,在物理、地质、材料科学以及工程技术中都有广泛的应用。特别是随着电子计算机的迅速发展和广泛应用,它的应用范围更加扩大化。分形理论揭示了非线性系统中有序与无序的统一,确定性与随机性的统一,稳定与不稳定的统一及平衡与非平衡的统一。在非线性领域,随机性与复杂性是其主要性质,然而在这些复杂的现象背后存在某种规律性,分形理论使人们能够透过无序的混乱现象和不规则的形态,揭示隐藏在复杂现象背后的规律。

分形理论借助自相似原理洞察隐藏于混乱现象中的精细结构,为人们从局部认识整体,

从有限认识无限提供了新的方法论,为不同学科发现规律提供了崭新的语言和定量描述工具。分形理论的研究对象为自然界和社会生活中广泛存在的无序而具有自相似性的系统,对地形地貌、裂纹扩展路径、裂隙网络的分形计算,然后与一些物理量挂钩,得到一些关系并加以解释。目前分形理论已被广泛地应用于自然科学和社会科学的各个领域,成为当今国际上许多学科的前沿研究课题。

例如,可以基于分形理论,对图像分割、压缩、边缘检测、分析与合成,目标识别等;通过一个算法的多重迭代产生分形音乐,可以通过自相似原理来建构一些带有自相似小段的合成音乐;可以在计算机上实现模拟自然景物、动画制作、建筑物配景、时装设计、IC 卡设计、房间装饰等,在影视制作中能生成奇峰异谷、独特场景,产生新奇美丽的景色。

分形理论应用于岩体力学研究,则形成分形岩体力学。由于分形几何的不规则性,现有的一些概念和定律在分形空间中需要重新认识和建立。因此,分形岩体力学的研究范畴包括了三个层次:第一层次是分形研究的数学基础或形成其基本的数学框架,以及重新认识和建立分形空间中的力学量和力学定律;第二层次是广泛、系统地研究探讨岩石力学中的分形行为和分形结构,揭示岩石力学问题中一些复杂现象的分形机理和分形形成过程,应用分形定量地解释和描述岩石力学过去只能近似描述甚至难以描述的问题和现象;第三层次是岩石力学分形研究的理论和研究成果应用到工程,对工程中的复杂性关键技术问题进行统计描述,解决工程实际问题,促进工程问题的定量化、精确化和可预测性。从目前国内外研究状况来看,第一个层次的研究实质是数学力学基本理论的研究。第二个层次的研究已成为国内外研究的热点,并已形成大量研究成果,但在研究的广度和深度上还需继续研究探讨。第三个层次的研究也已经起步,在诸如矿物学、地质构造、岩石断裂、岩石破碎、岩体空隙、岩体统计强度、地下水渗流、节理力学行为研究及石油勘探和地震预测等领域得到广泛应用。从下节开始,将重点介绍分形岩体力学已经取得的部分有代表性的研究进展。

14.3 岩体微观断裂的分形研究

断裂与破坏是一个复杂的力学过程,这源于岩体介质成分的复杂性和微观结构的复杂性。断裂力学将裂纹简单描述为直线或平面模型,这与实际断裂情况有着很大差距。实验表明,无论在晶粒尺度上还是在断层尺度上,岩体的断裂路径都是极不规则、极不光滑的,断口非常粗糙,难以简化成几何学中理想的曲线或曲面。因此要真实刻画岩体断裂的性态,需要回答两个问题:一是岩体断裂的不规则程度数学上如何定量描述;二是这种不规则性对岩体宏观断裂力学性能会产生什么样的影响。

14.3.1 岩体微观断裂的分形分析

在断裂力学中,Griffith 和 Irwin 提出了著名的裂纹临界扩展力(G_{crit})准则:

$$G_{\text{crit}} = 2r_s \tag{14-3-1}$$

式中,r_s 为单位宏观量度断裂面积的表面能,裂纹被假设是沿直线路径扩展的。实际上,岩体断裂既有微裂纹的成核与扩展,也有微孔洞的汇合与贯通,因此其扩展路径不是平直的,而是弯折扩展的,其真实的断裂面积要大于表观平直断裂面积。因此,临界扩展力应推广为

$$G_{\text{crit}} = 2\frac{L(\varepsilon)}{L_0(\varepsilon)}r_s \tag{14-3-2}$$

式中，$L(\varepsilon)$ 为裂纹轨迹的表观长度；$L_0(\varepsilon)$ 为不规则路径长度；ε 为测量码尺。Mandelbrot 给出分形曲线长度的估计式：

$$L(\varepsilon) = L_0^D \varepsilon^{(1-D)} \tag{14-3-3}$$

式中，D 为不规则扩展路径的分形维数，取度量码尺为晶粒尺寸 l，则：

$$G_{\text{crit}} = 2r_s l^{(1-D)} \tag{14-3-4}$$

由此可以看出，岩体临界裂纹扩展力并非材料常数，而与裂纹扩展路径的不规则性（分维 D）和岩石晶粒尺度 l 密切相关，也就是与岩体微观结构的复杂性密切相关。根据岩石断口形貌分析，可以将岩体微观断裂分为沿晶断裂（见图 14-3-1）、穿晶断裂（见图 14-3-2）及沿晶-穿晶耦合断裂（见图 14-3-3）三种形式，三种断裂形式的分形模型分别介绍如下。

1. 岩体沿晶断裂分形模型

沿晶断裂有两种类型，如图 14-3-1 所示。根据分形维数的基本定义，有

在图 14-3-1(a) 中：$N=2 \quad r=\dfrac{1}{1.732} \quad D=\dfrac{\ln 2}{\ln 1.732}=1.26$

在图 14-3-1(b) 中：$N=4 \quad r=\dfrac{1}{3} \quad D=\dfrac{\ln 4}{\ln 3}=1.26$

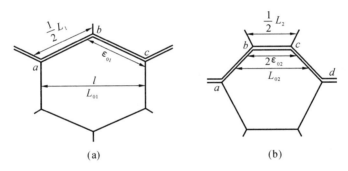

图 14-3-1 沿晶断裂的分形模型

2. 岩体穿晶断裂的分形模型

穿晶断裂分形模型如图 14-3-2 所示，可以得到：

$$N = 3 \quad r = \frac{1}{2.236} \quad D = \frac{\ln 3}{\ln 2.236} = 1.365$$

3. 岩体沿晶-穿晶耦合断裂的分形模型

沿晶-穿晶耦合断裂的分形模型如图 14-3-3 所示，此时：

$$N = 5 \quad r = \frac{1}{3.605} \quad D = \frac{\ln 5}{\ln 3.605}$$

根据以上结果，可以利用式（14-3-4）计算出相应的临界扩展力，并将以上结果和相应实测值列于表 14-3-1 中，可以看出，分析结果与实测值基本相符，并且同一晶粒尺寸下的脆性断裂最容易出现的形式是沿晶断裂和沿晶-穿晶耦合断裂。虽然很多年前人们已经定性了解此现象，但是只有使用分形的概念，才能给出定量的解释。

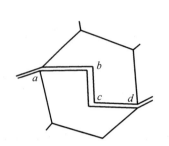 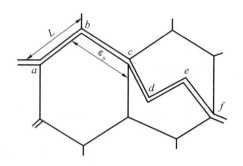

图 14-3-2 穿晶断裂的分形模型　　图 14-3-3 沿晶与穿晶耦合断裂的分形模型

表 14-3-1　不同脆断形式下的分维和 G_{crit} 值

断裂方式	分维 D 分析值	大理岩直拉断口 D 测定值	晶粒尺寸均为 10^{-2} cm 时 G_{crit} 值	对同一 r_s 值的材料断裂发生的可能程度
沿晶 (a)	1.26	1.18	$3.31 \times 2r_s$	容易
沿晶 (b)	1.26	1.18	$3.31 \times 2r_s$	容易
穿晶	1.365	1.31	$5.37 \times 2r_s$	难
沿晶-穿晶耦合	1.255	1.29	$3.24 \times 2r_s$	容易

14.3.2　岩体裂纹分叉增韧的分形分析

裂纹分叉是岩石材料断裂的普遍现象，裂纹分叉可明显地增大材料断口的不规则性，增加材料断裂韧性值。因此，裂纹分叉的几何非规则性是材料的物理力学、变形破坏和微结构效应的综合反映。岩体裂纹分叉的几何模型如图 14-3-4 所示。

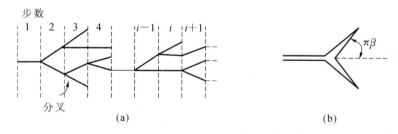

图 14-3-4　裂纹分叉的几何模型

由分形几何原理：

$$N = 3 \qquad \frac{1}{r} = 2\cos\frac{\pi\beta}{2} \qquad D = \frac{\ln 3}{\ln\left(2\cos\dfrac{\pi\beta}{2}\right)}$$

由断裂力学原理：

$$K = A \cdot G_{crit}^{1/2} = \begin{cases} K_0 l^{\frac{1-D}{2}} & \text{（微观）} \\ K_0 \left(\dfrac{1}{r}\right)^{\frac{D-1}{2}} & \text{（宏观）} \end{cases} \qquad (14\text{-}3\text{-}5)$$

式中,l 为晶粒尺寸;r 为相似比;$K_0 = A \cdot G_0^{1/2} = A(2r_s)^{1/2}$,

$$A = \begin{cases} \sqrt{\dfrac{E}{1-r^2}} & \text{平面应变} \\ \sqrt{E} & \text{平面应力} \end{cases} \quad \text{(对 I 型和 II 型)} \quad (14\text{-}3\text{-}6)$$

式中,K_0 为没有考虑分叉不规则性的材料断裂韧性。

E. Smith 从裂纹顶端的非规则性出发,研究了宏观裂纹分叉引起的断裂韧性提高现象,得到关系式:

$$K_{\text{Smith}} = \sqrt{2} \left(\frac{1-\beta}{\beta} \right)^{-\frac{\beta}{2}} K_0 \quad (14\text{-}3\text{-}7)$$

考虑裂纹分叉的分形模型,可得断裂韧性计算式:

$$K/K_0 = \left[2\cos\frac{\pi\beta}{2} \right]^{\frac{1}{2}\left[\frac{\ln 2}{\ln\left(2\cos\frac{\pi\beta}{2}\right)} - 1 \right]} \quad (14\text{-}3\text{-}8)$$

图 14-3-5 给出了 K/K_0 与裂纹分叉角($\pi\beta$)的变化趋势。由此可以看出,式(14-3-8)与 E. Smith 公式的计算结果具有一致的趋势,并且克服了 Smith 结果的波动性,与实际情况更接近。

分形分析结果表明,分叉角越大,分叉断裂越不易发生,裂纹分叉使材料断裂韧性提高。另外,用分形几何方法不仅可以定量描述岩体裂纹分叉,而且求解过程简短明了。

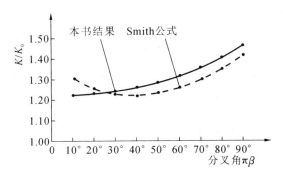

图 14-3-5 K/K_0 随裂纹分叉角 $\pi\beta$ 的变化趋势

14.3.3 岩体裂纹扩展的分形分析

在动态断裂领域,实测结果与理论分析结果一直存在较大差距,大多数材料的实测裂纹速度 V_0 明显低于理论预测的裂纹速度(瑞利波速 C_r)。特别是在高应力速率下,理论预测的动态应力强度因子 $K(L_{(D,t)}, V)$ 很难与其实测值达到一致。究其原因,是实际裂纹总是沿不规则路径传播,并产生粗糙断裂表面所导致。

14.3.3.1 分形裂纹扩展速度

如图 14-3-6 所示,建立分形裂纹扩展模型。由于裂纹扩展的不规则性,其实际裂纹扩展长度 $L_{(D,t)}$ 大于经典断裂力学中考虑的长度 L。当假设裂纹扩展的不规则路径具有自相似特征时,由分形理论有

$$L_{(D,t)} = L_0^D \delta^{1-D} \quad (14\text{-}3\text{-}9)$$

式中,L_0 为表观或"宏观"裂纹长度;δ 为量测码尺,它取决于自相似性存在的范围。

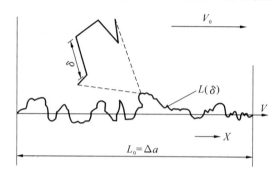

图 14-3-6 分形裂纹扩展模型图

对于岩石材料,实验表明断裂表面的粗糙程度和不规律性主要是由材料的沿晶断裂的穿晶断裂导致,因此最小粗糙尺寸可近似地取为岩石晶粒的尺寸 d,于是裂纹表面粗糙度为

$$L_{(D,t)}/L_0 = \left(\frac{d}{L_0}\right)^{1-D} \tag{14-3-10}$$

用 V_0 表示表观裂纹扩展速度,V 表示分形裂纹扩展速度,则有

$$V/V_0 = \left(\frac{d}{\Delta a}\right)^{1-D} \tag{14-3-11}$$

式中,Δa 为裂纹扩展步长。

由上式知,裂纹扩展速度比 V/V_0 取决于晶粒尺寸、裂纹扩展步长和裂纹扩展路径的分形维数或粗糙度,图 14-3-7 给出了 V/V_0 随分维 D 的变化曲线。在中等裂纹表面粗糙度时($D=1.2\sim1.3$),局部裂纹速度 V 就能达到表观裂纹扩展速度 V_0 的 2 倍,这就是目前实测速度值与理论预测存在较大差距的原因之一。

14.3.3.2 分形裂纹顶端运动

定义 $t=0$ 时裂纹开始扩展,$t>0$ 时裂纹顶端位于 $x=L_{(D,t)}$ 处,函数 $L(D,t)$ 满足分形曲线的定义,即处处连续,处处不可微,如图 14-3-8 所示。

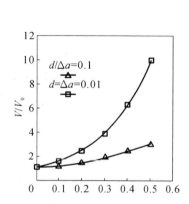

图 14-3-7 V/V_0 随分维 D 的变化曲线

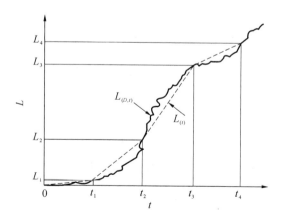

图 14-3-8 裂纹扩展轨迹的分形插值示意图

根据分形插值理论,函数 $L(D,t)$ 能由分形插值函数 $L_{(t)}$ 来近似,$L_{(t)}$ 的顶点位于分形裂

纹 $L_{(D,t)}$ 上。定义递推插值点 $t_k = K\Delta t (k=0,1,2,\cdots)$，对应插值点 $L_{(D,t)}$ 的位置为 $(0,0),(t_1,L_1),\cdots,(t_k,L_k),\cdots$。可以认为在 $t_k < t < t_{k+1}$ 时间间隔中，裂纹顶点以常速 $V_k = (L_{k+1} - L_k)/(t_{k+1} - t_k)$ 运动，根据 Freunel 动态断裂理论，应力强度因子由递推方法得出：

$$K(L(t), V_k) = h(V_k) K(L(t), 0) \tag{14-3-12}$$

式中，

$$K(L(t), 0) = \left(\frac{2}{\pi}\right)^{\frac{1}{2}} \int_0^{L(t)} \frac{P(x,0) \mathrm{d}x}{[L(t) - x]^{\frac{1}{2}}} \tag{14-3-13}$$

$$h(V) = \frac{1 - \dfrac{V}{C_r}}{\left(1 - \dfrac{V}{C_d}\right)^{\frac{1}{2}}} \tag{14-3-14}$$

$$C_r / C_d = \frac{0.862 + 1.14\mu}{(1+\mu)\left[\dfrac{2(1-\mu)}{1-2\mu}\right]^{\frac{1}{2}}} \tag{14-3-15}$$

式中，$h(V)$ 为裂纹速度的普适函数；C_d 为弹性膨胀波速；μ 为泊松比。

根据 Freunel 理论推导，$\Delta t \to 0$ 时裂纹扩展运动 $L_{(t)}$ 应力强度因子可近似为裂纹顶端运动 $L_{(D,t)}$ 的应力强度因子，于是可以得出：

$$K(L_{(d,t)}, V) = h(V) K(L_{(D,t)}, 0) \tag{14-3-16}$$

这表明沿分形路径扩展裂纹的动态应力强度因子等于瞬时分形裂纹速度的普适函数与沿分形路径扩展的准静态（平衡）应力强度因子的乘积。

14.3.3.3 分形裂纹扩展的弯折效应

裂纹弯折（kinking）扩展的应力强度因子和能量释放有两方面影响。一是裂纹弯折扩展增加了裂纹长度和裂纹表面积，也就是 $L_{(D,t)} > L_0$，这就是长度效应。二是裂纹弯折扩展引起应力场的改变和应力集中效应的变化，比如 I 型荷载下的裂纹体，由于裂纹弯折扩展，就变成了 I、II、III 复合型裂纹体。由此分形裂纹扩展效应，应包括其长度效应和弯折效应。

将式（14-3-11）代入式（14-3-12）中，得

$$K(L_{(D,t)}, V) / K(L_{(D,t)}, 0) = \frac{1 - \dfrac{V_0}{C_r}\left(\dfrac{d}{\Delta a}\right)^{1-D}}{\left[1 - \dfrac{V_0}{V_r}\dfrac{C_r}{C_d}\left(\dfrac{d}{\Delta a}\right)^{1-D}\right]^{\frac{1}{2}}} \tag{14-3-17}$$

图 14-3-9 给出了 $K(L_{(D,t)}, V) / K(L_{(D,t)}, 0)$ 随 V_0/C_r 的变化曲线，它定量地给出了分形裂纹传播对应力强度因子和裂纹速度的影响。根据分形理论，让 $K(L_{(t)}, 0)$ 表示准静态应力强度因子，则有

$$K(L_{(D,t)}, 0) = \left(\frac{d}{\Delta a}\right)^{\frac{1-D}{2}} K^*(L_{(D,t)}, 0) \tag{14-3-18}$$

上式第一项表示分形裂纹的长度效应，第二项 $K^*(L_{(D,t)}, 0)$ 表示裂纹扩展的弯折效应（即裂纹弯折而引起的应力集中效应）。建立分形裂纹扩展模型如图 14-3-10 所示，其分维为

$$D = \frac{\log 2}{\log(5 + 4\cos\theta)^{\frac{1}{2}}} \tag{14-3-19}$$

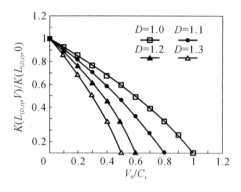

图 14-3-9　$K(L_{(D,t)},V)/K(L_{(D,t)},0)$ 随 V_0/C_r 的变化曲线

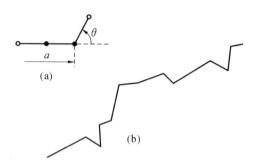

图 14-3-10　分形弯折裂纹模型

忽略Ⅲ型裂纹效应,则

$$K^*(L_{(D,t)},0) = \left[\left(\cos^3\left(\frac{\theta}{2}\right)\right)^2 + \left(\sin\left(\frac{\theta}{2}\right)\cos^2\left(\frac{\theta}{2}\right)\right)^2\right]^{\frac{1}{2}} K(L(t),0)$$

$$= \cos^2\left(\frac{\theta}{2}\right) K(L(t),0) \tag{14-3-20}$$

有

$$K(L_{(D,t)},V)/K(L_{(D,t)},0) = \frac{\left[1-\frac{V_0}{C_r}\left(\frac{d}{\Delta a}\right)^{1-D}\right]\left(\frac{d}{\Delta a}\right)^{\frac{1-D}{2}}\cos^2\left(\frac{\theta}{2}\right)}{\left[1-\frac{V_0}{C_r}\frac{C_r}{C_d}\left(\frac{d}{\Delta a}\right)^{1-D}\right]^{\frac{1}{2}}} \tag{14-3-21}$$

图 14-3-11 给出了 $K(L_{(D,t)},V)/K(L_{(D,t)},0)$ 随 V_0/C_r 和 $\theta/100°$ 的变化趋势。现有的动态断裂理论表明,动态应力强度因子与表观静态应力强度因子之比 $K(L_{(D,t)},V)/K(L_{(D,t)},0)$ 在 V_0/C_r 趋于 1 时趋于零;而分形裂纹扩展分析表明,$K(L_{(D,t)},V)/K(L_{(D,t)},0)$ 在分维为 $D=1.365$ 时,仅在 $V_0/C_r=0.5$ 才趋于零。而对 $D=1.263$,仅当 $V_0/C_r=0.6$,$K(L_{(D,t)},V)/K(L_{(D,t)},0)$ 才趋于零。

分析结果很好地解释了大多数实验观察到的裂纹速度仅是 Gayleigh 波速 C_r 的一半左右的实验现象,揭示了实验测定裂纹速度 V_0 总是明显低于瑞利波速 C_r 的分形物理本质。

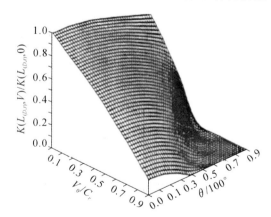

图 14-3-11　$K(L_{(D,t)},V)/K(L_{(D,t)},0)$ 随 V_0/C_r 和 $\theta/100°$ 的变化表面图形($\mu=0.3,d/\Delta a=0.1$)

14.4 岩体统计强度

与金属材料相比,岩体强度具有两个重要特性:一是强度的离散性,即相同材料、相同几何形状尺寸的岩石试样,实验测定的强度值往往具有非常大的离散性,离散程度有时甚至超过200%,而对于金属材料,尤其是塑性材料,这种离散性一般不超过10%,甚至可以忽略不计;二是强度的体积效应(又称尺寸效应),即岩石强度实测值随着试样尺寸的增大而降低,而金属材料尺寸效应则不甚明显。这是由岩体内各种类型的缺陷不规则发育所导致的,因其不规则,则可以用分形理论来研究。

14.4.1 裂纹分形分布

众多实验研究表明,岩体从微观到宏观断裂的过程为一分形过程,许多的几何量、力学量都具有分形特征,如裂纹分布、碎块尺度、断面粗糙性、断裂韧性、裂纹扩展速度等,研究表明裂纹尺度为分形分布,则有:

$$N = Ca^{-D} \tag{14-4-1}$$

式中,N 是裂纹尺度大于 a(a 为孔隙的特征尺寸,如 Griffith 裂纹半长)的裂纹数目;D 为分形维数;C 是比例常数。则裂纹分布概率密度函数为

$$f(a) = \frac{D}{a_0}\left(\frac{a}{a_0}\right)^{-(1-D)} \tag{14-4-2}$$

式中,a_0 为裂纹核尺寸。

考虑两等同事件:应力超过材料强度等价于裂纹长度超过临界尺寸,则

$$P\{\sigma \geqslant \sigma_c\} = p(a \geqslant a_c) \tag{14-4-3}$$

a_c 为 σ 应力水平上裂纹临界尺度,由下式确定

$$a_c = \frac{(\alpha K_{IC})^2}{\pi \sigma^2} \tag{14-4-4}$$

对于平面应力状态,$\alpha=1$,对于平面应变状态,$\alpha=(1+\mu)^{-\frac{1}{2}}$,$\mu$ 为泊松比。于是试样在应力 σ 下的断裂概率为

$$P_f(\sigma) = 1 - \exp\left\{-N_s\left[\frac{\pi a_0}{(\alpha K_{IC})^2}\right]^D \sigma^{2D}\right\} \tag{14-4-5}$$

式中,N_s 为试样中裂纹总数。

14.4.2 岩体分形统计强度

取岩体断裂强度 $\bar{\sigma}$ 为强度 σ 的数学期望,由概率论:

$$\bar{\sigma} = \int_0^1 \sigma \mathrm{d}P_f = \int_0^\infty \sigma(1-P_f)\mathrm{d}\sigma \tag{14-4-6}$$

将式(14-4-5)代入得

$$\bar{\sigma} = \int_0^1 \exp\left\{-N_s\left[\frac{\pi a_0}{(\alpha K_{IC})^2}\right]^D \sigma^{2D}\right\}\mathrm{d}\sigma \tag{14-4-7}$$

令 $x = N_s\left[\dfrac{\pi a_0}{(\alpha K_{IC})^2}\right]^D \sigma^{2D}$,利用 Gamma 函数,得

$$\bar{\sigma} = \frac{\alpha K_{\text{I}C}}{\sqrt{\pi a_0}} N_s^{-\frac{1}{2D}} \Gamma\left(1 + \frac{1}{2D}\right) \qquad (14\text{-}4\text{-}8)$$

考虑到 N_s 为试样中裂纹总数,可表示为

$$N_s = C a_0^{-D} \qquad (14\text{-}4\text{-}9)$$

代入(14-4-8),得

$$\bar{\sigma} = \frac{\alpha K_{\text{I}C}}{\sqrt{\pi}} C^{-\frac{1}{2D}} \Gamma\left(1 + \frac{1}{2D}\right) \qquad (14\text{-}4\text{-}10)$$

式(14-4-10)为基于裂纹分形分布及最弱环原理推导出的岩体统计强度表达式,它表明,岩体的断裂强度依赖于分形维数,即岩体细观结构中裂纹尺度分布的不规则程度,随着分维 D 的增大,岩体平均强度非线性降低,分形维数体现了材料的损伤程度,可以作为衡量岩体损伤程度的度量。

14.4.3 强度离散性和体积效应

由统计数学,可以获得强度离散性表达式:

$$\text{Var}(\sigma) = \int_0^{\infty} \sigma^2 e^{-x} d\sigma - \bar{\sigma}^2 = N_s^{-\frac{1}{D}} \frac{(\alpha K_{\text{I}C})^2}{\pi a_0}\left[\frac{1}{2D}\Gamma\left(\frac{1}{D}\right) - \Gamma^2\left(1 + \frac{1}{2D}\right)\right] \quad (14\text{-}4\text{-}11)$$

将岩体统计强度改写为:

$$\bar{\sigma} = \frac{\alpha K_{\text{I}C}}{\sqrt{\pi a_0}} (kV)^{-\frac{1}{2D}} \Gamma\left(1 + \frac{1}{2D}\right) \qquad (14\text{-}4\text{-}12)$$

于是

$$\frac{\bar{\sigma}_V}{\bar{\sigma}_{V_0}} = \left(\frac{V_0}{V}\right)^{\frac{1}{2D}} \qquad (14\text{-}4\text{-}13)$$

由上式可知,试样强度与试样体积成反比,分形统计强度很好地解释了强度的体积效应,并且分维越大,这种体积效应相对减弱。

14.4.4 岩体统计强度一般表达式

除了裂纹尺寸大小,裂纹方向对岩体强度也有着同样重要的影响。考虑岩体裂隙方位分布对岩体强度的影响,可将岩体破坏概率写为

$$P_f(\alpha) = 1 - \exp[-N_s F(\sigma)] = 1 - \exp\left[-N_s \int_{-\frac{\pi}{2}}^{\frac{\pi}{2}} d\theta \int_{a_c}^{\infty} f(a) g(\theta) da\right] \quad (14\text{-}4\text{-}14)$$

式中,$g(\theta)$ 为裂纹方位分布密度函数,通常可取为定向分布和随机分布两种形式,根据多轴应力状态下裂纹的扩展准则,确定临界裂纹尺寸后,可以得出随机裂纹方位分布下岩体统计强度为

$$\bar{\sigma} = \int_0^{\infty} \exp\left\{-\frac{N_s}{\pi}\left[\frac{\pi a_0 \sigma^2}{(\alpha K_{\text{I}C})^2}\right]^D \int_{-\frac{\pi}{2}}^{\frac{\pi}{2}} (\cos^2\theta + p^2 \sin^2\theta)^2 \right\} d\theta \qquad (14\text{-}4\text{-}15)$$

对于裂纹定向分布的情形,其统计强度为:

$$\bar{\sigma} = \int_0^{\infty} \exp\left\{-\frac{N_s}{\sqrt{2\pi}\mu}\left[\frac{\pi a_0 \sigma^2}{(\alpha K_{\text{I}C})^2}\right]^D \int_{-\frac{\pi}{2}}^{\frac{\pi}{2}} \exp\left[-\frac{\theta^2}{2\mu^2}\right] (\cos^2\theta + p^2 \sin^2\theta)^D d\theta\right\} d\sigma$$

$$(14\text{-}4\text{-}16)$$

将上式中的 θ 积分项改写为 G,则得岩体统计强度一般表达式为

$$\bar{\sigma} = \frac{\alpha K_{1C}}{\sqrt{\pi}}(GC)^{-\frac{1}{2D}}\Gamma\left(1+\frac{1}{2D}\right) \tag{14-4-17}$$

岩体分形统计强度同时反映了岩体微结构中裂纹的尺度分布和方位分布对岩体强度的影响,建立了岩体微结构特征和宏观力学性能之间的联系,使岩体强度理论得到了更深层次的表达。

14.5 损伤力学的分形研究

岩体损伤也是典型的不规则力学行为,亦可以用分析理论来研究。分形几何方法成为定量描述材料损伤断裂力学行为的有力工具,研究损伤过程中分形特征和形成机制,以及与宏观力学性质之间联系。

基于损伤演化过程具有显著的分形性质的基本事实,根据 Hausdorff 测度的数学定义,可以将欧氏空间的损伤变量、损伤演化律和损伤本构模型推广到分数维空间。在 Hausdorff 空间,损伤变量可推广为

$$\omega(d) = \frac{H(d,E)}{H(d_e,E_0)} = 1 - \frac{H(\overline{d},\overline{E})}{H(d_e,E_0)} \tag{14-5-1}$$

式中,$H(d,E)$,$H(\overline{d},\overline{E})$ 和 $H(d_e,E_0)$ 分别表示分数维空间中考虑分形效应时的损伤域 E、损伤余域 $\overline{E}$ 和典型域 E_0 的广义面积或体积。

以空间 R^n 中的损伤区域为例,假设当前标度下对应于无量纲码尺 $\xi \leqslant \xi_i$ 的 ξ 球覆盖,d 维损伤域 E 存在 $N_{(d)}(\xi)$ 次的有限次覆盖;d 维损伤余域 $\overline{E}$ 存在 $N_{(\overline{d})}(\xi)$ 次的有限次覆盖;典型域 E_0 存在 $N_{(d_e)}(\xi)$ 次的有限次覆盖,那么,分形损伤域 E、损伤余域 $\overline{E}$ 及典型域 E_0 的测度可表示为

$$\begin{cases} H(d,E) = \lim_{\xi \to 0} \inf \left\{ C_{(E)} \sum_{i=1}^{N_{(d)}} \xi_i^d \right\} = C_{(E)} N_{(d)}(\xi) \xi^d \\ H(\overline{d},\overline{E}) = \lim_{\xi \to 0} \inf \left\{ C_{(\overline{E})} \sum_{i=1}^{N_{(\overline{d})}} \xi_i^{\overline{d}} \right\} = C_{(\overline{E})} N_{(\overline{d})}(\xi) \xi^{\overline{d}} \\ H(d_e,E_0) = \lim_{\xi \to 0} \inf \left\{ C_{(E_0)} \sum_{i=1}^{N_{(d_e)}} \xi_i^{d_e} \right\} = C_{(E_0)} N_{(d_e)}(\xi) \xi^{d_e} \end{cases}$$

分形损伤变量 $\omega(d)$ 改写为

$$\omega(d,\xi) = \frac{E_{(E)} N_{(d)}(\xi)}{C_{(E_0)} N_{(d_e)}(\xi)} \xi^{d-d_e} = 1 - \frac{E_{(\overline{E})} N_{(\overline{d})}(\xi)}{C_{(E_0)} N_{(d_e)}(\xi)} \xi^{\overline{d}-d_e} = 1-(1-\omega_0)\xi^{\overline{d}-d_e}$$

$$\tag{14-5-2}$$

该式即为用分形域维数和度量码尺表征的分形损伤变量的解析表达式,其中,d,$\overline{d}$ 分别为损伤域和损伤余域的 Hausdorff 维数,d_e 为典型域的 Euclidean 维数,ω_0 为欧氏空间表观损伤变量。

考虑损伤分形效应,分数维空间中与分形损伤有关的耗散势可表达为

$$F_\omega(Y_{\omega(d,\xi)};(p,\omega(d,\xi))) = \frac{Y_{\omega(d,\xi)}^2}{2m_{(d)}[1-\omega(d,\xi)]} H(p-p_{\omega(d,\xi)}) \tag{14-5-3}$$

式中，$\omega(d,\xi)$ 为分形损伤变量；$Y_{\omega(d,\xi)}$ 为分形损伤应变能释放率，可表示为：$Y_{\omega(d,\xi)} = \frac{\omega_e(d,\xi)}{1-\omega(d,\xi)}$，其中 $\omega_e(d,\xi)$ 为计及损伤分形效应的弹性应变能密度函数：$\omega_e(d,\xi) = \frac{a_{ijkl}\varepsilon_{ij}^e\varepsilon_{kl}^e[1-\omega(d,\xi)]}{2}$；$m_{(d)}$ 为与分维有关的材料常数；$H(p-p_{\omega(d,\xi)})$ 为考虑损伤演化阈值现象而引入的阶跃函数，其中 $p_{\omega(d,\xi)}$ 为对应于分形损伤起始时的累积塑性应变阈值。

引入关系 $\omega(d,\xi)=\omega_0\xi^{d-d_e}$，得到考虑损伤分形效应时的损伤演化律

$$\dot{\omega}_0 + \dot{d}\ln\xi\omega_0 = \frac{\omega_e(d,\xi)\cdot\xi^{d_e-d}}{m[1-\omega(d,\xi)]}\dot{p}H(p-p_{\omega(d,\xi)}) \tag{14-5-4}$$

式中，$\dot{\omega}$ 为表观损伤变化率；$\dot{d}$ 为损伤域分维值变化率；$\dot{p}$ 为累积塑性应变。

不失一般性，考虑材料弹塑性损伤行为，由不可逆热力学原理，空间 R^n 中考虑损伤分形效应的势函数 F 可以表示为

$$F_{(d,\xi)} = (\bar{\sigma} - X)_{eq,(d,\xi)} - R - \sigma_y + \frac{3}{4X_\infty}\sigma_{ij}X_{ij} - F_{\omega(d,\xi)}(Y_{(d,\xi)}:(\gamma,\omega(d,\xi))) \tag{14-5-5}$$

式中，R 为各向同性硬化引起的应力；σ_y 为材料屈服应力；σ_{ij} 为应力偏张量；X_{ij} 为随动应变硬化引起的应力偏张量；势函数第四项与非线性运动硬化有关，X_∞ 为表征非线性运动硬化的特征量；$F_{\omega(d,\xi)}(Y_{(d,\xi)}:(\gamma,\omega(d,\xi)))$ 项为与分形损伤演化有关的势，γ 为与 R 相伴产生的损伤累积塑性应变，$Y_{(d,\xi)}$ 为分形应变能释放率。

根据不可逆热力学状态律，计及损伤分形效应的材料本构方程可写成

$$\varepsilon_{ij,(d,\xi)}^p = \frac{\partial F(d\cdot\xi)}{\partial\sigma_{ij}}\dot{\lambda}(d,\xi) \tag{14-5-6}$$

于是有

$$\varepsilon_{ij,(d,\xi)}^p = \frac{\partial}{\partial\sigma_{ij}}\left[\frac{3}{2}\left(\frac{\sigma_{ij}}{1-\omega_0\xi^{d-d_e}}-X_{ij}\right)\left(\frac{\sigma_{ij}}{1-\omega_0\xi^{d-d_e}}-X_{ij}\right)\right]^{\frac{1}{2}}\dot{p}(1-\omega_0\xi^{d-d_e}) \tag{14-5-7}$$

该式即为考虑损伤分形效应的材料分形损伤本构关系。

14.6 岩体结构面分形研究

14.6.1 岩体结构面的分形描述

岩体结构面的特征主要包括其方向、规模、粗糙性和壁岩强度，尤其是结构面粗糙性，很大程度上控制岩体的变形和破坏，成为影响工程岩体剪切强度计算的重要指标。

结构面表面凹凸不平，极不规则，长期以来，对其粗糙性一直沿用 Barton(1977) 提出的 JRC(结构面粗糙度系数)来描述。但是这种多凭肉眼观测来确定结构面粗糙度的方法毕竟存在着很大的人为误差，只是一种不得已的方法。

1994 年，谢和平发展了一个结构面粗糙性的分形模型。可以看出，结构面表面形态统计地相似于传统的 Koch 曲线，因此可以构造一个广义的 Koch 曲线生成元(见图 14-6-1)来模拟结构面的空间构形。图 14-6-1 中 θ 可从 $0°$(对应 $h=0$)变化到 $90°$(对应 $L=0$)，根据

分形维数的定义可得：

$$D = \frac{\log 4}{\log\left\{2\left[1 + \cos\arctan\left(\dfrac{2h}{L}\right)\right]\right\}}$$

式中，h 和 L 分别为高阶粗糙性的统计高度和长度。对自然结构面，h 和 L 应由平均高度 h^* 和长度 L^* 来代替：

$$h^* = \frac{1}{M}\sum_{i=1}^{M} h_i, \qquad L^* = \frac{1}{M}\sum_{i=1}^{M} L_i \tag{14-6-1}$$

式中，M 为高阶粗糙段数目，其测量方法如图 14-6-1 所示。根据对标准 JRC 曲线的回归分析，可得出如下关系：

$$\mathrm{JRC} = 85.261(D-1)^{0.5679}, \qquad r = 0.99 \tag{14-6-2}$$

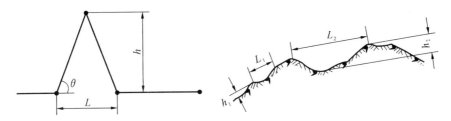

图 14-6-1　广义的 Koch 曲线生成元和测量方法

对 Barton 提出的 10 种典型结构面剖面进行分维计算和比较，结果表明结构面割线的分维值与其 JRC 值取得很好的一致性，结构面越粗糙，分形维数就越大，分维能够定量刻画结构面的粗糙度，为岩体结构面 JRC 的定量估计提供了新方法。对于一个结构面剖面，仅需测定两个参数 L^* 和 h^*（结构面高阶粗糙性的平均基长和平均高度）就可以计算其分维，这使得岩体结构面的分形分析变得更加简单、易行。目前结构面分维已成为公认的度量结构面粗糙性最恰当的指标。

14.6.2　结构面力学行为的分形研究

分形维数能够很好地定量描述结构面的粗糙程度，这为进一步深入研究结构面力学行为提供了新的思路与分形实验方法，即通过分形理论生成分形曲线或曲面来模拟实际结构面，然后加工出具有分形特征的试样进行测试。由于可以人为地控制分维值，因此可以系统研究不同类型结构面粗糙性及其变化对其力学特征的影响规律。

例如，先利用 Mandelbrot-Weierstrass 生成的六条分形曲线，将它制成光弹模型进行单压和压剪试验，通过光弹性实验中应力光图和接触点变化来研究不同粗糙度分形结构面的应力场分布，以揭示和预测结构面的变形和强度性质。图 14-6-2 给出了两幅光弹实验条纹图，根据光弹性理论，得出单压和压剪下结构面最大剪应力和结构面粗糙形态分维的关系（见图 14-6-3），由此得到单压和压剪情况下最大剪应力随分维变化公式：

单压情况：
$$\tau_{\max} = -aD^2 + bD^3 - cD^2 + dD - e \tag{14-6-3}$$

压剪情况：
$$\tau_{\max} = \frac{1}{mD^2 - gD + h} \tag{14-6-4}$$

同时通过对不同荷载和分维变化情况下结构面接触点的数目和空间分布进行了观测，

图 14-6-4 给出了接触点数目和外载及分维的关系图,并得出接触点数目随分维变化公式：

$$K = aD^2 + bD + c \tag{14-6-5}$$

(a) $D=1.10$，$P=1.2$kN

(b) $D=1.30$，$P=1.2$kN

图 14-6-2　单压荷载下分形结构面的应力等差线图

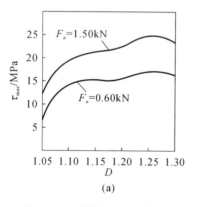
(a)

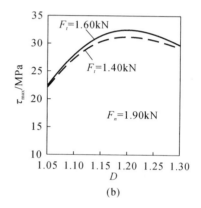
(b)

图 14-6-3　单压(a)和压剪(b)荷载作用下结构面最大剪应力与分维的关系

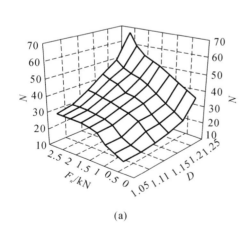
(a)

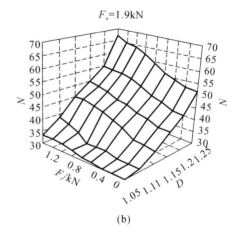
(b)

图 14-6-4　单压(a)和压剪(b)荷载作用下结构面接触点数与荷载和分形维数的关系

分析表明：① 在单压情况下,最大剪应力 τ_{max} 与结构面分维数 D 成非线性正比关系；而在压剪情况下,τ_{max} 与 D 成非线性反比关系。② 对于维数较小(较为平坦)的结构面,随着荷载的增大,最大剪应力的位置基本上不变,而对于维数较高(非常粗糙)的结构面,随着荷载的增大,最大剪应力的位置发生明显的改变。③ 分形结构面接触主要呈点接触方式,接触点数随荷载和分形维数的增大均呈非线性关系增加。

14.6.3 结构面表面的多重分形性质

对于结构面力学性质的深入研究表明,仅将结构面视为简单自相似分形是不够的,其实结构面表面具有多重分形特征,仅用单一分维值不足以描述结构面表面粗糙性的复杂性态。多重分形可以用来表征具有不同局部特征的自相似分形研究,其分维数构成一个连续谱 $f(\alpha)$。如果用尺寸为 $\delta \times \delta$ 的网格覆盖一个多重分形集,定义 $P_i(\delta)$ 为在第 i 网格的分布概率,那么第 i 网格具有奇异性 α_i 的概率可定义为

$$P_i(\delta) \sim \delta^{\alpha_i}$$

引入表述奇异测度性质的具有 q 阶测度矩的广义维数 D_q:

$$D_q = \frac{1}{q-1} \lim_{\delta \to 0} \frac{\log\left[\sum_i P_i^q(\delta)\right]}{\log \delta} \qquad (14\text{-}6\text{-}6)$$

建立在覆盖的基础上,可以构造一归一化的单参数测度族 $\mu_i(q,\delta)$

$$\mu_i(q,\delta) = \frac{[p_i(\delta)]^q}{\sum_j [P_j(\delta)]^q}$$

式中, $\sum_j [P_j(\delta)]^q$ 表示对所有网格概率的 q 次方求和。该测度族子集的 Hausdorff 维数可直接计算

$$f(\alpha(q)) = \lim_{\delta \to 0} \frac{\sum_i \mu_i(q,\delta) \log \mu_i(q,\delta)}{\log \delta} \qquad (14\text{-}6\text{-}7)$$

而关于该测度族的奇异强度的平均值 $\alpha_i = \log p_i(\delta)/\log \delta$ 可以估计为

$$\alpha(q) = \lim_{\delta \to 0} \frac{\sum_i \mu_i(q,\delta) \log P_i(q,\delta)}{\log \delta} \qquad (14\text{-}6\text{-}8)$$

这样,对于每个给定的 q 值,都可以根据式(14-4-7)、式(14-4-8)直接计算出相应的 $\alpha(q)$ 和 $f(\alpha(q))$,从而就可以绘制出相应的多重分形曲线。

对于三维粗糙曲面的分维测量,利用投影覆盖法可以直接测定表面的真正分维。

在图 14-6-5 中的 B 为(结构面或断裂)表面,对应的 A 为覆盖该断裂表面投影网络。当选定尺度 $\delta \times \delta$ 的投影网络中第 k 个正方形方格 $abcd$ (a,b,c,d 为第 k 个方格的四个角点),激光表面测量仪可测定出对应 a,b,c,d 点表面的高度值。根据这些角点的高度值 h_{ak}, h_{bk}, h_{ck}, h_{dk} 可近似计算出该投影网格 a,b,c,d 对应在断裂表面上的粗糙表面积:

$$A_K(\delta \times \delta) = A_K(\delta) = \frac{1}{2}\{[\delta^2 + (h_{ak} - h_{dk})^2]^{\frac{1}{2}}[\delta^2 + (h_{dk} - h_{de})^2]^{\frac{1}{2}} \\ + [\delta^2 + (h_{ak} - h_{bk})^2]^{\frac{1}{2}}[\delta^2 + (h_{bk} - h_{ck})^2]^{\frac{1}{2}}\}$$

整个投影网络对应在断裂表面上的总的覆盖面积可近似为

$$A_T(\delta) = \sum_{k=1}^{N(\delta)} A_k(\delta)$$

投影覆盖法测定的分形关系为

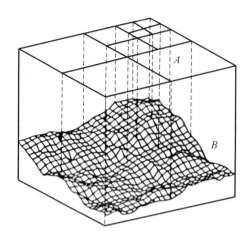

图 14-6-5 投影覆盖法示意图

$$A_T(\delta) = \sum_{k=1}^{N(\delta)} A_k(\delta) - \delta^{2-D} \tag{14-6-9}$$

式中，D 是断裂表面真正分维，即 $D\in[2,3)$。

这样很容易计算出结构面的分形谱和维数（见图 14-6-6）。

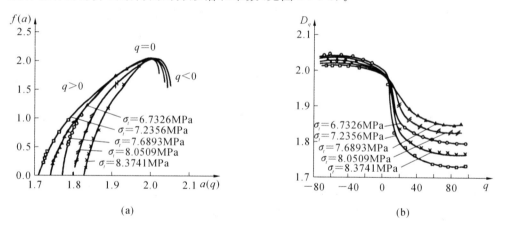

图 14-6-6 投影覆盖法计算的多重分形谱(a)和分形维数(b)

第 15 章 智能岩体力学

15.1 概　　述

岩体力学是既富理论内涵又具有很强实践性的发展中学科,大规模的岩体工程建设给岩体力学研究提出了许多新的挑战。例如,在深部岩体中做高放废物处置需要考虑温度、渗流、力学与化学效应及其耦合问题;大型水电站地下厂房尺寸远远超出了现行规范的范围;岩体深部开采会遇到高地应力问题;等等。这就使得工程岩体力学模型越来越复杂(如弹性、弹塑性、弹黏塑性、各向异性弹黏塑性、流变损伤断裂力学、各向异性流变损伤断裂力学模型等),要确定的力学参数越来越多(有的模型需要确定几十个力学参数),支持模型的信息需求量增长很快。然而,目前,我们获取支持这些模型所需要的信息的能力仍然是较有限的,致使许多极复杂情况下的力学参数无法准确测定。有些岩体力学问题的特征和内在规律已基本弄清楚,但有些尚无法弄清楚。因而,"数据有限"和"变形破坏机理理解不清"已成为解决基于确定性理论的岩体力学理论分析与实际工程问题的"瓶颈"(冯夏庭,2000)。此外,由于地质数据和岩体性能中存在不确定性,模型(本构关系、判据)和力学参数的选取、模型结果的解释等方面多数还依赖人的判断和模型使用者的经验。所以,即使做了大量的计算之后,许多工程的决策仍然依赖工程师的经验。因此,发展新的、更有效的、快速的岩体力学理论与研究方法成为当务之急。

人工智能的出现为岩体力学研究提供了一种崭新的思维方式。它采用人脑的思维方式来让计算机处理复杂的科学问题,使以往一些无法处理的问题得到很好的解决。在国际上,人工智能最早出现在岩体力学与岩体工程文献上是 H. H. Einstein 等(1984)的文章。在国内,张清最早将专家系统、神经网络应用到岩体力学与岩体工程问题。冯夏庭院士自 1986 年开始投入这一新的学科方向,提出了智能岩石力学的概念,先后出版了《岩石力学与工程专家系统》(1993)、《智能岩石力学导论》(2000)。现在,该学术思想已渗透到岩体力学与工程的诸多方面,如专家系统、神经网络、遗传算法、遗传规划、蚁群算法、数据挖掘、支持向量机、并行计算及与确定性分析方法的综合集成等,逐步形成了智能岩体力学这一新的学科分支。

智能岩体力学的提出最早受人工智能专家系统解决经验问题的优越性的影响,岩体分类专家系统的建立极大地推动了基于经验知识推理方法的应用,一些岩体力学问题的神经网络模型的出现展示了自学习、非线性动态处理与分布式表达方法的强大生命力。20 世纪 90 年代以来,国际岩石力学学会大会都将智能岩体力学列为重要研究领域进行研讨;一些大型研究计划,也都将其列为重点课题予以支持。从而使智能岩体力学的学术思想不断深化,新的模型和方法不断涌现,研究队伍不断壮大,一些确定性分析方法无法解决的问题也得到了很好的处理。现在,该学术思想已渗透到岩体力学与工程的许多方面,取得了一系列重要进展:建立适用于围岩分类、隧道(巷道)支护设计、边坡破坏模式识别与安全性估计、采场稳定性估计的专家系统;提出基于范例推理(case-based reasoning)的边坡稳定性评价方法;提出新的数据挖掘方法,能从硐室围岩稳定性的实例数据中挖掘出知识,并将提到的关联规则输入到专家系统,进行不确定性推理,对地下硐室围岩的稳定性进行合理的判别;等等。这些研究进展不仅奠定智能岩体力学学科分支的成立,而且在具体岩体工程实践中得到很好的应用,发挥了其独特的优势。

当今社会已经全面进入大数据与智能时代,复杂岩体工程问题的解决是否会迎来全新的智能分析方法,或者前端、后端都主要交由计算机处理,人工居于宏观掌控或辅助管理的那一天,十分值得期待。

15.2 智能岩体力学的特征及与传统岩体力学的对比

15.2.1 智能岩体力学的特征

智能岩体力学是将人工智能、专家系统、神经网络、模糊数学、非线性科学和系统科学的思想与岩体力学进行交叉和综合而发展起来的一种新的学科分支。它是应用人工智能的思想,研究智能化的力学分析与计算模型,研制具有感知推理学习、联想、决策等思维活动的计算机综合集成智能系统,解决人类专家才能处理的岩体力学问题。因此,智能岩体力学是一个多学科交叉的综合体系。

目前,智能岩体力学的研究方法主要是采用自学习、非线性动态处理、演化识别、分布式表达等非一对一的映射研究方法及多方法的综合集成研究模式,是建立工程岩体真实特征的新型分析理论和方法,是涉及人工智能、非线性科学、系统科学、力学、地学与工程科学的交叉综合研究方法。这种方法可从积累的实例中学习挖掘出有用的知识,非线性动态处理可使认识通过不断的实践来接近实际,演化识别可以在事先无法假定问题精确关系的情况下找到合理的模型,分布式表达使得寻找和表达多对多的非线性映射关系成为可能。

15.2.2 智能岩体力学与传统岩体力学的区别与联系

智能岩体力学作为一个新的学科分支,它不仅需要继承以往的岩体力学学科的各种先进成果,而且要在吸收新兴学科知识和思维方式的基础上,发展岩体力学学科。智能岩体力学与传统岩体力学之间既有广泛的联系,又有较深刻的区别(表15-2-1)。

表15-2-1 智能岩体力学与传统岩体力学的比较(冯夏庭,2000)

比较项目	智能岩体力学	传统岩体力学
学科建立的基础	人工智能、神经网络、遗传算法、进化计算、非确定性数学、非线性力学、系统科学、系统工程地质学、岩体力学的交叉、融合,以解决复杂的岩体工程中的力学问题	弹黏塑性力学为主

续表

比较项目	智能岩体力学	传统岩体力学
知识的表达方式	规则、语义网络、框架、神经网络、数学和力学模动等的嵌入式综合表达。它可以对多样的数据、信息和知识(定性的、定量的；确定性的、不确定性的；显式的、隐式的；线性的、非线性的)进行多方位的描述与充分的表达	数学、力学模型
对力学过程和特征的认识	自学习。对实验和现场实测获得的数据进行自学习，确定岩体的本构关系和各种参数之间的非线性关系。这种自学习过程是自适应的，可以根据地质环境和工程条件的变化，而不必作出任何假设。新的实例和数据的积累可以改善模型的精度	借用弹黏塑模型，在特定条件下进行简化与假设
问题的求解方法	确定性推理、不确定性推理、数值计算与理论分析的综合集成。求解策略是多方位的、多路径的，一种方法难以求解的，转化为用另一种方法去求解，以进一步提高结论的确定性	基于力学和数学模型的计算，以确定性求解方法为主，"破坏机理的理解不清"已成为理论分析和数值模拟的瓶颈问题
模拟不同荷载(开挖过程、爆破、采矿等)和环境的自适应性	具有自学习功能，使用的输入参数和模型自适应随荷载(开挖过程、爆破、采矿等)和环境的变化能力强	使用的输入参数和模型随荷载(开挖过程、爆破、采矿等)和环境的变化能力差
有限数据的推广能力	较强(从容易获得的数据入手，研究从中提取含有本质的信息，从有限的数据进行推广的新方法，以解决数据有限的问题)	"有限数据"已成为瓶颈问题
综合考虑地质、工程和环境因素的能力	可以综合考虑地质、工程和环境因素，定性、定量的描述都可以作为输入，而且变量个数没有限制	较差
思维方式	正向思维、逆向思维、全方位思维、系统思维、不确定思维、反馈思维等的综合	以正向思维为主

15.2.3 智能岩体力学的研究思路

人工智能是用计算机模拟人类智能行为的科学。在信息时代思维方式的指导下，智能岩体力学从岩体工程实际问题出发，系统而全方位地研究岩体力学智能化问题，建立蕴含岩体力学内在本质的理论体系。概括起来可以包括以下三个方面：①基本理论研究；②基础技术、算法和工具的研究；③与岩体工程的结合研究。三者之间的关系如图15-2-1所示。

在上述三个体系中，基础技术是其核心，也是近年来智能岩体力学的研究重点，下面作简单介绍。

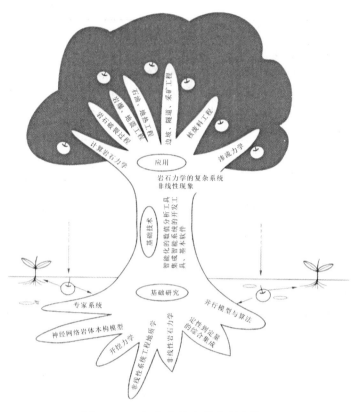

图 15-2-1 智能岩体力学的研究体系

1. 岩体力学专家系统研究与开发

针对岩体力学问题的特征,进行岩体力学专家系统理论研究,提出相应的知识表示方法、不确定性推理方法、知识获取方法和学习方法、系统结构等。然后,将岩体力学问题的共性特征抽取出来,开发出面向岩体力学问题的专家系统工具。以该工具为基础,将某个特定问题的专家知识送进知识库,可以建立相应的专家系统。这样不仅可以提高岩体工程专家系统的研究水平,而且可以提高效率,缩短开发周期。

2. 岩体本构模型的自学习方法研究

各种复杂地质和工程条件下的岩体的本构关系是不同的,有些问题的岩体本构关系是无法弄清楚的。采用自学习的方法来对各个分区上的岩体本构关系进行自适应的识别,采用隐式(如神经网络的并行分布式)表达方法进行表达。这样,不仅可以解决显式表达方法(数学方程式)无法表达的问题,而且可以提高数值分析方法的速度和可靠性。

3. 岩体力学参数的信息分形预测方法研究

实际上,岩体力学参数与岩块力学参数、位移等之间存在某种自相似关系,即存在某种信息分形规律。通过研究它们的分形自相似规律,提出描述信息分形的指标,从信息分形的角度,研究从容易获得的局部信息(岩体力学参数、位移)来预测整体信息(岩体力学参数)的方法,这种推广预测是基于工程岩体分区而进行的。

4. 综合集成智能分析方法研究

考虑到不同岩体力学问题的求解方法和过程是变化的,可以把目前的各种方法纳入智能系统中，由系统根据问题的特征进行分析方法的自适应选择，对它们的决策结构进行自适应分析，得出理论上合理、工程上接受的结论。如边坡稳定性分析综合集成分析方法，是集专家系统、极限平衡分析、有限元计算、边界元计算、离散元计算、极大似然估计、神经网络估计等于一体的方法。

5. 岩体工程的系统整体设计方法研究

岩体工程设计和开挖作为一个系统过程，开挖过程的各个步骤需要综合考虑地质特征的识别、工程岩体分级分区、工程分区设计、分区施工和设计方案校准。在设计工程中，各种地质、施工、工程因素必须尽可能地得到考虑。

6. 数据实时收集和实时分析方法研究

现场数据实时采集，并通过高速数据通信网络传输到地面终端，通过中央控制器迅速作出决策，并实时返回到施工现场。所以信息高速公路是这种方法的有力支持。

15.3 智能岩体力学的研究内容与方法

15.3.1 专家系统

专家系统是利用领域专家的经验通过推理进行决策的一种最早的智能方法。目前，在岩体力学与工程中已分别建立了适用于围岩分类、隧道(巷道)支护设计、边坡破坏模式识别与安全性估计、采场稳定性估计的专家系统。

专家系统的特点是：① 可以模拟有经验的专家解决岩体力学和岩体工程问题，可以集中多数专家的经验，可以充分利用过去的工程实践经验；把各种试验和计算方法得出的有用规律汇集在一起加以利用，因而分析问题和解决问题的能力大大提高，并可以同时考虑多种影响因素。② 对不确定性问题有较为明确的处理方法。

岩体专家系统就是模拟有经验的专家，在岩体工程领域内解决问题的思维过程，使得计算机给出解决问题的答案与非常成熟的专家给出的答案一样，甚至更好。专家系统要计算机把提出的问题利用数据库中已存储的知识进行一系列逻辑推理并得出结论。其中的知识是指大量反映客观环境的事实和从该领域中提炼出来反映客观实际的规律，再根据经验的主观判断等组成的推理规则。这些知识可以来自专家经验的总结，以及各种试验和计算得出的规律。总之，专家系统是建立在现有研究工作和工程实践的基础上的。

岩体力学专家系统早期主要采用人工方法获取知识。这种方法是通过知识工程师与领域专家二者之间密切合作共同努力完成的。知识工程师向领域专家学习，将专家的知识与经验抽取出来用合适的知识表示方法进行表达，输入计算机，建立知识库。知识发现(Knowledge Discovery in Database，KDD)是近年来随着人工智能和数据库技术的发展而出现的一门新兴技术。数据挖掘(data mining)是 KDD 中最重要的处理阶段，它可以从实例数据中提取人们感兴趣的知识，这些知识是隐含的、事先未知的潜在有用信息。采用数据挖掘方法，对多年工程实践积累的大量工程实例进行知识发现，找出蕴含于工程实例数据中的内在关系，进而可以应用这些关系对类似条件下的工程稳定性作出合理的判断。目前，已将数据挖掘方法应用于地下硐室围岩稳定性判别知识的自学习。鉴于现有的数据挖掘方法未能考虑负属性的挖掘，冯夏庭等(2000)提出了一种新的可以考虑负属性的数据挖掘方法，它从硐室围岩稳定性的实例数据中挖掘出相关知识,并将得到的关联规则输入专家系统,进行不确定性推理,对地下硐室围岩的稳定性进行合理的判别。

15.3.2 基于神经网络的非线性时间序列分析

对于一个非线性时间序列$\{x\}=\{x_1,x_2,\cdots,x_h\}$的建模,需要寻找当前时刻的信息$x_{n+p+1}$与其先前$n$个时刻的信息$(x_{1+p},x_{2+p},\cdots,x_{n+p})$之间的非线性关系$G$,使得

$$x_{n+p+1} = G(x_{1+p},x_{2+p},\cdots,x_{n+p}) \qquad (p=1,2,\cdots) \tag{15-3-1}$$

成立。对于常常不易用显式表达的非线性关系G,可以用一个神经网络$NN(n,h_1,h_2,1)$来表达,如图15-3-1所示。

$$x_{n+p+1} = NN(n,h_1,h_2,1)(x_{1+p},x_{2+p},\cdots,x_{n+p}) \tag{15-3-2}$$

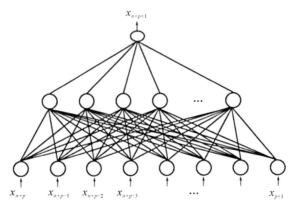

图 15-3-1　表达位移非线性动力学过程的神经网络模型

关键问题是如何获得这个非线性神经网络。目前有多种方法:第1种是BP算法,在给定神经网络结构、学习步骤和学习参数的情况下,通过对先前实例数据的学习,获得各神经网络节点之间的连接权值。在实际应用过程中发现,这种学习往往存在"过学习"问题,即只要学习步骤足够多时,学习样本的输出误差就可以降到最小,但是模型对该系统未来的预测效果并不是学习误差越小越好。因此,用模型对该系统未来的预测作为结束系统的学习算法,即推广学习算法(第2种算法)就被提出来了。但是,对于许多复杂的非线性时间序列问题,何种神经网络结构最合适,有时很难事先准确确定。因此,提出了在学习过程中对网络结构进行演化的遗传算法(第3种算法),其节点间的连接权值可以用上述BP算法或改进算法学习获得。第4种算法是神经网络的结构和节点间的连接权值在学习过程中同时被确定。

值得注意的是,式(15-3-1)中的n表示当前时刻的信息依赖先前多个时刻的信息。所以,n的确定也非常重要。利用上述第4种算法可以确定其最优值。

第4种算法是将网络的连接及其权值进行二进制串编码,通过杂交和变异不断地进化,获得全局意义上的最优网络结构和模型。网络的连接可能存在两种形式:完整连接(不仅相邻层的节点,而且不同层间的节点都发生连接,见图15-3-2)和不完全连接(某些连接不存在,见图15-3-3)。用一个称为粒度位数(granularity bits)的参数来描述连接权值的二进制位数的大小,粒度位数等于描述连接存在/不存在的一位编码(connectivity bits,简称连接

位数)+连接权值的二进制位数。对于全连接网络,在网络结构和连接权值的进化过程中,粒度位数、连接权值一同进化;对于部分连接的网络,在网络结构和连接权值的进化过程中,粒度位数、连接位数发生进化,当连接位为 0,则此连接不存在,无连接权值。当连接位为 1,则此连接权值也发生进化。

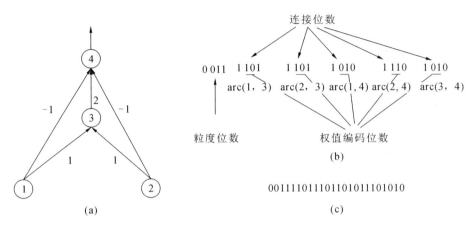

图 15-3-2 一个完整拓扑结构图的网络编码
((a) 具有完整拓扑结构图的层状神经网络,存在跨层连接,其连接是全部存在的;
(b)、(c) 为与(a)相对应的二进制编码,每个弧(连接)的编码的位数与粒度位数相同,其首位为表明连接存在的编码(其二进制值为 1),其余的为反映该连接强度的权值的编码)

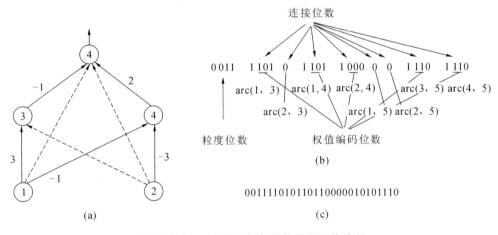

图 15-3-3 一个稀疏拓扑结构图的网络编码
((a) 具有稀疏拓扑结构图的层状神经网络,某些连接不存在;(b)、(c) 为与(a)相对应的二进制编码,每个弧(连接)的编码的位数与粒度位数相同,其首位为表明连接存在或不存在的编码,如果存在则二进制值为 1,否则为 0;其余的为反映该连接强度的权值的编码)

神经网络结构和连接权值同时进化的学习算法:

(1) 确定神经网络的隐含层数和每层隐含层的节点数、粒度位数、权值的取值范围,按图 15-3-2 或图 15-3-3 的形式对网络结构与连接进行二进制编码,构造出相应的串;选择一个测量数据集,并将其分成两个数据子集,一个是 $(x_{1+p}, x_{2+p}, x_{3+p}, \cdots, x_{p+n+1})(p=1,2,\cdots,N)$ 用于训练神经网络,以获得非线性模型;另一组为 $(x_{1+p}, x_{2+p}, x_{3+p}, \cdots, x_{p+n+1})(p=$

$N+1,N+2,\cdots,N+M$),用于测试模型。

(2) 在每个隐含层节点数、粒度位数、权值的取值范围内,随机地产生 N 个初始网络结构及其连接数值,作为父代。

(3) 对于网络结构群体中的每一个可能的网络结构,从输入层到输出层,用当前的连接权值和节点阈值,执行一个正向计算过程获得一个输出:

$$x_{n+p+1} = NN(n,h_1,h_2,1)(x_{1+p},x_{2+p},\cdots,x_{n+p}) \quad (p=1,2,\cdots,N) \quad (15\text{-}3\text{-}3)$$

式中,$NN(n,h_1,h_2,1)$ 为选定的网络模型。

(4) 用上述模型 $NN(n,h_1,h_2,1)$ 对测试样本集计算预测输出:

$$x_{n+p+1} = NN(n,h_1,h_2,1)(x_{1+p},x_{2+p},\cdots,x_{n+p}) \quad (p=N+1,N+2,\cdots,N+M)$$
(15-3-4)

(5) 计算网络的推广预测误差,以评价模型的可用性。

$$\begin{cases} E_l(i) = \frac{1}{2}(\hat{y_l}-y_l)^2 \\ E(i) = \frac{1}{M}\sum_{i=1}^{M}E_l(i) \end{cases} \quad (15\text{-}3\text{-}5)$$

式中,i 为当前的学习循环数。

(6) 如果进化代数达到要求或最佳网络结构被发现,则算法过程结束,最后一代中最好的个体即为要搜索的最佳网络模型;否则,转步骤(8)。

(7) 从父代中随机选择适应值低于平均适应值的两个网络结构个体的二进制代码 i_1,i_2;对 i_1,i_2 进行一致杂交,产生一条染色体,对染色体串的每一位依概率进行变异操作,产生一个新的网络结构和连接个体。

(8) 重复执行步骤(7),直到产生 N 个新网络结构个体,形成一子代群体。

(9) 将父代中最好的网络结构个体随机置换子代中一个网络结构个体。

(10) 将子代转换为父代,即为新的一代,转步骤(3)。

学得的神经网络模型,可以用来对该系统未来的信息进行多步外推预测。这种预测是将前 n 时刻实测的信息值输入给模型 $NN(n,h_1,h_2,1)$,获得下一个时刻的位移预测值。将这一预测值反馈到输入序列,并删除最早一个时刻的信息值,以保持该输入序列具有同等时间长度。将由此新构成的输入序列输入给模型,获得下一个时刻的信息预测值。以此类推,构造的多步外推预测公式可写成:

$$\hat{x}_{n+p+1} = NN(n,h_1,h_2,1)(x_{n+p},x_{n+p-1},\cdots,x_{p+1}) \quad \text{(第 1 步外推预测)}$$
$$\hat{x}_{n+p+2} = NN(n,h_1,h_2,1)(\hat{x}_{n+p},x_{n+p},x_{n+p-1},\cdots,x_{p+2}) \quad \text{(第 2 步外推预测)}$$
$$\hat{x}_{n+p+3} = NN(n,h_1,h_2,1)(\hat{x}_{n+p+2},\hat{x}_{n+p+1},x_{n+p},\cdots,x_{p+3}) \quad \text{(第 3 步外推预测)}$$
$$\cdots$$
$$\hat{x}_{n+p+n} = NN(n,h_1,h_2,1)(\hat{x}_{n+p+n-1},\hat{x}_{n+p+n-2},\hat{x}_{n+p+n-3},\cdots,x_{p+n}) \quad \text{(第 } n \text{ 步外推预测)}$$
$$\hat{x}_{n+p+k} = NN(n,h_1,h_2,1)(\hat{x}_{n+p+k-1},\hat{x}_{n+p+k-2},\hat{x}_{n+p+k-3},\cdots,x_{p+k}) \quad \text{(第 } k \text{ 步外推预测,} k>n \text{)}$$
(15-3-6)

式中,$\hat{x}_i$,x_j 分别为预测值和实测值,$i=n+p+1,\cdots,n+p+n,n+p+k,k>n$;$j=p+1,\cdots,p+n$。

用该方法进行了边坡、隧道、巷道的位移时间序列、岩体破裂过程的声发射事件序列和煤矿顶板来压序列等的研究,都取得了令人满意的结果。例如,对三峡永久船闸三闸首高边坡 17#—17# 剖面的三个关键测点 TP/BM27GP0、TP/BM28GP0 和 TP/BM11GP0 的位移进行了建模和预测。用最后 3 个月的位移数据测试模型,其余数据用于建模。对于 TP/BM27GP0,最好的神经网络模型为 $NN(10,5,1)$,最佳 $p=10$,对未来 3 个月的变形预测的平均相对误差为 2%(见图 15-3-4)。对于 TP/BM28GP0,最好的神经网络模型为 $NN(7,9,1)$,最佳 $p=7$,对未来 3 个月的变形预测的平均相对误差为 1.6%。对于 TP/BM11GP0,最好的神经网络模型为 $NN(6,7,1)$,最佳 $p=6$,对未来 3 个月的变形预测的平均相对误差为 0.45%。

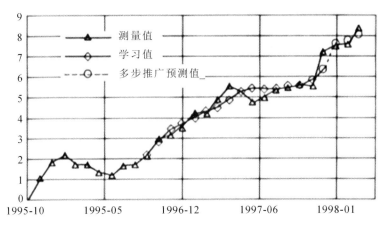

图 15-3-4　三峡工程永久船闸剖面 17#—17# 的测点 TP/BM27GP0 预测值与观测值的比较(冯夏庭等,2000)

15.3.3　材料模型的智能识别方法

15.3.3.1　非线性计算模型的识别

对于非线性计算模型的识别,已有神经网络、粗糙集与模糊神经网络结合及支持向量机方法。对于某种非线性参数关系 G

$$G: R^n \to R^m \quad x=(x_1,x_2,\cdots,x_n); y=(y_1,y_2,\cdots,y_m) \quad (15\text{-}3\text{-}7)$$
$$y = G(x)$$

式中,x_i 为第 i 个自变量,$i=1,2,\cdots,n$。y_j 为第 j 个因变量,$j=1,2,\cdots,m$。

这里,G 可用一个并行分布式神经网络 $NN(n,h_1,\cdots,h_p,m)$ 来描述与表达。这种新的描述与表达是将 $y=(y_1,y_2,\cdots,y_m)$ 用神经网络的输出节点表达,$x=(x_1,x_2,\cdots,x_n)$ 用神经网络的输入节点表达,建立的多层神经网络为

$$NN(n,h_1,\cdots,h_p,m): R^n \to R^m$$
$$y = NN(n,h_1,\cdots,h_p,m)(x) \quad (15\text{-}3\text{-}8)$$

式中,$n,h_1,\cdots,h_p,m$ 分别为输入层 F_x、隐含层 F_1、$\cdots$、隐含层 F_p 和输出层 F_y 的节点数;模型 $NN(n,h_1,\cdots,h_p,m)$ 可用 15.3.2 小节叙述的四种方法学习而得。

为解决大规模问题存在寻找超大规模神经网络的困难,可以用粗糙集方法首先对被研究问题进行分类,然后分类建立神经网络模型。如果考虑模糊性识别问题,可分类建立模糊

神经网络模型。为了提高模型的泛化能力,非线性关系 G 也可以用一个支持向量机来表示。由于支持向量机是根据 Vapnick 的结构风险最小化原则,尽量提高学习机的泛化能力,它比经验风险原理的神经网络学习算法具有更强的理论依据和更好的泛化性能。另外,支持向量机算法是一个凸二次优化问题,能够保证所找到的极值解是全局最优的。

目前,神经网络模型已用于受化学溶液侵蚀的花岗岩在双抗扭试验下的蠕变过程中微破裂行为、岩体节理开度随剪切应力变化的特征、泥化夹层残余强度关系、岩体分类、冲击地压风险、岩爆风险、边坡安全系数等估计,支持向量机算法已应用到岩爆的预测、岩体分类、边坡位移序列的建模与预测,粗糙集与模糊神经网络耦合模型已用于边坡稳定性的估计,获得了一些令人满意的结果。

15.3.3.2 神经网络本构模型的识别

材料的本构模型是指材料在各种受力条件下产生的应力、应变之间的关系。其表达方式有多种,如增量型本构关系和全量型本构关系。对于增量型本构关系,可用一个实数空间的映射关系 f 表达如下:

$$f:R^n \to R^m$$
$$\Delta\sigma = f(\Delta\varepsilon) \tag{15-3-9}$$

如果将材料在各状态下实际产生的应力、应变作为神经网络(NN)的输入和输出,则可以获得下面的映射关系:

$$NN:R^n \to R^m$$
$$\Delta\sigma = NN(\Delta\varepsilon) \tag{15-3-10}$$

如图 15-3-5(a)所示,将三个当前状态下的应变分量 $\Delta\varepsilon_j(\Delta\varepsilon_{1j},\Delta\varepsilon_{2j},\Delta\gamma_{12j})$ 作为输入,相应的输出为三个当前状态下的应力分量 $\Delta\sigma_j(\Delta\sigma_{1j},\Delta\sigma_{2j},\Delta\tau_{12j})$,这种描述方式只考虑了材料当前的应力、应变状态,能充分体现那些可被视为非线性弹性材料的二维本构关系,相应于岩体力学中的一点应力状态,将这种表达方式称为一点方案。

$$NN:R^n \to R^m$$
$$\Delta\sigma_j = NN(\Delta\varepsilon_j) \tag{15-3-11}$$

对于在较大程度上依赖应力路径和应力历史的材料(绝大多数的岩石材料就属于这种材料),上述一点描述方式不足以唯一确定材料的本构性质,此时材料内部各点的应力、应变不仅依赖当前状态,还取决于材料是通过何种路径达到当前状态的。为了考虑这种路径依赖性,需在网络的输入层加入沿着应力路径紧跟当前状态的一个或多个应力历史点,如图 15-3-5(b)所示。加入一个应力、应变历史点 $(\sigma_{j-1},\varepsilon_{j-1})$ 的称为两点方案。

$$NN:R^n \to R^m$$
$$\Delta\sigma_j = NN(\Delta\varepsilon_j,\sigma_{j-1},\varepsilon_{j-1}) \tag{15-3-12}$$

相应地,还有三点方案(见图 15-3-5(c)):

$$NN:R^n \to R^m$$
$$\Delta\sigma_j = NN(\Delta\varepsilon_j,\sigma_{j-1},\varepsilon_{j-1},\sigma_{j-2},\varepsilon_{j-2}) \tag{15-3-13}$$

和多点($k>2$)描述方案:

$$NN:R^n \to R^m$$
$$\Delta\sigma_j = NN(\Delta\varepsilon_j,\sigma_{j-1},\varepsilon_{j-1},\cdots,\sigma_{j-k},\varepsilon_{j-k}) \tag{15-3-14}$$

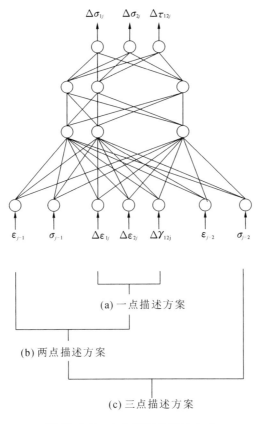

图 15-3-5 本构模型的表达方式

可以为上述神经网络本构模型的学习提供两种训练数据。一种是实验中得到的材料的应力-应变关系数据。另一种是材料的宏观实验测得的荷载-位移数据通过数值计算转换成材料内部各点的应力-应变关系数据。图 15-3-6 给出了一种直接用应力-应变关系数据学习得到的本构模型的情况。

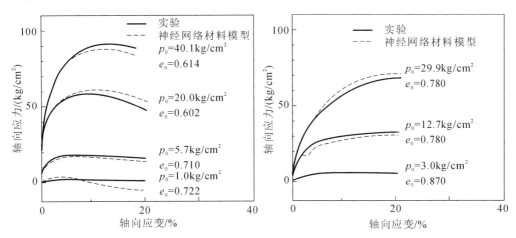

图 15-3-6 训练后的应变控制的神经网络对砂岩饱和三轴行为的估计与实验结果的比较
(此数据未用于训练神经网络模型,$1\text{kg/cm}^2=0.1\text{MPa}$)

15.3.3.3 基于遗传算法的模型识别

应用力学分析方法先确定本构模型的结构,然后利用遗传算法的全局寻优能力寻找本构模型中待定的参数。例如,对于固结不排水的硅藻软岩,其应力-应变-时间本构关系可写成

$$d\varepsilon = \frac{\alpha}{4.605\beta}\left[1 + \sqrt{1 - \frac{9.21}{\alpha}(C'_{21}dp' + C'_{22}dq)}\right] \quad (15\text{-}3\text{-}15)$$

式中,$C'_{21} = m\dfrac{x'}{Mp' \times 10^{-1}}$,$C'_{22} = f\dfrac{\chi'}{M^2 p' \times 10^{-1}[1+\ln(p'/p'_0)]}$,$\chi' = \dfrac{\lambda - k}{1+ce_0}$,其中 α、f、m、β、c 为要确定的系数。

应用遗传算法对一个三轴试验结果进行学习,在 $0 \leqslant \alpha \leqslant 10, m \geqslant 0, \beta \leqslant 100, 0 \leqslant c \leqslant 10$ 情况下,获得的参数值如表 15-3-1 所示。该模型对其他几个类似试样的非线性行为进行了合理预测(见图 15-3-7)。

表 15-3-1 识别的硅藻软岩本构模型中的参数值

	适应值	α	m	f	β	c
峰值强度前	0.0177466	1.25	0.03906	0	5.32227	0.00488
峰值强度后	0.0462756	1.13769	0	0.92773	1.85546	1.88476

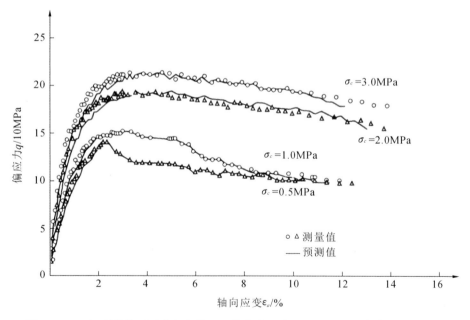

图 15-3-7 识别的模型对类似条件下硅藻软岩非线性行为的预测与实验结果比较

($\sigma_c = 0.5\text{MPa}, \sigma_c = 1.0\text{MPa}, \sigma_c = 3.0\text{MPa}, \dot{\varepsilon}_a = 0.175\%/\text{min}; \sigma_c = 2.0\text{MPa}, \dot{\varepsilon}_a = 0.525\%/\text{min}$,数据未用作模型的识别)

15.3.3.4 基于遗传规划的模型演化识别

在本构模型的结构很难准确预知的情况下,可以用遗传规划方法先寻找模型的结构,然

后再用遗传算法搜索模型中的参数。关于模型结构的演化,先是从候选的符号集和变量集中随机地生成若干个候选结构(见图 15-3-8),然后进行层次化结构描述,对其中的节点进行演化操作(复制、删除、变异、杂交、交换等)(见图 15-3-9),产生若干个新的模型结构。对每个候选模型结构加上用遗传算法搜索到的参数构成一个候选模型。对该模型进行适应性评价。重复以上过程,直到找到最佳的模型结构和参数。

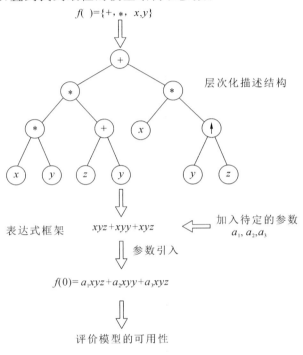

图 15-3-8 模型试验解的产生

例如,用该方法进行边坡安全分析模型的识别。边坡岩体最基本的性质主要有边坡体材料容重 γ、内聚力 C、内摩擦角 ϕ、孔隙率 r 和几何上的边坡高度 H、边坡角 ψ。待确定的表达式可以写成如下的映射形式:$F = f(C, \phi, \gamma, H, \psi, r)$,构成问题描述方案的变量节点为 $\{\gamma, C, \phi, r, H, \psi\}$,简单的高阶多项式可以描述复杂的非线性关系,其中角度问题通过三角函数转换参与计算,因此限定函数节点为 $\{\sin, \cos, +, -, \times, /\}$(其他三角函数 tan、cot、sec、csc 可以通过 sin 和 cos 间的算术运算求得),根据现场经验适当调整得到问题的构造集如下:

$$F = \{\sin, \cos, +, \times, C, \phi, \psi, \frac{1}{\gamma}, \frac{1}{H}, (1-r)\} \qquad (15\text{-}3\text{-}16)$$

表达式结构用一个层次化计算树描述,其中的参数编码为二进制串形式,所有参数编码串联起来就是当前结构下表达式的参数描述,它与计算结构树合起来构成问题的完整描述,图 15-3-10 给出了一个可能解的描述。

用下式计算分析模型试验解的适应值:

$$F = \sqrt{\frac{\sum_{i=1}^{n}(F_i - \overline{F_i})^2}{n}} \qquad (15\text{-}3\text{-}17)$$

式中,n 为学习事例个数;F_i 为模型计算输出的安全系数;$\overline{F_i}$ 为极限平衡法计算的安全

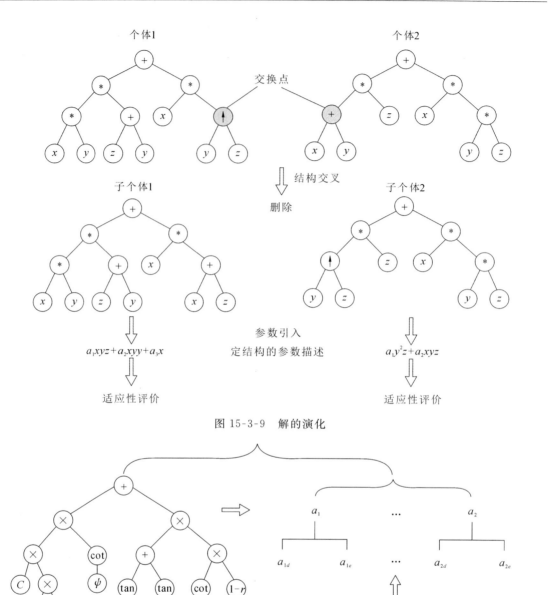

图 15-3-9 解的演化

图 15-3-10 边坡安全系数计算模型结构和参数的共同描述形式(冯夏庭等,2000)

系数。

从有关文献中搜集 46 个圆弧型边坡实例,包括 23 个边坡体为干的情况(其中 13 个破坏,10 个稳定)和 23 个边坡体为湿的情况(其中 16 个破坏,7 个稳定)。从中随机选取 40 个作为学习事例,剩下的 6 个作为测试事例。获得的解为式(15-3-18)。用此方程计算出的安全系数与极限平衡方法的相关性系数为 $R=0.9317$。

$$F = 2.19\left(\frac{C \cdot \cot\psi}{\gamma \cdot H}\right) + 1.07(1-r) \cdot \cot\psi \cdot \tan\phi + 1.95(1-r)\cot^4\psi\tan^6\phi + 0.33$$

(15-3-18)

15.3.4 智能参数反分析方法

15.3.4.1 待反演岩体力学参数与位移之间非线性关系的神经网络表达

可用一个并行分布式神经网络 $NN(n,h_1,\cdots,h_p,m)$ 来描述：

$$NN(n,h_1,\cdots,h_p,m):R^n \to R^m$$
$$D = NN(n,h_1,\cdots,h_p,m)(P)$$
$$P = (p_1,p_2,\cdots,p_n), D = (d_1,d_2,\cdots,d_n) \tag{15-3-19}$$

式中，p_i 为第 i 个待反演的参数，$i=1,2,\cdots,n$。如，$(P)=(\sigma_x,\sigma_y,\tau_{xy},E,\mu,C,\phi)$，其中 σ_x、σ_y、τ_{xy} 分别为初始地应力的三个分量；E,μ,C,ϕ 分别为某一区域内岩体的弹性模量、泊松比、内聚力和内摩擦角；d_j 为第 j 个位移分量，$j=1,2,\cdots,m$。

为了获得这种映射关系，需要有一组样本训练神经网络模型。一种方法是现场实测若干组力学参数值及其相应的位移值，作为网络学习的样本。另一种方法可用构造若干组待反演参数的假象取值，通过某种本构模型的数值计算（如二维或三维的弹性、黏弹性、弹塑性、弹脆塑性、流变分析）获得相应的位移计算值，由此构成若干组学习样本。为了减少数值计算量，用较少的样本较高效率地训练神经网络，可以引入正交试验设计的思想来安排不同参数组合的数值计算。

15.3.4.2 目标函数

一种方法是构造某种目标函数，使搜索到的参数计算出的位移与测量位移值的差达到最小。这种目标函数可定义为

$$F(P) = \sqrt{\frac{1}{m}\sum_{i=1}^{q}\sum_{j=1}^{k}(NN(n,h_1,\cdots,h_p,m)_{ij}(P) - u_{ij})^2} \tag{15-3-20}$$

式中，(P) 为一组待反演的参数；$NN(n,h_1,\cdots,h_p,m)_{ij}(P)$ 为岩体上第 i 个量测点上第 j 个位移分量的计算值；u_{ij} 为相应的位移分量实测值；q 为位移量测点的总数；k 为位移分量数，$k \times q = m$。

15.3.4.3 待反演参数全局空间上的搜索

鉴于遗传算法具有搜索全局最优解和隐含并行性的优点，应用遗传算法结合神经网络在全局范围内对待反演参数进行搜索寻优。为了加速进化过程，提出了一些加速算法，如快速进化算法、免疫进化规划算法等。

参数搜索的进化算法步骤：

(1) 凭工程经验确定待反演参数的搜索范围，设置待反演参数的进化参数。

(2) 随机产生一组待反演参数的若干组初值（初始解群体），群体中的每一个个体代表搜索空间的一个可行解，即一组待反演参数的取值。

(3) 对每一个个体通过神经网络 $NN(n,h_1,\cdots,h_p,m)$ 模型进行计算，预测出相应的位移值。

(4) 用式(15-3-20)计算每一个个体的适应值，以反映此个体的好坏程度。如果获得合理的适应值，则对应的参数即为待确定的参数，反演过程结束。否则，转向步骤(5)。

(5) 将上述群体作为父代群体,对其进行复制、杂交、变异等遗传操作,产生一子代群体,转(3)。

15.3.4.4 三峡工程永久船闸岩体力学参数的反演

用于反演的初始数据为开挖进入闸室以后的几个阶段开挖引起的位移增量,反演多介质弹性模量和地应力回归公式中的常数项 a_x,a_y。结合三峡工程,考虑反演4种介质(即弱风化区、完整的微新花岗岩区,以及由于施工扰动而在坡体内形成的卸荷变形区和损伤松动区)的弹性模量。其中微新区包括地质分类中的微风化花岗岩和新鲜花岗岩,强风化区包括全强风化花岗岩和强风化花岗岩。其取值范围为:弱风化区的弹性模量 $E_1=6\sim15\text{GPa}$,损伤松动区的弹性模量 $E_2=8\sim18\text{GPa}$,卸荷变形区的弹性模量 $E_3=15\sim25\text{GPa}$,微新区的弹性模量 $E_4=25\sim35\text{GPa}$,地应力回归公式中的常数项 $a_x=3\sim7$,$a_y=0.8\sim2.0$。视各区介质为弹塑性体,其内聚力 C、内摩擦角 ϕ、全强风化区和 F_{215} 断层区的弹性模量、岩体容重、泊松比等不参与反演(见表15-3-2)。

表 15-3-2　17—17 剖面岩体力学参数的取值水平

	水平	分区				三闸室应力场常数项	
		弱风化区 E_1/GPa	损伤松动区 E_2/GPa	卸荷变形区 E_3/GPa	微新区 E_4/GPa	a_x	a_y
待反演参数	1	6.0	8.0	15.0	25.0	3.0	0.8
	2	8.0	10.0	18.0	28.0	4.0	1.2
	3	10.0	12.0	20.0	30.0	5.0	1.6
	4	12.0	15.0	23.0	32.0	6.0	1.8
	5	15.0	18.0	25.0	35.0	7.0	2.0
不参与反演参数	f	1.3	1.4	1.5	1.7		
	C/MPa	1.0	1.0.	1.6	2.0		
	σ_t/MPa	0.24	0.22	0.23	0.23		
	γ/(kN/m³)	26.5	27	27	27		
根据有关研究确定的全强风化层和 F_{215} 断层的力学参数,直接用于计算							
	E/GPa	f	C/MPa	μ	σ_t/MPa	γ/(kN/m³)	
全强风化	0.3	0.7	0.1	0.32	0.2	25	
F_{215}	3.0	1.0	0.5	0.35	0.5	26.5	

根据表 15-3-2 中的参数取值水平,应用正交设计法构造网络的学习样本(50个),而用均匀设计构造网络的测试样本(11个)。对于每一组参数试验组合,采用数值计算程序正向计算,找出对应于上述所选的用于反演的6个实测点的 x 轴向(垂直于船闸轴线方向)位移计算值。将其与对应的参数组合在一起,作为一个样本,供神经网络模型的学习或验证。在数值计算过程中,模型采用 Drucker-Prager 塑性模型。计算范围为:x 轴向 1000m,以中隔

墩为中心向南北各延伸500m，y轴向510m。使用四边形网格，共计15000多个节点，15000多个单元。计算分区与施工进展和监测点安装时间相对应，共划分为12个开挖步。

取6个测点TP/BM26GP02、TP/BM27GP02、TP/BM28GP02、TP/BM29GP02、TP/BM10GP01和TP/BM11GP01处开挖第7~12步时（从1997年5月至1999年4月）测得的位移增量和作为反演的实测位移值。而用TP/BM71GP01、TP/BM98GP02两点处的位移监测结果第8~12开挖步的位移增量（从1998年1月至1999年4月）对反演结果进行检验。

经过遗传算法搜索，发现结构为$NN(6,34,26,6)$的神经网络在学习误差为0.000089时的学习预测效果最佳，测试误差为0.015816。用获得的网络模型进行外推预测，替代位移反分析迭代优化过程中的正向计算，获得边坡岩体各测点处的位移值。

应用进化神经网络算法，在给定范围内进行搜索计算，寻找出的最优岩体力学参数如表15-3-3所示。根据反演的参数由数值计算出的变形监测点的位移值和由反演参数值经神经网络外推得到的预测值与实测值对比见表15-3-4。

表15-3-3　$17^\#$—$17^\#$剖面各参数的反演结果

弹性模量/GPa				地应力常数项	
微新区	卸载变形区	损伤松动区	弱风化层	a_x	a_y
32.1	18.95	9.683	7.515	4.793	1.599

表15-3-4　各监测点处位移的监测值与用反演出的参数做正向数值
计算及神经网络外推预测所得值的比较

	各监测点的位移值/mm								绝对误差平均值
	TP/BM10GP01	TP/BM11GP01	TP/BM71GP01	TP/BM98GP02	TP/BM26GP02	TP/BM27GP02	TP/BM28GP02	TP/BM29GP02	
监测值	16.32	19.11	23.38	17.91	20.76	16.71	19.10	16.71	
基于反演参数的数值计算结果	17.30	17.68	26.01	23.94	23.59	16.62	14.88	15.25	2.46
用反演参数输入的神经网络外推预测结果	17.36	17.79	—	—	23.64	16.85	14.91	15.29	1.83

15.3.5　大型硐室群智能优化方法

关于大型硐室群的优化，已有动态规划方法、进化有限元方法和并行进化神经网络有限元方法。第一种方法寻找的是开挖顺序的分级优化，即从几种可能的开挖步中选择一个最好的作为下一步开挖方案，逐级选优。后两种方法是寻找整个开挖过程（路径）的优化，即从可能的开挖路径中选择最佳的开挖路径。进化有限元方法是利用进化算法在考虑施工等约束下随机地生成若干个开挖路径，每一条开挖路径经有限元计算后获得相应的破损区和关键点的位移，进而用于评价其可行性。然后对这些开挖路径进行演化，生成若干个新的开挖路径,再对其进行有限元计算和可行性评价。依次进行,直到找到最佳的开挖路径。并行进化神经网络有限元方法是先建立基于神经网络的开挖路径与其产生的破损区和关键点的位移之间的非线性关系。利用有限元计算每一开挖路径所产生的破损区和关键点的位移,建立学习样本,训练神经网络,获得这种非线性关系。然后,应用遗传算法在考虑施工等约束下随机地生成若干个开挖路径,每一条开挖路径经神经网络模型计算后获得相应的破损区和关键点的位移,评价其可行性。然后对这些开挖路径进行演化,生成若干个新的开挖路径,再对其进行神经网络计算和可行性评价。依次进行,直到找到最佳的开挖路径。由于整个过程计算量非常大,并行计算是非常必要的。为此,利用 VC 常规建立了大型硐室群智能优化 LCGIO 平台,可以交互地输入进化算法的属性和控制参数,交互地建立并行计算环境,进行全局的大规模并行计算,实现神经网络权值和拓扑结构的大规模并行搜索,神经网络对样本的交互式学习,实现大型硐室群开挖方案或参数优化的大规模并行计算。

例如,将并行进化神经网络有限元方法用于清江水布垭地下厂房(见图 15-3-11)软岩置换方案的优化研究。对表 15-3-5 中给定的几种可能的组合方案,进行了全局空间上的搜索,得到了最优的软岩置换范围和置换顺序:软岩置换按先主厂房侧壁上游 P_1q^1 和 P_1ma 层—主厂房侧壁下游 P_1q^1 和 P_1ma 层,后主厂房侧壁上游 P_1q^3 层—主厂房侧壁下游 P_1q^3 层顺序进行,尾水洞侧壁沿洞轴线置换深度为 1m,P_1q^3 层、P_1q^1 和 P_1ma 层软岩置换高度为全层高度,置换宽度为一个廊道宽,其置换深度分别为 3m、6m 和 6m。从变形和破损区体积看,该局部软岩置换方案可以保证厂房围岩的稳定性。从两种方法的结果比较来看(表 15-3-6),这种优化是可行的。

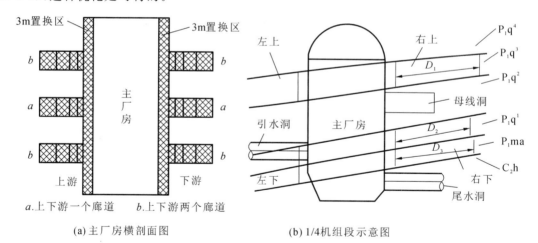

图 15-3-11　厂房 1/4 机组段置换参数示意图(冯夏庭等,2000)

表 15-3-5　置换方案中各参数的可能取值

3m 宽的软岩置换顺序	置换深度	置换高度	廊道数	尾水洞置换深度
先置换厂房左上右上,后左下右下;先左下右下,后左上右上;先左上右上,后左下右上;或先左下右上,后左上右下	1m 宽,3m 宽,6m 宽,或 10m 宽	2/3 岩层高或全岩层高	单个廊道或两个廊道	1m 深或 6m 深

注:左,主厂房侧壁上游;右,主厂房侧壁下游;上,P_1q^3 层;下,P_1q^1 和 P_1ma 层。

表 15-3-6　神经网络预测与有限元计算对比

	底板最大位移/cm	右侧墙最大位移/cm	尾水洞最大位移/cm	引水洞最大位移/cm	左侧墙最大位移/cm	顶拱最大位移/cm	母线洞最大位移/cm	破损区体积大小/m³
BP网络预测	2.68652	1.22903	1.02046	1.17681	0.74845	1.52217	1.2166	12559.54
有限元计算	2.6827	1.2589	1.1113	1.2019	0.675	1.3793	1.2579	12053.37
相对误差/%	0.1434	−2.374	8.3954	−2.086	10.8861	10.3579	−3.287	4.199

15.3.6　综合集成智能分析方法

既然大规模岩体工程越来越多,所遇到的地质与环境条件越来越复杂,其设计与分析方法将如何发展呢？图 15-3-12 给出了一种可能的思路,即寻找一对一映射的确定性分析方法,在基本数值方法(如有限元、边界元、离散元等及其耦合)的基础上发展扩展型数值方法、全耦合的模型和数值方法,如温度-渗流-力学-化学耦合模型和分析方法。另一种具有吸引力的途径是发展非一对一映射的分析方法,因为许多情况下很难找到一对一映射关系。这些非一对一映射关系的分析方法可以是岩体分类、专家系统、神经网络、岩体工程、模糊系统、随机可靠性系统及其他各种系统方法。在此基础上,发展出多种方法的综合集成系统和模型。针对不同的问题,这些方法可以有选择地集成到一起,进行综合求解。

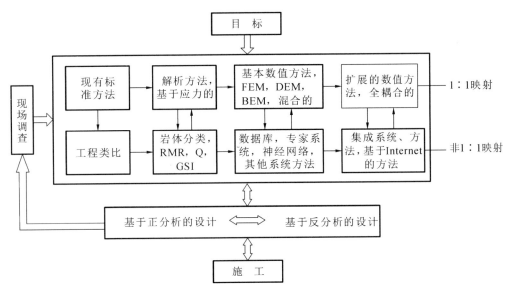

图 15-3-12　岩体工程的集成分析设计方法

第 3 编　岩体力学的研究方法与工程应用

第16章 岩体力学的研究方法

16.1 概　　述

岩体力学是一门边缘交叉科学，研究的内容广泛，对象复杂，尤其是岩体与一般固体材料在形成条件、结构组成与受力状况等诸多方面存在巨大差异，决定了岩体力学研究方法的多样性与研究路线的特殊性。根据所采用的研究手段或所依据基础理论学科领域的不同，总体上可以将岩体力学的研究方法归纳为四类：工程地质研究方法、科学实验方法、数学力学分析方法与工程综合分析方法。

工程地质研究方法是岩体力学区别于其他固体材料进行力学研究所独有的重要方法，也是工程岩体区别于其他固体材料所开展力学研究的重要依据，是岩体力学独立成为一个力学学科分支并得以发展壮大的原因和基础。该方法着重研究与岩体力学性质有关的地质性质与结构特征，为岩体力学研究提供地质模型和地质资料。如用岩矿鉴定方法了解岩体的岩石类型、矿物组成及结构构造；用地层学方法、构造地质学方法及工程勘察方法了解岩体成因、空间分布及岩体中各种结构面的发育情况；用水文地质学方法了解赋存于岩体中的地下水形成与运移规律。此外，采用工程地质研究方法还可以对工程岩体力学问题开展定性分析。例如，对于岩质边坡工程，如何判断可能的破坏方式？如何确定各因素对于边坡稳定性的影响？选择怎样的稳定性评价方法？这些都要依靠工程地质研究来决定。

科学实验方法在一切力学研究中都不可或缺，对于岩体力学研究亦不例外，一直发挥着重要作用。岩体力学实验包括实验室内进行的各类实验与现场进行的实验。实验结果一方面为理论研究提供依据，另一方面为岩体质量评价工程岩体力学计算提供必要的物理力学参数。同时，某些实验结果（如模拟实验及原位应力、位移、声发射监测结果）还可以直接用以评价岩体的稳定性。随着岩体力学的发展与科技水平的提高，一些新的实验手段、量测方法不断用于岩体力学实验。甚至还专门研制、开发了一系列针对岩体的实验设备、方法，使得岩体力学实验手段与测试项目越来越多，测试精度也越来越高，有力推进了岩体力学的理论研究与工程实践。

数学力学分析方法是在岩体工程地质研究、科学实验的基础上，通过建立岩体力学模型、选用适当的力学理论与计算方法，开展计算与分析，定量研究岩体力学中的基本定律、本构方程，预测岩体在各种力场作用下的变形与稳定性，为理论研究、力学评价、工程设计和施工提供定量依据。其中，建立符合实际的力学模型是基础，选择适当的分析方法和符合实际的岩体力学参数是数学力学分析的关键与难点。目前常用的力学模型有刚体力学模型、弹性及弹塑性力学模型、断裂力学模型、损伤力学模型及流变模型等。常用的分析方法有块体极限平衡法,以有限元、边界元和离散元法等为代表的数值模拟法,模糊聚类等现状数学方法及概率分析法等。

由于岩体力学与工程研究中每一环节都是多因素的,信息量大且随机性强,因此必须采用多种方法并在全面考虑涉及多方面因素的基础上进行综合分析和评价,特别注重理论和工程实践的结合,才能得出符合实际情况的正确结论,这就是工程综合分析方法。该类方法以系统论和不确定性分析方法为基础,就整个岩体工程开展综合研究,是岩体力学与岩体工程研究中极其重要的一套工作方法,是岩体力学为国民经济建设服务的立足点,也是岩体力学研究的最终目标。

在岩体力学研究中,上述各类方法的应用不是割裂的,而是相辅相成、协调运用的,组成一个系统整体。由于不同岩体工程的研究内容与研究重点不同,或者研究阶段的不一样,几种方法的具体运用也是有差别的,而不是按照同样的模式开展。具体到某一项岩体工程,总体上应遵循图 16-1-1 所示的路径与流程。

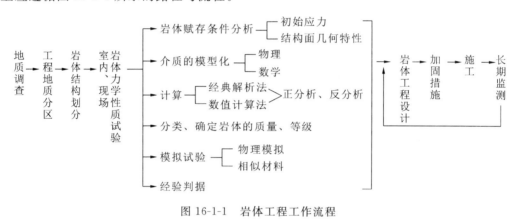

图 16-1-1 岩体工程工作流程

16.2 工程地质研究方法

16.2.1 工程地质研究的意义

工程岩体是天然地质体,经历了一个地质建造与改造的演变过程,目前与今后仍处于复杂的,并不断变化的地质环境中。因此,对岩体这类地质体的组成、结构、特性和分布,以及发育规律的认识,要求有深刻的地质研究。这是与研究其他完全人为设计和人工制造的材料和结构物的根本不同之处。因此,研究岩体力学应具备扎实的工程地质和地质力学的知识,并且以工程地质学研究为基础。

工程地质研究方法是开展岩体力学性质研究的前提与基础,获得的是岩体力学研究中的第一手资料,岩体力学工作的第一步就是对现场的地质条件和工程环境进行调查分析,在此基础上进一步深入分析岩体结构及岩体所赋存的地质条件、演化的历史,包括地表的地质情况、地下的地质情况,进行岩体结构类型的研判和边界条件的分析,建立地质模型,从而明确室内外的物理力学性质实验、模型实验或原型实验的内容与重点,为建立岩体力学模型和理论分析奠定基础。同时,通过工程地质条件的分析初步判断岩体的介质属性,变形破坏的类型与模式,影响范围与边界条件,据此确定所选用的理论分析方法。岩体工程地质研究的深入程度与地质模型构建的准确性决定了岩体工程力学问题分析的成败。

在 20 世纪 50 年代前后,在岩体力学的发展历史上出现了两大代表学派——工程学派与地质学派。工程学派以法国塔罗勃(J. Taloher)为代表,该学派以工程观点来研究岩体力学,偏重岩体的工程特性方面,注重岩体弹塑性理论方面的研究,将岩体的不均匀性概化为均质的连续介质,小岩块试样的力学实验与原位力学测试并举。1951 年,塔罗勃著有《岩石力学》,是该学派最早的代表著作。英国的耶格(J. C. Jaeger)于 1969 年按此观点又著有《岩石力学基础》,在国际上较著名。

地质学派也称奥地利学派和萨尔茨堡学派,这个学派是由缪勒(L. Miiller)和斯体尼(J. Stini)所开创的。此学派偏重地质力学方面,主张岩石与岩体要严格区分;岩体的变形不是岩石本身的变形,而是岩石移动导致岩体的变形;否认小岩石试样的力学实验,主张通过现场(原位)力学测试,才能有效地获取岩体力学的真实性。这个学派创立了新奥地利隧道掘进法(新奥法),为地下工程技术作了一项重大的技术革新,有力促进了岩体力学的发展。

从工程学派到地质学派的转变,正是岩体力学工程地质研究重要性得到认识的体现。

16.2.2 岩体工程地质力学

在李四光先生的倡导下,特别是在他的地质力学的启示下,以谷德振院士为首的研究团队创建了"岩体工程地质力学",成为我国老一辈工程地质学家、岩体力学家对国际岩体力学的发展作出的突出贡献。

"岩体工程地质力学"形成于 20 世纪 50—60 年代,成熟于 70—80 年代。20 世纪 60 年代,谷德振、孙玉科等开创性地提出"岩体结构"的概念,形成"岩体结构控制论"的理论,1972 年,在《中国科学》第一期上以集体署名的方式发表了《岩体工程地质力学的原理和方法》,正式提出了岩体工程地质力学的学科命题。1979 年,谷德振出版了《岩体工程地质基础》,系统论述了岩体工程地质力学的理论和工作方法。孙广忠在此基础上发展形成了"岩体结构力学",并于 1988 年出版了《岩体结构力学》。

在岩体工程地质力学研究的发展过程中,曾经历 5 个重要命题的讨论:第一命题是岩体的结构性;第二命题是岩体结构的形成与演化;第三命题是岩体结构的力学属性;第四命题是工程岩体的稳定性;第五命题是工程结构与岩体结构的相互作用及其调谐(王思敬,2004)。

与国外研究的不同之处在于,岩体工程地质力学更注重野外的地质形迹的调查和研究,并与工程地点的区域构造应力场相联系。在岩体工程地质力学研究中,首先是进行地质作用的力学分析。这时要以地质学研究关于沉积建造、岩浆活动和变质作用特征,以及构造体系所揭示的地质发展历史为依据,通过力学分析帮助人们认识和概括地质规律,研究地质力学作用的物理机制和动力过程,要求对地质体的工程性能和表现进行力学分析。这时着重应用力学定律和方法,描述和研究地质体的受力历史和形变过程,从而认识并定量地表达地质体的结构及其工程地质特性的本质和工程地质规律,以及在此基础上对工程作用及环境影响下地质体未来的变形和失稳进行预测。该理论研究重点包括两方面:

(1)探索地质体结构在地质历史中的演化过程,从而取得对工程建设前的地质体结构和特性的认识。这实际是地质力学作用的研究。

（2）探索工程建设作用下地质体结构的转化过程，从而获得对工程岩体稳定性的认识，并作为可靠性预测的基础。这也就是工程地质力学作用的研究。

通过上述两方面的研究，在掌握地质体结构和力学特性的基础上，考虑地壳应力状态和水文地质条件进行工程地质体的稳定性评价和变形破坏规律预测，为工程建设的规划、设计、施工和运营服务。

通过多年的工程实践，岩体工程地质力学研究形成了一些必须遵循的准则。王思敬院士（2004）将它们概括为岩体工程地质力学的十条基本原理：

（1）地质体有特定结构，即具有结构性。

工程地质力学的研究对象是工程建设涉及的上部地壳。它是由各级地质体组合构成的。应将地质体看作结构物，而且它是有特定结构的。工程地质力学研究的中心环节是抓住地质体的结构分析，认识工程地质力学作用的本质和规律。可以说，工程地质力学就是地质问题的结构控制学说的发展。

（2）地质体结构由结构面和结构体组合构成。

上部地壳中各级地质体的结构，可以用结构面、结构体组合模式来描述和分析。地质体中的各种断裂和界面形成了结构面系统，而结构面组合围限则形成结构体。结构面和结构体的有规律组合，规定着地质体的结构特性，决定着地质体的工程力学特性和工程地质条件。

（3）地质体结构是通过地质演化形成的，并具有应力历史。

地质体结构是在一定的地质历史过程中形成的，包括岩体建造、构造形变和次生改变。在岩体建造阶段中，沉积过程、岩浆活动和变质作用所形成的物质组成原生结构，在很大程度上控制着后期的构造形变和次生改变。但是，构造结构和次生结构对岩体特性的影响很显著，往往造成突出的工程地质问题。地质体结构的工程地质特性与其成因及类型虽然有密切联系，但是，总体上是多期地质作用的结果。

（4）地质体结构具有分级性，不同尺度结构具有相似性。

按结构面的规模进行分级，在此基础上作相应的地质体分级。对不同规模的工程地质问题，要抓住相应级别的地质体及相应的结构进行评价。地质体可划分为五级，即地块、山体、岩体、块体和岩块，以及其相应的工程地质问题。

对某一工程地质问题而言，其更大高级别的地质体的研究给出背景条件，本级的研究给出问题的边界，次一级地质体的研究给出问题的特性参数。所以，工程地质研究的范围往往比工程建设直接涉及的范围更大，通常称为外围研究。

（5）地质体结构具有多样性，可划分为类型。

根据工程的实践经验，可将岩体结构划分为块状、层状、碎裂结构三大类。块状和层状结构基本上保持岩体建造阶段形成的原生结构，当然，一般也会受到一定程度的构造形变和次生改变，但未受本质的扰动。碎裂结构是受到强烈的构造形变和次生改变作用而形成的。原生结构受到强烈的扰动和破坏，最严重者变为松软结构，属于土类。

（6）地质体的工程力学特性主要取决于它的结构性，是主导的内在因素。

这是通过结构的力学效应反映出来的。地质结构面的影响最关键，它造成地质体的非连续性，因而使它区别于理想的连续介质。地质体中结构面的不同组合，一方面影响应力的传递,造成应力的局部集中和不均匀分布;另一方面,从根本上影响地质体的变形和强度特性,造成其各向异性和不均一性。

地质体的应力-应变关系是很复杂的,往往包括节理的压密段(表现为硬化)、线性变形段,以及屈服点以后的硬化段和峰值后的应变软化。因此,应以非线性本构关系来表征。地质体变形的时间效应往往很明显,应作为结构流变体来描述。

地质体的本构性质取决于结构类型,因而它也有类型划分。不同的介质结构所具有的不同力学介质特性,可采用不同的本构关系或力学模型来表征和分析。

(7)地质体结构对岩体的变形、破坏起主导的控制作用。

地质体结构是岩体稳定性的内在因素。结构控制作用主要表现为对稳定程度及失稳范围和规模的影响,对变形、破坏机制的影响,以及对变形、破坏发展阶段和过程的影响。正确评价岩体稳定性的前提,是在结构研究的基础上做好变形、破坏机制的预测。

(8)地质体结构分析是成功的工程力学分析的基础。

应力分析、变形分析及稳定分析是工程地质力学评价的中心环节,应建立在地质体结构分析的基础上。在地质研究的基础上得到地质模型,经过结构特性及边界条件的分析,建立地质力学模型,并采用适当的数学或物理分析方法来解决问题。

(9)地质体和工程建筑物之间具有相互依存和相互作用关系。

地质体和工程建筑物的相互依存关系表现为工程地质力学作用。地质体对工程建筑物的影响,往往表现为地质体自身的失稳运动对工程的威胁;而工程荷载作用下引起的地质体运动,同样也影响工程建筑物的安全。在工程建筑物作用下,地质体结构的改变所导致的间接影响,有时有更大的危害,而事先不易觉察,常难以可靠地预测。

(10)工程地质力学研究的方向是地质学和力学的结合。

岩体工程地质力学研究要求应用力学的基本理论、分析方法和测试方法。但是,地质研究方法仍然是基本的方法,包括地层、岩石、地质年代和构造分析、新构造、地貌分析等。在力学分析中,不连续介质力学的应用和发展是工程地质力学的特色,而数值分析途径和电子计算机的应用使得工程地质力学问题有可能得到实际解决。

16.2.3 工程岩体的建模方法

对岩体力学问题进行研究,需要建立合理的模型,它包含三项内容:一是通过对岩体工程地质结构的分析得到地质概化模型;二是通过对工程岩体力学特性的研究建立岩体力学模型;三是通过对建筑物、地质体进行几何网格的剖分得到计算模型。建模需要在岩体开展详尽工程地质学研究的基础上进行。

16.2.3.1 岩体地质模型的概化

岩体地质概化模型既涉及区域地质结构,又涉及岩体本身的结构,但主要与工程处的岩体结构有关。建立地质概化模型之前应首先了解该处工程地质岩组的划分。岩组的划分以地层划分为基础,即先要分清各岩层所属的界、系、统、层。目的有两点:一是由此可从地质学的角度了解岩体的成因、成岩作用及构造运动对岩体性能的影响;二是可以从岩体结构观点研究岩组的岩性及岩体中结构面的性质和分布规律,以便从大的范围确定建立地质概化模型的原则。

岩体结构的刻画，尤其重视对结构面的刻画，特别是软弱结构面的分布及特性，对岩体在工程荷载作用下的稳定性具有决定意义。实际岩体中的结构面非常多，可以根据其产状分为若干组，不必要也不可能对岩体中每一条结构面进行实体模拟，应根据结构面的力学特性、空间产状及其对工程稳定性的影响和计算精度的要求，有选择地保留和模拟。保留的结构面切割而成的其余部位岩体，需作进一步概化。虽然，在这些部位的岩体中仍包含很多次一级的结构面(节理裂隙、层面等)，但因其宏观尺度小，或对岩体的稳定性影响不大，或因计算阶段不同而考虑不同的精度等，可不予考虑，而作为分块分层的连续体或松散体处理。

在地质模型概化过程中，往往根据解决问题的需要和软硬件条件按结构面规模进行概化。设计之初可仅考虑大型结构面或对工程结构物影响明显的结构面，而在施工设计阶段可以考虑更次一级的结构面，建立更加精细的计算模型。

16.2.3.2 岩体力学模型的建立

岩体力学特性是非常复杂的，建立一个普遍适用的岩体力学模型比较困难。狭义的力学模型即是岩体的应力-应变关系，广义的则指其本构关系。岩体的力学模型是数学力学分析的基础，必须从岩体结构、受力状态的实际情况出发，有条件、针对性地建立和使用。

由于岩体力学发展过程中出现的两大流派，也就相应存在两种对立的力学计算模型——连续介质模型与不连续介质模型(裂隙介质模型)。连续介质模型出现得最早。由于工程设计是以连续介质力学为基础的，所以在工程界便很自然地把连续介质力学引用到岩体力学领域中。因此这一学派也称为"工程派"。他们将连续介质力学运用于下列情形：① 作为岩体力学科学实验的基本原理；② 作为整理岩体力学测试资料的理论公式，以便求得岩体力学的各种参数；③ 作为求解岩体力学课题的计算模型和方法。例如，第一编中关于应力-应变的本构关系、Mohr-Coulomb 判据、变形模量与泊松比的计算等都是建立在连续介质力学基础上的。这种将岩体视为连续介质的做法，开始并不是经过周密的科学论证的结果，而是限于当时的学科发展水平与生产的迫切需要所造成的，其可能性和合理性如何，则需留待工程实践去检验。但是，实践的结果表明，这种做法在多数情况下大体上还是可行的。

不连续介质模型则是在考虑岩体的具体地质结构特征的基础上提出的，尤其是针对裂隙岩体，该模型研究主要发起于"奥地利学派"。他们发现利用连续介质理论分析那些各向异性的不连续介质时表现出明显的不适应性，从而建立起不连续介质理论。二十世纪五六十年代所发生的多起岩体工程事故也促进了该理论的形成与发展。块体理论、离散元、钢块-弹簧法就是建立在不连续介质理论基础上的。

由此可见，岩体力学中的不连续介质模型(碎块体模型)与连续介质模型是从两种完全不同的思路去模拟天然岩体的性状的。后者是从整体着眼，认为只要岩体在宏观上具有一定的应力-应变关系(例如线性的或非线性的)，就可以用现有的连续介质力学方法去求解其应力及变形状态；而前者是从内部结构着眼，把岩体简化为某些具有具体物理形状的单元集合体，进而研究这些理想碎块体模型的应力-应变关系，再去求解岩体力学问题。

随着计算机水平的提升，两类模型也在相互渗透、相互结合，存在形成一个新的融合理论体系的趋势。在岩体连续介质力学方法中，无论是物理模型实验还是数值模拟计算，都在采用各种方案尽量充分考虑岩体中的不连续面。以致可以这样说，与经典连续介质力学相比,现在这种在不同程度上考虑岩体中的不连续面存在的情况,也可以叫作准连续介质力学或间断连续介质力学。岩体断裂力学、损伤力学等都立足于连续介质力学,而又重点考虑岩体中的裂纹和节理的作用,对两者有较好的结合。

另外,不连续介质与连续介质的区分也是相对的,甚至在一定的条件下可以相互转化。不连续介质力学是建立在这样的基本假定上:岩体的工程性质主要取决于岩体的地质断裂系统。但是实验研究表明:这个概念只在一定的应力状态下才是可以接受的。因为,节理岩体的三轴实验表明:在低的围压作用下,虽然可以发生沿裂隙面的滑移破坏,但也会发生沿轴向的劈裂破坏,或者部分通过裂隙面部分通过完整岩石的复合剪切破坏,尤其是在高的围压作用下,其破坏基本上不受裂隙方向的影响。在野外三轴实验中也观察到,在低的围压作用下,砂岩并不沿原有的构造裂隙剪破,而是受作用力的控制,在被剪破的滑动面上滑动,新擦痕清楚可见,而试样上原有的构造裂隙面上却没有这些现象。这是因为地质上的软弱结构面与破坏性的剪应力的分布轨迹不一定是完全重合的。因此,这是一个应力取向的问题,一般来说,在最大主应力 σ_1 与软弱面的夹角 α 在 30°~40°之间时,最容易沿软弱面发生破坏。

因此,在岩体力学分析中既要重视两模型各自所反映的理论观点对于问题分析的指导作用与重要价值,但又不能在分析中绝对化、僵硬化、对立化。

此外,在建立力学模型时还应考虑如下 6 个因素。

1. 应根据岩体应力水平建立力学模型

岩体受外力的作用产生变形。变形规律及应力-应变关系与岩体的应力状态、应力水平有关。当应力水平低于屈服强度时,其应力-应变关系服从胡克定律,使用线弹性力学模型。在高围压下岩体应力水平可能超过强度指标,而进入弹塑性状态,发生塑性硬化、塑性软化,或脆性破坏及断裂破坏。对此,在数学力学计算中可根据岩体在工程施工和运行后可能承受的应力水平,参考实验资料,采用适当的力学模型。

2. 应针对结构面和结构体分别建立力学模型

岩体受外力后的变形有形状改变、体积改变、压缩挤出、整体滑移、崩塌滚动等,从力学机制来看,有弹性变形、塑性变形、黏性变形和刚体运动。以上各种情况的出现与岩体的结构及受力状态(大小和部位)密切相关,特别是岩体内结构面的力学性状对岩体的变形常常起着支配的作用。因此,对结构面和结构体应分别建立力学模型。

工程中的数学力学计算一般以论证设计方案为目的,基本上在刚体、弹性范围内分析问题。因此,胡克定律是主要采用的力学模型。然而,对于岩体稳定性分析、抗滑稳定性计算等,需要考虑岩体结构面和结构体的非线性变形特征,应采用非线性力学模型。

3. 应做好岩体各向异性问题的处理

岩体力学性质的各向异性是由其结构上的各向异性和材料组成上的各向异性决定的,纯粹的各向同性岩体是不存在的。由岩体结构造成的几何各向异性,在建立模型时可以在岩体结构建模时考虑,而材料物理力学性能上的各向异性,则应从力学模型和力学特性参数的设置上来体现。当然,这些差异是相对而言的,从工程实用的角度来看,如果这些差异给计算带来的误差远小于工程设计允许的误差,即一般作为各向同性材料已可以保证精度要求,则不需要细致地考虑各向异性,从而使问题大大简化。有时也可以作为正交异性或横观同性材料处理。

4. 要考虑表层岩体与原位岩体的力学特性的差异

因受风化、剥蚀、卸荷等作用的影响,即使同一层岩体,地表附近的岩体与深部原位岩体都会有明显的差异。一般来说,深度越小,力学性质越差,到达一定深度后才比较接近原岩。因此,在建立力学模型时应有所区别,力学参数也应根据现场实验资料予以校正。

5. 要考虑岩体变形的时间效应

由于一些岩体具有流变特性,在建立力学模型时应考虑这些岩体的时效影响,尤其是岩体随时间而增长的蠕变变形。可以根据岩体蠕变特征,建立相应的蠕变模型(黏弹性、黏塑性模型)。若岩体的蠕变(或流变)实验资料少,模型中的一些力学参数无法确定,也可以引用松弛模量的概念,使用弹性力学的方法做近似计算。

6. 要选择合理的岩体强度理论和破坏判据

岩体的破坏机制有多种,有张裂破坏、剪切破坏、结构体沿结构面的滑移及结构体的崩塌、倾倒、滚动、溃曲、弯折等,从其变形机理来看,有脆性断裂、塑性变形、流变、几何大变形、机械运动及其复合形式。若使用数值方法研究岩体的失稳和破坏机理,仅仅使用材料强度的概念是很不够的,应该利用弹性力学、塑性力学、断裂力学、损伤力学及运动学和动力学的基本方法,对具体问题具体分析,有针对性地提出比较实用的岩体破坏的判据。例如对于压剪破坏来说,目前最常用的破坏判据是莫尔-库仑准则。如果岩体是以塑性变形为主,则多采用 D-P 模型。

16.2.3.3 岩体地质环境条件的建模

建模时,合理概化其环境因素(如初始地应力、地下水位、岩体温度)和荷载条件(包括开挖卸荷、建筑物自重、库水压力及其他由于工程修建和运行而传递施加在岩体上的荷载)也十分重要,并且是必须的。

岩体中的初始地应力是岩体中的一种环境应力,是影响岩体力学作用的重要因素之一。岩体在地应力环境中相对处于平衡状态。由于边坡、基坑或硐室开挖,原有的平衡状态受到破坏,则会引起岩体的整体位移并在开挖边界上产生卸荷回弹或岩爆,因而初始地应力场会发生重分布,形成重分布应力。因此在计算岩体开挖时的整体位移和卸荷回弹时,模拟计算地应力场是必须做的一步。可以依据实测地应力值,参照地应力分布规律,使用数值计算方法可以对地应力场进行模拟计算,以求得初始地应力场,作为开挖计算的基本条件。

地下水是岩体的另一个重要的环境因素。岩体的结构不同,其水力特性也不同,地下水的规律也不同,只有弄清楚地下水在岩体中的活动规律,才有条件对地下水给岩体变形和破坏造成的影响作进一步的研究。应根据岩体介质类型不同,选择不同的方法分析岩体中的地下水渗流,确定空隙水压力的分布,进行岩体应力与水压力的耦合分析。

在一些特殊情况下,岩体的温度变化对岩体变形的影响也应考虑。据相关文献介绍,温度变化 1℃,岩体内可产生 0.4~0.5MPa 的地应力变化。就地表温度来说,日变化温度影响深度为 1~2m,年变化温度影响深度为 20~40m。年温度变化还可引起地应力的变化,但深层岩体变化不大,称为恒温带。目前,对岩体温度场的变化及其对岩体变形的影响研究得不够深入。

16.2.3.4 模型范围和边界条件

地质模型与力学模型的范围和边界条件也应该慎重确定,它直接影响计算成果的好坏,需要谨慎处理。如果不考虑这一点,就会得出计算的变形(如垂直位移)随计算范围加大而无限增大的结果,这显然是不符合实际的。因此,要选择一个适当的计算范围。另外,计算岩体工程的变形问题,还必须根据工程实际提出合理的初始条件和边界条件,才能得出合理的结果。从这些概念出发,结合工程实际,在工程地质学研究的基础上,先期进行定性分析,考虑目前对基础地质特征的认识水平、量测可以达到的精度及其他不确定的因素等。在必要的情况下,还需在正式计算之前做一些试算,确定一个最小的计算范围。一般取其深度和两侧宽不小于建筑物底部宽度的 2 倍。当然,如果能使边界取在相对坚硬的岩体上,则可以给出明确的边界约束条件;如果有实测基础位移值,还可以参考实测值给出边界位移条件。

16.3 科学实验方法

16.3.1 实验原则

20 世纪 20 年代即已开始在工程建设中进行岩体力学实验工作,但直到 50 年代才逐渐引起人们的重视。目前,几乎所有的岩体工程及岩体力学课题研究,均需开展一定量的实验,有些是较为成熟的,有些是探索性的。但是,由于不同岩体工程,其地质条件差异较大,所以在进行岩体实验研究时,应该有准备、有计划、有步骤地进行。并且,还要根据工程等级、地质条件等情况来决定。既要充分反映天然岩体实际状态和性能,又要考虑实验的人力、经济成本,为此应注意以下三项原则。

1. 统一的规划设计与合理的全局部署

为了更好地开展科学实验,应在工程地质学研究的基础上,结合工程设计方案或要研究的岩体力学问题,对要开展的岩体力学实验研究有统一的规划设计。这个规划设计虽然会随着工程的进程或研究的进展而有变化,甚至有很大的变化,但是有无这种规划设计,其结果是很不同的。这一点已被许多工程实践经验证明。实验的统一规划应注意解决好以下两方面问题:一是关于岩体力学实验的全局部署。对于一个具体工程地点的岩体地质条件而言,怎样部署实验工作,才能抓住它的关键问题,能在最本质方面反映其实际情况,这就是岩体力学的实验设计问题。二是岩体实验的每一个具体项目如何进行的问题,这常常由岩体实验规程来阐明,但在实验之初应有系统规划。

岩体力学实验合理的全局部署主要包括以下三个方面(陶振宇等,1990):

(1)关于岩体力学实验研究工作的程序和步骤。对一个工程所涉及的地质岩体特性的了解和掌握,需要经过一个过程后才能形成一定的规律性的认识,这是一个认知过程,也是一个实践过程。因此,岩体力学实验工作可以有计划、分阶段地进行。每个阶段有每个阶段的重点,从室内实验向现场实验分阶段地不断深入,前面的实验结果为后面实验提供指导并根据需要进行后一阶段实验的调整。在必要情况下,还可以布置一定的监测工作,监测项目与方法的选定、监测点的布置,均应统筹安排,合理部署。

(2)关于岩体力学实验研究的主攻方向问题。岩体力学实验都是在工程地质勘探工作的基础上进行的,这就有可能对不同岩性及结构特征的岩体,分别开展服务于工程建设的各种实验研究,保证岩体力学实验工作具有足够的代表性。为了达到这个目的,实验工作必须与工程场地的整个工程地质勘探工作紧密地结合起来。但全局部署的关键就是一开始便要全力捕捉和狠抓制约这一工程的岩体力学实验的主要矛盾,要明确这个工程的岩体力学实验研究的重点、主攻方向。没有重点,抓不住关键,就没有代表性,实验的意义和作用就大大弱化了。不明确这一点,则这个全局部署便没有意义了。但这一点常常容易被人们忽视,而且在实践过程中也不是一下子就能解决的。重要的是,要注意在实践过程中花大气力去捕捉和抓住主要矛盾,不能为了实验而实验。

(3)为岩体力学计算提供一个反映岩体地质具体特点的物理模型。应在岩体工程地质工作的基础上,对工程影响范围内的岩体地质情况划分不同工程地质单元。这种划分一方面是考虑岩性、产状、结构、构造等地质因素方面,另一方面应考虑岩体力学计算及实验方面的需求。例如,对于岩性相同、裂隙情况或风化程度相近的岩体条件,可以在考虑尺寸效应的情况下,采用一定的实验方法求得其各种力学参数。就长度来说,相应于建筑物尺寸的裂隙、裂纹及层面、软弱夹层、层间错动或岩体中的其他缺陷,这些是力学分析中的重要部位,应该尽力求得岩体中这些部位的有关物理力学特性及其相应的参数。另一种情况是,就单个节理裂隙来说,其长度是有限的,粗略地看,不会成为工程设计上的关键部位,但在一定条件下可扩展成岩体中的重大缺陷;或者这一类裂隙有可能与其他定向裂隙系统组合成某种滑动面。对此种裂隙可以采用实验途径予以模拟,为岩体力学分析提供科学实验方面的依据。总之,为了获得能正确反映岩体地质特点的物理模型,一种合理的途径是,首先把岩体的各种情况分解为基本单元进行实验,以求得相应的力学特性及其参数;又用实验途径或数学模拟在给定的荷载和边界条件下观察岩体的变形和破坏特征,总结其规律性,以便为工程设计服务。

2. 应对实验结果认真鉴定与谨慎使用

对岩体实验所获得的大量数据,首先要尽一切可能鉴定其可靠性和有效性。目前,对于这个问题的解决,通常的做法是对每一个具体岩体实验项目精心组织,认真进行。例如实验条件的选择、实验设备及仪器的选定、实验成果误差的估计等,都是采用逐步积累实践经验来摸索解决的途径,通常是按相关的实验规程进行实验,使所获得的实验成果具有可比性。其次,要注意采用多种实验途径进行综合研究,使各种途径所得出的成果能够互相比较和验证。这一点是很重要的。前文已提及,在岩体力学的发展进程中,在工程界有一个时期很强调现场大型实验,而忽视室内实验。20世纪50年代国外曾进行过$40m^2$和$100m^2$面积的抗剪实验,后来便很少有人这样做。事实上,忽视室内实验,也是不对的。例如,高温、高围压的岩石三轴实验,对研究地震及其预报起到启示作用;又如,在水工建设中软弱夹层的危害性是众所周知的,但现在多采用野外实验与室内实验相结合的方法来进行研究,在某些情况下甚至以室内实验为主。又如,相对地,静力实验较能反映岩体的断裂的影响,但它的速度慢、耗费大;而动力实验比较快速,但反映岩体断裂的影响方面却又不及静力实验;但两者是有一定的关联性的,如果能够把两者结合起来,不仅能互相比较和检验,而且对加速完成岩体实验工作有利。再次,大量积累岩体各种特性资料并进行综合分析与对比,对于认识岩体的一般规律性也是重要的途径之一。有了对岩体的规律性认识,对于判别岩体实验成果的可靠性方面也是有用的。

实验成果的应用,是一个很复杂的问题,需要十分谨慎,寻求相应的途径,能把实验成果正确地推广、应用于工程设计中。有人认为,工程设计中参数的取值,只能依靠实践经验,而忽视岩体的科学实验,那么实践经验从何而来?对于工程实践经验,是应该尊重的,但也应该采取分析态度,不能生搬硬套。对这些经验鉴别的依据则是有赖于岩体的科学实验,要善于从岩体实验成果中找出岩体力学参数取值的客观物理依据。

3. 做好试样(试点)的选择与处理

在工程中,试验成果的价值取决于采取的试样究竟有没有代表性。所谓代表性,包含两个方面的意思:一是从工程地质上,能够代表某一工程地质单元或某一工程岩体分级中的某一种岩性;二是采取试样的地点能够代表工程建筑物关键的一部位,其试验成果能够提供给工程应用。倘若试样的代表性不足,反映的仅仅是个别的情况,而不反映工程岩石的真实的大多数的性质,测得的数据偏高或偏低,对工程都将造成浪费或安全威胁。

基于上述理由,一个最基本的要求是:室内试验的试样应在工程现场的勘探地点(钻孔、探洞、坑槽)采集,同一组的若干个试样的岩层和岩样应彼此十分接近,其数量应满足数理统计或有关实验规程规定的要求。室内试验要做到这一点,必须在岩样采取后、试样加工前仔细检查每块试样或岩心,认真分组;否则,一旦加工完毕,就很难判断。室内试验人员如果忽略这道工序,随意将现场采取的岩样分组,就有可能造成同一组试样测得的结果分散性很大,难以提出参数。

为避免同一组试样岩层岩性不一,在加工之前,试验人员应对岩样(芯)进行认真、仔细的地质描述,而后根据岩样(芯)长度和每项试验的同一组需要的试样个数,将岩性和裂隙分布相近的划归一组;按试验规定的尺寸加工,加工后再对照加工前的地质描述检查无误之后才进行试验。这样,肯定可以保证试验的质量。

试样(体)要保持原状,内部组成成分、结构、孔隙率、含水状态,不因取样运输、储存和加工受到影响。当然,严格地讲,难以做到绝对保持原状,所以保持原状是相对的,要尽可能地保持,使得试样的基本物理力学性质不受大的影响。

试样尺寸的选择是岩石力学试验的关键问题之一。对此国内外学者进行了广泛的理论与试验研究,其目的是使试验成果具有较高的可靠程度和可比性,并试图建立室内试验与现场试验的大小试样之间的尺寸效应关系。

目前室内试验的试样尺寸是基于两个方面的因素规定的:一是考虑试样大小对成果的影响,要求含大颗粒岩石的试样直径或边长应大于最大颗粒尺寸的10倍,试样高度与直径或边长之比宜为2.0~2.5。力求试样内部应力分布比较均匀,求取颗粒集合体一个稳定综合的性质。二是考虑到地质勘探普遍采用的是金刚石钻头,取出的岩芯一般为48~54mm,因此,相关实验规程规定:室内岩石抗压强度等项目的试样采用圆柱体或长方体,其直径或边长宜为48~54mm,试样高度与直径或边长之比宜为2.0~2.5。试样的最小尺寸应大于岩石最大矿物颗粒的10倍。

16.3.2 岩体力学实验的种类

根据试样的不同,岩体力学实验包括两大类:一类是实体实验,另一类是模拟实验。其中,实体试验又可分为岩石实验、结构面实验与岩体实验。根据实验场地的不同,岩体力学实验又有室内实验与现场实验之分。实体实验既有室内实验又有现场实验,而模拟实验一般在室内进行。另外,根据加载情况,岩体力学实验又有动力法和静力法之分。

室内实验主要是采用野外采取的岩石和结构面试样进行的,主要有岩石物理指标(块体密度、颗粒密度等)测试、水理性质指标(吸水率、软化系数、冻融系数等)测试、力学性质指标(变形模量、泊松比,抗压强度、抗拉强度、抗剪强度、三轴强度等)及流变性能测试、结构面力学指标(法向刚度、剪切刚度、抗剪强度等)测试,以及岩石声波测试等。室内实验开展时间长,技术较成熟,应用较广,但是由于样品与实际环境脱离,尺寸又比较小,单独依据由此取得的数据,在许多工程中设计者是不放心的。因此,大型工程一般总要进行一定数量的大型岩体原位测试,以便与室内实验互相配合,经济合理地取得可资应用的参数。

现场实验又称原位实验,是在现场制备试样模拟工程作用对岩体施加外荷载,进而求取岩体力学参数的实验方法,岩体原位测试的最大优点是对岩体扰动小,尽可能地保持了岩体的天然结构和环境状态,使测出的岩体力学参数直观、准确;其缺点是实验设备笨重、操作复杂、工期长、费用高。现场实验主要包括工程岩体的变形实验、强度实验,地应力测试,水文地质测试及地球物理方法测试等。总的来说,由于岩体现场实验工作费用昂贵、工期长,必须在工程地质测绘和勘探工作指导与配合下,有目的、有计划地确定实验的项目、数量、取样或制样的部位和实验方法等。

岩体力学的发展过程中,有一个时期很强调现场大型实验,而忽视室内实验,认为后者是"脱离实际"的,不能反映天然岩体的真实性状。当然,在一定的条件下,进行现场大型实验,本来也是可行的,但有限度,并非越大越好。因为试件大了,要求实验设备也要大,实验条件会变得更加复杂,实验时间也会拖长,费用会成倍增加。而且以这样高的代价所得来的个别试点的资料,企图直接运用于工程建设上,恐怕还是有问题的。因为不论现场实验大到什么程度,与实际建筑物的尺寸相比较,无论是从荷载条件上,还是从影响范围、荷载历时上,仍然都是不可比拟的,而且有的方面还可能有质的差别。因此,单纯依靠现场大型实验来获得岩体力学的计算参数的办法,也未必是一个好方法,既不经济,有时也不现实,反而是不科学的。此外,由于实验设备和条件的限制,有些实验还不能在现场进行,例如一向受拉、一向受压的实验等。因此,必须与室内实验研究配合进行,才能取得最佳效果。

对于上述室内实验与现场实验,大多数在《工程岩体试验方法标准》(GB/T 50266—2013)及其他相关规范中有明确的规定,具体内容在本书第一编、第二编相关章节也有介绍,本章只介绍岩体地球物理测试方法。如果岩体工程问题影响因素复杂,机理不甚清晰,单纯依靠实体实验难以获得满意的结果,则可以考虑采用模型实验。

模拟实验多采用天然或人工材料,应用相似理论,根据所模拟的实体原型制成相似模型,通过对模型上有关力学参数、变形状态的测试与分析,推断实体原型上可能出现的力学机制,为岩体工程设计提供参考。模型模拟技术始于20世纪初,经过百余年的发展,已广泛应用于各学科研究领域,并形成了比较成熟的理论。目前岩体力学研究中用到的模型模拟实验技术主要有相似材料模型法、离心模型实验法、光测弹性法及底摩擦法等,下面将分别作介绍。

16.3.3 相似模型法

相似模型实验是按照一定的相似准则,采用物理模型实验的方法来了解原型结构物的受力和变形状态。它是研究工程问题失稳全过程和破坏机理的直观而有效的手段，不仅能研究结构与基础的联合作用，而且可以比较全面地模拟各种地质结构。

在计算机数值模拟方法出现之前，模型模拟实验在物理、力学和其他工程学科中应用得十分广泛。20 世纪 60 年代以来，在我国模型实验被广泛用于水利、采矿、地质、铁道及岩体工程等部门，并取得了显著的技术成就和经济效益，在模拟理论、模型材料、实验设备与技术等方面积累了相当丰富的经验。

16.3.3.1 相似理论

相似模拟实验的理论根据是相似原理，亦即要求模型与实体（原型）相似，根据模型实验的结果反映出原型的情况。模型与原型，除了几何形状相似以外，同类物理量，如应力、应变、位移、重度、弹性模量、摩擦系数、泊松比、各种强度等，也必须满足一定的比例关系。这些比例必须满足各种力学条件，如弹性力学的平衡微分方程、几何方程、边界条件等。因这些方程必须当几何特征、有关物理常数、初始条件及边界条件确定后才能求解，所以，要使模型与原型完全相似，模型的几何特征、物理常数、初始条件和边界条件都必须和原型相似。概言之，相似原理可简单表述如下：若有两个系统（模型与原型）相似，则它们的几何特征和各个对应的物理量必然互相成一定的比例关系。这样，就可以实验测定某一系统（模型）的物理量，再按一定的比例关系推求另一系统（原型）的对应物理量。相似理论的基础是三个相似定理，分别是相似第一、第二、第三定理。

1. 相似第一定理

若两种现象相似，需要满足两个条件。

第一个条件：相似现象各对应物理量之比应为常数，这个常数为相似常数。

相似力学系统之间，长度、时间、力、速度、质量等属于基本物理量，对应的物理量之间应满足以下比例关系。

几何相似：要求模型与原型的几何相似，必须将原型的尺寸按一定比例缩放，几何相似比 α_l 为常数，即

$$\alpha_l = \frac{L_p}{L_m} = 常数 \tag{16-3-1}$$

式中，α_l 为几何相似比；L_p 为原型的尺寸；L_m 为模型的尺寸。

由此可推知，面积相似比，$\alpha_A = \alpha_l^2$；体积相似比，$\alpha_V = \alpha_l^3$。

运动相似：要求模型与原型所有对应点的运动情况相似，包括速度、加速度、运动时间等。以 α_t 表示时间相似比，那么要求 α_t 为常数，即

$$\alpha_t = \frac{t_p}{t_m} = 常数 \tag{16-3-2}$$

式中，α_t 为时间相似比；t_p 为原型的时间；t_m 为模型的时间。

由此可推知速度相似比和加速度相似比：

$$\alpha_v = \frac{v_p}{v_m} = \frac{\dfrac{L_p}{t_p}}{\dfrac{L_m}{t_m}} = \frac{\alpha_l}{\alpha_t} \tag{16-3-3}$$

$$\alpha_a = \frac{\alpha_p}{\alpha_m} = \frac{\dfrac{L_p}{t_p^2}}{\dfrac{L_m}{t_m^2}} = \frac{\alpha_l}{\alpha_t^2} \tag{16-3-4}$$

动力相似:动力相似要求模型与原型的有关作用力相似,即重力、荷载等相似。在几何相似的前提下,对重力相似而言,就是要求模型与原型的重度比值为常数,即重度相似比为常数:

$$\alpha_\gamma = \frac{\gamma_p}{\gamma_m} = 常数 \tag{16-3-5}$$

则重力相似比为

$$\alpha_P = \frac{P_p}{P_m} = \frac{\gamma_p \cdot V_p}{\gamma_m \cdot V_m} = \alpha_\gamma \alpha_l^3 \tag{16-3-6}$$

式中,P_p 为原型的重力;P_m 为模型的重力;γ_p 为原型的重度;γ_m 为模型的重度;V_p 为原型的体积;V_m 为模型的体积。

以上说明,要使模型与原型相似,必须满足模型与原型中各对应物理量成一定比例关系。

第二个条件:相似现象均可用同一个基本方程式描述,因此各相似比不能任意选取,它们将受某个公共数学方程的相互制约。

如对于两个运动力学系统,应服从牛顿第二定律,对于原型 $F_p = m_p \cdot \alpha_p$,对于模型 $F_m = m_m \cdot \alpha_m$。于是惯性力相似比为 $\alpha_F = F_p/F_m$,质量相似比为 $\alpha_m = m_p/m_m$,可以推导出只有 $\dfrac{\alpha_m \cdot \alpha_a}{\alpha_F} = 1$ 时,两个系统的基本方程才相同。说明在 α_F、α_m、α_a 三个相似常数中,如果任意选定两个以后,其余的一个常数就已经确定,而不允许再任意选取。通常称这个约束各相似常数的指标 $K = \dfrac{\alpha_m \cdot \alpha_a}{\alpha_F} = 1$ 为相似指标。

另外,根据相似指标有:

$$\frac{F_m \cdot m_p \cdot \alpha_p}{F_p \cdot m_m \cdot \alpha_m} = 1$$

于是

$$\frac{F_p}{m_p \cdot \alpha_p} = \frac{m_m \cdot \alpha_m}{F_m} = 常数 \tag{16-3-7}$$

式(16-3-7)说明原型与模型中各对应物理量之间保持的比例关系是相同的,都等于一个常数,在相似理论中称这个常数为相似判据。

于是相似第一定律又可表述为:相似现象是指具有相同的方程式与相同判据的现象群,也可简述为相似的现象,其相似指标等于1,而相似准则的数值相同。

2. 相似第二定理(∏定理)

相似第二定律认为"约束两相似现象的基本物理方程可以用量纲分析的方法转换成相似判据∏方程来表达的新方程,即转换成∏方程,且两个相似系统的∏方程必须相同"。

∏定理的基本含义如下:

设一物理系统有 n 个物理量,并且在这 n 个物理量中含有 m 个量纲,那么独立的相似判据∏值为 $n-m$ 个。两个相似现象的物理方程可以用这些物理量的 $(n-m)$ 个无量纲的关系式来表示,而$\prod_1,\prod_2,\cdots,\prod_{n-m}$之间的函数关系为$f(\prod_1 \prod_2 \cdots \prod_{n-m})=0$,该式称为判据关系或称$\prod$关系式。对彼此相似的现象,在对应点和对应时刻上相似判据则都保持同值,所以它们的$\prod$关系式也应当是相同的,那么原型和模型的$\prod$关系式分别为

$$\begin{cases} f(\prod_1 \prod_2 \cdots \prod_{n-m})_p = 0 \\ f(\prod_1 \prod_2 \cdots \prod_{n-m})_m = 0 \end{cases} \quad (16\text{-}3\text{-}8)$$

如果在所研究的现象中,没有找到描述它的方程,但该现象有决定意义的物理量是清楚的,则可通过量纲分析运用$\prod$定理来确定相似判据,从而建立模型与原型之间的相似关系。所以,相似第二定理更广泛地概括了两个系统的相似条件。

3. 相似第三定理

相似第三定理认为对于同类物理现象,如果单值量相似,而且由单值量所组成的相似判据在数值上相等,现象才互相相似。

所谓单值量,是指单值条件下的物理量,而单值条件是将一个个别现象从同类现象中区分开来,亦即将现象的通解变成特解的具体条件。单值条件包括几何条件、介质条件、边界条件、初始条件等。现象的各种物理量实质上都是由单值条件引出的。

相似第三定理由于直接同代表具体现象的单值条件相联系,并强调了单值量的相似,所以就显示出它科学上的严密性。

从上述三个相似定理可知,根据相似第一定理,便可在模型实验中将模型系统中得到的相似判据推广到所模拟的原型系统中;用相似第二定理则可将模型中所得到的实验结果用于与之相似的实物上;相似第三定理指出了模型实验所必须遵守的法则。

16.3.3.2 相似材料

除了直接采用原介质材料外,大部分模型实验采用能满足相似定理及能反映原型力学特征的材料。根据多年的研究和实践,用单一的天然材料直接作为相似材料的应用面较窄。因此,相似材料一般是多种成分的混合物,一般由天然材料(如石膏、石灰、石英砂、河沙、黏土、金属粉、木屑等)和人工材料(水泥、石蜡、松香、树脂、黄油等)单独或混合配制而成。

模型材料选配需要一个反复实验的过程,一般要经过"初配制样—材料实验—修改配方—实验"的多次反复尝试,直到基本满足设计要求。理想的模型材料应具备以下条件:

(1)均匀、各向同性;

(2)力学性质稳定,不易受环境条件(温度、湿度等)影响;

(3)改变原料配比,相似材料的力学性能变化不大,这可保证材料力学性能的稳定性,利于进行重复实验;

(4)便于模型加工、制作;

(5)易于量测(如粘贴应变片、安装位移计等);

(6)取材容易,价格低廉。

相似材料的选择,必须兼顾各个方面,应考虑到所有可能影响实验结果的因素,权衡轻重,力求把因材料性质导致的模型畸变减至最低。

对理想线弹性相似材料,材料应具有线性应力-应变关系,卸载后材料能恢复到原来的状态,具有与原型相同或接近的泊松比。

如果希望模型实验能反映原型结构的破坏部位、破坏形态和破坏发展过程,则除了对线

弹性材料的上述要求外,还要求相似材料与原型材料在整个极限荷载范围内应力-应变关系保持相似;材料的极限强度有相同的相似常数。对于地下工程,应首先对原型材料的物理力学性能进行全面了解,尤其是对岩体工程地质条件,以及室内和现场实验的结果,都应了解清楚。这样,才能使相似材料的研究有针对性。

正确地选择相似材料往往是模型实验成功与否的关键。相似材料选取正确,模型实验的成功就有了一大半的把握。然而,如上所述,要获得一种全面、准确反映原型物理力学性能的相似材料非常困难。因此,国内外许多从事结构模型实验的研究人员,都把相似材料的研究作为重要的内容之一。

16.3.3.3 模型设计

相似材料模型依其相似程度不同分为两种:第一种是定性模型,主要目的是通过模型实验定性地判断原型中发生某种现象的本质或机理。在这种模型中,不严格遵循各种模拟关系,而只需满足主要的相似常数。第二种是定量模型,在这种模型中,要求主要的物理量都尽量满足相似常数和相似判据。由于这种模型所需的材料多,花费的时间长,因此在制作这种模型前最好先进行定性模拟。

相似材料模拟试验是在模型试验架(台)上进行的,模型架一般由槽钢、角钢、钢板和木板等组成,其结构设计应满足强度和刚度的要求,根据研究的内容和目的所决定的线性比例确定模型尺寸。目前,国内采用的模型架有平面模型架、转体模型架和立体模型架等。

1. 平面模型架

由于所研究的目的不同,相似模型所模拟的范围也各异,因此平面模型架的规格也有所不同。平面模型规格一般为:长1.5~5.0m,宽0.2~0.5m,高1.0~2.0m,其结构如图16-3-1所示,模型架的主体一般由24号槽钢和角钢组成,模型架两边上有孔,以便固定模板,模板用厚3cm的木板制成,为防止装填材料时模板向外凸起,模型架中部可用竖向小槽钢加固。

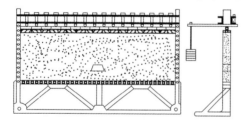

图16-3-1 平面模型架

平面模型是以一个剖面为基础,结构简单,测试方便,但不易满足边界条件相似。平面模型可左右两侧观测,按两侧的约束情况不同又可分为平面应力模型和平面应变模型:平面应力模型左右两侧无约束,允许侧向变形,往往与实际的边界条件差别较大,但如果模拟的岩层比较坚硬,在垂直暴露面上能保持稳定,那么这种边界条件对模拟影响不大;平面应变模型需在模型架左右两侧加玻璃钢板以便限制其侧向变形。当模拟深度超过400~500m,铅垂方向的压力达到岩石的破坏极限时,模型处于自由状态的左右两侧面就要因受侧压力而产生破坏,此时应用平面应变模型。另外,平面应变模型还适用于模拟松散或弹塑性岩层,这种模型两侧面不能暴露,否则模型在此方向上将发生移动和破坏,故加挡板形成平面应变模型。

平面模型可用于研究以下问题:① 研究围岩在不同外载作用下的应力场与位移场;② 研究上覆岩层的移动规律;③ 研究围岩与支架的相互作用以及巷(隧)道的破坏与变形特征;④ 研究不同支护方案,不同施工方法或不同设计方案的最佳选择。

2. 转体模型架

为了满足研究倾斜岩层模拟试验的需要,应使用平面转体模型架。其特点是模型架的一端装有转轴,可根据需要转动模型架下形成一定的倾角,模拟倾斜岩层,其结构如图 16-3-2 所示。

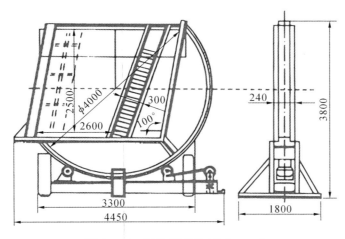

图 16-3-2 转体模型架(单位:mm)

转体模型可用于研究以下问题:① 研究倾斜方向剖面、工作面两侧的压力分布;② 研究上覆岩层沿倾斜方向的移动规律;③ 研究倾斜硐室围岩变形与破坏的特征;④ 研究倾斜巷道围岩与支架的相互作用。

转体模型架的规格,一般长 1.0~2.0m,宽 0.2~0.5m,高 1.0~2.0m。

3. 立体模型架

在研究地下空间三维问题时,需要立体模型,一般来说,立体模型容易满足边界条件,却难以在模型中进行采掘工作和对模型深部移动、变形和破坏进行观测与记录。

16.3.3.4 加载方式

模型实验的加载方法应根据实验目的和荷载形式而定,也应考虑模型的比例及结构特点。选择加载方法的基本原则是,在满足实验要求的前提下,尽可能简单易行。

1. 体力的施加

体力主要是结构或岩体的自重,往往用分散的集中力代替体力,这种方法主要用于大体积模型实验,如边坡、坝基等。当模型用低重度材料制作,而体力的影响又不可忽略时,可用此法。将模型划分成许多部分,找出每一部分的重心,然后在每一重心处或重心上竖向延伸线的适当位置,施加等于该部分模型自重的集中荷载。

2. 面力的施加

主要采用油压千斤顶或液压囊(压力枕)加载。油压千斤顶是模型实验中应用最广的加载方法。其优点是可以根据需要连续调整千斤顶的油压,便于控制,加载稳定,易于满足实验要求。为了提高加载精度,有时还在千斤顶活塞前安装压力传感器,用静态应变仪测度千斤顶的实际出力。传压垫块可用钢板、木块或石膏块,其作用是将千斤顶施加的集中荷载转化为均布荷载。为实现实验要求的荷载分布形式(均布、梯形等),有时需用由多组规格不同的千斤顶或钢构件组成的荷载分配系统。

液压囊加载方法是在油压千斤顶系统中用液压囊代替千斤顶,其优点是能更好地实施柔性加载而使荷载分布更趋均匀。液压囊一般用耐油橡胶制作。

3. 集中荷载施加

一般用油压千斤顶直接施加在加载点上。此外,还有其他一些加载方法如杠杆加载、拉杆加载、水银橡胶袋(主要模拟静水压力)、在模型上表面放置铅砂或其他重物等。

4. 加载台架

对于平面模型而言,一般采用立式台架,模型直立于台架上,模拟竖向荷载及水平荷载的千斤顶分别置于模型的上部和两侧。若是采用立体台架,则两个水平方向分别施加水平荷载,仍从上部施加竖向荷载。

16.3.3.5 量测技术

模型实验中重要的一个环节是做好实验工程中的量测。由于研究的目的和内容不同,量测手段也就各不相同。尽管实验类型较多,但在量测方法上,有其不同的规律,但量测的基本原理大多是相同的。

相似模拟实验中,需要观测的内容主要有模型变形、模型位移、模型内应力、模型破坏现象等。量测方法主要有机械法、光测法和电测法。对于应力,通过对应变的量测并由应力-应变关系即可将应变值换算为应力值。对于位移和荷载,除直接量测外,也可以通过对应变的量测,换算为位移或荷载。因此,应变是一个最基本的量测量。

随着量测技术和仪器设备的日益完善,测试技术水平得到不断的改进和提高。使用快速多点自动巡回检测方法,为大型整体结构模型实验尤其是破坏实验提供了十分有利的条件。同样,有了极小尺寸的电阻应变片,对结构局部地方的应力分布,甚至应力集中就可能较精确地量测出。数字信息处理微处理设备的应用也使量测系统更趋完善,为一些难度较大的模型实验提供了有效的手段。

1. 机械法

机械法是一种早期广泛使用的较直观的测量方法,主要通过百分表、千分表量测模型的变形。该方法直观,设备简单,不需要电源,基本不受外界干扰,结果可靠。但由于其量测精度差,灵敏度低,不能远距离观察和自动记录,该方法已逐渐被电测法取代。

2. 电测法

电测法主要是指用应变片、应变仪量测模型各测点应变的方法。当模型受荷载作用时,贴在模型表面的应变片的电阻值会发生变化,应变片的电阻变化经过电阻应变仪的处理,即表现出每一测点的应变值。电测法灵敏度高,量测元件小,可同时对多点进行量测并自动记录,可远距离操作。缺点是:对测试环境、测试技术要求高,低强度材料会出现"刚化效应"。

实际上,电测法除了通过应变片直接量测模型表面的应变之外,还包括用电阻式或电感式位移传感器量测位移,用电阻应变式压力传感器量测土压力和接触压力,以及用应力计量测应力大小等。

3. 光测法

光测法是应用力学和光学原理相结合的量测方法,如水准仪测量法、光弹应力分析法、激光散斑干涉法、激光全息干涉法、摄影法等。由于模型材料的不透光性,光弹应力分析法仅在某些用于表面涂层法和光弹片法的量测中使用,激光全息干涉法和散斑干涉法是一种先进的测试技术,具有精度高、稳定可靠等优点,但设备复杂,对环境要求高。因此在一般实验室条件下对整体模型实验的应用还不太多。

16.3.4 离心模型法

离心模型实验是采用较小比例的模型,通过离心机产生的离心力来模拟结构物所受到的自重应力,使模型的应力水平与原型相同,从而达到分析原型结构物特性的目的。

将模型放在如图 16-3-3 所示的离心机上,用回转产生的离心力来模拟岩体所受的自重应力场,然后利用电测设备来测量模型内的应力、应变,用照相设备来记录破坏特征,这种方法称为离心模型法。

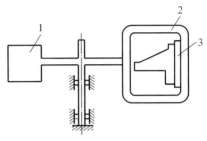

图 16-3-3　离心模型法的原理图
1.配重;2.模型箱;3.模型

由于模型内任意一点所产生的应力与模型对应点所产生的应力相同,即

$$\sigma_p = \sigma_m \tag{16-3-9}$$

式中,σ_p 表示原型的应力;σ_m 表示模型的应力。

材料自重应力:

$$\begin{cases} \sigma_p = \gamma_p h_p \\ \sigma_m = \gamma_m h_m \end{cases} \tag{16-3-10}$$

式中,γ_p 表示原型材料的重度;γ_m 表示模型材料的重度;h_p 表示原型的高度;h_m 表示模型的高度。

将式(16-3-10)代入式(16-3-9),得

$$\gamma_m = \frac{h_p}{h_m} \gamma_p \tag{16-3-11}$$

若模型几何相似比为 N,则有

$$\gamma_m = N\gamma_p \tag{16-3-12}$$

从式(16-3-12)可以看出,当模型缩小到原形的 $1/N$ 时,要保持模型与原型应力水平相同,则必须使模型的重度为原型重度的 N 倍。

若原型与模型材料密度相同,则原型材料与模型材料的重度可表示为

$$\begin{cases} \gamma_m = \rho a_m \\ \gamma_p = \rho g \end{cases} \tag{16-3-13}$$

式中,ρ 表示材料密度;a_m 表示离心加速度;g 表示重力加速度。

将式(16-3-13)代入式(16-3-12),得

$$a_m = Ng \tag{16-3-14}$$

可知,若模型为原型尺寸的 $1/N$,当离心加速度增加到 N 倍重力加速度时,模型与原型便具有相同的应力水平。

由理论力学可知:

$$a_m = \omega^2 R \tag{16-3-15}$$

$$\omega = \frac{n\pi}{30} \tag{16-3-16}$$

将式（16-3-16）和式（16-3-15）代入式（16-3-14），有

$$n = \frac{30}{\pi}\sqrt{\frac{Ng}{R}} \tag{16-3-17}$$

式中，ω 表示离心机旋转角速度；R 表示离心机半径。

给定转速，即可达到所希望的离心加速度 a_m，因此，实验前应根据模型几何相似比 N 和离心机旋转半径 R，由式（16-3-17）计算离心机加速度来指导加载。

离心模型的物理量与原型的物理量有一定的比例关系，如果模型材料与原型相同，则通过量纲分析可推导各物理量之间的比例关系，如表 16-3-1 所示。

表 16-3-1 原型与模型物理量比例关系

名称	几何尺寸	面积	体积	质量	加速度	能量	力
原型	1	1	1	1	1	1	1
模型	$1/N$	$1/N^2$	$1/N^3$	$1/N^3$	N	$1/N^3$	$1/N^2$
名称	应力	应变	质量密度	重度	频率	刚度	位移
原型	1	1	1	1	1	1	1
模型	1	1	1	n	N	$1/N^3$	$1/N$

当考虑渗透力时，原型时间为模型时间的 N^2 倍，固结历时为原型的 $1/N^2$ 倍。

离心模拟实验中，离心力分布不如岩体重力分布均匀，因此必然导致误差的产生，离心模拟实验固有误差的主要来源有径向加速度不均、离心力分布的不均匀性、离心机启动与制动和边界效应。这就是开展离心模型实验研究时应考虑的影响因素。

16.3.5 光测弹性法

光测弹性法是根据光测弹性力学的原理来研究工程岩体内应力分布的一种模拟方法，是由物理光学和弹性力学共同组合起来的一门新兴科学。光测弹性法从 20 世纪初才不断发展完善起来。20 世纪初由于在光测弹性法技术设备上的改进，这种方法成为解决应力分布问题的主要方法之一。光测弹性法在岩体工程中的研究较晚，但发展很迅速。

新中国成立以后，我国在不少高等院校和科研机构相继建立了光测弹性实验室，并开展了地应力场、岩体节理剪切力学特征、隧道围岩应力分布特征、山岩压力等的相关研究，使得光弹实验成为岩体力学研究的重要手段。

在岩体力学光测弹性实验中，常用的光弹模型材料有两种：一是以环氧树脂为主要原料制成的硬胶，这种材料通常用来研究承受较大荷载的模型；另一种是以明胶甘油或琼脂甘油合成的软胶。明胶甘油软胶多用于模拟塑性岩层，如页岩、泥岩等；琼脂甘油软胶多用于模拟脆性岩层，如灰岩、白云岩等。两种软胶的光学灵敏度较高，因而适用于研究自重产生的应力场。

加载设备对应力分布的精确性有较大的影响，除了一些典型的光弹实验可以在光弹仪上加载设备以外，大部分模型需要专门设计加载设备，或者制作与标准加载设备配套的夹具装置。

由于近二三十年数值模拟技术的飞速发展,目前光弹实验用于岩体力学研究开展得越来越少。

16.3.6 底面摩擦法

底面摩擦法是一种简易的定性模拟法,可作为探索机理的一个有力工具,也可为定量模拟提供设计依据。Hoek(1971)用底面摩擦模型代替相似模拟的直立模型架,使物理模拟有了新的进展,古德曼(1976)等用底面摩擦实验研究了边坡倾倒破坏,P. Egger(1979)对底面摩擦模型法作了一个重要的改进,扩大了其应用范围。近年来,底面摩擦法广泛用于边坡、路基等的稳定性研究。

底面摩擦法实验装置见图16-4-4,将模型放在一个活动砂纸带上面,纸带装在匣中间,用电机与减速机构带动。当砂纸带转动时,模型跟着向下移动,但由于横杠的阻挡,实际不能移动。这样就在模型底板的每一点上形成摩阻力F。F在摩擦方向上的分布与重力场相似,因此可以用来模拟模型重力W。

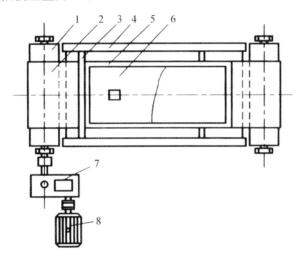

图 16-3-4 底面摩擦模型装置示意图
1.滚筒;2.无接头皮带;3.挡杆;4.支撑刚架;5.模型边框;6.模型;7.减速器;8.电动机

摩阻力F可按下式计算:
$$F = \mu\gamma_m h \tag{16-3-18}$$
式中,γ_m为模型材料的重度;h为模型的厚度;μ为模型底面与活动带之间的滑动摩擦系数。

但是,F力作用在底面的各点上,而重力是作用在模型的中面上的,因此模型厚度h不能过大,以免产生严重失真。

在以重力为主的相似模型中,最基本的是落体运动方程式。在这种模型中,一个自由落体在t时间内跌落的距离S为
$$S = \frac{1}{2}gt^2 \tag{16-3-19}$$
而在底面摩擦模型中,设底带的移动速度为v,一个自由落体行进S距离的时间为t_b,则有
$$S = vt_b \tag{16-3-20}$$
如要用底面摩擦模型来代替自重作用的相似模型,则应满足:

$$vt_b = \frac{1}{2}gt^2 \qquad (16-3-21)$$

即

$$t_b = \frac{gt^2}{2v} \qquad (16-3-22)$$

上式说明：在 t 已定的条件下，底带移动速度越大，在底面摩擦模型中完成相同落体运动所需时间 t_b 越小。

在模拟节理岩体边坡稳定性问题时，经常有岩块沿着结构面滑移的力学现象。在相似材料模型中，模型直立（图16-3-5(a)），滑块的位移 S 为

$$S = \frac{W(\sin\alpha - \cos\alpha\tan\phi)}{2m}t^2 = \frac{1}{2}g(\sin\alpha - \cos\alpha\tan\phi)t^2 \qquad (16-3-23)$$

式中，W 为滑块重量；α 为斜面倾角；m 为滑块质量。

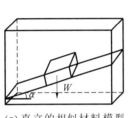
(a) 直立的相似材料模型

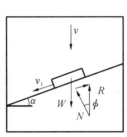
(b) 平卧的底面摩擦模型

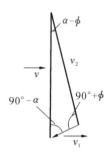
(c) 底面摩擦模型中各速度的矢量关系

图 16-3-5　斜面滑动时两类模型的对比

在底面摩擦模型中，模型平放（图16-3-5(b)）。当底部移动带以 v 速度前进时，滑块沿着倾角为 α 的斜面侧滑。假设阻挡滑块滑动的摩擦系数为 $\tan\phi$，滑动速度为 v_1，则由速度矢量做出的三角形中（图16-3-5(c)）可得出滑块实际位移方向为 v_2，由此可建立如下关系：

$$\frac{v}{\sin\left(\frac{\pi}{2}+\phi\right)} = \frac{v_1}{\sin(\alpha-\phi)} \Rightarrow v_1 = v(\sin\alpha - \cos\alpha\tan\phi) \qquad (16-3-24)$$

于是滑块沿斜面的滑动距离 S 为

$$S = v_1 t_b = v(\sin\alpha - \cos\alpha\tan\phi)t_b \qquad (16-3-25)$$

因此在两种模型方法之间亦可建立如下关系，即

$$t_b = \frac{gt^2}{2v} \qquad (16-3-26)$$

底面摩擦法具有很多优点：实验设备简单，模型材料可重复使用；操作方便简单，测试过程直观；由于模型和平面之间的运动可以随意控制，即摩擦力可随时出现或消失，便于控制；能够直接连续地观察到模型的整个破坏过程。

16.4　数学力学分析方法

数学力学分析是通过建立岩体力学模型和利用适当的分析方法，预测岩体在各种力场

作用下的变形与稳定性,为工程设计和施工提供定量依据。目前常用的力学模型有两大类,一类是连续介质力学模型,包括刚体力学模型、弹性及弹塑性力学模型、断裂力学模型和损伤力学模型及流变模型等;另一类为不连续介质力学模型,例如块体理论模型、刚块-弹簧模型等。

基于上述两大类力学模型,具体的分析计算方法有很多,根据其基本的理论依据与计算手段,可以分为解析解法、经验公式法、数值模拟法、反分析法、智能分析法与分形分析法等。

解析解法,也可以称为理论公式法。主要是采用弹性理论、塑性理论、流变理论的力学理论针对能够概化成简单力学模型的岩体进行应力-应变、位移及稳定性的求解,其中以连续介质模型应用最广泛。基于简单边界和简单力学行为条件首选理论公式计算,即便在复杂的多因素分析中,理论公式仍然是综合分析的重要组成部分。但是,当有些岩体结构复杂,非均匀、不连续、各向异性的特征明显,加卸载条件和边界条件也特别复杂时,应用解析解法就十分困难,应选用其他方法。

经验公式法,主要是基于长期工程实践积累与科学实验研究所建立的数量众多的经验公式。它几乎涉及岩体力学的各个方面。这些宝贵的经验及所建立的经验公式,是岩体工程分析重要的一环,有着很好的应用前景。经验公式的建立既要依据理论成果,更要认真分析、甄别成功的经验,并运用一定的数学工具将成果以数学公式的形式表达出来,并且要得到严格检验。当然,经验公式也不是一成不变的,也是随着实践的检验与经验的积累在逐渐改进的。

岩体的变形破坏机理、特征及稳定性受多种因素控制,各因素之间如何关联和相互影响,影响的机理与程度如何,变形破坏的发生发展机理等,在目前的认识水平上,很多问题还是难以得到理论解答的。因此,从工程实用性出发,利用现代数学的诸多新方法与成果,通过综合分析,得到工程要求精度内的解答是必要和现实的。近几十年来很多研究者都不断将现代数学方法,如模糊综合评价方法、灰色聚类评价、可靠度评价、系统聚类评价、非线性理论等用于岩体力学问题的研究尝试,并取得一定的成效。例如智能分析、分形理论、范式推理等都取得很好的应用,智能分析、分形分析还在岩体力学研究中形成了学科分支。

上述方法相关的内容在其他章节均有所介绍,更详尽的内容还可以参考相关文献。本章将主要介绍数值模拟法与反分析法。

16.4.1 数值模拟方法

由于解析法只能求解一些很简单的问题,所以在数值计算方法广泛应用之前,只能将实际问题尽可能地简化为可求解的模型,但过度的简化会直接影响计算结果的准确性与适用性。随着计算机技术的发展,数值法得以快速发展,成为了研究岩体力学的重要手段。

数值模拟方法(简称数值法),是建立在力学理论之上的,本质上只有理论解的问题,才能用数值模拟。数值模拟和理论公式解析计算最主要的区别是,前者是后者的一种近似解,可以解决解析计算中不能处理的复杂本构模型和边界条件。与解析解法相比,数值模拟方法可以获得复杂结构、复杂条件下的计算结果;与物理模拟实验相比,模型可以更接近工程实际,可以重复计算、多方案对比,效率及经济性高。更重要的是,岩体力学理论的发展及其在数值计算中的应用,也使数值计算结果的合理性及准确性不断提高。

当然,数值计算方法也远未达到"完美"的程度。对一些复杂的问题,即使在计算模型及材料参数都合理的情况下,有时也不会得到合理的结果,甚至无法求得结果。数值模拟方法实质上仍只是一种计算方法,仍然需要岩体力学理论的支撑。无论是哪种数值模拟方法,看待其计算结果首先是确认一种趋势,其次才是"值"。因此,学习计算工作之前要有扎实的理论基础,才能判断计算成果的正确与否。如果计算结果的趋势(或叫分布规律、运动模式)不符合理论成果的一般规律,需要对计算模型进行仔细分析和认真检查,确保计算结果的趋势是正确的。其次,数值计算的"值"依赖于计算参数,计算参数不是"精确"就可以得到正确结果的,只有融入了工程实践经验的参数值才是有用的。所以,数值分析的结果更像一张画满等高线却没有高程的地图,需要通过其他办法确定其中某些点的高程,则其他任一点的高程便可知了。确定这些点"高程"(计算数据)的方法主要有现场实测、物理模型试验、专家经验等。

因此,数值分析不是一个简单的"运算"过程,而是包含从野外工程地质调查到室内实验研究、地质力学模型抽取、计算模拟和野外验证的全过程,它的可靠性和准确性在很大程度上取决于对地质原型认识的正确性。

目前,岩体力学领域应用较广泛的数值法有:有限单元法、有限差分法、无单元伽辽金法、离散单元法、连续-不连续单元法和数值流形法等。其中,前三种方法为基于连续介质力学的方法,离散单元法为基于不连续介质力学的方法,而后两种方法则兼具这两大类方法的特点。针对这些方法,目前有一大批商用计算软件,如 ABAOUS、ANSYS、ADINA、MARC、MIDAS、3DEC、EDEM、PLAXIS 等,可以用于岩体力学问题的数值模拟。

数值分析方法的共同特点是将所分析的问题(或方程)离散为线性代数方程组,并采用适当的求解方法解方程组,获得基本未知量,进而根据几何和物理方程求出其他未知量。对于岩体工程问题,还包括随工程活动和时间变化、岩体中各种不连续面及其扩展过程和自然环境条件变化过程的模拟。一般按照以下步骤进行数值模拟:

(1) 确定模拟目标:首先需要确定模拟的目标,即想要得到哪些结果或解决哪些问题。确定模拟目标后,可以选择适合的数值模型进行建模。

(2) 收集数据和确定参数:在建立数值模型前,需要收集与该系统或过程相关的数据,并且需要确定参数。参数的选取需要经过合理的分析和推断。

(3) 建立数值模型:根据实际情况,选择适合的数值模型进行建模。在建立数值模型时需要保证模型的准确性和可靠性。

(4) 数值计算:通过计算机进行数值计算。计算中需要注意参数选取的合理性和计算精度的控制,同时需要进行计算结果的验证和比对,以提高计算结果的可信度。

(5) 分析和解释结果:对计算结果进行分析和解释,找出计算结果中的规律和特点,以及对结果进行合理的解释和解读。

(6) 结果应用和优化:根据结果进行应用和优化,比如优化系统设计、改进工艺流程、提高产品性能等。

总之,做好数值模拟需要在建立数值模型、计算结果、结果分析和解释等方面进行科学合理的设计和操作,从而得出有价值的数值模拟结果。

16.4.1.1 有限单元法

有限单元法(简称有限元法)自 20 世纪 50 年代发展至今,已成为求解复杂工程问题的有力工具,并在岩土工程领域广泛使用。该方法首先被用于飞机结构的应力分析,继而扩大到造船、机械、土木、水利电力等工程。有限单元法经历了从低级到高级、从简单到复杂的发展过程,目前已成为工程计算应用较广泛的方法之一。

有限单元法将实际复杂的结构体(求解域)假想为由有限个单元组成,每个单元只在"节点"处连接并构成整体,先建立每个单元的节点位移和节点力关系方程,然后按单元间的连接方式组集成整体,形成方程组,再引入边界条件,对方程组进行求解,最终获得原型在"节点"和"单元"内的未知量(位移或应力)及其他辅助量值。有限元法按其所选未知量的类型,可用节点位移或节点力作为基本未知量,或二者皆用,分为位移型、平衡型和混合型有限元法。

有限元法主要用于连续介质的小变形和小位移问题。其概念清晰,可在不同理论层面建立对有限元法的理解,而且由于引入了变形协调的本构关系,无须引入假定条件,保持了理论的严密性。目前,有限元法已广泛应用于求解弹塑性、黏弹性、黏弹塑性、弹脆性及黏弹脆性等岩体工程问题。若对于非均匀、不连续问题,可采用特殊单元处理进行模拟分析。

计算机技术的快速发展为有限元法的广泛应用提供了条件。20 世纪 70 年代以来,相继出现了一些通用的有限元分析系统,如 SAP、NASTRAN、MIDAS、ANSYS 和 ABAQUS 等,以及大型岩体力学有限元程序,如 FINAL、GEO5、PLAXIS 和 ADINA 等,很大程度上促进了有限元求解流程的自动化。除模型建立和参数选取部分,其余计算流程都可自动完成。例如,利用软件的后处理功能,可获得破坏区(塑性区)、应力和位移等值线应力场和位移场矢量图,以及任意截面的应力分布和位移分布曲线等。

1. 有限元法求解问题的步骤

最基本的有限单元法的基本步骤如下:

(1) 单元离散化。将问题域的连续体离散为单元与节点的组合,连续体内各部分的应力及位移通过节点传递,每个单元可以具有不同的物理特性,这样便可得到在物理意义上与原来连续体相近似的模型。

(2) 选择位移模式。若采用节点位移为基本未知量,则需要用节点位移表示单元体的位移。因此必须对单元中位移分布作出一定的假定,一般假定位移是坐标的某种简单函数,这种函数为位移模式或位移函数。

根据所选定的位移模式,即可导出节点位移表示单元内任意一点位移的关系式,矩阵形式为

$$\{f\} = [N]\{U\}^{\mathrm{T}} \qquad (16\text{-}4\text{-}1)$$

式中,$\{f\}$ 为单元内任一点的位移列阵;$\{U\}^{\mathrm{T}}$ 为单元节点的位移列阵;$[N]$ 为形函数矩阵,其元素是位置坐标的函数。

(3) 单元分析。以位移法为基本方法,根据所采用的单元类型,建立单元的位移-应变关系、应力-应变关系、力-位移关系,建立单元的刚度矩阵。

① 利用应力-应变本构方程得:

$$\{\sigma\} = [D]\{\varepsilon\} \qquad (16\text{-}4\text{-}2)$$

② 利用几何方程得：

$$\{\varepsilon\} = [B]\{\delta\}^e \tag{16-4-3}$$

因此

$$\{\sigma\} = [D][B]\{\delta\}^e \tag{16-4-4}$$

③ 利用单元平衡方程得：

$$\{F\}^e = [k]^e\{\delta\}^e \tag{16-4-5}$$

以上各式中，$\{\sigma\}$ 表示单元内任一点的应力列矩阵；$\{\varepsilon\}$ 表示单元内任一点的应变列矩阵；$[D]$ 表示与材料有关的弹性矩阵；$[B]$ 表示单元应变矩阵；$[k]^e$ 表示单元刚度矩阵。

由上述式子可以看出，导出单元刚度矩阵 $[k]^e$ 是有限元计算的核心内容。根据弹性理论推导有

$$[k]^e = \begin{pmatrix} k_{ii} & k_{ij} & k_{im} \\ k_{ji} & k_{jj} & k_{jm} \\ k_{mi} & k_{mj} & k_{mm} \end{pmatrix} \tag{16-4-6}$$

其中，根据计算时采用的本构关系的不同，单元刚度矩阵 $[k]^e$ 有不同的计算式。

（4）集合所有单元的平衡方程，建立整个结构的平衡方程。一是将各个单元的刚度矩阵集合成整个结构的整体刚度矩阵；二是将作用于各个单元的等效节点力列阵集合成总的荷载列阵。

（5）节点力计算。

将材料自重分配到单元节点上，并将边界点上的荷载（如果有）分配到边界节点上。节点力分配时，采用叠加的原则。

（6）引入边界条件并求解。

引入计算模型的边界条件，求解方程组，求得节点位移。进而求出各单元的应变、应力等其他未知量。

2. 结构面的模拟

有限单元法是针对连续介质，岩体中的各类结构面需要专门处理，这也是岩体工程问题用有限元分析成败的关键。根据几十年的研究与经验，对于结构面需要采用一些特殊类型的单元进行剖分，仍然可以采用有限单元法的基本思想和步骤进行模拟计算。最常用的有无厚度节理单元、等厚度节理单元、变厚度节理单元等，分别适用于不同的结构面。下面以无厚度节理单元作简单介绍。

无厚度节理单元是由古德曼（R. E. Goodman）最早提出来的，故又称"古德曼节理单元"。它适用于闭合、不含充填物或充填物较薄的节理裂隙。如图 16-4-1 所示，这种单元是由两条直接接触的线段（模拟节理的上、下壁）构成的四节点单元。由于假定单元无厚度，节点 1 与 4，2 与 3 具有相同的坐标。节理单元上作用的应力有法向正应力 σ_n 及切应力 τ_s。表征单元力学特性的参数则采用节理法向刚度 K_n 及切向刚度 K_s。在此，仍可以借用"应变"这一术语，把节理的应变定义为节理上、下壁一对对应点的相对位移。相对法向位移 Δv 称为法向应变，以 ε_n 表示；相对切向位移 Δu 称为切向应变，用 ε_s 表示。由此，可将节理单元的"应力-应变"本构关系表示为

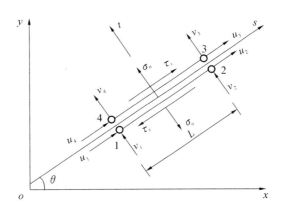

图 16-4-1　无厚度节理元

$$\begin{cases} \tau_s = K_s \cdot \varepsilon_s \\ \sigma_n = K_n \cdot \varepsilon_n \end{cases} \tag{16-4-7}$$

写成矩阵形式：

$$\begin{Bmatrix} \tau_s \\ \sigma_n \end{Bmatrix} = \begin{bmatrix} K_s & 0 \\ 0 & K_n \end{bmatrix} \begin{Bmatrix} \varepsilon_s \\ \varepsilon_n \end{Bmatrix} \tag{16-4-8}$$

假定位移沿节理长度 L 呈线性变化。对于图 16-4-1 所示的局部坐标 s-n，单元节点力及节点位移矢量为

$$\begin{cases} \{U'\} = (u_1 \quad v_1 \quad u_2 \quad \cdots \quad v_4)^{\mathrm{T}} \\ \{F'\} = (F_{1s} \quad F_{1n} \quad F_{2s} \quad \cdots \quad F_{4n})^{\mathrm{T}} \end{cases} \tag{16-4-9}$$

对于沿节理长度上任一点 s 处的应变 ε_n 及 ε_s，根据定义可以表示为界面两侧相对位移之差，即

$$\begin{cases} \varepsilon_s = u_{\text{上}} - u_{\text{下}} = -\left(1 - \dfrac{s}{L}\right)u_1 - \dfrac{s}{L}u_2 + \dfrac{s}{L}u_3 + \left(1 - \dfrac{s}{L}\right)u_4 \\ \varepsilon_n = v_{\text{上}} - v_{\text{下}} = -\left(1 - \dfrac{s}{L}\right)v_1 - \dfrac{s}{L}v_2 + \dfrac{s}{L}v_3 + \left(1 - \dfrac{s}{L}\right)v_4 \end{cases} \tag{16-4-10}$$

写成矩阵形式，有

$$\begin{Bmatrix} \varepsilon_s \\ \varepsilon_n \end{Bmatrix} = \begin{bmatrix} -L_1 & 0 & -L_2 & 0 & L_2 & 0 & L_1 & 0 \\ 0 & -L_1 & 0 & -L_2 & 0 & L_2 & 0 & L_1 \end{bmatrix} \{U'\} \tag{16-4-11}$$

式中，$L_1 = 1 - \dfrac{s}{L}$，$L_2 = \dfrac{s}{L}$。

式（16-4-11）可简写为

$$\{\varepsilon'\} = [B]\{U'\} \tag{16-4-12}$$

单元刚度矩阵可由其一般化公式导出，对局部坐标有

$$[K']_e = \int_0^L [B]^{\mathrm{T}}[D'][B]\mathrm{d}s \tag{16-4-13}$$

将 $[D']$ 和 $[B]$ 代入上式，并注意到 $\int_0^L L_1^2 \mathrm{d}s = L/3$，$\int_0^L L_2^2 \mathrm{d}s = L/3$，$\int_0^L L_1 L_2 \mathrm{d}s = \dfrac{L}{6}$，则可得到对局部坐标 s-n 的单元刚度矩阵：

$$[K']_e = \frac{l}{6}\begin{bmatrix} 2K_s & & & & & & & \\ 0 & 2K_n & & & & & & \\ K_s & 0 & 2K_s & & & \text{(对称)} & & \\ 0 & K_n & 0 & 2K_n & & & & \\ -K_s & 0 & -2K_s & 0 & 2K_s & & & \\ 0 & -K_n & 0 & -2K_n & 0 & 2K_n & & \\ -2K_s & 0 & -K_s & 0 & K_s & 0 & 2K_s & \\ 0 & -2K_n & 0 & K_n & 0 & K_n & 0 & 2K_n \end{bmatrix} \qquad (16\text{-}4\text{-}14)$$

对式(16-4-9)进行坐标变换即可得到整体坐标系下的单元刚度矩阵$[K]_e$。由图 16-4-1 所示的几何关系可知,对任意节点 i 有如下的节点位移变换关系:

$$\begin{Bmatrix} u'_i \\ v'_i \end{Bmatrix} = \begin{pmatrix} \cos\theta & \sin\theta \\ -\sin\theta & \cos\theta \end{pmatrix} \begin{Bmatrix} u_i \\ v_i \end{Bmatrix}$$

或写成 $\{U'_i\} = [T_0]\{U_i\}$ $(i=1,2,3,4)$

式中,θ 为 s 轴与 x 轴的交角。

由此可得节点位移及节点力的变换关系为

$$\begin{cases} \{U'\} = [T]\{U\} & \text{或}\{U\} = [T]^{-1}\{U'\} \\ \{F'\} = [T]\{F\} & \text{或}\{F\} = [T]^{-1}\{F'\} \end{cases} \qquad (16\text{-}4\text{-}15)$$

式中,$\{U'\}$、$\{F'\}$ 为局部坐标下的节点位移及节点力矢量;$\{U\}$ 和 $\{F\}$ 为整体坐标下的节点位移及节点力矢量。变换矩阵$[T]$为

$$[T] = \begin{bmatrix} [T_0] & & & 0 \\ & [T_0] & & \\ & & [T_0] & \\ 0 & & & [T_0] \end{bmatrix} \qquad (16\text{-}4\text{-}16)$$

此变换矩阵为正交矩阵,具有如下特性

$$[T]^{-1} = [T]^{\mathrm{T}}$$

由此可将单元的刚度方程写为如下形式

局部坐标 $\{F'\} = [K']_e \{U'\}$

整体坐标 $\{F\} = [K]_e \{U\}$

注意到变换关系式(16-4-15),可得到

$$\{F'\} = [K']_e \{U'\} = [T]\{F\} = [T][K]_e\{U\}$$

所以

$$[T][K]_e\{U\} = [K']_e[T]\{U\}$$
$$[K]_e\{U\} = [T]^{-1}[K']_e[T]\{U\} = [T]^{\mathrm{T}}[K']_e[T]\{U\}$$

故整体坐标下的单元刚度矩阵为

$$[K]_e = [T]^{\mathrm{T}}[K']_e[T] \qquad (16\text{-}4\text{-}17)$$

上述节理单元的缺点是由于无厚度,计算中可能发生节理上下壁相互"嵌入"的现象,必须对这种嵌入量作人为的限制,以免导致较大误差。此外,当节理的上下壁发生相对转角位移时,也将产生误差。针对这一问题,古德曼曾对节理单元进行了修正,令单元两侧边的相

对转角为 $\Delta\omega$，以节理面 3-4 逆时针相对转角为正，则有

$$\{\varepsilon\} = \begin{Bmatrix} \Delta u_s \\ \Delta u_n \\ \Delta \omega \end{Bmatrix} = \begin{Bmatrix} \dfrac{u_3+u_4}{2} - \dfrac{u_1+u_2}{2} \\ \dfrac{v_3+v_4}{2} - \dfrac{v_1+v_2}{2} \\ \dfrac{v_3-v_4}{L} - \dfrac{v_2-v_1}{L} \end{Bmatrix}$$

$$= \begin{pmatrix} -\dfrac{1}{2} & 0 & -\dfrac{1}{2} & 0 & \dfrac{1}{2} & 0 & \dfrac{1}{2} & 0 \\ 0 & -\dfrac{1}{2} & 0 & -\dfrac{1}{2} & 0 & \dfrac{1}{2} & 0 & \dfrac{1}{2} \\ 0 & \dfrac{1}{L} & 0 & -\dfrac{1}{L} & 0 & \dfrac{1}{L} & 0 & \dfrac{1}{L} \end{pmatrix} \begin{Bmatrix} u_1 \\ v_1 \\ u_2 \\ v_2 \\ u_3 \\ v_3 \\ u_4 \\ v_4 \end{Bmatrix} = [B]\{U'\} \quad (16\text{-}4\text{-}18)$$

应力-应变关系表示为：

$$\begin{Bmatrix} \tau_s \\ \sigma_n \\ M_0 \end{Bmatrix} = \begin{pmatrix} K_s & 0 & 0 \\ 0 & K_n & 0 \\ 0 & 0 & K_w \end{pmatrix} \begin{Bmatrix} \Delta u_s \\ \Delta v_n \\ \Delta w \end{Bmatrix} \quad (16\text{-}4\text{-}19)$$

式中，$K_w = \dfrac{1}{4} L^3 K_n$；$M_0$ 为节理中点力矩；Δw 为相对转角，以节理上壁面逆时针方向为正。

仍假定位移沿长度线性变化，可导出局部坐标下节理单元刚度矩阵为

$$[K']_e = \dfrac{1}{4} \begin{pmatrix} K_s & & & & & & & \\ 0 & 2K_n & & & & & & \\ K_s & 0 & K_s & & & & (对称) & \\ 0 & 0 & 0 & 2K_n & & & & \\ -K_s & 0 & -K_s & 0 & K_s & & & \\ 0 & 0 & 0 & -2K_n & 0 & 2K_n & & \\ -K_s & 0 & -K_s & 0 & K_s & 0 & K_s & \\ 0 & -2K_n & 0 & 0 & 0 & 0 & 0 & 2K_n \end{pmatrix} \quad (16\text{-}4\text{-}20)$$

上式对整体坐标的变换同式(16-4-17)。

3. 强度折减法与失稳判据

有限元法通常采用强度折减法并结合失稳判据对岩体工程中的稳定性问题进行分析。特别是在边坡稳定性分析中，相比传统的极限平衡法，有限元强度折减法能够满足应变相容和平衡方程，其优点还包括：① 无须预先假设滑动面的位置和形状；② 能模拟边坡支护加固和开挖施工过程的稳定性；③ 不受边坡边界条件、几何形状及材料不均匀性等的影响，能够计算具有复杂地质条件边坡的稳定性系数；④ 可模拟边坡的渐进破坏过程，并得到应力、应变和位移等信息。

强度折减法最早由辛克维奇(O. C. Zienkewicz)等提出，后被广泛采用并形成抗剪强

度折减系数(Shear Strength Reduction Factor,SSRF)的概念。强度折减法一般根据 Mohr-Coulomb 准则,按照式(16-4-21)对抗剪强度参数不断进行折减,代入模拟计算,直到边坡岩体达到极限平衡状态为止。岩体实际的抗剪强度参数与处于极限状态时所对应的抗剪强度参数之比则定义为稳定性系数。同时,塑性区中塑性应变值最大的点的连线,即为潜在破坏面的位置。

$$\begin{cases} C'_m = \dfrac{C_m}{F_r} \\ \tan(\phi'_m) = \dfrac{\tan(\phi_m)}{F_r} \end{cases} \quad (16\text{-}4\text{-}21)$$

式中,C'_m 和 ϕ'_m 分别为维持极限平衡所需要的内聚力和内摩擦角;C_m 和 ϕ_m 分别为岩体的内聚力和内摩擦角;F_r 为强度折减系数,达到临界破坏时的 F_r 即为岩体稳定性系数 F_s。

利用强度折减法对岩体工程进行稳定性分析的关键是如何找到临界破坏时的折减系数,使得岩体恰好达到临界失稳状态,因此,选择合适的失稳判据至关重要。目前,应用较多的判据主要包括以下三类:

(1) 特征点位移突变判据。岩体破坏的标志应是破裂面上的应变或位移出现突变,这一观点符合岩体失稳破坏的实际情况,且有明确的物理意义。因此,可选取若干特征点,在强度折减过程中对其位移进行连续监测,特征点的位移发生突变时判定岩体发生破坏。

(2) 塑性区贯通判据。该判据是目前岩体工程稳定性分析中常用的判据,然而塑性区发生贯通不一定意味着岩体发生破坏,即塑性区贯通判据仅为岩体失稳的必要条件,而非充分条件。

(3) 计算收敛判据。即在数值计算过程中,以计算是否收敛作为评判准则,在 F_r 不断增大过程中,当计算收敛时,可判定岩体处于稳定状态,当计算出现不收敛时则认为岩体发生破坏,此时所得的 F_r 即为稳定性系数。

16.4.1.2 有限差分法

有限差分法是较早的数值方法之一,其主要思想是将待求解问题的基本方程组和边界条件(一般均为微分方程)采用差分方程式(代数方程)近似表示,即由有一定规则的空间离散点处的场变量(应力、位移)代数表达式代替,从而把求解微分方程的问题转化为求解代数方程的问题。

与有限单元法一般采用隐式的矩阵解算法不同,有限差分法通常采用显式的时间递步法求解代数方程。连续介质快速拉格朗日法就是目前最常用、最具代表性的显式有限差分方法。

连续介质快速拉格朗日法(Fast Lagrangian Analysis of Continua,FLAC)遵循连续介质的假设,利用差分格式按照时步积分求解,随着计算模型结构形状的变化而不断更新坐标,适用于分析非线性大变形问题。由于可以方便模拟滑动或分离的界面,如断层、节理或摩擦边界,因此该方法非常适用于岩体工程的计算模拟。

FLAC 软件是 20 世纪 80 年代由 P. A. Cundall 和 Itasca 国际咨询公司开发数值模拟商用软件,运用显式拉格朗日算法和混合离散划分技术,能准确分析岩体工程中的大变形塑性流动问题,越来越多地应用于岩体工程问题的研究。例如该软件可用于分析以下工程问题:① 边坡稳定和基础设计中的承载力及变形分析;② 隧道、矿山巷道等地下工程的变形与破坏分析;③ 隧道等地下工程中衬砌锚杆、土钉等支护结构的分析;④ 隧道及采矿工程中的动力作用与地震分析;⑤ 水工结构中流体流动及水-结构耦合分析;⑥ 基础与大坝由振动或变化的孔隙水压力引起的液化分析;⑦ 地下高放射性废料储存库由于热作用产生的变形与稳定问题分析。

该软件的主要优点包括:① 采用混合离散法模拟塑性破坏和塑性流动,相较有限单元法中常采用的离散集成法更准确、合理;② 采用显式求解方案,相对于隐式算法,显式算法的每一时步只需要少量的计算,无须形成矩阵,占用内存小,且适用于大位移、大应变问题,无须额外的计算;③ 采用动态方程计算静态问题,在模拟不稳定的物理力学过程中不存在数值计算方法上的困难;④ 无须通过反复迭代构建岩体的本构模型,即使本构模型高度非线性,当通过一个单元的应变计算应力时也不需要迭代。因此,能够处理任何本构模型,不需要调整算法。

然而,显式有限差分法假定在每一迭代时步内,每个单元仅对其相邻单元产生力的影响,且计算时步必须足够小,以保证显式算法计算稳定,大大增加了计算时间,特别是对线性问题的求解,其效率明显低于有限单元法。FLAC软件的另一缺点是前处理功能较弱,往往需要借助其他软件构建三维计算模型。

16.4.1.3 离散单元法

连续介质分析方法具有计算效率高、可构建复杂模型等优点;但也存在诸多缺陷,如不能反映岩石材料细微观结构之间的复杂相互作用,难以再现岩石材料不连续介质的破裂孕育演化过程,难以计算岩石材料的大变形、运动问题。在这一背景下,离散单元法应运而生。

离散单元法(简称离散元)一般认为是 Cundall 于 1971 年提出来的。该法适用于研究在准静力或动力条件下的节理系统或块体集合的力学问题,最初用来分析岩石边坡的运动。Lorig 于 1984 年开发了包括前处理和后处理的离散单元与边界单元法耦合程序。Cundall 与 Itasca 公司于 1986 年开发了三维离散单元法程序(3DEC)。

离散元最早应用于研究具有裂隙、节理的岩体问题,将岩体视为被裂隙、节理切割的若干块体组合的不连续介质,将岩块假定为刚体,以刚性单元及其边界的几何、运动和接触的相互作用为基础,根据单元之间的接触本构方程进行计算,求解节理岩体的变形与应力状态。目前,离散单元法已在采矿工程、岩土工程、水利水电工程等科研与设计中得到广泛的应用。

1. 离散元原理

离散单元法在解决连续介质力学问题时,除了边界条件外,还有 3 个方程必须满足,即平衡方程、变形协调方程和本构方程。变形协调方程保证介质的变形连续;本构方程即物理方程,它表征介质应力和应变间的物理关系。对于离散单元法而言,由于介质一开始就假定为离散块体的集合(见图 16-4-2(a)),故块与块之间没有变形协调的约束,但平衡方程需要满足。例如对于某个块体 B(见图 16-4-2),其上有邻接块体通过边、角作用于它的一组力(见图 16-4-2(b))F_{xi}、$F_{yi}(i=1,2,\cdots,5)$,如果考虑重力,则还要加上自重。这一组力对块体的重心会产生合力 F 和合力矩 M。如果合力和合力矩不等于零,则不平衡力和不平衡力矩使块体根据牛顿第二定律 $F=ma$ 和 $M=I\theta$ 的规律运动。块体的运动不是自由的,它会遇到邻接块体的阻力。这种位移和力的作用规律就相当于物理方程,它可以是线性的,也可以是非线性的。计算按照时步迭代并遍历整个块体集合,直到对每一个块体都不再出现不平衡力和不平衡力矩为止。

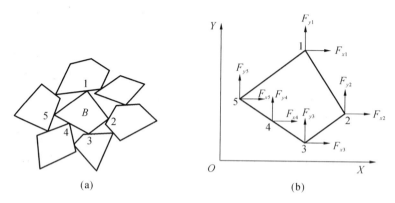

图 16-4-2　块体的集合及作用于个别块体上的力

(1) 物理方程。假定块体之间的法向力 F_n 正比于它们之间的法向"叠合"u_n,如图 16-4-3(a)所示,即

$$F_n = K_n \cdot u_n \tag{16-4-22}$$

式中,K_n 为结构面法向刚度系数。

如果两个离散单元的边界相互"叠合"(见图 16-4-3(b)),则有两个角点与界面接触,可用界面两端的作用力来代替该界面上的力。当然,实际的界面接触情况要远比这种两个角点接触模式复杂,但无法确定究竟哪些点相接触,所以还是采用最简单的两个角点相接触的"界面叠合"模式。

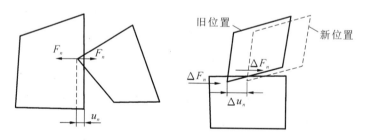

图 16-4-3　离散单元之间的作用力

由于块体所受的剪切力与块体运动和加载的历史或途径有关,所以对于剪切力要用增量 ΔF_s 来表示。设两块体之间的相对位移为 Δu_s,则

$$\Delta F_s = K_s \cdot \Delta u_s \tag{16-4-23}$$

式中,K_s 为结构面的剪切刚度系数。

式(16-4-22)和式(16-4-23)所表示的力与位移关系为弹性情况,但在某些情况下弹性关系是不成立的,需要考虑破坏条外。例如,当岩块受到张力分离时,作用在岩块表面上的法向力和剪切力随即消失。对于塑性剪切破坏的情况,需要在每次迭代时检查剪切力 F_s 是否超过 $C + F_n \tan\phi$(C 为内聚力,ϕ 为内摩擦角)。如果超过,则表示块体之间产生滑动,此时剪切力取极限值 $C + F_n \tan\phi$,这就是所谓的莫尔-库仑准则。

(2) 运动方程。根据岩块的几何形状及其与邻近岩块的关系,可以利用上面讲述的原理,计算出作用在某一特定岩块上的一组力,由这一组力不难计算出它们的合力和合力矩,并可以根据牛顿第二运动定律确定块体质心的加速度和角加速度,进而可以确定在时步 Δt 内的速度和角速度以及位移和转动量。

例如,对于 x 轴向有加速度($\ddot{u}_x$)为

$$\ddot{u}_x = \frac{F_x}{m} \tag{16-4-24}$$

式中,F_x 为 x 轴向的合力;m 为岩块的质量。

对式(16-4-24)用向前差分格式进行数值积分,可以得到岩块质心沿 x 轴向的速度($\dot{u}_x$)和位移(u_x)。

$$\begin{cases} \dot{u}_x(t_1) = \dot{u}_x(t_0) + \ddot{u}_x \Delta t \\ u_x(t_1) = u_x(t_0) + \dot{u}_x \Delta t \end{cases} \tag{16-4-25}$$

式中,t_0 为起始时间;Δt 为时步(timestep);$t_1 = t_0 + \Delta t$。

对于块体沿 y 轴向的运动及其转动,有类似的算式。

离散单元法的计算原理虽然很简单,但在计算机上实施起来却非常复杂,涉及很多问题。离散单元法中所用到的求解方法有静态松弛法和动态松弛法两种。动态松弛法通过牛顿第二定律计算单元体的位置、速度等运动信息,并通过单元间的力-位移关系更新单元接触力,二者交替作用,按时步迭代遍历整个计算模型,并通过阻尼耗散系统能量,使系统快速收敛到准静态或静态。静态松弛法通过寻找单元失去平衡后再次达到平衡的单元位置,联立单元间的力-位移关系建立方程组,并通过迭代求解矩阵的形式求取单元应力与位移等。静态松弛法由于涉及矩阵的求解,可能存在解的奇异性和不收敛性,因而目前大部分离散元软件采用动态松弛法进行求解。

根据离散体单元的几何形状,可分为块体离散元和颗粒离散元两大分支。其中块体离散元以多边形块体或多面体块体为基本单元,依照块体间的接触状态,可分为顶点-面接触、面-边接触、顶点-边接触等接触关系,在接触关系搜索时需先判断块体间的接触形式,并确定其接触面法向;颗粒离散元则以圆盘或圆球等为基本单元,与块体离散元相比,其基本单元形状较简单,无须进行复杂的接触关系判断,具有更高的计算效率。

目前,基于离散元理论开发的软件为解决众多涉及颗粒、结构、流体与电磁及其耦合等的综合问题提供了有效模拟平台。其中,UDEC、3DEC 和 PFC 软件为岩体及类岩石材料的力学行为基础理论研究(破裂机制与演化规律、颗粒类材料动力响应等)和工程应用研究(地下工程灾变机制、矿山崩落开采、边坡岩体滑塌、岩体破碎、爆破冲击等)提供了有效计算手段。

2. PFC 软件

PFC 软件采用颗粒构建计算模型,考虑岩体结构的非均匀、不连续等复杂特性。颗粒间的黏结因受外力作用产生微裂纹,大量微裂纹之间的交互贯通形成不同类型的宏观破坏,对含裂隙岩体位移场和应力场的演化分析,可揭示其裂隙发展及破坏机理。通过改变裂隙产状、粗糙度、力学参数空间布置和尺寸等要素,可定量化研究岩体内部裂隙对岩体变形强度特性及破坏模式的影响。

PFC 广泛应用于节理岩体的隧道开挖、边坡稳定性等工程施工与方案优化分析,研究

隧道开挖后岩体卸荷变形响应与损伤、破坏过程,分析隧道破坏过程中声发射响应特征,还可研究隧道围岩强度、结构面分布、埋深、衬砌材料及地下水等因素对隧道稳定性的影响。

近年来随着深地工程的迅速发展,高温岩体力学也成为研究热点之一。PFC 可再现岩石材料受不均匀温度场的影响,内部产生温度应力及开裂的过程,还可从细观层面分析岩体矿物颗粒在高温作用下内部微裂纹的萌生发育过程,定量研究岩体在高温作用下变形及强度特性的变化。此外,PFC 还应用于水力压裂、矿山开采、岩体地震响应等方面的研究。

16.4.1.4 连续-不连续单元法

A. Munjiza 于 20 世纪 90 年代提出有限元与离散元耦合方法并构建了完整的理论体系,充分利用两者的优点。此后,众多学者在此基础上进行了改进,提高了数值方法的计算效率和应用范围。此类方法被认为在模拟连续介质向不连续介质转化,以及不连续介质进一步演化方面具有广阔的应用前景,近年来得到迅速发展。

中国科学院力学研究所提出的连续-不连续单元法(Continuum Discontinuum Element Method,CDEM)是一种以广义拉格朗日方程为基本框架的显式数值方法。该方法将基于连续与非连续介质的两类数值方法进行深度融合,在能量层面实现了有限元法、离散元法及无网格法的统一,可模拟地质体及人工材料在静、动力荷载下的弹性、塑性、损伤及破裂过程,以及破碎后散体的运动、碰撞、流动及堆积过程。近年来,以 CDEM 为基础的 GDEM 力学分析系列软件(如 GDEM-BlockDyna、GDEM-PDyna、GDEM-DAS 等)已在岩土、采矿、爆破、隧道、油气、水利、地质等多个领域成功应用。

CDEM 数值模型由块体及界面两部分构成,块体由一个或多个连续介质单元(如有限元单元、有限差分单元、弹簧元单元等)组成,用于表征材料的弹性、塑性、损伤等连续特征;两个块体间的公共边界即为界面,用于表征材料的断裂、滑移、碰撞等不连续特征。CDEM 中的界面包含真实界面及虚拟界面两个概念。真实界面用于表征材料的交界面及断层、节理等真实的不连续面,其强度参数与实际不连续面的参数一致。虚拟界面主要有两个作用:一是连接两个块体,用于传递力学信息,二是为显式裂纹的扩展提供潜在的通道(即裂纹可沿着任意一个虚拟界面进行扩展)。

CDEM 中数值模型的示意图见图 16-4-4,该模型共包含 8 个块体,其中 2 个块体由多个三角形单元组成,其余 6 个块体均由单个三角形单元组成。

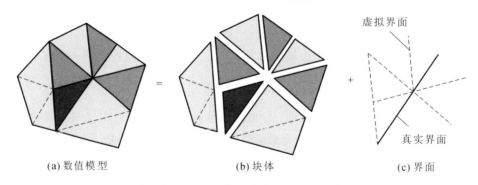

(a) 数值模型　　　　(b) 块体　　　　(c) 界面

图 16-4-4　CDEM 中数值楼型的示意图

CDEM 采用基于增量方式的显式算法进行动力问题的求解,主要包含节点合力计算及

节点运动计算两个部分。节点合力采用下式计算:

$$F = F^E + F^e + F^C + F^\gamma + F^l \tag{16-4-26}$$

式中,F 为节点合力;F^E 为节点外力;F^e 为有限元单元变形贡献的节点力;F^C 为接触力在节点上的分量;F^γ 为瑞利阻尼在节点上贡献的节点阻尼力;F^l 为节点局部阻尼力。

节点运动采用下式计算:

$$\begin{cases} a = \dfrac{F}{m}, & v = \sum_{t=0}^{T_{\text{now}}} a \cdot \Delta t \\ \Delta u = v \cdot \Delta t, & u = \sum_{t=0}^{T_{\text{now}}} \Delta u \end{cases} \tag{16-4-27}$$

式中,a 为节点加速度;v 为节点速度;Δu 为节点位移增量;u 为节点位移;m 为节点质量;Δt 为计算时步。

基于式(16-4-26)、式(16-4-27)的交替计算即为显式求解过程。

16.4.1.5 数值流形法

石根华(1991)提出的数值流形法(Numerical Manifold Method,NMM)是根据现代数学中"流形"的概念建立起来的一种全新数值方法。数值流形法自提出以来,得到了计算岩体力学领域学者的广泛关注。

数值流形法采用两套覆盖系统:数学覆盖和物理覆盖,能够灵活、高效地处理任意分布的不连续问题,在接触计算方面,将所有接触分类为角-角接触和角-边接触(边-边接触可转化为角-边接触),并且通过开闭迭代保证每一计算时步末接触状态的收敛性。数值流形法基于最小势能原理构建系统控制方程。

由于数值流形法采用了两套覆盖系统,能够在不引入界面单元、复杂阶跃函数或者采用网格重划分等方法的情况下处理连续和不连续问题,因此被广泛应用于岩石(体)裂纹扩展的模拟分析。

将数值流形法中的物理覆盖指定为各个块体即可构成不连续变形分析(Discontinuous Deformation Analysis,DDA),它具有与数值流形法相同的接触算法、开闭迭代和单纯形积分等特性。作为一种离散方法,DDA 不同于前面介绍的离散单元法,它将块体系统的不连续接触条件和位移加速度直接引入系数矩阵,建立隐式方程组,求解块体系统的不连续变形和不连续应力的动态变化过程,理论严密,计算精度较高,尤其适合岩体边坡工程、地下工程地基和砌石结构工程的不连续变形分析。

16.4.2 反分析法

16.4.2.1 方法的提出

反分析是针对正分析而言的。在一般情况下,岩体工程稳定性分析通常的做法是首先建立岩体力学模型(包括岩体几何结构、本构关系、边界条件,有时还有初始条件),然后确定岩体力学模型的参数(如应力边界条件、位移约束边界条件、岩体力学参数、岩体结构尺寸参数等),最后进行力学计算分析,求出岩体内的应力场、应变分布和位移分布,这就是所谓的正分析。

岩体工程稳定性正分析，在实践中遇到了一些很难克服的困难，即许多工程条件下岩体的应力边界条件和岩体力学参数很难确定。如岩体工程的地应力问题，一方面地应力测量难度大成本高，另一方面可测量的点有限，在较大范围内地应力也是变化的。再如一般岩体工程中岩体或某一岩层的弹性模量，通常用其岩石试样的室内测定值，再根据现场岩体或岩层的结构完整性状况等条件。考虑一个折减系数，修正后作为岩体或岩层的弹性模量，这种处理办法随意性较大，缺乏依据。再就是岩体工程正分析。不同计算者得出的结果有较大差别。其预计的岩体变形常常成倍地小于工程实测值，这主要是由于岩体力学模型建立的合理性和岩体力学参数确定的准确性两个方面存在问题。

反分析方法，正是在上述背景下提出的。所谓反分析，它与正分析的已知参数与待求参数相反，是将工程实践中容易测试或确定下来的物理量及其结果作为已知量，反求力学模型中的某一参数或验证模型的准确性。反分析法也称黑箱法或逆问题。

反分析起始于 20 世纪 70 年代中后期，由 Kirstan 最早提出，后经 Gioda、Sakurai、Maier 和 Cividini 等学者的发展，该方法最早是基于位移实测值反求岩体力学参数和初始地应力，因此称为位移反分析。该方法是逆向思维在岩体力学研究中的一次成功应用，开辟了岩体参数和初始地应力研究的新途径，一经提出就受到了普遍的关注。并且由于反分析得到的参数作为在同一模型下正分析的输入参数，大大提高了分析结果的可靠性，而受到工程界的欢迎。尤其是计算机技术和先进的计算方法的发展完善，将反分析研究推到了一个新的阶段。

这种方法的优点是回避了边界的复杂性，常用于对系统的力学行为不清楚的情况，比如地下硐室围岩压力，在边界条件或环境因素复杂时，通过实验硐开挖后的围岩变形量测，按工程经验或设定的理论模型反算应力分布特征，进行工程设计。另外，该方法能较好地解决工程设计所需参数，也有一定的理论基础，可以从中发现和追溯所研究岩体的本质特征。该方法的困难或者局限在于，不是所有岩体工程都具备量测条件，比如大尺度的高边坡。另一方面，该方法由于从待解参数角度出发，自由度大，有时会导致多解性、不稳定性，甚至无解。

另外，反分析法依循的理论仍然源于固体力学的成果，因此，也有人将其归入固体力学方法。

16.4.2.2 反分析的内容

反分析中，存在三个系统识别问题，即力学模型系统、边界条件系统和参数系统。力学模型的正确选择是反分析的基础，边界条件合理确定是反分析中正确利用数值分析方法的必要条件，而选择待分析参数则是反分析中的关键，它直接影响反分析结果的精度。从理论上讲，当实测位移值足够多时，可以借助位移反分析来确定所有参数，但实际上是不可能和不必要的。只有选择对开挖位移的敏感程度大的参数，才能减少反分析的工作量，加快反分析速度，保证反分析的精度。

反分析最早是以实测岩体工程的位移量反算岩体力学参数和初始地应力，现在已经大大拓展其反算的内容。例如，通过测量岩体内的应力或应变反算岩体的力学参数，或者根据工程岩体的稳定性系数，反算岩体力学参数或破坏面位置等。并且反分析的内容还在不断拓展中。

总体来看，岩体力学反分析的内容可以分为四类，分别为参数回归、应力计算、结构优化、模型识别。参数回归是已知岩体的本构模型、初始地应力和位移量测值,求岩体物理力学参数;应力计算是已知岩体的本构模型、物理力学参数和位移量测值,求初始地应力;模型识别是已知初始地应力和位移量测值,求岩体的本构模型及模型参数,即系统辨识。结构优化是已知岩体的本构模型、物理力学参数、初始地应力和位移量测值,求开挖空间最佳几何形状。

16.4.2.3 反分析法的类别

1. 逆解法

逆解法是依据矩阵求逆原理建立的反演分析计算法。它是直接利用量测位移由正分析方程反推得到的逆方程,从而得到待定参数(力学特性参数和初始地应力分布参数等)。简单地说,逆解法即是正分析的逆过程。此法基于各点位移与弹性模量成反比,与荷载成正比的基本假设,仅适用于线弹性等比较简单的问题。其优点是计算速度快,占用计算机内存少,可一次解出所有的待定参数。

在逆解法的研究和应用方面,日本学者 Sakurai(1983)提出了反算隧洞围岩地应力及岩体弹性模量的逆解法,该方法基于有限元分析的逆过程,只进行逆分析一次便可得到参数的最佳估计,因此在实际工程中得到广泛应用。

随着岩体工程的发展,其结构设计正由传统的确定性方法转向概率方法,相应地,其分析手段也转变为概率手段。因此在分析时,需事先知道岩体介质特性参数的概率分布及其数字特征,如均值、方差及高阶矩。对于岩体介质本身具有随机不确定特性的系统,进行其特性参数的不确定性反分析研究具有更重要的理论价值。孙钧等(1996)采用 Sakurai 的逆反分析思路,推导了随机有限元的逆过程,提出了基于量测位移的随机逆反分析方法,并基于特征函数法得到了函数的方差和高阶矩。然而,目前随机逆反分析研究还只能就弹性有限元进行,深入弹塑性、黏弹塑性等复杂非线性计算模型的随机逆反分析则有待进一步研究。

2. 直接法

直接法又称直接逼近法,也可称为优化反演法。这种方法是把参数反演问题转化为一个目标函数的寻优问题,直接利用正分析的过程和格式,通过迭代最小误差函数,逐次修正未知参数的试算值,直至获得"最佳值"。其中优化迭代过程常用的方法有单纯形法、复合形法、变量替换法、共轭梯度法、罚函数法、Powell 法等。Gioda 等(1987)总结了适用于岩体工程反分析的四种优化法,即单纯形法、Rosenbrok 法、拟梯度法和 Powell 法。这些方法各具有优点和不足。总的来说,这类方法的特点是可用于线性及各类非线性问题的反分析,具有很宽的适用范围。其缺点是通常需给出待定参数的试探值或分布区间等,计算工作量大,解的稳定性差,特别是待定参数的数目较多时,费时、费工、收敛速度缓慢。

3. 图谱法

图谱法是杨志法(1988)提出的一种位移图解实用反分析方法。该法以预先通过有限元计算得到的对应于各种不同弹性模量和初始地应力与位移的关系曲线,建立简便的图谱和图表。根据相似原理,由现场量测位移通过图谱和图表的图解反推初始地应力和弹性模量。目前,这一方法已发展为用计算机自动检索,使用时只需输入实际工程的尺寸与荷载相似比,即可得到所需的地层参数,方法简便实用,对于线弹性反分析更方便实用,具有较好的精度。

4. 智能反演法

逆解法、优化法和图谱法作为反演确定岩体工程介质本构模型及物性参数的主要方法,自20世纪70年代初至今得到了快速发展,并且在工程中得到广泛应用。但实际工程中发现,传统优化方法存在结果依赖初值的选取,难以进行多参数优化及优化结果易陷入局部极值等缺点。近年来,一种源于自然进化的全局搜索优化算法——遗传算法和具有模拟人类大脑部分形象思维能力的人工神经网络方法,以其良好的性能引起了人们的重视,并被引入岩体工程研究。

遗传算法(Genetic Algorithm,GA)是美国著名学者 J. H. Holland 于20世纪70年代中期首先提出来的。它是建立于遗传学及自然选择基础上的一种随机搜索算法。利用基于遗传算法的智能反演方法可以同时反演岩体的模型参数或多个物性参数,其全局收敛性质和很强的鲁棒性可以保证反分析结果的可靠性。虽然实践证明遗传算法是一种高效、可信的反分析方法,但它也存在严重依赖经验知识、计算量较大等问题,这是该方法有待解决的问题。人工神经网络(Artificial Neural Network,ANN)是一个高度复杂、非线性的动态分析系统,具有良好的模式辨识能力,几乎可模拟任何复杂的非线性系统,因而用神经网络模型模拟复杂的岩体工程问题无疑可取得好的效果。它特别适用于参数变量和目标函数之间无数学表达式的复杂工程问题,在岩体工程中也得到广泛的应用。

16.5 工程综合分析方法

由于岩体力学与工程研究中每一环节都是多因素的,不仅信息量大,而且多具有不确定性,因此,以传统固体力学、结构力学为基础的确定性分析方法存在不适应性,完全有必要采用多种方法并考虑多种因素(包括工程的、地质的及施工的等)进行综合分析和综合评价,特别是又必须以不确定性分析方法为指导,才能使研究和分析的结果更符合实际,更可靠和实用。

目前,岩体工程中进行综合分析常用的方法有安全系数法、可靠度分析法与工程类比法,近年来又新发展出智能分析法。

安全系数法,是目前常用的工程设计理念。所谓安全系数,简单地说就是允许的稳定性系数值,它的大小是根据各种影响因素人为规定的。选取是否合理,直接影响到工程的安全和造价。但它必须大于1.0才能保证工程安全,但比1.0大多少却很有讲究。

安全系数的取值,受一系列因素的影响,概括起来有以下几方面:① 岩体工程地质特征研究的详细程度;② 计算中用到的各种岩体参数,特别是有关岩体的物理力学参数,确定中可能产生的误差大小;③ 在计算岩体稳定性系数时,是否考虑了实际承受和可能承受的全部荷载;④ 计算过程中各种中间结果的误差大小;⑤ 工程的设计年限、重要性及破坏后果的严重程度;等等。一般来说,岩体工程地质条件研究比较详细,确定的计算边界比较可靠,计算参数确定比较符合实际,计算中考虑的荷载全面,加上工程规模等级较低时,安全系数可以规定得小一些;否则,应规定得大一些。例如,《建筑边坡工程技术规范》(GB 50330—2013)按不同边坡安全等级及工况,选取不同的边坡稳定安全系数,从1.05到1.35不等,但始终都应大于 1.0(见表 16-5-1)。

表 16-5-1 边坡稳定安全系数 F_{st}

边坡类型			边坡安全等级		
			一级	二级	三级
边坡类型	永久边坡	一般工况	1.35	1.30	1.25
		地震工况	1.15	1.10	1.05
	临时边坡		1.25	1.20	1.15

注:① 地震工况时,安全系数仅适用于塌滑区内无重要建(构)筑物的边坡;② 对地质条件很复杂或破坏后果极严重的边坡工程,其稳定安全系数应适当提高。

工程类比法,是将拟建工程与条件相似的已建工程进行类比,其前提是工程的相似性:一方面是工程岩体结构与力学性能的相似;另一方面是工程类型与规模的相似。工程类比法,实质上是经验法,可以将已经积累的工程经验运用于相似新建工程。

但是,利用工程类比法直接进行设计的还很少,更多的是定性分析上的借鉴与具体设计上的参考。但在工程岩体物理力学参数取值上,以及破坏模式的研判上,比拟方法应用较广泛。例如,各种岩体质量分级分类方法,以及建立在分级分类基础上对岩体质量的评价与参数取值建议等,实质上也是运用工程类比法的结果。因此,该方法在工程实践中发挥了重要作用。

不同于上述两种方法,可靠度分析法主要是依靠相关参数的随机性,借助概率统计学的理论进行岩体力学问题分析与工程设计,它有着具体的理论依据,在工业工程、建筑工程等领域得到较好的发展与应用,积累较多经验,在岩体工程领域也有着较好的探索,取得一定成果,本节主要重点介绍该方法。

16.5.1 可靠度分析方法简介

所谓可靠度,是指一个系统在给定的条件下和预计的时间内完成规定功能运行的概率。可靠度在系统工程中占有很重要的地位,它不仅能直接反映系统的质量指标,而且关系到整个系统的成败。一个复杂的系统往往由许多子系统或元件以一定的组合联系在一起,其中某一部分的失效都会影响整个系统。可靠度分析的目的在于既对各个子系统的可靠性作出估计,也要评价它们在构成大系统的可靠性中起什么样的作用,从而控制薄弱环节以提高整个系统的可靠性。

可靠度在工程结构设计中的应用从 20 世纪 40 年代开始。1956 年,卡萨格兰提出了土工和基础工程的计算风险问题。20 世纪 60 年代,G. G. Meyerhof,E. H. Vanmarcke 等发表了一系列论著,奠定了土工可靠度方法的基础。我国从 20 世纪 50 年代中期开始对可靠度进行研究。随着计算机技术的发展及理论的完善,近年来各种可靠度分析方法在岩土工程中得到应用。

岩土工程和结构工程相似,它的状态是由有限个相互独立的参数确定的。这些参数大多是随机变量,这是因为设计参数从本质上说是用来描述性状不均匀性的,它们依赖人类无法控制的许多因素。既然岩土工程问题是非确定性的,那就要用具有非确定性模型的数学——概率论和数理统计——来解决。但长期以来,处理岩土工程的安全度问题主要采取定值论的方法,用安全系数来表示安全度。认为只要采用了适当的安全系数,就能保证工程的绝对安全。这虽然也是一种处理工程问题的方法,并且已经积累了相当丰富的经验,但传统方法毕竟还是不完备的,它无法提供说明工程可靠性的评价指标。

尤其是,与结构工程相比,岩土工程设计中有更多的不确定性和近似性。这是因为岩土介质的性质更加复杂,人们对于影响岩土性质因素的认识还很不充分,工程实践中也不可能完全勘察详尽,所以需要比较大的安全储备量来处理可能发生的偏差。当选用某一确定值的安全系数时,其实际的安全储备却往往是不确定的。如地质条件较复杂,荷载和岩土抗力的变异性大时,安全储备可能将更小。因此,尽管目前传统的安全系数法仍广泛应用,但不可否认其存在一些难以克服的缺点。可靠度分析法可以在一定程度上弥补上述不足,同时使岩土工程设计在设计原则上体现可能带来的变化。

对岩土工程来说,可以把整个工程看成一个大系统,并把它分解为若干个子系统或单元,运用可靠度分析的一些基本原理,分析设计所冒风险及在经济上承担的风险,并把所冒的风险限制在人们可以接受的限度以内,亦称风险分析。其目标是使可能达到极限状态的概率足够小,因此又称概率极限状态设计。

16.5.2 可靠度指标与失效效率的概念

在一般情况下,可以将影响结构功能要求的因素归纳为两个综合量,即荷载 Q 和抗力 R。这里的荷载和抗力不仅包括力、应力等变量,还可以是变形、沉降、渗流等其他工程设计关注的变量。荷载 Q 和抗力 R 均为随机变量,令

$$Z = g(R,Q) = R - Q \tag{16-5-1}$$

Z 为一个随机变量,根据荷载 Q 和抗力 R 的不同大小,可能出现下列三种情况:① $Z>0$,结构满足功能要求;② $Z<0$,结构失效;③ $Z=0$,结构处于极限状态。

根据 Z 值大小,可以判断结构是否满足某确定的功能要求,因此称式(16-5-1)为功能函数。而把方程

$$Z = g(R,Q) = 0 \tag{16-5-2}$$

称为极限状态方程。

由于影响荷载 Q 和抗力 R 都有很多更基本的随机变量(如岩体内摩擦角、内聚力、水压力、重力等),设这些基本随机变量为 $X_1, X_2, \cdots, X_n$,则功能函数的一般形式为

$$Z = g(X_1, X_2, \cdots, X_n) \tag{16-5-3}$$

若功能函数如式(16-5-1)定义,根据均值和方差的定义,可得 Z 的均值 μ_z 和方差 σ_z^2:

$$\mu_z = \mu_R - \mu_Q \tag{16-5-4}$$

$$\sigma_z^2 = \sigma_R^2 + \sigma_Q^2 - 2\rho_{RQ}\sigma_R\sigma_Q \tag{16-5-5}$$

式中,μ_R, μ_Q 分别为 R 和 Q 的均值;σ_R, σ_Q 分别为 R 和 Q 的标准差;ρ_{RQ} 为 R 和 Q 的相关系数。

令

$$\beta = \frac{\mu_z}{\sigma_z} \tag{16-5-6}$$

称 β 为可靠度指标。将式(16-5-4)和式(16-5-5)代入式(16-5-6),可得

$$\beta = \frac{\mu_R - \mu_Q}{\sqrt{\sigma_R^2 + \sigma_Q^2 - 2\rho_{RQ}\sigma_R\sigma_Q}} \tag{16-5-7}$$

将结构处于失效状态的概率称为失效概率,以 p_f 表示,则

$$p_f = P(Z < 0) \tag{16-5-8}$$

假设 Z 符合正态分布,则

$$p_f = P(Z < 0) = \Phi\left(\frac{0-\mu_z}{\sigma_z}\right) = \Phi(-\beta) = 1 - \Phi(\beta) \tag{16-5-9}$$

式中,Φ 为标准正态分布函数。

用图形来表示失效概率 p_f 与可靠度指标 β 的关系,如图 16-5-1 所示。

岩土工程中,习惯用稳定性系数来反映结构的功能要求。令稳定性系数

$$F = \frac{R}{Q} \tag{16-5-10}$$

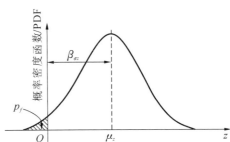

图 16-5-1 失效概率 p_f 与可靠度指标 β 的关系

$F=1$ 表示结构处于极限状态,$F>1$ 表示结构可靠,$F<1$ 表示结构失效。则功能函数为

$$Z = g(R,Q) = F - 1 \tag{16-5-11}$$

此时,可靠度指标

$$\beta = \frac{\mu_z}{\sigma_z} = \frac{\mu_F - 1}{\sigma_F} \tag{16-5-12}$$

假设 R,Q 满足对数正态分布,则 F 为对数正态随机变量。根据失效概率的定义,有

$$p_f = P(Z<0) = P(F<1) = P(\ln F < 0) = \Phi\left(\frac{-\mu_{\ln F}}{\sigma_{\ln F}}\right) \tag{16-5-13}$$

式中,$\mu_{\ln F}$ 为 $\ln F$ 的均值,$\sigma_{\ln F}$ 为 $\ln F$ 的标准差。

对数正态随机变量 $\ln F$ 的统计参数与 F 的统计参数之间的关系为

$$\mu_{\ln F} = \ln\mu_F - \frac{1}{2}\ln(1+\delta_F^2) \tag{16-5-14}$$

$$\sigma_{\ln F} = \sqrt{\ln(1+\delta_F^2)} \tag{16-5-15}$$

式中,δ_F 为 F 的变异系数,$\delta_F = \frac{\sigma_F}{\mu_F}$。

由式(16-5-12)可得

$$\mu_F = \frac{1}{1-\beta\delta_F} \tag{16-5-16}$$

将式(16-5-14)、式(16-5-15)和式(16-5-16)代入式(16-5-13),得

$$p_f = \Phi\left(-\frac{\ln\mu_F - \frac{1}{2}\ln(1+\delta_F^2)}{\sqrt{\ln(1+\delta_F^2)}}\right) = \Phi\left(\frac{\ln\left(\frac{\sqrt{1+\delta_F^2}}{\mu_F}\right)}{\sqrt{\ln(1+\delta_F^2)}}\right) = \Phi\left(\frac{\ln(\sqrt{1+\delta_F^2}(1-\beta\delta_F))}{\sqrt{\ln(1+\delta_F^2)}}\right) \tag{16-5-17}$$

将式(16-5-17)和式(16-5-9)计算的失效概率绘成与可靠度指标的关系图,如图 16-5-2 所示。由图可见,功能函数 Z 的分布对失效概率的影响很大。同一可靠度指标值,当假设 Z

为正态随机变量时,得到的失效概率值比 F 为对数正态分布时大。一般而言,可以认为 Z 受很多随机变量的影响,根据中央极限定理,可认为 Z 近似满足正态分布。同时,考虑到式(16-5-9)计算的失效概率较保守,基本能满足工程要求,因此仍可用式(16-5-9)计算失效概率。

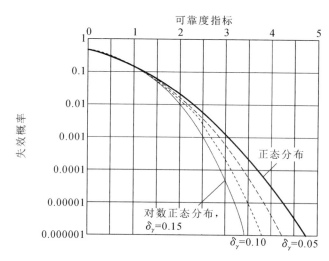

图 16-5-2 失效概率与可靠度指标关系图

16.5.3 可靠度指标与失效概率的计算

按式(16-5-8)计算失效概率需已知功能函数 Z 的概率分布。当影响功能函数 Z 的基本随机变量较多时,确定 Z 的概率分布非常困难。在一般情况下,确定基本随机变量的统计参数(如均值、方差等)较容易,可以仅依据基本随机变量的统计参数及它们各自概率分布函数计算可靠度指标和失效概率,常用的方法有一次二阶矩方法、Monte Carlo 法、响应面法等。

16.5.3.1 一次二阶矩法

一次二阶矩法的基本原理是在随机变量分布不明确的情况下,将功能函数在某点用 Taylor 级数展开,取一次项(即线性化),利用随机变量的均值和标准差(即前二阶矩)来求解可靠度指标,因此称为一次二阶矩法。根据 Taylor 级数展开点的不同可以分为中心点法和验算点法。

中心点法是将功能函数在中心点(均值点)处展开成 Taylor 级数进行计算,故名中心点法。对同一问题采用不同的功能函数,中心点法计算所得的可靠度指标不同,这是因为中心点不在极限状态面上。在中心点作 Taylor 展开的对应曲面可能会明显偏离原极限状态面。对同一问题采用不同的功能函数时中心点的位置以及线性近似平面也不同。在选择功能函数时,可尽量选择线性化程度较高的形式,以便减小非线性函数的线性化带来的误差。

此外,中心点法没有考虑基本随机变量的概率分布,只是利用了随机变量的前两阶矩,这也是它明显的不足之处。但由于计算简便,若分析精度要求不太高,中心点法仍有一定的实用价值。

下面将重点介绍验算点法。设计验算点法将功能函数的线性化 Taylor 展开点选在失效面上,同时又能考虑基本随机变量的实际分布,可以从根本上解决中心点法不能考虑随机变量实际分布的问题,故又称为改进一次二阶矩法(Advanced First Order Second Moment Method,AFOSM)。

下面以独立正态分布随机变量的情况,说明验算点的概念及验算点法的原理。

针对独立正态分布随机变量,设结构的极限状态方程为

$$Z = g(X) = 0 \tag{16-5-18}$$

再设 $x^* = (x_1^*, x_2^*, \cdots, x_n^*)^\mathrm{T}$ 为极限状态面上的一点,即

$$g(x^*) = 0 \tag{16-5-19}$$

在点 x^* 处将功能函数按 Taylor 级数展开并取至一次项,有

$$Z = g(x^*) + \sum_{i=1}^{n} \left[\left(\frac{\partial g}{\partial X_i} \right)_{x^*} (X_i - x_i^*) \right] \tag{16-5-20}$$

利用相互独立正态分布随机变量线性组合性质,Z 的均值和标准差分别为

$$\mu_z = g(x_i^*) + \sum_{i=1}^{n} \left[\left(\frac{\partial g}{\partial X_i} \right)_{x^*} (\mu_{x_i} - x_i^*) \right] \tag{16-5-21}$$

$$\sigma_z = \sqrt{\sum_{i=1}^{n} \left[\left(\frac{\partial g}{\partial X_i} \right)_{x^*} \right]^2 \sigma_{X_i}^2} \tag{16-5-22}$$

将式(16-5-21)、式(16-5-22)代入式(16-5-6),可以计算出可靠度指标 β:

$$\beta = \frac{g(x_i^*) + \sum_{i=1}^{n} \left[\left(\frac{\partial g}{\partial X_i} \right)_{x^*} (\mu_{x_i} - x_i^*) \right]}{\sqrt{\sum_{i=1}^{n} \left[\left(\frac{\partial g}{\partial X_i} \right)_{x^*} \right]^2 \sigma_{X_i}^2}} \tag{16-5-23}$$

令 Y_i 为 X_i 的标准化随机变量,即

$$Y_i = \frac{X_i - \mu_{x_i}}{\sigma_{X_i}} \tag{16-5-24}$$

定义变量 X_i 的灵敏度系数如下:

$$a_{X_i} = -\frac{\dfrac{\partial g_X(x^*)}{\partial X_i} \sigma_{X_i}}{\sqrt{\sum_{i=1}^{n} \left[\dfrac{\partial g_X(x^*)}{\partial X_i} \right]^2 \sigma_{X_i}^2}} \tag{16-5-25}$$

则有

$$\sum_{i=1}^{n} a_{X_i} Y_i - \beta = 0 \tag{16-5-26}$$

在原 X 空间中的 x^* 对应标准正态随机变量 Y 空间中的点 y^*,称为验算点。式(16-5-26)表示在 Y 空间内极限状态面的 y^* 点处线性近似平面。以二维随机变量空间为例,如图 16-5-3 所示,式(16-5-26)表示通过 y^* 的极限状态面。可证明,从原点 O 做极限状态面的法线,刚好通过 y^* 点。法线方向余弦 $\cos\theta_{Y_i}$ 等于灵敏度系数,即 $\cos\theta_{Y_i} = a_{X_i}$。可以计算得到 y^* 到原点的距离 β。因此,可靠度指标 β 就是标准化正态空间中坐标原点到极限状态面的最短距离。

验算点在 Y 空间中的坐标为

$$y_i = \beta\cos\theta_{Y_i} = \beta a_{X_i} \quad (i=1,2,\cdots,n) \tag{16-5-27}$$

则在原 X 空间中的坐标为

$$x_i = \mu_{x_i} + \beta a_{X_i}\sigma_{X_i} \quad (i=1,2,\cdots,n) \tag{16-5-28}$$

用迭代的方法可以求解 β 和 x^*,迭代计算步骤如下:

(1) 假定初始验算点 x^*,一般可取 $x^* = \mu_x$;
(2) 利用式(16-5-25)灵敏度系数计算 a_{X_i};
(3) 利用式(16-5-23)计算 β;
(4) 利用式(16-5-28)计算新的 x^*;
(5) 以新的 x^* 重复步骤(2)至步骤(4),直至前后两次 $\|x^*\|$ 之差小于允许误差 ε。

计算流程图见 16-5-4。

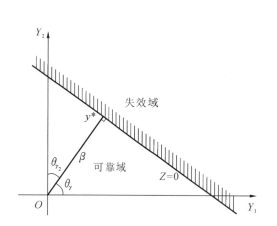

图 16-5-3 可靠度指标的几何意义及验算点

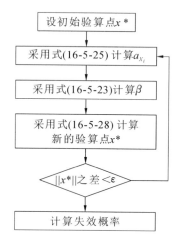

图 16-5-4 验算点法计算流程图(独立正态变量情况)

对于非正态分布随机变量的情况,应先进行正态化处理。最常用的方法是 JC 法和等概率变换法。现以 JC 法对其步骤进行说明。

JC 法是国际安全度联合委员会(JCSS)推荐使用的方法,所以称为 JC 法,又称当量正态化法。按照 JC 法,设 X 中的 X_i 为正态分布变量,其均值为 μ_{X_i},标准差为 σ_{X_i},概率密度函数为 $f_{X_i}(x_i)$,累积分布函数 $F_{X_i}(x_i)$。与 X_i 相应的当量正态化变量为 X_i'(X_i' 满足正态分布),其均值为 $\mu_{X_i'}$,标准差为 $\sigma_{X_i'}$,概率密度函数为 $f_{X_i'}(x_i')$,累积分布函数为 $F_{X_i'}(x_i')$。

根据当量正态化条件要求,在验算点 x_i^* 处 X_i' 和 X_i 的累积分布函数和概率密度函数分别对应相等,如图 16-5-5 所示。

根据式(16-5-27)和式(16-5-28)可以得到当量正态化变量的均值和标准差:

$$\mu_{X_i'} = x_i^* - \Phi^{-1}[F_{X_i}(x_i^*)]\sigma_{X_i'} \tag{16-5-29}$$

$$\sigma_{X_i'} = \frac{\phi\{\Phi^{-1}[F_{X_i}(x_i^*)]\}}{f_{X_i}(x_i^*)} \tag{16-5-30}$$

对于如对数正态分布、Weibull 分布、极值 I 型分布等常用的分布类型,均可由式(16-5-29)和式(16-5-30)得到所需的正态变量的均值和方差。参照独立正态分布变量的验算点法的迭代步骤,在迭代中增加了非正态变量的正态变化过程就可以建立 JC 法的迭代计算步骤,迭代计算流程图见图 16-5-6。

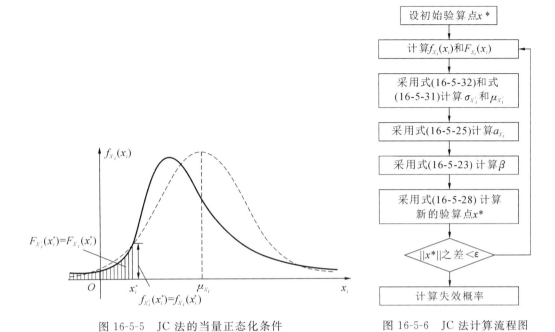

图 16-5-5　JC 法的当量正态化条件　　　图 16-5-6　JC 法计算流程图

一次二阶矩方法概念清晰，简单易行，得到了广泛的应用。但它没有考虑功能函数在设计验算点附近的局部性质，当功能函数的非线性程度较高时将产生较大误差。

如图 16-5-7 所示，在标准正态随机变量空间内，A 为线性极限状态面，B 和 C 均为非线性极限状态曲面。采用一次二阶矩方法即在设计验算点处假设极限状态面为 A，对这三个极限状态面而言，得到的可靠度指标相等。对极限状态曲面 B 而言，采用一次二阶矩方法计算的失效概率比实际失效概率大，即计算偏保守。如极限状态曲面为 C 面，则计算失效概率比实际失效概率小，即计算偏不安全。由于极限状态曲面在验算点处的几何特性会影响可靠度计算的结果，因此，研究者在一次二阶矩法的基础上，提出了二次二阶矩法（Second Order Reliability Method，SORM 法），可参见相关文献。

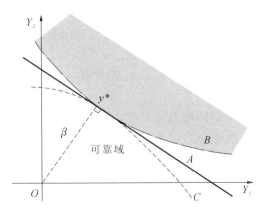

图 16-5-7　非线性极限状态面对失效概率的影响

16.5.3.2 蒙特卡罗法

蒙特卡罗(Monte Carlo)方法是首先生成随机变量的样本,然后将随机变量的样本作为输入获得功能函数的样本,再统计失效区样本的数量从而估算失效概率的一种方法。这种方法的优点是概念明确,使用方便,在可靠度分析中应用极广,在一些情况下还是检验其他可靠度方法精度的唯一方法。该方法的主要缺点是为精确估算失效概率所取用的样本数必须足够大,由此导致所需要的计算量也会很大,尤其是在功能函数没有解析式和失效概率比较小的情况下。为提高蒙特卡罗方法计算效率,可采用重要性抽样法和拉丁抽样法。

抽样方法是可靠度分析中的一种常用的、在很多情况下都是十分有效的计算方法。根据单个随机变量的累积分布函数可以按逆变换法来生成该变量的随机数;根据单个随机变量的概率密度函数可以按舍选法获得其样本。对于统计独立的随机向量,其各元素的样本可分别按单变量随机数的方法生成,不同元素样本的自然组合可形成随机向量的样本;统计相关的随机向量的随机数则可通过变换成统计独立的随机向量来生成样本。

利用抽样方法来计算失效概率的精度与随机变量的个数无关,而只与样本数量有关。所需的样本随失效概率的减小而迅速增加,因而所需要的工作量也会迅速增加。此时,重要性抽样法和拉丁抽样法优势明显。目前,采用抽样方法计算结构的可靠度仍然是一个迅速发展的领域,近年来,有学者提出了子集抽样法、线抽样法。这些方法都有助于进一步提高用抽样方法计算失效概率的效率。

16.5.3.3 响应面法

对于复杂岩土工程结构而言,常难以写出功能函数的显式表达式,而直接采用 Monte Carlo 方法进行数值模拟工作量太大,为此一些学者提出用响应面法来确定结构功能函数。

响应面法(Reponse Surface Method,RSM)最早是由数学家 Box 和 Wilson 于 1951 年提出。其基本思想是假设一个包括一些未知参量的近视功能函数 $\overline{Z}=\overline{g}(X_1,X_2,\cdots,X_n)$ 来代替实际的不能明确表达的功能函数 $Z=g(X_1,X_2,\cdots,X_n)$。通过设计一系列取样点,采用确定性的分析方法得到系统的安全响应,进而拟合一个响应面来逼近真实的极限状态曲面。这个用于代替真实功能函数的近似功能函数被称为响应面函数。

用响应面法进行结构可靠性设计时,在得到响应面函数之后就可以运用一次二阶矩法等方法进行分析计算,流程如下:

(1) 选取含待定系数的响应面函数代替不能明确表达的实际功能函数,常用多项式功能函数。

(2) 确定各个随机设计变量的概率分布形式或取样范围。

(3) 根据功能函数和随机变量分布,选用一定数量的样本点。

(4) 使用样本点数据,建立合适的模型求解实际功能响应。使用 N 个样本点数据,可以得到结构在 N 个样本点处的功能响应。

(5) 将样本点及其功能响应数据代入响应面函数,建立线性方程组,求解待定系数,从而获得明确的响应面函数。

(6) 基于响应面函数,采用一次二阶矩法求解设计验算点和可靠度指标。

(7) 为了提高计算精度,可迭代计算,重新取样,求解响应面函数和可靠度指标。

二次多项式是常用的响应面函数,它采用 Taylor 展开原理对真实功能函数进行模拟,在取样点周围能够获得较高的精度。对于高次极限状态方程,二次多项式在取样点区域之外的模拟效果较差,因此有必要对响应面函数进行迭代求解,将取样点调整到设计验算点附近,从而使得近似功能函数能够对设计验算点附近的极限状态面获得较高的模拟精度。对于复杂岩土工程结构来说,使用迭代求解的响应面法进行可靠度计算是非常有效的。

16.5.4 岩体参数与荷载的随机性

岩体工程的状态是由响应和抗力的有限个状态参数确定的。这些状态参数大多是随机变量,甚至可能是时间或空间的随机过程。这种不确定性的来源,有的是因参数本身就是随时间变化的随机过程,如地震波加速度;有的则是在描述状态不均匀性时,依赖人类无法控制的许多随机因素而造成的,如岩体结构的抗剪强度参数即使对同一岩区的不同平硐位置,甚至对同一平硐位置的不同组实验,其结果也经常是相当离散的,需用空间随机分布过程来模拟。由于岩体工程的状态参数具有随机分布特性,因而其破坏模式及破坏过程也具有随机性。可能的破坏模式有拉裂破坏及压剪破坏等。其可能的破坏路径就更加复杂、多变。但是,各种破坏模式的出现概率是不同的,同样,沿不同路径破坏的概率也是不同的。从工程设计的角度来看,主要是寻求最大概率密度的破坏模式及破坏路径,但也不能忽略它们与概率密度较小的破坏模式及破坏路径的相关性,应当在全面考虑各种破坏模式和破坏路径的可能性与相关性的基础上确定整个岩体工程系统的可靠度。

在岩体工程中,状态参数大多是空间域或时间域的随机过程。例如,某一岩区的弹模 E 和抗剪强度 f、C,均可模拟为空间随机分布过程;而对岩体流变和动力问题来说,则还可模拟为时间随机分布过程。

16.5.5 工程系统的可靠度设计

很多工程系统是由多个子系统构成的。系统的失效概率不仅与单个子系统的失效概率有关,还与这些子系统之间的相互关系有关。对于静定体系,假如所有子系统失效后系统才会失效,该系统可称为并联系统,见图 16-5-8;只要有一个子系统失效整个系统就会失效,该系统可称为串联系统,见图 16-5-9。

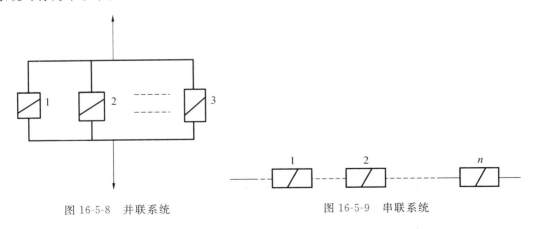

图 16-5-8　并联系统　　　　图 16-5-9　串联系统

假设一个并联系统由 n 个子系统构成。用 E 代表系统失效事件,用 E_i 表示子系统 i 失

效的事件。并联系统失效事件为各子系统失效事件的交集,故

$$P(E) = P(E_1, E_2, \cdots, E_n) \tag{16-5-31}$$

如果各子系统失效事件之间是统计独立的,式(16-5-31)可写为

$$P(E) = \prod_{i=1}^{n} P(E_i) \tag{16-5-32}$$

式(16-5-32)表明,对于相互独立的并联系统,系统失效概率即为各子系统失效概率之积。当各子系统失效事件之间为互斥关系时,各子系统不可能同时失效,故并联系统也不可能失效,其失效概率为 0,即

$$P(E) = 0 \tag{16-5-33}$$

假设一个串联系统由 n 个子系统构成。串联系统的系统失效事件为 n 个子系统失效事件的并集,故

$$P(E) = P(E_1 \cup E_2 \cup \cdots \cup E_n) \tag{16-5-34}$$

如果各子系统失效事件之间是互斥的,式(16-5-34)可写为

$$P(E) = \sum_{i=1}^{n} P(E_i) \tag{16-5-35}$$

式(16-5-35)表明,当子系统失效事件彼此互斥时,串联系统的系统失效概率即为各子系统失效概率之和。

串联系统不失效事件是每个子系统都不失效事件的交集,因此有

$$P(\overline{E}) = P(\overline{E}_1, \overline{E}_2, \cdots, \overline{E}_n) \tag{16-5-36}$$

当各子系统失效事件之间相互独立时,式(16-5-36)可以写为

$$P(\overline{E}) = P(\overline{E}_1) P(\overline{E}_2) \cdots P(\overline{E}_n) \tag{16-5-37}$$

考虑到 $P(\overline{E}_i) = 1 - P(E_i)$,系统失效概率可按下式计算:

$$P(E) = 1 - \prod_{i=1}^{n} [1 - P(E_i)] \tag{16-5-38}$$

对于超静定体系,可以有许多破坏模式和众多的破坏途径,因而能形成的破坏链很多,而每一个破坏链又可用一个并联系来模拟。当最弱的一个破坏链形成后,将导致体系的失效,因而各并联系又互相串联着,构成了整个体系,如图 16-5-10 所示。对于破坏元素全是韧性的并联系,只有当所有元素失效时,并联系才失效。对于破坏元素全是脆性的并联系,当某一元素失效后,问题转化为是否剩余的脆性元素由于荷载效应重分配后仍能保证并联系不致失效。

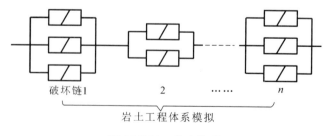

图 16-5-10 整个体系

如果岩体工程各子体系逻辑关系清晰,能够确定是串联或并联关系,可以按上述方法计

算确定系统的失效概率。但是大多数岩体工程涉及的体系元素多，岩体构造复杂，往往是超静定体系，可以形成许多破坏链，精确计算其可靠度往往非常困难。在实际应用中，绕开精确计算系统的失效概率而计算系统失效概率可能的范围，仍然能为工程决策提供非常有用的信息，其中以 Ditlevsen 方法最有帮助。该方法可以考虑不同子系统之间相关系数的大小，获得的系统可靠度界限一般较窄，因而获得了广泛的应用。不过，该方法主要适用于子系统数目不多的情况。蒙托卡罗方法可用来求解一般的系统可靠度问题，但在实际应用时应考虑计算效率的问题。

设结构体系的 n 个机构的事件为 $E_1, E_2, \cdots, E_n$，根据概率论，Ditlevsen 导出了如下的结构体系破坏概率的界限范围：

$$P(E_1) + \sum_{i=1}^{n} \max\left[P(E_i) - \sum_{j=1}^{n-1} P(E_i E_j), 0\right] \leqslant P_f \leqslant \sum_{i=1}^{n} P(E_i) - \sum_{i=2}^{n} \max_{j<i} P(E_i E_j) \tag{16-5-39}$$

若子系统 i、j 的可靠度指标为 β_i 和 β_j，子系统 i、j 之间的相关系数为 ρ_{ij}，可由下式计算确定体系的破坏概率的上下界：

$$\begin{cases} \max[a, b] \leqslant P(E_i E_j) \leqslant a + b & (\rho_{ij} > 0) \\ 0 \leqslant P(E_i E_j) \leqslant \min[a, b] & (\rho_{ij} > 0) \end{cases} \tag{16-5-40}$$

$$\begin{cases} a = \Phi(-\beta_i)\Phi\left(-\dfrac{\beta_j - \rho_{ij}\beta_i}{\sqrt{1-\rho_{ij}^2}}\right) \\ b = \Phi(-\beta_j)\Phi\left(-\dfrac{\beta_i - \rho_{ij}\beta_j}{\sqrt{1-\rho_{ij}^2}}\right) \end{cases} \tag{16-5-41}$$

在利用 Ditlevsen 方法计算可靠度界限时，获得的界限与失效模式的排列顺序有关。经验表明，按各失效模式的失效概率从大到小进行排列可以获得更窄的界限，因而更精确；另外，当不同失效模式的失效概率较小时（$<10^{-4}$），按本方法获得的系统失效概率的界限较窄；而当不同失效模式的失效概率较大时（$>10^{-2}$），获得的界限则较宽。此外，当失效模式数目很多时，计算出的失效概率也会较宽。

除上述分析方法外，还可以利用有限元分析等数值方法开展可靠度分析，直接在有限元分析中考虑各子系统的随机性，这就是随机有限元方法。

第 17 章 边坡岩体工程

17.1 概　述

边坡(slope),也称斜坡,是地表广泛分布的一种地貌形式,指地壳表部一切具有侧向临空面的地质体。它包括天然斜坡和人工边坡两种。前者是自然地质作用形成未经人工改造的斜坡,通常也简称斜坡;后者是经人工开挖、堆填或改造形成的,如露天采矿边坡、铁路公路路堑与路堤边坡等,通常也简称边坡。另外,按岩性又可将边坡分为土质边坡和岩质边坡(岩石边坡)。本章主要讨论岩质边坡。

边坡在其形成及运营过程中,坡体内应力分布发生变化,岩土体会相应产生一定的变形。当组成边坡的岩土体强度不能适应此应力分布时,就要产生失稳破坏,引发事故或灾害。在世界各地,边坡失稳事故时有发生,造成了很大的危害。

边坡岩体工程是以岩质边坡为研究对象,研究如何设计与保障边坡的安全,为人类的工程目的服务。边坡岩体工程,首先要求能够满足工程的需求,在此大前提下按照经济-安全的原则进行。不能为了安全,不顾实际需要或者经济的合理投入,开挖的边坡坡度过小,造成浪费;也不能单纯为了节省开挖量,坡度过大,又不采取合理加固措施,而导致不安全,或者需要的加固措施过于复杂,导致另外一种浪费。因此,边坡岩体工程就是利用岩体力学的知识在科学研究的基础上制定一个既经济合理又有足够安全保障的边坡方案。

边坡岩体工程研究的核心是岩体边坡稳定性分析。目前,用于边坡岩体稳定性分析的方法,主要有数学力学分析法(包括块体极限平衡法、弹性力学与弹塑性力学分析法和有限元法等)、模型模拟试验法(包括相似材料模型试验、光弹试验和离心模型试验等)及原位观测法等。此外,还有破坏概率法、信息论方法及风险决策等新方法应用于边坡稳定性分析中。为此,应研究边坡岩体地质特征、结构特征、力学性质及地质环境条件,分析边坡变形破坏的机理(包括应力分布及变形破坏特征),预测边坡破坏的可能方式及破坏部位、规模大小、影响范围、滑动面位置,在此基础上选择适宜的稳定性评价方法进行稳定性计算和稳定性分析。因此,边坡岩体工程是一个综合的研究体系,应具备岩体力学的全面知识。第18章、第19章与第20章所要讨论的地下岩体工程、地基岩体工程与石质文物保护工程,也具有同样的特点。

17.2　边坡岩体中的应力分布特征

在岩体中进行开挖,形成人工边坡。由于开挖卸荷,将会影响到一定范围内的岩体内部应力分布,这部分受影响的岩体,即为工程岩体的范围,也就是工程影响到的岩体范围,是边坡岩土工程研究的对象。由于它们内部发生应力重分布作用,使边坡工程岩体处于重分布应力状态下。边坡岩体为适应这种重分布应力状态,将会发生变形,甚至会出现局部破坏或整体破坏。因此,研究边坡工程岩体应力重分布作用及重分布应力场特征是进行稳定性分析的前提与基础。

17.2.1 边坡岩体应力重分布特征

在均质连续的岩体中开挖时,人工边坡内的应力重分布可用有限元法等数值模拟方法及模型模拟实验等方法求解。图 17-2-1、图 17-2-2 为用弹性有限单元法计算结果给出的主应力及最大剪应力迹线图。由图可知边坡内的应力重分布有如下特征:

(1) 无论在什么样的地应力场下,边坡面附近的主应力迹线均明显偏转,表现为最大主应力与坡面近于平行,最小主应力与坡面近于正交,向坡体内逐渐恢复初始应力状态(见图 17-2-1)。

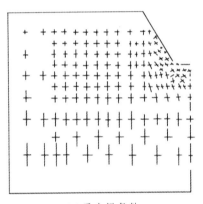 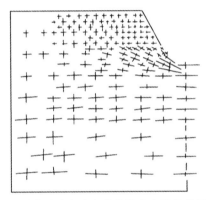

(a) 重力场条件　　　　　(b) 以水平应力为主的构造应力场条件下

图 17-2-1　用弹性有限单元法解出的典型斜坡主应力迹线图(据科茨,1970)

(2) 由于应力的重分布,在坡面附近产生应力集中带,不同部位的应力状态是不同的。在坡脚附近,平行坡面的环向应力显著升高,而垂直坡面的径向应力显著降低,由于应力差大,于是就形成了最大剪应力增高带,最易发生剪切破坏。在坡肩附近,在一定条件下坡面径向应力和坡顶环向应力可转化为拉应力,形成一拉应力带。边坡越陡,则此带范围越大,因此,坡肩附近最易拉裂破坏。

(3) 在坡面上各处的径向应力为零,因此坡面岩体仅处于双向应力状态,向坡内逐渐转为三向应力状态。

(4) 由于主应力偏转,坡体内的最大剪应力迹线也发生变化,由原来的直线变为凹向坡面的弧线(见图 17-2-2)。

17.2.2 影响边坡应力分布的因素

(1) 地应力。表现在水平地应力使坡体应力重分布作用加剧,即随水平地应力增加,坡内拉应力范围加大(见图 17-2-3)。

(2) 坡形、坡高、坡角及坡底宽度等,对边坡应力重分布均有一定的影响。

坡高虽不改变坡体中应力等值线的形状,但随坡高增大,主应力量值也增大。

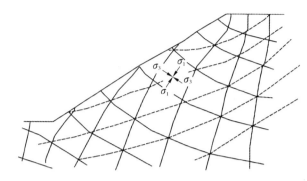

图 17-2-2　斜坡中最大剪应力迹线与主应力迹线关系示意图
(实线为主应力迹线;虚线为最大剪应力迹线)

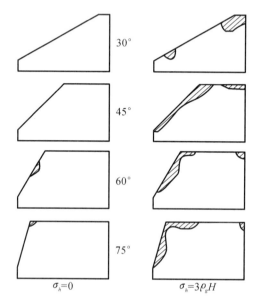

图 17-2-3　斜坡拉力带分布状况及其与水平构造应力 σ_h、坡角 β 关系示意图
(斯特西,1970)(图中阴影部分表示拉力带)

坡角大小直接影响边坡岩体应力分布图象。随坡角增大,边坡岩体中拉应力区范围增大(见图 17-2-3),坡脚剪应力也增高。

坡底宽度对坡脚岩体应力也有较大的影响。计算表明,当坡底宽度小于 0.6 倍坡高 (0.6H)时,坡脚处最大剪应力随坡底宽度减小而急剧增高。当坡底宽度大于 0.8H 时,则最大剪应力保持常值。另外,坡面形状对重分布应力也有明显的影响,研究表明,凹形坡的应力集中度减缓,如圆形和椭圆形矿坑边坡,坡脚处的最大剪应力仅为一般边坡的 1/2 左右。

(3) 岩体性质及结构特征。研究表明,岩体的变形模量对边坡应力影响不大,而泊松比对边坡应力有明显影响(见图 17-2-4)。这是由于泊松比的变化,可以使水平自重应力发生改变。结构面对边坡应力也有明显的影响。因为结构面的存在使坡体中应力发生不连续分布,并在结构面周边或端点形成应力集中带或阻滞应力的传递,这种情况在坚硬岩体边坡中尤为明显。

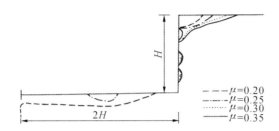

图 17-2-4 泊松比对斜坡张应力分布区的影响示意图

17.3 边坡岩体的变形与破坏

岩体边坡的变形与破坏是边坡发展演化过程中两个不同的阶段,变形属量变阶段,而破坏则是质变阶段,它们形成一个累进性变形破坏过程。这一过程对天然斜坡来说时间往往较长,而对人工边坡则可能较短暂。通过边坡岩体变形迹象的研究,分析斜坡演化发展阶段,是斜坡稳定性分析的基础。

17.3.1 边坡变形的基本类型

边坡岩体变形根据其形成机理可分为卸荷回弹与蠕变变形等类型。

17.3.1.1 卸荷回弹

在边坡形成过程中,由于荷重不断减少,边坡岩体在减荷方向(临空面)必然产生伸长变形,即卸荷回弹。地应力越大,则向临空方向的回弹变形量也越大。如果这种变形超过了岩体的抗变形能力时,将会产生一系列的张性结构面。如坡顶近于铅直的拉裂面(见图 17-3-1(a)),坡体内与坡面近于平行的压致拉裂面(见图 17-3-1(b)),坡底近于水平的缓倾角拉裂面(见图 17-3-1(c))等。另外,层状岩体组成的边坡,由于各岩层性质的差异,变形程度不同,因而将会出现差异回弹破裂(差异变形引起的剪破裂)(见图 17-3-1(d))等,这些变形多为局部变形,一般不会引起边坡岩体的整体失稳。

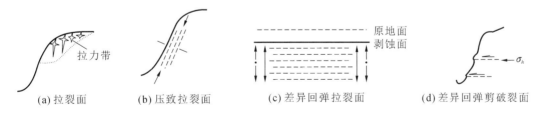

图 17-3-1 与卸荷回弹有关的次生结构面示意图

卸荷回弹会在边坡表层形成一个应力松动带和裂隙密集带,称为"卸荷带"。卸荷带是伴随边坡开挖或河谷下切过程中由于应力释放,边坡岩体向临空面方向发生卸荷回弹变形,在边坡一定深度范围内所产生的一套变形破裂行为。其表现为原有结构面的进一步错动或新的表生破裂体系的形成,结果在河谷岸坡一定深度范围内,形成应力降低区,也称"松动圈"。卸荷带对边坡工程性状具有很大的影响,不仅破坏岩体结构的完整性,而且陡倾的卸荷裂隙还可能构成边坡失稳的边界,从而增大了失稳的可能性。对工程边坡而言,尤其是大坝工程边坡,还可能构成边坡的集中渗漏带或坝肩失稳的控制边界。因此,对卸荷带的研究一直为工程地质界所重视。

卸荷带发育深度与边坡的高度有直接的联系,一般认为,其最大发育深度约为坡高的0.5倍。应力降低区最显著的特征是岩体的应力状态发生了不利于边坡稳定性的变化,即最小主应力发生向垂直坡面方向偏转,并向坡面方向逐渐减小,在距坡面一定深度的范围降低为拉应力区;而最大主应力始终保持平行坡面方向作用,并向坡脚方向逐渐增大。

因此,在应力降低区内,也对应了两个不同应力状态的区域:一个是一向受压、一向受拉的拉-压应力组合区,位于近坡面一定深度的范围;另一个是双向受压的压-压应力组合区,位于拉-压应力组合区与应力增高区之间,如图17-3-2所示。

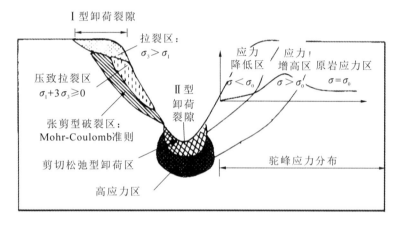

图17-3-2 边坡应力场分布及卸荷裂隙机理模型示意图

卸荷带内可能出现以下三种形式的破坏:

(1) 当最小主应力超过岩体的抗拉强度时,所发生的平行坡面的单向拉裂破坏,在这种情况下,平行坡面的最大主应力几乎不起作用。如果坡体中有平行坡面的陡倾裂隙发育时,由于结构面的不抗拉特性,坡体最易于沿这组裂隙拉裂,形成卸荷裂隙。

(2) 在单向拉伸情况下,受平行坡面最大主应力控制的压裂-拉裂破坏,即应力条件满足格里菲斯准则后($\sigma_1+3\sigma_3 \geqslant 0$),所产生的受压应力控制的张裂破坏。这种张性破裂面基本上也是平行坡面(沿最大主应力方向)发展的,常可以见到弧形裂面。

(3) 在单向拉伸情况下受平行坡面最大主应力控制的剪切破坏(Morh-Coulomb型破坏)。这种有单向拉伸参与的剪切破坏,与双向受压情形下的剪切破坏不同的是,剪切破坏面上作用有法向的拉应力,因此,尽管破裂机理是剪切的,但是,其破坏面的实际表现是张性的,即地质上通常所说的张剪性面;与上述两类张裂面除了破裂机理的不同外,这类张剪性面的倾角一般较前两者缓(仍为陡裂型)。

上述三类破裂面尽管破裂机理有所不同,但是有一点是共同的,就是都有拉应力的参与(最小主应力σ_3),且都表现出张裂的特征。在实际工程中,对这三种破裂面很难加以严格区别,而统称为卸荷裂隙,即在(开挖)卸荷条件下,由于边坡应力场的改变而形成的张性破裂面。卸荷裂隙的出现,将导致岩体损伤的增强,恶化岩体的质量,因此在边坡岩体工程实践中应格外受到重视。该项内容的研究已经发展成为"卸荷岩体力学"这一分支。

17.3.1.2 蠕变变形

边坡岩体中的应力对于人类工程活动的有限时间来说,可以认为是保持不变的。在这种近似不变的应力作用下,边坡岩体的变形也将会随时间不断增加,即发生蠕变变形。当边坡内的应力未超过岩体的长期强度时,则这种变形一般不会引起大范围的破坏。反之,这种变形将导致边坡岩体的整体失稳。当然,这种破裂失稳是经过局部破裂逐渐产生的,几乎所有的岩体边坡失稳都要经历这种逐渐变形破坏过程。如甘肃省洒勒山滑坡,在滑动前4年,后缘张裂隙的位移经历了如图17-3-3所示的过程,1981年春季前,大致保持等速蠕变,此后位移速度逐渐增加,直至1983年3月7日发生滑坡。

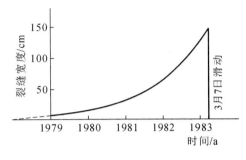

图 17-3-3 洒勒山滑坡失事前位移变化示意图

研究表明,边坡蠕变变形的影响范围是很大的,某些地区可达数百米深、数千米长的范围。

边坡蠕变大致有三种形式,它们的变形机制不同,见表17-3-1。

表 17-3-1 边坡蠕变变形分类

变形破坏类型		变形破坏特征	破坏机制	破坏面形态
蠕变	弯曲倾倒	反倾向层状结构的边坡,表部岩层逐渐向外弯曲、倾倒,少数层状同向边坡也可出现弯曲倾倒	弯曲-拉裂破坏,劈楔。由于层面密度大,强度低,表部岩层在风化及重力作用下产生弯矩	沿软弱层面与反倾向节理面追踪形成
	溃曲	顺倾向层状结构的边坡,岩层倾角与坡脚大致相似,边坡下部岩层逐渐向上鼓起,产生层面拉裂和脱开	滑移-弯曲破坏。顺坡向剪力过大,层面间的结合力偏小,上部坡体软弱面蠕滑,由于下部受阻而发生纵向弯曲	层面拉裂,局部滑移
	侧向张裂	双层结构的边坡,下部软岩产生塑性变形或流动,使上部岩层发生扩展、移动张裂和下沉	塑流-拉裂破坏。在重力作用下,软岩变形流动使上部岩体失稳	软岩中变形带

(1) 弯曲倾倒:多发生于反倾向层状结构的边坡,表部岩层在重力作用下逐渐向外弯曲、倾倒。由陡倾板(片)状岩石组成的边坡,当走向与坡面平行时,在重力作用下所发生的向临空方向同步弯曲的现象,称为弯曲倾倒(弯折倾倒)。这种边坡变形现象在天然边坡或人工边坡中均可见到。弯曲倾倒的特征是:弯折角20°~50°,弯曲倾倒程度由地面向深处逐渐减小,一般不会低于坡脚高程;下部岩层往往折断,张裂隙发育,但层序不乱,而岩层层面

间位移明显;沿岩层面产生反坡向陡坎,其发展过程如图 17-3-4 所示。

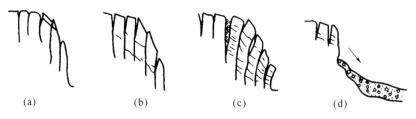

图 17-3-4　弯曲-拉裂(厚层板梁)演变图

弯曲倾倒的机制,相当于悬臂梁在弯矩作用下所发生的弯曲。弯曲倾倒发展下去,可形成崩塌、滑坡。

(2) 溃曲:多发生于顺倾向层状结构的边坡,当岩层倾角与坡脚大致相似时,边坡下部岩层逐渐向上鼓起,产生层面拉裂和脱开。溃曲发展的结果容易引发大规模滑坡,见图 17-3-5。

(3) 侧向张裂:多发生于双层结构的边坡,下部软岩在上部荷载作用下产生塑性变形或流动,使上部岩层发生扩展、移动张裂和下沉,见图 17-3-6。

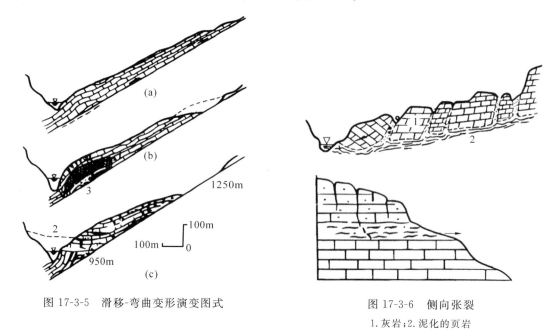

图 17-3-5　滑移-弯曲变形演变图式

图 17-3-6　侧向张裂
1. 灰岩;2. 泥化的页岩

边坡蠕变,虽然位移较小,但由于实际上已成为边坡失稳的初期阶段,在一定的触发因素影响下,如暴雨、地震、人类工程活动等,极易迅速转为加速蠕变直至破坏。所以当边坡发生蠕变时应高度重视,加强监测,并采取有效措施控制,使之不向滑坡方向演化。

17.3.2　边坡破坏的基本类型

对于岩体边坡的破坏类型,不同的研究者从各自的观点出发进行了不同的划分。在有关文献中,对岩体边坡破坏类型作了如下几种划分:Hoek(1974)把岩体边坡破坏的主要类型分为圆弧破坏、平面破坏、楔体破坏和倾覆破坏 4 类。Kutter(1974)则将其分为非线性破坏、平面破坏及多线性破坏3类。这两种分类方法虽然不同，但都把滑动面的形态特征作为主要分类依据。另外，王兰生等(1981)根据岩体变形破坏的模拟试验及理论研究，结合大量的地质观测资料，将岩体边坡变形破坏分为蠕滑拉裂、滑移压致拉裂、弯曲拉裂、塑流拉裂、滑移拉裂5类。

从岩体力学的观点来看，岩体边坡的破坏不外乎剪切(即滑动破坏)和拉断两大类，从其表现形式看，可以归纳为崩塌、滑坡、倾倒破坏三种，下面分别进行介绍。

17.3.2.1 崩塌

边坡开挖之后，坡顶或边坡表面被陡倾的破裂面分割而成的岩体容易突然发生坠落或滚动，这种脱离母体并以垂直位移运动为主，以翻滚、跳跃、坠落方式而堆积于坡脚的现象和过程即称为崩塌(见图17-3-7)。崩塌多发生于岩质边坡之中，称为岩崩；部分土坡有时也会发生崩塌，简称土崩。按其规模大小不同，又可分山崩和坠石(落石)。

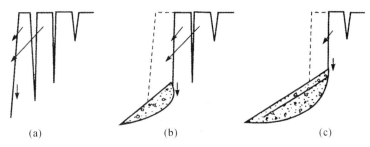

图 17-3-7 崩塌的过程示意图

1. 崩塌的形成条件

崩塌一般发生在高陡边坡的坡肩部位，质点位移矢量铅直方向较水平方向大得多，发生时无依附面，往往是突然发生的，运动快速，因此危害性大。

崩塌一般发生在厚层坚硬脆性岩体中。这类岩体能形成高陡的边坡，卸荷带明显，常存在长而深的拉张裂缝，与其他结构面组合，逐渐形成连续贯通的分离面，在触发因素作用下发生崩塌(见图17-3-8)。组成这类边坡的岩体主要有砂岩、灰岩、石英岩、花岗岩等。此外，近于水平状产出的软硬相间岩层组成的陡坡，由于软弱岩层风化剥蚀形成凹龛或蠕变，也会形成局部崩塌(见图17-3-9)。

崩塌的形成又与地形直接相关。发生崩塌的坡度往往大于45°，尤其是大于60°的陡坡。地形切割越强烈、高差越大，形成崩塌的可能性越大，崩塌释放的能量和破坏性也就越大。

结构面的发育对崩塌的形成影响很大。硬脆性岩体中往往发育两组或两组以上陡倾节理，其中与坡面平行的一组常演化为张裂缝。此时裂隙的切割密度对崩塌块体的大小和崩塌规模起控制作用。当坡体被稀疏但贯通性较好的裂隙切割时，常能形成较大块体的崩滑体，这种崩塌一旦发生则具有更大的危险性和破坏性，在新构造运动强烈、地震频发的高山区尤甚；当岩体裂隙密集而极度破碎时，仅能形成较小岩块，破坏力较小，一般只能在坡脚处形成倒石岩堆。

图 17-3-8　坚硬岩石组成的边破前缘卸荷　　图 17-3-9　软硬岩性互层的陡坡局部崩塌示意图
　　　　裂隙导致崩塌示意图　　　　　　　　　　　　1.砂岩；2.页岩
　　1.灰岩；2.砂页岩；3.石英岩

风化作用也对崩塌的形成有一定影响。因为风化作用能使边坡前缘各种成因的裂隙加深、加宽，对崩塌的发生起催化作用。此外，气候条件对崩塌的形成也起一定的作用。在干旱气候区，由于物理风化强烈，导致岩石机械破碎而发生崩塌；在季节冻结区，斜坡岩体裂隙水的冻胀作用强烈，解冻时亦可导致崩塌的发生。

在上述条件下，当有短时的裂隙水压力作用，以及地震或爆破等震动触发因素作用时，崩塌也会突然发生。尤其是强烈的地震，可引起大规模崩塌，造成严重灾害。

具备上述条件的边坡岩体，习惯上被称为"危岩体"，时刻有发生崩塌的危险。因此研究崩塌的一个重要任务，是研究危岩体会不会进一步崩塌。

2. 崩塌的类型

如图 17-3-10 所示，按照崩塌过程中危岩体离开母岩的方式不同，可以将崩塌划分为滑移式、坠落式和倾倒式三类。滑移式崩塌（见图 17-3-10(a)），是指危岩体重心位于倾向坡外的主控结构面以上，将沿主控结构面发生剪切破坏。该类危岩体常见于由较坚硬岩体构成的陡坡，岩体结构类型多呈块状。主控结构面位于危岩体底部，由缓倾坡外的岩层层面、光滑结构面或软弱面构成。这类危岩体在失稳前，后部及侧壁的陡倾结构面通常在卸荷、溶蚀、水浸等风化作用下逐渐张开并已基本贯通，构成危岩体的边界，危岩体与母岩仅通过底部软弱岩层层面相连，危岩体的稳定性完全取决于基座岩层层面的抗剪能力，在雨水浸泡软化、风化作用或人类不合理工程活动作用下，底部岩层层面抗剪能力降低到一定程度时，上部危岩块体即会发生滑移式破坏。

坠落式崩塌（见图 17-3-10(b)），是危岩体下部失去支撑，其稳定主要靠侧边岩体给予的摩擦力与拉力，其稳定性如何主要看侧边主控结构面延伸情况或者岩体的抗剪强度（在无侧边主控结构面时）。该类危岩体常见于由较坚硬岩体构成的陡坡，由于差异风化导致的下方临空；也容易发生于下部块体坠落后的渐进式破坏之处。

倾倒式崩塌（见图 17-3-10(c)），是指危岩体重心位于陡倾的主控结构面以外，将以底部

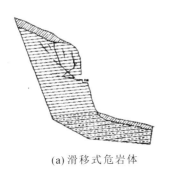  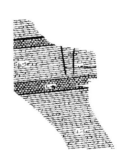

(a) 滑移式危岩体　　　　(b) 坠落式危岩体　　　　(c) 倾倒式危岩体

图 17-3-10　危岩体的分类与破坏方式

支点为轴向坡外翻转,拉裂主控结构面下部未贯通部分而即发生破坏。该类危岩体常见于由相对较坚硬岩体和软弱岩体构成的互层状边坡,多呈长柱状,危岩体后部陡倾结构面为主控结构面,大多沿构造裂隙或卸荷裂隙形成,同时,下部软弱岩体在"差异风化"作用下形成凹腔并逐渐向内扩展。岩体卸荷和差异风化作用、河流掏蚀坡脚等是形成该类危岩的主要影响因素。

17.3.2.2　滑坡

滑坡(slop),又称滑动,是指边坡开挖后一部分岩体沿着贯通的剪切破坏面(带),产生以水平运动为主的破坏现象。滑坡的机制是某一滑移面上剪应力超过了该面的抗剪强度所致。发生滑动的那部分岩体称滑体;滑坡体之下未经滑动的岩体称滑床。滑体与滑床之间的分界面,也就是滑体沿之滑动、与滑床相触的面称为滑动面。根据滑动面形态可以将岩质边坡滑动分为平面滑动、楔形体滑动、圆弧形滑动(见图 17-3-11)。平面滑动、楔形体滑动也可以统称为平滑滑动,可以进一步分为单平面滑动、双平面滑动、台阶状滑动,见图 17-3-11 与表 17-3-2。

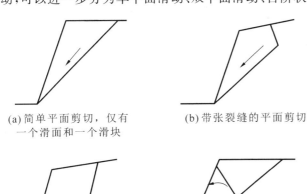 

(a) 简单平面剪切,仅有一个滑面和一个滑块　　(b) 带张裂缝的平面剪切　　(c) 被横交节理连通的节理组上的阶梯式滑坡

(d) 存在两个滑面的双滑面滑坡　　(e) 两个滑块,上部滑块驱使下部滑块发生旋转,发展成倾倒破坏　　(f) 该滑体的两个滑面走向与边坡走向斜交,形成一个三维楔形体破坏

图 17-3-11　平面剪切滑坡及其分类

表 17-3-2 岩体边坡破坏类型表

类型	亚类	示意图	主要特征	
平面滑动	单平面滑动		滑动面倾向与边坡面基本一致，并存在走向与边坡垂直或近垂直的切割面，滑动面的倾角小于边坡角且大于其摩擦角	一个滑动面，常见于倾斜层状岩体边坡中
				一个滑动面和一个近铅直的张裂缝，常见于倾斜层状岩体边坡中
	同向双平面滑动			两个倾向相同的滑动面，下面一个为主滑动
				两个滑块，上部滑块驱使下部滑块发生旋转，发展成倾倒破坏
	多平面滑动			三个或三个以上滑动面，常可分为两组，其中一组为主滑动面
楔形体滑动			两个倾向相反的滑动面，其交线倾向与坡向相同，倾角小于坡角且大于滑动面的摩擦角，常见于坚硬块状岩体边坡中	
圆弧形滑动			滑动面近似圆弧形，常见于强烈破碎、强风化岩体或软弱岩体边坡中	

岩质边坡滑坡失稳的类型主要受滑床面形成机理的制约，有以下三种情况：滑床面的形成不受已有脆弱结构面的控制；滑床面的形成受已有脆弱结构面控制；滑床面的形成受软弱基座的控制。

在均质完整坡体或虽已有脆弱结构面但尚不成为滑动控制面的坡体中，滑床面的形成主要受控于最大剪应力面，但在坡顶它与扩张性破裂面重合。因此，滑床面实际上与最大剪应力面有一定的偏离（有一定夹角），其纵断面线近似于对数螺旋线。为研究方便，常把滑床面近似地视为圆弧。这种滑床面多出现在土质、半岩质（如泥岩、泥灰岩、凝灰岩）或强风化的岩质坡体之中，均由表层蠕动发展而成。

当坡体中已存在的脆弱结构面的强度较低，而又能构成一些有利于滑动的组合形式时，它将代替最大剪应力面而成为滑动控制面。岩质边坡的破坏大多沿着边坡内已有的脆弱结构面而发生、发展。自然营力因素也常通过这种面产生作用。滑动控制面是由单一的，或一组互相平行的脆弱结构面构成的滑床面，这些滑床面或者由此脆弱结构面直通坡顶，或者被另一组陡立脆弱结构面切断，或者在后缘与切层的弧形面相连（见图 17-3-12）。实践表明，倾向临空方向的脆弱结构面倾角在 10°左右便有产生滑动的可能；在 15°～40°范围内，滑动最多见。由两组以上的脆弱结构面构成的滑床面，其空间形态各式各样（见图 17-3-13）。但滑床面的纵剖面线，可归纳为直线形、折线形和锯齿形（见图 17-3-14）。应该说明，由多组脆弱结构面构成的锯齿形滑床面,在每一转折处都可以出现切角与次一级剪面的蠕动过程;但随着脆弱结构面的加密,使岩体整体性发生了变化,这种脆弱结构面对滑床面的控制作用已不明显,滑床面的总轮廓又转化为弧形。

(a) 直通坡顶　　　(b) 被陡立脆弱结构面切削　　　(c) 后缘与切层弧形面相连

图 17-3-12　受一组脆弱结构面控制的滑床面

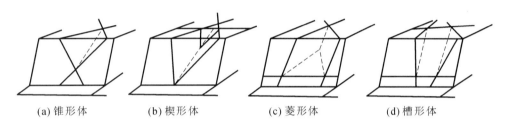

(a) 锥形体　　　(b) 楔形体　　　(c) 菱形体　　　(d) 槽形体

图 17-3-13　受两组以上脆弱结构面控制的滑床面

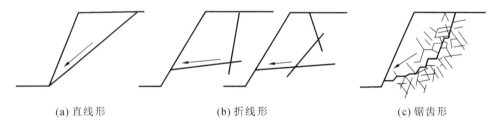

(a) 直线形　　　(b) 折线形　　　(c) 锯齿形

图 17-3-14　滑床面沿滑动方向剖面线形态示意图

受软弱基座控制的滑床面,是由软弱基座的蠕动发展而成的。它可以分为两部分:软弱基座中的滑面,一般受最大剪应力面控制;上覆岩体中的滑面,受断陷或解体裂隙或脆弱结构面控制。当上覆岩体已被分割解体而丧失强度时,滑动主要受软弱基座的控制,通常这种滑坡的滑动较缓慢(见图 17-3-15(a))。当上覆岩体中裂隙仍具有较大强度时,一旦滑动,通常为突发而迅猛的崩滑,常见于软弱基座层很薄的条件下(见图 17-3-15(b))。河谷侵蚀或挖方,可使软弱基座被揭露,易造成基座蠕动挤出。变形初期,往往出现一系列小的局部滑面,但很少被注意。变形后期,局部滑面逐渐连成一连续滑床面,产生缓慢滑动;在一定条件下,也可沿该滑床面产生急剧滑动。安加拉河谷中的这种块体滑坡,延向边坡的距离达 1.5km,单个块体长度达 250~525m,解体裂隙总宽度竟达 115m。

17.3.2.3　倾倒破坏

由陡倾或直立的薄层状或板(片)状岩体组成的岩质边坡,当岩层走向与坡面走向大致相同时,在自身重力的长期作用下岩层向外弯曲,并最终发展为倾倒而下的破坏现象。也有学者将其归入边坡变形阶段,主要是看其发展程度。如果仅仅是岩层发生向临空方向的弯

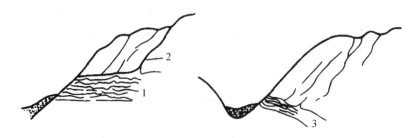

图 17-3-15 受软弱基座控制的滑床面示意图
1.软弱基座蠕动；2.沉降裂隙；3.单薄的软弱基座

曲、拉裂(折裂)，则可以称为变形。如果岩层一旦发展到脱离原始状态与位置，倾倒而下，则更适合归为破坏。它的破坏型式与崩塌有些类似，但其边坡坡度一般比发生崩塌的边坡坡度缓，不具备直接崩塌的条件。但又与滑坡有明显的差异，最根本的差异是它没有一个统一的滑动面。崔正权(1994)主张称其为"坠覆体"。

17.3.3 影响边坡变形破坏的因素

影响岩体边坡变形破坏的因素主要有岩性、岩体结构、水的作用、风化作用、地震、地应力、地形地貌及人为因素等。

(1) 岩性。这是决定岩体边坡稳定性的物质基础。一般来说，构成边坡的岩体越坚硬，又不存在产生块体滑移的几何边界条件时，边坡不易破坏；反之，则容易破坏而稳定性差。

(2) 岩体结构。岩体结构及结构面的发育特征是岩体边坡破坏的控制因素。首先，岩体结构控制边坡的破坏型式及其稳定程度：如坚硬块状岩体，不仅稳定性好，而且其破坏型式往往是沿某些特定的结构面产生的块体滑移；又如散体状结构岩体(如剧风化和强烈破碎岩体)往往产生圆弧形破坏，且其边坡稳定性往往较差。其次，结构面的发育程度及其组合关系往往是边坡块体滑移破坏的几何边界条件，如前述的平面滑动及楔形体滑动都是被结构面切割的岩石沿某个或某几个结构面产生滑动的形式。

(3) 水的作用。水的渗入使岩土的质量增大，进而使滑动面的滑动力增大；其次，在水的作用下岩土被软化而抗剪强度降低；另外，地下水的渗流对岩体产生动水压力和静水压力，这些都对岩体边坡的稳定性产生不利影响。

(4) 风化作用。风化作用使岩体内裂隙增多、扩大，透水性增强，抗剪强度降低。

(5) 地形地貌。边坡的坡形、坡高及坡度直接影响边坡内的应力分布特征，进而影响边坡的变形破坏型式及边坡的稳定性。

(6) 地震。因地震波的传播而产生的地震惯性力直接作用于边坡岩体，加速边坡破坏。

(7) 地应力。边坡地应力特别是水平地应力的大小，直接影响边坡拉应力及剪应力的分布范围与大小。在水平地应力大的地区开挖边坡时，由于拉应力及剪应力的作用，常直接引起边坡变形破坏。

(8) 人为因素。边坡的不合理设计、爆破、开挖或加载，大量生产生活用水的渗入等都能造成边坡变形破坏，甚至整体失稳。

17.4 边坡稳定性分析方法

边坡岩体稳定性分析,应采用定性与定量相结合的方法进行综合研究。定性分析是在工程地质勘察工作的基础上,对边坡岩体变形破坏的可能性及破坏型式进行初步判断;而定量分析即是在定性分析的基础上,应用一定的计算方法对边坡岩体进行稳定性计算及定量评价。然而,整个预测工作应在对岩体进行详细的工程地质勘察,收集到与岩体稳定性有关的工程地质资料的基础上进行。所进行工作的详细程度和精度,应与设计阶段及工程的重要性相适应。一个完整的边坡稳定性评价应该包括以下三项主要内容(步骤):

(1) 在工程地质测绘的基础上,应用地质力学的方法研究区域稳定性及其构造应力和变形,进而研究边坡岩体结构特征,判断边坡变形破坏型式,并对稳定坡角进行推断;

(2) 应用岩体力学的基本理论,研究边坡岩体的受力条件,根据受力条件和岩体变形破坏的形式,考虑岩体的物理力学试验问题及其计算参数的选择,进行稳定性计算,分析边坡的稳定性;

(3) 在稳定性计算的基础上,从地质成因、岩体结构特征等方面研究边坡变形的发生和发展的趋势,着重研究工程地质因素随时间的变化及其对边坡稳定性系数的影响,以此达到边坡变形预报的目的。

根据以上内容和步骤,边坡岩体稳定性分析有三种相应的方法:岩体结构分析、力学分析和工程地质类比分析。三种方法结合使用,相互补充,综合评价得到的结论,可作为边坡工程设计比较可靠的科学依据。

17.4.1 岩体结构分析

岩体结构分析,包括边坡结构类型及其稳定性的判断,块体滑动方向的判断,稳定坡角的推断等。其方法是在边坡工程地质测绘的基础上,根据实测的结构面资料,应用实体比例投影与赤平极射投影相结合的方法,研究结构面的组合及其与边坡稳定性的关系。

17.4.1.1 边坡破坏类型的判断

大量的岩体工程实践表明,边坡岩体破坏在大多数的情况下是沿着岩体内结构面发生的,因此与岩体结构特征、结构面的分布、组合及其密度有着密切的关系。由此可以初步判断边坡可能破坏方式,见表17-4-1。

表17-4-1 不同类型的岩质边坡可能的失稳模式

边坡岩体结构特征		可能的失稳模式
类型	亚类	
块状结构	整体状结构	1.多沿某一结构面或复合结构面滑动;
	块状结构	2.节理或节理组易形成楔形体滑动;
	次块状结构	3.发育陡倾结构面时,易形成崩塌

续表

边坡岩体结构特征		可能的失稳模式
类型	亚类	
层状结构	层状同向结构	1. 层面或软弱夹层易形成滑动面,坡脚切断后易产生滑动; 2. 倾角较陡时易产生溃曲或倾倒; 3. 倾角较缓时坡体易产生倾倒变形; 4. 节理或节理组易形成楔形体滑动; 5. 稳定性受坡角与岩层倾角组合、岩层厚度、顺坡向软弱结构面的发育程度及抗剪强度所控制
	层状反向结构	1. 岩层较陡或存在陡倾结构面时,易产生倾倒弯曲松动变形; 2. 坡脚有软层时,上部易拉裂或局部崩塌、滑动; 3. 节理或节理组易形成楔形体滑动; 4. 稳定性受坡角与岩层倾角组合、岩层厚度、层间结合能力及反倾结构面发育与否所控制
	层状斜向结构	1. 易形成层面与节理组成的楔形体滑动或崩塌 2. 节理或节理组易形成楔形体滑动 3. 层面与坡面走向夹角越小,滑动的可能性越高
	层状平叠结构	1. 存在有陡倾节理时,易形成崩塌 2. 节理或节理组易形成楔形体滑动; 3. 在坡底有软弱夹层时,在孔隙水压力或卸荷作用下,易产生向临空面的滑动
碎裂结构	镶嵌碎裂结构	边坡稳定性差,坡度取决于岩块间的镶嵌情况和岩块间的咬合力,失稳类型以圆弧状滑动为主
	碎裂结构	
散体结构		边坡稳定性差,坡度取决于岩体的抗剪强度,呈圆弧状滑动

另外,还可以根据野外实测结构面的产状数据,应用赤平极射投影方法对边坡破坏类型作出判断,见图 17-4-1。

当边坡岩体中的结构面非常发育、密集,并且它们的产状散乱而不规则,结构面之间的胶结力较差时,则岩体与松散体相近似,从岩体结构观点来看,这种情况多属于碎裂或散体结构,边坡产生破坏时,滑面呈近似圆弧形。如果把这类岩体内结构面的分布状况,以极点方式绘于赤平极射投影图中,呈现均匀分布,无密度集中的特点(见图 17-4-1(a))。

层状结构边坡中多发生单滑面破坏,在黏土岩、页岩、千枚岩、片岩、凝灰岩等岩层中较多见。此外,有时由于断层存在且切穿岩体,也可能产生单滑面破坏。此种破坏类型在赤平极射投影图上的特征是结构面产状与边坡坡面方位近似,结构面倾角小于边坡角,结构面的极点投影比较集中(见图 17-4-1(b))。

双滑面破坏主要是由两组结构面组合所构成的,其中有两种情况:一种由两个连续性很好的结构面所构成;另一种由两组连续性较差的结构面所构成,但结构面比较密集。双滑面破坏型式是楔形体滑动,两组结构面在赤平极射投影图上的特征如图 17-4-1(c)所示。如果是由两个连续性很好的结构面所构成的,如图 17-4-1(c)中的 1—1 和 2—2 所示,在一般情况下组合交线 MO 代表楔形体的滑动方向,如果是由密集的两组结构面构成的,在投影图

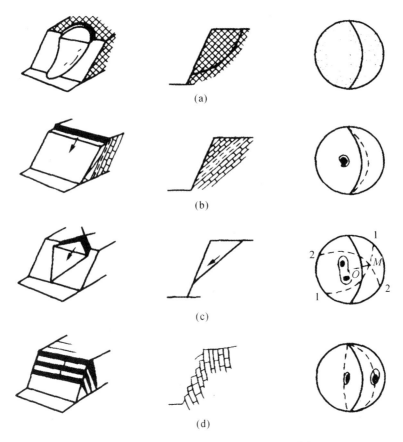

图 17-4-1 边坡破坏类型及其结构投影特征

上可见到两个密集的极点区。

在层状结构边坡中,岩层或一组平行的结构面,它们的倾向与边坡相反,在倾角较陡的情况下,边坡出现倾倒破坏。在边坡表面有明显的张裂倾倒现象,但找不到滑动面,这是一种很特殊的变形现象。图 17-4-1(d)中的虚线投影就是反倾向的结构面(反倾层面及节理),相对应的是极点密集区。

17.4.1.2 滑动方向的分析

层状结构边坡或其他的单滑动面边坡,在纯自重作用的情况下,沿滑动面的倾向方向的滑移势能最大,即自重力在滑动面的倾向方向上的滑动分力最大。因此对于单滑面边坡,滑动面的倾向方向就是它的滑移方向。

边坡受两个相交的结构面切割时,构成的可能滑移体多数是楔形体,它们在自重力作用下的滑移方向一般由两个结构面的组合交线的倾斜方向控制(见图 17-4-1(c)),但也有例外。下面是根据结构面赤平极射投影图判断这类边坡的滑移方向的一般方法。

在赤平极射投影图上,作出边坡面和两个结构面 1—1 和 2—2 的投影,分别绘出两结构面的倾向线 AO 和 BO,以及两结构面的组合交线 MO(见图 17-4-2),则边坡的滑动方向有下列几种情况:

(1) 当两结构面的组合交线 MO 位于它们的倾向线 AO 和 BO 之间时,MO 的倾斜方向

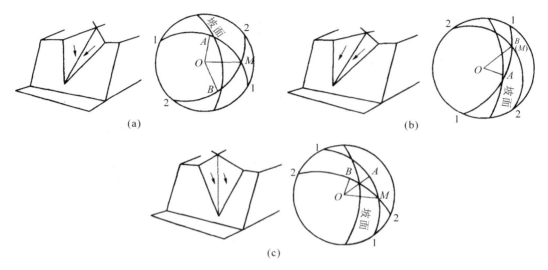

图 17-4-2 楔形块体滑动方向分析

即为滑移体的滑动方向,这时两结构面是滑动面(见图 17-4-2(a))。

(2) 当两结构面的组合交线 MO 与某一结构面的倾向线重合时,如图 17-4-2(b)中的 MO 与结构面 2—2 的倾向线 BO 重合,MO 的倾斜方向也代表滑移体的滑动方向。但这时结构面 2—2 为主要滑动面,而结构面 1—1 为次要滑动面。

(3) 若两结构面的组合交线 MO 位于它们的倾向线 AO 和 BO 的一边时,则位于三者中间的那条倾向线的倾斜方向为滑移体的滑动方向。如图 17-4-2(c)所示,结构面 1—1 的倾向线 AO 为滑动方向,这时滑移体为只沿结构面 1—1 滑动的单滑面滑移体,结构面 2—2 在这里只起侧向切割面的作用。

17.4.1.3 稳定坡角的推断

稳定坡角可以根据岩体结构进行推断,推断稳定坡角有两种意义:一是边坡不高的条件下,地质条件又比较简单,推断的坡角可以直接作为工程边坡设计的依据;另一种情况是边坡比较高,地质条件也比较复杂时,推断的坡角仅作为力学分析的基础,经过计算验证之后,才能作为工程边坡设计的依据。

(1) 单一结构面与边坡角的关系。单一结构面最典型的情况是沉积岩的层理。在岩层的走向与边坡的走向接近一致,倾向也相同的情况下,会出现三种不同的形式:① 边坡角小于层面角($\alpha<\beta$);② 边坡角等于层面角($\alpha=\beta$);③ 边坡角大于层面角($\alpha>\beta$)。显然,当 $\alpha>\beta$ 时,边坡处于不稳定状态;当 $\alpha=\beta$ 时,边坡是稳定的,沿层面不易出现滑动现象;当 $\alpha<\beta$ 时,边坡也是稳定的,在这种情况下,设计的边坡角可以增大,使 $\alpha=\beta$ 为经济合理的边坡角。

当岩层走向与边坡走向一致时,是一种特例。在自然界中,大量的情况是岩层走向与边坡走向或多或少存在一定的夹角,这时不能用直观的方法进行推断,但是可以运用投影的方法达到推断的目的。

当岩层与坡面斜交时,若边坡发生破坏,从岩体结构的观点来看,必须同时具备两个条件:边坡破坏一定是沿层面发生的;必须有一个切割层面的最小剪切面,如图 17-4-3 中的 DEK 面。

图 17-4-3 中最小剪切面是推断的，边坡破坏之前是不存在的，如果发生破坏，首先沿着最小剪切面发生。这样层面与最小剪切面组合起来就形成了不稳定体 ADEK。为了边坡的稳定，将不稳定体去掉，即可求得稳定坡角 α_v。

这个稳定坡角是大于层面倾角的，而且不受边坡的高度限制。当然，在边坡高度不大的情况下，这个稳定坡角是偏于安全的。

用投影法求稳定坡角的步骤如下：① 根据层面产状绘制层面的赤平投影（如图 17-4-4 中 A—A）；② 因最小剪切面垂直于层面并直立，所以得知最小剪切面的走向和倾角，按产状绘制赤平投影（如图 17-4-4 中 B—B）；③ 层面与最小剪切面的投影线交点为 M，并且 MO 为两者的组合交线；④ 根据边坡的走向和倾向方位，并通过 M 点，可利用投影网上的曲线求得边坡的投影线 D—D（见图 17-4-4）；根据边坡的投影线，可求得坡面的倾角，此角即为稳定坡角。

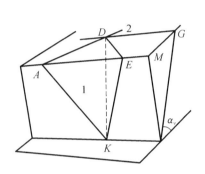

图 17-4-3　层面与坡面斜交示意图
1. 层面 ADK；2. 层面走向线

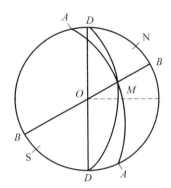

图 17-4-4　求稳定边坡角的投影作图

根据赤平投影图可以清楚地看到，当层面走向与边坡走向成直角时，稳定坡角最大，达 90°，当层面走向与边坡走向平行时，稳定坡角最小，即等于层面的倾角。

由此可知，层面走向与边坡走向的夹角由 0 变到 90°时，稳定坡角 α_v 由层面倾角 β 变到 90°。

根据上述运用赤平极射投影求稳定坡角的方法，可明显地看到，稳定坡角、层面的倾角、层面走向与坡面走向的夹角三者之间有规律性的变化。运用这个规律，可绘制一个求稳定坡角的投影图。

(2) 两组结构面与边坡角的关系。两组结构面组合与边坡角的关系，主要是分析组合交线与边坡角的关系。当两组结构面的组合交线的倾向接近于边坡的倾向时，组合交线的倾角与边坡角的关系，与前面讲述的单一层面与边坡角的关系是相似的，它们之间的关系，也有三种形式：$\alpha>\beta$；$\alpha=\beta$；$\alpha<\beta$（见图 17-4-5）。

若两组结构面有规律地分布，在边坡平面上构成网格，如图 17-4-6 所示，滑动方向即组合交线 AC 的方向，在断面上，AC 以上的部分为不稳定体。在这种情况下可求得的稳定坡角 α，如图 17-4-6 所示。

用赤平投影作图法求稳定坡角的步骤如下（如图 17-4-7 所示）：① 根据已知结构面的产状，按赤平投影方法绘制两组结构面的投影，如图 17-4-7 中的 1—1 及 2—2 所示；② 根据投

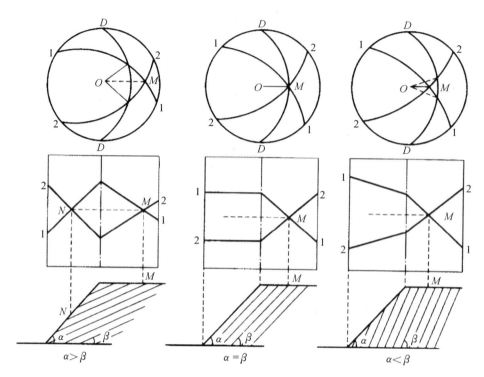

图 17-4-5　两组结构面与边坡角的关系

影 1—1 及 2—2 相交确定交点 M；③ 根据边坡的走向在投影图的圆周上先确定两点 A,B；④ 使投影图上的 A,B 与投影网上的上、下两极点重合，此时点 M 一定落到投影网上的一条经度线上，根据这个经度线画弧，即得边坡投影线，投影线的倾角即为推断的稳定坡角。

用赤平投影作图法求得的稳定坡角是偏安全的，它是力学分析的前提，在此基础上进行力学验算，就可以得到更加合理的稳定坡角，所以该方法称为结构推断。

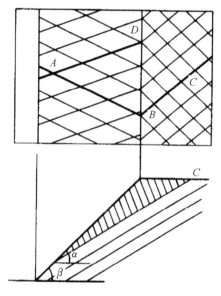

图 17-4-6　稳定坡角实体比例投影作图

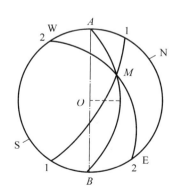

图 17-4-7　双滑面边坡稳定坡角的图解

以上讨论了边坡由一组和两组结构面组合的稳定坡角的推断,其他由3组或4组结构面构成的边坡,组合形式是比较复杂的,但分析的基本方法是相同的,只是交点增多了。如由3组结构面构成的边坡有3个交点。由4组结构面构成的边坡有6个交点。如果各组结构面的性质,如延伸性、连续性和充填性等基本相同,为了稳妥、安全起见,就以倾角最小的组合交线为准,来推断稳定坡角。如果各组结构面的性质(延伸性、连续性、充填性)都各不相同,这就需要进行分析,以对边坡稳定性有直接影响的两组结构面为依据来推断稳定坡角。

17.4.1.4 边坡岩体结构稳定性的判断

通过边坡岩体结构分析,以结构面与边坡坡面的具体组合关系为依据,可以定性地判断边坡的稳定性。当岩体边坡的稳定由一组软弱结构面控制时,根据赤平投影图,可对边坡稳定性条件进行初步判断如下:

(1) 不稳定条件:层面与边坡面的倾向相同,并且层面的倾角 β 比边坡面的倾角 α 缓($\beta<\alpha$),如图17-4-8(a)所示。边坡处于不稳定状态,剖面图上画线条的部分 ABC 有可能沿层面 AB 滑动。若只有一个结构面的条件,如图17-4-8(a)中的 EF,虽然其倾角较边坡角缓,但它未在边坡面上出露而插入坡下,由于产生了一定的支撑,边坡岩体的稳定条件将获得不同程度的改进。

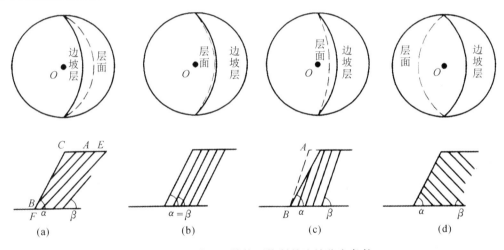

图 17-4-8　受一组结构面控制的边坡稳定条件

(2) 基本稳定条件:如图17-4-8(b)所示,层面的倾角等于边坡坡角($\beta=\alpha$),沿层面不易出现滑动现象,边坡稳定。这种情况下的边坡角,就是从岩体结构分析的观点推断得到的稳定边坡角。

(3) 稳定条件:如图17-4-8(c)所示,层面的倾角大于边坡角($\beta>\alpha$),边坡处于更稳定状态。在这种情况下,边坡角可以提高到图上虚线 AB 的位置,使 $\alpha=\beta$,才是比较经济合理的边坡角。

(4) 最稳定条件:如图17-4-8(d)所示,当层面与边坡面的倾向相反,即层面倾向坡内时,无论层面的倾角陡与缓,对于滑动破坏而言,边坡都处于最稳定状态。但从变形观点来看,反倾向边坡也可能发生变形,只不过是没有统一的滑动面。

当岩体边坡的稳定由两组软弱结构面控制时,根据赤平投影图,可对边坡稳定性条件进行如下初步判断:

(1) 不稳定条件:如图 17-4-9(a)所示,两结构面 J_1 和 J_2 的投影大圆的交点 l,位于开挖边坡面 S_c 的投影大圆与自然边坡面 S_n 的投影大圆之间,也就是两结构面的组合交线的倾角比开挖边坡面的倾角缓,而比自然边坡面的倾角陡。如果组合交线 lO 在边坡面和坡顶面上都有出露,边坡处于不稳定状态。如图 17-4-9(a)的剖面图所示,画斜线的阴影部分为可能不稳定体。但在某些结构面组合条件下,例如结构面的组合交线在坡顶面上的出露点距开挖边坡面很远,以致组合交线未在开挖边坡面上出露而插入坡下时,则属于较稳定条件。

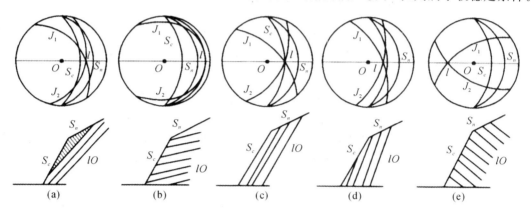

图 17-4-9 受两组结构面控制的边坡稳定条件

(2) 较不稳定条件:如图 17-4-9(b)所示,两结构面 J_1 和 J_2 的投影大圆的交点 l 位于自然边坡面 S_n 的投影大圆的外侧,说明两结构面的组合交线虽然较开挖边坡面平缓,也比自然坡面缓,但它在坡顶面上没有出露点。因此,在坡顶面上没有纵向切割面的情况下,边坡能处于稳定状态。如果存在纵向切割面,则边坡易于产生滑动。

(3) 基本稳定条件:如图 17-4-9(c)所示,两结构面 J_1 和 J_2 的投影大圆的交点 l 位于开挖边坡面 S_c 的投影大圆上,说明两结构面的组合交线 lO 的倾角等于开挖边坡面的倾角,边坡处于基本稳定状态。这时的开挖边坡角,就是根据岩体结构分析推断的稳定边坡角。

(4) 稳定条件:如图 17-4-9(d)所示,两结构面 J_1 和 J_2 的投影大圆的交点 l 位于开挖边坡面 S_c 的投影大圆的内侧,因而两结构面组合交线 lO 的倾角比开挖边坡面的倾角陡,边坡处于更稳定状态。

(5) 最稳定条件:如图 17-4-9(e)所示,两结构面 J_1 和 J_2 的投影大圆的交点 l 位于与开挖边坡面 S_c 的投影大圆相对的半圆内,说明两结构面的组合交线 lO 倾向坡内,边坡处于最稳定状态。

17.4.2 力学分析方法

力学计算法是定量评价的方法,常用的有刚体极限平衡法、数值模拟分析法,后一种方法在第 16 章已作介绍,下面重点介绍刚体极限平衡法。

刚体极限平衡法,又称块体极限平衡法,该方法假定滑动岩体为刚体,即忽略滑动体的变形对稳定性的影响。在此假定条件下,分析滑动面上抗滑力和滑动力的平衡关系,并计算其稳定性系数。所谓稳定性系数,即指可能滑动面上可供利用的抗滑力与滑动力的比值。

由于滑动面是预先假定的,因此就可能不止一个,这样就要分别试算出每个可能滑动面所对应的稳定性系数,取其中最小者作为最危险滑动面。最后以安全系数为标准评价边坡的稳定性。

刚体极限平衡法的优点是方便简单,适用于研究存在多变的水压力及不连续的裂隙岩体。主要缺点是不能反映岩体内部真实的应力-应变关系,所求稳定性参数是滑动面上的平均值,带有一定的假定性。因此难以分析岩体从变形到破坏的发生发展全过程,也难以考虑累进性破坏对岩体稳定性的影响。

17.4.2.1 稳定性分析的步骤

应用块体极限平衡法计算边坡岩体稳定性时,常需遵循如下步骤:① 分析可能滑动岩体几何边界条件;② 分析受力条件;③ 确定计算参数;④ 计算稳定性系数;⑤ 确定安全系数,进行稳定性评价。

1. 分析几何边界条件

几何边界条件是指构成可能滑动岩体的各种边界面及其组合关系。通过几何边界条件的分析,可以确定边坡中可能滑动岩体的位置、规模及形态,定性地判断边坡岩体的破坏类型及主滑方向。几何边界条件通常包括滑动面、切割面和临空面三种。滑动面一般是指起滑动(即失稳岩体沿其滑动)作用的面,包括潜在破坏面;切割面是指起切割岩体作用的面,由于失稳岩体不沿该面滑动,因而不起抗滑作用,如平面滑动的侧向切割面。因此在稳定性系数计算时,常忽略切割面的抗滑能力,以简化计算。临空面指临空的自由面,它的存在为滑动岩体提供活动空间,临空面常由地面或开挖面组成。以上三种面是边坡岩体滑动破坏必备的几何边界条件。

几何边界条件分析方法见前述边坡岩体结构分析,就是要对边坡岩体内结构面的组数、产状、规模及其组合关系,以及这种组合关系与坡面的关系进行分析研究。通过分析,如果不存在岩体滑动的几何边界条件,而且也没有倾倒破坏的可能性,则边坡是稳定的;如果存在滑动的几何边界条件,则说明边坡存在滑动破坏的可能性。

2. 分析受力条件

在工程使用期间,可能滑动岩体或其边界面上承受的力的类型及大小、方向和合力的作用点统称为受力条件。边坡岩体上承受的力常见有:岩体重力、静水压力、动水压力、建筑物作用力及震动力等。岩体的重力及静水压力的确定将在下节详细讨论;建筑物的作用力及震动力可按设计意图参照有关规范及标准计算。

3. 确定计算参数

计算参数主要包括滑动面的剪切强度参数与岩体的物理参数,是稳定性系数计算的关键指标之一,通常依据以下数据来确定,即实验数据、极限状态下的反算数据和经验数据。

4. 计算稳定性系数和进行稳定性评价

稳定性系数的计算是边坡稳定性分析的核心,如果计算得到的最小稳定性系数等于或大于安全系数,则边坡稳定;相反,则边坡将不稳定,需要采取防治措施。边坡安全系数的取值可参考表 16-5-1。

对于设计开挖的人工边坡来说,最好使计算的稳定性系数与安全系数基本相等,这说明设计的边坡比较合理、正确。如果计算的稳定性系数过分小于或大于安全系数,则说明所设计的边坡不安全或不经济，需要改进设计，直到所设计的边坡达到要求为止。

17.4.2.2 单平面滑动稳定性计算

图 17-4-10 为一垂直于边坡走向的剖面，设边坡角为 α，坡顶面为一水平面，坡高为 H，ABC 为可能滑动体，AC 为可能滑动面，倾角为 β。

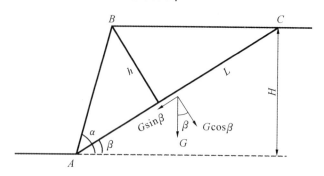

图 17-4-10 单平面滑动稳定性计算图

当仅考虑重力作用下的稳定性时，设滑动体的重力为 G，则它对于滑动面的垂直分量为 $G\cos\beta$，平行分量为 $G\sin\beta$。因此，可得滑动面上的抗滑力 F_s 和滑动力 F_r 分别为

$$F_s = G\cos\beta\tan\phi_j + C_j L \tag{17-4-1}$$
$$F_r = G\sin\beta \tag{17-4-2}$$

根据稳定性系数的概念，则单平面滑动时岩体边坡的稳定性系数 η 为

$$\eta = \frac{F_s}{F_r} = \frac{G\cos\beta\tan\phi_j + C_j L}{G\sin\beta} \tag{17-4-3}$$

式中，C_j，ϕ_j 为 AC 面上的内聚力和内摩擦角；L 为 AC 面的长度。

由图 17-4-10 的三角关系可得：

$$h = \frac{H}{\sin\alpha}\sin(\alpha-\beta) \tag{17-4-4}$$

$$L = \frac{H}{\sin\beta} \tag{17-4-5}$$

$$G = \frac{1}{2}\rho g h L = \frac{\rho g H^2 \sin(\alpha-\beta)}{2\sin\alpha\sin\beta} \tag{17-4-6}$$

将式(17-4-5)和式(17-4-6)代入式(17-4-3)，整理得：

$$\eta = \frac{\tan\phi_j}{\tan\beta} + \frac{2C_j \sin\alpha}{\rho g H \sin\beta\sin(\alpha-\beta)} \tag{17-4-7}$$

式中，ρ 为岩体的平均密度。

式(17-4-7)为不计侧向切割面阻力及仅有重力作用时，单平面滑动稳定性系数的计算公式。从式(17-4-7)，令 $\eta=1$ 时，可得滑动体极限高度 H_{cr} 为

$$H_{cr} = \frac{2C_j \sin\alpha\cos\phi_j}{\rho g[\sin(\alpha-\beta)\sin(\beta-\phi_j)]} \tag{17-4-8}$$

当忽略滑动面上的内聚力，即 $C_j=0$ 时，由式(17-4-7)可得：

$$\eta = \frac{\tan\phi_j}{\tan\beta} \tag{17-4-9}$$

由式(17-4-8)至式(17-4-9)可知:当$C_j=0,\phi_j<\beta$时,$\eta<1,H_{cr}=0$;由于各种沉积岩层面和各种泥化面的C_j值均很小,或者等于零,因此,在这些软弱面与边坡面倾向一致,且倾角小于边坡角而大于ϕ_j的条件下,即使人工边坡高度仅为数米,也会引起岩体发生相当规模的平面滑动,这是很值得注意的。

当边坡后缘存在拉张裂隙时,地表水就可能从张裂隙渗入后,仅沿滑动面渗流并在坡脚A点出露,这时地下水将对滑动体产生如图17-4-11所示的静水压力。

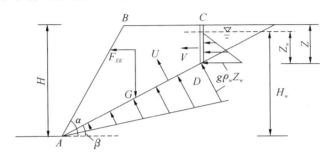

图 17-4-11 有地下渗流时边坡稳定性计算图

若张裂隙中的水柱高为Z_w,它将对滑动体产生一个静水压力V,其值为

$$V = \frac{1}{2}\rho_w g Z_w^2 \qquad (17\text{-}4\text{-}10)$$

地下水沿滑动面AC渗流时将对AD面产生一个垂直向上的水压力,其值在A点为零,在D点为$\rho_w g Z_w$,分布如图17-4-11所示,则作用于AD面上的静水压力U为

$$U = \frac{1}{2}\rho_w g Z_w \frac{H_w - Z_w}{\sin\beta} \qquad (17\text{-}4\text{-}11)$$

式中,ρ_w为水的密度;g为重力加速度。

当考虑静水压力V、U对边坡稳定性的影响时,则边坡稳定性系数计算式(17-4-3)变为

$$\eta = \frac{(G\cos\beta - U - V\sin\beta)\tan\phi_j + C_j \overline{AD}}{G\sin\beta + V\cos\beta} \qquad (17\text{-}4\text{-}12)$$

式中,G为滑动体$ABCD$的重力;$\overline{AD}$为滑动面的长度。由图17-4-11有:

$$G = \frac{\rho g \left[H^2 \sin(\alpha-\beta) - Z^2 \sin\alpha\cos\beta\right]}{2\sin\alpha\sin\beta} \qquad (17\text{-}4\text{-}13)$$

$$\overline{AD} = \frac{H_w - Z_w}{\sin\beta} \qquad (17\text{-}4\text{-}14)$$

式中,Z为张裂隙深度。

除水压力外,当还需要考虑地震作用对边坡稳定性的影响时,设地震所产生的总水平地震作用标准值为F_{EK},则仅考虑水平地震作用时边坡的稳定性系数为

$$\eta = \frac{(G\cos\beta - U - V\sin\beta - F_{EK}\sin\beta)\tan\phi_j + C_j \overline{AD}}{G\sin\beta + V\cos\beta + F_{EK}\cos\beta} \qquad (17\text{-}4\text{-}15)$$

式中,F_{EK}为地震作用。

17.4.2.3 同向双平面滑动稳定性计算

同向双平面滑动的稳定性计算分两种情况:第一种情况为滑动体内不存在结构面,视滑

动体为刚体,采用力平衡图解法计算稳定性系数;第二种情况为滑动体内存在结构面并将滑动体切割成若干块体的情况,这时需分块计算边坡的稳定性系数。

1. 滑动体为刚体的情况

由于滑动体内不存在结构面,因此可将可能滑动体视为刚体,如图 17-4-12(a)所示。$ABCD$ 为可能滑动体,AB、BC 为两个同倾向的滑动面,设 AB 的长为 L_1,倾角为 β_1,BC 的长为 L_2,倾角为 β_2;C_1、ϕ_1,C_2、ϕ_2 分别为 AB 面和 BC 面的内聚力和内摩擦角。

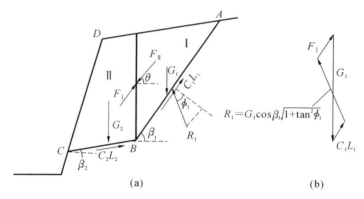

图 17-4-12 同向双平面滑动稳定性的力平衡分析图

为了便于计算,根据滑动面产状的变化将可能滑动体分为 Ⅰ、Ⅱ 两个块体,重量分别为 G_1、G_2。设 $F_Ⅰ$ 为块体 Ⅱ 对块体 Ⅰ 的作用力,$F_Ⅱ$ 为块体 Ⅰ 对块体 Ⅱ 的作用力,$F_Ⅰ$ 和 $F_Ⅱ$ 大小相等,方向相反,且其作用方向的倾角为 θ(θ 的大小可通过模拟试验或经验方法确定)。另外,滑动面 AB 以下岩体对块体 Ⅰ 的反力 R_1(摩阻力)与 AB 面法线的夹角为 ϕ_1,大小为

$$R_1 = G_1 \cos\beta_1 \sqrt{1 + \tan^2\phi_1} \tag{17-4-16}$$

根据 G_1,$C_1 L_1$ 及 R_1 的大小与方向可作块体 Ⅰ 的力平衡多边形,如图 17-4-12(b)所示。从该力多边形可求得 $F_Ⅱ$ 的大小和方向。在一般情况下,$F_Ⅰ$ 是指向边坡斜上方的,根据作用力与反作用力原理可求得 $F_Ⅱ = F_Ⅰ$,方向与 $F_Ⅰ$ 相反。如可能滑动体仅受岩体重力作用,则块体 Ⅱ 的稳定性系数 η_2 为:

$$\eta_2 = \frac{G_2 \cos\beta_2 \tan\phi_2 + F_Ⅱ \sin(\theta - \beta_2)\tan\phi_2 + C_2 L_2}{G_2 \sin\beta_2 + F_Ⅱ \cos(\theta - \beta_2)} \tag{17-4-17}$$

式(17-4-17)是在块体 Ⅰ 处于极限平衡(即块体 Ⅰ 的稳定性系数 $\eta_1 = 1$)的条件下求得的。这时,如按式(17-4-17)求得 η_2 等于 1,则可能滑动体 $ABCD$ 的稳定性系数 η 也等于 1。如果 η_2 不等于 1,则 η 不是大于 1,就是小于 1。事实上,由于可能滑动体作为一个整体,其稳定性系数应为 $\eta = \eta_1 = \eta_2$,所以为了求得 η 的大小,可先假定一系列 η_{11},η_{12},η_{13},…,η_{1i},然后将滑动面 AB 上的剪切强度参数除以 η_{1i},得到 $\frac{\tan\phi_1}{\eta_{11}} = \tan\phi_{11}$,$\frac{\tan\phi_1}{\eta_{12}} = \tan\phi_{12}$,…,$\frac{\tan\phi_1}{\eta_{1i}} = \tan\phi_{1i}$ 和 $\frac{C_1}{\eta_{11}} = C_{11}$,$\frac{C_1}{\eta_{12}} = C_{12}$,…,$\frac{C_1}{\eta_{1i}} = C_{1i}$,再用 $\tan\phi_{1i}$ 代入式(17-4-17)求得相应的 R_{1i},G_1 及 $C_{1i} L_1$ 作力平衡多边形,可得相应的 $F_{Ⅱ1}$,$F_{Ⅱ2}$,…,$F_{Ⅱi}$,以及 η_{21},η_{22},…,η_{2i},最后,绘出 η_1 和 η_2 的关系曲线如图 17-4-13 所示。由该曲线上找出 $\eta_1 = \eta_2$ 的点(该点位于坐标直角等分线上),即可求得边坡的稳定性关系数 η。在一般情况下,计算 3~5 点,就能较准确地求得 η。

2. 滑动体内存在结构面的情况

当滑动面内存在结构面时,就不能将滑动体视为完整的刚体。因为在滑动过程中,滑动体除沿滑动面滑动外,被结构面分割开的块体之间还要产生相互错动。显然这种错动在稳定性分析中应予以考虑。对于这种情况可采用分块极限平衡法和不平衡推力传递法进行稳定性计算。这里仅介绍分块极限平衡法,读者可参考有关文献了解不平衡推力传递法。

图 17-4-14 所示为这种情况的模型及各分块的受力状态。除有两个滑动面 AB 和 BC 外,滑动体内还有一个可作为切割面的结构面 BD,将滑动体 $ABCD$ 分割成 Ⅰ、Ⅱ 两部分。设面 AB,BC 和 BD 的内聚力、内摩擦角及倾角分别为 C_1,C_2,C_3,ϕ_1,ϕ_2,ϕ_3 及 β_1,β_2,β_3 和 α。滑动体的受力如图 17-4-14 所示,其中,W_1,W_2 分别为作用于块体 Ⅰ 和 Ⅱ 上的铅直力(包括岩体自重、工程作用力等);S_1,S_2 和 N_1,N_2 分别为不动岩体作用于滑动面 AB 和 BC 上的切向与法向反力;S 和 Q 为两块体之间互相作用的切向力与法向力。

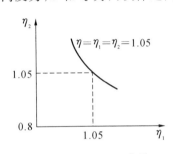

图 17-4-13　η_1-η_2 曲线

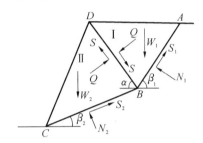

图 17-4-14　滑动体内存在结构面的稳定性计算图

在分块极限平衡法分析中,除认为各块体分别沿相应滑动面处于即将滑动的临界状态(极限平衡状态)外,并假定块体之间沿切割面 BD 也处于临界错动状态。当 AB,BC 和 BD 处于临界滑错状态时,各自应分别满足如下条件:

对 AB 面:

$$S_1 = \frac{C_1 \overline{AB} + N_1 \tan\phi_1}{\eta} \tag{17-4-18}$$

对 BC 面:

$$S_2 = \frac{C_2 \overline{BC} + N_2 \tan\phi_2}{\eta} \tag{17-4-19}$$

对 BD 面:

$$S = \frac{C_3 \overline{BD} + Q_2 \tan\phi_3}{\eta} \tag{17-4-20}$$

为了建立平衡方程,分别考察 Ⅰ、Ⅱ 块体的受力情况。对于块体 Ⅰ,受到 S_1,N_1,Q,S 和 W_1 的作用(见图 17-4-16),将这些力分别投影到 AB 及其法线方向上,可得如下平衡方程:

$$\begin{cases} S_1 + Q\sin(\beta_1 + \alpha) - S\cos(\beta_1 + \alpha) - W_1\sin\beta_1 = 0 \\ N_1 + Q\sin(\beta_1 + \alpha) + S\cos(\beta_1 + \alpha) - W_1\cos\beta_1 = 0 \end{cases} \tag{17-4-21}$$

将式(17-4-18)和式(17-4-20)代入式(17-4-21)可得:

$$\begin{cases} \dfrac{C_1 \overline{AB} + N_1 \tan\phi_1}{\eta} + Q\sin(\beta_1 + \alpha) - \dfrac{C_3 \overline{BD} + Q\tan\phi_3}{\eta}\cos(\beta_1 + \alpha) - W_1 \sin\beta_1 = 0 \\ N_1 + Q\sin(\beta_1 + \alpha) + \dfrac{C_3 \overline{BD} + Q\tan\phi_3}{\eta}\cos(\beta_1 + \alpha) - W_1 \cos\beta_1 = 0 \end{cases}$$

(17-4-22)

联立式(17-4-22),消去 N_1 后,可解得 BD 面上的法向力 Q 为

$$Q = \frac{\eta^2 W_1 \sin\beta_1 + [C_3 \overline{BD}\cos(\beta_1 + \alpha) - C_1 \overline{AB} - W_1 \tan\phi_1 \cos\beta_1]\eta + \tan\phi_1 C_3 \overline{BD}\sin(\beta_1 + \alpha)}{(\eta^2 - \tan\phi_1 \tan\phi_3)\sin(\beta_1 + \alpha) - (\tan\phi_1 + \tan\phi_3)\cos(\beta_1 + \alpha)\eta}$$

(17-4-23)

同理,对块体Ⅱ,将力 S_2,N_2,Q,S 和 W_2 分别投影到 BC 面及其法线方向上,可得平衡方程:

$$\begin{cases} S_2 + S\cos(\beta_2 + \alpha) - W_2 \sin\beta_2 - Q\sin(\beta_1 + \alpha) = 0 \\ N_2 - W_2 \cos\beta_2 - S\sin(\beta_1 + \alpha) - Q\cos(\beta_2 + \alpha) = 0 \end{cases}$$

(17-4-24)

将式(17-4-19)、式(17-4-20)代入式(17-4-24)可得:

$$\begin{cases} \dfrac{C_2 \overline{BC} + N_2 \tan\phi_2}{\eta} + \dfrac{C_3 \overline{BD} + Q\tan\phi_3}{\eta}\sin(\beta_2 + \alpha) - W_2 \sin\beta_2 - Q\sin(\beta_2 + \alpha) = 0 \\ N_2 - W_2 \cos\beta_2 - \dfrac{C_3 \overline{BD} + Q\tan\phi_3}{\eta}\sin(\beta_2 + \alpha) - Q\cos(\beta_2 + \alpha) = 0 \end{cases}$$

(17-4-25)

联立上式,同样可解得 BD 面上的法向力 Q 为

$$Q = \frac{-\eta^2 W_2 \sin\beta_2 + [C_3 \overline{BD}\cos(\beta_2 + \alpha) + C_2 \overline{BC} + W_2 \tan\phi_2 \cos\beta_2]\eta + \tan\phi_2 C_3 \overline{BD}\sin(\beta_2 + \alpha)}{(\eta^2 - \tan\phi_2 \tan\phi_3)\sin(\beta_2 + \alpha) - (\tan\phi_2 + \tan\phi_3)\cos(\beta_2 + \alpha)\eta}$$

(17-4-26)

由式(17-4-23)和式(17-4-26)可知:切割面 BD 上的法向力 Q 是边坡稳定性系数 η 的函数。因此,由式(17-4-23)和式(17-4-26)可分别绘制出 Q-η 曲线,如图 17-4-15 所示。显然,图 17-4-15 中两条曲线的交点所对应的 Q 值即为作用于切割面 BD 的实际法向应力;与交点相对应的 η 值即为研究边坡的稳定性系数。

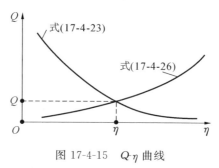

图 17-4-15 Q-η 曲线

17.4.2.4 多平面滑动稳定性计算

边坡岩体的多平面滑动,可以细分为一般多平面滑动和阶梯状滑动两个亚类。一般多平面滑动的各个滑动面的倾角都小于 90°,且都起滑动作用。这种滑动的稳定性,可采用

Sarma 法、力平衡图解法及不平衡推力传递法等进行计算,其中不平衡推力传递法被多个规范列为推荐方法,应用十分广泛,很多文献对此有介绍。Sarma 法主要针对岩质边坡所提出的,特别适用于岩质边坡的稳定性分析,下文作重点介绍。

Sarma 法(萨尔玛法)由英国学者 Sarada K. Sarma 在 1979 年提出,其后得到了广泛应用。它是一种考虑滑体强度的边坡极限平衡分析方法,基本思想是:边坡岩土体除非是沿一个理想的平面圆弧而滑动,才可能作为一个完整刚体运动。否则,岩土体必须先破坏成多块相对滑动的块体才可能滑动,亦即在滑体内部发生剪切(见图 17-4-16)。因此,Sarma 法有着独特的优点:它可以用来评价各种类型滑坡稳定性;计算时考虑滑体底面和侧面的抗剪强度参数,而且各滑坡可具有不同的 C、ϕ 值;滑坡两侧可以任意倾滑,并不限于竖直边界,因而能分析具有各种滑坡结构特征的稳定性;由于引入了临界水平加速度判据,因此该方法还可以用来分析地震力对滑坡稳定性的影响。总之,该方法比较全面,客观地反映了滑坡的实际情况,计算结果较符合客观实际。

Sarma 法力学模型如图 17-4-17 所示,通过满足各条块之间侧滑面及滑体底滑面的力学平衡及力矩平衡,可以得到如下计算公式:

$$K_c^* = \frac{a_n + a_{n-1}e_n + a_{n-2}e_ne_{n-1} + \cdots + a_1e_ne_{n-1}\cdots e_3e_2 + E_1e_ne_{n-1}\cdots e_1 - E_{n+1}}{p_n + p_{n-1}e_n + p_{n-2}e_ne_{n-1} + \cdots + p_1e_ne_{n-1}\cdots e_3e_2}$$

(17-4-27)

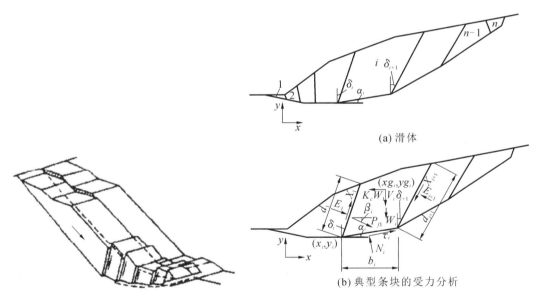

图 17-4-16　Sarma 法假定的岩体破坏型式

图 17-4-17　Sarma 法计算简图

式中,

$$a_i = \frac{R_i\cos\overline{\phi}_{bi} + (W_i + V_i)\sin(\overline{\phi}_{bi} - \alpha_i) + S_{i+1}\sin(\overline{\phi}_{bi} - \alpha_i - \delta_{i+1}) - S_i\sin(\overline{\phi}_{bi} - \alpha_i - \delta_i)}{\cos(\overline{\phi}_{bi} - \alpha_i + \overline{\phi}_{si+1} - \delta_{i+1})\sec\overline{\phi}_{si+1}}$$

$$p_i = \frac{(W_i + V_i)\cos(\overline{\phi}_{bi} - \alpha_i)}{\cos(\overline{\phi}_{bi} - \alpha_i + \overline{\phi}_{si+1} - \delta_{i+1})\sec\overline{\phi}_{si+1}}$$

$$e_i = \frac{\cos(\overline{\phi}_{bi} - \alpha_i + \overline{\phi}_{si} - \delta_i)}{\cos(\overline{\phi}_{bi} - \alpha_i + \overline{\phi}_{si+1} - \delta_{i+1})\sec\overline{\phi}_{si+1}}$$

$$R_i = \overline{C}_{bi}b_i\sec\alpha_i + P_{fi}\cos(\alpha_i+\beta_i) + [P_{fi}\sin(\alpha_i+\beta_i) - U_{bi}]\tan\overline{\phi}_{bi}$$

$$S_i = \overline{C}_{si}d_i - U_{si}\tan\overline{\phi}_{si}$$

$$S_{i+1} = \overline{C}_{si+1}d_{i+1} - U_{si+1}\tan\overline{\phi}_{si+1}; \tan\overline{\phi}_{bi} = \frac{\tan\overline{\phi}_{bi}}{F_{st}}; \overline{C}_{bi} = \frac{C_{bi}}{F_{st}}; \tan\overline{\phi}_{si} = \frac{\tan\phi_{si}}{F_{st}};$$

$$\overline{C}_{si} = \frac{C_{si}}{F_{st}}; \tan\overline{\phi}_{si+1} = \frac{\tan\overline{\phi}_{si+1}}{F_{st}}; \overline{C}_{si+1} = \frac{C_{si+1}}{F_{st}}$$

作用于第 i 条块左侧面上的推力 E_i 按下式计算：

$$E_i = a_{i-1} - p_{i-1}F_{st} + E_{i-1}e_{i-1} \tag{17-4-28}$$

式中，C_{bi}、ϕ_{bi} 分别为第 i 条块底面上的内聚力和内摩擦角；$\overline{C}_{bi}$、$\overline{\phi}_{bi}$ 分别为第 i 条块底面上折减后的内聚力和内摩擦角；C_{si}、ϕ_{si} 分别为第 i 条块第 i 侧面上的有效内聚力和内摩擦角；$\overline{C}_{si}$、$\overline{\phi}_{si}$ 分别为第 i 条块第 i 侧面上折减后的有效内聚力和内摩擦角；C_{si+1}、ϕ_{si+1} 分别为第 i 条块第 $i+1$ 侧面上的有效内聚力和内摩擦角；$\overline{C}_{si+1}$、$\overline{\phi}_{si+1}$ 分别为第 i 条块第 $i+1$ 侧面上折减后的有效内聚力和内摩擦角；U_{si}、U_{si+1} 分别为第 i 条块第 i 侧面、第 $i+1$ 侧面上的孔隙水压力；U_{bi} 为第 i 条块底面上的孔隙水压力；P_{fi} 为作用于第 i 条块上的加固力；δ_{si}、δ_{si+1} 分别为第 i 条块第 i 侧面、第 $i+1$ 侧面上的倾角（以铅直线为起始线，顺时针为正，逆时针为负）；W_i 为第 i 条块重量；V_i 为作用于第 i 条块上的竖向外荷载；E_{n+1} 为第 n 条块右侧面总的正压力，一般情况下 $E_{n+1}=0$；E_1 为第 1 条块左侧面总的正压力，一般情况下 $E_1=0$；K_c^* 为临界水平地震加速度；F_{st} 为抗滑稳定安全系数。

式(17-4-27)是将滑坡体划分为成 n 个条块后滑体达到静力平衡的条件，其物理意义是：在滑体上施加一个临界水平地震加速度 K_c^*，方使滑坡体达到极限平衡状态。K_c^* 为正值时，方向指向坡外；K_c^* 为负值时，方向指向坡内。如地震时，作用在滑坡体上的水平地震加速度大于 K_c^*，则滑坡失稳；小于 K_c^*，则滑坡稳定；等于 K_c^*，则滑坡处于临界状态。

Sarma 法对滑坡稳定性分析时引入了 K_c^* 值，然而地震仅是偶然事件，人们往往需要对无震滑坡稳定性作出评价。无震时滑坡稳定性系数按下列过程实现：同时降低所有滑动面和滑体的抗剪强度参数值，直至 K_c^* 降为零。即在计算中改变 F_{st} 的大小，直至 $K_c^*=0$，这时得到的 F_{st} 值即为无震时滑坡稳定性系数。

由于 Sarma 法计算公式较繁琐，其推导过程也非常复杂，近年来一些学者还对该方法进行研究，提出了改进 Sarma 法，可参见相关参考文献。

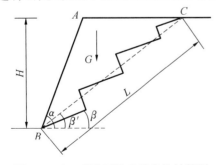

图 17-4-18　多平面滑动稳定性计算图

针对阶梯状滑动，如图 17-4-18 所示，ABC 为一可能滑动体，破坏面由多个实际滑动面和受拉面组成，呈阶梯状，设实际滑动面的倾角为 β，平均滑动面（虚线）的倾角为 β'，长为 L，边坡角为 α，可能滑动体的高为 H。在这种情况下，边坡稳定性的计算思路与单平面滑动相同，即将滑动体的自重 G（仅考虑重力作用时）分解为垂直滑动面的分量 $G\cos\beta$ 和平行滑动面的分量 $G\sin\beta$。则可得破坏面上的抗滑力 F_s 和滑动力 F_r 为

$$\begin{cases} F_s = G\cos\beta\tan\phi_j + C_jL\cos(\beta'-\beta) + \sigma_t L\sin(\beta'-\beta) \\ F_r = G\sin\beta \end{cases} \tag{17-4-29}$$

所以边坡的稳定性系数 η 为

$$\eta = \frac{F_s}{F_r} = \frac{G\cos\beta\tan\phi_j + C_j L\cos(\beta'-\beta) + \sigma_t L\sin(\beta'-\beta)}{G\sin\beta}$$

$$= \frac{\tan\phi_j}{\tan\beta} + \frac{C_j L\cos(\beta'-\beta) + \sigma_t L\sin(\beta'-\beta)}{G\sin\beta} \tag{17-4-30}$$

式中,C_j,ϕ_j 为滑动面上的内聚力和内摩擦角;σ_t 为受拉面的抗拉强度。

当 $\sigma_t = 0$ 时,则得:

$$\eta = \frac{\tan\phi_j}{\tan\beta} + \frac{C_j L\cos(\beta'-\beta)}{G\sin\beta} \tag{17-4-31}$$

由图 17-4-18 所示的三角关系得:

$$G = \frac{\rho g H \sin(\alpha - \beta') L}{2\sin\alpha} \tag{17-4-32}$$

用式(17-4-32)代入式(17-4-31)得:

$$\eta = \frac{\tan\phi_j}{\tan\beta} + \frac{[2C_j\cos(\beta'-\beta) + 2\sigma_t\sin(\beta'-\beta)]\sin\alpha}{\rho g H \sin(\alpha - \beta')} \tag{17-4-33}$$

当 $\sigma_t = 0$ 时,则得:

$$\eta = \frac{\tan\phi_j}{\tan\beta} + \frac{2C_j\cos(\beta'-\beta)\sin\alpha}{\rho g H \sin(\alpha - \beta')} \tag{17-4-34}$$

式中,ρ 为岩体的平均密度;g 为重力加速度。

式(17-4-33)和式(17-4-34)是在边坡仅承受岩体重力条件下获得的。如果所研究的实际边坡还受到静水压力、动水压力及其他外力作用时,则在计算中应计入这些力的作用。此外,如果受拉面为没有完全分离的破裂面,或是未来可能滑动过程中将产生岩石拉断破坏的破裂面,边坡稳定性系数应用式(17-4-33)计算;如果受拉面为先前存在的完全脱开的结构面时,则边坡稳定性系数应按式(17-4-34)计算。

17.4.2.5 楔形体滑动稳定性计算

楔形体滑动是常见的边坡破坏类型之一,这类滑动的滑动面由两个倾向相反,且其交线倾向与坡面倾向相同、倾角小于边坡角的软弱结构面组成。由于这是一个空间课题,所以,其稳定性计算是一个比较复杂的问题。

如图 17-4-19 所示,可能滑动体 $ABCD$ 实际上是一个以 $\triangle ABC$ 为底面的倒置三棱锥体。假定坡顶面为一水平面,$\triangle ABD$ 和 $\triangle BCD$ 为两个可能滑动面,倾向相反,倾角分别为 β_1 和 β_2,它们的交线 BD 的倾伏角为 β,边坡角为 α,坡高为 H。

假设可能滑动体将沿交线 BD 滑动,滑出点为 D。在仅考虑滑动岩体自重 G 的作用时,边坡稳定性系数 η 计算的基本思路是:首先将滑体自重 G 分解为垂直交线 BD 的分量 N 和平行交线的分量(即滑动力 $G\sin\beta$),然后将垂直分量 N 投影到两个滑动面的法线方向,求得作用于滑动面上的法向力 N_1 和 N_2,最后求得抗滑力及稳定性系数。

根据以上基本思路,则可能滑动体的滑动力为 $G\sin\beta$,垂直交线的分量为 $N = G\cos\beta$(见图 17-4-20(a))。将 $G\cos\beta$ 投影到 $\triangle ABD$ 和 $\triangle BCD$ 面的法线方向上,得作用二滑面上的法向力(见图 17-4-20(b))为

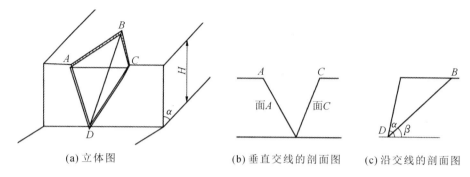

(a) 立体图　　(b) 垂直交线的剖面图　　(c) 沿交线的剖面图

图 17-4-19　楔形体滑动模型及稳定性计算图

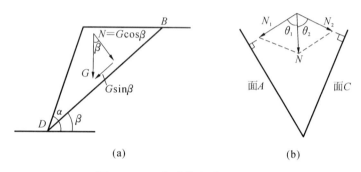

图 17-4-20　楔形体滑动力分析图

$$\begin{cases} N_1 = \dfrac{N\sin\theta_2}{\sin(\theta_1+\theta_2)} = \dfrac{G\cos\beta\sin\theta_2}{\sin(\theta_1+\theta_2)} \\ N_2 = \dfrac{N\sin\theta_1}{\sin(\theta_1+\theta_2)} = \dfrac{G\cos\beta\sin\theta_1}{\sin(\theta_1+\theta_2)} \end{cases} \tag{17-4-35}$$

式中,θ_1,θ_2 分别为 N 与二滑动面法线的夹角。

设 C_1,C_2 及 ϕ_1,ϕ_2 为滑动面 $\triangle ABD$ 和 $\triangle BCD$ 的内聚力和内摩擦角,则二滑动面的抗滑力 F_s 为

$$F_s = N_1\tan\phi_1 + N_2\tan\phi_2 + C_1 S_{\triangle ABD} + C_2 S_{\triangle BCD}$$

则边坡的稳定性系数为

$$\eta = \dfrac{N_1\tan\phi_1 + N_2\tan\phi_2 + C_1 S_{\triangle ABD} + C_2 S_{\triangle BCD}}{G\sin\beta} \tag{17-4-36}$$

式中,$S_{\triangle ABD}$ 和 $S_{\triangle BCD}$ 分别为滑面 $\triangle ABD$ 和 $\triangle BCD$ 的面积;$G=\dfrac{1}{3}\rho g H S_{\triangle ABC}$。

用式(17-4-35)中的 N_1 和 N_2 代入式(17-4-36)即可求得边坡的稳定性系数。在以上计算中,如何求得滑动面的交线倾角 β 及滑动面法线与 N 的夹角 θ_1 和 θ_2 等参数是很关键的。而这几个参数通常可通过赤平投影及实体比例投影等图解法或用三角几何方法求得,读者可参考有关文献。

此外,式(17-4-36)是在边坡仅承受岩体重力条件下获得的,如果所研究的边坡还承受有如静水压力、工程建筑物作用力及地震力等外力时,应在计算中加入这些力的作用。

17.4.2.6 危岩体崩塌稳定性计算

1. 滑移式崩塌

后缘无陡倾裂隙时(见图 17-4-21),稳定性系数按下式计算:

$$F = \frac{(W\cos\alpha - Q\sin\alpha - V) \cdot \tan\phi + Cl}{W\sin\alpha + Q\cos\alpha}$$

(17-4-37)

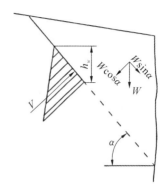

图 17-4-21 滑移式危岩稳定性计算
(后缘无陡倾裂隙)

式中,V 为裂隙水压力;Q 为地震力($Q=\zeta_e W$,ζ_e 为水平地震系数);F 为危岩稳定性系数;C 为后缘裂隙内聚力标准值,当裂隙未贯通时,取贯通段和未贯通段内聚力标准值按长度加权的加权平均值,未贯通段内聚力标准值取岩石内聚力标准值的 0.4 倍;ϕ 为后缘裂隙内摩擦角标准值,当裂隙未贯通时,取贯通段和未贯通段内摩擦角标准值按长度加权的加权平均值,未贯通段内摩擦角标准值取岩石内摩擦角标准值的 0.95 倍;α 为滑面倾角;W 为危岩体自重。

后缘有陡倾裂隙、滑面缓倾时,参照平面滑动计算稳定性系数。

2. 倾倒式崩塌

由后缘岩体抗拉强度控制时(见图 17-4-22),稳定性系数按下式计算:

$$F = \frac{\dfrac{1}{2} f_{lk} \cdot \dfrac{H-h}{\sin\beta} \left(\dfrac{2}{3} \dfrac{H-h}{\sin\beta} + \dfrac{b}{\cos\alpha}\cos(\beta-\alpha) \right)}{W \cdot a + V\left(\dfrac{H-h}{\sin\beta} + \dfrac{h_w}{3\sin\beta} + \dfrac{b}{\cos\alpha}\cos(\beta-\alpha) \right)} \quad (危岩体重心在倾覆点之外时)$$

(17-4-38)

$$F = \frac{\dfrac{1}{2} f_{lk} \cdot \dfrac{H-h}{\sin\beta} \cdot \left(\dfrac{2}{3} \dfrac{H-h}{\sin\beta} + \dfrac{b}{\cos\alpha}\cos(\beta-\alpha) \right) + W \cdot a}{V\left(\dfrac{H-h}{\sin\beta} + \dfrac{h_w}{3\sin\beta} + \dfrac{b}{\cos\alpha}\cos(\beta-\alpha) \right)} \quad (危岩体重心在倾覆点之内时)$$

(17-4-39)

式中,h 为后缘裂隙深度;h_w 为后缘裂隙充水高度;H 为后缘裂隙上端到未贯通段下端的垂直距离;a 为危岩体重心到倾覆点的水平距离;b 为后缘裂隙未贯通段下端到倾覆点之间的水平距离;h_0 为危岩体重心到倾覆点的垂直距离;f_{lk} 为危岩体抗拉强度标准值,根据岩石抗拉强度标准值乘以 0.4 的折减系数确定;α 为危岩体与基座接触面倾角,外倾时取正值,内倾时取负值;β 为后缘裂隙倾角;V 为后缘裂缝静水压力。

由底部岩体抗拉强度控制时(见图 17-4-23),稳定性系数 F 按下式计算:

$$F = \frac{\dfrac{1}{3} f_{lk} \cdot b^2 + W \cdot a}{V\left(\dfrac{1}{3}\dfrac{h_w}{\sin\beta} + b\cos\beta \right)}$$

(17-4-40)

式中各符号意义同前。

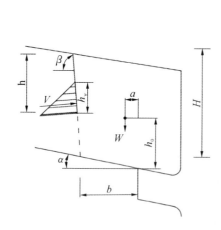 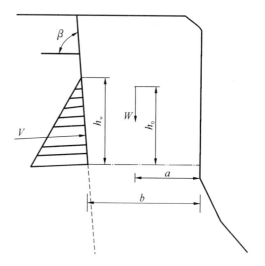

图 17-4-22　倾倒式崩塌体稳定性计算
（由后缘岩体抗拉强度控制）

图 17-4-23　倾倒式崩塌体稳定性计算
（由底部岩体抗拉强度控制）

3. 坠落式崩塌

部分外突危岩体可能形成坠落式崩滑体，当后缘有陡倾裂隙的悬挑式崩滑体按下列二式计算，稳定性系数 F 取两种计算结果中的较小值（见图 17-4-24）：

$$F = \frac{C(H-h) - Q\tan\phi}{W} \qquad (17\text{-}4\text{-}41)$$

$$F = \frac{\zeta \cdot f_{lk} \cdot (H-h)^2}{Wa_0 + Qb_0} \qquad (17\text{-}4\text{-}42)$$

对后缘无陡倾裂隙的悬挑式危岩按下列二式计算，稳定性系数取两种计算结果的较小值（见图 17-4-25）：

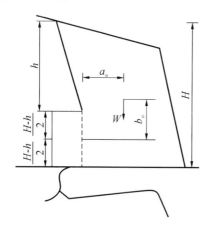 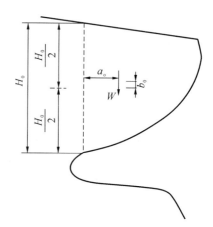

图 17-4-24　坠落式崩滑体稳定性计算
（后缘有陡倾裂隙）

图 17-4-25　坠落式崩滑体稳定性计算
（后缘无陡倾裂隙）

$$F = \frac{CH_0 - Q\tan\phi}{W} \qquad (17\text{-}4\text{-}43)$$

$$F = \frac{\zeta \cdot f_{lk} \cdot H_0^2}{Wa_0 + Qb_0} \tag{17-4-44}$$

式中，ζ 为崩滑体抗弯力矩计算系数，依据潜在破坏面形态取值，一般可取 $1/12 \sim 1/6$，当潜在破坏面为矩形时可取 $1/6$；a_0 为崩滑体重心到潜在破坏面的水平距离；b_0 为崩滑体重心到潜在破坏面形心的铅垂距离；f_{lk} 为崩滑体抗拉强度标准值，根据岩石抗拉强度标准值乘以 0.20 的折减系数确定；C 为崩滑体内聚力标准值；ϕ 为崩滑体内摩擦角标准值。

17.4.3 工程地质类比分析

工程地质类比法是把已有的自然边坡或人工边坡的研究设计经验，应用到条件相似的新边坡的研究和人工边坡的设计中。为此，需要对已有边坡进行广泛的调查研究，全面分析研究工程地质因素的相似性和差异性，分析研究边坡所处自然环境和影响边坡变形发展的主导因素的相似性和差异性。此外，还应考虑工程的类别、等级、重要性及对边坡的特殊要求等。

工程地质类比法可应用于以下情况：① 按照边坡的岩性、构造、结构、高度、水文地质等的相似条件，从经验数据中选取容许稳定坡度值；② 根据岩体物理力学性质的相似性，从经验数据中选取稳定计算参数；③ 根据自然条件相似的边坡破坏实例，反算推求边坡稳定性计算参数；④ 根据自然条件相似的边坡变形破坏特征，分析评价边坡变形破坏型式，预测其发展变化规律；⑤ 根据条件相似的边坡整治经验教训，提出边坡整治措施的建议。

17.5 长大顺层边坡的破坏分析

顺层边坡是指坡面走向和倾向与岩层走向和倾向一致或接近一致的层状结构岩体斜坡，包括自然顺层斜坡和人工开挖顺层边坡。实际工程中，常将走向与岩层走向夹角小于 $20°$、层面倾向与边坡倾向接近的边坡视为顺层边坡。斜坡岩体沿岩层层面、软弱夹层面或层间错动面剪切滑移而形成顺层滑坡，是其主要的变形破坏方式。

实际现象表明，很多长大顺层边坡的破坏并不完全是沿某个层面呈整体性滑动破坏，而是沿岩层中一些间断的节理面拉开，由下而上逐渐滑动破坏。当坡脚不再开挖或不再受到扰动时，失稳滑动到一定程度也就不再往上发展。坡长较大的顺层边坡并不是一次滑动到坡顶的：可能只发生一次滑动，边坡就稳定了；也可能发生多次滑动，边坡才逐渐稳定。先发滑动的部分称为实际的"关键块体"。这就决定了对坡长较大的顺层边坡进行加固设计时，没有必要将整个边坡加固，只需要对关键块体进行加固。

根据破坏机理，顺层边坡失稳可分为滑移拉裂破坏与溃曲破坏两种。滑移拉裂破坏一般常见于开挖的人工边坡，而溃曲破坏一般发生在自然边坡中。

17.5.1 溃曲破坏型顺层边坡临界滑动范围确定

对于倾角较大的顺层边坡，其破坏型式往往是溃曲破坏。而溃曲破坏常具有以板或梁的形式发生屈曲破坏的特征，其是否发生屈曲破坏与岩体力学性态有很大的关系。自 20 世纪 $70-80$ 年代孙广忠应用力学手段和观点解释顺层岩质边坡失稳机理以来，岩体结构力学成为顺层边坡研究中的重要手段。

设顺层边坡坡角为 β,坡长为 L,如图 17-5-1 所示。岩层可分为 AB 和 BC 两段,其中 AB 为溃曲隆起段,长为 l,BC 为下滑段,其长度为 $L-l$,对 AB 有推动作用,推力为 P。岩层厚度为 b,重度为 γ,取单位宽度建立模型,AB 段简化为梁或杆,底端固定。

在 AB 梁上取一微段,受力分析如图 17-5-2,其中坡体自重 $\mathrm{d}G = \gamma b \mathrm{d}x$,静水压力 $\mathrm{d}W = \frac{1}{2}\gamma x \cos\beta \mathrm{d}x$ 层面上的法向作用力 N 包括重力及静水压力,则 $\mathrm{d}N = \cos\beta \mathrm{d}G - \mathrm{d}W$。顺坡方向上除受到上、下微元对其的作用力 F' 及 F 外,由于各板状结构岩体间存在层间错动,故可得层间的摩阻力 $\mathrm{d}F = \mathrm{d}N\tan\phi$ 及内聚力 $\mathrm{d}\tau = C\mathrm{d}x$。

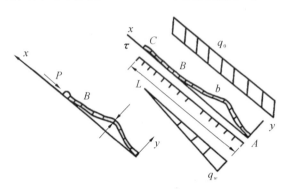

图 17-5-1 顺层岩质滑坡破坏力学模型

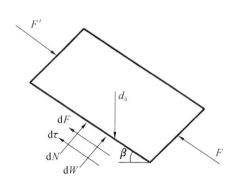

图 17-5-2 顺层岩体隆起段微元受力示意图

17.5.1.1 挠曲线微分方程求解

如图 17-5-1 所示,x 处截面上所受的顺坡向荷载为:

$$\int_0^x [\sin\beta \mathrm{d}G - (f+\tau)] = (R-T)x + \frac{1}{2}\gamma_w x^2 \sin\beta \tan\phi \tag{17-5-1}$$

式中,R 为坡体的下滑力;$R = \gamma b \sin\beta$;T 为不考虑静水压力作用时的抗滑力,$T = \gamma b \cos\beta \tan\phi + C$。

由于摩阻力和内聚力是作用在板梁的底面上的,可等效为轴心力所引起的附加弯矩 M':

$$M' = \frac{b}{2}\left(M_x - \frac{1}{2}\gamma_w x^2 \sin\beta \tan\phi\right) \tag{17-5-2}$$

由于静水压力引起的 x 处截面的弯矩为

$$M'' = \frac{1}{6}\gamma_w x \sin\beta \tag{17-5-3}$$

故 x 处截面上所受的弯矩 $M = M' + M''$,则 x 处截面的弹性曲线近似微分方程为

$$\frac{\mathrm{d}^2 y}{\mathrm{d}x^2} = -\frac{bT}{2EI}x + \frac{b\gamma_w \sin\beta \tan\phi}{4EI}x^2 - \frac{\gamma_w \sin\beta}{6EI}x^3 \tag{17-5-4}$$

由边界条件

$$\begin{cases} x = 0 \\ y = 0 \end{cases}; \quad \begin{cases} x = L \\ y = 0 \end{cases} \tag{17-5-5}$$

解此微分方程得:

$$y = \frac{1}{20}Cx^5 + \frac{1}{12}Bx^4 + \frac{1}{6}Ax^3 - \left(\frac{1}{20}CL^4 + \frac{1}{12}BL^3 + \frac{1}{6}AL^2\right)x \quad (17\text{-}5\text{-}6)$$

式中,$A = -\dfrac{bT}{2EI}$,$B = \dfrac{b\gamma_w \sin\beta \tan\phi}{4EI}$,$C = \dfrac{\gamma_w \sin\beta}{6EI}$。

17.5.1.2 顺层岩质边坡临界坡长求解

当层状边坡的坡长大于某一特定长度时,边坡就会发生溃曲失稳,该长度称为临界坡长度 L_{cr},可利用能量定理求解。根据能量原理,该岩体的总势能为

$$\Pi = U + V \quad (17\text{-}5\text{-}7)$$

式中,岩体的变形能 $V = \int_0^{L_{cr}} \dfrac{1}{2}EI(y'')\mathrm{d}x$;外力对岩体做功 $U = U_F + U_N + U_M$。其中,$U_F = \int_0^{L_{cr}} F\dfrac{1}{2}(y')^2 \mathrm{d}x$,表示顺坡向力 F 所做的功;$U_N = -\int_0^{L_{cr}} Ny\mathrm{d}x$,表示坡面法向力 N 所做的功;$U_M = -\int_0^{L_{cr}} My'\mathrm{d}x$,表示附加弯矩 M 所做的功。

当岩体发生溃曲时,总势能达到最大值,即 $\delta\Pi = 0$,即可得到发生破坏时的临界坡长度 L_{cr},并求导:

$$\Pi' = (U + V)' = \frac{1}{2}EI(y'') + \frac{1}{2}F(y')^2 - Ny - My' = 0 \quad (17\text{-}5\text{-}8)$$

式中,y'、y'' 分别为 y 的一阶导数、二阶导数。

实际求解过程中,考虑到变分的复杂性,可凭工程经验对 L_{cr} 进行预估,求解其 $\delta\Pi$ 值,通过调整 L_{cr} 值,校核其 $\delta\Pi$ 是否为零,最终求得 L_{cr}。

临界坡长受岩体弹性模量、层间滑动面强度、岩层厚度及岩层倾角等影响较大。随着岩石弹性模量的增大,其临界坡长也相应增大;随着滑动面的内聚力及内摩擦角增大,临界坡长先线性地平缓增大,到一定临界状态后,突然快速增大。由于地下水对层面间的内聚力及内摩擦角的弱化作用较大,故在坡体中要注意有效地排水,临界坡长随岩层厚度增加而有增大的趋势,而随着层面倾角增加而减小。

17.5.2 滑移拉裂破坏型顺层边坡临界滑动范围确定

工程实践表明,顺层边坡失稳多数是从自然边坡表层坡缘开始,沿层面滑动,并向自然边坡上部发展。边坡失稳破坏的形式和过程,取决于岩层倾角、层面强度参数、岩体抗拉强度等。当自然边坡坡向与岩层倾向相同时,可建立如下分析模型(图 17-5-3)。

设第 i 层顶面、底面与开挖边坡面交点的 x、y 坐标值分别为 (x_{i-1}, y_{i-1}) 和 (x_i, y_i),开挖边坡坡顶的 x、y 坐标值为 (x_0, y_0),则有

$$\begin{cases} x_i = \sum\limits_{j=i+1}^{n} h_j \cot(\beta - \alpha), & y_i = \sum\limits_{j=i+1}^{n} h_j \\ x_0 = \sum\limits_{j=1}^{n} h_j \cot(\beta - \alpha), & y_0 = \sum\limits_{j=1}^{n} h_j \end{cases} \quad (17\text{-}5\text{-}9)$$

边坡开挖后,假设边坡岩体沿第 i 层岩体底层面滑动时,坡体内沿节理和节理间的"岩桥"拉裂,节理面和"岩桥"的等效抗拉强度为 σ_{mt}。因卸荷及风化影响,岩体等效抗拉强度 σ_{mt} 和层面抗剪强度参数(f_j 及 C_j)都会随卸荷及风化程度而降低,因此,设 f_i、C_i 和 σ_t 与分析

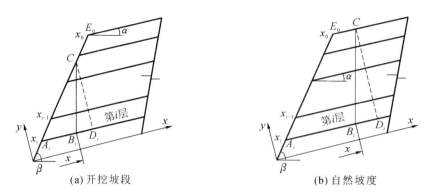

图 17-5-3 自然坡角与岩层倾角相同的边坡

点到坡面距离$(x-x_i)$的变化为

$$\begin{cases} f_j = a_f(x-x_i) + f_{0i} \\ C_j = a_c(x-x_i) \\ \sigma_{mt} = a_\sigma(x-x_i) \end{cases} \quad (17\text{-}5\text{-}10)$$

式中,a_f、a_c、a_σ 和 f_{0i} 为系数,由边坡岩体结构野外调查结果和层面及岩体强度的室内外测试结果或类比确定。非扰动段,f_j、C_j 和 σ_{mt} 取层面和岩体天然新鲜状态下的相应值。

1. 开挖边坡段岩层失稳长度

开挖边坡段$(x_i \leqslant x \leqslant x_0 - \tan\alpha \sum_{j=i+1}^{n} h_j)$,图 17-5-3(a)中各参数有下列关系:

$$\begin{cases} |A_iB_i| = x - x_i \\ |B_iC| = \dfrac{\sin(\beta-\alpha)}{\cos\beta}(x-x_i) \\ |D_iC| = |B_iC|\cos\alpha \\ W_{A_iB_iC} = \dfrac{1}{2}\gamma|A_iB_i|\cdot|D_iC| \end{cases} \quad (17\text{-}5\text{-}11)$$

式中,$W_{A_iB_iC}$ 为边坡三角块体 A_iB_iC 的重力。

拉裂面 B_iC 上有

$$\begin{cases} F_{\sigma_{ti}} = |B_iC|\sigma_t \\ F_{ti} = W_{A_iB_iC}\sin\alpha - F_{\sigma_{ti}}\cos\alpha \\ F_{ni} = W_{A_iB_iC}\cos\alpha + F_{\sigma_{ti}}\sin\alpha \\ F_{fi} = F_{ni}f_i + (x-x_i)C_i \end{cases} \quad (17\text{-}5\text{-}12)$$

式中,$F_{\sigma_{ti}}$ 为岩体的抗拉强度对块体 A_iB_iC 产生的拉力;F_{ti} 为第 i 层岩体底面上的下滑力;F_{ni} 为滑动层面上的法向力;F_{fi} 为滑动层面上的抗滑力。

当 $F_{fi} - F_{ti} = 0$ 时,边坡岩块 A_iB_iC 处于极限状态,计算出顺层边坡失稳破坏岩层极限长度 L_{ci} 为

$$L_{ci} = \dfrac{6A_1 - 6A_2 f_{0i} - 3a_c}{4A_2} \quad (17\text{-}5\text{-}13)$$

式中：$A_1 = \dfrac{\sin(\beta-\alpha)\cos\alpha\left(\dfrac{1}{2}\gamma\sin\alpha - a_\sigma\right)}{\cos\beta}$，$A_2 = \dfrac{\sin(\beta-\alpha)\left(\dfrac{1}{2}\gamma\cos^2\alpha - a_\sigma\sin\alpha\right)}{a_f\cos\beta}$。

当开挖边坡坡角 β 等于岩层倾角 α，或者 α 等于 $90°$，或者 $\tan\alpha = f_i$ 时，L_{ci} 趋于无穷大。此时，边坡开挖时不会将岩层挖断，边坡的稳定已是岩层弯曲变形稳定问题，或者是整体滑动问题。

2. 自然边坡段岩层失稳长度

自然边坡段 $\left(x > x_0 - \tan\alpha \sum\limits_{j=i+1}^{n} h_j\right)$，图 17-5-3(b) 中各参数之间有下列关系：

$$\begin{cases} |A_i B_i| = x - x_i \\ |D_i C| = \sum\limits_{j=1}^{i} h_j \\ |B_i C| = \dfrac{|D_i C|}{\cos\alpha} \\ W_{A_i B_i C E_0} = \gamma \sum\limits_{j=1}^{i} h_j (x - x_i) + \gamma \sum\limits_{j=1}^{i} h_j \left[\tan\alpha \sum\limits_{j=1}^{i} h_j - \dfrac{x_0}{2}\right] \end{cases} \quad (17-5-14)$$

式中，$W_{A_i B_i C E_0}$ 为失稳块体 $A_i B_i C E_0$ 的重力。

将式(17-5-10)、式(17-5-14)代入式(17-5-13)，计算出不稳定岩层的临界长度 L_{ci} 为

$$L_{ci} = (x - x_i) = \dfrac{a_1 - a_4}{2a_3} + \sqrt{\left(\dfrac{a_4 - a_1}{2a_3}\right)^2 + \dfrac{a_2}{a_3}} \quad (17-5-15)$$

式中，$a_1 = \sum\limits_{j=1}^{i} h_j(\gamma\sin\alpha - a_\sigma)$，$a_2 = \gamma\sin\alpha \sum\limits_{j=1}^{i} h_j\left(\tan\alpha \sum\limits_{j=1}^{i} h_j - \dfrac{x_0}{2}\right)$，$a_3 = \dfrac{1}{2}\left[a_f \sum\limits_{j=1}^{i} h_j(\gamma\sin\alpha + a_\sigma\tan\alpha) + a_c\right]$，$a_4 = f_{0i} \sum\limits_{j=1}^{i} h_j(\gamma\cos\alpha + a_\sigma\tan\alpha)$。

式(17-5-15)中，L_{ci} 若为负，表明在 $x > x_0 - \tan\alpha \sum\limits_{j=i+1}^{n} h_j$ 范围内不会滑动；否则，在该范围内会滑动。

17.6 边坡变形破坏的防治

17.6.1 防治原则与思路

17.6.1.1 防治原则

防治原则应以防为主，及时治理，并根据边坡工程的重要性与边坡岩体具体特征制订具体防治方案。以防为主就是要尽量做到防患于未然，包括两方面内容：要正确地选择建筑场地，合理地制定人工边坡的布置和开挖方案，例如在高地应力区开挖人工边坡时，应注意合理布置边坡方向，尽可能使边坡走向大致与地区最大主应力方向一致，露天采矿宜采用椭圆形矿坑，其长轴应平行于最大主应力方向，对于那些稳定性极差，而治理又难度高、耗资大的边坡地段，应以绕避为宜；查清可能导致天然边坡稳定性下降的因素，事前采取必要措施消

除或改变这些因素,并力图变不利因素为有利因素,以保持边坡的稳定性,甚至向提高稳定性的方向发展。

及时治理就是要针对边坡已出现的变形的具体状况,及时采取必要的增强稳定性的措施。当边坡变形迹象已十分明显或已进入加速蠕变阶段时,仅采取消除或改变主导因素的措施已不足以制止破坏发生,在这种情况下,必须及时采取降低边坡下滑力,增强边坡抗滑能力的有效措施,迅速改善边坡的稳定性。

考虑工程的重要性是制定整治方案必须遵循的经济原则。对于那些威胁到重大永久性工程安全的边坡变形和破坏,应采取全面的、严密的整治措施,以保证边坡具有较高的安全系数。对于一般性工程或临时性工程,则可采取较简易的防治措施。

17.6.1.2 防治措施制定的思路

根据上述防治原则,防治措施制定的思路可归纳为以下几个方面。

1. 消除、削弱或改变使边坡稳定性降低的各种因素

这方面的措施可分为两类。一类是针对导致边坡外形改变的因素而采取的措施,主要是保证边坡不受地表水的冲刷或海、湖、水库水波浪的冲蚀,如修筑导流堤、水下防波堤等。另一类措施是针对改变边坡岩体强度和应力状态的因素所采取的。

为了防止易风化的岩体表层由于风化而产生剥落,可以在边坡筑成之后用采取适当的防护措施,对于软硬相间的层状岩体的风化凹槽采用补砌、支撑等措施,或者清除坡肩危岩体,对张开裂隙进行注浆封闭,或在坡面上用浆砌片石筑一层护墙,在护墙脚处一定要设排水措施,排除坡内积水。为了防止坠石,可在坡面上铺设钢丝网,或增设阻挡滚石的铁链栏栅。对于胀缩性较强的土质边坡,可在边坡面上种植草皮,使坡面土层保持一定的湿度,防止坡面开裂,减小降水沿裂缝渗入的可能性,避免土层性能恶化而发生土壤滑动或滑坡。

调整坡面水流,排除边坡内的地下水,截断进入坡内的地下水流,对于防止坡体软化,消除渗透变形作用,降低空隙水压力和动水压力,都是极为有效的。这些措施在滑坡区和可能产生滑坡的地区尤为重要。

为了不让外围地表水进入滑坡区,可沿滑坡边界修筑天沟,沟壁应不透水,否则反而起到向边坡内输水的作用。在滑坡区内,为了减少降雨渗入,可在坡面修筑排水沟,在岩质边坡中还可采用灰浆勾缝等措施。

排除地下水的措施很多,应根据边坡地质结构特征和水文地质条件加以选择。通常在土质边坡内修筑支撑盲沟,能取得良好效果。截断地下渗流对于防止深层滑动或治理较大型的滑坡是很有效的,一般采用地下排水坑道。边坡若有含水层时,水平坑道设在含水层与隔水层之间效果较好。

2. 降低下滑力,提高边坡抗滑能力

降低下滑力主要通过刷方减载。在刷方时必须正确设计刷方断面遵循"砍头压脚"的原则。特别注意不要在滑移-弯曲变形体隆起部位刷方,否则可能加速深部变形的发展。

提高滑体抗滑能力的措施有很多。一种是直接修筑支挡建筑物以支撑、抵挡不稳定岩体,支挡建筑物的基础必须砌置在滑移面以下。岩质边坡采用预应力锚杆或钢筋混凝土锚固桩杆加固,是一种很有效的措施。它可以增高结构面的抗滑能力,改善结构面上切应力的分布状况，显著降低沿之发生累进性破坏的可能性。锚杆的方向和设置深度应视边坡的结构特征而定（见图17-6-1），甚至在必要的条件下采用成排的抗滑桩或（和）预应力锚索格子梁等措施阻挡边坡滑动。另一种方式是通过改良岩体的强度性能来增强边坡的抗滑能力。对于岩质边坡可采用固结灌浆等措施，但必须注意选择适宜的灌浆压力，否则反而促进边坡变形。

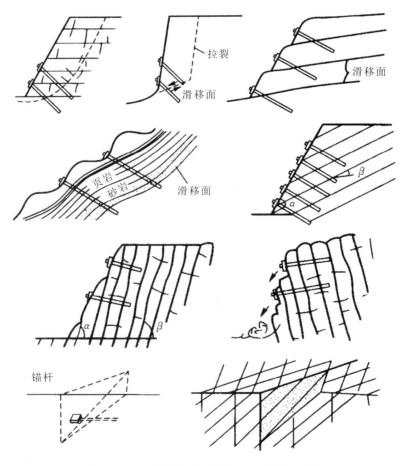

图17-6-1 不同岩体结构的边坡中预应力锚固

3. 防御和绕避措施

在一些经常有剥落或崩落的边坡区，可修筑一些防御性建筑物而不去治理它。如道路建设中对于高处有落石等威胁时，可采用明硐、御塌棚（见图17-6-2）等。为防止坠石，可在道路旁开挖积石沟、拦石坝、拦挡格栅等措施。在线路建设中遇到难以治理的大滑坡时，可以内移作隧，从滑动面以下开挖隧洞通过或采用外移建桥的措施（见图17-6-3），避免在不安全地段开挖边坡。在大型水电建设中，库区尤其在近坝地区如有难以治理的可能复活的大型滑坡或可能失稳的大型变形体，可通过调节库水运行方案、局部爆破等方法，使滑体或变形体缓慢下滑或分部滑（崩）落，以保证不造成足以影响工程施工和运行的涌浪。

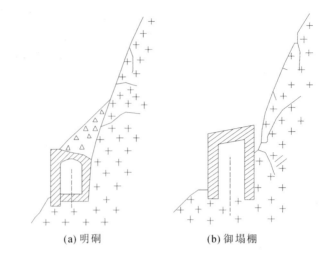

(a) 明硐 (b) 御塌棚

图 17-6-2 道路通过崩落区的防御结构

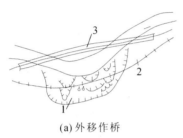
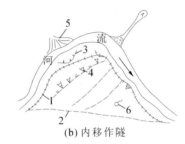

(a) 外移作桥 (b) 内移作隧

1.滑坡体;2.原线路;3.采用的跨河桥线 1.原线路;2.采用的隧道线;3.滑坡体; 4.崩塌体;5.泥石流堆积物;6.泉

图 17-6-3 道路绕避不稳定岸坡地段

17.6.2 边坡支挡工程

支挡工程是边坡处治的常用措施,主要类型有挡墙、抗滑桩等。对于不稳定的边坡岩体,使用支挡结构是一种较可靠的处治手段,其优点是可从根本上解决边坡稳定性问题,达到根治目的。

17.6.2.1 挡土墙

挡土墙属于重型支挡结构,适用于碎裂结构的岩体边坡的支护。设计挡土墙,应计算出滑动推力、查明滑动面位置,其基础必须设置在一定深度的稳定岩层上,墙后设排水沟,以消除对挡土墙的水压力。对于不同类型的挡土墙应根据边坡性质、类型、自然地质条件和当地材料供应情况综合分析确定。挡土墙从结构类型上一般分为以下几类:

(1) 重力(衡重)挡土墙。重力式挡土墙是以墙体自重或以墙体自重和填土重力共同抵抗压力的支挡结构(见图 17-6-4(a))。重力式挡土墙墙身材料通常采用石砌体、片石混凝土或混凝土,形式简单,对基础要求也较高,但其占用面积较大,修建高度有限。

(2) 锚杆式挡土墙。锚杆式挡土墙属于轻型挡土墙,主要依靠埋置岩体中锚杆的抗拉力拉住立柱来保证岩体稳定,由预制的钢筋混凝土立柱和挡板构成墙面,与水平或倾斜的锚杆联合作用支挡土体(见图17-6-4(b))。相比重力式挡墙,锚杆式挡墙占地较少,高度更高。

(3) 薄壁式挡土墙。薄壁式挡土墙是钢筋混凝土结构,包括悬臂式和扶壁式两种主要形式。悬臂式挡土墙由立壁和底板组成,而当墙身较高时,可沿墙长一定距离立肋板(即扶壁)联结立壁板与踵板,从而形成扶壁式挡墙(见图17-6-4(c))。薄壁式挡土墙可整体灌注,也可采用拼装,但拼装式扶壁挡土墙不宜在地质不良地段和地震烈度大于等于Ⅲ度的地区使用。

(4) 其他挡土墙。包括柱板式挡土墙、桩板式挡土墙和垛式挡土墙等。柱板式挡土墙常在沿河路堤及基坑开挖中使用,桩板式挡土墙常在基坑开挖及抗洪中使用。

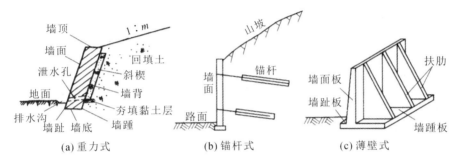

图 17-6-4 各类挡土墙示意图

17.6.2.2 抗滑桩

抗滑桩常用于可能发生大规模滑动的边坡工程中,可用于稳定滑坡、加固山体。在边坡处治工程中抗滑桩通过桩身将上部承受的推力传给桩下部的侧向岩体,依靠桩下部的侧向阻力来承担滑坡推力,使边坡保持稳定,见图17-6-5。

单桩是抗滑桩的基本形式,也是常用的结构形式,其特点是简单,受力和作用明确。单桩的规模有时候很大,以提供较大的抗滑能力。但是在边坡推力较大,用单桩不足以

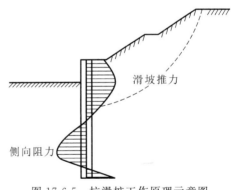

图 17-6-5 抗滑桩工作原理示意图

承受其推力或使用单桩不经济时,可以采用排桩。排桩的特点是转动惯量大,抗弯能力强,桩壁阻力较小,在软弱地层有明显的优越性。当抗滑桩在横向或纵向有两排以上,形成组合的抗滑结构时,则称之为抗滑桩群,它能承受更大的推力,可用于特殊的滑坡治理工程或特殊的边坡工程。

桩材料多为钢筋混凝土,有时也有钢桩和木桩,横断面可为方形、矩形或圆形,平面上多沿垂直滑动方向成排布置。抗滑桩长度宜小于35m,间距宜为5~10m,抗滑桩下部嵌入滑床中的长度应不小于全桩长的1/3~2/5,为防止滑体从中间挤出,可在桩间设置拱形挡板,在重要地区还应用钢筋混凝土联系梁连接,以增强整体稳定性。

抗滑桩的设计内容一般为先确定抗滑桩的平面布置,拟定桩型、埋深及其结构尺寸,然后根据拟定的结构确定作用在抗滑桩上的力系,接着选定地基反力系数,进行桩的受力和变

形计算，最后按照计算结果进行桩截面的配筋计算和构造设计。

抗滑桩上的力系包括抗滑桩滑面以上的推力和地基反力。抗滑桩滑面以上的推力方向假定与桩穿过滑面点处的切线方向平行，推力根据其不同边坡相关计算公式求出。地基反力包括桩前土反力、桩锚固段反力和其他反力。桩前土反力是指由桩前岩土体能保持自身稳定时，在推力作用下可以把它产生的抗力作为已知外力考虑，但是当桩前岩土体不能保持稳定时，则不考虑桩前土对桩的反力。桩锚固段反力是在桩将推力传递给滑面以下的岩体时，岩体受力发生变形，并由此产生岩体的反力，反力大小与岩体变形有关，且应当按照岩体分别所处于弹、塑性阶段使用不同的方法计算。抗滑桩具体设计方法参见相关文献。

17.6.3 边坡加固工程

对边坡进行加固，常用的加固方法有锚杆、锚索等。锚杆（索）是一种安设在岩土层深处的受拉杆件，它的一端与工程构筑物相连，另一端锚固在岩土层中，必要时对其施加预应力，以承受岩土压力、水压力等所产生的拉力，用以有效地承受结构荷载，防止结构变形，从而维护构筑物的稳定（见图17-6-6）。根据锚固工程性质、锚固部位和工程规模等因素，可以灵活选择能满足加固要求的高强度、低松弛的普通钢筋、高强冷轧螺纹钢筋、预应力钢丝或钢绞线作为锚拉材料，设计灵活方便，适用性强，对于边坡加固效果较好，被广泛使用。

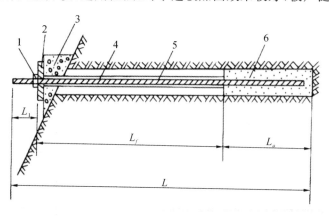

图17-6-6 锚杆结构示意图
1.紧固器；2.承压板；3.台座；4.套管；5.拉杆；6.锚固体

锚杆，通常是对受拉杆件所处的锚固系统的总称。它包含锚固体（或称内锚头）、拉杆及锚头（或称外锚头）三个基本部分组成，如图17-6-6所示。锚头是构筑物与拉杆的连接部分。它的功用是将来自构筑物的力有效地传给拉杆。拉杆要求位于锚杆装置中的中心线上，其作用是将来自锚头的拉力传递给锚固体，一般采用抗拉强度较高的钢材制成。锚固体在锚杆的尾部，与岩土体紧密相连，它将来自拉杆的力通过摩阻抵抗力（或支承抵抗力）传递给稳固的地层。

按锚杆的作用原理，可以把锚杆划分全长黏结型锚杆、端头锚固型锚杆、摩擦型锚杆、预应力锚杆等四种类型。

1. 全长黏结型锚杆

全长黏结型锚杆是一种不能对围岩加预应力的被动型锚杆，适用于围岩变形量不大的各类地下工程的永久性系统支护。根据锚固剂的不同,可分为普通水泥砂浆锚杆、早强水泥砂浆锚杆、树脂卷锚杆、水泥卷锚杆等类型。

2. 端头锚固型锚杆

端头锚固型锚杆安装后可以立即提供支护抗力,并能对围岩施加不大于100kN的预应力,适用于裂隙性的坚硬岩体中的局部支护。端头锚固型锚杆,国内目前有以下几种结构形式,见图17-6-7。其中机械式锚固适用于硬岩或中硬岩;黏结式锚固除用于硬岩及中硬岩外,也可用于软岩。端头锚固型锚杆的作用主要取决于锚头的锚固强度。在锚头型式选定后,其锚固强度是随围岩情况而变化的。因此,为了获得良好的支护效果,使用前,应在现场进行锚杆拉拔试验,以检验所选定的锚头是否与围岩条件相适应。

图17-6-7 端头锚固型锚杆结构形式

3. 摩擦型锚杆

摩擦型锚杆安装后可立即提供支护抗力,并能对围岩施加三向预应力,韧性好,适用于软弱破碎、塑性流变围岩及经受爆破震动的矿山巷道工程。摩擦型锚杆,目前国内有全长摩擦型(缝管式)和局部摩擦型(楔管式)两种。摩擦型锚杆是一根沿纵向开缝的钢管,当它装入比其外径小2~3mm的钻孔时,钢管受到孔壁的约束力而收缩,同时,沿管体全长对孔壁施加弹性抗力,从而锚固其周围的岩体。这类锚杆的特点是安装后能立即提供支护抗力,有利于及时控制围岩变形;能对围岩施加三向预应力,使围岩处于压缩状态;而且,锚固力还能随时间而提高。在某些特定条件下,需要提高摩擦型锚杆的初锚固力时,可采用带端头锚楔的缝管锚杆或楔管锚杆。工程实践表明,在硬岩条件下,采用带端头锚楔的缝管锚杆或楔管锚杆,可使初始锚固力增加50kN以上。

4. 预应力锚杆

预应力锚杆是指预拉力大于200kN,长度大于8.0m的岩体锚杆。它能对围岩施加大于200kN的预应力,且能处理深部的稳定问题,适用于大跨度地下工程的系统支护及局部大的不稳定块体的支护。与非预应力锚杆相比,预应力锚杆有许多突出的优点。它能主动对围岩提供大的支护抗力,有效地抑制围岩位移;能提高软弱结构面和塌滑面处的抗剪强度;按一定规律布置的预应力锚杆群使锚固范围内的岩体形成压应力区而有利于围岩稳定。此外,这种锚杆施工中的张拉工艺,实际上是对每根工程锚杆的检验,有利于保证工程质量。锚杆与锚索在地下工程及边坡工程中被广泛应用。锚杆(索)具体设计见相关文献。

17.6.4 边坡防护工程

边坡防护主要针对岩体松散破碎的边坡或易于风化边坡实施防护措施,常用的措施有防护网、格构、植被防护等。

17.6.4.1 防护网

边坡防护网,又叫作 SNS 边坡防护网、柔性边坡防护网或钢丝绳防护网。主要分为主动边坡防护网和被动边坡防护网两种(见图 17-6-8),此外还有环形防护网。

(a) 主动网

(b) 被动网

图 17-6-8 现场防护网

主动防护网是以钢丝绳网为主的各类柔性网覆盖包裹在所需防护斜坡或岩石上,能将工程对环境的影响降到最低点,其防护区域可以充分地保护土体、岩石的稳固,便于人工绿化,有利于环境保护。主动防护网限制坡面岩石土体的风化剥落或破坏以及危岩崩塌,或将落石控制于一定范围内运动,主动网适用于较稳定大块岩体边坡的防风化、防崩塌处理。

被动防护网是由钢丝绳网、环形网、固定系统减压环和钢柱四个主要部分构成(见图 17-6-9)。钢绳网是首先受到冲击的系统主体部分,它有很高的强度和弹性内能吸收能力,能将落石的冲击力传递到支撑绳,再传到拉锚绳,最终到锚杆。在绳的特定位置设有摩擦式"减压环",它能通过塑性位移吸收能量,是一种消能元件,可对系统起过载保护作用。钢柱是系统的直立支撑,它与基座间的可动连接确保它受到直接冲击时地脚螺栓免遭破坏,锚杆将拉绳锚固在岩基中并将剩余冲击荷载均布地传递到地基之中。钢柱和钢丝绳网连接组合构成一个整体,对所防护的区域形成面防护,从而阻止崩塌岩石土体下坠,起到边坡防护作用。被动防护网适用于岩块较小、较散碎的岩体边坡防护,并应根据落石弹跳轨迹计算被动网的位置、高度和动能大小,其轨迹可以根据运动学进行理论计算,工程上经常使用现场落石坑调查和现场落石试验确定。

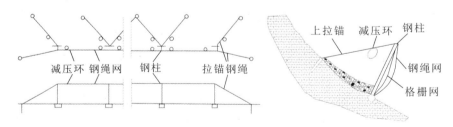

图 17-6-9 钢绳网崩塌落石拦挡系统前视、俯视、剖面示意图

环型防护网是被动防护系统的一个特殊的分支,它具有比普通被动防护系统强度更高的特点。环型防护网同样可用于建筑设施旁有缓冲地带的高山峻岭区域,它把岩崩、飞石、雪崩、泥石流拦截在建筑设施之外,避免灾害对建筑设施的毁坏。

17.6.4.2 格构防护

格构是利用浆砌块石、现浇钢筋混凝土或预制预应力混凝土进行坡面防护,在必要的情况下还可以配合锚杆(锚索)进行(图 17-6-10)。利用框格护坡,并在框格之间种植花草,还可以达到美化环境的目的。同时应与市政规划、建设相结合,在防护工程中预留管网通道,使得工程建筑与自然环境和谐共存。

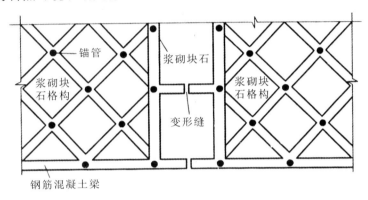

图 17-6-10 菱形格构锚固示意图

格构应根据边坡结构特征,选定不同的护坡材料。当边坡稳定性好,但前缘表层开挖失稳时,可采用浆砌块石格构护坡;当边坡稳定性差,滑体厚度不大时,宜采用现浇钢筋混凝土加锚杆进行防护;当滑坡稳定性差,滑体较厚时,应采用混凝土格构加预应力锚索进行防护。

格构锚固应按照边坡具体情况分别进行分类设计。对于稳定性好,并满足安全设计要求的边坡采用浆砌块石格构护坡,采用经验类比法进行设计,前缘坡度不宜大于 35°,当边坡高度超过 30m 时,应设马道放坡,马道宽 2~3m;对于边坡整体稳定性好,但前缘出现溜滑或坍滑,或坡度大于 35°时,可采用现浇钢筋混凝土格构护坡,并用锚杆进行固定,使用经验内壁和极限平衡法相结合的方法进行设计;对于边坡稳定性差,滑坡推力过大,且前沿边坡面应防护时,采用预应力钢筋混凝土与锚索进行防护。采用与预应力锚索相同的锚固力公式确定锚固荷载,并推荐单束锚索设计吨位。若格构梁承受较大滑坡推力时,宜按照"倒梁法"进行设计,预应力格构与滑体的接触压应力要小于地基承载力的特征。

17.6.4.3 植被防护

植被护坡是利用植被涵水固土的原理稳定岩土边坡,它可以解决边坡工程建设与生态环境破坏的矛盾,实现人类活动与自然环境的和谐共处。植被护坡稳定岩土边坡的同时美化了生态环境,是集岩土工程、恢复生态学、植物学、土壤肥料学等多种学科于一体的综合工程技术。在岩体表面植被难以生长,特别在斜坡上更是如此,主要是缺乏植物生长的条件,创造条件让植物生长是恢复植被的关键技术。目前在岩体表面创造植物生长条件的方法主要是移植客土,研究使用人工生态土,能牢固附着于岩体表面,又能满足植物生长,同时要求施工简单,便于机械化施工。植被的选择应当遵循植物群落的演替理论,不同时期交替生长不同植被,一般的演替模式是地衣群落阶段→苔藓群落阶段→草本群落阶段→木本群落阶段。植被护坡设计一般应当观察当地地区环境、调查周边植物情况和勘察边坡地形地质情况,综合各方面情况进行设计。

植被护坡与传统土木工程措施相比,虽然材料及其强度不同,但在功能方面仍然有许多优点。一般工程加固措施,随着时间的推移、混凝土的老化、钢筋的腐蚀,加固效果越来越差;而植被护坡则相反,开始作用虚弱,但随着植被的繁殖、生长,强度越来越高。植被护坡也有局限性:如植被根系的延伸使土体产生裂隙,增加了土体的渗透率;又如植物的深根锚固仍然无法控制边坡更深层的滑动。因此植被护坡技术应该与工程措施结合,发挥二者各自的优点,有效解决边坡工程防护与生态环境破坏的矛盾,既保证了边坡稳定,又实现了坡面植被快速恢复,达到人类活动与自然环境和谐共处。

第18章 地下岩体工程

18.1 概 述

地下岩体工程是指在地下岩体中开挖并临时或永久修建的各种工程,如地下井巷、隧道、通道、硐室、地下仓库、厂房等,也称地下建筑或地下硐室。从围岩稳定性研究角度来看,这些地下构筑物是一些不同断面形态和尺寸的地下空间。较早出现的地下硐室是人类为了居住而开挖的窑洞,为了宗教活动而开凿的石窟及采掘地下资源而挖掘的矿山巷道。总体来看,早期的地下硐室埋深和规模都很小。随着生产力的不断发展,地下硐室的规模和埋深都在不断增大。20世纪80年代以来,随着经济及科技实力的不断增强,我国铁路、公路、水利水电及跨流域调水等领域已建成了一大批深埋长大隧道,最大埋深已达2500m,跨度已超过30m,有些长达几十千米,最长达到98.3km;同时还出现多条硐室并列的群硐和巨型地下采空系统。数量多、长度大、大断面、大埋深是21世纪地下工程发展的总趋势。

修建岩体地下工程必然要进行岩体开挖和施筑维护结构工程。岩体开挖将使周围岩体失去原有的平衡状态,其内部原有应力场将发生改变。如果改变后的应力场中的应力没有超过岩体的承载能力,岩体就会自行平衡;否则,周围岩体将可能产生破坏,如出现破裂甚至冒落,或者断面产生很大的变形。在这种情况下,就要求构筑承力结构或支护结构,如支架、衬砌、锚喷网等,通过人工干预使周围岩体达到平衡与稳定。在地下岩体工程中,由于受开挖影响而发生应力状态改变的周围岩体,称为围岩。

因此,地下岩体工程的修建,将产生一系列复杂的岩体力学作用,这些作用可归纳为:

(1)地下开挖破坏了地应力的相对平衡状态,使围岩中的应力产生重分布作用,形成新的应力状态为重分布应力状态。

(2)在重分布应力作用下,硐室围岩将向洞内变形位移。如果围岩重分布应力超过了岩体的承受能力,围岩将产生破坏。

(3)围岩变形破坏将给地下硐室的稳定性带来危害。因而,需对围岩进行支护衬砌,变形破坏的围岩将对支衬结构施加一定的荷载,称为围岩压力(或称山岩压力、地压等)。

(4)在有压硐室中,作用有很高的内水压力,并通过衬砌或洞壁传递给围岩,这时围岩将产生一个反力,称为围岩抗力。

地下工程围岩稳定性分析,实质上是研究地下开挖后上述4种力学作用的形成机理和分析计算方法。所谓围岩稳定性是一个相对的概念,它主要研究围岩重分布应力与围岩强度间的相对关系。一般来说,当围岩内一点的应力达到并超过了相应围岩的强度时,就认为该处围岩已破坏;否则就不破坏,也就是说该处围岩是稳定的。因此,地下工程围岩稳定性分析,首先应根据工程所在的地应力状态确定硐室开挖后围岩中重分布应力的大小和特点;进而研究围岩应力与围岩变形及强度之间的对比关系,进行稳定性评价;确定围岩压力和围岩抗力的大小与分布情况,以作为地下工程设计和施工的依据。

18.2 地下工程围岩重分布应力计算

研究表明,地下工程围岩重分布应力状态与岩体的力学属性、地应力及硐室断面形状等因素密切相关,下面分弹性围岩与塑性围岩两类分别介绍围岩重分布应力计算方法。

18.2.1 弹性围岩重分布应力

对于那些坚硬致密的块状岩体,当地应力大约等于或小于其单轴抗压强度的一半时,地下硐室开挖后围岩将呈弹性变形状态。因此这类围岩可近似视为各向同性、连续、均质的线弹性体,其围岩重分布应力可用弹性力学方法计算。这里以水平圆形硐室为重点进行讨论。

18.2.1.1 圆形硐室

深埋于弹性岩体中的水平圆形硐室,如果硐室半径相对于洞长很小时,可按平面应变问题考虑,将该问题概化为两侧受均布压力的薄板中心小圆孔周边应力分布的计算问题。这种情况下,围岩重分布应力可以用柯西(Kirsh,1898)课题求解。

图 18-2-1 是柯西课题的概化模型。设无限大弹性薄板,在边界上受沿 x 轴方向的外力 p 作用,薄板中有一半径为 R_0 的小圆孔。取如图的极坐标,薄板中任一点 $M(r,\theta)$ 的应力及方向如图所示。按平面问题考虑,不计体力,根据弹性理论,M 点的各应力分量为

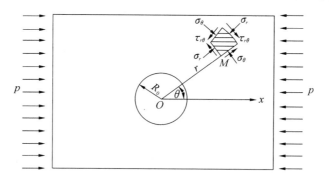

图 18-2-1 柯西课题分析示意图

$$\begin{cases} \sigma_r = \dfrac{p}{2}\left[\left(1-\dfrac{R_0^2}{r^2}\right)+\left(1+\dfrac{3R_0^4}{R^4}-\dfrac{4R_0^2}{R^2}\right)\cos2\theta\right] \\ \sigma_\theta = \dfrac{p}{2}\left[\left(1+\dfrac{R_0^2}{r^2}\right)-\left(1+\dfrac{3R_0^4}{r^4}\right)\cos2\theta\right] \\ \tau_{r\theta} = -\dfrac{p}{2}\left(1-\dfrac{3R_0^4}{r^4}+\dfrac{2R_0^2}{r^2}\right)\sin2\theta \end{cases} \quad (18\text{-}2\text{-}1)$$

式中,$\sigma_r,\sigma_\theta,\tau_{r\theta}$ 分别为 M 点的径向应力、环向应力和剪应力,以压应力为正,拉应力为负;θ 为 M 点的极角,自水平轴(x 轴)起始,反时针方向正;r 为向径。

假定地下硐室开挖在水平地应力为 σ_h、铅直地应力为 σ_v 的弹性岩体中，则问题可简化为图 18-2-2 所示的无重板岩体力学模型。若水平和铅直地应力都是主应力，根据柯西解，则 σ_v 引起的围岩重分布应力为

$$\begin{cases} \sigma_r = \dfrac{\sigma_v}{2}\left[\left(1-\dfrac{R_2^0}{r^2}\right)-\left(1+\dfrac{3R_0^4}{r^4}-\dfrac{4R_0^2}{r^2}\right)\cos2\theta\right] \\ \sigma_\theta = \dfrac{\sigma_v}{2}\left[\left(1+\dfrac{R_0^2}{r^2}\right)+\left(1+\dfrac{3R_0^4}{r^4}\right)\cos2\theta\right] \\ \tau_{r\theta} = \dfrac{\sigma_v}{2}\left(1-\dfrac{3R_0^4}{r^4}+\dfrac{2R_0^2}{r^2}\right)\sin2\theta \end{cases}$$

σ_h 产生的重分布应力为

$$\begin{cases} \sigma_r = \dfrac{\lambda\sigma_v}{2}\left[\left(1-\dfrac{R_0^2}{r^2}\right)+\left(1+\dfrac{3R_0^4}{r^4}-\dfrac{4R_0^2}{r^2}\right)\cos2\theta\right] \\ \sigma_\theta = \dfrac{\lambda\sigma_v}{2}\left[\left(1+\dfrac{R_0^2}{r^2}\right)-\left(1+\dfrac{3R_0^4}{r^4}\right)\cos2\theta\right] \\ \tau_{r\theta} = \dfrac{-\lambda\sigma_v}{2}\left(1-\dfrac{3R_0^4}{r^4}+\dfrac{2R_0^2}{r^2}\right)\sin2\theta \end{cases}$$

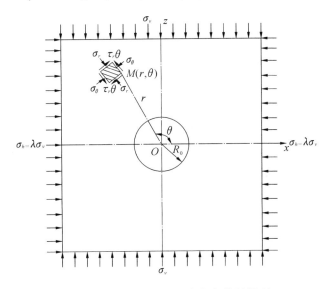

图 18-2-2　圆形硐室围岩应力分析模型

根据应力叠加原理，将上两式相加，即可得到 σ_v 和 $\lambda\sigma_v$ 同时作用时圆形硐室围岩重分布应力的计算公式为

$$\begin{cases} \sigma_r = \dfrac{\sigma_h+\sigma_v}{2}\left(1-\dfrac{R_0^2}{r^2}\right)+\dfrac{\sigma_h-\sigma_v}{2}\left(1+\dfrac{3R_0^4}{r^4}-\dfrac{4R_0^2}{r^2}\right)\cos2\theta \\ \sigma_\theta = \dfrac{\sigma_h+\sigma_v}{2}\left(1+\dfrac{R_0^2}{r^2}\right)-\dfrac{\sigma_h-\sigma_v}{2}\left(1+\dfrac{3R_0^4}{r^4}\right)\cos2\theta \\ \tau_{r\theta} = -\dfrac{\sigma_h-\sigma_v}{2}\left(1-\dfrac{3R_0^4}{r^4}+\dfrac{2R_0^2}{r^2}\right)\sin2\theta \end{cases} \quad (18\text{-}2\text{-}2)$$

或

$$\begin{cases} \sigma_r = \sigma_v \left[\dfrac{1+\lambda}{2}\left(1-\dfrac{R_0^2}{r^2}\right) - \dfrac{1-\lambda}{2}\left(1+\dfrac{3R_0^4}{r^4}-\dfrac{4R_0^2}{r^2}\right)\cos 2\theta \right] \\ \sigma_\theta = \sigma_v \left[\dfrac{1+\lambda}{2}\left(1+\dfrac{R_0^2}{r^2}\right) + \dfrac{1-\lambda}{2}\left(1+\dfrac{3R_0^4}{r^4}\right)\cos 2\theta \right] \\ \tau_{r\theta} = \sigma_v \dfrac{1-\lambda}{2}\left(1-\dfrac{3R_0^4}{r^4}+\dfrac{2R_0^2}{r^2}\right)\sin 2\theta \end{cases} \quad (18\text{-}2\text{-}3)$$

式中,$\lambda=\dfrac{\sigma_h}{\sigma_v}$,为地应力比值系数。

由式(18-2-2)和式(18-2-3)可知,当地应力 σ_v,σ_h 和 R_0 一定时,围岩重分布应力是研究点位置(r,θ)的函数。令 $r=R_0$ 时,则洞壁上的重分布应力,由式(18-2-2)得

$$\begin{cases} \sigma_r = 0 \\ \sigma_\theta = \sigma_h + \sigma_v - 2(\sigma_h - \sigma_v)\cos 2\theta \\ \tau_{r\theta} = 0 \end{cases} \quad (18\text{-}2\text{-}4)$$

由式(18-2-4)可知,洞壁上的 $\tau_{r\theta}=0$,$\sigma_r=0$,仅有 σ_θ 作用,为单向应力状态,且其 σ_θ 大小仅与地应力状态及计算点的位置 θ 有关,而与硐室尺寸 R_0 无关。

若分别取 $\lambda=\dfrac{\sigma_h}{\sigma_v}$ 为 $\dfrac{1}{3}$,1,2,… 不同数值时,由式(18-2-4)可求得洞壁上 $0°$,$180°$ 及 $90°$,$270°$ 两个方向的应力 σ_θ 如表18-2-1和图18-2-3所示。结果表明,当 $\lambda<\dfrac{1}{3}$ 时,洞顶底将出现拉应力;当 $\dfrac{1}{3}<\lambda<3$ 时,洞壁围岩内的 σ_θ 全为压应力且应力分布较均匀;当 $\lambda>3$ 时,洞壁两侧将出现拉应力,洞顶底则出现较高的压应力集中。因此可知,每种洞形的硐室都有一个不出现拉应力的临界 λ 值,这对不同地应力场中合理洞形的选择很有意义。

表 18-2-1 洞壁上特征部位的重分布应力 σ_θ 值

		θ	
		$0°,180°$	$90°,270°$
λ	0	$3\sigma_v$	$-\sigma_v$
	1/3	$8\sigma_v/3$	0
	1	$2\sigma_v$	$2\sigma_v$
	2	σ_v	$5\sigma_v$
	3	0	$8\sigma_v$
	4	$-\sigma_v$	$11\sigma_v$
	5	$-\sigma_v$	$14\sigma_v$

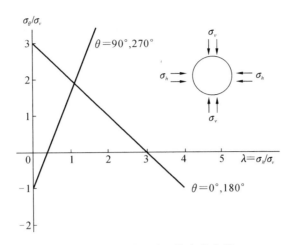

图 18-2-3 σ_θ/σ_v 随 λ 的变化曲线

若设 $\lambda=1$，即 $\sigma_v=\sigma_h=\sigma_0$，则式(18-2-2)变为

$$\begin{cases} \sigma_r = \sigma_0\left(1-\dfrac{R_0^2}{r^2}\right) \\ \sigma_\theta = \sigma_0\left(1+\dfrac{R_0^2}{r^2}\right) \\ \tau_{r\theta} = 0 \end{cases} \quad (18\text{-}2\text{-}5)$$

式(18-2-5)说明：地应力为静水压力状态时，围岩内重分布应力与 θ 角无关，仅与 R_0 和 σ_0 有关。由于 $\tau_{r\theta}=0$，则 σ_r、σ_θ 均为主应力，且 σ_θ 恒为最大主应力，σ_r 恒为最小主应力，其分布特征如图 18-2-4 所示。当 $r=R_0$（洞壁）时，$\sigma_r=0$，$\sigma_\theta=2\sigma_0$，可知洞壁上的应力差最大，且处于单向受力状态，说明洞壁最易发生破坏。随着离洞壁距离 r 增大，σ_r 逐渐增大，σ_θ 逐渐减小，并都渐渐趋近于地应力 σ_0 值。在理论上 σ_r、σ_θ 要在 $r\to\infty$ 处才达到 σ_0 值，但实际上 σ_r、σ_θ 趋近于 σ_0 的速度很快。计算显示，当 $r=6R_0$ 时，σ_r 和 σ_θ 与 σ_0 相差仅 2.8%。因此，一般认为，地下硐室开挖引起的围岩分布应力范围为 $6R_0$。在该范围以外，不受开挖影响，这一范围内的岩体就是常说的围岩，也是有限元计算模型的边界范围。

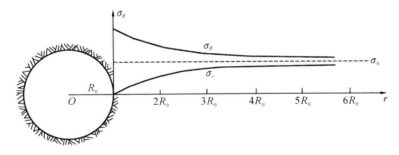

图 18-2-4 σ_r、σ_θ 随 r 的变化曲线

18.2.1.2 其他形状硐室

为了最有效和经济地利用地下空间，地下硐室的断面常需根据实际需要，开挖成非圆形的形状。洞形不同对围岩重分布应力有一定的影响。对于非圆形硐室，其重分布应力的求

解较困难。但由圆形硐室围岩重分布应力分析可知,重分布应力的最大值在洞壁上,且径向应力 $\sigma_r = 0$,仅有环向应力 σ_θ。因此只要洞壁围岩在重分布应力 σ_θ 的作用下不发生破坏,那么硐室围岩一般也是稳定的,所以可以将重点放在确定洞壁 σ_θ 的确定上。

定义地下硐室开挖后洞壁上一点的应力与开挖前该点地应力的比值为应力集中系数。则该系数反映洞壁各点开挖前后应力的变化情况。由式(18-2-4)可知,圆形硐室洞壁上 σ_θ 为

$$\sigma_\theta = \sigma_h(1 - 2\cos2\theta) + \sigma_v(1 + 2\cos2\theta)$$

令 $\alpha = 1 - 2\cos2\theta, \beta = 1 + 2\cos2\theta$,则有

$$\sigma_\theta = \alpha\sigma_h + \beta\sigma_v \tag{18-2-6}$$

那么,系数 α, β 则为应力集中系数,其大小仅与点的位置有关。

类似地,对于其他形状硐室也可以用式(18-2-6)来表达洞壁上的重分布应力,不同的只是不同洞形的 α, β 大小不同而已。表 18-2-2 列出了常见的几种形状硐室洞壁的应力集中系数 α, β 值。这些系数是依据光弹实验或弹性力学方法求得的。应用这些系数,可以由已知的地应力 σ_h, σ_v 来确定洞壁围岩重分布应力大小。

由表 18-2-2 可以看出,各种不同形状硐室洞壁上的重分布应力有如下特点:①椭圆形硐室长轴两端点应力集中最大,易引起压碎破坏;而短轴两端易出现拉应力集中,不利于围岩稳定。②各种形状硐室的角点或急拐弯处应力集中最大,如正方形或矩形硐室角点等。③长方形短边中点应力集中大于长边中点,而角点处应力集中最大,围岩最易失稳。④当地应力 σ_h 和 σ_v 相差不大时,以圆形硐室围岩应力分布最均匀,围岩稳定性最好。⑤当地应力 σ_h 和 σ_v 相差较大时,则应尽量使硐室长轴平行于最大地应力的作用方向。⑥在地应力很大的岩体中,硐室断面应尽量采用曲线形,以避免角点上过大的应力集中。

表 18-2-2　各种形状硐室洞壁的应力集中系数图

编号	硐室形状	计算公式	点号	α	β	备注
1	圆形	$\sigma_\theta = \alpha\sigma_h + \beta\sigma_v$	A	3	-1	
			B	-1	3	
			m	$1 - 2\cos2\theta$	$1 + 2\cos2\theta$	
2	椭圆形	$\sigma_\theta = \alpha\sigma_h + \beta\sigma_v$	A	$2a/b + 1$	-1	资料引自萨文《孔口应力集中》(1983)一书
			B	-1	$2a/b + 1$	
3	方形	$\sigma_\theta = \alpha\sigma_h + \beta\sigma_v$	A	1.616	-0.87	
			B	-0.87	1.616	
			C	4.230	0.256	

续表

编号	硐室形状	计算公式	各点应力集中系数 点号	α	β	备注
4	矩形 $b/a=3.2$	$\sigma_\theta = \alpha\sigma_h + \beta\sigma$	A	1.40	−1.00	
			B	−0.80	2.20	
5	矩形 $b/a=5$	$\sigma_\theta = \alpha\sigma_h + \beta\sigma$	A	1.20	−0.95	
			B	−0.80	2.40	
6	地下厂房 $h/b=0.36$ $H/h=1.43$	$\sigma_\theta = \alpha\sigma_h + \beta\sigma$	A	2.66	−0.38	据云南昆明水电勘测设计院"第四发电厂地下厂房光弹试验报告"(1971)
			B	−0.38	0.77	
			C	1.14	1.54	
			D	1.90	1.54	

18.2.1.3 软弱结构面对围岩重分布应力的影响

岩体中的各种结构面对围岩重分布应力有一定的影响,在有些情况下这种影响还很大,不容忽视。如果围岩中有一条垂直于σ_v、沿水平直径与洞壁相交的软弱结构面,如图18-2-5所示。假定围岩中结构面无抗拉能力,且其抗剪强度也较低,在剪切过程中,结构面没有剪胀作用。由式(18-2-3)可知,对于$\theta=0°$,沿水平直径方向上所有的点$\tau_{r\theta}$均为0。因此,沿结构面各点的σ_θ和σ_r均为主应力,结构面上无剪应力作用。所以不会沿结构面产生滑动,结构面的存在对围岩重分布应力基本上无影响。

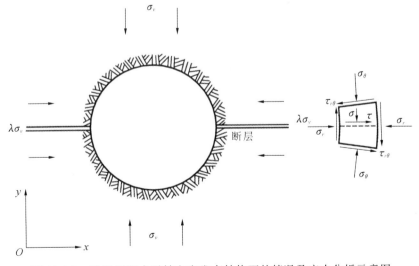

图18-2-5 沿圆形洞水平轴方向发育结构面的情况及应力分析示意图

如果围岩中存在一平行于 σ_v 沿铅直方向直径与洞壁相交的软弱结构面(见图 18-2-6(a))。由式(18-2-3)可知,对 $\theta=90°$,结构面上也无剪应力作用。所以也不会沿结构面产生剪切错动。但是,当 $\lambda<1/3$ 时,在洞顶底将产生拉应力。在这一拉应力作用下,结构面将被拉开,并在顶底形成一个椭圆形应力降低区(见图 18-2-6(b))。设椭圆短轴与硐室水平直径一致,为 $2R_0$,长轴平行于结构面,其大小为 $2R_0+2\Delta h$,而 Δh 可由下式确定:

$$\Delta h = R_0 \frac{1-3\lambda}{2\lambda} \tag{18-2-7}$$

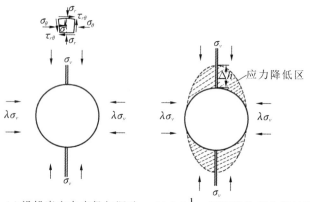

(a) 沿铅直方向直径与洞壁交切的软弱结构面　(b) $\lambda<\frac{1}{3}$,洞顶底的应力降低区

图 18-2-6　软弱结构面对重分布应力的影响示意图

以上是两种简单的情况,在其他情况下,硐室围岩内的应力分布比较复杂,影响程度也不尽相同,按照上述思路,可以具体情况具体分析。

18.2.2　塑性围岩重分布应力

大多数岩体往往受结构面切割使其整体性丧失,强度降低,在重分布应力作用下,很容易发生塑性变形。由弹性围岩重分布应力特点可知,地下开挖后洞壁的应力集中最大。当洞壁重分布应力超过围岩屈服极限时,洞壁围岩就由弹性状态转化为塑性状态,并在围岩中形成一个塑性松动圈。但是,这种塑性圈不会无限扩大。这是由于随着距洞壁距离增大,径向应力由零逐渐增大,应力状态由洞壁的单向应力状态逐渐转化为双向应力状态。莫尔应力圆由与强度包络线相切的状态逐渐内移,变为与强度包络线不相切,围岩的强度条件得到改善。围岩也就由塑性状态逐渐转化为弹性状态。这样,将在围岩中出现塑性圈和弹性圈。

塑性圈岩体的基本特点是裂隙增多,内聚力、内摩擦角和变形模量值降低。而弹性圈围岩仍保持原岩强度,其应力、应变关系仍服从胡克定律。

塑性松动圈的出现,使圈内一定范围内的应力因释放而明显降低,而最大应力集中由原来的洞壁移至塑、弹圈交界处,使弹性区的应力明显升高。弹性区以外则是应力基本未产生变化的地应力区(或称原岩应力区)。各圈(区)的应力变化如图 18-2-7 所示。在这种情况下,围岩重分布应力就不能用弹性理论计算了,而应采用弹塑性理论求解。

为了求解塑性圈内的重分布应力,假设在均质、各向同性、连续的岩体中开挖一半径为 R_0 的水平圆形硐室;开挖后形成的塑性松动圈半径为 R_1,地应力为 $\sigma_v=\sigma_h=\sigma_0$。圈内岩体

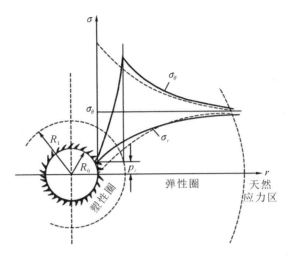

图 18-2-7　围岩中出现塑性圈时的应力重分布影响示意图
（虚线为未出现塑性圈的应力；实线为出现塑性圈的应力）

强度服从莫尔直线强度条件。塑性圈以外围岩体仍处于弹性状态。

如图 18-2-8 所示，在塑性圈内取一微小单元体 $abdc$，单元体的 bd 面上作用有径向应力 σ_r，而相距 dr 的 ac 面上的径向应力为 $(\sigma_r + d\sigma_r)$，在 ab 和 cd 面上作用有环向应力 σ_θ，由于 $\lambda = 1$，所以单元体各面上的剪应力 $\tau_{r\theta} = 0$。当微小单元体处于极限平衡状态时，则作用在单元体上的全部力在径向 r 上的投影之和为零，即 $\sum F_r = 0$。取投影后的方向向外为正，则得平衡方程为

$$\sigma_r r d\theta - (\sigma_r + d\sigma_r)(r + dr)d\theta + 2\sigma_\theta dr \sin\frac{d\theta}{2} = 0$$

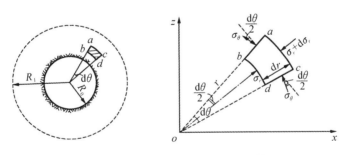

图 18-2-8　塑性圈围岩应力分析图

当 $d\theta$ 很小时，$\sin\dfrac{d\theta}{2} \approx \dfrac{d\theta}{2}$。将上式展开，略去高阶微量整理后得

$$(\sigma_\theta - \sigma_r)dr = rdr \tag{18-2-8}$$

因塑性圈内的 σ_θ 和 σ_r 是主应力，设岩体满足如下的塑性条件（莫尔斜直线型判据）：

$$\frac{\sigma_\theta + C_m \cot\phi_m}{\sigma_r + C_m \cot\phi_m} = \frac{1 + \sin\phi_m}{1 - \sin\phi_m} \tag{18-2-9}$$

由式(18-2-8)得

$$\sigma_\theta = \frac{r d\sigma_r}{dr} + \sigma_r \tag{18-2-10}$$

将式(18-2-10)代入式(18-2-9)中,整理简化得

$$\frac{\mathrm{d}(\sigma_r + C_m\cot\phi_m)}{\sigma_r + C_m\cot\phi_m} = \left(\frac{1+\sin\phi_m}{1-\sin\phi_m} - 1\right)\frac{\mathrm{d}r}{r} = \frac{2\sin\phi_m}{1-\sin\phi_m}\frac{\mathrm{d}r}{r}$$

将上式两边积分后得

$$\ln(\sigma_r + C_m\cot\phi_m) = \frac{2\sin\phi_m}{1-\sin\phi_m}\ln r + A \tag{18-2-11}$$

式中,A 为积分常数,可由边界条件:$r = R_0$,$\sigma_r = p_i$(p_i 为硐室内壁上的支护力)确定。代入式(18-2-11)得

$$A = \ln(p_i + C_m\cot\phi_m) - \frac{2\sin\phi_m}{1-\sin\phi_m}\ln R_0 \tag{18-2-12}$$

将式(18-2-12)代入式(18-2-11)后整理得径向应力 σ_r 为

$$\sigma_r = (p_i + C_m\cot\phi_m)\left(\frac{r}{R_0}\right)^{\frac{2\sin\phi_m}{1-\sin\phi_m}} - C_m\cot\phi_m$$

同理可求得环向应力 σ_θ 为

$$\sigma_\theta = (p_i + C_m\cot\phi_m)\frac{1+\sin\phi_m}{1-\sin\phi_m}\left(\frac{r}{R_0}\right)^{\frac{2\sin\phi_m}{1-\sin\phi_m}} - C_m\cot\phi_m$$

把上述 σ_r,σ_θ,$\tau_{r\theta}$ 写在一起,即得到塑性圈内围岩重分布应力的计算公式为

$$\begin{cases} \sigma_r = (p_i + C_m\cot\phi_m)\left(\dfrac{r}{R_0}\right)^{\frac{2\sin\phi_m}{1-\sin\phi_m}} - C_m\cot\phi_m \\ \sigma_\theta = (p_i + C_m\cot\phi_m)\dfrac{1+\sin\phi_m}{1-\sin\phi_m}\left(\dfrac{r}{R_0}\right)^{\frac{2\sin\phi_m}{1-\sin\phi_m}} - C_m\cot\phi_m \\ \tau_r\theta = 0 \end{cases} \tag{18-2-13}$$

式中,C_m,ϕ_m 为塑性圈岩体的内聚力和内摩擦角;r 为向径;p_i 为洞壁支护力;R_0 为洞半径。

塑性圈与弹性圈交界面($r = R_1$)上的重分布应力,利用该面上弹性应力与塑性应力相等的条件得:

$$\begin{cases} \sigma_{rpe} = \sigma_0(1-\sin\phi_m) - C_m\cos\phi_m \\ \sigma_{\theta pe} = \sigma_0(1+\sin\phi_m) + C_m\cos\phi_m \\ \tau_{rep} = 0 \end{cases} \tag{18-2-14}$$

式中,σ_{rpe},$\sigma_{\theta pe}$,τ_{rpe} 为 $r = R_1$ 处的径向应力、环向应力和剪应力;σ_0 为地应力。

弹性圈内的应力分布如前所述,其值等于 σ_0 引起的应力与 σ_{R_1}(弹、塑性圈交界面上的径向应力)引起的附加应力之和。综合以上可得围岩重分布应力如图 18-2-7 所示。

由式(18-2-13)可知,塑性圈内围岩重分布应力与地应力(σ_0)无关,而取决于支护力(p_i)和岩体强度(C_m,ϕ_m)值。由式(18-2-14)可知,塑、弹性圈交界面上的重分布应力取决于 σ_0 和 C_m,ϕ_m,而与 p_i 无关,说明支护力不能改变交界面上的应力大小,只能控制塑性松动圈半径(R_1)的大小,也就是控制围岩塑性破坏的范围。

18.2.3 有压硐室围岩重分布应力计算

水利工程中的输水隧道常常是有压力的,称其内的水压力为内水压力。这种情况下内水压力又会在围岩中产生一个附加应力,进一步使围岩的重分布应力得以调整。

有压硐室围岩的附加应力可用弹性厚壁筒理论来计算。如图 18-2-9 所示，在一内半径为 a、外半径为 b 的厚壁筒内壁上作用有均布内水压力 p_a，外壁作用有均匀压力 p_b。在内水压力作用下，内壁向外均匀膨胀，其膨胀位移随距离增大而减小，最后到距内壁一定距离时达到零。附加径向和环向应力也是近洞壁大，远离洞壁小。由弹性理论可推得，在内水压力作用下，厚壁筒内的应力计算公式为：

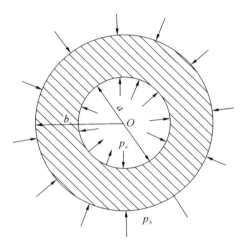

图 18-2-9 厚壁圆筒受力图

$$\begin{cases} \sigma_r = \dfrac{b^2 p_b - a^2 p_a}{b^2 - a^2} - \dfrac{(p_b - p_a)a^2 b^2}{b^2 - a^2} \dfrac{1}{r^2} \\ \sigma_\theta = \dfrac{b^2 p_b - a^2 p_a}{b^2 - a^2} + \dfrac{(p_b - p_a)a^2 b^2}{b^2 - a^2} \dfrac{1}{r^2} \end{cases} \quad (18\text{-}2\text{-}15)$$

若使 $b \to \infty$（即 $b \gg a$），$p_b = \sigma_0$ 时，则 $\dfrac{b^2}{b^2-a^2} \approx 1$，$\dfrac{a^2}{b^2-a^2} = 0$，代入式（18-2-15）得

$$\begin{cases} \sigma_r = \sigma_0 \left(1 - \dfrac{a^2}{r^2}\right) + p_a \dfrac{a^2}{r^2} \\ \sigma_\theta = \sigma_0 \left(1 + \dfrac{a^2}{r^2}\right) - p_a \dfrac{a^2}{r^2} \end{cases} \quad (18\text{-}2\text{-}16)$$

若有压硐室半径为 R_0，内水压力为 p_a，则上式变为

$$\begin{cases} \sigma_r = \sigma_0 \left(1 - \dfrac{R_0^2}{r^2}\right) + p_a \dfrac{R_0^2}{r^2} \\ \sigma_\theta = \sigma_0 \left(1 + \dfrac{R_0^2}{r^2}\right) - p_a \dfrac{R_0^2}{r^2} \end{cases} \quad (18\text{-}2\text{-}17)$$

由式（18-2-17）可知，有压硐室围岩重分布应力 σ_r 和 σ_θ 由开挖以后围岩重分布应力和内水压力引起的附加应力两项组成。前项重分布应力即为式（18-2-5）；后项为内水压力引起的附加应力值，即

$$\begin{cases} \sigma_r = p_a \dfrac{R_0^2}{r^2} \\ \sigma_\theta = -p_a \dfrac{R_0^2}{r^2} \end{cases} \quad (18\text{-}2\text{-}18)$$

由式(18-2-18)可知,内水压力使围岩产生负的环向应力,即拉应力。当这个环向应力很大时,则常使围岩产生放射状裂隙。内水压力使围岩产生附加应力的影响范围大致为6倍洞半径。

18.3 地下工程围岩的变形与破坏

地下开挖后,岩体中形成一个自由变形空间,使原来处于挤压状态的围岩由于失去了支撑而发生向洞内松胀变形;如果这种变形超过了围岩所能承受的范围,则围岩就会发生破坏,从母岩中脱落形成坍塌、滑动或岩爆。称前者为变形,后者为破坏。

研究表明:若围岩应力超过岩体的极限强度,围岩将立即发生破坏。若围岩应力的量级介于岩体的极限强度和长期强度之间,围岩需经瞬时的弹性变形及较长时期的蠕动变形,最终达到破坏,通常可根据围岩变形历时曲线变化的特点而加以预报。若围岩应力的量级介于岩体长期强度及蠕变临界应力之间,围岩除发生瞬时的弹性变形外,还要经过一段时间的蠕动变形,但最终会趋于稳定。若围岩应力小于岩体的蠕变临界应力,围岩将于瞬时弹性变形后立即稳定下来。

围岩变形破坏的形式与特点,除与岩体内的初始应力状态和洞形有关外,主要取决于围岩的岩性和结构(表18-3-1)。

表18-3-1 围岩的变形破坏型式

围岩岩性	岩体结构	变形、破坏型式	产生机制
脆性围岩	块体状结构及厚层状结构	张裂崩落	拉应力集中造成的张裂破坏
		劈裂剥落	压应力集中造成的压致拉裂
		剪切滑移及剪切碎裂	压应力集中造成的剪切破裂及滑移拉裂
		岩 爆	压应力高度集中造成的突然而猛烈的脆性破坏
	中薄层状结构	弯曲内鼓	卸荷回弹或压应力集中造成的弯曲拉裂
	碎裂结构	碎裂松动	压应力集中造成的剪切松动
塑性围岩	层状结构	塑性挤出	压应力集中作用下的塑性流动
		膨胀内鼓	水分重分布造成的吸水膨胀
	散体结构	塑性挤出	压应力作用下的塑流
		塑流涌出	松散饱水岩体的悬浮塑流
		重力坍塌	重力作用下的坍塌

18.3.1 各类结构围岩的变形破坏特点

岩体可划分为整体状、块状、层状、碎裂状和散体状五种结构类型。它们各自的变形特征和破坏机理不同,现分述如下。

18.3.1.1 整体状和块状岩体围岩

这类岩体本身具有很高的力学强度和抗变形能力,其主要结构面是节理,很少有断层,含有少量的裂隙水。在力学属性上可视为均质、各向同性、连续的线弹性介质，应力应变呈近似直线关系。这类围岩具有很好的自稳能力，其变形破坏型式主要有岩爆、脆性开裂及块体滑移等。

岩爆是高地应力地区，由于洞壁围岩中应力高度集中，使围岩产生突发性变形破坏的现象。伴随岩爆，常有岩石弹射、声响及冲击波产生，会对地下硐室开挖与安全造成极大的危害。

脆性开裂常出现在拉应力集中部位。若硐室形状不利于地应力状况时，会在一些部位出现拉应力。例如圆形硐室，当地应力比值系数 $\lambda<1/3$ 时，洞顶常出现拉应力，这些部位就容易产生拉裂破坏。尤其是当岩体中发育近铅直的结构面时，即使拉应力小，也可产生纵向张裂隙，在水平向裂隙交切作用下，易形成不稳定块体而塌落，形成洞顶塌方。

块体滑移是块状岩体常见的破坏形成。它是以结构面切割而成的不稳定块体滑移的形式出现。其破坏规模与形态受结构面的分布、组合形式及其与开挖面的相对关系控制。典型的块体滑移形式如图 18-3-1 所示。

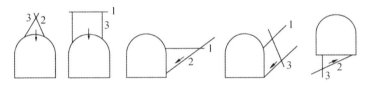

图 18-3-1　坚硬块状岩体中的块体滑移形式示意图
1.层面；2.断裂；3.裂隙

这类围岩的整体变形破坏可用弹性理论分析，局部块体滑移可用块体极限平衡理论来分析。

18.3.1.2　层状岩体围岩

这类岩体常呈软硬岩层相间的互层形式出现。岩体中的结构面以层理面为主，并常发育层间错动及泥化夹层等软弱结构面，围岩的变形破坏主要受岩层产状及岩层组合等因素控制，其破坏型式主要有：沿层面张裂、折断塌落、弯曲内鼓等。具体哪种破坏方式与岩层的产状有关。

如图 18-3-2 所示，在水平层状围岩中，洞顶岩层可视为两端固定的板梁，在顶板压力下，将产生下沉弯曲、开裂。当岩层较薄时，如不及时支撑，任其发展，则将逐层折断塌落，最终形成图 18-3-2(a)所示的三角形塌落体。

在倾斜层状围岩中，常表现为沿倾斜方向一侧岩层弯曲塌落。另一侧边墙岩石滑移等破坏型式，形成不对称的塌落拱。这时将出现偏压现象（见图 18-3-2(b)）。在直立层状围岩中，当地应力比值系数 $\lambda<1/3$ 时，洞顶由于受拉应力作用，使之发生沿层面纵向拉裂，在自重作用下岩柱易被拉断塌落。侧墙则因压力平行于层面，常发生纵向弯曲内鼓，进而危及洞顶安全（见图 18-3-2(c)）。但当洞轴线与岩层走向有一交角时，围岩稳定性会大大改善。经验表明，当这一交角大于 20°时，硐室边墙不易失稳。

这类围岩的变形破坏可用弹性梁、弹性板或材料力学中的压杆平衡理论来分析。

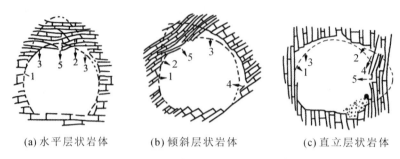

(a) 水平层状岩体　　　(b) 倾斜层状岩体　　　(c) 直立层状岩体

图 18-3-2　层状围岩变形破坏特征示意图
1.设计断面轮廓线；2.破坏区；3.崩塌；4.滑动；5.弯曲、张裂及折断

18.3.1.3　碎裂状岩体围岩

碎裂岩体是指断层、褶曲、岩脉穿插挤压和风化破碎加次生夹泥的岩体。这类围岩的变形破坏型式常表现为塌方和滑动（见图 18-3-3）。破坏规模和特征主要取决于岩体的破碎程度和含泥多少。在夹泥少、以岩石刚性接触为主的碎裂围岩中，由于变形时岩石相互镶合挤压，错动时产生较大阻力，因而不易大规模塌方。相反，当围岩中含泥量很高时，由于岩石间不是刚性接触，则易产生大规模塌方或塑性挤入，如不及时支护，将越演越烈。这类围岩的变形破坏，可用松散介质极限平衡理论来分析。

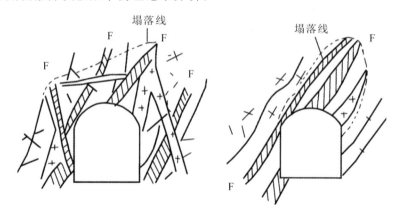

图 18-3-3　碎裂围岩塌方示意图

18.3.1.4　散体状岩体围岩

散体状岩体是指强烈构造破碎、强烈风化的岩体。这类围岩常表现为弹塑性、塑性或流变性，其变形破坏型式以拱形冒落为主。当围岩结构均匀时，冒落拱形状较规则（图 18-3-4(a)）。但当围岩结构不均匀或松动岩体仅构成局部围岩时，则常表现为局部塌方、塑性挤入及滑动等变形破坏型式（见图 18-3-4）。

这类围岩的变形破坏，可用松散介质极限平衡理论配合流变理论来分析。

应当指出，任何一类围岩的变形破坏都是渐进式逐次发展的。其逐次变形破坏过程常表现为侧向与垂向变形相互交替发生、互为因果，形成连锁反应。例如，水平层状围岩的塌方过程常表现为：首先是拱脚附近岩体的塌落和超挖；然后顶板沿层面脱开，产生下沉及纵

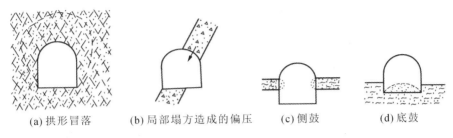

(a) 拱形冒落　　(b) 局部塌方造成的偏压　　(c) 侧鼓　　(d) 底鼓

图 18-3-4　散体状围岩变形破坏特征示意图

向开裂,边墙岩石滑落。当变形继续向顶板以上发展时,形成松动塌落,压力传至顶拱,再次危害顶拱稳定。如此循环往复,直至达到最终平衡状态。又如块状围岩的变形破坏过程往往是先由边墙楔形岩体滑移,导致拱脚失去支撑,进而使洞顶楔形岩体塌落等(图 18-3-5)。其他类型围岩的变形破坏过程也是如此,只是各次变形破坏的形式和先后顺序不同而已。在分析围岩变形破坏时,应抓住其变形破坏的始发点和发生连锁反应的关键点,预测变形破坏逐次发展及迁移的规律。在围岩变形破坏的早期就加以处理,这样才能有效地控制围岩变形,确保围岩的稳定性。

1. 开挖　　2. 边墙滑动　　3. 洞顶塌方

图 18-3-5　块状结构围岩逐次变形破坏示意图

18.3.2　软岩的大变形问题

除岩体结构对围岩变形破坏方式影响大之外,岩性对围岩变形破坏方式的影响也较明显,尤其是软岩,而硬岩则以结构影响更甚。

18.3.2.1　软岩的定义

软岩的定义,一般有地质软岩与工程软岩之分。地质软岩是指单轴抗压强度小于 25MPa 的松散、破碎、软弱及膨胀性一类岩体的总称。该类岩体多为泥岩、页岩、粉砂岩和泥质岩体等强度较低的岩体,是天然形成的较软弱的地质介质。国际岩石力学学会将软岩定义为单轴抗压强度(σ_c)在 0.5~25MPa 的一类岩体,其分类基本上是依强度指标。

该软岩定义用于工程实践中有时会出现矛盾。如硐室所处深度足够小,地应力水平足够低,则即使抗压强度小于 25MPa 的岩体也不一定出现软岩的特征;相反,抗压强度大于 25MPa 的岩体,若其工程部位足够深,地应力水平足够高,也可以产生软岩的大变形、大地压和难支护的现象。因此,地质软岩的定义不能直接用于工程实践,故而提出了工程软岩的概念。

工程软岩是指在工程力作用下会产生显著塑性变形的工程岩体。此定义考虑了软岩的强度和荷载,更重要的是考虑了软岩的强度和荷载的相互作用的结果——显著塑性变形。

该定义揭示了软岩的相对性实质,即取决于工程力与岩体强度的相互关系。当工程力一定时,不同岩体,强度高于工程力水平的大多表现为硬岩的力学特性,强度低于工程力水平的则可能表现为软岩的力学特性;而对同种岩体,在较低工程力的作用下,则表现为硬岩的变形特性;在较高工程力的作用下,则表现为软岩的变形特性。

18.3.2.2 软岩的工程特性

软岩具有可塑性、膨胀性、崩解性、流变性和易扰动性。此外,还具有两个工程特点:软化临界荷载和软化临界深度。

(1)软化临界荷载。软岩的蠕变试验表明,当所施加的荷载小于某一荷载水平时,岩体处于稳定变形状态,蠕变曲线趋于某一变形值,随时间延伸而不再变化;当所施加的荷载大于某一荷载水平时,岩体出现明显的塑性变形加速现象,即产生不稳定变形,这一荷载,称为软岩的软化临界荷载,亦即能使该岩体产生明显变形的最小荷载。当岩体所受荷载水平低于软化临界荷载时,该岩体属于硬岩范畴;而只有当荷载水平高于软化临界荷载时,该岩体才会表现出软岩的大变形特性,此时该岩体称为软岩。

(2)软化临界深度。由于地应力一般随深度的增加而增大,与软化临界荷载相对应的地应力的深度称为软化临界深度。若硐室位于这一深度以下,围岩将产生明显的塑性大变形、大地压和难支护现象。因此研究软化临界深度可以指导硐室埋深的确定,尽量不使硐室布置于临界深度之下,否则支护的工程量将会成倍增加。

软化临界荷载和软化临界深度可以相互推求,在无构造残余应力或其他附加应力的区域,其公式为

$$\sigma_{CS} = \frac{\sum_{i=1}^{N} \gamma_i h_i}{50H} H_{CS} \tag{18-3-1}$$

$$H_{CS} = \frac{50H}{\sum_{i=1}^{N} \gamma_i h_i} \cdot \sigma_{CZ} \tag{18-3-2}$$

存在残余构造应力或其他附加应力的区域,其公式为

$$\sigma_{CS} = \frac{\sum_{i=1}^{N} \gamma_i h_i H_{CS}}{50H} + \Delta\sigma_{CZ} \tag{18-3-3}$$

$$H_{CS} = \frac{50H}{\sum_{i=1}^{N} \gamma_i h_i} \cdot (\sigma_{CZ} - \Delta\sigma_{CZ}) \tag{18-3-4}$$

式中,H_{CS}为软化临界深度;σ_{CS}为软化临界荷载;$\Delta\sigma_{CS}$为残余应力(包括构造残余应力、膨胀应力、动荷载附加应力等);γ_i为上覆岩层第i岩层容重;H_i为上覆岩层总厚度;h_i为上覆岩层第i层厚度;N为上覆岩层层数。

18.3.3 围岩位移计算

18.3.3.1 弹性位移计算

在坚硬完整的岩体中开挖硐室,当地应力不大的情况下,围岩常处于弹性状态。这时洞

壁围岩的位移可用弹性理论进行计算。若按平面应变问题考虑，根据弹性理论，平面应变与位移间的关系为

$$\begin{cases} \varepsilon_r = \dfrac{\partial u}{\partial r} \\ \varepsilon_\theta = \dfrac{u}{r} + \dfrac{1}{r}\dfrac{\partial v}{\partial \theta} \\ r_{r\theta} = \dfrac{1}{r}\dfrac{\partial u}{\partial \theta} + \dfrac{\partial v}{\partial r} - \dfrac{v}{r} \end{cases} \tag{18-3-5}$$

平面应变与应力的物理方程为

$$\begin{cases} \varepsilon_r = \dfrac{1}{E_{me}}\left[(1-\mu_m^2)\sigma_r - \mu_m(1+\mu_m)\sigma_\theta\right] \\ \varepsilon_\theta = \dfrac{1}{E_{me}}\left[(1-\mu_m^2)\sigma_\theta - \mu_m(1+\mu_m)\sigma_r\right] \\ \gamma_{r\theta} = \dfrac{2}{E_{me}}(1+\mu_m)\tau_{r\theta} \end{cases} \tag{18-3-6}$$

由以上两式得

$$\begin{cases} \dfrac{\partial u}{\partial r} = \dfrac{1}{E_{me}}\left[(1-\mu_m^2)\sigma_r - \mu_m(1+\mu_m)\sigma_\theta\right] \\ \dfrac{u}{r} + \dfrac{1}{r}\dfrac{\partial v}{\partial \theta} = \dfrac{1}{E_{me}}\left[(1-\mu_m^2)\sigma_\theta - \mu_m(1+\mu_m)\sigma_r\right] \\ \dfrac{1}{r}\dfrac{\partial u}{\partial \theta} + \dfrac{\partial v}{\partial r} - \dfrac{v}{r} = \dfrac{2}{E_{me}}(1+\mu_m)\tau_{r\theta} \end{cases} \tag{18-3-7}$$

将式(18-2-2)的围岩重分布应力(σ_r,σ_θ)代入式(18-3-7)，并进行积分运算，可求得在平面应变条件下的围岩位移为

$$\begin{cases} u = \dfrac{1-\mu_m^2}{E_{me}}\left[\dfrac{\sigma_h+\sigma_v}{2}\left(r+\dfrac{R_0^2}{r^2}\right) + \dfrac{\sigma_h-\sigma_v}{2}\left(r-\dfrac{R_0^4}{r^3}+\dfrac{4R_0^2}{r}\right)\cos 2\theta\right] \\ \quad - \dfrac{\mu_m(1+\mu_m)}{E_{me}}\left[\dfrac{\sigma_h+\sigma_v}{2}\left(r-\dfrac{R_0^2}{r^2}\right) + \dfrac{\sigma_h-\sigma_v}{2}\left(r-\dfrac{R_0^4}{r^3}\right)\cos 2\theta\right] \\ v = -\dfrac{1-\mu_m^2}{E_{me}}\left[\dfrac{\sigma_h-\sigma_v}{2}\left(r+\dfrac{R_0^4}{r^3}+\dfrac{2R_0^2}{r}\right)\sin 2\theta\right] \\ \quad - \dfrac{\mu_m(1+\mu_m)}{E_{me}}\left[\dfrac{\sigma_h-\sigma_v}{2}\left(r+\dfrac{R_0^4}{r^3}-\dfrac{2R_0^2}{r^3}\right)\sin 2\theta\right] \end{cases} \tag{18-3-8}$$

式中，u,v 分别为围岩内任一点的径向位移和环向位移；E_{me},μ_m 为围岩弹性模量和泊松比。

由式(18-3-8)，当 $r=R_0$ 时，可得洞壁的弹性位移为

$$\begin{cases} u = \dfrac{(1-\mu_m^2)R_0}{E_{me}}\left[\sigma_h+\sigma_v+2(\sigma_h-\sigma_v)\cos 2\theta\right] \\ v = -\dfrac{2(1-\mu_m^2)R_0}{E_{me}}(\sigma_h-\sigma_v)\sin 2\theta \end{cases} \tag{18-3-9}$$

当地应力为静水压力状态($\sigma_h=\sigma_v=\sigma_0$)时，则式(18-3-9)可简化为

$$u = \dfrac{2R_0\sigma_0(1-\mu_m^2)}{E_{me}} \tag{18-3-10}$$

可见在 $\sigma_h=\sigma_v=\sigma_0$ 的地应力状态中，洞壁仅产生径向位移，而无环向位移。

式(18-3-10)是在 $\sigma_h = \sigma_v$ 时,考虑地应力与开挖卸荷共同引起的围岩位移。但一般认为:地应力引起的位移在硐室开挖前就已经完成了,开挖后洞壁的位移仅是由于开挖卸荷(开挖后重分布应力与地应力的应力差)引起的。假设地应力为 $\sigma_h = \sigma_v = \sigma_0$,则开挖前洞壁围岩中一点的应力为 $\sigma_{r1} = \sigma_{\theta 1} = \sigma_0$,而开挖后洞壁上的重分布应力由式(18-3-10)得:$\sigma_{r2} = 0$,$\sigma_{\theta 2} = 2\sigma_0$,那么因开挖卸荷引起的应力差为

$$\begin{cases} \Delta\sigma_r = \sigma_{r2} - \sigma_{r1} = -\sigma_0 \\ \Delta\sigma_\theta = \sigma_{\theta 2} - \sigma_{\theta 1} = \sigma_0 \end{cases} \quad (18\text{-}3\text{-}11)$$

将 $\Delta\sigma_r, \Delta\sigma_\theta$ 代入式(18-3-7)的第一个式子有

$$\varepsilon_r = \frac{\partial u}{\partial r} = \frac{1-\mu_m^2}{E_{me}}\left(\Delta\sigma_r - \frac{\mu_m}{1-\mu_m}\Delta\sigma_\theta\right) = \frac{-(1+\mu_m)}{E_{me}}\sigma_0$$

两边积分后得洞壁围岩的径向位移为

$$u = \int_{R_0}^{0} \frac{-(1+\mu_m)}{E_{me}}\sigma_0 \mathrm{d}r = \frac{(1+\mu_m)}{E_{me}}\sigma_0 R_0 \quad (18\text{-}3\text{-}12)$$

比较式(18-3-10)和式(18-3-12)可知:是否考虑地应力对位移的影响,计算出的洞壁位移是不同的,前者比后者大,两者相差 $2(1-\mu_m)$ 倍。

若开挖后有支护力 p_i 作用,由式(18-3-12)则其洞壁的径向位移为

$$u = \frac{(1+\mu_m)}{E_{me}}(\sigma_0 - p_i)R_0 \quad (18\text{-}3\text{-}13)$$

18.3.3.2 塑性位移计算

硐室开挖后,若在围岩内形成塑性圈,洞壁围岩位移可以采用弹塑性理论来分析。其基本思路是:先求出弹、塑性圈交界面上的径向位移,然后根据塑性圈体积不变的条件求洞壁的径向位移。

假定洞壁围岩位移是由开挖卸荷引起的,且地应力为 $\sigma_h = \sigma_v = \sigma_0$。围岩开挖卸荷形成塑性圈后,弹、塑性圈交界面上的径向应力增量 $(\Delta\sigma_r)_{r=R_1}$ 和环向应力增量 $(\Delta\sigma_\theta)_{r=R_1}$ 为

$$(\Delta\sigma_r)_{r=R_1} = \sigma_0\left(1 - \frac{R^2}{r^2}\right) + \sigma_{R_1}\frac{R_1^2}{r^2} - \sigma_0 = (\sigma_{R_1} - \sigma_0)\frac{R_1^2}{r^2} = \sigma_{R_1} - \sigma_0$$

$$(\Delta\sigma_\theta)_{r=R_1} = \sigma_0\left(1 + \frac{R^2}{r^2}\right) - \sigma_{R_1}\frac{R_1^2}{r^2} - \sigma_0 = (\sigma_0 - \sigma_{R_1})\frac{R_1^2}{r^2} = \sigma_0 - \sigma_{R_1}$$

代入式(18-3-7)的第一个式子,则弹、塑性圈交界面上的径向应变 ε_{R_1} 为

$$\varepsilon_{R_1} = \frac{\partial u_{R_1}}{\partial r} = \frac{1-\mu_m^2}{E_{me}}\left[(\Delta\sigma_r)_{r=R_1} - \frac{\mu_m}{1-\mu_m}(\Delta\sigma_\theta)_{r=R_1}\right]$$

$$= \frac{1+\mu_m}{E_{me}}(\sigma_{R_1} - \sigma_0) = \frac{1}{2G_m}(\sigma_{R_1} - \sigma_0)$$

两边积分得交界面上的径向位移 u_{R_1} 为

$$u_{R_1} = \int_{R_1}^{0} \frac{\mathrm{d}r}{2G_m}(\sigma_{R_1} - \sigma_0) = \frac{R_1(\sigma_0 - \sigma_{R_1})}{2G_m} = \frac{(1+\mu_m)(\sigma_0 - \sigma_{R_1})}{E_m}R_1 \quad (18\text{-}3\text{-}14)$$

式中,E_m、G_m 为塑性圈岩体的变形模量和剪切模量,$G_m = \dfrac{E_m}{2(1+\mu_m)}$;$\sigma_{R_1}$ 为塑性圈作用于弹性圈的径向应力,由式(18-3-13)得

$$\sigma_{R_1} = \sigma_{rpe} = \sigma_0(1-\sin\phi_m) - C_m\cos\phi_m \tag{18-3-15}$$

将 σ_{R_1} 代入式(18-3-14),得弹、塑圈交界面的径向位移 u_{R_1}:

$$u_{R_1} = \frac{R_1\sin\phi_m(\sigma_0 + C_m\cot\phi_m)}{2G_m} \tag{18-3-16}$$

塑性圈内的位移可由塑性圈变形前后体积不变的条件求得,即

$$\pi(R_1^2 - R_0^2) = \pi\left[(R_1 - u_{R_1})^2 - (R_0 - u_{R_0})^2\right] \tag{18-3-17}$$

式中,u_{R_0} 为洞壁径向位移,将式(18-3-17)展开,略去高阶微量后,可得洞壁径向位移为

$$u_{R_0} = \frac{R_1}{R_0}u_{R_1} = \frac{R_1^2\sin\phi_m(\sigma_m + C_m\cot\phi_m)}{2G_m R_0} \tag{18-3-18}$$

式中,R_1 为塑性圈半径;R_0 为硐室半径;σ_0 为地应力;C_m、ϕ_m 为岩体内聚力和内摩擦角。

18.3.4 围岩破坏区范围的确定

在地下硐室支护设计中,确定围岩破坏范围及破坏圈厚度是必不可少的。针对不同力学属性的岩体可采用不同的确定方法。例如,对于整体状、块状等具有弹性或弹塑性力学属性的岩体,通常可用弹性力学或弹塑性力学方法确定其围岩破坏区厚度;而对于松散岩体则常用松散介质极限平衡理论方法来确定等。这里主要介绍弹性力学和弹塑性力学方法,松散介质极限平衡理论将在下一节介绍。

18.3.4.1 弹性力学方法

由围岩重分布应力特征分析可知,当地应力比值系数 $\lambda < \frac{1}{3}$ 时,洞顶、底将出现拉应力,其值为 $\sigma = (3\lambda-1)\sigma_v$。而两侧壁将出现压应力集中,其值为 $\sigma_\theta = (3-\lambda)\sigma_v$。在这种情况下,若顶、底板的拉应力大于围岩的抗拉强度 σ_t 时,则围岩就要发生破坏。其破坏范围可用图 18-3-6 所示的方法进行预测。在 $\lambda > \frac{1}{3}$ 的地应力场中,洞侧壁围岩均为压应力集中,顶、底的压应力 $\sigma_\theta = (3\lambda-1)\sigma_v$,侧壁为 $\sigma_\theta = (3-\lambda)\sigma_v$。当 σ_θ 大于围岩的抗压强度 σ_c 时,洞壁围岩就要破坏。沿洞周压破坏范围可按图 18-3-7 所示的方法确定。

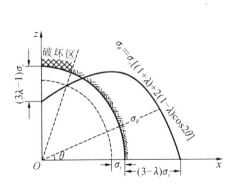
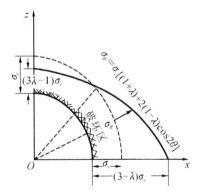

图 18-3-6　$\lambda < \frac{1}{3}$ 时,洞顶破坏区范围预测示意图　　图 18-3-7　$\lambda > \frac{1}{3}$ 时,洞壁破坏区范围预测示意图

对于围岩破坏圈厚度,可以利用围岩处于极限平衡时主应力与强度条件之间的对比关

系求得。由式(18-2-2)可知,当 $\lambda \neq 1$, $r > R_0$ 时,只有在 $\theta = 0°, \dfrac{\pi}{2}, \pi, \dfrac{3\pi}{2}$ 四个方向上均等于零,σ_r 和 σ_θ 才是主应力。由莫尔强度条件可知,围岩的强度(σ_{1m})为

$$\sigma_{1m} = \sigma_3 \tan^2\left(45° + \dfrac{\phi_m}{2}\right) + 2C_m \tan\left(45° + \dfrac{\phi_m}{2}\right) \tag{18-3-19}$$

若用 σ_r 代入式(18-3-19),求出 σ_{1m}(围岩强度),然后与 σ_θ 比较,若 $\sigma_\theta \geq \sigma_{1m}$,围岩就破坏,因此,围岩的破坏条件为

$$\sigma_\theta \geq \sigma_3 \tan^2\left(45° + \dfrac{\phi_m}{2}\right) + 2C_m \tan\left(45° + \dfrac{\phi_m}{2}\right) \tag{18-3-20}$$

据式(18-3-20),可用作图法来求 x 轴和 z 轴方向围岩的破坏厚度。其具体方法如图 18-3-8 和图 18-3-9 所示。

求出 x 轴和 z 轴方向的破坏圈厚度之后,其他方向上的破坏圈厚度可由此大致推求。但当地应力 $\sigma_h = \sigma_v (\lambda = 1)$ 时,可用以上方法精确确定各个方向的破坏圈厚度。求得了 θ 方向和 r 轴方向的破坏区范围,则围岩的破坏区范围也就确定了。

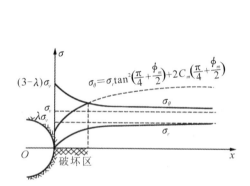

图 18-3-8 x 轴方向破坏厚度预测示意图

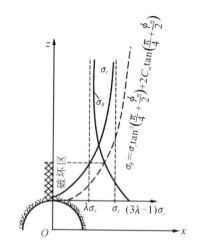

图 18-3-9 z 轴方向破坏厚度预测示意图

18.3.4.2 弹塑性力学方法

如前所述,在裂隙岩体中开挖地下硐室时,将在围岩中出现一个塑性松动圈。这时围岩的破坏圈厚度为 $R_1 - R_0$。因此在这种情况下,关键是确定塑性松动圈半径 R_1。为了计算 R_1,设地应力为 $\sigma_h = \sigma_v = \sigma_0$;因弹、塑性圈交界面上的应力,既满足弹性应力条件,也满足塑性应力条件。而弹性圈内的应力等于 σ_0 引起的应力,叠加上塑性圈作用于弹性圈的径向应力 σ_{R_1} 引起的附加应力之和,如图 18-3-10 所示。由 σ_0 引起的应力,可由式(18-3-11)求得:

$$\begin{cases} \sigma_{re1} = \sigma_0 \left(1 - \dfrac{R_1^2}{r^2}\right) \\ \sigma_{\theta e1} = \sigma_0 \left(1 + \dfrac{R_1^2}{r^2}\right) \end{cases} \tag{18-3-21}$$

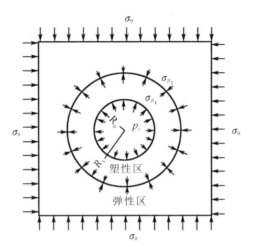

图 18-3-10 弹塑性区交界面上的应力条件

由 σ_{R_1} 引起的附加应力,可由式(18-2-17)求得

$$\begin{cases} \sigma_{re2} = \sigma_{R_1} \dfrac{R_1^2}{r^2} \\ \sigma_{\theta e2} = -\sigma_{R_1} \dfrac{R_1^2}{r^2} \end{cases} \tag{18-3-22}$$

式(18-3-21)与式(18-3-22)相加得弹性圈内重分布应力为

$$\begin{cases} \sigma_{re} = \sigma_0 \left(1 - \dfrac{R_1^2}{r^2}\right) + \sigma_{R_1} \dfrac{R_1^2}{r^2} \\ \sigma_{\theta e} = \sigma_0 \left(1 + \dfrac{R_1^2}{r^2}\right) - \sigma_{R_1} \dfrac{R_1^2}{r^2} \end{cases} \tag{18-3-23}$$

由式(18-3-23),令 $r=R_1$ 可得弹、塑性交界面上的应力(弹性应力)为

$$\begin{cases} \sigma_{re} = \sigma_{R_1} \\ \sigma_{\theta e} = 2\sigma_0 - \sigma_{R_1} \end{cases} \tag{18-3-24}$$

而弹、塑圈交界面上的塑性应力由式(18-2-12),令 $r=R_1$ 求得

$$\begin{cases} \sigma_{rp} = (p_i + C_m \cot\phi_m)\left(\dfrac{R_1}{R_0}\right)^{\frac{2\sin\phi_m}{1-\sin\phi_m}} - C_m \cot\phi_m \\ \sigma_{\theta p} = (p_i + C_m \cot\phi_m)\dfrac{1+\sin\phi_m}{1-\sin\phi_m}\left(\dfrac{R_1}{R_0}\right)^{\frac{2\sin\phi_m}{1-\sin\phi_m}} - C_m \cot\phi_m \end{cases} \tag{18-3-25}$$

由假定条件(界面上弹性应力与塑性应力相等)得:

$$(p_i + C_m \cot\phi_m)\left(\dfrac{R_1}{R_0}\right)^{\frac{2\sin\phi_m}{1-\sin\phi_m}} - C_m \cot\phi_m = \sigma_{R_1}$$

$$(p_i + C_m \cot\phi_m)\dfrac{1+\sin\phi_m}{1-\sin\phi_m}\left(\dfrac{R_1}{R_0}\right)^{\frac{2\sin\phi_m}{1-\sin\phi_m}} - C_m \cot\phi_m = 2\sigma_0 - \sigma_{R_1}$$

将两式相加后消去 σ_{R_1},可解出 R_1 为

$$R_1 = R_0 \left[\dfrac{(\sigma_0 + C_m \cot\phi_m)(1-\sin\phi_m)}{p_i + C_m \cot\phi_m}\right]^{\frac{1-\sin\phi_m}{2\sin\phi_m}} \tag{18-3-26}$$

式(18-3-26)为有支护力 p_i 时塑性圈半径 R_1 的计算公式,称为修正芬纳-塔罗勃公式。如果用 σ_c 代替式(18-3-26)中的 C_m,则可得到计算 R_1 的卡斯特纳(Kastner)公式。由库仑-莫尔理论可知:

$$C_m = \frac{\sigma_c(1-\sin\phi_m)}{2\cos\phi_m} \tag{18-3-27}$$

将式(18-3-27)代入式(18-3-26),并令 $\frac{1+\sin\phi_m}{1-\sin\phi_m}=\xi$,得 R_1 为

$$R_1 = R_0\left[\frac{2}{\xi+1} \cdot \frac{\sigma_c+\sigma_0(\xi-1)}{\sigma_c+p_i(\xi-1)}\right]^{\frac{1}{\xi-1}} \tag{18-3-28}$$

由式(18-3-26)和式(18-3-28)可知:地下硐室开挖后,围岩塑性圈半径 R_1 随地应力 σ_0 增加而增大,随支护力 p_i、岩体强度 C_m 增加而减小。

18.4 地下工程围岩压力计算

18.4.1 围岩压力的类型

地下硐室围岩在重分布应力作用下产生过量的塑性变形或松动破坏,进而引起施加于支护衬砌上的压力,称为围岩压力(peripheral rock pressure),有的文献中称为地压或狭义地压。根据这一定义,围岩压力是围岩与支衬间的相互作用力,它与围岩应力不是同一个概念。围岩应力是岩体中的内力,而围岩压力则是针对支衬结构来说的,是作用于支护衬砌上的外力。因此,如果围岩足够坚固,能够承受住围岩应力的作用,就不需要设置支护衬砌,也就不存在围岩压力问题。只有当围岩适应不了围岩应力的作用,而产生过量塑性变形或产生塌方、滑移等破坏时,才需要设置支护衬砌以维护围岩稳定,保证硐室安全和正常使用,因而就形成了围岩压力。围岩压力是支护衬砌设计及施工的重要依据。按围岩压力的形成机理,可将其划分为形变围岩压力、松动围岩压力和冲击围岩压力三种。

形变围岩压力是由于围岩塑性变形如塑性挤入、膨胀内鼓、弯曲内鼓等形成的挤压力。地下硐室开挖后围岩的变形包括弹性变形和塑性变形。但一般来说,弹性变形在施工过程中就能完成,因此它对支衬结构一般不产生挤压力。而塑性变形则具有随时间增长而不断增大的特点,如果不及时支护,就会引起围岩失稳破坏,形成较大的围岩压力。产生形变围岩压力的条件有:①岩体较软弱或破碎,这时围岩应力很容易超过岩体的屈服极限而产生较大的塑性变形;②深埋硐室,由于围岩受压力过大易引起塑性流动变形。由围岩塑性变形产生的围岩压力可用弹塑性理论进行分析计算。除此之外,还有一种形变围岩压力就是由膨胀围岩产生的膨胀围岩压力,它主要是由于矿物吸水膨胀产生的对支衬结构的挤压力。因此,膨胀围岩压力的形成必须具备两个基本条件:一是岩体中要有膨胀性黏土矿物(如蒙脱石等);二是要有地下水的作用。这种围岩压力可采用支护和围岩共同变形的弹塑性理论计算。不同的是在洞壁位移值中应叠加上由开挖引起径向减压所造成的膨胀位移值,这种位移值可通过岩石膨胀率和开挖前后径向应力差之间的关系曲线来推算。此外,还可用流变理论予以分析。

松动围岩压力是由于围岩拉裂塌落、块体滑移及重力坍塌等破坏引起的压力,这是一种

有限范围内脱落岩体重力施加于支护衬砌上的压力,其大小取决于围岩性质、结构面交切组合关系及地下水活动和支护时间等因素。松动围岩压力可采用松散体极限平衡或块体极限平衡理论进行分析计算。

冲击围岩压力是由岩爆形成的一种特殊围岩压力。它是强度较高且较完整的弹脆性岩体过度受力后突然发生岩石弹射变形所引起的围岩压力现象。冲击围岩压力的大小与地应力状态、围岩力学属性等密切相关,并受到硐室埋深、施工方法及洞形等因素的影响。冲击围岩压力的大小,目前还无法准确计算,只能对岩爆产生条件及其产生的可能性进行研究和评价预测,见第 6 章。

18.4.2 围岩压力的计算

18.4.2.1 形变围岩压力计算

为了防止塑性变形的过度发展,须对围岩设置支护衬砌。当支衬结构与围岩共同工作时,支护力 p_i 与作用于支衬结构上的围岩压力是一对作用力与反作用力。这时只要求得支衬结构对围岩的支护力 p_i,也就求得作用于支衬上的形变围岩压力。基于这一思路,从式(18-3-26)可得:

$$p_i = [(\sigma_0 + C_m \cot\phi_m)(1 - \sin\phi_m)]\left(\frac{R_0}{R_1}\right)^{\frac{2\sin\phi_m}{1-\sin\phi_m}} - C_m \cot\phi_m \qquad (18\text{-}4\text{-}1)$$

式(18-4-1)为计算圆形硐室形变围岩压力的修正芬纳-塔罗勃公式,同样由式(18-3-29)可得计算围岩压力的卡斯特纳公式。

式(18-4-1)是围岩处于极限平衡状态时 p_i-R_1 的关系式,可用图 18-4-1 的曲线表示。由图可知,当 R_1 越大时,维持极限平衡所需的 p_i 越小。因此,在围岩不致失稳的情况下,适当扩大塑性区,有助于减小围岩压力。由此我们可以得到一个重要的概念,即不仅处于弹性变形阶段的围岩有自承能力,处于塑性变形阶段的围岩也具有自承能力,这就是为什么在软弱岩体中即使有很大的地应力作用,仅用较薄的衬砌也能维持硐室稳定的道理。但是塑性围岩的这种自承能力是有限的,当 p_i 降到某一低值 $p_{i\min}$ 时,塑性圈就要塌落,这时围岩压力可能反而增大(见图 18-4-1Ⅲ)。

如果改写式(18-4-1),即得

$$p_i = \sigma_0(1 - \sin\phi_m)\left(\frac{R_0}{R_1}\right)^{\frac{2\sin\phi_m}{1-\sin\phi_m}} - C_m \cot\phi_m\left[1 - (1 - \sin\phi_m)\left(\frac{R_0}{R_1}\right)^{\frac{2\sin\phi_m}{1-\sin\phi_m}}\right] \qquad (18\text{-}4\text{-}2)$$

由式(18-4-2)可知,当 ϕ_m 一定时,p_i 取决于地应力 σ_0 和岩体 C_m,而 C_m 的存在将减小维持围岩稳定所需的支护力 p_i 值。

由于一般情况下 R_1 难以求得,所以常用洞壁围岩的塑性变形 u_{R_0} 来表示 p_i。由式(18-4-39)可得:

$$\frac{R_0}{R_1} = \sqrt{\frac{R_0 \sin\phi_m(\sigma_0 + C_m \cot\phi_m)}{2G_m u_{R_0}}}$$

代入式(18-4-1),可得 p_i 与 u_{R_0} 间的关系为

$$p_i = -C_m \cot\phi_m + [(\sigma_0 + C_m \cot\phi_m)(1 - \sin\phi_m)]\left[\frac{R_0 \sin\phi_m(\sigma_0 + C_m \cot\phi_m)}{2G_m u_{R_0}}\right]^{\frac{2\sin\phi_m}{1-\sin\phi_m}}$$

$$(18\text{-}4\text{-}3)$$

式中,u_{R_0} 为洞壁的径向位移。在实际工程中,在忽略支衬与围岩间回填层压缩位移的情况下,u_{R_0} 主要应包括两部分:即硐室开挖后到支衬前的洞壁位移 u_0 和支护衬砌后支衬结构的位移 u_2。其中 u_0 取决于围岩性质及其暴露时间,即与施工方法有关,常用实测方法求得。u_2 则取决于支衬型式和刚度,对于封闭式混凝土衬砌的圆形硐室,假定围岩与衬砌共同变形,则可用厚壁筒理论求得 p_i 与 u_2 的关系为

$$u_2 = \frac{p_i R_0 (1-\mu_c^2)}{E_c} \left(\frac{R_b^2 + R_0^2}{R_b^2 - R_0^2} - \frac{\mu_c}{1-\mu_c} \right) \tag{18-4-4}$$

式中,E_c,μ_c 为衬砌的弹性模量和泊松比;R_0,R_b 为衬砌的内、外半径。

式(18-4-3)表明,围岩压力 p_i 随洞壁位移 u_{R_0} 增大而减小,说明适当的变形有利于降低围岩压力,减小衬砌厚度。因此在实际工作中常采用柔性支衬结构。p_i 与 u_{R_0} 的关系如图 18-4-2 中的曲线Ⅰ所示,当 u_{R_0} 达到塑性圈开始出现时的位移 $(u_{R_0})_{R_1}$ (即围岩开始出现塑性变形)时,围岩压力将出现最大值 $p_{i\max}$。然后,随 u_{R_0} 增大 p_i 逐渐降低,到 B 点,p_i 达到最低值 $p_{i\max}$ 之后,p_i 又随 u_{R_0} 增大而增大。因此,支护衬砌必须在 AB 之间进行,越接近 A 点,p_i 越大,越近 B 点,p_i 越小,若在 C 点进行支护衬砌,则由于衬砌本身的位移 u_2,p_i 随 u_2 将沿曲线Ⅱ变化,Ⅱ与Ⅰ交点上的 p_i 就是作用在支护衬砌上的实际围岩压力值(图 18-4-2)。

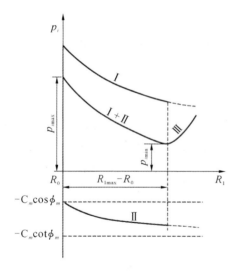

图 18-4-1 p_i-R_1 关系曲线

Ⅰ 为由 σ_0 引起的 p_i-R_1 曲线;Ⅱ 为由 C_m 引起的 p_i-R_1 曲线;Ⅰ+Ⅱ 为修正芬纳-塔罗勃的 p_i-R_1 曲线

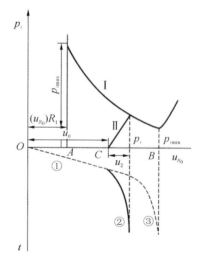

图 18-4-2 围岩压力与洞壁变形关系曲线

①无支护推算的 u_{R_0}-t 曲线;②有支护实测的 u_{R_0}-t 曲线;③无支护实测的 u_{R_0}-t 曲线;$(u_{R_0})_{R_1}$ 为出现塑性圈时的洞壁位移;Ⅰ 为 p_i-u_{R_0} 曲线;Ⅱ 为 p_i-u_2 曲线

从图 18-4-2 可知,如果支护衬砌是在 B 点以后,则围岩就要产生松动塌落,这时作用于支护衬砌上的围岩压力反而会增大,其值等于松动圈塌落岩体的自重。当松动圈塌落时,最大松动围岩压力 p_i 可用下式计算:

$$p_i = k_1 R_0 \rho g - k_2 C_m \tag{18-4-5}$$

式中,ρ,C_m 为围岩密度和内聚力;k_1,k_2 为松动压力系数。

$$k_1 = \frac{1-\sin\phi_m}{3\sin\phi_m - 1}\left[1 - \left(\frac{C_m\cot\phi_m}{\cot\phi_m + \sigma_0(1-\sin\phi_m)}\right)^{\frac{3\sin\phi_m - 1}{2\sin\phi_m}}\right]$$

$$k_2 = \cot\phi_m\left[1 - \frac{C_m\cot\phi_m}{C_m\cot\phi_m + \sigma_0(1-\sin\phi_m)}\right]$$

18.4.2.2 松动围岩压力计算

松动围岩压力是指松动塌落岩体重量所引起的作用在支护衬砌上的压力。实际上，围岩的变形与松动是围岩变形破坏发展过程中的两个阶段，围岩过度变形超过了它的抗变形能力，就会引起塌落等松动破坏，这时作用于支护衬砌上的围岩压力就等于塌落岩体的自重或分量。目前计算松动围岩压力的方法主要有：平衡拱理论、太沙基理论及块体极限平衡理论等。

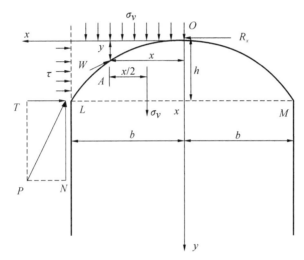

图 18-4-3 平衡拱及受力分析示意图

1. 平衡拱理论

该理论由俄国的普罗托耶科诺夫提出，又称为普氏理论。普氏理论认为：硐室开挖以后，如不及时支护，洞顶岩体将不断垮落而形成一个拱形，又称塌落拱。最初这个拱形是不稳定的，如果洞侧壁稳定，则拱高随塌落不断增高；反之，如侧壁也不稳定，则拱跨和拱高同时增大。当洞的埋深较大（埋深 $H > 5b_l$，b_l 为拱跨）时，塌落拱不会无限发展，最终将在围岩中形成一个自然平衡拱。这时，作用于支护衬砌上的围岩压力就是平衡拱与衬砌间破碎岩体的重量，与拱外岩体无关。因此，利用该理论计算围岩压力时，首先要找出平衡拱的形状和拱高。

如图 18-4-3 所示，为了求平衡拱的形状和拱高，取坐标系 xOy 如图，曲线 LOM 为平衡拱，对称于 y 轴。在半跨 LO 段内任取一点 $A(x,y)$，取 OA 为脱离体考察它的受力与平衡条件。OA 段的受力状态为：半跨 OM 段对 OA 的水平作用力 R_x，R_x 对 A 点的力矩为 R_xy；铅直地应力 σ_v 在 OA 上的作用力 $\sigma_v x$，它对 A 点的力矩为 $\frac{\sigma_v x^2}{2}$；LA 段对 OA 段的反力 W，它对 A 点的力矩为零。由于 A 点处于平衡状态，则由平衡拱力矩平衡条件可求得拱的曲线方

程为

$$y = \frac{\sigma_v}{2R_x}x^2 \quad (18\text{-}4\text{-}6)$$

式(18-4-6)为抛物线方程,因此可知平衡拱为抛物线形状。进一步设平衡拱的拱高为 h,半跨为 b,则从式(18-4-6)可得到:

$$R_x = \frac{\sigma_v b^2}{2h} \quad (18\text{-}4\text{-}7)$$

为了求平衡拱高 h,考虑半拱 LO 的平衡,如图 18-4-3 所示,LO 除受力 R_x、σ_v 作用外,在拱脚 L 点还有反力 T 和 N。当半拱稳定时,利用极限平衡条件,则有

$$R_x = T = Nf, \quad \sigma_v b = N$$

为使拱圈有一定的安全储备,设 $R_x = \frac{1}{2}Nf$,所以有

$$R_x = \frac{1}{2}Nf = \frac{1}{2}\sigma_v b f$$

代入式(18-4-7)可得平衡拱高 h 为

$$h = \frac{b}{f} \quad (18\text{-}4\text{-}8)$$

将式(18-4-7),式(18-4-8)代入式(18-4-6),即得平衡拱的曲线方程为

$$y = \frac{x^2}{fb} \quad (18\text{-}4\text{-}9)$$

式(18-4-8)和式(18-4-9)中的 f 为岩体的普氏系数(或称坚固性系数)。对于松软岩体来说可取

$$f = \tan\phi_m + \frac{C_m}{\sigma} \quad (18\text{-}4\text{-}10)$$

对于坚硬岩体来说常取

$$f = \frac{\sigma_c}{10} \quad (18\text{-}4\text{-}11)$$

上两式中,C_m,ϕ_m 为岩体的内聚力和内摩擦角;σ_c 为岩石的单轴抗压强度。

求得了平衡拱曲线方程后,洞侧壁稳定时洞顶的松动围岩压力即为 LOM 以下岩体的重量,即

$$p_1 = \rho g \int_{-b}^{b}(h-y)\mathrm{d}x = \rho g \int_{-b}^{b}\left(h-\frac{x}{fb}\right)\mathrm{d}x = \frac{4\rho g b^2}{3f} \quad (18\text{-}4\text{-}12)$$

式中,ρ 为岩体的密度;其他符号意义同前。

如果硐室侧壁边也不稳定,则洞的半跨将由 b 扩大至 b_1,如图 18-4-4 所示。这时侧壁岩体将沿 LE 和 MF 滑动,滑面与垂直洞壁的夹角为 $\alpha = 45° - \phi_m$。所以有

$$\left.\begin{array}{l} b_1 = b + l \cdot \tan\left(45° - \dfrac{\phi_m}{2}\right) \\[2mm] h_1 = \dfrac{b_1}{f} = \dfrac{b}{f} + \dfrac{l \cdot \tan\left(45° - \dfrac{\phi_m}{2}\right)}{f} \end{array}\right\} \quad (18\text{-}4\text{-}13)$$

这时,为维持矩形硐室的原形,洞顶的松动围岩压力 p_1 为 $AA'B'B$ 块体的重量,即

$$p_1 = \rho g \int_{-b}^{b}(h_1 - y)\mathrm{d}x = \rho g \int_{-b}^{b}\left(\frac{b_1}{f} - \frac{x}{fb_1}\right)\mathrm{d}x = \frac{2\rho g b}{3fb_1}(3b_1^2 - b^2) \quad (18-4-14)$$

侧壁围岩压力为滑移块体 $A'EL$ 或 $B'MF$ 的自重在水平方向上的投影。也可按土压力理论计算,如图 18-4-4 所示,作用于 A 和 E 处的主动土压力 e_1,e_2 为

$$\begin{cases} e_1 = \rho g h_1 \tan^2\left(45° - \dfrac{\phi_m}{2}\right) \\ e_2 = \rho g (h_1 + l) \tan^2\left(45° - \dfrac{\phi_m}{2}\right) \end{cases} \quad (18-4-15)$$

因此,侧壁围岩压力为

$$p_2 = \frac{1}{2}(e_1 + e_2)l = \frac{\rho g l}{2}(2h_1 + l)\tan^2\left(45° - \frac{\phi_m}{2}\right) \quad (18-4-16)$$

大量实践证明,平衡拱理论只适用散体结构岩体,如强风化、强烈破碎岩体、松动岩体和新近堆积的土体等。另外,硐室上覆岩体需有一定的厚度(埋深 $H > 5b_1$),才能形成平衡拱。

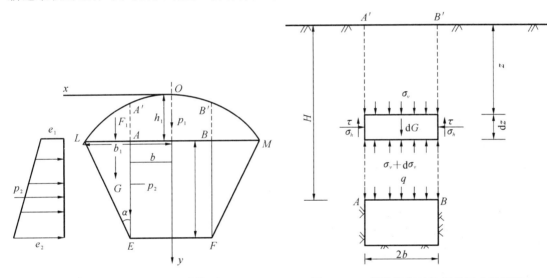

图 18-4-4　围岩压力的计算图　　图 18-4-5　侧壁稳定时的围岩压力计算图

2. 太沙基理论

太沙基(Terzaghi)把受节理裂隙切割的岩体视为一种具有一定内聚力的散粒体。假定跨度为 $2b$ 的矩形硐室,开挖在深度为 H 的岩体中。开挖以后侧壁稳定,顶拱不稳定,并可能沿图 18-4-5 所示的面 AA' 和 BB' 发生滑移。滑移面的剪切强度 τ 为

$$\tau = \sigma_h \tan\phi_m + C_m \quad (18-4-17)$$

式中,ϕ_m, C_m 为岩体的剪切强度参数;σ_h 为水平地应力。

设岩体的地应力状态为:$\sigma_h = \rho g z,\sigma = \lambda \sigma_v = \lambda \rho g z$。在岩柱 $A'B'BA$ 中 z 深度处取一厚度为 $\mathrm{d}z$ 的薄层进行分析。薄层的自重 $\mathrm{d}G = 2b\rho g \mathrm{d}z$,其受力条件如图 18-4-5 所示。当薄层处于极限平衡时,由平衡条件可得

$$2b\rho g \mathrm{d}z - 2b(\sigma_v + \mathrm{d}\sigma_v) + 2b\sigma_v - 2\lambda\sigma_v \tan\phi_m \mathrm{d}z - 2C_m \mathrm{d}z = 0$$

整理简化后得

$$\mathrm{d}\sigma_v = \left(\rho g - \frac{\lambda \rho g}{b}z\tan\phi_m - \frac{C_m}{b}\right)\mathrm{d}z \quad (18-4-18)$$

边界条件：当 $z=0$ 时，$\sigma_v=0$。

由式(18-4-18)两边积分得

$$\sigma_v = \rho g z\left(1 - \frac{\lambda}{2b}z\tan\phi_m - \frac{C_m}{b\rho g}\right) \tag{18-4-19}$$

当 $z=H$ 时，σ_v 即为作用于洞顶单位面积上的围岩压力，用 q 表示为

$$q = \rho g H\left(1 - \frac{\lambda}{2b}H\tan\phi_m - \frac{C_m}{b\rho g}\right) \tag{18-4-20}$$

若开挖后，侧壁亦不稳定时，则侧壁围岩将沿与洞壁夹 $45°-\dfrac{\phi_m}{2}$ 角的面滑移如图18-4-6所示。这时将柱体 $A'ABB'$ 的自重扣除 $A'A$、BB' 面上的摩擦阻力，可求得作用于洞顶单位面积上的围岩压力 q 为

$$q = \rho g H\left(1 - \frac{HK_a}{2b_1}\right) \tag{18-4-21}$$

式中，$b_2 = b + h\tan\left(45°-\dfrac{\phi_m}{2}\right)$，$K_a = \tan^2\left(45°-\dfrac{\phi_m}{2}\right)\cot\phi_m$。

洞顶围岩压力计算公式(18-4-20)和式(18-4-21)适用于散体结构岩体中开挖的浅埋硐室。它与普氏理论的根本区别在于，它假设了围岩可能沿两个铅直滑移面 $A'A$ 和 $B'B$ 滑动。

3. 块体极限平衡理论

整体状结构岩体中，常被各种结构面切割成不同形状和大小的结构体。地下硐室开挖后，由于洞周临空，围岩中的某些块体在自重作用下向洞内滑移。那么，作用在支护衬砌上的压力就是这些滑体的重量或其分量，可采用块体极限平衡法进行分析计算。

采用块体极限平衡理论计算松动围岩压力时，首先应从地质构造分析着手，找出结构面的组合形式及其与洞轴线的关系。进而得出围岩中可能不稳定楔形体的位置和形状，并对不稳定体塌落或滑移的运动学特征进行分析，确定其滑动方向、可能滑动面的位置、产状和力学强度参数。然后，对楔形体进行稳定性校核。如果校核后，楔形体处于稳定状态，那么其围岩压力为零；如果不稳定，就要具体地计算其围岩压力。下面以图18-4-7所示为例来说明洞顶和侧壁围岩压力的计算方法。

1) 洞顶围岩压力

如图18-4-7所示，经勘查在硐室顶部存在由两组结构面交切形成的楔形体 ABC，设两组结构面的性质相同，剪切强度参数为 C_j、ϕ_j，且夹角为 θ，结构面倾角分别为 α、β（在本例中设为相等）。所切割的楔形体高为 h，底宽为 S。经分析楔形体受有如下力的作用：①围岩重分布应力 σ_θ，可分解为法向力 $N_1 = \sigma_\theta l\cos\dfrac{\theta}{2}$ 和上推力 $\sigma_\theta l\sin\dfrac{\theta}{2}$；②结构面剪切强度产生的抗滑力 $C_j l + \sigma_\theta l\cos\dfrac{\theta}{2}\tan\phi_j$；③楔形体的自重 G_1。在以上力的作用下，楔形体 ABC 的稳定条件为

$$G_1 \leqslant 2l\left(C_j + \sigma_\theta\cos\dfrac{\theta}{2}\tan\phi_j + \sigma_\theta\sin\dfrac{\theta}{2}\right)\cos\dfrac{\theta}{2} \tag{18-4-22}$$

式中，l 为结构面的长度。

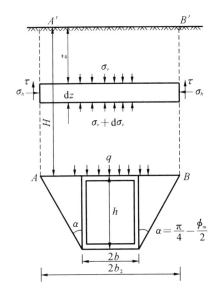
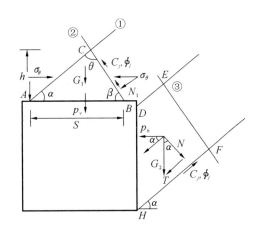

18-4-6 侧壁不稳定时围岩压力计算图　　图 18-4-7 楔形体平衡分析及围岩压力计算图

①~③为结构面

如果经分析,楔形体不稳定,即不满足式(18-4-22),则作用于洞顶支衬上的围岩压力 p_v 就是该楔形体的自重,即

$$p_v = G_1 = \frac{1}{2} Sh\rho g \tag{18-4-23}$$

进一步从图 18-4-7 得出的关系有

$$h = \frac{S}{\cot\alpha + \cot\beta} \tag{18-4-24}$$

将式(18-4-24)代入式(18-4-23)得洞顶围岩压力 p_v 为

$$p_v = \frac{S^2 \rho g}{2(\cot\alpha + \cot\beta)} \tag{18-4-25}$$

以上讨论的是两组结构面性质和倾角都相同的简单情况下的围岩压力计算方法。对于结构面性质和倾角不相同或楔形体更复杂的情况,其围岩压力计算思路与此相同,只是计算公式更复杂而已。

2) 侧壁围岩压力

如图 18-4-7 所示,若除洞顶外,侧壁也存在不稳定楔形体 $DEFH$。它所形成的侧壁围岩压力 p_h 等于楔形体的重量在滑动方向上的分力减去滑动面的摩阻力后,在水平方向上的分力。由图可知,楔形体在自重 G_2 的作用下,在滑面 FH 上的滑动力为 $G_2\sin\alpha$,抗滑力为 $G_2\cos\alpha\tan\phi_j + C_j l_{FH}$。

根据极限平衡理论,楔形体的稳定条件为:

$$G_2\cos\alpha\tan\phi_j + C_j l_{FH} - G_2\sin\alpha > 0 \tag{18-4-26}$$

若楔形体不稳定(即式(18-4-26)不满足),则该楔形体产生的侧向围岩压力 p_h 为

$$p_h = (G_2\sin\alpha - G_2\cos\alpha\tan\phi_j - C_j l_{FH}) - \cos\alpha \tag{18-4-27}$$

式中,C_j,ϕ_j 为滑面 FH 的内聚力和内摩擦角;α 为滑面 FH 的倾角;l_{FH} 为滑面 FH 的长度。

18.5 有压硐室的围岩抗力与极限承载力

有压硐室在水电工程中较常见,由于其硐室内壁上作用有较高的内水压力,使围岩中的重分布应力比较复杂。这种硐室围岩最初是处于开挖后引起的重分布应力之中;然后进行支护衬砌,又使围岩重分布应力得到改善;硐室建成运行后洞内壁作用有内水压力,使围岩中产生附加应力,因此围岩应力是较复杂的。同时,由于存在很高的内水压力作用,迫使衬砌向围岩方向变形,围岩被迫后退时,将产生一个反力来阻止衬砌的变形。把围岩对衬砌的反力称为围岩抗力,或称弹性抗力。围岩抗力越大,越有利于衬砌的稳定。实际上围岩抗力承担了一部分内水压力,从而减小了衬砌所承受的内水压力,起到了保护衬砌的作用。所以,充分利用围岩抗力,可大大地减薄衬砌的厚度,降低工程造价。因此,围岩抗力的研究具有重要的实际意义。

18.5.1 有压硐室的围岩抗力

围岩抗力是从围岩与衬砌共同变形理论出发,按围岩抗变形能力考虑围岩承载力的。但是,从有压硐室的整体稳定性考虑,仅考虑围岩抗力是不够的,还必须从围岩承担内水压力的能力(硐室上覆岩层不至因内水压力而被整体抬动)来考虑围岩的承载力。即表征围岩承担内水压力能力的指标是围岩极限承载力,它主要与围岩的强度性质及地应力状态有关。

围岩抗力的大小常用抗力系数 K 来表示。围岩抗力系数是表征围岩抵抗衬砌向围岩方向变形能力的指标,定义为使洞壁围岩产生一个单位径向变形所需要的内水压力。如图 18-5-1 所示,当洞壁受到内水压力 p_a 作用后,洞壁围岩向外产生的径向位移为 y,则

$$p_a = Ky \tag{18-5-1}$$

式中,K 为围岩抗力系数,K 值越大,说明围岩受内水压力的能力越大。它是地下硐室支衬设计的重要指标。

必须指出,K 值不是一个常数。它随硐室尺寸而变化,硐室半径越大,K 值越小。这样就会出现在同一岩体条件下,不同半径试洞中求得的 K 值不同,这就给实际使用这一指标造成困难。因此,为了统一标准,在工程中常用单位抗力系数 K_0 来表示围岩抗力的大小。

单位抗力系数是指硐室半径为 100cm 时的抗力系数值,即

$$K_0 = K \frac{R_0}{100} \tag{18-5-2}$$

式中,R_0 为硐室半径。

确定围岩抗力系数的方法有:直接测定法、计算法和工程地质类比(经验数据)法三种。常用的直接测定法有双筒橡皮囊法、隧洞水压法和径向千斤顶法。

双筒橡皮囊法是在岩体中挖一个直径大于 1m 的圆形试坑,坑的深度应大于 1.5 倍的直径。试坑周围岩体要有足够的厚度,一般应大于 3 倍的试坑直径。在坑内安装环形橡皮囊,如图 18-5-2 所示。用水泵对橡皮囊加压使其扩张,并对坑壁岩体施压,使坑壁岩体受压而向四周变形。其变形值可用百分表(或测微计)测记。若坑壁无混凝土衬砌,则 K 值可按式(18-5-1)计算。若有混凝土衬砌时,则按下式计算围岩抗力系数 K:

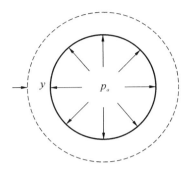

图 18-5-1　弹性抗力计算示意图

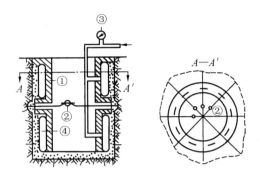

图 18-5-2　双筒橡皮囊法装置图
①金属筒；②测微计；③水压表；④橡皮囊

$$K = \frac{p_a}{y} - \frac{bE_c}{R_0^2} \tag{18-5-3}$$

式中，p_a 为作用于衬砌内壁上的水压力；y 为径向位移；b 为衬砌的厚度；E_c 为衬砌的弹性模量；R_0 为试坑半径。

隧洞水压法是在已开挖的隧洞中，选择代表性地段进行水压试验。将所选定试段的两端堵死，在洞内安装量测洞径变化的测微计（百分表），如图 18-5-3 所示。然后向洞内泵入高压水，洞壁围岩在水压力的作用下发生径向变形。测出径向变形，即可按式(18-5-1)和式(18-5-2)或式(18-5-3)计算围岩的 K 或 K_0 值。

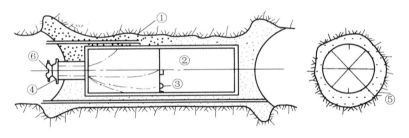

图 18-5-3　隧洞水压法装置图
①衬砌；②橡皮囊；③测微计；④阀门；⑤伸缩缝；⑥排气孔

径向千斤顶法是利用扁千斤顶代替水泵作为加压工具对岩体施加径向压力，并测得径向变形。然后据测得径向变形 y 和相应的压力 p_a，用式(18-5-1)和式(18-5-2)求岩体的 K 和 K_0 值。

计算法是根据围岩抗力系数和弹性模量 E 与泊松比 μ 之间的理论关系来求围岩的 K 和 K_0 值。根据弹性理论，K、R_0 和 E、μ 之间有下列关系。

$$K = \frac{E}{(1+\mu)R_0} \tag{18-5-4}$$

而单位抗力系数 K_0，据式(18-5-2)为

$$K_0 = \frac{E}{(1+\mu) \times 100} \tag{18-5-5}$$

式(18-5-4)仅适用于坚硬、完整、均质和各向同性的岩体。对于软弱和破碎岩体，或具有塑性圈的围岩，可按下式计算：

$$\begin{cases} K = \dfrac{E_{me}}{\left(1+\mu_m+\ln\dfrac{R_1}{R_0}\right)R_0} \\ K_0 = \dfrac{E_{me}}{\left(1+\mu_m+\ln\dfrac{R_1}{R_0}\right)\times 100} \end{cases} \qquad (18\text{-}5\text{-}6)$$

式中,E_{me},μ_m 为岩体的弹性模量和泊松比;R_0 为硐室半径;R_1 为裂隙区半径。

对于坚硬岩体,$R_1/R_0=3.0$;而软弱、破碎岩体,R_1/R_0 取 300。

工程地质类比法是根据已有的建设经验,将拟建工程岩体的结构和力学特性、工程规模等因素与已建工程进行类比确定 K 值。一些中、小型工程大多采用此法。

表 18-5-1 给出了我国部分水工隧洞围岩抗力系数 K_0 的经验数据。

表 18-5-1　国内部分工程围岩抗力系数(K_0)值

工程名称	岩体条件	最大荷载/MPa	K_0/(MPa/cm)	试验方法
隔河岩	深灰色薄层泥质条带灰岩、新鲜完整,0.1m 至 0.2m 裂隙破碎带	3.0	176～268	径向扁千斤顶法
	灰岩新鲜完整、裂隙方解石充填	1.2	224～309	双筒橡皮囊法
映秀湾	花岗闪长岩,微风化,中细粒,裂隙发育	1.0	16.1～18.1	径向扁千斤顶法
	花岗闪长岩,较完整均一,裂隙不太发育	1.0	116～269	径向扁千斤顶法
龚咀	花岗岩,中粒,似斑状,具隐裂隙,微风化	1.0	88～102.5	扁千斤顶法
	辉绿岩脉,有断层通过,破碎,不均一	0.6	11.3～50.1	扁千斤顶法
太平溪	灰白色至浅灰色石英闪长岩,中粒,新鲜坚硬完整	3.0	250～375	扁千斤顶法
长湖	砂岩,微风化,夹千枚岩、页岩	0.6	78	水压法
南梗河三级	花岗岩,中粗粒,弱风化,不均一	1.0	18～70.5	扁千斤顶法
	花岗岩,裂隙少,坚硬完整	1.8	40～130	扁千斤顶法
二滩	正长岩,新鲜,完整	1.3	104～188	扁千斤顶法
刘家峡	微风化云母石英片岩	1.0～1.2	300～320	双筒橡皮囊法
	微风化云母石英片岩	1.0～1.2	140～160	双筒橡皮囊法

18.5.2　围岩极限承载力的确定

围岩极限承载力是指围岩承担内水压力的能力。大量的事实表明:在有压硐室中,围岩承担了绝大部分的内水压力。例如,我国云南某水电站的高压钢管埋设在下二叠统玄武岩体中,上覆岩体仅厚 32m,原担心在内水压力作用下围岩会不稳定。但通过地应力测量发现,该地区的水平应力远大于铅直应力,两者之比值为 0.91～1.87。设计中采用了让地应力承担部分内水压力的方案。建成运营后,围岩稳定性良好,根据洞径变化和钢板变形等实测数据计算,得知围岩承担了 11.5～12MPa 的内水压力,约为设计内水压力的 83%～86%。又如瑞典的马萨电站的高压输水管埋设在结晶板岩中,上覆岩体厚 100m,钢管壁厚 8mm,最大内水压力为 19.6MPa,围岩承担了 90% 的内水压力。这些例子说明围岩具有很高的承载能力。而这种承载力与围岩的力学性质及地应力状态有关。

由本章 18.2 节围岩重分布应力的讨论中可知,有压硐室开挖以后,在地应力作用下应力重新分布,围岩处于重分布应力状态中。硐室建成使用后,洞壁受到高压水流的作用,在很高的内水压力作用下,围岩内又产生一个附加应力,使围岩内的应力再次分布,产生新的重分布应力。如果两者叠加后的围岩应力大于或等于围岩的强度时,则围岩就要发生破坏,否则围岩不破坏。围岩极限承载力就是根据这个原理确定的。下面分别讨论在自重应力和地应力作用下,围岩极限承载力的确定方法。

18.5.2.1 自重应力作用下的围岩极限承载力

设有一半径为 R_0 的圆形有压隧洞,开挖在仅有自重应力($\sigma_v = \rho g h$,$\sigma_h = \lambda \rho g h$)作用的岩体中;洞顶埋深为 h;洞内壁作用的内水压力为 p_a。那么,开挖以后,洞壁上的重分布应力,由式(18-5-7)得:

$$\begin{cases} \sigma_{r1} = 0 \\ \sigma_{\theta 1} = \rho g h [(1 + 2\cos 2\theta) + \lambda (1 - 2\cos 2\theta)] \\ \tau_{r\theta 1} = 0 \end{cases} \quad (18\text{-}5\text{-}7)$$

式中,λ 为地应力比值系数;ρ 为岩体密度。

由内水压力 p_a 引起的洞壁上的附加应力,由式(18-2-18)得

$$\begin{cases} \sigma_{r2} = p_a \\ \sigma_{\theta 2} = -p_a \\ \tau_{r\theta 2} = 0 \end{cases} \quad (18\text{-}5\text{-}8)$$

则有压隧洞工作时,洞壁围岩的重分布应力状态为:

$$\begin{cases} \sigma_r = p_a \\ \sigma_\theta = \rho g h [(1 + 2\cos 2\theta) + \lambda (1 - 2\cos 2\theta)] - p_a \\ \tau_{r\theta} = 0 \end{cases} \quad (18\text{-}5\text{-}9)$$

由式(18-5-9)可知,σ_r 和 σ_θ 均为主应力。将 σ_r,σ_θ 代入围岩极限平衡条件:

$$\frac{\sigma_r - \sigma_\theta}{\sigma_r + \sigma_\theta + 2C_m \cot \phi_m} = \sin \phi_m$$

即可求得自重应力条件下,围岩极限承载力的计算公式为

$$p_a = \frac{1}{2} \rho g h [(1 + 2\cos 2\theta) + \lambda (1 - 2\cos 2\theta)](1 + \sin \phi_m) + C_m \cos \phi_m$$

$$(18\text{-}5\text{-}10)$$

由式(18-5-10)可以求得上覆岩层的极限厚度为

$$h_{cr} = \frac{2(p_a - C_m \cos \phi_m)}{\rho g [(1 + 2\cos 2\theta) + \lambda (1 - 2\cos 2\theta)](1 + \sin \phi_m)} \quad (18\text{-}5\text{-}11)$$

如果考虑洞顶一点,即 $\theta = 90°$,则由式(18-5-11)得:

$$h_{cr} = \frac{2(p_a - C_m \cos \phi_m)}{\rho g (3\lambda - 1)(1 + \sin \phi_m)} \quad (18\text{-}5\text{-}12)$$

式(18-5-12)即为没有考虑安全系数时的上覆岩层最小厚度的计算公式。

18.5.2.2 地应力作用下的围岩极限承载力

其实,大部分区域地应力是不符合自重应力分布规律的。在这些区域为了得到地应力作用下围岩极限承载力的计算公式,只要把铅直地应力 σ_v 和水平地应力 σ_h 代入洞壁重分布应力计算公式中,经与式(18-5-10)同样的推导步骤,就可以得到 p_a 为

$$p_a = \frac{1}{2}[(\sigma_h + \sigma_v) + 2(\sigma_h - \sigma_v)\cos2\theta](1 + \sin\phi_m) + C_m\cos\phi_m \quad (18\text{-}5\text{-}13)$$

由式(18-5-13)可知,围岩的极限承载力是由地应力和内聚力两部分组成的。因此,当岩体的 C_m、ϕ_m 一定时,围岩的极限承载力取决于地应力的大小。这就是在许多工程中,即使有很高的内水压力作用,围岩的覆盖层厚度也并不大的情况下,采用较薄的衬砌时仍能维持稳定的原因。

18.6 地下工程围岩的支护与加固

18.6.1 基本原则

根据前述分析,地下岩体工程无论最终是平衡还是破坏,也不管是否有施筑人工稳定的承载或围护结构,围岩内部的应力重分布行为都会发生。这一应力重分布行为是地下岩体自行组织稳定的过程,也是首先充分发挥围岩自稳能力的过程。实际上,地下岩体工程的稳定,同时包含了人工施筑的结构物的稳定及围岩自身的稳定,两者是共存的。围岩稳定对于地下岩体工程的稳定是非常重要的,有时甚至是地下岩体工程稳定性好坏的决定性因素。有关稳定问题的理论分析和工程实践结论,特别在 20 世纪后期,已经为广大岩体力学工程界的科技工作者所接受,并成为指导工程实践的重要思想。

当围岩压力大,围岩不能自稳时,就需借助于支护和围岩加固手段加以控制,实现安全施工,并满足在服务年限里的运行和使用要求。在地下岩体工程的设计与施工中,应依据其稳定的基本原则,充分利用有利条件,采取合理措施,充分发挥围岩的自承能力。这是实现地下岩体工程稳定的最经济、最可靠的方法。所以,岩体内的应力及其强度是决定围岩稳定的首要因素。当岩体应力超过围岩强度而设置支护时,支护应力与支护强度便成了岩体工程稳定的决定性因素。因此,在地下硐室设计与制定围岩支护加固方案时,应重视以下几个方面。

18.6.1.1 合理利用和充分发挥岩体强度

(1)地下的地质条件相当复杂。软岩的强度可以在 5MPa 以下,而硬岩的强度可达 300MPa 以上。即使在同一个岩层中,岩性的好坏也会相差很大,其强度甚至可以相差 10 余倍。因此,应在充分比较施工和维护稳定两方面均经济、合理的基础上,尽量将工程位置设计在岩性好的岩层中。

(2)避免岩体强度的损坏。工程经验表明,在同一岩层中,机械掘进的硐室寿命往往要比爆破施工长得多,这是因为爆破施工损坏了岩体的原有强度的原因。资料表明,不同爆破

方法可以降低岩体基本质量指标10%~34%,围岩的破裂范围可以达到硐室半径33%之多。另外,被水软化的岩体强度常常要降低1/5以上,有时甚至完全被水崩裂解。特别是一些含蒙脱石等成分的泥质岩体,还有遇水膨胀等问题。因此,施工中要特别注意加强防、排水工作。采用喷混凝土的方法封闭围岩,防止其软化、风化,也是维护硐室稳定的有效措施。

(3)充分发挥围岩承载能力。在围岩承载能力的范围内,容许适当的围岩变形可以使围岩更多地承受一部分地压作用,减少支护的强度和刚度要求。这对实现工程稳定及其经济性有双利的效果。

18.6.1.2 改善围岩的应力条件

(1)选择合理的隧(巷)道断面形状和尺寸,尽量使围岩均匀受压。如果不易实现,也应尽量不使围岩出现拉应力,使隧(巷)道的高径比和地应力场(侧压力大小)匹配。也应注意避免围岩出现过高的压应力集中,以免造成超过强度的破坏。

(2)选择合理的硐室位置和方向。岩体工程的位置应选择在避免受构造应力影响的地方;如果无法避免,则应尽量弄清楚构造应力的大小、方向等情况。尽量使隧(巷)道轴线方向和最大主应力方向一致,尤其要避免与之正交。实践还表明,顺层硐室的围岩稳定性往往较穿层硐室差。支护应特别注意这种地压的不均匀性。

(3)"卸压"方法。近年来,国内外注重开展"卸压"支护方法研究,它是在一些应力集中的区域,通过钻孔或爆破,甚至专门开挖卸压硐室,改变围岩应力的不利分布,也可以避免高应力向不利部位(如硐室底角)传递。所以,"卸压"方法常作为解决煤矿采区硐室底鼓的一种有效措施。

18.6.1.3 合理支护

合理的支护包括支护的形式、支护刚度、支护时间、支护受力情况的合理性及支护的经济性。支护应该是地下硐室、巷道稳定的加强性措施。因此,支护参数的选择仍应着眼于充分改善围岩应力状态,调动围岩的自承能力和考虑支护与岩体的相互作用的影响;并在此基础上,注意提高支护的能力和效率。例如,锚杆支护能起到意想不到的效果,就因为它是一种可以在内部加固岩体的支护形式,它有利于岩体强度的充分发挥。另外,当地压可能超过支护构件能力时,使支护具有一定的可缩性,也是利用围岩支护共同作用原理来实现围岩稳定并保证支护不被损坏的经济、有效的方法。

支护与围岩间的应力传递好坏,对支护发挥支护自身能力的大小及其稳定围岩的作用大小起到重要的影响。当荷载不均匀地集中作用在支护个别地方时,会造成支护在未达到其承载能力之前(有时甚至不到其1/10)出现局部破坏而整体失稳的情况;另外,支护与围岩间总存在间隙(有时可达0.5m),这种间隙不仅使构件受力不均匀,延缓支护对围岩的作用,还会恶化围岩的受力状态。所以,采取有效措施(如注浆、充填等)实现支护与围岩间的密实接触,从而实现围岩压力均匀传递。

18.6.1.4 强调监测和信息反馈

由于硐室地质条件复杂并且难以完全预知,岩体的力学性质具有许多不确定性因素,因此,对地下岩体工程开展监测和信息反馈就格外重要。通过施工过程和后期的监测,结合数学和力学的现代理论,获得预测的结果或者可用于指导设计和施工的一些重要结论。例如,国际流行的"新奥法"支护技术的一项重要措施,就是通过监测与反馈来确定最佳的加固时间点。

18.6.2 围岩支护与加固

地下工程围岩支护的分类方法有许多种。例如,按支护材料分类有钢、木、钢筋混凝土、砖石、玻璃钢等;按形状分类有矩形、梯形、直墙拱顶、圆形、椭圆、马蹄形等;按施工和制作方式分类有装配式、整体式、预制式、现浇式等;根据支护作用的性质,把支护分为普通支护和锚喷支护两类。普通支护是在围岩外部设置的支撑和围护结构。锚喷支护是靠置入岩体内部的锚杆对围岩起到稳定作用。普通支护又可以分为刚性支护和可缩性支护。可缩性支护的结构中一般设有专门可缩机构,当支护承受的荷载达到一定值时,靠支护的可缩机构,降低支护的刚度,支护同时产生较大的位移。刚性与可缩性不是绝对的。设有专门可缩机构的可缩支护在可缩能力丧失以后也就成为刚性支护;当底板软,基础会发生陷入下沉时,刚性支护也具有可缩性能力。

围岩加固是另一类维护地下岩体工程稳定的方法,是针对具体削弱岩体强度的因素,采用一些物理的或其他手段来提高岩体的自身承载能力。如,采用注浆等方法改善围岩物理力学性质及其所处的不良状态,能对围岩稳定产生良好的作用。锚喷也可认为是一种加固性的支护方法。围岩加固方法也可以结合普通支护一起维护地下岩体工程稳定。

18.6.2.1 普通支护

常用的普通支护形式有衬砌和支架;衬砌是用混凝土或砖石材料砌筑而成的拱形结构。支架是棚式结构,一般有金属支架和木支架,也有混凝土预制构件或组合类型。

普通支护的选材选型应根据地压和断面大小,结合材料的受力特点,做到物尽其用。直边形断面的构件承受的弯矩大,因此常常采用型钢材料、木材或预制钢筋砼构件,一般用在断面不太大和压力有限的地方,采用如梯形和矩形等断面形式。曲边形断面,断面利用率较直边形状的差。但曲边形断面的支护构件主要承受轴心或偏心受压,所以比较适合应用耐压不受拉的砖石和混凝土材料。通常采用的曲线加直线形的断面有直墙三心拱、半圆拱、圆弧拱、抛物线拱(见图 18-6-1)。通过力学分析可知,从前到后它们承受顶压的能力是由小到大顺序排列。当顶、侧压力均较大,直墙中弯矩过大时,则可采用弯墙拱顶;而底部也有很大压力且底板又软弱时,底板也要砌筑反拱,成为马蹄形或椭圆形支护。椭圆形的轴比则应按前面的分析原则确定。

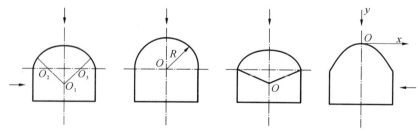

图 18-6-1 直墙拱顶型支护

底板砌筑反拱必须和墙体形成一个整体，可以形成断面的全封闭支护。这对于改变硐室支护中底板薄弱环节状况和提高支护整体承载能力是十分有益的。它也是"新奥法"技术的一个主要思想。但是，反拱的砌筑条件是比较困难的，投入也较大。

只要已知结构的内力，就可以采用一般的结构力学、各种建筑结构学的方法进行支护结构的构件设计。因此，其关键就是要确定结构的外荷载，即作用于支护衬砌上的围岩压力，以便计算其内力。对于有压硐室，还要考虑围岩抗力。

18.6.2.2 锚喷支护

1. 锚喷支护的作用

锚喷支护是锚杆与喷混凝土联合支护的简称，在地下岩体工程中使用广泛，锚杆与喷砼都可独立使用，但二者常联合应用，支护效果更加完善，见图18-6-2。

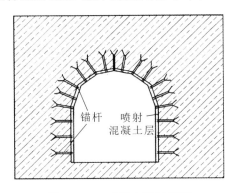

图 18-6-2 喷锚支护示意图

地下工程中支护中通过在围岩中置入锚杆，可以提高围岩的稳定能力，完成其支护作用。锚杆支护迅速及时；而且在一般情况下支护效果良好；用料又省，在同样效果条件下，只有 U 型钢用钢量的 1/15～1/12，所以被越来越广泛地应用。

目前流行采用高强锚杆(100～200kN 以上)、高锚固力的支护技术，解决了一些在复杂条件中使用锚杆支护的技术问题和困难硐室的稳定问题，展示了锚杆技术的良好前景。

在工程规模大而比较重要、地质条件复杂、支护困难的地方，可以采用锚索，施加一定的预应力。锚索的结构形式和锚杆类似，根部一端(或整个埋入长度)需要固定在岩土体内；但锚索的外露头部一端靠预应力对岩土体施加压力。锚索的索体材料采用高强的钢绞线束、高强钢丝束或(罗纹)钢筋束等组成。单根钢丝(或钢绞线)的强度标准值可以达到 1470MPa 或更高，预应力较小时采用的 Ⅱ、Ⅲ 级钢筋，其强度标准值也大于 300MPa。因此，锚索的锚固力可以达到兆牛的量级。

喷混凝土层对围岩的加固作用是多方面的，它能紧跟工作面，速度快，因而缩短了掘进与支护的间隔时间，及时地填补围岩表面的超挖部分，使围岩的应力状态得到改善，可避免产生应力集中。喷层与围岩非常紧密，又有相当高的早期强度，在硐室开挖后围岩应力的重分布还没完成，应力降低区尚未充分发展之时，喷层就及时地加固了岩体。喷射的混凝土由于有较高的喷射速度和压力，因此浆液能充填张开的裂隙。当裂隙宽度为 0.5～2cm 时，射入深度能达到裂隙宽度的 4～11 倍，裂隙越宽，射入的深度越大(据冶金建筑研究院的试验资料),因而加固了围岩。

喷层与围岩紧密黏结和咬合,有较高的黏结力与抗剪强度,能在结合面上传递各种应力(如拉应力、剪应力和压应力)。当喷混凝土层的黏结强度和剪切强度足以抵抗局部不稳定岩体的破坏时,起到承载拱的作用。还能及时封闭岩面,隔绝水、湿气和风化对岩体的不利作用,防止岩体强度降低。这一点,对于易风化、遇水会膨胀崩解的软岩,意义十分重大。

有时,喷混凝土常配合锚杆使用,可以克服锚杆容易因岩面附近风化、冒落而失效的弱点,使围岩形成一个整体。正因为这样,喷混凝土常和锚杆联合使用,称为锚喷支护。喷混凝土也可单独使用,但素混凝土是一种脆性材料,其极限变形量只有 0.4%～0.5%,所以在围岩有较大变形的地方喷层就会出现开裂和剥落。因此单独的素喷混凝土适用于围岩变形小于 2～5cm 的地方;而变形更大时,要采用喷射纤维混凝土的方法,或者采用锚喷联合支护。

单独采用喷混凝土支护时,一般喷厚可为 50～150mm;采用锚杆支护为主、喷混凝土为辅时,喷层厚度为 20～50mm。

在大跨度的地下工程中,锚喷联合支护中一般配有钢筋网,成为锚杆-喷混凝土-钢筋网的联合支护型式。在地质条件差的地段,不论跨度大小都配有钢筋网,能使混凝土应力均匀分布,加强喷混凝土的整体工作性能;提高喷混凝土的抗震能力;承受喷混凝土的收缩压力,阻止因收缩而产生的裂缝;在喷混凝土与围岩的组合拱中,钢筋网承受拉应力。

2. 锚喷支护设计

地下硐室的支护分为初期支护和后期支护。硐室开挖后及时施工的支护,称为初期支护;隧洞初期支护完成后,经过一段时间,当围岩基本稳定,即硐室周边相对位移和位移速度达到规定要求时,最后施工的支护,称为后期支护。《岩土锚杆与喷射混凝土支护工程技术规范》(GB 50086—2015)规定:"锚喷支护的设计,宜采用工程类比法,必要时应结合监控量测法及理论验算法。"同时还指出:在这三种方法中,尤以工程类比法应用最广,通常在工程设计中占主导地位,在锚喷支护设计中以其为主。但考虑到某些地质复杂、经验不多的地下工程,单凭工程类比法不足以保证设计的可靠性和合理性,此时应结合其他的设计方法。

监控量测法是一种较科学的设计方法,应予以高度重视和大力推广。对不稳定的、稳定性差的软弱围岩或较大跨度的工程,应采用监控量测法。

理论验算法既是地下工程支护设计中的一种辅助方法,是未来设计的发展方向,但鉴于岩体力学参数难以准确确定,以及在计算模式方面还存在一些问题,目前通常只作为工程设计中的辅助手段。对处在稳定性较好的围岩中的大跨度工程,锚喷支护设计应辅以理论验算。此外,无论何种情况下,凡可能出现局部失稳的围岩,都应需要通过理论计算,进行局部加固。

工程实践中,可以根据围岩分类结果及推荐的支护方案,参照工程类比,综合确定锚喷支护类型和设计参数。《岩土锚杆与喷射混凝土支护工程技术规范》(GB 50086—2015)建议的隧洞锚喷支护的类型和设计参数见表 18-6-1。

表 18-6-1　隧洞锚喷支护类型和设计参数

围岩级别	毛洞跨度/m				
	B≤5	5<B≤10	10<B≤15	15<B≤20	20<B≤25
Ⅰ	不支护	50mm厚喷混凝土	(1)80~100mm厚喷混凝土；(2)50mm厚喷混凝土,设置2.0~2.5m长的锚杆	100~150mm厚喷混凝土,设置2.5~3.0m长的锚杆,必要时,配置钢筋网	120~150mm厚钢筋网喷混凝土,设置3.0~4.0m长的锚杆
Ⅱ	50mm厚喷混凝土	(1)80~100m厚喷混凝土；(2)50mm厚喷混凝土,设置1.5~2.0m长的锚杆	(1)120、150mm厚喷混凝土,必要时,配置钢筋网；(2)80~120mm厚喷混凝土,设置2.0~3.0m长的锚杆,必要时,配置钢筋网	120~150mm厚钢筋网喷混凝土,设置3.0~4.0m长的锚杆	150~200mm厚钢筋网喷混凝土,设置5.0~6.0m长的锚杆,必要时,设置长度大于6.0m的预应力或非预应力锚杆
Ⅲ	(1)80~100mm厚喷混凝土；(2)50mm厚喷混凝土,设1.5~2.0m长的锚杆	(1)120~150mm厚喷混凝土,必要时,配置钢筋网；(2)80~100mm厚喷混凝土,设置2.0~2.5m长的锚杆,必要时,配置钢筋网	100~150mm厚钢筋网喷混凝土,设置3.0~4.0m长的锚杆	150~200mm厚钢筋网喷混凝土,设置4.0~5.0m长的锚杆,必要时,设置长度大于5.0m的预应力或非预应力锚杆	—
Ⅳ	80~100mm厚喷混凝土,设置1.5~2.0m长的锚杆	100~150mm厚钢筋网喷混凝土,设置2.0~2.5m长的锚杆,必要时,采用仰拱	150~200mm厚钢筋网喷混凝土,设置3.0~4.0m长的锚杆,必要时,采用仰拱并设置长度大于4.0m的锚杆	—	—
Ⅴ	120~150mm厚钢筋网喷混凝土,设置1.5~2.0m长的锚杆,必要时,采用仰拱	150~200mm厚钢筋网喷混凝土,设置2.0~3.0m长的锚杆,采用仰拱,必要时,加设钢架	—	—	—

注：①表中的支护类型和参数,是指隧洞和倾角小于30°的斜井的永久支护,包括初期支护与后期支护的类型和参数。
②服务年限小于10年及洞跨小于3.5m的隧洞和斜井,表中的支护参数,可根据工程具体情况,适当减小。
③复合衬砌的隧洞和斜井,初期支护采用表中的参数时,应根据工程的具体情况,予以减小。
④陡倾斜岩层中的隧洞或斜井易失稳的一侧边墙和缓倾斜岩层中的隧洞或斜井顶部,应采用表中第(2)种支护类型和参数,其他情况下,两种支护类型和参数均可采用。
⑤对高度大于15.0m的侧边墙,应进行稳定性验算。并根据验算结果,确定锚喷支护参数。

18.6.2.3 注浆加固支护

地下工程中对围岩注浆加固的目的,是依靠注浆液黏结裂隙岩体,改善围岩的物理力学性质及其力学状态,加强围岩的自身承载能力,并使围岩产生成拱作用。因此对一些裂隙发育的围岩,注浆加固本身就是一种维护硐室稳定的有效手段;同时,注浆与锚杆、支架形成的联合支护,可以大大提高锚杆或支架对围岩的作用,提高支护效果。目前还有一种"注浆锚杆",就是将注浆后的注浆管留在岩体中作为锚杆发挥作用。因为锚杆周围岩体密实,锚杆在注浆孔中又黏结牢靠,因此往往能取得比较理想的效果。

注浆加固方法适合于裂隙岩体或被破碎的岩体。影响注浆加固效果的因素很多,包括岩体的裂隙发育和分布情况,注浆孔的布置及浆液的渗透范围,浆液配比及其流动、固结性能,注浆压力等一系列因素。而其中又包含了一些岩体力学基本理论中仍没完全解决的基本问题,如围岩的裂隙结构及其对稳定性分析的影响、围岩的破裂演化及平衡过程等。因此,目前的注浆加固设计实际上仍具有比较大的经验性。

对于加固性注浆,注浆的时机选择对注浆加固效果很有影响。和支护时间的选择一样,注浆也应考虑围岩的应力条件和岩性条件。注浆过迟,难以起到支护的作用;如过早,为适应围岩的应力、裂隙发育等条件,对浆液材料的黏结性能、渗透性、固结强度及浆液固结体的允许变形量等要求相对较高;而且,当注浆工作和前方工作面施工相距过近时,两道工序会造成相互之间的干扰。一般总要使注浆工作滞后于前方工作面 100m 左右的距离。

注浆加固还可以作为预加固方法使用。在强风化基岩等不稳定地层中开挖地下硐室前,先进行压注水泥浆或其他化学浆液,充填围岩空隙,在硐室周围形成一个具有一定强度的壳体,以增强围岩的自稳能力。这样对围岩预加固完成后再进行硐室的开挖。

18.7 地质超前预报

18.7.1 地质超前预报分类

地质超前预报,就是利用一定的技术和手段,收集地下工程所在岩土体的有关信息,运用相应的理论和规律对这些资料和信息进行分析、研究,对施工掌子面前方岩土体情况、不良地质体的工程部位及成灾可能性作出解释、预测和预报,从而有针对性地进行地下工程的施工。施工地质超前预报的目的是查明掌子面前方的地质构造、围岩性状、结构面发育特征,特别是溶洞、断层、各类破碎带、岩体含水情况,以便提前、及时、合理地制定安全施工进度、修正施工方案、采取有效的对策,避免塌方、涌(突)水(泥)、岩爆等灾害,确保施工安全、加快施工进度、保证工程质量、降低建设成本、提高经济效益。

如前所述,隧道是地质条件最复杂的地下工程,其施工地质超前预报是当今地下工程施工地质超前预报的重点、难点和热点,以下以隧道工程为例,讨论地下工程的施工地质超前预报问题。

(1) 根据预报所用资料的获取手段,地质超前预报的常用方法有地质法和物探法。地质法地质超前预报包括地面地质调查法、钻探法、断层参数法、掌子面地质编录法、隧道钻孔法、导洞法等。物探法地质超前预报法包括电法、电磁法、地震波法、声波法和测井法等。

（2）按照预报采用资料和信息的获得部位，可分为地面地质超前预报和隧道掌子面地质超前预报。地面地质超前预报指通过地面工作对隧道掌子面前方作出的预报，以地质方法和物探方法为主，以化探方法为辅。在隧道埋深不是很大的情况下（<100m），地面预报能获得较理想的预报结果。掌子面超前预报主要指借助洞口到掌子面范围地质条件的变化规律，参考勘察设计资料和地面预报成果，采用多种方法和手段，获得相应的地质、物探或化探成果资料，经综合分析处理，对掌子面前方的地质条件及其变化做出预报。

（3）按所预报地质体与掌子面的距离，可分为长距离地质超前预报和短距离地质超前预报。长期预报的距离一般大于100m，最大可达250～300m甚至更远。其任务主要是较准确地查明工作面前方较大范围内规模较大、严重影响施工的不良地质体的性质、位置、规模及含水性，并按照不良地质体的特征，结合预测段内出露的岩石及涌水量的预测，初步预测围岩类别。短期预报的距离一般小于20m，其任务是在长期超前预报成果的基础上，依据导洞工作面的特征，通过观测、鉴别和分析，推断掌子面前方20～30m范围内可能出现的地层、岩性情况，推断掌子面实见的各种不良地质体向掌子面前方延伸的情况；通过对掌子面涌水量的观测，结合岩性、构造特征，推断工作面前方20～30m范围内可能的地下水涌出情况；并在上述推断基础上预测工作面前方20～30m范围内的隧道围岩类别，提出准确的超前支护建议，并对施工支护提出初步建议。目标为隧道施工提供较准确的掌子面前方近距离内的具体地质状况和围岩类别情况。

（4）按照预报阶段，施工地质超前预报可分为施工前地质超前预报和施工期地质超前预报，二者所处阶段、预报精度和直接服务对象不同。施工前阶段的预报主要为概算和设计服务，其实质上是传统意义上的工程地质勘察。施工期地质超前预报是在施工前地质预报所提供资料的基础上进行的，它直接为工程施工服务。通常意义上的施工地质超前预报即为施工阶段的地质超前预报，但需明确的是，勘察设计阶段的地质工作也属超前预报，是地下工程施工地质超前预报的重要组成部分。

18.7.2 地质超前预报的内容

18.7.2.1 地质条件的超前预报

由于地下工程的设计和施工受围岩条件的制约，因此，地质条件是施工地质超前预报的首要内容和任务。预报内容包括岩性及其工程地质特性、地质构造及岩体结构特征、水文地质条件、地应力状态，特别应注意以下方面的内容。

1. 地层岩性及其工程性质

岩性是地质超前预报必然包括的内容。其中尤应注意对软岩及具有泥化、膨胀、崩解、易溶和含瓦斯等特殊岩土体及风化破碎岩体的预报，如灰岩、煤系地层、含油层、石膏、岩盐、芒硝、蒙脱石等。它们常导致岩溶、塌方、膨胀塑流及腐蚀等事故。

2. 断层破碎带与岩性接触带

断层不同程度地破坏了岩体的完整性和连续性、降低了围岩的强度、增强了导水和富水性。施工实践表明，严重的塌方、突水和涌泥（洞内泥石流）多与断层及其破碎带有关。如达开水库输水隧道，断层引起的坍方占总塌方量的70%；南梗河三级水电站引水隧道和南非

Orange-Fish 引水隧道等洞内突水和碎屑流都与断层有关。断层往往是地应力易于集中的部位,从而围岩发生大变形,并使支护受力增大和不均匀,往往引起衬砌破坏,对施工和运营安全构成很大威胁。如刚竣工的国道 212 线木寨岭隧道,其中受断裂 F_2 影响,围岩发生强烈变形,曾 4 次换拱加强支护仍不能稳定(每次变形约达 1.0m)。因此,断层及其破碎带的规模、位置、力学性质、新构造活动性、产状、构造岩类别、胶结程度和水文地质条件等是主要预报内容。

岩性接触带包括接触破碎变质带和岩脉侵入形成的挤压破碎带、冷凝节理、接触变质带等。它们易软化,工程地质条件差,并常常被后期构造利用而进一步恶化。岩脉本身易风化,强度低,是隧道易于变形破坏的重要部位。如军都山隧道、陆浑水库泄洪洞和瑞士弗卡隧道等,遇到煌斑岩脉时,都发生了大塌方。

3. 岩体结构

实践表明,贯穿性节理是地下工程塌方和漏水的重要原因之一。受多组结构面切割,当其产状与隧道轴向组合不利时,易产生塌方、顺层滑动和偏压。因此,必须准确预报掌子面前方岩体结构面的部位、产状、密度、延展性、宽度及充填特征,通过赤平极射投影、实体比例投影和块体理论,预报可能发生塌方的位置、规模及隧道漏水情况。

向斜轴部的次生张裂隙,向上汇聚,形成上小、下大的楔形体,对围岩稳定十分不利。如达开水库输水隧道的 9 处塌方,都发生在较缓的向斜轴部。

4. 水文地质条件

大量工程实践表明,地下水是隧道地质灾害的最主要祸首之一,水文地质条件是地下工程地质超前预报的重要内容。工作要点是:①向斜盆地形成的储水构造;②断层破碎带、不整合面和侵入岩接触带;③岩溶水;④强透水和相对隔水层形成的层状含水体。

5. 地应力状态

地应力是隧道稳定性评价和支护设计的重要条件,高地应力和低地应力对围岩稳定性不利。然而隧道工程很少进行地应力量测,因此,在施工过程中,应注意高、低地应力有关的地质现象,据此对地应力场状态作出粗略的评价,并预报相应的工程地质问题,如高地应力区的岩爆和围岩大变形,低地应力区塌方、渗漏水甚至涌水等。

18.7.2.2 围岩类别的预报

围岩分类是通过对已掘洞段或导洞工程地质条件的综合分析,包括软硬岩划分、受地质构造影响程度、节理发育状况、有无软弱夹层和夹层的地质状态、围岩结构及完整状态、地下水和地应力等情况,结合围岩稳定状态及中长期预报成果,依据隧道工程类型的划分标准,准确预报掌子面前方的围岩类别。

18.7.2.3 地质灾害的监测、判断与防治

各类不良地质现象的准确识别及各类地质灾害的监测、判断和防治是地下工程施工地质工作最重要的内容。

隧道施工中,塌方、涌水突泥、瓦斯突出、岩爆和大变形等地质灾害的发生,是多种因素综合作用的结果,既有地质因素,也有人为因素。人为因素可以避免,但其前提是在充分和正确认识围岩地质条件的基础上。为此,在掌握围岩地质条件的特征和规律基础上,预报可

能存在的不良的地质体和可能发生地质灾害的类型、位置、规模和危害程度,并提出相应的施工方案或抢险措施,从而最大限度地避免各类地质灾害的发生,为进一步开挖施工和事故处理提供科学依据。

18.7.3 地质超前预报常用方法

18.7.3.1 地质预报法

1. 地面地质调查

主要针对有疑问的地段或问题开展补充地质测绘、必要的物探或少数钻孔等。地质调查的重点是查明地层岩性、构造地质特征、水文地质条件及工程动力地质作用等。

2. 隧道地质编录

隧道地质编录是隧道施工期间最主要的地质工作,它是竣工验收的必备文件,还可为隧道支护提供依据。

隧道地质编录应与施工配合,内容包括两壁、顶板和掌子面的岩性、断层、结构面、岩脉、地下水,同时根据条件和要求,开展必要的简单现场测试及岩土样和地下水试样的采集。编录成果用图件、表格和文字的形式表示,供计算分析和预报之用。

3. 资料分析及地质超前预报

通过及时分析处理地质编录资料,并与施工前隧道纵横剖面对比,对围岩类别进行修正,在此基础上对可能出现的工程地质问题进行超前预报。

18.7.3.2 超前勘探法

1. 超前导洞法

1)平行导洞法

平行导洞一般距主洞20m左右。导洞先行施工,对导洞揭露出的地质情况进行收集整理,并据此对主体工程的施工地质条件进行预报。与此类似,利用已有平行隧道地质资料进行隧道地质预报是隧道施工前期地质预报的一种常用方法,特别是当两平行隧道间距较小时预报效果更佳。如秦岭隧道施工中对此进行了有益的尝试,利用二线隧道施工所获取的岩石(体)强度资料对一线隧道将遇到的岩体强度进行预测,为一线隧道掘进机施工提供了科学的依据;军都山隧道也部分使用了平导预报方法。

2)先进导洞法

先进导洞法是将隧道断面划分成几个部分,其一部分先行施工,用其来进行资料收集。其预报效果比超前平行导洞法更好。如意大利 Ponts Gardena 隧道就是用该方法常取得很大成功,它以隧道掘进机开挖9.5m的导洞,然后扩挖施工,预报采用几何投影方法进行。

2. 超前水平钻孔

超前水平钻孔法是最直接的隧道施工地质超前预报方法之一,不仅可直接预报前方围岩条件,而且特别是对富水带超前探测、排放,控制突水和洞内泥石流的发生有重要作用。该法是在掌子面上用水平钻孔打数十米或几百米的超前取芯探孔,根据钻取的岩芯状况、钻井速度和难易程度、循环水质、涌水情况及相关试验,获得精度很高的综合柱状图,获取隧道掌子面前方岩石(体)的强度指标、可钻性指标、地层岩性资料、岩体完整程度指标及地下水状况等诸多方面的直接资料,预报孔深范围内的地质状况。

18.7.3.3 物探法

1. 电法

电法勘探分为电剖面法和电测深法,根据工程具体情况进行选择。电法勘探是在地表沿洞轴线进行,因此不占用施工时间。

2. 电磁波法

电磁法包括频率测深法、无线电波透视法和电磁感应法。其中,在隧道施工地质超前预报中应用最多的是电磁感应法,尤其是地质雷达,瞬变脉冲电磁主要用于地面勘探,目前在隧道预报中应用较少。

地质雷达(Ground Penetration Radar,GPR)探测的基本原理是电磁波通过天线向地下发射,遇到不同阻抗界面时,将产生反射波和透射波,雷达接收机利用分时采样原理和数据组合方式把天线接收到的信号转换成数字信号,主机系统再将数字信号转换成模拟信号或彩色线迹信号,并以时间剖面显示出来,供解译人员分析,进而用解析结果推断诸如地下水、断层及影响带等对施工不利的地质情况。

3. 地震波法

地震勘探主要通过测试受激地震波在岩体中的传播情况,来判定前方岩体的情况。它分为直达波法、折射波法、反射波法和表面波法,其中反射波法在隧道超前预报中应用最普遍,其次为表面波法,直达波和折射波应用相对较少。

地震反射波法可在地面布置,也可在隧道内开展。地面进行适合缓倾角地质界面的探测,得出构造界面距地面的距离,确定施工掌子面前能存在断层的位置。在我国,隧道内的反射地震波法称为 TVSP(Tunnel Vertical Seismic Profiling)和 CTSP(Cross Tunnel Seismic Profiling),前者是将地震波震源(激发器)与检波布置于隧道的同一壁,并相距一定距离;后者将激发器和接收器分别置于隧道不同壁。在国外,隧道内的反射地震波法称为 TSP(Tunnel Seismic Profiling),它可以同时采用上述两种布置方法。

TSP 地质超前预报系统主要用于超前预报隧道掌子面前方不良地质的性质、位置和规模,设备限定有效预报距离为掌子面前方 100m(最大探测距离为掌子面前方 500m),最高分辨率为≥1m 地质体。通过在掘进掌子面后方一定距离内的浅钻孔(1.0~1.5m)中施以微型爆破来人工制造一系列有规则排列的轻微震源,形成地震源断面(图 18-7-1)。

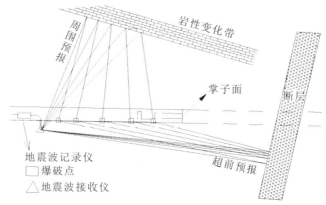

图 18-7-1 TSP 测试原理

震源发出的地震波遇到地层层面、节理面,特别是断层破碎带界面和溶洞、暗河、岩溶陷落柱、淤泥带等不良地质界面时,将产生反射波;这些反射波信号传播速度、延迟时间、波形、强度和方向均与相关面的性质、产状密切相关,并通过不同数据表现出来。因此,用此种方法可确定施工掌子面前方可能存在的反射界面(如断层)的位置、与隧道轴线的交角,以及与隧道掘进面的距离,同样也可以将隧道周围存在的岩性变化带的位置探测出来。

18.8 地下岩体工程的监测与新奥法

18.8.1 监测的目的

对地下岩体工程稳定性进行监测与预报,是保证工程设计、施工科学合理和安全生产的重要措施。著名的隧道新奥法施工技术就是把施工过程中的监测作为一条重要原则,通过监测分析对原设计参数进行优化,并指导下一步的施工。对于竣工投入使用的重要地下岩体工程仍需对其稳定性进行监测与预报。

地下岩体工程监测的主要目的是:根据各类观测曲线的形态特征,掌握围岩力学性态的变化与规律,掌握支护结构的工作状态,评价围岩和支护结构的稳定性与安全性,对地下工程未来性态作出预测,验证与修改设计参数或施工工序,指导安全施工;及时预报围岩险情,以便采取措施防止事故发生;为地下工程设计与施工积累资料;为数据分析、理论解析提供计算数据与对比指标,为围岩稳定性理论研究提供基础数据;经过计量认证的观测单位提供的加盖有"中国计量认证"章的观测结果,具有公证效力,对于工程事故引起的责任和赔偿问题,观测资料有助于确定事故原因和责任。

18.8.2 监测的项目与内容

监测的项目与内容包括以下 8 个方面。

(1)地质和支护状态现场观察:开挖面附近的围岩稳定性、围岩构造情况、支护变形与稳定情况。

(2)岩体(岩体)力学参数测试:抗压强度、变形模量、内聚力、内摩擦角、泊松比。

(3)应力应变测试:岩体原岩应力,围岩应力与应变,支护结构的应力与应变。

(4)压力测试:支护上的围岩压力、渗水压力。

(5)位移测试:围岩位移(含地表沉降)、支护结构位移。

(6)温度测试:岩体(围岩)温度、洞内温度、洞外温度。

(7)物理探测:弹性波(声波)测试,即纵波速度、横波速度、动弹性模量、动泊松比。

(8)超前地质预报:地质素描,隧道地震波超前预报,红外探测,地质雷达探测,超前地质钻探,超前掘进钻眼探测,地质综合剖析。

以上监测项目一般分为应测项目和选测项目。应测项目是设计、施工所必需进行的经常性量测项目;选测项目是由于不同的地质与工程环境而选择的测试项目。一般的隧道工程只是有目的地选择其中的几项。隧道工程的监测项目见表 18-8-1。

表 18-8-1 隧道施工现场监测项目与方法

序号	项目名称	方法及工具	布置	量测间隔时间			
				1~15d	16d~1个月	1~3个月	3个月以上
1	地质和支护状态观察	岩性、结构面产状及支护裂缝观察和描述,地质罗盘、地质锤等	开挖后及初期支护后进行	每次爆破后进行			
2	周边位移	收敛计	每5~100m一个断面,每断面2~3对测点	1~2次/d	1次/2d	1~2次/周	1~3次/月
3	拱顶下沉	水准仪、水准尺、钢尺或测杆	每5~100m一个断面	1~2次/d	1次/2d	1~2次/周	1~3次/月
4	地表下沉	水准仪、水准尺	每5~100m一个断面,每断面至少设11个测点,每隧道至少2个断面。中线每5~20m一个测点	开挖面距量测断面前后<2B时,1~2次/d;开挖面距量测断面前后<5B时,1次/2d;开挖面距量测断面前后>5B时,1次/周;B为隧道开挖宽度			
5	围岩内部位移(地表设点)	地面钻孔中安;设位移计	每代表性地段一个断面,每断面3~5个钻孔	同上			
6	围岩内部位移(洞内设点)	洞内钻孔中安设单点或多点位移计	每5~100m一个断面,每断面设2~11个测点	1~2次/d	1次/2d	1~2次/周	1~3次/月
7	围岩压力及两层支护间压力	压力盒	每代表性地段一个断面,每断面宜设3~7个测点	1次/d	1次/2d	1~2次/周	1~3次/月
8	钢支撑内力及外力	支柱压力计或其他测力计	每10榀钢拱支撑一对测力计	1次/d	1次/2d	1~2次/周	1~3次/月
9	支护与衬砌内力,表面应力及裂缝测量	混凝土内应变计、应力计、测缝计及表面应力解除法	每5~100m一个断面,每断面宜设11个测点	1次/d	1次/2d	1~2次/周	1~3次/月
10	锚杆或锚索内力及抗拔力	电测锚杆、锚杆测力计及拉拔计	必要时进行				
11	围岩弹性波测试	声波仪及配套探头	有代表性地段设置				

18.8.3 新奥法简介

新奥法(NATM),全称为新奥地利隧道设计施工法,是建立监控量测基础上的一种设计、施工、监测相结合的科学的隧洞支护方法。喷混凝土、锚杆和现场监控量测被认为是新奥法的三大支柱。至今,新奥法在世界各国的隧洞和地下工程建设中获得了极为迅速的发展,特别是在困难地层条件下修建隧洞及控制围岩的高挤压变形方面,显示了很大的优越性。

新奥法,由 L. Rabcewicz 教授在 1964 年提出,是在总结隧洞建造实践基础上创立的。它的理论基础是最大限度地发挥围岩的自支承作用。自新奥法提出后,在铁路、公路、水工隧洞及软弱地层中的城市地下工程中获得了广泛的应用。

新奥法的基本原则如下:
(1)围岩是隧洞承载体系的重要组成部分;
(2)尽可能保护岩体的原有强度;
(3)力求防止岩土松散,避免岩石出现单轴和双轴应力状态;
(4)通过现场量测,控制围岩变形,一方面要容许围岩变形;另一方面又不容许围岩出现有害的松散;
(5)支护要适时,最终支护既不要太早,也不要太晚;
(6)喷混凝土层要薄,要有"柔"性,宁愿出现剪切破坏,而不要出现弯曲破坏;
(7)当要求增加支护抗力时,一般不加厚喷层,而采用配筋、加设锚杆和拱肋等方法;
(8)一般分两次支护,即初期支护和最终支护;
(9)设置仰拱,形成封闭结构。

新奥法是与其必须遵循的原则紧密地联系在一起的。新奥法的特征就在于充分发挥围岩的自承作用。喷混凝土、锚杆起加固围岩的作用,把围岩看作支护的重要组成部分并通过监控量测,实行信息化设计和施工,有控制地调节围岩的变形,以最大限度地利用围岩自承作用。

在隧洞工程中,对于不稳定围岩,要使其不发生破坏,必须限制其变形的发展,这就需要在洞壁上施加一定的支护抗力,以使围岩达到新的平衡状态。

图 18-8-1 表示隧洞围岩变形(Δr)与支护抗力(P_i)之间的关系曲线。它清楚地表明,要使围岩所产生的变形越小,则需提供的支护抗力就越大。如果允许围岩产生较大的变形,则可施加较小的支护抗力。当围岩变形超过允许值时,围岩出现破坏,形成作用于支护上的"松散压力"。这样,支护结构上所受的荷载反而增大了。因此,理想的支护设计应当是以最小的支护抗力,来维护围岩的稳定,也就是支护曲线在 K 点处与围岩特性曲线相交。

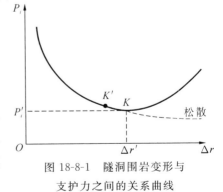

图 18-8-1 隧洞围岩变形与支护力之间的关系曲线

通常支护设计应有一定的安全裕度,因此可设计成支护特性曲线在 K' 点处与围岩特性曲线相交。新奥法的成功之处就在于它能通过合理采用喷混凝土+锚杆支护方法与支护时机,使支护特性曲线在接近 P_i' 处与围岩特性曲线相交,取得平衡,以充分发挥围岩的自支承作用,而支护时机的确定建立在监控量测的基础上。

第 19 章 地基岩体工程

19.1 概 述

直接承受建筑物荷载的那部分地质体称为地基,若岩体作为建筑物的地基则称为岩石地基,简称岩基。对于岩基来说,在上部荷载的作用下同样也存在变形和破坏问题。由于建筑物荷载的作用和人工改造的影响,岩基中的应力分布状况会发生改变。对于一般的工业及民用建筑物来说,由于建筑物荷载较小,而岩基的强度较高、刚度较大,出现过量变形或破坏的可能性不大。但对于工程地质性质较差的岩体(例如岩体较破碎或存在软弱夹层、破碎带或岩体本身就是软弱岩体等)、建筑物荷载较大(例如水坝等)或一些有特殊要求的建筑物(例如拱坝等)来说,有时则可能会因岩基强度不足或变形过量而破坏。遇到这种情况,在勘察设计中需作专门论证,在施工中要进行专门的处理才可保证建筑物的安全和正常使用。这种情况尤其在水工建设和高层建筑中最常见。例如,修建于黄河上游的刘家峡水电站,其大坝为重力坝,坝高 148m,装机容量 122.5 万 kW,坝基岩体为前震旦系云母石英片岩夹少量角闪片岩。绝大部分岩体呈微风化至新鲜状态,坚硬完整,但局部岩体裂隙较发育,并发育一条顺河走向的断层。在施工中专门对裂隙较发育的岩体和断层带作了特别处理,使其抗剪强度大幅度提高,才满足了大坝的安全要求。

因此,评价岩体作为建筑物地基的适宜性及如何采取相应的处理措施在工程建设中是至关重要的。

19.2 岩基基础结构形式

19.2.1 岩基的特点

由于岩体比土体具有更高的强度,因此,岩基比土基可承担更大的外荷载,各种类型建(构)筑物均可在岩基上修建。在一般情况下,完整的中等强度岩基能够承受来自摩天大楼、高坝或大型桥梁产生的巨大荷载。

由于土体强度和变形模量较低,早期的基础工程一般重点关注土质地基,普遍认为岩基上的基础一般不存在沉降与失稳问题。但在大多数情况下工程岩体都存在各种不良地质结构,包括断层、节理裂隙以及充填物的复合体等,这些不良地质结构的存在可能导致岩体强度远小于完整岩块强度。岩体强度变化范围很大,软弱岩体的强度可能小于 5MPa,而坚硬岩体的强度可能大于 200MPa。当岩体强度较高时,基底面积很小的基础即可满足承载力的要求;当岩体中存在强度低且产状较特殊的软弱结构面时,地基在一定的外部荷载下可能发生失稳破坏。

为保证建(构)筑物的正常使用和安全运行,在岩基设计中需考虑以下三方面内容:

(1)强度要求:岩基应具有足够的承载能力,以确保在外荷载作用下不产生碎裂或蠕变破坏。

(2)变形要求:在外荷载作用下,岩石地基变形值应满足建(构)筑物的正常使用和安全运行要求。

(3)稳定性要求:岩基在外荷载作用下不会发生滑动倾倒或渗透破坏,尤其是高陡岩体边坡上的基础工程。

岩基可分为天然岩基和人工岩基两类。直接将天然岩体作为承载体的岩石地基称为天然岩基;将天然岩体进行工程处理后作为承载体的岩石地基称为人工岩基,包括灌浆岩基、锚杆加强岩基等。

19.2.2 常见基础结构形式

岩体上的基础有多种形式,当岩基坚硬、整体性好、无不良地质结构时,可省去基础结构,此时的岩基也称岩石基础;天然或人工岩基表面上的基础结构形式以浅基础为主,如条形基础、筏板基础、箱形基础或独立基础结构等,多为扩展基础。天然或人工岩基中的深基础包括嵌岩桩基础、锚定基础等。岩石基础的主要形式,如图19-2-1至图19-2-4所示。

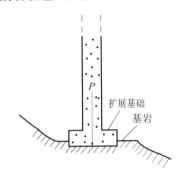

图 19-2-1　扩展基础示意图

图 19-2-2　坝基示意图

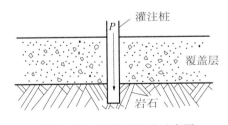

图 19-2-3　嵌岩桩基础示意图

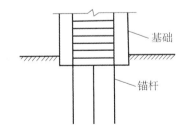

图 19-2-4　锚定基础示意图

1. 扩展基础

如图19-2-1所示,扩展基础是最常见的岩基基础形式,适用于基岩埋深较浅的情况。扩展基础建造成本较低,施工方便。当支承面倾斜时,视稳定性需要,可用锚固措施将基脚固定在稳定岩体上。此外,基脚位于坡顶或陡坡表面的扩展基础,还需考虑坡体的整体稳定性。如图 19-2-2 所示,重力坝坝基是一种典型的经防渗和固结灌浆处理的人工岩基。上部坝体结构与岩基多直接接触,存在地质缺陷的坝基部位需进行工程处理,如增设扩展垫层、置换槽塞等。坝基上的荷载除坝体自重,还包括库水静水压力、淤沙压力、浪压力、扬压力等。由于坝基破坏的后果往往较严重,因此设计时还需考虑到洪水条件、地震荷载等影响,确保坝基安全。

2. 嵌岩桩基础

在基岩埋深不大的情况下,常通过人工挖孔、钻孔等方式将大直径灌注桩穿过覆盖层嵌入基岩,这种形式的基础称为嵌岩桩基础,如图 19-2-3 所示。由于桩端嵌入基岩,持力层压缩性小,且当嵌岩桩桩端嵌入的基岩坚硬完整、刚度大时可忽略群桩效应,故嵌岩桩基础沉降较小,承载力大,建筑物的沉降在施工期即可完成。对于高层楼房、重型厂房等建(构)筑物,嵌岩桩基础是一种良好的基础形式。

19.2.3　锚定(杆)基础

对于承受上浮力(或上拔力)的建(构)筑物,当其自身重力不足以抵抗上浮力(或上拔力)的作用或上部结构传递给基础的荷载中存在较大的弯矩时,或者当上部结构传递给基础的荷载中有较大的弯矩时,需在建(构)筑物与岩体间设置抗拉灌浆锚杆以提供抗浮力(或抗拔力),这种基础称为锚定(杆)基础,如图 19-2-4 所示。《建筑地基基础设计规范》(GB 50007—2011)规定,锚孔孔径 D 可取 3 倍锚杆直径 $d(d \geqslant 50\mathrm{mm})$,并由锚固力及成孔方法确定。锚杆一般采用螺纹钢,其有效长度应根据试验计算确定,一般不应小于 $40d$,锚孔间距一般不小于 $6D$,如图 19-2-5 所示。

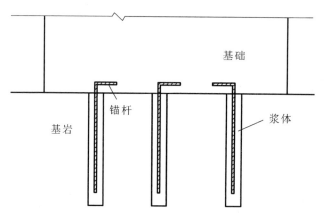

图 19-2-5　锚杆基础的典型形式

19.3　岩基中的应力分布特征

研究岩基的稳定性首先必须搞清岩地基中荷载情况与应力分布,它包括地应力分布和建筑物荷载引起的附加应力分布。

19.3.1 岩基上的荷载

基岩上可修建各种类型的建(构)筑物,包括普通房屋建筑、桥梁、隧道、港口码头、坝堰挡墙、管涵渠闸、塔架、仓储池库、各类工业厂房及设施等。岩基上的荷载及作用复杂,按时间的变异性,通常可把作用于岩基的上部荷载分为永久荷载(恒载)、可变荷载(活载)和偶然荷载,实际工程中通常要考虑三者之间的组合作用。

1. 永久荷载

永久荷载是指设计基准期内不随时间变化,或其变化可忽略不计的荷载,主要包括由结构自重、岩土压力、地应力、预应力及混凝土收缩和徐变、基础沉降、焊接变形永久设备自重等引起的荷载。

2. 可变荷载

可变荷载是指在设计基准期内随时间变化的荷载,主要包括建(构)筑物与基础表面及楼屋面活载、雪荷载、风荷载、吊车荷载、积灰荷载、移动设备或交通设施自重、车辆活载冲击、人群荷载,以及坝基承受的静水压力、浪压力、扬压力、渗透压力、冰压力、灌浆压力及温度作用等。

3. 偶然荷载

偶然荷载是指设计基准期内可能出现,也可能不出现,一旦出现其值很大,且持续时间较短的荷载,主要包括地震、台风、爆炸、冲击作用,以及相应的动土、动水、动冰压力等。

上述荷载主要通过基本组合或特殊组合以持久短暂或偶然状况作用的方式施加于上部结构或基础,最终传递并作用于岩基。

其中,柔性基础与岩基接触面应力分布基本均匀、变形协调;刚性基础与岩基接触面变形分布基本均匀、应力协调。上述荷载可以归纳为垂直荷载、水平荷载、倾斜荷载三种形式。

开展岩石地基中的应力分析可以采用解析解的方法与数模模拟计算、模型模拟实验等方法。本章重点介绍解析解方法,该方法主要是基于弹性理论。

19.3.2 各向同性、均质、弹性岩基中的附加应力

假设有各向同性、均质、弹性岩基上作用一均布线荷载,可沿垂直荷载方向切一平面来研究该荷载在岩基中引起的附加应力,这是一个典型的平面应变问题。下面分垂直、水平、倾斜三种荷载作用方式来讨论。

19.3.2.1 垂直荷载情况

如图 19-3-1 所示取极坐标系,以荷载 p 的作用点 O 为原点,r 为向径,θ 为极角。根据弹性理论,岩基中任一点 $M(r,\theta)$ 处的附加应力为

$$\begin{cases} \sigma_r = \dfrac{2p\cos\theta}{\pi r} \\ \sigma_\theta = 0 \\ \tau_{r\theta} = 0 \end{cases} \tag{19-3-1}$$

式中,σ_r,σ_θ 分别为 M 点的径向应力和环向应力;$\tau_{r\theta}$ 为 M 点的剪应力。

由式(19-3-1)可知,由于 $\tau_{r\theta}=0$,$\sigma_\theta=0$,则 σ_r 为最大主应力,σ_θ 为最小主应力。当 r 一定

时,最大主应力 $\sigma_1(\sigma_r)$ 随 θ 角变化而变化,其等值线为相切于点 O 的圆,圆心位于点($r_0 = p/\pi\sigma_r, \theta = 0$),直径 $d = 2p/\pi\sigma_r$,(图 19-3-2)。若变化 r,则可以得出一系列这样的圆,称为压力包。这些压力包的形态表明了外荷载在岩基中扩散的过程。

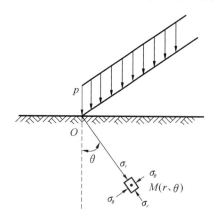

图 19-3-1 垂直荷载情况及应力分析图

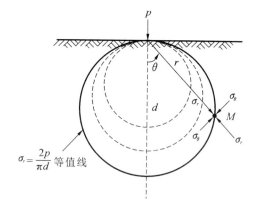

图 19-3-2 垂直荷载作用下的压力包

19.3.2.2 水平荷载情况

如图 19-3-3 所示,在岩基地表作用有一水平荷载 Q,在 r-θ 极坐标系中,岩基中任一点 M 处的附加应力为

$$\begin{cases} \sigma_r = \dfrac{2Q\sin\theta}{\pi r} \\ \sigma_\theta = 0 \\ \tau_{r\theta} = 0 \end{cases} \tag{19-3-2}$$

由此可以看出,σ_r 的等值线为相切于点 O 的两个半圆,圆心在 Q 的作用线上,距 O 点的距离(即圆的半径)为 $Q/\pi\sigma_r$,Q 指向的半圆代表压应力,背向的半圆代表拉应力(图 19-3-3)。同样地,若改变 r 则可以得到一系列相切于点 O 的半圆,即压力包。

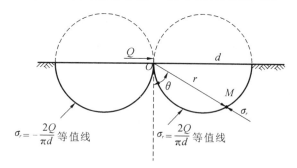

图 19-3-3 水平荷载情况及应力分析图

19.3.2.3 倾斜荷载情况

可以把倾斜荷载视为垂直荷载与水平荷载的组合,如图 19-3-4 所示坐标系中,倾斜荷载 R 在地基中任一点 M 处的附加应力为

$$\begin{cases} \sigma_r = \dfrac{2R\cos\theta}{\pi r} \\ \sigma_\theta = 0 \\ \tau_{r\theta} = 0 \end{cases} \tag{19-3-3}$$

式中,各符号代表意义同前。

σ_r 的等值线是圆心位于 R 作用线上,相切于点 O 的一系列圆弧。上面的圆弧表示拉应力线,下面的圆弧表示压应力线(见图 19-3-4)。

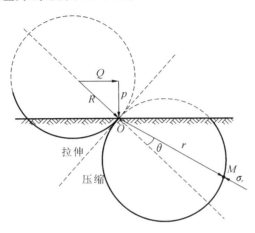

图 19-3-4 倾斜荷载情况及应力分析图

因此,在均质、各向同性、弹性岩基中,线荷载引起的附加应力是以圆形压力包的形式从荷载作用点开始向周围扩散的。

19.3.3 层状岩基中的附加应力

由于层状岩体为非均质、各向异性介质,因此外荷所引起的附加应力等值线不再为圆形,而是各种不规则形状(见图 19-3-5)。Bray(1977)曾研究了倾斜层状岩体上作用有倾斜荷载 R 的附加应力(见图 19-3-6),可用下式确定:

$$\begin{cases} \sigma_r = \dfrac{h}{\pi r}\left[\dfrac{X\cos\beta + Ym\sin\beta}{(\cos^2\beta - m\sin^2\beta) + h^2\sin^2\beta\cos^2\beta}\right] \\ \sigma_\theta = 0 \\ \tau_{r\theta} = 0 \end{cases} \tag{19-3-4}$$

式中,$h = \sqrt{\dfrac{E}{1-\mu^2}\left[\dfrac{2(1+\mu)}{E} + \dfrac{1}{K_s S}\right] + 2\left(m - \dfrac{\mu}{1-\mu}\right)}$;$m = \sqrt{1 + \dfrac{E}{(1-\mu^2)K_n S}}$;$X, Y$ 为 R 在层面及垂直层面方向上的分量;K_n、K_s 分别为层面的法向刚度和剪切刚度(MPa/cm);S 为层厚;E 为岩体的变形模量;μ 为岩体的泊松比;α, β 分别为层面与竖向及计算点向径的夹角。图 19-3-5 是 Bray 根据式(19-3-4)得到的几种产状的层状岩基在竖直荷载 p 的作用下,径向附加应力 σ_r 的等值线图,其中取 $\dfrac{h}{1-\mu^2} = K_n S$;$\dfrac{E}{2(1-\mu)} = 5.63 K_n S$;$\mu = 0.25$;$m = 2$;$h = 4.45$。

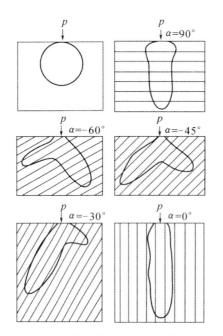
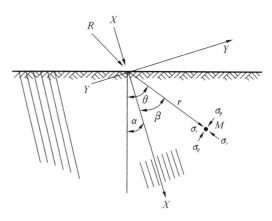

图 19-3-5　几种层状岩体的压力包形状(Bray,1977)　　图 19-3-6　倾斜层状岩体情况及应力分析图

19.3.4　岩基的沉降变形

岩基的沉降主要是由于岩体在上部荷载作用下变形而引起的。对于一般的中小型工程来说,由于荷载相对较小所引起的沉降量也较小。但对于重型和巨型建筑物来说,则可能产生较大的变形,尤其是当地基较软弱或破碎时,产生的变形量会更大,沉降量也会较大。另外,现在越来越多的高层建筑和重型建筑多采用桩基等深基础,把上部荷载传递到下伏基岩上由岩体来承担。在这类深基础设计时,需要考虑由于岩体变形而引起的桩基等的沉陷量。

19.3.4.1　浅基础的沉降

计算基础的沉降可用弹性理论求解,一般采用布辛涅斯克(Boussinesq)解法。当半无限体表面上作用一垂直集中力 p 时,根据布辛涅斯克解,在半无限体表面处($z=0$)的沉降为

$$W = \frac{p(1-\mu^2)}{\pi E_m r} \tag{19-3-5}$$

式中,W 为沉降量;E_m,μ 为岩基的变形模量和泊松比;r 为沉降量计算点至集中荷载 p 处的距离。

如果半无限体表面作用荷载 $p(\xi,\eta)$(见图 19-3-7),则可按积分法求出表面上任一点 $M(x,y)$ 处的沉降量 $W(x,y)$:

$$W(x,y) = \frac{1-\mu^2}{\pi E_m}\iint_F \frac{p(\xi,\eta)}{\sqrt{(\xi-x)^2+(\eta-y)^2}}\mathrm{d}\xi\mathrm{d}\eta \tag{19-3-6}$$

式中,F 代表荷载 p 的作用范围;其他符号同前。

下面分别介绍用弹性理论求解圆形、矩形及条形基础的沉降。

1. 圆形基础的沉降

1)圆形柔性基础的沉降

当圆形基础为柔性时(见图19-3-8),如果其上作用有均布荷载 p 和在基础接触面上没有任何摩擦力时,则基底反力 p_v 也将是均匀分布并等于 p。这时,通过 M 点作一割线 MN,再作一无限接近的另一割线 MN_1,则微单元体(见图19-3-8中阴影所示)的面积 $dF = rdrd\phi$,于是,微单元体上作用的总荷载 dp 为

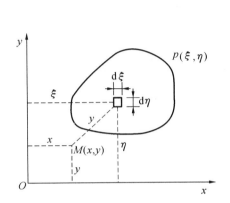

图 19-3-7 半无限体表面的荷载示意图

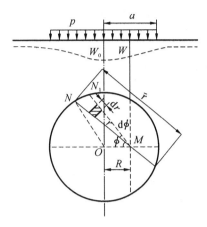

图 19-3-8 圆形基础沉降计算图

$$dp = pdF = prdrd\phi \tag{19-3-7}$$

按式(19-3-8)可得微单元体的荷载 dp 引起 M 点的沉降 dW 为

$$dW = \frac{dp(1-\mu^2)}{\pi E_m r} = \frac{(1-\mu^2)}{\pi E_m r} p drd\phi \tag{19-3-8}$$

而整个基础上作用的荷载引起 M 点的总沉降量 W 为

$$W = \frac{1-\mu^2}{\pi E_m r} p \int dr \int d\phi = 4p \frac{(1-\mu^2)}{\pi E_m r} \int_0^{\frac{\pi}{2}} \sqrt{a^2 - R^2 \sin\phi} \, d\phi \tag{19-3-9}$$

式中,R 为 M 点到圆形基础中心的距离;a 为基础半径。由上式可知,圆形柔性基础中心 ($R=0$) 处的沉降量 W_0 为

$$W_0 = \frac{2(1-\mu^2)}{E_m} pa \tag{19-3-10}$$

圆形柔性基础边缘($R=a$)处的沉降量 W_a 为

$$W_a = \frac{4(1-\mu^2)}{\pi E_m} pa \tag{19-3-11}$$

于是,$\frac{W_0}{W_a} = \frac{\pi}{2} = 1.57$。可见,对于圆形柔性基础,当承受均布荷载时,其中心沉降量为其边缘沉降量的1.57倍。

2)圆形刚性基础的沉降

对于圆形刚性基础,当作用有集中荷载 p 时,基底各点的沉降将是一个常量,但基底接触压力 p_v 不是常量(见图19-3-9),它可用下式确定:

$$\frac{1-\mu^2}{\pi E_m} \iint p_v drd\phi = 常数 \tag{19-3-12}$$

$$p_v = \frac{p}{2\pi a \sqrt{a^2 - R^2}} \tag{19-3-13}$$

式中，a 为基础半径；R 为计算点到基础中心的距离。

由上式可以看出，当 $R \to 0$ 时，$p_v = p/2\pi a^2$；当 $R \to a$ 时，$p_v \to \infty$。这表明在基础边缘接触压力无限大，实际上不可能是这样。出现这种情况的原因是假设基础是完全刚性体，实际上基础结构并非完全刚性，并且基础边缘在应力集中到一定程度时会产生塑性屈服，使应力重新调整。因此，不会在边缘处形成无限大的接触压力。

在集中荷载作用下，圆形刚性基础的沉降量 W_0 可按下式计算：

$$W_0 = \frac{p(1-\mu)^2}{2aE_m} \tag{19-3-14}$$

受荷面以外各点的垂直位移 W_R 可用下式计算：

$$W_R = \frac{p(1-\mu)^2}{\pi a E_m} \arcsin\left(\frac{a}{R}\right) \tag{19-3-15}$$

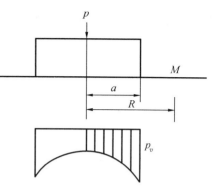

图 19-3-9 圆形刚性基础及基底压力分布图

2. 矩形基础的沉降

矩形刚性基础承受中心荷载或均布荷载 p 时，基础底面上各点沉降量相同，但基底压力不同；矩形柔性基础承受均布荷载 p 时，基础底面各点沉降量不同，但基底压力相同。当基础底面宽度为 b，长度为 a 时，无论刚性基础还是柔性基础，其基底的沉降量都可按下式计算：

$$W = \frac{bp\omega(1-\mu)^2}{E_m} \tag{19-3-16}$$

式中，ω 为沉降系数，对于不同性质的基础及不同位置，其取值并不相同。

表 19-3-1 列出不同类型、不同形状的基础不同位置的沉降系数，以供对比使用。

表 19-3-1 各种基础的沉降系数 ω 值表

基础形状	沉降系数 ω				
	a/b	柔性基础中点	柔性基础角点	柔性基础平均值	刚性基础
圆形基础	—	1.00	0.64	0.58	0.79
方形基础	1.0	1.12	0.56	0.95	0.88
矩形基础	1.5	1.36	0.68	1.15	1.08
	2.0	1.53	0.74	1.30	1.22
	3.0	1.78	0.89	1.53	1.44
	4.0	1.96	0.98	1.70	1.61
	5.0	2.10	1.05	1.83	1.72

续表

基础形状	a/b	沉降系数 ω			
		柔性基础中点	柔性基础角点	柔性基础平均值	刚性基础
矩形基础	6.0	2.23	1.12	1.96	—
	7.0	2.33	1.17	2.04	—
	8.0	2.42	1.21	2.12	—
	9.0	2.49	1.25	2.19	—
	10.0	2.53	1.27	2.25	2.12
条形基础	30.0	3.23	1.62	2.88	—
	50.0	3.54	1.77	3.22	—
	100.0	4.00	2.00	3.70	—

19.3.4.2 嵌岩桩的沉降

嵌岩桩基沉降量由下列三部分组成：①桩端压力作用下，桩端的沉降量(W_b)；②桩顶压力作用下，桩本身的缩短量(W_p)；③考虑沿桩侧由侧壁内聚力传递荷载而对沉降量的修正值(ΔW)(见图19-3-10)，这样，沉降量 W 可表示为

$$W = W_b + W_p - \Delta W \tag{19-3-17}$$

1. W_b 的确定

如图19-3-11所示，有一桩通过覆盖土层深入下伏基岩中，假定桩深入岩体深度为 l，桩直径为 $2a$，桩顶作用有荷载 p_t，桩下端荷载为 p_e，基岩的变形模量为 E_m，泊松比为 μ，则桩下端沉降量 W_b 为

$$W_b = \frac{\pi p_e (1-\mu) a}{2 n E_m} \tag{19-3-18}$$

式中，n 为埋深系数，其大小取决于桩嵌入岩体的深度 l，具体取值见表19-3-2。

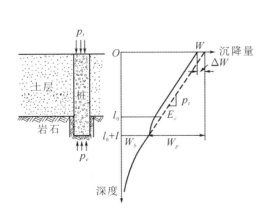

图19-3-10 岩石桩基沉降量分析图(据 Goodman，1980)

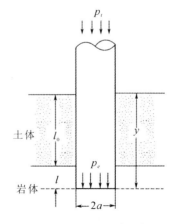

图19-3-11 桩端沉降计算图

表 19-3-2　埋深系数（n 值）表

		\multicolumn{6}{c}{l/a}					
		0	2	4	6	8	14
μ	0	1	1.4	2.1	2.2	2.3	2.4
	0.3	1	1.6	1.8	1.8	1.9	2.0
	0.5	1	1.6	1.6	1.6	1.7	1.8

2. W_p 的确定

W_p 可按下式确定：

$$W_p = \frac{p_t(l_0 + l)}{E_c} \tag{19-3-19}$$

式中，$l_0 + l$ 为桩的总长度，其中 l 是桩嵌入基岩的长度；E_c 为桩身变形模量。

3. ΔW 的确定

ΔW 可按下式确定：

$$\Delta W = \frac{1}{E_c}\int_{l_0}^{l_0+l}(p_t - \sigma_y)\mathrm{d}y \tag{19-3-20}$$

式中，σ_y 为地表以下深度 y 处桩身承受的压力，它可由下式计算：

$$\sigma_y = p_t \exp\left(-\frac{2\mu_c f y}{\left(1 - \mu_c + \frac{(1+\mu)E_c}{E_m}\right)a}\right) \tag{19-3-21}$$

式中，μ_c,μ 分别为混凝土桩和岩体的泊松比；E_c,E_m 分别为桩和岩体的变形模量；a 为桩半径；f 为桩与岩体间摩擦系数。

从式(19-3-21)可以看出：当 $y=0$ 时，$\sigma_y = p_t$，σ_y 即为桩顶压力；当 $y = l_0 + l$ 时，σ_y 即为桩端压力 p_e。

19.4　岩基承载力的确定

地基承载力是指地基单位面积上承受荷载的能力，一般分为极限承载力和容许承载力。地基处于极限平衡状态时，所能承受的荷载即为极限承载力。在保证地基稳定的条件下，建筑物的沉降量不超过容许值时，地基单位面积上所能承受的荷载即为设计采用的容许承载力。为保证建筑物的使用安全，地基应同时满足以下两个基本条件：

(1)地基应具有足够的强度，在荷载作用后，不产生地基失效而破坏；
(2)地基不能产生过大的变形而影响建筑物的安全与正常使用。

因此，地基承载力应包含强度和变形两个概念，岩基一般有较高的强度与较低的压缩量，容易满足上述要求。确定地基承载力是建筑工程设计中必须解决的基本问题之一。

岩基承载力可按现场岩体类别、风化程度在地基规范中查表确定，也可通过理论计算确定，这两种方法具有很大的近似性，一般只在初设阶段采用。准确的岩基承载力应通过试验确定，包括两种方法：一种是岩体现场荷载试验，另一种是室内饱和单轴抗压强度试验。对于一级建筑物，规范规定必须通过现场静荷载试验取值；二级建筑物可采用静荷载试验法获取地基承载力值,或按理论公式结合原位试验,根据岩体抗剪强度来确定地基承载能力。下面介绍目前常用的一些确定岩基承载力的方法。

19.4.1 由极限平衡理论确定岩基的极限承载力

对于均质弹性、各向同性的岩体可由极限平衡理论来确定其极限承载力。如图 19-4-1 所示,设在半无限体上作用着宽度为 b 的条形均布荷载 p_1,为便于计算,假设:①破坏面由两个互相直交的平面组成;②荷载 p_1 的作用范围很长,以致 p_1 两端面的阻力可以忽略;③荷载 p_1 作用面上不存在剪力;④对于每个破坏楔体可以采用平均的体积力。

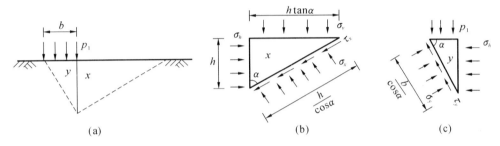

图 19-4-1 极限承载力的楔体分析图

将图 19-4-1(a)的岩基分为两个楔体,即 x 楔体和 y 楔体(见图 19-4-1(b)、(c))。对于 x 楔体,由于 y 楔体受 p_1 作用会产生一水平正应力 σ_h 作用于 x 楔体,这是作用于 x 楔体的最大主应力,而岩体的自重应力 σ_v 是作用于 x 楔体的最小主应力。假设与 x 楔体最大主平面成 α(即 $45°+\phi_m/2$)角的破坏平面上有应力分量 σ_x 和 τ_x,并且岩体的内聚力为 C_m,内摩擦角为 ϕ_m,则有

$$\tau_x = C_m + \sigma_x \tan\phi_m \tag{19-4-1}$$

所以

$$\sigma_h = \sigma_v \tan^2\left(45°+\frac{\phi_m}{2}\right) + 2C_m \tan\left(45°+\frac{\phi_m}{2}\right) \tag{19-4-2}$$

式中,σ_v 为岩体自重应力,其平均值等于 $\frac{\rho g h}{2}$;ρ 为岩体的密度(g/cm^3)。

对于图 19-3-7(c)所示的 y 楔体来说,水平应力 σ_h 为最小主应力,而最大主应力为

$$p_1 + \frac{\rho g h}{2} = \sigma_h \tan^2\left(45°+\frac{\phi_m}{2}\right) + 2C_m \tan\left(45°+\frac{\phi_m}{2}\right) \tag{19-4-3}$$

把式(19-4-2)代入式(19-4-3)可得:

$$p_1 + \frac{\rho g h}{2} = \sigma_v \tan^4\left(45°+\frac{\phi_m}{2}\right) + 2C_m \tan\left(45°+\frac{\phi_m}{2}\right)\left[1+\tan^2\left(45°+\frac{\phi_m}{2}\right)\right] \tag{19-4-4}$$

而 $\sigma_v = \frac{\rho g h}{2}$,$h = b\tan\left(45°+\frac{\phi_m}{2}\right)$,那么

$$\begin{aligned}p_1 =& \frac{\rho g b}{2}\tan^5\left(45°+\frac{\phi_m}{2}\right) + 2C_m \tan\left(45°+\frac{\phi_m}{2}\right)\left[1+\tan^2\left(45°+\frac{\phi_m}{2}\right)\right] \\ & - \frac{\rho g b}{2}\tan\left(45°+\frac{\phi_m}{2}\right)\end{aligned} \tag{19-4-5}$$

在上式中,最后一项的数值与前两项的数值相比非常小,因此可以忽略,则有

$$p_1 = \frac{\rho h b}{2}\tan^5\left(45°+\frac{\phi_m}{2}\right)+2C_m\tan\left(45°+\frac{\phi_m}{2}\right)\left[1+\tan^2\left(45°+\frac{\phi_m}{2}\right)\right] \quad (19\text{-}4\text{-}6)$$

上式正是岩基处于极限平衡状态时的应力关系,因此,由式(19-4-6)计算得到的 p_1 即为岩基的极限承载力 p_u:

$$p_u = \frac{\rho g b}{2}\tan^5\left(45°+\frac{\phi_m}{2}\right)+2C_m\tan\left(45°+\frac{\phi_m}{2}\right)\left[1+\tan^2\left(45°+\frac{\phi_m}{2}\right)\right] \quad (19\text{-}4\text{-}7)$$

如果在荷载 p_1 附近基岩表面还作用一附加压力 p,即在图 19-3-7 所示 x 楔体上作用的 σ_v 为 $\frac{\rho g h}{2}+p$,把 $\sigma_v = \frac{\rho g h}{2}+p$ 代入式(19-4-4),则基岩极限承载力 p_u 为

$$p_u = \frac{\rho g b}{2}\tan^5\left(45°+\frac{\phi_m}{2}\right)+2C_m\tan\left(45°+\frac{\phi_m}{2}\right)\left[1+\tan^2\left(45°+\frac{\phi_m}{2}\right)\right]+q\tan^4\left(45°+\frac{\phi_m}{2}\right)$$
$$(19\text{-}4\text{-}8)$$

这就是基岩极限承载力的精确解,可简写成:

$$p_u = 0.5\rho g b N_p + C_m N_c + q N_q \quad (19\text{-}4\text{-}9)$$

式中,N_p、N_c、N_q 称为承载力系数,$N_p = \tan^5\left(45°+\frac{\phi_m}{2}\right)$,$N_c = 2\tan\left(45°+\frac{\phi_m}{2}\right)\left[1+\tan^2\left(45°+\frac{\phi_m}{2}\right)\right]$,$N_q = \tan^4\left(45°+\frac{\phi_m}{2}\right)$。

如果破坏面为一曲面,则承载力系数较大,可按下式确定:

$$\begin{cases} N_p = \tan^6\left(45°+\frac{\phi_m}{2}\right)-1 \\ N_c = 5\tan^4\left(45°+\frac{\phi_m}{2}\right) \\ N_q = \tan^6\left(45°+\frac{\phi_m}{2}\right) \end{cases} \quad (19\text{-}4\text{-}10)$$

对于方形或圆形基础来说,承载力系数中仅 N_c 有显著改变,这时:

$$N_c = 7\tan^4\left(45°+\frac{\phi_m}{2}\right) \quad (19\text{-}4\text{-}11)$$

极限承载力确定后,除以安全系数可以得到容许承载力,安全系数 F 一般取 2~3。

19.4.2 由岩体强度确定岩基的极限承载力

假设在岩基上有一条形基础,在上部荷载作用下条形基础下产生岩体压碎并向两侧膨胀而诱发裂隙。这时,基础下的岩体可分为如图 19-4-2(a)所示的压碎区 A 和原岩区 B。由于 A 区压碎而膨胀变形,受到 B 区的约束力 p_h 的作用。p_h 可取岩体的单轴抗压强度,所以 p_h 决定了与压碎岩体强度包络线相切的莫尔圆的最小主应力值,而莫尔圆的最大主应力 p_u 可由三轴强度给出。因此,可以得到如图 19-4-2(b)所示的强度包络线。

由上述分析可知,均匀、各向同性不连续岩体的极限承载力约等于岩体三轴抗压强度。如果岩体内摩擦角为 ϕ_m,内聚力为 C_m,单轴抗压强度为 σ_{mc},三轴抗压强度为 σ_{1m},则岩体极限承载力为

$$p_u = \sigma_{1m} = \sigma_3 \tan^2\left(45°+\frac{\phi_m}{2}\right)+2C_m\tan\left(45°+\frac{\phi_m}{2}\right) \quad (19\text{-}4\text{-}12)$$

而 $2C_m \tan\left(45°+\dfrac{\phi_m}{2}\right) = \sigma_{mc}$，$\sigma_3 = p_h = \sigma_{mc}$ 则有

$$p_u = \sigma_{mc}\left[1 + \tan^2\left(45° + \dfrac{\phi_m}{2}\right)\right] \tag{19-4-13}$$

记 $N_\phi = \tan^2\left(45° + \dfrac{\phi_m}{2}\right)$，则基岩极限承载力

$$p_u = \sigma_{mc}\left[1 + N_\phi\right] \tag{19-4-14}$$

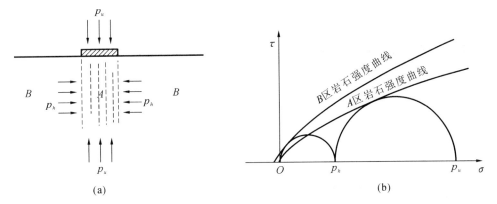

图 19-4-2 岩基极限承载力分析图

19.4.3 按现场荷载试验确定岩基承载力

对于浅基础，岩体现场荷载试验多采用直径为 30cm 的圆形刚性承压板，当岩体埋深较大时，可采用钢筋混凝土桩，但桩周需采取措施以消除桩身与土之间的摩擦力。在试验过程中，荷载分级施加，同时量测沉降量 s，荷载应增加到不少于设计要求的 2 倍。根据由试验结果绘制的荷载与沉降关系曲线（p-s）确定比例极限和极限荷载。p-s 曲线上起始直线的终点对应的荷载为比例极限，符合终止加荷条件的前一级荷载为极限荷载。

承载力的取值为两种情况：对于微风化和强风化岩体，承载力取极限荷载除以安全系数（安全系数一般取 3.0）；对于中等风化岩体，需要根据岩体裂隙发育情况确定，并与比例极限荷载比较，取二者中的小值。

岩体现场荷载试验的试验点不应少于 3 个，取它们各自承载力的最小值作为岩基承载力标准值。由于岩基的破坏机理与土基不同，故除强风化岩体外，岩基承载力不需要进行基础深度和宽度的修正，标准值即可作为设计值。

19.4.4 按室内单轴抗压强度确定岩基承载力

完整、较完整和较破碎的岩基承载力特征值，可根据室内岩石饱和单轴抗压强度按下式进行计算：

$$f_a = \psi_r \cdot f_{rk} \tag{19-4-15}$$

式中，f_a 为岩基承载力特征值；f_{rk} 为岩石饱和单轴抗压强度标准值；ψ_r 为折减系数。

折减系数 ψ_r 根据岩体完整程度以及结构面的间距、宽度、产状和组合，由地区经验确定。无经验时，对完整岩体可取 0.5，对较完整岩体可取 0.2～0.5，对较破碎岩体可取 0.1～

0.2。折减系数未考虑施工因素及建筑物使用后风化作用的继续影响,对于黏土质岩,在确保施工期及使用期不致遭水浸泡时,也可采用天然湿度的试样,不进行饱和处理。

岩石饱和单轴抗压强度标准值 f_{rk} 根据饱和岩样的抗压强度测试结果计算,岩样数量不应少于6个。f_{rk} 由下式确定:

$$\begin{cases} f_{rk} = \psi f_{rc} \\ \psi = 1 - \left(\dfrac{1.704}{\sqrt{n}} + \dfrac{4.678}{n^2}\right)\delta \end{cases} \quad (19\text{-}4\text{-}16)$$

式中,f_{rc} 为岩石饱和单轴抗压强度平均值;ψ 为统计修正系数;n 为试样个数;δ 为变异系数。

19.4.5 规范推荐的岩基承载力

相关规范对岩基承载力给出了推荐取值,可供参考。例如,《铁路工程地质勘察规范》(TB 10012—2007)所推荐的岩基基本承载力见表19-4-1;《公路桥涵地基与基础设计规范》(JTG 3363—2007)所推荐的岩基承载力基本容许值见表19-4-2;《建筑地基基础设计规范》(GB 50007—2011)所推荐的地基岩体承载力标准值见表19-4-3。

表 19-4-1 岩石地基基本承载力(kPa)

节理发育程度		节理很发育	节理发育	节理不发育或较发育
节理间距/cm		2～20	20～40	>40
岩石类别	硬质岩	1500～2000	2000～3000	>3000
	较软岩	800～1000	1000～1500	1500～3000
	软岩	500～800	700～1000	900～1200
	极软岩	200～300	300～400	400～500

表 19-4-2 岩石地基承载力基本容许值(kPa)

	节理发育程度		
	节理不发育	节理发育	节理很发育
坚硬岩、较硬岩	>3000	3000～2000	2000～1500
较软岩	3000～1500	1500～1000	1000～800
软岩	1200～1000	1000～800	800～500
极软岩	500～400	400～300	300～200

表 19-4-3 岩石承载力标准值(kPa)

风化程度岩石类别	强 风 化	中 等 风 化	微 风 化
硬质岩石	500～1000	1500～2500	≥4000
软质岩石	200～500	700～1200	1500～2000

注:①对于微风化的硬质岩基承载力取值如大于4000kPa时,应由试验确定;
②对强风化岩石,当与残积土难以区分时按土考虑。

19.4.6 嵌岩桩的承载力

对于一级建筑物,嵌岩桩的单桩承载力必须通过现场原型桩的静荷载试验确定;对于二级建筑物的单桩承载力,可通过现场原型桩的静荷载试验确定,也可参照地质条件相同的试桩资料,进行类比分析后确定;对于三级建筑物的单桩承载力可直接通过理论计算确定。

1. 采用静荷载试验确定嵌岩桩极限承载力

嵌岩桩静荷载试验的试桩数不得少于3根,当试桩的极限荷载实测值的极差不超过平均值的30%时,可取其平均值作为单桩极限承载力标准值。建筑物为一级建筑物,或为柱下单桩基础,且试桩数为3根时,应取最小值为单桩极限承载力。当极差超过平均值的30%时,应查明误差过大的原因,并应增加试桩数量。

2. 理论计算确定嵌岩桩极限承载力

进行初步设计时,嵌岩桩单桩竖向极限承载力标准值,按下式计算:

$$R_k = R_{sk} + R_{rk} + R_{pk} \tag{19-4-17}$$

式中,R_k 为嵌岩桩单桩竖向承载力标准值;R_{sk} 为桩侧土总摩阻力标准值;R_{rk} 为总嵌固力标准值;R_{pk} 为桩端阻力标准值。

1)嵌岩桩的桩侧土总摩阻力标准值 R_{sk} 的确定

当桩穿越土层厚度小于10m时,一般不计算桩侧土摩阻力。当穿越的土层较厚时,对于淤泥及淤泥质土、固结的黏性土、松散的无黏性土、回填土、膨胀土、震动可液化的土层,以及某些稳定性较差的土层,如边坡地区、断层破碎带、岩溶发育区、矿床采空区、冲刷地带等地区,均不宜计算嵌岩桩的桩侧土摩阻力。对于其他土层,嵌岩桩的桩侧土摩阻力标准值按下式计算:

$$R_{sk} = \sum_{i=1}^{n} \psi_{si} q_{ski} U_i L_i \tag{19-4-18}$$

式中,ψ_{si} 为第 i 层土的桩侧土摩阻力折减系数,对黏性土取0.6,对无黏性土取0.5;q_{ski} 为第 i 层土的桩侧土极限摩阻力标准值,由试验确定;U_i 为第 i 层土中的桩身周长;L_i 为第 i 层土层中桩的长度。

2)嵌岩桩嵌入基岩部分的总嵌固力标准值 R_{rk} 的确定

嵌岩桩嵌入基岩部分的总嵌固力标准值,由下式计算:

$$R_{rk} = \zeta_r f_{rk} U_r h_r \tag{19-4-19}$$

式中,ζ_r 为嵌固力分布修正系数,按表19-4-4取用;f_{rk} 为岩石饱和单轴抗压强度标准值;U_r 为嵌岩部分桩的周长;h_r 为桩的嵌岩深度,当嵌岩深度超过5倍桩径时,取 $h_r = 5d$(d 为桩径)。

表 19-4-4 嵌固力分布修正系数 ζ_r

$N = h_r/d$	0	1	2	3	4	≥5
ζ_r	0.000	0.055	0.070	0.065	0.062	0.053

3)嵌岩桩的桩端阻力标准值 R_{pk} 确定

嵌岩桩的桩端阻力标准值按下式计算:

$$R_{pk} = \zeta_p f_{rk} A_p \tag{19-4-20}$$

式中,ζ_p 为端阻力分布修正系数,参考表 19-4-5;A_p 为桩端截面面积。

表 19-4-5 端阻力分布修正系数 ζ_p

$N=h_r/d$	0	1	2	3	4	≥5
ζ_p	0.50	0.40	0.30	0.20	0.10	0.00

19.5 岩体坝基抗滑稳定性分析与坝基岩体处理措施

重力坝、支墩坝等挡水建筑物的坝基除承受竖向荷载外,还承受着库水形成的水平推力,具有倾倒和滑动两种失稳机制。倾倒问题基本上可以在坝的尺寸和形态设计中加以解决。而滑动问题则主要受坝基岩土体特性所制约,应在充分进行地质研究的基础上,进行抗滑稳定分析。抗滑稳定性问题是大坝安全的关键所在,在大坝设计中必须要保证抗滑稳定性有足够的安全储备,若发现安全储备不足,则应采取坝基处理或其他结构措施加以解决。

19.5.1 坝基岩体工程地质分类

在坝址比选时,坝基岩体工程地质分类十分关键。《水力发电工程地质勘察规范》(GB 50287—2016)与《水利水电工程地质勘察规范(2022 年版)》(GB 50487—2008)提供了坝基岩体工程地质分类及建坝条件评价的方法。该方法是:首先按岩石饱和单轴抗压强度 σ_{cw} 将坝基岩体划分为坚硬岩、中硬岩和软质岩三大类,再根据坝基岩体的具体结构质特征和一些主要指标划分为 5 个等级,见表 19-5-1。

表 19-5-1 坝基岩体工程地质分类

类别	岩体特征	岩体工程性质评价	岩体主要特征值
\multicolumn{4}{c}{A 坚硬岩($\sigma_{cw}>60$MPa)}
I	A_I:岩体呈整体状或块状、巨厚层状、厚层状结构,结构面不发育一轻度发育,延展性差,多闭合,岩体力学特性各方向的差异性不显著	岩体完整,强度高,抗滑、抗变形性能强,不需做专门性地基处理,属优良高混凝土坝地基	$\sigma_{cw}>90$MPa $V_p>5000$m/s RQD>85% $K_v>0.85$
II	A_{II}:岩体呈块状或次块状、厚结构,结构面中等发育,软弱结构面局部分布,不成为控制性结构面,不存在影响坝基或坝肩稳定的大型楔体或棱体	岩体较完整,强度高,软弱结构面不控制岩体稳定性,抗滑、抗变形性能较高,专门性地基处理工作量不大,属良好高混凝土坝地基	$\sigma_{cw}>60$MPa $V_p>4500$m/s RQD>70% $K_v>0.75$
III	A_{III}:岩体呈次块状、中厚层状结构或焊合牢固的薄层结构。结构面中等发育,岩体中分布缓倾角或陡倾角(坝肩)的软弱结构面,存在影响局部坝基或坝肩稳定的楔体或棱体	岩体较完整,局部完整性差,强度较高,抗滑、抗变形性能在一定程度上受结构面控制。对影响岩体变形和稳定的结构面应做局部专门处理	$\sigma_{cw}>60$MPa $V_p=4000\sim4500$m/s RQD=40%~70% $K_v=0.55\sim0.75$

续表

类别	岩体特征	岩体工程性质评价	岩体主要特征值
III	A_{III2}：岩体呈互层状、镶嵌状结构，层面为硅质或钙质胶结薄层状结构。结构面发育，但延展性差，多闭合，岩块间嵌合力较好	岩体强度较高，但完整性差，抗滑、抗变形性能受结构面发育程度、岩块间嵌合能力，以及岩体整体强度特性控制，基础处理以提高岩体的整体性为重点	$\sigma_{cw}>60\text{MPa}$ $V_p=3000\sim4000\text{m/s}$ $RQD=20\%\sim40\%$ $K_v=0.35\sim0.55$
IV	A_{IV1}：岩体呈互层状或薄层状结构，层间结合较差。结构面较发育—发育，明显存在不利于坝基及坝肩稳定的软弱结构面、较大的楔体或棱体	岩体完整性差，抗滑、抗变形性能明显受结构面控制。能否作为高混凝土坝地基，视处理难度和效果而定	$\sigma_{cw}>60\text{MPa}$ $V_p=2500\sim3500\text{m/s}$ $RQD=20\%\sim40\%$ $K_v=0.35\sim0.55$
IV	A_{IV2}：岩体呈镶嵌或碎裂结构，结构面很发育，且多张开或夹碎屑和泥，岩块间嵌合力弱	岩体较破碎，抗滑、抗变形性能差，一般不宜作高混凝土坝地基。当坝基局部存在该类岩体时，需做专门处理	$\sigma_{cw}>60\text{MPa}$ $V_p<2500\text{m/s}$ $RQD<20\%$ $K_v<0.35$
V	A_V 岩体呈散体结构，由岩块夹泥或泥包岩块组成，具有散体连续介质特征	岩体破碎，不能作为高混凝土坝地基。当坝基局部地段分布该类岩体时，需做专门处理	—
B 中硬岩（$R_b=30\sim60\text{MPa}$）			
I	—	—	—
II	B_{II}：岩体结构特征与 A_I 相似	岩体完整，强度较高，抗滑、抗变形性能较强，专门性地基处理工作量不大，属良好高混凝土坝地基	$\sigma_{cw}=40\sim60\text{MPa}$ $V_p=4000\sim4500\text{m/s}$ $RQD>70\%$ $K_v>0.75$
III	B_{III1}：岩体结构特征与 A_{II} 相似	岩体较完整，有一定强度，抗滑、抗变形性能在一定程度上受结构面和岩石强度控制，影响岩体变形和稳定的结构面应做局部专门处理	$\sigma_{cw}=40\sim60\text{MPa}$ $V_p=3500\sim4000\text{m/s}$ $RQD=40\%\sim70\%$ $K_v=0.55\sim0.75$
III	B_{III2}：岩体呈次块或中厚层状结构，或硅质、钙质胶结的薄层结构，结构面中等发育，多闭合，岩块间嵌合力较好，贯穿性结构面不多见	岩体较完整，局部完整性差，抗滑、抗变形性能受结构面和岩石强度控制	$\sigma_{cw}=40\sim60\text{MPa}$ $V_p=3000\sim3500\text{m/s}$ $RQD=20\%\sim40\%$ $K_v=0.35\sim0.55$

续表

类别	岩体特征	岩体工程性质评价	岩体主要特征值
IV	B_{IV1}：岩体呈互层状或薄层状，层间结合较差，存在不利于坝基（肩）稳定的软弱结构面、较大楔体或棱体	同 A_{IV1}	$\sigma_{cw}=30\sim60$MPa $V_p=2000\sim3000$m/s RQD=20%～40% $K_v<0.35$
IV	B_{IV2}：岩体呈薄层状或碎裂状，结构面发育—很发育，多张开，岩块间嵌合力差	同 A_{IV2}	$\sigma_{cw}=30\sim60$MPa $V_p<2000$m/s RQD<20% $K_v<0.35$
V	同 A_V	同 A_V	
C 软质岩（$R_b<30$MPa）			
I	—	—	—
II	—	—	—
III	C_{III}：岩体强度15～30MPa，岩体呈整体状或巨厚层状结构，结构面不发育—中等发育，岩体力学特性各方向的差异性不明显	岩体完整，抗滑、抗变形性能受岩石强度控制	$\sigma_{cw}<30$MPa $V_p=2500\sim3500$m/s RQD>50% $K_v>0.55$
IV	C_{IV}：岩石强度大于15MPa，但结构面较发育；或岩体强度小于15MPa，结构面中等发育	岩体较完整，强度低，抗滑、抗变形性能差，不宜作为高混凝土坝地基，当坝基局部存在该类岩体，需做专门处理	$\sigma_{cw}<30$MPa $V_p<2500$m/s RQD<50% $K_v<0.55$
V	同 A_V	同 A_V	—

19.5.2 坝基承受的荷载

坝基承受的荷载大部分是由坝体直接传递来的，主要有坝体及其上永久设备的自重、库水的静水压力、泥沙压力、浪压力、扬压力等。此外，在地震区还有地震作用，在严寒地区还有冻融压力等。

19.5.2.1 静水压力

由于坝体上下游坝面一般为非竖直面，因此静水压力可以分解为水平静水压力和竖直静水压力（见图 19-5-1）。水平静水压力即坝上下游水体对坝体水平压力的合力，其方向一般由上游指向下游，其大小为

$$H_h = H_1 - H_2 = \frac{1}{2}\rho_w g (h_1^2 - h_2^2) \tag{19-5-1}$$

式中，H_h 为单宽坝体所受水平静水压力；H_1，H_2 分别为单宽坝体上下游所受水平静水压力；h_1，h_2 分别为从坝底计算的上下游库水水深；ρ_w 为水的密度。

竖直静水压力则为坝体上下游坝面以上水体(见图 19-5-1 中的阴影部分)的重力之和,即

$$H_v = \frac{1}{2}\rho_w g(h_1^2 \cot\alpha + h_2^2 \cot\beta) \tag{19-5-2}$$

式中,H_v 为单宽坝体所受竖直静水压力;α、β 分别为坝体上下游坡面的倾角。

19.5.2.2 扬压力

扬压力是库水经坝基岩体空隙饱水及向下游渗流时产生的,包括浮托力和渗透压力(或称空隙水压力)。由于都是上抬的作用力,因此会抵消一部分法向应力,不利于坝基稳定。相当数量的毁坝事件都是由扬压力剧增引起的,例如 1895 年法国 Bouzey 坝的失事和 1923 年意大利 Gleno 坝的失事,都是因扬压力过高引起的。

如图 19-5-2 所示,在没有灌浆和排水设施的情况下,坝底扬压力可按下式确定:

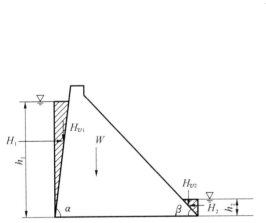

图 19-5-1 坝体静水压力分布示意图

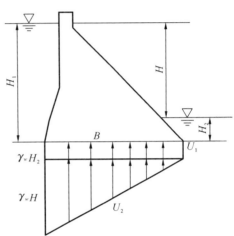

图 19-5-2 坝底扬压力分布图

$$u = u_1 + u_2 = \gamma_w B H_2 + \frac{1}{2}\gamma_w B H = \frac{1}{2}\gamma_w B(H_1 + H_2) \tag{19-5-3}$$

式中,u 为单宽坝底所受扬压力;u_1 为浮托力;u_2 为渗透压力;γ_w 为水的容重;B 为坝底宽度;H_1、H_2 分别为坝上下游水的深度;H 为坝上下游的水头差。

式(19-5-3)称为莱维(Levy)法则。由于扬压力仅作用在坝底和坝基接触面与坝基岩土体内的连通空隙中,因而实际作用于坝底的扬压力应小于按莱维法则确定的数值,因此,可以按下式来校正扬压力:

$$u = \frac{1}{2}\gamma_w B(\lambda_0 H_1 + H_2) \tag{19-5-4}$$

式中,λ_0 为校正系数,取小于 1.0 的值。

根据 Leliarsky(1958)的试验,扬压力实际作用的面积平均占整个接触面积的 91%。但为安全起见,目前大多数设计中仍然采用莱维法则,即取 $\lambda_0 = 1.0$ 进行设计。

19.5.2.3 浪压力

水库水面在风吹下产生波浪,并对坝面产生浪压力。确定浪压力比较困难,当坝体迎水

面坡度大于 1:1 而水深 H_w 满足 $h_f < H_w < L_w/2$ 时,水深 H'_w 处浪压力的剩余强度 p' 为

$$p' = \frac{h_w}{ch\left(\dfrac{\pi H'_w}{L_w}\right)} \tag{19-5-5}$$

式中,h_w 为波浪高度,即波峰至波谷的高度;L_w 为波浪长度,即相邻两波峰间的距离;h_f 为波浪破碎的临界水深。

当水深 $H_w > L_w/2$ 时,在 $L_w/2$ 深度以下可不考虑浪压力的影响,因而,作用于单宽坝体上的浪压力为

$$p = \frac{1}{2}\rho_w g\left[(H_w + h_w + h_0)(H_w + p') - H_w^2\right] \tag{19-5-6}$$

式中,$h_0 = \pi h_w^2 / L_w$。

波浪的强度与一定方向的风速 v、风的作用时间 t 和风在水面的吹程 D 有关。按照安得烈雅诺夫的研究,波浪高度 h_w 和波浪长度 L_w 可以根据风吹程 D 和风速 v 来确定:

$$h_w = 0.0208 v^{\frac{5}{4}} D^{\frac{1}{3}} \tag{19-5-7}$$

$$L_w = 0.304 v D^{0.5} \tag{19-5-8}$$

风速 v 应根据当地气象部门实测资料确定,吹程 D 是波浪推进方向的水面宽度,即沿风向从坝址到水库对岸的最远距离,可根据风向和水库形状确定。

19.5.3 坝基的破坏模式和边界条件

根据坝基失稳时滑动面的位置可以把坝基滑动破坏分为三种类型:接触面滑动、岩体浅层滑动和岩体深层滑动(见图 19-5-3)。这三种滑动类型发生与否在很大程度上取决于坝基岩土体的工程地质条件和性质。

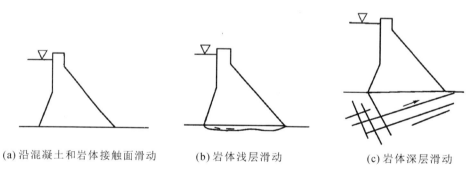

(a) 沿混凝土和岩体接触面滑动　　(b) 岩体浅层滑动　　(c) 岩体深层滑动

图 19-5-3　坝基滑动失稳类型

19.5.3.1 接触面滑动

接触面滑动主要是指坝体沿着与基岩的接触面发生的滑动(见图 19-5-3(a)),也称接触面滑动。由于接触面剪切强度的大小除与基岩力学性质有关外,还与接触面的起伏差和粗糙度、清基干净与否、混凝土标号及浇注混凝土的施工质量等因素有关,在混凝土质量不好或是浇注工艺不良而造成接触面脱层的情况下,接触面更是坝基抗滑稳定的薄弱环节。国外运营 50 年至 100 年的老坝安全检查中发现约 20% 的大坝基础混凝土与基岩接触面有脱层现象,有的脱层高达大坝基础面积的 30%。在这种情况下,增加帷幕灌浆和固结灌浆是

必要的。美国有些 50～60m 高的大坝,发现坝基存在类似抗滑稳定问题时,采取了预应力锚索自坝顶到坝基进行加固,效果较好。

因此,对于一个具体的挡水建筑物来说,是否发生平面滑动,不单纯取决于坝基岩土体质量的好坏,而往往受设计和施工方面的因素影响很大。正是由于这种原因,当岩体坝基坚硬完整,其剪切强度远大于接触面强度时,最可能发生平面滑动。

19.5.3.2 岩体浅层滑动

浅层滑动主要是指岩体坝基破碎、软弱、强度过低,因而坝基滑移面大部或全部位于坝基下岩体中,但距坝基混凝土与岩体接触面很近,基本上也是平面滑动性质(见图 19-5-3(b))。

19.5.3.3 岩体深层滑动

深层滑动主要是指坝体连同一部分岩体,沿着岩体坝基内的软弱夹层、断层或其他结构面产生滑动,可以发生于坝基下较深部位(见图 19-5-3(c))。

在大坝工程中不易预见和分析却容易出现重大问题的,往往是深层滑动问题,所以在工程地质勘测、研究中应予以极大的重视。深层滑动的必要条件是由软弱结构面或其组合构成坝基的可能(或称潜在)滑动面。而在大坝各种荷载组合的条件下,沿该可能滑动面滑动力大于考虑安全储备的抗滑力,则是发生可能滑动的充分条件,或是安全系数不能达到标准。在这种情况下,要修改断面设计,采取坝基结构面的加固、加强防渗排水等措施,以确保坝基的抗滑安全。

该类型滑动破坏主要受岩体坝基中发育的结构面网络所控制,而且只在具备滑动几何边界条件的情况下才有可能发生。根据结构面的组合特征,特别是可能滑动面的数目及其组合特征,按可能发生滑动的几何边界条件大致将岩体内滑动划分为五种类型(见图 19-5-4)。

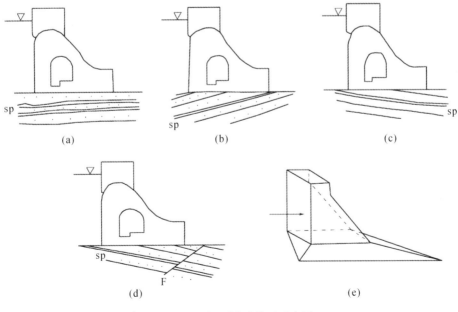

图 19-5-4 深层滑动类型示意图

1. 沿水平软弱面滑动

当坝基为产状水平或近水平的岩层而大坝基础砌置深度又不大,坝趾部被动压力很小,岩体中又发育走向与坝轴线垂直或近于垂直的高倾角破裂构造面时,往往会发生沿层面或软弱夹层的滑动(见图 19-5-4(a))。例如,西班牙梅奎尼扎坝(Mequinenza)就坐落在埃布罗(Ebro)河近水平的沉积岩层上,该坝为重力坝,坝高 77.4m,坝长 451m,坝基为渐新统灰岩夹褐煤夹层。工程于 1958 年开始施工,在施工过程中人们对岩体坝基的稳定性产生了怀疑,担心大坝会沿褐煤及泥灰岩夹层发生滑动,经原位直剪试验测得褐煤层的摩擦系数为 0.6~0.7,内聚力为 50~70kPa。根据上述参数及假定的扬压力等进行稳定性计算,其结果证实有些坝段的坝基稳定性系数不够,为保证大坝安全而不得不进行加固。再如,我国的葛洲坝水利枢纽及朱庄水库等水利水电工程的岩体坝基内也存在缓倾角泥化夹层问题。为了防止大坝沿坝基内近水平的泥化夹层滑动,在工程的勘测、设计及施工中,均围绕着这一问题展开了大量的研究工作,并因地制宜地采取了有效的加固措施。

2. 沿倾向上游软弱结构面滑动

可能发生这种滑动的几何边界条件必须是坝基中存在向上游缓倾的软弱结构面,同时还存在走向垂直或近于垂直坝轴线方向的高角度破裂面(见图 19-5-4(b))。在工程实践中,常常遇到可能发生这种滑动的边界条件,特别是在岩层倾向上游的情况下更容易遇到。例如,上犹江电站坝基便具备这种滑动类型的边界条件(见图 19-5-5)。

3. 沿倾向下游软弱结构面滑动

可能发生这种滑动的几何边界条件是岩体坝基中存在倾向下游的缓倾角软弱结构面和走向垂直或近于垂直坝轴线方向的高角度破裂面,并在下游存在切穿可能滑动面的自由面(见图 19-5-4(c))。一般来说,当这种几何边界条件完全具备时,岩体坝基发生滑动的可能性最大。

4. 沿倾向上下游两个软弱结构面滑动

当岩体坝基中发育分别倾向上游和下游的两个软弱结构面,以及走向垂直或近于垂直坝轴线的高角度切割面时,坝基存在这种滑动的可能性(见图 19-5-4(d))。图 19-5-6 所示的乌江渡电站坝基就具备这种几何边界条件。一般来说,当软弱结构面的性质及其他条件相同时,这种滑动较沿倾向上游软弱结构面滑动容易,但较沿倾向下游软弱结构面滑动要难一些。

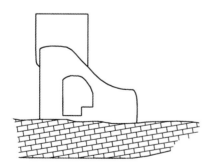 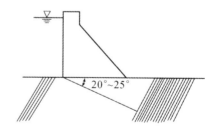

图 19-5-5　上犹江电站坝基板岩中的泥化夹层　　图 19-5-6　乌江渡电站坝基地质情况示意图

5. 沿交线垂直坝轴线的两个软弱结构面滑动

可能发生这种滑动的几何边界条件是岩体坝基中发育交线垂直或近于垂直坝轴线的两个软弱结构面,且坝趾附近倾向下游的岩体坝基自由面有一定的倾斜度,能切穿可能滑动面的交线(见图 19-5-4(e))。

由于岩体坝基中所受的推力或滑出的剪应力接近水平方向,所以在岩体坝基中产状平缓、倾角小于 20°的软弱结构面是最需要注意的。当它们在坝趾下游露出河底时,大多应作可能滑动面来对待。而在倾向上游时,要考虑是否存在出露条件,或是下游地形低洼有深槽,或是在工程开挖及工程运行后可能出现深槽,造成滑动面出露于下游等,并进行分析和预测。

有时,在多条或多层软弱结构面条件下坝基可能出现多组滑动面,具有不同深度,应分别进行分析,以确定坝基的最小抗滑安全系数。这时,坝基处理要保证所有可能滑动的情况皆有足够的安全储备。

上述三种坝基滑动的条件,在坝基工程设计中都应注意研究,分别给予计算。这些滑动条件是独立的,有可能同时存在,且安全系数低于设计标准,在设计及工程处理中应防止任何一种滑动的危险性,而不是仅防止最危险的滑动,才能保证大坝的安全。

由于大坝坝基分块受若干边界的约束,坝基下有时不能形成全面贯通的滑动面,因此不具备上述整体滑动条件,但仍有可能出现某些坝块的局部失稳(见图 19-5-7)。这种局部不稳定性进一步发展有可能导致坝基不均一变形、应力调整、裂缝扩展等,危及大坝的安全。对于局部不稳定性,应注意防止失稳性变形,必须进行坝基应力变形的分析。

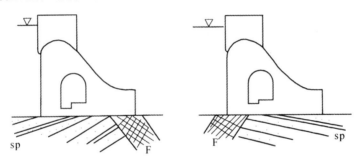

图 19-5-7 坝基局部失稳

19.5.4 坝基抗滑稳定性计算

19.5.4.1 平面滑动条件下的抗滑稳定性计算

在一般情况下,重力坝坝体与岩体坝基的接触面是一个薄弱环节,因此必须沿该接触面核算坝身的抗滑稳定性。《混凝土重力坝设计规范》(SL 319—2018)推荐采用以下两种计算方式。

1. 抗剪强度(摩擦)公式

$$\eta = \frac{f(\sum V - U)}{\sum H} \tag{19-5-9}$$

式中,η 为稳定性系数;f 为坝体混凝土与岩体坝基接触面的摩擦系数;$\sum V$,$\sum H$ 分别为作用于坝体上的总竖向作用力和水平推力;U 为扬压力。

上式没有考虑混凝土与岩体坝基接触面的内聚力 C,可以认为该式计算的是接触面上的抗剪断强度消失后,只依靠剪断后的摩擦维持稳定时的稳定性系数。因此,它计算的是滑移的稳定性系数的下限值,在设计时只要求具有稍大于1的安全系数即可,对于基本荷载组合,不小于 $1.05\sim 1.10$,对于特殊组合校核,如考虑地震、千年水位等,则 K 规定不小于 $1.00\sim 1.05$。

2. 抗剪断强度公式

$$\eta = \frac{f'(\sum V - U) + C'A}{\sum H} \tag{19-5-10}$$

式中,f' 为接触面的抗剪断摩擦系数;C' 为接触面的抗剪断内聚力;A 为坝基截面积。

抗剪断强度公式计算的是混凝土与坝基从胶结状态下破坏的稳定性系数,抗剪断强度参数应由抗剪试验确定。安全系数规定为对于正常荷载不小于 3.0,而对于特殊荷载不小于 2.5。

有时为增大坝基抗滑稳定性系数,将坝体和岩体接触面设计成向上游倾斜的平面(见图 19-5-8)。这时,作用在接触面上的正压力 N 为

$$N = \sum H\sin\alpha + \sum V\cos\alpha - U \tag{19-5-11}$$

抗滑力 F_s 则为

$$F_s = fN + CA = f\left(\sum H\sin\alpha + \sum V\cos\alpha - U\right) + CA \tag{19-5-12}$$

而作用在接触面上的剪切力,即滑动力 F_r 为

$$F_r = \sum H\cos\alpha - \sum V\sin\alpha \tag{19-5-13}$$

所以,接触面的抗滑稳定性系数为

$$\eta = \frac{f\left(\sum H\sin\alpha + \sum V\cos\alpha - U\right) + CA}{\sum H\cos\alpha - \sum V\sin\alpha} \tag{19-5-14}$$

式中,α 为接触面与水平面夹角。

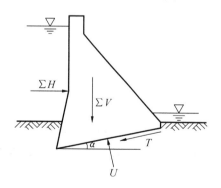

图 19-5-8 坝底面倾斜的情况及受力分析

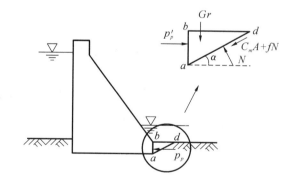

图 19-5-9 岩体抗力计算示意图

如果坝底面水平且嵌入岩体坝基较深,则在计算抗滑稳定性系数时应考虑下游岩体的抗力(或称被动压力)。如图 19-5-9 所示,根据被动楔体 abd 的受力分析,在 bd 方向上:

$$p'_p\cos\alpha - G_r\sin\alpha - N\tan\phi_m - C_mA = 0 \tag{19-5-15}$$

在 bd 面的法线方向上:

$$p'_p\sin\alpha + G_r\cos\alpha - N = 0 \tag{19-5-16}$$

由式(19-5-15)和式(19-5-16)可得岩体的抗力(p_p):

$$p_p = p'_p = \frac{C_m A}{\cos\alpha(1-\tan\phi_m\tan\alpha)} + G_r\tan(\phi_m + \alpha) \quad (19-5-17)$$

式中,p_p 为岩体抗力;p'_p 为 p_p 的反作用力;G_r 为被动楔体 abd 的重量;α 为滑动面 bd 与水平面的夹角;A 为 bd 的面积;ϕ_m 为 bd 的内摩擦角;C_m 为 bd 的内聚力。

这样,接触面的抗滑稳定性系数应为

$$\eta = \frac{f(\sum V - U) + CA + p_p}{\sum H} \quad (19-5-18)$$

但是,由于岩体抗力要达到最大值(即计算值),抗力体必须要产生一定量的位移,因此,坝基可能滑动面的抗滑力和抗力体的抗力难以同步发挥到最大值。一般抗滑力出现在前,经一段位移才能使抗力达到最大。也就是说要使岩体抗力充分发挥,坝体需沿滑动面产生较大的位移,这在一般的坝工设计中是不允许的。因此,在坝工设计中通常只是部分利用或不利用岩体抗力,其利用程度主要取决于坝体水平位移的允许范围。这样,接触面的抗滑稳定性系数可修正如下:

$$\eta = \frac{f(\sum V - U) + CA + \xi p_p}{\sum H} \quad (19-5-19)$$

式中,ξ 为抗力折减系数,在 $0\sim1.0$ 之间取值。

19.5.4.2 浅层滑动条件下的抗滑稳定性计算

在野外及室内试验中常常发现在岩石岩性软弱(单轴强度小于 30MPa)、风化破碎等情况下,接触面的破坏表现为在岩体内的剪切或剪断。一般仅在个别坝段或坝段局部出现这种破坏条件。

浅层滑动分析的计算方法同平面滑动的计算完全相同,但是内涵完全不同。它采用的是岩体的抗剪强度和抗剪断强度,而不是混凝土与岩体接触面的强度。岩体的抗剪强度和抗剪断强度一般比接触面的强度低。因此,这种滑动方式可能会真正控制着大坝的稳定性和大坝断面的设计。

19.5.4.3 深层滑动条件下的抗滑稳定性计算

深层滑动的稳定性分析,首先应根据岩体软弱结构面的组合关系,充分研究可能发生滑动的各种几何边界条件,对每一种可能的滑动都确定出稳定性系数,然后根据最小的稳定性系数与所规定的安全系数相比较进行评价。

若存在滑动面,尤其是以软弱结构面为主的滑动面时,这种结构体遂成为可能滑动体,进行分析时,根据情况考虑其他各边界条件的参数。坝基下深层滑动面一般由倾角 20°左右或更小,走向与坝轴线呈锐角相交或接近平行的软弱夹层所构成。前文已介绍,按可能滑动面的产状及构成,分为 5 种情况(见图 19-5-4),下面就分别论述各种类型的深层滑动的抗滑稳定性计算问题。

1. 沿水平软弱结构面滑动的稳定性计算

大坝可能沿水平软弱结构面发生滑动的情况多发生在水平或近水平产状的坝基中,由于岩层单层厚度多小于 2.0m，因此，可能沿之发生滑动的层面距坝底较近，在抗滑力中不应再计入岩体抗力。如果滑动面埋深较大则应考虑抗力的影响。一般可按下式确定稳定性系数：

$$\eta = \frac{f_j(\sum V - U_1) + C_j A + \xi p_p}{\sum H + U_2} \tag{19-5-20}$$

式中，$\sum V, \sum H$ 分别为坝基可能滑动面上总法向压力和切向推力；U_1 为可能滑动面上作用的扬压力；U_2 为可能滑动面上游铅直边界上作用的水压力；f_j, C_j 分别为可能滑动面的摩擦系数和内聚力；A 为可能滑动面的面积；ξ 为抗力折减系数；p_p 为坝基所承受的岩体抗力。

2. 沿倾向上游软弱结构面滑动的稳定性计算

当坝基具备这种滑动的几何边界条件时，可按下式计算其抗滑稳定性系数（图 19-5-10）：

$$\eta = \frac{f_j\left[(\sum V + G_r)\cos\alpha + (\sum H + U_2)\sin\alpha - U_1\right] + C_j A}{(\sum H + U_2)\cos\alpha - (\sum V + G_r)\sin\alpha} \tag{19-5-21}$$

式中，G_r 为可能滑动岩体的重量；α 为可能沿之滑动的结构面倾角；其他符号意义同上。

3. 沿倾向下游软弱结构面滑动的稳定性计算

当岩体坝基中具备这种滑动的几何边界条件时，对大坝的抗滑稳定最不利。此时，坝体与坝基承受的作用力如图 19-5-11 所示，其抗滑稳定性系数为

$$\eta = \frac{f_j\left[(\sum V + G_r)\cos\alpha - \sum H\sin\alpha - U_1\right] + C_j A}{\sum H\cos\alpha + (\sum V + G_r)\sin\alpha} \tag{19-5-22}$$

比较式（19-5-21）和式（19-5-22）可以看出：当其他条件相同时，沿倾向上游软弱结构面滑动的稳定性系数将显著大于沿倾向下游软弱结构面滑动的稳定性系数。

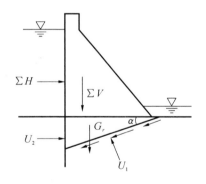
图 19-5-10　倾向上游结构面滑动计算图

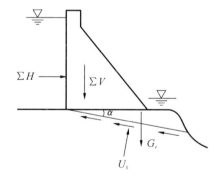
图 19-5-11　倾向下游结构面滑动计算图

4. 沿两个相交软弱结构面滑动的稳定性计算

沿两个相交软弱结构面滑动可分为两种情况：一种是沿着分别倾向上下游的两个软弱结构面的滑动，如图 19-5-4(d)；另一种是沿交线垂直坝轴线方向的两个软弱结构面的滑动，如图 19-5-4(e)。前者抗滑稳定性系数可采用推力传递法等方法来计算，后者的抗滑稳定性系数为

$$\eta = \frac{f_{j1}\left[\left(\sum V + G_r\right)(\sin\theta_1 + \cos\theta_1 \cot\theta) - U_1\right] + C_{j1}A_1}{\sum H + U_3}$$
$$+ \frac{f_{j2}\left[\left(\sum V + G_r\right)(\sin\theta_2 + \cos\theta_2 \cot\theta) - U_2\right] + C_{j2}A_2}{\sum H + U_3} \quad (19\text{-}5\text{-}23)$$

式中，θ_1，θ_2 分别为两滑动面与通过交线的竖直面的夹角；θ 为两滑动面的夹角；G_r 为滑动岩体的自重；U_1，U_2 分别为作用于两滑动面上的扬压力；U_3 为作用于滑体上游边界面上的扬压力；f_{j1}，f_{j2}，C_{j1}，C_{j2} 分别为两滑动面的摩擦系数和内聚力；A_1，A_2 分别为两滑动面的面积。

上述计算公式中均未计入地震作用，如果工程所在地区为地震区，则应把地震作用计入上述各公式。

19.5.5 岩体坝基处理的措施

在任何地区，都无法找到十分新鲜完整、没有任何缺陷的基岩作为大坝的地基。加上各种坝型还有不同的结构要求，因此，岩基处理十分必要。同时，岩基处理的大部分工作是在围堰基坑内与洪水抢时间的紧张斗争中完成的，既要快速施工，又要认真细致，确保质量，这就使岩基处理的重要性和紧迫感更加突出。

岩基经过处理后，一般要达到下列要求：①有足够的抗压强度，以承受坝体的压力；②具有整体性、均匀性，以维持坝基抗滑稳定，不致产生过大的不均匀沉陷；③增强坝体与基岩面及各岩基面之间的抗剪强度，防止坝体滑移；④增强抗渗能力，维持渗透稳定；⑤增强两岸山体稳定，防止塌方或滑坡危及坝体安全；⑥有足够的耐久性，不致在水的长期作用下恶化。

岩基处理的主要方法有开挖、灌浆、排水等，另外还经常需要对断层破碎带及软弱夹层进行专门处理，对坝肩岩体进行整治以提高坝肩岩体的性质。

19.5.5.1 开挖

开挖是岩基处理中最常运用的方法，开挖的目的主要有：①清除各种不能满足要求的软弱岩（土）体，如风化层、覆盖层、断层破碎带和影响带及软弱夹层等；②满足各种形式坝体的结构要求或特殊要求。下面对开挖设计中的几个基本方面进行讨论。

1. 开挖深度

开挖深度应参照基岩利用等高线图来确定，主要满足水工建筑物的结构要求，也考虑施工便利与经济条件。高坝应建在新鲜或微风化岩体之上，中坝宜挖到微风化或弱风化下部的基岩，在两岸地形较高部位的坝段，利用基岩的标准可比河床部位适当放宽。

2. 开挖坡度

基岩面的上下游高差不宜过大，并尽可能使其向上游倾斜。由于地形、地质条件限制而倾向下游或高低悬殊时，宜挖成大台阶状，台阶的高差应与混凝土浇筑块的大小和分缝位置相协调，并和坝址处的混凝土厚度相适应。

在平行坝轴线方向上，基坑应尽量平缓，或开挖成有足够宽度平台组成的台阶，或采取其他结构措施，以确保坝体侧向稳定。

3. 表面处理

岩基表面上影响基岩与混凝土结合的附着物，如方解石、氧化铁（黄锈）、钙质薄膜等均应清除干净。对特别光滑的岩面、节理面要凿毛处理。要打掉残留的孤立岩块,尖锐棱角。有反坡的应尽量修成正坡,避免应力集中。

大面积开挖,或软弱易风化、崩解岩体的开挖,要注意预留保护层。实践证明,喷水(充水)保护的效果最好。也可以喷混凝土,涂沥青,铺细反滤料,然后上盖小砾石,覆盖湿黏土。新鲜完整岩体,一般预留1~2m厚保护层,也可以少留或不留,软弱岩体则要多留一些。离保护层20cm内,用撬挖清理的方法,将松动、震裂、捶击有哑声的岩块予以清除。

对断层破碎带、影响带、软弱夹层等,一般均要开挖清除。当软弱带的倾角较缓时,可以采用洞挖、斜井挖等方法。遇到规模较大、情况复杂的软弱带时,需进行专门处理。

开挖结束后要全面冲洗并检查。

19.5.5.2 灌浆

用液压、气压或电化学原理,通过注浆管把浆液均匀地注入岩土体,浆液通过填充、渗透、挤密等方式,赶走岩体裂隙或土颗粒中的水、气后占据其位置,硬化形成结构新、强度大、防水性能高、化学稳定性良好的"结石体"的方法,称为灌浆。

灌浆所用的浆液大多为由水泥、黏土、沥青及它们的混合物制成,其中采用最多的为纯水泥浆、水泥黏土浆和水泥砂浆。水泥浆的水灰比一般为0.6~2.0,常用的水灰比是1:1。

根据灌浆的目的不同,可分为固结灌浆和帷幕灌浆。有时,还采用化学浆液进行灌浆,称为"化学灌浆"。固结灌浆可以改善岩土体的力学性能,提高弹性模量,增进岩体的整体性和均一性,减少变形和不均匀沉陷。同时,还可以加强帷幕的防渗效能。固结灌浆的特点是广、浅、密。

帷幕灌浆的主要作用是:①减少坝基和绕坝渗漏,防止其对坝基及两岸边坡稳定产生不利影响;②在帷幕和坝基排水的共同作用下,使帷幕后渗透压力降至允许值之内;③防止在软弱夹层、断层破碎带、岩体裂隙充填物及抗水性能差的岩体中产生管涌。

帷幕灌浆是最常用的、效果可靠的岩基防渗处理措施。其特点是钻孔较深,呈线形排列,灌浆压力也较大,帷幕多由1~3排灌浆孔组成,一般在水库蓄水前完成主帷幕。灌浆材料一般采用水泥,在必要时使用化学材料。

化学灌浆是一种将化学材料制成的浆液灌入细微裂隙,经胶凝固化后起堵漏、防渗作用的技术措施。优点是可灌性比水泥灌浆好,可灌入0.1mm以下的细微裂隙或粒径小于0.1mm的粉砂层,具一定的黏结强度。对坝基断层带、节理密集带、粉细砂层大量渗水的处理及在动水压力下堵漏,均可收到良好效果。缺点是在配制浆液或灌浆过程中有一定毒性,当地下水温太低或被水稀释而不聚合时,反应物被析出,会污染环境。

常用的化学灌浆材料有水玻璃类、丙烯酰胺类(丙凝)、丙烯酸盐类、聚氨酯类、环氧树脂类、甲基丙烯酸酯类(甲凝)等几种类型。

19.5.5.3 排水

对于良好的坝基,在帷幕下游设置排水设施,可以充分降低坝基渗透压力并排除渗水。对于地质条件较差的基础,设置排水孔应注意防止管涌。

坝基排水设施,一般设置一排主排水孔。对能充分利用排水作用的基础,除设主排水孔外,高坝可设辅助排水孔2~3排;中坝可设辅助排水孔1~2排,必要时可沿横向排水廊道或宽缝设置排水孔(见图 19-5-12)。

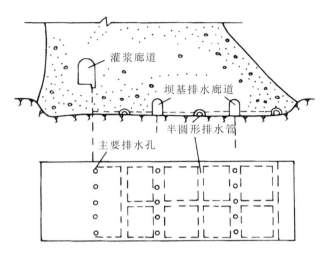

图 19-5-12　坝基排水系统

19.5.5.4　断层破碎带及软弱夹层的处理

断层破碎带及软弱夹层一般充填一定厚度的各种各样的构造破碎产物,也称为软弱带。软弱带通常强度低、易变形、透水性大而抗水性差,与两侧岩体的物理力学特性有显著的差异,必须进行专门处理。由于地质构造的原因,不论工程规模的大小,几乎没有一个工程不遇到软弱带的处理的课题。国内外大量的水电工程建设,既积累了丰富的经验,也吸取了深刻的教训。

软弱带的处理主要是补强与防渗。具体来说,包括以下几项基本要求:

(1)使软弱带具有与两侧坚硬岩体相近似的弹性模量和足够的强度,在坝体承受最大荷载时不致产生过大的应力集中,并使软弱带的绝对沉陷量和相对沉陷量都限制在允许范围内,防止大坝因不均匀沉陷而造成破坏。

(2)增大软弱带的抗剪强度,防止坝基岩体沿软弱带发生剪切破坏。

(3)减弱软弱带的透水性和增强其抗水性能,防止在蓄水后沿软弱带渗透产生过大扬压力,防止渗流使软弱带组成物质软化而引起强度进一步降低,防止发生管涌。

处理软弱带的主要方法有开挖回填、混凝土塞(拱)、钢筋混凝土垫层(梁)、防沉井与防渗井、锚固及封闭等(见图 19-5-13)。

1. 混凝土塞(拱)

采用混凝土塞加固的基本设想是通过塞的作用,将坝体应力传至破碎带两侧的坚硬岩体上(见图 19-5-14)。设计时,假定塞子是两端固定的梁,将坝体的铅直应力作为荷载,不考虑坝体刚度的影响。显然,当梁的荷载一定时,梁越深,梁底的沉陷或拉应力越小。

2. 锚固

利用穿过软弱结构面深入到完整岩体内一定深度的钻孔,插入钢棒、钢索、预应力钢筋及回填混凝土,借以提高岩体的摩阻力、整体性与抗剪强度。如法国卡斯特朗拱坝,坝高 100m,坝基为裂隙发育的灰岩,右岸有大量软弱带,处理时,用 20 多根钢索将岩体锚固。我

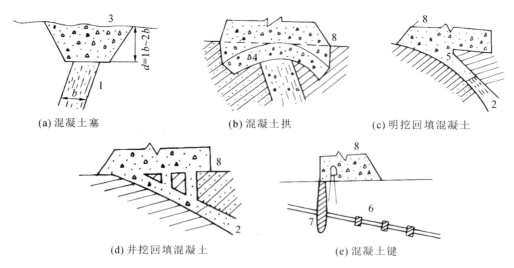

图 19-5-13 坝基防渗及加固处理示意图

1.陡倾软弱带;2.缓倾软弱带;3.混凝土塞;4.混凝土拱;5.回填混凝土;6.混凝土键;7.防渗帷幕;8.坝体

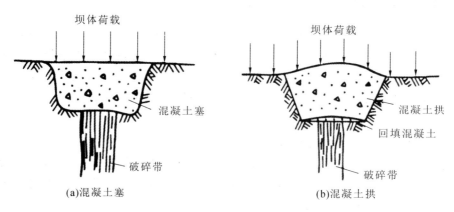

图 19-5-14 混凝土塞图

国双牌水电站坝基经多年运用后,发现第 6 墩与第 7 墩间,夹层有局部淘空现象,渗漏量增多,夹层泥化,采用了预应力锚固方案。预应力钢索锚固孔 200 个,孔距 3m,孔径 110~230mm,钻孔深入第 5 层夹层以下 8~10m,深达 25~30m,每孔预加力 200t,取得良好效果。

3. 防沉井与防渗井

当软弱带的倾角较缓时,沿软弱带倾斜方向,每隔一定距离,打斜井回填混凝土用以支托上盘岩体。这时上盘岩层好似一个大跨度的梁,每个井都是一个支承点,跨度减小,防止沉陷。同时,防止沿软弱面剪切而错动。

由于软弱带中的泥质充填物难以冲洗,灌浆效果不好,因此在软弱带所通过的帷幕部位上,循帷幕线在断层倾斜方向的铅直投影上开挖防渗井,其深度满足渗透压力要求,与帷幕组成一个整体,将防渗井与防沉井结合起来使用,可以取得较好的效果(见图 19-5-15)。

新安江工程坝基内有 F_1 和 F_3 两条断层,破碎带最宽 1.5~2.0m,但倾角较缓。右坝头还有两层 1~2m 厚的页岩，风化剧烈，质地松软，力学强度低。采用了防沉井、防渗井的处理措施。在第三坝段厚层页岩内设置 3 个防沉井，F_1 断层设置 3 个防沉井，F_3 断层设置 4 个防沉井。另外，共在断层 F_1 和 F_3 处共设四个防渗井，处理效果良好。

4. 开挖回填

对于倾角较陡的断层破碎带，或埋藏较浅的软弱夹层和倾角较平缓的断层破碎带，或规模不大的断层破碎带，都应当在适当的深度内，将软弱带及其两侧风化岩体挖除，或挖至较完整岩体，回填混凝土等材料。

5. 钢筋混凝土垫层

钢筋混凝土垫层适用于范围不明确且宽度较大的断层带，可以解决不致因拉应力而严重开裂问题，但对

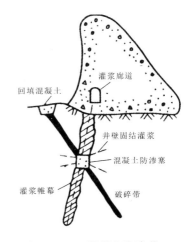

图 19-5-15 混凝土防渗井

防止不均匀沉陷作用较小，且计算困难，使用钢筋较多，一般只当成改善坝基应力条件的辅助措施。

6. 封闭

当软弱夹层埋藏较深，难以挖除，且该处地基应力不大，不致因有软弱夹层存在而滑动时，可以采用封闭的方法。如法国日埃尼西河坝和印度巴克拉坝即采用了此方法。

19.6　坝肩岩体抗滑稳定性分析与坝肩岩体处理措施

坝肩岩体在重力作用下的滑动对各种类型的坝体都会产生危害，尤其是对支墩坝、拱坝、连拱坝等对侧向变形反应敏感的轻型坝，更容易造成危害。因此，不论修建什么类型的坝，都应重视坝肩岩体稳定性的研究。但对于拱坝来说，不仅要研究坝肩岩体在重力作用下的稳定性，更要研究在拱坝传递来的水平推力作用下的稳定性。

19.6.1　影响拱坝坝肩抗滑稳定性的因素

拱坝通常修建在比较狭窄的峡谷中，坝体在平面上为弧形，两端嵌入坝肩岩体借助拱的作用把大部分水平推力传递给坝肩岩体，因此，坝肩承受的荷载一般较大。加之，拱坝对坝肩岩体不均匀变形和过量变形比较敏感，于是通常要求坝肩岩体具有完整、均质、坚固等良好性能。

岩体滑动的几何边界条件主要由岩体中方向不利的软弱结构面和岩体自由面组成。产状水平或近水平的软弱结构面，以及走向与河谷方向夹角小于 45°而倾向河谷的软弱结构面，对于拱坝坝肩岩体来说往往是不利的（见图 19-6-1(a)，(b)）。岩体自由面决定最小主应力方向，因此它的方位对岩体的稳定性影响很大。岩体自由面的方向和位置由地形条件决定，如果坝肩上下游谷坡坡角较大且向河谷突出，往往容易造成坝肩上游临空面较大、下游缺乏支撑的不利条件（见图 19-6-1(c)，(d)）；反之，谷坡平直、结构面不发育或陡立且走向与河谷方向夹角较大时，通常对坝肩岩体的稳定有利。

但是，即使在河谷平直的河段，如果岩体中发育产状近水平、走向与河谷方向夹角较小的软弱结构面或破碎带时，也可以构成如图 19-6-1(e) 或图 19-6-2 所示的滑动边界条件。

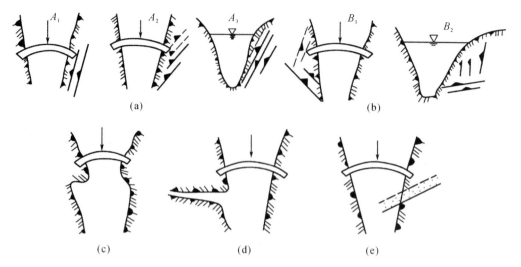

图 19-6-1 对拱坝坝肩岩体稳定不利的地形、地质条件示意图

如果谷坡地形条件不利,岩体中又发育有产状近水平、走向与河谷方向夹角较小的软弱结构面时,则对坝肩岩体稳定最不利,如图 19-6-3 所示。在这种情况下不仅可以构成多种可能的滑动岩体,而且可以出现由近水平软弱结构面、岩体自由面和走向与河谷方向平行的软弱结构面(见图 19-6-3 中左岸的 ac)或总体走向斜向下游山体的软弱结构面(见图 19-6-3 中右岸的 AB)一起构成的失稳岩体。

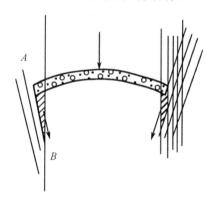

图 19-6-2 拱坝坝肩岩体不利的结构
组合示意图

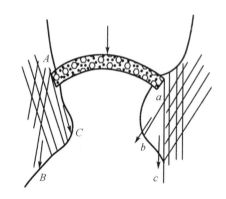

图 19-6-3 拱坝坝肩岩体形成的不同的
可能滑动体示意图

综上可以看出:地形条件和岩体结构(主要为软弱结构面的展布特征)在构成坝肩岩体滑动的几何边界条件中起着举足轻重的作用。因此,在分析坝肩岩体稳定性时,必须依据详尽的工程地质资料,紧紧抓住软弱结构面与地形条件的组合关系进行认真的分析和研究,力求避免漏掉比较危险的可能滑动岩体。

19.6.2 拱坝坝肩抗滑稳定性的计算

对拱坝坝肩岩体进行抗滑稳定分析常用的方法有平面稳定分析(刚性截面法、有限元法等)和空间稳定分析(刚性块体法、分段法、有限元法等)。平面稳定分析是分高程切取单位高度（$\Delta Z=1\text{m}$）的坝体及基岩按平面核算坝肩岩体是否稳定。该方法历史悠久，并曾作为抗滑稳定分析的设计情况，即各层拱圈的基岩稳定了，就认为整个基岩稳定了。平面稳定分析往往偏于安全，计算也较简便，因此在中小型拱坝的技施设计阶段和大型拱坝的初步设计阶段被广泛采用。

空间稳定分析也称为整体稳定分析，近来已成为核算坝肩基岩稳定分析的主要方法。当坝肩基岩为断层、节理裂隙、层面等结构面所围成的岩体并有可能滑移时，就必须进行空间稳定分析。由这些结构面围成的可能滑移体可能是从坝顶部到坝底部，甚至低于底部的基岩，也可能是从坝顶部到坝中间附近的基岩，对于这些岩体都有必要进行空间抗滑稳定分析。当高倾角侧向结构面及缓倾角底部结构面（皆可称为切割面），即前者的倾角不是90°及后者的倾角不为零时，一般说不属于平面抗滑稳定问题，应属于空间抗滑稳定分析问题。进行各高程坝肩基岩平面稳定分析并且算出的稳定性系数都已满足规范规定的要求时，则可不必进行空间抗滑稳定分析。但是，当某些高程的基岩的稳定性系数接近规定的最小值或者略低于最小值时，应当进行空间稳定分析。如满足要求，就认为整个基岩稳定了。当坝肩基础处理难以达到预期效果，或者需要核算拱坝的超载能力时，也需要进行空间稳定分析。

目前，有限元法也多用于拱坝坝肩稳定性分析，它可按均质体和非均质体考虑，也可按节理单元考虑（包括夹层及软弱带），二维与三维有限元都有被应用。

上述几种方法应用于许多大型工程中，下面重点介绍刚性块体法。

19.6.2.1 坝肩岩体中存在垂直和水平软弱面的情况

如图19-6-4所示，坝肩附近有两条与水平面正交的垂直软弱面 $abcd$［记为面(3)］与 aed［记为面(1)］。当坝肩在推力作用下产生滑动时，坝肩岩体将沿面(3)拉断而沿面(1)滑动。坝肩岩体除被面(3)与(1)切割，又被水平软弱结构面 $defc$［记为面(2)］切割，当坝肩岩体失稳时，滑动块体将沿面(1)和(2)下滑。若面(1)和(2)的抗滑力分别为 S_1 和 S_2，法向作用力分别为 N_1 和 N_2，扬压力分别为 U_1 和 U_2。坝肩作用于岩基上的力分解为三个正交分力：H 为垂直于面(1)的水平分力；V 和 Q 分别为垂直与平行于面(2)的分力。滑动块体的重量为 W。不考虑面(3)的拉力，可得坝肩岩块的抗滑力 F_s 与下滑力 F_r 分别为

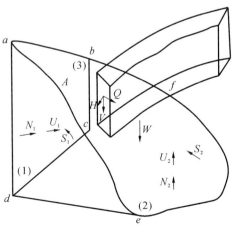

图19-6-4 坝肩岩体中存在垂直和水平软弱面的情况

$$F_s = (H-U_1)f_{j1} + C_{j1}A_1 + (W+V-U_2)f_{j2} + C_{j2}A_2 \tag{19-6-1}$$
$$F_r = Q \tag{19-6-2}$$

式中，f_{j1}，f_{j2}，C_{j1}，C_{j2} 分别为软弱结构面(1)和(2)的摩擦系数和内聚力；A_1，A_2 分别为软弱结构面(1)和(2)的面积。

由此可得坝肩岩体的抗滑稳定性系数 η：

$$\eta = \frac{(H-U_1)f_{j1} + C_{j1}A_1 + (W+V-U_2)f_{j2} + C_{j2}A_2}{Q} \tag{19-6-3}$$

19.6.2.2 坝肩岩体中存在倾斜软弱面的情况

如果图 19-6-4 中的岩基滑面(1)和(2)都是倾斜的，倾角分别为 α_1 和 α_2，但面(1)和(2)的交线 de 仍保持与水平力 Q 平行，如图 19-6-5(a)所示。为表达方便，在图 19-6-5(a)所示的滑块块体中，通过块体重心取一个与 de 线正交的铅直截面 ADF，并将作用于块体的所有外力均表示在该截面中(见图 19-6-5(b))。此时滑动块体的受力情况与图 19-6-4 相类似，不过滑面(1)和(2)上的法向力计算略有不同。计算时，先将水平力 H 及垂直力 $(W+V)$ 分别沿面(1)和面(2)的法线方向进行分解，参考图 19-6-5(c)(图中符号"⊙""⊕"分别表示荷载垂直于纸面，指向或背离读者)。

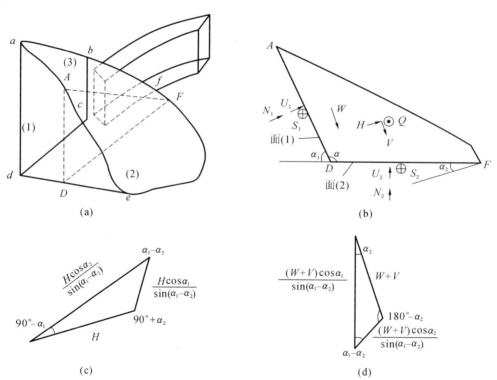

图 19-6-5 坝肩岩体中存在倾斜软弱面的情况

水平力 H 的分解：

$$\text{面(1)的法向分力} = -\frac{H\cos\alpha_2}{\sin(\alpha_1-\alpha_2)} \tag{19-6-4}$$

$$\text{面(2) 的法向分力} = \frac{H\cos\alpha_1}{\sin(\alpha_1-\alpha_2)} \qquad (19\text{-}6\text{-}5)$$

垂直力$(W+V)$的分解：

$$\text{面(1) 的法向分力} = \frac{(W+V)\sin\alpha_2}{\sin(\alpha_1-\alpha_2)} \qquad (19\text{-}6\text{-}6)$$

$$\text{面(2) 的法向分力} = -\frac{(W+V)\sin\alpha_1}{\sin(\alpha_1-\alpha_2)} \qquad (19\text{-}6\text{-}7)$$

各分力的正负是以分力方向与相应滑面的法线方向相同者为正，相反者为负，沿各个滑面的法线（n_1 与 n_2）方向可建立如下平衡方程：

$\sum F_{n1} = 0$：

$$N_1 + U_1 - \frac{H\cos\alpha_2}{\sin(\alpha_1-\alpha_2)} + \frac{(W+V)\sin\alpha_2}{\sin(\alpha_1-\alpha_2)} = 0 \qquad (19\text{-}6\text{-}8)$$

$\sum F_{n2} = 0$：

$$N_2 + U_2 + \frac{H\cos\alpha_1}{\sin(\alpha_1-\alpha_2)} - \frac{(W+V)\sin\alpha_1}{\sin(\alpha_1-\alpha_2)} = 0 \qquad (19\text{-}6\text{-}9)$$

于是可分别求得滑面(1)、(2)上的法向分力：

$$N_1 = \frac{H\cos\alpha_2 - (W+V)\sin\alpha_2}{\sin(\alpha_1-\alpha_2)} - U_1 \qquad (19\text{-}6\text{-}10)$$

$$N_2 = \frac{(W+V)\sin\alpha_1 - H\cos\alpha_1}{\sin(\alpha_1-\alpha_2)} - U_2 \qquad (19\text{-}6\text{-}11)$$

由此可得坝肩岩体的抗滑稳定性系数 η：

$$\eta = \frac{N_1 f_{j1} + C_{j1} A_1 + N_2 f_{j2} + C_{j2} A_2}{Q} \qquad (19\text{-}6\text{-}12)$$

19.6.3 提高拱坝坝肩稳定性的工程措施

由于拱坝对坝肩岩体的稳定性要求甚高，因此当坝肩岩体性质较差、坝肩抗滑稳定性达不到要求时，需对坝肩岩体采用工程措施以提高其稳定性，满足设计要求。除可以采用固结灌浆、排水减压外，还有以下常用的工程措施。

19.6.3.1 坝端嵌入基岩

为使坝肩与岸坡牢固连接，应将坝端嵌入基岩一定深度，且要求接头处的基岩新鲜、坚硬、完整。

19.6.3.2 处理易滑软弱结构面

对坝肩岩体中的易滑软弱结构面（带），必须进行严格的处理，主要措施有：

(1) 开挖回填。以多层平洞或竖井将软弱层（破碎带）挖除，然后回填混凝土，如图 19-6-6 所示。

(2) 支撑加固。在可能滑移体下游修建挡墙和支撑柱，或用预应力锚杆（锚索）锚固（见图 19-6-7）。

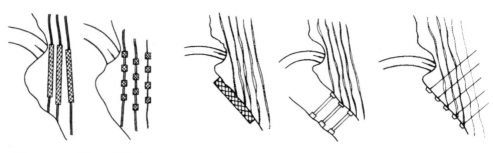

图 19-6-6 开挖回填措施　　　　图 19-6-7 支撑加固措施

(3) 修建传力墙。通过修建传力墙(见图 19-6-8),可使拱的推力大部分传入深部稳定岩体中,以保证岸坡附近易滑岩体的抗滑稳定。

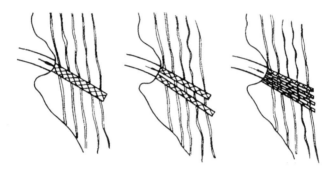

图 19-6-8 传力墙示意图

第 20 章　石质文物保护工程

20.1　概　　述

　　文物是历史的见证,是人类文明的重要遗产。文物的保护不仅是对历史的尊重,更是对人类文明的传承和发展的贡献,可以让后人了解历史,了解文化,从而更好地认识自己的文化根源,增强文化自信。我国是文物大国,所出土和保留的文物时间跨度更是长达百万年,保留下来的文物众多。石质文物是其中很重要的一部分。

　　石质文物是指以天然岩石为材料的历史遗物,包括石窟、石刻、岩画、石器、石塔、石桥、石碑、经幢、石雕、石牌坊、岩墓等多种类型。与其他天然材料相比,岩石具有耐久性好,对环境变化不甚敏感的特点。即便如此,由于岩体力学性质所具有的时效性特征,所赋存地质环境条件复杂多变,石质文物也随着留存年代的增长而病害越发严重,导致其所承载的历史文化信息丢失,给文物保护带来巨大威胁。这些病害中很大一部分属于地质病害。按照石质文物地质病害的不同表现,大体可分为三大类型:稳定性问题、水的渗漏侵蚀问题和风化问题。稳定性问题是指石质文物所依托的岩(山)体出现岩体结构不稳定和局部危石等问题。水的渗漏侵蚀问题是指地下水、地表水或冷凝水引发石质文物的一系列破坏问题。风化问题是指在文物表面毫米到厘米级的范围内,岩体发生物理的或化学的变化,导致文物外观遭受破坏、文物本体材料性质变差。上述病害的核心还是由岩体力学问题所导致的,因此需要用岩体力学的理论与方法来研究与解决。

　　另一方面,石质文物保护中的岩体力学的研究与其他的岩体工程中的岩体力学研究又是不同的,它有自己鲜明的特点,面临着不一样的挑战。其原因可以概括为以下 7 个方面:

　　(1)保存时限的长期性。因为石质文物的保护是长期的,几乎是无限期;而一般的岩体工程有一定的使用期或运营期,一般只有几十年,长的也不过百年,只要在运营期保持它的稳定性就行了。岩体是有时效性特征的,时间跨度不一样,发展的结果是不同的,存在的岩体力学问题的严重程度也大不一样,研究方法也不同。

　　(2)表层信息的珍贵性。因为文物除了形制上、规模上的一些重要信息之外,很多的信息是附着于它的表面。譬如表面的彩绘、雕刻、摩崖等,因此它的保护就要从表面做起。而岩体的表面正好是风化最严重的,最容易遭受外界的影响。而一般的岩体工程,是几乎可以不考虑岩体表层信息的,甚至可以直接挖除。

　　(3)文物保护的完整性。石质文物的任何部分,哪怕星星点点、再小再微,都是重要信息的一部分,是不能够被丢弃、被随意处理掉的,要尽力保证文物的完整性。而在一般的岩体工程中,可以不用考虑得这么精细。

　　(4)岩体条件的特殊性。石质文物一方面会选择一些坚硬的岩石;另一方面,像一些大型石质文物,比如石窟、摩崖石刻等,往往又会选择一些相对比较软弱、比较容易开凿、容易雕刻的岩体,像砂岩、泥岩、粉砂岩等。这些岩体成层性明显,也容易发育一些裂隙,抗风化能力弱。有一些甚至为软岩,对石质文物长期保存带来困难。

而另一部分岩石,像灰岩等,脆性明显,节理裂隙多,容易发育张性裂隙、卸荷裂隙,也导致长期保存的困难。

(5)赋存环境的复杂性。一方面,一些石窟摩崖开凿于陡崖上,这些地方往往是地壳快速抬升的产物,切割大,坡度陡,地应力场异常。在形成陡崖时,已经发生了严重的卸荷作用,形成卸荷带。在后期石窟开凿过程中,又再次引起应力重分布。所以整个岩体应力转化是比较复杂的,受自然因素、人为因素的影响比较多,卸荷作用比较强烈,给保护工作带来了很大的挑战。

另一方面,这些地方地势陡峭,陡崖的位置往往受风雨等一些自然因素影响比较强烈,风化、风蚀现象,甚至地震的破坏都会比较强烈。加上这些地方的高差大,自然坡度陡,山体自身的稳定性就不好。所以经常有一些石窟在历史上已经发生一些自然破坏,如垮塌、倒塌、坠落等。很多石窟在我们现在看到时只是残留下来的部分。

(6)人为活动的多样性。石质文物是古人活动的产物,后期又有一定的保护、改造过程,甚至有人为破坏。现在石质文物大多列入景区内,也面临对外开放、游客众多的形势,保护人员、设施比较多,受人为影响比较严重。不仅要保证文物的安全,也应对游人、设施的安全负责。

另外,石质文物周边有时会有一些城市建设、道路建设、采矿等活动,也会对它构成一定的威胁。例如云冈石窟,大同的一些城市建设已经对周边气候环境、地下水环境造成影响,继而影响云冈石窟;又如新疆五连洞石窟,由于修建水库等改变了地表水与地下水条件,对石窟保护也造成了一些不利影响。

(7)勘察工作的困难性。由于文物的特殊性要求,在遗址区内进行勘察也较一般岩体工程困难,所受限制多。无论是现场勘探,还是取样测试,都不能危及文物本体和密切相连的岩体。有时一些常规的但卓有成效的勘察手段就不能应用于文物勘察,应尽量选择一些无损勘察手段。但这造成无法获取完备的勘察信息,需要结合岩体力学的理论分析、工程类比研究及工程经验的积累来弥补。

20.2 石质文物的地质病害与岩体力学问题

20.2.1 石质文物的类别

从文物学的角度上,可将文物划分为可移动文物(又称馆藏文物)与不可移动文物两类。但从岩体力学研究的角度划分,可以将石质文物另外划分为两大类:一类是以岩石作为材料的古建筑、石器、岩石雕刻,包括可移动文物(馆藏文物)与不可移动的古建筑;另一类是以岩石为背景在其上进行的开凿、雕刻、绘画、磨制的石窟、石刻、岩画、摩崖等,其中大多数石窟一般是为供养佛像开凿的,称为石窟寺(也有个别石窟寺建于天然石窟中的,如西藏札达卡孜寺)。

前者以岩石为材料,是易地而成的文物,岩石脱离了其原始的地质背景;后者是在岩体原位所创设的文物,岩体没有脱离原有的地质背景,一般涉及岩体的规模也更大,显然岩体力学行为更复杂。在这一类原位的石质文物中,以石窟寺及石刻数量最多、最典型,涉及的力学问题最复杂。

石窟寺及石刻所涉及的岩石类型丰富,基本涵盖了岩石的三大类型,分布的地域也十分广泛,跨越不同的地貌类型与气候带。

我国主要的石窟寺与石刻以修建于砂岩中的最多,约占80%。首先,这与砂岩强度较低、易于雕刻有很大关系,这是岩性上的便利条件;其次,我国在侏罗纪、白垩纪时期普遍沉积一层厚度较大的红色的碎屑岩(地质上称为"红层"),岩性以泥岩、粉砂质泥岩为主,其中夹多层砂岩夹层或透镜体,由于时代新,遭受的构造作用少且弱,因此节理裂隙不发育,且层厚大,岩体相对完整,为石窟寺的开凿提供了结构上的条件;另外,由于喜马拉运动及之后的新构造运动,在我国多数地区,尤其中西部地区地壳抬升快,易于形成高差较大的陡崖,为石窟寺的开凿提供了地形上的便利。在西南川渝地区,石质文物主要是利用侏罗纪和白垩纪砂岩雕凿而成。如,四川乐山大佛由白垩纪夹关组(K_2j)紫红色长石石英砂岩雕刻而成;重庆大足石刻北山造像群雕凿于侏罗纪上统蓬莱镇组(J_3p)和遂宁组(J_3s)紫灰至紫红色厚层块状泥岩、钙质胶结长石石英砂岩中。西北陕甘宁地区,石质文物主要是利用白垩纪砂岩雕凿而成,如甘肃泾川南石窟寺开凿在白垩纪紫红色泥质胶结的长石石英砂岩中;甘肃庆阳北石窟寺开凿在白垩纪土黄色细粒泥质胶结的长石石英砂岩中;陕西彬州大佛也开凿在白垩纪洛河组(K_1l)紫红色中粗粒砂岩中。华北地区,最具代表性的砂岩类石质文物是大同云冈石窟,它开凿于侏罗纪云冈组长石石英杂砂岩中。

还有些石窟寺与石刻建造于其他岩性岩体中,包括灰岩(如洛阳龙门石窟、南响堂石窟、北响堂石窟)、花岗岩(如泰山经石峪石刻、黑龙江阿城亚沟石刻雕刻)、火山碎屑岩(如义县万佛堂石窟、绍兴柯岩造像)、混合花岗岩(如连云港将军崖岩画)、片麻岩(如安庆潜山石刻)等,但数量较少,占总数量的比例不到20%。

20.2.2 石质文物的地质病害

石质文物赋存的岩体历经亿万年的漫长岁月,受到各种自然营力(地震、河流冲刷、地下水侵蚀、大气降水、风蚀等)的长期作用和人类活动的影响,会产生不同程度的地质病害,大致可以分为两类:一类是环境工程地质问题;另一类是文物本体病害(潘别桐等,1992)。

20.2.2.1 环境工程地质病害

因为石质文物是历史上既有工程行为的产物,所以它的建造过程必然受到原有地质环境的制约和限制,如我国的石窟寺多数开凿在依山傍水的崖壁上,组成崖壁的地层大多未经历过强烈构造变动,岩体完整性较好,地层产状多为近水平或缓倾,多为中厚层至巨厚层。这些特点不仅反映了我国先民在使用功能方面的考虑,更反映了我国先民在工程行为中对地质环境的认识。

但是,限于当时科学技术水平和人们对自然的认知的局限,在这些工程行为中不可能解决所有的环境地质问题,而这些问题便成为今天需要面对和解决的问题,例如滑坡、崩塌、地下水渗漏和淤积等类型。这又被称为第一类环境工程问题。

例如,四川广元皇泽寺摩崖造像的区域在2008年"5·12"汶川地震中曾产生滑坡,对文物、环境及人员造成安全隐患;重庆市合川钓鱼城遗址的摩崖题刻,崖壁前的坡体为坡积物与侏罗纪泥岩基岩形成混合滑坡体,在雨季容易诱发坡体蠕变变形,对遗址及摩崖题刻安全造成威胁。

在石窟与石刻区域,崩塌更多。不仅会发生于石窟寺及石刻赋存环境中,也会发生在文物本体上,后者可归于文物本体病害考虑。

石窟寺及石刻依托的自然地质体,在开凿营造选址时,一般避开了长期渗水或严重渗水的区域。但要想完全避开也是不可能的。降雨形成的上层滞水、裂隙水诱发的季节性渗水病害,普遍存在于我国石窟寺及石刻。龙门石窟、大足石刻、乐山大佛、彬州大佛寺、云冈石窟等石窟寺均存在不同程度的地下水渗漏问题,会对文物本体造成严重危害,尤其加剧了表层岩体的风化、溶蚀、内鼓、起翘、酥化、返碱等。所以它又是和文物本体病害紧密联系在一起的。

洪水可以单独形成自然灾害,往往也衍生形成泥石流灾害。我国西北地区石窟寺,比如新疆克孜尔千佛洞、库木吐拉千佛洞、森木塞姆千佛洞、甘肃敦煌石窟等均存在河流、山间沟谷洪水及泥石流冲刷、淹没的环境地质问题。例如,新疆克孜尔千佛洞的渭干河水系,洪水多发于6~8月,为融雪与暴雨混合型,具有忽涨忽落特征。由于第三纪砂岩、泥岩内有大量易溶盐和蒙脱石,遇雨水岩体极易崩解。因暴雨、洪水冲刷崖壁形成大量冲沟,是引发洞窟大面积崩塌的重要原因。森木塞姆千佛洞窟区有一条间歇性河流,每次洪水暴发,都会将结构松散的第三纪砂砾岩岩体冲毁一部分,造成洞窟下部悬空,危及洞窟安全。敦煌莫高窟窟前的大泉河,若干年间隔都要暴发一次洪水,1987年的洪水使底层的几个洞窟被淹,造成壁画破坏等危害。

由于我国石窟寺及石刻多开凿于岩体边坡的卸荷带内且往往地势较高,对地震震害有放大效应,更容易受到地震的影响,还常会叠加崩塌、滑坡等次生地质灾害,造成石窟寺及石刻环境、载体岩体、文物等损毁破坏,并严重危及人员安全。尤其距离活动断裂带较近,受频繁地震活动影响的石窟。如麦积山石窟,其附近活动断裂密布,地震活动强烈,历史上麦积山地区经历过多次大地震,建窟以来已遭受多次强震袭击。如隋开皇二十年(公元600年)天水6.5级地震,震中东经105°42′,北纬34°36′,震中烈度Ⅷ度;有学者认为第43窟上部以东的崖面,也就是著名的第4窟"散花楼"和它下部区域崖体的崩塌,应是这次地震破坏所致。公元734年(唐开元二十二年)天水7.0级地震,震中东经105°48′,北纬34°32′,震中烈度Ⅸ度;震中距麦积山直线距离约28km,学界普遍认为这次地震使麦积山崖面中部塌毁,窟群分为了东崖、西崖两部分,山脚下至今还保留当时因地震滚落的山石,可见此次地震对麦积山石窟影响之大。又如敦煌莫高窟属于地震活动频发地区。自公元417年以来,可考的地震有11次,其中1927年、1932年和1952年的地震较强烈。1927年的地震将莫高窟196窟洞顶的一块壁画震落,导致佛龛上的塑像被砸毁,部分石窟外檐崩塌。1952年的地震又将211窟窟顶一块初唐壁画震落;同时地震诱发的地质灾害也会对石窟及其环境造成破坏。再如,新疆吐峪沟石窟,被认为是新疆开凿的最早的石窟,1916年附近发生6级地震,吐峪沟石窟遗址损毁严重。如前所述,2008年汶川地震中四川广元皇泽寺摩崖造像南段、北段山体大面积滑坡,形成危岩体,直接影响了石窟的结构安全。

与第一类环境地质病害相比,第二类环境地质病害更复杂,它们是由于人类活动引发环境条件变化所造成的。其中既涉及理论研究的意义,又涉及社会经济发展与文物保护的相互关系。下面举几个事例进行说明。

炳灵寺石窟开凿在白垩系长石石英砂岩中,该岩石胶结物成分中黏土矿物占15%,其中蒙脱石含量高达6%。修建刘家峡水库后,原来的干旱小气候环境变成干湿频繁交替,使蒙脱石矿物发生胀缩,加速了石雕表面风化,使原来光滑圆润的石雕开始掉粉,变得粗糙模糊。这种问题也出现在新疆的森木塞姆千佛洞。

另外,由于炳灵寺石窟位于刘家峡水库库尾,水库淤积和泥石流堆积导致窟前地面抬升,地下水位升高,底部窟龛因毛细作用又产生水害、盐害问题。该类问题也出现在新疆库木吐喇石窟。

再如,工业的发展容易导致酸雨,大气中悬浮颗粒含量也会增加,这些酸雨和微颗粒降落在石雕表面,会加速石质文物表面的腐蚀。江苏连云港孔望山摩崖石刻、河北邯郸响堂山石窟寺都出现过这类问题。

再如,一些文物位于矿区附近或交通干线附近,采矿活动、车辆荷载振动也会导致文物破坏问题。江苏连云港将军崖岩画、湖北大冶铜绿山古矿遗址等都受到采矿的影响。洛阳龙门石窟、河南义马鸿庆寺都不同程度地受到铁路、公路车辆行驶时的振动影响。鸿庆寺现存石刻已损毁殆尽。

20.2.2.2 文物本体病害

文物本体病害是指文物在自然营力作用和人为因素影响下所形成的,影响文物结构安全和价值体现的异常或破坏现象。不同文物因制造工艺、保存形态、所处环境条件不同,所以病害类型极为复杂。大体可将其分为结构失稳、渗漏和表层劣化三类。

1. 结构失稳病害

结构失稳(structural instability)是指文物主体结构或其所依存的岩土环境所产生的局部或整体不稳定现象。

1)岩体失稳病害

岩体失稳是石窟寺及摩崖石刻常见的岩体病害类型,根据文物的赋存环境的差异性,又可分为边坡失稳和洞室失稳两类。该类失稳现象与环境工程地质问题中的崩塌较常见,多以危岩体作为此类病害的表现形式。

危岩体是指在岩体内的各种不同成因结构面相互交切下,使文物所在边坡或洞窟(洞室)岩体内形成可能滑移、倾倒、坠落的分离体。

2)石质建筑物及构筑物结构失稳病害

该类病害又可分为变形和破坏两类。变形常见有裂缝、断裂、鼓闪、倾斜、错位等现象。破坏主要表现为塌落和坍塌现象。其中,倾斜(inclination)是指受地基不均匀沉降等因素的影响,石质建筑物及构筑物整体或局部产生向一个方向倾倒变形的现象;鼓闪(detachment)是指石质建筑物及构筑物由于受张应力的不均一性影响,局部发生向临空方向变形的现象;错位(dislocation)是指石质建筑物及构筑物块体间发生明显位移的现象;塌落(collapse)是指石质建筑物及构筑物构件由于受变形和断裂的影响,整体或局部产生块体坠落的现象。

2. 渗漏病害

渗漏(leakage)是指大气降水、地表水或地下水在文物本体表面渗出的现象。按渗出时间特点,渗漏可分为常年渗漏和季节性渗漏两类。常年渗漏(perennial leakage)指一年平均有300天以上的渗漏现象;间歇性渗漏(intermittent leakage)指受季节和大气降水影响,一年只在雨季或大气降水后出现的渗漏现象。

根据水渗出的形态,渗漏又可分为渗析、滴水和涓流三类。渗析(dialysis)是指水渗出量很小,仅在出水点周围形成潮湿的现象;滴水(dripping)是指出水点处以水滴形式渗出的现象;涓流(trickling)是指出水点处以小股流水形式渗出的现象。

3. 表层劣化病害

表层劣化(surface deterioration)是指文物表层所产生的破坏文物表面结构完整性或影响文物价值体现的现象。由于石窟寺及石刻类文物的制造材料和工艺的复杂性,该类病害的具体病害现象最复杂。

20.2.3 石质文物保护中的岩体力学问题

归纳上述地质病害,其中涉及的岩体力学问题较多,有些是单一的,有些是综合的。例如洞窟围岩稳定性问题,边坡稳定性问题,岩体流变与长期强度问题,岩体水力学问题,岩体动力学问题,岩体断裂、损伤、风化等引发的劣化问题等。这些问题的研究在前面章节已作介绍,此处不再赘述。

20.3 石质文物保护措施

由于石质文物保护工程的特殊性,在制定保护措施时应尽量遵守如下原则:

(1)遵循最小干预的文物保护原则。所选用的加固措施以对文物及遗址的干扰最小为原则,严格控制工程范围、规模与工程量,避免过度干预。

(2)遵循不改变文物体的原状及保护文物真实性的原则。在保护工程实施过程中,不允许对文物体造成新的破坏和影响。保持加固部位与整体环境的协调性。保护措施宜采取隐蔽性结构加固措施,例如锚固、注浆封闭等。

(4)遵循保护工程应遵循可识别性和可持续性(可逆性)的保护原则。

(5)遵循重点保护的原则。重点针对危及文物本体及其载体稳定性和耐久性的主要病害进行加固,对于暂不具备工程保护措施实施且危险性较低的病害,多以加强监测为主。

(6)遵循整体稳定与局部补强相结合的原则。首先保证整体的稳定性,在此基础上进一步考虑局部的稳定。失稳岩体的加固保护必须全面考虑可能出现的暴雨、地震等突发因素和极端条件。

(7)保护工程实施过程中,遵循"动态设计、信息化施工"原则。

根据上述原则,从岩体力学的角度出发,石质文物保护首先是建立在对石质文物病害的类型和形成机理的准确判断和分析的基础上,还应根据文物所在地区的气候条件、环境条件、地震烈度、文物的重要性、岩体的岩性、裂隙性质和发育程度、危岩体的稳定状态、渗水的类型及坡体稳定性等多种影响因素进行综合考虑,灵活地应用单个治理措施或多种治理措施的组合,针对主要的岩体病害进行治理,必要时应作出对比方案,进行技术、经济和环境等诸方面的综合比较,筛选出最适宜的方案。

石质文物保护常用的保护措施有:岩体风化防治、危岩体处治、岩体水害治理、地质灾害防治、治理工程质量检测与效果评估等。下面简述几项重点措施。

20.3.1 危岩体处治

危岩体是石窟岩体病害最常见的一种病害形式，不仅会对文物的安全构成极大威胁，而且对工作人员及游客的生命财产安全也会构成极大危害，所以危岩体加固是石窟寺及石刻岩体加固的主要工作之一。目前多选择锚杆加固、支顶、注浆、清除等方式进行处治。

锚固结构简单、受力清晰、耐久性良好、对文物负面影响小。但锚杆的选型要充分考虑保护工程经验、地质条件、危岩体规模、施工工艺等因素。总结保护对象历史加固经验，评估历史保护效果，采取成熟可靠的锚杆类型。本体部位以二次灌浆全黏结锚杆为宜。不建议布置抗剪切锚杆、高预应力锚杆、自钻式锚杆、涨壳式锚杆等。强度高、结构完整的岩体，可以尽量选用高强度、大间距锚固方案；岩体强度低、结构破碎，可结合黏结加固、暗梁、防护网（非本体区）等加固方案；在存在腐蚀性水土条件下，慎重选择杆件及胶凝材料、防腐措施和保护层厚度。文物本体上的危岩体一般规模很小，可考虑采用微型黏结性锚杆，杆材也可以选择金属材料外的新型材料。在西北干旱地区，一些半成岩的危岩体加固中，选用楠竹锚杆，取得良好的加固效果。

部分石窟及石刻的下方岩体中存在岩洞、溶洞，或由于部分窟区岩性较软，尤其泥岩等软弱夹层遇水易崩解，长期经受雨水冲刷和洪水掏蚀，在坡脚部位或其他部位易形成悬空或空洞，加剧坡脚的应力集中程度，造成上部岩体失去支撑，容易产生倾倒、崩塌、下错或坠落。这时可以考虑采用有效支顶措施或者将支顶与锚固联合使用。

局部支顶措施包括浆砌片石支撑墙、钢筋混凝土支撑墙、钢筋混凝土立柱等形式，采用何种形式应根据现场具体情况而定。其基础一般应下到稳定的持力岩层或设置扩大基础。如莫高窟北区洪水冲刷将坡脚掏空处、瓜州榆林窟西崖坡脚和庆阳北石窟寺北1号窟就均采取了此种支顶措施。

但是，考虑到支顶工程对窟区景观的影响，支顶结构应采取小体量、分散设置，并采用原岩粉末做成黏结材料对结构物表面进行复旧处理，使其外观近似于风化岩柱或岩层，以达到与石窟及石刻岩体及崖面浑然一体的效果。

对于非文物本体区域的危石，在允许的条件下，也可以采取就地清除的方法；对坡面比较破碎或危石成群出现时，也可采取喷锚或挂柔性网的治理措施。

由于危岩体多被节理裂隙切割，在加固的同时，最好配合对这些裂隙进行注浆封闭，一是可以提高裂隙两壁的黏结力；二是可以减轻地表水的渗入，减缓两壁岩体劣化速度。灌浆前可对胶结面进行清理，清理方式可以采用竹片、高压空气、清水清洗等方法。

注浆封闭可以单独使用，也可以与锚固、支顶等措施联合使用。如果与锚杆联合使用，应在危石锚固张拉结束后才可进行砂浆灌注黏结。

图20-3-1是辽宁五女山山城一线天栈道危岩体综合治理措施图，综合运用了斜拉锚杆、带连接横梁锚杆、支撑立柱及裂隙注浆封闭等措施。

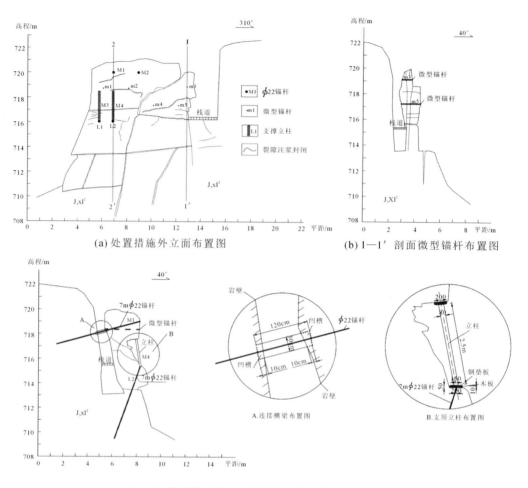

(c) 2—2′剖面斜拉锚杆、带连接横梁的锚杆以及支顶立柱布置图

图 20-3-1　五女山一线天栈道危岩体综合治理措施

20.3.2　窟顶岩体塌落治理

20.3.2.1　基本思路

石窟顶板是石窟中应力集中部位,有时还会有拉力出现,容易在长期荷载作用下产生开裂、塌落。

洞窟顶部厚度是洞窟需要考虑一个重要因素。当顶部厚度足够大,能形成稳定卸荷拱时,顶板稳定性一般较好,不容易出现坍塌破坏。当顶板厚度过小,顶板位于卸荷拱范围内,窟顶整体坍塌风险高,加固依托的岩体不足,难度大。

当窟顶存在贯穿结构面、软弱夹层时,窟顶应力状态会更复杂,随时间推移,在风化和卸荷作用下,即使窟顶厚度远大于卸荷拱的厚度,窟顶及两壁失去稳定性的风险不断加剧。

在评估厚顶板窟和薄顶板窟时,需要综合考虑洞窟空间分布情况与围岩地质条件。在洞窟平行排列,侧壁过薄,及长期卸荷作用下,多个洞窟形成连续卸荷,卸荷拱的高度、形貌可能更复杂。不但会导致顶板开裂、次生水害、盐害加剧,也会导致窟间侧壁压裂、坍塌。此时,必须在更大尺度上评估稳定性和考虑加固方案。

石窟的窟顶及侧壁加固,既属于本体保护,又属于结构性加固,应组织专项勘察、设计(研究)和施工。调查、勘察及稳定性评估是工作基础,如存在坍塌风险,或者有损勘察工作之前,宜对洞窟进行预支护工作,对文物进行多层次安全防护。稳定性分析确实存在问题的,再组织专项的加固设计和加固施工。对风险较高洞窟,可提前布置监测工作。施工过程中,根据监测数据、施工勘察结果,动态评估洞窟稳定性,根据评估结果,动态调整加固方案、加固工艺。

洞窟顶板的加固主要从四个方面考虑:一是,控制导致洞窟坍塌、破坏与变形的诱发因素,如洞窟侧壁与顶板有渗水现象,窟顶有不恰当堆载、高大树木等,消除上述作用后,稳定性可以恢复至安全所需程度时,后期以监测工作为主;二是,洞窟岩体碎裂破坏是诱发洞窟失稳的主要风险时,如顶板局部开裂破坏整体传力、立壁破坏导致支撑作用丧失等,可主要采用微型锚固、黏结修复、局部补形等措施,恢复受力体系,确保洞窟稳定;三是,施加结构性支撑,是最直接的加固措施,可以直接预防顶板坍塌,抑制侧壁应力集中和变形的发育。但是结构性支撑将直接显著改变洞窟内部形貌,影响参观,不宜作为永久性加固措施,但预支撑和临时性加固可作为优先方案;四是,采用结构性加固锚杆,将荷载往转移到更稳定部位或结构。如洞窟顶板厚度大,可利用锚杆,结合墩、梁、板等措施,将顶板荷载转移至卸荷拱以外。如洞窟顶板厚度小,可将顶板部分荷载转移至附加的梁柱结构。

20.3.2.2 薄顶石窟窟顶危岩体塌落病害的治理

薄顶特大型石窟窟顶危岩体塌落病害的治理是石窟抢险加固工程中设计难度和施工难度较大、技术含量较高的分项工程,其涉及结构性加固、岩-锚复合作用、结构工程、风化洞窟稳定性评估及监测技术、加固材料、施工工艺等。

薄顶石窟窟顶岩体加固工程施工,必须单独做详细的施工组织设计,精心施工。其加固工程一般含如下内容:对窟顶破碎危岩体用上吊锚杆(索)锚固,对锚、灌浆加固,提高其自身强度和整体性;用吊索、吊杆、型钢框架结构体托住窟顶危岩体;用斜拉或上吊预应力锚索承担一部分荷载,减小对稳定性较差的窟壁及拱门的压力,并增加其抗倾覆能力;受力钢、钢混结构的施工等。

加固工程施工有三个要点:第一,精确测量窟顶各部位厚度,然后再用凿岩机打穿窟顶薄弱部位和破碎带岩体,采用钻孔电视技术详细检查岩体内部软弱夹层部位厚度和风化蚀空情况,确定拟灌浆液配方、灌浆压力和对拉锚杆可施加的预应力值,并做试样,测定试样强度,最后付诸施工。第二,按先做上吊锚杆(索)和对穿锚杆再灌浆的顺序加固窟顶岩体,通过这一措施可有效地提高窟顶岩体自身的强度,增加其完整性。锚固及预应力的施加应渐次施加,同一批灌浆孔不能超过 2~3 个,距离不应小于 5m。每个孔灌浆时要缓慢,间歇式进行,灌浆泵可采用可控制、可反转回浆的挤压式砂浆泵。灌浆时,要牢固支顶窟顶危岩体,并加强观测,待全部上吊锚杆(索)和对锚砂浆体所灌浆液材料达到设计强度后,才可根据下一步施工需要撤去少部分临时支撑。对所有锚杆两端(窟内和窟外)均需进行防腐、防水处理并封闭。第三,用锚杆、锚索将钢框架锚固与坡面上的吊梁连接。吊梁的预应力施加对控制变形作用明显,但过大预应力可能造成本体区局部应力加剧。建议预应力按设计的

10%～20%锁定,锁定后对悬空岩体段灌浆,再施加设计预应力的20%～50%。在有充分研究结果的基础上,也可以调整预应力的施加方案。窟顶上方受力结构要尽量嵌在地表以下。

施工时,对钢框架进行支顶,待上吊锚索(杆)砂浆体龄期达到28天后才可缓慢有序地撤去预支撑。锚索孔、锚杆孔采用回转取芯等成孔方式,严格控制振动及灰尘的负面作用。施工完成后进行复旧处理。

20.3.2.3 厚顶石窟窟顶危岩体塌落病害的治理

厚顶窟一般在窟顶会形成稳定的卸荷拱,顶板加固相对简单。同样,可以根据勘察、研究结果,对严重风化、开裂破碎的岩层进行预支顶。

加固措施主要通过锚杆(索)将顶板下坠作用传至洞窟上方卸荷拱以外的稳定区域。将卸荷拱以外区域视为锚固段,窟顶松动岩体视为自由段,利用锚杆传力、压密加固效应,提高洞窟顶板的稳定性。

设计时,注意卸荷拱形态,确保结构加固锚杆发挥作用;其次,配合布置小型锚杆,提高窟顶整体性;最后,利用对窟顶坍塌体、开裂修复,布置托底墩、托底梁,确保加固效果。

20.3.2.4 石窟窟顶岩层层状剥落的治理

石窟顶板出现层状剥落现象比较普遍。窟顶为卸荷作用影响显著区域,长期受张拉应力作用,导致顶板开裂。在水平地层区,如川渝、陕北等地,垂直方向出现岩性差异明显,为水平片状剥落的产生提供了物质条件。窟顶、后壁往往是水害比较严重区域,干湿循环、盐分富集往往是顶板片状剥落的诱发因素。对于此类石窟可采取下列治理手段:

(1)崖顶表面防水处理。组织水害治理专项工作。西北地干旱地区石窟水害的形成机理一般比较简单,可根据石窟崖面裂缝的具体情况,采用不同浆液进行裂缝灌浆,防止雨水继续沿裂缝下渗。对裂隙宽度超过2cm的宽大裂隙,可采用防水材料进行充填封闭;对裂隙宽度小于2cm的裂隙,可采用微膨胀灌浆材料进行充填封闭。南方及碳酸盐地区石窟水害成因非常复杂,在充分研究的基础上采用针对性的水害治理措施,减缓石窟水害问题,减弱石窟顶板剥落的诱发因素。

(2)调控窟内温湿度。窟内干湿循环会导致岩石涨缩、盐分相态转换或潮解结晶等作用,引起顶部开裂。温湿度的控制需要结合具体情况选择。西北干旱地区以防止窟内湿度上升为目的,防止岩石本身的水分迁移过来的盐分吸湿膨胀及反复结晶。而对于西南潮湿地区大部分洞窟,要防止不合理的干预导致洞窟内出现凝结水或过于干燥,因为这也会导致顶板片状剥落现象加剧。

(3)窟顶局部加固。在控制诱发因素基础上,可以开展局部窟顶加固工作。如判断顶板开裂、脱落并没有影响整体稳定性时,加固工作可仅限于开裂体局部。主要措施可采取局部黏结、微型锚固、暗梁托顶等措施。要求黏结材料与保护对象匹配,根据岩性合理选择。材料本身应具有足够耐久性,低盐,且不能成为水分、盐分迁移的介质。微型锚固及暗梁,尺寸以小为宜,对防腐、耐老化要求高,可选用碳纤维、玻璃纤维等材料作为受力构件。保护工程实施不能对文物本体造成破坏。

20.3.3 水害治理技术

由于地下水的出露和大气降水等原因,会导致窟内和崖面出现水害。水与岩体在相互作用的过程中,存在物理、化学、力学的复杂作用,使岩体出现不同形式和不同程度的劣化,不利于文物的长期保存。

20.3.3.1 水害治理的原则

水害治理应遵循不改变文物原状、最小干预的原则。目前主要采用以疏排为主、截堵为辅、多措并举的技术指导思想。尤其是针对基岩裂隙水的治理,由于水的运移途径及分布状态是千变万化的,所以必须在详细而准确地查清地下水的类型、补给来源、运移途径及分布状况的基础上,才能有针对性地确定治理方案,达到投资小、见效快、事半功倍的成效,否则治理工程极易失败。水患治理工程应采取动态设计、信息化施工,根据施工中的具体情况及时对设计进行补充和调整,以确保工程效果。

20.3.3.2 基岩裂隙水的治理措施

基岩裂隙水的治理可采取以排、截、疏导为主,封堵为辅的综合治理措施(图20-3-2),其治理原则是截断基岩裂隙水的补给来源,打通地下水的排泄通道,降低地下水位等。具体的治理技术措施有以下几种。

1. 平孔排水

石窟所在的砂岩、砂砾岩、砾岩岩体中,往往夹隔水效果相对较好的泥岩和页岩等软弱夹层(如炳灵寺石窟区砂岩在高程1777m左右夹一层厚6～30cm的粉砂质泥岩;云冈石窟区砂岩中夹薄层砂质页岩),由于夹层岩性软弱,在地质构造运动中不易折断,往往形成窟区的隔水地层,大气降水和基岩裂隙水沿其上覆岩体的裂隙及断裂下渗至该层后,不能继续向下移动,只有沿水平方向向临空面渗流,沿此层多处形成渗水点。因此,在此位置设置水平排水孔改变地下水的运移途径,可将地下水引离崖面和石窟。该措施应用于已有的石窟治水工程,效果比较明显。

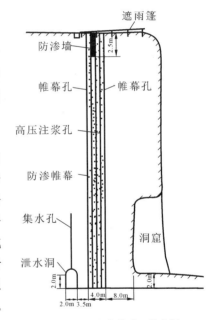

图20-3-2 防渗帷幕、泄水洞、集水孔等综合排水

排水孔应先于其他分项工程实施,排水孔的位置和长度应视现场具体情况而定,要求测量定位准确,其长度为5～40m;其仰斜角度视软弱夹层(隔水地层)具体情况而定,一般应平行设置于软弱夹层(隔水地层)上部5～20cm处;孔内可设置高强度、耐腐蚀的PVC集水花管,集水花管孔径一般为80～100mm;也可在一个集水点处采取一孔多向的排水孔措施,即沿2～3个方向分别设置2～3个排水孔,呈放射状,孔内设置PVC集水花管,然后将这2～3个排水花管在孔口以联结接头汇集在一处将水排出,以便最大范围地拦截地下水,增强排水效果。孔口封闭必须密实,一般以防水材料封闭孔口及原渗水点,以保证水全部从管中排出。

例如炳灵寺石窟，崖面渗水主要是由大气降水通过入渗作用的补给而产生的，具有补给面大、径流时间长的特点。因此，企图通过阻止地表水的入渗而完全消除崖面渗水是不现实的，在充分考虑了造成崖面渗水的各个控制因素后选择"原地疏导，引离崖面"的治理方案，即采用一孔多向的仰斜排水孔拦截基岩裂隙水，并通过排水管将裂隙水引离崖面。这样既保证了岩体和文物不受侵蚀，又不会使文物景观受到影响，工程治理效果十分明显。再如，贵州青龙洞岩体加固工程中也采取了平孔排水措施，排水效果明显。

2. 防渗帷幕

对于石窟区岩体中基岩裂隙水总量不大的情况，可采用高压注浆形成防渗帷幕的治理措施。虽然这类石窟区的基岩裂隙水总量不大，但往往对文物造成严重危害。所以在保证防渗帷幕质量的同时还应考虑特殊的技术措施要求。

(1) 防渗帷幕的周边孔可先期灌注水泥浆形成帷幕，然后在帷幕中间高压注浆，使浆液既不流进洞窟也不流失到远处，确保形成一道密实可靠的防渗帷幕。

(2) 主浆液必须具有良好的可灌性和抗腐蚀性，对裂隙充填物和风化裂隙面有一定的加固作用。浆液渗出物对岩体无害。可采用低碱水泥浆液、MK复合浆液等。

(3) 由于岩性的不同，岩石渗透系数和渗透半径各不相同，因此注浆孔间距也各不相同，主要应根据岩性及裂隙的产状和分布进行布设，一般在砂岩、砂砾岩、砾岩岩体中注浆孔间距为80~100cm，在具体实施过程中根据具体情况可适当进行调整；但在穿过裂隙密集带或破碎带的部位应适当减小注浆孔间距，加密注浆孔的布置。

3. 泄水洞、钻孔综合排水措施

对于石窟区岩体中的基岩裂隙水也可采取泄水洞、钻孔综合排水措施(图20-3-3)，用以及时排泄地下水。

不管是垂直崖面的构造裂隙，还是平行于崖面的卸荷裂隙，都是越靠近崖面，下延深度越大。所以在确定泄水洞洞身位置时，应视裂隙延伸情况、窟壁潮湿部位及渗水点标高而定，洞身必须置于含水裂隙部位。

为防止由于开挖泄水洞引起石窟载体的应力调整，对石窟的稳定性造成不利影响，应首先进行稳定性分析计算。泄水洞的截面积不宜过大，但同时也应考虑施工条件。为防止泄水洞岩体风化，引起泄水洞坍塌，对泄水洞内衬进行支撑加固，并预留渗水缝、泄水孔，设置反滤层。施工过程中对所有渗水点、裂隙处预留排水口，可干砌片石形成自然通道。

沿泄水洞轴线方向在拱顶部位向上垂直、斜向打排水钻孔，以增加截排水效果。垂直、斜向排水钻孔长度视石窟所在崖体高度和裂隙分布情况而定，其目的是截断地下水向石窟方向的运移途径并将地下水汇集到泄水洞内排出。

泄水洞和排水钻孔既是排水设施，也是一道截断地下水的设施，可通过检查井、钻孔排出石窟的基岩裂隙水，条件适宜亦可直接排出。

20.3.3.3 毛细水治理措施

部分石窟窟区由于地下水水位较浅，其地下水水位埋深小于窟区毛细水强烈上升高度。毛细水的上升，使岩体湿度增大，特别是地下水在运移上升过程中，将岩体中的可溶盐如硫酸钠等带到岩体和文物表层，盐分运移及晶体膨胀和收缩对石窟文物造成较大破坏。

毛细水的治理原则是降低地下水位、使地下水水位埋深大于窟区毛细水强烈上升高度。

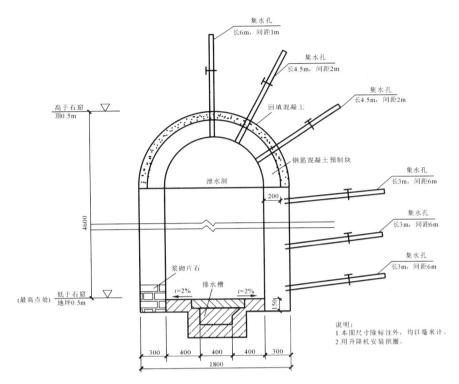

图 20-3-3 泄水洞、集水孔结构示意图

盲沟是降低地下水水位、防止毛细水上升的有效措施,排水效果好,施工方便,使用寿命长。盲沟可先于其他治理工程实施,其作用不限于降低窟区地下水水位,减小岩体湿度,减缓风化作用,而且由于有了盲沟排水系统,地下水排泄通畅,地下水通过上部裂隙的时间大大缩短,渗漏少、岩体吸收少,降低岩体和窟内的湿度,减小岩体和窟内出现凝结水的概率。

20.3.3.4 地表水(大气降水)治理措施

地下水的补给来源之一是大气降水的下渗,修建窟顶地表水排水系统,采取隔水措施防止地表水下渗是防水保护工程的重要措施之一,可收到事半功倍、立竿见影的效果。其对于防渗帷幕、泄水洞、水平排水孔等工程措施也具有重要的辅助作用。但防止地表水下渗的隔断措施却不宜在窟区全范围内实施,一是在大范围内全部隔断防渗,耗资巨大;二是窟区内一般会有多处自然沟壑切割及洼地,工程实施有相当的技术困难,成功的把握性不大;三是全部隔断可能引起窟区生态环境的变化。因此,隔断工程措施只能在小范围内实施,突出重点,精心设计,精心施工,达到有效保护石窟和文物的目的。

20.3.4 本体裂隙修复

本体裂隙修复是延缓文物劣化的重要手段之一。石雕及石刻表面裂隙修复技术主要包括裂隙勾缝、裂隙灌浆、粘接修复等,旨以通过灌浆在石窟寺和石刻文物表面裂隙中形成一种新的、抗风化的胶结物,同时不形成任何破坏岩石的含盐副产物,不会引起表面颜色的变化,达到裂隙修复和文物长期保存的目的。

由于灌浆材料主要用于石刻裂隙的充填、黏结,防止水分进入石刻内部,所以灌浆材料应符合以下基本要求：①具有高流动性（黏度低）和良好的扩散性，室温下浆液能有效、快速流入和填充到裂隙去；②具有一定的塑性膨胀性能，能够有效克服凝结初期产生的塑性收缩，保持均匀分散悬浮状态，保证灌注密实，杜绝空鼓现象；③硬化快、早期强度高，具备一定的填充、承载能力；④浆液黏度、凝结时间、黏接强度可调控，作为补强黏结材料具有一定的弹性；⑤由浆液形成的结石应具有足够强度，并与修复岩体具有相适应的弹性模量；⑥易溶盐含量要低，一般要求小于3‰，这样材料的盐致劣化程度才会较低；⑦应符合水稳性、耐酸碱性等要求。

常用灌浆材料包括改性环氧树脂、水硬性石灰、PS系列灌浆材料。改性环氧树脂是含有环氧基团的高分子材料，其黏度低（$<20\times 10^{-3}$ Pa·s），微裂隙也能灌入，同时增加了韧性，可灌时间可控握在3.5h，并能在常温下操作。其配比要根据岩石性质和裂隙宽度来确定。施工中应注意控制灌浆量，若控制不当会发生爆聚。

水硬性石灰，作为传统的硅酸盐建筑材料，最早发现于5000年前仰韶文化时期的甘肃秦安大地湾遗址，它在我国应用十分广泛，如料礓石、阿嘎土、蛎灰等。水硬性石灰兼有石灰与水泥的特性，收缩性低、耐盐碱，抗折、抗压强度适中并可调，与文物兼容性好，近年来在岩土文物保护中得到应用和推广。

PS系列灌浆材料的特点是：固结体为硅酸盐类无机物，与岩石的主要成分接近，耐老化，有较高的固结强度、黏度小、渗透性好、可灌性强，浆液中不含有重金属等有害物质，价格比有机类浆材便宜。它是以高模数（3.8~4.2）的硅酸钾（$2K_2O\cdot SiO_2$）为主剂，氟硅酸镁（$MgSiF_6$）为固化剂，再加交联剂以提高浆液的稳定性，减水剂（表面活性剂）以提高浆液的渗透能力。通过一定的配比，并用水稀释而形成的一种无色透明液体，制作工艺简便。PS浆液渗透到岩石裂隙中，能与泥质的胶结物和风化产物起作用，形成难溶的硅酸盐，它先形成凝胶，然后逐渐形成强度较高的、耐水的管状、纤维状的无机复合体。这种浆材的耐水性、稳定性和固结强度有明显的优势。但它对施工工艺要求较高，严格控制浆液的浓度配比、灌浆量、时间。要求在干燥环境下施工，固化时间也较长。因此在潮湿多雨、岩体湿度大、岩石致密的情况下不宜使用。

20.3.5 岩体风化的防治

风化是岩体的一个自然属性，是无法彻底杜绝的，因此岩体风化的防治历来是文物保护工作的难题，尤其针对文物本体风化的防治。目前比较可行、有效的手段是：首先分析影响岩体风化的主要因素有哪些，因为不同的石质文物所受各因素的影响是不完全一样的。调查清楚各自的主导因素，可以从这些因素方面做防治工作。例如，主要是地下水渗水导致的，则可以重点考虑渗水的防治；有些是石窟内的毛细水或冷凝水导致的，则重点从毛细水与冷凝水形成条件入手考虑处理方案；有些是裂隙开裂导致的，则重点进行裂隙的处理；有些是日照等原因导致的温差较大，可以考虑建设窟檐等来遮蔽阳光。

另外，国内外也曾开展对表层一定深度的岩体进行化学材料处理的实验，但其效果普遍没有达到预期。且有时容易加剧空鼓、结痂等问题的出现，长期的效果还有待进一步的检验，目前是普遍持慎重使用的态度。

参 考 文 献

蔡美峰.岩石力学与工程[M].2版.北京:科学出版社,2013.

陈宗基.地下巷道长期稳定性的力学问题[J].岩石力学与工程学报,1982,1(1):1-20.

陈祖煜,汪小刚,杨建,等.岩质边坡稳定:原理、方法、程序[M].北京:中国水利水电出版社,2005.

杜时贵,潘别桐.岩石节理粗糙度系数的分形特征[J].水文地质工程地质,1993,(3):36-39.

杜时贵,唐辉明.岩体断裂粗糙度系数的各向异性研究[J].工程地质学报,1993,1(2):32-42.

杜时贵.结构面与工程岩体稳定性[M].北京:地震出版社,2006.

杜时贵.岩体结构面的工程性质[M].北京:地震出版社,1999.

冯夏庭,肖亚勋,丰光亮,等.岩爆孕育过程研究[J].岩石力学与工程学报,2019,38(4):649-673.

冯夏庭,张治强.岩石力学建模的唯一性问题[J].煤炭学报,1999,24(2):127-131

冯夏庭.智能岩石力学导论[M].北京:科学出版社,2000.

冯夏庭.智能岩石力学的发展[J].中国科学院院刊,2002,18(2):256-259.

高玮.岩石力学[M].北京:北京大学出版社,2010.

《工程地质手册》编写委员会.工程地质手册[M].5版.北京:中国建筑工业出版社,2018.

谷德振,王思敬.论岩体工程地质力学的基本问题[C]//全国首届工程地质学术会议论文选集.北京:科学出版社,1983:182-189.

谷德振.岩体工程地质力学基础[M].北京:科学出版社,1979.

国际岩石力学学会试验方法委员会.确定岩石应力的建议方法[J].岩石力学与工程学报,1988,7(4):357-388.

何满潮,景海河,孙晓明.软岩工程力学[M].北京:科学出版社,2002.

何满潮.深部岩体力学基础[M].北京:科学出版社,2010.

黄春醒.岩石力学[M].北京:高等教育出版社,2005.

黄润秋,许模,陈剑平,等.复杂岩体结构精细描述及其工程应用[M].北京:科学出版社,2004.

霍克E,布朗 E T.岩石地下工程[M].连志升,田良灿,等译.北京:冶金工业出版社,1986.

贾洪彪,邓清禄,马淑芝.水利水电工程地质[M].武汉:中国地质大学出版社,2018.

贾洪彪,唐辉明,刘佑荣,等.岩体结构面三维网络模拟理论与工程应用[M].北京:科学出版社,2008.

李红松.不可移动石质文物保护工程勘察技术概论[M].北京:文物出版社,2020.

李夕兵.岩石动力学基础与应用[M].北京:科学出版社,2014.

李兆霞.损伤力学及其应用[M].北京:科学出版社,2002.

郦正能,关志东,张纪奎.应用断裂力学[M].北京:北京航空航天大学出版社,2012.

刘传孝,马德鹏.高等岩石力学[M].郑州:黄河水利出版社,2017.

刘东燕.岩石力学[M].重庆:重庆大学出版社,2014.

刘红岩,张力民,苏天明,等.节理岩体损伤本构模型及工程应用[M].北京:冶金工业出版社,2016.

刘锦华,吕祖珩.块体理论在工程岩体稳定分析中的应用[M].北京:水利电力出版社,1988.

刘佑荣,唐辉明.岩体力学[M].北京:化学工业出版社,2008.

刘佑荣,吴立,贾洪彪.岩体力学实验指导书[M].武汉:中国地质大学出版社,2008.

罗先启,詹振彪,葛修润,等.BP网络与遗体算法在水布垭工程中的应用[J].岩石力学与工程学报,2002,21(7):963-967.

缪勒 L.岩石力学[M].李世平,等,译.北京:煤炭工业出版社,1981.

沈明荣主编.岩体力学[M].上海:同济大学出版社,1999

宋建波,张倬元,于远忠,等.岩体经验强度准则及其在地质工程中的应用[M].北京:地质出版社,2002.

孙广忠.地质工程理论与实践[M].北京:地质出版社,1996.

孙广忠.论"岩体结构控制论"[J].工程地质学报,1993,9(创刊号):14-18.

孙广忠.论岩体力学模型[J].地质科学,1984,(4):423-428.

孙广忠.岩体结构力学[M].北京:科学出版社,1988.

孙钧.岩土材料流变及其工程应用[M].北京:中国建筑工业出版社,1999.

孙树林.岩体结构图解分析[M].南京:河海大学出版社,2021.

孙玉科,古迅.赤平极射投影在岩体工程地质力学中的应用[M].北京:科学出版社,1980.

孙玉科.边坡岩体稳定性分析[M].北京:科学出版社,1988.

唐辉明,晏同珍.岩体断裂力学理论与工程应用[M].武汉:中国地质大学出版社,1992.

唐辉明.工程地质学基础[M].2版.北京:化学工业出版社,2023.

陶振宇,潘别桐.岩石力学原理与方法[M].武汉:中国地质大学出版社,1991.

汪小刚,贾志欣,陈发明,等.岩体结构面网络模拟原理及其工程应用[M].北京:水利水电出版社,2010

王思敬,黄鼎成.中国工程地质世纪成就[M].北京:地质出版社,2004.

王思敬,杨志法,傅冰骏.中国岩石力学与工程世纪成就[M].南京:河海大学出版社,2004.

王渭明,杨更社,张向东,等.岩石力学[M].徐州:中国矿业大学出版社,2010.

王渭明.围岩危石预测理论与应用[M].北京:煤炭工业出版社,1997.

吴顺川.边坡工程[M].北京:冶金工业出版社,2017.

吴顺川.岩石力学[M].北京:高等教育出版社,2021.

文物保护工程专业人员学习资料编委会.石窟寺及石刻[EB/OL].(2020-08-10).[2024-06-20]. https://www.suzhou.gov.cn/wwpczl/pcwj/202408/8590dec895d54f-49a5752c2449ed0ed1/files/c5e28d54e1e84c8caf1760fc66977d6b.pdf.

伍法权,伍劼.统计岩体力学理论与应用[M].北京:科学出版社,2022.

仵彦卿,张倬元.岩体水力学导论[M].成都:西南交通大学出版社,1995.

谢和平,陈忠辉.岩石力学[M].北京:科学出版社,2004.

谢和平.分形-岩石力学导论[M].北京:科学出版社,1996.

谢强,赵文.岩体力学与工程[M].成都:西南交通大学出版社,2011.

徐光黎,潘别桐,唐辉明,等.岩体结构模型与应用[M].武汉:中国地质大学出版社,1993.

徐芝纶.弹性力学[M].北京:人民教育出版社,1980.

许明,张永兴.岩石力学[M].4版.北京:中国建筑工业出版社,2020.

杨桂通.弹塑性力学[M].北京:人民教育出版社,1980.

杨涛,冯军,肖清华,等.岩土工程数值计算及工程应用[M].成都:西南交通大学出版社,2021.

杨志法,王思敬,冯紫良,等.岩土工程反分析原理及应用[M].北京:地震出版社,2002.

张成良,刘磊,王超.高等岩石力学及工程应用[M].长沙:中南大学出版社,2016.

张璐璐,张洁,徐耀,等.岩土工程可靠度理论[M].上海:同济大学出版社,2011.

张盛,王启智.用5种圆盘试件的劈裂试验确定岩石断裂韧度[J].岩土力学,2009,30(1):12-18.

张咸恭,王思敬,张倬元.中国工程地质学[M].北京:科学出版社,2000.

张有天.岩石高边坡的变形与稳定[M].北京:中国水利水电出版社,1999.

张有天.岩石水力学与工程[M].北京:中国水利水电出版社,2005.

张倬元,王士天,王兰生,等.工程地质分析原理[M].北京:地质出版社,2009.

郑颖人,孔亮.岩土塑性力学[M].北京:中国建筑工业出版社,2010.

中华人民共和国建设部.岩土工程勘察规范(2009年版):GB 50021—2001[S].北京:中国建筑工业出版社,2009.

中华人民共和国住房和城乡建设部.工程岩体分级标准:GB/T 50218—2014[S].北京:中国计划出版社,2014.

中华人民共和国住房和城乡建设部.工程岩体试验方法标准:GB/T 50266—2013[S].北京:中国计划出版社,2013.

中华人民共和国住房和城乡建设部.建筑边坡工程技术规范:GB 50330—2013[S].北京:中国建筑工业出版社,2014.

中华人民共和国住房和城乡建设部.建筑地基基础设计规范:GB 50007—2011[S].北京:中国计划出版社,2012.

中华人民共和国住房和城乡建设部.岩土锚杆与喷射混凝土支护工程技术规范:GB 50086—2015[S].北京:中国计划出版社,2015.

中华人民共和国国家文物局.石质文物保护工程勘察规范:WW/T 0063—2015[S].北

京:文物出版社,2016.

周维垣. 高等岩石力学[M]. 北京:水利电力出版社,1989.

周小平,钱七虎,杨海清. 深部岩体强度准则[J]. 岩石力学与工程学报,2008,27(1):117-123.

朱维申,王平. 节理岩体的等效连续模型与工程应用[J]. 岩土工程学报,1992,14(2):1-11.

Goodman R E. Introduction to rock mechanics[M]. New York:Wiley,1989.

Hoek E,Brown E T. Practical estimates of rock mass strength[J]. International Journal of Rock Mechanics and Mining Sciences,1997,34(8):1165-1186.

Hoek E,Brown E T. The Hoek-Brown failure criterion and GSI-2018 edition[J]. Journal of Rock Mechanics and Geotechnical Engineering,2019,11(3):445-463.

Hoek E. Practical rock engineering[M]. North Vancouver:Evert Hoek Consulting Engineer Inc. ,2006.

Hudson J A,Harrison J P. Engineering rock mechanics:an introduction to the principles[M]. Oxford:Elsevier Science,1997.

Hudson J A,Harrison J P. Engineering rock mechanics[M]. Netherlands:Elsevier Science Ltd Second Impression,2000.

Jaeger C. Rock mechanics and engineering[M]. London:Cambridge University Press,1979.

Jaeger J C,Cook N G W,Zimmerman R W. Fundamentals of rock mechanics[M]. Malden:Blackwell Publishing,2007.

Kazimierz T. Rock mechanics in hydroengineering[M]. Warszawa:Polish Scientific Publishers,1989.